CAD/CAM/CAE 工程应用丛书

Creo 4.0 曲面设计实例解析

娄骏彬　朱荣华　著

机 械 工 业 出 版 社

本书共 6 章，第 1 章介绍 Creo 4.0 曲面设计操作界面、曲面简介、曲面分类与设计技巧，第 2～4 章分别介绍基础曲面设计实例、进阶曲面设计实例和逆向工程实例的设计方法与流程，第 5～6 章分别介绍模具分型面设计实例和曲面综合设计实例的设计方法与流程。

本书讲解了 Creo 4.0 所有曲面知识，案例与日常生活息息相关，有利于提高读者对曲面产品的发散性思维和实践应用能力。可供产品研发、设计等中高级用户使用，也可作为工科院校机械、工业设计等专业的案例化教学教材或自学参考书，以及产品研发、设计人员的培训教材。

本书配套网盘资源包含所有案例的模型源文件和产品设计结果文件，以及各章节教学视频资料，供读者学习和参考。

图书在版编目（CIP）数据

Creo 4.0 曲面设计实例解析 / 娄骏彬，朱荣华著. —北京：机械工业出版社，2018.9

（CAD/CAM/CAE 工程应用丛书）

ISBN 978-7-111-60892-9

Ⅰ. ①C… Ⅱ. ①娄… ②朱… Ⅲ. ①曲面－机械设计－计算机辅助设计－应用软件 Ⅳ. ①TH122

中国版本图书馆 CIP 数据核字（2018）第 210928 号

机械工业出版社（北京市百万庄大街 22 号 邮政编码 100037）
策划编辑：张淑谦 责任校对：张艳霞
责任编辑：张淑谦 责任印制：常天培
北京铭成印刷有限公司印刷
2018 年 9 月第 1 版 · 第 1 次印刷
184mm×260mm · 31 印张 · 768 千字
0001－3000 册
标准书号：ISBN 978-7-111-60892-9
定价：99.00 元

凡购本书，如有缺页、倒页、脱页，由本社发行部调换

电话服务	网络服务
服务咨询热线：（010）88361066	机 工 官 网：www.cmpbook.com
读者购书热线：（010）68326294	机 工 官 博：weibo.com/cmp1952
（010）88379203	教育服务网：www.cmpedu.com
封面无防伪标均为盗版	金 书 网：www.golden-book.com

前　言

Creo Parametric 4.0（简称 Creo 4.0）是美国参数技术公司（PTC）旗下的 CAD/CAM/CAE 一体化的三维设计软件，以参数化著称，广泛应用于机械、模具、汽车、电子、家电、玩具、工业设计等行业。在曲面设计模块与样式曲面模块方面，Creo 4.0 提供了完善的设计体系和强大的功能组合，显著提高了工业产品设计的工作效率和设计质量。在日用产品的设计和模具设计中，曲面设计有着不可替代的作用，掌握 Creo 4.0 的曲面设计是一个必不可少的技能。

本书以最新推出的 Creo 4.0 为蓝本，精选 16 个案例，对曲面设计方法与流程进行详细分类讲解。书中所选案例典型丰富，具有很强的实用性和可操作性，实际工作中的许多曲面设计问题都可以在书中找到相应的解决方案，对于具有丰富理论知识的广大高校老师和学生，特别是工科类的老师和学生，具有相当的参考和使用价值。本书以企业生产日常生活产品为导向，有利于建立生产服务一线紧缺的应用型、复合型、创新型人才培养机制，适应经济结构调整和产业升级。已有的曲面设计书籍侧重于功能按钮的讲解，使用的案例大多数都比较规则，与零件设计书籍类同。本书案例与日常生活息息相关，其案例涵盖基础曲面、进阶曲面、逆向工程、模具分型面和曲面综合案例设计，讲解了 Creo 4.0 几乎所有曲面知识，有利于提高读者的发散性思维和实践应用能力。本书融合作者多年来的产品设计实践经验，书中许多设计方法是作者特有的技术和经验总结，读者熟练地掌握并恰当地运用这些技术和方法，能够显著地提高曲面产品设计能力，设计出满足实际生产要求的产品。

为了使读者容易理解和深入掌握本书内容，作者对本书的编排结构进行了精心设置。第 1 章介绍 Creo 4.0 曲面设计基础，第 2～4 章分别介绍基础曲面设计实例、进阶曲面设计实例和逆向工程实例的设计方法与流程，第 5～6 章分别介绍模具分型面设计实例和曲面综合设计实例的设计方法与流程。每个案例分三大步骤进行讲解：首先，简明扼要地说明该曲面实例的作品规格与流程剖析，使读者有一个完整清晰的概念；其次，结合曲面设计内容对实例的结构特点与技术要领进行解释，并对该曲面实例涉及的相关概念和知识进行详细讲解；最后，深入细致地讲解曲面案例的实战步骤和设计技巧。

全书共 6 章，各章主要内容如下。

第 1 章（Creo 4.0 曲面设计基础）：介绍 Creo 4.0 曲面设计操作界面、曲面简介、曲面分类与设计技巧，结合模型文件，重点讲述 Creo 4.0 曲面设计操作界面和曲面分类与设计技巧。

第 2 章（Creo 4.0 基础曲面设计实例）：结合实例介绍曲面产品建模特征的设计方法和过程，侧重基础曲面建模功能的实际应用。

第 3 章（Creo 4.0 进阶曲面设计实例）：结合实例介绍高质量外观曲面产品的设计方法和过程，根据曲面产品的不同特点，选择不同的建模方法，侧重样式曲面建模功能的实际应用。

第 4 章（Creo 4.0 逆向工程设计实例）：结合实例介绍逆向工程的设计方法和过程，重点讲解测绘点构线、扫描点云生成的网格线构线、创建的曲面与小平面比对和曲面建模等知识的综合运用。通过本章的学习可以帮助读者提高逆向工程设计分析问题的方法和解决问题的灵活应用能力。

第 5 章（Creo 4.0 模具分型面设计实例）：结合实例介绍模具分型面的设计方法和过程，实例涵盖分型面设计的各种方法和操作技巧，具有典型性和综合性。通过本章的学习可以帮助读者熟练掌握各类产品的模具分型面设计方法与操作技巧。

第 6 章（Creo 4.0 曲面综合设计实例）：结合实例介绍曲面产品综合设计的方法和过程，根据产品的外观图、效果图、初始模型数据和控制部分电路板结构来设计产品，整个产品在装配模块中完成。本章侧重设计方法讲解，简化操作步骤，具有较强的实用性和可操作性。

本书适合作为高等院校相关专业师生以及技术人员学习 Creo 4.0 的教材或自学参考书。可以帮助读者在较短的时间内掌握 Creo 4.0 工业产品设计技术。通过本书的学习，初学者或经验丰富的设计人员都会从中受益，迅速打开曲面设计思路，提高曲面产品设计能力，在工作中充分发挥作用。

本书由主要由嘉兴学院娄骏彬策划、执笔，朱荣华参与第 2 章与第 3 章的写作，刘德军、纪兰香参与全书校对工作。

本书配套网盘资源中提供了案例的模型源文件、产品设计结果文件以及教学视频。

书中不足之处，敬请广大读者批评指正。

目　录

第 1 章　Creo 4.0 曲面设计基础

本章主要内容

- Creo 4.0 曲面设计操作界面
- Creo 4.0 曲面简介
- Creo 4.0 曲面分类与设计技巧

在零件建模过程中，使用曲面特征进行设计具有更强的灵活性。Creo 4.0 提供了曲面设计的全部功能和各种曲面编辑功能，可以方便地设计高质量的曲面。另外，系统样式曲面设计功能，可以使用功能强大的自由曲线和自由曲面设计，直观地将曲面调整到最佳状态。

本章结合三维模型，重点讲述 Creo 4.0 曲面设计操作界面、曲面简介和曲面的分类与设计技巧，让读者系统地掌握 Creo 4.0 曲面设计分布的基本模块、曲面操作界面各区域主要功能和曲面分类与设计技巧，使读者在学习后面的章节时能够进行熟练的操作。

1.1　Creo 4.0 曲面设计操作界面

Creo 4.0 零件模块、装配模块、工程图模块和模具模块在工业生产中频繁使用，其中零件模块、装配模块和模具模块具有强大的曲面设计功能。各模块的曲面设计操作界面如下。

1.1.1 零件模块中的曲面设计操作界面

曲面设计基本上是在零件设计的状态下进行，所以进入零件设计界面即可以进入曲面设计操作界面。其主界面与零件设计的操作界面基本相同。

系统启动以后，将显示 Creo 4.0 最初的工作界面，由于没有打开或新建文件，工作界面中的多个命令和按钮呈灰色，不能使用。新建或打开零件模型后，工作界面如图 1-1 所示（模型文件请参看随书网盘资源中“第 1 章\模型文件\moxing-1.prt”）。

Creo 4.0 的工作界面包括了窗口标题栏、菜单栏、工具栏、图形窗口、导航器、信息区、过滤器和菜单管理器等区域，各区域主要功能如下。

1．窗口标题栏

窗口标题栏位于工作主界面的顶部，显示当前活动文件的名称。

2．菜单栏

菜单栏位于标题栏的下方，不同的模块在该区显示的菜单及内容有所不同。

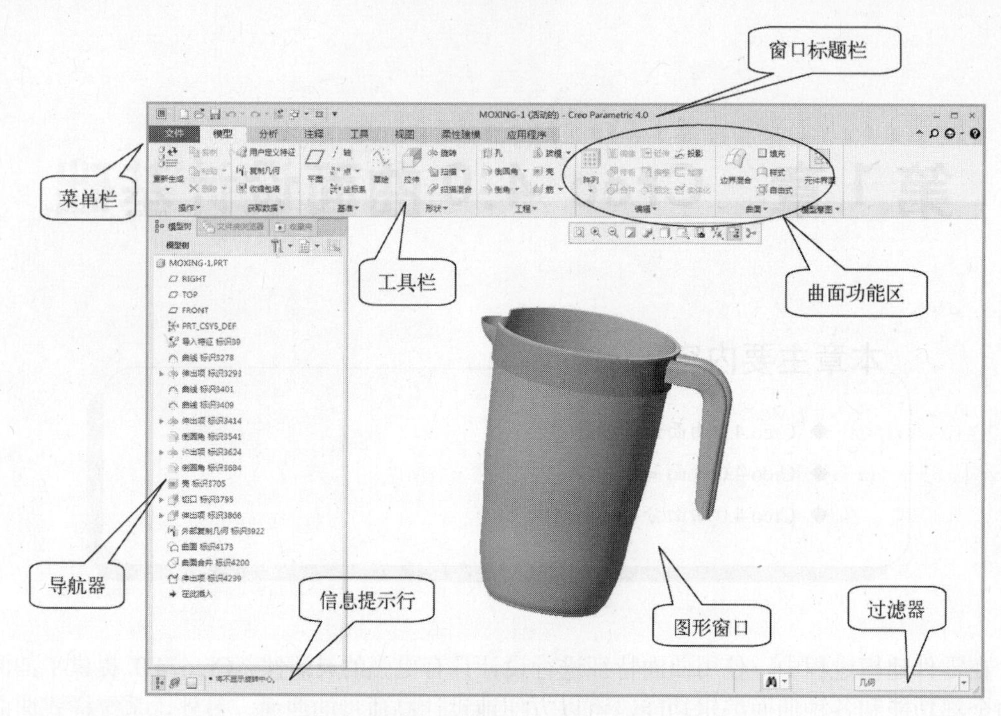

图 1-1　零件模块工作界面

3．工具栏

工具栏位于窗口的上部，可以根据需要移动其位置。通过工具箱可以加减需要的工具栏模块。

4．图形窗口

在图形窗口内可以对模型进行相关的操作，如创建、观察、选择和编辑模型等。

5．信息区

信息区通过文字显示与当前窗口中操作相关的说明或提示，指导操作过程，如图 1-2 所示。设计过程中应该关注信息区的提示，以方便设计工作。如果要找到先前的信息，将鼠标指针放置到信息区，然后滚动鼠标中键可以滚动信息列表，或者直接拖动信息区框格展开信息区。

6．操控板

创建或编辑曲面的特征时，信息区会出现与当前工作相对应的操控板，指导操作过程。例如，使用"拉伸"方式创建曲面时，系统显示"拉伸"操控板，如图 1-2 所示。

操控板由信息区、对话框、面板和控制区组成，功能如下。

（1）信息区：操控板出现时会将信息区包含进来，显示与窗口中的工作相关的信息，指导操作过程。

（2）对话框：创建模型时，对话框显示常用选项和收集器。使用相关选项可以完成相关的建模工作。

（3）面板：单击对话框上任何一个选项卡，可以打开对应的选项卡面板。系统会根据当前建模环境的变化而显示不同的选项卡和面板元素。要关闭面板，单击其选项卡，面板将滑回操控板。

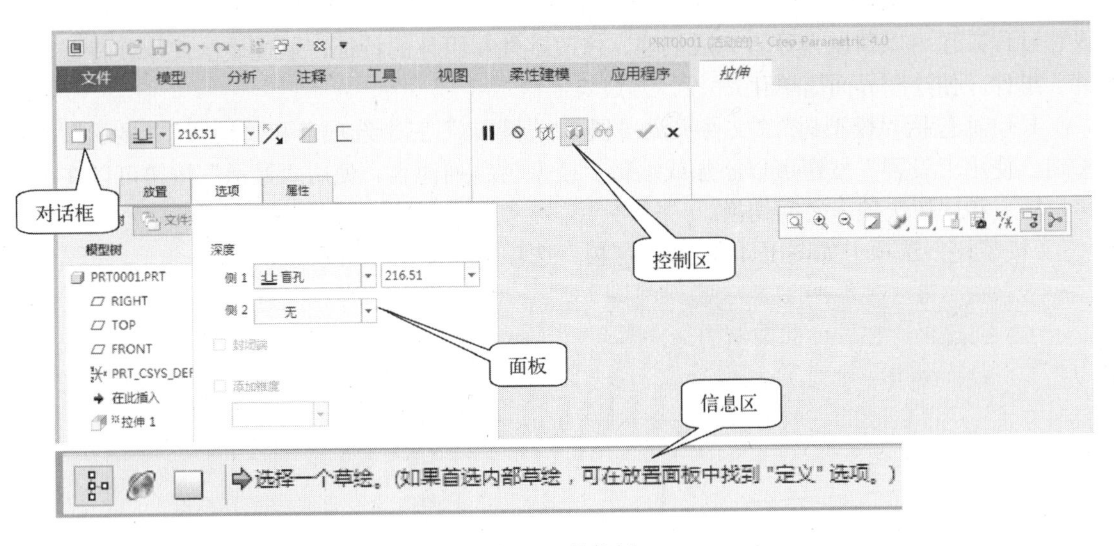

图 1-2 操控板

（4）控制区：控制区包含下列按钮。

- ⏸：暂停当前工具以访问其他对象工具。
- ▶：退出暂停模式，继续使用此工具。
- 👓：特征预览。
- ✔：应用并保存使用当前工具创建的特征，然后关闭操控板。
- ✖：取消使用当前工具创建的特征，然后关闭操控板。

7．过滤器

当设计模型复杂且难以准确选取对象时，Creo 4.0 提供一种对象过滤器，用于在拥挤的区域中限制选取的对象类型，包括几何、特征、顶点、注释、面组、曲线、基准、曲面、边，如图 1-3 所示。过滤器与预选加亮功能一起使用，将鼠标指针置于模型之上时，对象会加亮显示，表示可供选取。

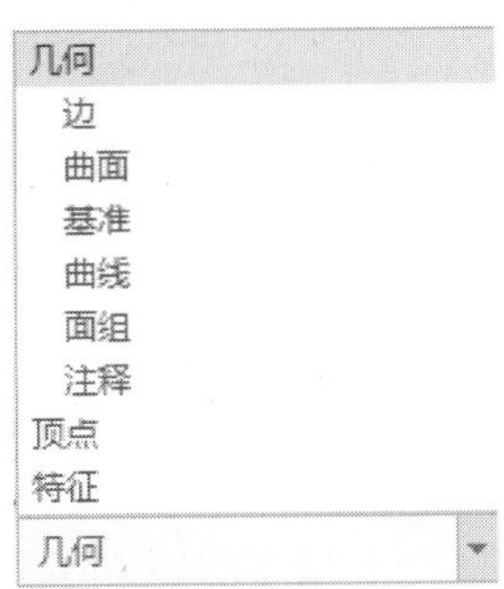

图 1-3 过滤器

- 几何：选取图元、特征和参照等。
- 特征：选取“模型树”中的元件特征。
- 顶点：选取“零件”或“边”的端点。
- 注释：选取模型或特征中的注释。例如，注解、符号、从动尺寸、参照尺寸、纵坐标从动尺寸、纵坐标参照尺寸、几何公差、表面粗糙度符号等。
- 面组：选取曲面组特征。
- 曲线：选取曲线特征。
- 基准：选取模型辅助特征。例如，基准平面、基准轴、基准点、基准曲线和坐标系等。
- 曲面：选取单个曲面或单个零件的表面特征。
- 边：选取曲面或零件的边特征。

8．导航器

导航器位于窗口左侧，主要以层的形式显示当前模型的结构，记录设计者对当前模型的操作过程，还可以帮助设计者完成创建、修改零件和组件的特征，通过显示或隐藏特征、元件、组件，使绘制界面简单化。

导航器包括“模型树”“文件夹浏览器”“收藏夹”三个选项卡和“设置”“显示”两个按钮。使用“设置”按钮可以添加或编辑“模型树”列内容。使用“显示”按钮可以在模型树选项卡和层树选项卡之间切换。

“模型树”选项卡如图 1-4 所示，“层树”选项卡如图 1-5 所示。

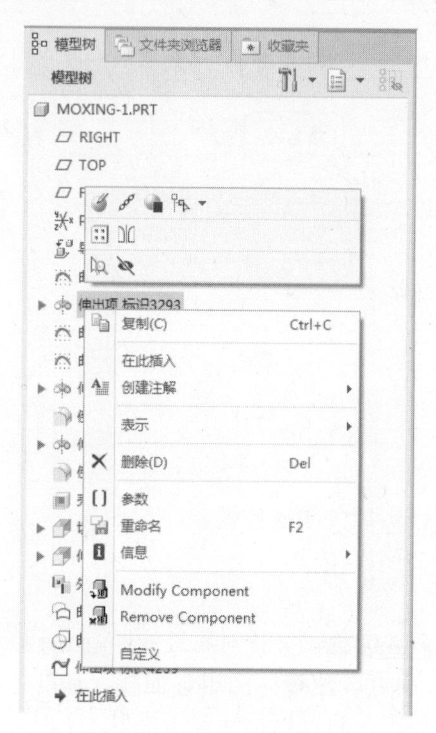

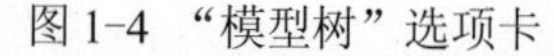
图 1-4 “模型树”选项卡

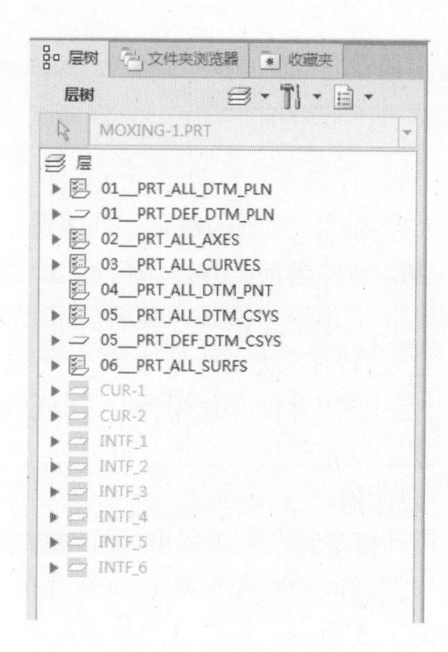

图 1-5 “层树”选项卡

“模型树”是一个显示零件文件中所有特征的列表，包括基准和坐标系。“模型树”窗格中会在根目录显示零件文件名称，并在其下显示零件中的每个特征。对于组件文件，“模型树”窗格中会在根目录显示组件文件，并在其下显示所包含的零件文件。

“模型树”在零件设计中使用频繁，常用功能如下。

（1）用作选取工具：选取操作中所需的特征、几何、基准平面等。当选中树中的项目时，它们所代表的特征会被加亮，并在图形窗口中呈现被选中的状态。

（2）用于跟踪和编辑：在“模型树”中选中某个项目后单击鼠标右键，弹出右键快捷菜单，可以对所选的对象进行多种编辑操作。

（3）隐藏或恢复模型中的特征：在创建复杂图形时，通过显示或隐藏某些特征、曲线、面组等，简化绘图工作界面。

（4）控制特征顺序：特征顺序就是特征在“模型树”中显示的顺序。添加一个特征时，该特征会附加到“模型树”的底部。可以在树中向上拖动特征，将其与父特征或其他相关的特征放在一起，但是无法将子特征排在父特征之前。重新排序现有的特征会改变模型的外观。

1.1.2 装配模块中的曲面设计操作界面

零件装配模块是一个参数化组装管理系统，能够以自定义方式生成一组组装系列，并且可以自动更换零件。曲面设计功能是在创建新零件或对已有零件进行编辑和修改的状态下使用，主操作界面与零件模块界面类似。

主操作界面包括窗口标题栏、菜单栏、工具栏、图形窗口、导航器、信息区、过滤器和菜单管理器等区域。

打开装配文件后，工作界面如图 1-6 所示（模型文件请参看随书网盘资源中“第 1 章\模型文件\asm0001.asm”）。

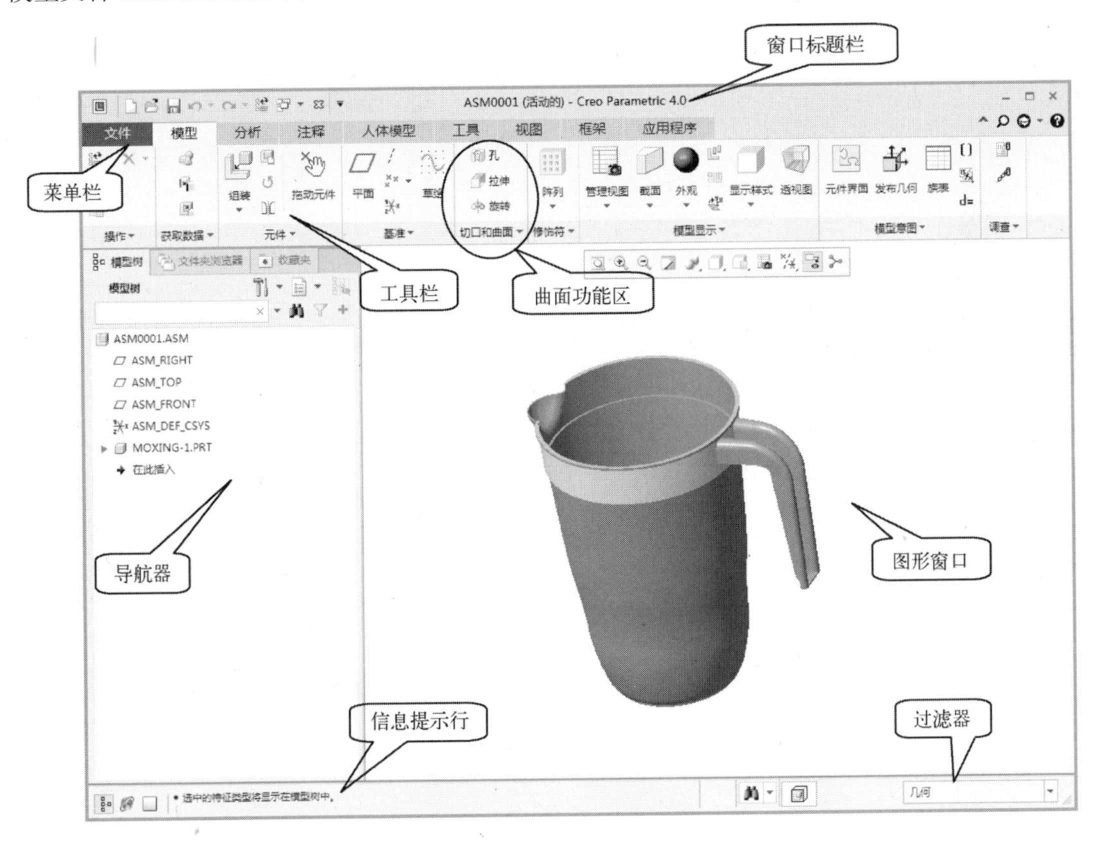

图 1-6　装配模块工作界面

1.1.3 模具模块中的曲面设计操作界面

模具模块主要用于产品的模具设计，使用模具设计模块，设计人员可以创建产品的分型面、上模、下模、浇口、浇道、冷却水道、模架等。模具模块是制造模块中的一个分支，主操作界面与装配模块界面类似。

主操作界面包括了窗口标题栏、菜单栏、模具工具栏、图形窗口、导航器、信息区、过滤器和菜单管理器等区域。

打开模具文件后，工作界面如图 1-7 所示（模型文件请参看随书网盘资源中“第 1 章\

模型文件\mfg0001.asm”）。

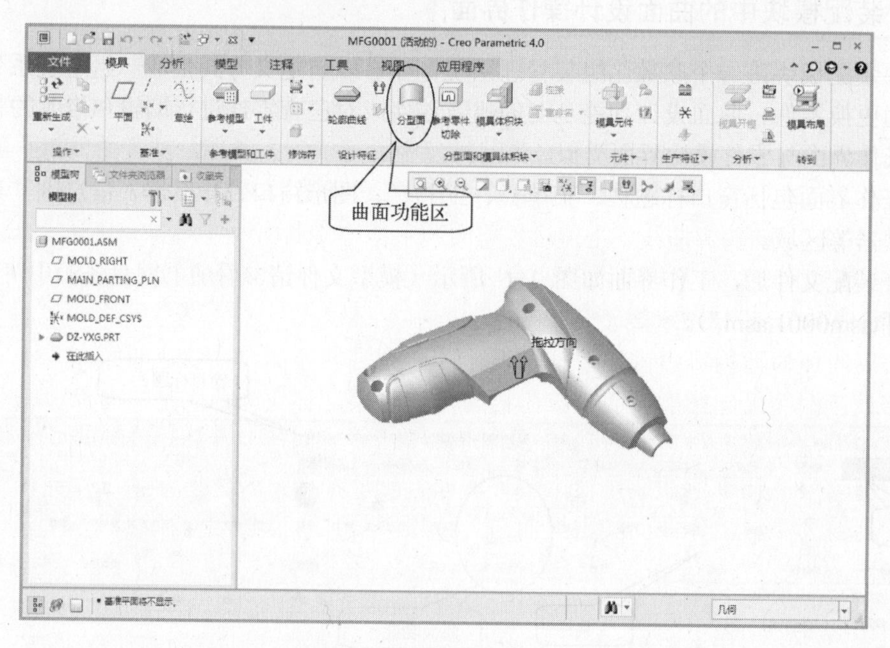

图 1-7　模具模块工作界面

从“模具”工具栏中单击【分型面】按钮，打开分型面工具栏，如图 1-8 所示。分型面设计是模具设计的重要环节，分型面就是一张曲面，其曲面设计包括模具模块中特有的分型曲面设计功能和零件模块中的曲面设计功能。

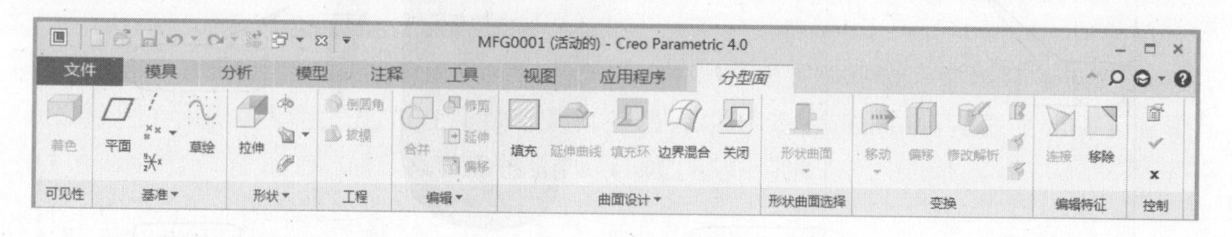

图 1-8　模具分型面工具栏

1.2　Creo 4.0 曲面简介

曲面模块用于创建各种类型的曲面特征。使用曲面模块创建曲面特征的基本方法和步骤与使用零件模块创建三维实体特征类似，曲面特征可以用于创建实体模型、编辑现有的实体几何、在模具设计中创建分型曲面等。曲面特征与实体特征、基础特征和工程特征一样，是模型创建过程的重要组成部分，曲面设计是进行产品设计不可缺少的一项设计内容。

1.2.1　Creo 4.0 曲面设计基础模块

曲面设计包括曲面特征创建的一般方法、常用曲面编辑工具和使用曲面特征创建实体模型。曲面特征创建的一般方法包括：拉伸曲面、旋转曲面、扫描曲面、可变截面扫描曲面、螺旋扫描曲面、混合曲面、扫描混合曲面、填充曲面和边界混合曲面。常用曲面编辑工具包括：合并曲面、修剪曲面、延伸曲面、复制曲面和偏移曲面。

1.2.2 样式曲面模块

样式曲面以边界曲线为曲面的基本元素，通过对边界曲线的编辑来改变曲面的外形，还可以通过编辑曲面，改变曲面的连接方式来改变曲面的光顺程度，以获得设计者需要的曲面。样式曲面设计可以不设置尺寸参数，这样设计者可以随心所欲地直接调整曲线的外观，高效率地创建边界曲面。当曲面需要尺寸参数约束时，也可以通过设置基准点、基准平面等基准来建立参数联系，以便进行参数化设计。样式曲面常用于各类复杂曲面的创建，如汽车车身曲面、摩托艇或其他船体曲面等。

新建或打开零件模型后，从“模型”工具栏中单击【样式】按钮，进入样式面工作界面，如图 1-9 所示（模型文件请参看随书网盘资源中“第 1 章\模型文件\moxing-2.prt”）。

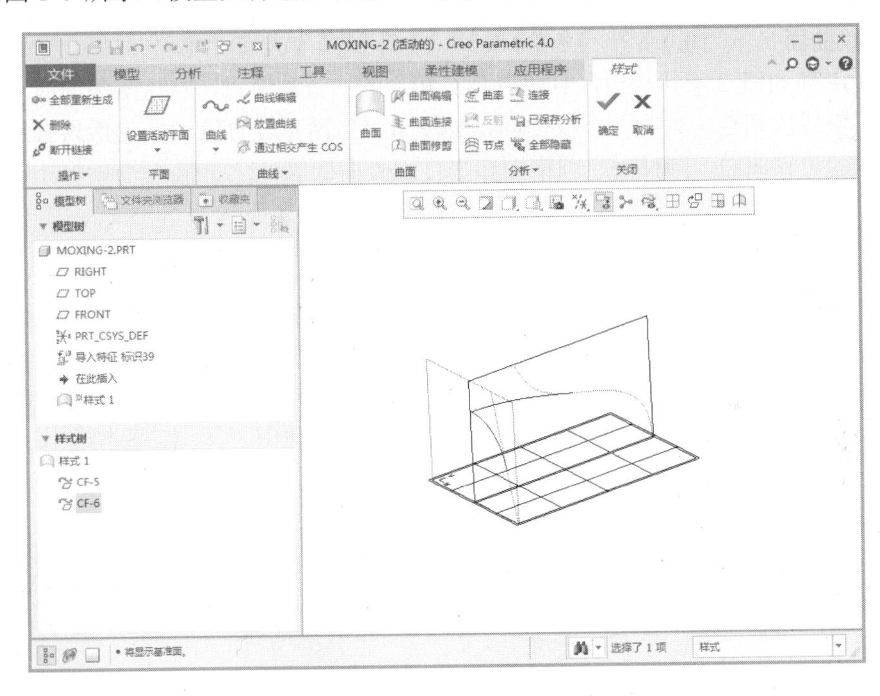

图 1-9 样式曲面工作界面

样式曲面设计的界面与零件设计的界面大致相同，只是在菜单栏增加了一个“样式”菜单，工具栏中“基础特征”工具栏转换成“样式曲面”工具栏，样式曲面工具栏包括平面、曲线、曲面和分析四大常用工具选项。

1.3 Creo 4.0 曲面分类与设计技巧

1.3.1 Creo 4.0 曲面分类

在 Creo 4.0 中，曲面的类型很多，按照创建方式可分为：线性曲面、直纹曲面、旋转曲面、扫描曲面、放样曲面、网格曲面和等距曲面等。

1．线性曲面

将一条剖面曲线沿着一个指定的方向移动形成的曲面，称为线性曲面，如图 1-10 所示。线性曲面通常使用拉伸的方法创建。

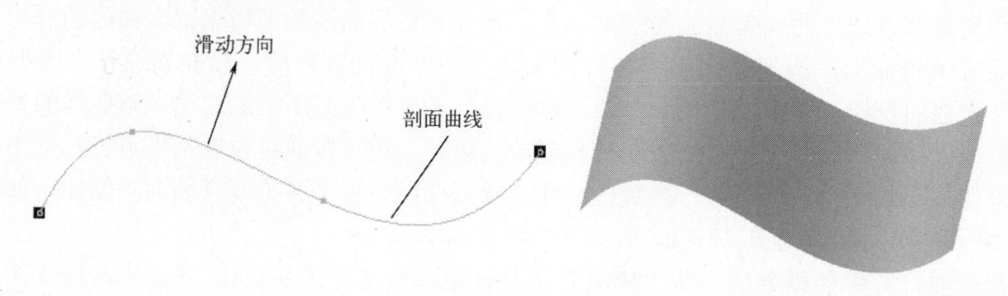

图 1-10　线性曲面

2．直纹曲面

若曲线 1 和曲线 2 形状相似，且两者具有相同的次数和节点，将这两条曲线上参数相同的对应点用直线段相连，则得到直纹曲面，如图 1-11 所示。直纹曲面包括只有一个方向的边界线构成的边界曲面、圆柱面、圆锥面和平行混合曲面等。

经验交流

与实体基础特征中的混合相同，当构成直纹曲面的两条边界线（或截面）边数不相等时，需要将边数较少的边界线进行分割或合并终点，使其节点数相等。构成直纹曲面的两条曲线的走向必须相同，防止曲面出现扭曲。直纹曲面与使用平行混合特征进行实体造型的方法相同，如图 1-12 所示（模型文件请参看随书网盘资源中“第 1 章\模型文件\moxing-3.prt”）。

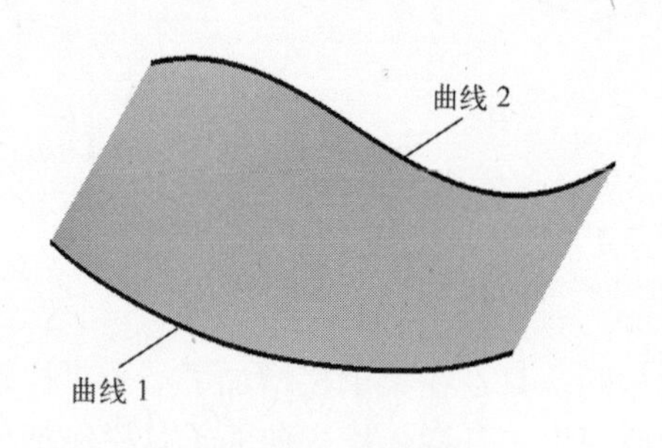

图 1-11　直纹曲面

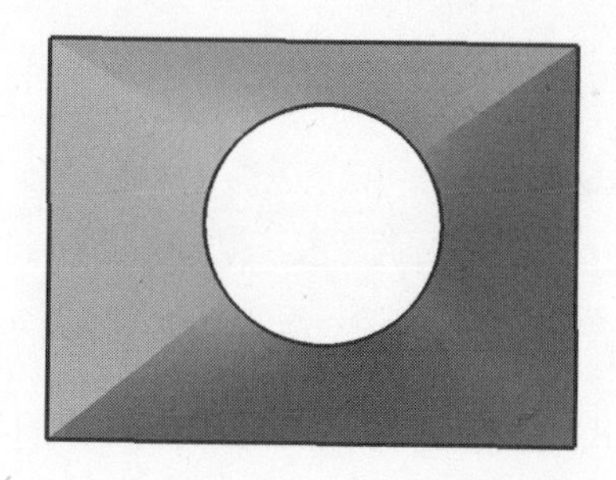

图 1-12　边数不等的直纹曲面

3．旋转曲面

旋转曲面是由旋转剖面围绕旋转中心轴线旋转一定角度而生成的曲面，如图 1-13 所示。

4．扫描曲面

扫描曲面是指将二维剖面沿着指定轨迹生成的曲面特征。扫描曲面的截面可以是一个，也可以是多个，扫描曲面包括扫描、扫描混合和可变截面扫描创建的曲面。

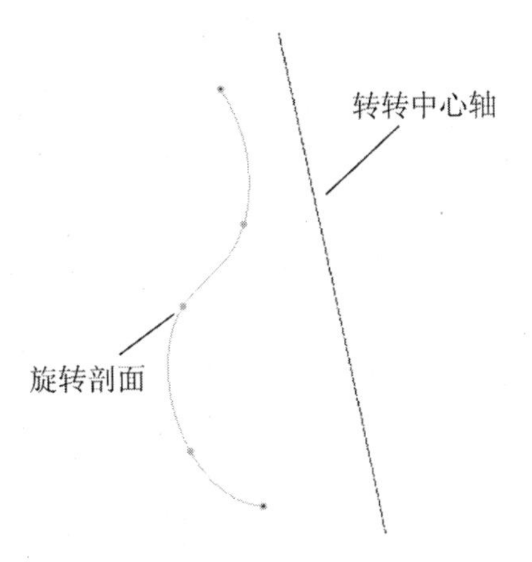

图 1-13 旋转曲面

5．放样曲面

放样曲面是以一系列曲线为骨架进行形状控制，通过这些曲线拟合生成的光滑曲面。放样曲面包括由多条相互平行的边界创建的边界混合曲面、N 侧曲面片。

6．网格曲面

网格曲面是用一组以上的相互交叉的内部曲线加上一组边界线，组成一张网格骨架，在此骨架上创建的曲面。网格曲面包括圆锥曲面和大多数样式曲面。

经验交流

网格曲面创建的基本思路是先创建出曲面的特征网格线，例如曲面的边界线和曲面的截面线来确定曲面的初始骨架形状，然后使用自由曲面特征网格生成曲面。

由于采用不同方向上的两组截面线形成一个网格骨架，控制两个方向的变化趋势，使特征网格线能够反映出设计者想要的曲面形状。

7．等距曲面

使用偏移曲面、复制曲面获得的曲面称为等距曲面。

所有曲面的构建大多可以在 Creo 4.0 的基础特征的曲面特征或高级特征的曲面特征中完成，部分等距曲面则可在“编辑”操作中执行相关命令来完成。

样式曲面是一种自由曲面，将在样式曲面的专门模块中完成。

1.3.2 Creo 4.0 曲面设计技巧

曲面造型的功能主要用于创建异型产品。对于外观形状复杂、表面不规则的异型产品，通过实体建模方法创建比较困难，为满足产品外观要求，通常使用创建产品轮廓曲线，由曲线创建曲面，并将曲面转化为实体的方法。要保证创建出来的曲面既光顺又能满足一定的精度要求，必须掌握一定的曲面造型方法和技巧。

1．创建曲面简单化

点→线→面→体是创建曲面产品的常用方法，为使创建好的曲面便于控制和修改，防止文件在进行数据转换时，出现 G2（曲率连续）曲面丢失、移位和变形，应该以尽可能少的点来构线，以尽可能少的线来创建面，以尽可能少的面来创建最终的曲面产品。

2. 创建曲面最大化

进行曲面设计时，为保证曲面的品质，曲面的边界面积应做到最大化。应该符合基面最大化、做大面、裁小面的原则。

3. 创建曲面最小化

在创建异形曲面时，要做到小曲面的最小化，将曲面尽可能做小一点，达到缺陷影响的弱化效果。

4. 创建曲面顺势与逼近原则

曲面基本上是由曲线构成的，曲面的品质与生成它的曲线及控制曲线有着密切的关系。要保证曲面的光顺，必须有光顺的控制线。

（1）按趋势建立边界曲线或控制曲线。

（2）创建样条线生成基准曲线后，使用其曲率图的显示来调整曲线段的各点位置，通过控制起点、终点的约束条件来交互式地修改拟合曲线，使其达到光顺的效果。在曲面片之间，也可以通过设置边界约束条件来实现光滑连接。

5. 创建曲面转化原则

（1）非四边面的转化：进行曲面设计时，将曲面转化为四边面来构建，创建出来的曲面整洁、质感强、容易操控。

（2）曲面走势的转化：在曲面急剧变化的部位进行曲面走势转换能创建出高质量曲面。

6. 创建曲面优化原则

进行复杂曲面设计时，要获得光顺度好的曲面，都需要对曲面进行优化处理，特殊曲面进行特殊处理，如：渐消曲面、曲面倒圆、异形曲面等。

7. 创建曲面顺序与拆分曲面

对于复杂曲面要预估曲面形态和走势，选择合理的创建顺序，优先创建大曲面，再创建小曲面，然后创建过渡曲面。

拆分曲面的意义：解决收敛的问题、增强曲面的可修改调整的性能并改善曲面光顺程度。

思考与练习

1. 判断题（正确的请在括号内填入“√”，错误的填入“×”）

（1）在 Creo 4.0 中，曲面设计是实体模型设计的一种方法。（　）

（2）在曲面设计中，生成曲面的很多方法与生成实体的方法基本一致。（　）

（3）用一张曲面描述一个复杂的产品外形是可行的。（　）

2. 选择题（请将唯一正确答案的代号填入题中的括号内）

（1）曲面类型很多，归纳起来有（　）种。

A. 2　　B. 7　　C.4　　D. 3

（2）在 Creo 4.0 中应用最多的基本模块有（　　）种。

A. 3　　B. 4　　C. 5　　D. 6

（3）Creo 4.0 系统中的曲面的每个子曲面片都具有（　　）条边。

A. 3　　B. 4　　C. 5　　D. 6

（4）在曲面片之间实现光滑连接时，保证曲面片连接光顺的必要条件是（　　）。

A．保证各连接片间具有公共边

B．保证不会引起视觉上的凹凸感

C．保证各曲面片的控制线连接要光滑

D．保证曲率变化较小以及应变较小

3．简述曲面设计有哪些基本技巧。

4．简述样式曲面设计的基本思路与方法。

第2章　Creo 4.0 基础曲面设计实例

本章主要内容

- 拉伸曲面、旋转曲面
- 扫描曲面、螺旋扫描曲面、边界混合曲面
- 合并、延伸、修剪、加厚曲面
- 通过点的曲线、样式曲线

由于美观、时尚、功能等方面的要求，曲线曲面在工业产品的设计中得到越来越广泛的应用。在 Creo 4.0 中，曲线是构建产品曲面的基础，优质的曲线才能获得理想的产品造型，常用的曲线、曲面建模命令包括：通过点的曲线、样式曲线、拉伸曲面、旋转曲面、扫描曲面、边界混合曲面、螺旋扫描曲面、样式曲面、合并曲面、延伸曲面、修剪曲面、加厚曲面等。

本章通过实例介绍工业产品基础曲面特征的设计方法和过程。实例包括波纹垫片、螺旋杆、简易鼠标、果汁杯、洗发水瓶。

2.1　波纹垫片的设计

2.1.1　设计导航——作品规格与流程剖析

1．作品规格——波纹垫片产品形状和参数

波纹垫片产品外观如图 2-1 所示，长×宽×高为：50 mm×50 mm×2 mm。

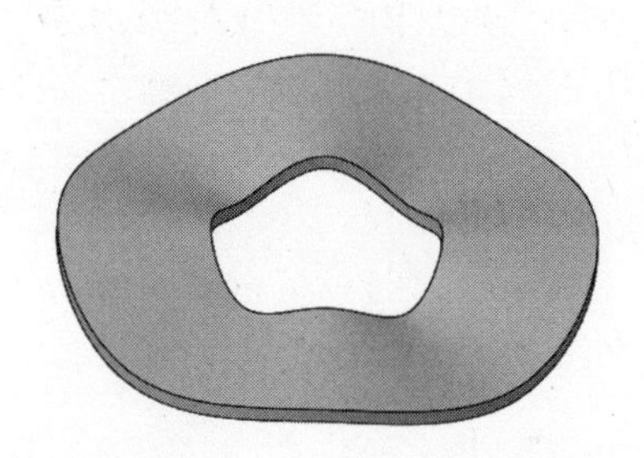

图 2-1　波纹垫片产品

2．流程剖析——波纹垫片产品设计方法与流程

（1）创建波纹垫片等分曲线。

（2）创建波纹垫片轮廓曲线。

（3）绘制波纹垫片边界曲面。

（4）完善波纹垫片结构，获得波纹垫片产品。

波纹垫片产品创建的主要流程如图 2-2 所示。

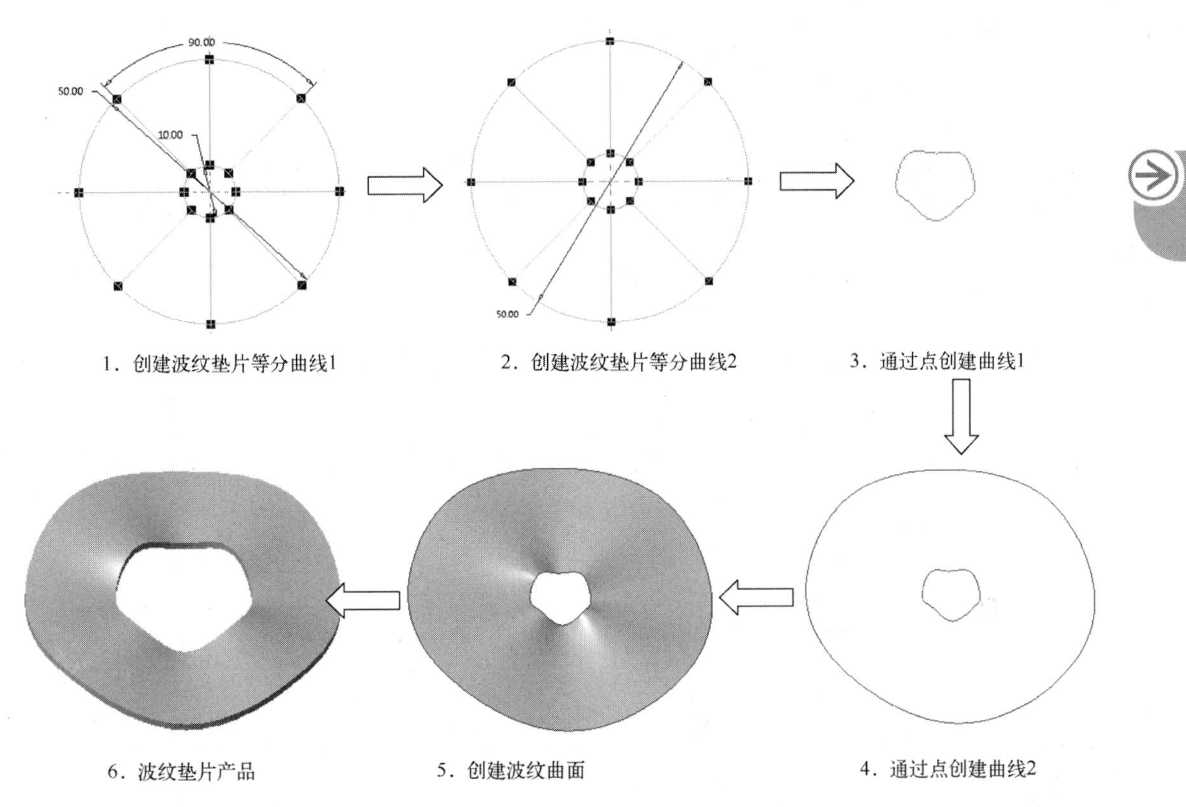

图 2-2 波纹垫片产品创建的主要流程

2.1.2 设计思路——波纹垫片产品的结构特点与技术要领

1. 波纹垫片产品的结构特点

根据设计导航中的设计流程剖析可知，波纹垫片是一种简单的机械零件。其结构看似比较简单，但设计技巧性较强，结合波纹垫片产品的外形特点，使用“通过点的曲线”创建波纹垫片的内边界和外边界曲线，再通过边界混合的方法进行设计。

2. 波纹垫片产品设计技术要领

波纹垫片产品使用通过点的曲线创建波纹轮廓曲线，然后使用边界混合的方法创建波纹曲面，最后使用加厚、拉伸移除材料方法对波纹垫片产品结构进行完善。其通过点的曲线操作技术要领如下。

进入零件设计界面，从模型工具栏选择【基准】→【曲线】按钮，打开“曲线：通过点”操控板，如图 2-3 所示。

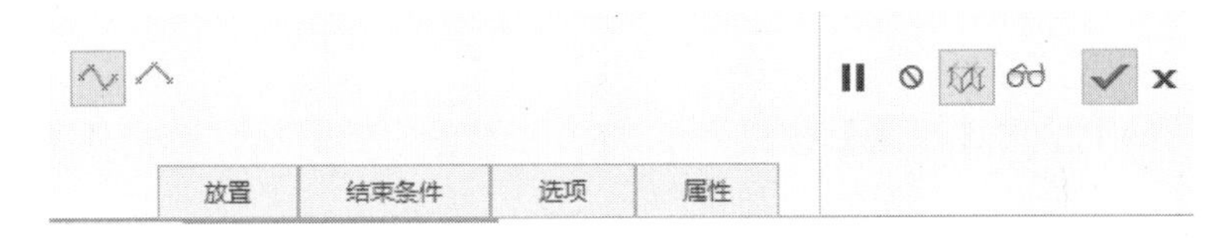

图 2-3 “通过点的曲线”操控板

“通过点的曲线”操控板分为两部分，上层为对话栏，下层为下滑面板。

上层对话框功能如下。

- ：使用样条曲线将该点连接到上一点。
- ：使用线将该点连接到上一点。
- ：暂停当前工具以访问其他对象操作工具。
- ：无预览模式。
- ：分离。
- ：特征预览。
- ：应用并保存使用当前工具创建的特征，然后关闭操控板。
- ：取消使用当前工具创建的特征，然后关闭操控板。

下层下滑面板功能如下。

- 放置：用来设置通过的点。
- 结束条件：用来设置通过点的曲线开始和结束的约束条件，如图 2-4 所示。
- 选项：用来定义曲线扭曲。
- 属性：表示特征在系统中的 ID 名称。

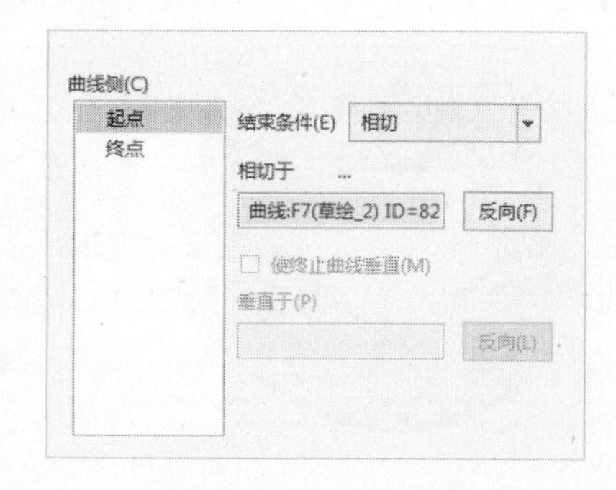

图 2-4 “通过点的曲线”结束条件设置

2.1.3 实战步骤

1. 创建波纹垫片等分曲线

（1）创建波纹垫片等分曲线 1

1）选取命令

从模型工具栏中单击【草绘】按钮，打开“草绘”对话框。在【平面】框中选择“FRONT”平面作为草绘平面，在【参考】框中选择“RIGHT”平面作为参考平面，在【方向】框中选择【右】，如图 2-5 所示。单击草绘按钮进入草绘模式。

2）绘制波纹垫片等分曲线 1

绘制等分曲线 1，如图 2-6 所示。方法如下。

① 单击【中心线】按钮，绘制两条中心线。

② 单击【圆】按钮，绘制出“环形”轮廓。单击【线】按钮，绘制过原点的 4 条直线。单击【删除段】按钮，分别删除大圆外和小圆内的直线段。单击【对称】按钮，使两条斜角直线顶点关于竖直中心线左右对称，如图 2-6 所示。

③ 单击【尺寸】按钮，标注两条斜角直线的夹角为 90°，使用轮廓线上的外圆标注直径尺寸，如图 2-6 所示。

④ 单击草绘工具栏的按钮，退出草绘模式。

（2）创建波纹垫片等分曲线 2

1）选取命令，定义草绘平面和方向

从模型工具栏中单击【草绘】按钮，打开“草绘”对话框，单击【平面】框，创建草绘平面 DTM1。

① 选取命令

从模型工具栏中单击【平面】按钮，打开“基准平面”对话框。

图 2-5 “草绘”对话框

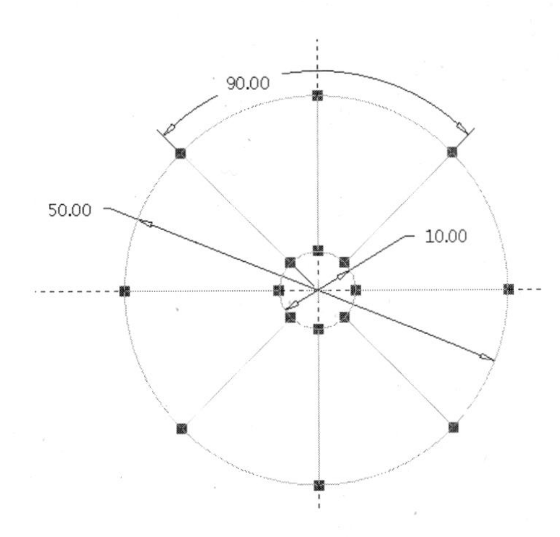

图 2-6 绘制波纹垫片等分曲线 1

② 为新建基准平面选取位置参考

在【基准平面】对话框的【参考】栏中，选取“FRONT”平面作为参考，选取约束为“偏移”，输入偏移值为：2，如图 2-7 所示。

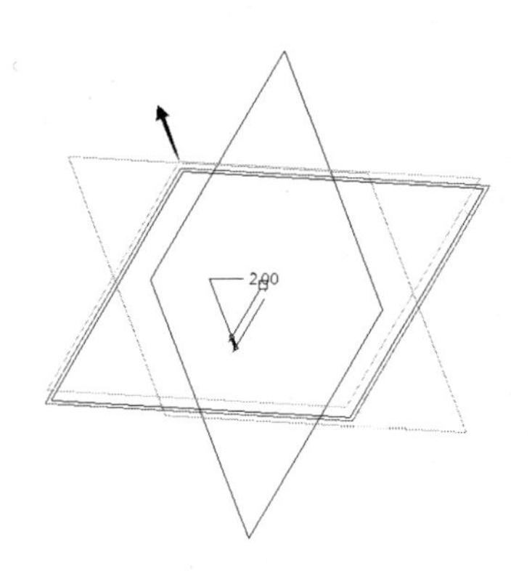

图 2-7 为“基准平面”选取参考

③ 完成基准平面的创建工作

单击“基准平面”对话框的【确定】按钮，完成基准平面 DTM1 的创建工作。

在【参考】框中选取“RIGHT”平面作为参考平面，在【方向】框中选取“下”，如图 2-8 所示，单击 草绘 按钮进入草绘模式。

2）绘制波纹垫片等分曲线 2

绘制等分曲线 2，如图 2-9 所示。方法如下。

① 单击【投影】按钮，提取等分曲线 1 的轮廓到草绘平面 DTM1 上，如图 2-9 所示。

② 单击草绘工具栏的✔按钮，退出草绘模式。

2．创建波纹垫片轮廓曲线

（1）创建通过点的曲线 1

1）选取命令

从模型工具栏选择【基准】→【曲线】按钮，打开“曲线：通过点”操控板，如

图 2-10 所示。

图 2-8 “草绘”对话框

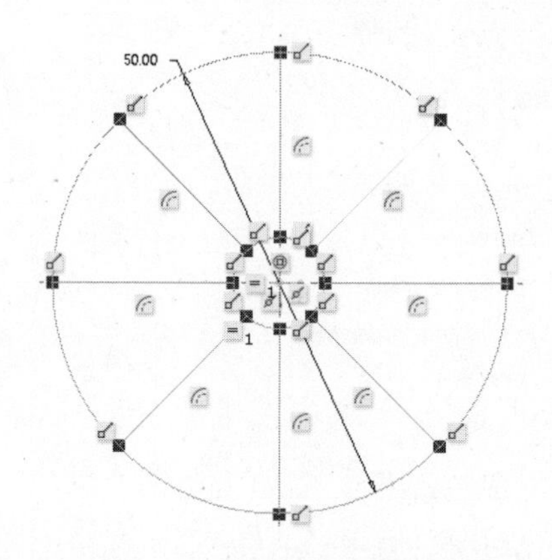

图 2-9 绘制波纹垫片等分曲线 2

图 2-10 “曲线：通过点”操控板

2）创建轮廓曲线 1

① 单击放置下滑面板，依次选择曲线通过等分曲线的 9 个端点，定义创建曲线方式为“样条”，如图 2-11 所示。

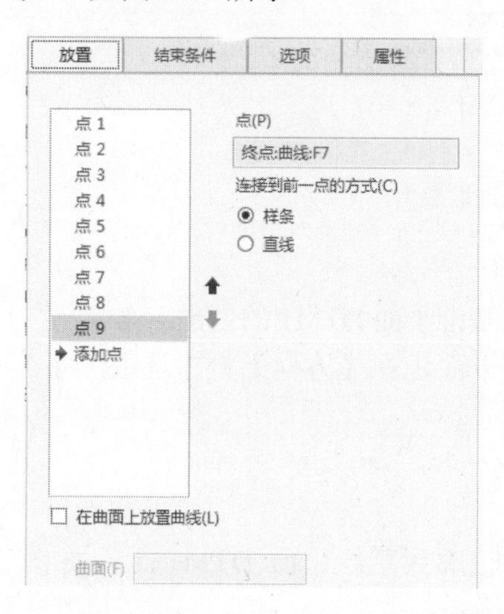

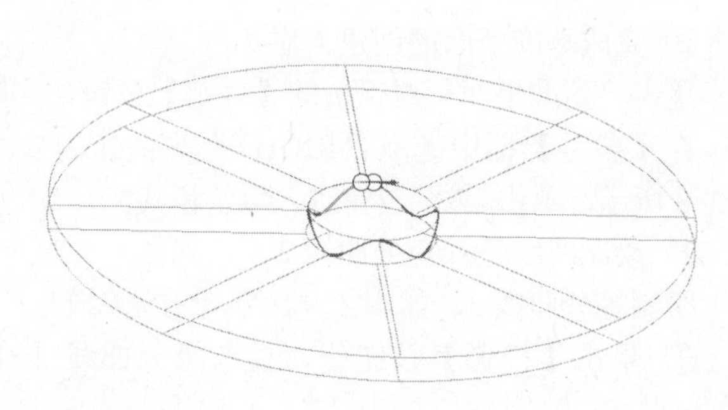

图 2-11 创建轮廓曲线 1

② 在“通过点的曲线”操控板中选择【结束条件】，然后选择曲线侧【起点】，在【结束条件】对话框中选择“相切”，相切于等分曲线 2 中的ϕ10 小圆曲线；用同样的方法，依次选择其余点相切于等分曲线 1、2 中的ϕ10 小圆曲线，最后选择曲线侧【终点】，相切于等分曲线 2 中的ϕ10 小圆曲线，如图 2-12 所示。

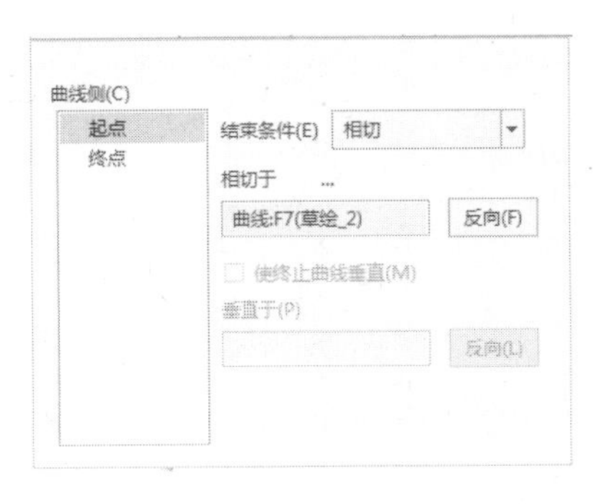

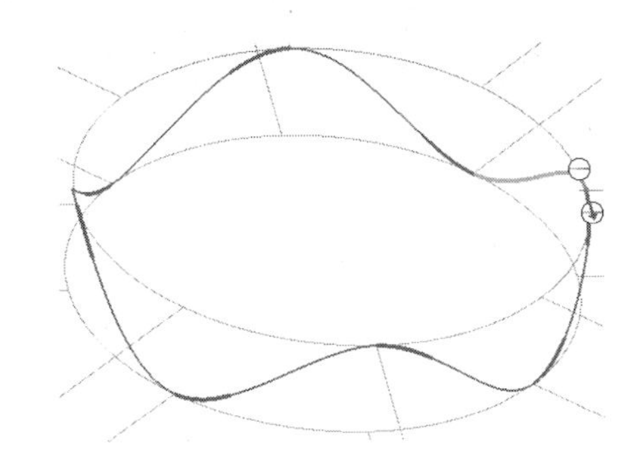

图 2-12　设置“通过点的曲线”结束条件

3）完成轮廓曲线 1 的创建工作

单击操控板的✓按钮，完成轮廓曲线 1 的创建工作。

（2）创建通过点的曲线 2

1）选取命令

从模型工具栏选择【基准】→【曲线】按钮∿，打开“曲线：通过点”操控板。

2）绘制通过点的曲线 2

① 单击放置下滑面板，依次选择曲线通过等分曲线外侧 9 个端点，定义创建曲线方式为“样条”，如图 2-13 所示。

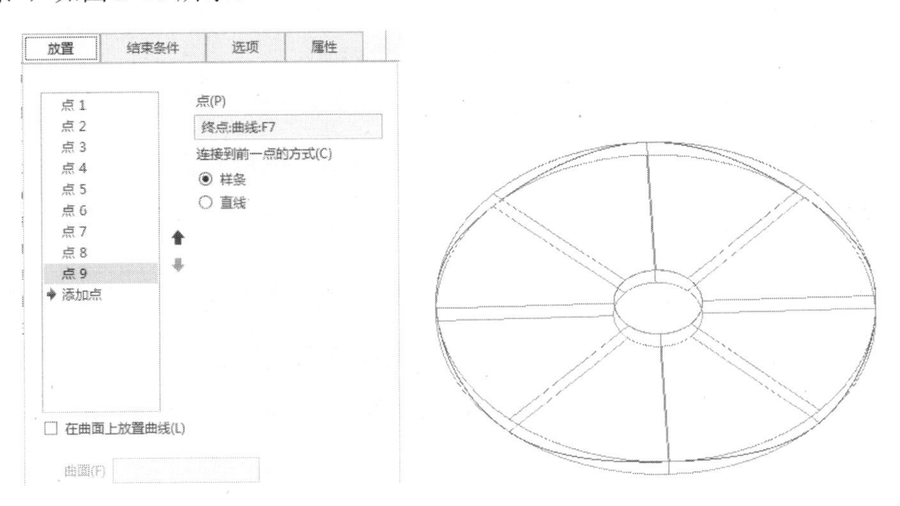

图 2-13　创建轮廓曲线 2

② 在“通过点的曲线”操控板中选择【结束条件】，然后选择曲线侧【起点】，在【结束条件】对话框中选择“相切”，相切于等分曲线 2 中的ϕ50 大圆曲线；用同样的方法，依次选择其余点相切于等分曲线 1、2 中的ϕ50 大圆曲线，最后选择曲线侧【终点】，相切于等分曲线 2 中的ϕ50 大圆曲线，如图 2-14 所示。

3）完成轮廓曲线 2 的创建工作

单击操控板的✓按钮，完成轮廓曲线 2 的创建工作。

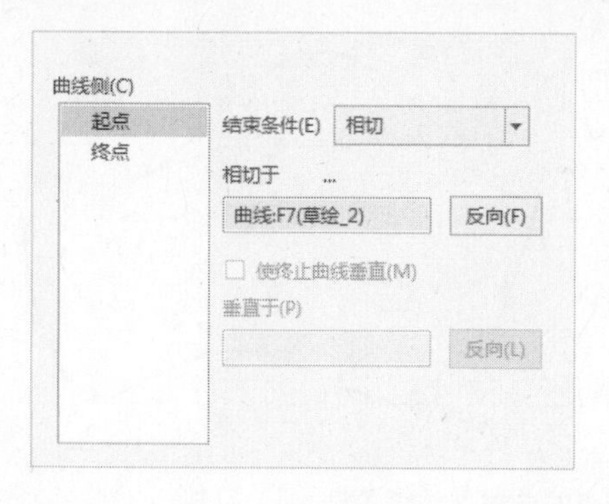

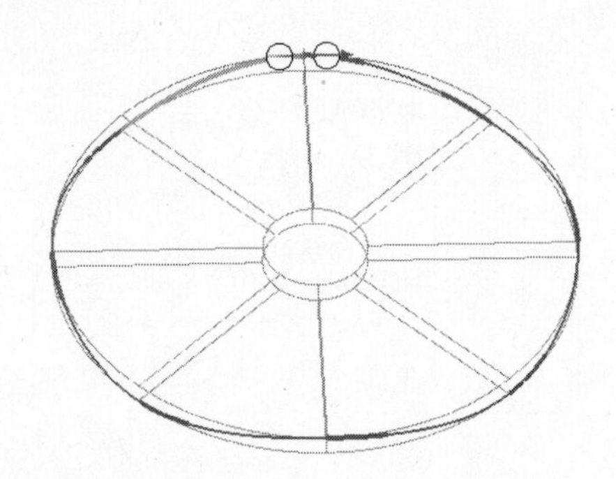

图 2-14 “通过点的曲线”结束条件设置

3．创建波纹垫片边界曲面

（1）选取命令

从模型工具栏上单击【边界混合】按钮，打开“边界混合”操控板，如图 2-15 所示。

图 2-15 “边界混合”操控板

（2）选取第一方向曲线

在曲线面板中单击【第一方向】下面的列表框，依次选取轮廓曲线 1、2（结合〈Ctrl〉键）作为第一方向的曲线，如图 2-16 所示。

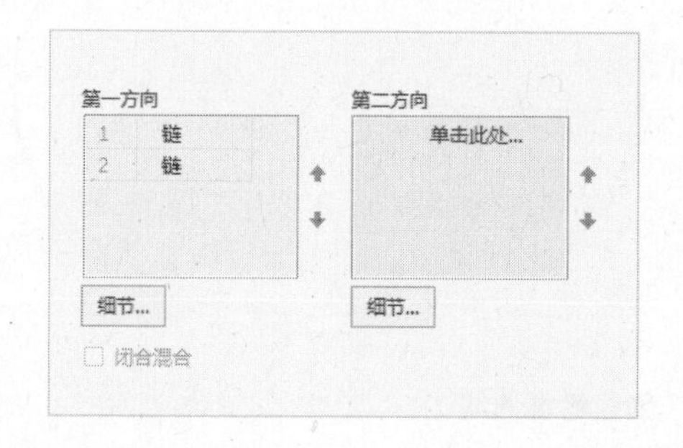

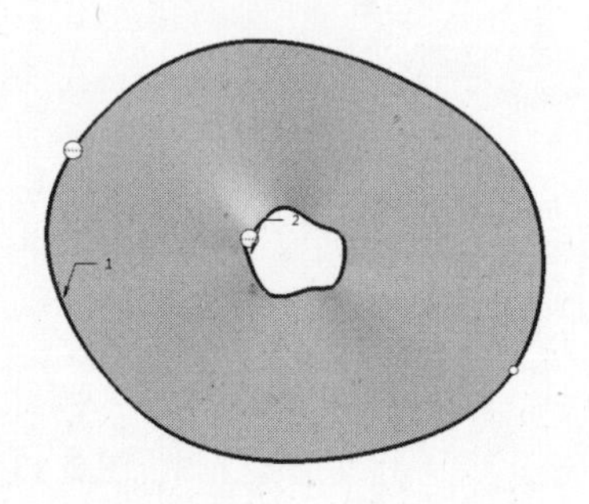

图 2-16 选取第一方向曲线

第二方向的曲线为无。

（3）完成波纹垫片边界曲面的创建工作

单击操控板的按钮，完成波纹垫片边界曲面的创建工作。

4．完善波纹垫片结构，获得波纹垫片产品

（1）加厚波纹曲面

1）在模型树中单击创建好的波纹曲面“边界混合 1”，单击【加厚】按钮，打开“加厚”操控板，如图 2-17 所示。设置总加厚偏移值为“1”，单击【反转结果几何的方向】按

钮，使波纹曲面沿箭头方向向两边加厚，如图 2-18 所示。

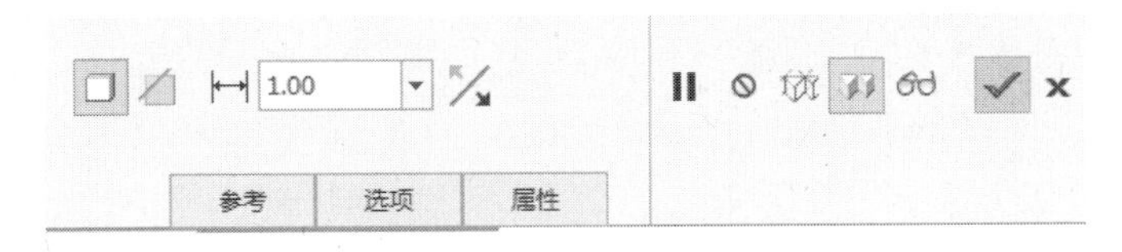

图 2-17 “加厚”操控板

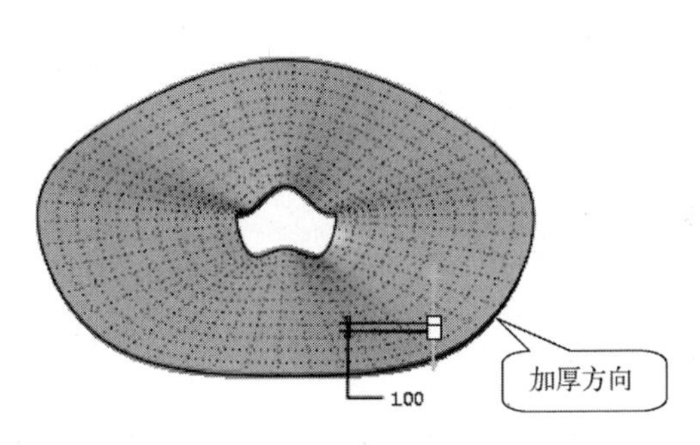

图 2-18 加厚波纹曲面

2）单击操控板的按钮，完成波纹曲面的加厚创建工作。

（2）拉伸修剪波纹垫片

1）选取命令

从模型工具栏中单击【拉伸】按钮，打开“拉伸”操控板，单击【拉伸为实体】按钮，再单击【移除材料】按钮，如图 2-19 所示。

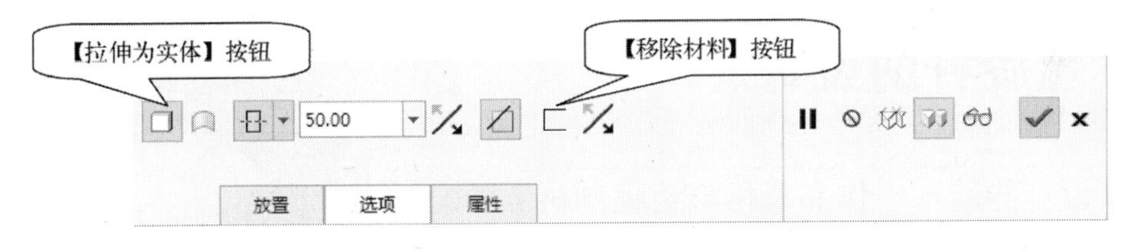

图 2-19 “拉伸”操控板

2）定义草绘平面和方向

选择【放置】→【定义】，打开“草绘”对话框。在【平面】框中选择“FRONT”平面作为草绘平面，在【参考】框中选择“RIGHT”平面作为参考平面，在【方向】框中选择【下】，如图 2-20 所示。单击草绘按钮进入草绘模式。

3）绘制波纹垫片修剪截面

绘制“环形”截面，如图 2-21 所示。单击草绘工具栏的按钮，退出草绘模式。

4）指定拉伸方式和深度

在“拉伸”操控板中选择【选项】→【对称】，然后输入拉伸深度“50”，在图形窗口中可以预览拉伸出的实体特征，如图 2-22 所示。

5）完成波纹垫片移除材料的创建工作

单击操控板的按钮，完成波纹垫片移除材料的创建工作，其效果如图 2-23 所示。结果文件请参看随书网盘资源中的“第 2 章\范例结果文件\波纹垫片\ bwdp.prt”。

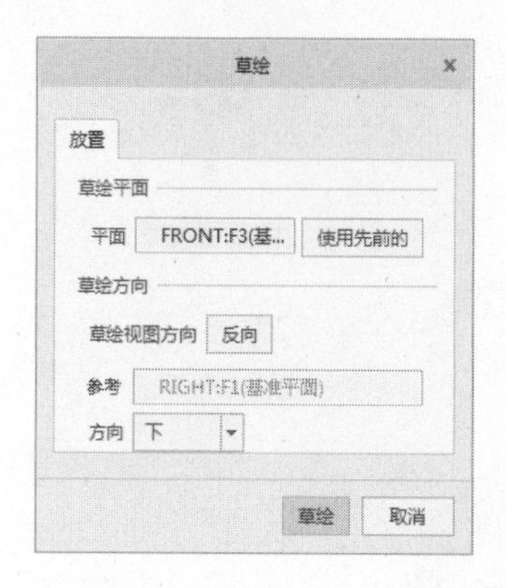

图 2-20 “草绘”对话框

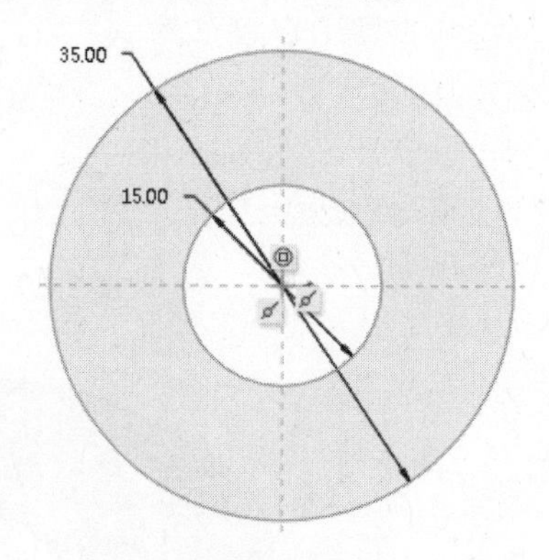

图 2-21 绘制拉伸截面

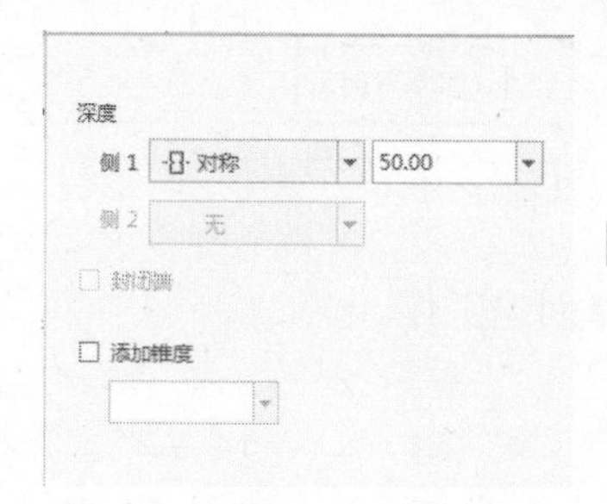

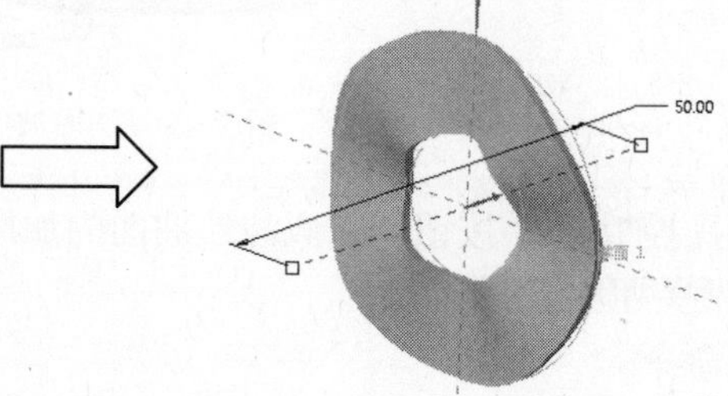

图 2-22 拉伸修剪波纹垫片实体

2.2 螺旋杆的设计

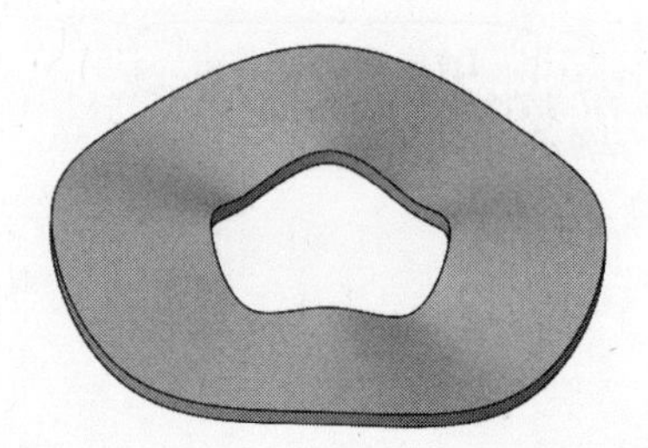

图 2-23 波纹垫片产品

2.2.1 设计导航——作品规格与流程剖析

1．作品规格——螺旋杆产品形状和参数

螺旋杆产品外观如图 2-24 所示，直径×长为：ϕ19×85.5 mm，螺旋杆共有两部分组成：螺旋杆和手柄。

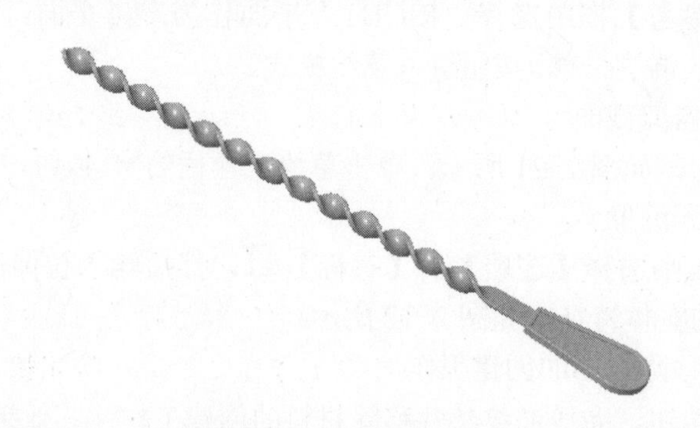

图 2-24 螺旋杆产品

2．流程剖析——螺旋杆产品设计方法与流程

（1）创建螺旋杆螺旋曲面。

（2）创建螺旋杆手柄曲面。

（3）创建螺旋杆过渡曲面。

（4）修剪螺旋杆曲面，并加厚。

（5）完善螺旋杆结构，获得螺旋杆产品。

螺旋杆产品创建的主要流程如图 2-25 所示。

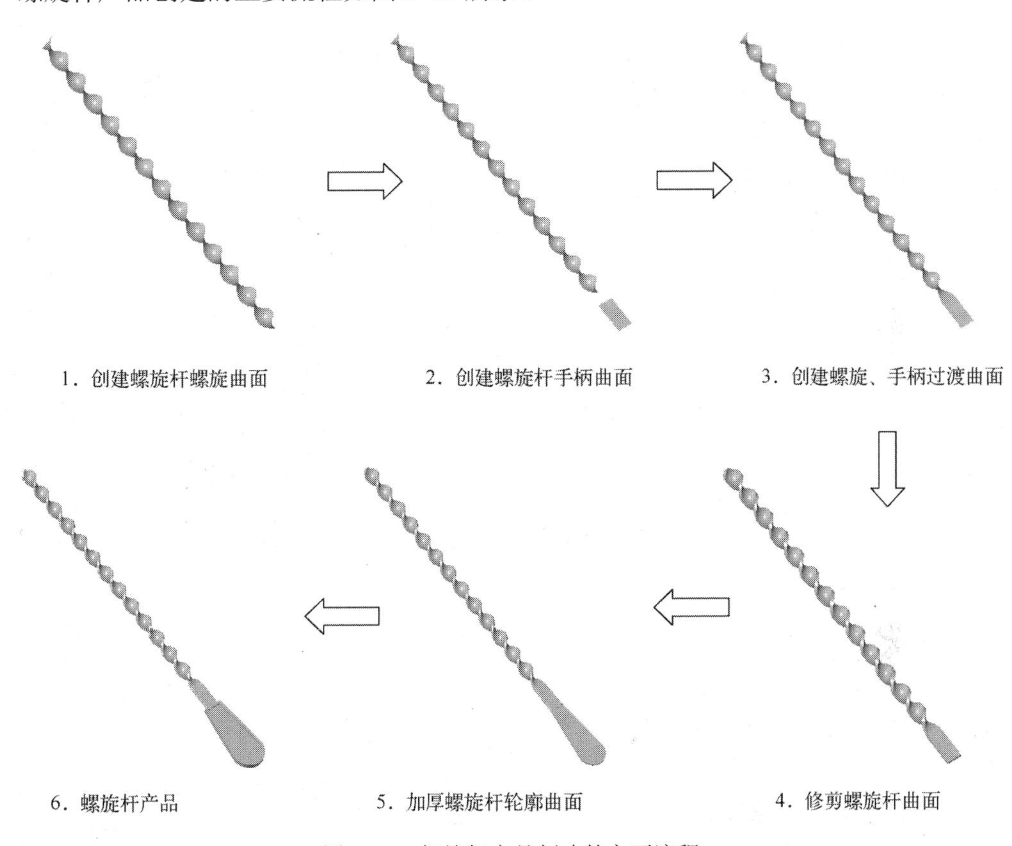

图 2-25　螺旋杆产品创建的主要流程

2.2.2 设计思路——螺旋杆产品的结构特点与技术要领

1．螺旋杆产品的结构特点

螺旋杆产品结构由螺旋杆和螺旋杆手柄组成。结合产品的结构特征，可使用螺旋扫描结合边界混合、拉伸等设计方法进行设计。

2．螺旋杆产品设计技术要领

螺旋杆产品主要使用螺旋扫描的方法进行设计。螺旋杆螺旋曲面特征可使用螺旋扫描方法对螺旋曲面进行创建，螺旋杆螺旋曲面与手柄直平面的过渡曲面使用边界混合方法创建，最后使用加厚、拉伸、圆角等方法对螺旋杆主体进行完善，得到完整的螺旋杆产品。

2.2.3 实战步骤

1．创建螺旋杆螺旋曲面

（1）选取命令

从模型工具栏中单击【扫描】→【螺旋扫描】按钮，打开“螺旋扫描”操控板，单击【扫描为曲面】按钮，再单击【使用右手定则】按钮，如图 2-26 所示。

图 2-26 “螺旋扫描”操控板

（2）绘制螺旋扫描轮廓

选择【参考】→螺旋扫描轮廓【定义】，打开“草绘”对话框。在【平面】框中选择“RIGHT”平面作为草绘平面，在【参考】框中选择“TOP”平面作为参考平面，在【方向】框中选择“右”，如图 2-27 所示。单击 草绘 按钮进入草绘模式。

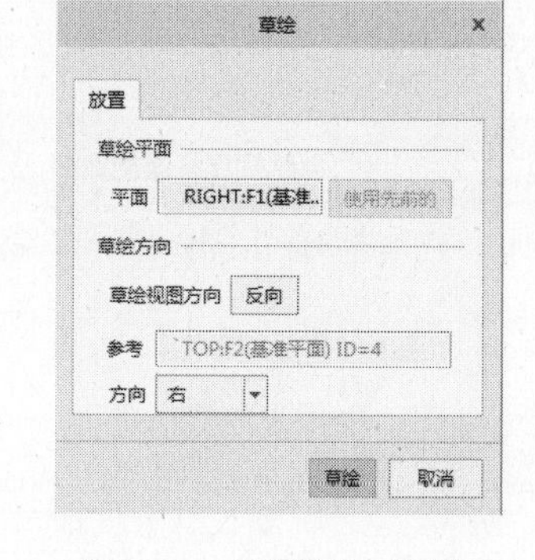

图 2-27 “草绘”对话框

绘制螺旋扫描轮廓，如图 2-28 所示。方法如下。

1）单击【中心线】按钮，绘制螺旋扫描的几何中心线。

2）单击【线】按钮，绘制出螺旋扫描截面。

3）使用轮廓线上的外端点标注长度尺寸。

4）单击草绘工具栏的按钮，退出草绘模式。

（3）绘制螺旋扫描截面

绘制螺旋扫描截面，如图 2-29 所示。方法如下。

1）单击【中心线】按钮，绘制旋转中心线。

2）单击【线】按钮，绘制出螺旋扫描截面。

3）使用轮廓线上的外端点标注长度尺寸。

4）单击草绘工具栏的按钮，退出草绘模式。

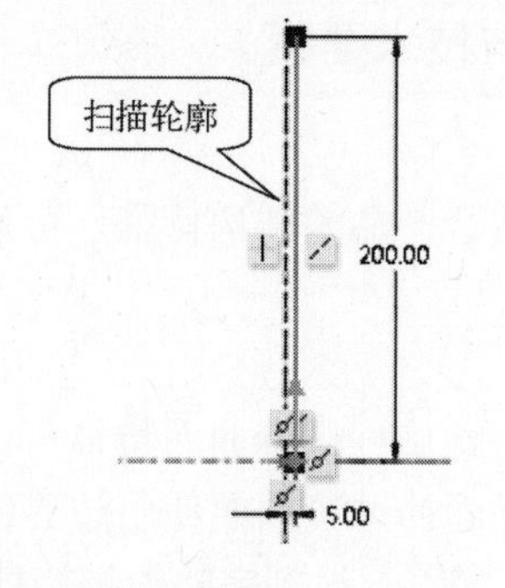

图 2-28 绘制螺旋扫描轮廓

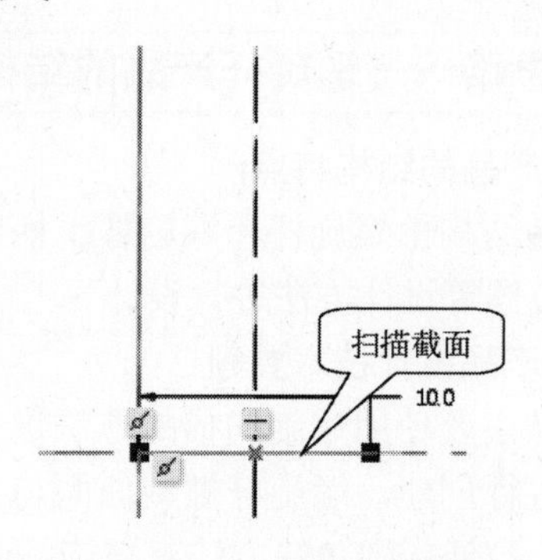

图 2-29 绘制螺旋扫描截面

（4）定义间距

在“螺旋扫描”操控板中选择【间距】，然后输入间距值“30”，如图2-30所示。

图2-30　输入间距值

（5）完成螺旋杆螺旋曲面的创建工作

单击操控板的按钮，完成螺旋杆螺旋曲面的创建工作。

2．创建螺旋杆手柄曲面

（1）创建基准平面DTM1

1）选取命令

从模型工具栏中单击【平面】按钮，打开“基准平面”对话框。

2）为新建基准平面选取位置参考

在【基准平面】对话框的【参考】栏中，选取“FRONT”平面作为参考，选取约束为“偏移”，在“偏移”的平移文本框中输入偏移值“8”，如图2-31所示。

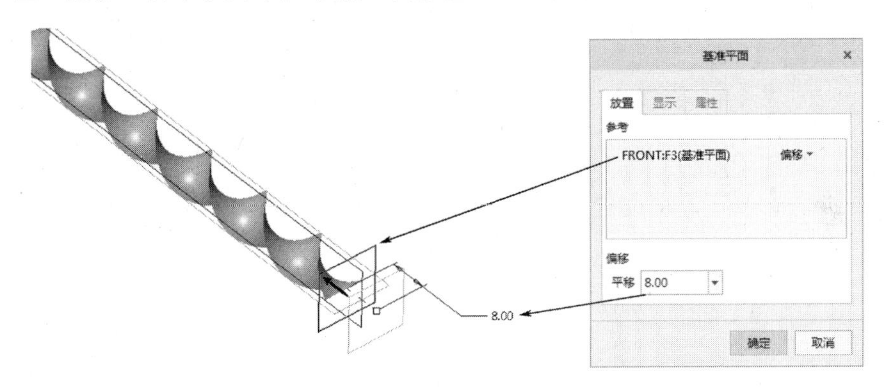

图2-31　为“基准平面”选取参考

3）完成基准平面的创建工作

单击“基准平面”对话框的【确定】按钮，完成基准平面DTM1的创建工作。

（2）选取命令

单击【拉伸】按钮，打开“拉伸”操控板，再单击【拉伸为曲面】按钮。

（3）绘制拉伸截面

选择“DTM1”作为草绘平面，在【参考】框中选择“RIGHT”平面作为参考平面，在【方向】框中选择“右”，进入草绘模式，绘制拉伸截面，如图2-32所示。

（4）指定拉伸方式和深度

在“拉伸”操控板中选择【盲孔】，然后输入拉伸深度“20”，在图形窗口中可以预览拉伸出的曲面特征，如图2-33所示。

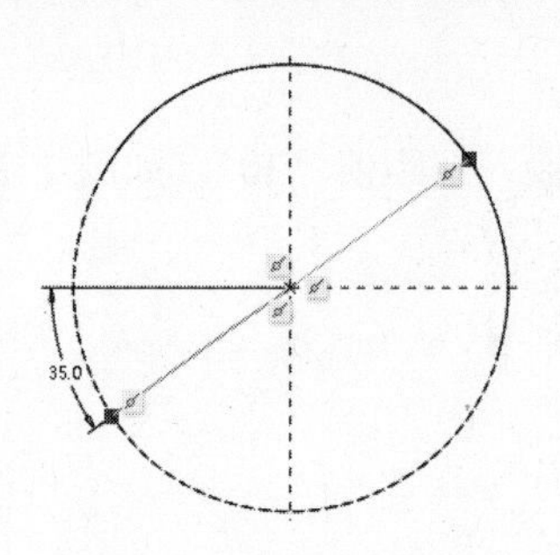

图 2-32　拉伸曲面截面

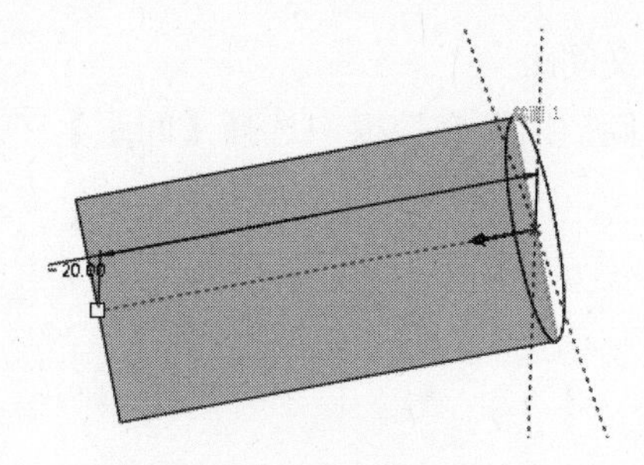

图 2-33　拉伸曲面特征

（5）完成螺旋杆手柄曲面的创建工作

单击操控板的✓按钮，完成螺旋杆手柄曲面的创建工作。

3．创建螺旋杆过渡曲面

（1）选取命令

在模型工具栏上单击【边界混合】按钮，打开“边界混合”操控板。

（2）选取第一方向曲线

在曲线面板中单击【第一方向】下面的列表框，依次选取轮廓曲线 1、2（结合〈Ctrl〉键）作为第一方向的曲线，如图 2-34 所示。

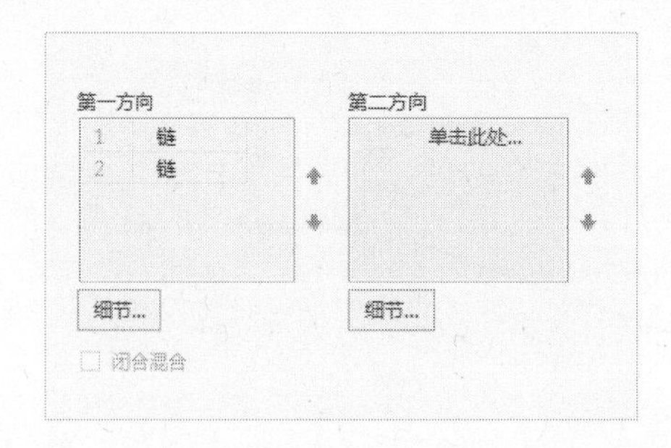

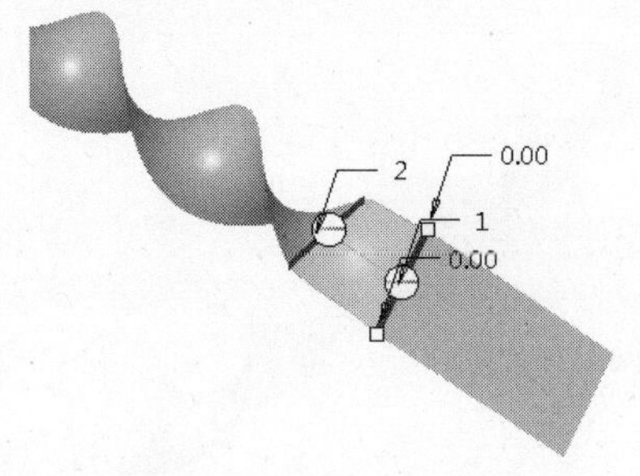

图 2-34　选取第一方向曲线

第二方向的曲线为无。

（3）添加曲面边界约束

在约束面板中单击【边界】下面的列表框，在条件框中，定义“方向 1-第一条链”的条件为相切，选择相切平面为螺旋杆手柄曲面，定义“方向 1-最后一条链”的条件为相切，选择相切平面螺旋杆螺旋曲面，如图 2-35 所示。

（4）完成螺旋杆过渡曲面的创建工作

单击操控板的✓按钮，完成螺旋杆过渡曲面特征的创建工作，曲面形状如图 2-36 所示。

4．修剪螺旋杆曲面，并加厚

（1）合并螺旋杆曲面面组

1）选择螺旋杆螺旋曲面、手柄曲面、过渡曲面作为要合并的面组。

2）在模型工具栏上单击【合并】按钮，打开“合并曲面”操控板，接受系统默认的合并方式。

3）单击操控板的✓按钮，完成螺旋杆曲面面组的合并操作，如图 2-37 所示。

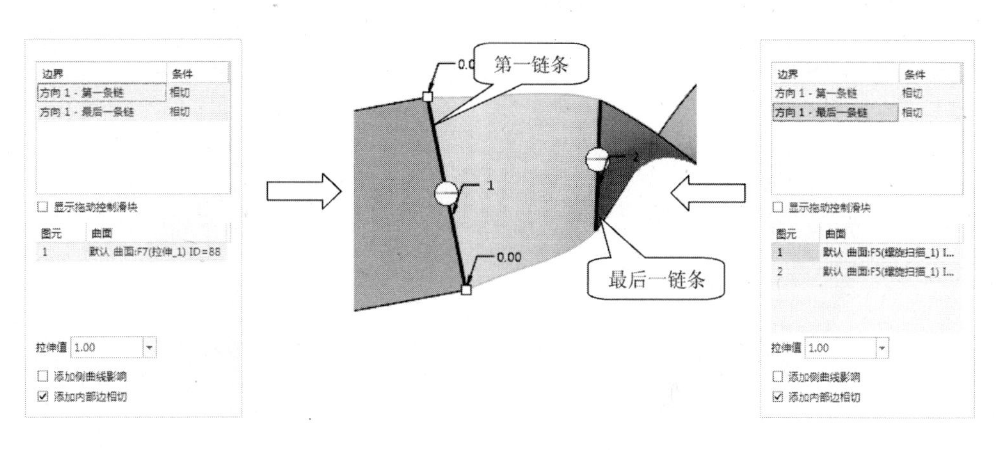

图 2-35　设置边界约束

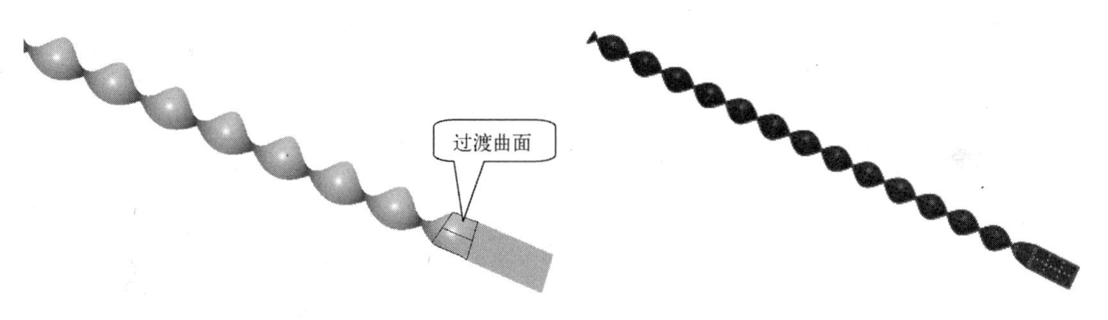

图 2-36　螺旋杆过渡曲面　　　图 2-37　合并螺旋杆曲面面组

（2）拉伸修剪螺旋杆曲面

1）选取命令

单击【拉伸】按钮，打开“拉伸”操控板，单击【拉伸为曲面】按钮，再单击【移除材料】按钮，在【面组】框中选择合并的曲面面组。

2）绘制拉伸修剪截面

绘制拉伸截面：选择“RIGHT”作为草绘平面，在【参考】框中选择“TOP”平面作为参考平面，在【方向】框中选择“右”，进入草绘模式绘制拉伸截面，如图 2-38 所示。

3）指定拉伸方式和深度

在“拉伸”操控板中选择【对称】，然后输入拉伸深度“10”，在图形窗口中可以预览拉伸出的曲面特征，如图 2-39 所示。

4）完成拉伸修剪螺旋杆曲面的创建工作

单击操控板的按钮，完成拉伸修剪螺旋杆曲面的创建工作。

（3）加厚螺旋杆曲面

1）选择命令

选取螺旋杆面组作为要加厚的曲面，在模型工具栏上单击【加厚】按钮，打开“加厚”操控板。

2）选择加厚曲面方式

单击【用实体材料填充加厚的面组】按钮，在文本框中输入加厚偏移值为“2”，按〈Enter〉键确认，单击【反转结果几何的方向】按钮，使螺旋杆面组沿箭头方向向两边加厚，如图 2-40 所示。

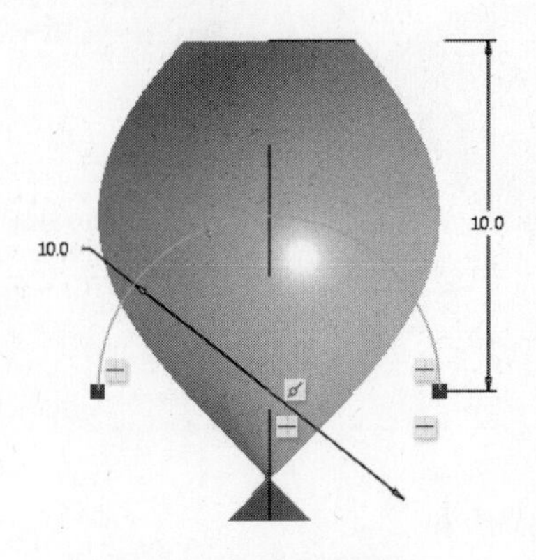

图 2-38　拉伸修剪截面

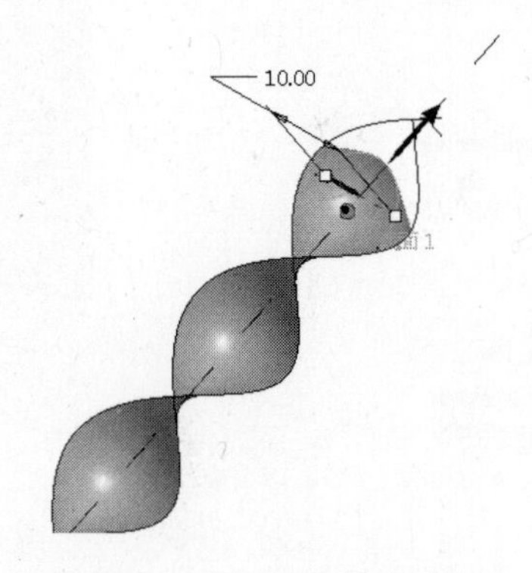

图 2-39　拉伸修剪螺旋杆曲面

3）完成加厚曲面的创建工作

单击操控板的✓按钮，完成螺旋杆面组的加厚创建工作。

5．完善螺旋杆结构，获得螺旋杆产品

（1）创建螺旋杆棱边圆角特征

1）选取命令

在模型工具栏中单击【圆角】按钮，打开“圆角”特征操控板。

2）定义圆角形状参数

在集参数控制面板中选取圆角形状参数为“圆形”。

3）选取圆角参考 1

设定圆角形状参数后，选取螺旋杆过渡体 4 条棱边作为圆角特征的放置参考，如图 2-41 所示。

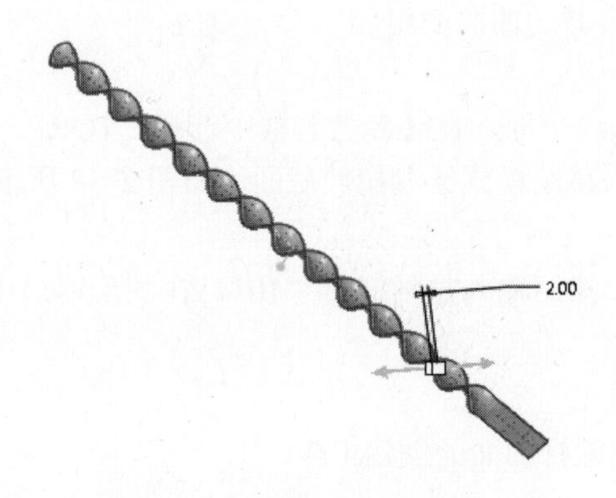

图 2-40　加厚波纹螺旋曲面

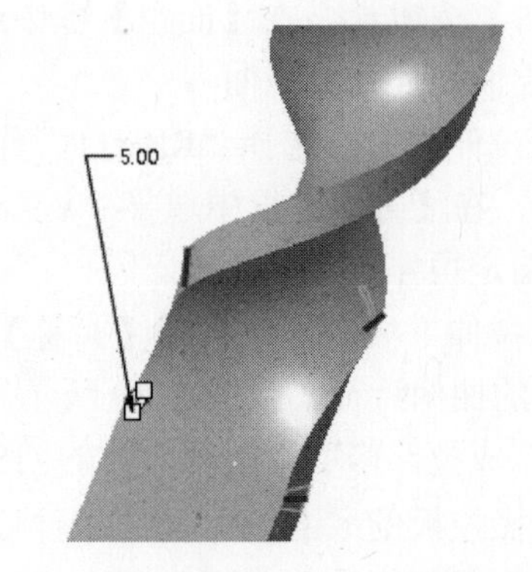

图 2-41　螺旋杆过渡体棱边圆角

4）定义圆角尺寸

在圆角尺寸文本框中输入半径值为 5，按〈Enter〉键确认。

5）选取圆角参考 2

同上操作，分别选取螺旋杆头部 2 条棱边作为圆角特征的放置参考，圆角尺寸为 2，如图 2-42 所示；选取螺旋杆手柄 2 条棱边作为圆角特征的放置参考，圆角尺寸为 0.5，如

图 2-43 所示。

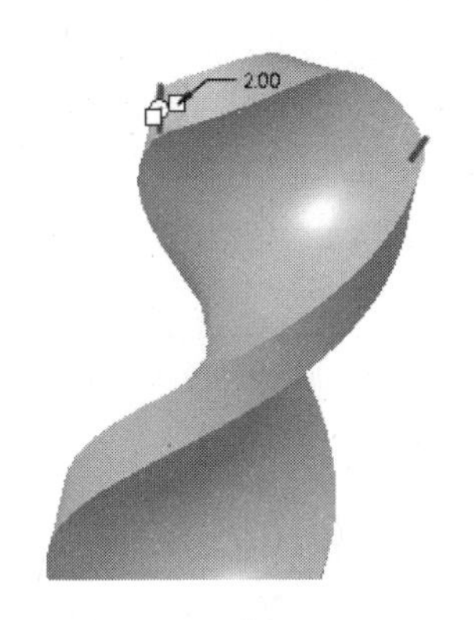

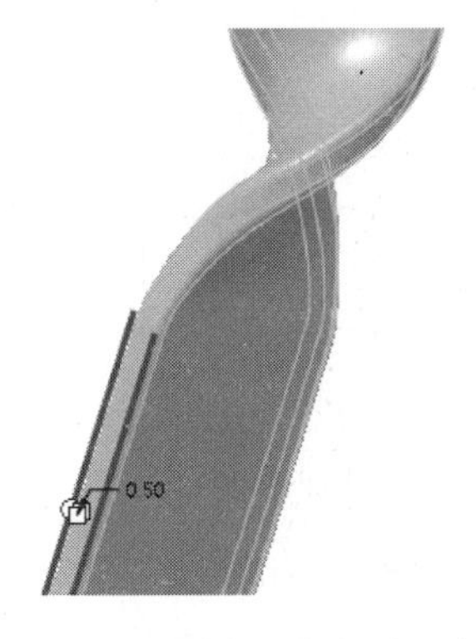

图 2-42　螺旋杆头部圆角　　图 2-43　螺旋杆手柄侧边圆角

6）完成螺旋杆棱边圆角特征的创建工作

单击操控板的✓按钮，完成螺旋杆棱边圆角特征的创建工作。

（2）创建拉伸基准平面 DTM2

1）选取命令

在模型工具栏中单击【平面】按钮▱，打开“基准平面”对话框。

2）为新建基准平面选取位置参考

在【基准平面】对话框的【参考】栏中，选取“加厚”表面作为参考，选取约束为“偏移”，在“偏移”的平移文本框中输入偏移值“1”，如图 2-44 所示。

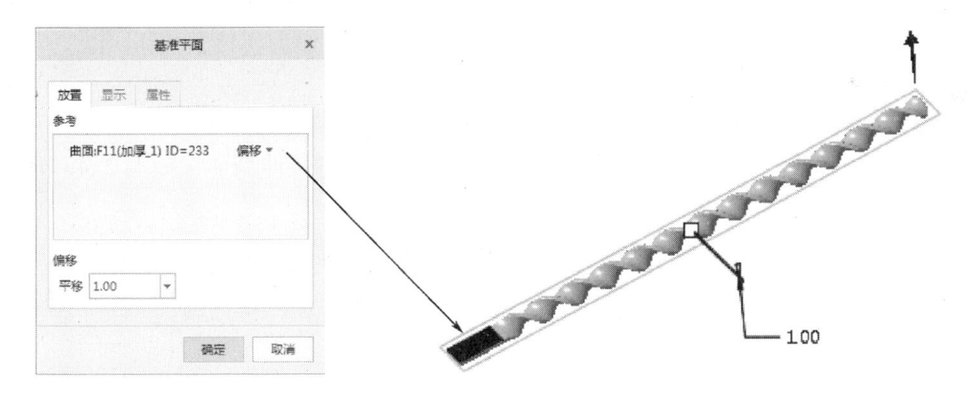

图 2-44　创建拉伸基准平面 DTM2

3）完成基准平面的创建工作

单击“基准平面”对话框的【确定】按钮，完成基准平面 DTM2 的创建工作。

（3）创建螺旋杆手柄

1）选取命令

单击【拉伸】按钮，打开“拉伸”操控板，单击【拉伸为实体】按钮。

2）绘制螺旋杆手柄拉伸截面

绘制拉伸截面：选择“DTM2”作为草绘平面，在【参考】框中选择“FRONT”平面作为参考平面，在【方向】框中选择“上”，进入草绘模式绘制拉伸截面，如图 2-45 所示。

3）指定拉伸方式和深度

在“拉伸”操控板中选择“对称”，然后输入拉伸深度“1.5”，在图形窗口中可以预览拉伸出的实体特征，如图 2-46 所示。

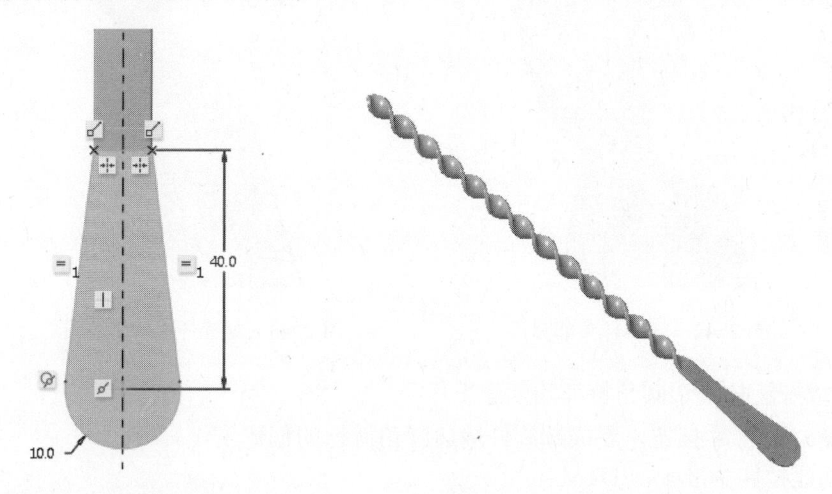

图 2-45　手柄拉伸截面　　　　图 2-46　手柄拉伸实体特征

4）完成拉伸螺旋杆手柄的创建工作

单击操控板的按钮，完成拉伸螺旋杆手柄实体的创建工作。

（4）创建螺旋杆手柄外圈

1）选取命令

单击【拉伸】按钮，打开“拉伸”操控板，单击【拉伸为实体】按钮。

2）绘制拉伸修剪截面

绘制拉伸截面：选择“DTM2”作为草绘平面，在【参考】框中选择“FRONT”平面作为参考平面，在【方向】框中选择“上”，进入草绘模式绘制拉伸截面，如图 2-47 所示。

3）指定拉伸方式和深度

在“拉伸”操控板中选择“对称”，然后输入拉伸深度“4”，在图形窗口中可以预览拉伸出的实体特征，如图 2-48 所示。

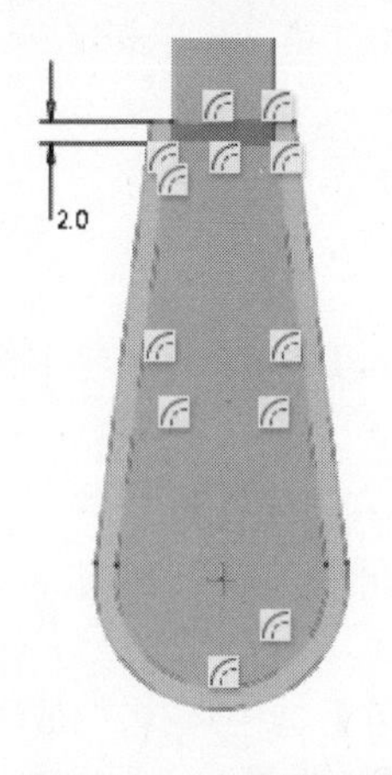

图 2-47　手柄拉伸截面

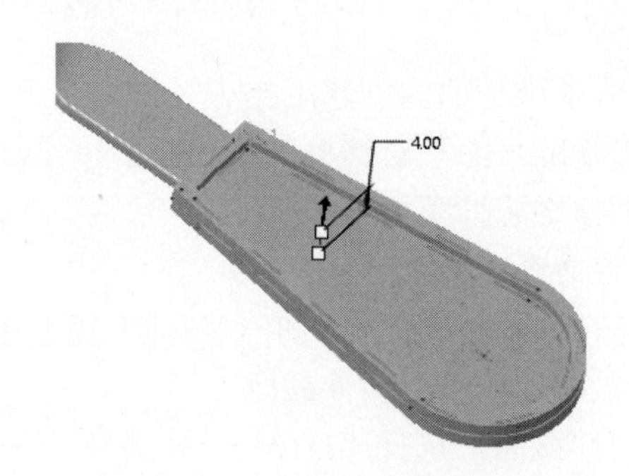

图 2-48　手柄拉伸实体特征

4）完成拉伸螺旋杆手柄外圈的创建工作

单击操控板的✓按钮，完成拉伸螺旋杆手柄外圈实体的创建工作。

（5）创建螺旋杆手柄棱边圆角特征

1）选取命令

在模型工具栏中单击【圆角】按钮，打开“圆角”特征操控板。

2）定义圆角形状参数

在集参数控制面板中选取圆角形状参数为“圆形”。

3）选取圆角参考 1

设定圆角形状参数后，选取螺旋杆手柄 4 条外棱边作为圆角特征的放置参考，如图 2-49 所示。

4）定义圆角尺寸

在圆角尺寸文本框中输入半径值为 0.5，按〈Enter〉键确认。

5）选取圆角参考 2

同上操作，分别选取螺旋杆手柄 4 条内棱边作为圆角特征的放置参考，圆角尺寸为 0.5，如图 2-50 所示；选取螺旋杆手柄头部 2 条棱边作为圆角特征的放置参考，圆角尺寸为 1，如图 2-51 所示。

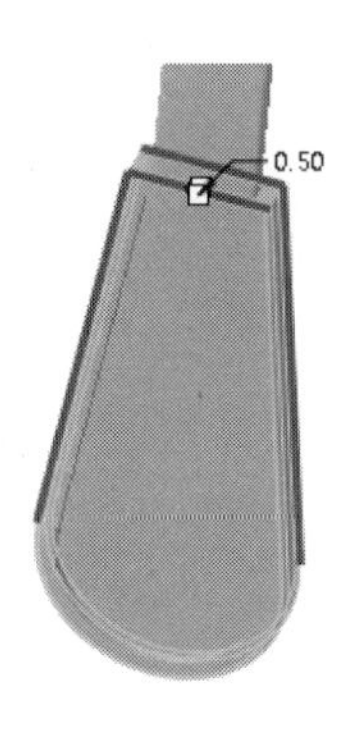

图 2-49　螺旋杆手柄外棱边圆角

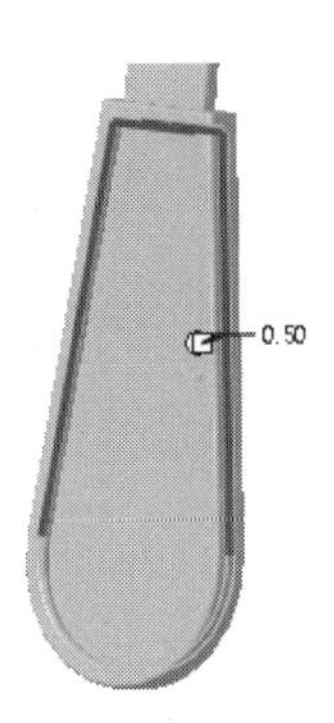

图 2-50　螺旋杆手柄内棱边圆角

6）完成螺旋杆手柄棱边圆角特征的创建工作

单击操控板的✓按钮，完成螺旋杆手柄棱边圆角特征的创建工作，得到完整的螺旋杆产品，实体形状如图 2-52 所示。结果文件请参看随书网盘资源中的“第 2 章\范例结果文件\螺旋杆\luoxuangan.prt”。

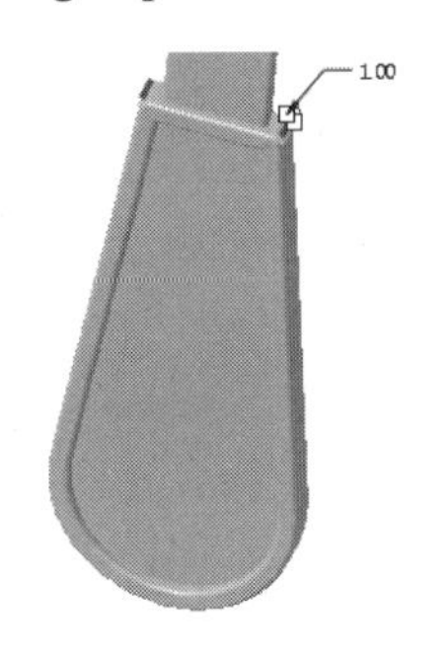

图 2-51　螺旋杆手柄头棱边圆角

图 2-52　螺旋杆产品

2.3 简易鼠标的设计

2.3.1 设计导航——作品规格与流程剖析

图 2-53 简易鼠标产品

1．作品规格——简易鼠标产品形状和参数

简易鼠标产品外观如图 2-53 所示，长×宽×高为：150 mm×100 mm×25 mm。

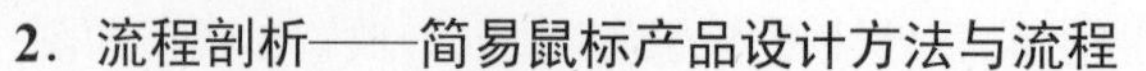

2．流程剖析——简易鼠标产品设计方法与流程

（1）创建简易鼠标扫描轨迹线。

（2）创建简易鼠标轮廓曲面。

（3）完善简易鼠标结构，得到简易鼠标产品。

简易鼠标产品创建的主要流程如图 2-54 所示。

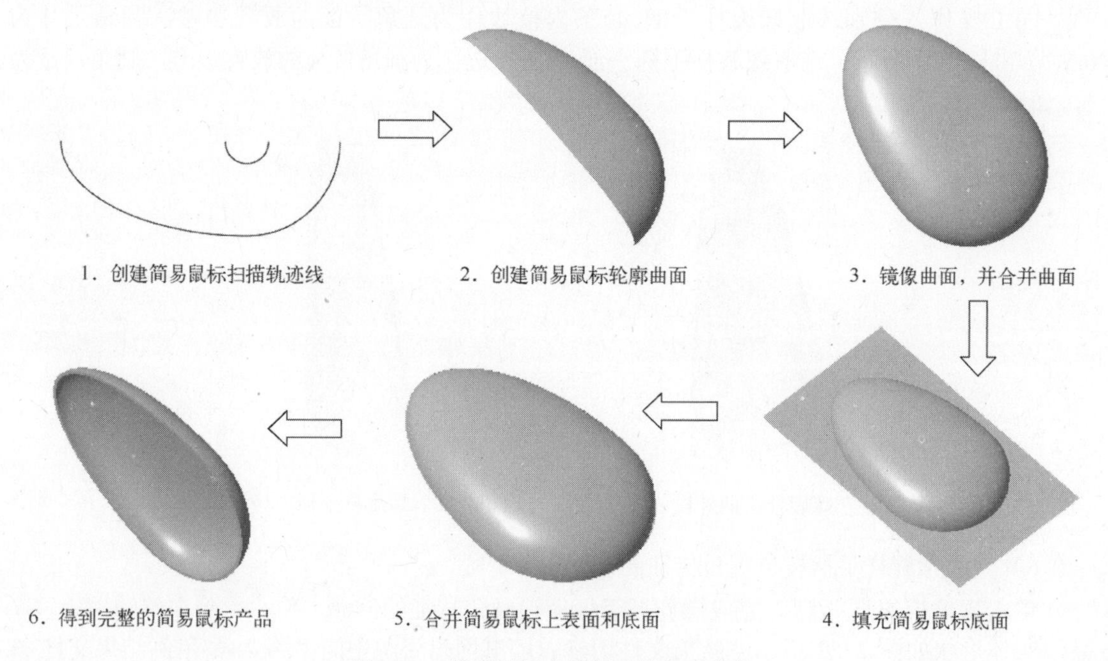

图 2-54 简易鼠标产品创建的主要流程

2.3.2 设计思路——简易鼠标产品的结构特点与技术要领

1．简易鼠标产品的结构特点

简易鼠标是一种典型的曲面对称零件，结合其产品结构特点，使用扫描、镜像的方法进行设计比较方便。

2．简易鼠标产品设计技术要领

简易鼠标产品设计操作技术要领如下：使用草绘方法创建简易鼠标扫描轨迹线，然后创建一半的简易鼠标外表面，使用镜像方法获得完整的鼠标外表面，使用填充、实体化、抽壳

等最终获得完整的简易鼠标产品。

2.3.3 实战步骤

1．创建简易鼠标手扫描轨迹线

（1）选取命令，定义草绘平面和方向

在模型工具栏中单击【草绘】按钮，打开“草绘”对话框。在【平面】框中选择“TOP”平面作为草绘平面，在【参考】框中选择“RIGHT”平面作为参考平面，在【方向】框中选择“右”，单击 草绘 按钮进入草绘模式。

（2）绘制简易鼠标扫描轨迹线

1）单击【弧】→【圆心和端点】按钮，绘制出ϕ12 的半圆弧。

2）单击【椭圆】→【中心和轴椭圆】按钮，分别绘制出中心在原点，长轴为 100，短轴为 50 的大椭圆；长轴为 50，短轴为 50 的小椭圆。单击【删除段】按钮，修剪大椭圆和小椭圆，剩余 1/4 椭圆弧线，如图 2-55 所示。

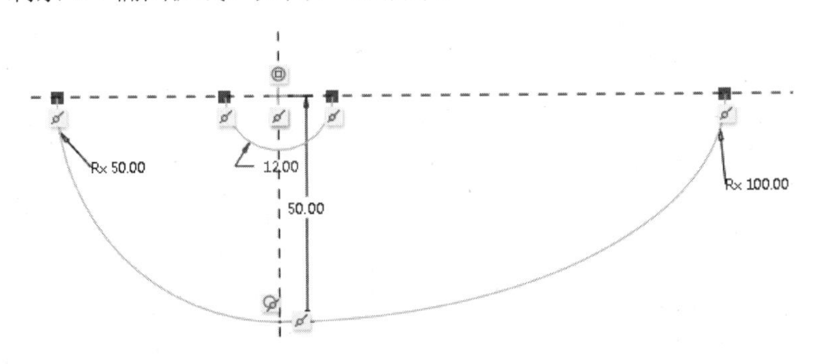

图 2-55　简易鼠标扫描轨迹线

3）使用轮廓线上的外端点标注长度、高度方向尺寸，使用轮廓线上的外圆弧标注半径尺寸。

4）单击草绘工具栏的✔按钮，退出草绘模式。

2．创建简易鼠标轮廓曲面

（1）创建简易鼠标扫描曲面

1）选取命令

在模型工具栏中单击【扫描】按钮，打开“扫描”操控板，单击【扫描为曲面】按钮，再单击【允许截面根据参数化参考或沿扫描的关系进行变化】按钮，如图 2-56 所示。

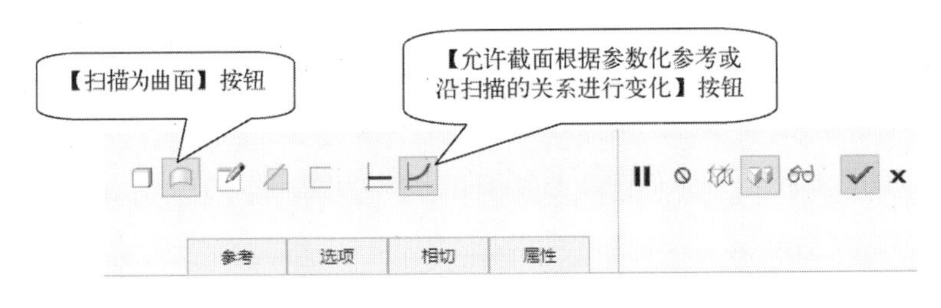

图 2-56 “扫描”操控板

2）选取扫描轨迹线和截面控制参数

在“扫描”操控板中打开“参考”面板，按住〈Ctrl〉键选取原点及链 1 轨迹线，在截面控制参数中选择“垂直于轨迹”，如图 2-57 所示。

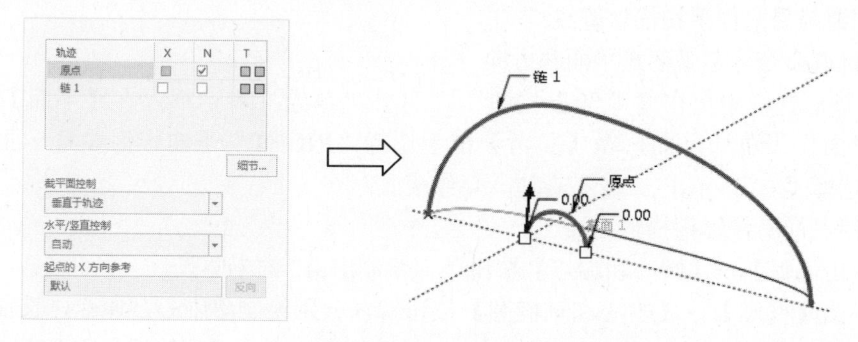

图 2-57　选取扫描轨迹，设定截面控制参数

3）绘制简易鼠标扫描截面

在对话框中单击【创建或编辑扫描剖面】按钮，进入草绘模式，使用轨迹线的扫描起点绘制一个正六边形扫描截面，如图 2-58 所示。

4）完成简易鼠标扫描曲面的创建工作

单击草绘工具栏的按钮退出草绘模式。单击操控板的按钮，完成简易鼠标扫描曲面的创建工作，扫描曲面如图 2-59 所示。

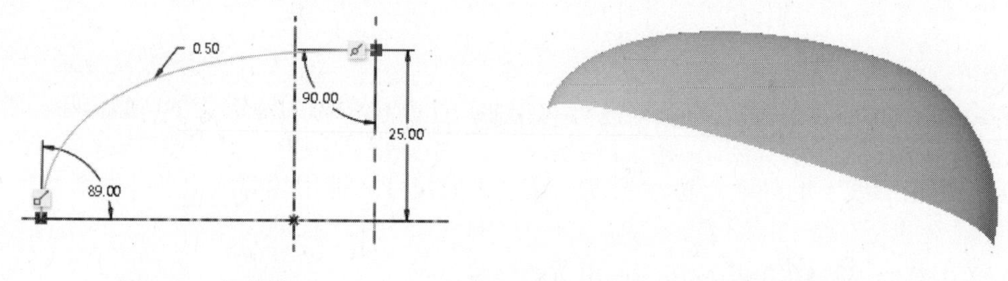

图 2-58　扫描截面

图 2-59　简易鼠标扫描曲面

（2）创建简易鼠标镜像曲面

1）选取要镜像的项目

选取“简易鼠标扫描曲面”作要为镜像的项目。

2）选择命令

在模型工具栏中单击【镜像】按钮，打开“镜像”操控板。

3）选取一个镜像平面

选取基准平面“FRONT”平面作为镜像平面，如图 2-60 所示。

4）完成镜像简易鼠标轮廓曲面的创建工作

单击操控板的按钮，完成镜像简易鼠标轮廓曲面的创建工作。

（3）创建简易鼠标合并曲面 1

1）选取要合并的面组

选取简易鼠标扫描曲面与镜像好的曲面作为要合并的面组。

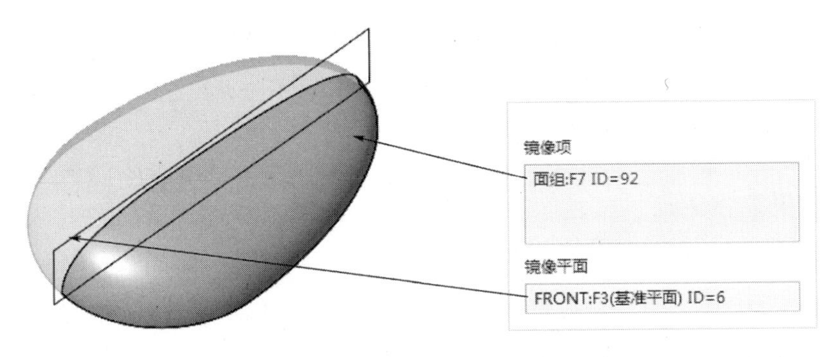

图 2-60 “镜像”简易鼠标扫描曲面

2）选取命令

在模型工具栏中单击【合并】按钮，打开“合并曲面”操控板，如图 2-61 所示。

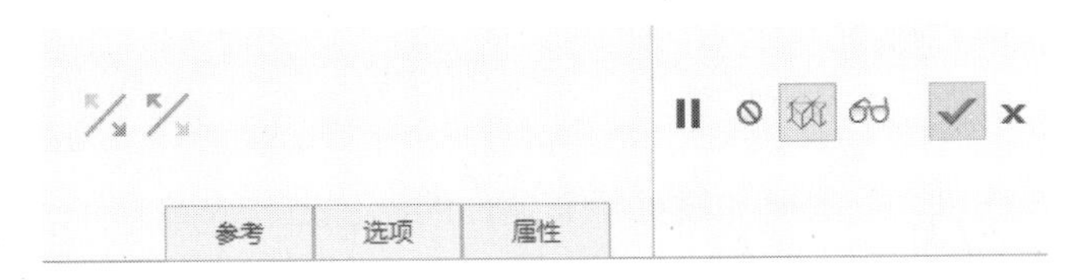

图 2-61 “合并曲面”操控板

3）合并操作

在选项下滑面板中选取合并方式为“联接”，合并操作如图 2-62 所示。

图 2-62 合并曲面操作

4）完成合并曲面的创建工作

单击操控板的按钮，完成简易鼠标扫描曲面与镜像好的曲面的合并创建工作，其效果如图 2-63 所示。

3. 完善简易鼠标

（1）创建简易鼠标填充曲面

1）选取命令

在模型工具栏中单击【填充】按钮，打开“填充”操控板。

2）定义草绘平面和方向

选择【参考】→【定义】，打开“草绘”对话框，在【平面】框中选择“TOP”平面作为草绘平面，在【参考】框中选择“RIGHT”平面作为参考平面，在【方向】框中选择“右”，单击 草绘 按钮进入草绘模式。

3）绘制填充截面

绘制“简易鼠标填充曲面”截面，如图 2-64 所示，单击草绘工具栏的✔按钮，退出草绘模式。

图 2-63　合并曲面效果

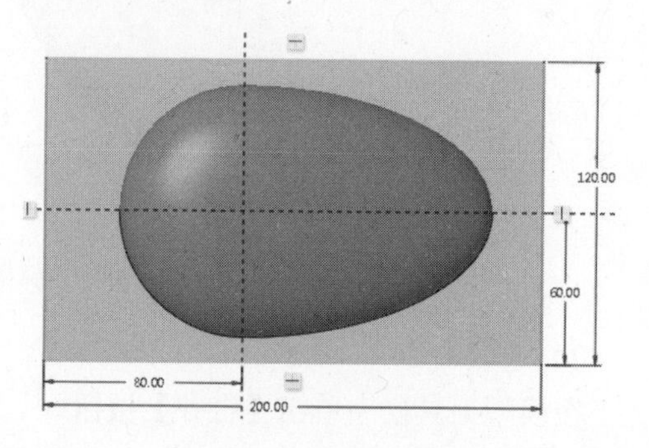

图 2-64　绘制填充截面

4）完成填充曲面的创建工作

单击操控板的✔按钮，完成简易鼠标填充曲面的创建工作。

（2）创建简易鼠标合并曲面 2

1）选择简易鼠标合并曲面 1 与填充曲面作为要合并的面组。

2）在模型工具栏中单击【合并】按钮，打开“合并曲面”操控板。

3）在选项下滑面板中选取合并方式为“联接”，合并操作如图 2-65 所示。

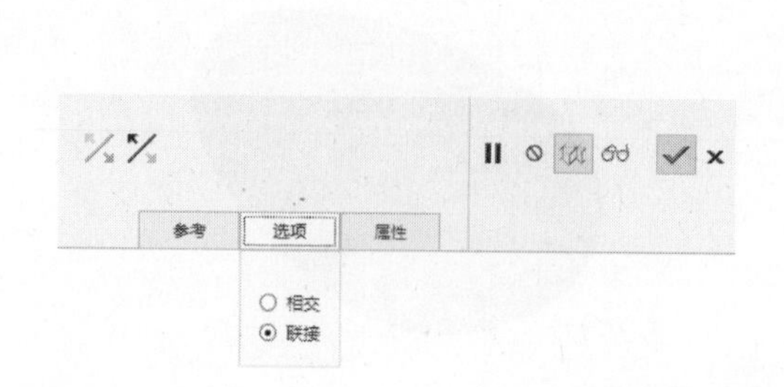

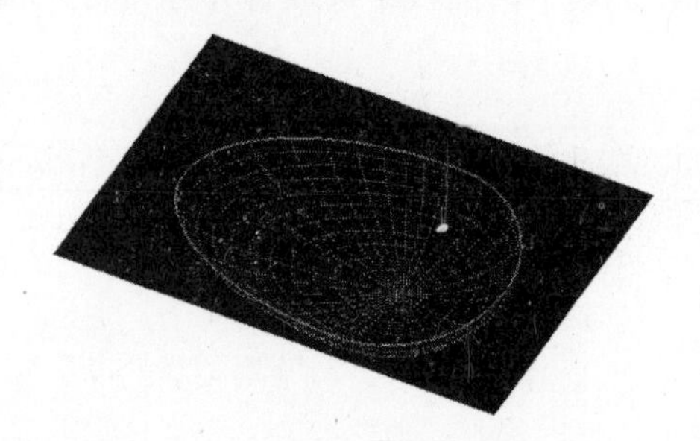

图 2-65　合并曲面操作

4）单击操控板的✔按钮，完成简易鼠标合并曲面 1 与填充曲面的合并创建工作。

（3）创建简易鼠标曲面实体化特征

1）选择要实体化的曲面

选择合并好的简易鼠标合并曲面 2 作为要进行实体化的曲面。

2）选择命令

在模型工具栏中单击【实体化】按钮，打开“实体化曲面”操控板。

3）选择实体化曲面方式

选择实体化曲面方式为：用实体材料填充由面组界定的体积块。

4）完成实体化曲面的创建工作

单击操控板的✔按钮，完成简易鼠标合并曲面 2 实体化的创建工作。

（4）创建简易鼠标壳特征

1）选择命令

从模型工具栏中单击【壳】按钮，打开“壳”操控板，如图 2-66 所示。

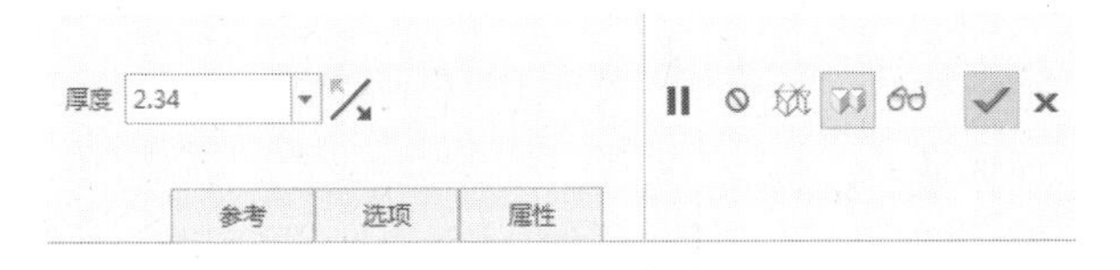

图 2-66 “壳”操控板

2）选择要移除的曲面

选取简易鼠标的底面作为要移除的曲面。

3）输入壳“值”

在对话框的组合框中输入厚度值为“2”，如图 2-67 所示。

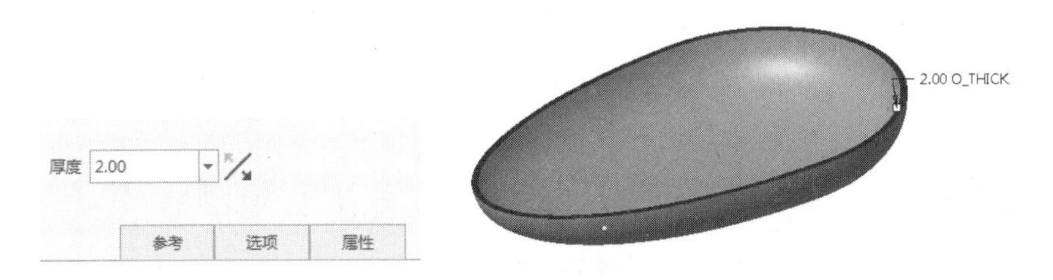

图 2-67 输入壳厚度

4）完成简易鼠标壳特征的创建工作

单击操控板的按钮，完成简易鼠标壳特征的创建工作，获得简易鼠标产品，如图 2-68 所示。结果文件请参看随书网盘资源中的“第 2 章\范例结果文件\简易鼠标\ shubiao.prt”。

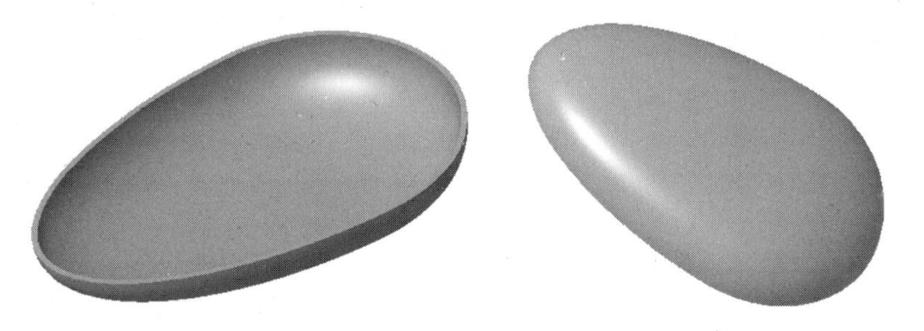

图 2-68 简易鼠标产品

2.4 果汁杯的设计

2.4.1 设计导航——作品规格与流程剖析

1．作品规格——果汁杯产品形状和参数

果汁杯产品外观如图 2-69 所示，长×宽×高为：162 mm×66 mm×198 mm，采用聚碳酸酯塑料制造（简称 PC 塑料）。

2．流程剖析——果汁杯产品设计方法与流程

（1）创建果汁杯轮廓曲线。

（2）创建果汁杯边界曲面。

（3）创建果汁杯手柄曲线。

（4）创建果汁杯主体曲面。

（5）创建果汁杯手柄曲面。

（6）创建果汁杯外形曲面结构。

（7）完善结构，得到果汁杯产品。

果汁杯产品创建的主要流程如图 2-70 所示。

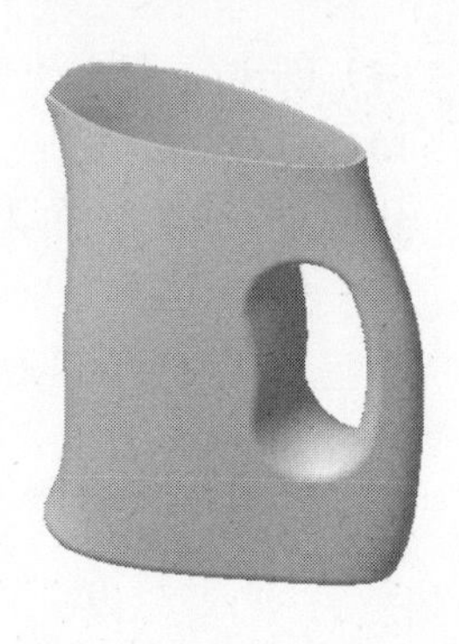

图 2-69　果汁杯产品

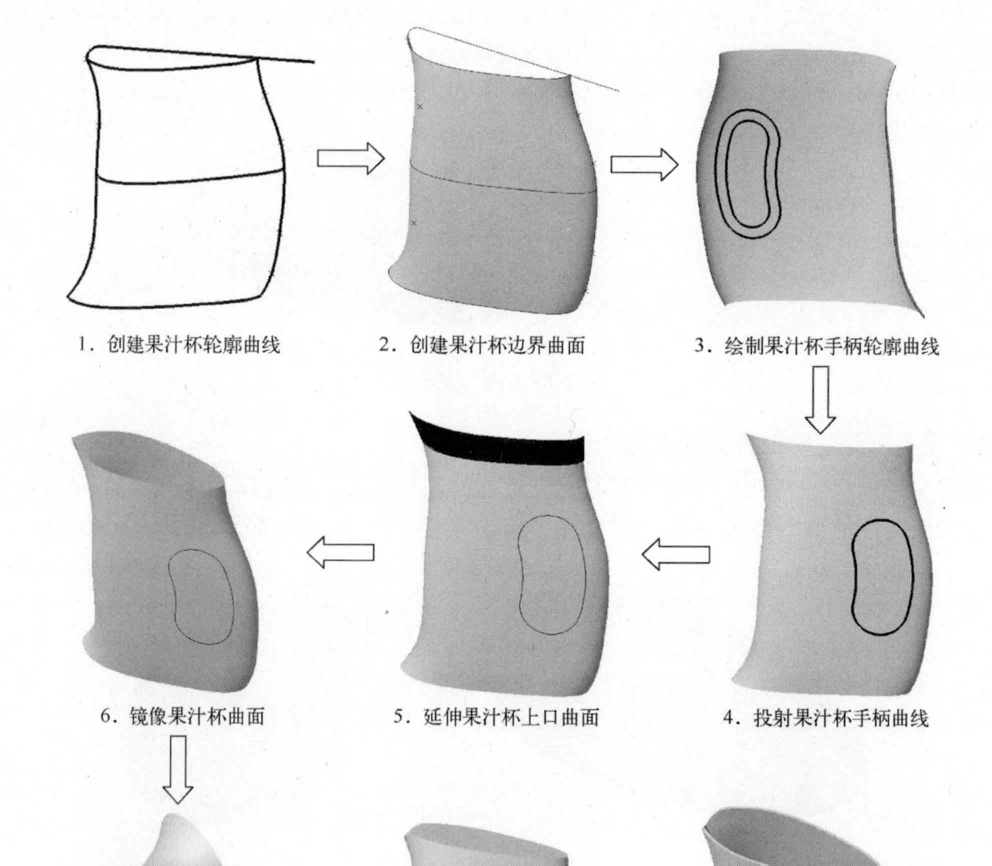

图 2-70　果汁杯产品创建的主要流程

2.4.2 设计思路——果汁杯产品的结构特点与技术要领

1．果汁杯产品的结构特点

果汁杯与人们日常生活息息相关，在家庭生活、餐饮服务、交通运输等行业中使用广泛。根据设计导航中的设计流程剖析可知，果汁杯外形美观、漂亮，是一种典型的曲面设计案例，在设计时难点较大，其设计难点在于创建轮廓曲线。本例果汁杯产品的结构设计包括主体轮廓曲线、手柄轮廓曲线、主体边界曲面和手柄边界曲面四大部分，其设计思路清晰，使读者能够快速地理解和掌握曲面设计案例的设计方法。

2．果汁杯产品设计技术要领

根据果汁杯的结构特点可知，整个设计核心分为创建曲线、创建曲面、实体化和壳特征四大部分。本例果汁杯以曲面设计为导向，创建果汁杯轮廓曲线是曲面设计的基础，使用草绘功能（结合基准点、曲线和相交辅助建模功能）创建果汁杯轮廓曲线，使用草绘、投影功能创建果汁杯手柄曲线；使用边界曲面、延伸曲面、镜像曲面、填充曲面和合并曲面的方法创建果汁杯主体曲面和手柄曲面；使用实体化、圆角和壳特征的方法完善果汁杯的设计工作。

2.4.3 实战步骤

1．创建果汁杯轮廓曲线

（1）创建基准平面

1）创建基准平面 DTM1

① 选择命令

在模型工具栏中单击【平面】按钮▱，打开“基准平面”对话框。

② 为新建基准平面选择位置参考

在【基准平面】对话框的【参考】栏中选择基准平面 TOP 作为参考，选择约束为“偏移”，在“平移”文本框中输入偏移值为“88”，如图 2-71 所示。

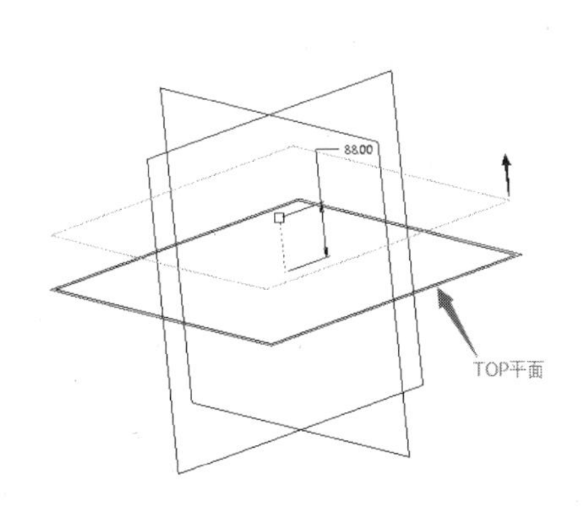

图 2-71　为“基准平面”选择参考

③ 完成基准平面的创建工作

单击“基准平面”对话框的【确定】按钮，完成基准平面 DTM1 的创建工作。

2）创建基准平面 DTM2

① 选择命令

在模型工具栏中单击【平面】按钮，打开“基准平面”对话框。

② 为新建基准平面选择位置参考

在【基准平面】对话框的【参考】栏中选择基准平面 TOP 作为参考，选择约束为“偏移”，在“平移”文本框中输入偏移值为“100”，如图 2-72 所示。

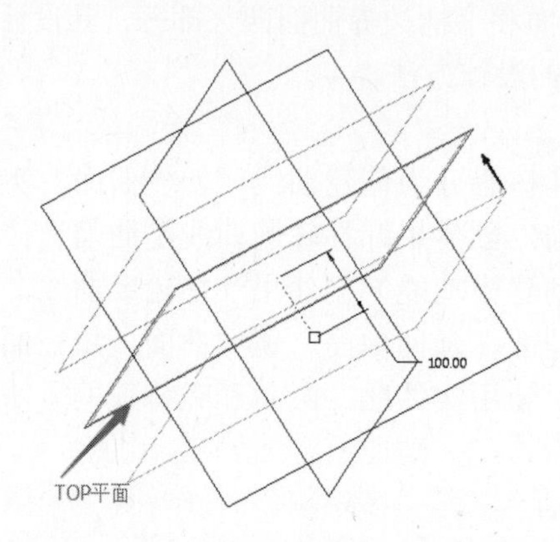

图 2-72 为“基准平面”选择参考

③ 完成基准平面的创建工作

单击“基准平面”对话框的【确定】按钮，完成基准平面 DTM2 的创建工作。

（2）创建果汁杯轮廓曲线 1

1）选择命令，定义草绘平面和方向

在模型工具栏中单击【草绘】按钮，打开“草绘”对话框，在【平面】框中选择“DTM1”平面作为草绘平面，在【参考】框中选择“RIGHT”平面作为参考平面，在【方向】框中选择“右”，单击 草绘 按钮进入草绘模式。

2）绘制果汁杯轮廓曲线 1

绘制果汁杯轮廓曲线 1，如图 2-73 所示。方法如下。

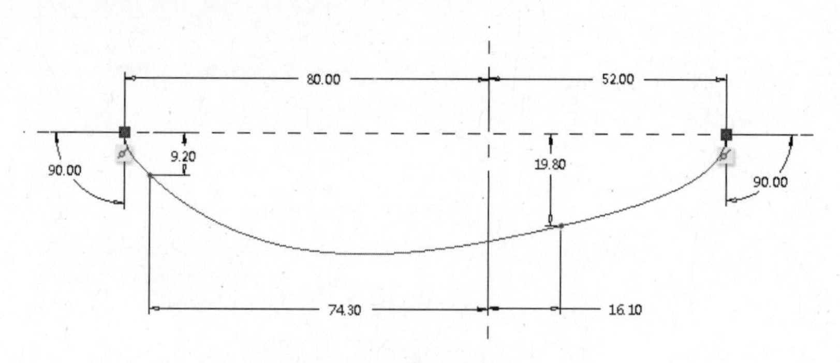

图 2-73 绘制果汁杯轮廓曲线 1

① 单击【中心线】按钮，绘制两条中心线。

② 单击【样条】按钮，绘制出果汁杯廓曲线 1。

③ 使用样条线上的点标注到中心线的定位尺寸，使用样条线端点标注角度尺寸。

④ 单击草绘工具栏的✔按钮，退出草绘模式，完成果汁杯轮廓曲线 1 的创建工作。如图 2-74 所示。

图 2-74　果汁杯轮廓曲线 1

（3）创建果汁杯轮廓曲线 2

1）选择命令，定义草绘平面和方向

从模型工具栏中单击【草绘】按钮，打开“草绘”对话框，在【平面】框中选择“TOP”平面作为草绘平面，在【参考】框中选择“RIGHT”平面作为参考平面，在【方向】框中选择“右”，单击 草绘 按钮进入草绘模式。

2）绘制果汁杯轮廓曲线 2

绘制果汁杯轮廓曲线 2，如图 2-75 所示。

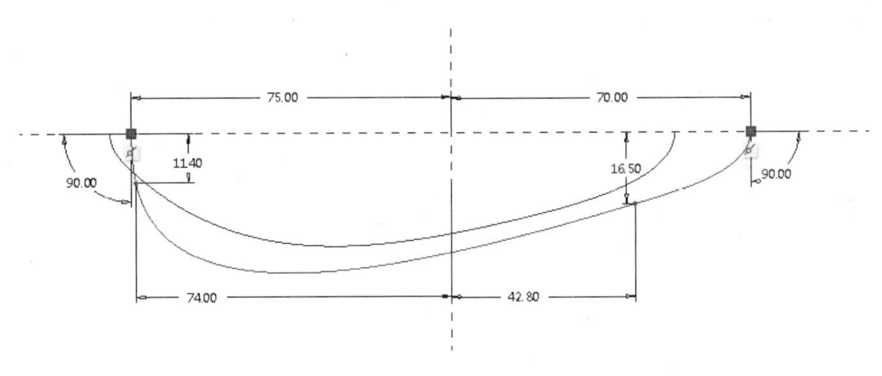

图 2-75　绘制果汁杯轮廓曲线 2

单击草绘工具栏的✔按钮，退出草绘模式，完成果汁杯轮廓曲线 2 的创建工作。如图 2-76 所示。

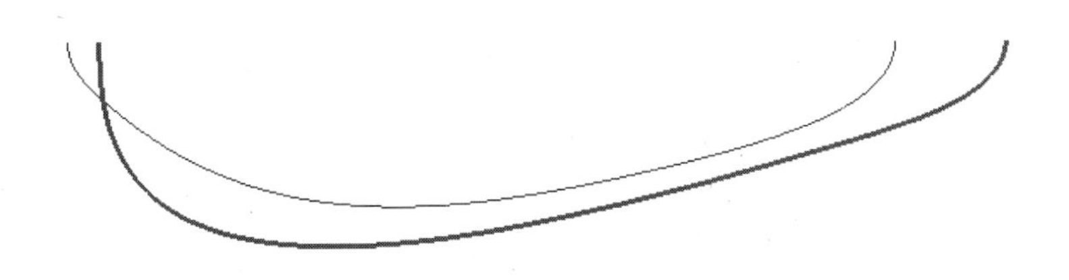

图 2-76　果汁杯轮廓曲线 2

（4）创建果汁杯轮廓曲线 3

1）选择命令，定义草绘平面和方向

在模型工具栏中单击【草绘】按钮，打开“草绘”对话框，在【平面】框中选择“DTM2”平面作为草绘平面，在【参考】框中选择“RIGHT”平面作为参考平面，在【方向】框中选择“右”，单击 草绘 按钮进入草绘模式。

2）绘制果汁杯轮廓曲线 3

绘制果汁杯轮廓曲线 3，如图 2-77 所示。

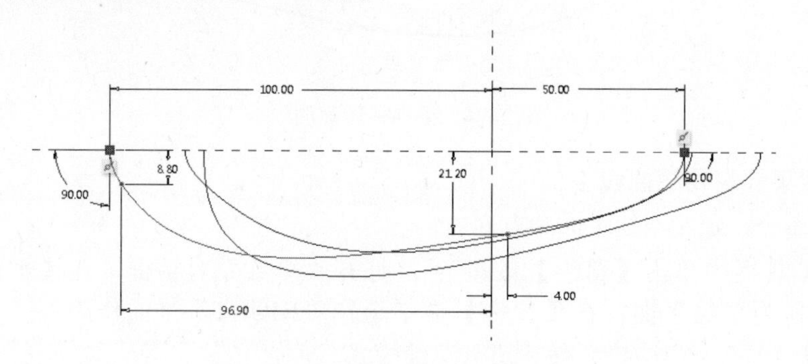

图 2-77　绘制果汁杯轮廓曲线 3

单击草绘工具栏的按钮，退出草绘模式，完成果汁杯轮廓曲线 3 的创建工作。如图 2-78 所示。

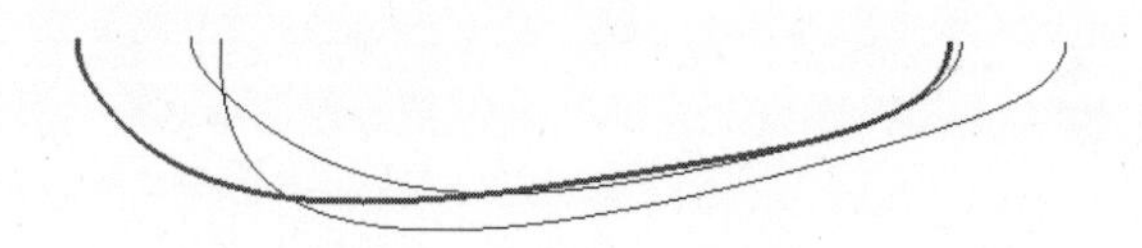

图 2-78　果汁杯轮廓曲线 3

（5）创建基准点 PNT0

1）选择命令

在模型工具栏中单击【点】按钮，打开“基准点”对话框。

2）为新建基准点选择位置参考

选择果汁杯轮廓曲线 1 端点作为参考，在“基准点”对话框的偏移列表栏中，输入偏移值为“0”，如图 2-79 所示。

3）完成基准点的创建工作

单击“基准点”对话框的【确定】按钮，完成基准点 PNT0 的创建工作。

（6）创建果汁杯辅助曲线 1

1）选择命令，定义草绘平面和方向

在模型工具栏中单击【草绘】按钮，打开“草绘”对话框，在【平面】框中选择“DTM1”平面作为草绘平面，在【参考】框中选择“RIGHT”平面作为参考平面，在【方向】框中选择【右】，单击 草绘 按钮进入草绘模式。

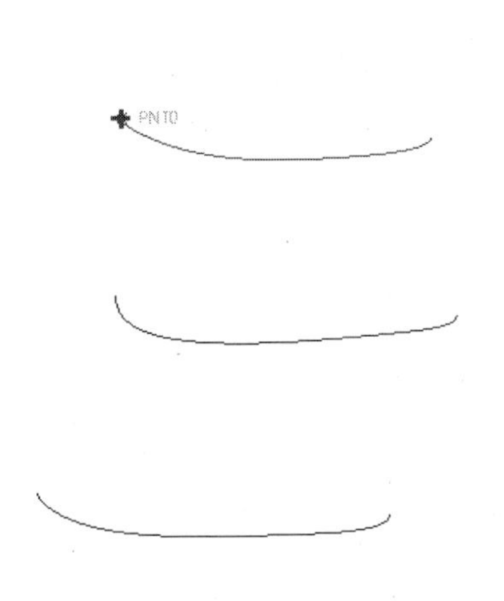

图 2-79　为“基准点”选取参考

2）绘制果汁杯辅助曲线 1

绘制“果汁杯辅助曲线 1”，如图 2-80 所示。

单击草绘工具栏的✔按钮，退出草绘模式，完成果汁杯辅助曲线 1 的创建工作。如图 2-81 所示。

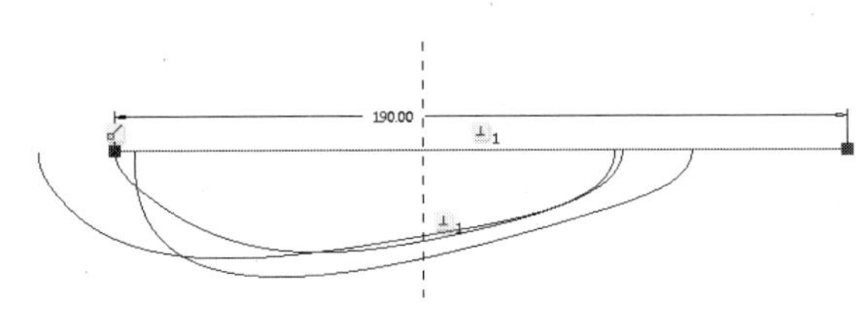

图 2-80　绘制果汁杯辅助曲线 1

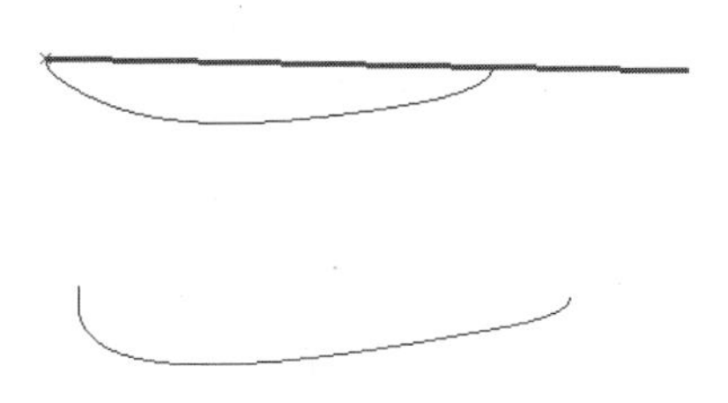

图 2-81　果汁杯辅助曲线 1

（7）创建果汁杯辅助曲线 2

1）选择命令，定义草绘平面和方向

在模型工具栏中单击【草绘】按钮，打开“草绘”对话框，在【平面】框中选择“FRONT”平面作为草绘平面，在【参考】框中选择“RIGHT”平面作为参考平面，在【方向】框中选择【右】，单击 草绘 按钮进入草绘模式。

2）绘制果汁杯辅助曲线 2

绘制“果汁杯辅助曲线 2”，如图 2-82 所示。

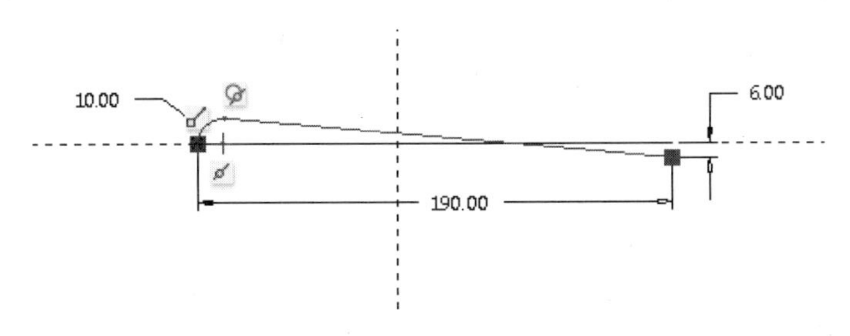

图 2-82　绘制果汁杯辅助曲线 2

单击草绘工具栏的✔按钮，退出草绘模式，完成果汁杯辅助曲线 2 的创建工作。如图 2-83 所示。

（8）创建相交曲线

1）选择果汁杯辅助曲线 1 与果汁杯辅助曲线 2 作为要创建相交曲线的特征。

2）在模型工具栏上单击【相交】按钮，完成相交曲线创建工作，如图 2-84 所示。

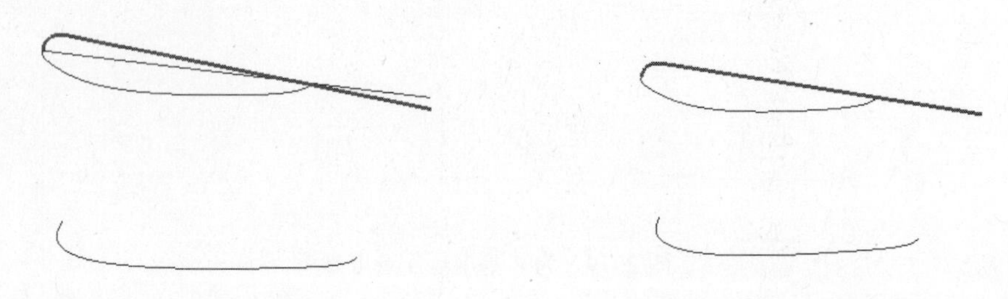

图 2-83　果汁杯辅助曲线 2　　　　图 2-84　相交曲线

（9）草绘基准点

1）选择命令，定义草绘平面和方向

在模型工具栏中单击【草绘】按钮，打开“草绘”对话框，在【平面】框中选择“FRONT”平面作为草绘平面，在【参考】框中选择“RIGHT”平面作为参考平面，在【方向】框中选择“右”，单击 草绘 按钮进入草绘模式。

2）绘制基准点

绘制基准点，如图 2-85 所示。

单击草绘工具栏的✔按钮，退出草绘模式，完成基准点的创建工作。其效果如图 2-86 所示。

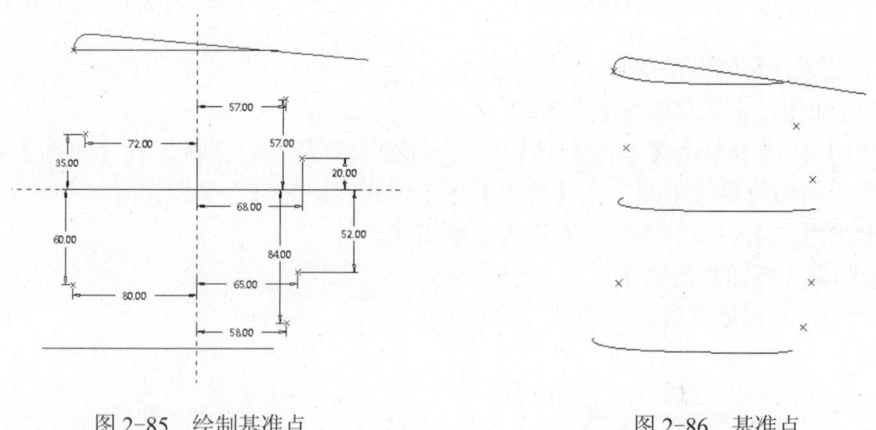

图 2-85　绘制基准点　　　　图 2-86　基准点

（10）创建果汁杯轮廓曲线 4

使用通过基准点创建基准曲线的方法创建果汁杯轮廓曲线 4。

1）选择命令

在模型工具栏中选择【基准】→【曲线】按钮，打开“曲线”操控板，如图 2-87 所示。

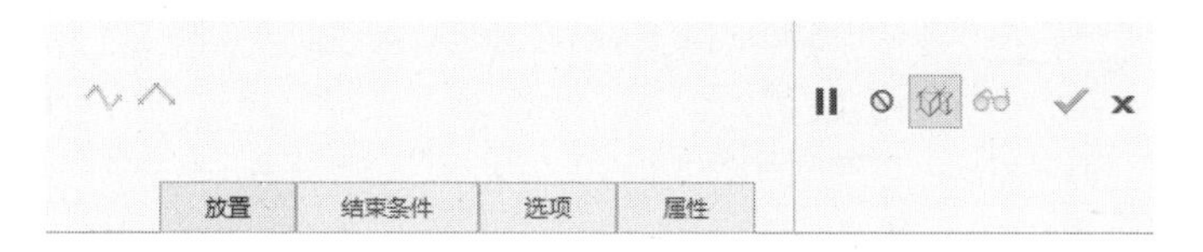

图 2-87 “曲线”操控板

2）创建基准曲线

单击放置下滑面板，依次选择曲线通过的 5 个点，定义创建曲线方式为“样条”，如图 2-88 所示。

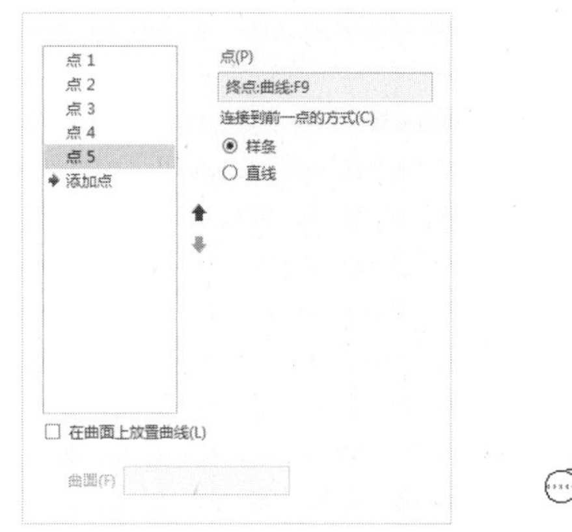

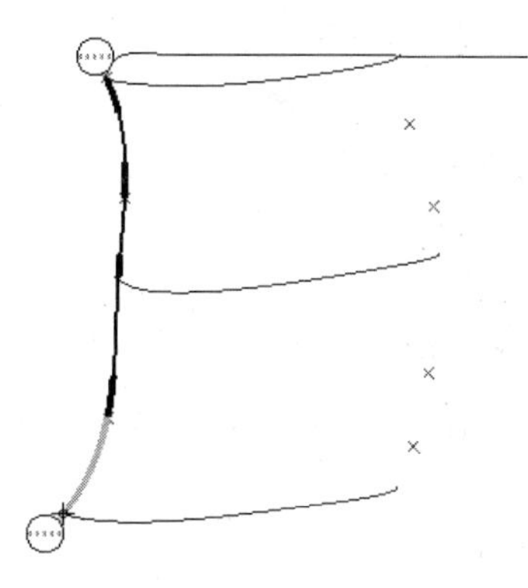

图 2-88 创建基准曲线

3）完成基准曲线的创建工作

单击操控板的✓按钮，完成果汁杯轮廓曲线 4 的创建工作，其效果如图 2-89 所示。

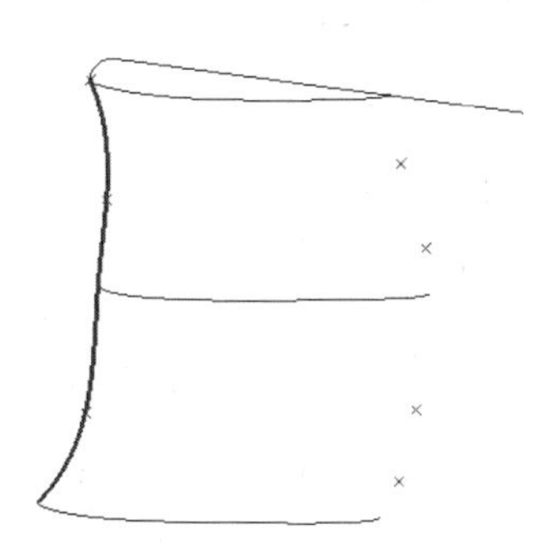

图 2-89 果汁杯轮廓曲线 4

（11）创建果汁杯轮廓曲线 5

使用通过基准点创建基准曲线的方法创建果汁杯轮廓曲线 5。

1）选择命令

在模型工具栏中选择【基准】→【曲线】按钮，打开“曲线”操控板。

2）创建基准曲线

单击放置下滑面板，依次选择曲线通过的 7 个点，定义创建曲线方式为“样条”，如图 2-90 所示。

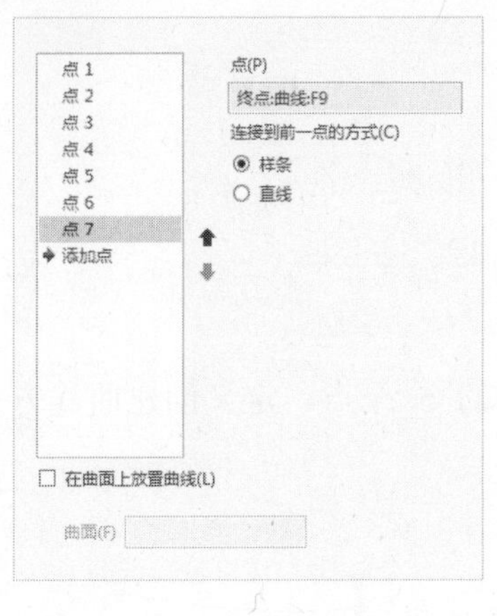

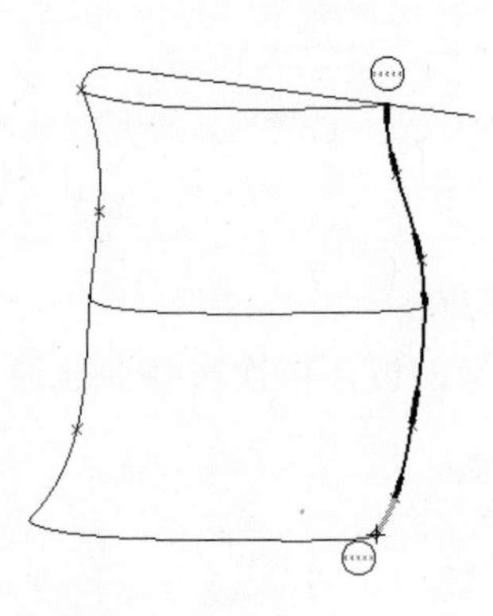

图 2-90　创建基准曲线

3）完成基准曲线的创建工作

单击操控板的✓按钮，完成果汁杯轮廓曲线 5 的创建工作，其效果如图 2-91 所示。

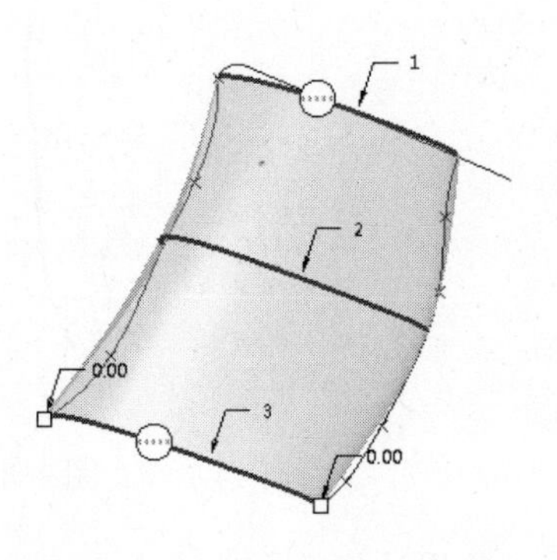

图 2-91　果汁杯轮廓曲线 5

2．创建果汁杯左边曲面

（1）创建果汁杯边界曲面

1）选取命令

在模型工具栏上单击【边界混合】按钮，打开“边界混合”操控板。

2）选择第一方向曲线

在曲线面板中单击【第一方向】下面的列表框，依次选择果汁杯轮廓曲线 1、轮廓曲线 2、轮廓曲线 3（结合〈Ctrl〉键）作为第一方向的曲线，如图 2-92 所示。

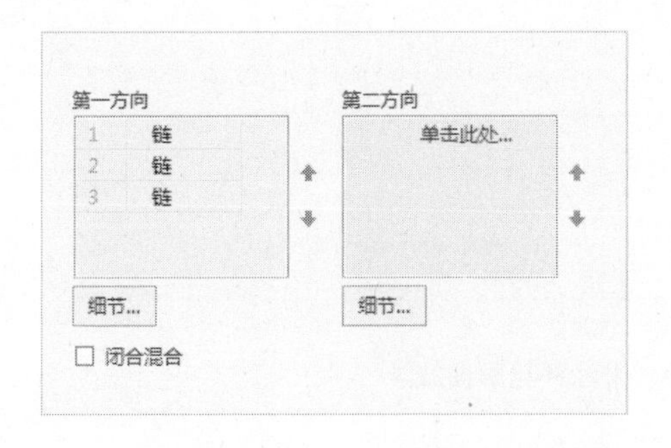

图 2-92　选取第一方向曲线

3）选择第二方向曲线

在曲线面板中单击【第二方向】下面的列表框，依次选择果汁杯轮廓曲线 4、轮廓曲线 5（结合〈Ctrl〉键）作为第二方向的曲线，如图 2-93 所示。

4）完成果汁杯边界曲面的创建工作

单击操控板的✓按钮，完成果汁杯边界曲面的创建工作。

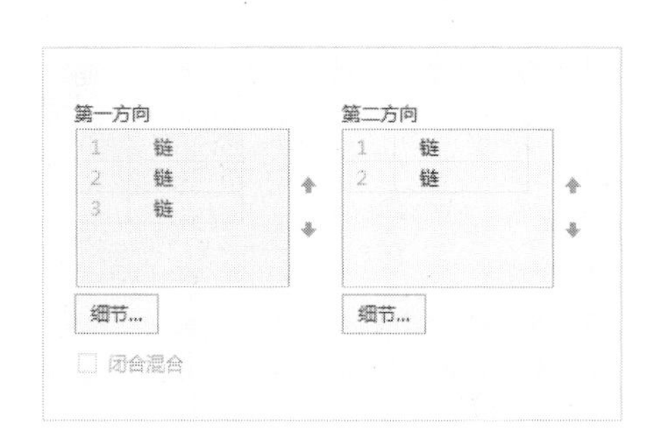

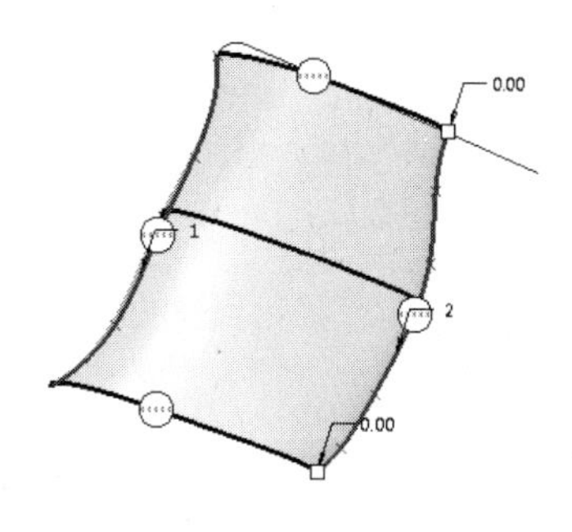

图 2-93　选取第二方向曲线

（2）延伸果汁杯边界曲面

1）选取要延伸曲面的边界

选取果汁杯曲面上口边界作为要延伸曲面的边界，如图 2-94 所示。

图 2-94　选取要延伸曲面的边界

2）选取命令

在模型工具栏上单击【延伸】按钮 ，打开“延伸曲面”操控板，再单击【沿原始曲面延伸曲面】按钮，如图 2-95 所示。

3）定义选项内容

在选项下滑面板中定义延伸曲面的方法为“相同”，如图 2-96 所示。

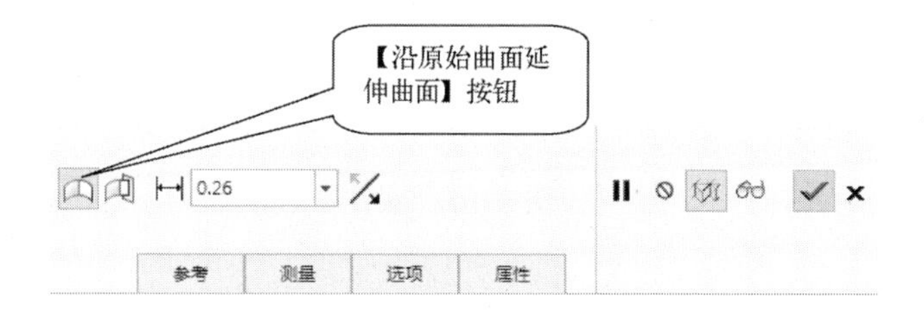

图 2-95　“延伸曲面”操控板

图 2-96　定义选项内容

4）输入延伸距离

在“延伸曲面”操控板中输入曲面延伸的距离为“20”，在图形窗口中可以预览延伸出的曲面特征，如图 2-97 所示。

5）完成延伸曲面工作

单击操控板的 按钮，完成果汁杯边界曲面的延伸曲面工作，其效果如图 2-98 所示。

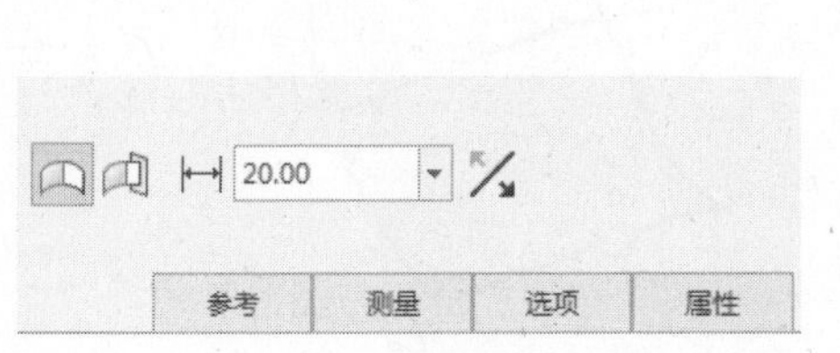

图 2-97　延伸曲面操作

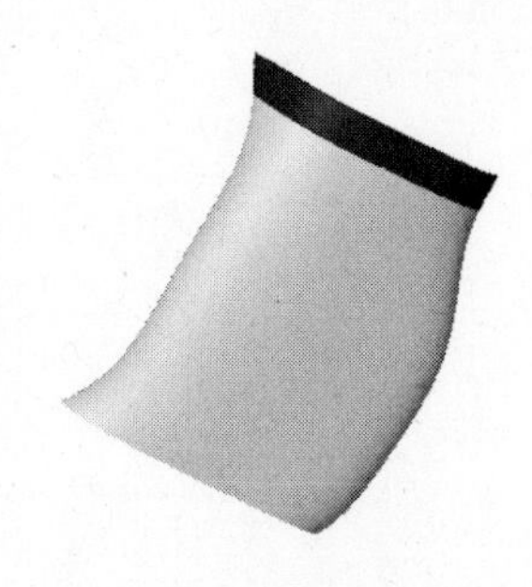

图 2-98　果汁杯边界延伸曲面

3．创建果汁杯手柄曲线

（1）创建果汁杯手柄曲线 1

1）选择命令，定义草绘平面和方向

在模型工具栏中单击【草绘】按钮，打开“草绘”对话框，在【平面】框中选择“FRONT”平面作为草绘平面，在【参考】框中选择“RIGHT”平面作为参考平面，在【方向】框中选择“右”，单击草绘按钮进入草绘模式。

2）绘制果汁杯手柄曲线 1

绘制果汁杯手柄曲线 1，如图 2-99 所示。

单击草绘工具栏的✔按钮，退出草绘模式，完成果汁杯手柄曲线 1 的创建工作。如图 2-100 所示。

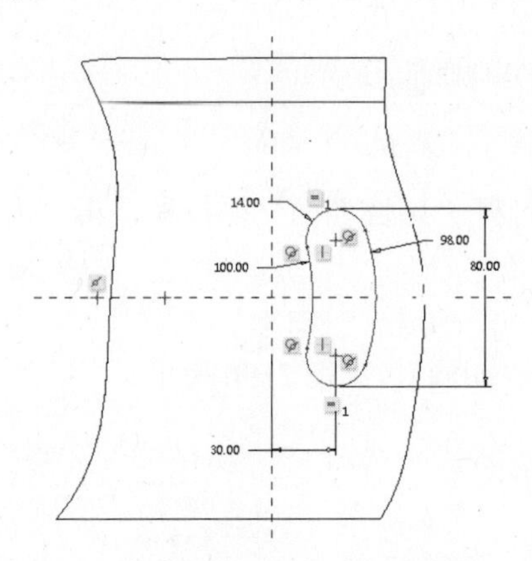

图 2-99　绘制果汁杯手柄曲线 1

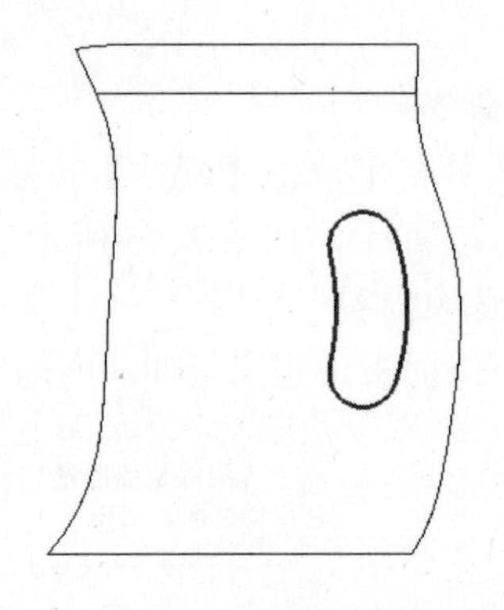

图 2-100　果汁杯手柄曲线 1

（2）创建果汁杯手柄曲线 2

1）选择命令，定义草绘平面和方向

在模型工具栏中单击【草绘】按钮，打开“草绘”对话框，在【平面】框中选择“FRONT”平面作为草绘平面，在【参考】框中选择“RIGHT”平面作为参考平面，在【方向】框中选择【右】，单击草绘按钮进入草绘模式。

2）绘制果汁杯手柄曲线 2

绘制果汁杯手柄曲线 2，如图 2-101 所示。

单击草绘工具栏的✔按钮，退出草绘模式，完成果汁杯手柄曲线 2 的创建工作。如

图 2-102 所示。

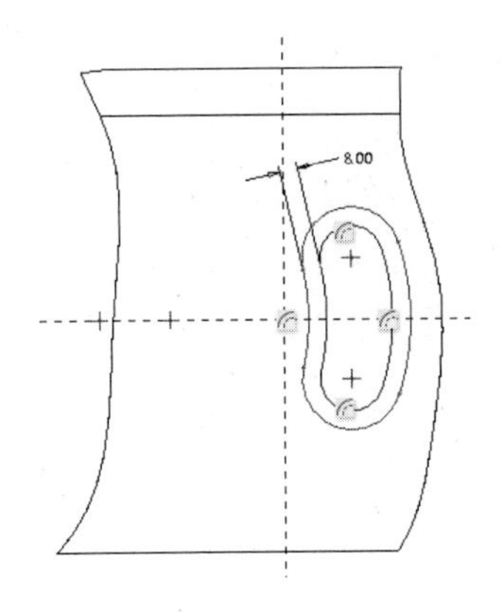

图 2-101　绘制果汁杯手柄曲线 2

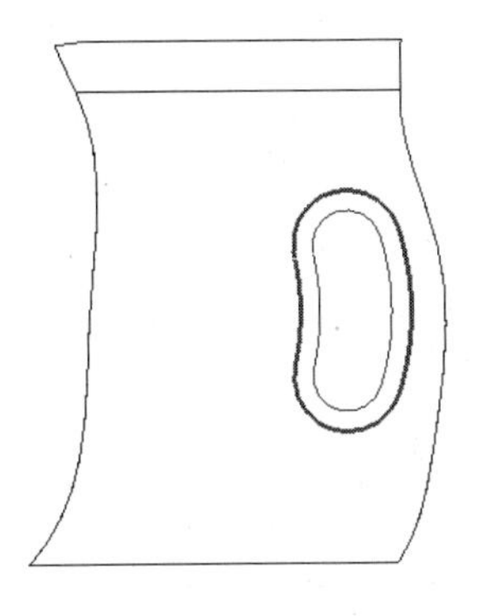

图 2-102　果汁杯手柄曲线 2

（3）创建果汁杯手柄曲线 3

使用投影的方法创建果汁杯手柄曲线 3。

1）选择命令

在模型工具栏中单击【投影】按钮，打开“投影”操控板，如图 2-103 所示。

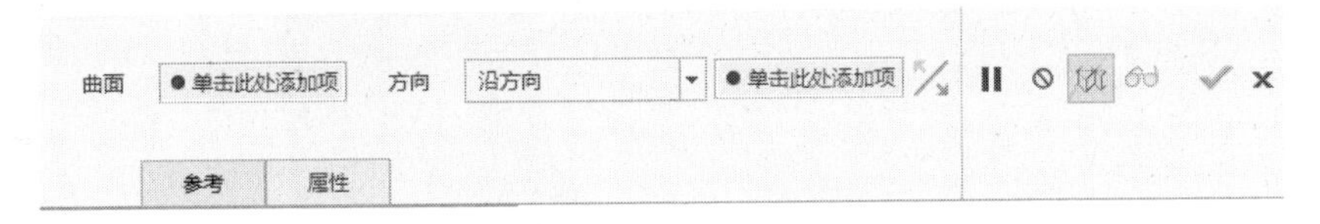

图 2-103　“投影”操控板

2）选择投射曲线

单击参考下滑面板，选择投射曲线的类型为“投影链”，从模型上选择果汁杯手柄曲线 2 作为要投射的目标曲线，如图 2-104 所示。

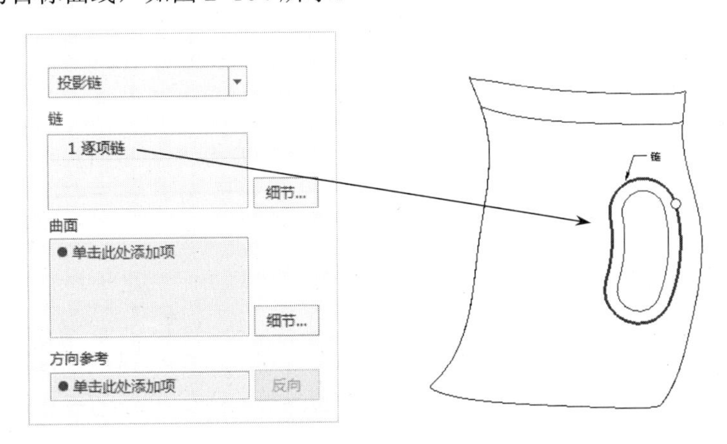

图 2-104　选择投射曲线

3）选择投影曲面

选择果汁杯边界曲面作为要投影的目标曲面，如图 2-105 所示。

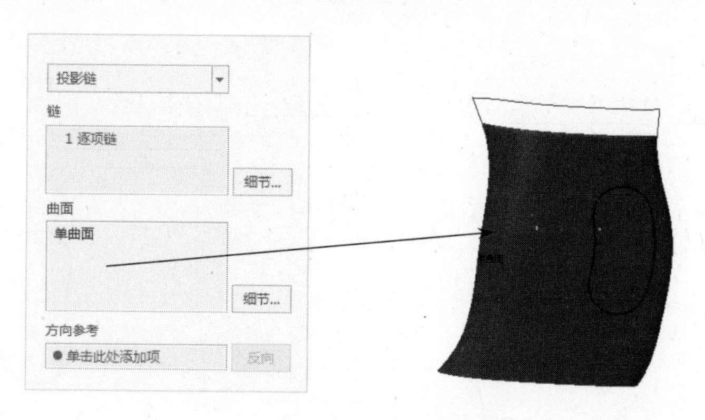

图 2-105　选择投射曲面

4）选择投射方向参考

选择 FRONT 平面作为投射方向的参考，如图 2-106 所示。

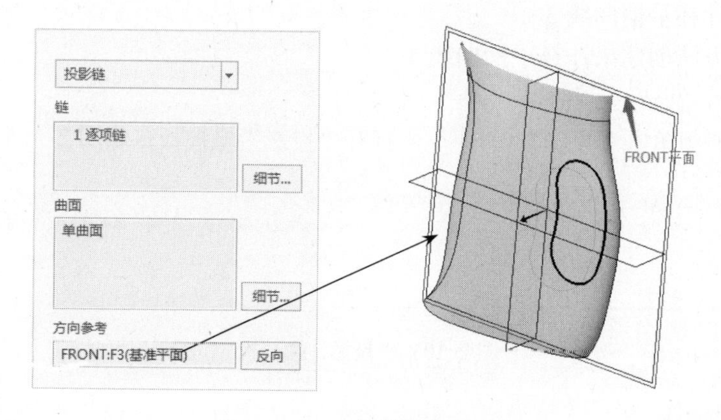

图 2-106　选择投射方向参考

5）完成投射曲线的创建工作

单击操控板的✓按钮，完成果汁杯手柄曲线 3 投射曲线的创建工作，如图 2-107 所示。

4．镜像果汁杯曲面、手柄投射曲线

（1）选取要镜像的项目

从模型树中选取“边界混合 1”“延伸 1”“投影 1”作要为镜像的项目，如图 2-108 所示。

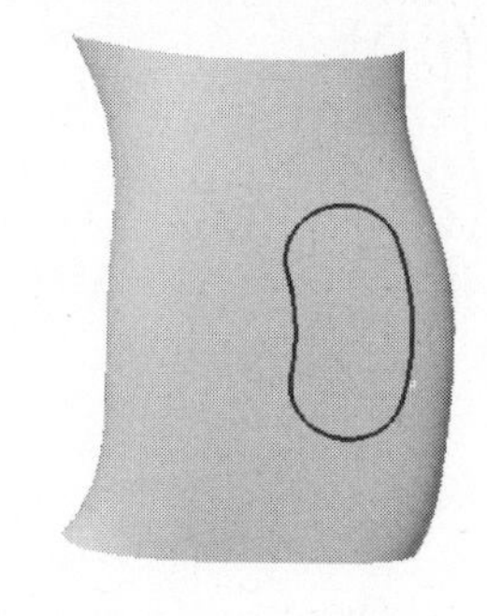

图 2-107　果汁杯手柄曲线 3

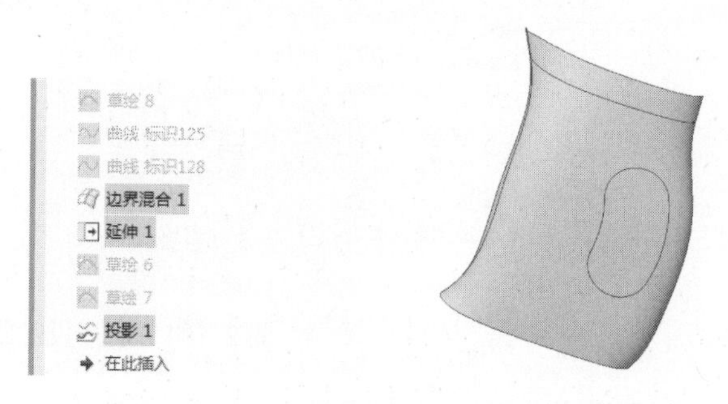

图 2-108　选取镜像项目

（2）选择命令

在模型工具栏中单击【镜像】按钮，打开“镜像”操控板。

（3）选取一个镜像平面

选取“FRONT”平面作为镜像平面，如图2-109所示。

（4）完成果汁杯曲面、手柄投射曲线镜像的创建工作

单击操控板的按钮，完成果汁杯曲面、手柄投射曲线镜像的创建工作，如图2-110所示。

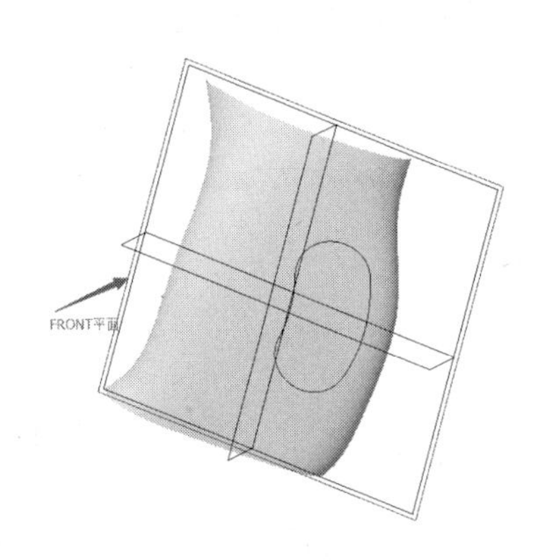

图2-109 选取镜像平面

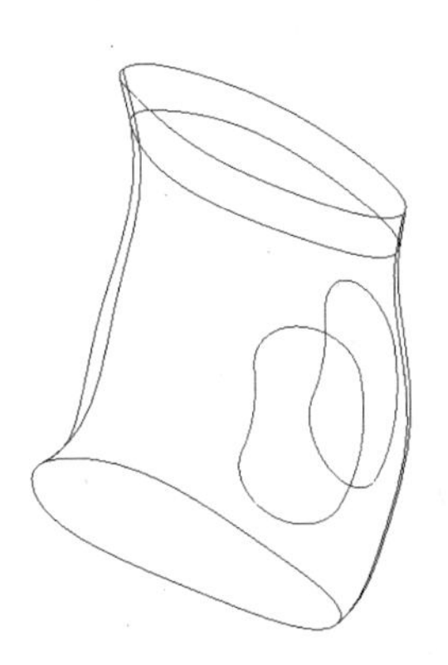

图2-110 果汁杯曲面、手柄投射曲线镜像效果

5．创建果汁杯手柄曲面

（1）选取命令

在模型工具栏中单击【边界混合】按钮，打开“边界混合”操控板。

（2）选择第一方向曲线

在曲线面板中单击【第一方向】下面的列表框，依次选择果汁杯手柄3条轮廓曲线（结合〈Ctrl〉键）作为第一方向的曲线，如图2-111所示。

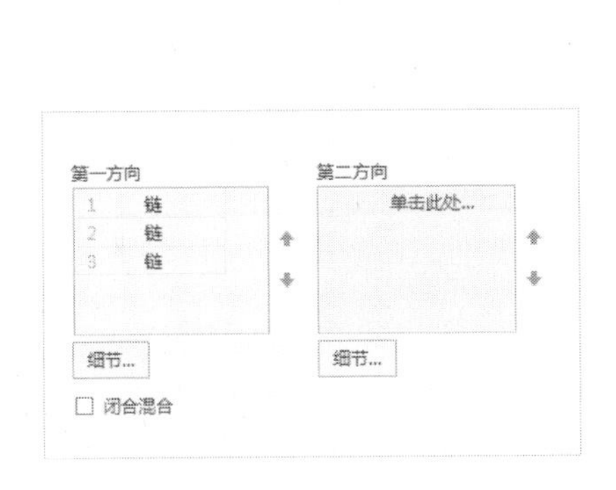

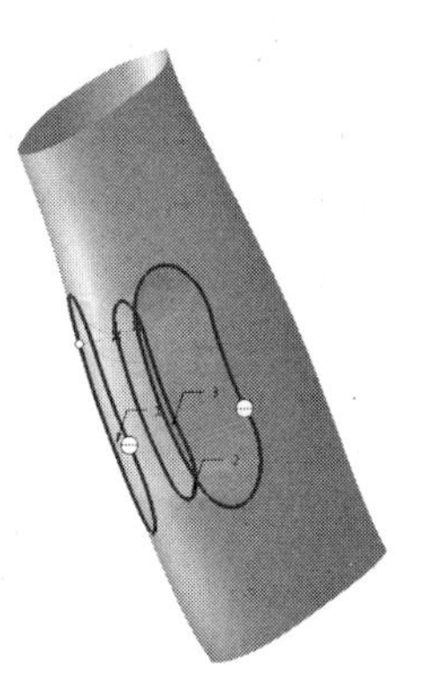

图2-111 选取第一方向曲线

（3）定义第二方向控制点

在控制点面板中单击【集】下面的列表框，依次选取第二方向的控制点进行拟合，如图2-112所示。

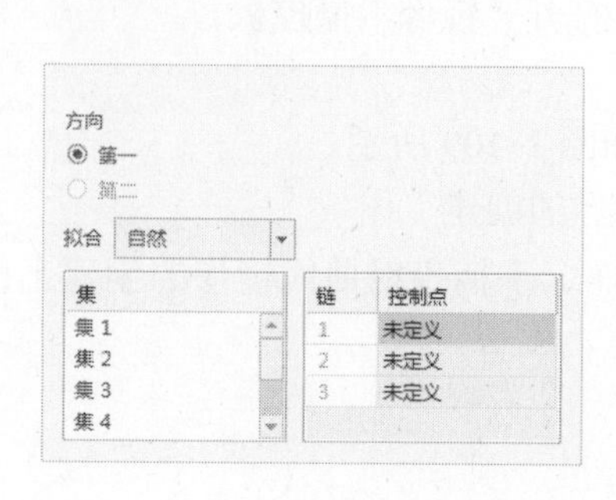

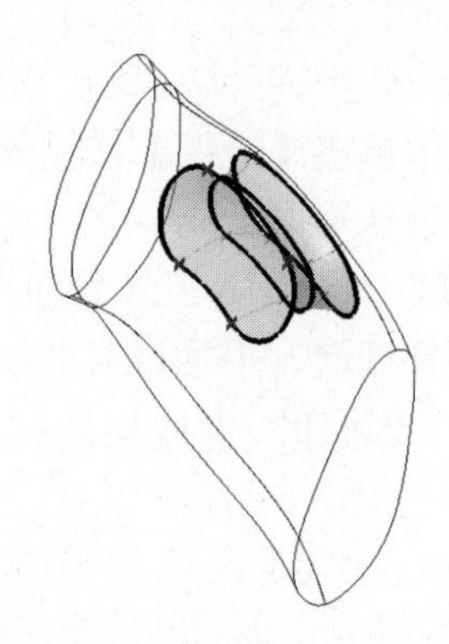

图 2-112 选取第二方向控制点进行拟合

（4）完成果汁杯手柄边界曲面的创建工作

单击操控板的✓按钮，完成果汁杯手柄边界曲面的创建工作，如图 2-113 所示。

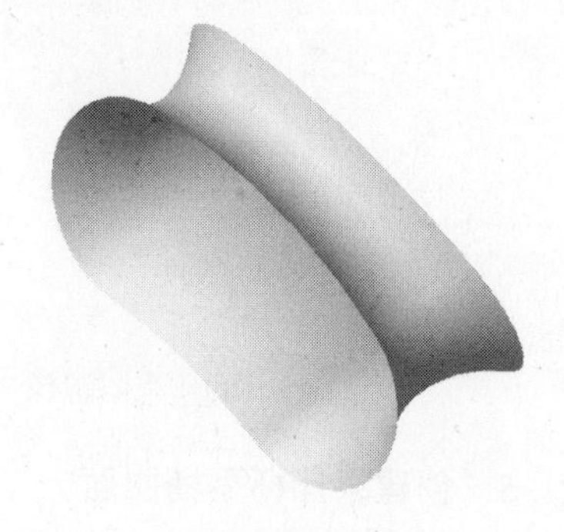

图 2-113 果汁杯手柄边界曲面

6．创建果汁杯外形曲面结构

（1）创建果汁杯上口拉伸曲面

1）选取命令

单击【拉伸】按钮，打开“拉伸”操控板，单击【拉伸为曲面】按钮。

2）定义草绘平面和方向

选择【放置】→【定义】，打开“草绘”对话框。在【平面】框中选择“FRONT”平面作为草绘平面，在【参考】框中选择“RIGHT”平面作为参考平面，在【方向】框中选择“右”，单击 草绘 按钮进入草绘模式。

3）绘制果汁杯上口拉伸截面

使用【投影】按钮选取相交曲线作为果汁杯上口拉伸截面，如图 2-114 所示。单击草绘工具栏的✓按钮，退出草绘模式。

4）指定拉伸方式和深度

在“拉伸”操控板中选择【选项】→【对称】，在图形窗口中可以预览拉伸出的曲面特征，如图 2-115 所示。

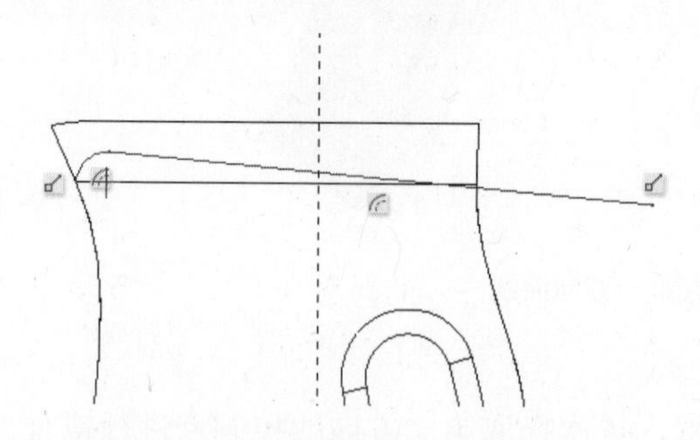

图 2-114 绘制果汁杯上口拉伸截面

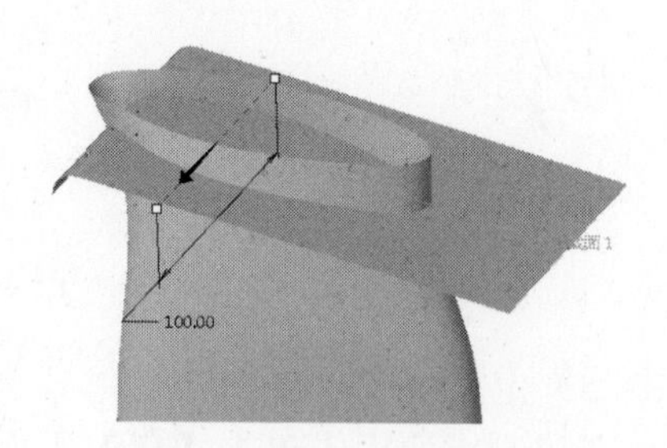

图 2-115 果汁杯上口拉伸曲面

5）完成果汁杯上口拉伸曲面的创建工作

单击操控板的✓按钮，完成果汁杯上口拉伸曲面的创建工作。

（2）创建果汁杯底部填充曲面

1）选取命令

在模型工具栏单击【填充】按钮，打开“填充”操控板。

2）定义草绘平面和方向

选择【参考】→【定义】，打开“草绘”对话框，在【平面】框中选择“DTM2”平面作为草绘平面，在【参考】框中选择“RIGHT”平面作为参考平面，在【方向】框中选择“右”，单击 草绘 按钮进入草绘模式。

3）绘制填充截面

绘制“果汁杯底部填充”截面，如图 2-116 所示。

单击草绘工具栏的✓按钮，退出草绘模式，完成果汁杯底部填充曲面的创建工作，如图 2-117 所示。

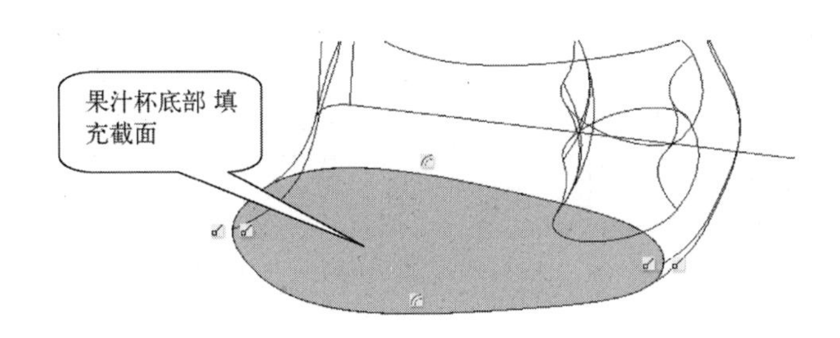

图 2-116　果汁杯底部填充截面

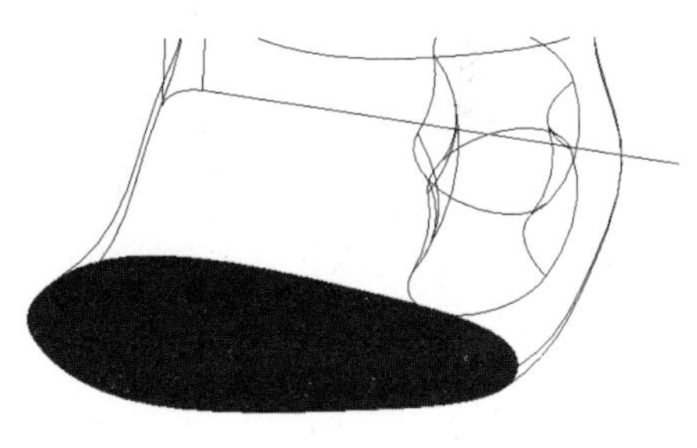

图 2-117　果汁杯底部填充曲面

（3）创建果汁杯合并曲面 1

1）选择果汁杯主体左边曲面与果汁杯主体右边曲面作为要合并的面组。

2）在模型工具栏中单击【合并】按钮，打开“合并曲面”操控板，如图 2-118 所示。

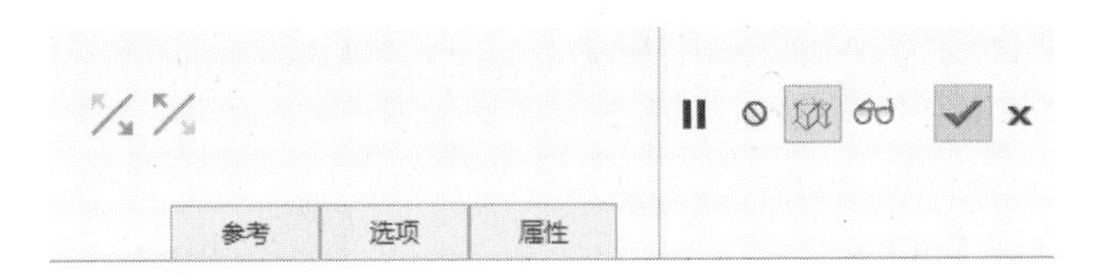

图 2-118　“合并曲面”操控板

3）接受默认合并选项内容，合并操作如图 2-119 所示。

4）单击操控板的✓按钮，完成果汁杯合并曲面 1 的创建工作。

（4）创建果汁杯合并曲面 2

1）选择果汁杯主体曲面与果汁杯底部填充曲面作为要合并的面组。

2）在模型工具栏中单击【合并】按钮，打开“合并曲面”操控板。

3）接受默认合并选项内容，合并操作如图 2-120 所示。

4）单击操控板的✓按钮，完成主体边曲面与果汁杯底部填充曲面的合并操作，其效果如图 2-121 所示。

图 2-119 合并果汁杯左右曲面

图 2-120 合并果汁杯主体曲面与底部填充曲面

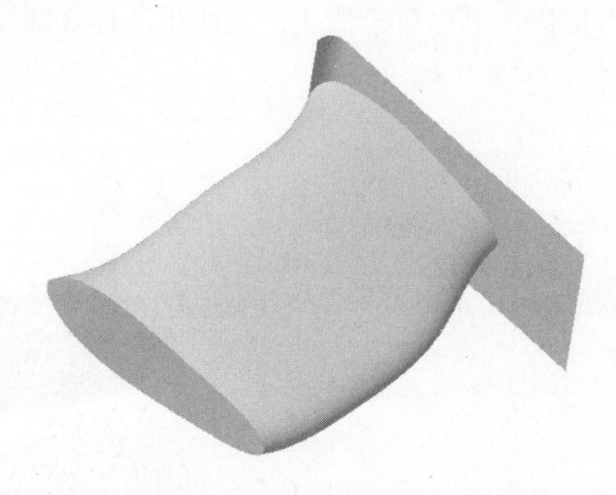

图 2-121 果汁杯主体曲面与底部填充曲面合并效果

（5）创建果汁杯合并曲面 3

1）选择果汁杯主体曲面与果汁杯上口拉伸曲面作为要合并的面组。

2）在模型工具栏中单击【合并】按钮，打开“合并曲面”操控板。

3）单击【更改要保留的第一面组的侧】按钮与【更改要保留的第二面组的侧】按钮，选择合并曲面的方向，合并操作如图 2-122 所示。

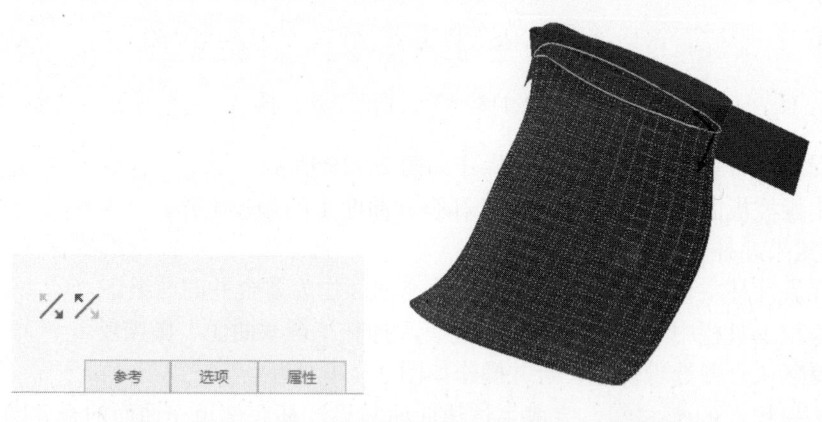

图 2-122 合并果汁杯主体边曲面与果汁杯上口拉伸曲面

4）单击操控板的按钮，完成果汁杯主体边曲面与果汁杯上口拉伸曲面的合并操作，其效果如图 2-123 所示。

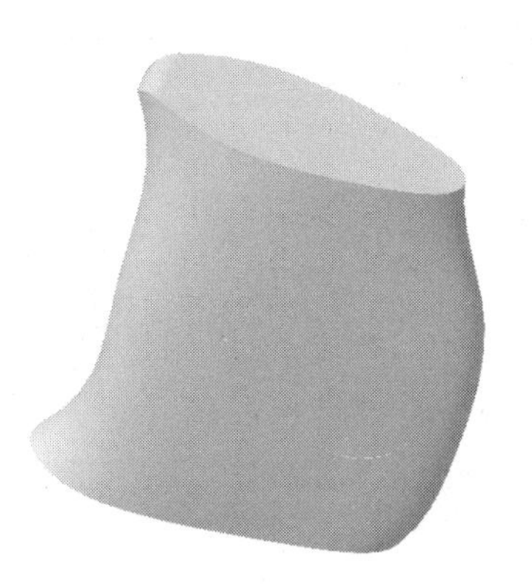

图 2-123　果汁杯主体曲面与果汁杯上口拉伸曲面合并效果

（6）创建果汁杯合并曲面 4

1）选择果汁杯主体曲面与果汁杯手柄曲面作为要合并的面组。

2）在模型工具栏中单击【合并】按钮，打开“合并曲面”操控板。

3）单击【更改要保留的第二面组的侧】按钮，选择合并曲面的方向，合并操作如图 2-124 所示。

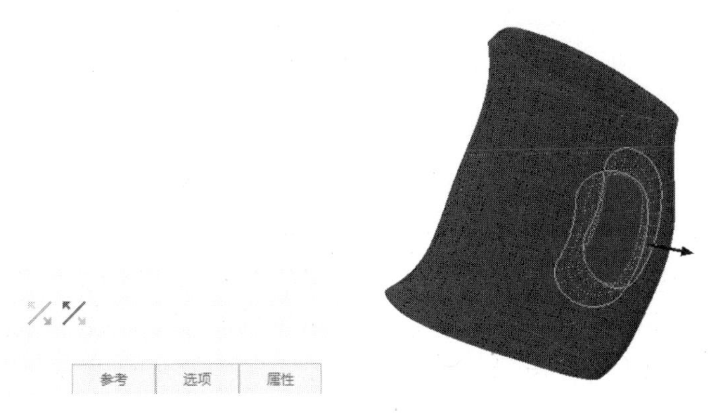

图 2-124　合并果汁杯主体边曲面与果汁杯手柄曲面

4）单击操控板的按钮，完成果汁杯主体边曲面与果汁杯上口拉伸曲面的合并操作，其效果如图 2-125 所示。

7. 完善果汁杯结构

（1）将果汁杯曲面实体化

1）选择要实体化的曲面

选择果汁杯曲面作为要实体化的曲面。

2）选择命令

在模型工具栏中单击【实体化】按钮，打开“实体化曲面”操控板，如图 2-126 所示。

图 2-125　果汁杯主体曲面与果汁杯手柄合并效果

图 2-126　“实体化曲面”操控板

3）选择实体化曲面方式

选择实体化曲面方式为：用实体材料填充由面组界定的体积块。

4）完成实体化曲面的创建工作

单击操控板的✓按钮，完成果汁杯实体化曲面的创建工作。

（2）创建果汁杯底部圆角特征

1）选择命令

在模型工具栏中单击【圆角】按钮，打开“圆角”特征操控板。

2）定义圆角形状参数

在集参数控制面板中选择圆角形状参数为“圆形”。

3）选取圆角参考

设定圆角形状参数后，选取果汁杯底部边线作为圆角特征的放置参考，如图 2-127 所示。

4）定义圆角尺寸

在圆角尺寸文本框中输入半径值为 8，按〈Enter〉键确认。

5）完成果汁杯底部边链圆角特征的创建工作

单击操控板的✓按钮，完成果汁杯底部边链圆角特征的创建工作，如图 2-128 所示。

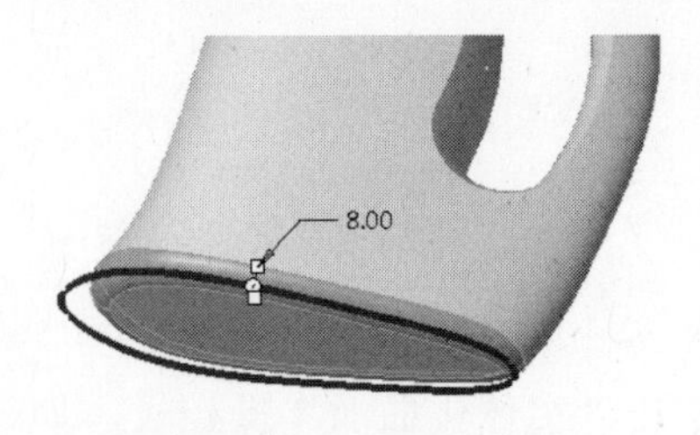

图 2-127　选取圆角参考

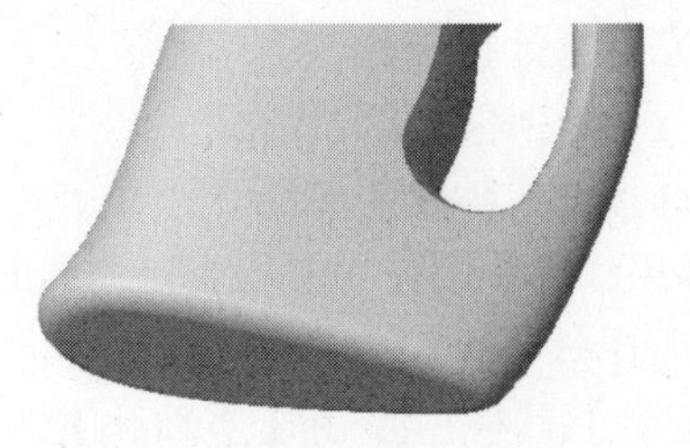

图 2-128　果汁杯底部圆角特征

（3）创建果汁杯手柄圆角特征

1）选择命令

从模型工具栏中单击【圆角】按钮，打开“圆角”特征操控板。

2）定义圆角形状参数

在集参数控制面板选择圆角形状参数为“圆形”。

3）选取圆角参考

设定圆角形状参数后，选取果汁杯手柄边线作为圆角特征的放置参考，如图2-129所示。

4）定义圆角尺寸

在圆角尺寸文本框中输入半径值为5，按〈Enter〉键确认。

5）完成果汁杯手柄边线圆角特征的创建工作

单击操控板的按钮，完成果汁杯手柄边线圆角特征的创建工作，实体形状如图2-130所示。

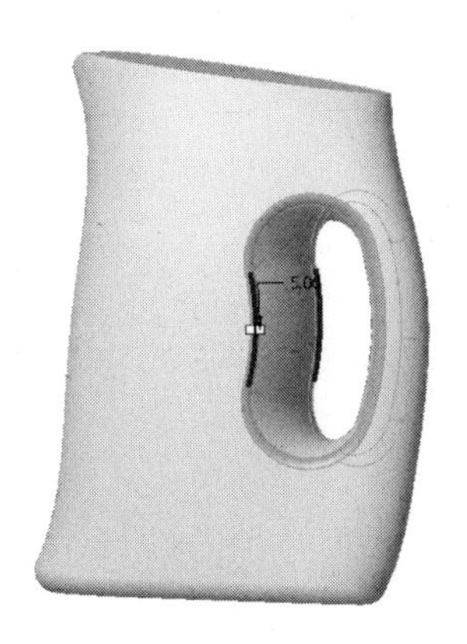

图2-129　选取圆角参考

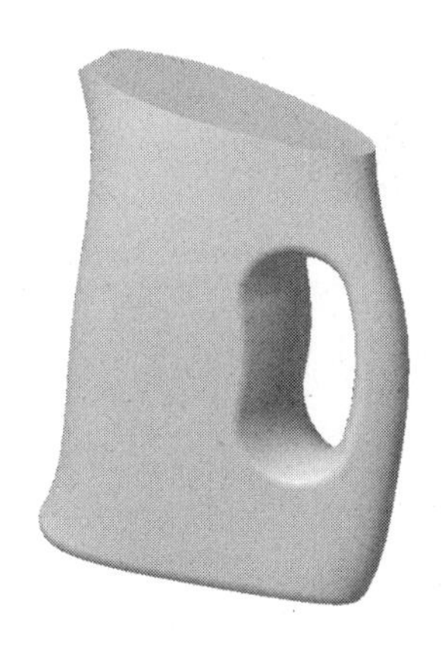

图2-130　果汁杯手柄圆角特征

（4）创建果汁杯壳特征

1）选择命令

在模型工具栏中单击【壳】按钮，打开“壳”操控板，如图2-131所示。

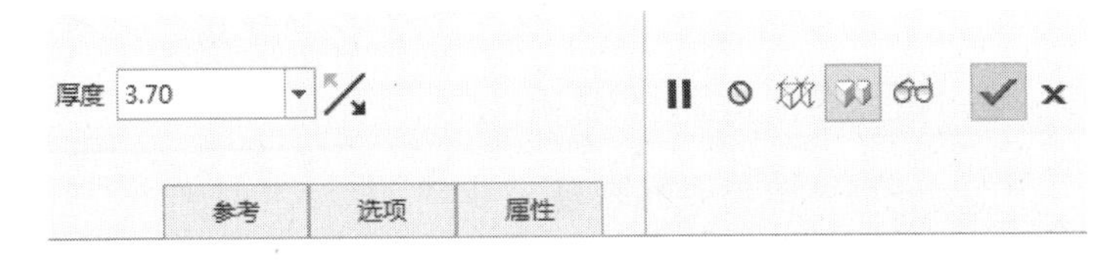

图2-131　“壳”操控板

2）选择要移除的曲面

选取果汁杯上表面曲面作为要移除的曲面。

3）输入壳“值”

在对话框的组合框中输入厚度值为“2”，如图2-132所示。

4）完成果汁杯壳特征的创建工作

单击操控板的按钮，完成果汁杯壳特征的创建工作，获得果汁杯产品，如图2-133所示。结果文件请参看随书网盘资源中的“第 2 章\范例结果文件\果汁杯\guozhibei.prt”。

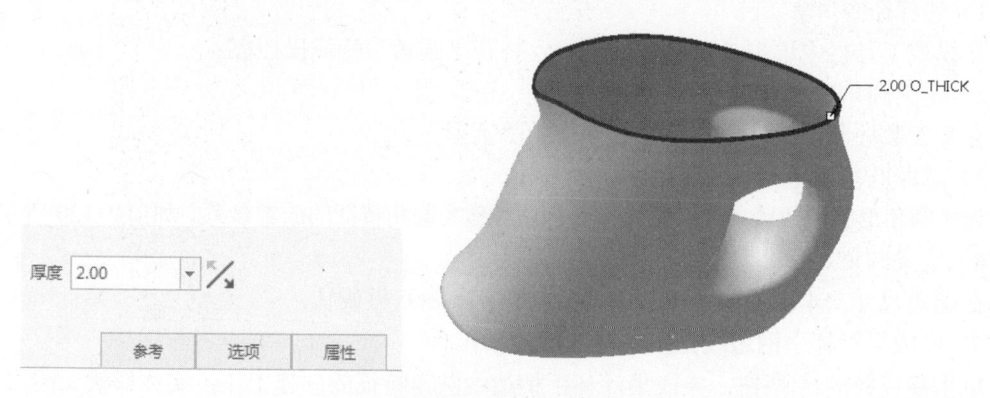

图 2-132 输入壳厚度

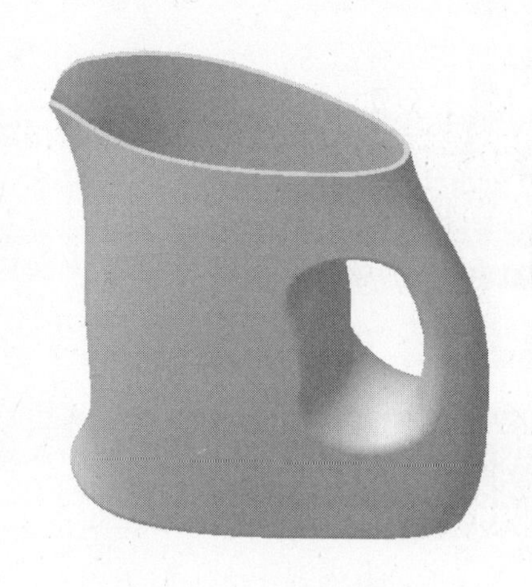

图 2-133 果汁杯壳特征

2.5 洗发水瓶的设计

2.5.1 设计导航——作品规格与流程剖析

1．作品规格——洗发水瓶产品形状和参数

洗发水瓶产品外观如图 2-134 所示，主要由瓶身、瓶底和瓶嘴三部分组成，长×宽×高：57 mm×31 mm×161 mm。

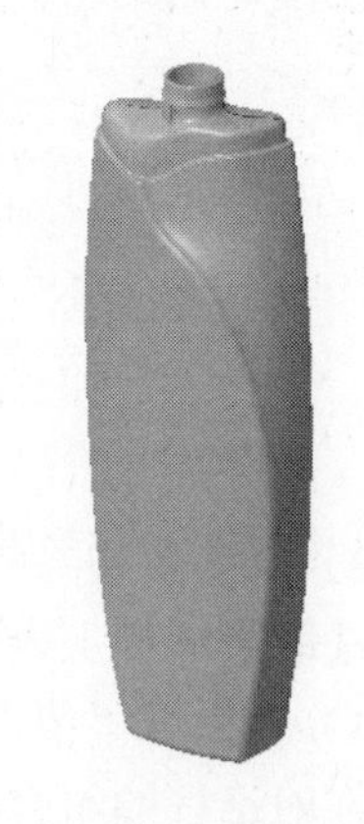

图 2-134 洗发水瓶产品

2．流程剖析——洗发水瓶产品设计方法与流程

（1）创建洗发水瓶主体轮廓曲面。

（2）创建洗发水瓶底部轮廓曲面。

（3）创建洗发水瓶瓶口曲面。

（4）完善洗发水瓶结构，得到洗发水瓶产品。

洗发水瓶产品创建的主要流程如图 2-135 所示。

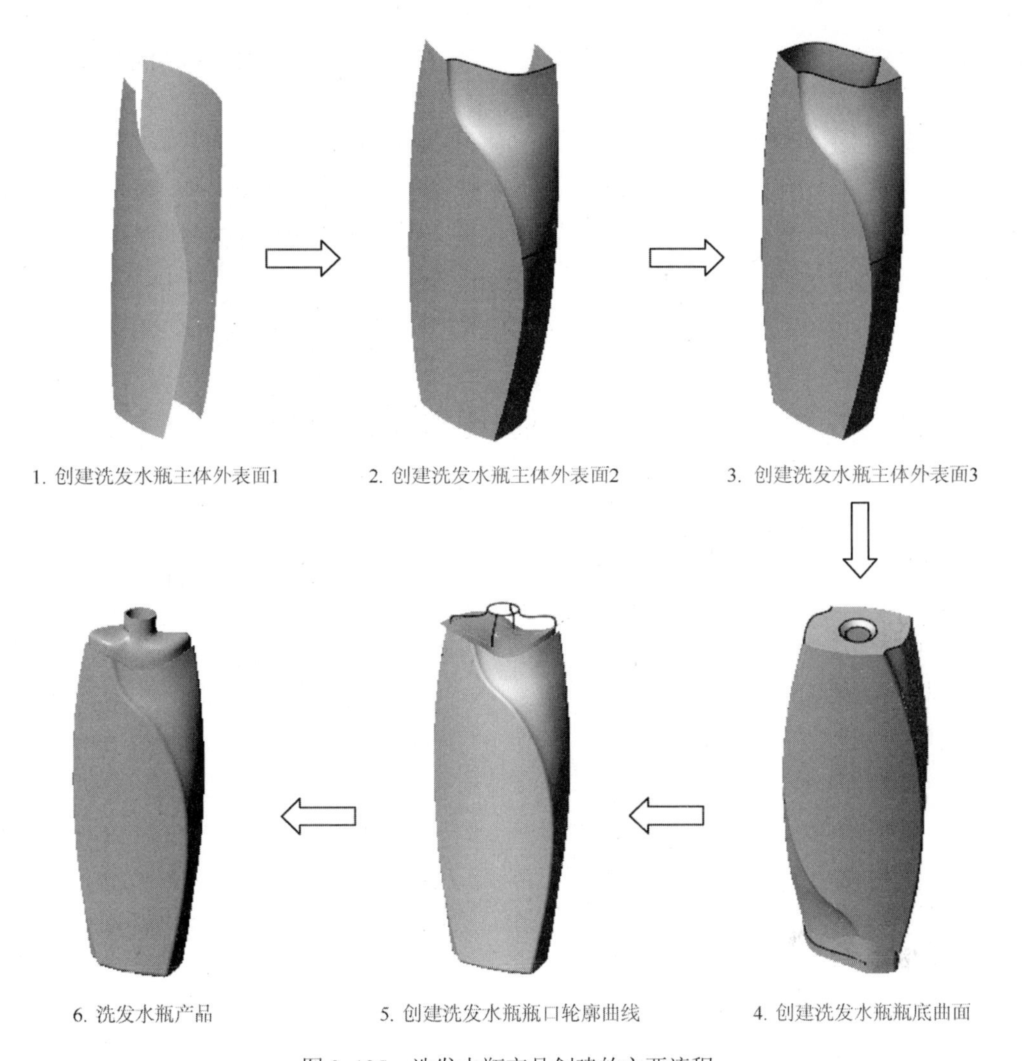

图 2-135 洗发水瓶产品创建的主要流程

2.5.2 设计思路——洗发水瓶产品的结构特点与技术要领

1. 洗发水瓶产品的结构特点

洗发水瓶的外形曲面光顺，其图形为中心对称分布。将其分解为洗发水瓶主体、瓶底和瓶口三部分进行设计，即通过草绘曲线和样式曲线来创建洗发水瓶外形轮廓曲线，通过边界混合和样式曲面来创建轮廓曲面，即可完成洗发水瓶的设计。

2. 洗发水瓶产品设计技术要领

洗发水瓶产品使用草绘曲线、样式曲线结合边界混合和样式曲面的方法进行设计，其阵列特征操控板与技术要领已做过详细讲解，在设计过程中，结合洗发水瓶产品设计方法与流程，重复使用草绘曲线、边界混合和样式功能，掌握好洗发水瓶的尺寸，即可得到完整的洗发水瓶产品。

2.5.3 实战步骤

1．创建洗发水瓶主体轮廓曲面

（1）创建洗发水瓶主体拉伸曲面 1

1）选取命令

在模型工具栏中单击【拉伸】按钮，打开“拉伸”操控板，再单击【拉伸为曲面】按钮。

2）定义草绘平面和方向

选择【放置】→【定义】，打开“草绘”对话框。在【平面】框中选择“TOP”平面作为草绘平面，在【参考】框中选择“RIGHT”平面作为参考平面，在【方向】框中选择“右”。单击 草绘 按钮进入草绘模式。

3）绘制瓶身拉伸曲面 1 轮廓截面

绘制“瓶身拉伸曲面 1” 轮廓截面，如图 2-136 所示。方法如下。

① 单击【中心线】按钮，绘制中心线。

② 单击【弧】→【圆心和端点】按钮，绘制出“圆弧”外轮廓。

③ 使用轮廓线上的外端点标注长度、高度方向尺寸，使用轮廓线上的圆弧标注半径尺寸。

④ 单击草绘工具栏的✔按钮，退出草绘模式。

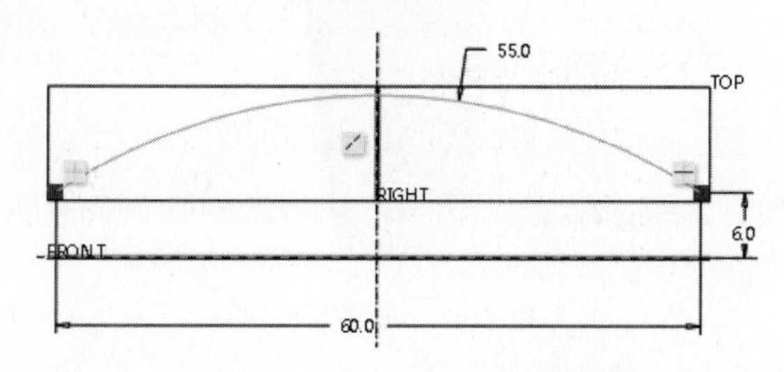

图 2-136　绘制拉伸曲面 1 轮廓截面

4）指定拉伸方式和深度

在“拉伸”操控板中选择【选项】→【盲孔】，然后输入拉伸深度“150”，在图形窗口中可以预览拉伸出的曲面特征，如图 2-137 所示。

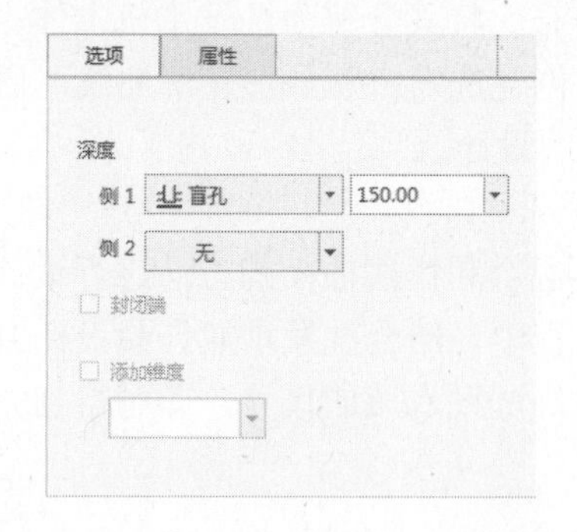

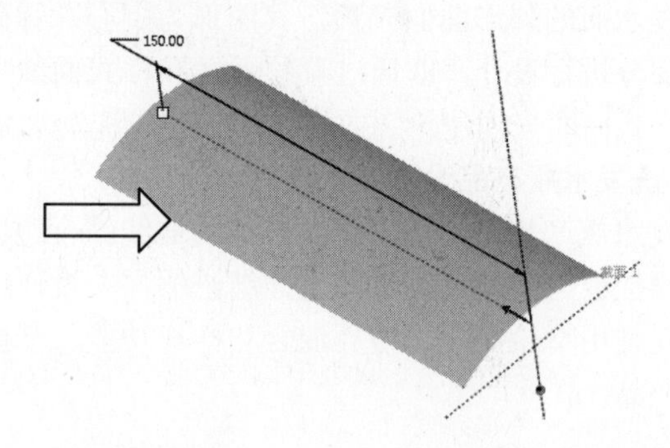

图 2-137　瓶身拉伸曲面 1

5）完成瓶身拉伸曲面 1 的创建工作

单击操控板的✓按钮，完成瓶身拉伸曲面 1 的创建工作。

（2）创建洗发水瓶主体草绘曲线 1

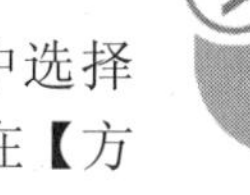

1）选取命令，定义草绘平面和方向

在模型工具栏中单击【草绘】按钮，打开“草绘”对话框。在【平面】框中选择“FRONT”平面作为草绘平面，在【参考】框中选择“RIGHT”平面作为参考平面，在【方向】框中选择“下”，单击 草绘 按钮进入草绘模式。

2）绘制草绘曲线 1

① 单击【样条】按钮，通过 6 个点绘制样条曲线，样条曲线的 2 个端点在拉伸曲面的两条边上。

② 使用【尺寸】按钮为轮廓线上的外端点标注长度、高度方向尺寸。

③ 双击创建的样条曲线，进入“样条”操控板，移动中间的 4 个插值点，使样条曲线的形状如图 2-138 所示。

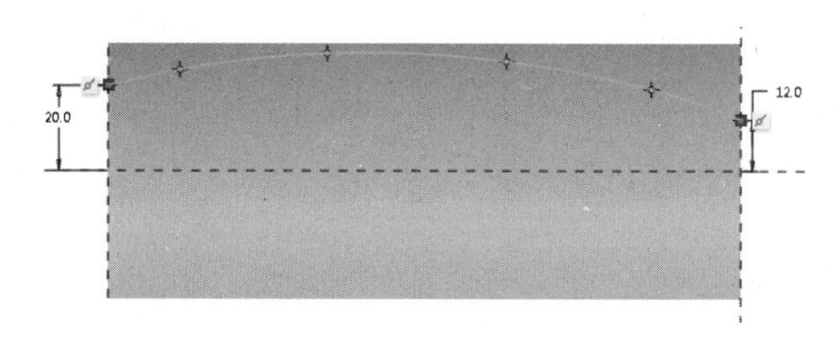

图 2-138　创建草绘曲线 1

④ 单击草绘工具栏的✓按钮，退出草绘模式。

（3）创建洗发水瓶主体投射曲线 1

1）选取命令

在模型工具栏上单击【投影】按钮，打开“投影”操控板，如图 2-139 所示。

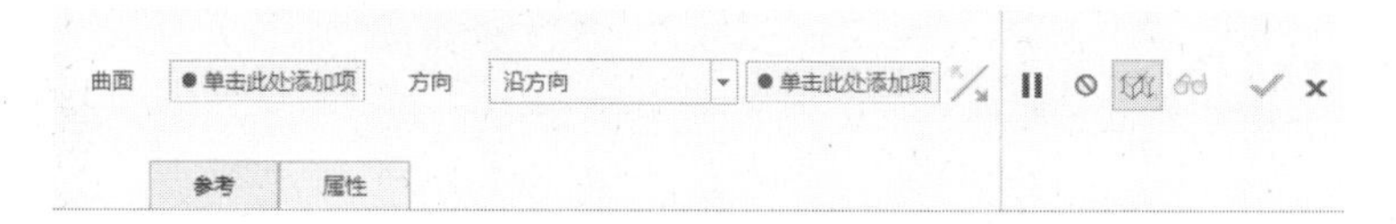

图 2-139　“投影”操控板

2）定义投射曲线类型

单击参考下滑面板，选取投射曲线的类型为“投影草绘”。

3）草绘投射曲线

以 FRONT 作为草绘平面绘制投射曲线链，如图 2-140 所示。

4）选取投影曲面

选取拉伸曲面 1 作为要投影的目标曲面，如图 2-141 所示。

5）选取投射方向参考

选取 FRONT 基准平面作为投射方向的参考，如图 2-142 所示。

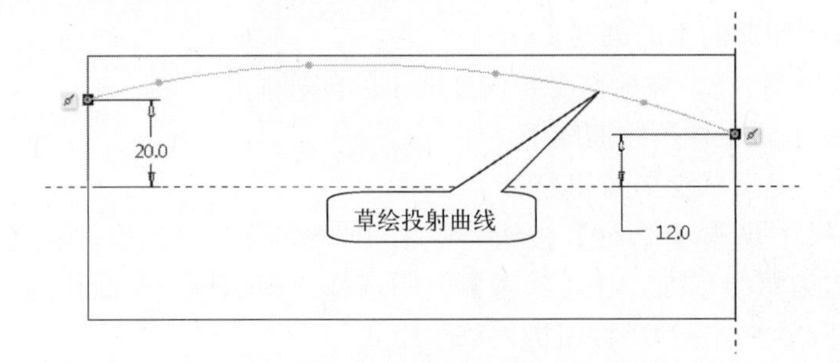

图 2-140　草绘投射曲线

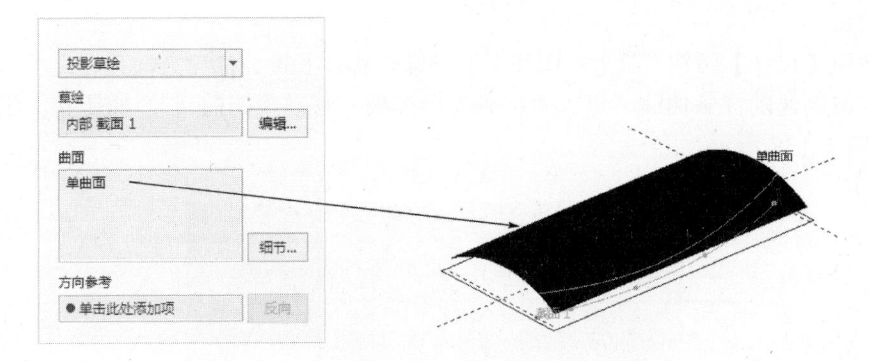

图 2-141　选取投影曲面

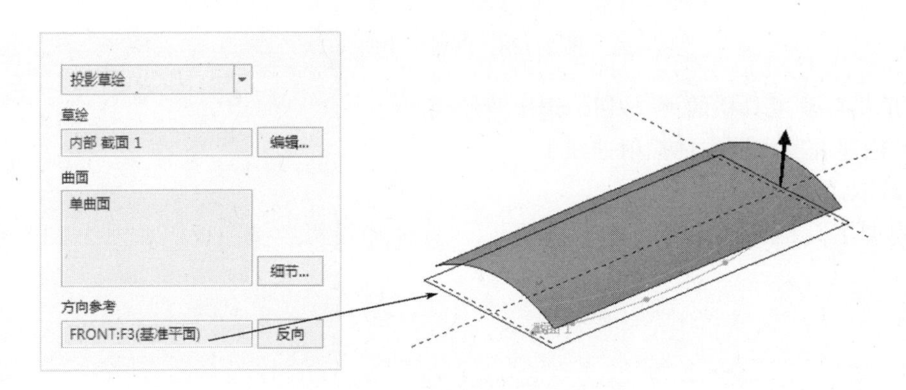

图 2-142　选取投射方向参考

6）完成投射曲线的创建工作

单击操控板的 按钮，完成洗发水瓶主体投射曲线 1 的创建工作。

（4）创建洗发水瓶主体修剪曲面 1

1）选取被修剪曲面

选取拉伸曲面 1 作为修剪的曲面，如图 2-143 所示。

2）选取命令

单击【修剪】按钮，打开“修剪曲面”操控板，如图 2-144 所示。

3）选取修剪对象

选取投射曲线 1 作为修剪对象，如图 2-145 所示。

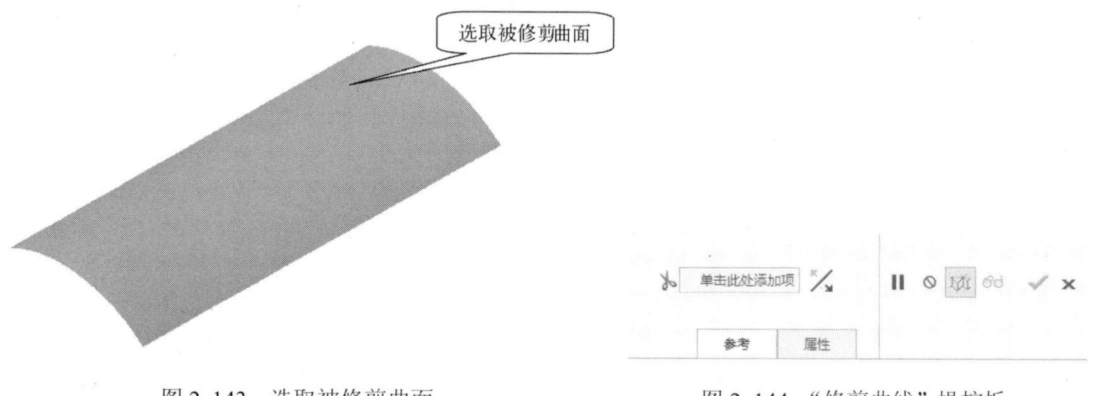

图 2-143　选取被修剪曲面　　　　图 2-144　“修剪曲线”操控板

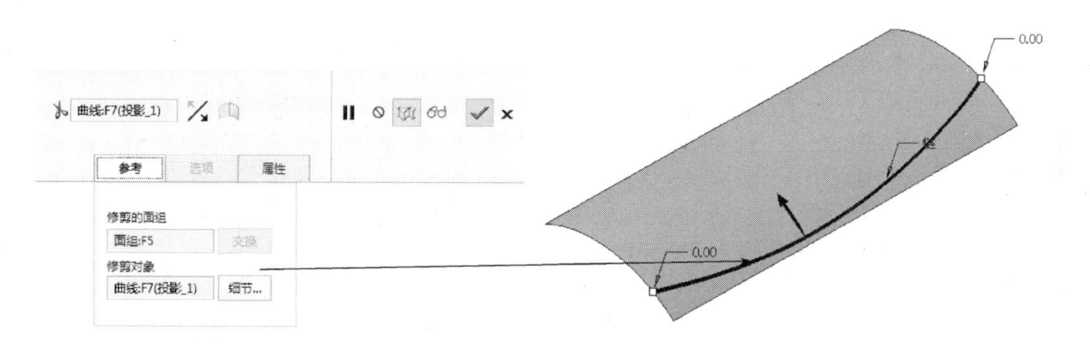

图 2-145　选取修剪对象

4）定义修剪选项内容

调整箭头方向，定义修剪选项内容为保留修剪曲面的一侧。

5）完成修剪曲面的创建工作

单击操控板的按钮，完成拉伸曲面 1 修剪曲面的创建工作。

（5）创建洗发水瓶主体拉伸曲面 2

1）选取命令

在模型工具栏中单击【拉伸】按钮，打开“拉伸”操控板，单击【拉伸为曲面】按钮，再单击【移除材料】按钮，在【面组】框中选择修剪好的拉伸曲面 1，如图 2-146 所示。

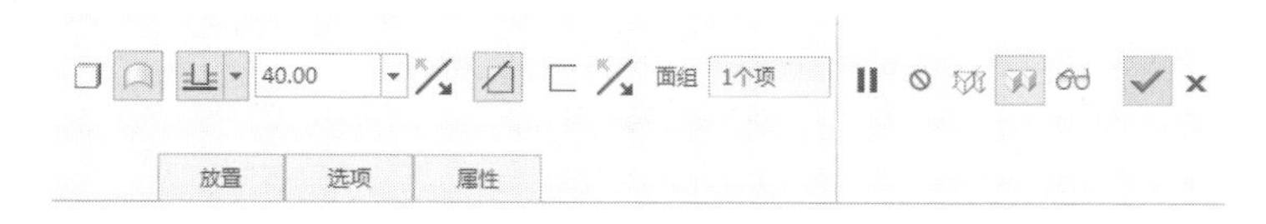

图 2-146　“拉伸”操控板

2）定义草绘平面和方向

选择【放置】→【定义】，打开“草绘”对话框。在【平面】框中选择“FRONT”平面作为草绘平面，在【参考】框中选择“RIGHT”平面作为参考平面，在【方向】框中选择【下】。单击草绘按钮进入草绘模式。

3）绘制拉伸曲面 2 轮廓截面

绘制拉伸曲面 2 轮廓截面，方法如下。

① 单击【样条】按钮，绘制 7 个点的样条曲线，样条曲线的 2 个端点在拉伸曲面的两个边上。

② 使用轮廓线上的外端点标注高度方向尺寸。

③ 双击创建的样条曲线，进入“样条”操控板，移动中间的 5 个插值点，使样条曲线的形状如图 2-147 所示。

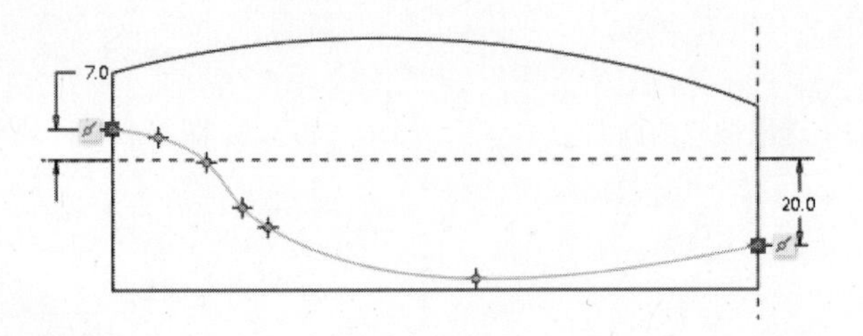

图 2-147　绘制拉伸曲面 2 轮廓截面

④ 单击草绘工具栏的按钮，退出草绘模式。

4）指定拉伸方式和深度

在“拉伸”操控板中选择【选项】→【盲孔】，然后输入拉伸深度“40”，在图形窗口中可以预览移除材料的曲面特征，如图 2-148 所示。

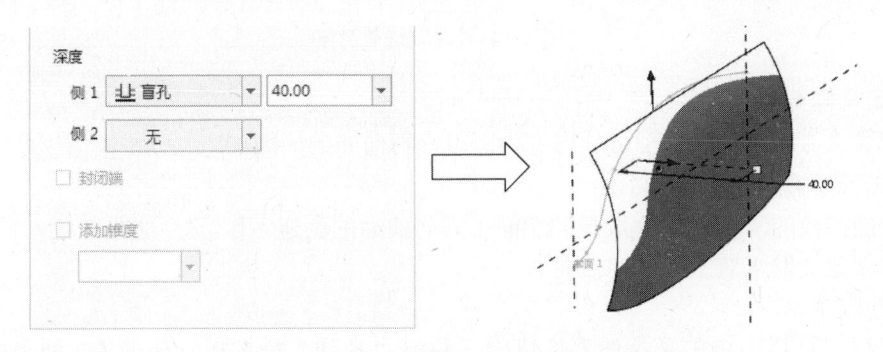

图 2-148　拉伸修剪的曲面特征

5）完成拉伸曲面 2 的创建工作

单击操控板的按钮，完成瓶身拉伸曲面 2 的创建工作。

（6）创建洗发水瓶主体拉伸曲面 3

1）选取命令

在模型工具栏中单击【拉伸】按钮，打开“拉伸”操控板，再单击【拉伸为曲面】按钮。

2）定义草绘平面和方向

选择【放置】→【定义】，打开“草绘”对话框。在【平面】框中选择“TOP”平面作为草绘平面，在【参考】框中选择“RIGHT”平面作为参考平面，在【方向】框中选择“右”。单击草绘按钮进入草绘模式。

3）绘制瓶身拉伸曲面 3 轮廓截面

绘制拉伸曲面 3 轮廓截面，方法如下。

① 单击【中心线】按钮 ，绘制中心线。

② 单击【弧】→【圆心和端点】按钮，绘制出“圆弧”外轮廓。

③ 使用轮廓线上的外端点标注长度、高度方向尺寸，使用轮廓线上的圆弧标注半径尺寸，如图 2-149 所示。

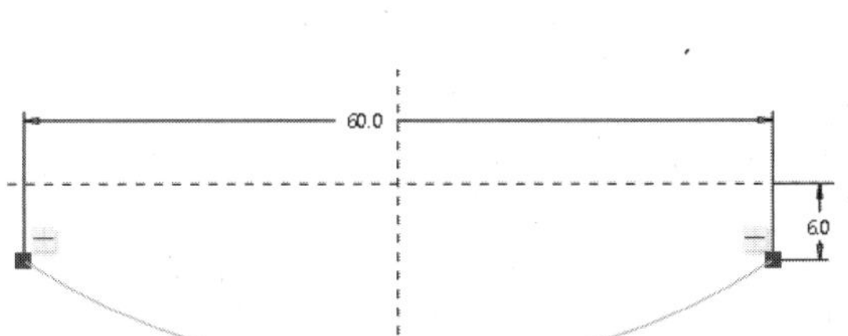

图 2-149 绘制拉伸曲面 3 轮廓截面

④ 单击草绘工具栏的按钮，退出草绘模式。

4）指定拉伸方式和深度

在“拉伸”操控板中选择【选项】→【盲孔】，然后输入拉伸深度“150”，在图形窗口中可以预览拉伸出的曲面特征，如图 2-150 所示。

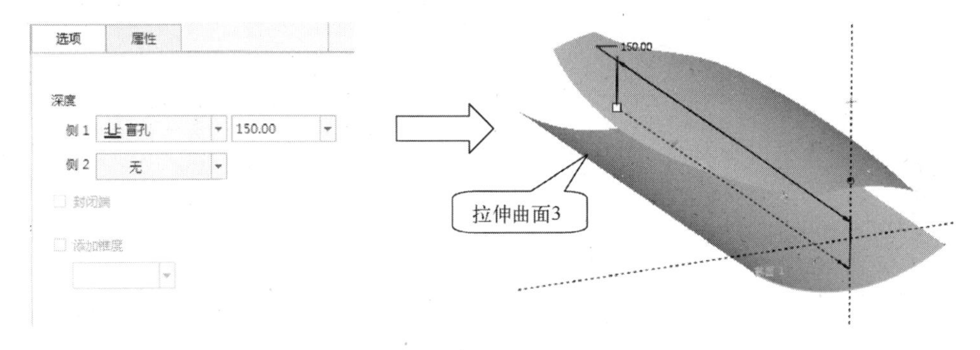

图 2-150 创建瓶身拉伸曲面 3

5）完成瓶身拉伸曲面 3 的创建工作

单击操控板的按钮，完成瓶身拉伸曲面 3 的创建工作。

（7）创建洗发水瓶主体草绘曲线 2

1）选取命令，定义草绘平面和方向

在模型工具栏中单击【草绘】按钮，打开“草绘”对话框。在【平面】框中选择“FRONT”平面作为草绘平面，在【参考】框中选择“RIGHT” 平面作为参考平面，在【方向】框中选择“下”，单击 草绘 按钮进入草绘模式。

2）绘制草绘曲线 2

① 单击【中心线】按钮 ，绘制中心线。

② 单击【投影】按钮，提取草绘 1 轮廓曲线。

③ 单击【样条】按钮，通过点绘制样条曲线，样条曲线的 2 个端点在拉伸曲面的两

个边上。

④ 单击【对称】按钮，选择样条曲线的端点与提取草绘 1 轮廓曲线的端点对称（点 1 与点 2 对称，点 3 与点 4 对称）。

⑤ 双击创建的样条曲线，进入“样条”操控板，移动中间的 19 个插值点，使样条曲线的形状如图 2-151 所示，与取草绘 1 轮廓曲线上下对称。

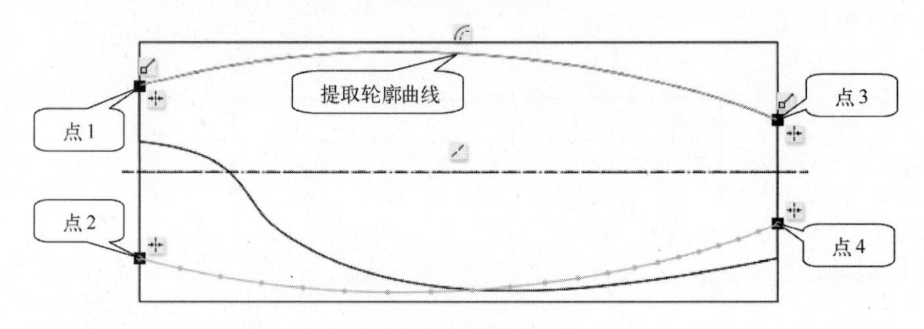

图 2-151　草绘曲线 2

⑥ 单击草绘工具栏的按钮，退出草绘模式。

（8）创建洗发水瓶主体投射曲线 2

1）选取命令

在模型工具栏上单击【投影】按钮，打开“投影”操控板。

2）定义投射曲线类型

单击参考下滑面板，选取投射曲线的类型为“投影草绘”。

3）草绘投射曲线

以 FRONT 作为草绘平面绘制投射曲线链，如图 2-152 所示。

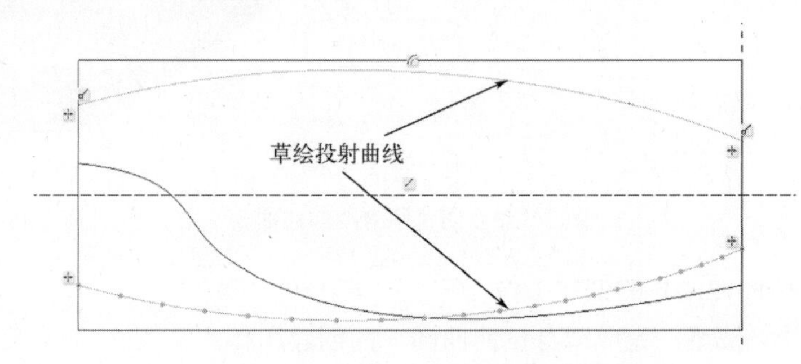

图 2-152　草绘投射曲线

4）选取投射曲面

选取拉伸曲面 3 作为要投射的目标曲面，如图 2-153 所示。

5）选取投射方向参考

选取 FRONT 基准平面作为投射方向的参考，如图 2-154 所示。

6）完成投射曲线的创建工作

单击操控板的按钮，完成洗发水瓶主体投射曲线 2 的创建工作。

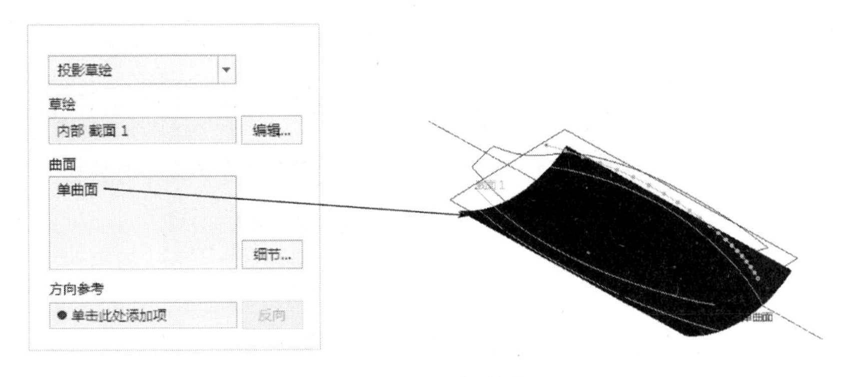

图 2-153　选取投射曲面

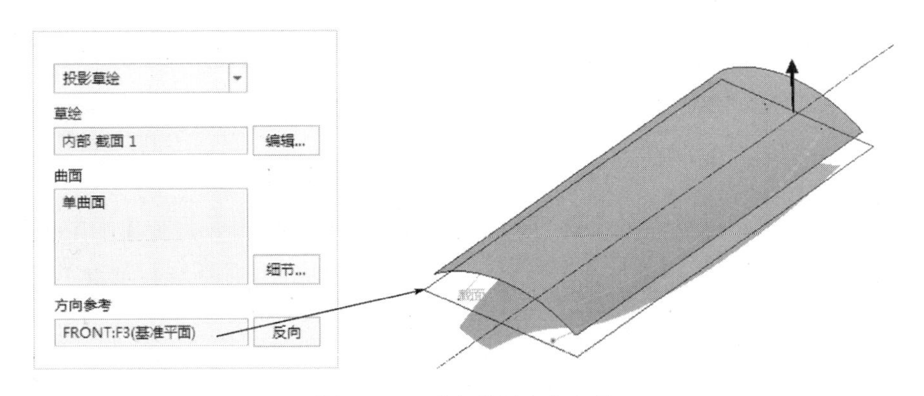

图 2-154　选取投射方向参考

（9）创建洗发水瓶主体修剪曲面 2

1）选取被修剪曲面

选取拉伸曲面 3 作为修剪的曲面，如图 2-155 所示。

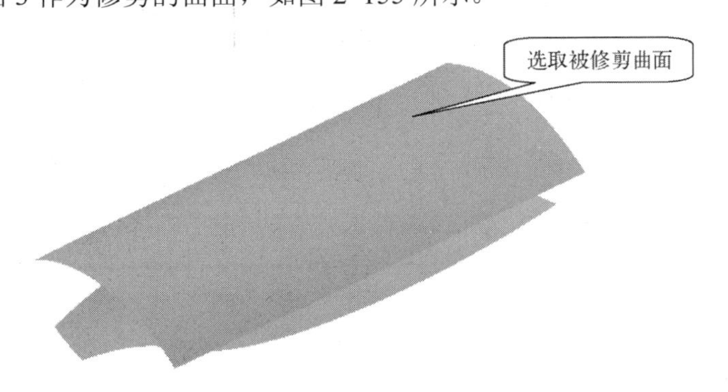

图 2-155　选取被修剪曲面

2）选取命令

单击【修剪】按钮，打开“修剪曲面”操控板。

3）选取修剪对象

选取投射曲线 2 作为修剪对象，如图 2-156 所示。

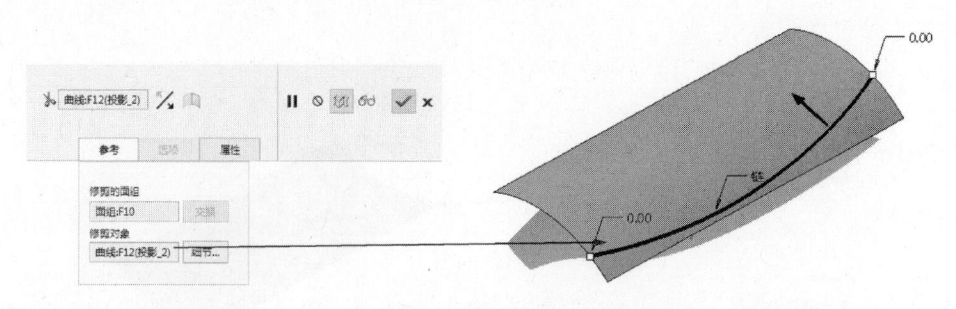

图 2-156　选取修剪对象

4）定义修剪选项内容

调整箭头方向，定义修剪选项内容为保留修剪曲面的一侧。

5）完成修剪曲面的创建工作

单击操控板的✓按钮，完成拉伸曲面 3 修剪曲面的创建工作。

（10）创建洗发水瓶主体创建草绘曲线 3

1）选取命令，定义草绘平面和方向

在模型工具栏中单击【草绘】按钮，打开“草绘”对话框。在【平面】框中选择“FRONT”平面作为草绘平面，在【参考】框中选择“RIGHT”平面作为参考平面，在【方向】框中选择“下”，单击 草绘 按钮进入草绘模式。

2）绘制草绘曲线 3

① 单击【中心线】按钮，绘制中心线。

② 单击【投影】按钮，提取曲面边线。

③ 单击【样条】按钮，通过点绘制样条曲线，样条曲线的 2 个端点在拉伸曲面的两条边上；单击【对称】按钮，选择样条曲线的端点与投射曲线的端点对称（点 1 与点 2 对称，点 3 与点 4 对称）；双击创建的样条曲线，进入“样条”操控板，移动中间的 41 个插值点，使样条曲线的形状如图 2-157 所示，与曲面边线上下对称。

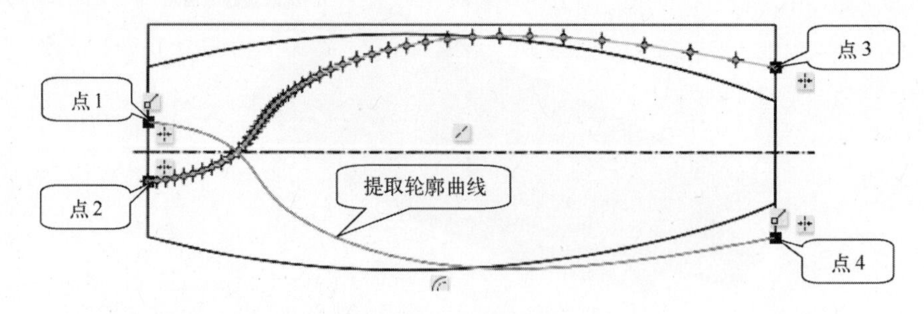

图 2-157　创建样条曲线

④ 单击草绘工具栏的✓按钮，退出草绘模式。

（11）创建洗发水瓶主体投射曲线 3

1）选取命令

在模型工具栏中单击【投影】按钮，打开“投影”操控板。

2）定义投射曲线类型

单击参考下滑面板，选取投射曲线的类型为“投影草绘”。

3）草绘投影曲线

以 FRONT 作为草绘平面绘制投射曲线链，如图 2-158 所示。

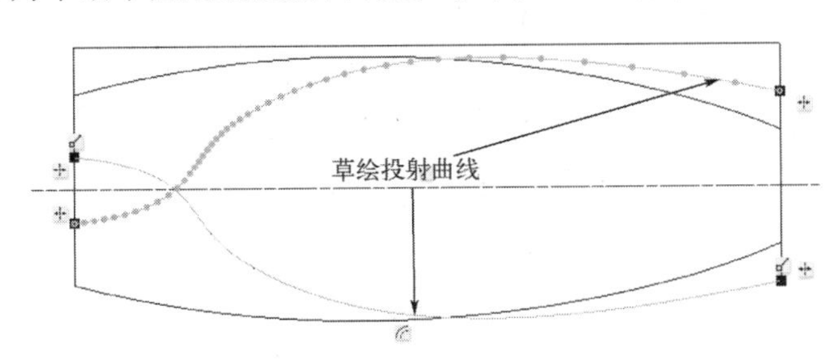

图 2-158　草绘投射曲线

4）选取投影曲面

选取拉伸曲面 3 作为要投影的目标曲面，如图 2-159 所示。

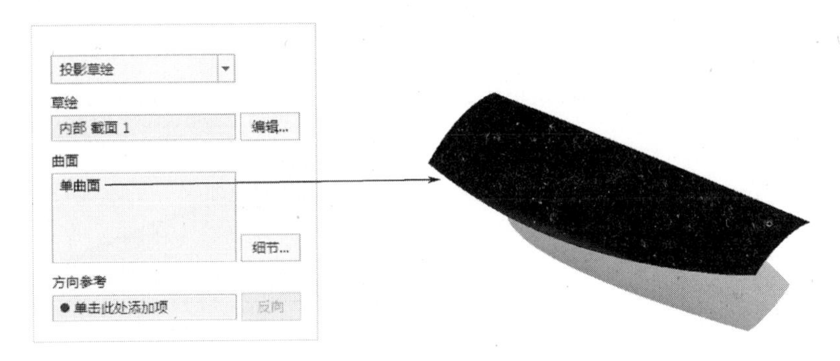

图 2-159　选取投影曲面

5）选取投射方向参考

选取 FRONT 基准平面作为投射方向的参考，如图 2-160 所示。

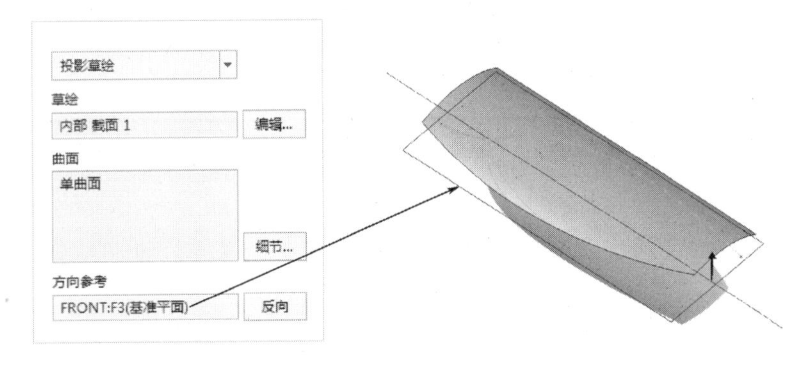

图 2-160　选取投射方向参考

6）完成投射曲线的创建工作

单击操控板的✓按钮，完成洗发水瓶主体投射曲线 3 的创建工作。

（12）创建洗发水瓶主体修剪曲面 3

1）选取被修剪曲面

选取拉伸曲面 3 作为修剪的曲面，如图 2-161 所示。

图 2-161　选取被修剪曲面

2）选取命令

单击【修剪】按钮，打开“修剪曲面”操控板。

3）选取修剪对象

选取投射曲线 1 作为修剪对象，如图 2-162 所示。

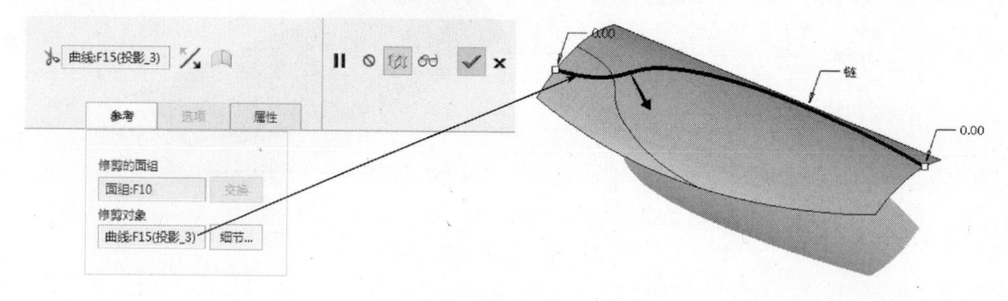

图 2-162　选取修剪对象

4）定义修剪选项内容

调整箭头方向，定义修剪选项内容为保留修剪曲面的一侧。

5）完成修剪曲面的创建工作

单击操控板的按钮，完成拉伸曲面 3 修剪曲面的创建工作。

（13）创建洗发水瓶主体样式曲线 1

1）选取命令

在模型工具栏中单击【样式】按钮，打开“样式”工具栏，如图 2-163 所示。

图 2-163　“样式”工具栏

2）设置活动平面

在样式工具栏中选择【设置活动平面】按钮，在图形窗口中选择“TOP”平面作为活动平面。

3）创建样式曲线 1

① 在样式工具栏中选择【曲线】按钮，打开“造型：曲线”操控板，再单击【平面曲线】按钮。

② 在“TOP”活动平面上通过 5 个点绘制样式曲线 1，如图 2-164 所示。其 4 个点对应坐标如图 2-165 所示。

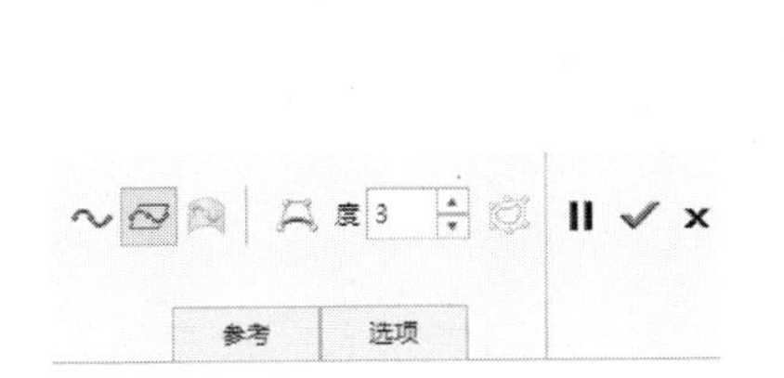

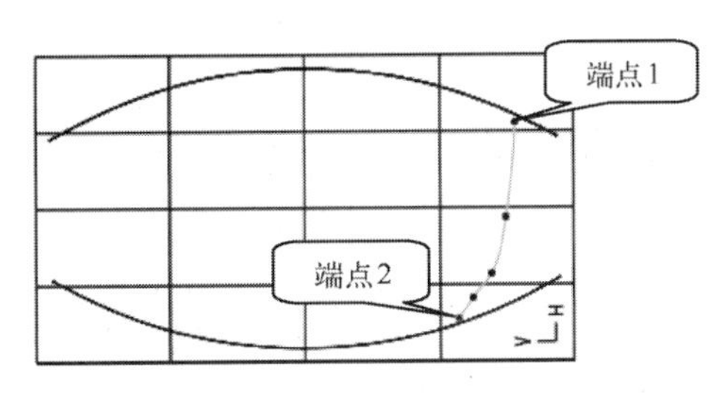

图 2-164　绘制样式曲线 1

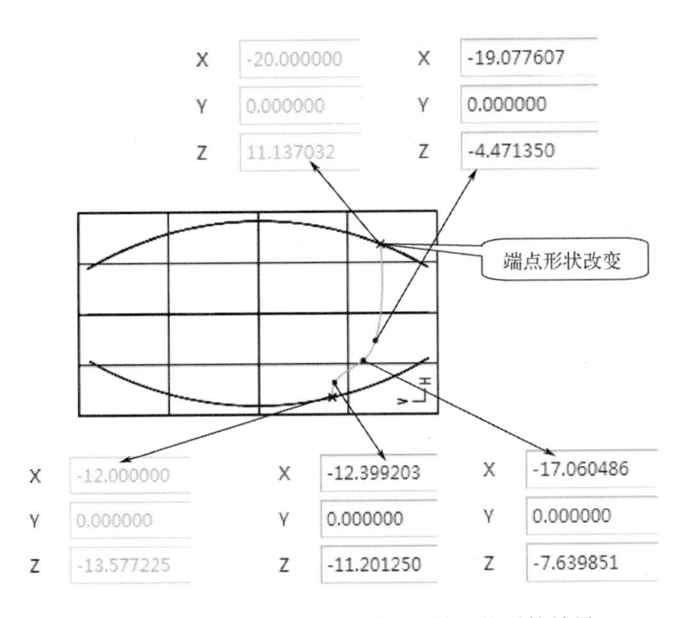

图 2-165　移动样式曲线 1 端点调整形状后的效果

③ 双击创建的样式曲线，进入“曲线”操作控制界面中，按住“Shift”键并移动样式曲线 1 的端点（鼠标箭头变为箭头带十字光标），使样式曲线 1 的端点 1 移动到拉伸曲面边上，此时样式曲线 1 的端点 1 的形状由“小原点”变为“×”形状。用同样的方法移动使样式曲线 1 的端点 2 到拉伸曲面边上，单击【使用控制点编辑此曲线】按钮，调整样式曲线 1 的形状，其 5 个点对应坐标如图 2-165 所示。

4）完成样式曲线 1 的创建工作

单击操控板的按钮，完成样式曲线 1 的创建工作。

（14）创建基准平面 DTM1、DTM2

1）创建基准平面 DTM1

① 选取命令

在样式工具栏中单击【设置活动平面】→【内部平面】按钮，打开“基准平面”对话框。

② 为新建基准平面选取位置参考

在【基准平面】对话框的【参考】栏中，选取 TOP 平面作为第一参考，选取约束为“平行”；选取曲面边的端点作为第二参考，选取约束为“穿过”，如图 2-166 所示。

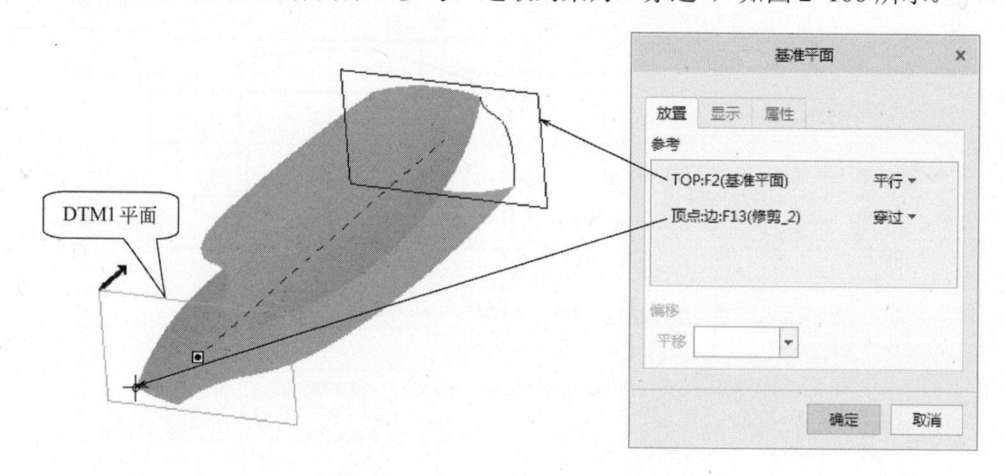

图 2-166　为“基准平面”选取参考

③ 完成基准平面的创建工作

单击“基准平面”对话框的 确定 按钮，完成基准平面 DTM1 的创建工作。

2）创建基准平面 DTM2

参考步骤 1）创建基准平面 DTM1 方法，在【基准平面】对话框的【参考】栏中，选取 TOP 平面作为参考，选取约束为“偏移”，输入偏移距离为“80”，如图 2-167 所示。

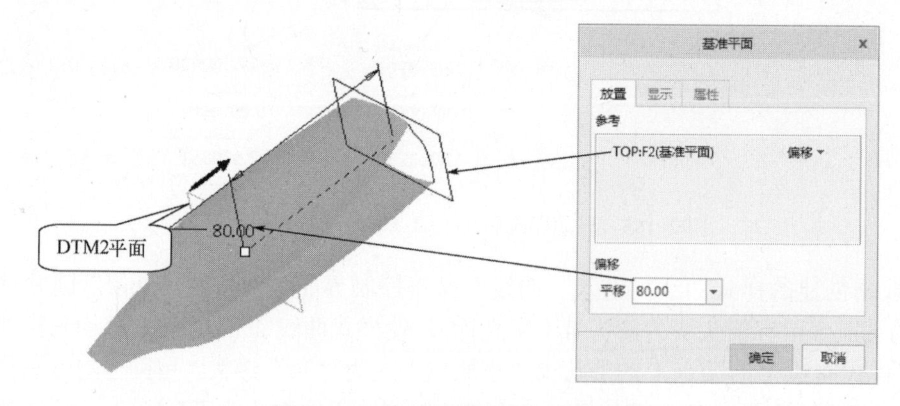

图 2-167　为“基准平面”选取参考

单击“基准平面”对话框的 确定 按钮，完成基准平面 DTM2 的创建工作。

（15）创建洗发水瓶主体样式曲线 2

1）设置活动平面

在样式工具栏中选择【设置活动平面】按钮，在图形窗口中选择“DTM1”平面作为活动平面。

2）创建样式曲线 2

① 在样式工具栏中选择【曲线】按钮，打开“造型：曲线”操控板，再单击创建【平面曲线】按钮。

② 通过 6 个点绘制“样式曲线 2”，其首尾 2 个端点与拉伸曲面边的 2 个端点重合（使用曲线编辑命令，结合 Shift 键），中间 4 个点对应坐标如图 2-168 所示。

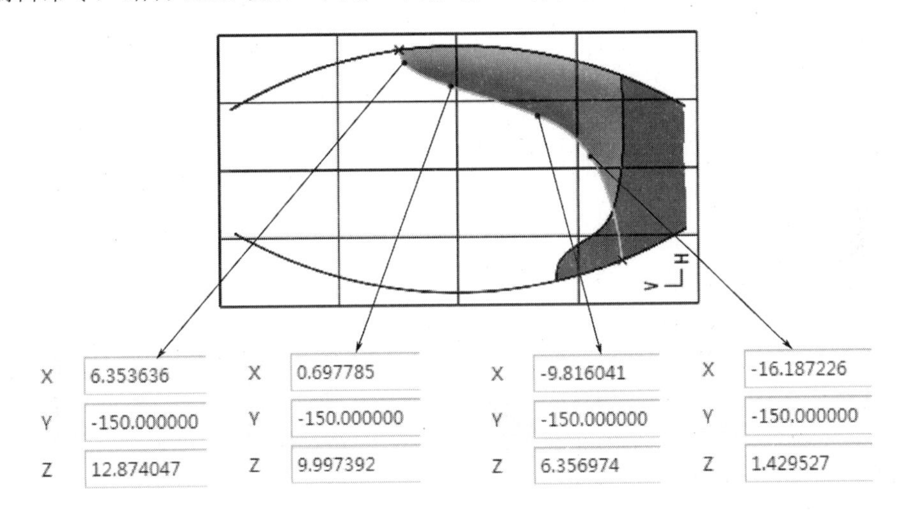

图 2-168 绘制“样式”曲线 2

3）完成样式曲线 2 的创建工作

单击操控板的按钮，完成样式曲线 2 的创建工作。

（16）创建洗发水瓶主体样式曲线 3

1）设置活动平面

在样式工具栏中选择【设置活动平面】按钮，在图形窗口中选择“DTM2”平面作为活动平面。

2）创建样式曲线 3

① 在样式工具栏中选择【曲线】按钮，打开“造型：曲线”操控板，再单击创建【平面曲线】按钮。

② 通过 3 个点绘制“样式曲线 3”，其首尾 2 个端点在拉伸曲面的边线上（使用曲线编辑命令，结合 Shift 键），中间点对应坐标如图 2-169 所示。

3）完成样式曲线 3 的创建工作

单击操控板的按钮，完成样式曲线 3 的创建工作。

（17）创建洗发水瓶主体样式曲面 1

1）选取命令

在“样式”模块工具栏中选择【曲面】按钮，打开 “造型：曲面”操控板，如图 2-170

所示。

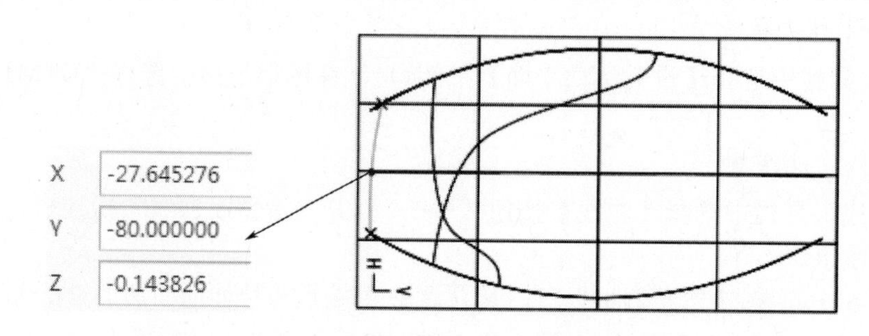

图 2-169 绘制“样式”曲线 3

图 2-170 “造型：曲面”操控板

2）选择主要链及内部链创建样式曲面

从样式“造型：曲面”操控板中，单击【参考】面板，在【主要链参考】选项中依次选择 4 条边作为主要链，如图 2-171 所示。从【内部链参考】选项中选择“样式曲线 3”作为内部链，如图 2-172 所示。

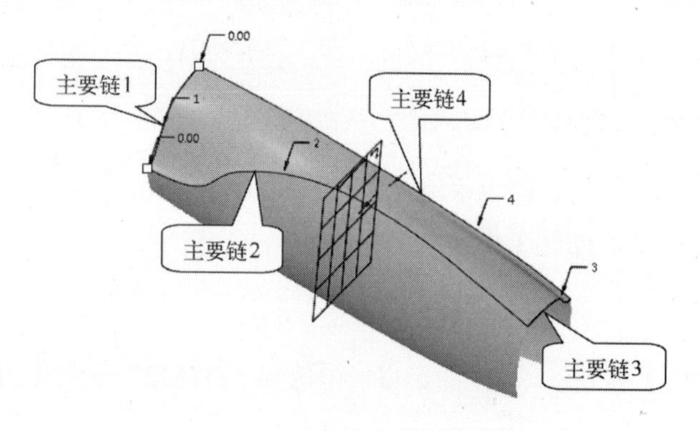

图 2-171 选取“主要链”

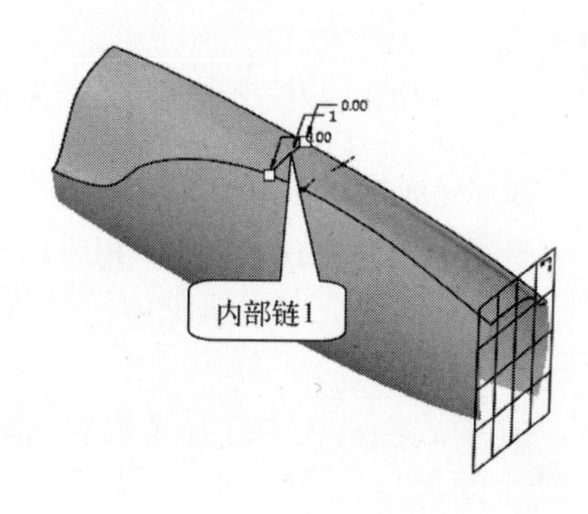

图 2-172 选取“内部链”

3）完成样式曲面的创建工作

单击操控板的✓按钮，完成洗发水瓶主体样式曲面 1 的创建工作。单击“样式模块”工具栏✓按钮，退出样式模块。

（18）创建洗发水瓶主体投射曲线 4

1）选取命令

在模型工具栏中单击【投影】按钮，打开“投影”操控板。

2）定义投射曲线类型

单击参考下滑面板，选取投射曲线的类型为“投影草绘”。

3）草绘投射曲线

以 FRONT 作为草绘平面绘制投射曲线链，如图 2-173 所示。

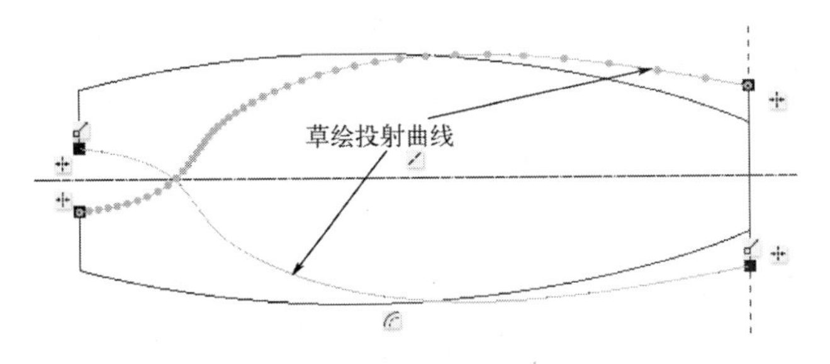

图 2-173　草绘投射曲线

4）选取投影曲面

选取拉伸曲面 1 作为要投影的目标曲面，如图 2-174 所示。

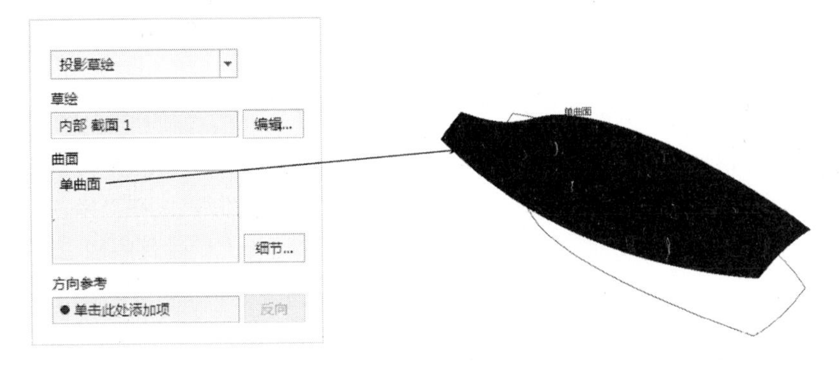

图 2-174　选取投影曲面

5）选取投射方向参考

选取 FRONT 基准平面作为投射方向的参考，如图 2-175 所示。

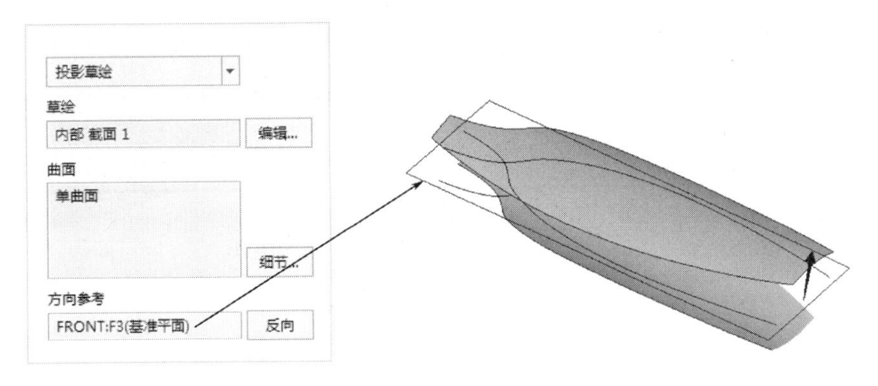

图 2-175　选取投射方向参考

6）完成投射曲线的创建工作

单击操控板的✓按钮，完成洗发水瓶主体投射曲线 4 的创建工作。

（19）创建洗发水瓶主体样式曲面 2

参考创建样式曲面 1 的方法，首先创建基准平面 3、基准平面 4，再创建平面样式曲线 4、5、6，然后使用“曲面”命令来创建样式曲面 2，样式曲面形状如图 2-176 所示（具体参数参阅随书网盘资源对应的实例模型文件）。

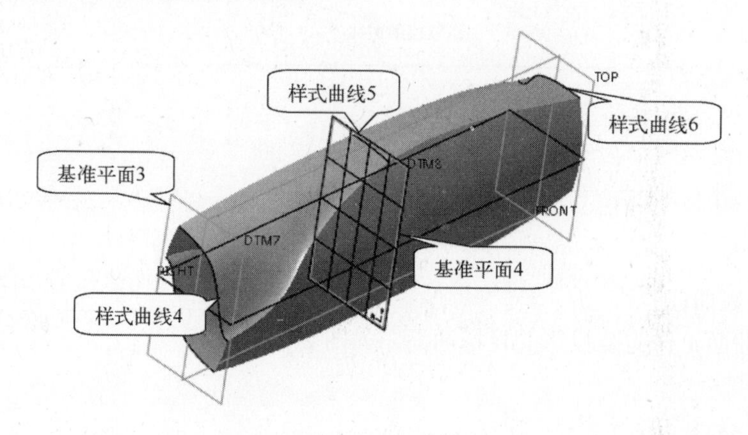

图 2-176　创建样式曲面 2

（20）创建洗发水瓶主体合并曲面 1

1）选取要合并的面组

选取洗发水瓶主体修剪曲面 1、修剪曲面 2、样式曲面 1 和样式曲面 2 作为要合并的面组。

2）选取命令

在模型工具栏中单击【合并】按钮，打开“合并曲面”操控板。

3）合并操作

接受系统默认的合并方式，合并操作如图 2-177 所示。

图 2-177　合并曲面操作

4）完成合并曲面的创建工作

单击操控板的按钮，完成洗发水瓶合并面组 1 的合并创建工作。

（21）创建洗发水瓶主体曲面圆角特征

1）选取命令

在模型工具栏中单击【圆角】按钮，打开“圆角”特征操控板。

2）定义圆角形状参数

在集参数控制面板中选取圆角形状参数为“圆形”。

3）选取圆角参考 1

设定圆角形状参数后，选取洗发水瓶主体棱边 1 作为圆角特征的放置参考，如图 2-178 所示。

4）定义圆角尺寸

在圆角尺寸文本框中输入半径值为 2，按〈Enter〉键确认。

5）选取圆角参考 2

同上操作，选取洗发水瓶主体棱边 2 作为圆角特征的放置参考，圆角尺寸为 2，如图 2-179 所示。

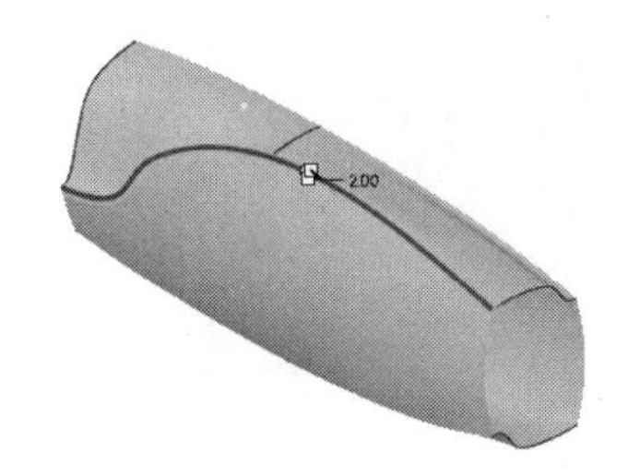

图 2-178　曲面边 1 圆角

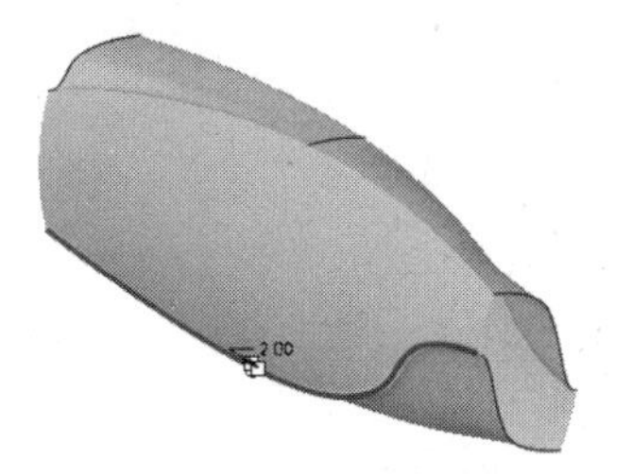

图 2-179　曲面边 2 圆角

6）完成洗发水瓶主体棱边圆角特征的创建工作

单击操控板的✔按钮，完成洗发水瓶主体棱边圆角特征的创建工作。

（22）创建洗发水瓶主体曲线 4

1）选取命令，定义草绘平面和方向

从模型工具栏中单击【草绘】按钮，打开“草绘”对话框。在【平面】框中选择“FRONT”平面作为草绘平面，在【参考】框中选择“RIGHT” 平面作为参考平面，在【方向】框中选择【下】，单击 草绘 按钮进入草绘模式。

2）绘制草绘曲线 4

① 单击【样条】按钮，通关 6 个点绘制样条曲线，样条曲线的 2 个端点在曲面的两条边上。

② 使用样条线上的外端点标注长度方向尺寸。

③ 双击创建的样条曲线，进入“样条”操控板，移动中间的 4 个插值点，使样条曲线的形状如图 2-180 所示。

④ 单击草绘工具栏的✔按钮，退出草绘模式。

（23）创建洗发水瓶主体投射曲线 5

1）选取命令

在模型工具栏中单击【投影】按钮，打开“投影”操控板。

2）定义投射曲线类型

单击参考下滑面板，选取投影曲线的类型为“投影草绘”。

3）草绘投射曲线

以 FRONT 作为草绘平面绘制投射曲线链，如图 2-181 所示。

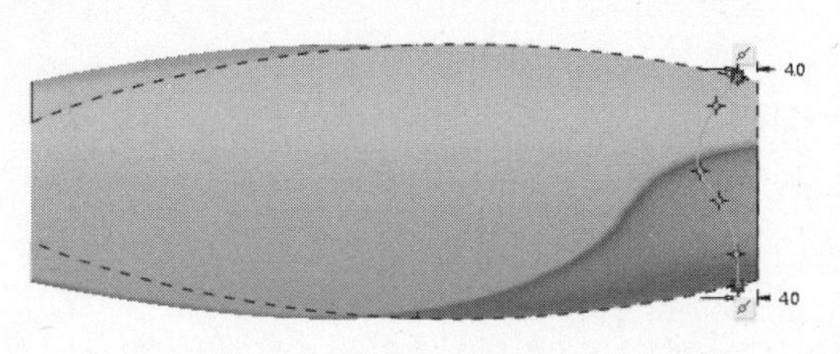

图 2-180　绘制草绘曲线 4

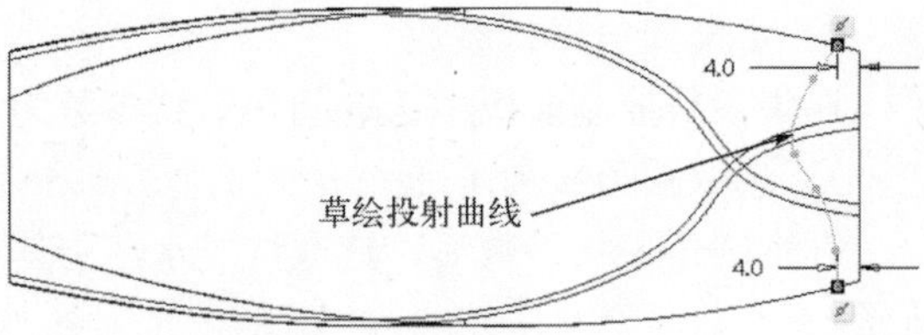

图 2-181　草绘投射曲线

4）选取投影曲面

选取拉伸曲面 3 作为要投影的目标曲面，如图 2-182 所示。

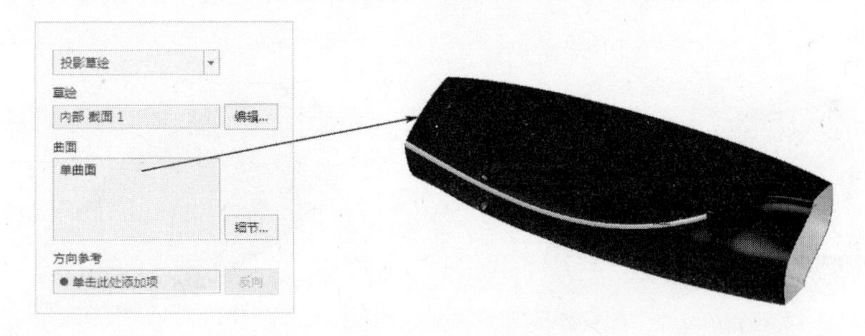

图 2-182　选取投影曲面

5）选取投射方向参考

选取 FRONT 基准平面作为投射方向的参考，如图 2-183 所示。

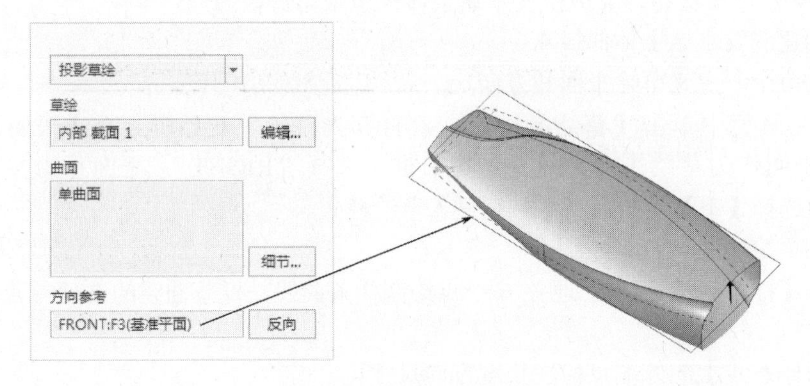

图 2-183　选取投射方向参考

6）完成投射曲线的创建工作

单击操控板的✓按钮，完成洗发水瓶主体投射曲线 5 的创建工作。

（24）创建洗发水瓶主体反向投射曲线 6

参考步骤（23）洗发水瓶主体投射曲线 5 的方法，创建洗发水瓶主体投射曲线 6，其效果如图 2-184 所示。

（25）创建洗发水瓶主体边界混合曲面 1

1）选取命令

在模型工具栏中单击【边界混合】按钮，打开“边界混合”操控板，如图 2-185 所示。

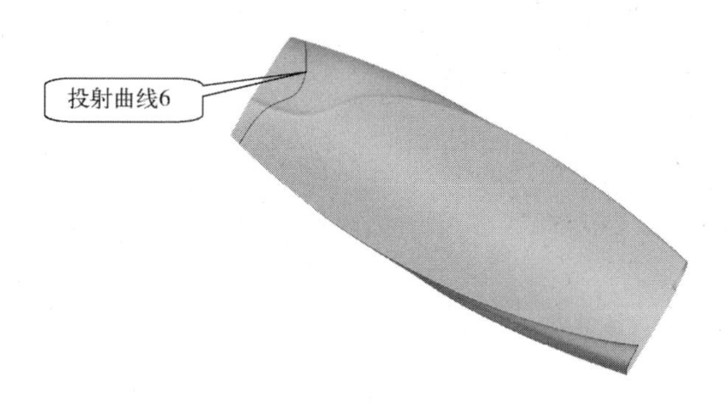

图 2-184　投射曲线 6

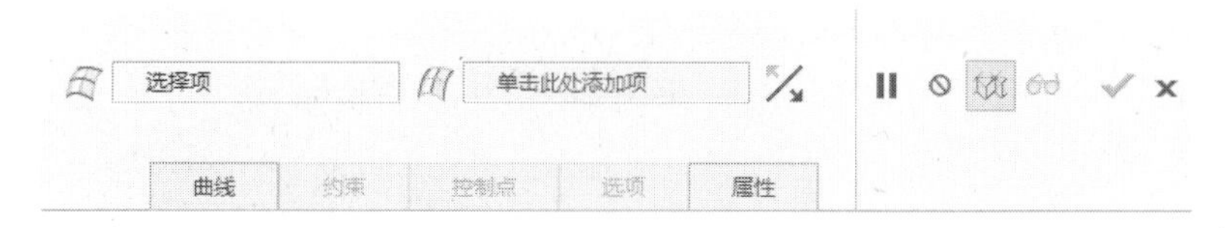

图 2-185　“边界混合”操控板

2）选择第一方向曲线

在曲线面板中单击【第一方向】下面的列表框，依次选取洗发水瓶主体投射曲线 5 和洗发水瓶主体投射曲线 6（结合〈Ctrl〉键）作为第一方向的曲线，如图 2-186 所示。

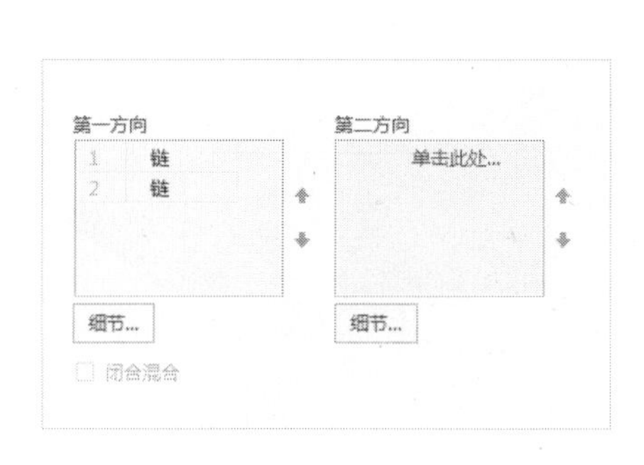

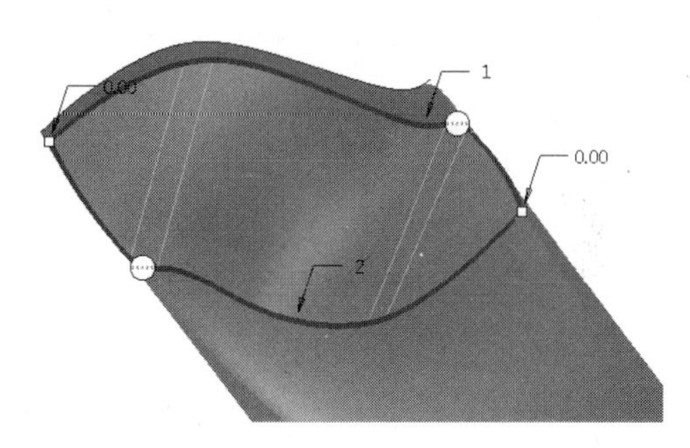

图 2-186　选取第一方向曲线

第二方向曲线为无。

3）完成洗发水瓶主体边界曲面 1 的创建工作

单击操控板的✓按钮，完成洗发水瓶主体边界曲面 1 的创建工作，其效果如图 2-187 所示。

（26）创建洗发水瓶主体偏移曲面

1）选择偏移曲面

选择洗发水瓶主体边界曲面 1 作为要偏移的曲面。

2）选取命令

在模型工具栏中单击【偏移】按钮，打开“偏移”操控板，再选择【标准偏移】按钮，如图 2-188 所示。

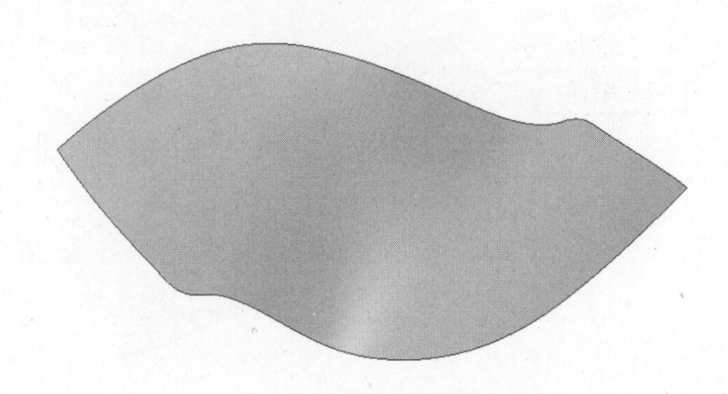

图 2-187　洗发水瓶边界曲面 1

图 2-188　“偏移”操控板

3）设置偏移值

在文本框中输入偏移值为“2”，如图 2-189 所示。

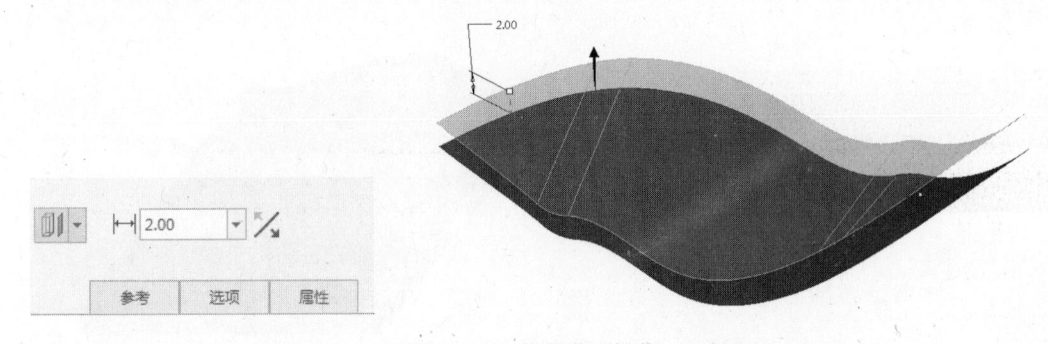

图 2-189　偏移曲面操作

4）完成偏移曲面的创建工作

单击操控板的 按钮，完成偏移曲面的创建工作。

（27）创建洗发水瓶主体修剪曲面 4

1）选取被修剪曲面

选取合并曲面 1 作为要修剪的曲面，如图 2-190 所示。

2）选取命令

单击【修剪】按钮，打开“修剪曲面”操控板。

3）选取修剪对象

选取投射曲线 1 作为修剪对象，如图 2-191 所示。

4）定义修剪选项内容

调整箭头方向，定义修剪选项内容为保留修剪曲面的一侧。

图 2-190　选取被修剪曲面

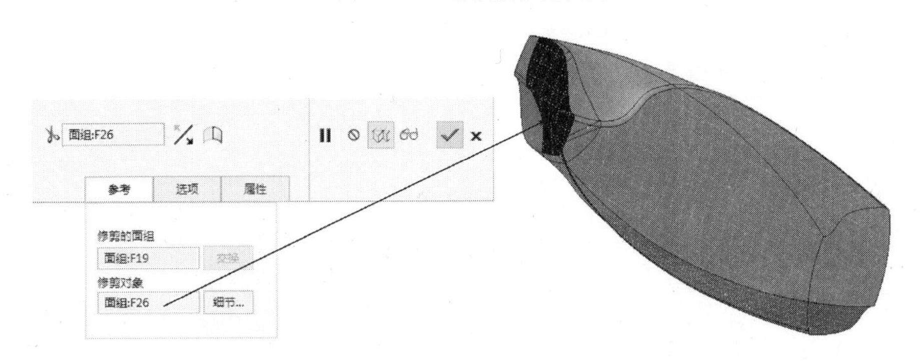

图 2-191　选取修剪对象

5）完成修剪曲面的创建工作

单击操控板的✓按钮，完成合并曲面 1 修剪曲面的创建工作。

（28）创建基准平面 DTM5

1）选取命令

在模型工具栏中单击【平面】按钮▱，打开“基准平面”对话框。

2）为新建基准平面选取位置参考

在【基准平面】对话框的【参考】栏中，选取 TOP 平面作为第一参考，选取约束为“偏移”，在【偏移】文本框中输入偏移值“155”，如图 2-192 所示。

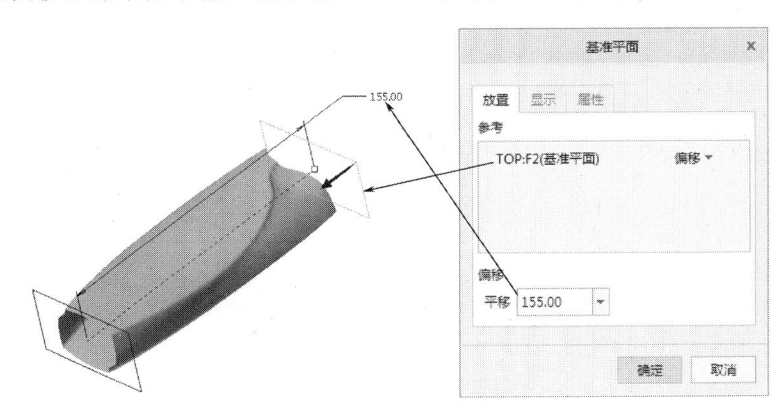

图 2-192　为“基准平面”选取参考

3）完成基准平面的创建工作

单击“基准平面”对话框的 确定 按钮，完成基准平面 DTM5 的创建工作。

（29）创建洗发水瓶主体拉伸曲面 4

1）选取命令

在模型工具栏中单击【拉伸】按钮，打开“拉伸”操控板，再单击【拉伸为曲面】按钮。

2）定义草绘平面和方向

选择【放置】→【定义】，打开“草绘”对话框。在【平面】框中选择创建的“DTM5”平面作为草绘平面，在【参考】框中选择“RIGHT”平面作为参考平面，在【方向】框中选择“右”，单击 草绘 按钮进入草绘模式。

3）绘制拉伸截面 4

使用【偏移】按钮和【圆角】按钮绘制“拉伸截面 4”，如图 2-193 所示。

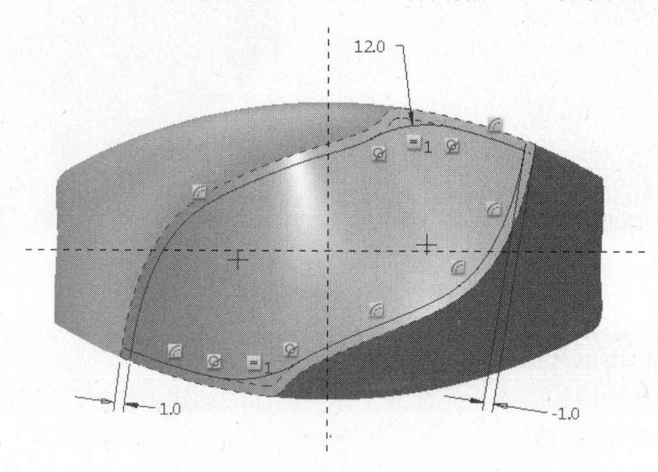

图 2-193　绘制拉伸截面 4

单击草绘工具栏的✔按钮，退出草绘模式。

4）指定拉伸方式和深度

在“拉伸”操控板中选择【选项】→【盲孔】，然后输入拉伸深度“30”，在图形窗口中可以预览拉伸出的曲面特征，如图 2-194 所示。

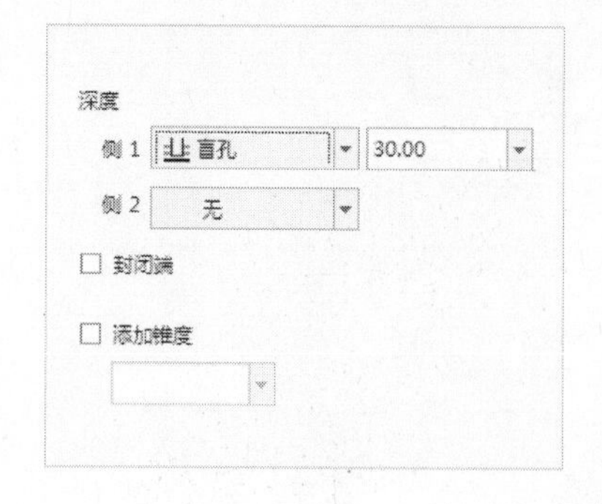

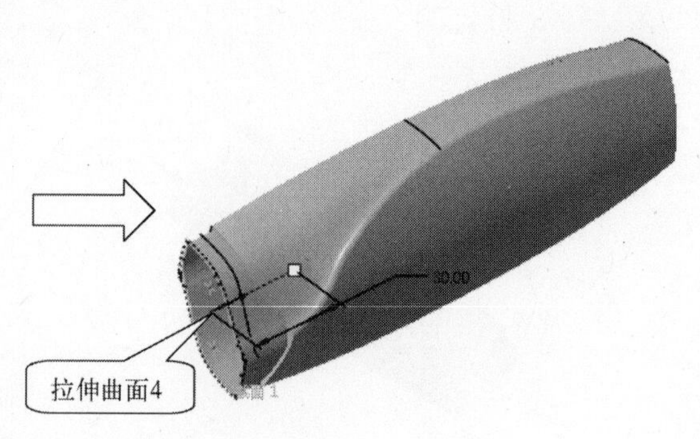

图 2-194　拉伸曲面 4

5）完成拉伸曲面 4 的创建工作

单击操控板的✓按钮，完成拉伸曲面 4 的创建工作。

（30）创建基准轴 1

1）选取命令

在模型工具栏中单击【轴】按钮/，打开“基准轴”对话框。

2）为新建基准轴选取位置参考

在【基准轴】对话框的【参考】栏中，选取拉伸曲面 4 的 2 个顶点”作为参考（结合〈Ctrl〉键），如图 2-195 所示。

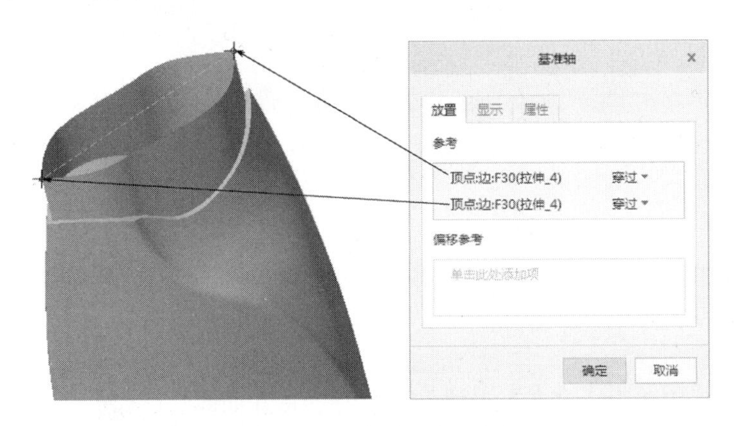

图 2-195　为基准轴 1 选取参考

3）完成基准轴 1 的创建工作

单击“基准轴”对话框的【确定】按钮，完成基准轴 1 的创建工作。

（31）创建洗发水瓶主体合并曲面 2

1）选取要合并的面组

选取洗发水瓶主体边界混合曲面 1 与拉伸曲面 4 作为要合并的面组。

2）选取命令

在模型工具栏中单击【合并】按钮，打开“合并曲面”操控板。

3）合并操作

在选项下滑面板中选取合并方式为“相交”，切换箭头方向，选取要保留的合并侧，合并操作如图 2-196 所示。

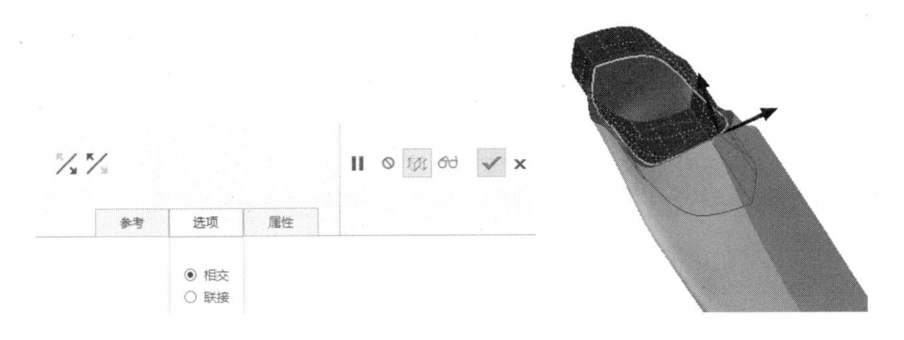

图 2-196　合并曲面操作

4）完成合并曲面的创建工作

单击操控板的✓按钮，完成洗发水瓶主体边界混合曲面 1 与拉伸曲面 4 的合并创建工作，其效果如图 2-197 所示。

图 2-197　合并曲面效果

（32）创建洗发水瓶主体合并曲面 3

1）选取要合并的面组

选取洗发水瓶主体合并曲面 2 和合并曲面 1 作为要合并的面组。

2）选取命令

在模型工具栏中单击【合并】按钮，打开“合并曲面”操控板。

3）合并操作

在选项下滑面板中选取合并方式为“联接”，合并操作如图 2-198 所示。

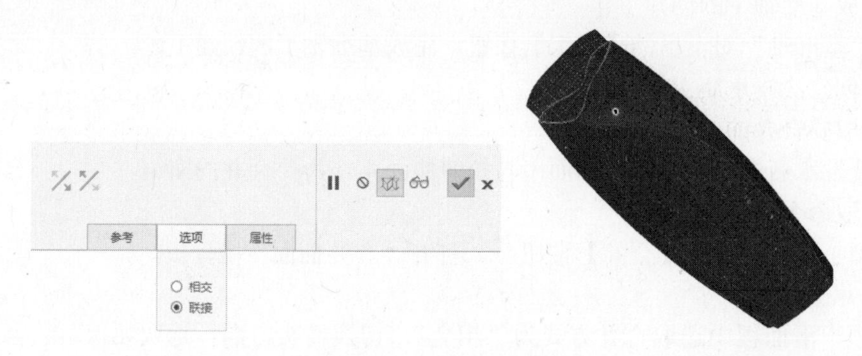

图 2-198　合并曲面操作

4）完成合并曲面的创建工作

单击操控板的✓按钮，完成洗发水瓶主体合并曲面 2 和合并曲面 1 的合并创建工作。

（33）创建洗发水瓶主体棱边圆角特征

参考步骤（22），用创建洗发水瓶主体曲面圆角特征的方法创建洗发水瓶主体棱边圆角特征，其 2 组棱边圆角半径分别为 R2 和 R3，如图 2-199 所示。

2．创建洗发水瓶底部曲面

（1）创建洗发水瓶底部填充曲面 1

1）选取命令

在模型工具栏中单击【填充】按钮，打开“填充”操控板。

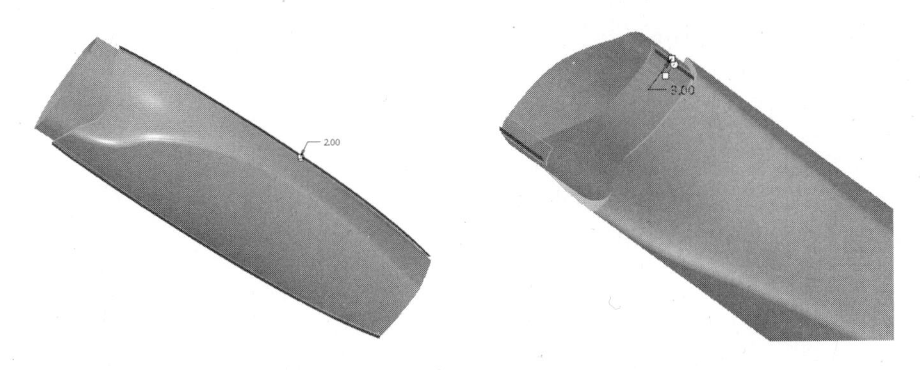

图 2-199　洗发水瓶主体棱边圆角特征

2）定义草绘平面和方向

选择【参考】→【定义】，打开“草绘”对话框，在【平面】框中选择“TOP”平面作为草绘平面，在【参考】框中选择“RIGHT”平面作为参考平面，在【方向】框中选择“右”，单击草绘按钮进入草绘模式。

3）绘制填充截面

使用【投影】按钮，提取曲面边界绘制“洗发水瓶底面填充截面 1”，如图 2-200 所示。

单击草绘工具栏的✔按钮，退出草绘模式。

4）完成洗发水瓶底面填充曲面 1 的创建工作

单击草绘工具栏的✔按钮，退出草绘模式，完成洗发水瓶底部填充曲面 1 的创建工作。

（2）创建洗发水瓶草绘曲线 5

1）选取命令，定义草绘平面和方向

在模型工具栏中单击【草绘】按钮，打开“草绘”对话框。在【平面】框中选择“TOP”平面作为草绘平面，在【参考】框中选择“RIGHT”平面作为参考平面，在【方向】框中选择“右”，单击草绘按钮进入草绘模式。

2）绘制草绘曲线 5

① 单击【圆】→【圆】按钮，绘制出ϕ15 的圆，如图 2-201 所示。

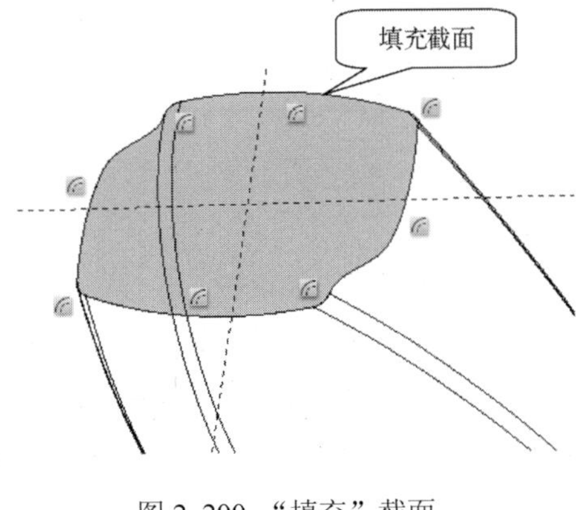

图 2-200　“填充”截面

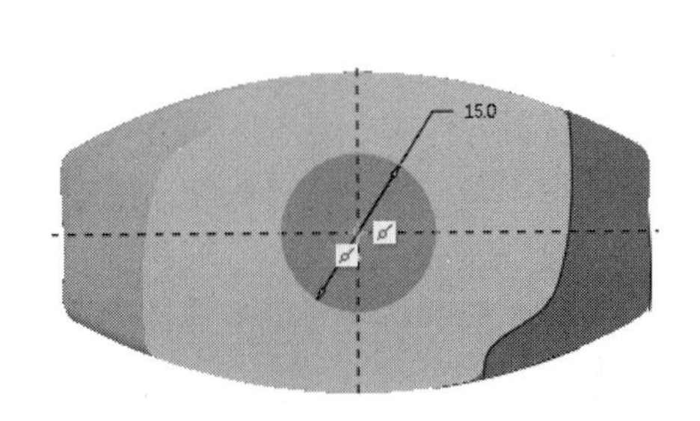

图 2-201　草绘曲线 5

② 单击草绘工具栏的✔按钮，退出草绘模式。

（3）创建基准平面 DTM6

1）选取命令

在模型工具栏中单击【平面】按钮，打开“基准平面”对话框。

2）为新建基准平面选取位置参考

在【基准平面】对话框的【参考】栏中，选取 TOP 平面作为参考，在【偏移】文本框中输入偏移值“2”，如图 2-202 所示。

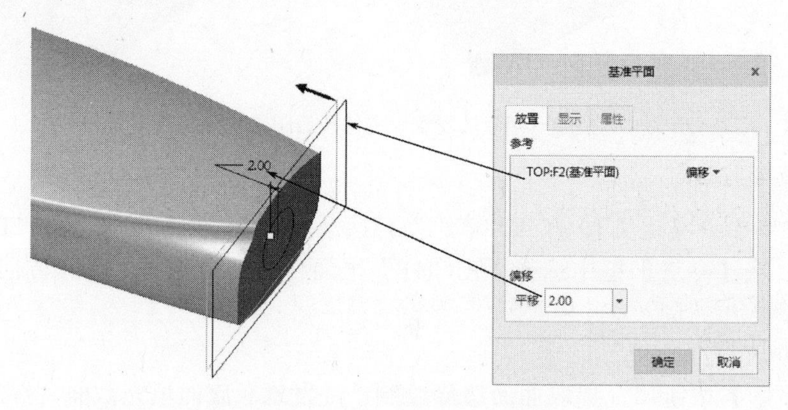

图 2-202　为“基准平面”选取参考

3）完成基准平面的创建工作

单击“基准平面”对话框的【确定】按钮，完成基准平面 DTM6 的创建工作。

（4）创建洗发水瓶草绘曲线 6

参考步骤（2）创建洗发水瓶草绘曲线 5 的方法，以基准平面“DTM6”作为草绘平面绘制洗发水瓶草绘曲线 6，如图 2-203 所示。

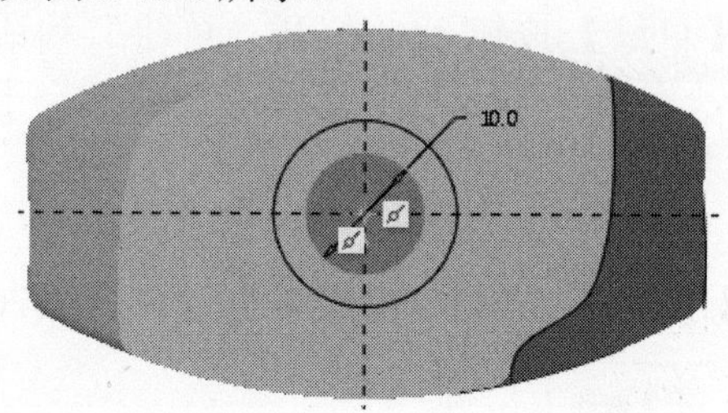

图 2-203　草绘曲线 6

（5）创建洗发水瓶底部边界混合曲面

1）选取命令

在模型工具栏中单击【边界混合】按钮，打开“边界混合”操控板。

2）选择第一方向曲线

在曲线面板中单击【第一方向】下面的列表框，依次选取洗发水瓶草绘曲线 6 和洗发水瓶草绘曲线 5（结合〈Ctrl〉键）作为第一方向的曲线，如图 2-204 所示。

第二方向曲线为无。

3）完成洗发水瓶底部边界混合曲面的创建工作

单击操控板的按钮，完成洗发水瓶底部边界混合曲面的创建工作。

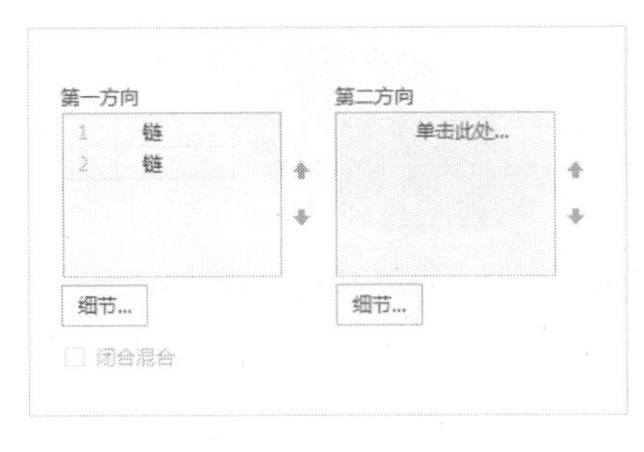

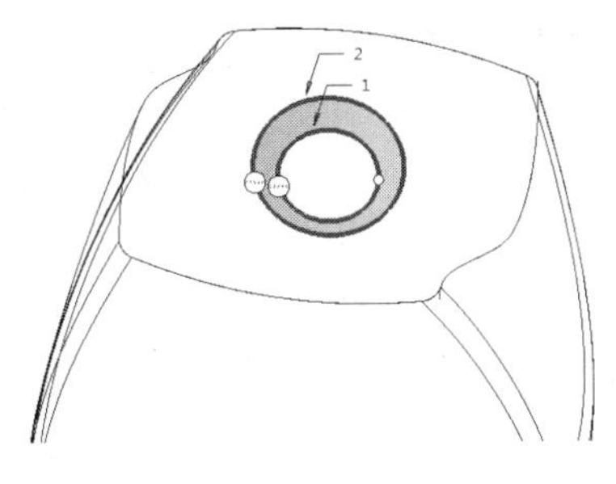

图 2-204 选取第一方向曲线

（6）创建洗发水瓶修剪曲面 5

1）选取被修剪曲面

选取底部填充曲面作为要修剪的曲面。

2）选取命令

单击【修剪】按钮，打开“修剪曲面”操控板。

3）选取修剪对象

选取草绘曲线 5 作为修剪对象，如图 2-205 所示。

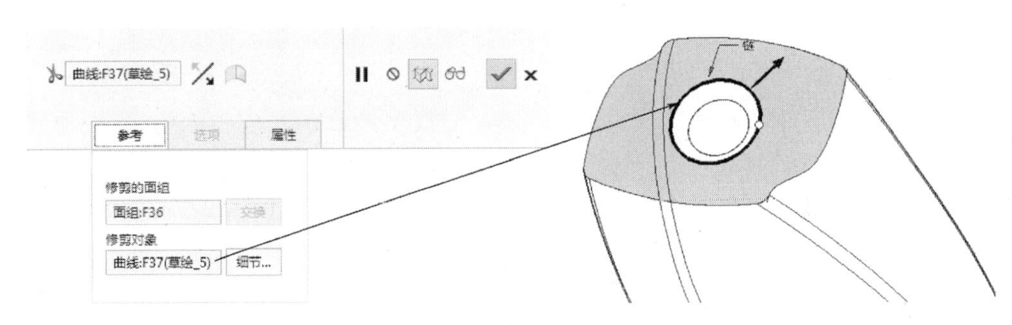

图 2-205 选取修剪对象

4）定义修剪选项内容

调整箭头方向，定义修剪选项内容为保留修剪曲面的一侧。

5）完成修剪曲面的创建工作

单击操控板的按钮，完成洗发水瓶修剪曲面 5 的创建工作。

（7）创建洗发水瓶底部填充 2

参考步骤（1）创建洗发水瓶底部填充曲面 1 的方法，以基准平面“DTM4”作为草绘平面创建洗发水瓶底部填充曲面 2，如图 2-206 所示。

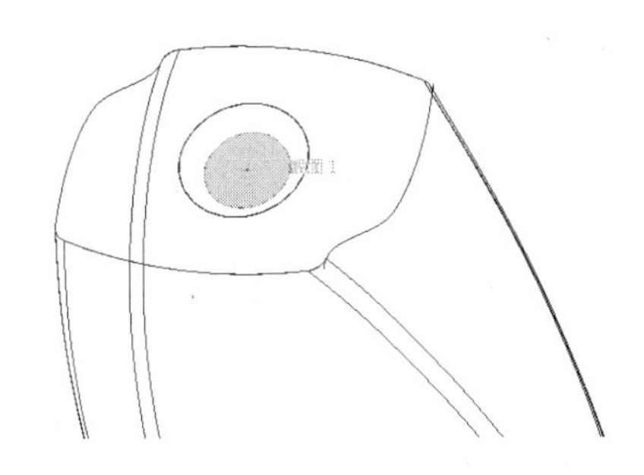

图 2-206 “填充”截面

（8）创建洗发水瓶合并曲面 4

参考 2.5.3.1 节中步骤（32）创建洗发水瓶主体合并曲面 3 的方法，选取洗发水瓶底部填充曲面 1、边界混合曲面 2 与填充曲面 2 进行合并，接受系统默认的合并方式，如图 2-207 所示。

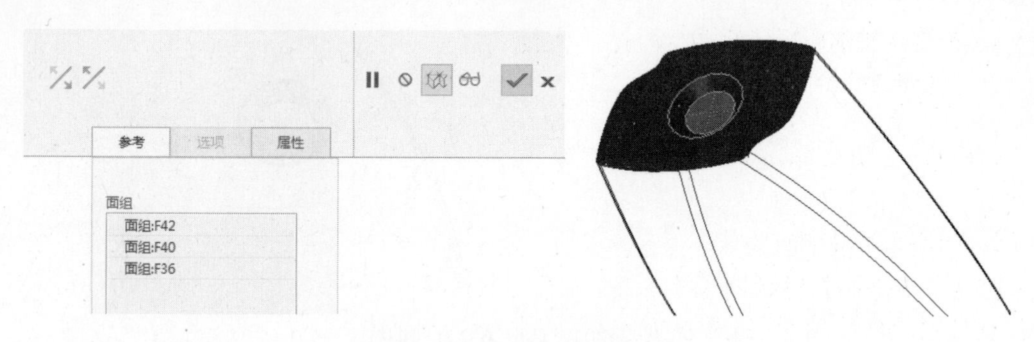

图 2-207　合并曲面操作

单击操控板的✓按钮，完成洗发水瓶合并曲面 4 的创建工作。

（9）创建洗发水瓶底部中间边线圆角特征

参考 2.5.3.1 节中步骤（21）创建洗发水瓶主体曲面圆角特征的方法，创建洗发水瓶底部中间圆角特征，其 2 组边线圆角半径分别为 *R*4 和 *R*3，如图 2-208 所示。

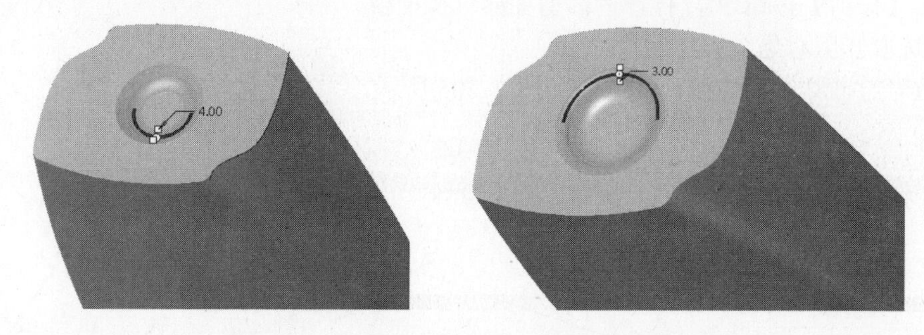

图 2-208　洗发水瓶底部中间边线圆角特征

（10）创建洗发水瓶合并曲面 5

参考 2.5.3.1 节中步骤（32）创建洗发水瓶主体合并曲面 3 的方法，选取洗发水瓶合并好的曲面 3 与洗发水瓶合并好的曲面 4 进行合并，在选项下滑面板中选取合并方式为“相交”，如图 2-209 所示。

图 2-209　合并曲面操作

单击操控板的✓按钮，完成洗发水瓶合并曲面 5 的创建工作。

（11）创建洗发水瓶底部边线圆角特征

使用圆角方法创建洗发水瓶底部边线圆角特征，圆角半径为 *R*2，如图 2-210 所示。

3．创建洗发水瓶瓶口曲面

（1）创建基准平面 DTM7

1）选取命令

在模型工具栏中单击【平面】按钮，打开“基准平面”对话框。

2）为新建基准平面选取位置参考

在【基准平面】对话框的【参考】栏中，选取基准轴 A_1 作为第一参考，选取约束为“穿过”；选取基准平面 DTM5 作为第二参考（结合〈Ctrl〉键），选取约束为“垂直”，如图 2-211 所示。

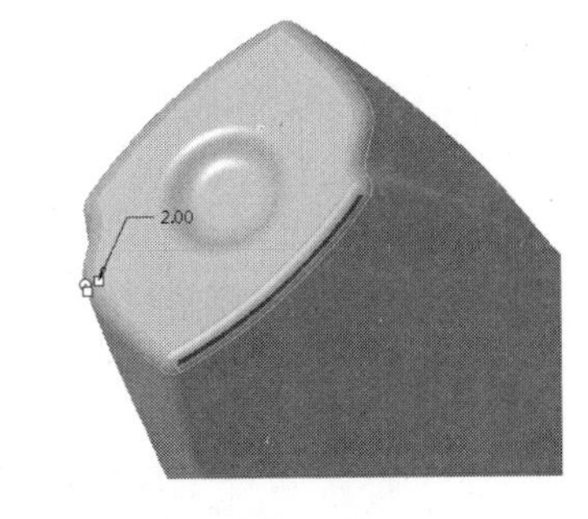

图 2-210　洗发水瓶底部边线圆角特征

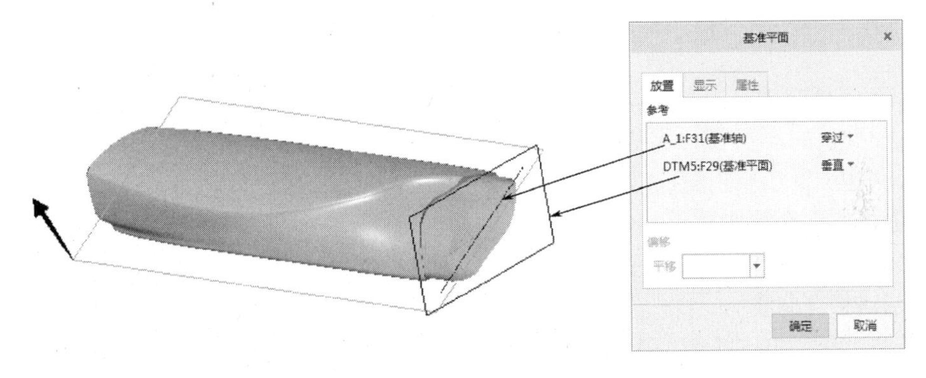

图 2-211　为“基准平面”选取参考

3）完成基准平面的创建工作

单击“基准平面”对话框的 确定 按钮，完成基准平面 DTM7 的创建工作。

（2）创建洗发水瓶草绘曲线 7

把基准平面“DTM5”作为草绘平面，绘制草绘曲线 7，如图 2-212 所示。

（3）创建洗发水瓶偏移曲面的延伸曲面

1）选取命令

选取洗发水瓶偏移曲面的一条边，单击【延伸】按钮，打开“延伸”操控板，如图 2-213 所示。

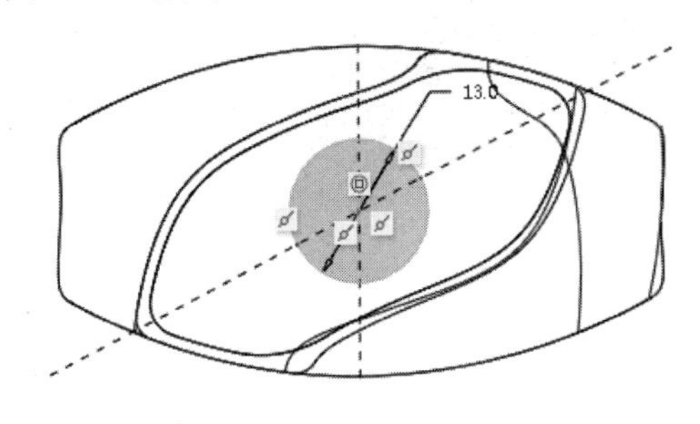

图 2-212　草绘曲线 7

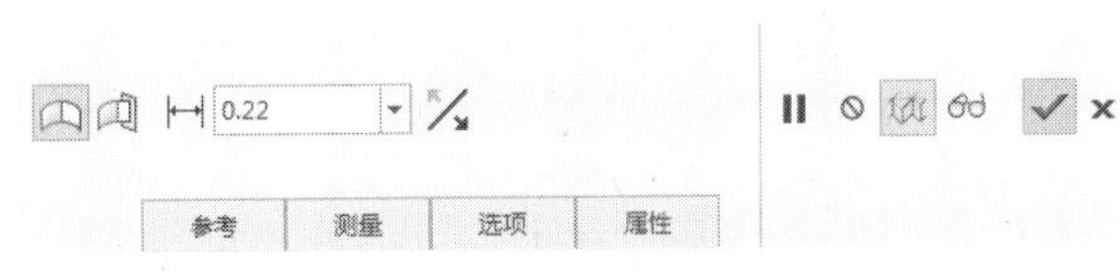

图 2-213　“延伸”操控板

2）指定延伸曲面的边界、延伸方式

① 选取洗发水瓶偏移曲面的一条边（结合 Shift 键选取其他边），依次选取其他边，指

定要延伸的曲面边界链，如图 2-214 所示。

② 单击【沿原始曲面延伸曲面】按钮，指定沿原始曲面的方向延伸边界链。

③ 在尺寸文本框中输入延伸的距离为 19.7 mm，创建出延伸曲面，如图 2-215 所示。

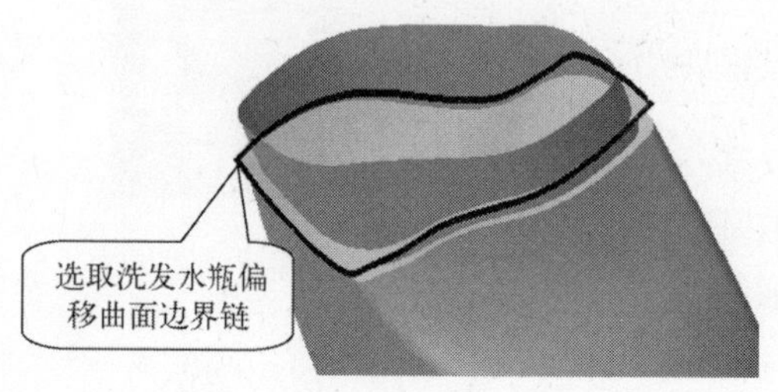

图 2-214　选取偏移曲面的轮廓线

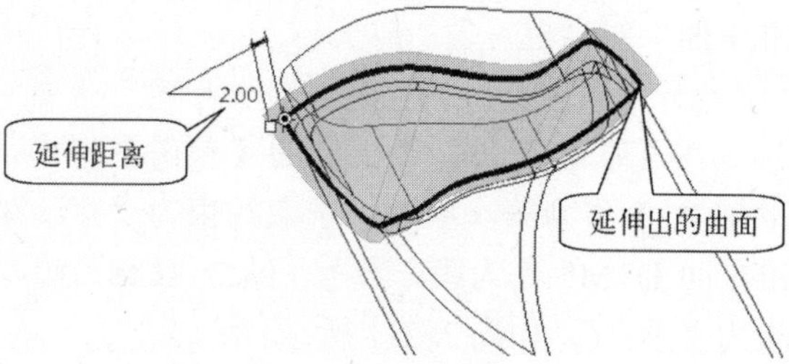

图 2-215　延伸曲面操作

3）完成创建工作

单击操控板的按钮，完成洗发水瓶偏移曲面的延伸工作。

（4）创建洗发水瓶相交曲线

1）选取要求交的曲面

选取洗发水瓶延伸曲面与洗发水瓶主体曲面作为要求交的曲面。

2）创建相交曲线

在模型工具栏单击【相交】按钮，完成洗发水瓶延伸曲面与洗发水瓶主体曲面相交曲线的创建工作，如图 2-216 所示。

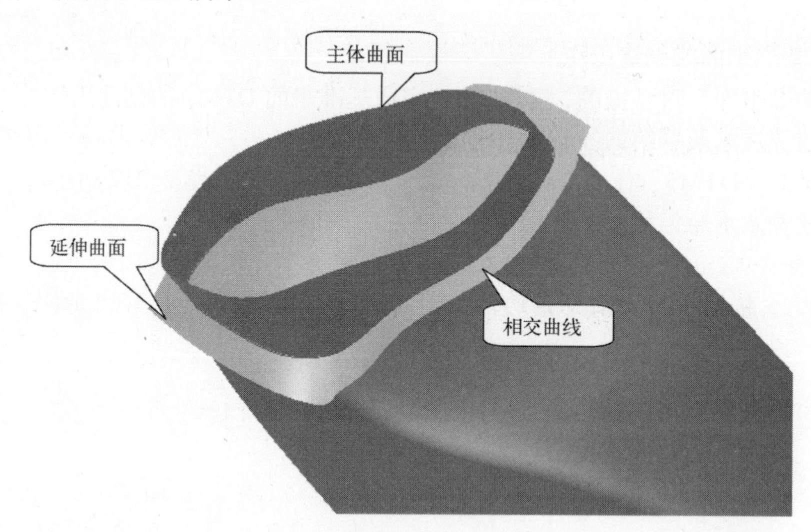

图 2-216　相交曲线效果

（5）创建洗发水瓶修剪曲面 6

1）选取被修剪曲面

选取洗发水瓶合并好的主体曲面作为要修剪的曲面。

2）选取命令

单击【修剪】按钮，打开“修剪曲面”操控板。

3）选取修剪对象

选取延伸曲面作为修剪对象，如图 2-217 所示。

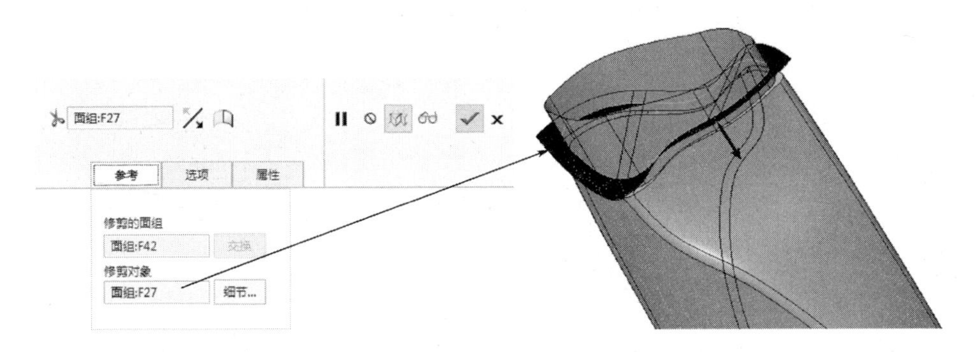

图 2-217　选取修剪对象

4）定义修剪选项内容

调整箭头方向，定义修剪选项内容为保留修剪曲面的一侧。

5）完成修剪曲面的创建工作

单击操控板的✓按钮，完成洗发水瓶修剪曲面 6 的创建工作。

（6）创建基准点 PNT0、PNT1

1）选取命令

从模型工具栏中单击【点】按钮，打开“基准点”对话框。

2）为新建基准点选取位置参考

创建 PNT0：选取洗发水瓶上端曲面边线与基准平面 DTM7 作为参考（结合〈Ctrl〉键），选取约束为“在其上”，如图 2-218 所示。

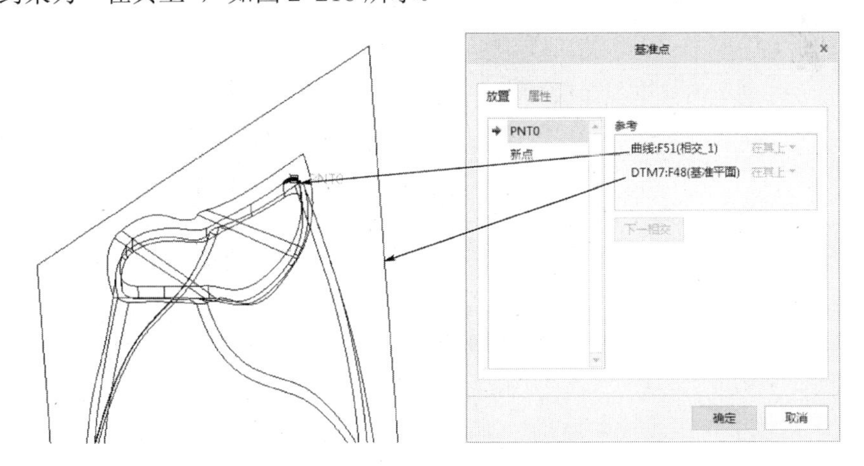

图 2-218　为“基准点 PNT0”选取参考

创建 PNT1：选取洗发水瓶上端另一曲面边线与基准平面 DTM7 作为参考（结合〈Ctrl〉键），选取约束为“在其上”，如图 2-219 所示。

3）完成基准点的创建工作

单击“基准点”对话框的 确定 按钮，完成基准点 PNT0、PNT1 的创建工作。

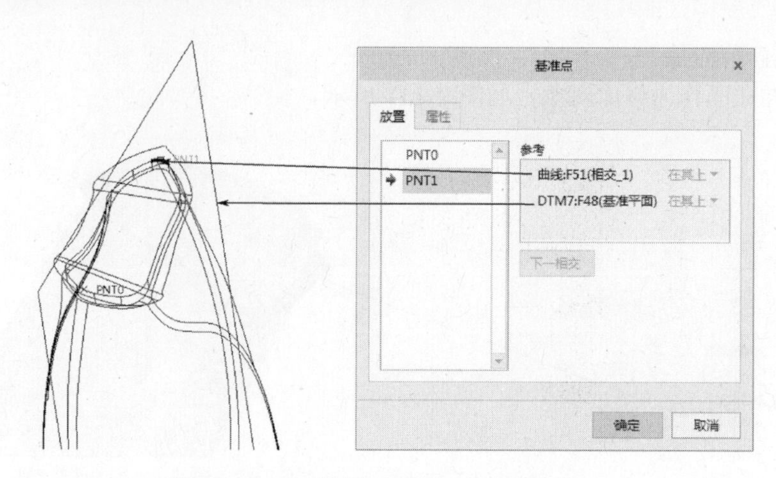

图 2-219 为“基准点 PNT1”选取参考

（7）创建洗发水瓶草绘曲线 8

以基准平面“DTM7”作为草绘平面，单击【样条】按钮，绘制草绘曲线 8（其体参数参考随书网盘资源模型文件），如图 2-220 所示。

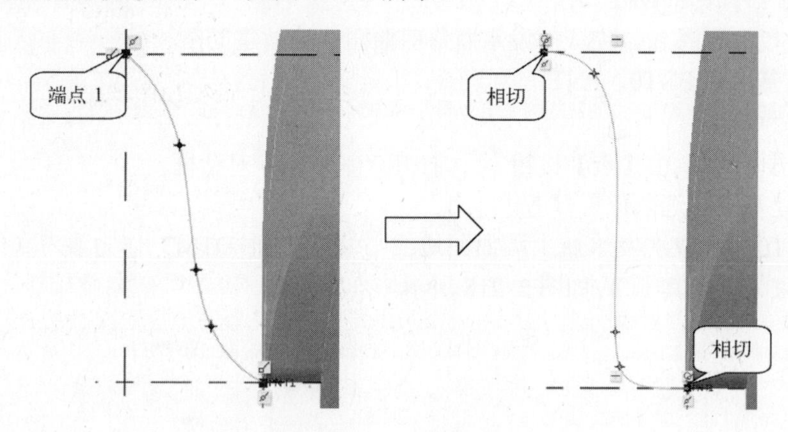

图 2-220 草绘曲线 8

（8）创建洗发水瓶草绘曲线 9

以基准平面“DTM7”作为草绘平面，单击【样条】按钮，绘制草绘曲线 9（其体参数参考随书网盘资源模型文件），如图 2-221 所示。

（9）创建基准点 PNT2、PNT3、PNT4、PNT5

1）选取命令

在模型工具栏中单击【点】按钮，打开“基准点”对话框。

2）为新建基准点选取位置参考

创建 PNT2：选取洗发水瓶上端曲面边线与基准平面 RIGHT 作为参考（结合〈Ctrl〉键），选取约束为“在其上”，如图 2-222 所示。

创建 PNT3：选取洗发水瓶上端另一曲面边线与基准平面 RIGHT 作为参考（结合〈Ctrl〉键），选取约束为“在其上”，如图 2-223 所示。

创建 PNT4：选取洗发水瓶草绘曲线 7 与基准平面 RIGHT 作为参考（结合〈Ctrl〉

键），选取约束为“在其上”，如图 2-224 所示。

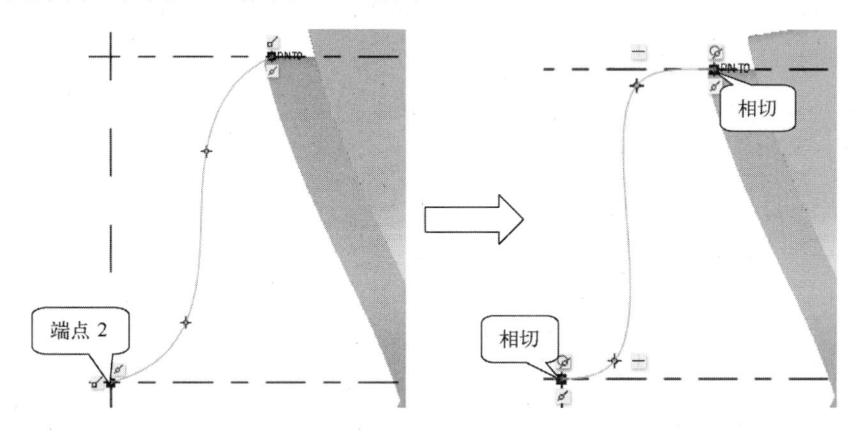

图 2-221 草绘曲线 9

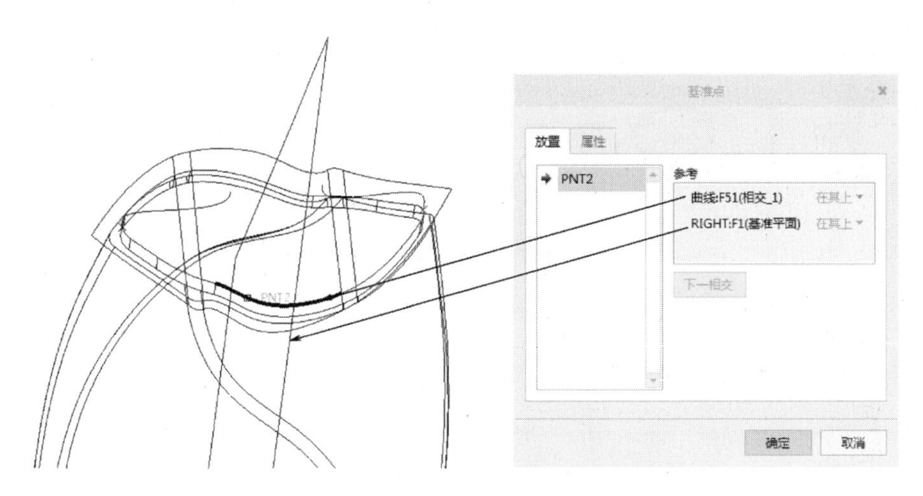

图 2-222 为“基准点 PNT2”选取参考

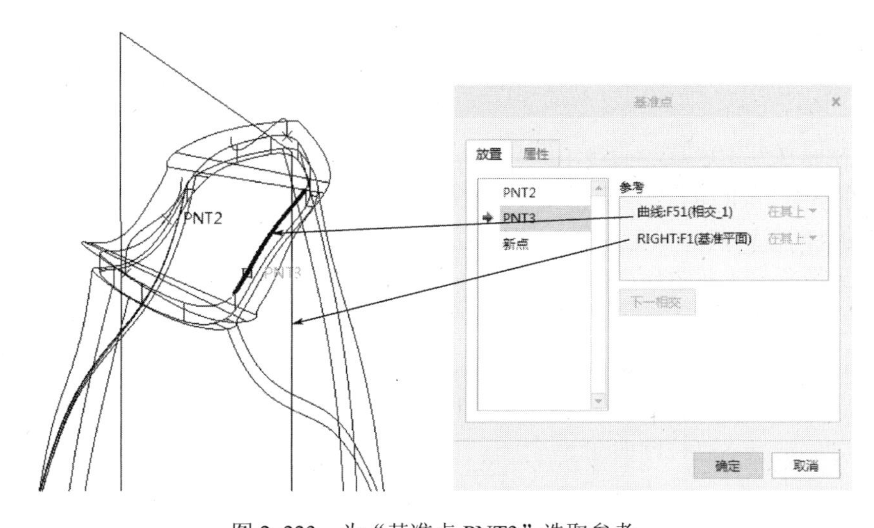

图 2-223 为“基准点 PNT3”选取参考

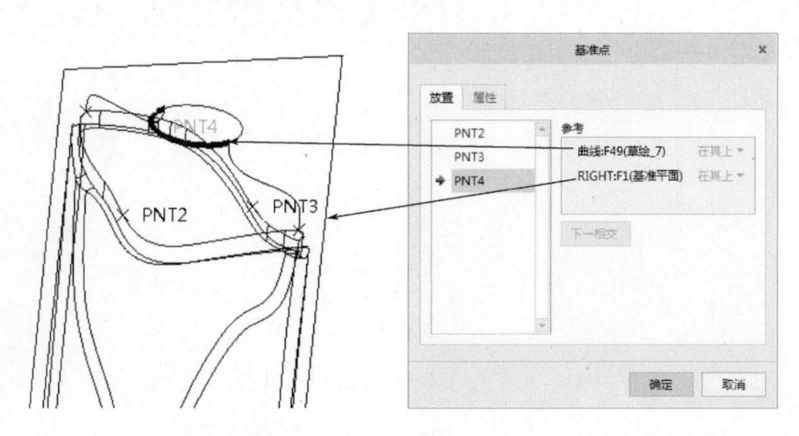

图 2-224　为“基准点 PNT4”选取参考

创建 PNT5：选取洗发水瓶草绘曲线 7 与基准平面 RIGHT 作为参考（结合〈Ctrl〉键），选取约束为“在其上”，如图 2-225 所示。

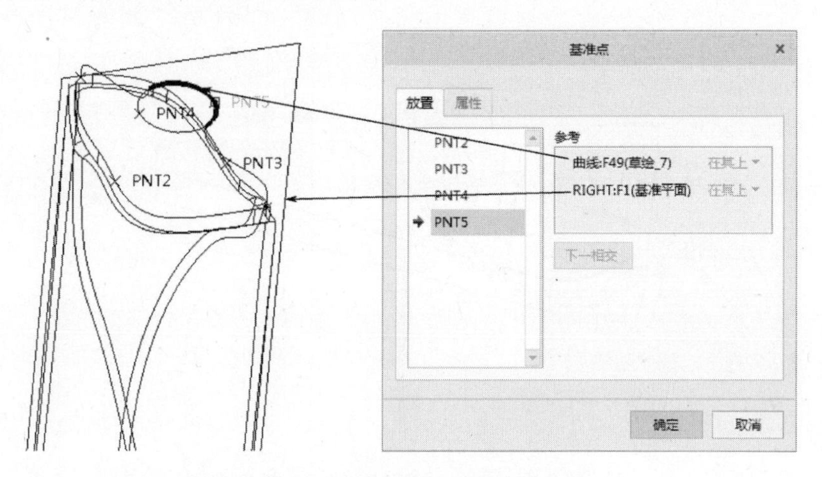

图 2-225　为“基准点 PNT5”选取参考

3）完成基准点的创建工作

单击“基准点”对话框的 确定 按钮，完成基准点 PNT2、 PNT3、PNT4、PNT5 的创建工作。

（10）创建洗发水瓶草绘曲线 10

以基准平面“RIGHT”作为草绘平面，单击【样条】按钮，绘制草绘曲线 10（其体参数参考随书网盘资源模型文件），如图 2-226 所示。

（11）创建洗发水瓶草绘曲线 11

选取命令，定义草绘平面和方向。

以基准平面“RIGHT”作为草绘平面，单击【样条】按钮，绘制草绘曲线 10（其体参数参考随书网盘资源模型文件），如图 2-227 所示。

（12）创建洗发水瓶拉伸曲面 5

1）选取命令

在模型工具栏中单击【拉伸】按钮，打开“拉伸”操控板，再单击【拉伸为曲面】按钮。

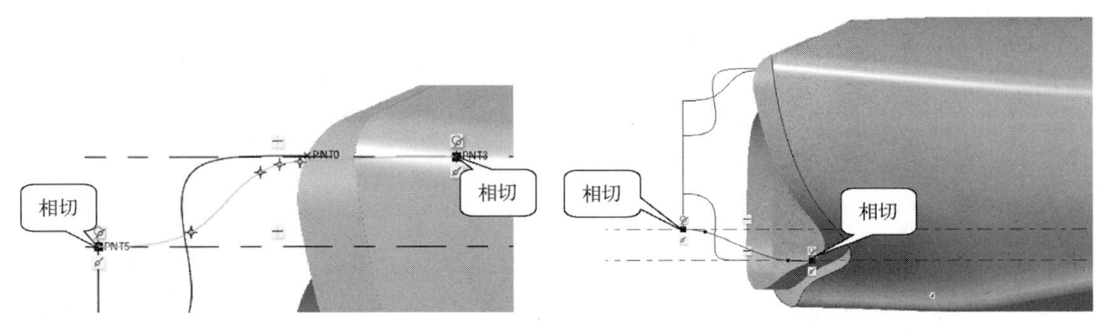

图 2-226　草绘曲线 10　　　　图 2-227　创建草绘曲线 11

2）定义草绘平面和方向

选择【放置】→【定义】，打开“草绘”对话框。在【平面】框中选择创建的“DTM5”平面作为草绘平面，在【参考】框中选择“RIGHT”平面作为参考平面，在【方向】框中选择【左】。单击 草绘 按钮进入草绘模式。

3）绘制拉伸截面

绘制“洗发水瓶口”拉伸轮廓截面，方法如下。

① 单击【投影】按钮，提取草绘 7 轮廓线为拉伸界面，如图 2-228 所示。

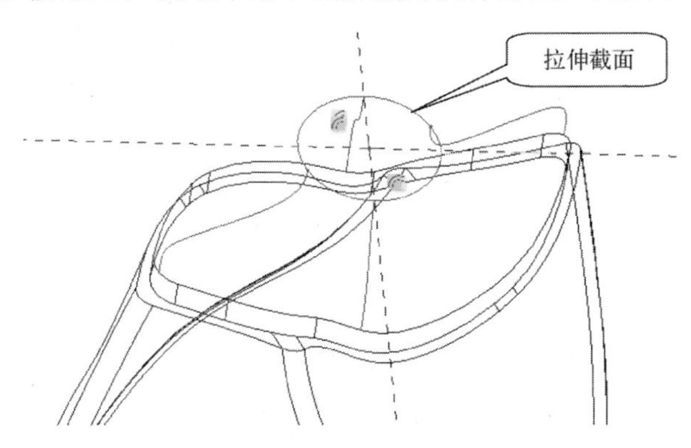

图 2-228　拉伸截面

② 单击草绘工具栏的✔按钮，退出草绘模式。

4）指定拉伸方式和深度

在“拉伸”操控板中选择【选项】→【盲孔】，然后输入拉伸深度“6”，在图形窗口中可以预览拉伸出的曲面特征，如图 2-229 所示。

5）完成洗发水瓶口拉伸曲面的创建工作

单击操控板的✔按钮，完成洗发水瓶拉伸曲面 5 的创建工作。

（13）创建洗发水瓶边界混合曲面 3

1）选取命令

在模型工具栏上单击【边界混合】按钮，打开“边界混合”操控板。

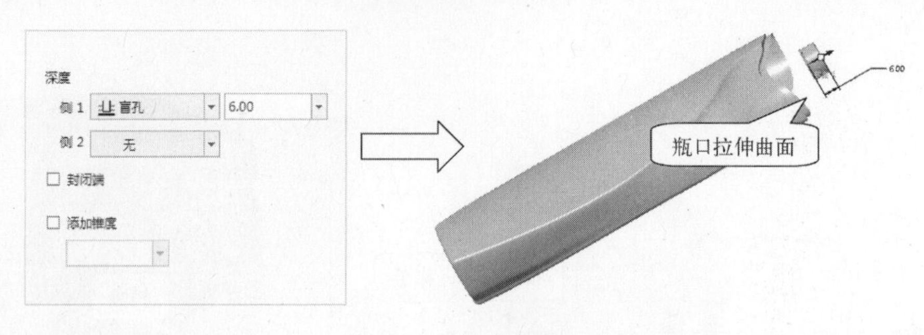

图 2-229　拉伸曲面 5

2）选择第一方向曲线

在曲线面板中单击【第一方向】下面的列表框，依次选取创建的“相交曲线”和“草绘曲线 7”（结合〈Ctrl〉键）作为第一方向的曲线，如图 2-230 所示。

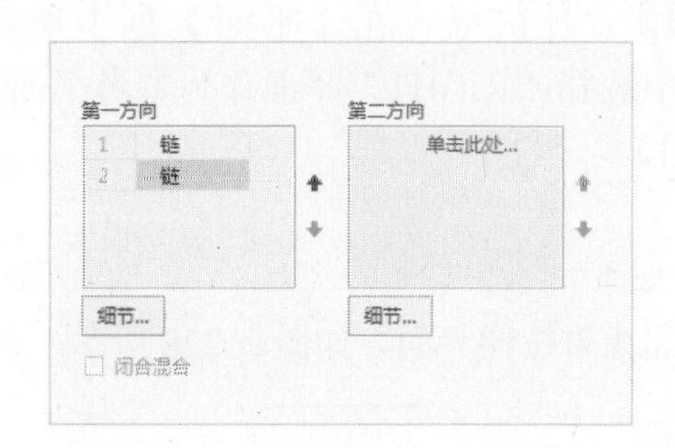

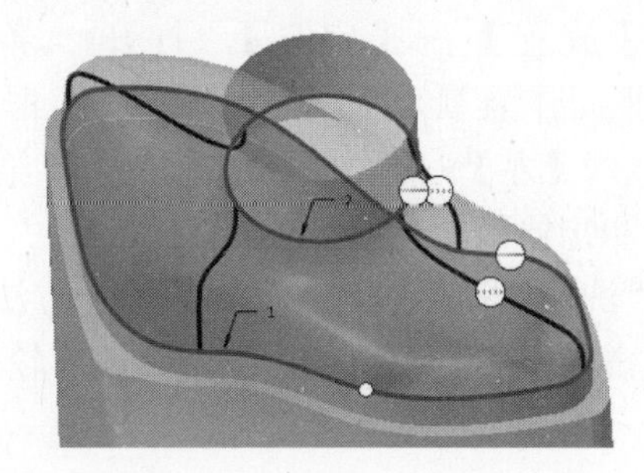

图 2-230　选取第一方向曲线

3）选择第二方向曲线

在曲线面板中单击【第二方向】下面的列表框，依次选取“草绘曲线 8、草绘曲线 10、草绘曲线 9、草绘曲线 11”（结合〈Ctrl〉键）作为第二方向的曲线，如图 2-231 所示。

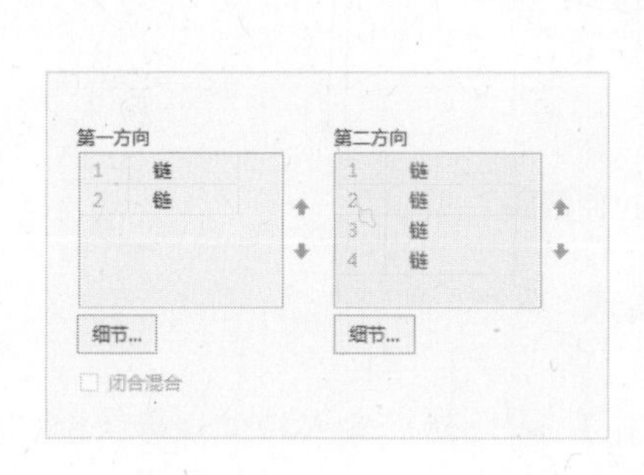

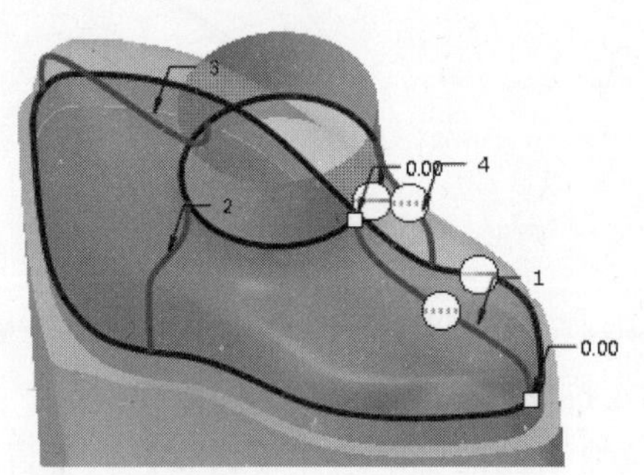

图 2-231　选取第二方向曲线

4）添加曲面边界约束

在约束面板中单击【边界】下面的列表框，从条件框中，定义“方向 1-第一条链”的条件为相切，选择相切曲面为拉伸曲面 4；定义“方向 1-最后一条链”的条件为相切，选择相切曲面为拉伸曲面 5，定义“方向 2-第一条链”和“方向 2-最后一条链”的条件为自由，如图 2-232 所示。

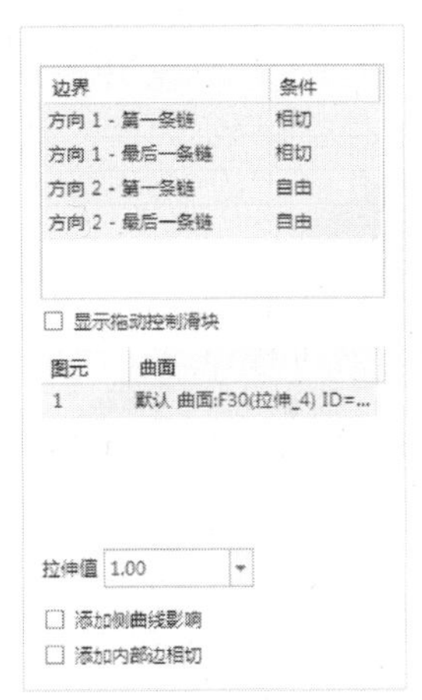

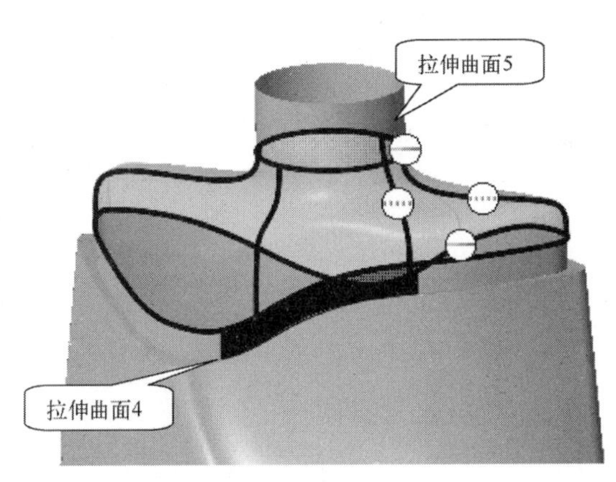

图 2-232 添加曲面边界约束

5）完成边界混合曲面的创建工作

单击操控板的✓按钮，完成洗发水瓶边界混合曲面 3 的创建工作。

（14）创建洗发水瓶合并曲面 6

参考步骤（32）创建洗发水瓶主体合并曲面 3 的方法，选取洗发水瓶边界混合曲面 3 与洗发水瓶合并好的曲面 5 进行合并，在选项下滑面板中选取合并方式为“相交”，如图 2-233 所示。

图 2-233 合并曲面操作

单击操控板的✓按钮，完成洗发水瓶合并曲面 6 的创建工作。

（15）创建洗发水瓶合并曲面 7

参考步骤（32）创建洗发水瓶主体合并曲面 3 的方法，选取洗发水瓶拉伸曲面 5 与洗发水瓶合并好的曲面 6 进行合并，在选项下滑面板中选取合并方式为“相交”，如图 2-234 所示。

单击操控板的✓按钮，完成洗发水瓶合并曲面 7 的创建工作。

4．完善洗发水瓶结构，获得洗发水产品

（1）加厚洗发水瓶曲面

1）选择命令

选取洗发水瓶面组作为要加厚的曲面，在模型工具栏上单击【加厚】按钮，打开

"加厚"操控板。

图 2-234　合并曲面操作

2）选择加厚曲面方式

单击【用实体材料填充加厚的面组】按钮，接受默认的加厚方式，在文本框中输入加厚偏移值为"1"，按〈Enter〉键确认。

3）定义加厚几何方向

单击【反转结果几何的方向】按钮，使洗发水瓶曲面沿箭头方向向两边加厚，如图 2-235 所示。

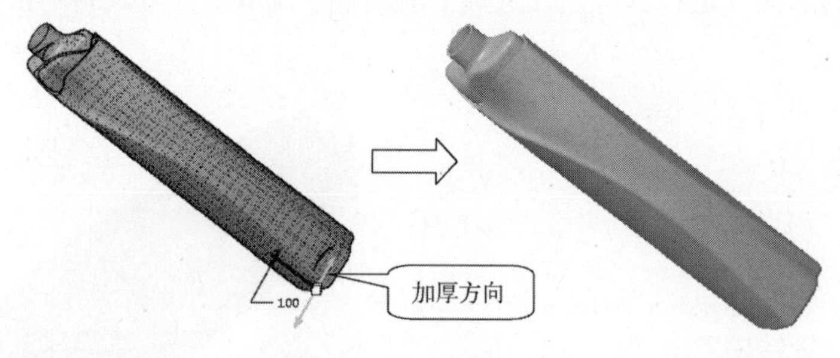

图 2-235　加厚洗发水瓶

4）完成加厚的创建工作

单击操控板的按钮，完成洗发水瓶的加厚创建工作。

（2）创建洗发水瓶上部边线圆角特征

使用圆角方法创建洗发水瓶上部边线圆角特征，圆角半径为 *R*0.5，如图 2-236 所示。

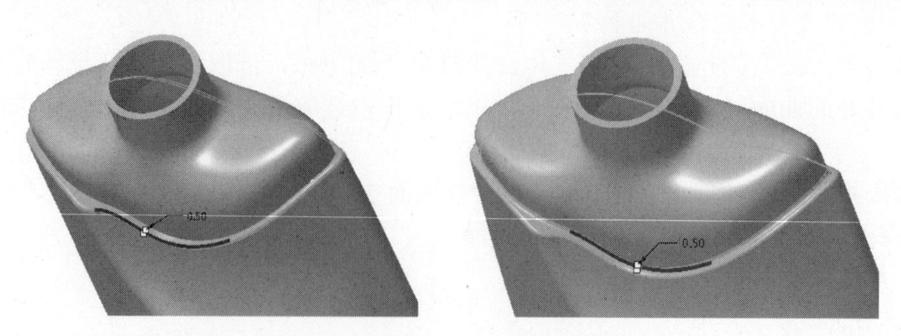

图 2-236　洗发水瓶上部边线圆角特征

（3）创建洗发水瓶旋转特征 1

1）选取命令

在模型工具栏中单击【旋转】按钮，打开“旋转”操控板，再单击【作为实体旋转】按钮。

2）定义草绘平面和方向

选择【放置】→【定义】，打开“草绘”对话框。在【平面】框中选择创建的“RIGHT”平面作为草绘平面，在【参考】框中选择“TOP”平面作为参考平面，在【方向】框中选择“左”。单击 草绘 按钮进入草绘模式。

3）绘制旋转截面

绘制“瓶口”旋转轮廓截面，如图 2-237 所示。

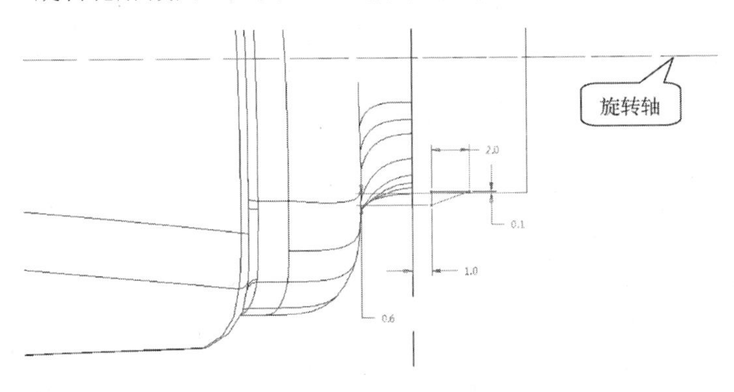

图 2-237　绘制旋转截面

单击草绘工具栏的按钮，退出草绘模式。

4）指定旋转角度

在“旋转”操控板中选择【选项】→【变量】，然后输入旋转角度“360 度”，在图形窗口中可以预览旋转出的实体特征，如图 2-238 所示。

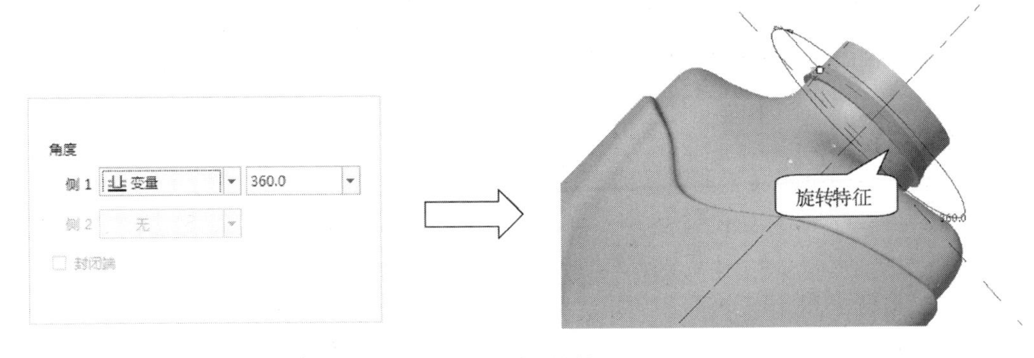

图 2-238　旋转特征 1

5）完成旋转特征的创建工作

单击操控板的按钮，完成洗发水瓶旋转特征 1 的创建工作。

（4）创建洗发水瓶旋转特征 1 边线圆角特征

使用圆角方法创建洗发水瓶旋转特征 1 边线圆角特征，圆角半径为 $R0.2$，如图 2-239

所示。

（5）创建洗发水瓶旋转特征 2

1）以基准平面“RIGHT”作为草绘平面，基准平面“TOP”作为参考平面，参考方向为“左”，绘制旋转截面，如图 2-240 所示。单击草绘工具栏的 按钮，退出草绘模式。

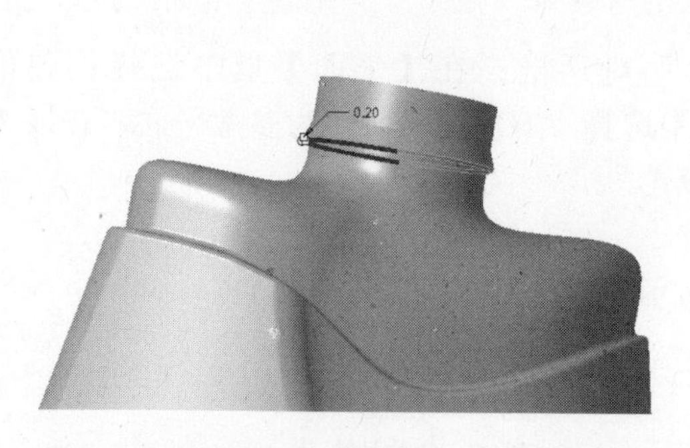

图 2-239　洗发水瓶旋转特征 1 边线圆角特征

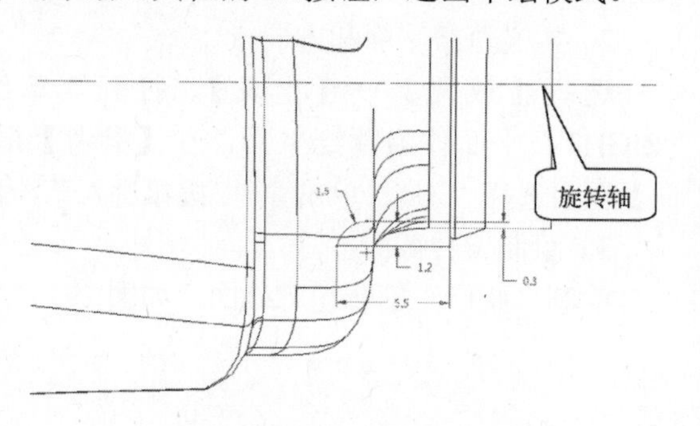

图 2-240　绘制旋转截面

2）在“旋转”操控板中选择【选项】→【变量】，然后输入旋转角度“25 度”，在图形窗口中可以预览旋转出的实体特征，如图 2-241 所示。

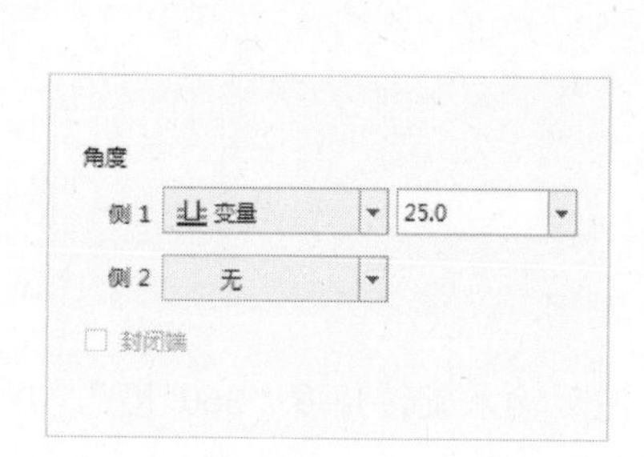

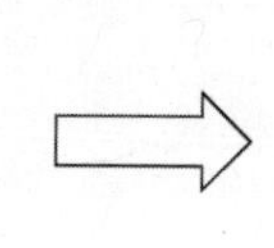

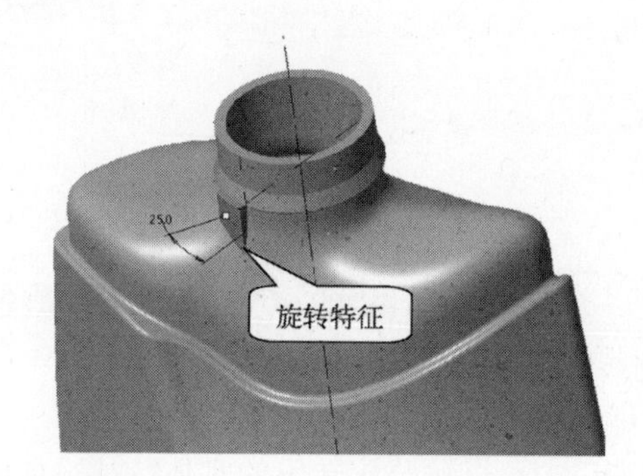

图 2-241　旋转特征 2

3）单击操控板的 按钮，完成洗发水瓶旋转特征 2 的创建工作。

（6）创建基准平面 DTM8

1）选取命令

在模型工具栏中单击【平面】按钮 ，打开“基准平面”对话框。

2）为新建基准平面选取位置参考

在【基准平面】对话框的【参考】栏中，选取基准轴 A_3 作为第一参考，选取约束为“穿过”；选取基准平面 FRONT 作为第二参考（结合〈Ctrl〉键），选取约束为“偏移”，在偏移文本框中输入偏移旋转角度为“15”，如图 2-242 所示。

3）完成基准平面的创建工作

单击“基准平面”对话框的 按钮，完成基准平面 DTM8 的创建工作。

（7）镜像洗发水瓶旋转体 2

1）选取要镜像的项目

从模型树中选取“洗发水瓶旋转特征 2”作为要镜像的项目，如图 2-243 所示。

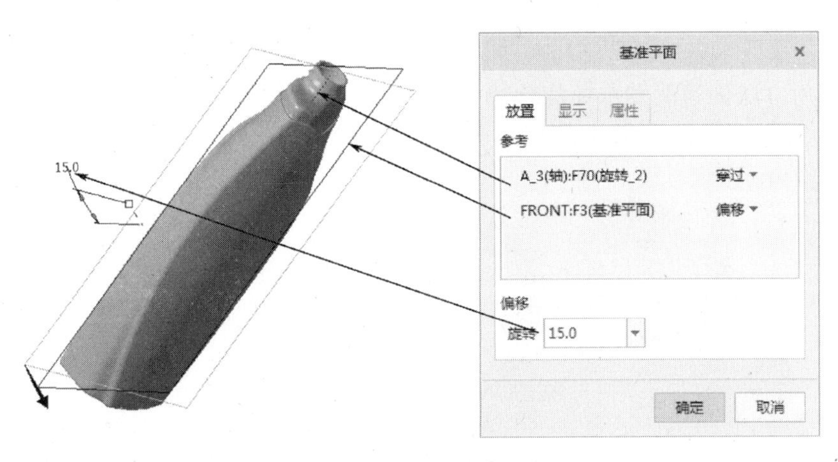

图 2-242　为“基准平面”选取参考

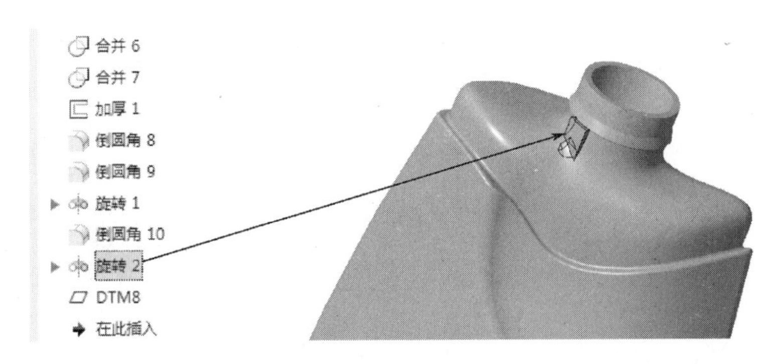

图 2-243　选取镜像项目

2）选择命令

在模型工具栏中单击【镜像】按钮，打开“镜像”操控板。

3）选取一个镜像平面

选取“DTM8”平面作为镜像平面，如图 2-244 所示。

4）完成洗发水瓶旋转特征 2 镜像的创建工作

单击操控板的按钮，完成洗发水瓶旋转特征 2 镜像的创建工作，如图 2-245 所示。

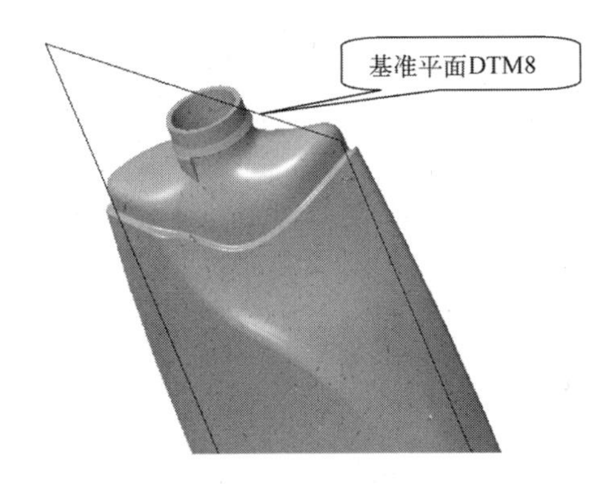

图 2-244　选取镜像平面

图 2-245　洗发水瓶旋转特征镜像效果

（8）创建洗发水瓶旋转特征与瓶口边线圆角特征

使用圆角方法创建洗发水瓶旋转特征与瓶口边线圆角特征，其圆角半径分别为 *R*0.2、*R*2.5、*R*0.5，如图 2-246 所示。

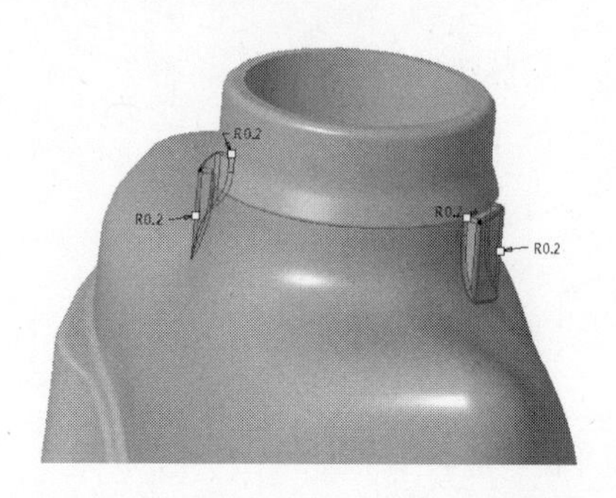

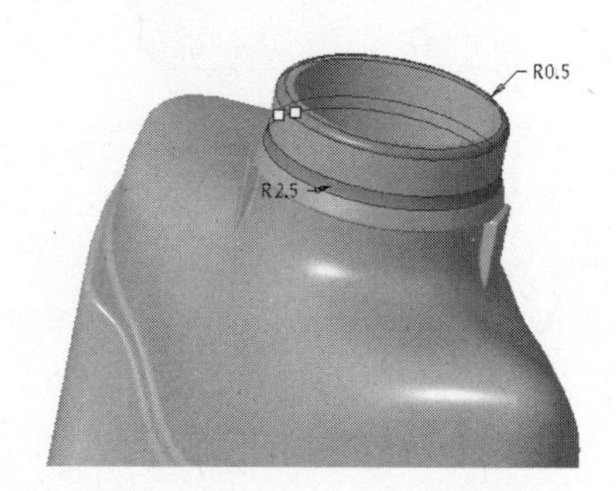

图 2-246　洗发水瓶旋转特征与瓶口边线圆角特征

单击操控板的✓按钮，完成洗发水瓶旋转特征与瓶口边线圆角特征的创建工作，得到完整的洗发水瓶产品，如图 2-247 所示。结果文件请参看随书网盘资源中的“第 2 章\范例结果文件\洗发水瓶\xifashuiping.prt”。

图 2-247　洗发水瓶产品

本章小结

本章通过波纹垫片、螺旋杆、简易鼠标、果汁杯、洗发水瓶 5 个实例介绍工业产品基础曲面的设计方法与流程，设计方法包括通过点的曲线、样式曲线、拉伸曲面、旋转曲面、样式曲面、扫描曲面、边界混合曲面、螺旋扫描曲面、合并曲面、延伸曲面、修剪曲面、加厚曲面等多种方法。

本章曲面设计实例以熟练掌握基础曲面建模方法为导向，其中前 4 个实例涵盖常用曲面设计模块的各个知识点，实例布局由易到难，由单一知识到曲面模块知识点的综合运用；第 5 个洗发水瓶实例是曲面设计的典型案例，是曲面模块和样式曲面模块知识的综合运用，进一步加深对常用曲面知识的巩固，读者通过对本章的学习，对 Creo 4.0 曲面设计会有一个全面的了解，初步掌握样式曲面模块新知识，为后面章节进阶曲面的学习打下良好的基础。

思考与练习

1．判断题（正确的请在括号内填入“√”，错误的填入“×”）

（1）曲面的复制与粘贴命令是成对产生的，有复制命令，必定要执行粘贴命令。（　　）

（2）曲面的移动或旋转转换与实体特征的移动或旋转转换使用的命令是相同的。（　　）

（3）替换型偏移曲面不能将实体表面用一个曲面来替换。（　　）

（4）创建边界混合曲面和逼近混合曲面时，选取边界线的顺序不是很重要。（　　）

（5）在曲面工程处理操作中，圆角与拔模的先后顺序不影响处理效果。（　　）

2．选择题（请将唯一正确答案的代号填入题中的括号内）

（1）下列哪项不是在进行螺旋扫描面操作时的必备条件？（　　）

A．扫描轨迹　　B．中心基准轴

C．螺距　　D．截面

（2）在 Creo 4.0 中用户可以利用（　　）来裁剪曲面。

A．基准轴　　B．基准点

C．基准平面　　D．实体

（3）拉伸、旋转、扫描的共同特征是（　　）。

A．都是将草绘截面沿指定的轨迹曲线运动而成

B．都是固定截面沿直线运动而成

C．都是固定截面沿圆周运动而成

D．都是固定截面沿曲线运动而成

（4）旋转曲面特征的草绘截面（　　）

A．必须封闭　　B．必须不封闭

C．封闭开放都可以　　D．不确定

3．打开随书网盘资源中的“第 2 章\思考与练习结果文件\ ex02-1.prt”，如图 2-248 所示。创建如图 2-249 所示的勺子，壁厚为 1 mm，手柄端部圆角为 *R*5，其余圆角为 *R*0.5。结果文件请参看随书网盘资源中的“第 2 章\思考与练习结果文件\ ex02-1.prt”。

图 2-248

图 2-249

4．打开随书网盘资源中的“第 2 章\思考与练习源文件\ ex02-2.prt”，轮廓曲线如图 2-250 所示，结合样式曲面模块设计一个模型文件。结果文件请参看随书网盘资源中的“第 2 章\思考与练习结果文件\ ex02-2.prt”，如图 2-251 所示。

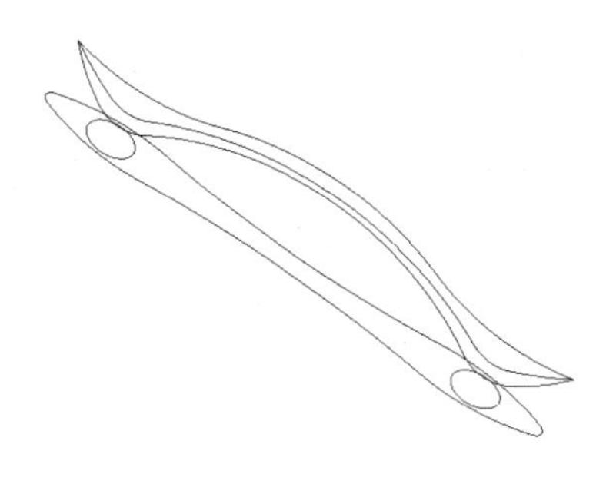

图 2-250

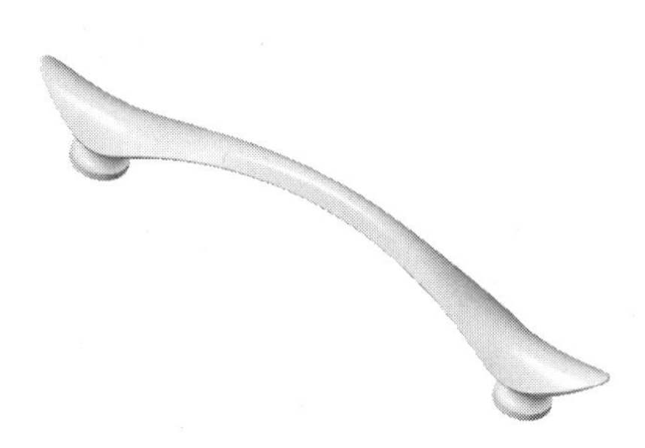

图 2-251

第3章 Creo 4.0进阶曲面设计实例

本章主要内容

- ◆ 基准特征：基准平面、基准点、基准曲线
- ◆ 基础曲面建模特征：拉伸、旋转、扫描、边界混合
- ◆ 曲面特征操作：复制、镜像、修剪、合并、投影等
- ◆ 高级曲面建模特征：样式曲线、放置曲线、样式曲面、曲面修剪等

塑料是三大有机高分子材料之一（其他两种是橡胶和纤维），塑料产品所要求的性能决定其形状、尺寸、外观、材料等。

塑料曲面产品具有多样性和复杂性，设计时必须符合模塑原则，即模具制作容易、成形及后续加工容易、满足产品的性能要求等。

根据塑料曲面产品的不同特点，可选择不同的曲面建模方法，本章通过实例介绍复杂曲面产品的设计方法和过程。实例包括自行车车座、洗洁器、油壶。

3.1 自行车车座的设计

3.1.1 设计导航——作品规格与流程剖析

1．作品规格——自行车车座产品形状和参数

自行车车座产品外观如图3-1所示，长×宽×高为：252 mm×128 mm×66 mm。

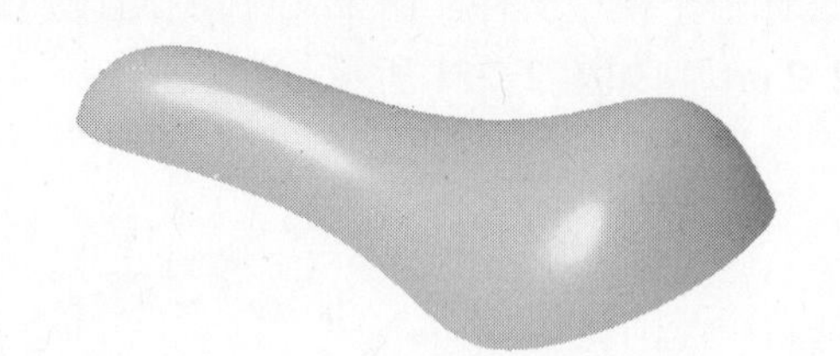

图3-1 自行车车座产品

2．流程剖析——自行车车座产品设计方法与流程

（1）创建自行车车座轮廓曲线。

（2）使用扫描、修剪方法创建自行车车座轮廓曲面。

（3）使用合并、镜像方法获得自行车车座。

自行车车座产品创建的主要流程如图 3-2 所示。

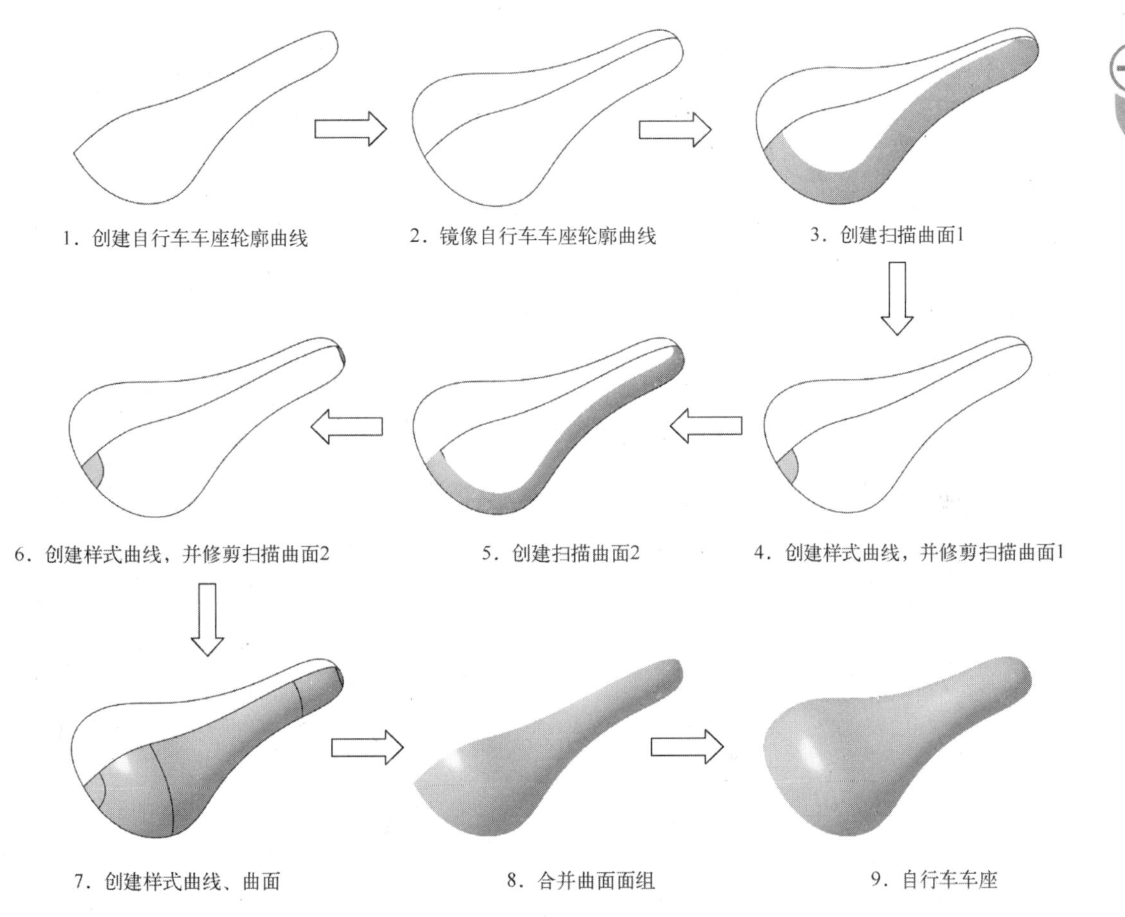

图 3-2　自行车车座产品创建的主要流程

3.1.2 设计思路——自行车车座产品的结构特点与技术要领

1. 自行车车座产品的结构特点

根据设计导航中的设计流程剖析可知，自行车座椅是一种常见的曲面产品，其曲面外观要求比较高。本例自行车车座产品设计时扫描曲面由于不能定义边界连接，先使用扫描曲面进行剪切处理获得 2 端曲面，再使用端部曲面边界与外形样式曲线构建四边曲面，获得质量较高的曲面。结合自行车车座产品结构特点，使用样式、扫描、镜像和合并等设计方法进行设计。

2. 自行车车座产品设计技术要领

自行车车座产品在结构设计方面以其使用性能为基础，结合其制造成本和外观要求等因素进行综合设计。自行车座垫外形轮廓使用样式曲线进行设计；使用扫描、样式曲面创建自行车车座外形轮廓曲面；最后使用镜像、合并对其曲面进行完善，得到完整的自行车车座产品。

3.1.3 实战步骤

1. 创建自行车车座轮廓曲线

（1）创建自行车车座轮廓曲线 1、2

1）选取命令

在模型工具栏中单击【样式】按钮，打开“样式模块”工具栏，如图 3-3 所示。

图 3-3 “样式模块”工具栏

2）设置活动平面

在样式工具栏中选择【设置活动平面】按钮，在图形窗口中选择“TOP”平面作为活动平面。

3）绘制自行车车座轮廓曲线 1

① 在样式工具栏中选择【曲线】按钮，打开“造型：曲线”操控板，再单击【平面曲线】按钮，如图 3-4 所示。

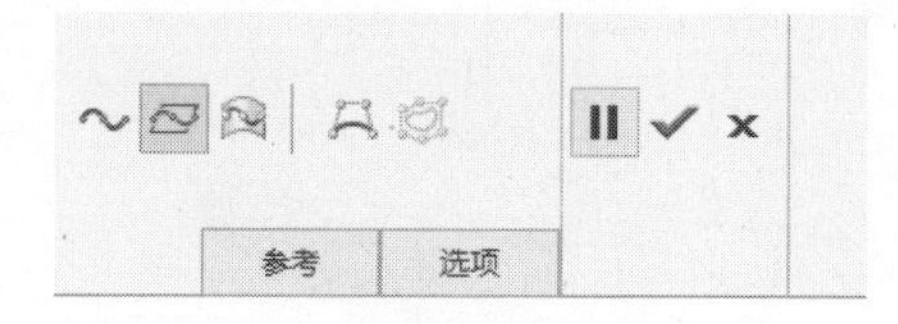

图 3-4 “造型：曲线”操控板

② 在“TOP”活动平面上通过 4 个点绘制“样式曲线 1”，其 4 个点对应坐标如图 3-5 所示。

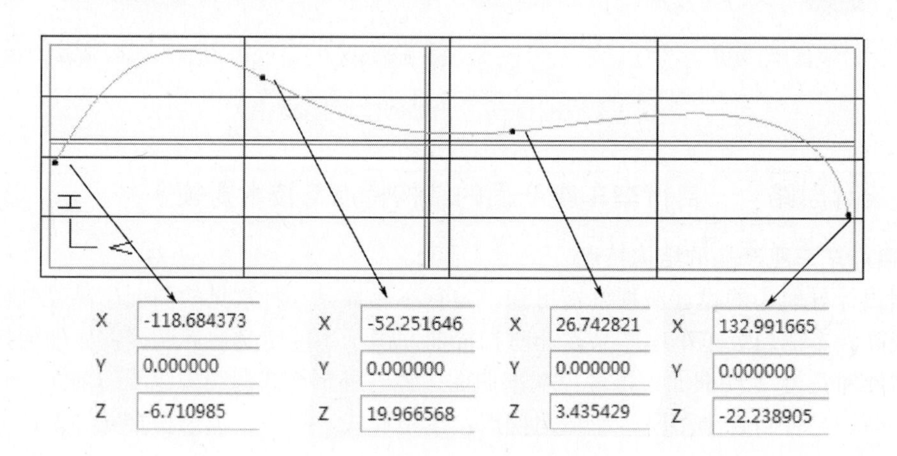

图 3-5 绘制样式曲线 1

③ 单击操控板的按钮，完成样式曲线 1 的创建工作。

4）绘制自行车车座轮廓曲线 2

① 在样式工具栏中选择【曲线】按钮，打开“造型：曲线”操控板，再单击【自由曲线】按钮。

② 通过 4 个点绘制“样式曲线 2”，其首尾 2 个端点与样式曲线 1 的 2 个端点重合（使用曲线编辑命令，结合 Shift 键），中间 2 个点对应坐标如图 3-6 所示。

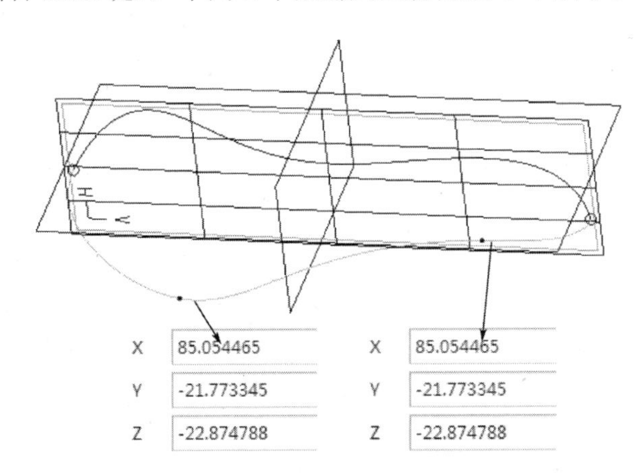

图 3-6　绘制样式曲线 2

③ 单击操控板的✔按钮，完成样式曲线 2 的创建工作。

5）完成自行车车座轮廓曲线的创建工作

单击“样式模块”工具栏✔按钮，完成自行车车座轮廓曲线 1、2 的创建工作。

样式曲线是创建样式曲面的基础，创建样式曲线需要读者具有一定的三维设计基础并熟悉操作样式模块的主要命令。通过绘制样式曲线 1、2，不难发现，其曲线经过的点的坐标有多个小数位，这样能使样式曲线更美观。使用双击样式曲线或【曲线编辑】按钮的方法约束曲线端点（结合 Shift 键），选择【使用控制点编辑此曲线】按钮来调整中间点的形状，获得光顺曲线，从而得到高质量的曲面。

（2）镜像自行车车座轮廓曲线 2

1）选取要镜像的项目

选取“自行车车座轮廓曲线 2”作为要镜像的项目。

2）选择命令

在模型工具栏中单击【镜像】按钮，打开“镜像”操控板。

3）选取一个镜像平面

选取基准平面“TOP”平面作为镜像平面，如图 3-7 所示。

4）完成自行车车座轮廓曲线 2 镜像的创建工作

单击操控板的✔按钮，完成自行车车座外形轮廓曲线 2 镜像的创建工作。

2．创建自行车车座轮廓曲面

（1）创建自行车车座扫描曲面 1

1）选取命令

在模型工具栏中单击【扫描】按钮，打开“扫描”操控板，再单击【扫描为曲面】按钮，选择【允许截面根据参数化参考或沿扫描的关系进行变化】按钮，如图 3-8 所示。

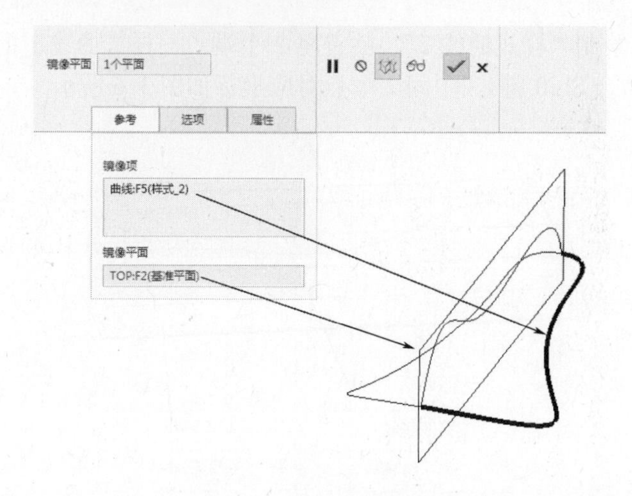

图 3-7　选取镜像平面

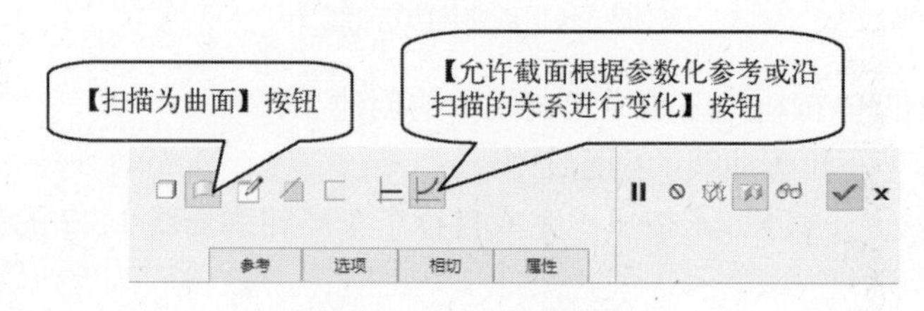

图 3-8　“扫描”操控板

2）选取扫描轨迹线和截面控制参数

在“扫描”操控板中打开“参考”面板，选取“自行车车座轮廓曲线 2”为原点轨迹线，在截面控制参数中选择“垂直于轨迹”，如图 3-9 所示。

3）绘制自行车车座扫描截面 1

从对话框中单击【创建或编辑扫描剖面】按钮，进入草绘模式，使用轨迹线的扫描起点绘制一个两点的样条曲线作为扫描截面，如图 3-10 所示。

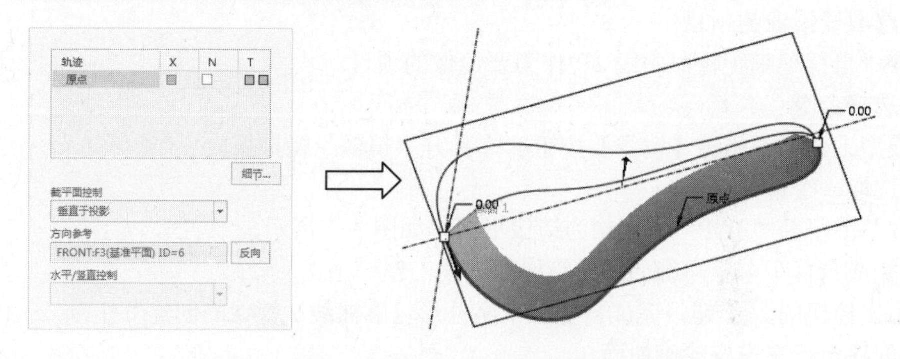

图 3-9　选取“扫描”轨迹，设定截面控制参数

4）完成自行车车座扫描曲面 1 的创建工作

单击草绘工具栏的✔按钮退出草绘模式，再单击操控板的✔按钮，完成自行车车座扫描曲面 1 的创建工作，扫描曲面如图 3-11 所示。

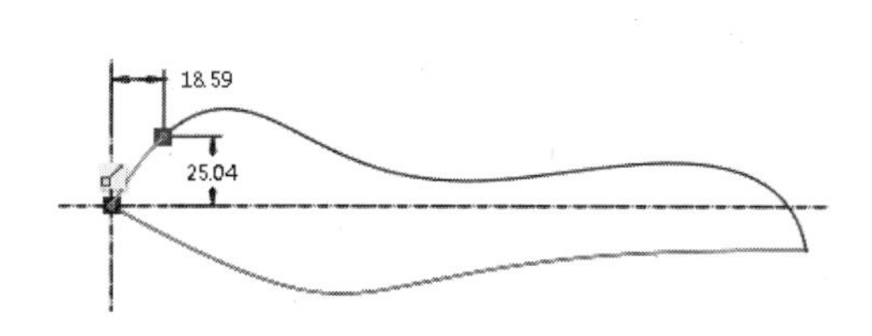

图 3-10　扫描截面

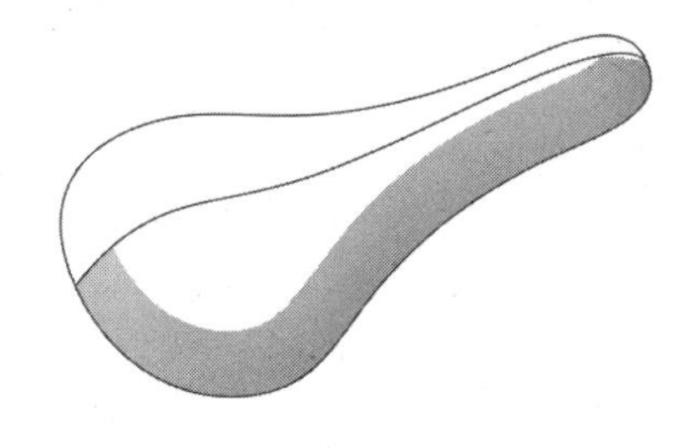

图 3-11　自行车车座扫描曲面 1

（2）创建自行车车座样式曲线 3

1）选取命令

在模型工具栏中单击【样式】按钮，打开“样式模块”工具栏。

2）绘制自行车车座样式曲线 3

① 在样式工具栏中选择【曲线】按钮，打开“造型：曲线”操控板，再单击【曲面上的曲线】按钮。

② 在“参考”下滑面板曲面栏中选取“自行车车座扫描曲面 1”作为绘制曲线的曲面，通过 2 个点绘制“样式曲线 3”，如图 3-12 所示，其 2 个点对应坐标参阅随书网盘资源对应的实例模型文件。

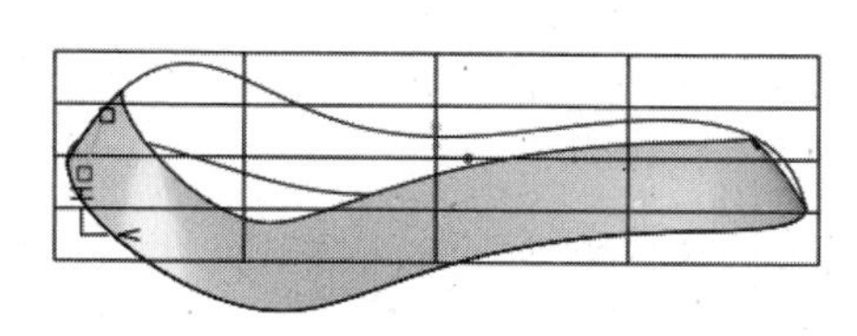

图 3-12　样式曲线 3 调整前形状

③ 双击样式曲线 3 或使用【曲线编辑】按钮，进入“曲线”编辑界面，移动样式曲线 3 的端点 1，鼠标箭头变为箭头带十字光标（结合 Shift 键），使样式曲线 3 的端点 1 移动到样式曲线 1 上，此时端点 1 的形状由“矩形”变为“o”形状；用同样的方法移动端点 2 到样式曲线 2 上；单击【使用控制点编辑此曲线】按钮，调整样式曲线 3 的形状，2 个端点对应坐标如图 3-13 所示。

3）完成样式曲线 3 的创建工作

单击操控板的✔按钮，完成样式曲线 3 的创建工作。

（3）修剪扫描曲面 1

1）选取命令

在“样式”工具栏中选择【曲面修剪】按钮，打开“曲面修剪”操控板，如图 3-14 所示。

2）修剪曲面扫描曲面 1

在扫描控制面板中打开“参考”面板，选择“自行车车座扫描曲面 1”作为要修剪的曲面，选择“样式曲线 3”作为修剪曲线，选择“曲面 1” 作为要删除的曲面，“曲面 2”为要保留的曲面，如图 3-15 所示。

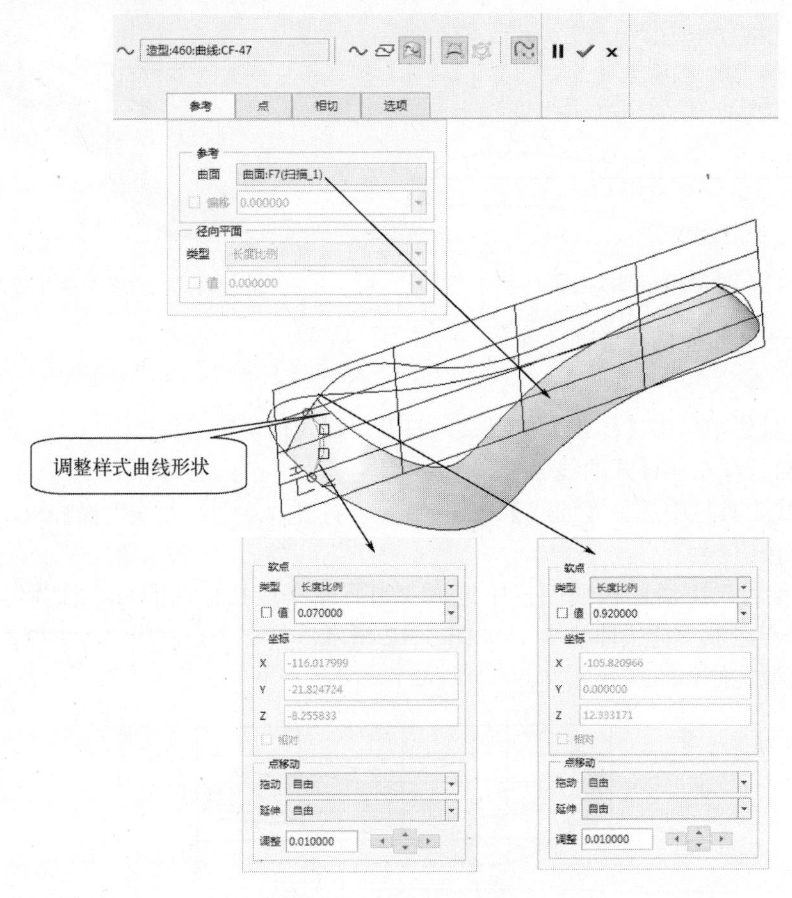

图 3-13　绘制样式曲线 3

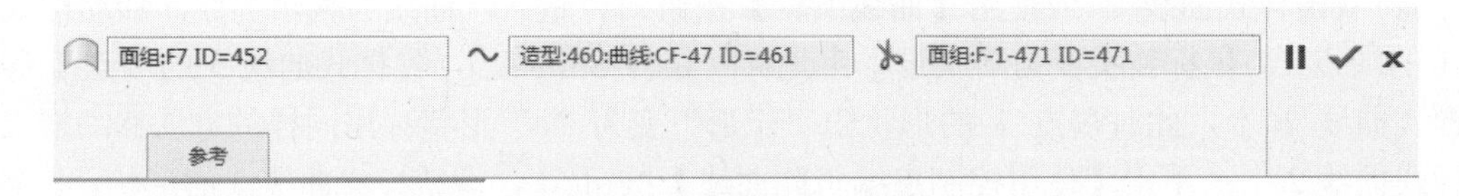

图 3-14　“曲面修剪”操控板

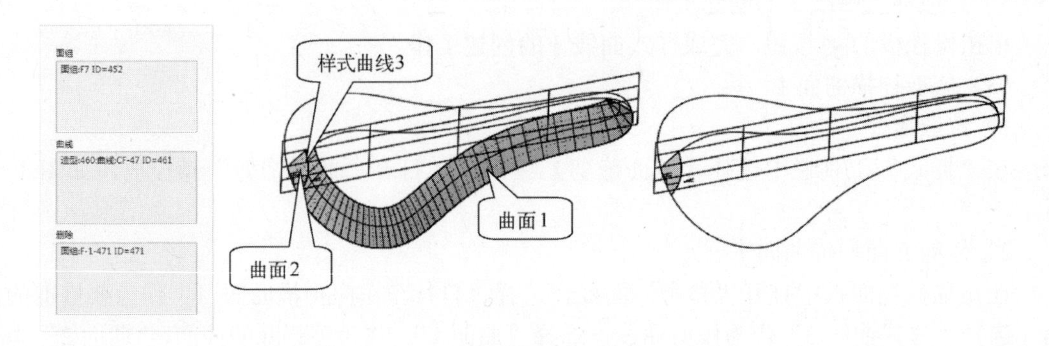

图 3-15　修剪曲面操作

3）完成曲面修剪工作

单击操控板的✔按钮，完成扫描曲面 1 的修剪工作。单击“样式模块”工具栏✔按钮，退出样式模块。

（4）创建自行车车座扫描曲面 2

1）选取命令

在模型工具栏中单击【扫描】按钮，打开“扫描”操控板，再单击【扫描为曲面】按钮，选择【允许截面根据参数化参考或沿扫描的关系进行变化】按钮。

2）选取扫描轨迹线和截面控制参数

在“扫描”操控板中打开“参考”面板，选取“自行车车座轮廓曲线 2”为原点轨迹线，在截面控制参数中选择“垂直于轨迹”，如图 3-16 所示。

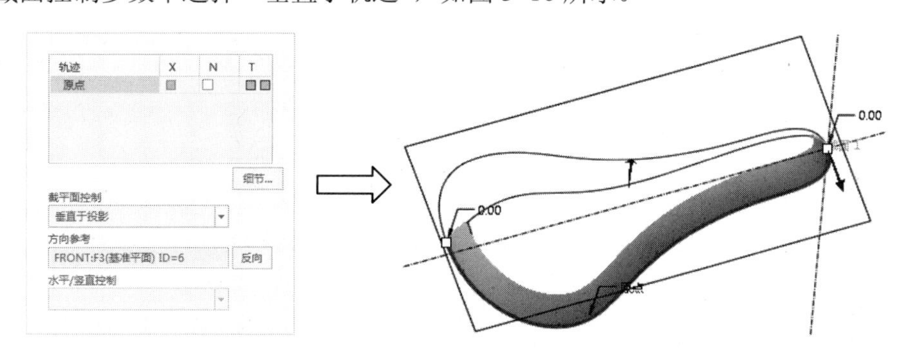

图 3-16　选取“扫描”轨迹，设定截面控制参数

3）绘制自行车车座扫描截面 2

在对话框中单击【创建或编辑扫描剖面】按钮，进入草绘模式，使用轨迹线的扫描起点绘制一个两点的样条曲线作为扫描截面，如图 3-17 所示。

4）完成自行车车座扫描曲面 2 的创建工作

单击草绘工具栏的✔按钮退出草绘模式，再单击操控板的✔按钮，完成自行车车座扫描曲面 2 的创建工作，扫描曲面如图 3-18 所示。

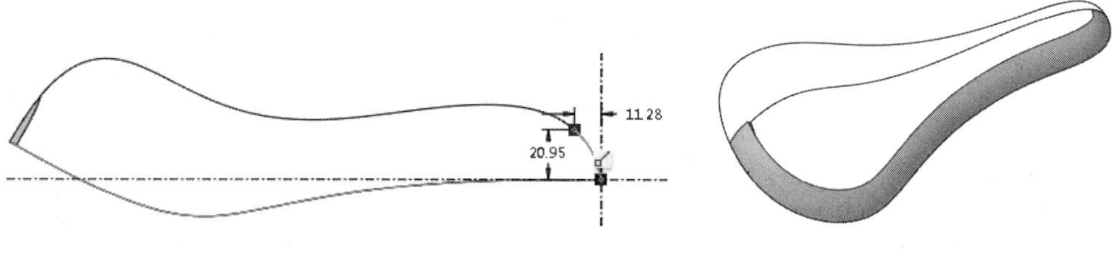

图 3-17　扫描截面　　　　图 3-18　自行车车座扫描曲面 2

（5）创建自行车车座样式曲线 4

1）选取命令

在模型工具栏中单击【样式】按钮，打开“样式模块”工具栏。

2）创建样式曲线 4

① 在样式工具栏中选择【曲线】按钮，打开“造型：曲线”操控板，再单击【曲面上的曲线】按钮。

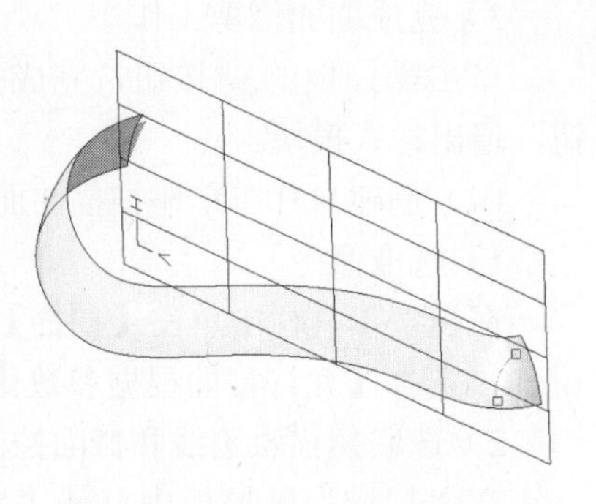

图 3-19 样式曲线 4 调整前形状

② 在“参考”下滑面板曲面栏中选取“自行车车座扫描曲面 2”作为绘制曲线的曲面，通过 2 个点绘制“样式曲线 4”，如图 3-19 所示。

③ 双击样式曲线 4 或使用【曲线编辑】按钮，进入“曲线”编辑界面，移动样式曲线 3 的端点 1，鼠标箭头变为箭头带十字光标（结合 Shift 键），使样式曲线 4 的端点 1 移动到样式曲线 1 上，此时端点 1 的形状由“矩形”变为“o”形状；用同样的方法移动端点 2 到样式曲线 2 上；单击【使用控制点编辑此曲线】按钮，调整样式曲线 4 的形状，2 个端点对应坐标如图 3-20 所示。

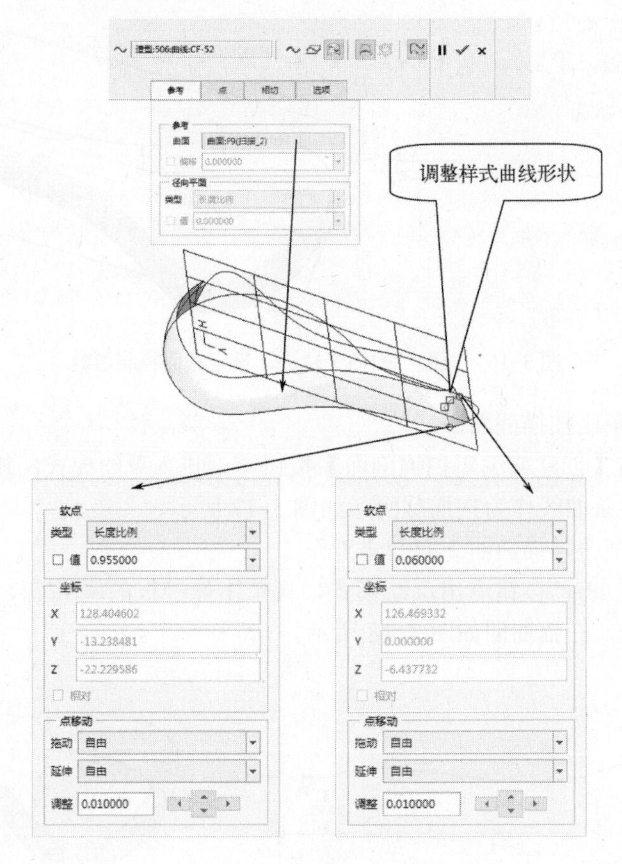

图 3-20 绘制样式曲线 4

3）完成样式曲线 4 的创建工作

单击操控板的按钮，完成样式曲线 4 的创建工作。

（6）修剪扫描曲面 2

1）选取命令

在“样式”工具栏中选择【曲面修剪】按钮，打开“曲面修剪”操控板，如图 3-21 所示。

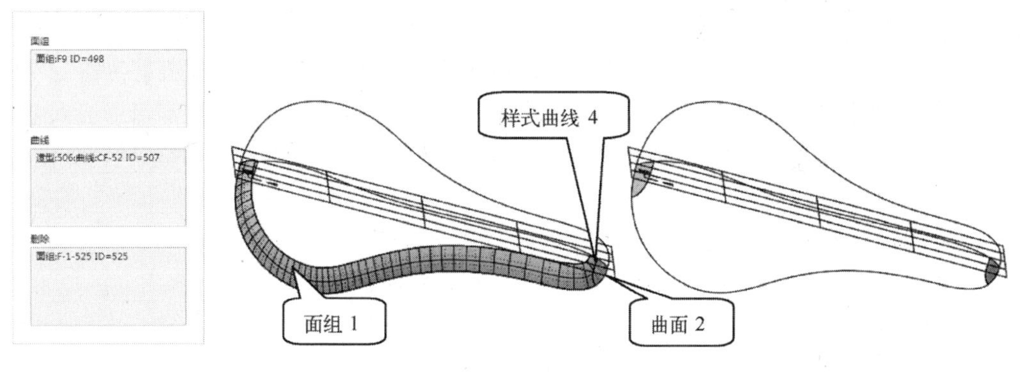

图 3-21 修剪曲面操作

2）修剪曲面扫描曲面 2

在“扫描”操控板中打开“参考”面板，选择“自行车车座扫描曲面 2”作为要修剪的曲面，选择“样式曲线 4”作为修剪曲线，选择“曲面 1” 作为要删除的曲面，“曲面 2”为要保留的曲面，如图 3-21 所示。

3）完成曲面修剪工作

单击操控板的✓按钮，完成曲面的修剪工作。单击操控板的✓按钮，退出样式操作面板。

（7）创建自行车车座轮廓曲线 5、6

1）选取命令

在模型工具栏中单击【样式】按钮，打开“样式模块”工具栏。

2）绘制自行车车座轮廓曲线 5

① 在样式工具栏中选择【曲线】按钮，打开“造型：曲线”操控板，再单击【创建自由曲线】按钮。

② 通过 2 个点绘制“样式曲线 5”，双击样式曲线 5 或使用【曲线编辑】按钮，分别移动 2 个端点到样式曲线 1 和样式曲线 2 上，其 2 个端点对应坐标参阅随书网盘资源对应的实例模型文件。单击【使用控制点编辑此曲线】按钮，调整样式曲线 5 的形状，如图 3-22 所示。

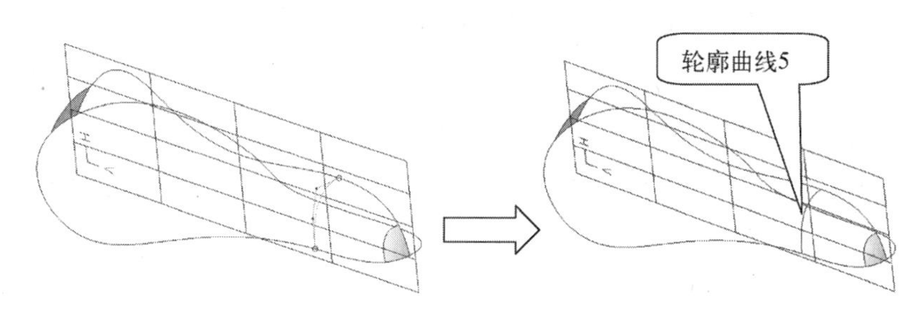

图 3-22 绘制样式曲线 5

③ 单击操控板的✓按钮，完成样式曲线 5 的创建工作。

3）绘制自行车车座轮廓曲线 6

① 在样式工具栏中选择【曲线】按钮，打开“造型：曲线”操控板，再单击【创

建自由曲线】按钮。

② 通过 2 个点绘制“样式曲线 6”，双击样式曲线 6 或使用【曲线编辑】按钮分别移动 2 个端点到样式曲线 1 和样式曲线 2 上，其 2 个端点对应坐标参阅随书网盘资源对应的实例模型文件。单击【使用控制点编辑此曲线】按钮，调整样式曲线 6 的形状，如图 3-23 所示。

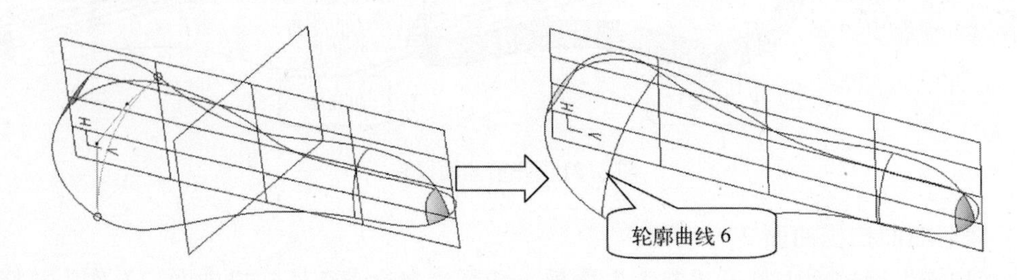

图 3-23　绘制样式曲线 6

③ 单击操控板的按钮，完成样式曲线 6 的创建工作。

4）完成自行车车座轮廓曲线的创建工作

单击“样式模块”工具栏按钮，退出样式模块，完成自行车车座轮廓曲线 5、6 的创建工作。

（8）创建样式曲面

1）选取命令

在“样式”模块工具栏中选择【曲面】按钮，打开 “造型：曲面”操控板，如图 3-24 所示。

图 3-24 “造型：曲面”操控板

2）选择主要链及内部链创建样式曲面

在样式“造型：曲面”操控板中，单击“参考”面板，在【主要链参考】选项中依次选择 4 条边作为主要链，如图 3-25 所示。从【内部链参考】选项中选择“轮廓曲线 5 和轮廓曲线 6”作为内部链，如图 3-26 所示。

3）完成样式曲面的创建工作

单击操控板的按钮，完成样式曲面的创建工作。单击“样式模块”工具栏按钮，退出样式模块。

3．完善自行车车座曲面，获得自行车车座

（1）合并扫描修剪的曲面 1 与样式曲面

1）选取要合并的面组

选取修剪好的扫描曲面 1 与样式曲面作为要合并的面组。

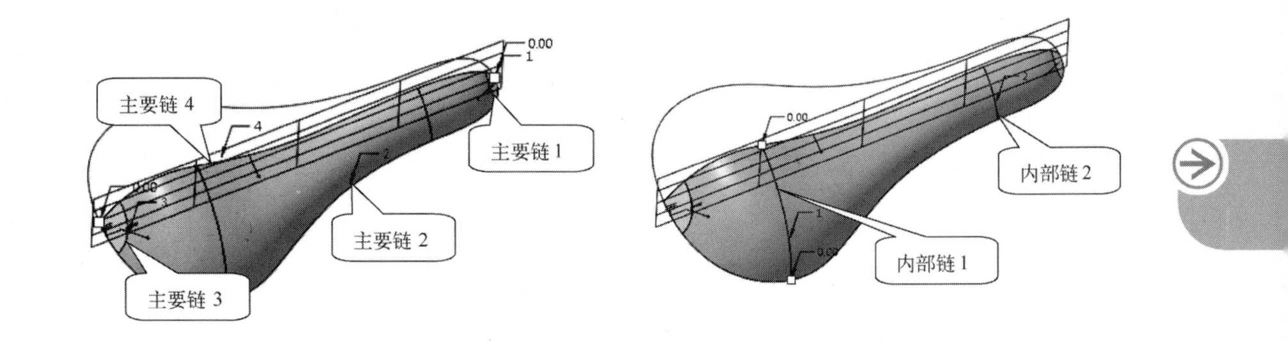

图 3-25　选取“主要链”　　　　图 3-26　选取“内部链”

2）选取命令

在模型工具栏中单击【合并】按钮，打开“合并曲面”操控板，如图 3-27 所示。

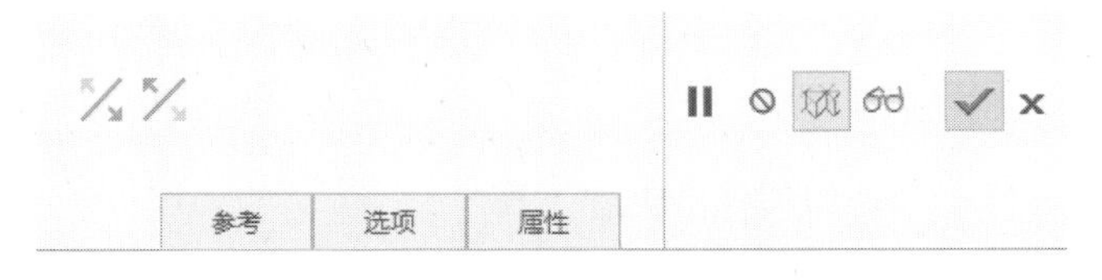

图 3-27　“合并曲面”操控板

3）合并操作

在选项下滑面板中选取合并方式为“相交”，切换箭头方向，选取要保留的合并侧，合并操作如图 3-28 所示。

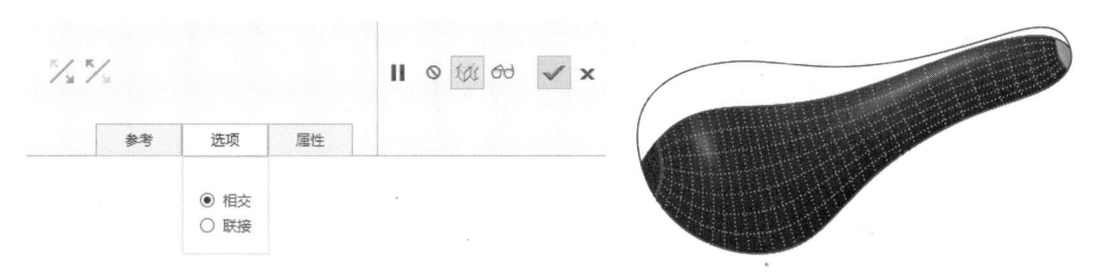

图 3-28　合并曲面操作

4）完成合并曲面的创建工作

单击操控板的✓按钮，完成修剪好的扫描曲面 1 与样式曲面的合并创建工作。

（2）将合并好的面组与修剪好的扫描曲面 2 合并

参考步骤（1）中合并扫描修剪的曲面 1 与样式曲面的方法，将合并好的面组与修剪好的扫描曲面 2 合并，其效果如图 3-29 所示。

（3）镜像自行车车座一半面组

1）选取要镜像的项目

选取“自行车车座一半面组”作为要镜像的项目。

2）选择命令

在模型工具栏中单击【镜像】按钮，打开“镜像”操控板。

3）选取一个镜像平面

选取基准平面“TOP”平面作为镜像平面，如图 3-30 所示。

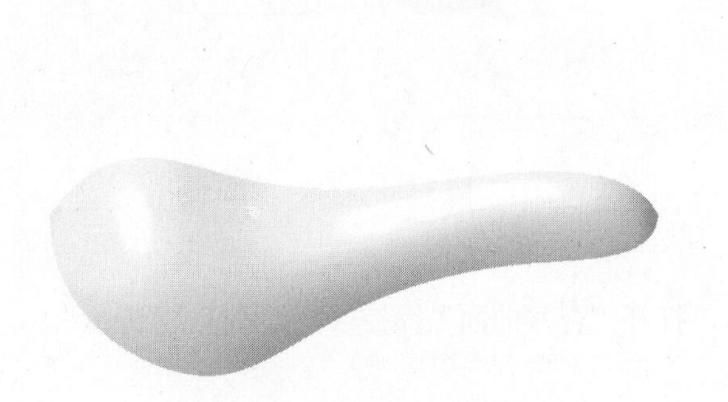

图 3-29　合并曲面效果

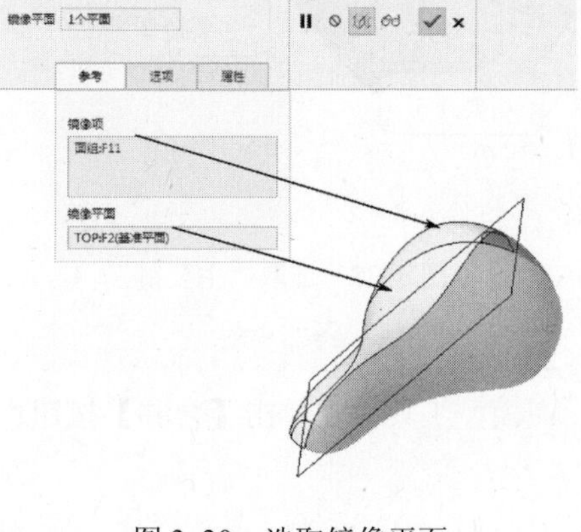

图 3-30　选取镜像平面

4）完成电自行车座一半面组镜像的创建工作

单击操控板的按钮，完成自行车车座一半面组镜像的创建工作。然后使用曲面合并方法将自行车车座一半面组与镜像好的曲面进行合并，得到完整的自行车车座曲面，如图 3-31 所示。结果文件请参看随书网盘资源中的“第 3 章\范例结果文件\自行车车座\ zxczd-1.prt”。

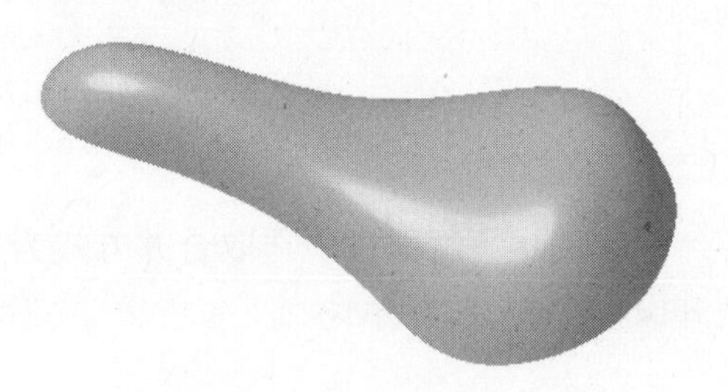

图 3-31　自行车车座产品

3.2　清洁器的设计

3.2.1　设计导航——作品规格与流程剖析

1．作品规格——清洁器产品形状和参数

清洁器产品外观如图 3-32 所示，长×宽×高为：595 mm×119 mm×175 mm。清洁器产品为中空塑件，壁厚 2 mm。

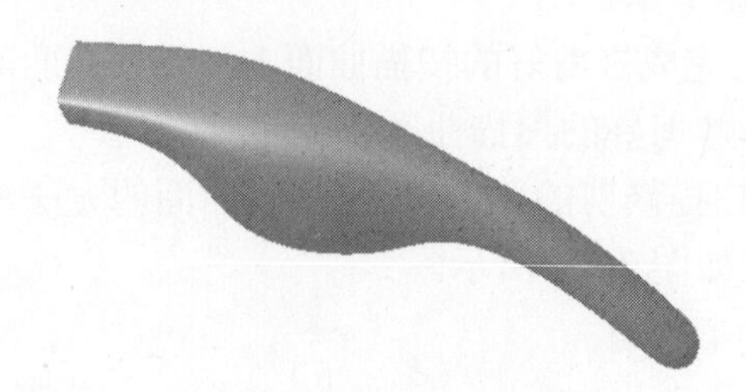

图 3-32　清洁器产品

2．流程剖析——清洁器产品设计方法与流程

（1）创建清洁器轮廓（样式）曲线。

（2）创建清洁器轮廓曲面。

（3）完善清洁器结构，获得清洁器产品。

清洁器产品创建的主要流程如图 3-33 所示。

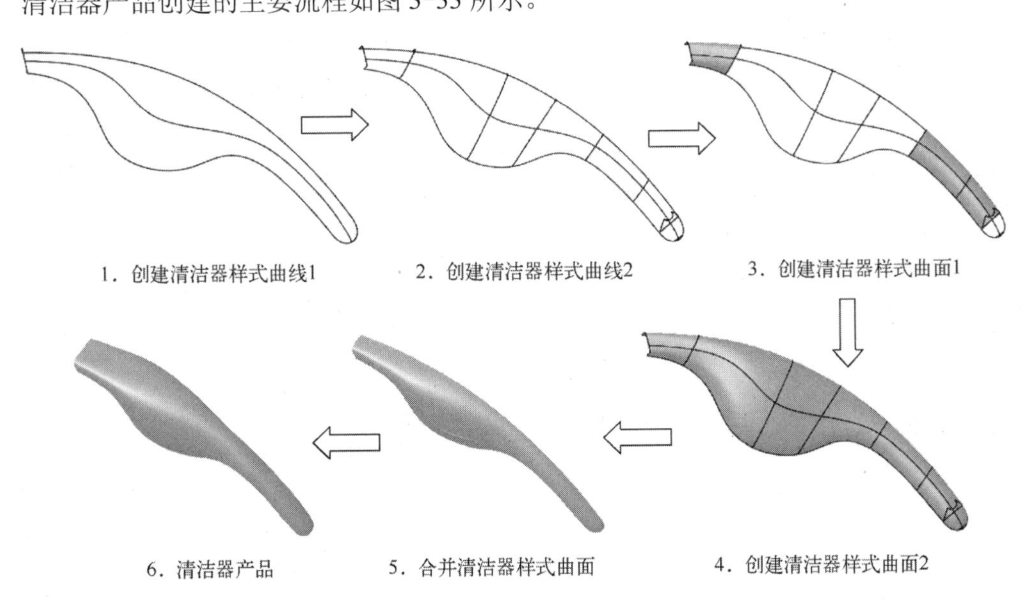

图 3-33 清洁器产品创建的主要流程图解

3.2.2 设计思路——清洁器产品的结构特点与技术要领

1．清洁器产品的结构特点

清洁器作为一种利用电动机驱动风叶旋转，来达到吸尘、除湿、除螨、清洁等目的的产品，广泛用于家庭、办公室、商店、医院和宾馆等场所。其产品结构为中空薄壳塑料制品，外形为复杂曲面形状。根据其结构特点，主要使用样式曲线和样式曲面的方法进行设计。

2．清洁器产品设计技术要领

本例清洁器形状不规则，使用草绘、样式曲线的方法创建清洁器轮廓曲线；使用样式曲面、边界混合等方法创建清洁器一半轮廓曲面；使用修剪、镜像、合并等方法创建清洁器产品曲面；使用加厚方法对清洁器曲面加厚，得到完整的清洁器产品。

3.2.3 实战步骤

1．创建清洁器轮廓曲线

（1）创建草绘曲线 1

1）选取命令，定义草绘平面和方向

在模型工具栏中单击【草绘】按钮，打开“草绘”对话框。在【平面】框中选择“FRONT”平面作为草绘平面，在【参考】框中选择“RIGHT”平面作为参考平面，在【方向】框中选择“右”，单击 草绘 按钮进入草绘模式。

2）绘制草绘曲线 1

单击【矩形】按钮，绘制草绘曲线 1，如图 3-34 所示。

单击草绘工具栏的按钮，退出草绘模式。

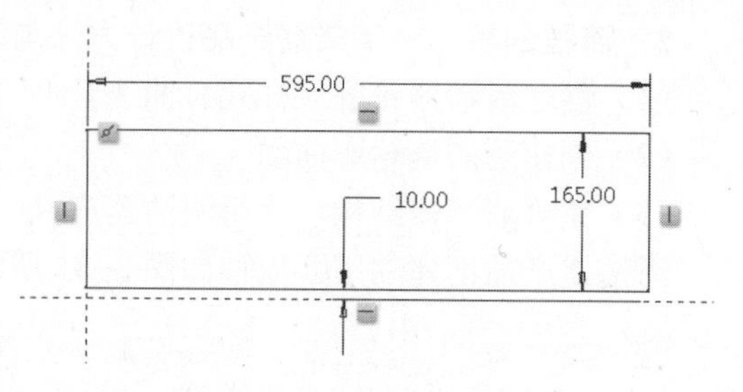

图 3-34　绘制草绘曲线 1

（2）创建草绘曲线 2

1）选取命令，定义草绘平面和方向

在模型工具栏中单击【草绘】按钮，打开“草绘”对话框。在【平面】框中选择“TOP”平面作为草绘平面，在【参考】框中选择“RIGHT”平面作为参考平面，在【方向】框中选择“右”，单击 草绘 按钮进入草绘模式。

2）绘制草绘曲线 2

单击【矩形】按钮，绘制草绘曲线 2，如图 3-35 所示。

单击草绘工具栏的按钮，退出草绘模式。

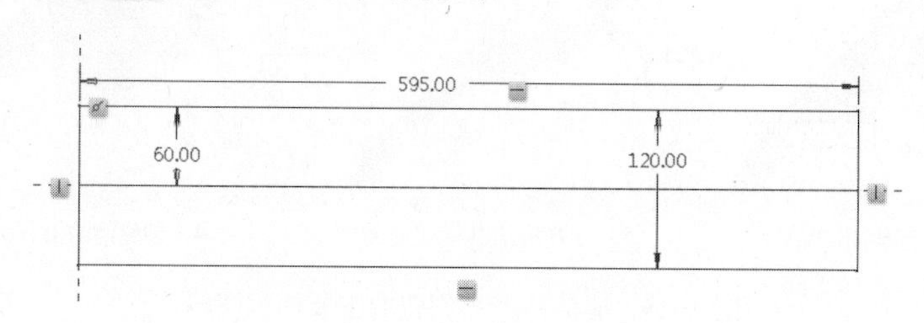

图 3-35　绘制草绘曲线 2

（3）创建清洁器轮廓（样式）曲线 1、2

1）选取命令

在模型工具栏中单击【样式】按钮，打开“样式模块”工具栏。

2）设置活动平面

在样式工具栏中选择【设置活动平面】按钮，在图形窗口中选择“FRONT”平面作为活动平面。

3）绘制清洁器轮廓曲线 1

① 在样式工具栏中选择【曲线】按钮，打开“造型：曲线”操控板，再单击【平面曲线】按钮。

② 在“FRONT”活动平面上通过 3 个点绘制“样式曲线 1”，其 3 个点对应坐标如图 3-36 所示。

③ 单击操控板的按钮，完成样式曲线 1 的创建工作。

4）绘制清洁器外形轮廓曲线 2

① 在样式工具栏中选择【曲线】按钮，打开“造型：曲线”操控板，再单击【创建平面曲线】按钮。

② 通过 4 个点绘制“样式曲线 2”，单击【使用控制点编辑此曲线】按钮，调整样式曲线 2 的形状，其 4 个点对应坐标参阅随书网盘资源对应的实例模型文件，样式曲线 2 如

图 3-37 所示。

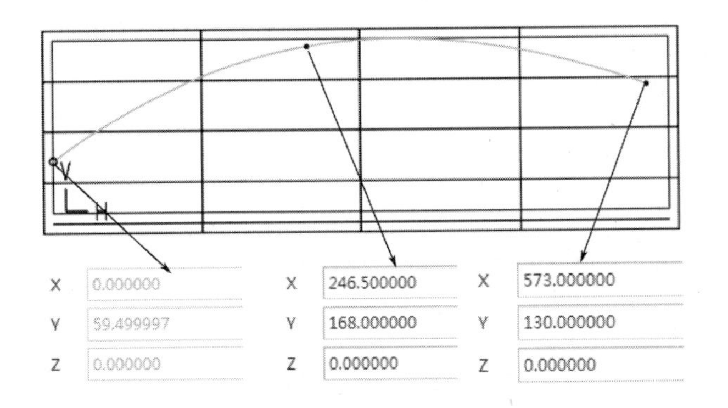

图 3-36　绘制样式曲线 1

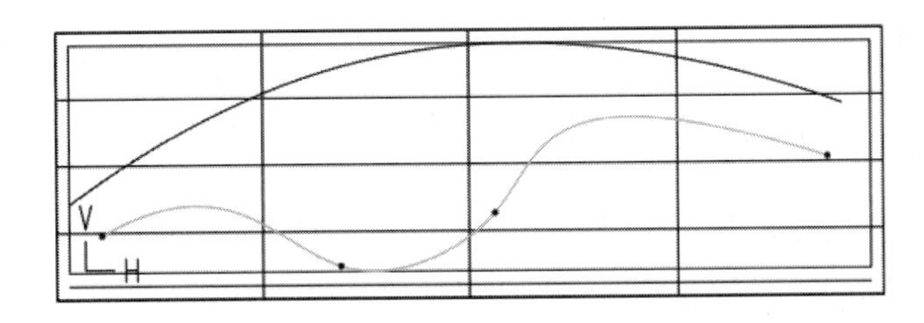

图 3-37　绘制样式曲线 2

③ 单击操控板的✓按钮，完成样式曲线 2 的创建工作。

（4）创建基准平面 DTM1、DTM2、DTM3

1）创建基准平面 DTM1

① 选取命令

在样式工具栏中单击【设置活动平面】→【内部平面】按钮，打开“基准平面”对话框。

② 为新建基准平面选取位置参考

在【基准平面】对话框的【参考】栏中，选取 RIGHT 平面作为参考，选取约束为“偏移”，输入偏移距离为“400”，如图 3-38 所示。

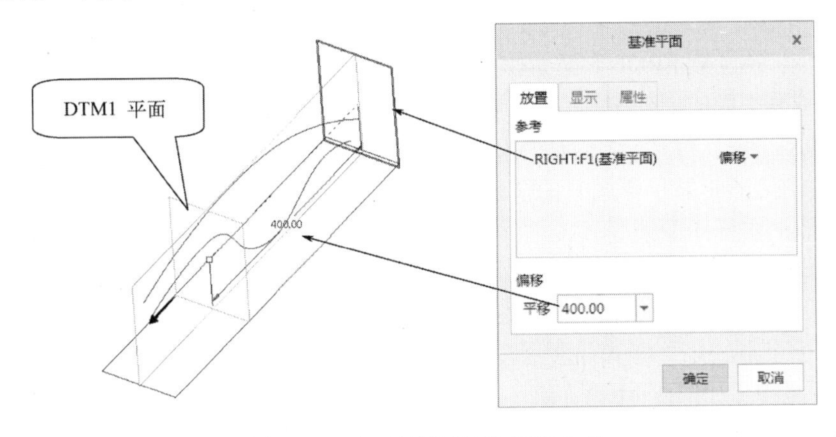

图 3-38　为“基准平面”选取参考

③ 完成基准平面的创建工作

单击“基准平面”对话框的 确定 按钮，完成基准平面 DTM1 的创建工作。

2）创建基准平面 DTM2

① 选取命令

在样式工具栏中单击【设置活动平面】→【内部平面】按钮，打开“基准平面”对话框。

② 为新建基准平面选取位置参考

在【基准平面】对话框的【参考】栏中，选取 RIGHT 平面作为参考，选取约束为“偏移”，输入偏移距离为“500”，如图 3-39 所示。

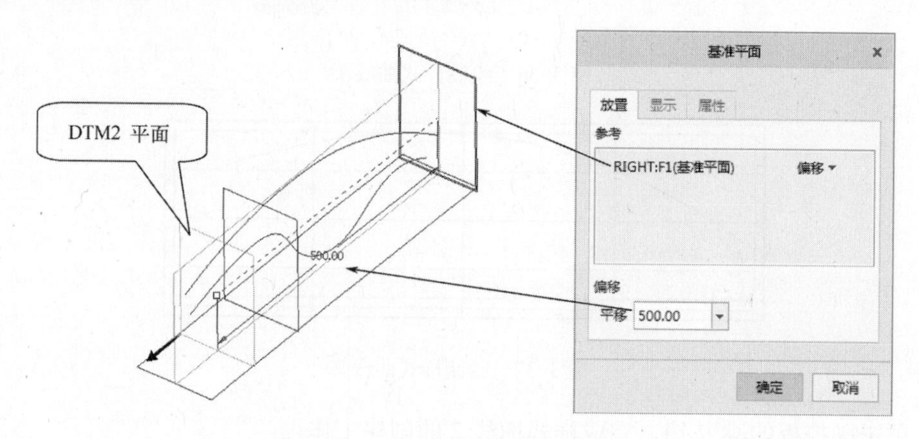

图 3-39　为“基准平面”选取参考

③ 完成基准平面的创建工作

单击“基准平面”对话框的 确定 按钮，完成基准平面 DTM2 的创建工作。

3）创建基准平面 DTM3

① 选取命令

在样式工具栏中单击【设置活动平面】→【内部平面】按钮，打开“基准平面”对话框。

② 为新建基准平面选取位置参考

在【基准平面】对话框的【参考】栏中，选取样式曲线 1、2 的 2 个端点作为参考，选取约束为“穿过”；选取 FRONT 平面作为参考，选取约束为“垂直”，如图 3-40 所示。

③ 完成基准平面的创建工作

单击“基准平面”对话框的 确定 按钮，完成基准平面 DTM3 的创建工作。

（5）创建清洁器轮廓（样式）曲线 3、4

1）绘制清洁器样式曲线 3

① 在样式工具栏中选择【曲线】按钮，打开“造型：曲线”操控板，再单击【创建平面曲线】按钮。

② 通过 2 个点绘制“样式曲线 3”，其 2 个点对应坐标参阅随书网盘资源对应的实例模型文件，样式曲线 3 如图 3-41 所示。

③ 单击操控板的按钮，完成样式曲线 3 的创建工作。

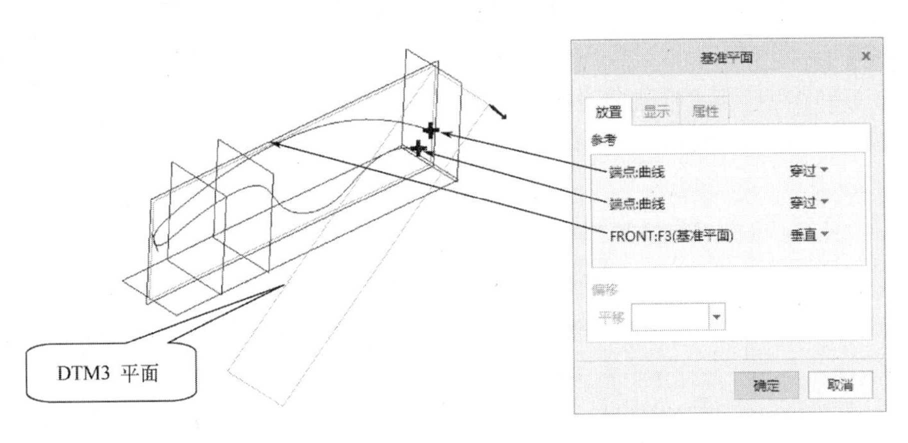

图 3-40　为“基准平面”选取参考

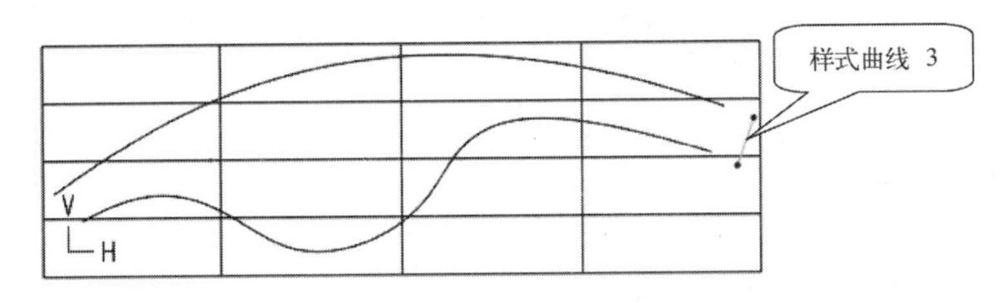

图 3-41　绘制样式曲线 3

2）绘制清洁器样式曲线 4

① 在样式工具栏中选择【曲线】按钮，打开“造型：曲线”操控板，再单击【创建平面曲线】按钮。

② 通过 3 个点绘制“样式曲线 4”，单击【使用控制点编辑此曲线】按钮，调整样式曲线 4 的形状，其 3 个点对应坐标参阅随书网盘资源对应的实例模型文件，样式曲线 4 如图 3-42 所示。

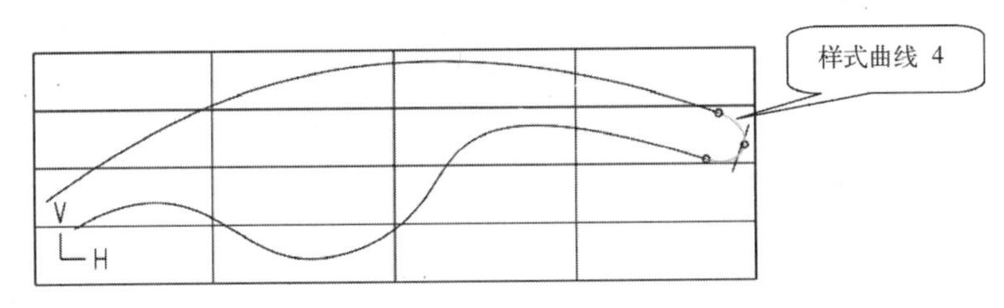

图 3-42　绘制样式曲线 4

③ 单击操控板的按钮，完成样式曲线 4 的创建工作。

（6）创建清洁器轮廓（样式）曲线 5、6

1）设置活动平面

在样式工具栏中选择【设置活动平面】按钮，在图形窗口中选择“DTM3”平面作为活动平面。

2）绘制清洁器样式曲线 5

① 在样式工具栏中选择【曲线】按钮，打开“造型：曲线”操控板，再单击【创

建平面曲线】按钮。

② 通过5个点绘制“样式曲线5”，单击【使用控制点编辑此曲线】按钮，调整样式曲线 5 的形状，其 5 个点对应坐标参阅随书网盘资源对应的实例模型文件，样式曲线 5 如图 3-43 所示。

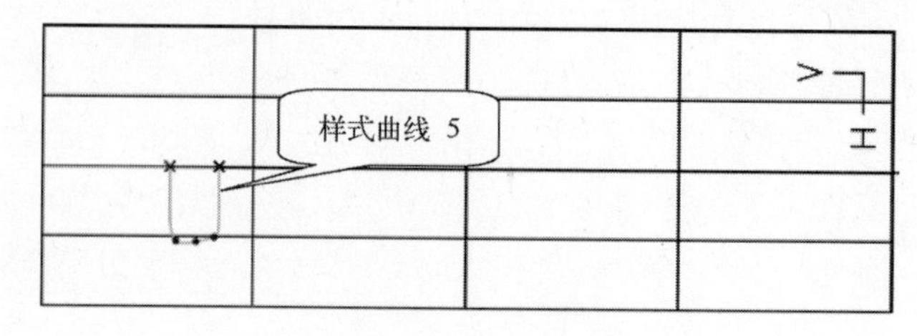

图 3-43　绘制样式曲线 5

③ 单击操控板的按钮，完成样式曲线 5 的创建工作。

3）绘制清洁器样式曲线 6

① 在样式工具栏中选择【曲线】按钮，打开“造型：曲线”操控板，再单击【创建平面曲线】按钮。

② 通过 8 个点绘制“样式曲线 6”，单击【使用控制点编辑此曲线】按钮，调整样式曲线 6 的形状，其 8 个点对应坐标参阅随书网盘资源对应的实例模型文件，样式曲线 6 如图 3-44 所示。

③ 单击操控板的按钮，完成样式曲线 6 的创建工作。

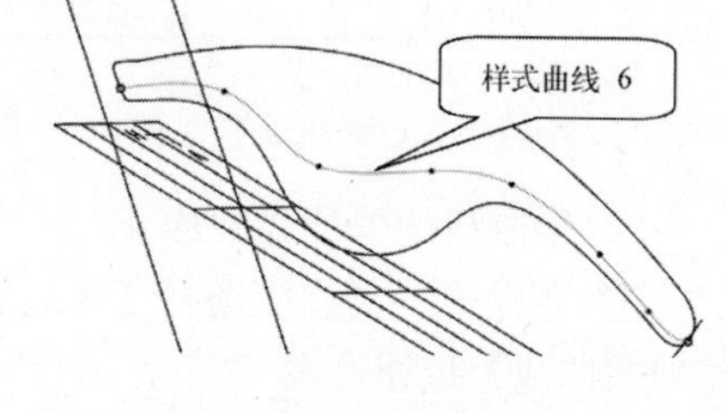

图 3-44　绘制样式曲线 6

（7）创建清洁器轮廓（样式）曲线 7、8、9

1）绘制清洁器样式曲线 7

① 在样式工具栏中选择【曲线】按钮，打开“造型：曲线”操控板，再单击【创建平面曲线】按钮。

② 在【曲线】对话框的【参考】栏中，选择“清洁器外形轮廓曲线 2”为参考线，选择径向平面类型为“长度比例”，输入径向平面参数值为“0.1”，在活动平面中，通过 5 个点绘制“样式曲线 7”，单击【使用控制点编辑此曲线】按钮，调整样式曲线 7 的形状，其 5 个点对应坐标参阅随书网盘资源对应的实例模型文件，样式曲线 7 如图 3-45 所示。

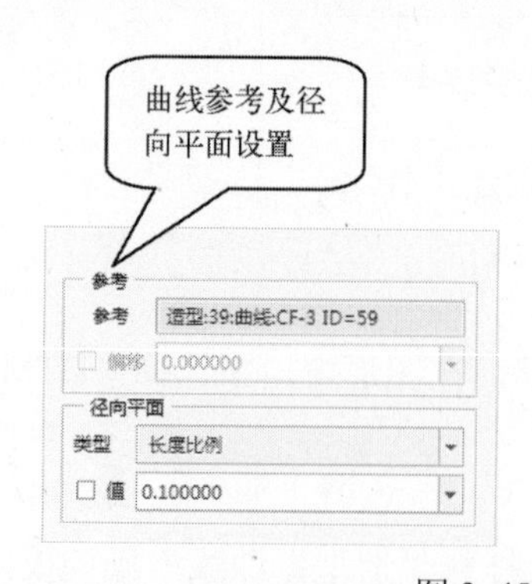

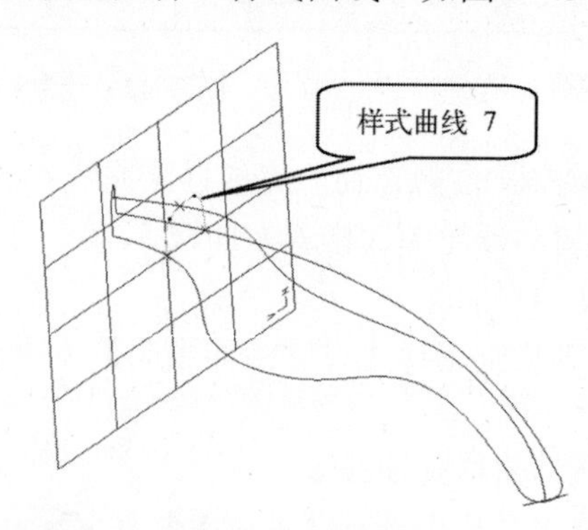

图 3-45　绘制样式曲线 7

③ 单击操控板的✓按钮，完成样式曲线 7 的创建工作。

2）绘制清洁器样式曲线 8

① 在样式工具栏中选择【曲线】按钮，打开“造型：曲线”操控板，再单击【创建平面曲线】按钮。

② 在【曲线】对话框的【参考】栏中，选择“清洁器外形轮廓曲线 2”为参考线，选择径向平面类型为“长度比例”，输入径向平面参数值为“0.39”，在活动平面中，通过 2 个点绘制“样式曲线 8”，单击【使用控制点编辑此曲线】按钮，调整样式曲线 8 的形状，其 2 个点对应坐标参阅随书网盘资源对应的实例模型文件，样式曲线 8 如图 3-46 所示。

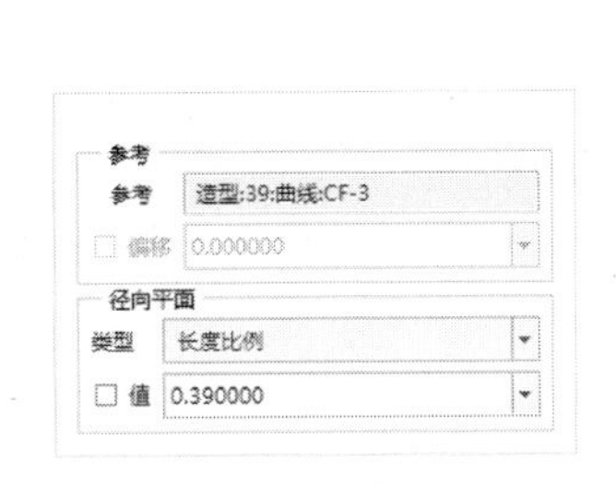

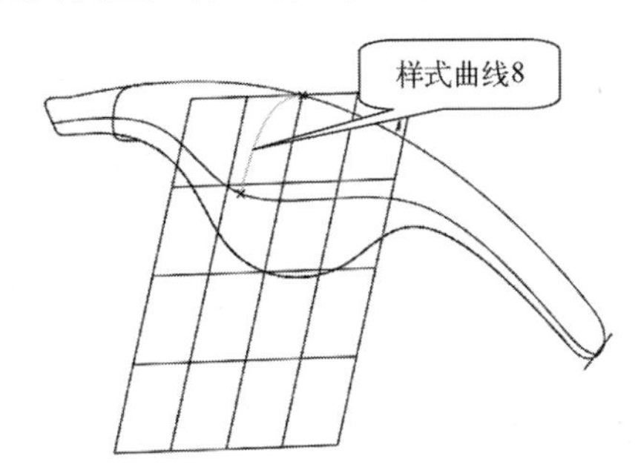

图 3-46　绘制样式曲线 8

③ 单击操控板的✓按钮，完成样式曲线 8 的创建工作。

3）绘制清洁器样式曲线 9

① 在样式工具栏中选择【曲线】按钮，打开“造型：曲线”操控板，再单击【创建自由曲线】按钮。

② 通过 2 个点绘制“样式曲线 9”，单击【使用控制点编辑此曲线】按钮，调整样式曲线 9 的形状，分别移动 2 个端点到样式曲线 1 和样式曲线 6 上，其 2 个点对应坐标参阅随书网盘资源对应的实例模型文件，样式曲线 9 如图 3-47 所示。

③ 单击操控板的✓按钮，完成样式曲线 9 的创建工作。

（8）创建清洁器轮廓（样式）曲线 10

1）设置活动平面

在样式工具栏中选择【设置活动平面】按钮，在图形窗口中选择“DTM1”平面作为活动平面。

2）绘制清洁器样式曲线 10

① 在样式工具栏中选择【曲线】按钮，打开“造型：曲线”操控板，再单击【创建平面曲线】按钮。

② 通过 3 个点绘制“样式曲线 10”，单击【使用控制点编辑此曲线】按钮，调整样式曲线 10 的形状，分别移动 3 个点到样式曲线 1、6、2 上，其 3 个点对应坐标参阅随书网盘资源对应的实例模型文件，样式曲线 10 如图 3-48 所示。

③ 单击操控板的✓按钮，完成样式曲线 10 的创建工作。

（9）创建清洁器轮廓（样式）曲线 11

1）设置活动平面

在样式工具栏中选择【设置活动平面】按钮，在图形窗口中选择“DTM2”平面作为活动平面。

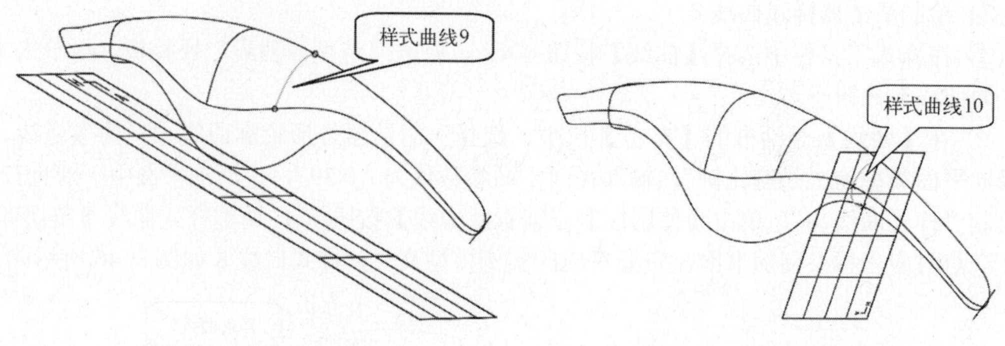

图 3-47　绘制样式曲线 9　　　　图 3-48　绘制样式曲线 10

2）绘制清洁器样式曲线 11

① 在样式工具栏中选择【曲线】按钮，打开“造型：曲线”操控板，再单击【创建平面曲线】按钮。

② 通过 3 个点绘制“样式曲线 11”，单击【使用控制点编辑此曲线】按钮，调整样式曲线 10 的形状，分别移动 3 个点到样式曲线 1、6、2 上，其 3 个点对应坐标参阅随书网盘资源对应的实例模型文件，样式曲线 11 如图 3-49 所示。

③ 单击操控板的按钮，完成样式曲线 11 的创建工作。

（10）创建清洁器轮廓（样式）曲线 12

1）在样式工具栏中选择【曲线】按钮，打开“造型：曲线”操控板，再单击【自由曲线】按钮。

2）通过 3 个点绘制“样式曲线 12”，单击【使用控制点编辑此曲线】按钮，调整样式曲线 10 的形状，分别移动 3 个点到样式曲线 1、6、2 上，其 3 个点对应坐标参阅随书网盘资源对应的实例模型文件，样式曲线 12 如图 3-50 所示。

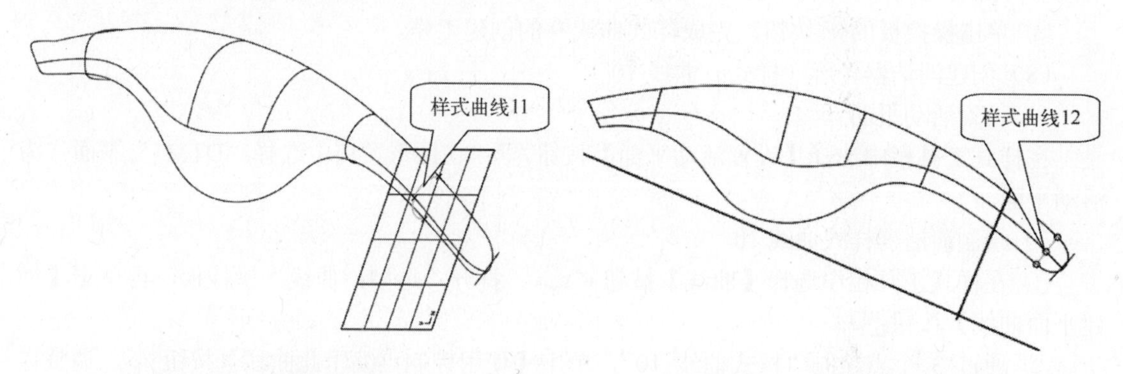

图 3-49　绘制样式曲线 11　　　　图 3-50　绘制样式曲线 12

3）单击操控板的按钮，完成样式曲线 12 的创建工作。

（11）创建清洁器轮廓（样式）曲线 13、14

1）绘制清洁器样式曲线 13

① 在样式工具栏中选择【曲线】按钮，打开“造型：曲线”操控板，再单击【创

建平面曲线】按钮。

② 在【曲线】对话框的【参考】栏中，选择“清洁器外形轮廓曲线 2”为参考线，选择径向平面类型为“长度比例”，输入径向平面参数值为“0.39”，在活动平面中，通过 2 个点绘制“样式曲线 13”，单击【使用控制点编辑此曲线】按钮，调整样式曲线 8 的形状，其 2 个点对应坐标参阅随书网盘资源对应的实例模型文件，样式曲线 13 如图 3-51 所示。

③ 单击操控板的✓按钮，完成样式曲线 13 的创建工作。

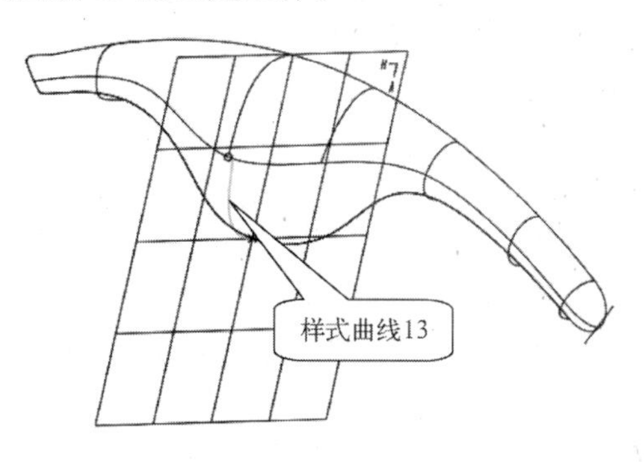

图 3-51　绘制样式曲线 13

2）绘制清洁器样式曲线 14

① 在样式工具栏中选择【曲线】按钮，打开“造型：曲线”操控板，再单击【自由曲线】按钮。

② 通过 2 个点绘制“样式曲线 14”，单击【使用控制点编辑此曲线】按钮，调整样式曲线 10 的形状，分别移动 2 个点到样式曲线 6、2 上，其 2 个点对应坐标参阅随书网盘资源对应的实例模型文件，样式曲线 14 如图 3-52 所示。

③ 单击操控板的✓按钮，完成样式曲线 14 的创建工作。

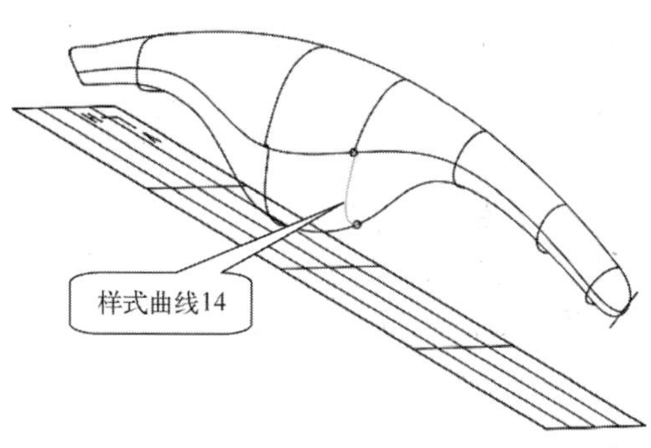

图 3-52　绘制样式曲线 14

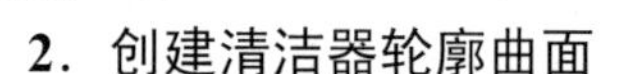

2．创建清洁器轮廓曲面

（1）创建清洁器样式曲面 1

1）选取命令

在“样式”模块工具栏中选择【曲面】按钮，打开 “造型：曲面”操控板。

2）选择主要链及内部链创建样式曲面

在样式“造型：曲面”操控板中，单击“参考”面板，在【主要链参考】选项中依次选择 4 条边作为主要链，从【内部链参考】选项中选择“轮廓曲线 6”作为内部链，如图 3-53 所示。

3）完成样式曲面 1 的创建工作

单击操控板的✓按钮，完成样式曲面 1 的创建工作。

（2）创建清洁器样式曲面 2

1）选取命令

在“样式”模块工具栏中选择【曲面】按钮，打开“造型：曲面”操控板。

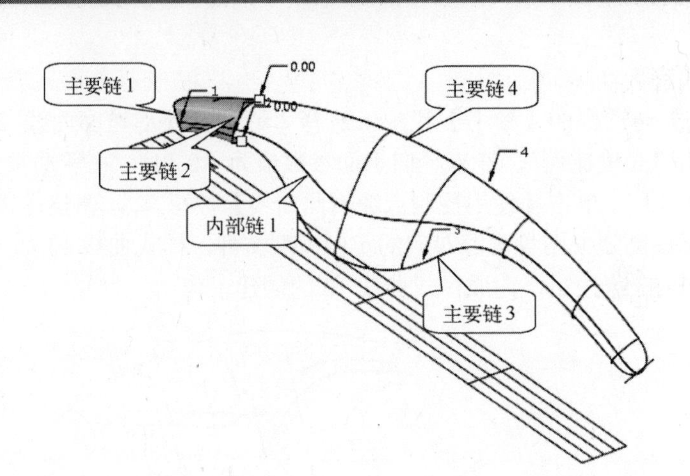

图 3-53　选取样式曲面 1 主要链与内部链

2）选择主要链及内部链创建样式曲面

在样式“造型：曲面”操控板中，单击“参考”面板，在【主要链参考】选项中依次选择 4 条边作为主要链，在【内部链参考】选项中选择“轮廓曲线 6、11”作为内部链，如图 3-54 所示。

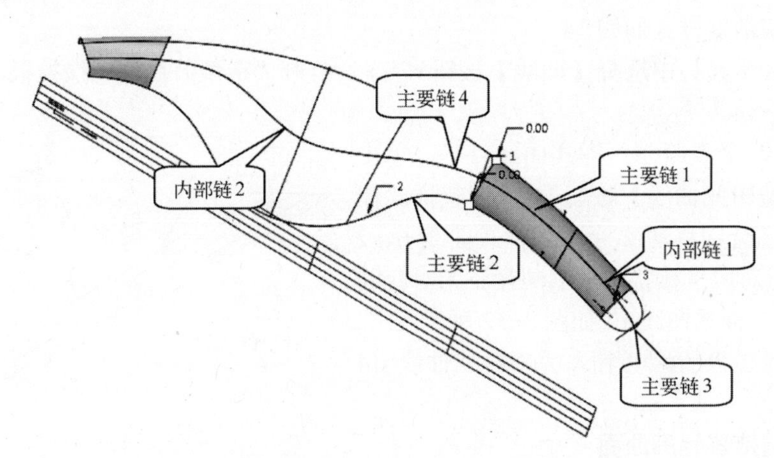

图 3-54　选取样式曲面 2 主要链与内部链

3）完成样式曲面 2 的创建工作

单击操控板的✓按钮，完成样式曲面 2 的创建工作。

（3）创建清洁器轮廓（样式）曲线 15、16、17

1）创建样式曲线 15

① 在样式工具栏中选择【曲线】按钮，打开“造型：曲线”操控板，再单击【曲面上的曲线】按钮。

② 在“参考”下滑面板曲面栏中，选取样式曲面 2 作为绘制曲线的曲面，通过 2 个点绘制样式曲线 15。

③ 双击样式曲线 15 或使用【曲线编辑】按钮，进入“曲线”编辑界面，移动样式曲线 15 的端点 1，鼠标箭头变为箭头带十字光标（结合 Shift 键），使样式曲线 15 的端点 1 移

动到样式曲线 1 与样式曲线 12 的交点上；单击【使用控制点编辑此曲线】按钮，调整样式曲线 15 的形状，另 1 个点对应坐标参阅随书网盘资源对应的实例模型文件，样式曲线 15 如图 3-55 所示。

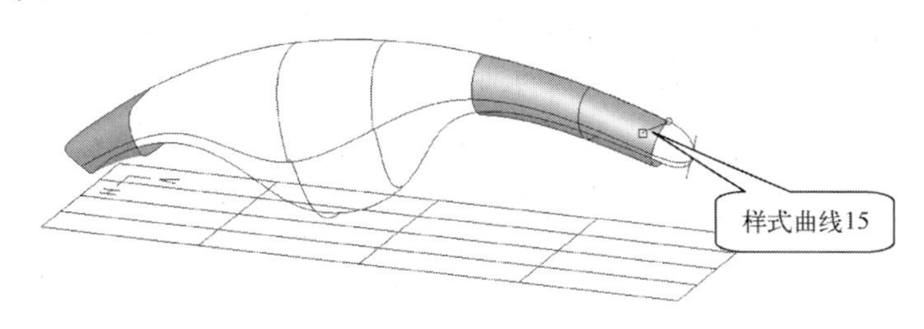

图 3-55　绘制样式曲线 15

④ 单击操控板的按钮，完成样式曲线 15 的创建工作。

2）绘制清洁器样式曲线 16、17

参考步骤 1）创建样式曲线 15 的方法分别通过 2 个点创建样式曲线 16、17，约束样式曲线 16 的 1 个端点与样式曲线 15 的 1 个端点重合，样式曲线 17 的 1 个端点与式曲线 16 的 1 个端点重合，另一个端点在样式曲线 2 与样式曲线 12 的交点上，如图 3-56 所示。

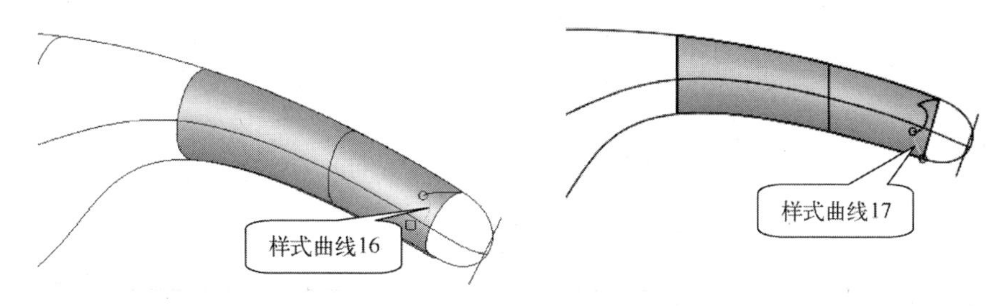

图 3-56　样式曲线 16 与样式曲线 17

（4）创建清洁器样式曲面 3

1）选取命令

在“样式”模块工具栏中选择【曲面】按钮，打开“造型：曲面”操控板。

2）选择主要链及内部链创建样式曲面

在样式“造型：曲面”操控板中，单击“参考”面板，在【主要链参考】选项中依次选择 4 条边作为主要链，从【内部链参考】选项中选择“轮廓曲线 6”作为内部链，如图 3-57 所示。

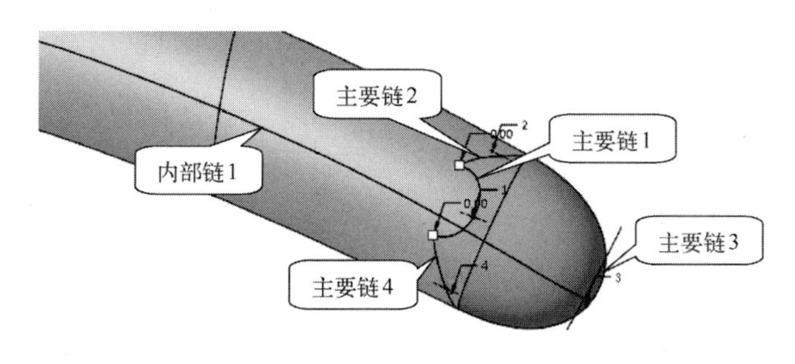

图 3-57　选取样式曲面 3 主要链与内部链

3）完成样式曲面 3 的创建工作

单击操控板的✓按钮，完成样式曲面 3 的创建工作。

（5）创建清洁器轮廓（样式）曲线 18

1）选取命令

在样式工具栏中选择【放置曲线】按钮，打开“造型：放置曲线”操控板，如图 3-58 所示。

图 3-58 “放置曲线”操控板

2）绘制样式曲线 18

在“放置曲线”操控板中，单击“参考”面板，从【曲线】中选择“样式曲线 3”，从【曲面】中选择“样式曲面 3”，从【方向】中选择“FRONT 平面”，如图 3-59 所示。

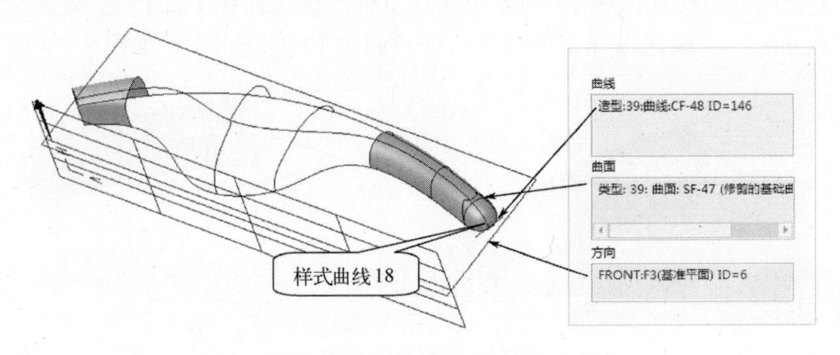

图 3-59 放置样式曲线 18

3）完成样式曲线 18 的创建工作

单击操控板的✓按钮，完成样式曲线 18 的创建工作。

（6）修剪样式曲面 3

1）选取命令

在“样式”工具栏中选择【曲面修剪】按钮，打开“曲面修剪”操控板。

2）选取修剪对象、定义修剪选项内容

在“扫描”操控板中打开“参考”面板，选择“样式曲面 3”作为要修剪的曲面，选择“样式曲线 18”作为修剪曲线，选择“面组 1”作为要删除的面组，如图 3-60 所示。

3）完成修剪曲面的创建工作

单击操控板的✓按钮，完成样式曲面 3 的修剪工作。单击“样式模块”工具栏✓按钮，退出样式模块。

（7）创建清洁器边界混合曲面 1

1）选取命令

在模型工具栏中单击【边界混合】按钮，打开“边界混合”操控板。

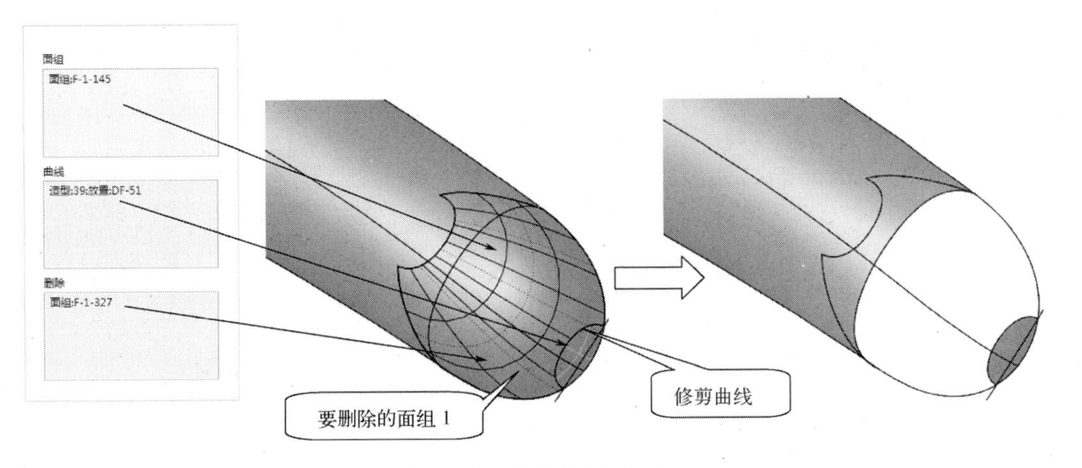

图 3-60 修剪样式曲面 3

2）选择第一方向曲线

在曲线面板中单击【第一方向】下面的列表框，依次选择清洁器样式曲线 6 和 1（结合〈Ctrl〉键）作为第一方向的曲线，如图 3-61 所示。

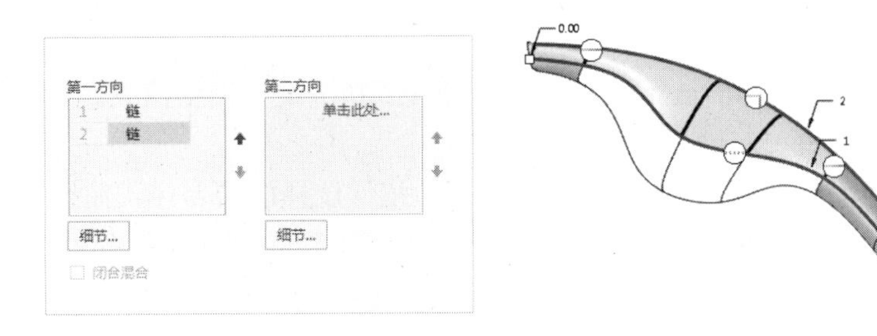

图 3-61 选取第一方向曲线

3）选择第二方向曲线

在曲线面板中单击【第二方向】下面的列表框，依次选择清洁器样式曲线 10、9、8、7（结合〈Ctrl〉键）作为第二方向的曲线，如图 3-62 所示。

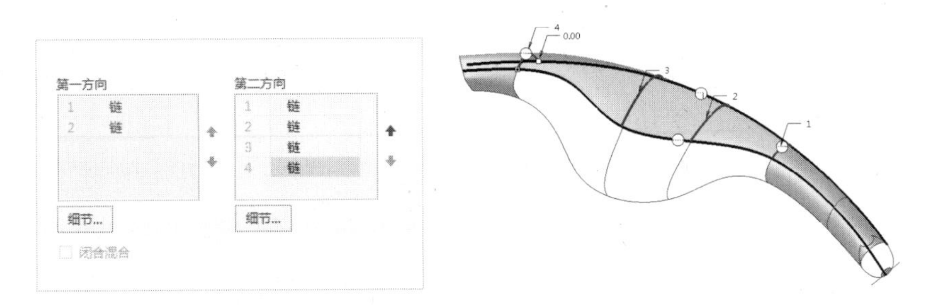

图 3-62 选取第二方向曲线

4）添加曲面边界约束

在约束面板中单击【边界】下面的列表框，从条件框中，定义“方向 1-第一条链”的条件为自由，定义“方向 1-最后一条链”的条件为垂直，选择垂直平面为 FRONT 平面，定义“方向 2-第一条链”的条件为相切，选择相切曲面为样式曲面 2，定义“方向 2-最后一条链”的条件为相切，选择相切曲面为样式曲面 1，如图 3-63 所示。

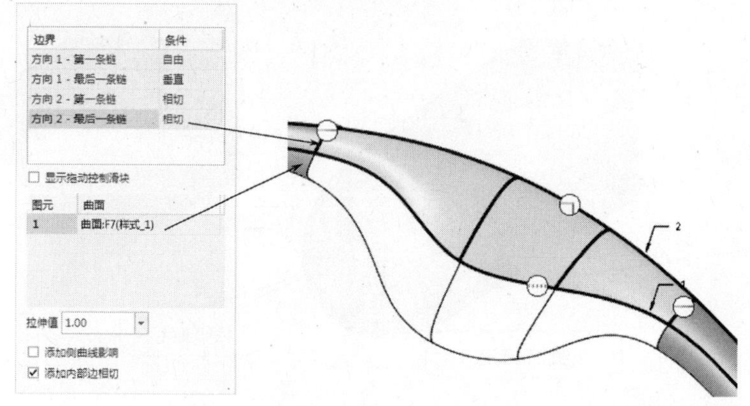

图 3-63　添加曲面边界约束

5）完成清洁器边界混合曲面 1 的创建工作

单击操控板的✓按钮，完成清洁器边界混合曲面 1 的创建工作。

（8）创建清洁器边界混合曲面 2

1）选取命令

在模型工具栏中单击【边界混合】按钮，打开“边界混合”操控板。

2）选择第一方向曲线

在曲线面板中单击【第一方向】下面的列表框，依次选择清洁器样式曲线 7、12、13、10（结合〈Ctrl〉键）作为第一方向的曲线，如图 3-64 所示。

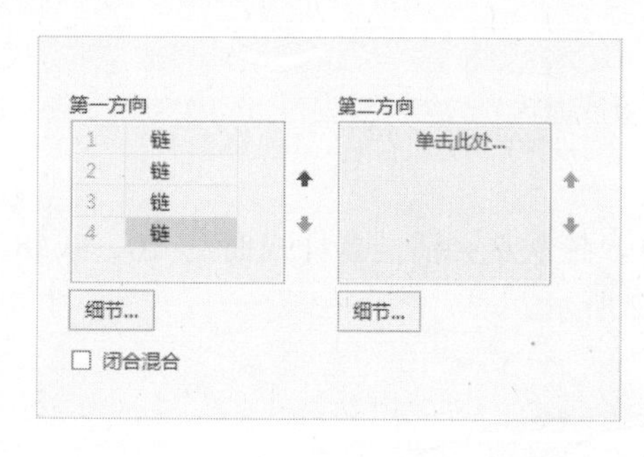

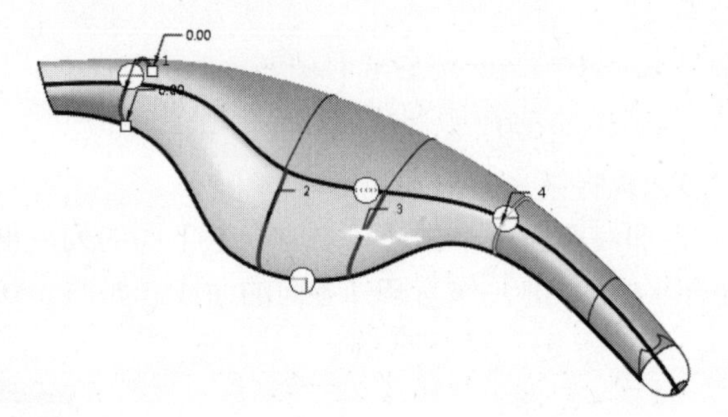

图 3-64　选取第一方向曲线

3）选择第二方向曲线

在曲线面板中单击【第二方向】下面的列表框，依次选择清洁器样式曲线 6 和 2（结合〈Ctrl〉键）作为第二方向的曲线，如图 3-65 所示。

4）添加曲面边界约束

在约束面板中单击【边界】下面的列表框，在条件框中，定义“方向 1-第一条链”的条件为相切，选择相切曲面为样式曲面 1，定义“方向 1-最后一条链”的条件为相切，选择相切曲面为样式曲面 2，定义“方向 2-第一条链”的条件为自由，定义“方向 2-最后一条链”的条件为垂直，选择垂直平面为 FRONT 平面，如图 3-66 所示。

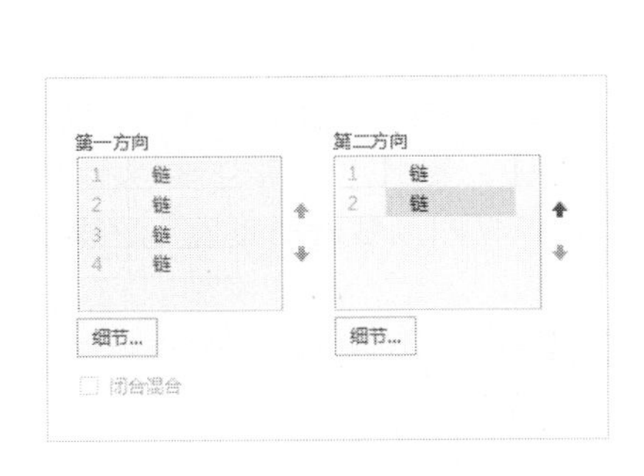

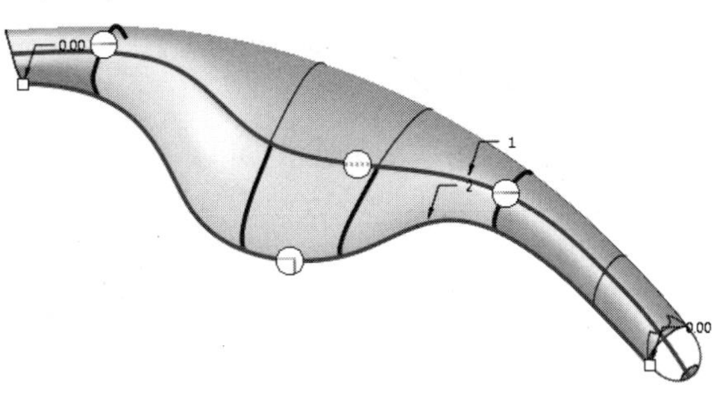

图 3-65　选取第二方向曲线

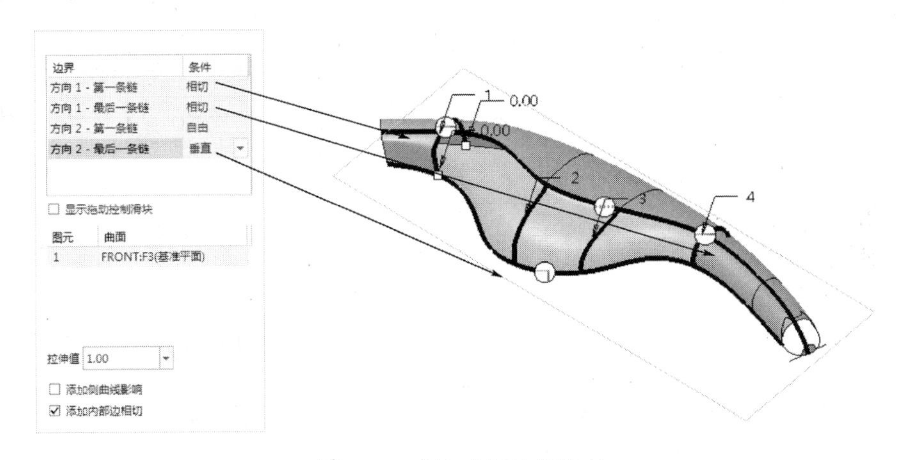

图 3-66　添加曲面边界约束

5）完成清洁器边界混合曲面 2 的创建工作

单击操控板的✓按钮，完成清洁器边界混合曲面 2 的创建工作。

（9）创建清洁器边界混合曲面 3

1）选取命令

在模型工具栏中单击【边界混合】按钮，打开“边界混合”操控板。

2）选择第一方向曲线

在曲线面板中单击【第一方向】下面的列表框，依次选择清洁器样式曲线 12 和 18（结合〈Ctrl〉键）作为第一方向的曲线，如图 3-67 所示。

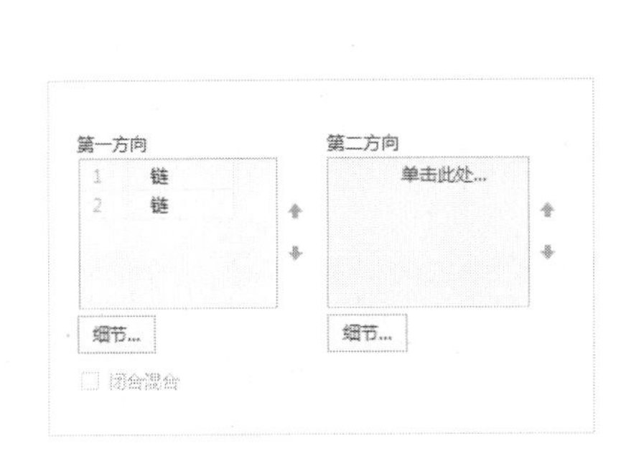

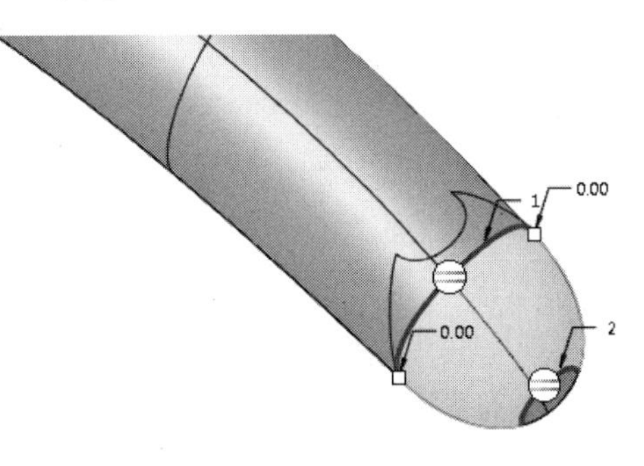

图 3-67　选取第一方向曲线

第二方向曲线为无。

3）添加曲面边界约束

在约束面板中单击【边界】下面的列表框，在条件框中，定义“方向 1-第一条链”的条件为曲率，定义“方向 1-最后一条链”的条件为曲率，选择图元参考曲面为其边线对应的样式曲面，如图 3-68 所示。

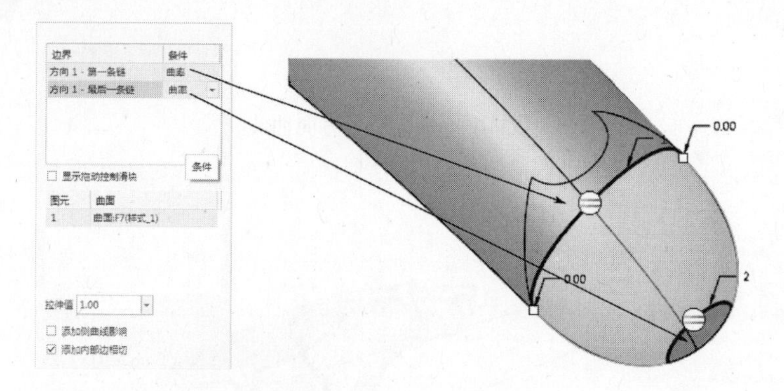

图 3-68 添加曲面边界约束

4）完成清洁器边界混合曲面 3 的创建工作

单击操控板的✓按钮，完成清洁器边界混合曲面 3 的创建工作。

3．完善清洁器结构，获得清洁器产品

（1）合并清洁器曲面

1）合并清洁器曲面 1

① 选择清洁器边界混合曲面 3 与修剪好的样式曲面 3 作为要合并的面组。

② 在模型工具栏中单击【合并】按钮，打开“合并曲面”操控板，在选项下滑面板中选取合并方式为“联接”，合并操作如图 3-69 所示。

图 3-69 合并曲面操作

③ 单击操控板的✓按钮，完成合并清洁器曲面 1 的合并操作。

2）合并清洁器曲面 2

① 选择清洁器合并好的曲面 1 与样式曲面 2 作为要合并的面组。

② 在模型工具栏中单击【合并】按钮，打开“合并曲面”操控板，在选项下滑面板中选取合并方式为“联接”，合并操作如图 3-70 所示。

③ 单击操控板的✓按钮，完成清洁器合并好的曲面 1 与样式曲面 2 的合并操作。

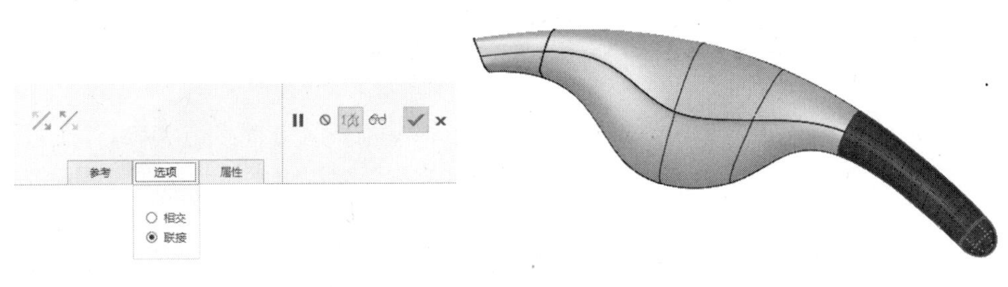

图 3-70　合并曲面操作

3）合并清洁器曲面 3

① 选择清洁器合并好的曲面 2 和边界混合曲面 1 作为要合并的面组。

② 在模型工具栏中单击【合并】按钮，打开“合并曲面”操控板，在选项下滑面板中选取合并方式为“联接”，合并操作如图 3-71 所示。

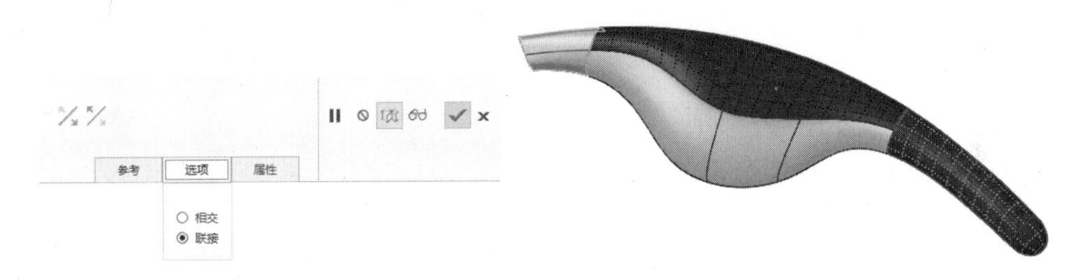

图 3-71　合并曲面操作

③ 单击操控板的按钮，完成清洁器合并好的曲面 2 和边界混合曲面 1 的合并操作。

4）合并清洁器曲面 4

① 选择清洁器合并好的曲面 3 和边界混合曲面 2 作为要合并的面组。

② 在模型工具栏中单击【合并】按钮，打开“合并曲面”操控板，在选项下滑面板中选取合并方式为“联接”，合并操作如图 3-72 所示。

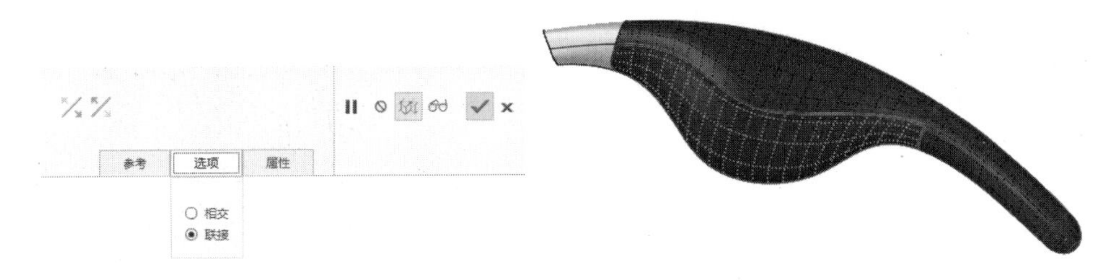

图 3-72　合并曲面操作

③ 单击操控板的按钮，完成清洁器合并好的曲面 3 和边界混合曲面 2 的合并操作。

5）合并清洁器曲面 5

① 选择清洁器合并好的曲面 4 和样式曲面 1 作为要合并的面组。

② 在模型工具栏中单击【合并】按钮，打开“合并曲面”操控板，在选项下滑面板中选取合并方式为“联接”，合并操作如图 3-73 所示。

③ 单击操控板的按钮，完成清洁器合并好的曲面 4 和样式曲面 1 的合并操作，获得清洁器一半外形曲面。

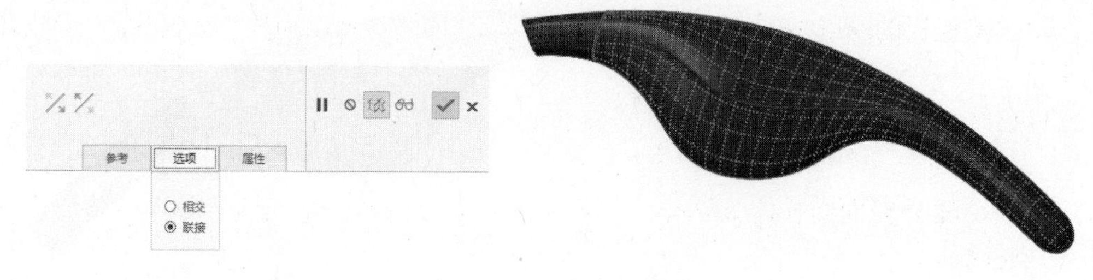

图 3-73　合并曲面操作

（2）镜像清洁器一半外形曲面

1）选取要镜像的项目

从模型树中选取“清洁器一半外形曲面”作为要镜像的项目。

2）选择命令

在模型工具栏中单击【镜像】按钮，打开“镜像”操控板。

3）选取一个镜像平面

选取“FRONT”平面作为镜像平面，如图 3-74 所示。

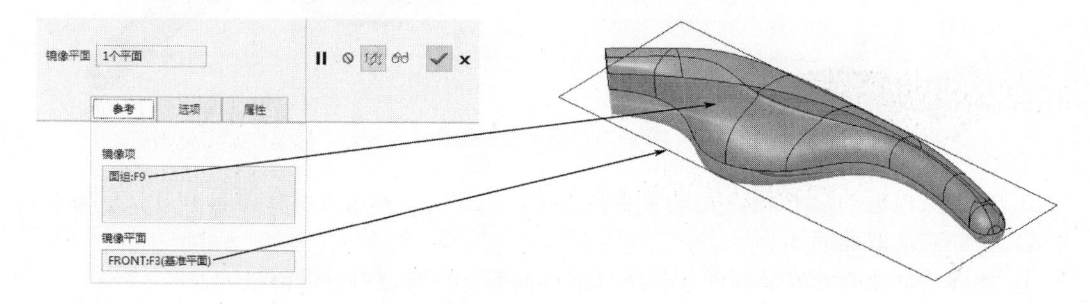

图 3-74　镜像清洁器曲面

4）完成清洁器一半外形曲面镜像的创建工作

单击操控板的按钮，完成镜像清洁器一半外形曲面的创建工作。

（3）加厚清洁器曲面

1）合并清洁器外形轮廓曲面 6

① 选择清洁器一半外形曲面与镜像曲面作为要合并的面组。

② 在模型工具栏中单击【合并】按钮，打开“合并曲面”操控板，在选项下滑面板中选取合并方式为“联接”，合并操作如图 3-75 所示。

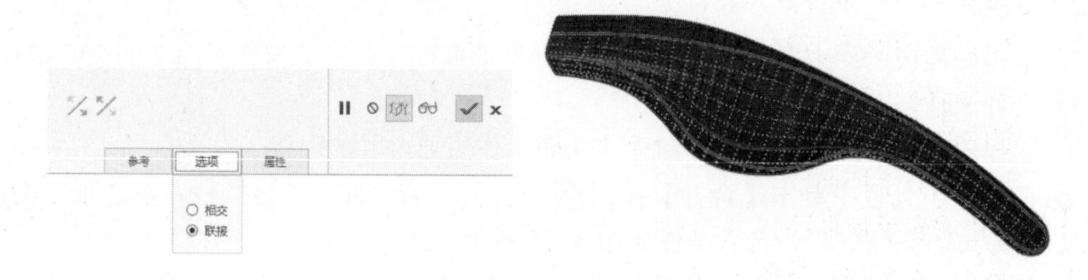

图 3-75　合并曲面操作

③单击操控板的✓按钮，完成清洁器一半外形曲面与镜像曲面的合并操作，获得清洁器外形曲面。

2）创建清洁器加厚特征

① 选择命令

选取清洁器外壳面组作为要加厚的曲面，在模型工具栏上单击【加厚】按钮，打开“加厚”操控板。

② 选择加厚曲面方式

单击【用实体材料填充加厚的面组】按钮，在文本框中输入加厚偏移值为“2”，按〈Enter〉键确认，如图3-76所示。

③ 定义加厚几何方向

定义加厚几何方向为清洁器面组的“内侧”方向。

④ 完成加厚的创建工作

单击操控板的✓按钮，完成清洁器面组加厚的创建工作。得到完整的清洁器产品，如图3-77所示。结果文件请参看随书网盘资源中的“第3章\范例结果文件\清洁器\qjq-1.prt”。

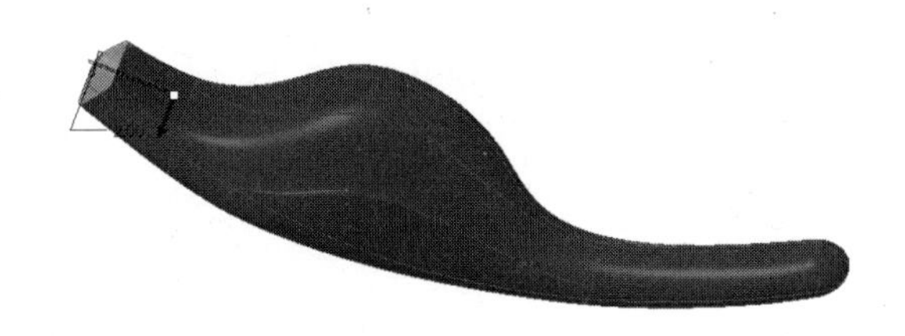

图3-76 加厚曲面操作

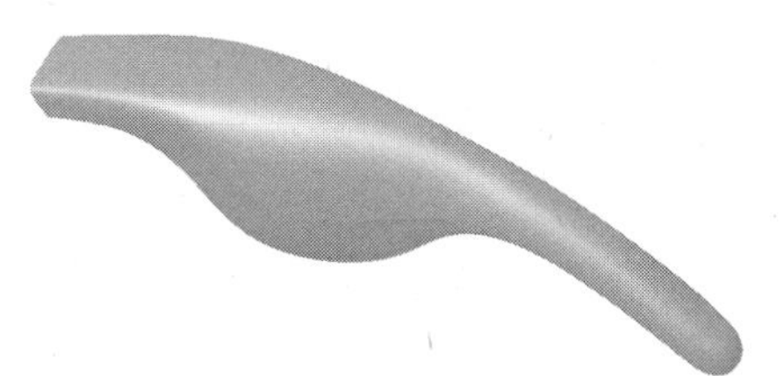

图3-77 清洁器产品

3.3 油壶的设计

3.3.1 设计导航——作品规格与流程剖析

1. 作品规格——油壶产品形状和参数

油壶产品外观如图3-78所示，长×宽×高为：163 mm×64 mm×50.5 mm。

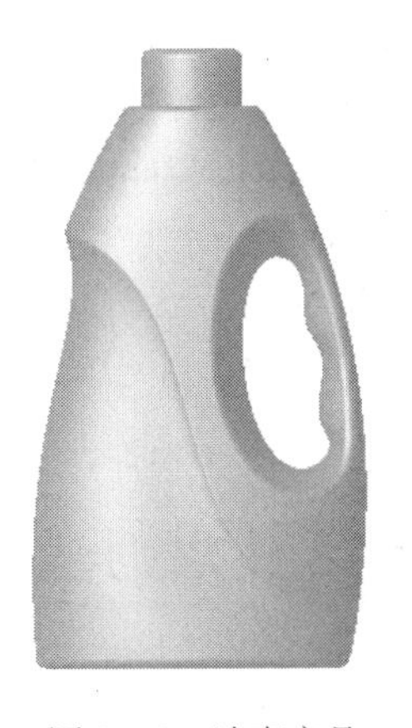

图3-78 油壶产品

2. 流程剖析——油壶产品设计方法与流程

（1）创建油壶出油口特征。

（2）创建油壶主体曲线。

（3）创建油壶主体曲面。

（4）创建油壶手柄曲线。

（5）创建油壶手柄曲面。

（6）完善油壶结构，得到完整的油壶产品。

电熨斗产品创建的主要流程如图3-79所示。

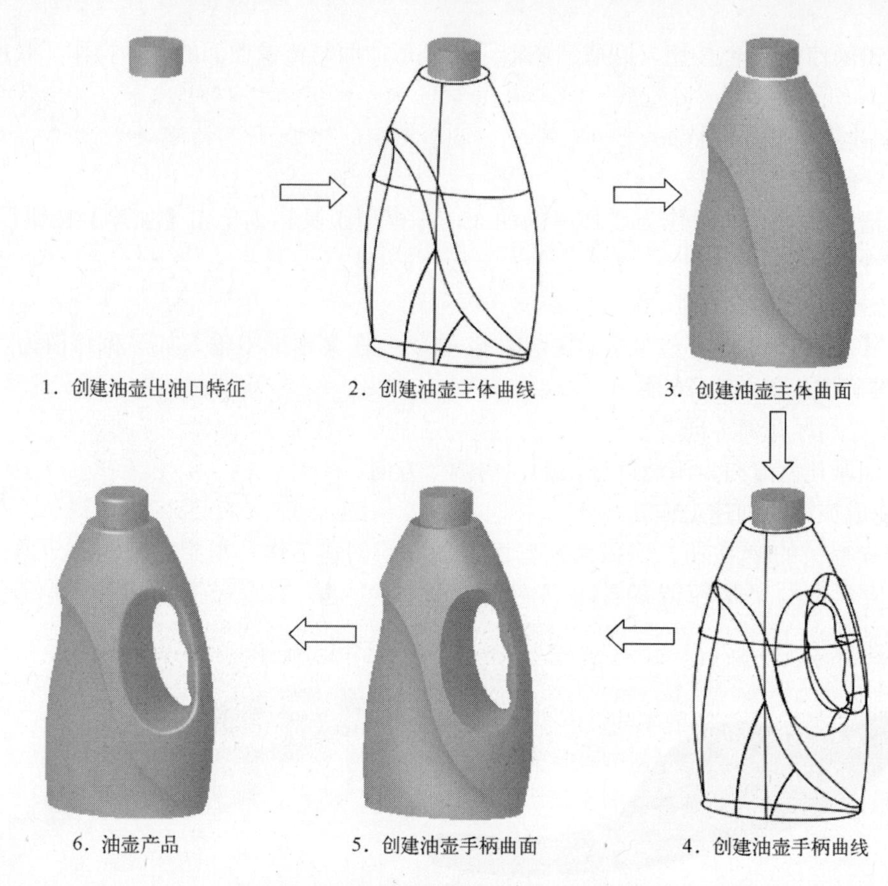

图 3-79　油壶产品创建的主要流程图解

3.3.2 设计思路——油壶产品的结构特点与技术要领

1．油壶产品的结构特点

油壶是一种与日常生活息息相关的工业产品，其外形美观精致，需要结合样式曲面进行设计，是一种具有代表性的典型进阶曲面产品。油壶种类较多，但其结构归纳起来可分为出油口、主体和手柄三部分，主体曲面变化较多，手柄部分设计时需要考虑人体工学原理，方便使用。本例油壶外形看似简单，其实曲面设计技巧性较强，侧重于样式曲面的优化方法与设计技巧，通过本章的学习，读者能够进一步加深对样式模块各功能的了解。

2．油壶产品设计技术要领

油壶产品分为出油口、主体和手柄三部分进行设计，出油口使用拉伸的方法进行设计；主体使用样式曲线、样式曲面、曲面变换等方法进行设计。油壶手柄使用样式曲线、拉伸、镜像填充、合并、实体化和圆角等方法进行设计。

3.3.3 实战步骤

1．创建油壶出油口特征

（1）选取命令

单击【拉伸】按钮，打开“拉伸”操控板，再单击【拉伸为曲面】按钮。

（2）绘制油壶出油口拉伸截面

绘制油壶拉伸截面：以基准平面 TOP 偏移 270 mm 创建“DTM1”平面作为草绘平面，选择“RIGHT”平面作为参考平面，在【方向】框中选择“下”，绘制拉伸截面，如图 3-80 所示。

（3）指定拉伸方式和深度

在“拉伸”操控板中选择【选项】→【盲孔】，然后输入拉伸深度“25”，在图形窗口中可以预览拉伸出的曲面特征，如图 3-81 所示。

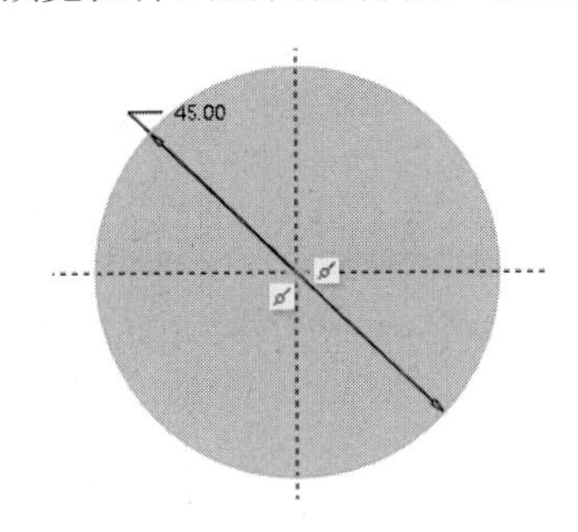

图 3-80　绘制油壶出油口外形曲线

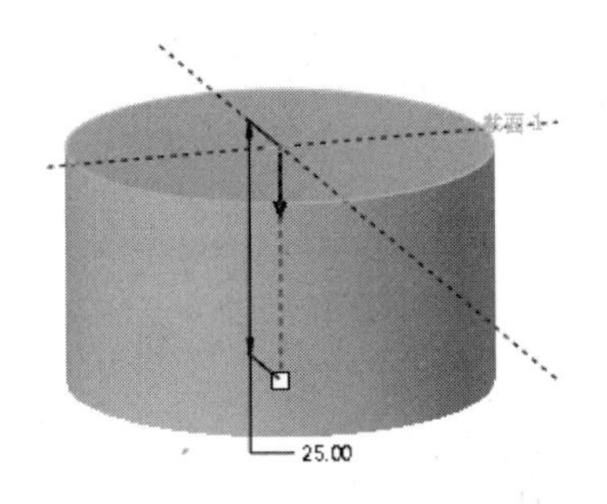

图 3-81　油壶出油口拉伸曲面

（4）完成油壶出油口拉伸曲面的创建工作

单击操控板的按钮，完成油壶出油口拉伸曲面的创建工作。

2．创建油壶主体曲线与曲面

（1）创建油壶主体曲线 1

1）选择命令，定义草绘平面和方向

在模型工具栏中单击【草绘】按钮，打开“草绘”对话框，在【平面】框中选择“油壶出油口上表面”平面作为草绘平面，在【参考】框中选择“RIGHT”作为参考平面，在【方向】框中选择“左”，单击 草绘 按钮进入草绘模式。

2）绘制油壶主体曲线 1

绘制油壶主体曲线 1，如图 3-82 所示。

单击草绘工具栏的按钮，退出草绘模式，完成油壶主体曲线 1 的创建工作。

（2）创建油壶主体曲线 2

1）选择命令，定义草绘平面和方向

在模型工具栏中单击【草绘】按钮，打开“草绘”对话框，在【平面】框中选择“FRONT”平面作为草绘平面，在【参考】框中选择“RIGHT”作为参考平面，在【方向】框中选择“上”，单击 草绘 按钮进入草绘模式。

2）绘制油壶主体曲线 2

绘制“油壶主体曲线 2”，如图 3-83 所示。

单击草绘工具栏的按钮，退出草绘模式，完成油壶主体曲线 2 的创建工作。

（3）创建油壶主体样式曲线 1、2

1）选取命令

在模型工具栏中单击【样式】按钮，打开“样式模块”工具栏。

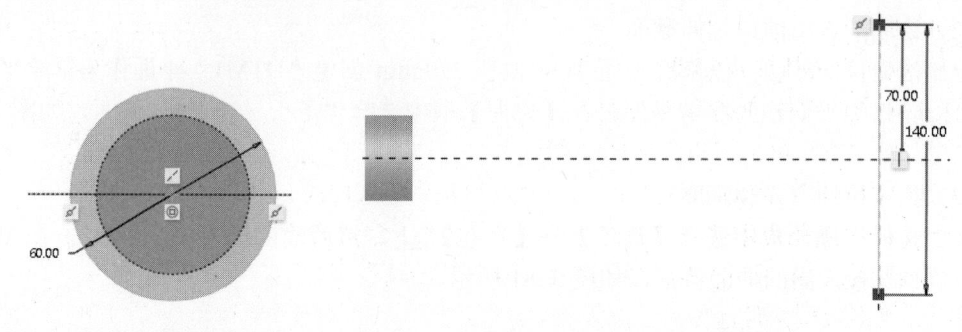

图 3-82　绘制油壶主体曲线 1　　　　图 3-83　绘制油壶主体曲线 2

2）设置活动平面

在“样式”工具栏中选择【设置活动平面】按钮，在图形窗口中选择“FRONT”平面为活动平面。

3）绘制油壶主体样式曲线 1、2

① 在样式工具栏中选择【曲线】按钮，打开“造型：曲线”操控板，再单击【平面曲线】按钮。

② 在“FRONT”活动平面上通过 2 个点绘制“样式曲线 1”，单击【使用控制点编辑此曲线】按钮，调整样式曲线 1 的形状，其 2 个点对应坐标如图 3-84 所示。

③ 单击操控板的按钮，完成油壶主体样式曲线 1 的创建工作。

用与创建样式曲线 1 相同的方法，选择【创建平面曲线】按钮，在“FRONT”活动平面上通过 2 个点绘制“样式曲线 2”，如图 3-85 所示。单击操控板的按钮，完成油壶主体样式曲线 2 的创建工作。

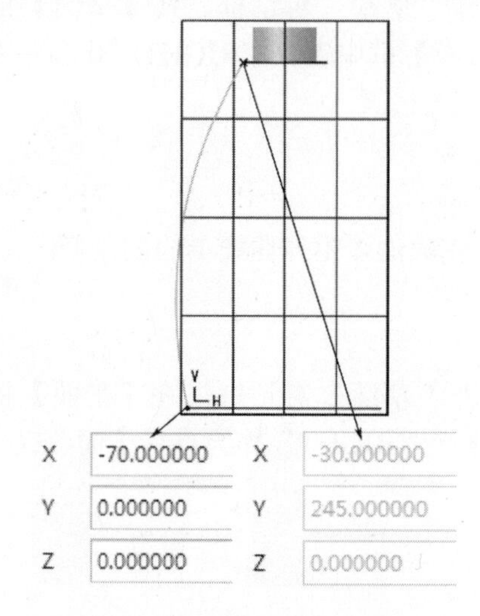

图 3-84　绘制油壶样式曲线 1

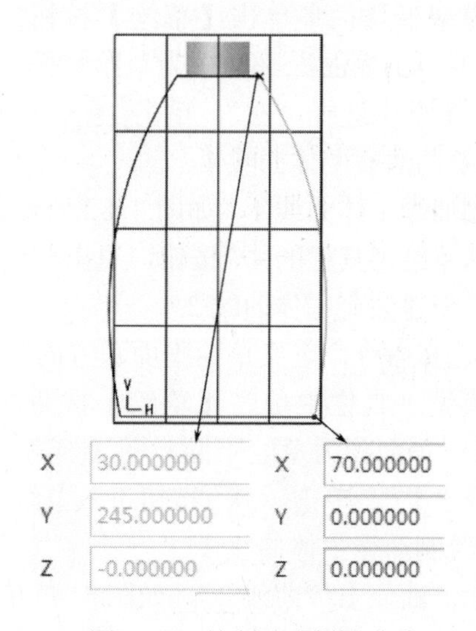

图 3-85　绘制油壶样式曲线 2

（4）创建油壶主体样式曲线 3

1）设置活动平面

在“样式”工具栏中选择【设置活动平面】按钮，在图形窗口中选择“RIGHT”平

面为活动平面。

2）绘制油壶主体样式曲线 3

① 在样式工具栏中选择【曲线】按钮，打开“造型：曲线”操控板，再单击【平面曲线】按钮。

② 在“RIGHT”活动平面上通过 2 个点绘制“样式曲线 3”，单击【使用控制点编辑此曲线】按钮，调整样式曲线 3 的形状，如图 3-86 所示，其 2 个点对应坐标参阅随书网盘资源对应的实例模型文件。

③ 单击操控板的按钮，完成油壶主体样式曲线 1 的创建工作。

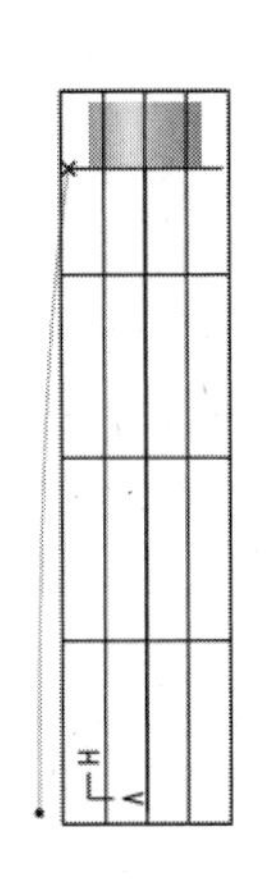

图 3-86 绘制油壶样式曲线 3

（5）创建油壶主体样式曲线 4

1）设置活动平面

在“样式”工具栏中选择【设置活动平面】按钮，在图形窗口中选择“TOP”平面为活动平面。

2）绘制油壶主体样式曲线 4

① 在样式工具栏中选择【曲线】按钮，打开“造型：曲线”操控板，再单击【平面曲线】按钮。

② 在“TOP”活动平面上通过 3 个点绘制“样式曲线 4”，单击【使用控制点编辑此曲线】按钮，调整样式曲线 4 的形状，如图 3-87 所示，其 3 个点对应坐标参阅随书网盘资源对应的实例模型文件。

③ 单击操控板的按钮，完成油壶主体样式曲线 4 的创建工作。

（6）创建油壶主体样式曲线 5

1）在样式工具栏中选择【曲线】按钮，打开“造型：曲线”操控板，再单击【平面曲线】按钮。

2）选择“TOP”平面为参考平面，设置偏移距离为“150”，在“TOP”活动平面上通过 3 个点绘制“样式曲线 5”，单击【使用控制点编辑此曲线】按钮，调整样式曲线 5 的形状，如图 3-88 所示，其 3 个点对应坐标参阅随书网盘资源对应的实例模型文件。

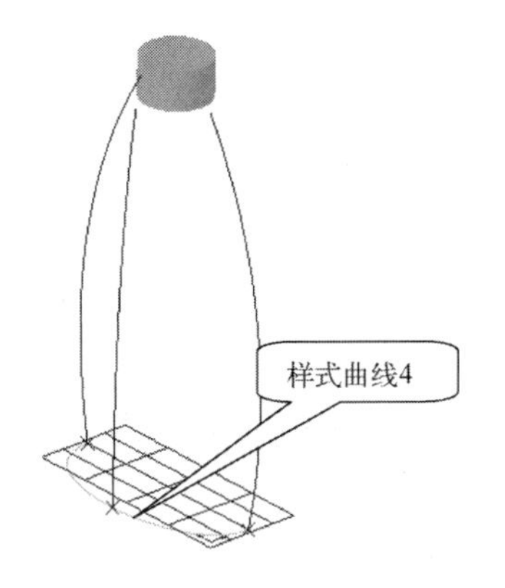

图 3-87 绘制油壶样式曲线 4

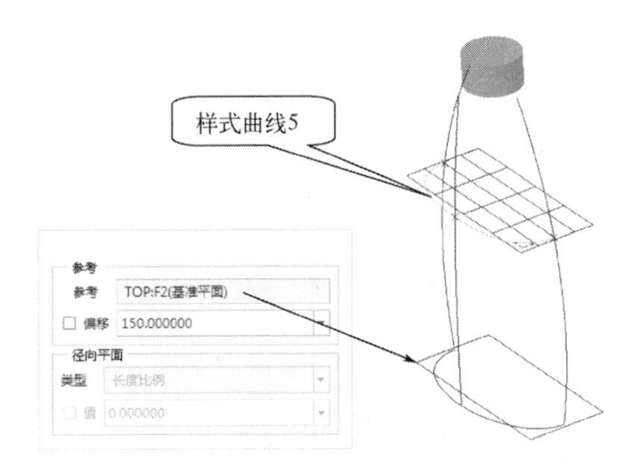

图 3-88 绘制油壶样式曲线 5

3）单击操控板的✓按钮，完成油壶主体样式曲线 5 的创建工作。

（7）创建油壶主体样式曲线 6、7

1）设置活动平面

在“样式”工具栏中选择【设置活动平面】按钮，在图形窗口中选择“FRONT”平面为活动平面。

2）绘制油壶主体样式曲线 6、7

① 在样式工具栏中选择【曲线】按钮，打开“造型：曲线”操控板，再单击【平面曲线】按钮。

② 在“FRONT”活动平面上通过 3 个点绘制“样式曲线 6”，单击【使用控制点编辑此曲线】按钮，调整样式曲线 6 的形状，如图 3-89 所示，其 3 个点对应坐标参阅随书网盘资源对应的实例模型文件。

③ 单击操控板的✓按钮，完成油壶主体样式曲线 6 的创建工作。

用与创建样式曲线 6 相同的方法，在“FRONT”活动平面上通过 2 个点绘制“样式曲线 7”，单击【使用控制点编辑此曲线】按钮，调整样式曲线 7 的形状，如图 3-90 所示，其 2 个点对应坐标参阅随书网盘资源对应的实例模型文件。单击操控板的✓按钮，完成油壶样式曲线 7 的创建工作。

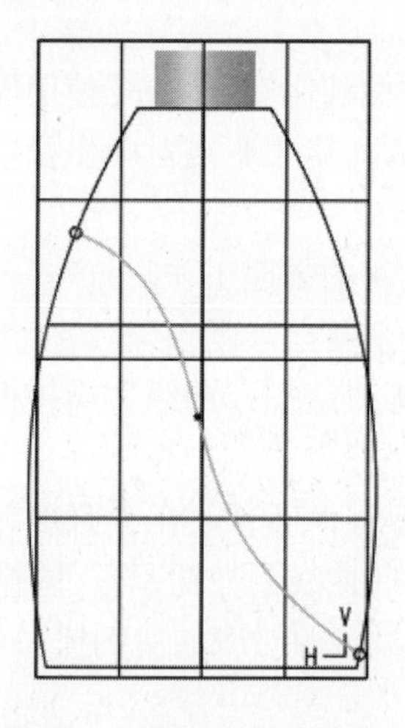

图 3-89　绘制油壶样式曲线 6

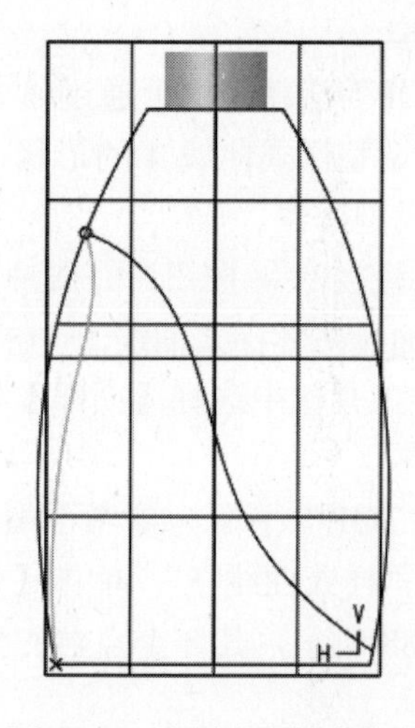

图 3-90　绘制油壶样式曲线 7

（8）创建油壶主体样式曲面 1

1）选取命令

在模型工具栏中单击【样式】按钮，打开“样式模块”工具栏。

2）选择主要链及内部链创建样式曲面

在样式“曲面”操控板中，单击“参考”面板，从【主要链参考】中依次选择 4 条样式曲线作为主要链，如图 3-91 所示。从【内部链参考】中选择 2 条样式曲线作为内部链，如图 3-92 所示。

3）完成样式曲面 1 的创建工作

单击操控板的✓按钮，完成样式曲面 1 的创建工作。

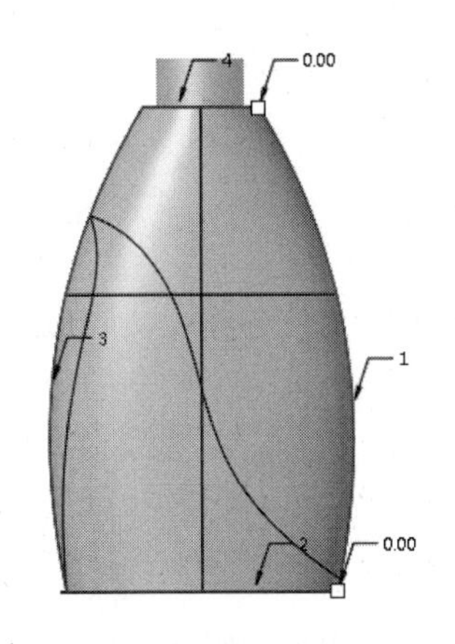

图 3-91　选取样式曲面 1“主要链”

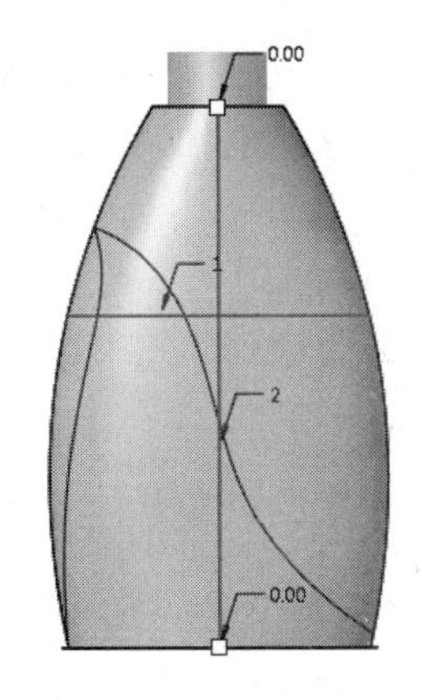

图 3-92　选取样式曲面 1“内部链”

（9）创建油壶主体曲线 8

1）选取命令

在样式工具栏中选择【放置曲线】按钮，打开“造型：放置曲线”操控板。

2）绘制样式曲线 8

在“放置曲线”操控板中，单击【参考】面板，从【曲线】中选择“样式曲线 6”，从【曲面】中选择“样式曲面 1”，从【方向】中选择“FRONT 平面”，如图 3-93 所示。

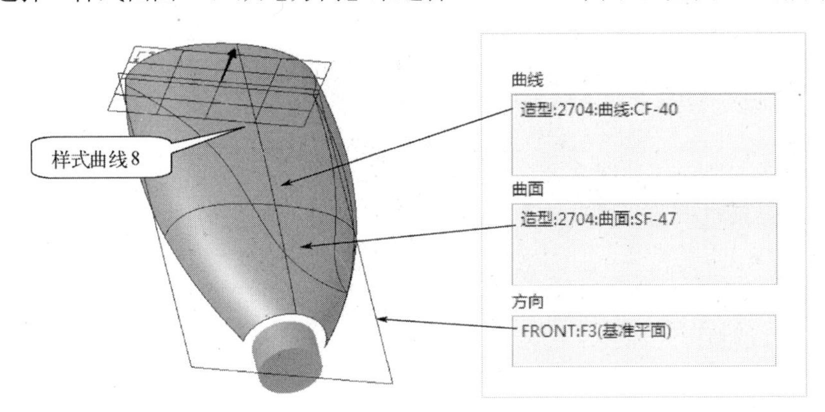

图 3-93　绘制油壶样式曲线 8

3）完成样式曲线 8 的创建工作

单击操控板的按钮，完成样式曲线 8 的创建工作。单击“样式模块”工具栏按钮，退出样式模块。

（10）修剪油壶主体曲面 1

1）选择修剪曲面

选择创建的油壶主体样式曲面 1 作为要修剪的曲面。

2）选取命令

在工具栏中选择【修剪】按钮，打开“修剪”操控板。

3）修剪曲面

在修剪控制面板中打开“参考”面板，选择样式曲线 8 作为修剪对象，切换箭头方向，选择要保留修剪曲面的一侧，如图 3-94 所示。

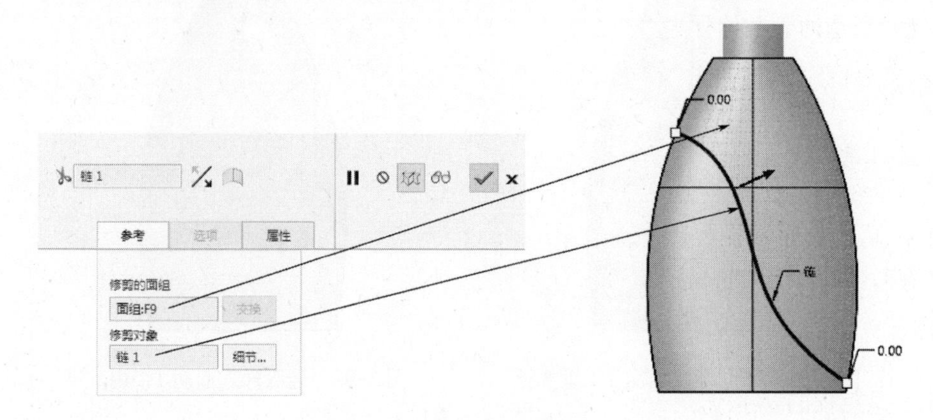

图 3-94 修剪油壶主体曲面 1

4）完成曲面修剪工作

单击操控板的✓按钮，完成油壶主体曲面 1 的修剪。

（11）创建油壶主体样式曲线 9

1）选取命令

在模型工具栏中单击【样式】按钮，打开“样式模块”工具栏。

2）设置活动平面

在“样式”工具栏中选择【设置活动平面】按钮，在图形窗口中选择“FRONT”平面为活动平面。

3）绘制油壶主体样式曲线 9

① 在样式工具栏中选择【曲线】按钮，打开“造型：曲线”操控板，再单击【平面曲线】按钮。

② 在“FRONT”活动平面上通过 2 个点绘制“样式曲线 9”，单击【使用控制点编辑此曲线】按钮，调整样式曲线 9 的形状，如图 3-95 所示，其 2 个点对应坐标参阅随书网盘资源对应的实例模型文件。

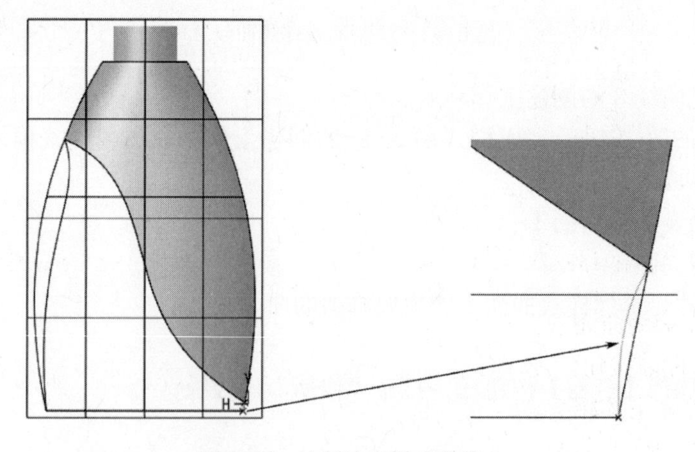

图 3-95 绘制油壶样式曲线 9

③ 单击操控板的✓按钮，完成油壶主体样式曲线 9 的创建工作。

（12）创建油壶主体样式曲面 2

1）选取命令

在“样式”工具栏中选择【曲面】按钮，打开样式“曲面”操控板。

2）选择主要链及内部链创建样式曲面

在样式“曲面”操控板中，单击“参考”面板，从【主要链参考】中依次选择 4 条样式曲线作为主要链，如图 3-96 所示。

3）完成样式曲面 2 的创建工作

单击操控板的✓按钮，完成样式曲面 2 的创建工作。单击“样式模块”工具栏✓按钮，退出样式模块。

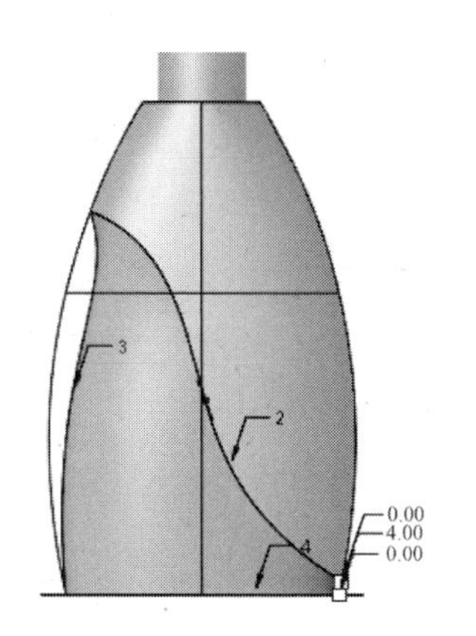

图 3-96　选取样式曲面 2 的主要链

（13）创建油壶辅助曲面

1）选取命令

单击【拉伸】按钮，打开“拉伸”操控板，再单击【拉伸为曲面】按钮。

2）绘制油拉伸截面

绘制拉伸截面：选择“FRONT”平面作为草绘平面，选择“RIGHT”平面作为参考平面，从【方向】框中选择【左】，绘制拉伸截面，如图 3-97 所示。

3）指定拉伸方式和深度

在“拉伸”操控板中选择【选项】→【对称】，然后输入拉伸深度“90”，从图形窗口中可以预览拉伸出的曲面特征，如图 3-98 所示。

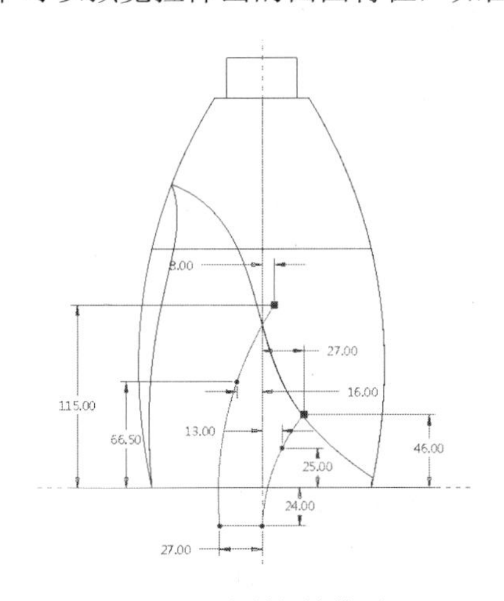

图 3-97　绘制拉伸截面

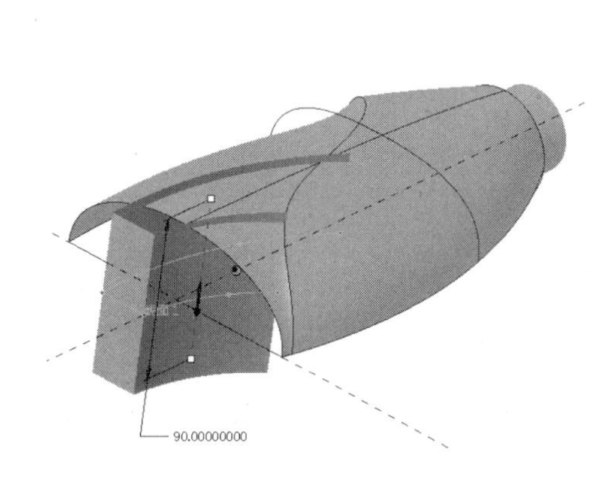

图 3-98　拉伸曲面

4）完成油壶辅助曲面的创建工作

单击操控板的✓按钮，完成油壶辅助曲面的创建工作。

（14）创建油壶主体相交曲线

1）选取要求相交的曲面

选取油壶样式曲面 2 与油壶辅助曲面作为要求相交的曲面。

2）创建相交曲线

在模型工具栏中单击【相交】按钮，完成油壶样式曲面 2 与油壶辅助曲面相交曲线的创建工作，如图 3-99 所示。

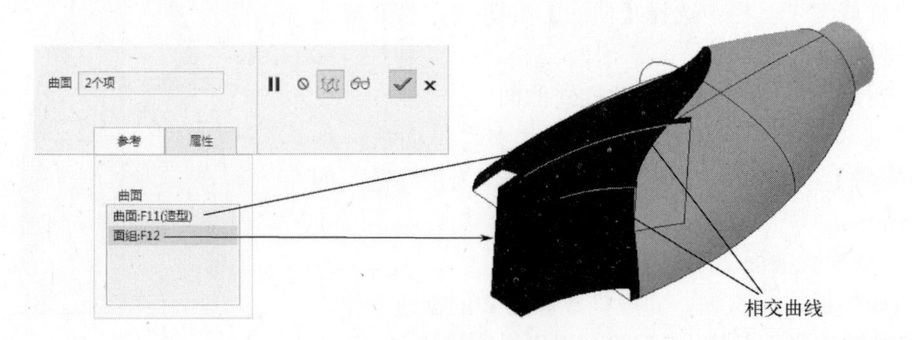

图 3-99　相交曲线效果

（15）创建油壶主体基准点 PNT0、PNT1

1）选取命令

在模型工具栏中单击【点】按钮，打开“基准点”对话框。

2）为新建基准点选取位置参考

创建 PNT0：选取相交曲线与样式曲线 8 作为参考（结合〈Ctrl〉键），选取约束为“在其上”，如图 3-100 所示。

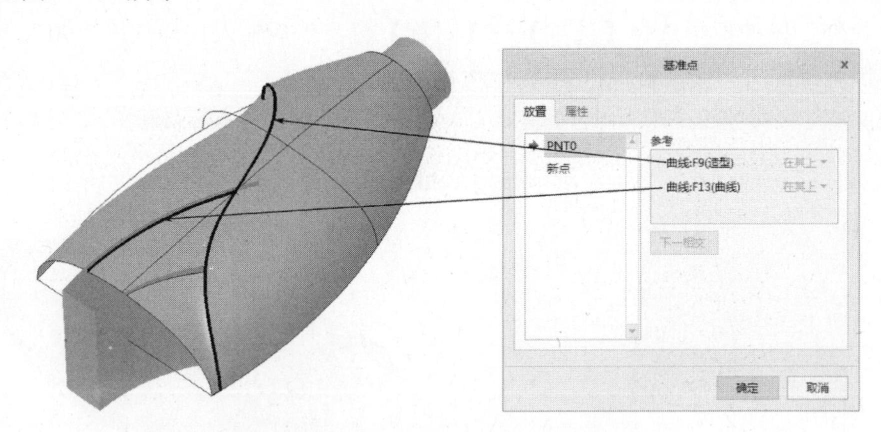

图 3-100　为“基准点 PNT0”选取参考

创建 PNT1：选取相交曲线与样式曲线 8 作为参考（结合〈Ctrl〉键），选取约束为“在其上”，如图 3-101 所示。

3）完成基准点的创建工作

单击“基准点”对话框的 确定 按钮，完成基准点 PNT0、PNT1 的创建工作。

（16）创建油壶主体样式曲线 10、11

1）选取命令

在模型工具栏中单击【样式】按钮，打开“样式模块”工具栏。

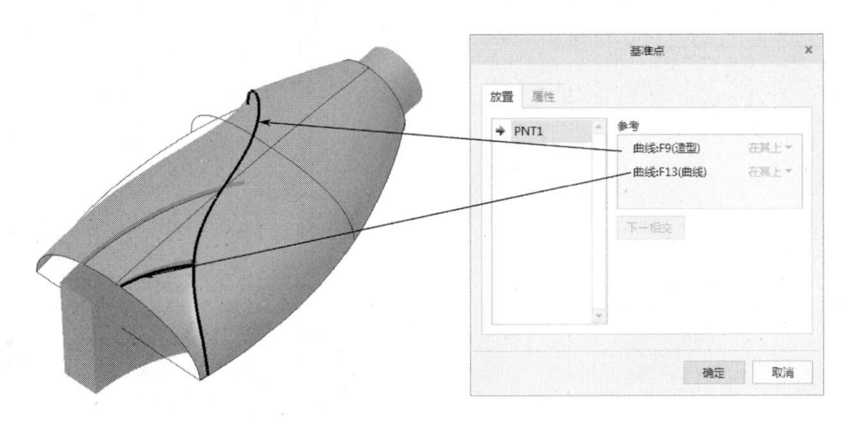

图 3-101　为“基准点 PNT1”选取参考

2）绘制油壶主体样式曲线 10、11

① 在样式工具栏中选择【曲线】按钮，打开“造型：曲线”操控板，再单击【曲面上的曲线】按钮。

② 在“参考”下滑面板曲面栏中选取“油壶辅助曲面”作为绘制曲线的曲面，通过 3 个点绘制“样式曲线 10”，单击【使用控制点编辑此曲线】按钮，调整样式曲线 10 的形状，如图 3-102 所示，其 3 个点对应坐标参阅随书网盘资源对应的实例模型文件。

③ 单击操控板的按钮，完成油壶主体样式曲线 10 的创建工作。

④ 用与创建样式曲线 10 相同的方法，选取“油壶辅助曲面”作为曲线绘制的曲面，通过 3 个点绘制“样式曲线 11”，如图 3-103 所示，其 3 个点对应坐标参阅随书网盘资源对应的实例模型文件。单击操控板的按钮，完成油壶样式曲线 11 的创建工作。

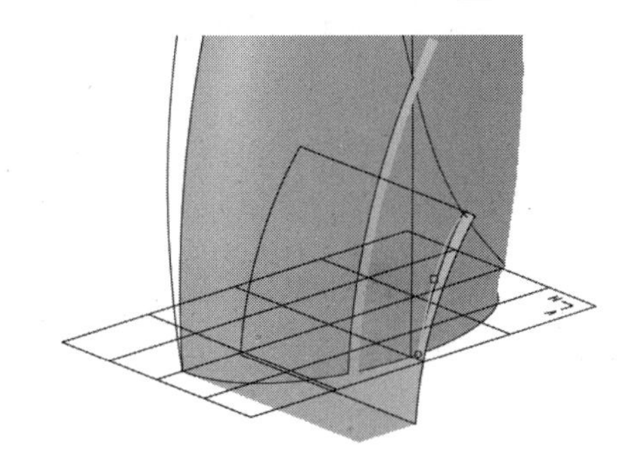

图 3-102　绘制油壶样式曲线 10

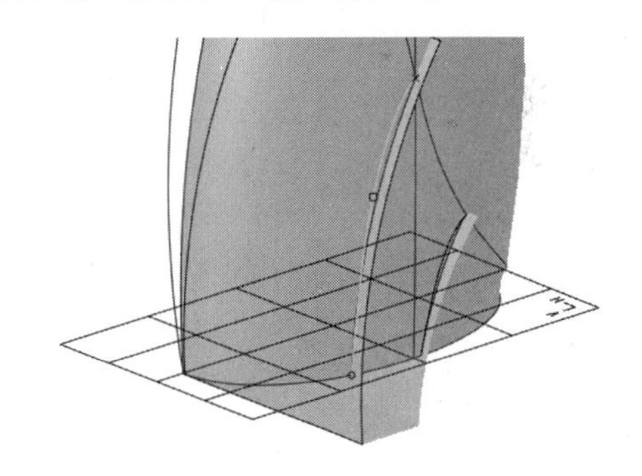

图 3-103　绘制油壶样式曲线 11

（17）创建油壶主体样式曲面 3

1）选取命令

在“样式”工具栏中选择【曲面】按钮，打开样式“曲面”操控板。

2）选择主要链及内部链创建样式曲面

在样式“曲面”操控板中，单击“参考”面板，从【主要链参考】中依次选取 4 条样式曲线作为主要链，如图 3-104 所示。从【内部链参考】中依次选取条样式曲线 10、11 作为内部链，如图 3-105 所示。

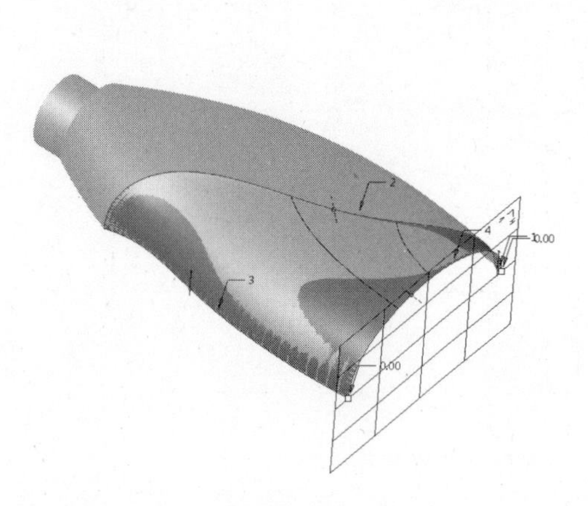

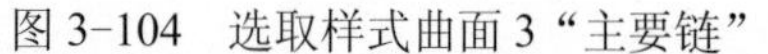

图 3-104　选取样式曲面 3“主要链”

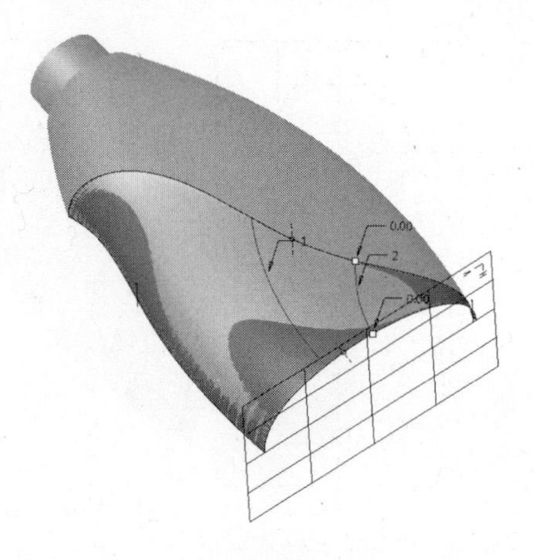

图 3-105　选取样式曲面 3“内部链”

3）完成样式曲面 4 的创建工作

单击操控板的✓按钮，完成样式曲面 4 的创建工作。单击“样式模块”工具栏✓按钮，退出样式模块。

3．创建油壶手柄曲面

（1）创建油壶手柄样式曲线 1、2、3

1）选取命令

从模型工具栏中单击【样式】按钮，打开“样式模块”工具栏。

2）设置活动平面

在“样式”工具栏中选择【设置活动平面】按钮，在图形窗口中选择“FRONT”平面为活动平面。

3）绘制油壶手柄样式曲线 1、2、3

① 在样式工具栏中选择【曲线】按钮，打开“造型：曲线”操控板，再单击【平面曲线】按钮。

② 在“FRONT”活动平面上通过 3 个点绘制“样式曲线 1”，单击【使用控制点编辑此曲线】按钮，调整样式曲线 1 的形状，如图 3-106 所示，其 3 个点对应坐标参阅随书网盘资源对应的实例模型文件。

③ 单击操控板的✓按钮，完成油壶手柄样式曲线 1 的创建工作。

④ 用与创建样式曲线 1 相同的方法，在“FRONT”活动平面上通过 3 个点绘制“样式曲线 2”，如图 3-107 所示，其 3 个点对应坐标参阅随书网盘资源对应的实例模型文件。单击操控板的✓按钮，完成油壶手柄样式曲线 2 的创建工作。

⑤ 用创建样式曲线 1 同样的方法，在“FRONT”活动平面上通过 7 个点绘制“样式曲线 3”，如图 3-108 所示，其 7 个点对应坐标参阅随书网盘资源对应的实例模型文件。单击操控板的✓按钮，完成手柄样式曲线 3 的创建工作。

（2）创建油壶手柄样式曲线 4

1）选取命令

在样式工具栏中选择【放置曲线】按钮，打开“造型：放置曲线”操控板。

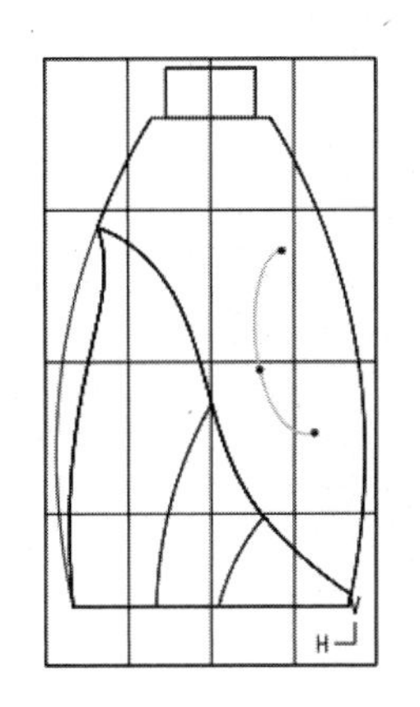

图 3-106 绘制油壶样式曲线 1

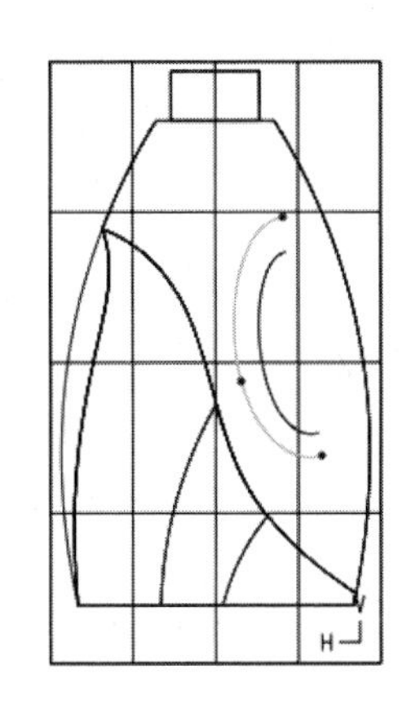

图 3-107 绘制油壶样式曲线 2

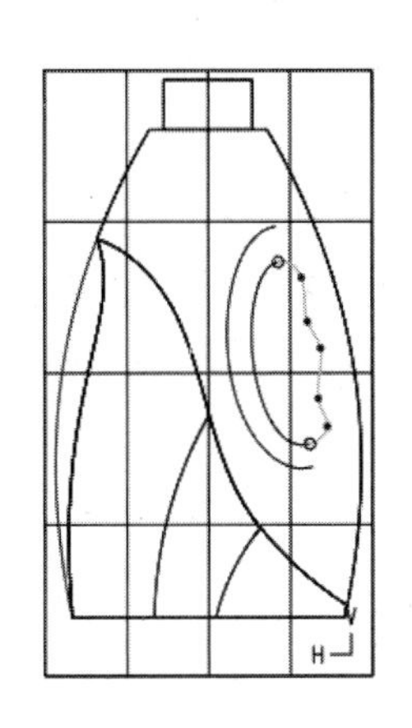

图 3-108 绘制油壶样式曲线 3

2）绘制样式曲线 4

在“放置曲线”操控板中，单击“参考”面板，从【曲线】中选择“油壶手柄样式曲线 2”，从【曲面】中选择“油壶主体样式曲面 1”，从【方向】中选择“FRONT 平面”，如图 3-109 所示。

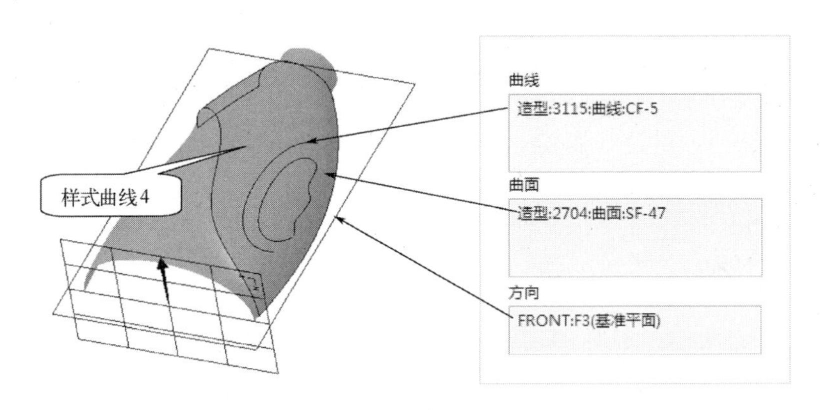

图 3-109 放置样式曲线 4

（3）创建油壶手柄样式曲线 5

1）在样式工具栏中选择【曲线】按钮，打开“造型：曲线”操控板，再单击【曲面上的曲线】按钮。

2）在参考下滑面板曲面栏中选取“油壶主体样式曲面 1”作为绘制曲线的曲面，通过 4 个点绘制“样式曲线 5”，单击【使用控制点编辑此曲线】按钮，调整样式曲线 5 的形状，分别移动 2 个端点与样式曲线 4 的 2 个端点重合，如图 3-110 所示，其 4 个点对应坐标参阅随书网盘资源对应的实例模型文件。

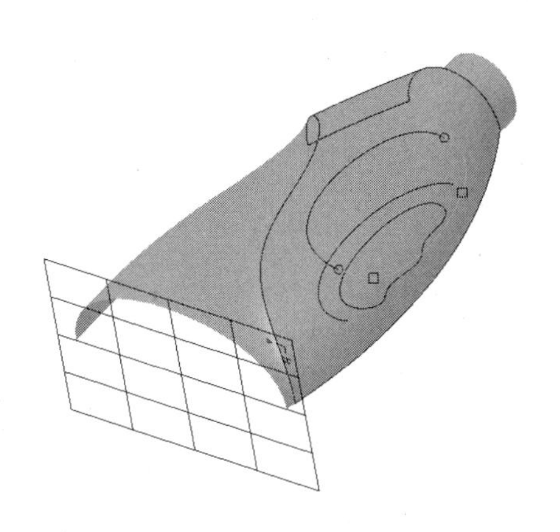

图 3-110 绘制油壶手柄样式曲线 5

3）单击操控板的按钮，完成油壶手柄样式

曲线 5 的创建工作。单击“样式模块”工具栏按钮，退出样式模块。

（4）创建油壶手柄辅助曲面

1）选取命令

单击【拉伸】按钮，打开“拉伸”操控板，再单击【拉伸为曲面】按钮。

2）绘制拉伸截面

绘制拉伸截面：选择“FRONT”平面作为草绘平面，选择“RIGHT”平面作为参考平面，从【方向】框中选择“左”，绘制拉伸截面，如图 3-111 所示。

3）指定拉伸方式和深度

在“拉伸”操控板中选择【选项】→【对称】，然后输入拉伸深度“87”，在图形窗口中可以预览拉伸出的曲面特征，如图 3-112 所示。

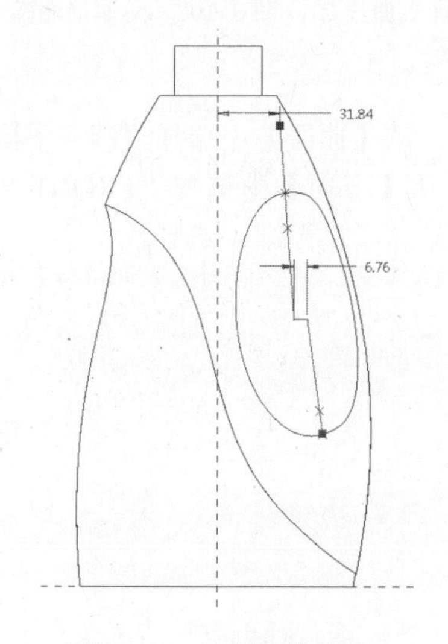

图 3-111　绘制拉伸截面

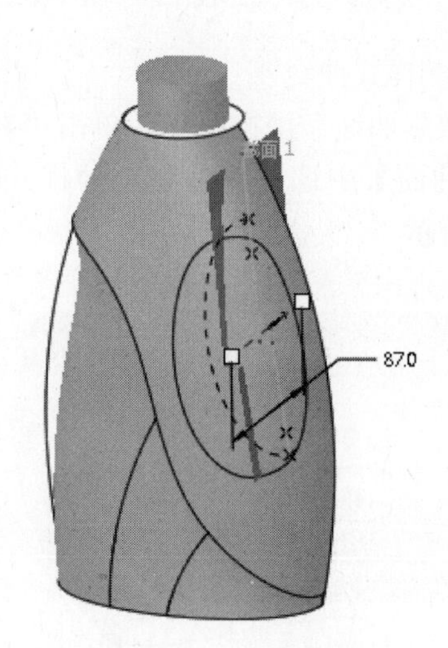

图 3-112　拉伸曲面

4）完成油壶手柄辅助曲面的创建工作

单击操控板的按钮，完成油壶手柄辅助曲面的创建工作。

（5）镜像油壶一半外形曲面

1）选取要镜像的项目

从模型树中选取“油壶一半外形曲面”作要为镜像的项目。

2）选择命令

从模型工具栏中单击【镜像】按钮，打开“镜像”操控板。

3）选取一个镜像平面

选取“FRONT”平面作为镜像平面，如图 3-113 所示。

4）完成油壶一半外形曲面镜像的创建工作

单击操控板的按钮，完成镜像油壶一半外形曲面的创建工作。

（6）合并油壶主体曲面 1

1）选取要合并的面组

选择油壶主体样式修剪曲面与其对应的镜像曲面作为要合并的面组。

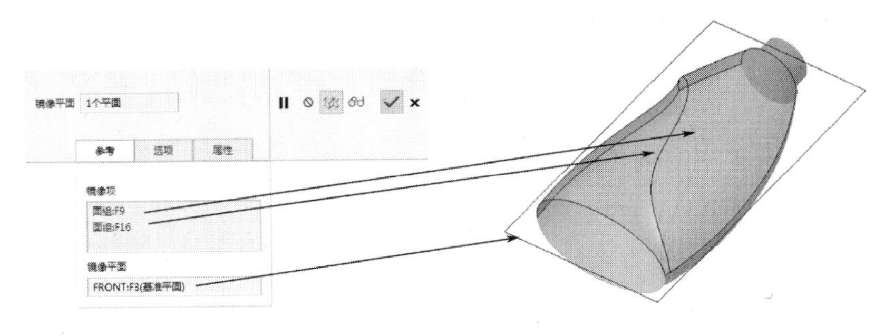

图 3-113　镜像油壶曲面

2）选取命令，合并操作

在模型工具栏中单击【合并】按钮，打开“合并曲面”操控板，在选项下滑面板中选取合并方式为“联接”，合并操作如图 3-114 所示。

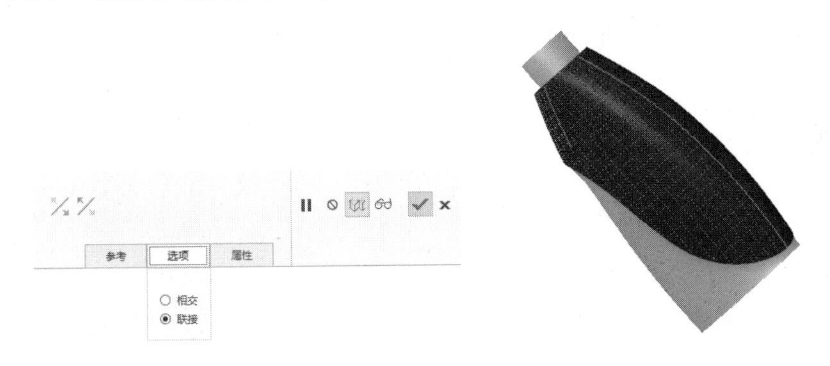

图 3-114　合并曲面操作

3）完成合并曲面的创建工作

单击操控板的按钮，完成油壶主体样式修剪曲面与其对应的镜像曲面的合并操作。

（7）创建油壶手柄样式曲线 6、7、8

1）选取命令

在模型工具栏中单击【样式】按钮，打开“样式模块”工具栏。

2）绘制油壶手柄样式曲线 6

① 在样式工具栏中选择【曲线】按钮，打开“造型：曲线”操控板，再单击【平面曲线】按钮。

② 在“油壶手柄辅助曲面”活动平面上通过 3 个点绘制“样式曲线 6”，如图 3-115 所示。

③ 单击操控板的按钮，完成油壶手柄样式曲线 6 的创建工作。

3）绘制油壶手柄样式曲线 7

用与创建样式曲线 6 相同的方法，在“油壶手柄辅助曲面”活动平面上通过 3 个点绘制“样式曲线 7”，如图 3-116 所示。单击操控板的按钮，完成把手样式曲线 7 的创建工作。

4）绘制油壶手柄样式曲线 8

用创建样式曲线 6 同样的方法，在“油壶手柄辅助曲面”活动平面上通过 3 个点绘制“样式曲线 8”，如图 3-117 所示。单击操控板的按钮，完成把手样式曲线 8 的创建工作。

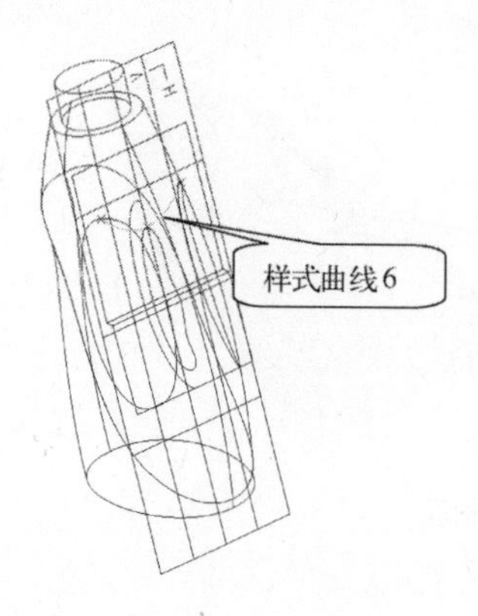

图 3-115 绘制手柄样式曲线 6

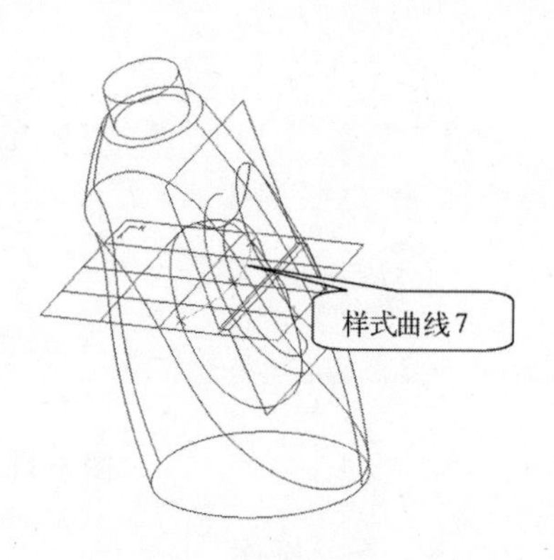

图 3-116 绘制手柄样式曲线 7

（8）创建油壶手柄样式曲线 9、10

1）在样式工具栏中选择【曲线】按钮，打开“造型：曲线”操控板，再单击【平面曲线】按钮。

2）选择“TOP”平面为参考平面，设置偏移距离为“100”，在活动平面上通过 3 个点绘制“样式曲线 9”，如图 3-118 所示。

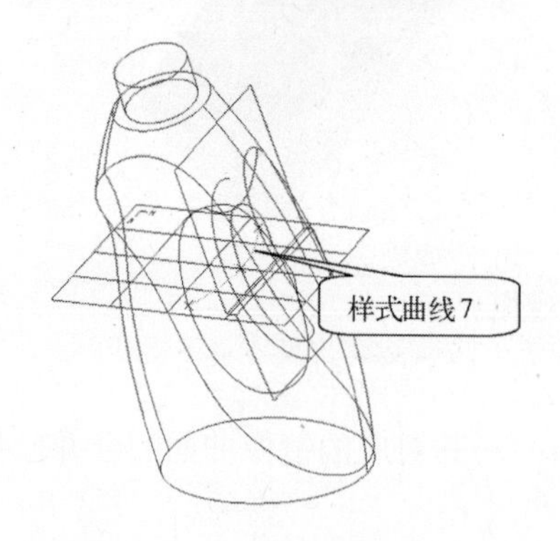

图 3-117 绘制手柄样式曲线 8

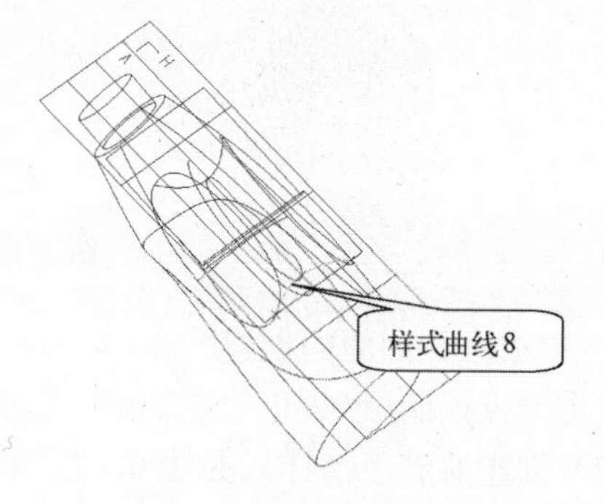

图 3-118 绘制手柄样式曲线 9

3）单击操控板的按钮，完成油壶手柄样式曲线 9 的创建工作。

用与创建样式曲线 9 相同的方法，选择“TOP”平面为参考平面，设置偏移距离为“150”。在活动平面上通过 3 个点绘制“样式曲线 10”，如图 3-119 所示。

单击操控板的按钮，完成手柄样式曲线 10 的创建，获得手柄轮廓曲线如图 3-120 所示。

（9）创建油壶手柄样式曲面 1

1）选取命令

在“样式”工具栏中选择【曲面】按钮，打开样式“曲面”操控板。

2）选择主要链及内部链创建样式曲面

在样式“曲面”操控板中，单击“参考”面板，从【主要链参考】中依次选择 4 条样式曲线作为主要链，如图 3-121 所示。从【内部链参考】中选择 2 条样式曲线作为内部链，如图 3-122 所示。

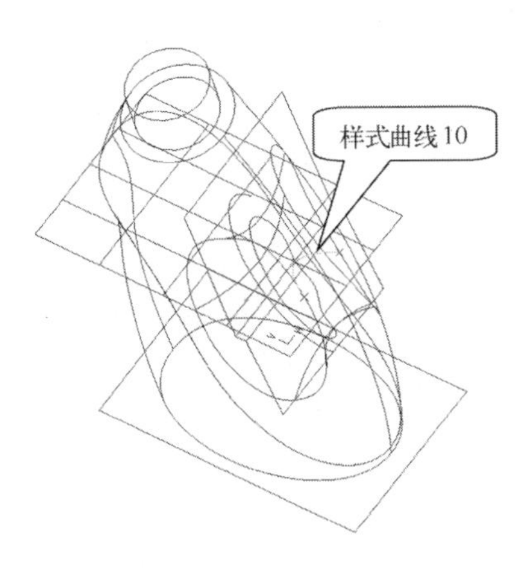

图 3-119　绘制手柄样式曲线 10

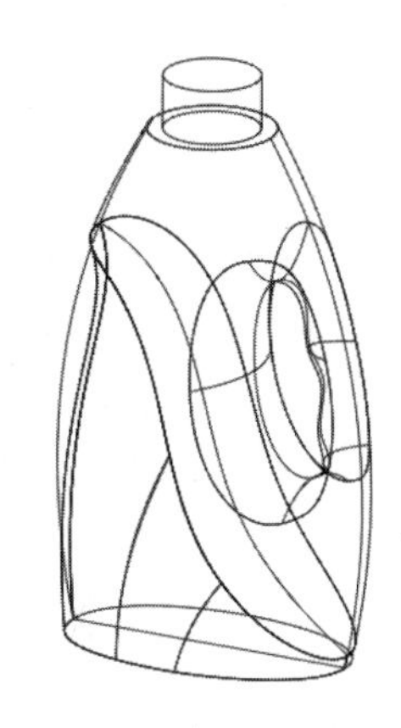

图 3-120　创建的手柄轮廓曲线

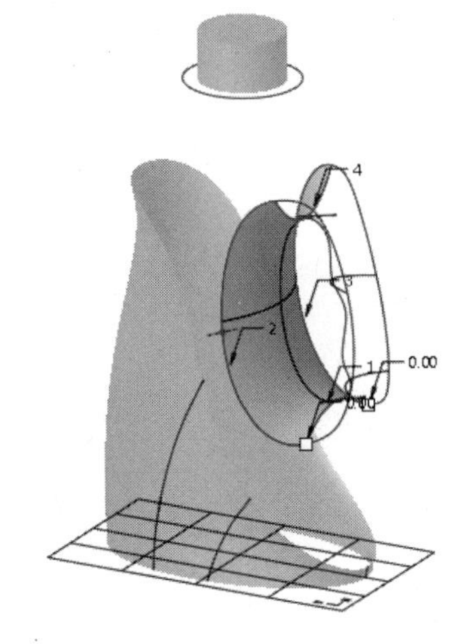

图 3-121　选取手柄样式曲面 1 “主要链”

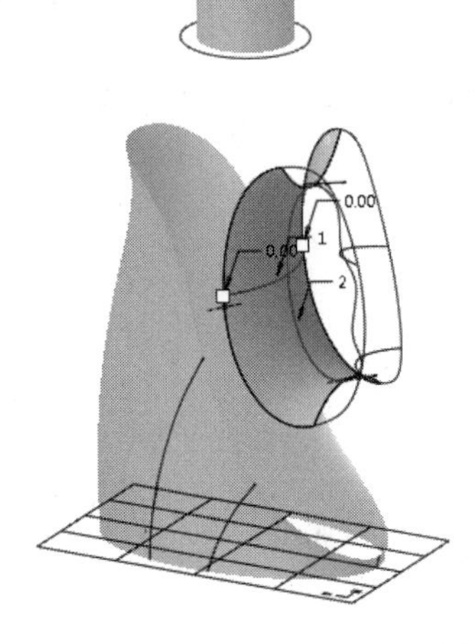

图 3-122　选取样式曲面 1 “内部链”

3）完成油壶手柄样式曲面 1 的创建工作

单击操控板的✔按钮，完成油壶手柄样式曲面 1 的创建工作。

（10）创建油壶手柄样式曲面 2

1）选取命令

在“样式”工具栏中选择【曲面】按钮，打开样式“曲面”操控板。

2）选择主要链及内部链创建样式曲面

在样式“曲面”操控板中，单击“参考”面板，从【主要链参考】中依次选择 4 条样式曲线作为主要链，如图 3-123 所示。从【内部链参考】中选择 3 条样式曲线作为内部链，如图 3-124 所示。

3）完成样式曲面 2 的创建工作

单击操控板的✔按钮，完成样式曲面 2 的创建工作。单击“样式模块”工具栏✔按钮，退出样式模块。

（11）合并油壶手柄曲面

1）选取合并好油壶镜像曲面与油壶手柄曲面作为要合并的面组。

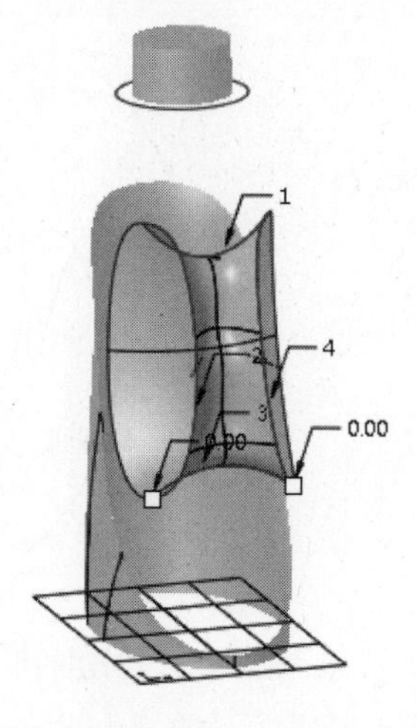

图 3-123　选取手柄样式曲面 2“主要链”

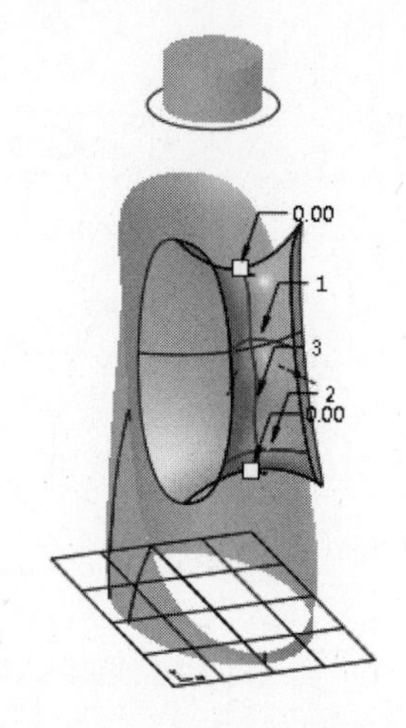

图 3-124　选取手柄样式曲面 2“内部链”

2）在模型工具栏中单击【合并】按钮，打开“合并曲面”操控板，在选项下滑面板中选取合并方式为“相交”，合并操作如图 3-125 所示。

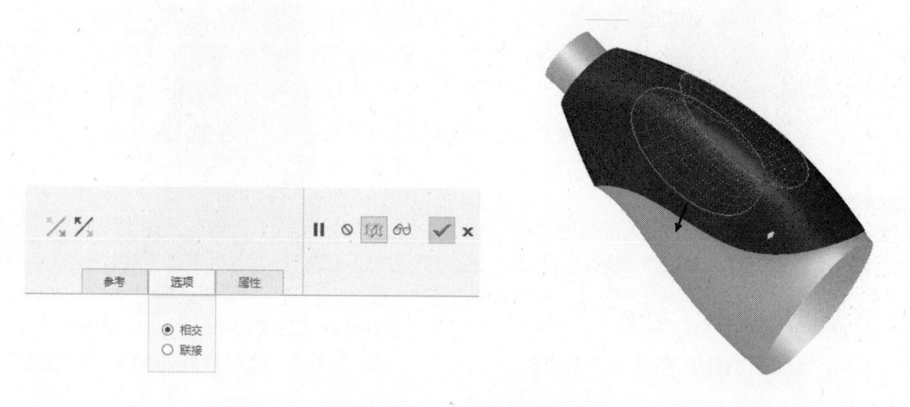

图 3-125　合并曲面操作

3）单击操控板的按钮，完成合并好油壶镜像曲面与油壶手柄曲面的合并操作。

（12）合并油壶主体曲面 2

使用合并方法将油壶主体样式曲面 3 与其镜像曲面作为要合并的面组进行合并，如图 3-126 所示。

（13）合并油壶主体曲面 3

使用合并方法将油壶主体合并曲面 2 与油壶手柄合并曲面作为要合并的面组进行合并，如图 3-127 所示。

（14）创建油壶底部填充曲面

使用填充方法创建油壶底部填充曲面：以“TOP”平面作为草绘平面，“RIGHT”平面作为参考平面，参考方向为“左”，绘制填充截面，如图 3-128 所示。

单击草绘工具栏的按钮，退出草绘模式，单击操控板的按钮，完成油壶底部填充曲面的创建工作，其形状如图 3-129 所示。

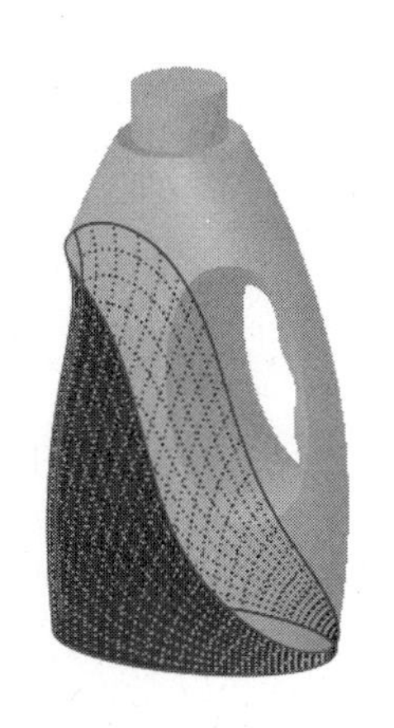

图 3-126　合并油壶主体曲面 2

图 3-127　合并油壶主体曲面 3

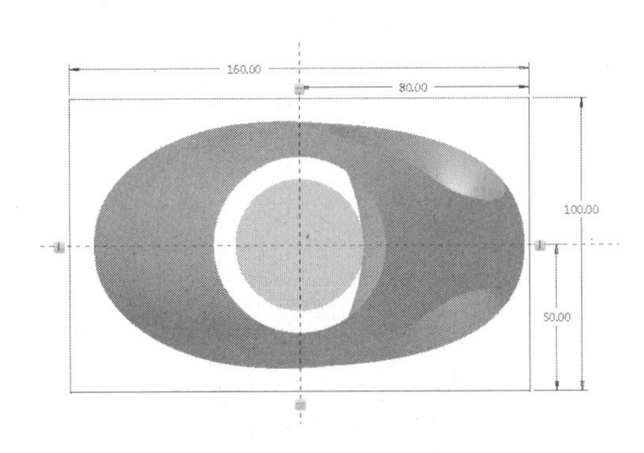

图 3-128　填充油壶底面截面

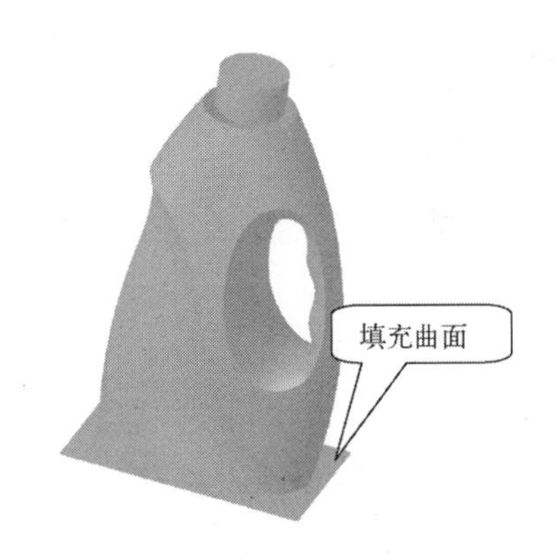

图 3-129　填充油壶底面

（15）合并油壶主体曲面 4

使用合并方法将油壶主体合并曲面 3 与油壶底部填充曲面作为要合并的面组进行合并，获得油壶主体曲面，如图 3-130 所示。

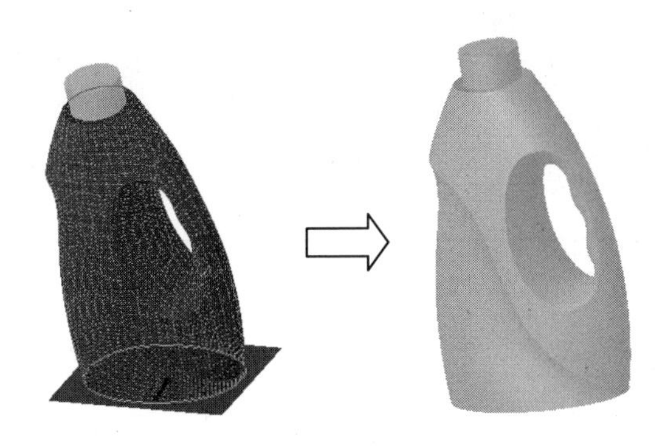

图 3-130　合并油壶主体曲面 4

4．完善油壶结构，获得油壶产品

（1）创建出油口拉伸曲面

1）使用填充方法创建油壶底部填充曲面：以“FRONT”平面作为草绘平面，“RIGHT”平面作为参考平面，参考方向为“下”，绘制拉伸截面，如图 3-131 所示。

2）从“拉伸”操控板中选择【选项】→【对称】，然后输入拉伸深度“87”，从图形窗口中可以预览拉伸出的曲面特征，如图 3-132 所示。

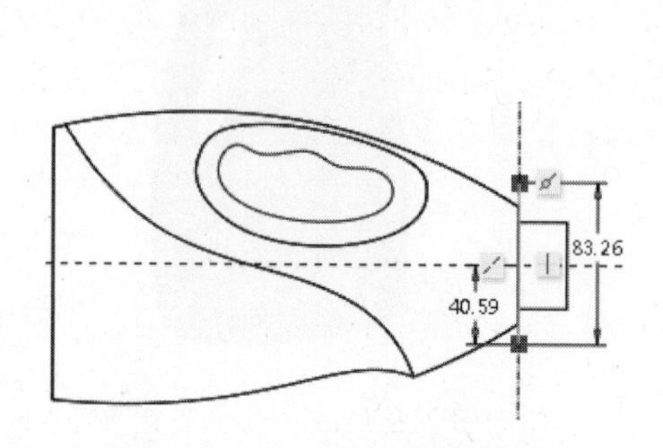

图 3-131 绘制拉伸截面

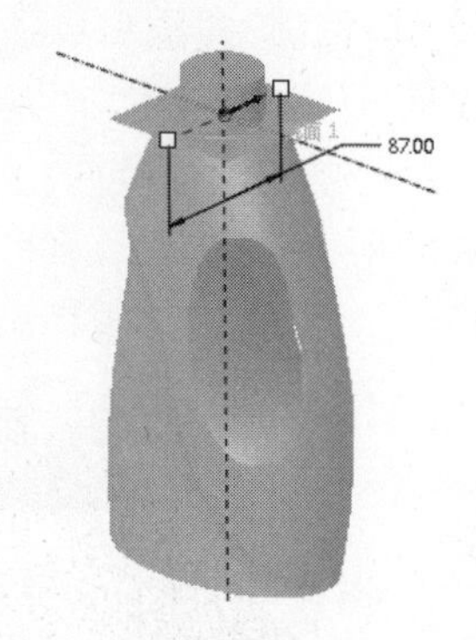

图 3-132 出油口拉伸曲面

3）单击操控板的按钮，完成出油口拉伸曲面的创建工作。

（2）合并油壶主体曲面与出油口拉伸曲面

使用合并方法将油壶主体曲面与出油口拉伸曲面作为要合并的面组进行合并，如图 3-133 所示。

（3）合并油壶外壳曲面 7

使用合并方法将刚合并好的油壶曲面与出油口曲面作为要合并的面组进行合并，获得完整的油壶曲面，如图 3-134 所示。

图 3-133 合并主体曲面与拉伸曲面

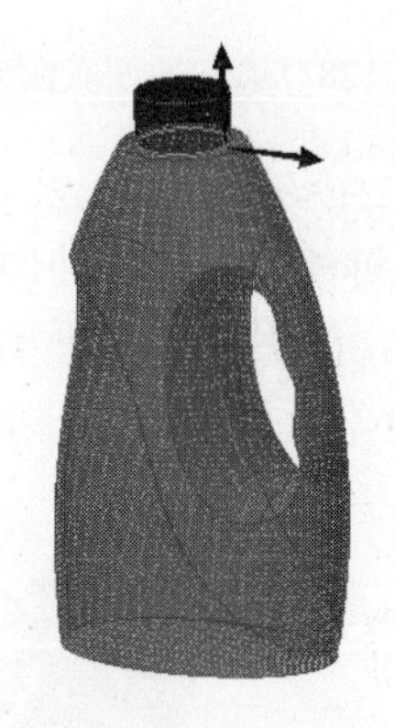

图 3-134 合并油壶曲面

（4）将油壶曲面实体化

1）选取要实体化的曲面

选取油壶曲面作为要实体化的曲面，如图 3-135 所示。

2）选取命令

在模型工具栏中单击【实体化】按钮，打开“实体化曲面”操控板。

3）选取实体化曲面方式

选取实体化曲面方式为：用实体材料填充由面组界定的体积块。

4）完成实体化曲面的创建工作

单击操控板的✓按钮，完成油壶曲面实体化的创建工作。

（5）创建油壶边线圆角特征

使用圆角方法创建油壶边线圆角特征，选取油壶 6 条边线作为圆角特征的放置参考，圆角半径为 *R*4，单击操控板的✓按钮，完成油壶边链圆角特征的创建工作，获得油壶产品，如图 3-136 所示。结果文件请参看随书网盘资源中的“第 3 章\范例结果文件\油壶\youhu.prt”。

图 3-135　选取要实体化的面组

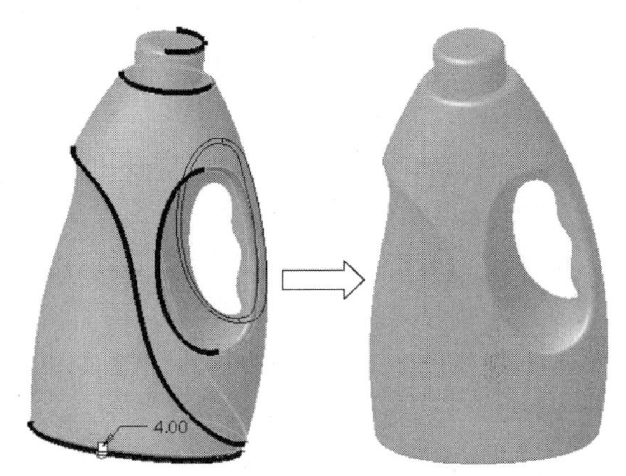

图 3-136　油壶边线圆角特征

本章小结

本章通过自行车车座、洗洁器、油壶三个实例介绍进阶曲面产品的设计方法和过程。融合真实案例的设计经验，面向 Creo 4.0 中高级用户，重点讲解样式曲面在高质量外观产品中的细节应用。本章曲面产品实例安排由易到难，讲述在样式模块下，各种样式曲线、样式曲面的创建方法与优化技巧、模型裁剪与渐消曲面的优化。通过本章的学习，希望读者能够举一反三，提高复杂曲面的设计能力，学以致用。

思考与练习

1．判断题（正确的请在括号内填入“√”，错误的填入“×”）

（1）软点是可以移动的点，它可以在空间中自由移动。（　　）

（2）“样式曲面”中的移动功能仅适用于“样式”曲线。即它适用于平面曲线、自由曲线和 COS 曲线。（　　）

（3）构成边界曲面的边界线，只要封闭就行。（　　）

（4）只要是与边界曲线相交且不在同一平面的自由曲线都可定义为内部曲线。（　　）

2．选择题（请将唯一正确答案的代号填入题中的括号内）

（1）在创建样式自由曲线的过程中，如果需要将所绘制的点约束为一曲线与一平面的交点，则要在选取曲线的过程中按住（　　）键。

A．Shift　　B．Ctrl　　C．Alt　　D．Ctrl+Alt

（2）复制所选的自由曲线中的自由 3D 曲线和平面曲线(不支持 COS 曲线)，并对其进行定位。在复制过程中会保留软点，而且一次只复制（　　）条。

A．1　　B．2　　C．3　　D．4

（3）在样式曲面设计中，通常默认的基准平面（也就是绘图平面）是（　　）基准平面。

A．front　　B．top　　C．right　　D．left

（4）“样式优先选项”的“曲面”选项用于设置新构建的曲面是否与相邻的曲面相切。选择复选项“默认连接”，在合理的边界条件下（必须设置为相切或曲率连续）。系统会自动把新建的曲面与相邻的曲面作相切（　　）合并。若设置不使用，则只以 Match（　　）与相邻曲面合并。此项只对新建的曲面有作用（改变设置无法修正已构建曲面的连续方式）。

A．G0　　B．G1　　C．G2　　D．G3

（5）在“样式曲面”的操控面板中选取“控制点”选项，可通过单击和拖动这些点来编辑曲线，只有曲线上的第一个和最后一个控制点可以成为（　　）点。

A．自由　　B．固定　　C．软　　D．插值

3．打开随书网盘资源中的“第 3 章\思考与练习源文件\ ex03-1.prt”，轮廓曲线如图 3-137 所示，结合样式曲面模块设计一个模型文件。结果文件请参看随书光盘中的“第 3 章\思考与练习结果文件\ ex03-1.prt”，如图 3-138 所示。

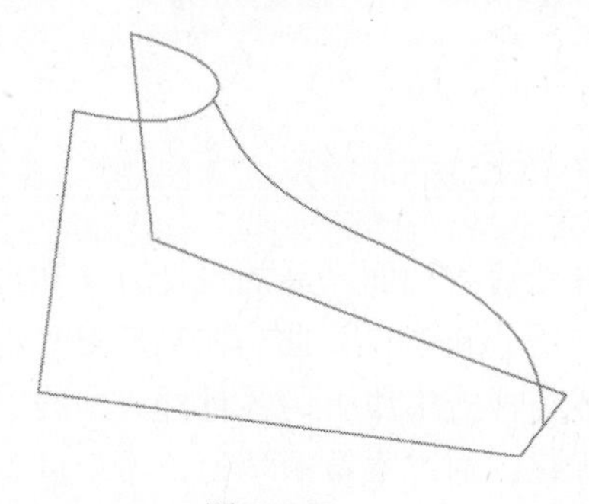

图 3-137

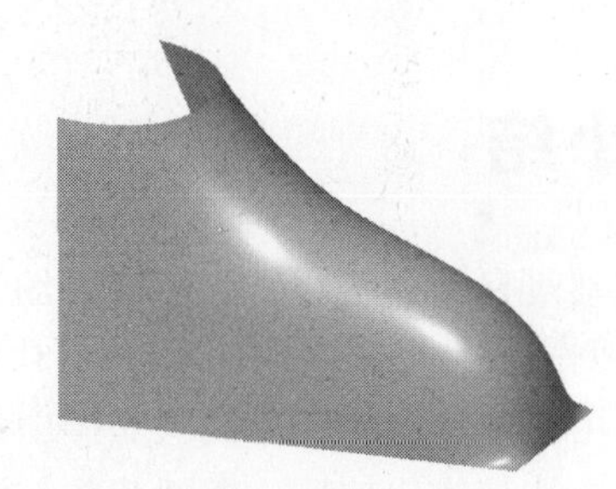

图 3-138

4．打开随书光盘中的“第 3 章\思考与练习源文件\ ex03-2.prt”，初始模型如图 3-139 所示，结合样式曲面模块设计一个模型文件。结果文件请参看随书光盘中的“第 3 章\思考与练习结果文件\ ex03-2.prt”，如图 3-140 所示。

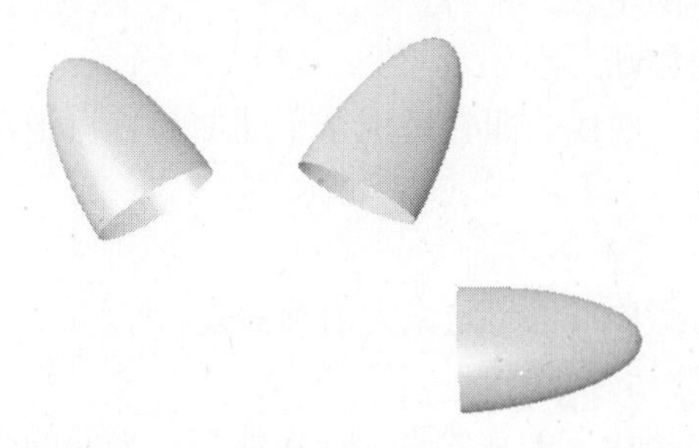

图 3-139

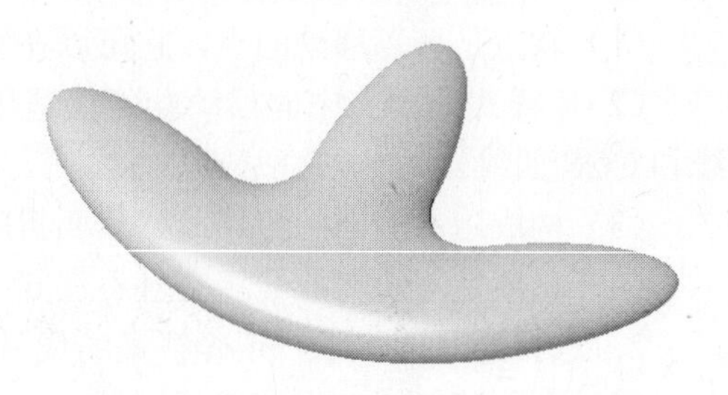

图 3-140

5．打开随书光盘中的“第 3 章\思考与练习源文件\ ex03-3.prt”，轮廓曲线如图 3-141 所示，结合样式曲面模块设计一个模型文件。结果文件请参看随书光盘中的“第 3 章\思考与练习结果文件\ ex03-1.prt”，如图 3-142 所示。

图 3-141

图 3-142

第4章　Creo 4.0 逆向工程设计实例

本章主要内容

- 测绘点构线
- 扫描点云生成的网格线构线
- 逆向创建的曲面与小平面比对
- 曲面建模知识的综合运用

逆向工程（又称逆向技术），是一种产品设计技术再现过程，即对一项目标产品进行逆向分析及研究，例如：从某个实物或样件等，通过系统分析和研究、掌握其关键技术，构造出设计原理、设计模型等，进而开发出同类的或更为先进的产品。

本章通过实例介绍逆向工程产品的设计方法和过程，实例包括花盆和工业风叶。花盆实例使用三坐标测量仪测出产品的轮廓点，由测出的点绘制产品骨架线、通过曲线创建曲面、结合建模综合方法获得花盆产品的逆向工程典型案例，工业风叶实例使用三坐标扫描出工业风叶产品的所有点，这些点在逆向工程设计中称为点云，以点云→包络→小平面→曲面→工业风叶产品为设计过程，整个过程以扫描出的点云为导向进行设计，是逆向工程的另一典型案例。在逆向设计时，使用点云生成网格线和小平面，参考网格线和小平面绘制主体线→曲面，结合曲面设计知识和3D建模功能获得完整的产品。

4.1　花盆的设计

4.1.1　设计导航——作品规格与流程剖析

1．作品规格——花盆产品形状和参数

花盆产品外观如图 4-1 所示，直径×高为：ϕ301 mm×197.6 mm。

2．流程剖析——花盆产品设计方法与流程

（1）导入测绘好的花盆轮廓点。

（2）根据测绘点创建花盆主体曲线。

（3）创建花盆外形单元曲面。

（4）创建花盆外形主体曲面。

（5）创建花盆外形特征。

图 4-1　花盆产品

（6）完善花盆结构，得到完整花盆产品。

花盆产品创建的主要流程如图 4-2 所示。

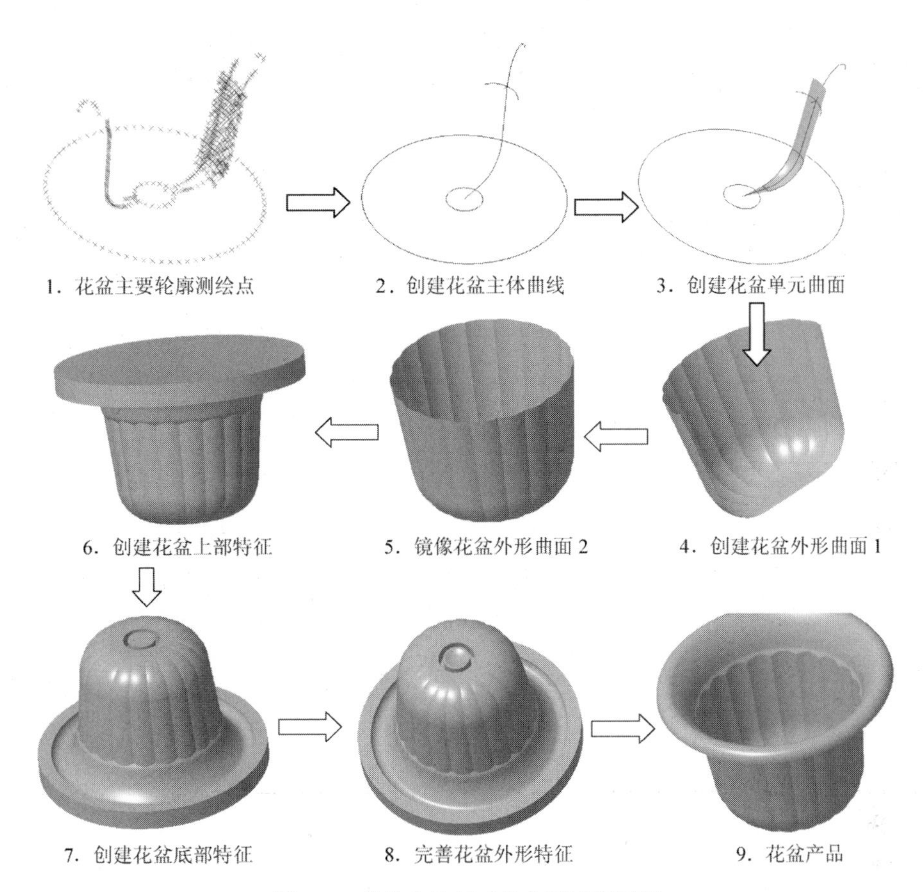

图 4-2 花盆产品创建的主要流程图解

4.1.2 设计思路——花盆产品的结构特点与技术要领

1. 花盆产品结构特点

本例花盆产品没有图样，通过外来点进行设计，属于逆向工程范畴。根据设计导航中的设计流程剖析可知，花盆由一组有规律的单元图形绕中心轴创建一个回转体，添加花盆上部特征、底部特征，然后对花盆进行壳特征和倒圆角处理，获得完整的花盆产品。

2. 花盆产品设计技术要领

花盆产品在设计方面技巧性较强，本例花盆借助测绘的点进行造型设计，由于花盆外形每个单元结构完全一样，只要绘制花盆外形单元，就能够使用复制的方法来完成花盆外形特征。其设计技术要领如下。

导入测绘好的花盆轮廓点；使用轮廓点创建外形轮廓线；使用外形轮廓线创建外形结构单元；将外形结构单元使用复制的方法创建花盆外形特征；添加花盆底部和上部特征，使用圆角和壳特征的方法完善花盆结构，获得花盆产品。

4.1.3 实战步骤

1．创建花盆外形单元曲面

（1）导入花盆测绘点

打开模型文件“第 4 章\范例源文件\花盆\huapen-1.prt”，如图 4-3 所示。

（2）绘制花盆外形曲线

1）选取命令，定义草绘平面和方向

在模型工具栏中单击【草绘】按钮，打开“草绘”对话框，在【平面】框中选取“DTM3”平面作为草绘平面，在【参考】框中选取“DTM1”平面作为参考平面，在【方向】框中选取“下”，如图 4-4 所示，单击 草绘 按钮进入草绘模式。

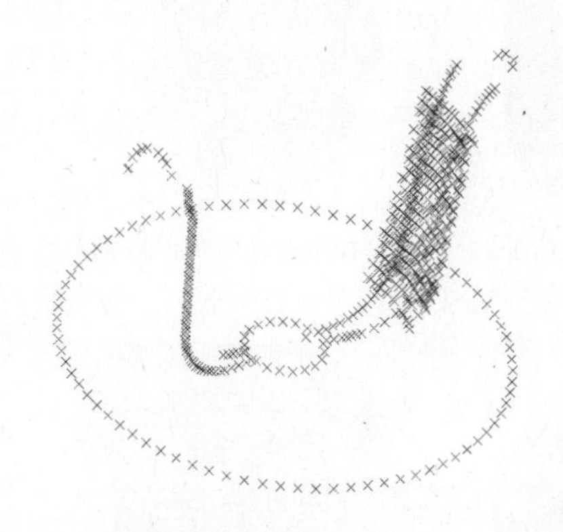

图 4-3　花盆测绘点文件

图 4-4　“草绘”对话框

2）绘制花盆最大外圆与底部圆

绘制“最大外圆与底部圆”，如图 4-5 所示。方法如下。

① 单击【中心线】按钮，绘制两条中心线。

② 单击【圆】按钮，绘制出 2 个圆。

③ 使用重合约束添加两圆的约束，通过观察的方法，约束一个点到大圆的轮廓上，使得大部分最大外形点分布在大圆周轮廓线上或接近其轮廓线，用同样的方法约束底部圆的大小。

经验交流

使用测绘点绘制轮廓曲线时，为便于准确绘制图形曲线，可以将多余的点放到图层里进行隐藏，提高绘图效率。

3）完成花盆外形曲线的创建工作

单击草绘工具栏的✔按钮，退出草绘模式，完成花盆外形曲线的创建工作。其效果如图 4-6 所示。

（3）绘制花盆外形单元脊线

1）选取命令，定义草绘平面和方向

在模型工具栏中单击【草绘】按钮，打开“草绘”对话框，在【平面】框中选取

“DTM1”平面作为草绘平面，在【参考】框中选取“DTM2”平面作为参考平面，在【方向】框中选取【左】，单击 草绘 按钮进入草绘模式。

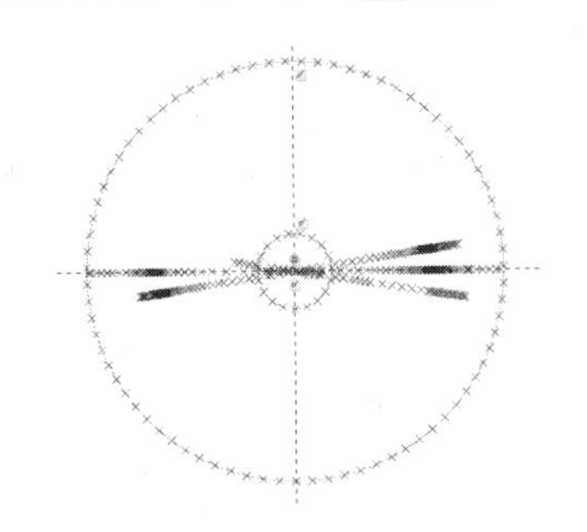
图 4-5 绘制花盆最大外圆与底部圆

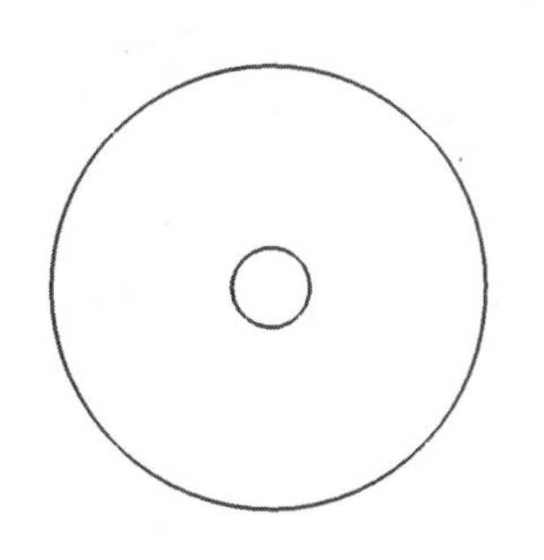
图 4-6 花盆外形曲线

2）绘制花盆外形脊线

绘制脊线轮廓线，使用重合约束，选取合适的测绘点，将其约束到脊线轮廓上；再结合尺寸标注的方法添加脊线轮廓线尺寸，使大部分测绘点分布在脊线轮廓线上或接近其轮廓线，如图 4-7 所示。

3）完成花盆外形单元脊线的创建工作

单击草绘工具栏的✔按钮，退出草绘模式，完成花盆外形单元脊线的创建工作。其效果如图 4-8 所示。

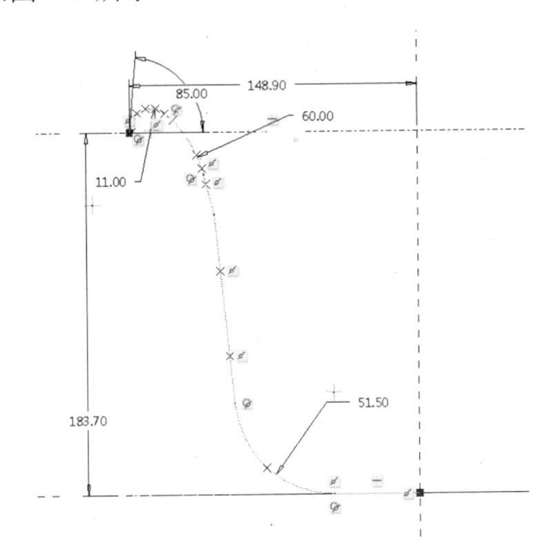

图 4-7 绘制花盆单元脊线

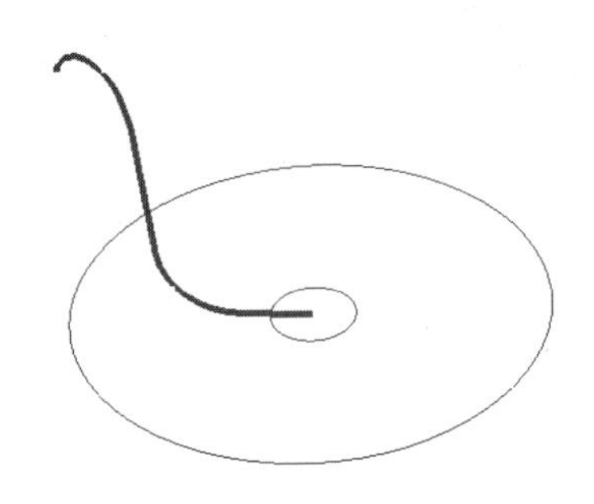
图 4-8 花盆外形单元脊线

（4）绘制花盆外形单元截面定位线

1）选取命令

在模型工具栏中单击【草绘】按钮，打开“草绘”对话框，在【平面】框中选取“DTM1”平面作为草绘平面，在【参考】框中选取“DTM2”平面作为参考平面，在【方向】框中选取“左”，单击 草绘 按钮进入草绘模式。

2）绘制花盆外形截面定位线

单击【线】按钮，绘制花盆外形定位线，如图 4-9 所示。

3）完成花盆外形定位线的创建工作

单击草绘工具栏的✔按钮，退出草绘模式，完成花盆外形截面定位线的创建工作。

（5）绘制花盆外形单元截面线

1）选取命令，定义草绘平面和方向

在模型工具栏中单击【草绘】按钮，打开“草绘”对话框，单击【平面】框，创建草绘平面 DTM4。

① 选取命令

在模型工具栏中单击【平面】按钮，打开“基准平面”对话框。

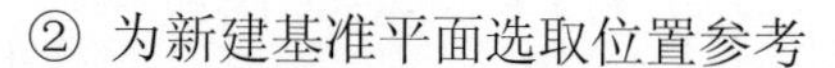

② 为新建基准平面选取位置参考

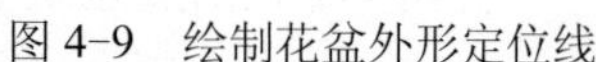

图 4-9　绘制花盆外形定位线

在【基准平面】对话框的【参考】栏中，选取花盆外形截面定位线作为第一参考，选取约束为“穿过”；选取基准平面 DTM3 作为第二参考（结合〈Ctrl〉键），选取约束为“平行”，如图 4-10 所示。

③ 完成基准平面的创建工作

单击“基准平面”对话框的【确定】按钮，完成基准平面 DTM4 的创建工作。

在【参考】框中选取“DTM1”平面作为参考平面，在【方向】框中选取“右”，如图 4-11 所示，单击 草绘 按钮进入草绘模式。

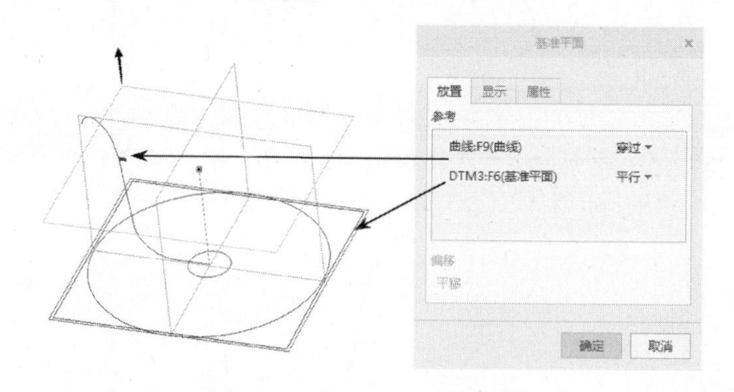

图 4-10　为“基准平面”选取参考

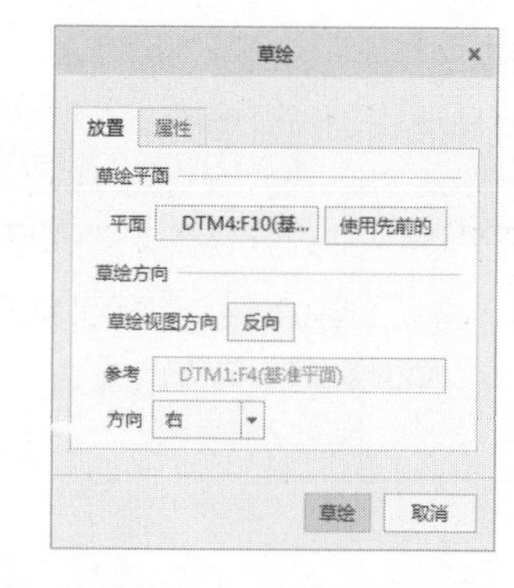

图 4-11　“草绘”对话框

2）绘制花盆外形截面线

绘制花盆外形截面轮廓线，使用重合约束，选取合适的测绘点，将其约束到截面线轮廓上；再结合尺寸标注的方法添加截面线轮廓线尺寸，如图 4-12 所示。

3）完成花盆外形截面的创建工作

单击草绘工具栏的✔按钮，退出草绘模式，完成花盆外形截面的创建工作，如图 4-13 所示。

（6）创建花盆外形单元扫描曲面

1）选取命令

在模型工具栏中单击【扫描】按钮，打开“扫描”操控板，再单击【扫描为曲面】按钮，如图 4-14 所示。

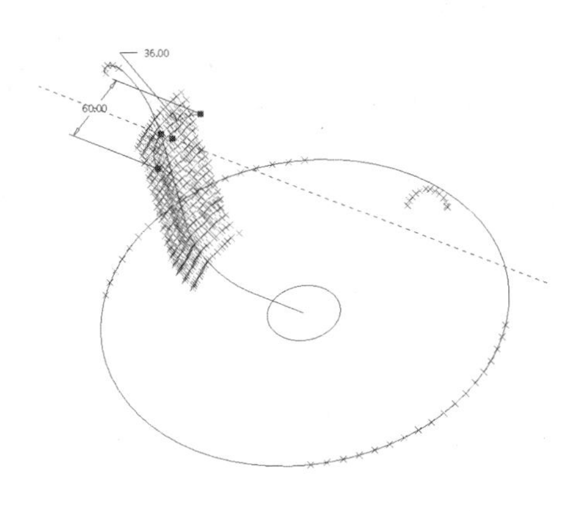

图 4-12　绘制花盆外形截面线

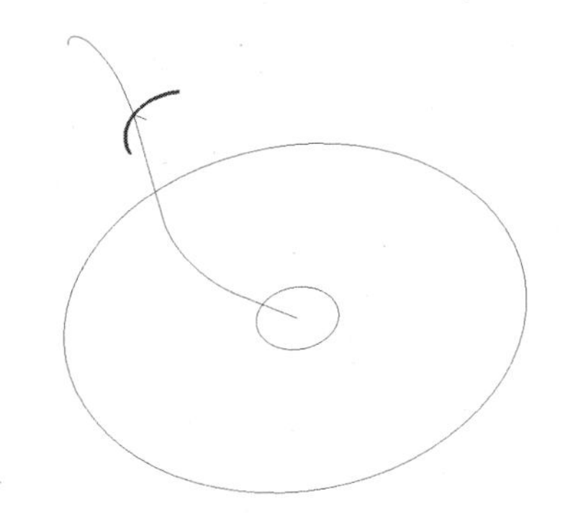

图 4-13　花盆外形截面线

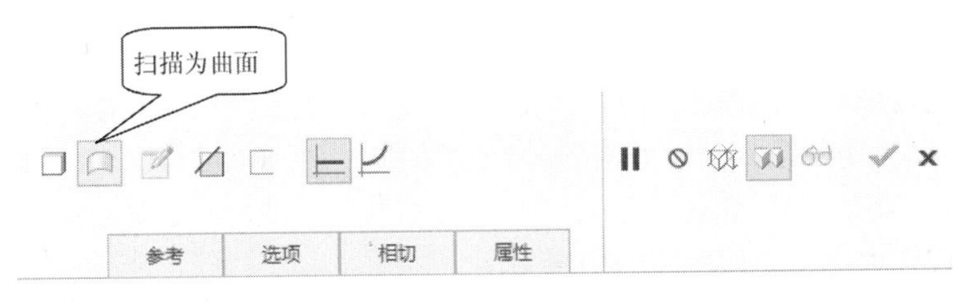

图 4-14　“扫描”操控板

2）创建扫描轨迹线

① 选取命令，定义草绘平面和方向

在“扫描”操控板右边单击基准中的【草绘】按钮，打开“草绘”对话框，在【平面】框中选取“DTM1”平面作为草绘平面，在【参考】框中选取“DTM2”平面作为参考平面，在【方向】框中选取“左”，单击 草绘 按钮进入草绘模式。

② 绘制扫描轨迹线

单击【线】按钮，绘制扫描轨迹线，如图 4-15 所示。

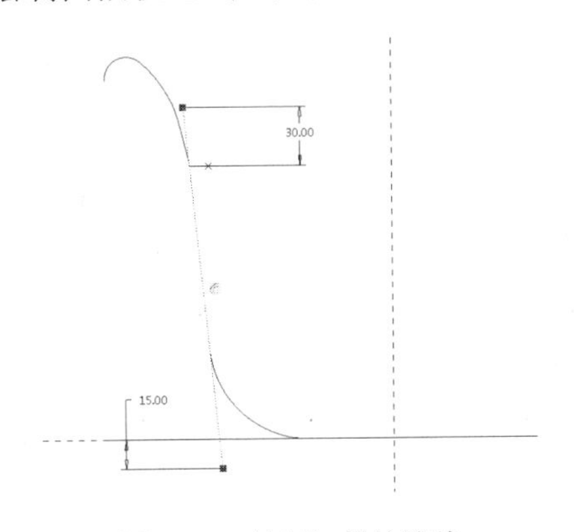

图 4-15　绘制扫描轨迹线

③ 完成扫描轨迹线的创建工作

单击草绘工具栏的 ✔ 按钮，退出草绘模式，完成扫描轨迹线的创建工作。

3）选取扫描轨迹线和截面控制参数

完成扫描轨迹线的创建工作后，系统自动选取其为原点轨迹线，在截面控制参数中选取“垂直于轨迹”，如图 4-16 所示。

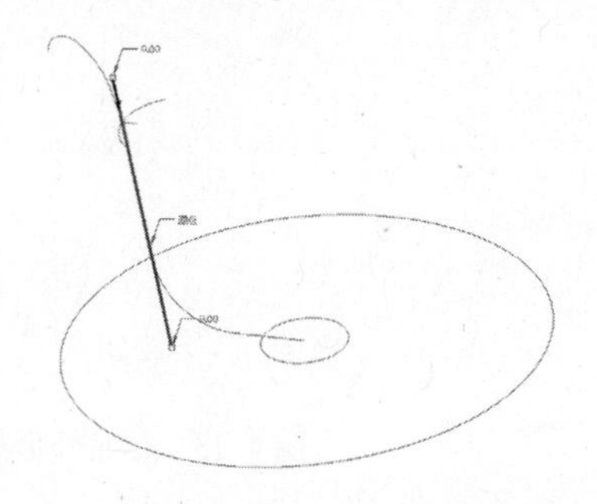

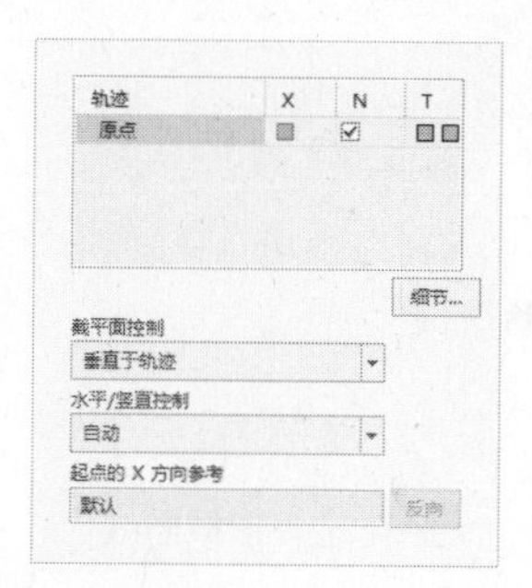

图 4-16　选取扫描轨迹，设定截面控制参数

4）绘制花盆外形单元扫描截面

在对话框中单击【创建或编辑扫描剖面】按钮，进入草绘模式，使用扫描轨迹线的起点绘制扫描截面，如图 4-17 所示。

5）完成花盆外形单元扫描曲面的创建工作

单击草绘工具栏的按钮退出草绘模式，再单击操控板的按钮，完成花盆外形单元扫描曲面的创建工作，效果如图 4-18 所示。

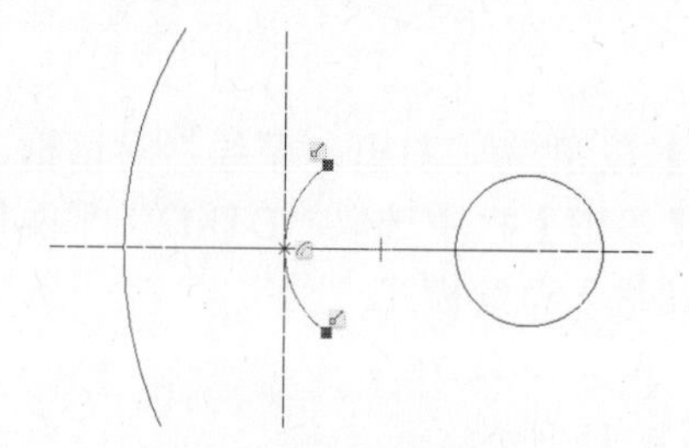

图 4-17　扫描截面

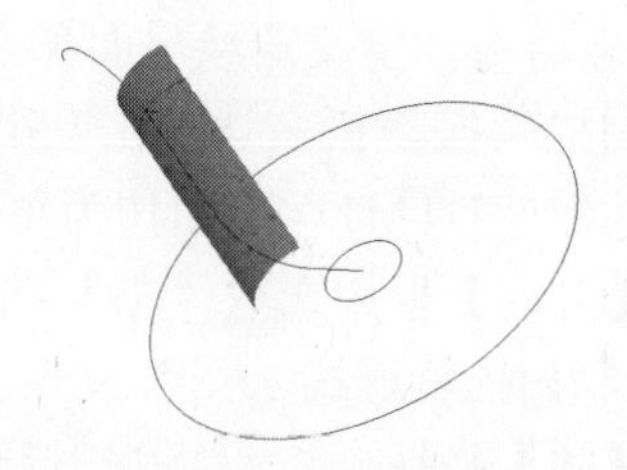

图 4-18　花盆外形单元扫描曲面

（7）创建花盆外形单元拉伸曲面

1）选取命令

在模型工具栏中单击【拉伸】按钮，打开“拉伸”操控板，再单击【拉伸为实体】按钮，如图 4-19 所示。

图 4-19　“拉伸”操控板

2）定义草绘平面和方向

选取【放置】→【定义】，打开“草绘”对话框。在【平面】框中选取“DTM1”平面作为草绘平面，在【参考】框中选取“DTM2”平面作为参考平面，在【方向】框中选取“左”，如图4-20所示。单击 草绘 按钮进入草绘模式。

3）绘制花盆外形拉伸截面

绘制“直线”截面，方法如下。

① 单击【中心线】按钮 ，绘制两条中心线。

② 单击【线】按钮 ，绘制 “线段”轮廓。

③ 使用线段端点标注尺寸，如图4-21所示。

④ 单击草绘工具栏的 按钮，退出草绘模式。

图4-20 草绘对话框

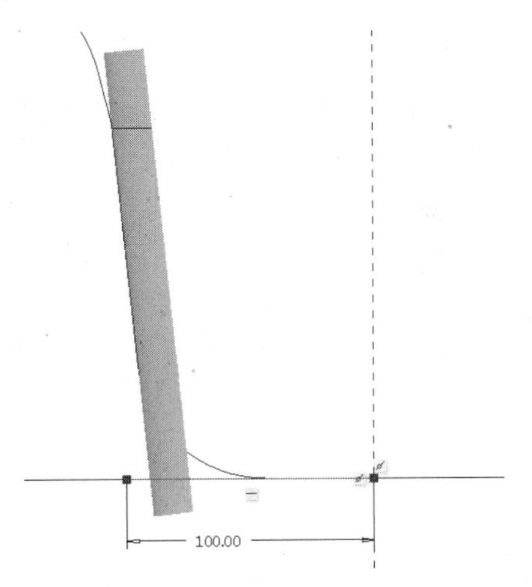

图4-21 标注尺寸

4）指定拉伸方式和深度

在“拉伸”操控板中选取【选项】→【对称】，然后输入拉伸深度“60”，在图形窗口中可以预览拉伸出的曲面特征，如图4-22所示。

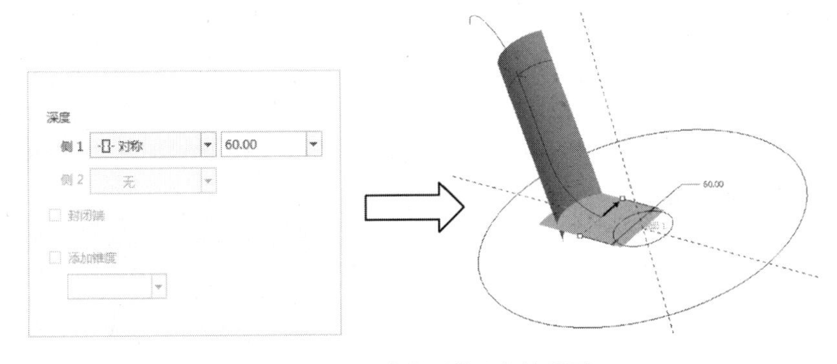

图4-22 花盆外形单元拉伸曲面

5）完成花盆外形单元拉伸曲面的创建工作

单击操控板的 按钮，完成花盆外形单元拉伸曲面的创建工作。

（8）合并花盆外形单元扫描曲面与拉伸曲面

1）选取要合并的面组

选取花盆外形单元扫描曲面与拉伸曲面作为要合并的面组。

2）选取命令

在模型工具栏中单击【合并】按钮，打开合并曲面操控板，如图 4-23 所示。

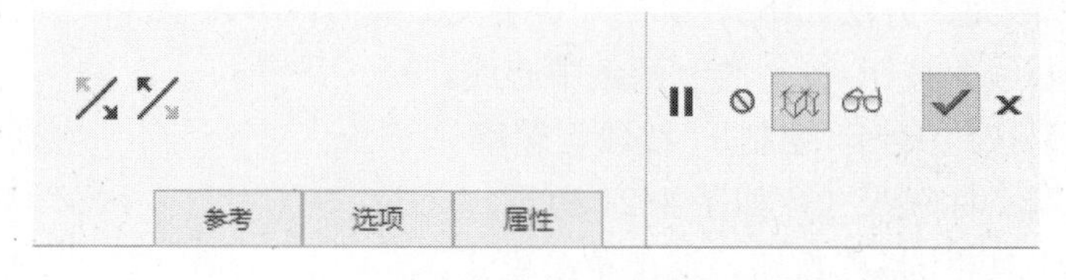

图 4-23　合并曲面操控板

3）合并操作

在选项下滑面板中选取合并方式为“相交”，切换箭头方向，选取要保留的合并侧，合并操作如图 4-24 所示。

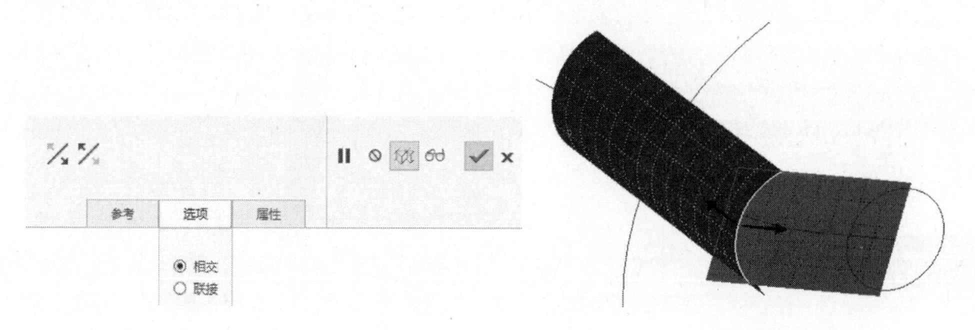

图 4-24　合并曲面操作

4）完成合并曲面的创建工作

单击操控板的按钮，完成花盆外形单元扫描曲面与拉伸曲面的合并创建工作，其效果如图 4-25 所示。

（9）修剪刚合并好的花盆外形单元扫描曲面与拉伸曲面

使用拉伸的方法修剪刚合并好的花盆外形单元扫描曲面与拉伸曲面

1）选取命令

单击【拉伸】按钮，打开“拉伸”操控板，选取【拉伸为曲面】按钮，再单击【移除材料】按钮。

2）定义草绘平面和方向

选取【放置】→【定义】，打开“草绘”对话框。在【平面】框中选取“DTM3”平面作为草绘平面，在【参考】框中选取“DTM1”平面作为参考平面，在【方向】框中选取“上”，单击 草绘 按钮进入草绘模式。

3）绘制三角形修剪截面

① 在曲面的区域任意绘制一个三角形。

② 选取【尺寸】按钮，设置三角形左侧与参考中心线的距离为 120，标注角度尺寸，如图 4-26 所示。

③ 单击草绘工具栏的按钮退出草绘模式。

图 4-25　合并曲面效果

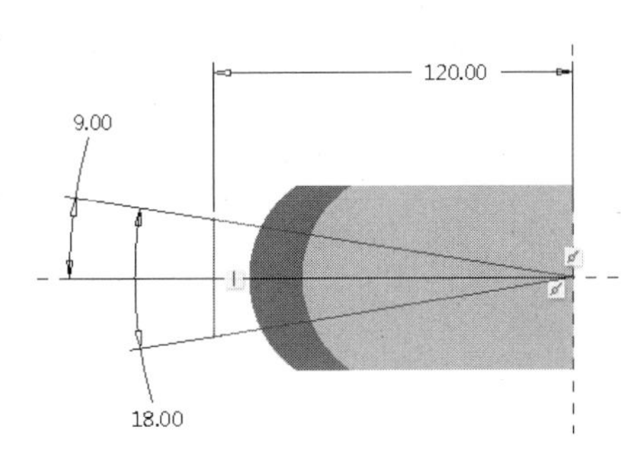

图 4-26　绘制三角形修剪截面

4）指定被修剪的曲面、拉伸方式和深度

单击操控板中【面组】右框（修剪面组收集器），再单击合并好的面组，指定要修剪的曲面。在“拉伸”操控板中的【选项】面板中将【侧 1】和【侧 2】都设置为【穿透】。

5）完成创建工作

单击操控板的按钮，完成刚合并好的花盆外形单元扫描曲面与拉伸曲面的修剪工作，其效果如图 4-27 所示。

图 4-27　修剪曲面效果

（10）绘制花盆外形单元曲面辅助曲线 1

1）选取命令，定义草绘平面和方向

在模型工具栏中单击【草绘】按钮，打开“草绘”对话框，单击【平面】框，创建草绘平面 DTM5。

① 选取命令

在模型工具栏中单击【平面】按钮，打开“基准平面”对话框。

② 为新建基准平面选取位置参考

在【基准平面】对话框的【参考】栏中，选取底部曲面的一条边作为第一参考，选取约束为“穿过”；选取基准平面 DTM3 作为第二参考（结合〈Ctrl〉键），选取约束为“垂直”，如图 4-28 所示。

③ 完成基准平面的创建工作

单击“基准平面”对话框的【确定】按钮，完成基准平面 DTM5 的创建工作。

在【参考】框中选取“底部曲面”作为参考平面，在【方向】框中选取“上”，如图 4-29 所示，单击 草绘 按钮进入草绘模式。

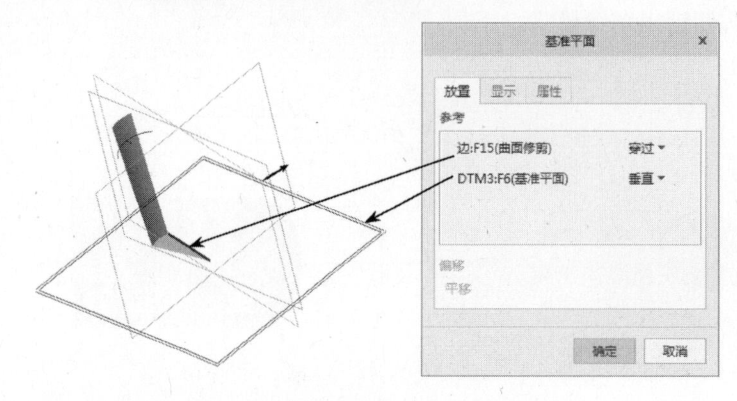

图 4-28 为“基准平面”选取参考

图 4-29 “草绘”对话框

2）绘制花盆外形单元曲面辅助曲线 1

绘制花盆外形单元曲面辅助曲线 1，结合尺寸标注的方法添加曲线 1 圆弧半径尺寸，如图 4-30 所示。

3）完成花盆外形单元曲面辅助曲线 1 的创建工作

单击草绘工具栏的 ✔ 按钮，退出草绘模式，完成花盆外形单元曲面辅助曲线 1 的创建工作，如图 4-31 所示。

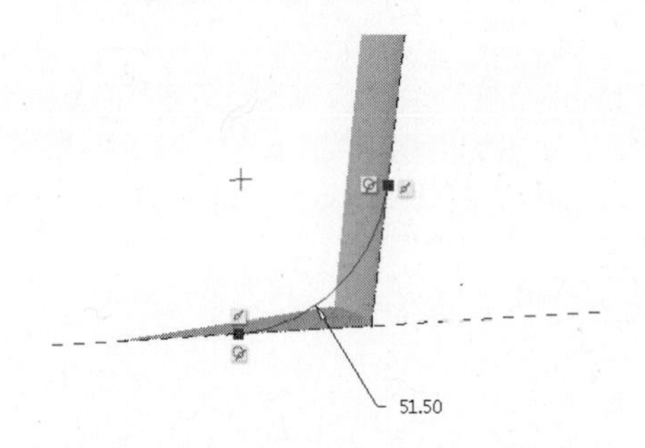

图 4-30 绘制花盆外形单元曲面辅助曲线 1

图 4-31 花盆外形单元曲面辅助曲线 1

（11）绘制花盆外形单元曲面辅助曲线 2

1）选取命令，定义草绘平面和方向

在模型工具栏中单击【草绘】按钮，打开“草绘”对话框，单击【平面】框，创建草绘平面 DTM6。

① 选取命令

在模型工具栏中单击【平面】按钮，打开“基准平面”对话框。

② 为新建基准平面选取位置参考

在【基准平面】对话框的【参考】栏中，选取底部曲面的一条边作为第一参考，选取约束为“穿过”；选取基准平面 DTM3 作为第二参考（结合〈Ctrl〉键），选取约束为“垂直”，如图 4-32 所示。

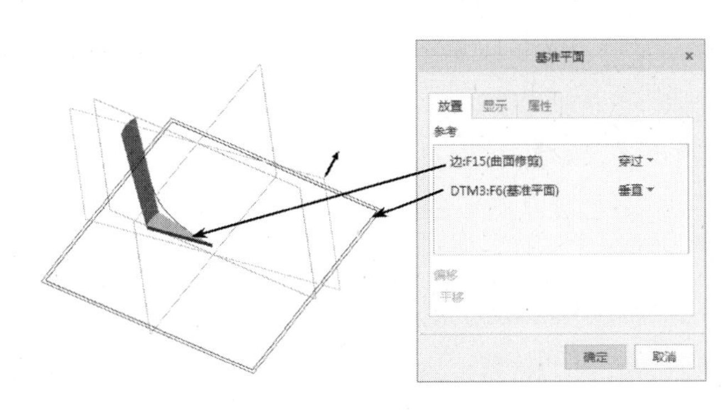

图 4-32 为“基准平面”选取参考

③ 完成基准平面的创建工作

单击“基准平面”对话框的【确定】按钮，完成基准平面 DTM6 的创建工作。

在【参考】框中选取“底部曲面”作为参考平面，在【方向】框中选取“上”，如图 4-33 所示，单击 草绘 按钮进入草绘模式。

2）绘制花盆外形单元曲面辅助曲线 2

绘制花盆外形单元曲面辅助曲线 2，结合尺寸标注的方法添加曲线 2 圆弧半径尺寸，如图 4-34 所示。

图 4-33 “草绘”对话框

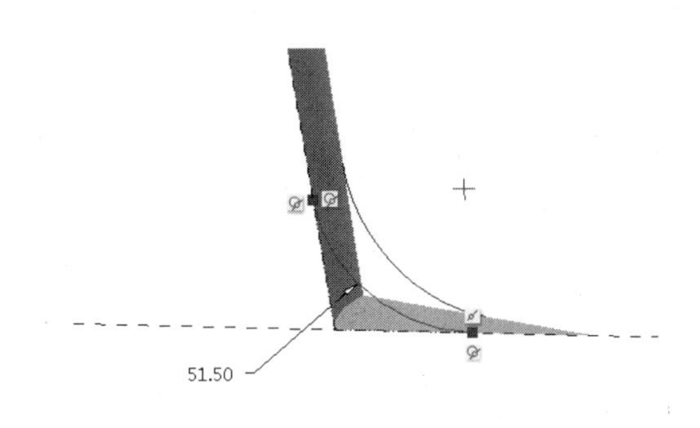

图 4-34 绘制花盆外形单元曲面辅助曲线 2

3）完成花盆外形单元曲面辅助曲线 2 的创建工作

单击草绘工具栏的✔按钮，退出草绘模式，完成花盆外形单元曲面辅助曲线 2 的创建工作，如图 4-35 所示。

图 4-35 花盆外形单元曲面辅助曲线 2

（12）创建花盆外形单元曲面投射曲线

1）选取命令

在模型工具栏上单击【投影】按钮，打开“投影”操控板，如图 4-36 所示。

图 4-36 “投影”操控板

2）定义投射曲线类型

单击参考下滑面板，选取投射曲线的类型为“投影草绘”，如图 4-37 所示。

3）草绘投射曲线

选取【草绘】→【定义】，打开“草绘”对话框。在【平面】框中选取“DTM2”平面作为草绘平面，在【参考】框中选取“DTM1”平面作为参考平面，在【方向】框中选取“右”，单击 草绘 按钮进入草绘模式。

草绘投射曲线，使投射曲线与辅助曲线端点高度一致，如图 4-38 所示。

单击草绘工具栏的✔按钮，退出草绘模式。

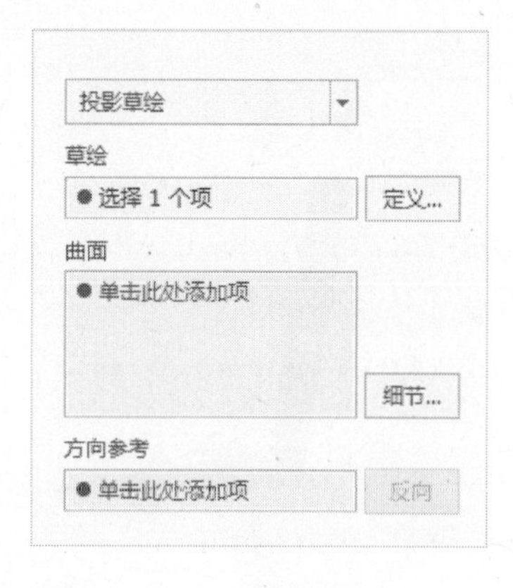

图 4-37 定义投射曲线类型

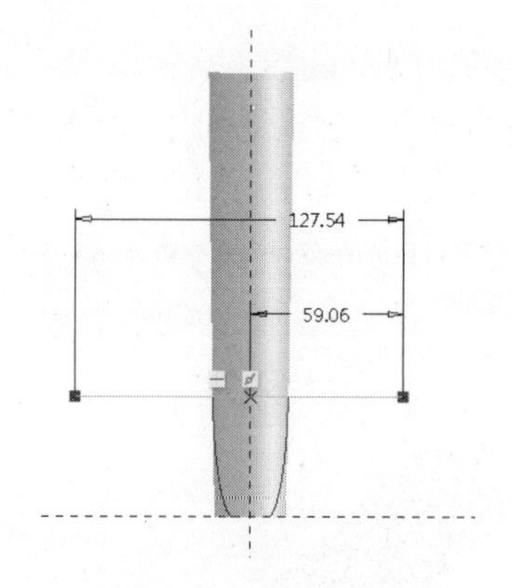

图 4-38 草绘投射曲线

4）选取投影曲面

选取花盆外形单元扫描曲面作为要投影的目标曲面，如图 4-39 所示。

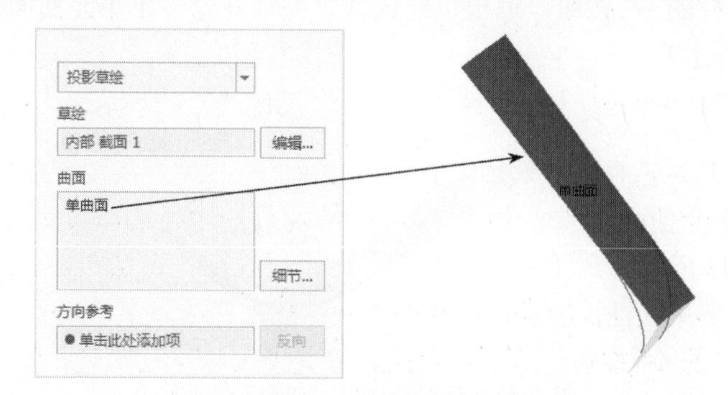

图 4-39 选取投影曲面

5）选取投射方向参考

选取 DTM2 平面作为投射方向的参考，如图 4-40 所示。

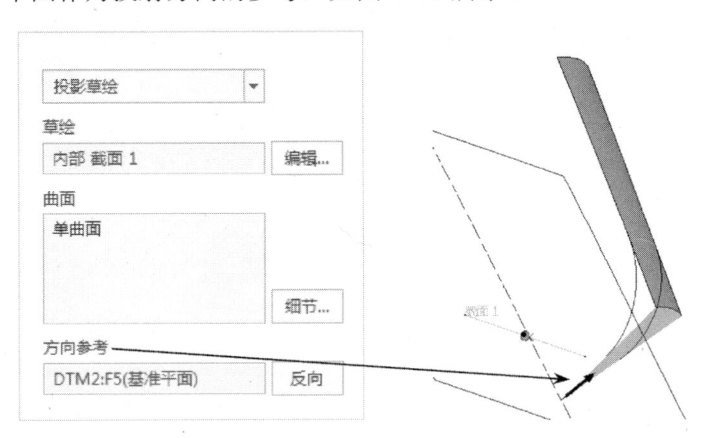

图 4-40　选取投射方向参考

6）完成投射曲线的创建工作

单击操控板的✓按钮，完成花盆外形单元曲面投射曲线的创建工作，其效果如图 4-41 所示。

（13）绘制花盆外形单元曲面辅助曲线 3

1）选取命令，定义草绘平面和方向

从模型工具栏中单击【草绘】按钮，打开“草绘”对话框，在【平面】框中选取“底部曲面”作为草绘平面，在【参考】框中选取“DTM1”平面作为参考平面，在【方向】框中选取“上”，如图 4-42 所示，单击 草绘 按钮进入草绘模式。

图 4-41　花盆外形单元曲面投射曲线

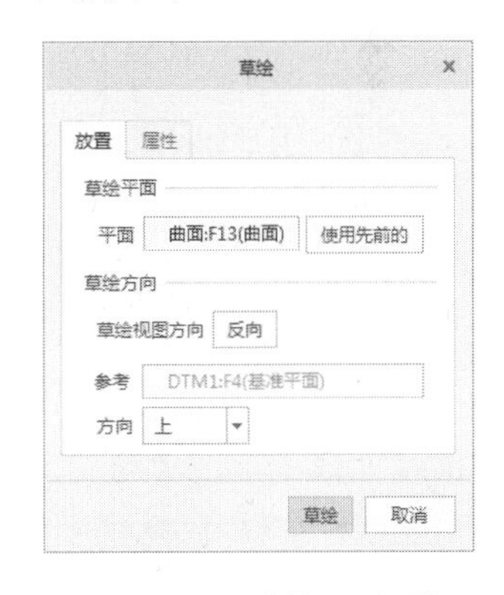

图 4-42　“草绘”对话框

2）绘制花盆外形单元曲面辅助曲线 3

绘制花盆外形单元曲面辅助曲线 3，使用重合约束，约束圆弧端点与辅助曲线 1、2 的端点重合，如图 4-43 所示。

3）完成花盆外形单元曲面辅助曲线 3 的创建工作

单击草绘工具栏的✓按钮，退出草绘模式，完成花盆外形单元曲面辅助曲线 3 的创建工作，如图 4-44 所示。

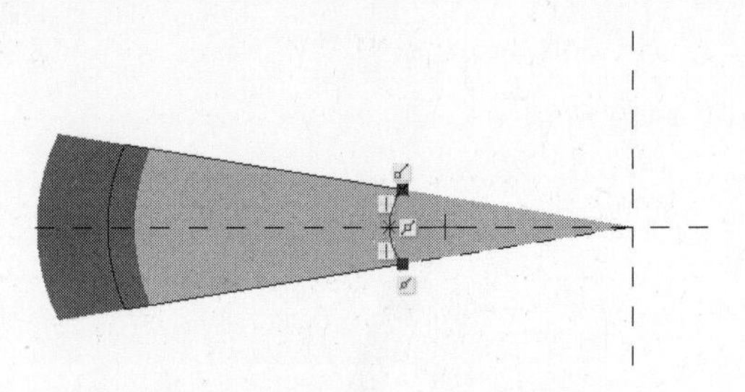

图 4-43　绘制花盆外形单元曲面辅助曲线 3

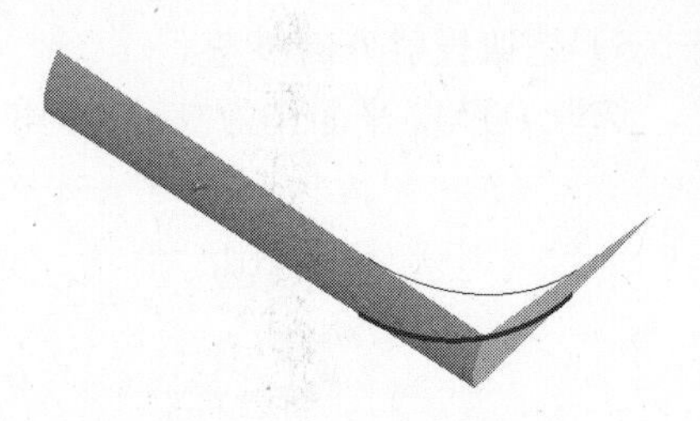

图 4-44　花盆外形单元曲面辅助曲线 3

（14）创建花盆外形单元边界曲面

1）选取命令

在模型工具栏上单击【边界混合】按钮，打开“边界混合”操控板，如图 4-45 所示。

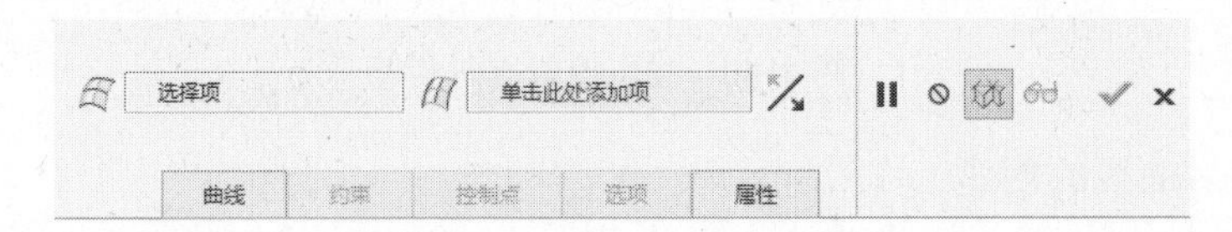

图 4-45　“边界混合”操控板

2）选取第一方向曲线

在曲线面板中单击【第一方向】下面的列表框，依次选取辅助曲线 2 、脊线、辅助曲线 1（结合〈Ctrl〉键）作为第一方向的曲线，如图 4-46 所示。

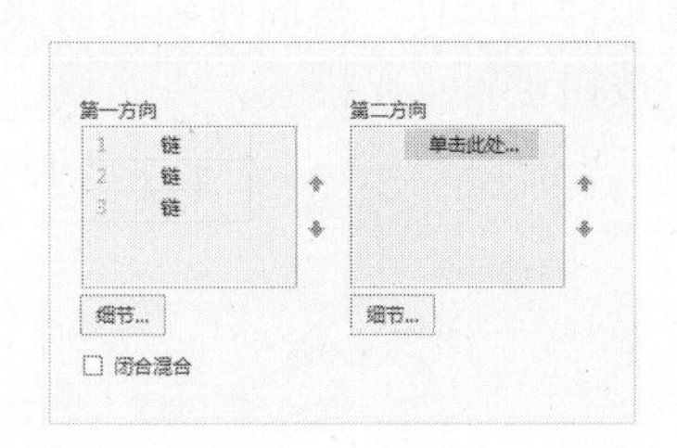

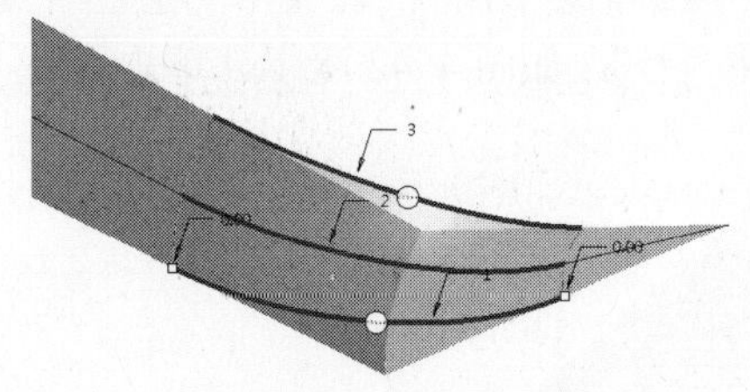

图 4-46　选取第一方向曲线

3）选取第二方向曲线

在曲线面板中单击【第二方向】下面的列表框，依次选取辅助曲线 3 和投射曲线作为第二方向的曲线，如图 4-47 所示。

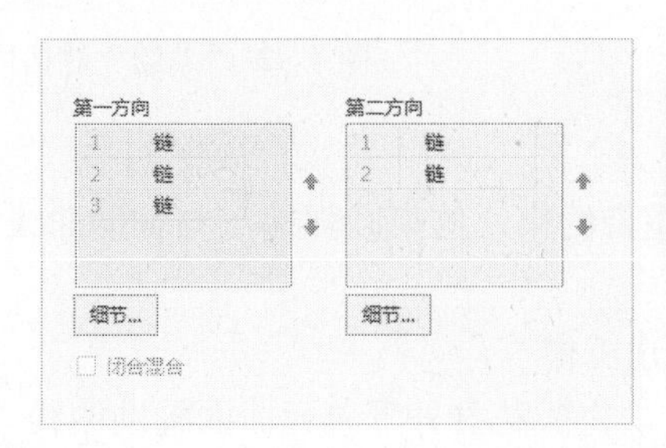

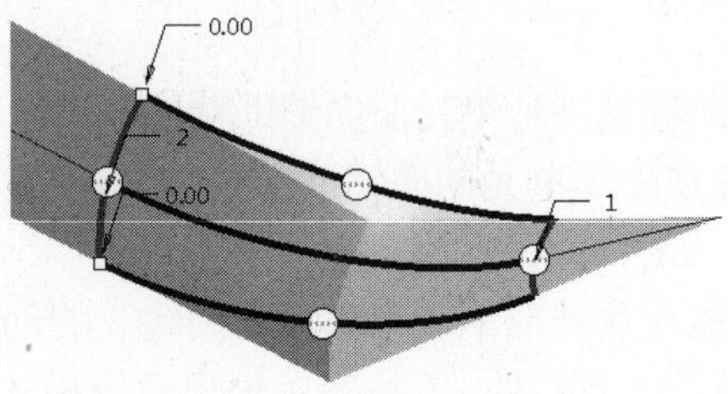

图 4-47　选取第二方向曲线

4）完成花盆外形单元边界曲面的创建工作

单击操控板的✓按钮，完成花盆外形单元边界曲面的创建工作，其效果如图 4-48 所示。

（15）合并花盆外形单元曲面

1）选取要合并的面组

选取修剪好的花盆外形单元曲面与花盆外形单元边界曲面作为要合并的面组。

2）选取命令

在模型工具栏中单击【合并】按钮，打开“合并曲面”操控板，如图 4-49 所示。

图 4-48　花盆外形单元边界曲面

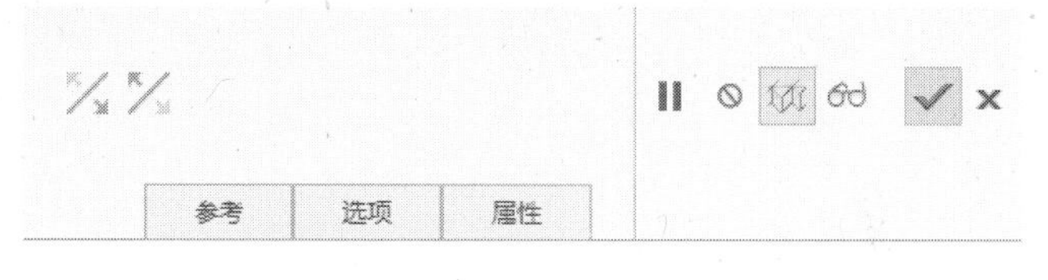

图 4-49　“合并曲面”操控板

3）合并操作

在选项下滑面板中选取合并方式为“相交”，切换箭头方向，选取要保留的合并侧，合并操作如图 4-50 所示。

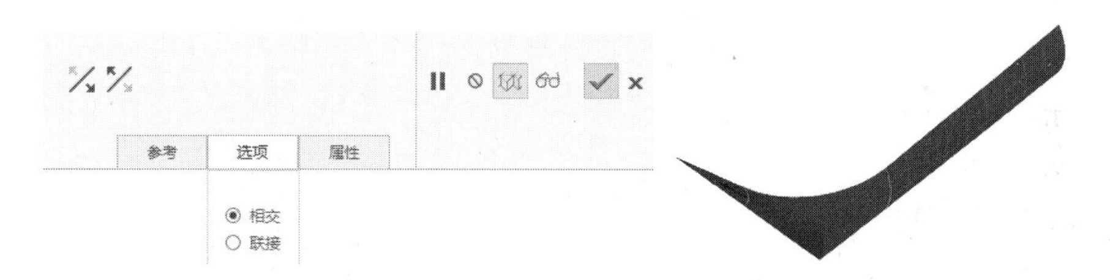

图 4-50　合并曲面操作

4）完成合并曲面的创建工作

单击操控板的✓按钮，完成修剪好的花盆外形单元曲面与花盆外形单元边界曲面的合并创建工作，获得完整的花盆外形单元曲面，其效果如图 4-51 所示。

图 4-51　合并曲面效果

2．创建花盆外形主体曲面

（1）创建基准轴 A_1

1）选取命令

在模型工具栏中单击【轴】按钮，打开“基准轴”对话框。

2）为新建基准轴选取位置参考

为新建基准轴选取参考，在【基准轴】对话框的【参考】栏中选取如图 4-52 所示的 DTM2 平面作为参考。

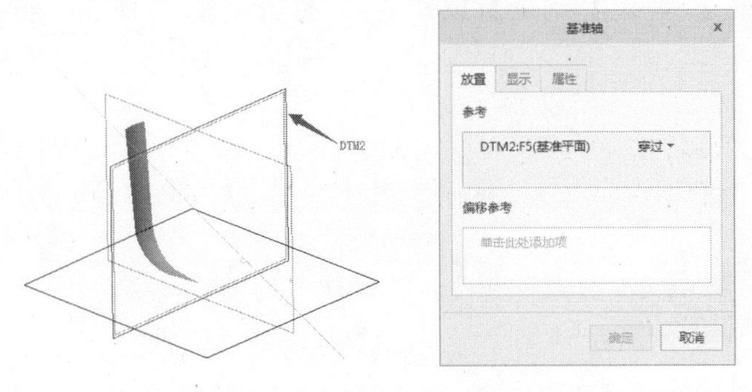

图 4-52　选取 DTM2 平面作为参考

3）选取多个参考和约束

按住〈Ctrl〉键，为新建基准轴选取“另一平面 DTM1”作为参考，如图 4-53 所示。

4）完成基准轴的创建工作

单击“基准轴”对话框的【确定】按钮，完成基准轴 A_1 的创建工作。

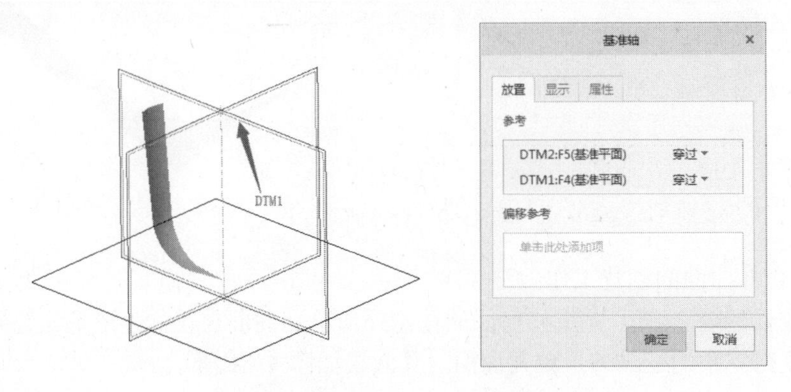

图 4-53　选取另一平面 DTM1 作参考

（2）将花盆外形单元曲面进行旋转变换

1）选取要旋转变换的曲面

选取花盆外形单元曲面作为要旋转变换的曲面，如图 4-54 所示。

2）选取命令

在模型工具栏中单击【复制】按钮→【粘贴】按钮→【选取性粘贴】，打开“旋转变换”操控板，如图 4-55 所示。

图 4-54 选取要旋转变换的曲面

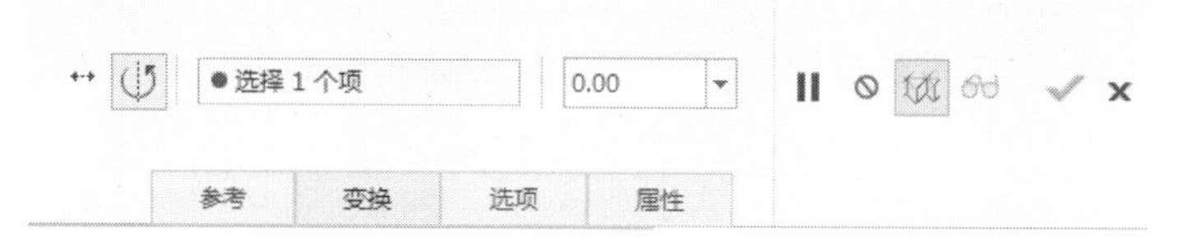

图 4-55 “旋转变换”操控板

3）定义旋转变换参数

选取 A_1 轴作为旋转变换的参考轴，设置旋转角度为 18°（由于花盆外形包含 20 个单元曲面），在选项下滑面板中勾选“复制原始几何”，除去“隐藏原始几何”前面的勾选，如图 4-56 所示。

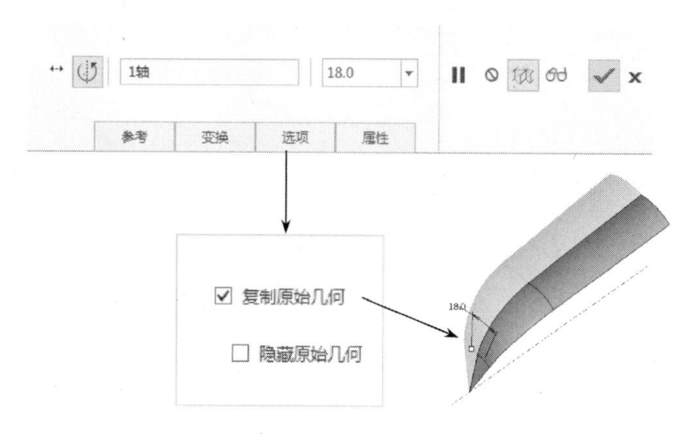

图 4-56 定义选项内容

4）完成花盆外形单元曲面旋转变换的创建工作

单击操控板的✓按钮，完成花盆外形单元曲面旋转变换的创建工作，其效果如图 4-57 所示。

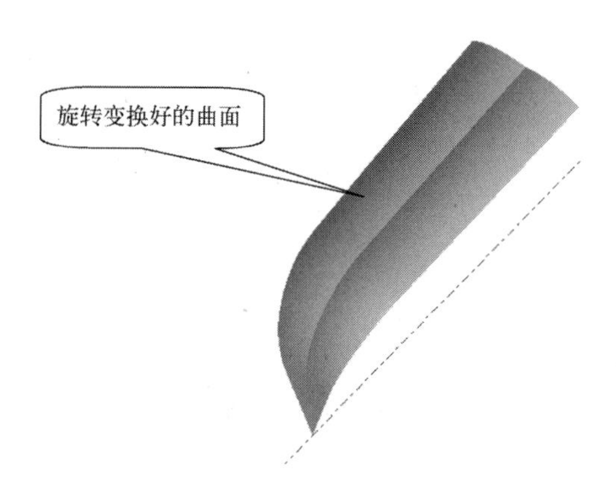

图 4-57 花盆外形单元曲面旋转变换效果

（3）合并旋转变换曲面 1

1）选取要合并的面组

选取花盆外形单元曲面与旋转变换好的曲面作为要合并的面组。

2）选取命令

在模型工具栏中单击【合并】按钮，打开“合并曲面”操控板，如图 4-58 所示。

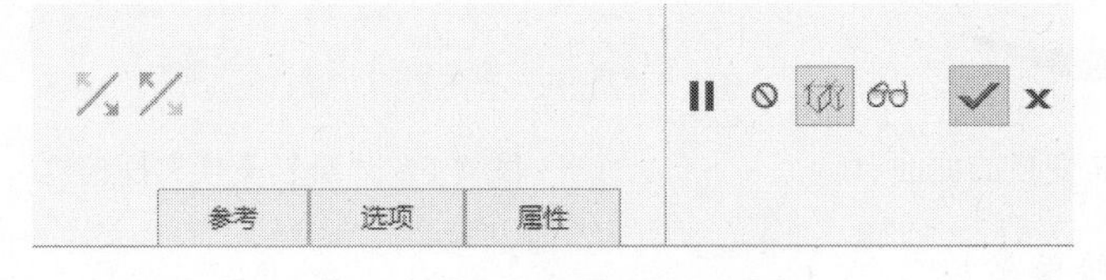

图 4-58 “合并曲面”操控板

3）合并操作

在选项下滑面板中选取合并方式为“联接”，合并操作如图 4-59 所示。

图 4-59 合并曲面操作

4）完成合并曲面的创建工作

单击操控板的按钮，完成花盆外形单元曲面与旋转变换好的曲面的合并创建工作，其效果如图 4-60 所示。

（4）将合并好的 2 个单元曲面进行旋转变换

1）选取要旋转变换的曲面

选取合并好的 2 个单元曲面作为要旋转变换的曲面，如图 4-61 所示。

图 4-60 合并曲面效果

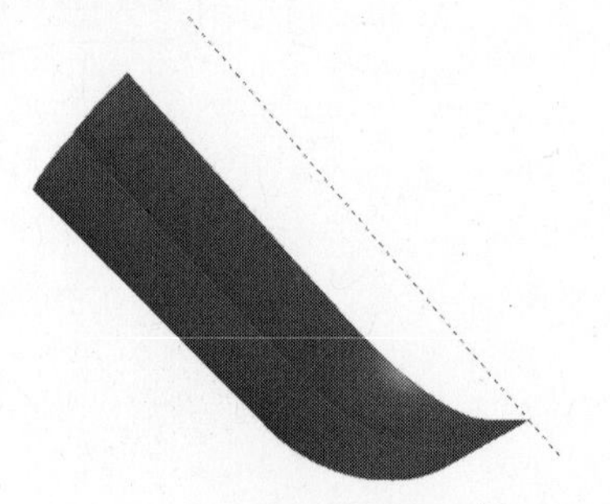

图 4-61 选取要旋转变换的曲面

2）选取命令

在模型工具栏中单击【复制】按钮→【粘贴】按钮→【选取性粘贴】，打开“旋转变换”操控板，如图4-62所示。

图4-62 “旋转变换”操控板

3）定义旋转变换参数

选取 A_1 轴作为旋转变换的参考轴，设置旋转角度为 36°，在选项下滑面板中勾选“复制原始几何”，除去“隐藏原始几何”前面的勾选，如图4-63所示。

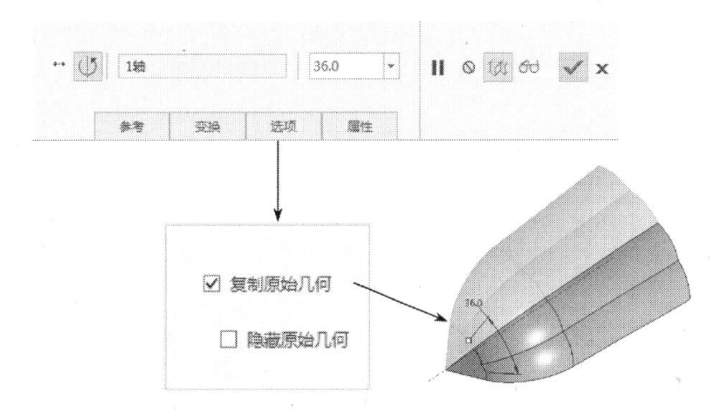

图4-63 定义选项内容

4）完成合并好的2个单元曲面旋转变换的创建工作

单击操控板的按钮，完成花盆外形合并好的2个单元曲面旋转变换的创建工作，其效果如图4-64所示。

（5）将变换好的2个单元曲面进行旋转变换

1）选取要旋转变换的曲面

选取变换好的2个单元曲面作为要旋转变换的曲面，如图4-65所示。

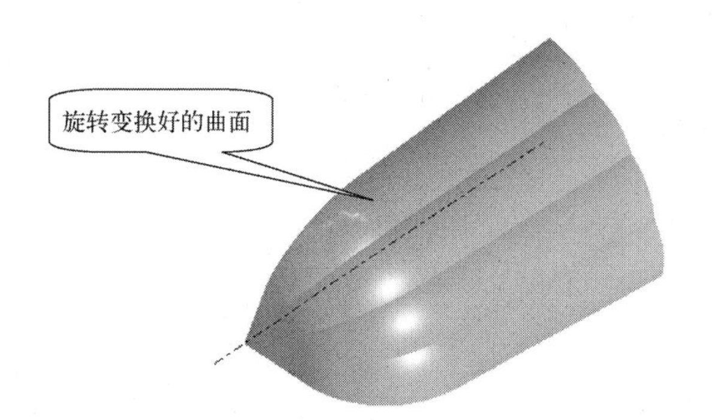

图4-64 花盆外形2个单元曲面旋转变换效果

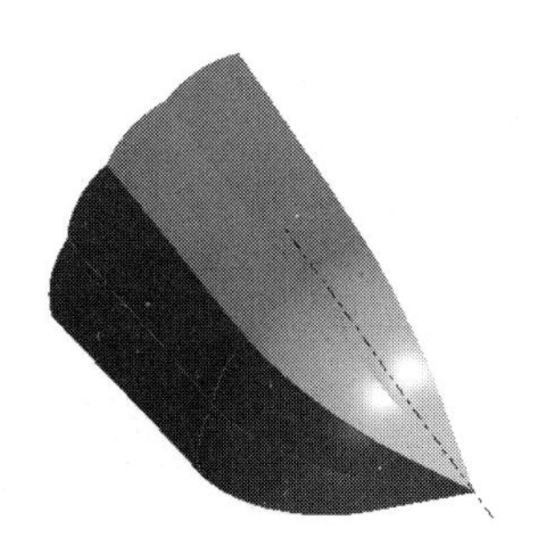

图4-65 选取要旋转变换的曲面

2）选取命令

在模型工具栏中单击【复制】按钮→【粘贴】按钮→【选取性粘贴】，打开“旋转变换”操控板，如图 4-66 所示。

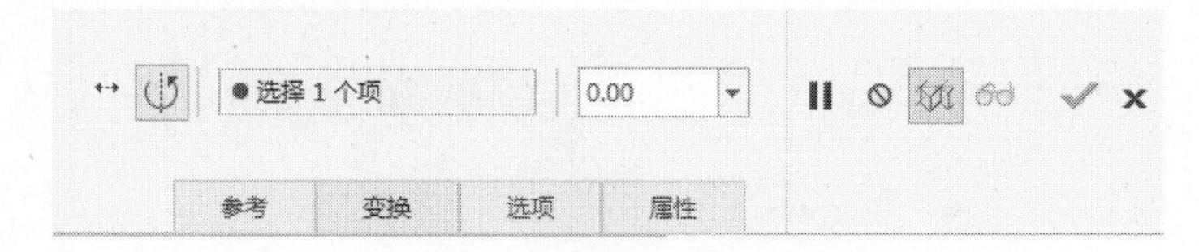

图 4-66 “旋转变换”操控板

3）定义旋转变换参数

选取 A_1 轴作为旋转变换的参考轴，设置旋转角度为 36°，在选项下滑面板中勾选“复制原始几何”，除去“隐藏原始几何”前面的勾选，如图 4-67 所示。

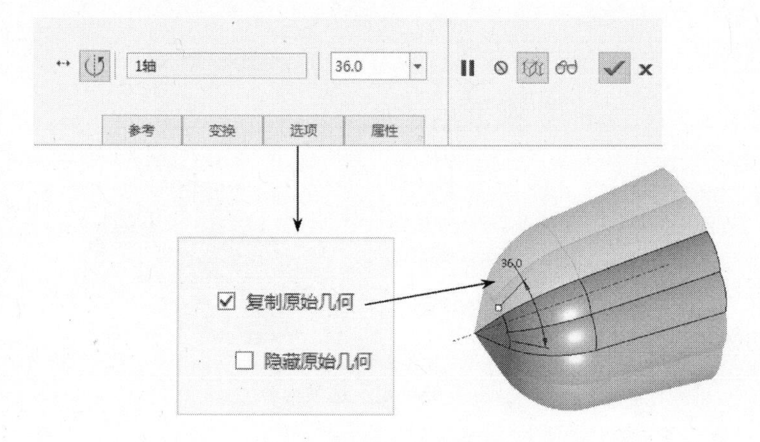

图 4-67 定义选项内容

4）完成变换好的 2 个单元曲面旋转变换的创建工作

单击操控板的按钮，完成花盆外形变换好的 2 个单元曲面旋转变换的创建工作，其效果如图 4-68 所示。

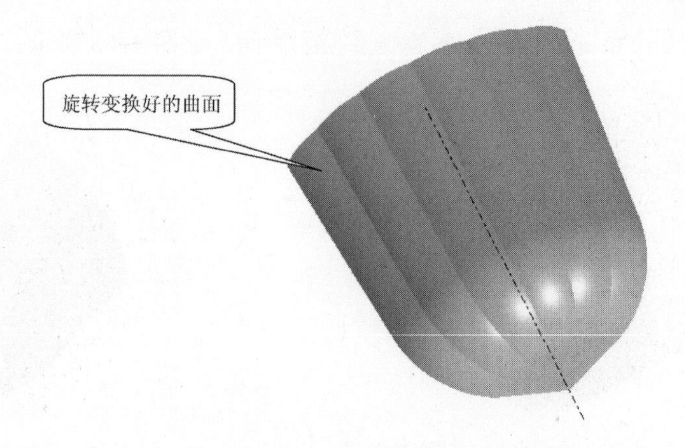

图 4-68 变换好的 2 个单元曲面旋转变换效果

（6）合并旋转变换曲面 2

1）选取要合并的面组

选取 2 组变换好的花盆外形单元曲面作为要合并的面组。

2）选取命令

在模型工具栏中单击【合并】按钮，打开“合并曲面”操控板，如图 4-69 所示。

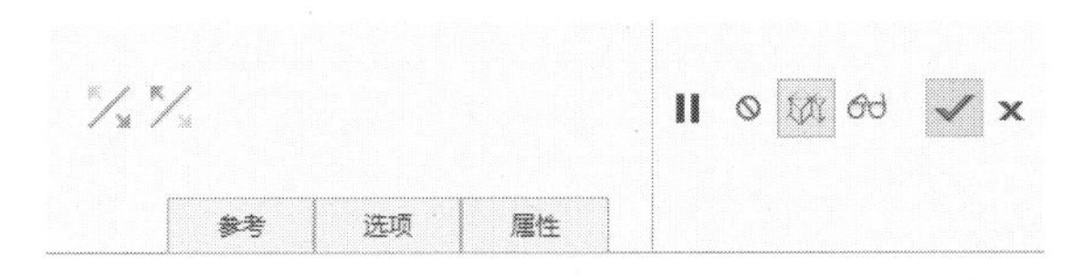

图 4-69 “合并曲面”操控板

3）合并操作

在选项下滑面板中选取合并方式为“联接”，合并操作如图 4-70 所示。

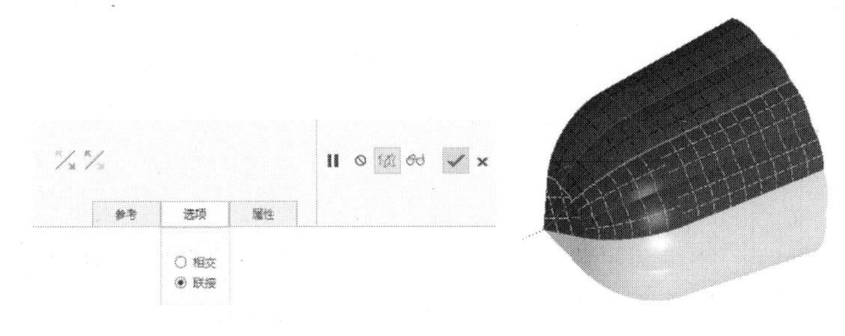

图 4-70 合并曲面操作

4）完成合并曲面的创建工作

单击操控板的✓按钮，完成 2 组变换好的花盆外形单元曲面的合并创建工作，其效果如图 4-71 所示。

（7）将合并好的 4 个单元曲面进行旋转变换

1）选取要旋转变换的曲面

选取合并好的 4 个单元曲面作为要旋转变换的曲面，如图 4-72 所示。

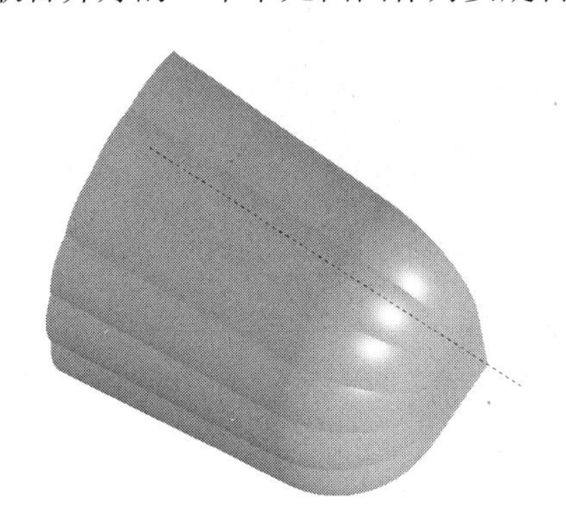

图 4-71 合并曲面效果

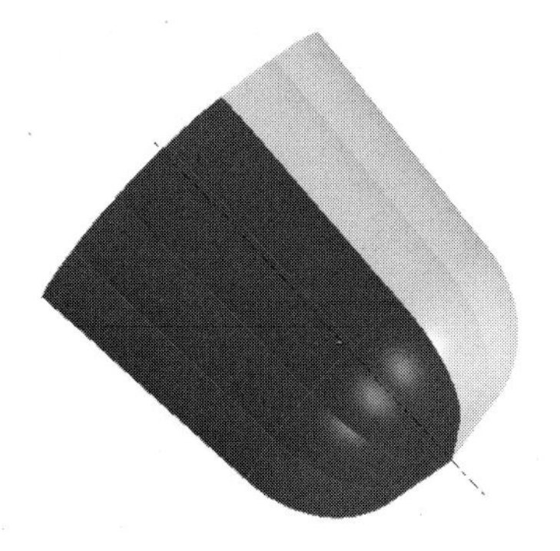

图 4-72 选取要旋转变换的曲面

2）选取命令

在模型工具栏中单击【复制】按钮→【粘贴】按钮→【选取性粘贴】，打开“旋转变换”操控板，如图 4-73 所示。

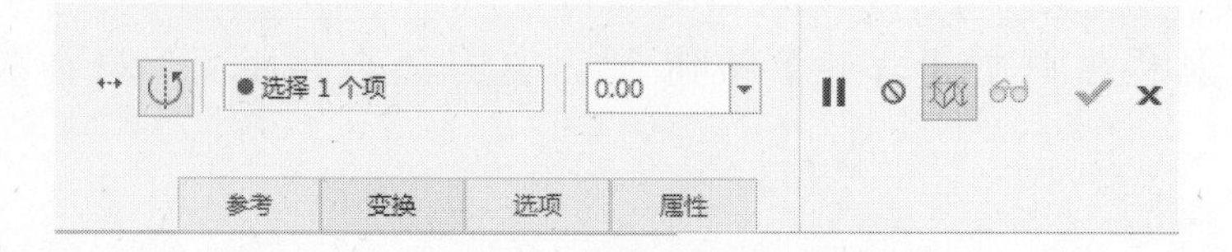

图 4-73 “旋转变换”操控板

3）定义旋转变换参数

选取 A_1 轴作为旋转变换的参考轴，设置旋转角度为 72°，在选项下滑面板中勾选“复制原始几何”，除去“隐藏原始几何”前面的勾选，如图 4-74 所示。

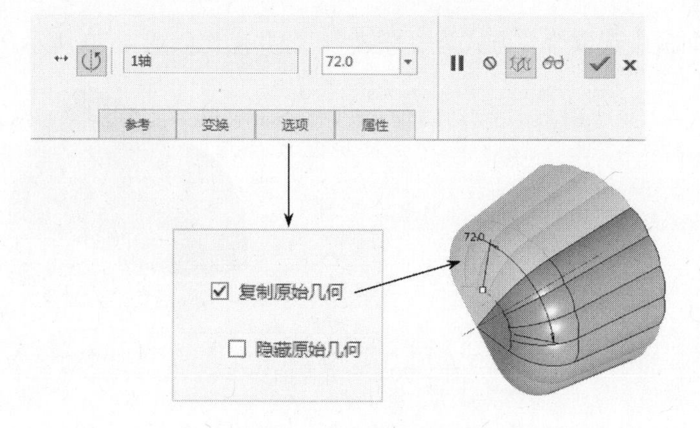

图 4-74 定义选项内容

4）完成合并好的 4 个单元曲面旋转变换的创建工作

单击操控板的按钮，完成花盆外形合并好的 4 个单元曲面旋转变换的创建工作，其效果如图 4-75 所示。

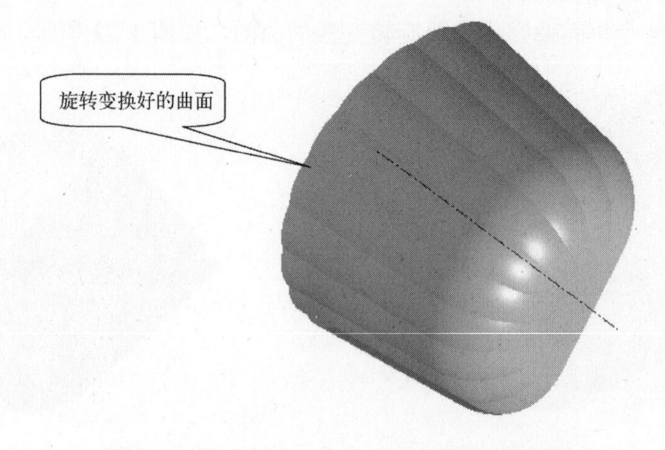

图 4-75 合并好的 4 个单元曲面旋转变换效果

（8）合并旋转变换曲面 3

1）选取要合并的面组

选取 2 组变换好的 4 个单元曲面与起始的一组 2 个单元曲面作为要合并的面组。

2）选取命令

在模型工具栏中单击【合并】按钮，打开“合并曲面”操控板，如图 4-76 所示。

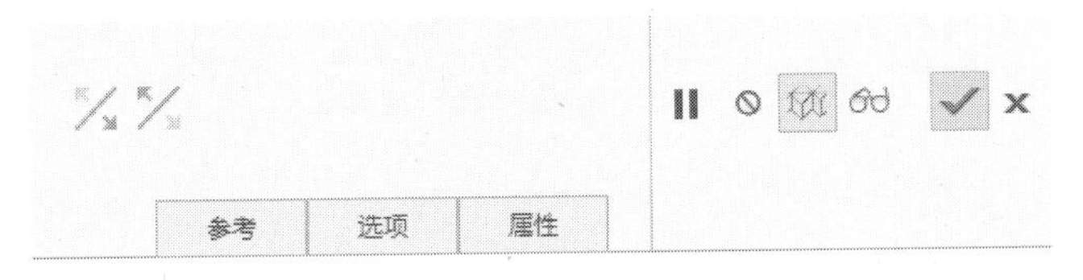

图 4-76 “合并曲面”操控板

3）合并操作

接受系统默认的联接方式，合并操作如图 4-77 所示。

图 4-77 合并曲面操作

4）完成合并曲面的创建工作

单击操控板的按钮，完成 2 组变换好的 4 个单元曲面与起始的一组 2 个单元曲面的合并创建工作，获得 1/2 外形曲面，其效果如图 4-78 所示。

（9）将合并好的 1/2 外形曲面进行旋转变换

1）选取要旋转变换的曲面

选取合并好的 1/2 外形曲面作为要旋转变换的曲面，如图 4-79 所示。

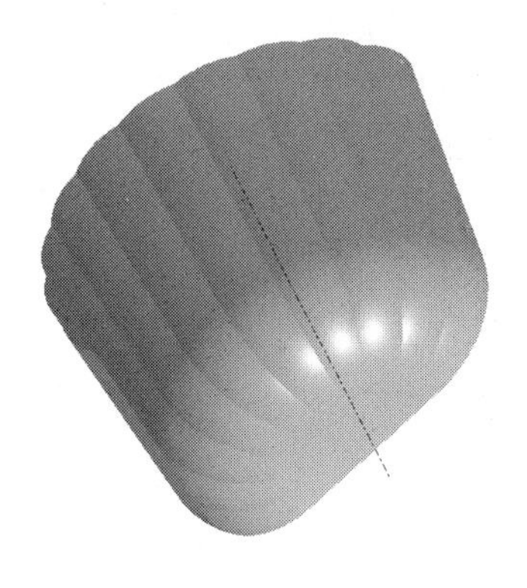

图 4-78 合并曲面效果

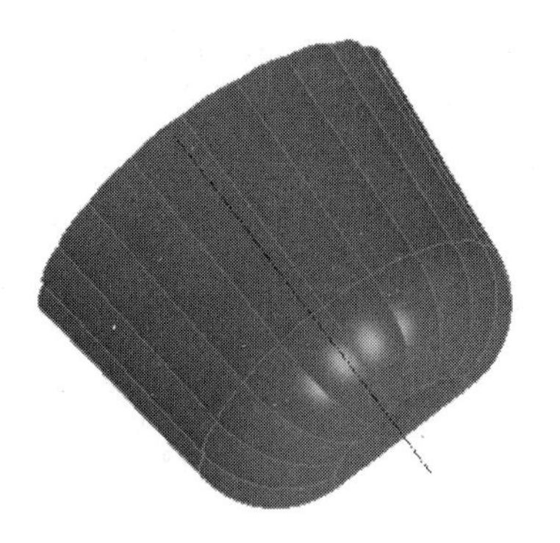

图 4-79 选取要旋转变换的曲面

2）选取命令

在模型工具栏中单击【复制】按钮→【粘贴】按钮→【选取性粘贴】，打开“旋转变换”操控板，如图 4-80 所示。

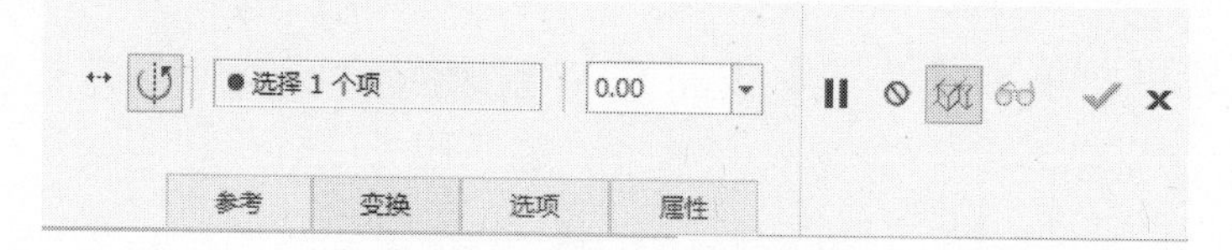

图 4-80 “旋转变换”操控板

3）定义旋转变换参数

选取 A_1 轴作为旋转变换的参考轴，设置旋转角度为 180°，在选项下滑面板中勾选“复制原始几何”，除去“隐藏原始几何”前面的勾选，如图 4-81 所示。

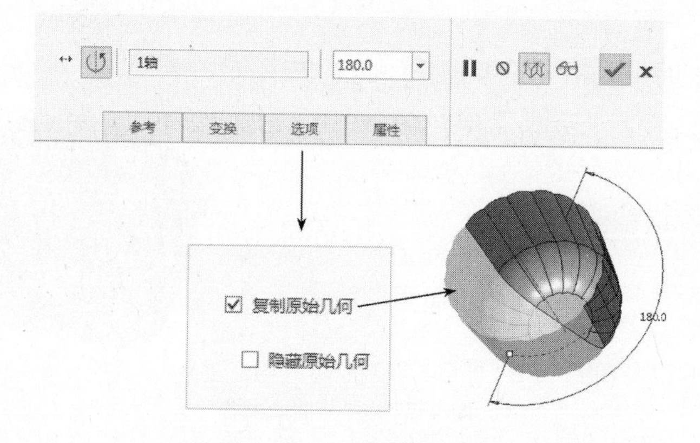

图 4-81 定义选项内容

4）完成合并好的 4 个单元曲面旋转变换的创建工作

单击操控板的按钮，完成花盆合并好的 1/2 外形曲面旋转变换的创建工作，获得花盆外形曲面，其效果如图 4-82 所示。

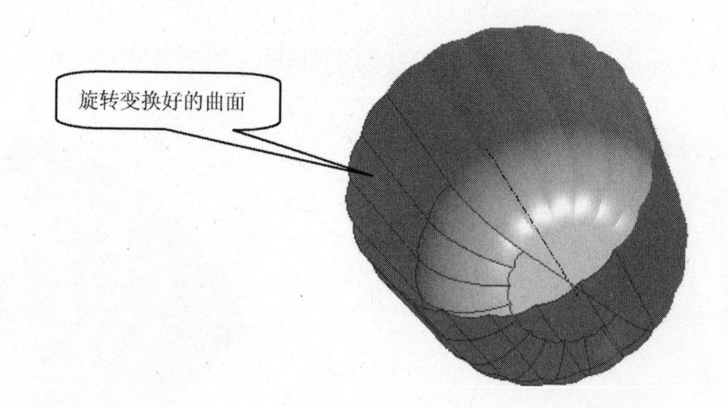

图 4-82 合并好的 1/2 外形曲面旋转变换效果

（10）合并旋转变换曲面 4

1）选取要合并的面组

选取 2 组 1/2 花盆外形曲面作为要合并的面组。

2）选取命令

在模型工具栏中单击【合并】按钮，打开“合并曲面”操控板，如图 4-83 所示。

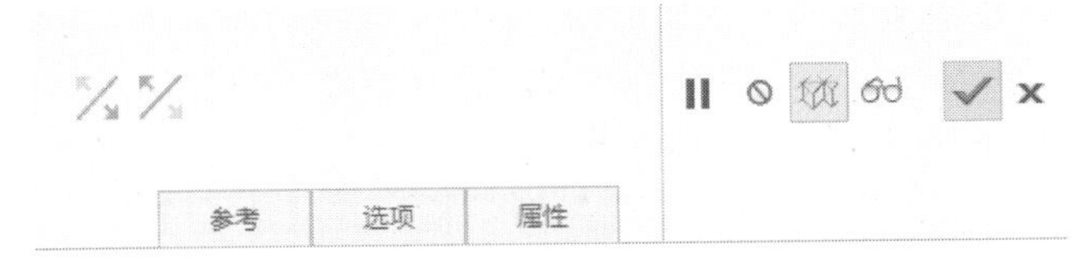

图 4-83 “合并曲面”操控板

3）合并操作

在选项下滑面板中选取合并方式为“联接”，合并操作如图 4-84 所示。

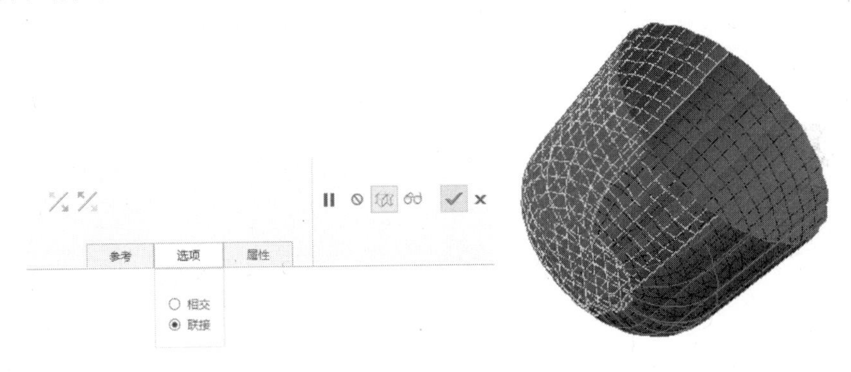

图 4-84 合并曲面操作

4）完成合并曲面的创建工作

单击操控板的按钮，完成 2 组 1/2 花盆外形曲面的合并创建工作，获得完整的花盆外形主体曲面，其效果如图 4-85 所示。

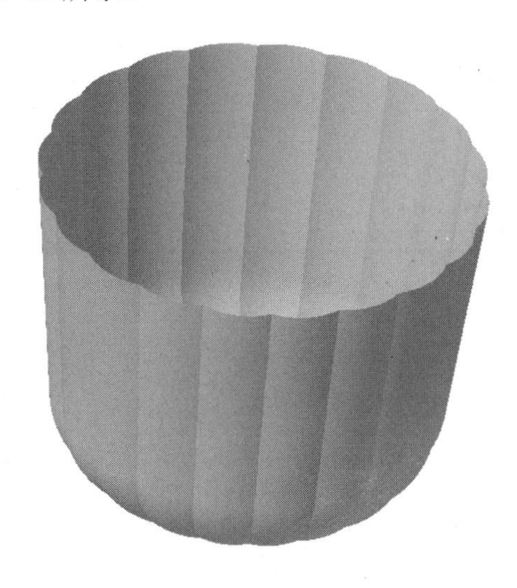

图 4-85 合并曲面效果

3．创建花盆外形特征

（1）创建花盆上端旋转特征

1）选取命令

在模型工具栏中单击【旋转】按钮，打开"旋转"操控板，再单击【作为实体旋转】按钮，如图 4-86 所示。

2）定义草绘平面和方向

选取【放置】→【定义】，打开"草绘"对话框。在【平面】框中选取"DTM1"平面作为草绘平面，在【参照】框中选取"DTM2" 平面作为参照平面，在【方向】框中选取"左"，如图 4-87 所示。单击 草绘 按钮进入草绘模式。

图 4-86 "旋转"操控板

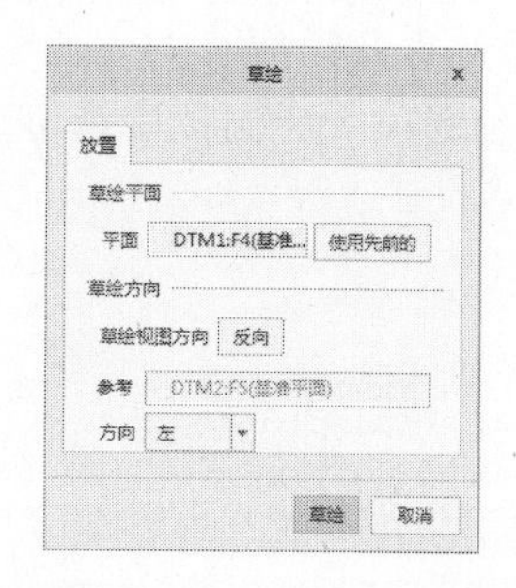

图 4-87 "草绘"对话框

3）绘制旋转特征截面

绘制旋转截面，方法如下

① 单击【中心线】按钮，绘制旋转中心线。

② 单击【线】按钮和【弧】按钮，绘制出旋转截面。

③ 使用轮廓线上的外端点标注长度尺寸和截面的角度尺寸，如图 4-88 所示。

④ 单击草绘工具栏的按钮退出草绘模式。

4）定义旋转角度

在"旋转"操控板中选取【变量】，然后输入旋转角度"360"，在图形窗口中可以预览旋转出的花盆上端实体特征，如图 4-89 所示。

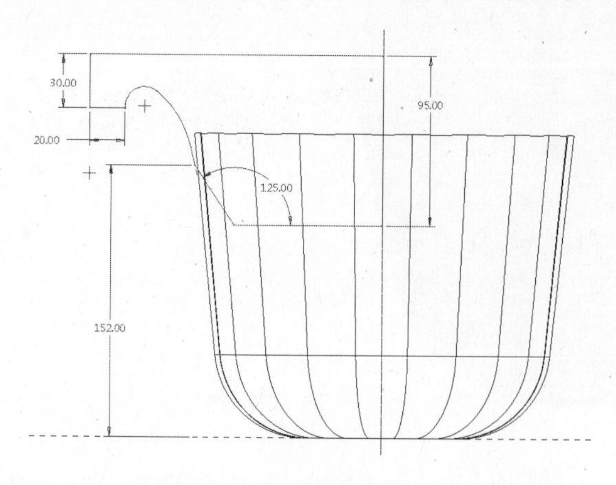

图 4-88 绘制旋转截面

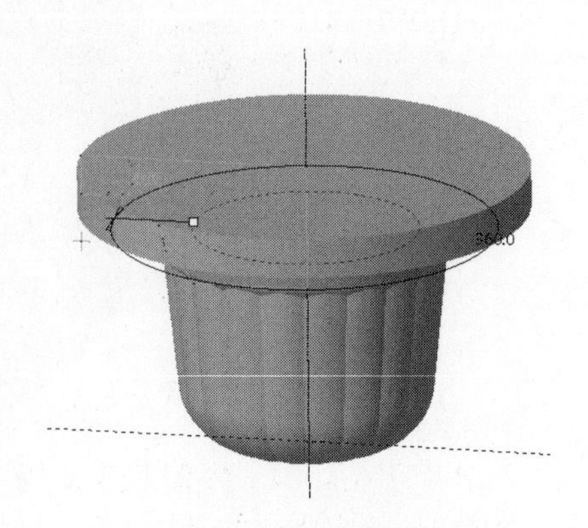

图 4-89 花盆上端旋转特征

5）完成花盆上端旋转特征的创建工作

单击操控板的✓按钮，完成花盆上端旋转特征的创建工作。

（2）创建花盆上端棱边圆角特征

1）选取命令

在模型工具栏中单击【圆角】按钮，打开“圆角”特征操控板，如图4-90所示。

2）定义圆角形状参数

在集参数控制面板中选取圆角形状参数为“圆形”，如图4-91所示。

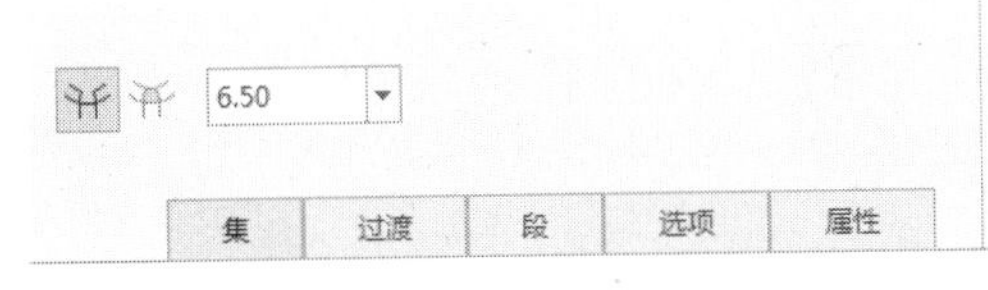

图4-90 “圆角”特征操控板

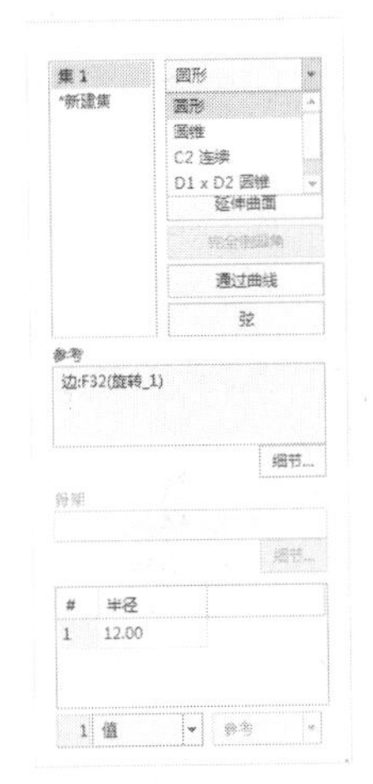

图4-91 设定圆角形状参数

3）选取圆角参考

设定圆角形状参数后，选取花盆上端棱边作为圆角特征的放置参考，如图4-92所示。

4）定义圆角尺寸

在圆角尺寸文本框中输入半径值为12，按〈Enter〉键确认。

5）完成花盆上端棱边圆角特征的创建工作

单击操控板的✓按钮，完成花盆上端棱边圆角特征的创建工作，其形状如图4-93所示。

图4-92 选取圆角参考

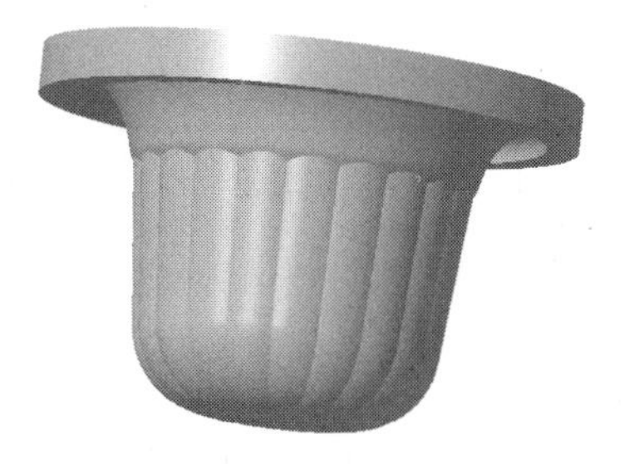

图4-93 花盆上端棱边圆角特征

（3）将花盆外形主体曲面实体化

1）选取要实体化的曲面

选取花盆外形主体曲面作为要实体化的曲面，如图4-94所示。

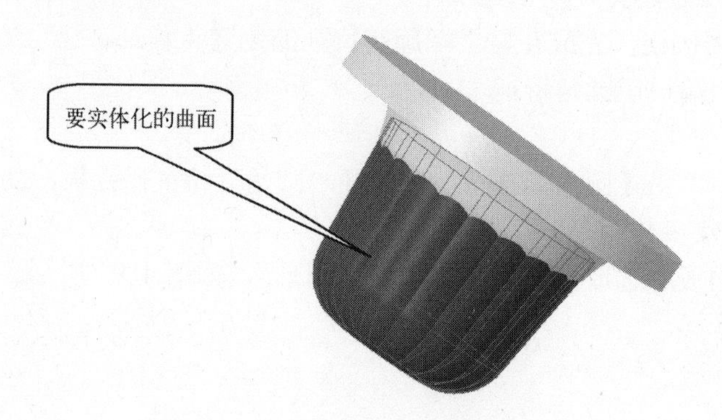

图 4-94　选取要实体化的曲面

2）选取命令

在模型工具栏中单击【实体化】按钮，打开“实体化曲面”操控板，如图 4-95 所示。

图 4-95　“实体化曲面”操控板

3）选取实体化曲面方式

选取实体化曲面方式为：用实体材料填充由面组界定的体积块。

4）完成实体化曲面的创建工作

单击操控板的✓按钮，完成花盆外形主体曲面实体化的创建工作。

（4）创建花盆底部拉伸特征

1）选取命令

在模型工具栏中单击【拉伸】按钮，打开“拉伸”操控板，选取【拉伸为实体】按钮，再单击【移除材料】按钮。

2）定义草绘平面和方向

选取【放置】→【定义】，打开“草绘”对话框。在【平面】框中选取“花盆底面”作为草绘平面，在【参考】框中选取“DTM1”平面作为参考平面，在【方向】框中选取“上”，单击 草绘 按钮进入草绘模式。

3）绘制花盆底部拉伸截面

绘制“同心圆”截面，方法如下。

① 单击【中心线】按钮，绘制两条中心线。

② 单击【圆】按钮，绘制出 2 个同心圆截面。

③ 使用圆周轮廓标注直径尺寸，如图 4-96 所示。

④ 单击草绘工具栏的✓按钮，退出草绘模式。

4）指定拉伸方式和深度

在“拉伸”操控板中选取【选项】→【对称】，然后输入拉伸深度“20.5”，在图形窗口中可以预览拉伸出的移除材料特征，如图 4-97 所示。

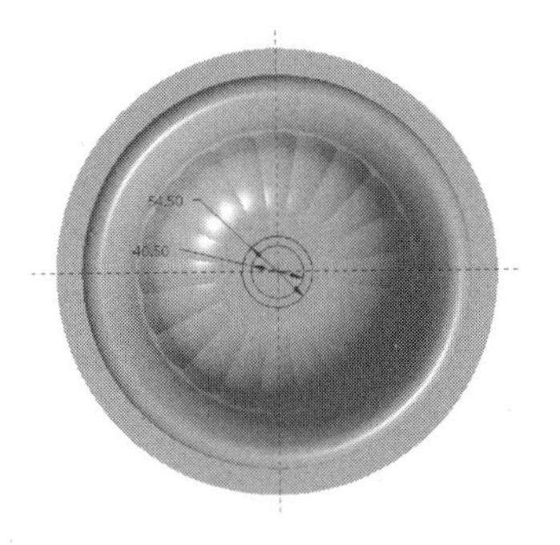

图 4-96　绘制拉伸截面

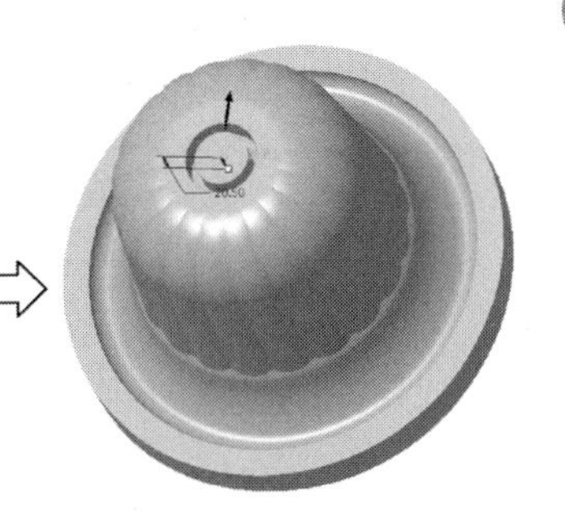

图 4-97　花盆底部拉伸特征

5）完成花盆外形单元拉伸曲面的创建工作

单击操控板的按钮，完成花盆底部拉伸特征的创建工作。

（5）创建花盆底部旋转特征

1）选取命令

在模型工具栏中单击【旋转】按钮，打开“旋转”操控板，选取【作为实体旋转】按钮，再单击【移除材料】按钮。

2）定义草绘平面和方向

选取【放置】→【定义】，打开“草绘”对话框。在【平面】框中选取“DTM1”平面作为草绘平面，在【参照】框中选取“DTM2” 平面作为参照平面，在【方向】框中选取“左”，单击草绘按钮进入草绘模式。

3）绘制旋转特征截面

绘制旋转截面，方法如下。

① 单击【中心线】按钮，绘制旋转中心线。

② 单击【线】按钮和【弧】按钮，绘制出旋转截面。

③ 使用轮廓线上的外端点标注长度尺寸，如图 4-98 所示。

④ 单击草绘工具栏的按钮退出草绘模式。

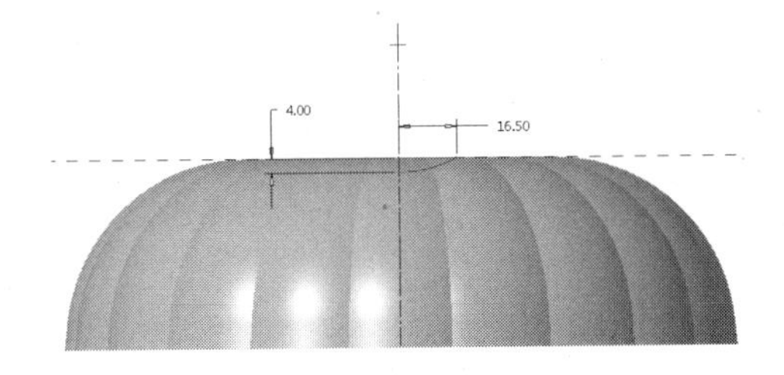

图 4-98　绘制旋转截面

4）定义旋转角度

在“旋转”操控板中选取【变量】，然后输入旋转角度“360”，在图形窗口中可以预览旋转出的花盆上端实体特征，如图 4-99 所示。

5）完成花盆底部旋转特征的创建工作

单击操控板的✓按钮，完成花盆底部旋转特征的创建工作，获得花盆整体外形特征，如图 4-100 所示。

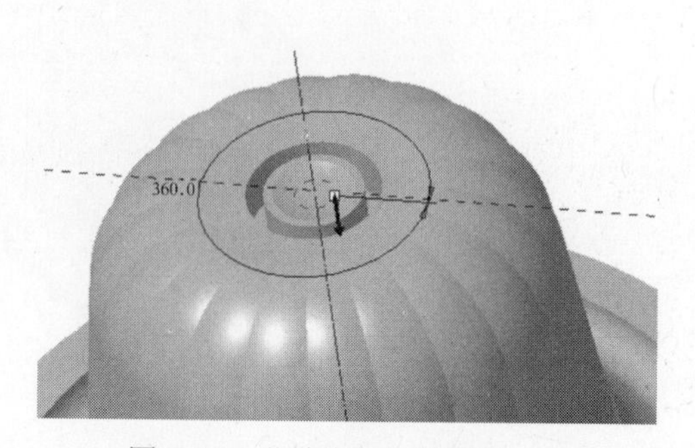

图 4-99　花盆底部旋转特征

图 4-100　花盆外形特征

4. 完善花盆结构，得到花盆产品

（1）创建花盆外形单元棱边圆角特征

1）选取命令

在模型工具栏中单击【圆角】按钮，打开“圆角”特征操控板。

2）定义圆角形状参数

在集参数控制面板中选取圆角形状参数为“圆形”。

3）选取圆角参考

设定圆角形状参数后，选取花盆外形单元棱边作为圆角特征的放置参考，如图 4-101 所示。

4）定义圆角尺寸

在圆角尺寸文本框中输入半径值为 3，按〈Enter〉键确认。

5）完成花盆外形单元棱边圆角特征的创建工作

单击操控板的✓按钮，完成花盆外形单元棱边圆角特征的创建工作，其形状如图 4-102 所示。

图 4-101　选取圆角参考

图 4-102　花盆外形单元棱边圆角特征

（2）创建花盆外形端部边线圆角特征

参考上述圆角方法，选取花盆外形端部边线作为圆角特征的放置参考，如图 4-103

所示。

在圆角尺寸文本框中输入半径值“3”，按〈Enter〉键确认。

单击操控板的✓按钮，完成花盆外形端部边线圆角特征的创建工作，其形状如图 4-104 所示。

图 4-103　选取圆角参考

图 4-104　花盆外形端部棱边圆角特征

（3）创建花盆底部侧面拔模特征

1）选取命令

在模型工具栏中单击【拔模】按钮，打开“拔模”操控板，如图 4-105 所示。

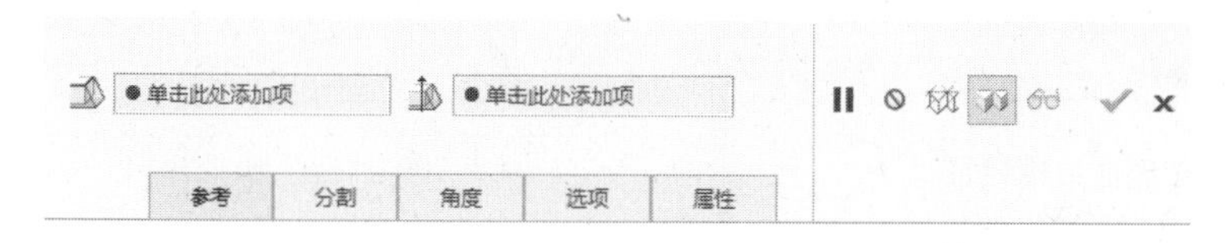

图 4-105　“拔模”操控板

2）选取拔模曲面

在“拔模”操控板中选取参考下滑面板，单击【拔模曲面】下面的列表框，选取要创建拔模特征的所有花盆底部侧面，如图 4-106 所示。

3）选取拔模枢轴

在参考面板中单击【拔模枢轴】下面的列表框，选取花盆底部表面为拔模枢轴，如图 4-107 所示。

图 4-106　选取拔模曲面

图 4-107　选取拔模枢轴

4）确定拖拉方向

系统将拔模枢轴表面作为拔模角度的参考面，确定拖拉方向。

5）输入拔模角度

在“拔模”操控板的列表框中输入拔模角度值为“1”。

6）完成花盆底部侧面拔模特征的创建工作

单击操控板的✓按钮，完成花盆底部侧面拔模特征的创建工作，其形状如图 4-108 所示。

（4）创建花盆壳特征

1）选取命令

在模型工具栏中单击【壳】按钮▣，打开“壳”操控板，如图 4-109 所示。

图 4-108　花盆底部侧面拔模特征

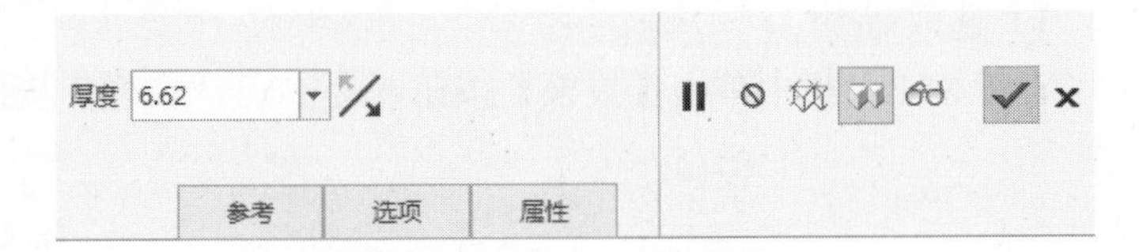

图 4-109　“壳”操控板

2）选取要移除的曲面

选取上端旋转特征上表面、侧面和底面作为要移除的曲面。

3）输入壳“值”

在对话框的组合框中输入厚度值为“1.6”，如图 4-110 所示。

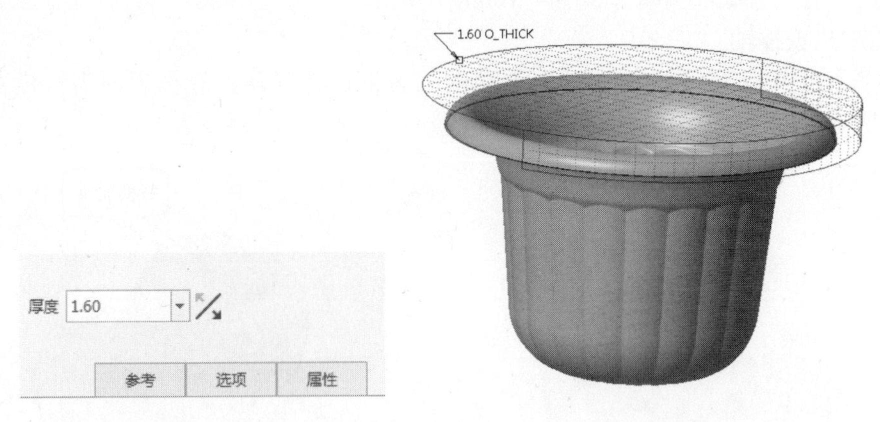

图 4-110　输入壳厚度

4）完成花盆壳特征的创建工作

单击操控板的✓按钮，完成花盆壳特征的创建工作，其形状如图 4-111 所示。

（5）创建花盆底部凸台边线圆角特征

参考上述圆角方法，选取花盆底部凸台边线作为圆角特征的放置参考，如图 4-112 所示。

在圆角尺寸文本框中输入半径值为“2”，按〈Enter〉键确认。

单击操控板的✓按钮，完成花盆底部凸台边线圆角特征的创建工作，获得花盆产品，其形状如图 4-113 所示。结果文件请参看随书光盘中的“第 4 章\范例结果文件\花盆\huapen-1.prt”。

图 4-111　花盆壳特征

图 4-112　圆角参考

图 4-113　花盆产品

4.2　工业风叶的设计

4.2.1　设计导航——作品规格与流程剖析

1．作品规格——工业风叶产品形状和参数

工业风叶产品外观如图 4-114 所示，长×宽×高为：227 mm×107 mm×51 mm。

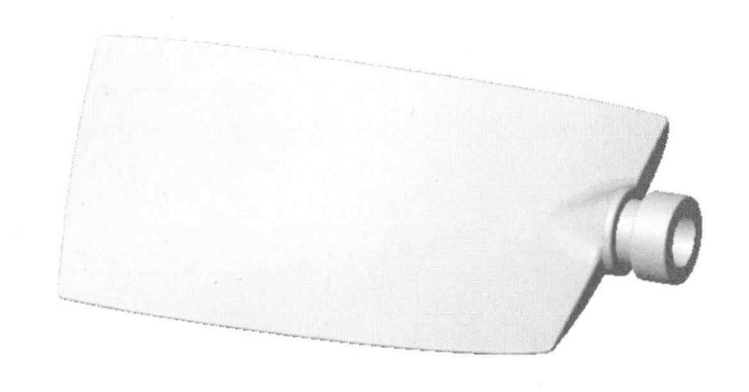

图 4-114　工业风叶产品

2．流程剖析——工业风叶产品设计方法与流程

（1）导入工业风叶点云曲线。

（2）创建工业风叶外形轮廓曲线。
（3）创建工业风叶主体曲线。
（4）创建工业风叶主体特征。
（5）创建工业风叶安装部位结构。
（6）完善工业风叶结构，得到工业风叶产品。

工业风叶产品创建的主要流程如图 4-115 所示。

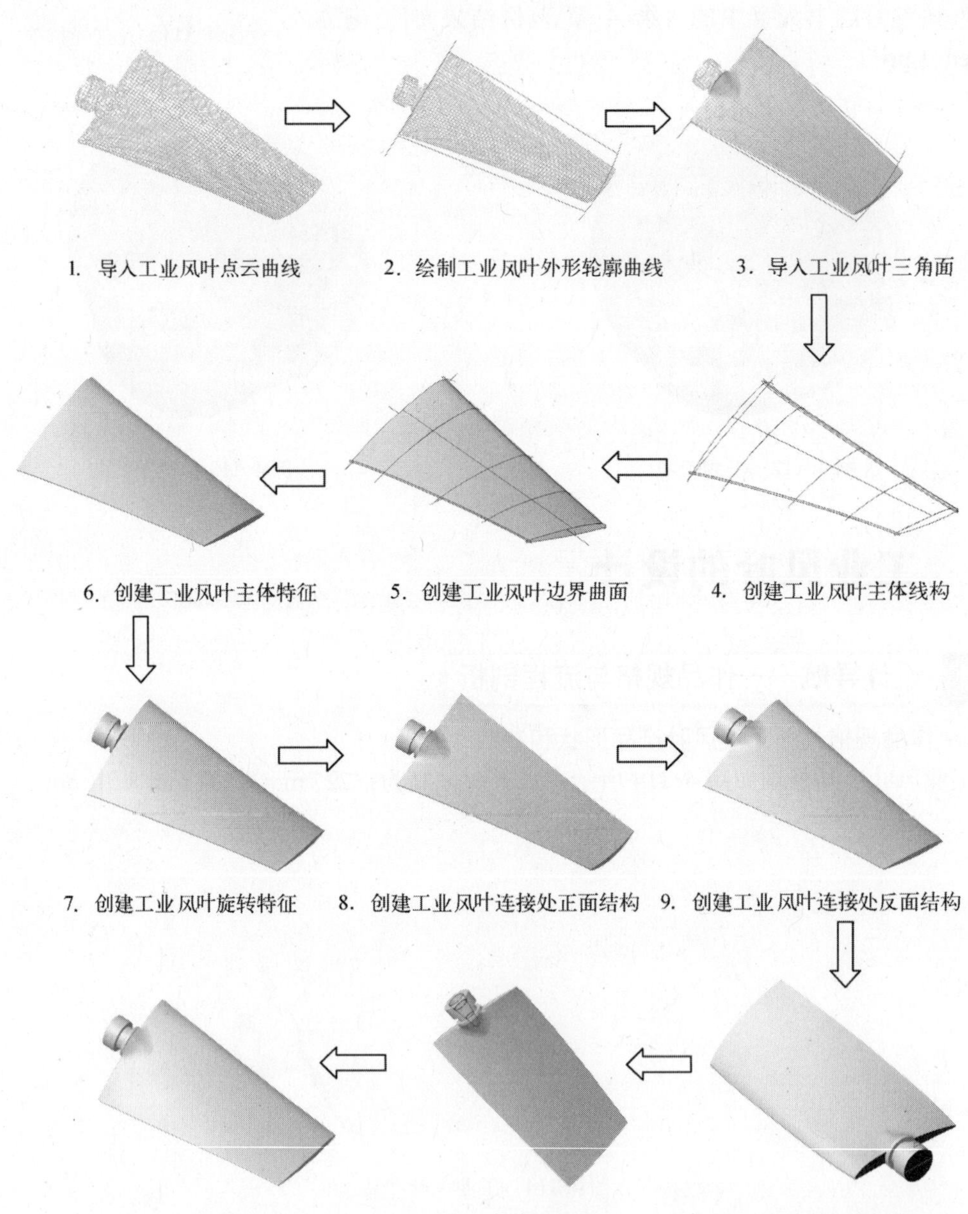

图 4-115　工业风叶产品创建的主要流程图解

4.2.2 设计思路——工业风叶产品的结构特点与技术要领

1．工业风叶产品的结构特点

工业风叶由叶片部位和安装连接部位两大块组成，外形看似简单，但其叶片为了满足出风效果，叶片曲面走势很不规则，需要通过三坐标扫描仪扫描出的点云数据处理成点云曲线和三角面来构造主体曲线，能够使用主体曲线来创建不规则的边界曲面，属于复杂的逆向工程案例。创建工业风叶主体曲线是设计工业风叶产品的难点和重点。

2．工业风叶产品设计技术要领

根据设计导航中的设计流程剖析可知，工业风叶产品属于复杂逆向工程范畴，综合分析其主体叶片曲面结构，使用导入工业风叶点云曲线创建工业风叶外形轮廓曲线，通过导入的小平面三角面创建叶片截面线，使用叶片轮廓曲线和截面曲线创建叶片主体曲面，再使用曲面复制、填充曲面、拔模、圆角、镜像、曲面实体化等方法，完成工业风叶产品设计工作，得到完整的工业风叶产品。

4.2.3 实战步骤

1．创建工业风叶主体曲线

（1）导入工业风叶点云曲线

打开模型文件“第 4 章\范例源文件\工业风叶\fy-1.prt”，如图 4-116 所示。

（2）绘制工业风叶外形轮廓曲线

1）绘制风叶短边外形轮廓线

① 选取命令，定义草绘平面和方向

在模型工具栏中单击【草绘】按钮，打开“草绘”对话框，在【平面】框中选取“TOP”平面作为草绘平面，在【参考】框中选取“RIGHT”平面作为参考平面，在【方向】框中选取“下”，如图 4-117 所示，单击 草绘 按钮进入草绘模式。

图 4-116 工业风叶点云曲线

图 4-117 “草绘”对话框

② 绘制风叶短边轮廓曲线

绘制“风叶短边轮廓曲线”，如图 4-118 所示。方法如下。

a. 单击【中心线】按钮，绘制两条中心线。

b. 单击【弧】按钮 和【线】按钮 ，绘制出风叶短边轮廓曲线。

c. 标注圆弧和线段的尺寸，通过观察的方法，使风叶短边轮廓曲线与风叶点云曲线的短边一致。

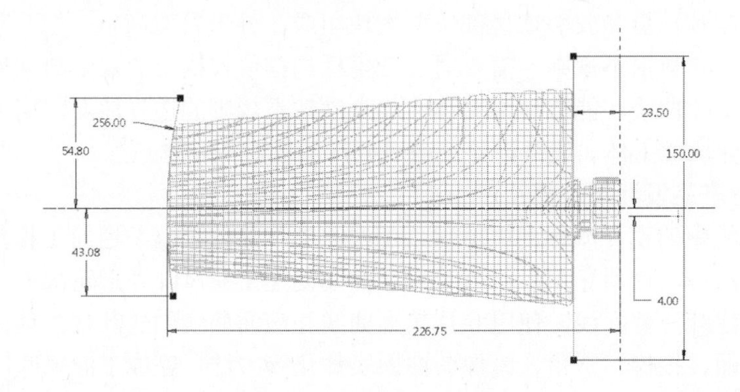

图 4-118　绘制短边轮廓曲线

③ 完成风叶短边轮廓曲线的创建工作

单击草绘工具栏的 按钮，退出草绘模式，完成风叶短边轮廓曲线的创建工作。其效果如图 4-119 所示。

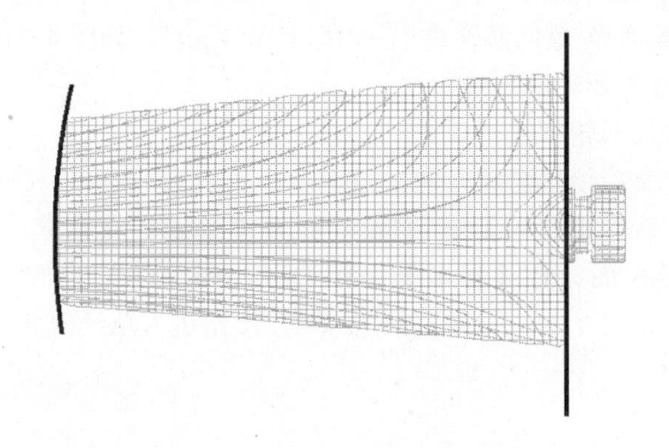

图 4-119　风叶短边轮廓曲线

2）绘制风叶长边外形轮廓线

① 选取命令，定义草绘平面和方向

在模型工具栏中单击【草绘】按钮 ，打开“草绘”对话框，在【平面】框中选取“TOP”平面作为草绘平面，在【参考】框中选取“RIGHT”平面作为参考平面，在【方向】框中选取“下”，单击 草绘 按钮进入草绘模式。

② 绘制风叶长边轮廓曲线

绘制“风叶长边轮廓曲线”，如图 4-120 所示。方法如下。

a. 单击【中心线】按钮 ，绘制两条中心线。

b. 单击【样条】按钮 和【线】按钮 ，绘制出风叶长边轮廓曲线。

c. 标注样条和线段的尺寸，通过观察的方法，使风叶长边轮廓曲线与风叶点云曲线的长边一致，其端点在短边轮廓曲线上。

③ 完成风叶长边轮廓曲线的创建工作

单击草绘工具栏的✔按钮，退出草绘模式，完成风叶长边轮廓曲线的创建工作。其效果如图 4-121 所示。

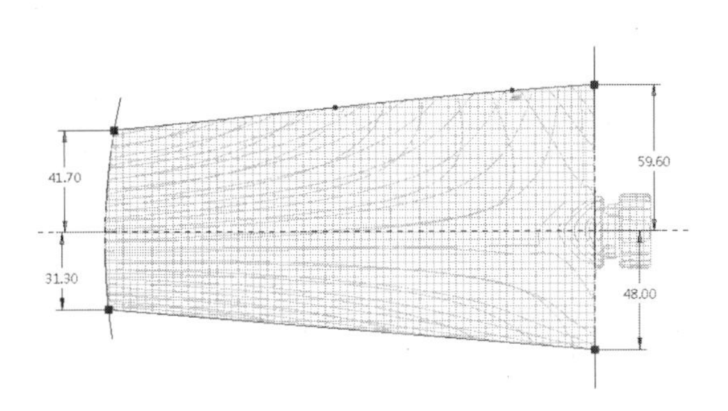

图 4-120　绘制长边轮廓曲线

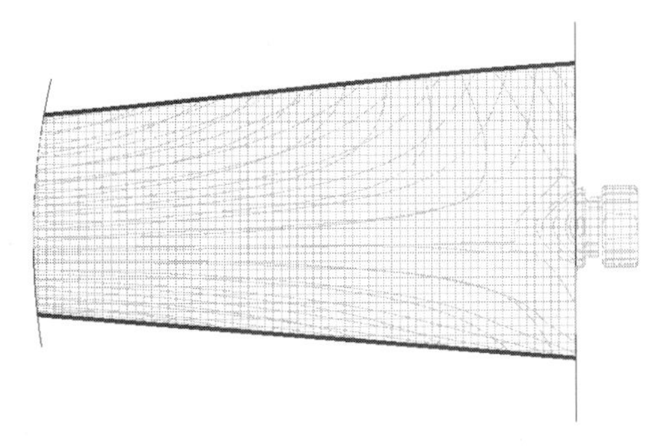

图 4-121　风叶长边轮廓曲线

（3）导入工业风叶小平面特征

导入工业风叶小平面特征为三角面，三角面是扫描点直接生成的面，不能作为设计曲面使用，但可将曲线投射到三角面上，使用其投射曲线来创建边界曲面。工业风叶小平面特征如图 4-122 所示。

（4）绘制工业风叶辅助曲线 1

1）选取命令，定义草绘平面和方向

在模型工具栏中单击【草绘】按钮，打开“草绘”对话框，在【平面】框中选取“TOP”平面作为草绘平面，在【参考】框中选取“RIGHT”平面作为参考平面，在【方向】框中选取“上”，单击 草绘 按钮进入草绘模式。

2）绘制风叶辅助曲线 1

绘制风叶辅助曲线 1，如图 4-123 所示。

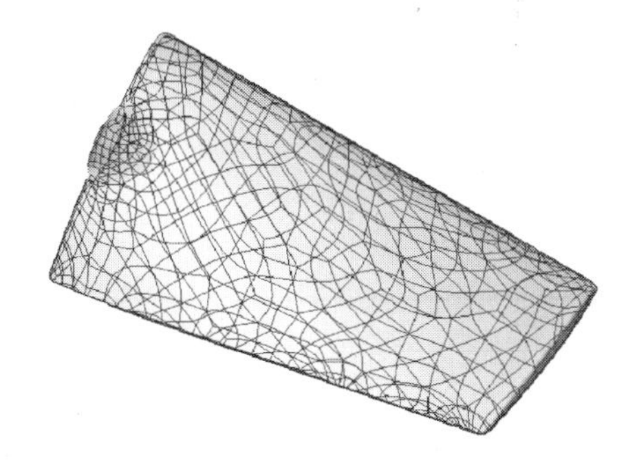

图 4-122　工业风叶小平面特征

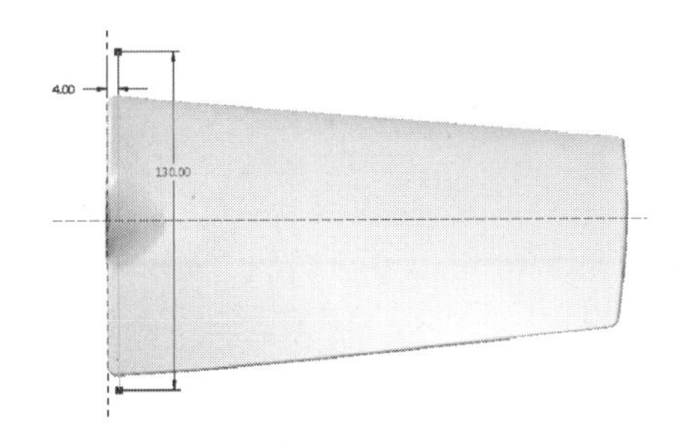

图 4-123　绘制风叶辅助曲线 1

3）完成风叶辅助曲线 1 的创建工作

单击草绘工具栏的✔按钮，退出草绘模式，完成风叶辅助曲线 1 的创建工作。

（5）绘制工业风叶辅助曲线 2

1）选取命令，定义草绘平面和方向

在模型工具栏中单击【草绘】按钮，打开“草绘”对话框，在【平面】框中选取

“TOP”平面作为草绘平面，在【参考】框中选取“RIGHT”平面作为参考平面，在【方向】框中选取“上”，单击 草绘 按钮进入草绘模式。

2）绘制风叶辅助曲线 2

绘制风叶辅助曲线 2，如图 4-124 所示。

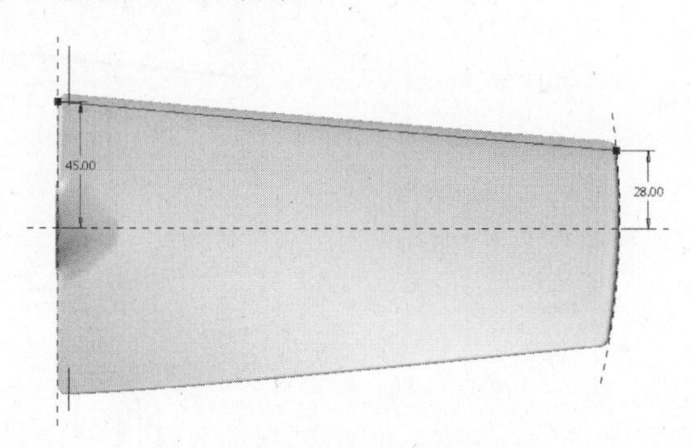

图 4-124　绘制风叶辅助曲线 2

3）完成风叶辅助曲线 2 的创建工作

单击草绘工具栏的 ✔ 按钮，退出草绘模式，完成风叶辅助曲线 2 的创建工作。

（6）绘制工业风叶辅助曲线 3

1）选取命令，定义草绘平面和方向

在模型工具栏中单击【草绘】按钮，打开“草绘”对话框，在【平面】框中选取“TOP”平面作为草绘平面，在【参考】框中选取“RIGHT”平面作为参考平面，在【方向】框中选取“上”，单击 草绘 按钮进入草绘模式。

2）绘制风叶辅助曲线 3

使用【线】按钮绘制“风叶辅助曲线 3”，如图 4-125 所示。

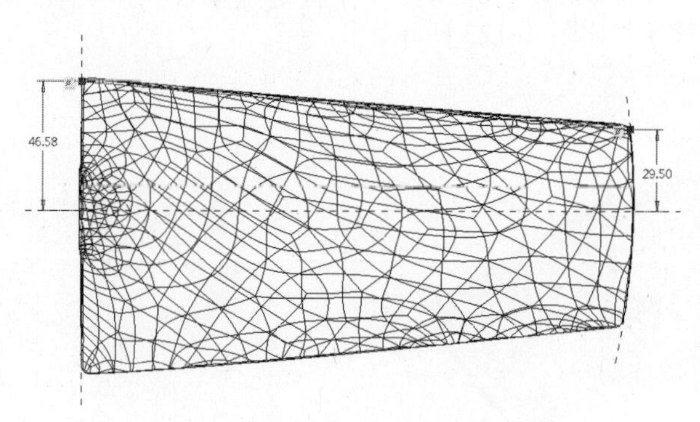

图 4-125　绘制风叶辅助曲线 3

3）完成风叶辅助曲线 3 的创建工作

单击草绘工具栏的 ✔ 按钮，退出草绘模式，完成风叶辅助曲线 3 的创建工作。

（7）创建工业风叶投射曲线 1

1）选取命令

在模型工具栏上单击【投影】按钮，打开“投影”操控板，如图 4-126 所示。

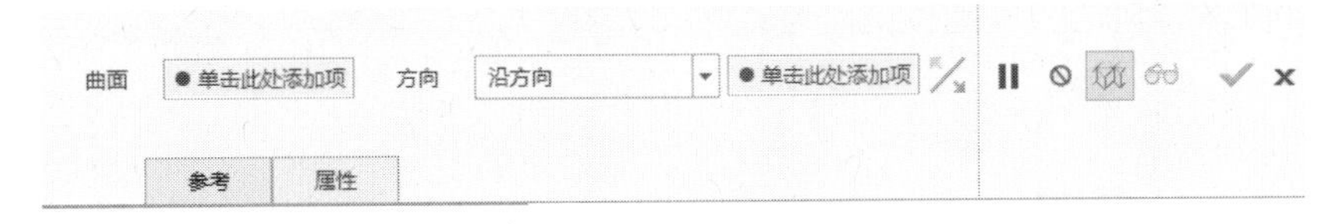

图 4-126 “投影”操控板

2）定义投射曲线类型

单击参考下滑面板，选取投射曲线的类型为“投影草绘”，如图 4-127 所示。

3）草绘投射曲线

选取【草绘】→【定义】，打开“草绘”对话框。在【平面】框中选取“TOP”平面作为草绘平面，在【参考】框中选取“RIGHT”平面作为参考平面，在【方向】框中选取“上”，单击 草绘 按钮进入草绘模式。

草绘投射曲线，如图 4-128 所示。

单击草绘工具栏的✔按钮，退出草绘模式。

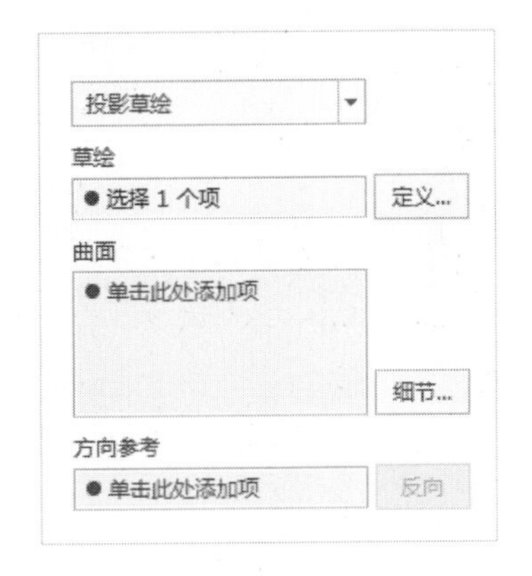

图 4-127 定义投射曲线类型

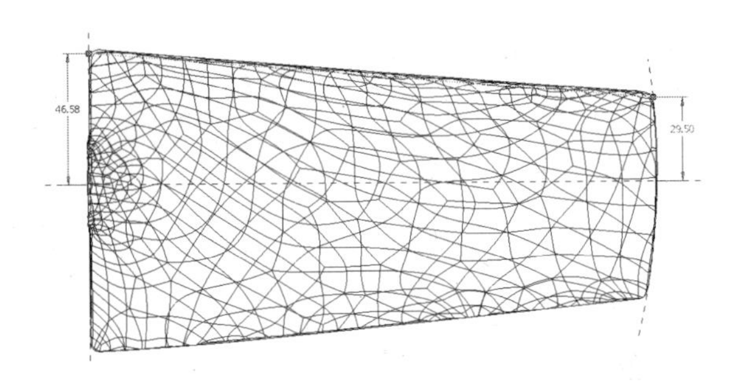

图 4-128 草绘投射曲线

4）选取投影曲面

选取工业风叶三角面作为要投影的目标曲面，如图 4-129 所示。

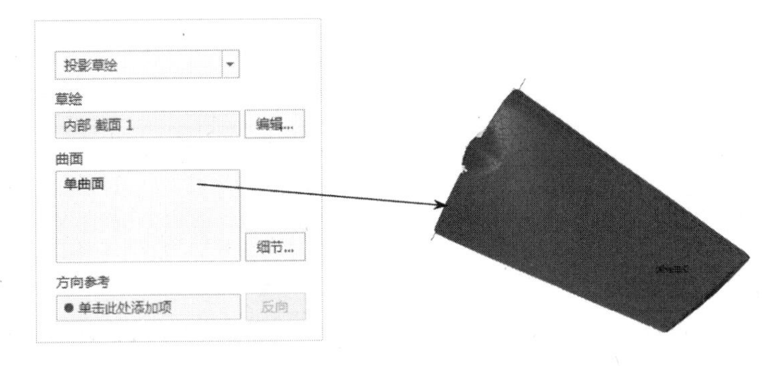

图 4-129 选取投影曲面

5）选取投射方向参考

选取 TOP 平面作为投射方向的参考，如图 4-130 所示。

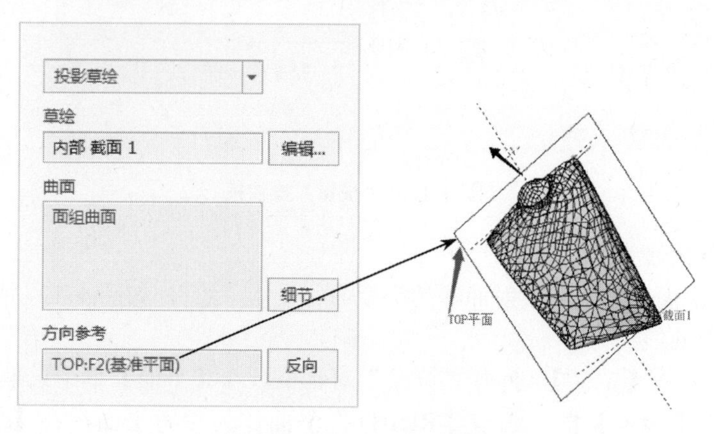

图 4-130　选取投射方向参考

6）完成投射曲线的创建工作

单击操控板的✓按钮，完成风叶投射曲线 1 的创建工作，其效果如图 4-131 所示。

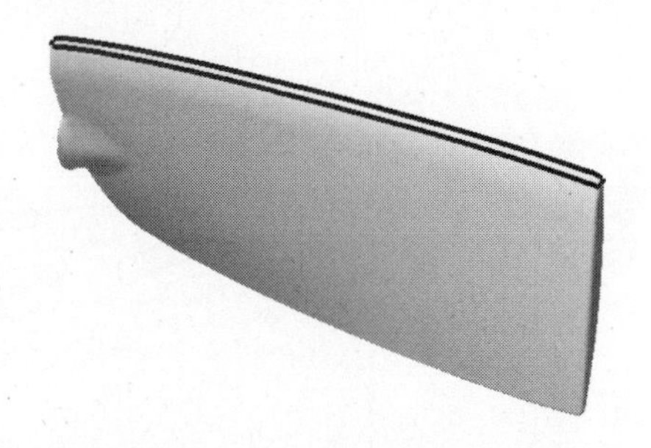

图 4-131　风叶投射曲线 1

（8）创建工业风叶投射曲线 2

1）选取命令

在模型工具栏上单击【投影】按钮，打开“投影”操控板，如图 4-132 所示。

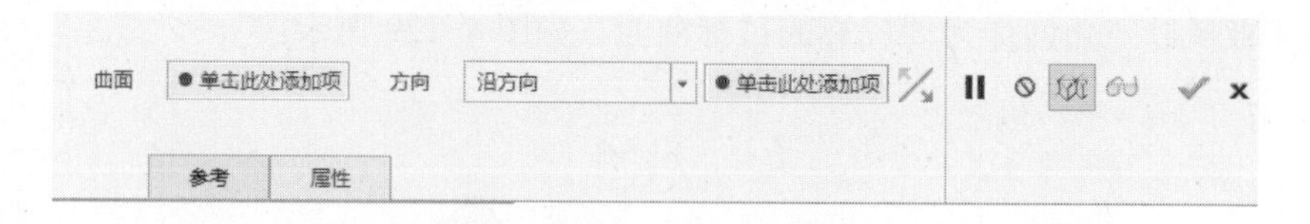

图 4-132　“投影”操控板

2）定义投射曲线类型

单击参考下滑面板，选取投射曲线的类型为“投影草绘”，如图 4-133 所示。

3）草绘投射曲线

选取【草绘】→【定义】，打开“草绘”对话框。在【平面】框中选取“TOP”平面作为草绘平面，在【参考】框中选取“RIGHT”平面作为参考平面，在【方向】框中选取“上”，单击 草绘 按钮进入草绘模式。

草绘投射曲线，如图 4-134 所示。

单击草绘工具栏的✔按钮，退出草绘模式。

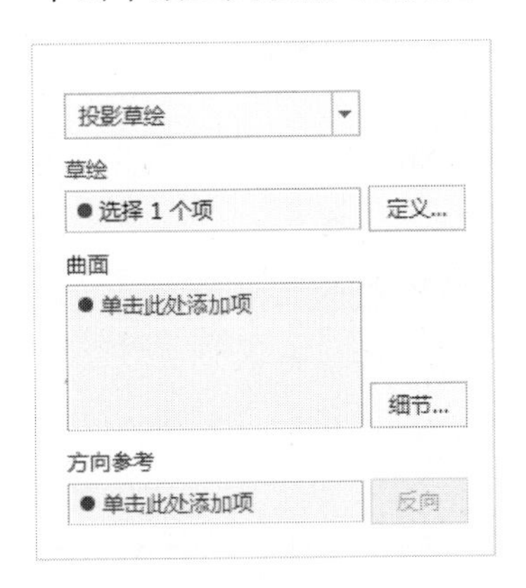

图 4-133 定义投射曲线类型

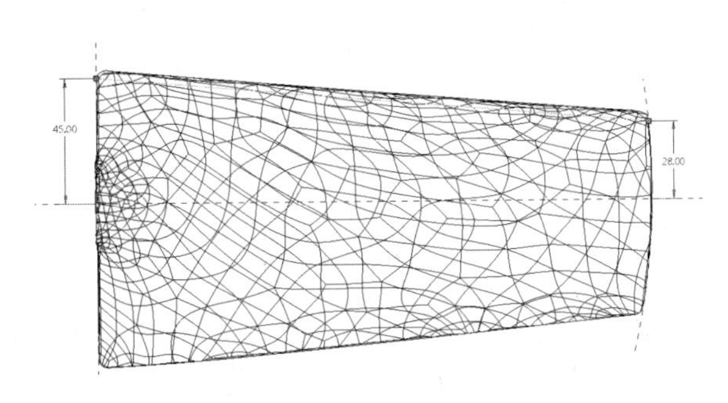

图 4-134 草绘投射曲线

4）选取投影曲面

选取工业风叶三角面作为要投影的目标曲面，如图 4-135 所示。

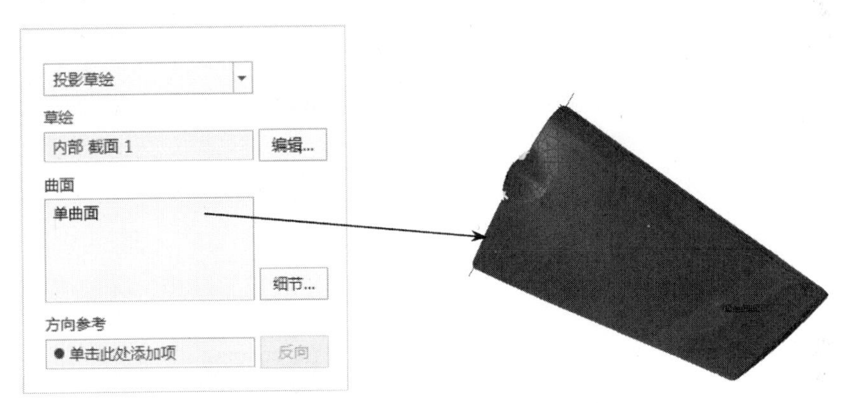

图 4-135 选取投影曲面

5）选取投射方向参考

选取 TOP 平面作为投射方向的参考，如图 4-136 所示。

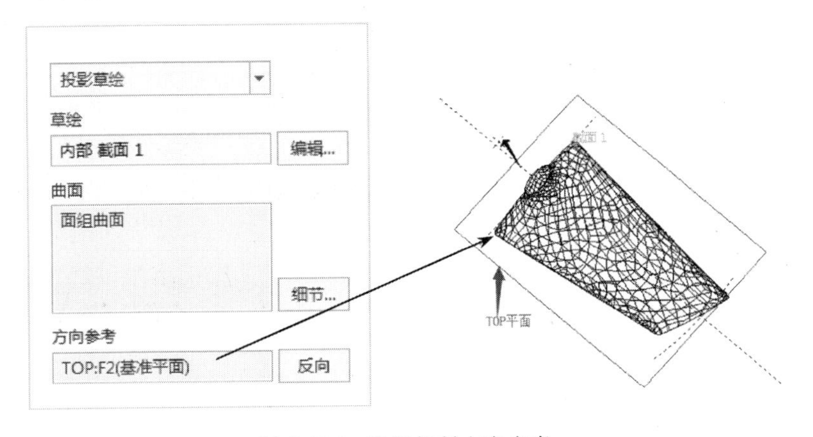

图 4-136 选取投射方向参考

6）完成投射曲线的创建工作

单击操控板的✓按钮，完成风叶投射曲线 2 的创建工作，其效果如图 4-137 所示。

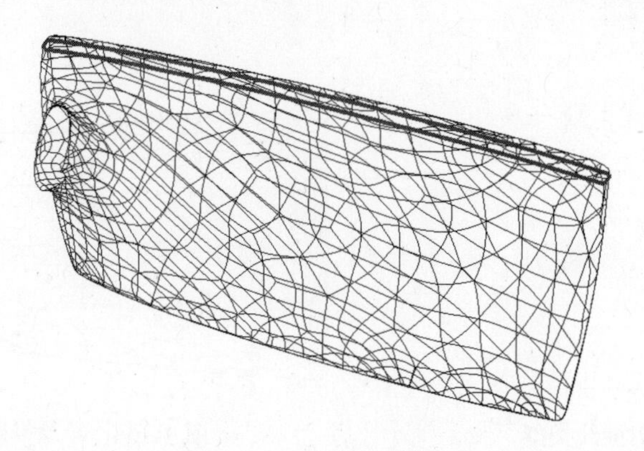

图 4-137　风叶投射曲线 2

（9）绘制工业风叶辅助曲线 4

1）选取命令，定义草绘平面和方向

在模型工具栏中单击【草绘】按钮，打开“草绘”对话框，在【平面】框中选取“TOP”平面作为草绘平面，在【参考】框中选取“RIGHT”平面作为参考平面，在【方向】框中选取“上”，单击 草绘 按钮进入草绘模式。

2）绘制风叶辅助曲线 4

绘制风叶辅助曲线 4，如图 4-138 所示。

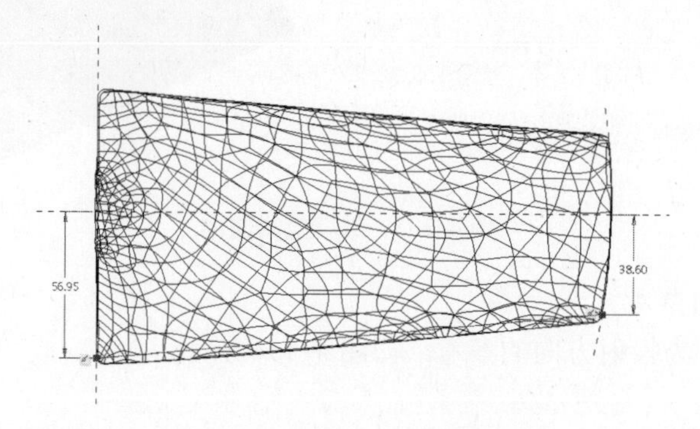

图 4-138　绘制风叶辅助曲线 4

3）完成风叶辅助曲线 4 的创建工作

单击草绘工具栏的✓按钮，退出草绘模式，完成风叶辅助曲线 4 的创建工作。

（10）绘制工业风叶辅助曲线 5

1）选取命令，定义草绘平面和方向

在模型工具栏中单击【草绘】按钮，打开“草绘”对话框，在【平面】框中选取“RIGHT”平面作为草绘平面，在【参考】框中选取“TOP”平面作为参考平面，在【方向】框中选取“上”，单击 草绘 按钮进入草绘模式。

2）绘制风叶辅助曲线 5

绘制风叶辅助曲线 5，如图 4-139 所示。

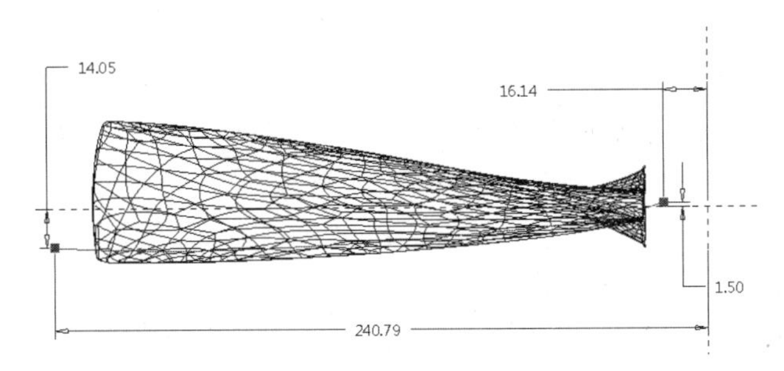

图 4-139　绘制风叶辅助曲线 5

3）完成风叶辅助曲线 5 的创建工作

单击草绘工具栏的✔按钮，退出草绘模式，完成风叶辅助曲线 5 的创建工作。

（11）绘制工业风叶辅助曲线 6

1）选取命令，定义草绘平面和方向

在模型工具栏中单击【草绘】按钮，打开“草绘”对话框，在【平面】框中选取“RIGHT”平面作为草绘平面，在【参考】框中选取“TOP”平面作为参考平面，在【方向】框中选取“上”，单击 草绘 按钮进入草绘模式。

2）绘制风叶辅助曲线 6

使用【样条】按钮绘制风叶辅助曲线 6，如图 4-140 所示。

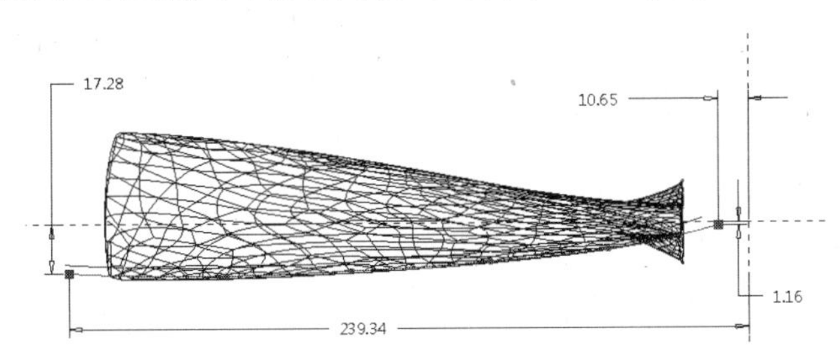

图 4-140　绘制风叶辅助曲线 6

3）完成风叶辅助曲线 6 的创建工作

单击草绘工具栏的✔按钮，退出草绘模式，完成风叶辅助曲线 6 的创建工作。

（12）创建风叶辅助曲线 3 与辅助曲线 5 的相交曲线 1

1）选取要求交的曲线

选取风叶辅助曲线 3 与风叶辅助曲线 5 作为要求交的曲线。

2）创建相交曲线

在模型工具栏中单击【相交】按钮，完成风叶辅助曲线 3 与风叶辅助曲线 5 相交曲线 1 的创建工作，如图 4-141 所示。

（13）创建风叶辅助曲线 2 与辅助曲线 6 的相交曲线 2

1）选取要求交的曲线

选取风叶辅助曲线 2 与风叶辅助曲线 6 作为要求交的曲线。

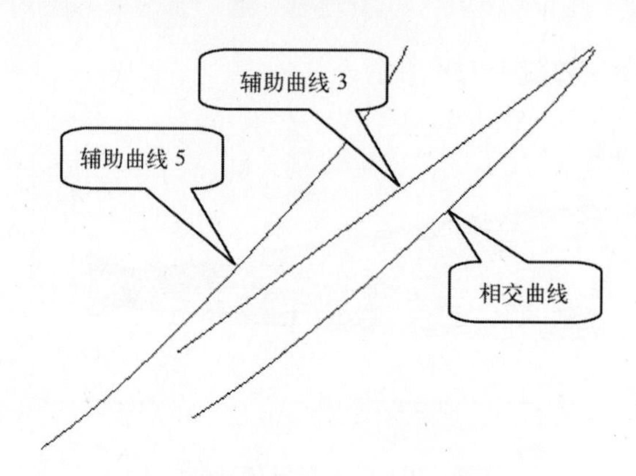

图 4-141　相交曲线效果

2）创建相交曲线

在模型工具栏中单击【相交】按钮，完成风叶辅助曲线 2 与风叶辅助曲线 6 相交曲线 2 的创建工作，如图 4-142 所示。

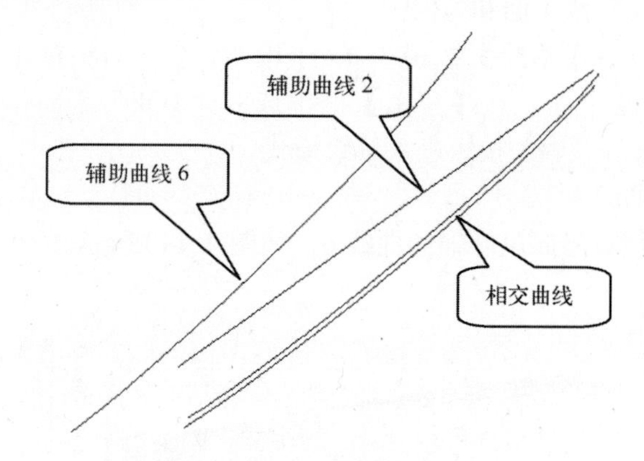

图 4-142　相交曲线效果

（14）创建工业风叶投射曲线 3

1）选取命令

在模型工具栏上单击【投影】按钮，打开“投影”操控板，如图 4-143 所示。

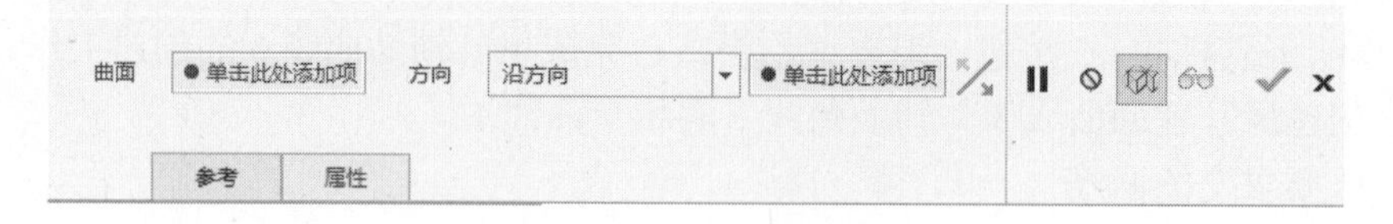

图 4-143　“投影”操控板

2）定义投射曲线类型

单击参考下滑面板，选取投射曲线的类型为“投影草绘”，如图 4-144 所示。

3）草绘投射曲线

选取【草绘】→【定义】，打开“草绘”对话框。在【平面】框中选取“TOP”平面作为草绘平面，在【参考】框中选取“RIGHT”平面作为参考平面，在【方向】框中选取

"上"，单击 草绘 按钮进入草绘模式。

草绘投射曲线，如图 4-145 所示。

单击草绘工具栏的✔按钮，退出草绘模式。

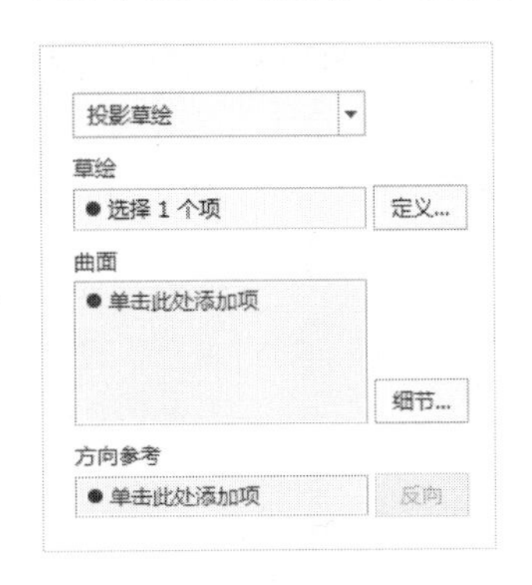

图 4-144 定义投射曲线类型

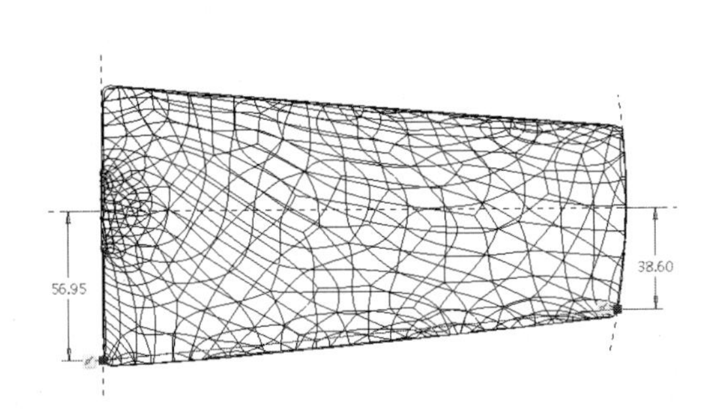

图 4-145 草绘投射曲线

4）选取投影曲面

选取工业风叶三角面作为要投影的目标曲面，如图 4-146 所示。

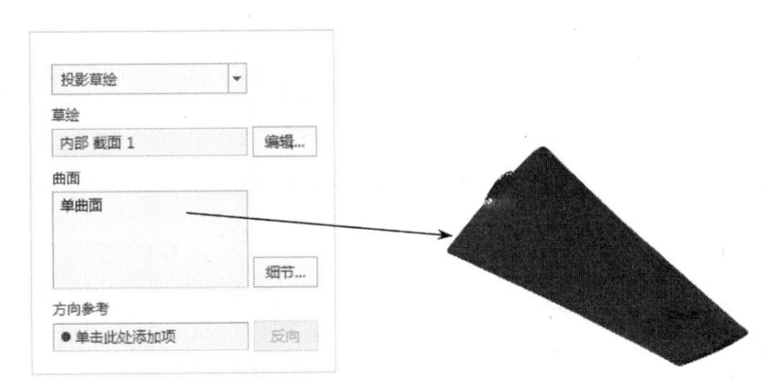

图 4-146 选取投影曲面

5）选取投射方向参考

选取 TOP 平面作为投射方向的参考，如图 4-147 所示。

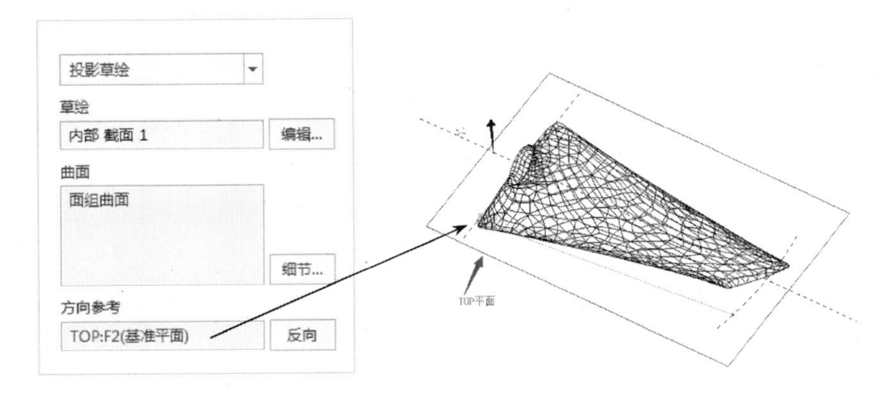

图 4-147 选取投射方向参考

6）完成投射曲线的创建工作

单击操控板的✓按钮，完成风叶投射曲线 3 的创建工作，其效果如图 4-148 所示。

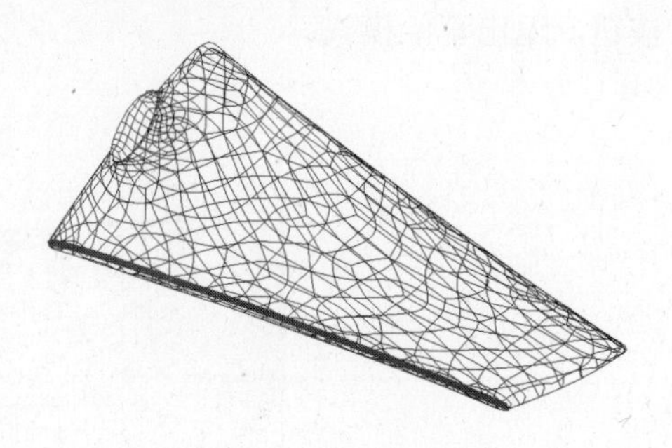

图 4-148　风叶投射曲线 3

（15）绘制工业风叶辅助曲线 7

1）选取命令，定义草绘平面和方向

在模型工具栏中单击【草绘】按钮，打开“草绘”对话框，在【平面】框中选取“RIGHT”平面作为草绘平面，在【参考】框中选取“TOP”平面作为参考平面，在【方向】框中选取“上”，单击 草绘 按钮进入草绘模式。

2）绘制风叶辅助曲线 7

使用【样条】按钮 绘制“风叶辅助曲线 7”，如图 4-149 所示。

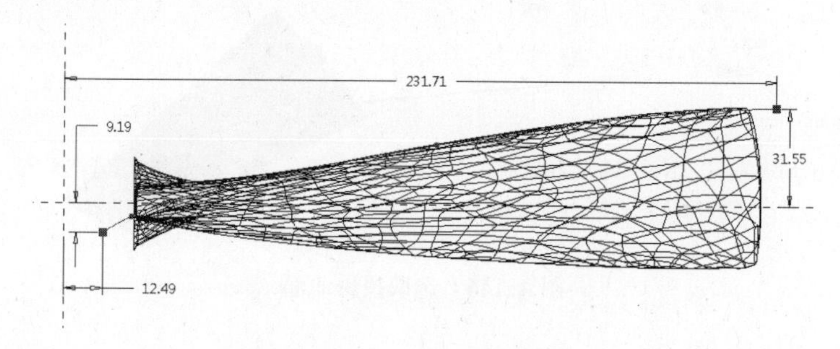

图 4-149　绘制风叶辅助曲线 7

3）完成风叶辅助曲线 7 的创建工作

单击草绘工具栏的✓按钮，退出草绘模式，完成风叶辅助曲线 7 的创建工作。

（16）绘制工业风叶辅助曲线 8

1）选取命令，定义草绘平面和方向

在模型工具栏中单击【草绘】按钮，打开“草绘”对话框，在【平面】框中选取“RIGHT”平面作为草绘平面，在【参考】框中选取“TOP”平面作为参考平面，在【方向】框中选取“上”，单击 草绘 按钮进入草绘模式。

2）绘制风叶辅助曲线 8

使用【样条】按钮 绘制“风叶辅助曲线 8”，如图 4-150 所示。

3）完成风叶辅助曲线 8 的创建工作

单击草绘工具栏的✓按钮，退出草绘模式，完成风叶辅助曲线 8 的创建工作。

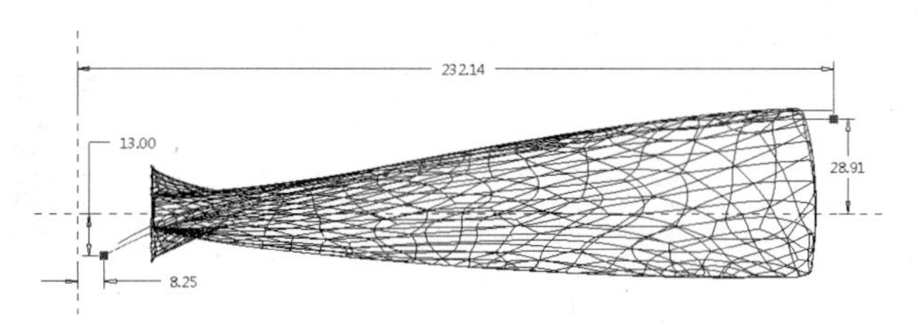

图 4-150 绘制风叶辅助曲线 8

（17）创建风叶辅助曲线 4 与辅助曲线 7 的相交曲线 3

1）选取要求交的曲线

选取风叶辅助曲线 4 与风叶辅助曲线 7 作为要求交的曲线。

2）创建相交曲线

在模型工具栏中单击【相交】按钮，完成风叶辅助曲线 4 与风叶辅助曲线 7 相交曲线 3 的创建工作，如图 4-151 所示。

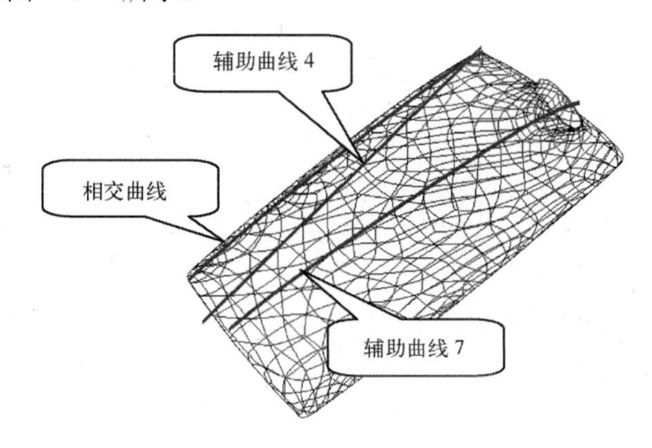

图 4-151 相交曲线效果

（18）创建风叶辅助曲线 4 与辅助曲线 8 的相交曲线 4

1）选取要求交的曲线

选取风叶辅助曲线 4 与风叶辅助曲线 8 作为要求交的曲线。

2）创建相交曲线

在模型工具栏中单击【相交】按钮，完成风叶辅助曲线 4 与风叶辅助曲线 8 相交曲线 4 的创建工作，如图 4-152 所示。

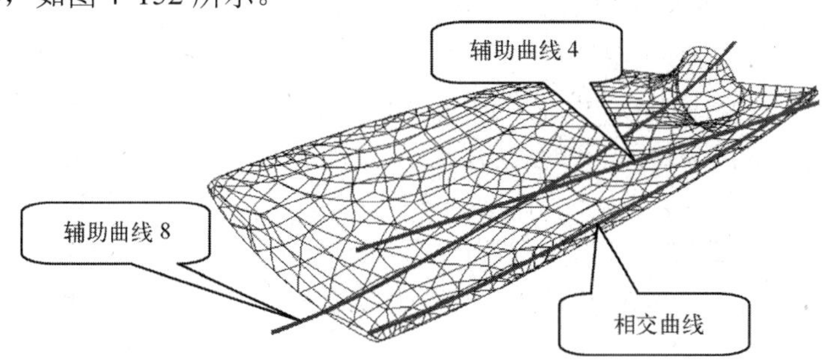

图 4-152 相交曲线效果

（19）绘制工业风叶辅助曲线 9

1）选取命令，定义草绘平面和方向

在模型工具栏中单击【草绘】按钮，打开“草绘”对话框，在【平面】框中选取“TOP”平面作为草绘平面，在【参考】框中选取“RIGHT”平面作为参考平面，在【方向】框中选取“上”，单击 草绘 按钮进入草绘模式。

2）绘制风叶辅助曲线 9

使用【样条】按钮 绘制风叶辅助曲线 9，如图 4-153 所示。

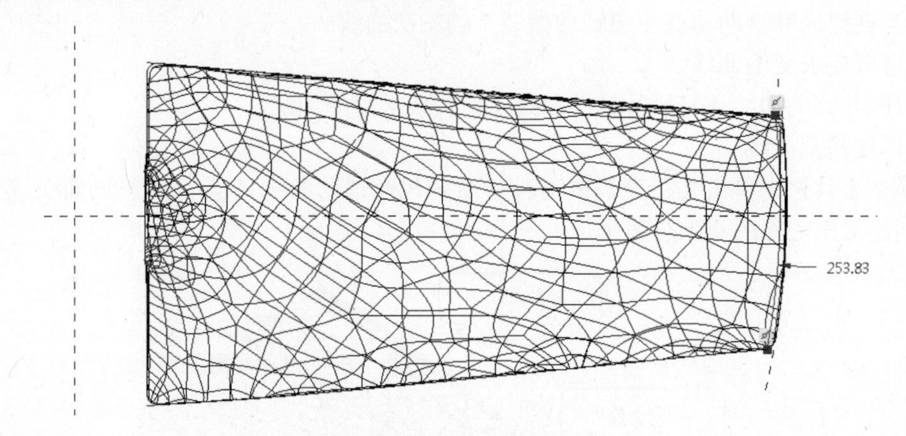

图 4-153　绘制风叶辅助曲线 9

3）完成风叶辅助曲线 9 的创建工作

单击草绘工具栏的✔按钮，退出草绘模式，完成风叶辅助曲线 9 的创建工作。

（20）创建工业风叶投射曲线 4

1）选取命令

在模型工具栏上单击【投影】按钮，打开“投影”操控板，如图 4-154 所示。

图 4-154　“投影”操控板

2）定义投射曲线类型

单击参考下滑面板，选取投射曲线的类型为“投影草绘”，如图 4-155 所示。

3）草绘投射曲线

选取【草绘】→【定义】，打开“草绘”对话框。在【平面】框中选取“TOP”平面作为草绘平面，在【参考】框中选取“RIGHT”平面作为参考平面，在【方向】框中选取“上”，单击 草绘 按钮进入草绘模式。

草绘投射曲线，如图 4-156 所示。

单击草绘工具栏的✔按钮，退出草绘模式。

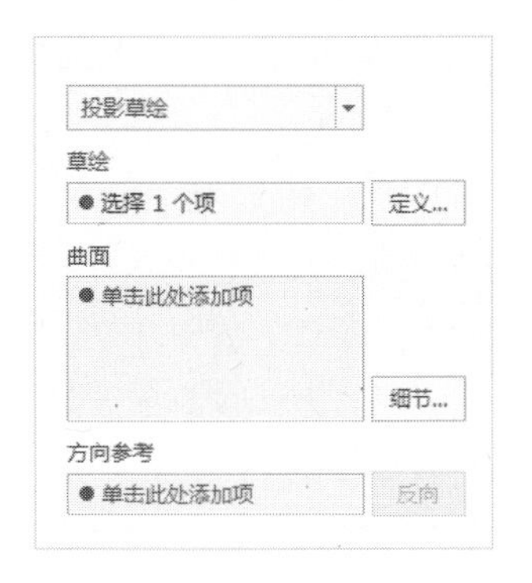

图 4-155 定义投射曲线类型

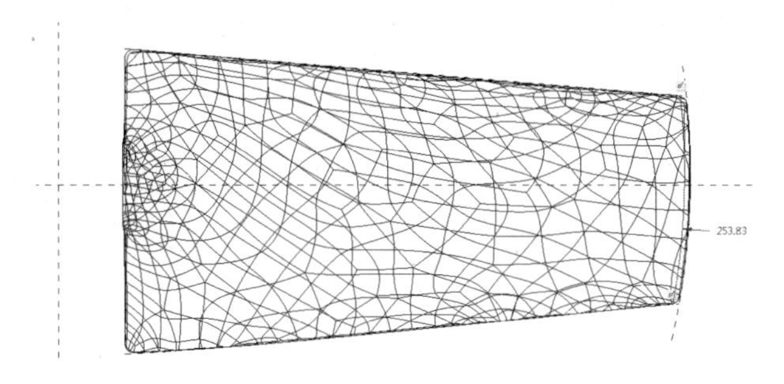

图 4-156 草绘投射曲线

4）选取投影曲面

选取工业风叶三角面作为要投影的目标曲面，如图 4-157 所示。

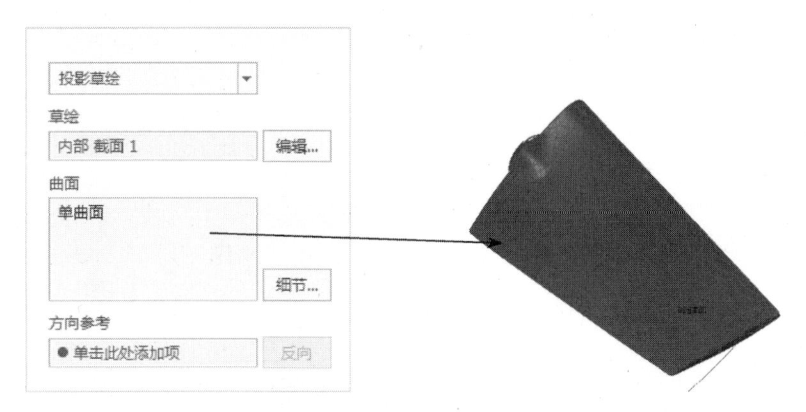

图 4-157 选取投影曲面

5）选取投射方向参考

选取 TOP 平面作为投射方向的参考，如图 4-158 所示。

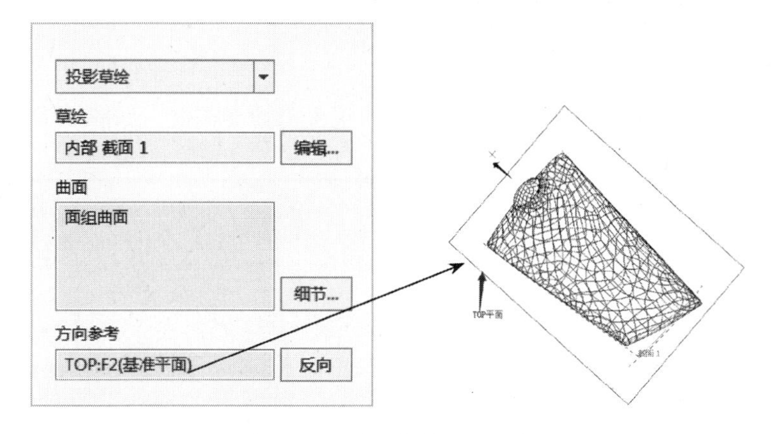

图 4-158 选取投射方向参考

6）完成投射曲线的创建工作

单击操控板的✓按钮，完成风叶投射曲线 4 的创建工作，其效果如图 4-159 所示。

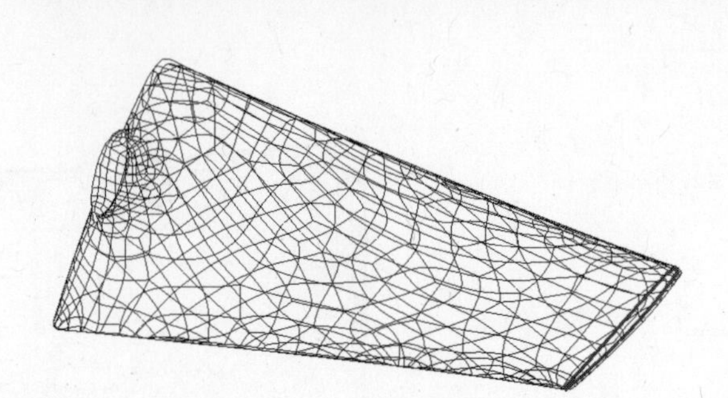

图 4-159 风叶投射曲线 4

（21）创建工业风叶辅助曲面 1

使用拉伸方法创建工业风叶辅助曲面 1

1）选取命令

在模型工具栏中单击【拉伸】按钮，打开“拉伸”操控板，再单击【拉伸为曲面】按钮，如图 4-160 所示。

图 4-160 “拉伸”操控板

2）定义草绘平面和方向

选取【放置】→【定义】，打开“草绘”对话框。在【平面】框中选取“TOP”平面作为草绘平面，在【参考】框中选取“RIGHT”平面作为参考平面，在【方向】框中选取“左”，如图 4-161 所示。单击 草绘 按钮进入草绘模式。

3）绘制工业风叶辅助曲面 1 拉伸截面

单击【投影】按钮，提取工业风叶辅助曲线 1 为拉伸截面，如图 4-162 所示。

图 4-161 “草绘”对话框

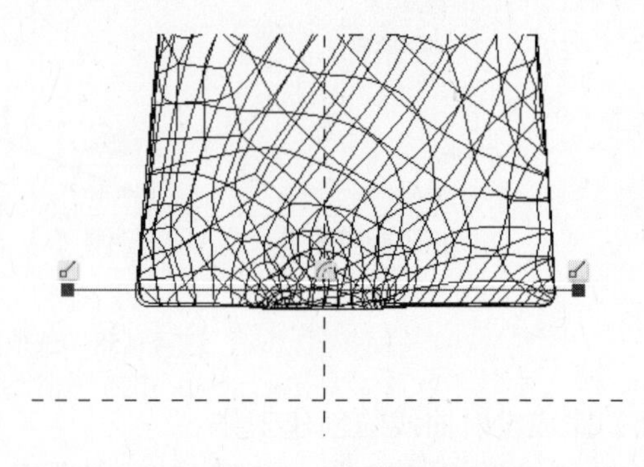

图 4-162 绘制拉伸截面

4）指定拉伸方式和深度

在“拉伸”操控板中选取【选项】→【对称】，然后输入拉伸深度“40”，在图形窗口中可以预览拉伸出的曲面特征，如图 4-163 所示。

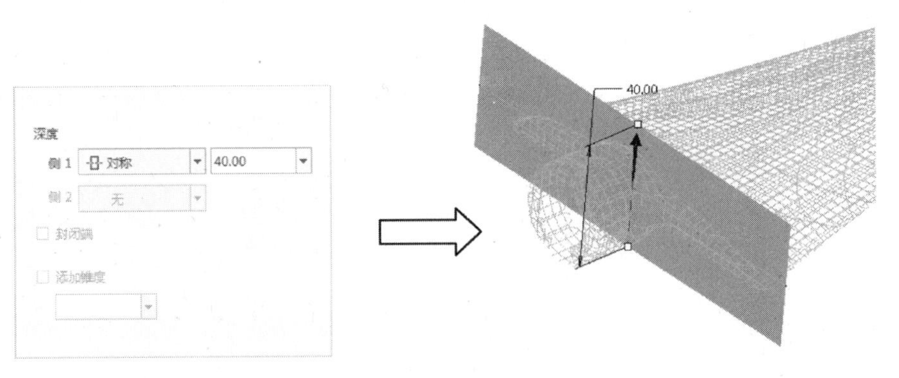

图 4-163 工业风叶辅助曲面 1 拉伸操作

5）完成工业风叶辅助曲面 1 的创建工作

单击操控板的✓按钮，完成工业风叶辅助曲面 1 的创建工作。

（22）创建基准点 PNT0、PNT1、PNT2、PNT3

1）选取命令

在模型工具栏中单击【点】按钮，打开“基准点”对话框。

2）为新建基准点选取位置参考

创建 PNT0：选取工业风叶辅助曲面 1 与相交曲线 3 作为参考（结合〈Ctrl〉键），选取约束为“在其上”，如图 4-164 所示。

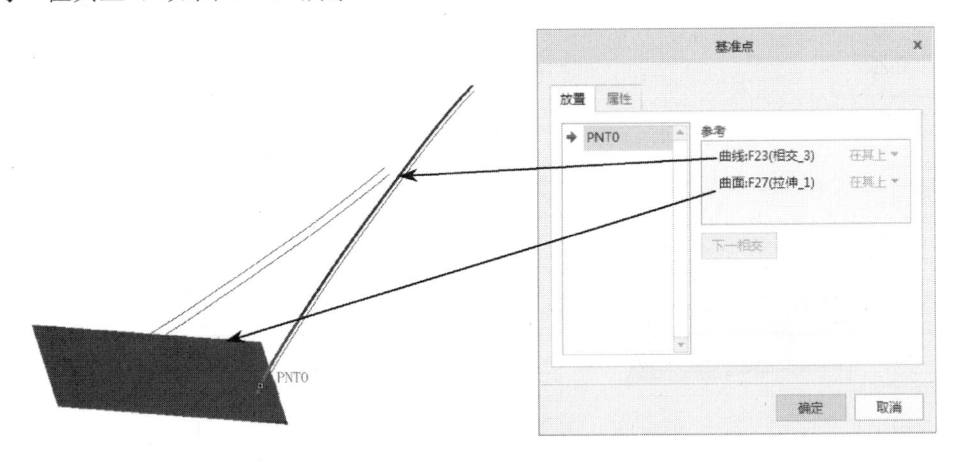

图 4-164 为“基准点 PNT0”选取参考

创建 PNT1：选取工业风叶辅助曲面 1 与相交曲线 1 作为参考（结合〈Ctrl〉键），选取约束为“在其上”，如图 4-165 所示。

创建 PNT2：选取工业风叶辅助曲面 1 与相交曲线 2 作为参考（结合〈Ctrl〉键），选取约束为“在其上”，如图 4-166 所示。

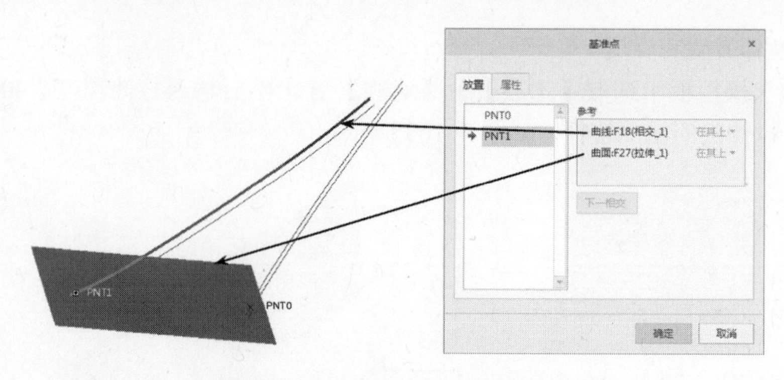

图 4-165　为“基准点 PNT1”选取参考

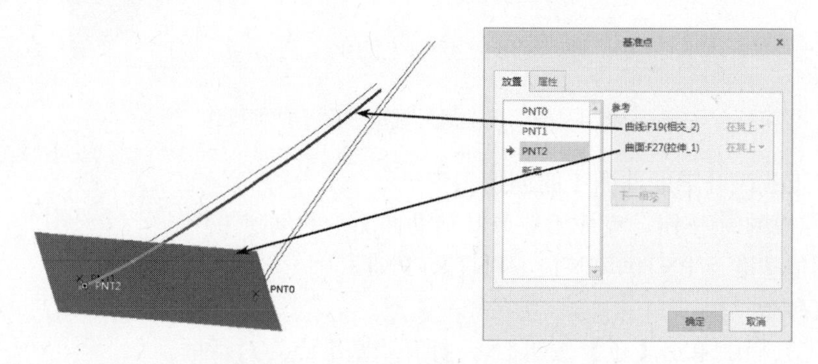

图 4-166　为“基准点 PNT2”选取参考

创建 PNT3：选取工业风叶辅助曲面 1 与相交曲线 4 作为参考（结合〈Ctrl〉键），选取约束为“在其上”，如图 4-167 所示。

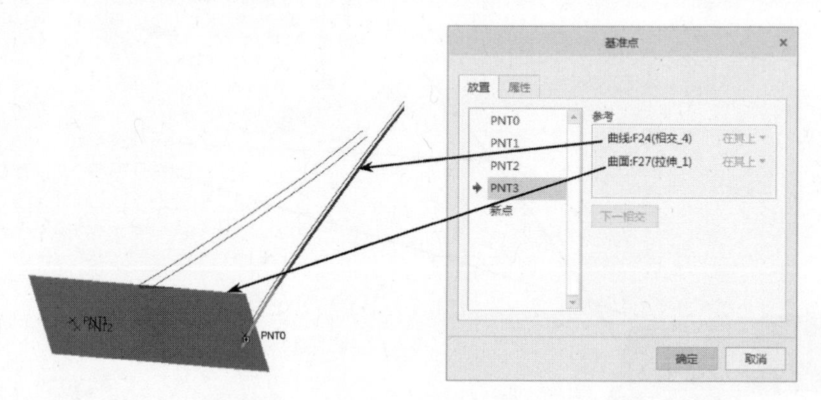

图 4-167　为“基准点 PNT3”选取参考

3）完成基准点的创建工作

单击“基准点”对话框的 确定 按钮，完成基准点 PNT0、PNT1、PNT2、PNT3 的创建工作。

（23）绘制工业风叶辅助曲线 10

1）选取命令，定义草绘平面和方向

在模型工具栏中单击【草绘】按钮，打开“草绘”对话框，在【平面】框中选取

“FRONT”平面作为草绘平面，在【参考】框中选取“RIGHT”平面作为参考平面，在【方向】框中选取【左】，单击 草绘 按钮进入草绘模式。

2）绘制风叶辅助曲线 10

单击【样条】按钮 绘制“风叶辅助曲线 10”，使样条曲线经过刚创建好的 2 个基准点，如图 4-168 所示。

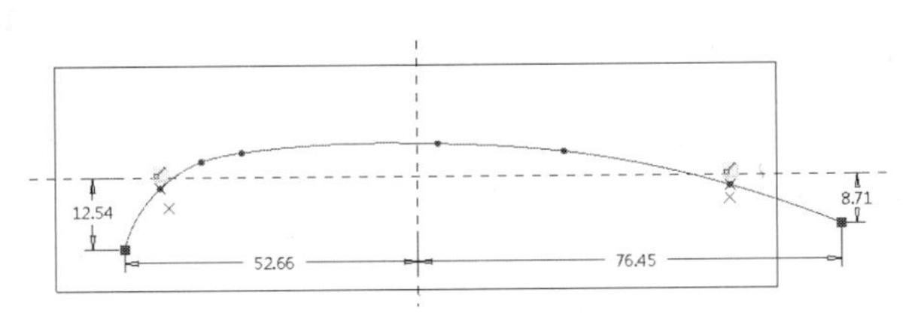

图 4-168 绘制风叶辅助曲线 10

3）完成风叶辅助曲线 10 的创建工作

单击草绘工具栏的 按钮，退出草绘模式，完成风叶辅助曲线 10 的创建工作。

（24）绘制工业风叶辅助曲线 11

1）选取命令，定义草绘平面和方向

在模型工具栏中单击【草绘】按钮，打开“草绘”对话框，在【平面】框中选取“FRONT”平面作为草绘平面，在【参考】框中选取“RIGHT”平面作为参考平面，在【方向】框中选取“右”，单击 草绘 按钮进入草绘模式。

2）绘制风叶辅助曲线 11

单击【样条】按钮 绘制“风叶辅助曲线 11”，使样条曲线经过刚创建好的另外 2 个基准点，如图 4-169 所示。

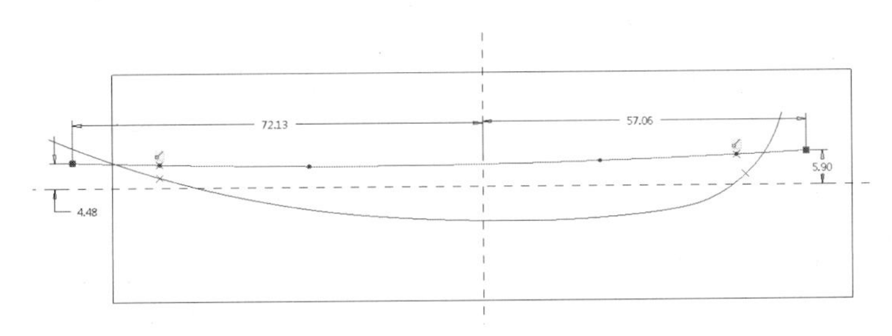

图 4-169 绘制风叶辅助曲线 11

3）完成风叶辅助曲线 11 的创建工作

单击草绘工具栏的 按钮，退出草绘模式，完成风叶辅助曲线 11 的创建工作。

（25）创建风叶辅助曲线 1 与辅助曲线 10 的相交曲线 5

1）选取要求交的曲线

选取风叶辅助曲线 1 与风叶辅助曲线 10 作为要求交的曲线。

2）创建相交曲线

在模型工具栏中单击【相交】按钮，完成风叶辅助曲线 1 与风叶辅助曲线 10 相交曲线 5 的创建工作，如图 4-170 所示。

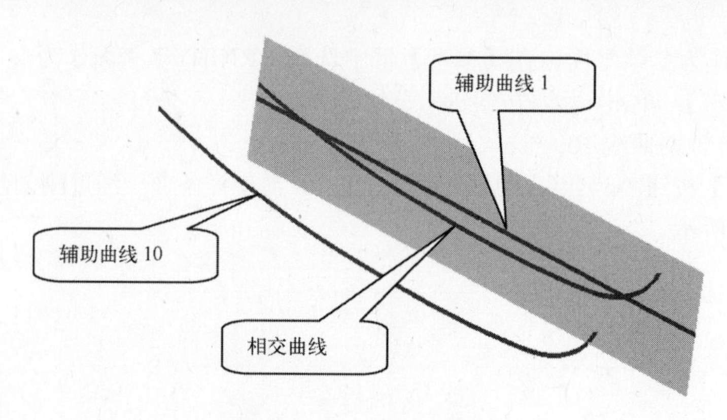

图 4-170　相交曲线效果

（26）创建风叶辅助曲线 1 与辅助曲线 11 的相交曲线 6

1）选取要求交的曲线

选取风叶辅助曲线 1 与风叶辅助曲线 11 作为要求交的曲线。

2）创建相交曲线

在模型工具栏中单击【相交】按钮，完成风叶辅助曲线 1 与风叶辅助曲线 11 相交曲线 6 的创建工作，如图 4-171 所示。

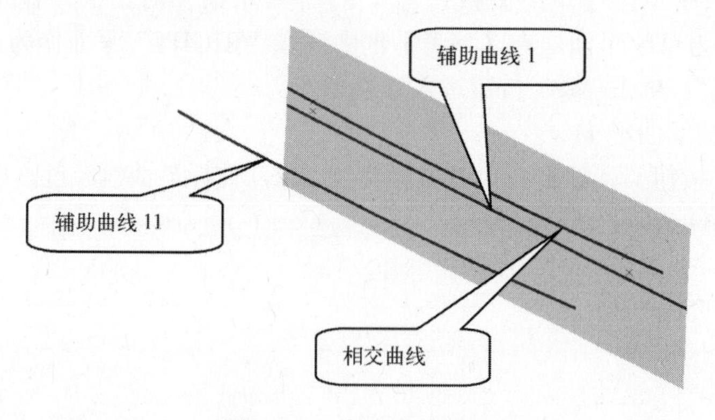

图 4-171　相交曲线效果

（27）创建工业风叶辅助曲面 2

使用拉伸方法创建工业风叶辅助曲面 2

1）选取命令

在模型工具栏中单击【拉伸】按钮，打开“拉伸”操控板，再单击【拉伸为曲面】按钮。

2）定义草绘平面和方向

选取【放置】→【定义】，打开“草绘”对话框。在【平面】框中选取“TOP”平面作为草绘平面，在【参考】框中选取“RIGHT”平面作为参考平面，在【方向】框中选取“下”，单击 草绘 按钮进入草绘模式。

3）绘制工业风叶辅助曲面 2 拉伸截面

单击【投影】按钮，提取工业风叶辅助曲线 4 为拉伸截面，如图 4-172 所示。

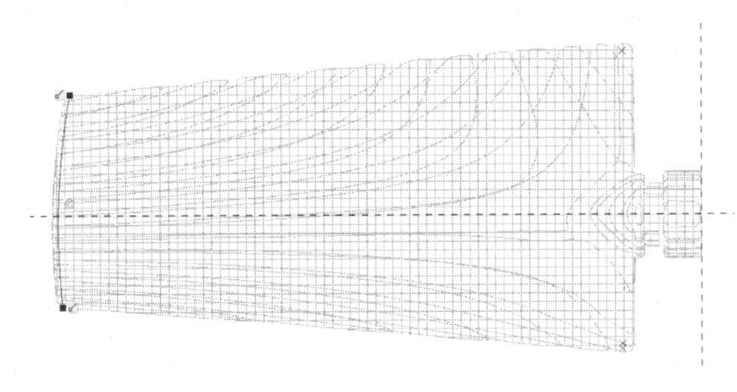

图 4-172 绘制拉伸截面

4）指定拉伸方式和深度

在“拉伸”操控板中选取【选项】→【对称】，然后输入拉伸深度“109”，在图形窗口中可以预览拉伸出的曲面特征，如图 4-173 所示。

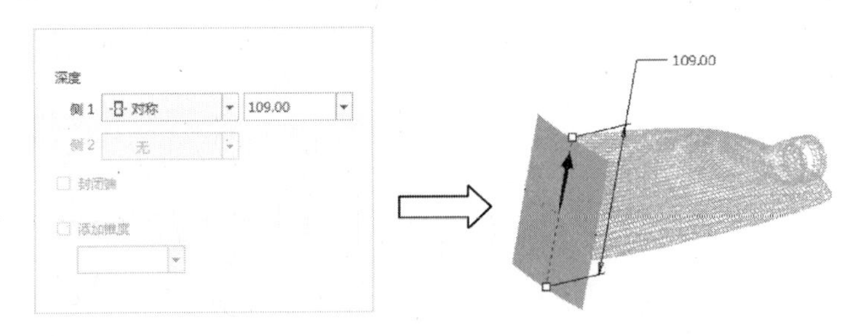

图 4-173 工业风叶辅助曲面 2 拉伸操作

5）完成工业风叶辅助曲面 2 的创建工作

单击操控板的按钮，完成工业风叶辅助曲面 2 的创建工作。

（28）创建基准点 PNT4、PNT5、PNT6、PNT7

1）选取命令

在模型工具栏中单击【点】按钮，打开“基准点”对话框。

2）为新建基准点选取位置参考

创建 PNT4：选取工业风叶辅助曲面 2 与相交曲线 3 作为参考（结合〈Ctrl〉键），选取约束为“在其上”，如图 4-174 所示。

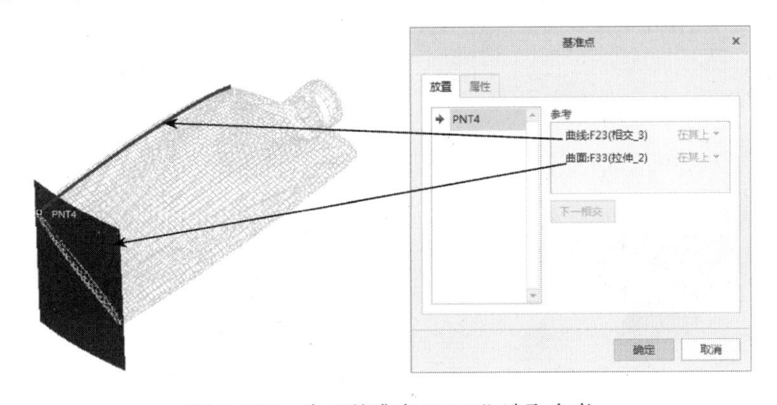

图 4-174 为“基准点 PNT4”选取参考

创建 PNT5：选取工业风叶辅助曲面 2 与相交曲线 4 作为参考（结合〈Ctrl〉键），选取约束为“在其上”，如图 4-175 所示。

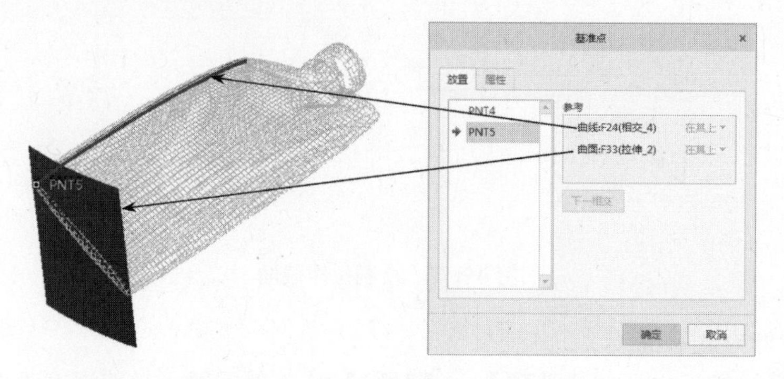

图 4-175　为“基准点 PNT5”选取参考

创建 PNT6：选取工业风叶辅助曲面 2 与相交曲线 1 作为参考（结合〈Ctrl〉键），选取约束为“在其上”，如图 4-176 所示。

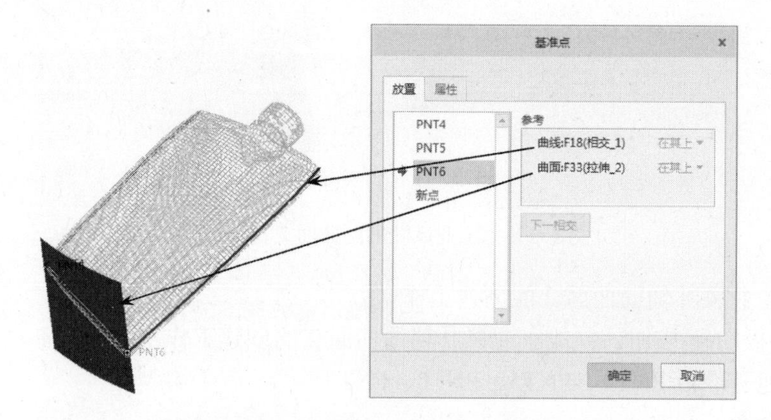

图 4-176　为“基准点 PNT6”选取参考

创建 PNT7：选取工业风叶辅助曲面 2 与相交曲线 4 作为参考（结合〈Ctrl〉键），选取约束为“在其上”，如图 4-177 所示。

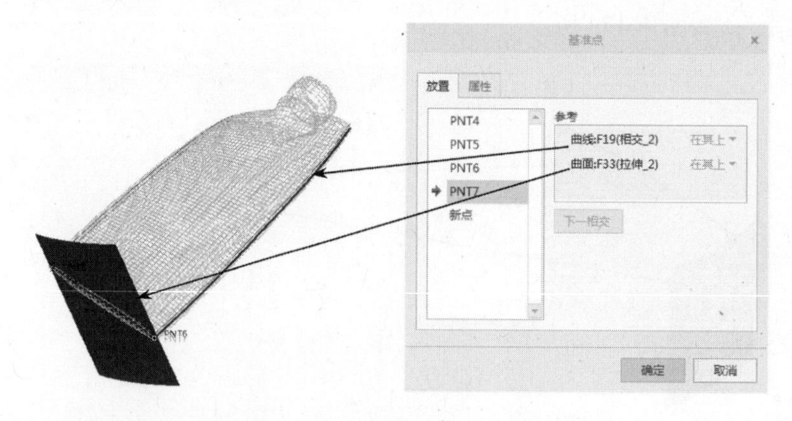

图 4-177　为“基准点 PNT7”选取参考

3）完成基准点的创建工作

单击“基准点”对话框的 确定 按钮，完成基准点 PNT4、PNT5、PNT6、PNT7 的创建工作。

（29）绘制工业风叶辅助曲线 12

1）选取命令，定义草绘平面和方向

在模型工具栏中单击【草绘】按钮，打开“草绘”对话框，在【平面】框中选取“FRONT”平面作为草绘平面，在【参考】框中选取“RIGHT”平面作为参考平面，在【方向】框中选取“右”，单击 草绘 按钮进入草绘模式。

2）绘制风叶辅助曲线 12

单击【样条】按钮绘制风叶辅助曲线 12，使样条曲线经过刚创建好的 2 个基准点，如图 4-178 所示。

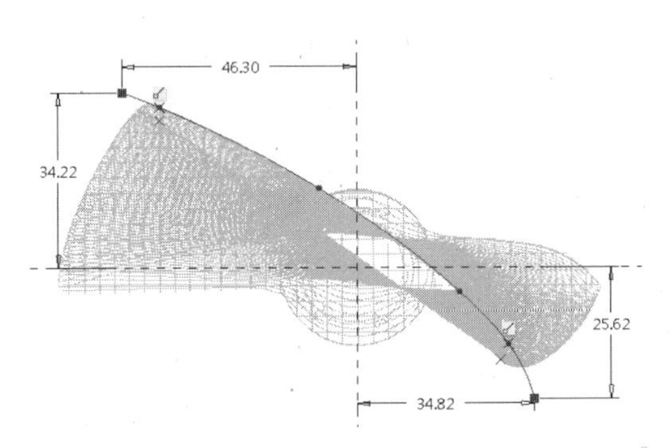

图 4-178 绘制风叶辅助曲线 12

3）完成风叶辅助曲线 12 的创建工作

单击草绘工具栏的 ✔ 按钮，退出草绘模式，完成风叶辅助曲线 12 的创建工作。

（30）创建风叶辅助曲线 9 与辅助曲线 12 的相交曲线 7

1）选取要求交的曲线

选取风叶辅助曲线 9 与风叶辅助曲线 12 作为要求交的曲线。

2）创建相交曲线

在模型工具栏中单击【相交】按钮，完成风叶辅助曲线 9 与风叶辅助曲线 12 相交曲线 7 的创建工作，如图 4-179 所示。

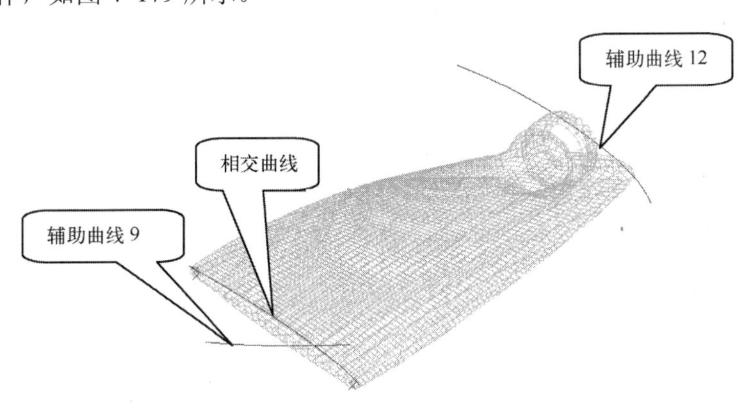

图 4-179 相交曲线效果

（31）绘制工业风叶辅助曲线 13

1）选取命令，定义草绘平面和方向

在模型工具栏中单击【草绘】按钮，打开“草绘”对话框，在【平面】框中选取“FRONT”平面作为草绘平面，在【参考】框中选取“RIGHT”平面作为参考平面，在【方向】框中选取“右”，单击 草绘 按钮进入草绘模式。

2）绘制风叶辅助曲线 13

单击【样条】按钮绘制“风叶辅助曲线 13”，使样条曲线经过刚创建好的另外 2 个基准点，如图 4-180 所示。

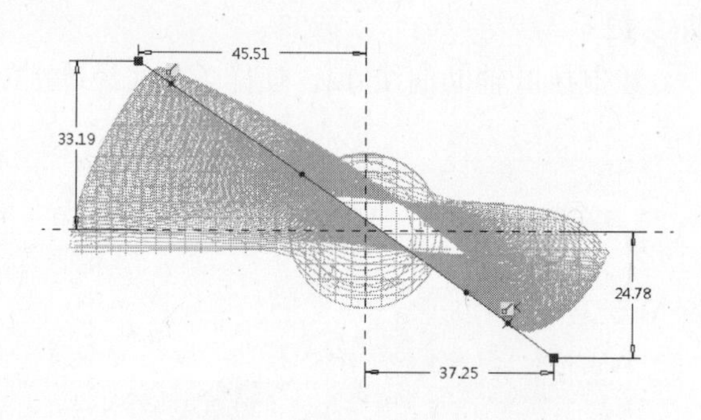

图 4-180　绘制风叶辅助曲线 13

3）完成风叶辅助曲线 13 的创建工作

单击草绘工具栏的按钮，退出草绘模式，完成风叶辅助曲线 13 的创建工作。

（32）创建风叶辅助曲线 9 与辅助曲线 13 的相交曲线 8

1）选取要求交的曲线

选取风叶辅助曲线 9 与风叶辅助曲线 12 作为要求交的曲线。

2）创建相交曲线

在模型工具栏中单击【相交】按钮，完成风叶辅助曲线 9 与风叶辅助曲线 13 相交曲线 8 的创建工作，如图 4-181 所示。

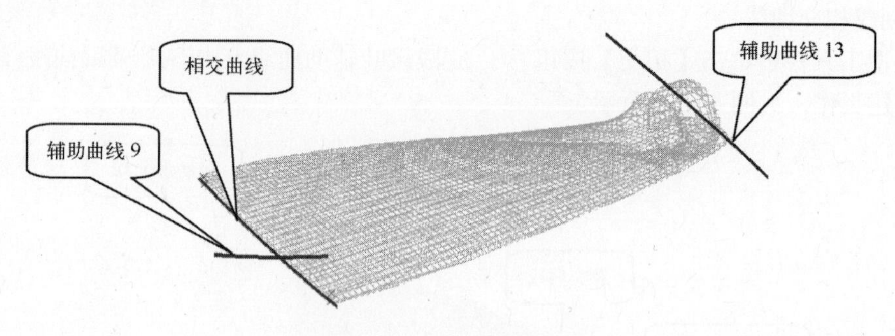

图 4-181　相交曲线效果

（33）复制风叶点云曲线 1

1）选取要复制的点云曲线

选取点云曲线中的一条曲线作为要复制的曲线，如图 4-182 所示。

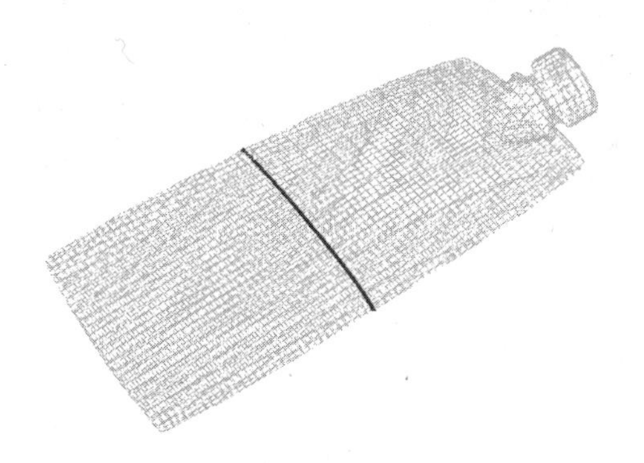

图 4-182 选取要复制的曲线

2）选取命令

在模型工具栏中单击【复制】按钮→【粘贴】按钮，打开“复制曲线”操控板。

3）定义复制曲线类型

在上层对话框中选取复制的曲线类型为“精确”选项，如图 4-183 所示。

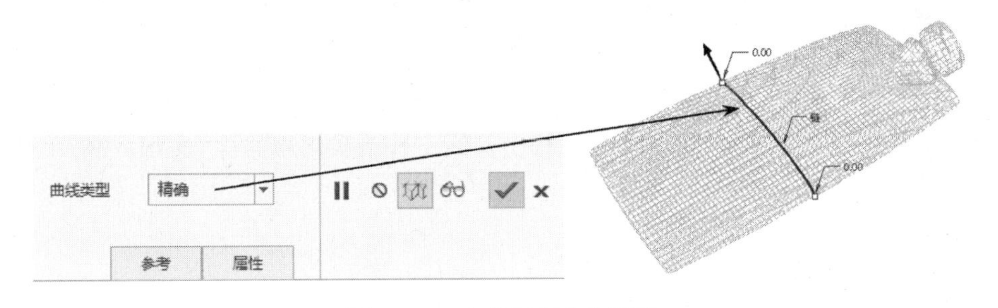

图 4-183 定义复制曲线类型

4）完成复制风叶点云曲线 1 的创建工作

单击操控板的按钮，完成复制风叶点云曲线 1 的创建工作，复制好的曲线如图 4-184 所示。

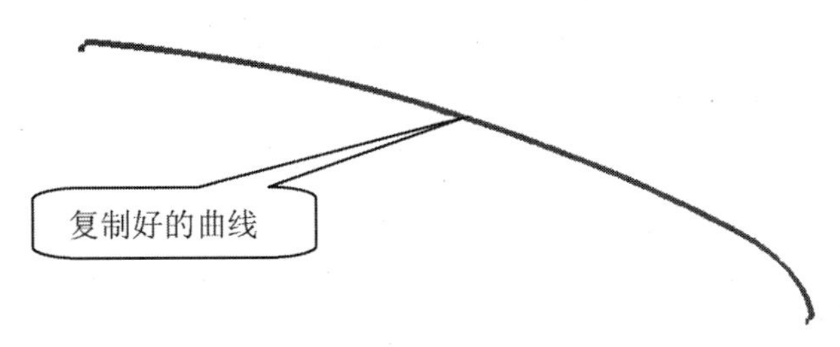

图 4-184 复制曲线效果

（34）创建基准平面 DTM1

1）选取命令

在模型工具栏中单击【平面】按钮，打开“基准平面”对话框。

2）为新建基准平面选取位置参考

在【基准平面】对话框的【参考】栏中，选取 FRONT 平面作为参考，选取约束为“偏移”，输入偏移距离为“126”，如图 4-185 所示。

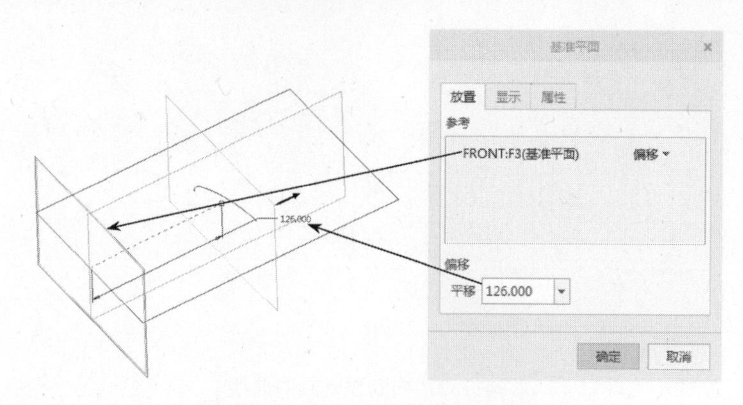

图 4-185　为“基准平面”选取参考

3）完成基准平面的创建工作

单击“基准平面”对话框的 确定 按钮，完成基准平面 DTM1 的创建工作。

（35）创建基准点 PNT8、PNT9

1）选取命令

从模型工具栏中单击【点】按钮，打开“基准点”对话框。

2）为新建基准点选取位置参考

创建 PNT8：选取基准平面 DTM1 与相交曲线 1 作为参考（结合〈Ctrl〉键），选取约束为“在其上”，如图 4-186 所示。

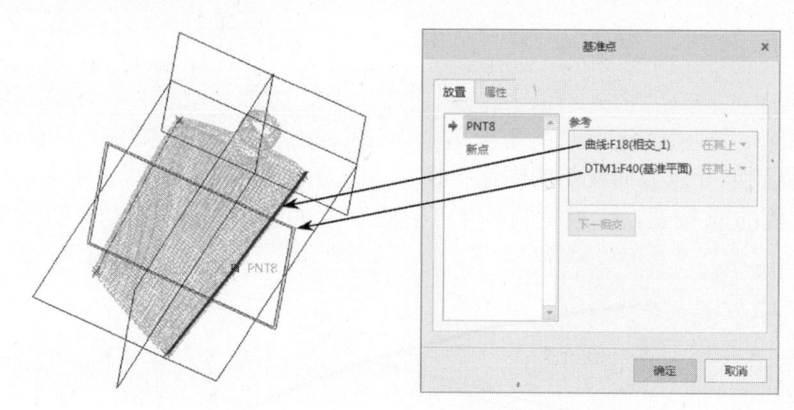

图 4-186　为“基准点 PNT8”选取参考

创建 PNT9：选取基准平面 DTM1 与相交曲线 3 作为参考（结合〈Ctrl〉键），选取约束为“在其上”，如图 4-187 所示。

3）完成基准点的创建工作

单击“基准点”对话框的 确定 按钮，完成基准点 PNT8 和 PNT9 的创建工作。

（36）绘制工业风叶辅助曲线 14

1）选取命令，定义草绘平面和方向

在模型工具栏中单击【草绘】按钮，打开“草绘”对话框，在【平面】框中选取“DTM1”平面作为草绘平面，在【参考】框中选取“RIGHT”平面作为参考平面，在【方向】框中选取【右】，单击 草绘 按钮进入草绘模式。

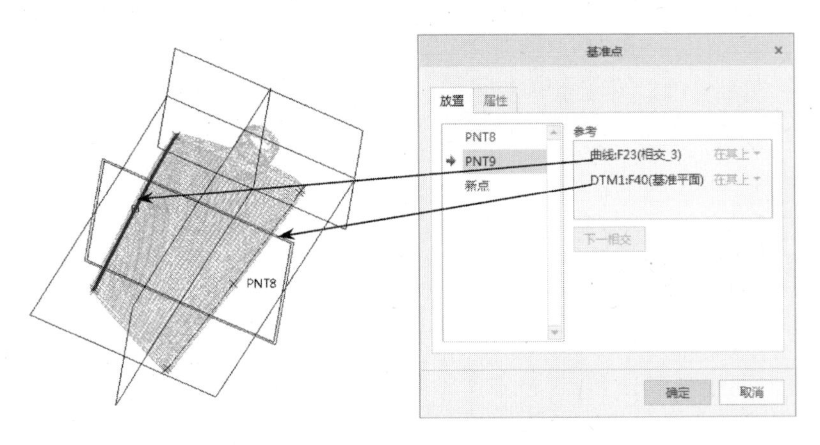

图 4-187　为“基准点 PNT9”选取参考

2）绘制风叶辅助曲线 14

单击【样条】按钮 绘制风叶辅助曲线 14，使样条曲线经过刚创建好的 2 个基准点和复制好的风叶点云曲线 1，如图 4-188 所示。

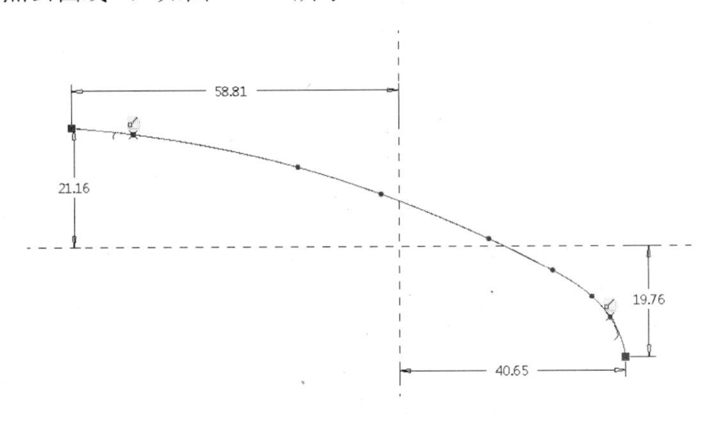

图 4-188　绘制风叶辅助曲线 14

3）完成风叶辅助曲线 14 的创建工作

单击草绘工具栏的✔按钮，退出草绘模式，完成风叶辅助曲线 14 的创建工作。

经验交流

风叶辅助曲线 14 经过复制好的风叶点云曲线 1，其 2 个端点长度大于点云曲线 12 个端点的长度，使用辅助曲线 14 创建的曲面大于点云曲线的边界，获得质量高且可以编辑的曲面。

（37）复制风叶点云曲线 2

1）选取要复制的点云曲线

选取点云曲线中的一条曲线作为要复制的曲线，如图 4-189 所示。

2）选取命令

在模型工具栏中单击【复制】按钮→【粘贴】按钮，打开“复制曲线”操控板。

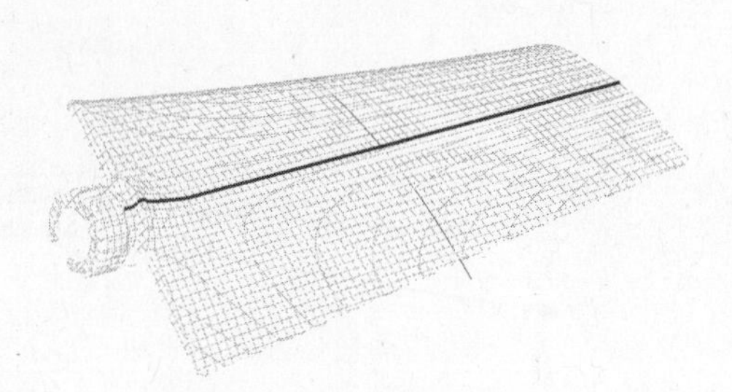

图 4-189　选取要复制的曲线

3）定义复制曲线类型

在上层对话框中选取复制的曲线类型为“精确”选项，如图 4-190 所示。

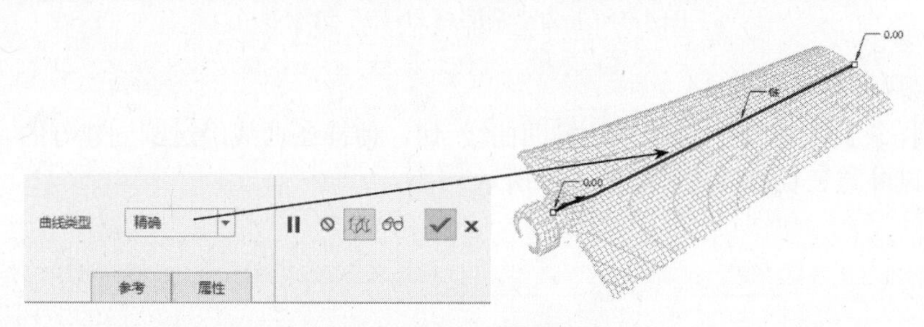

图 4-190　定义复制曲线类型

4）完成复制风叶点云曲线 2 的创建工作

单击操控板的✓按钮，完成复制风叶点云曲线 2 的创建工作，复制好的曲线如图 4-191 所示。

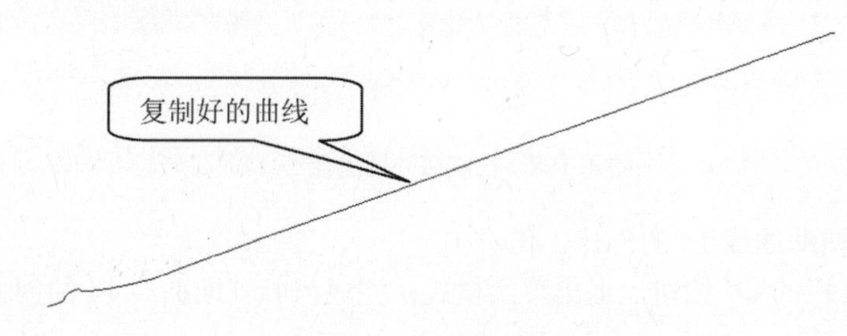

图 4-191　复制曲线效果

（38）创建基准点 PNT10、PNT11、PNT12

1）选取命令

在模型工具栏中单击【点】按钮，打开“基准点”对话框。

2）为新建基准点选取位置参考

创建 PNT10：选取基准平面 RIGHT 与相交曲线 7 作为参考（结合〈Ctrl〉键），选取约束为“在其上”，如图 4-192 所示。

创建 PNT11：选取基准平面 RIGHT 与风叶辅助曲线 14 作为参考（结合〈Ctrl〉键），选取约束为“在其上”，如图 4-193 所示。

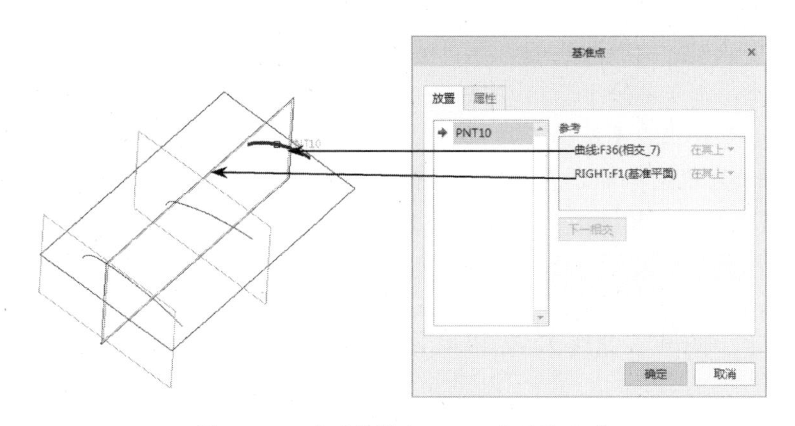

图 4-192　为“基准点 PNT10”选取参考

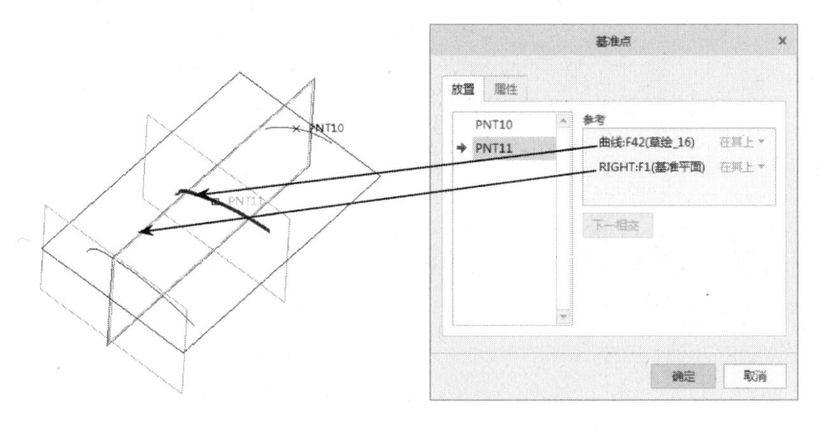

图 4-193　为“基准点 PNT11”选取参考

创建 PNT12：选取基准平面 RIGHT 与相交曲线 5 作为参考（结合〈Ctrl〉键），选取约束为“在其上”，如图 4-194 所示。

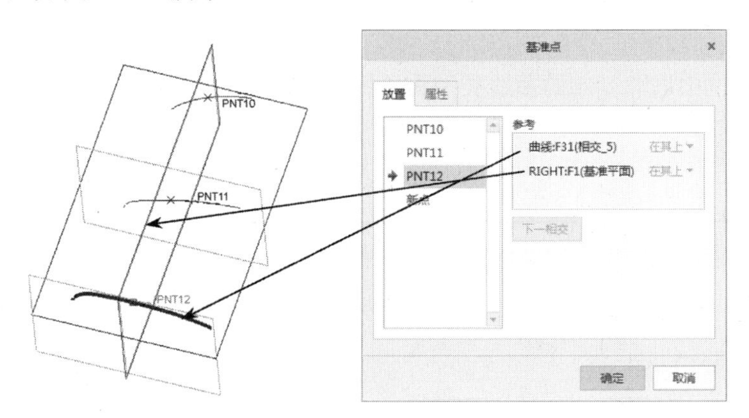

图 4-194　为“基准点 PNT12”选取参考

3）完成基准点的创建工作

单击“基准点”对话框的 确定 按钮，完成基准点 PNT10 、PNT11、PNT12 的创建工作。

(39）绘制工业风叶辅助曲线 15

1）选取命令，定义草绘平面和方向

在模型工具栏中单击【草绘】按钮，打开“草绘”对话框，在【平面】框中选取“RIGHT”平面作为草绘平面，在【参考】框中选取“TOP”平面作为参考平面，在【方向】框中选取【上】，单击 草绘 按钮进入草绘模式。

2）绘制风叶辅助曲线 15

单击【样条】按钮 绘制“风叶辅助曲线 15”，使样条曲线经过刚创建好的 3 个基准点，逼近复制好的风叶点云曲线 2，如图 4-195 所示。

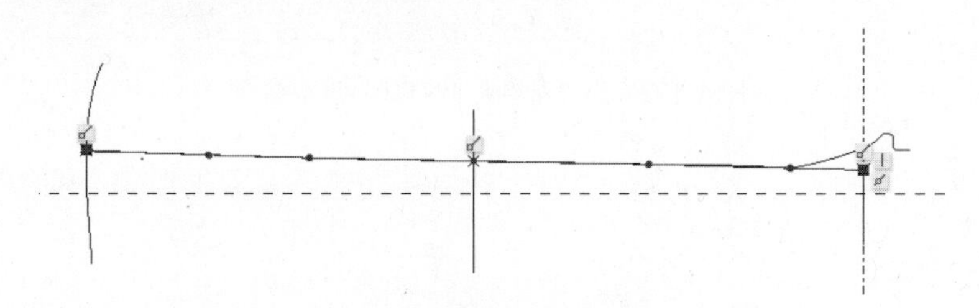

图 4-195　绘制风叶辅助曲线 15

3）完成风叶辅助曲线 15 的创建工作

单击草绘工具栏的✔按钮，退出草绘模式，完成风叶辅助曲线 15 的创建工作。

(40）复制风叶点云曲线 3

1）选取要复制的点云曲线

选取点云曲线中的一条曲线作为要复制的曲线，如图 4-196 所示。

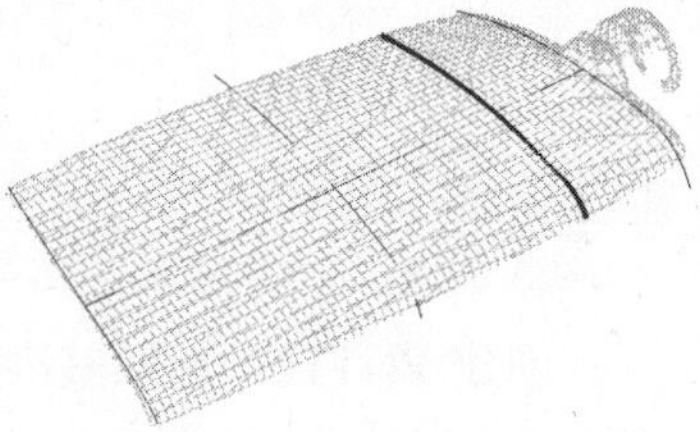

图 4-196　选取要复制的曲线

2）选取命令

在模型工具栏中单击【复制】按钮→【粘贴】按钮，打开“复制曲线”操控板。

3）定义复制曲线类型

在上层对话框中选取复制的曲线类型为“精确”选项，如图 4-197 所示。

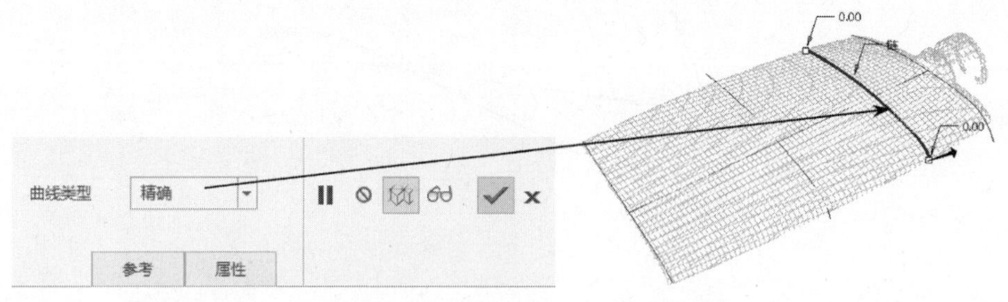

图 4-197　定义复制曲线类型

4）完成复制风叶点云曲线 3 的创建工作

单击操控板的✔按钮，完成复制风叶点云曲线 3 的创建工作，复制好的曲线如图 4-198 所示。

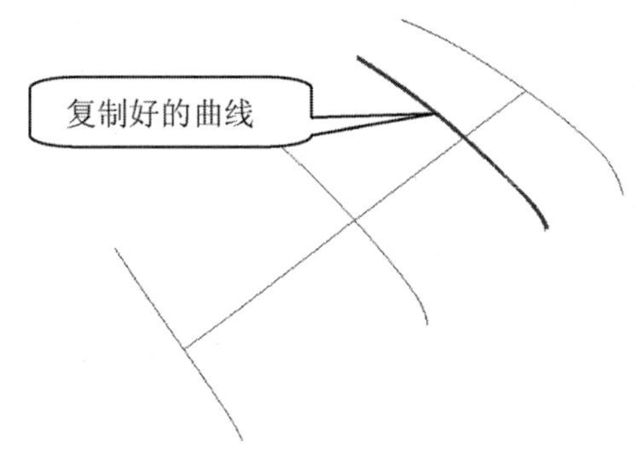

图 4-198　复制曲线效果

（41）创建基准平面 DTM2

1）选取命令

在模型工具栏中单击【平面】按钮，打开“基准平面”对话框。

2）为新建基准平面选取位置参考

在【基准平面】对话框的【参考】栏中，选取 FRONT 平面作为参考，选取约束为“偏移”，输入偏移距离为“63”，如图 4-199 所示。

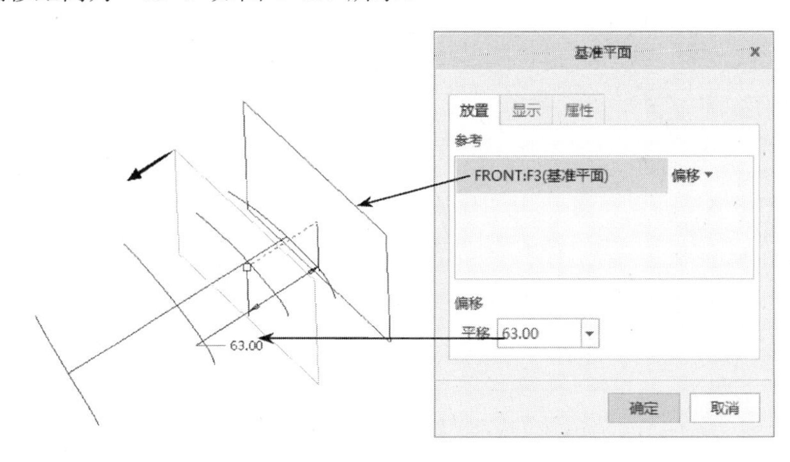

图 4-199　为“基准平面”选取参考

3）完成基准平面的创建工作

单击“基准平面”对话框的 确定 按钮，完成基准平面 DTM2 的创建工作。

（42）创建基准点 PNT13、PNT14、PNT15

1）选取命令

在模型工具栏中单击【点】按钮，打开“基准点”对话框。

2）为新建基准点选取位置参考

创建 PNT13：选取基准平面 DTM2 与相交曲线 1 作为参考（结合〈Ctrl〉键），选取约束为“在其上”，如图 4-200 所示。

创建 PNT14：选取基准平面 DTM2 与风叶辅助曲线 15 作为参考（结合〈Ctrl〉键），选取约束为“在其上”，如图 4-201 所示。

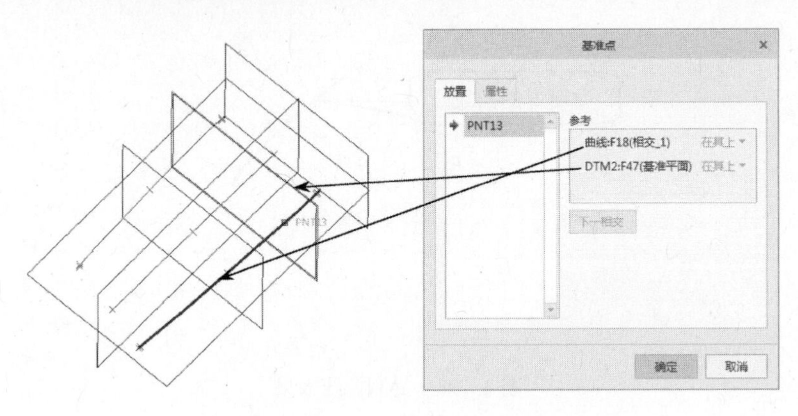

图 4-200　为“基准点 PNT13”选取参考

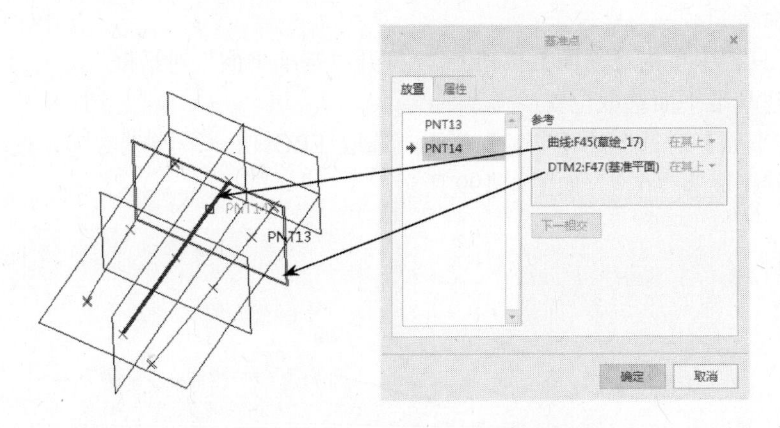

图 4-201　为“基准点 PNT14”选取参考

创建 PNT15：选取基准平面 DTM2 与相交曲线 5 作为参考（结合〈Ctrl〉键），选取约束为“在其上”，如图 4-202 所示。

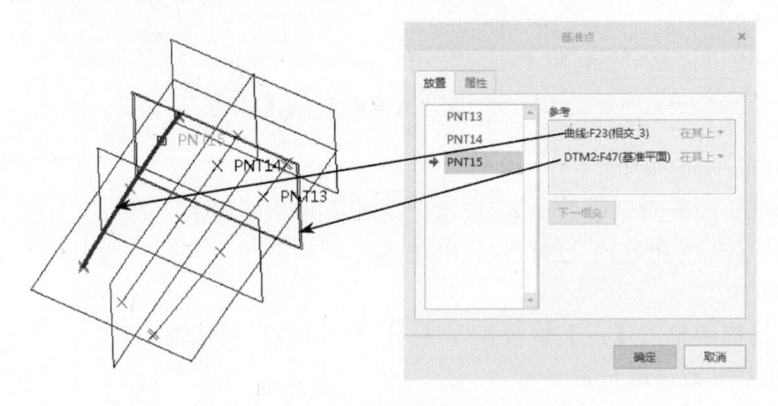

图 4-202　为“基准点 PNT15”选取参考

3）完成基准点的创建工作

单击“基准点”对话框的 确定 按钮，完成基准点 PNT13 、PNT14、PNT15 的创建工作。

（43）绘制工业风叶辅助曲线 16

1）选取命令，定义草绘平面和方向

从模型工具栏中单击【草绘】按钮，打开“草绘”对话框，在【平面】框中选取“DTM2”平面作为草绘平面，在【参考】框中选取“RIGHT”平面作为参考平面，在【方向】框中选取“左”，单击 草绘 按钮进入草绘模式。

2）绘制风叶辅助曲线 16

单击【样条】按钮 绘制风叶辅助曲线 16，使样条曲线经过刚创建好的 3 个基准点，逼近复制好的风叶点云曲线 3，如图 4-203 所示。

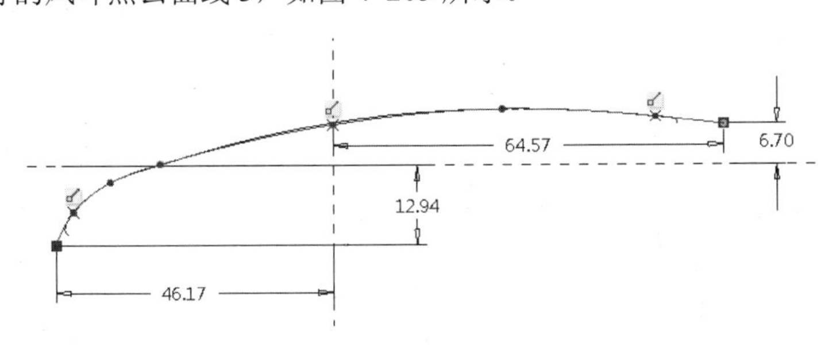

图 4-203　绘制风叶辅助曲线 16

3）完成风叶辅助曲线 16 的创建工作

单击草绘工具栏的 按钮，退出草绘模式，完成风叶辅助曲线 16 的创建工作。

（44）复制风叶点云曲线 4

1）选取要复制的点云曲线

选取点云曲线中的一条曲线作为要复制的曲线，如图 4-204 所示。

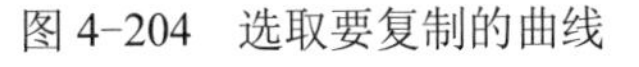

图 4-204　选取要复制的曲线

2）选取命令

在模型工具栏中单击【复制】按钮→【粘贴】按钮，打开“复制曲线”操控板。

3）定义复制曲线类型

在上层对话框中选取复制的曲线类型为“精确”选项，如图 4-205 所示。

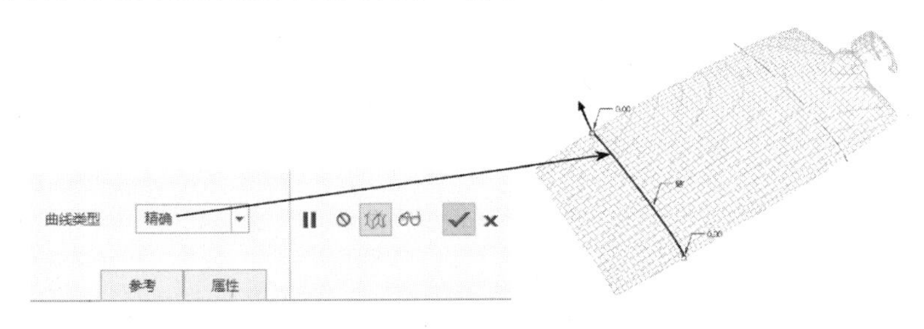

图 4-205　定义复制曲线类型

4）完成复制风叶点云曲线 4 的创建工作

单击操控板的 按钮，完成复制风叶点云曲线 4 的创建工作，复制好的曲线如图 4-206

所示。

（45）创建基准平面 DTM3

1）选取命令

在模型工具栏中单击【平面】按钮▱，打开“基准平面”对话框。

2）为新建基准平面选取位置参考

在【基准平面】对话框的【参考】栏中，选取 FRONT 平面作为参考，选取约束为“偏移”，输入偏移距离为“177”，如图 4-207 所示。

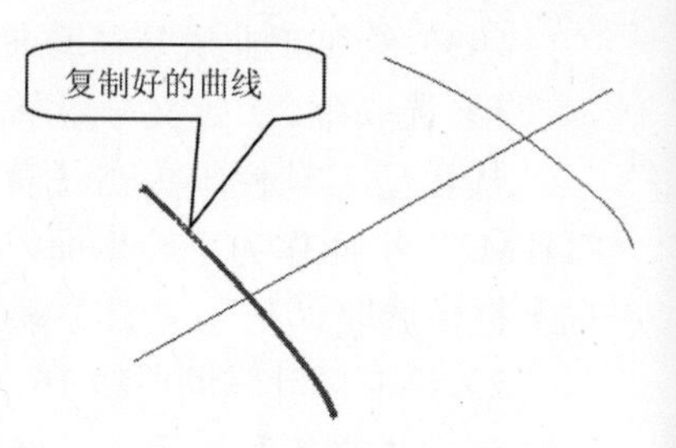

图 4-206 复制曲线效果

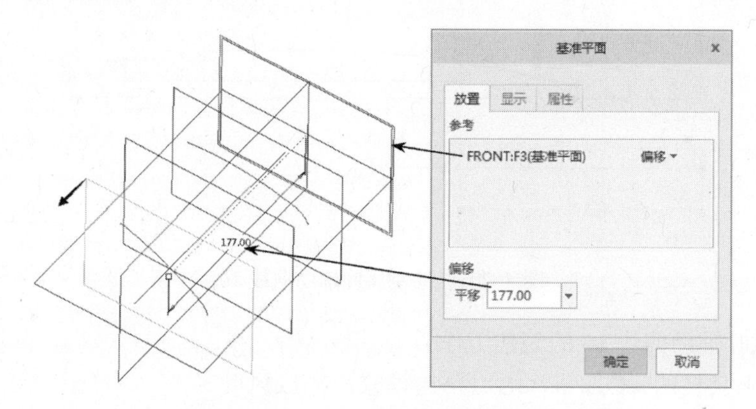

图 4-207 为“基准平面”选取参考

3）完成基准平面的创建工作

单击“基准平面”对话框的 确定 按钮，完成基准平面 DTM3 的创建工作。

（46）创建基准点 PNT16、PNT17、PNT18

1）选取命令

在模型工具栏中单击【点】按钮，打开“基准点”对话框。

2）为新建基准点选取位置参考

创建 PNT16：选取基准平面 DTM3 与相交曲线 3 作为参考（结合〈Ctrl〉键），选取约束为“在其上”，如图 4-208 所示。

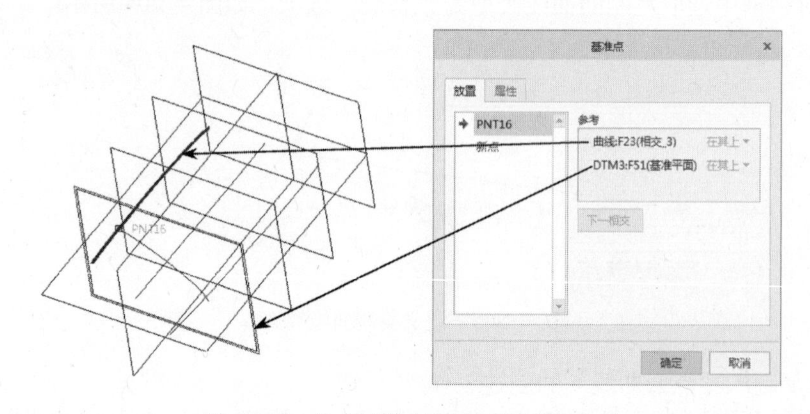

图 4-208 为“基准点 PNT16”选取参考

创建 PNT17：选取基准平面 DTM3 与风叶辅助曲线 15 作为参考（结合〈Ctrl〉键），选取约束为“在其上”，如图 4-209 所示。

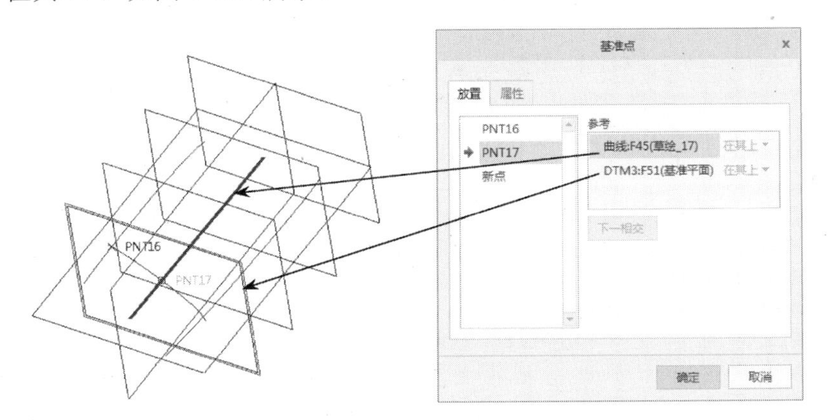

图 4-209　为“基准点 PNT17”选取参考

创建 PNT18：选取基准平面 DTM3 与相交曲线 1 作为参考（结合〈Ctrl〉键），选取约束为“在其上”，如图 4-210 所示。

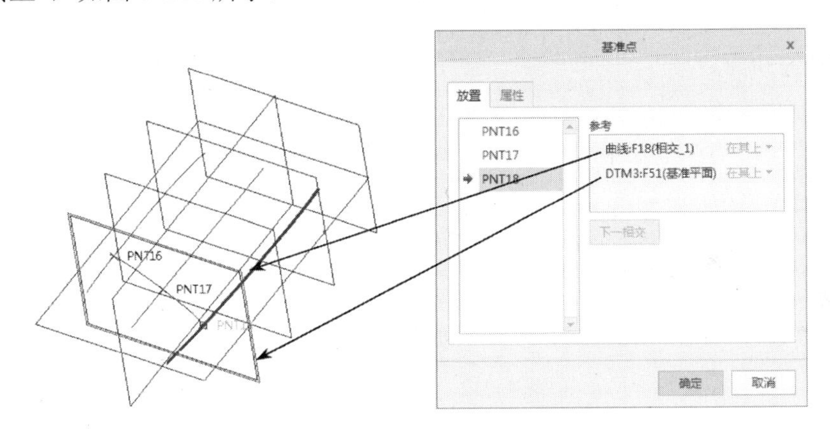

图 4-210　为“基准点 PNT18”选取参考

3）完成基准点的创建工作

单击“基准点”对话框的 确定 按钮，完成基准点 PNT16 、PNT17、PNT18 的创建工作。

（47）绘制工业风叶辅助曲线 17

1）选取命令，定义草绘平面和方向

在模型工具栏中单击【草绘】按钮，打开“草绘”对话框，在【平面】框中选取“DTM3”平面作为草绘平面，在【参考】框中选取“RIGHT”平面作为参考平面，在【方向】框中选取“右”，单击 草绘 按钮进入草绘模式。

2）绘制风叶辅助曲线 17

单击【样条】按钮 绘制“风叶辅助曲线 17”，使样条曲线经过刚创建好的 3 个基准点，逼近复制好的风叶点云曲线 4，如图 4-211 所示。

3）完成风叶辅助曲线 17 的创建工作

单击草绘工具栏的✔按钮，退出草绘模式，完成风叶辅助曲线 17 的创建工作。

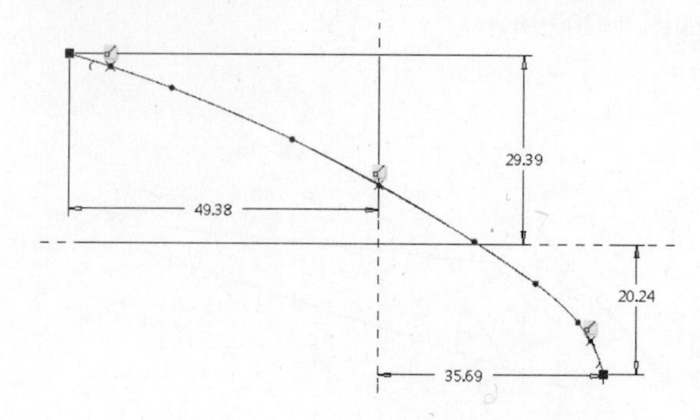

图 4-211　绘制风叶辅助曲线 17

经验交流

上述步骤创建好的风叶相交曲线 5，风叶辅助曲线 14、16、17 和风叶相交曲线 7 为风叶长方向的一组曲线；风叶相交曲线 1、风叶辅助曲线 15 和风叶相交曲线 3 为风叶短方向的一组曲线；该 2 组曲线构成风叶一个面的主体曲线，如图 4-212 所示。由这 2 组曲线可以创建风叶一个面的曲面。

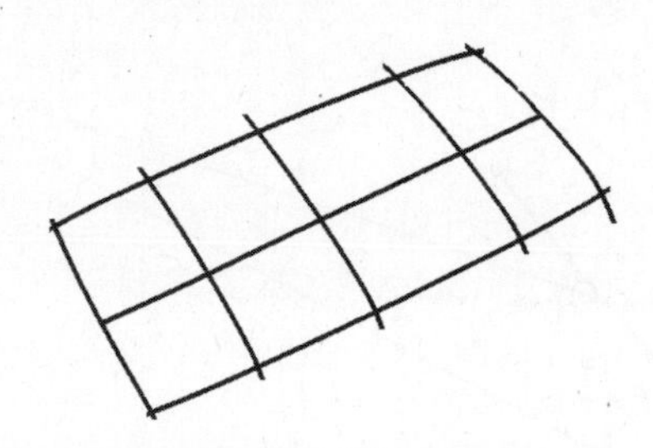

图 4-212　风叶主体曲线

2．创建工业风叶主体特征

（1）创建工业风叶边界曲面 1

1）选取命令

在模型工具栏上单击【边界混合】按钮，打开“边界混合”操控板，如图 4-213 所示。

图 4-213　“边界混合”操控板

2）选择第一方向曲线

在曲线面板中单击【第一方向】下面的列表框，依次选取风叶相交曲线 5，风叶辅助曲线 14、16、17 和风叶相交曲线 7（结合〈Ctrl〉键）作为第一方向的曲线，如图 4-214 所示。

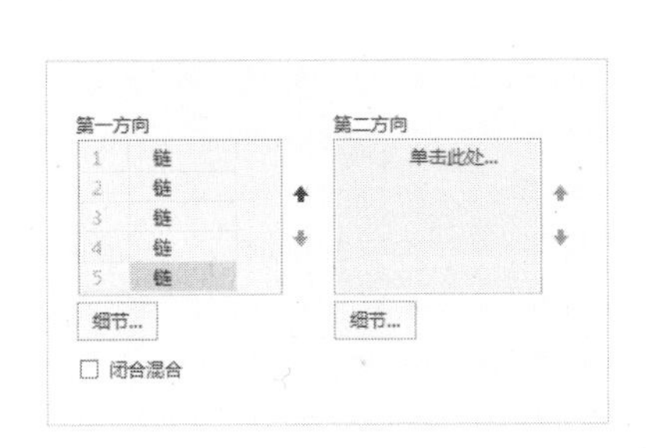

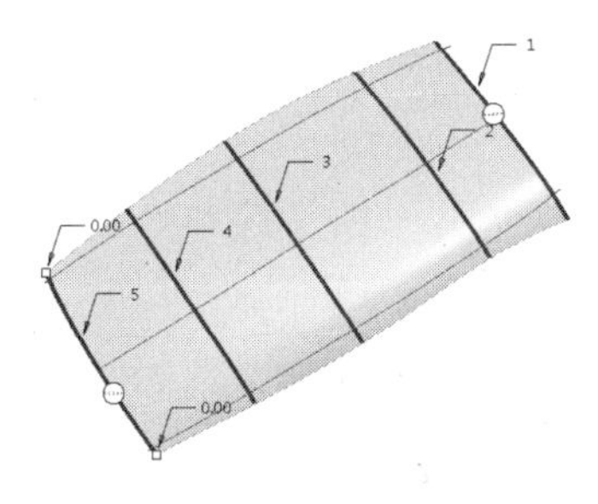

图 4-214 选取第一方向曲线

3）选择第二方向曲线

在曲线面板中单击【第二方向】下面的列表框，依次选取风叶相交曲线 1、风叶辅助曲线 15 和风叶相交曲线 3（结合〈Ctrl〉键）作为第二方向的曲线，如图 4-215 所示。

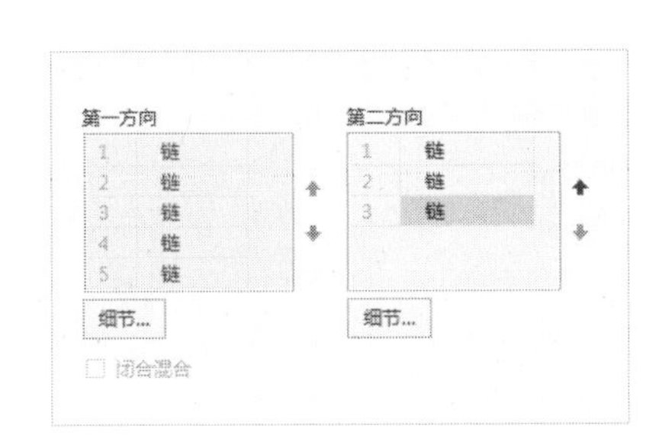

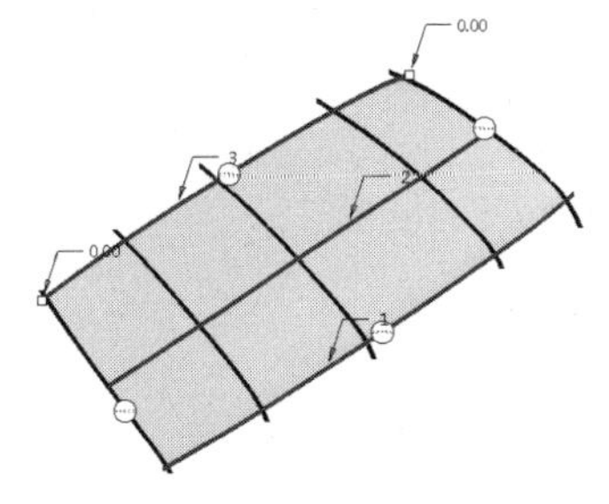

图 4-215 选取第二方向曲线

4）完成工业风叶边界曲面 1 的创建工作

单击操控板的✓按钮，完成工业风叶边界曲面 1 的创建工作，其效果如图 4-216 所示。

（2）复制风叶点云曲线 5

1）选取要复制的点云曲线

选取点云曲线中的一条曲线作为要复制的曲线，如图 4-217 所示。

图 4-216 工业风叶边界曲面 1

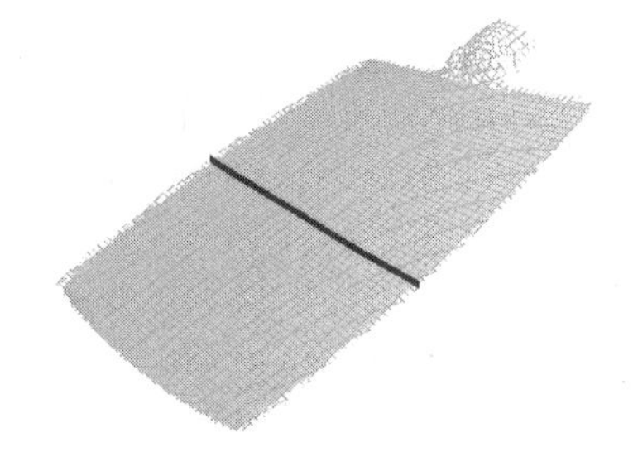

图 4-217 选取要复制的曲线

2）选取命令

在模型工具栏中单击【复制】按钮→【粘贴】按钮，打开“复制曲线”操控板。

3）定义复制曲线类型

在对话框中选取复制的曲线类型为“精确”选项，如图 4-218 所示。

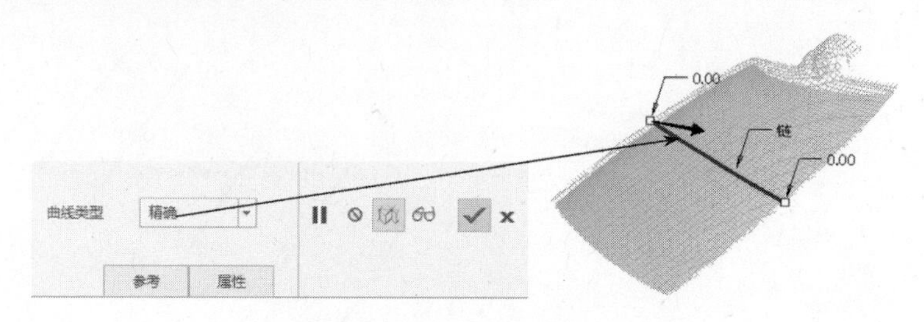

图 4-218　定义复制曲线类型

4）完成复制风叶点云曲线 5 的创建工作

单击操控板的✓按钮，完成复制风叶点云曲线 5 的创建工作，复制好的曲线如图 4-219 所示。

图 4-219　复制曲线效果

（3）创建基准点 PNT19、PNT20

1）选取命令

在模型工具栏中单击【点】按钮，打开“基准点”对话框。

2）为新建基准点选取位置参考

创建 PNT19：选取基准平面 DTM1 与相交曲线 4 作为参考（结合〈Ctrl〉键），选取约束为“在其上”，如图 4-220 所示。

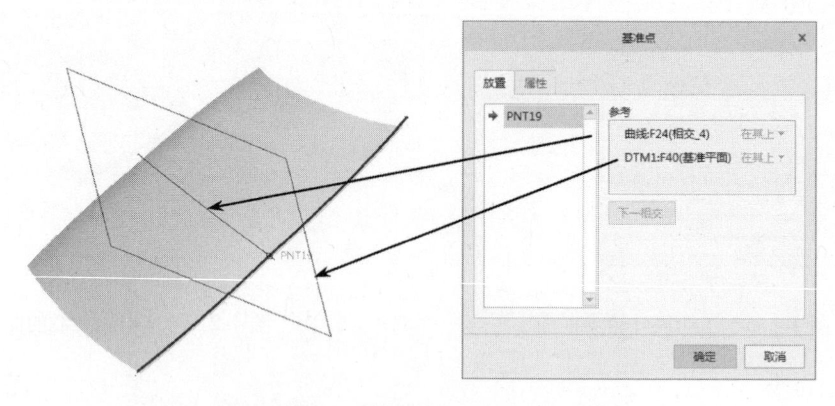

图 4-220　为“基准点 PNT19”选取参考

创建 PNT20：选取基准平面 DTM1 与相交曲线 2 作为参考（结合〈Ctrl〉键），选取约束为“在其上”，如图 4-221 所示。

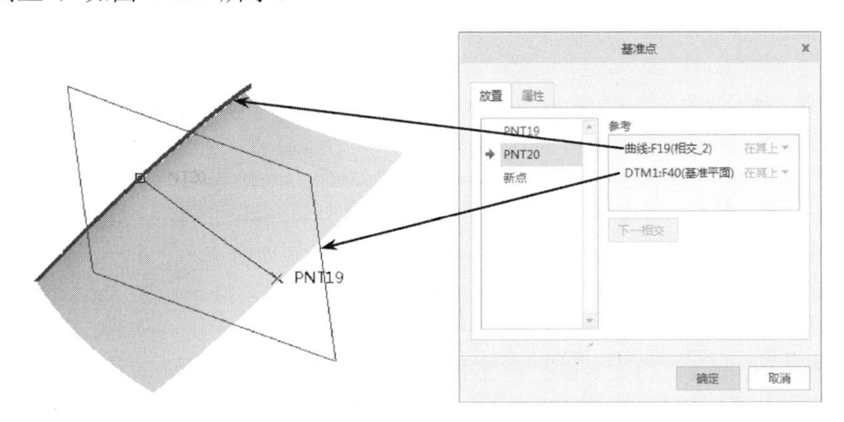

图 4-221　为“基准点 PNT20”选取参考

3）完成基准点的创建工作

单击“基准点”对话框的 确定 按钮，完成基准点 PNT19 、PNT20 的创建工作。

（4）绘制工业风叶辅助曲线 18

1）选取命令，定义草绘平面和方向

在模型工具栏中单击【草绘】按钮，打开“草绘”对话框，在【平面】框中选取“DTM1”平面作为草绘平面，在【参考】框中选取“RIGHT”平面作为参考平面，在【方向】框中选取“右”，单击 草绘 按钮进入草绘模式。

2）绘制风叶辅助曲线 18

单击【样条】按钮 绘制“风叶辅助曲线 18”，使样条曲线经过刚创建好的 2 个基准点，逼近复制好的风叶点云曲线 5，如图 4-222 所示。

3）完成风叶辅助曲线 18 的创建工作

单击草绘工具栏的 ✔ 按钮，退出草绘模式，完成风叶辅助曲线 18 的创建工作。

（5）复制风叶点云曲线 6

1）选取要复制的点云曲线

选取点云曲线中的一条曲线作为要复制的曲线，如图 4-223 所示。

2）选取命令

在模型工具栏中单击【复制】按钮→【粘贴】按钮，打开“复制曲线”操控板。

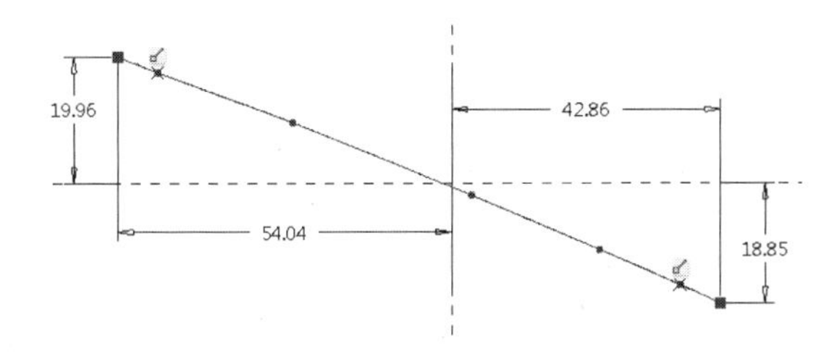

图 4-222　绘制风叶辅助曲线 18

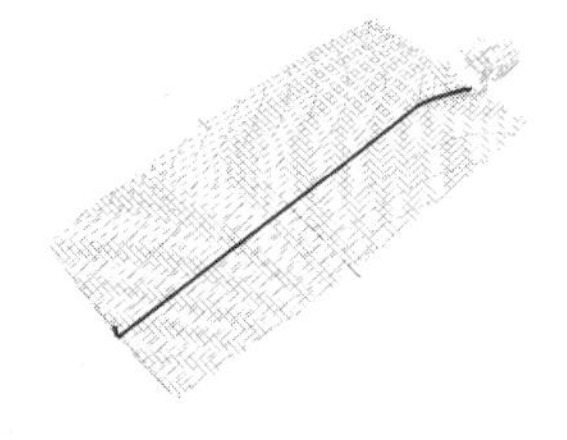

图 4-223　选取要复制的曲线

3）定义复制曲线类型

在上层对话框中选取复制的曲线类型为“精确”选项，如图 4-224 所示。

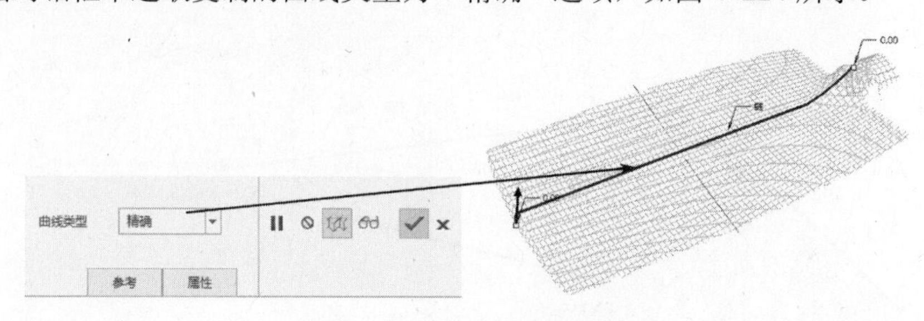

图 4-224　定义复制曲线类型

4）完成复制风叶点云曲线 6 的创建工作

单击操控板的✓按钮，完成复制风叶点云曲线 6 的创建工作，复制好的曲线如图 4-225 所示。

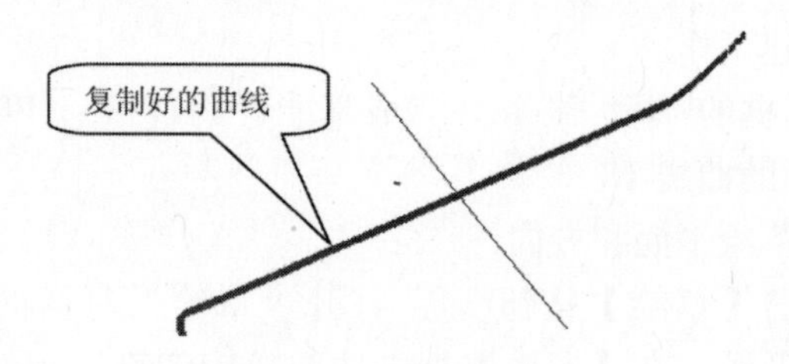

图 4-225　复制曲线效果

（6）创建基准点 PNT21、PNT22、PNT23

1）选取命令

在模型工具栏中单击【点】按钮，打开“基准点”对话框。

2）为新建基准点选取位置参考

创建 PNT21：选取基准平面 RIGHT 与相交曲线 8 作为参考（结合〈Ctrl〉键），选取约束为“在其上”，如图 4-226 所示。

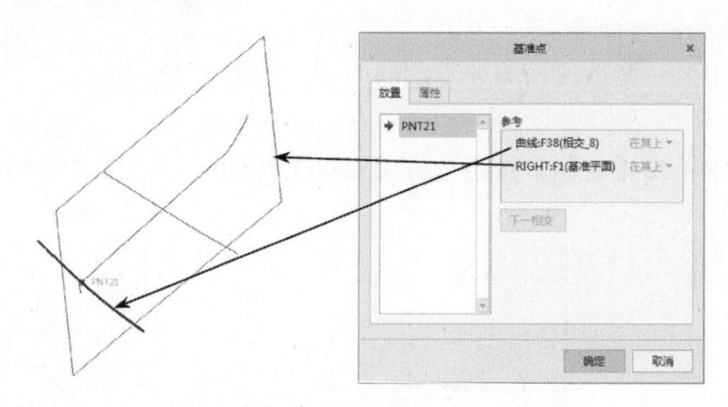

图 4-226　为“基准点 PNT21”选取参考

创建 PNT22：选取基准平面 RIGHT 与风叶辅助曲线 18 作为参考（结合〈Ctrl〉键），选取约束为“在其上”，如图 4-227 所示。

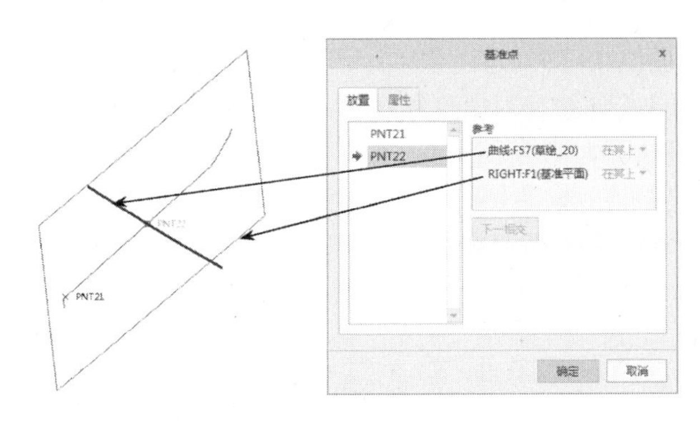

图 4-227 为“基准点 PNT22”选取参考

创建 PNT23：选取基准平面 RIGHT 与相交曲线 6 作为参考（结合〈Ctrl〉键），选取约束为“在其上”，如图 4-228 所示。

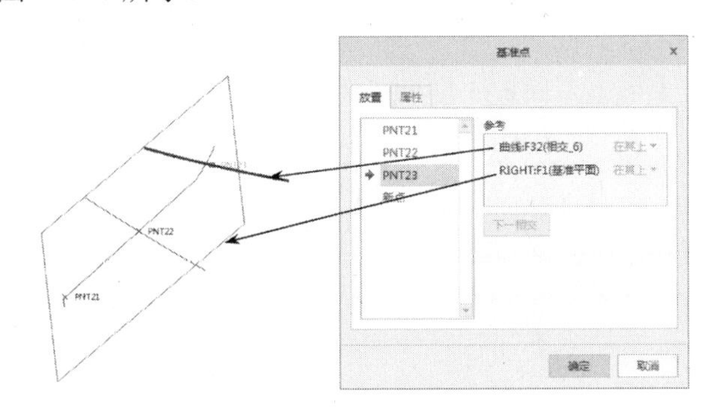

图 4-228 为“基准点 PNT23”选取参考

3）完成基准点的创建工作

单击“基准点”对话框的 确定 按钮，完成基准点 PNT21、PNT22、PNT23 的创建工作。

（7）绘制工业风叶辅助曲线 19

1）选取命令，定义草绘平面和方向

在模型工具栏中单击【草绘】按钮，打开“草绘”对话框，在【平面】框中选取“RIGHT”平面作为草绘平面，在【参考】框中选取“TOP”平面作为参考平面，在【方向】框中选取“上”，单击 草绘 按钮进入草绘模式。

2）绘制风叶辅助曲线 19

单击【样条】按钮 绘制“风叶辅助曲线 18”，使样条曲线经过刚创建好的 3 个基准点，逼近复制好的风叶点云曲线 6，如图 4-229 所示。

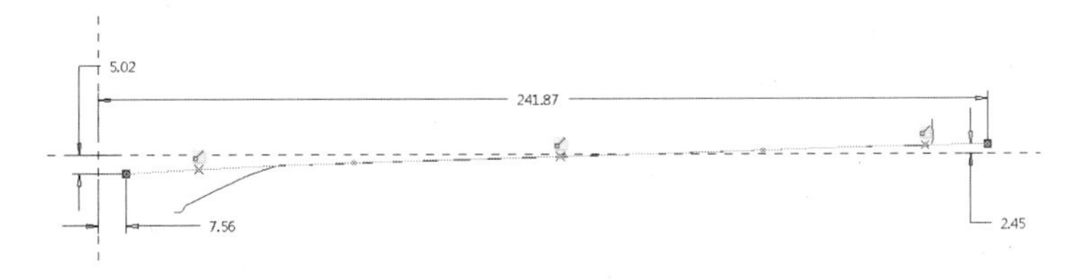

图 4-229 绘制风叶辅助曲线 19

3）完成风叶辅助曲线 19 的创建工作

单击草绘工具栏的✔按钮，退出草绘模式，完成风叶辅助曲线 19 的创建工作。

（8）创建工业风叶边界曲面 2

1）选取命令

在模型工具栏上单击【边界混合】按钮，打开“边界混合”操控板，如图 4-230 所示。

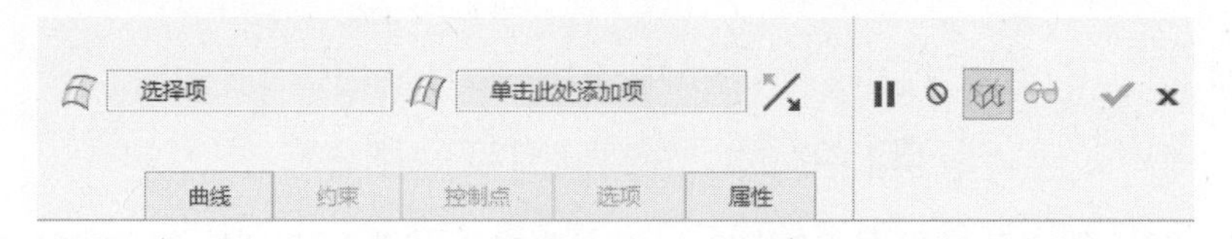

图 4-230 “边界混合”操控板

2）选择第一方向曲线

在曲线面板中单击【第一方向】下面的列表框，依次选取风叶相交曲线 2、风叶辅助曲线 19 和风叶相交曲线 4（结合〈Ctrl〉键）作为第一方向的曲线，如图 4-231 所示。

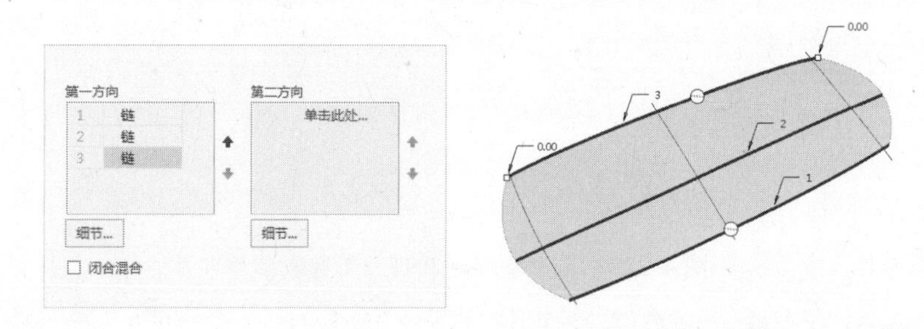

图 4-231 选取第一方向曲线

3）选择第二方向曲线

在曲线面板中单击【第二方向】下面的列表框，依次选取风叶相交曲线 6、风叶辅助曲线 18 和风叶相交曲线 8（结合〈Ctrl〉键）作为第二方向的曲线，如图 4-232 所示。

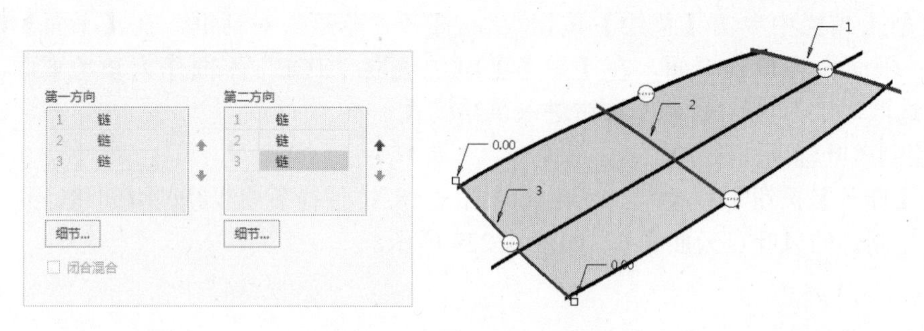

图 4-232 选取第二方向曲线

4）完成工业风叶边界曲面 2 的创建工作

单击操控板的✔按钮，完成工业风叶边界曲面 2 的创建工作，其效果如图 4-233 所示。

图 4-233　工业风叶边界曲面 2

（9）延伸工业风叶边界曲面 2

1）选取命令

选取工业风叶边界曲面 2 的一条边，单击【延伸】按钮，打开“延伸”操控板，如图 4-234 所示。

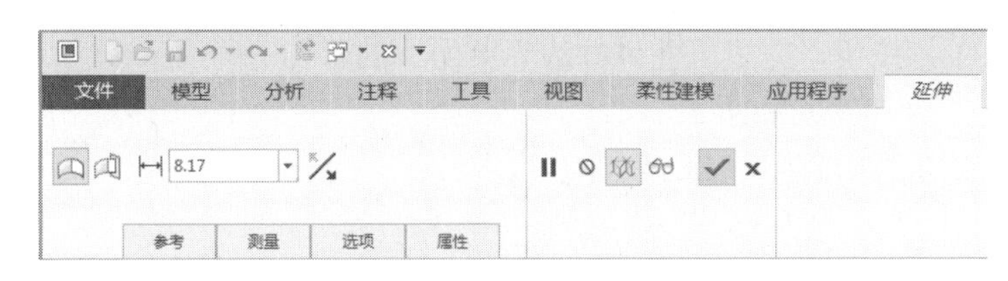

图 4-234　“延伸”操控板

2）指定延伸曲面的边界、延伸方式

① 选取工业风叶边界曲面 2 的一条边（结合 Shift 键选取其他边），依次选取其他边，指定要延伸的曲面边界链，如图 4-235 所示。

② 单击【沿原始曲面延伸曲面】按钮，指定沿原始曲面的方向延伸边界链。

③ 在尺寸文本框中输入延伸的距离为 19.7（mm），创建出延伸曲面，如图 4-236 所示。

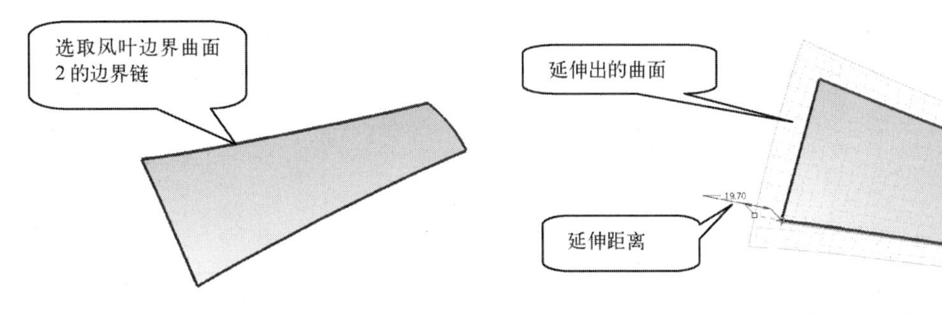

图 4-235　选取内圆曲面的轮廓线

图 4-236　延伸曲面操作

3）完成创建工作

单击操控板的按钮，完成工业风叶边界曲面 2 的延伸工作。

（10）延伸工业风叶边界曲面 1

1）选取命令

选取工业风叶边界曲面 1 的一条边，单击【延伸】按钮，打开“延伸”操控板。

2）指定延伸曲面的边界、延伸方式

① 选取工业风叶边界曲面 1 的一条边（结合 Shift 键选取其他边），依次选取其他边，

指定要延伸的曲面边界链，如图 4-237 所示。

② 单击【沿原始曲面延伸曲面】按钮，指定沿原始曲面的方向延伸边界链。

③ 在尺寸文本框中输入延伸的距离为 19.7（mm），创建出延伸曲面，如图 4-238 所示。

图 4-237　选取内圆曲面的轮廓线　　　　图 4-238　延伸曲面操作

3）完成创建工作

单击操控板的按钮，完成工业风叶边界曲面 1 的延伸工作。

（11）创建工业风叶辅助曲面 3

使用拉伸方法创建工业风叶辅助曲面 3

1）选取命令

在模型工具栏中单击【拉伸】按钮，打开“拉伸”操控板，再单击【拉伸为曲面】按钮。

2）定义草绘平面和方向

选取【放置】→【定义】，打开“草绘”对话框。在【平面】框中选取“TOP”平面作为草绘平面，在【参考】框中选取“RIGHT”平面作为参考平面，在【方向】框中选取“下”，单击 草绘 按钮进入草绘模式。

3）绘制工业风叶辅助曲面 3 拉伸截面

单击【投影】按钮，提取工业风叶外形轮廓曲线为拉伸截面，如图 4-239 所示。

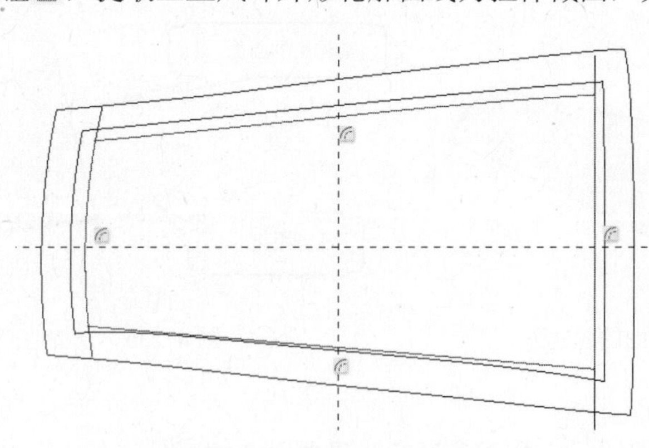

图 4-239　绘制拉伸截面

4）指定拉伸方式和深度

在“拉伸”操控板中选取【选项】→【对称】，然后输入拉伸深度“124”，在图形窗口中可以预览拉伸出的曲面特征，如图 4-240 所示。

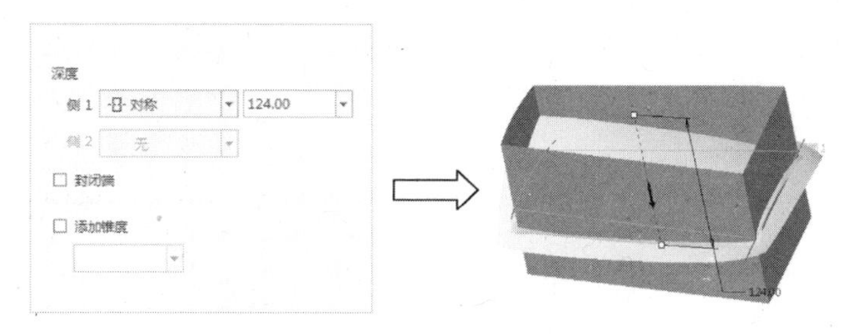

图 4-240　工业风叶辅助曲面 3 拉伸操作

5）完成工业风叶辅助曲面 3 的创建工作

单击操控板的✔按钮，完成工业风叶辅助曲面 3 的创建工作。

（12）合并工业风叶辅助曲面 3 与工业风叶边界曲面 1

1）选取要合并的面组

选取工业风叶辅助曲面 3 与工业风叶边界曲面 1 作为要合并的面组。

2）选取命令

在模型工具栏中单击【合并】按钮，打开“合并曲面”操控板，如图 4-241 所示。

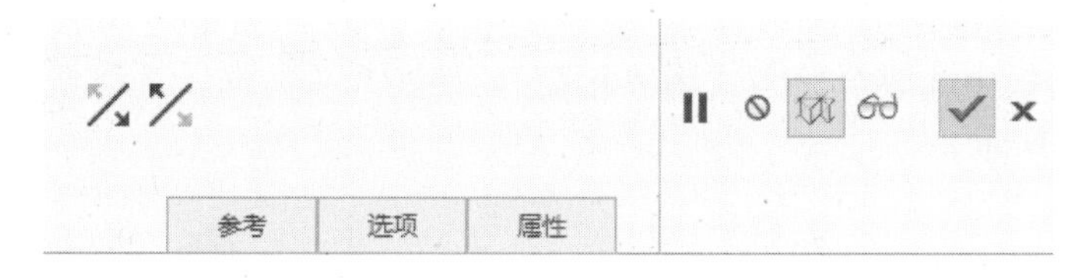

图 4-241　“合并曲面”操控板

3）合并操作

在选项下滑面板中选取合并方式为“相交”，切换箭头方向，选取要保留的合并侧，合并操作如图 4-242 所示。

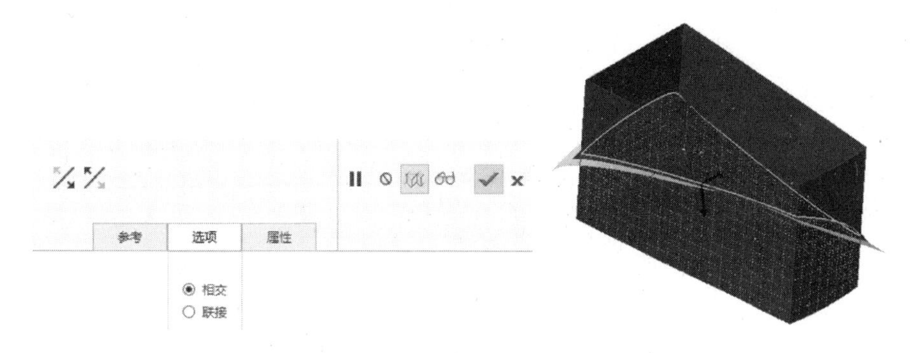

图 4-242　合并曲面操作

4）完成合并曲面的创建工作

单击操控板的✔按钮，完成工业风叶辅助曲面 3 与工业风叶边界曲面 1 的合并创建工作，其效果如图 4-243 所示。

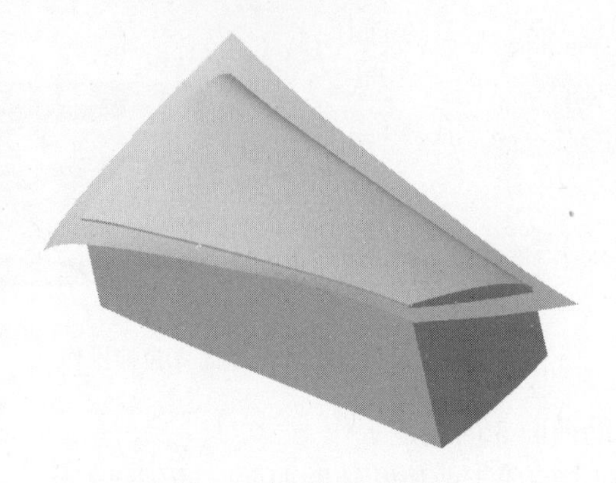

图 4-243 合并曲面效果

（13）合并工业风叶边界曲面 2 与刚合并好的面组

1）选取要合并的面组

选取工业风叶边界曲面 1 与刚合并好的面组作为要合并的面组。

2）选取命令

在模型工具栏中单击【合并】按钮，打开“合并曲面”操控板。

3）合并操作

在选项下滑面板中选取合并方式为“相交”，切换箭头方向，选取要保留的合并侧，合并操作如图 4-244 所示。

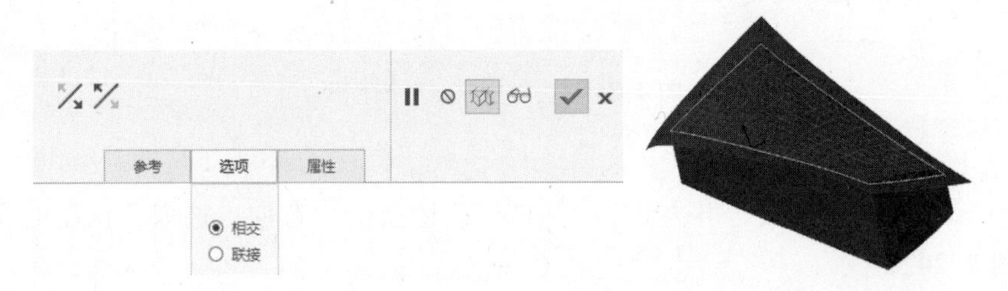

图 4-244 合并曲面操作

4）完成合并曲面的创建工作

单击操控板的按钮，完成工业风叶边界曲面 1 与刚合并好的面组的合并创建工作，获得工业风叶主体特征曲面，其效果如图 4-245 所示。

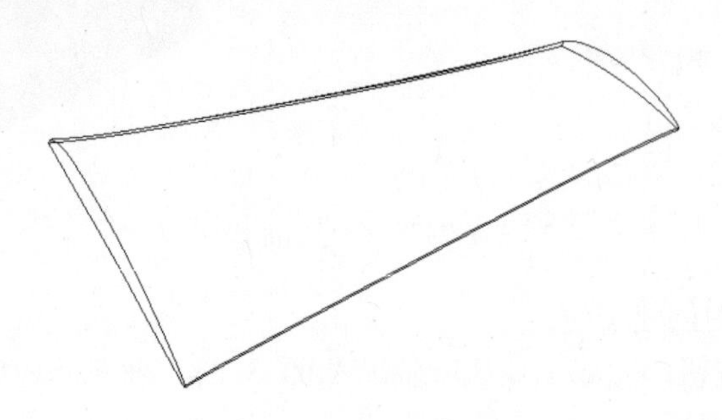

图 4-245 合并曲面效果

（14）工业风叶主体特征曲面实体化

1）选择要实体化的曲面

选择工业风叶主体特征面组作为要实体化的曲面，如图 4-246 所示。

2）选择命令

在模型工具栏中单击【实体化】按钮，打开“实体化曲面”操控板，如图 4-247 所示。

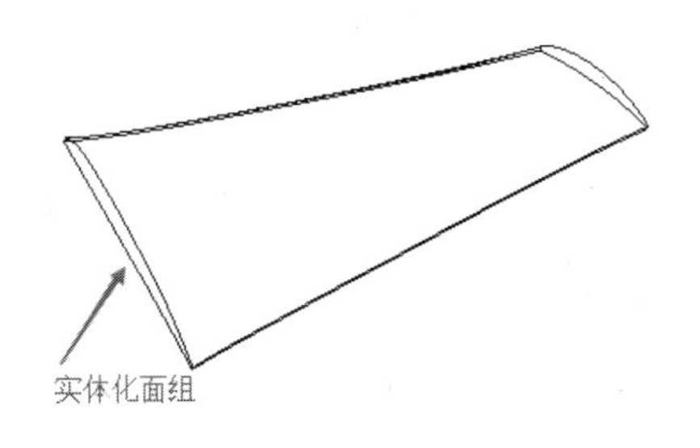

图 4-246 选择要实体化的面组

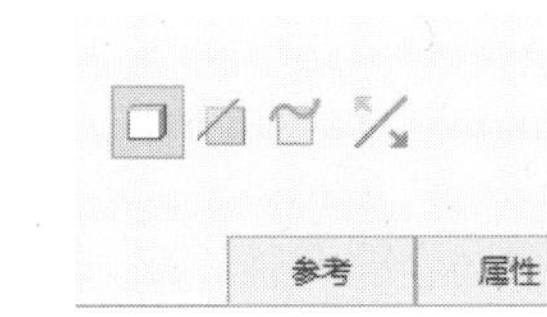

图 4-247 “实体化曲面”操控板

3）选择实体化曲面方式

选择实体化曲面方式为：用实体材料填充由面组界定的体积块。

4）完成实体化曲面的创建工作

单击操控板的按钮，完成工业风叶主体特征曲面实体化的创建工作，获得工业风叶主体特征，效果如图 4-248 所示。

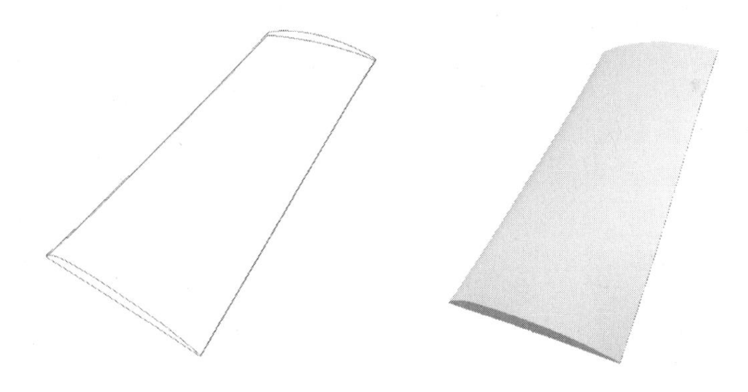

图 4-248 工业风叶主体特征面组实体化效果

3. 创建工业风叶安装部位结构

（1）绘制工业风叶安装部位结构曲线 1

1）选取命令，定义草绘平面和方向

在模型工具栏中单击【草绘】按钮，打开“草绘”对话框，在【平面】框中选取“TOP”平面作为草绘平面，在【参考】框中选取“RIGHT”平面作为参考平面，在【方向】框中选取【上】，单击 草绘 按钮进入草绘模式。

2）绘制风叶安装部位结构曲线 1

单击【线】按钮 绘制“风叶安装部位结构曲线 1”，使其逼近风叶点云曲线，如

图 4-249 所示。

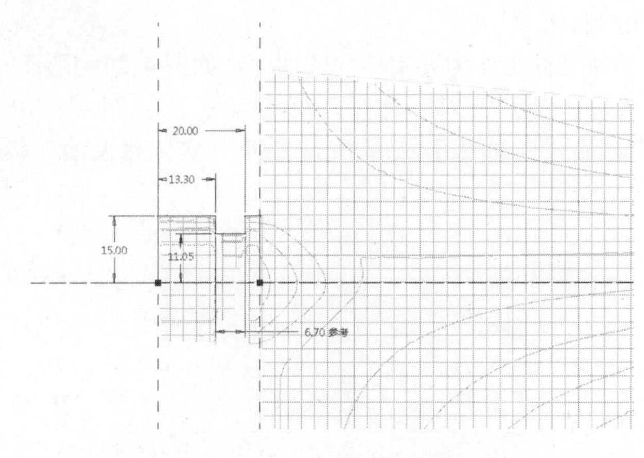

图 4-249　风叶安装部位结构曲线 1

3）完成风叶安装部位结构曲线 1 的创建工作

单击草绘工具栏的✔按钮，退出草绘模式，完成风叶安装部位结构曲线 1 的创建工作。

（2）创建工业风叶安装部位结构旋转特征 1

1）选取命令

在模型工具栏中单击【旋转】按钮，打开“旋转”操控板，单击【作为实体旋转】按钮，如图 4-250 所示。

2）定义草绘平面和方向

选择【放置】→【定义】，打开“草绘”对话框。在【平面】框中选择“TOP”平面作为草绘平面，在【参照】框中选择“RIGHT” 平面作为参照平面，在【方向】框中选择“上”，如图 4-251 所示。单击 草绘 按钮进入草绘模式。

图 4-250　“旋转”操控板

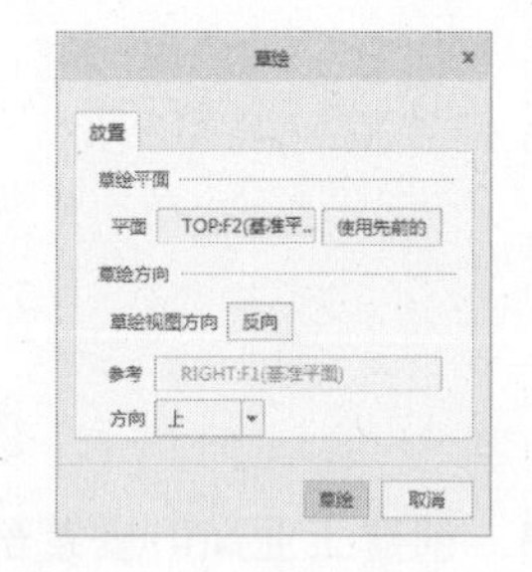

图 4-251　“草绘”对话框

3）绘制旋转特征的截面

在草绘工具栏中选取【投影】按钮，提取出风叶安装部位结构曲线 1 的轮廓线，作为旋转截面，如图 4-252 所示。单击草绘工具栏的✔按钮，退出草绘模式。

4）定义旋转角度

在“旋转”操控板中选择【变量】，然后输入旋转角度“360”，在图形窗口中可以预览旋转出的风叶安装部位结构实体特征，如图 4-253 所示。

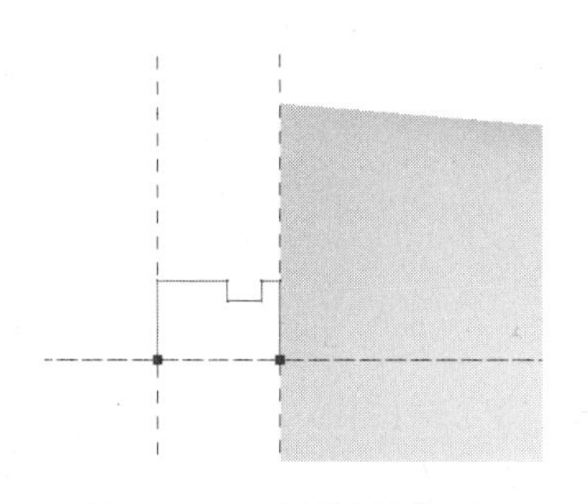

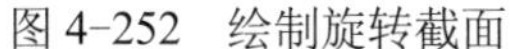

图 4-252 绘制旋转截面

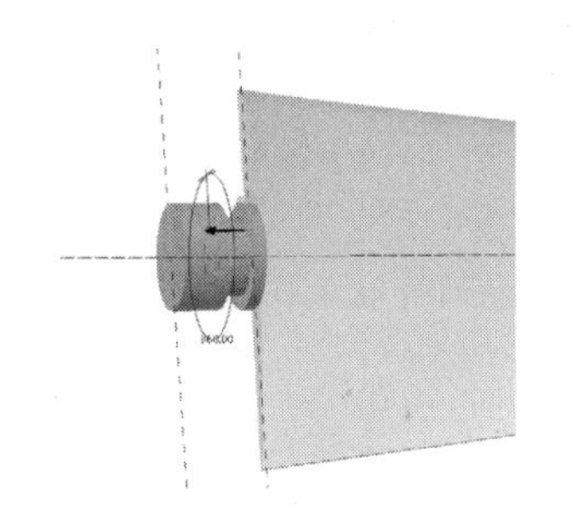

图 4-253 风叶安装部位结构旋转特征 1

5）完成工业风叶安装部位结构旋转特征 1 的创建工作

单击操控板的✓按钮，完成工业风叶安装部位结构旋转特征 1 的创建工作。

（3）绘制工业风叶安装部位结构曲线 2

1）选取命令，定义草绘平面和方向

在模型工具栏中单击【草绘】按钮，打开“草绘”对话框，在【平面】框中选取“RIGHT”平面作为草绘平面，在【参考】框中选取“TOP”平面作为参考平面，在【方向】框中选取“下”，单击 草绘 按钮进入草绘模式。

2）绘制风叶安装部位结构曲线 2

单击【样条】按钮绘制“风叶安装部位结构曲线 2”，使其逼近风叶中间点云曲线，如图 4-254 所示。

3）完成风叶安装部位结构曲线 2 的创建工作

单击草绘工具栏的✓按钮，退出草绘模式，完成风叶安装部位结构曲线 2 的创建工作。

（4）绘制工业风叶安装部位结构曲线 3

1）选取命令，定义草绘平面和方向

在模型工具栏中单击【草绘】按钮，打开“草绘”对话框，在【平面】框中选取“TOP”平面作为草绘平面，在【参考】框中选取“RIGHT”平面作为参考平面，在【方向】框中选取“左”，单击 草绘 按钮进入草绘模式。

2）绘制风叶安装部位结构曲线 3

单击【样条】按钮绘制“风叶安装部位结构曲线 3”，使其逼近风叶安装部位点云曲线，如图 4-255 所示。

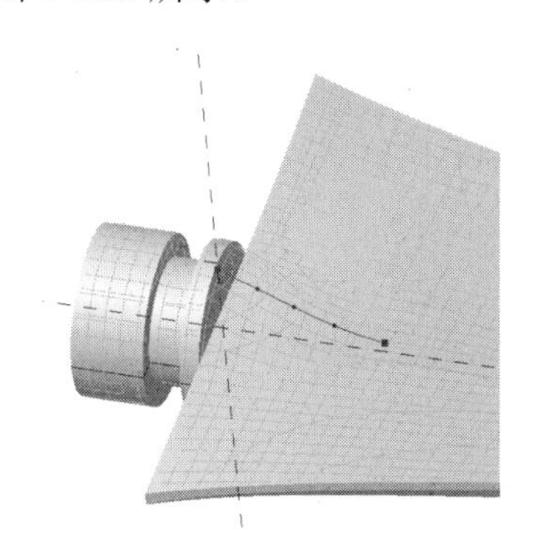

图 4-254 风叶安装部位结构曲线 2

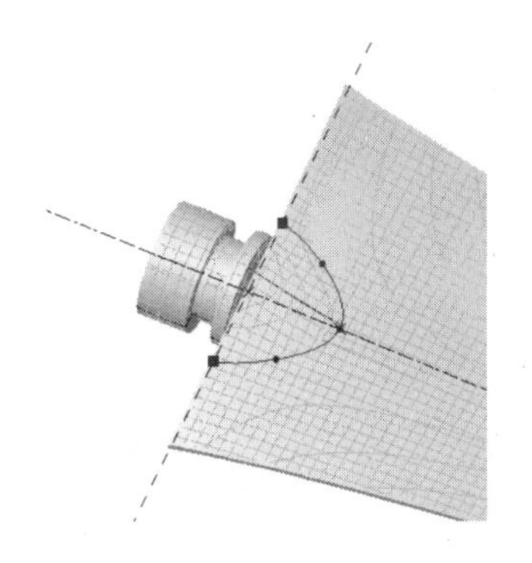

图 4-255 风叶安装部位结构曲线 3

3）完成风叶安装部位结构曲线 3 的创建工作

单击草绘工具栏的✔按钮，退出草绘模式，完成风叶安装部位结构曲线 3 的创建工作。

（5）创建风叶安装部位结构投射曲线 1

1）选取命令

在模型工具栏上单击【投影】按钮，打开“投影”操控板，如图 4-256 所示。

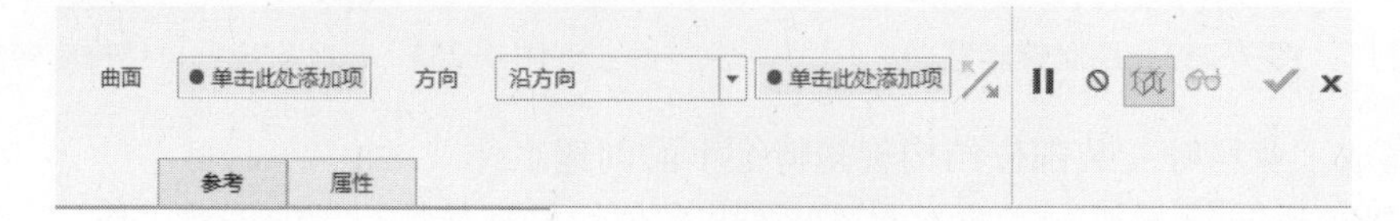

图 4-256 “投影”操控板

2）定义投射曲线类型

单击参考下滑面板，选取投射曲线的类型为“投影链”，如图 4-257 所示。

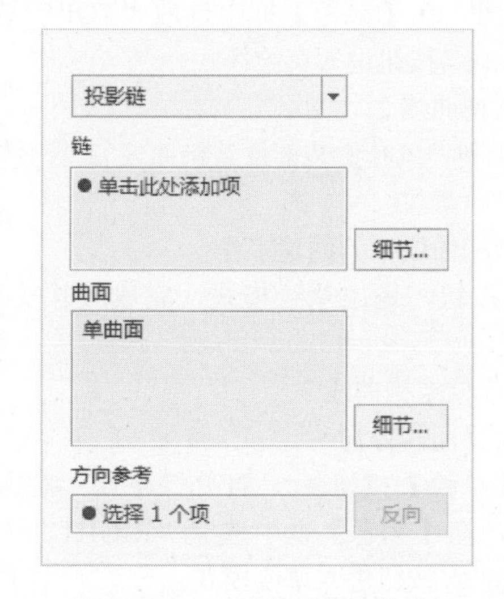

图 4-257 定义投射曲线类型

3）选取要投射的曲线

选取风叶安装部位结构曲线 3 作为要投射的曲线，如图 4-258 所示。

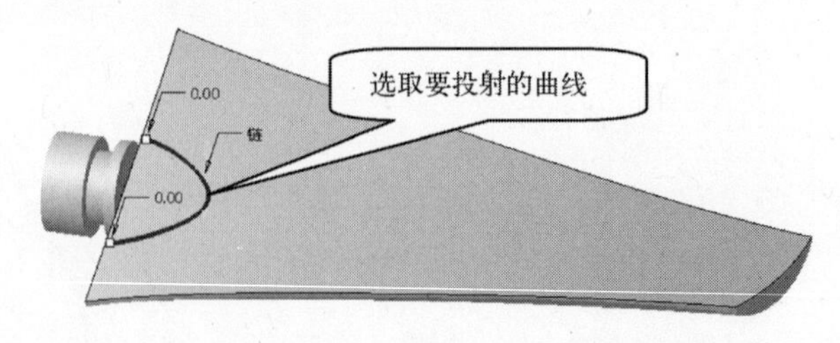

图 4-258 选取要投射的曲线

4）选取投影曲面

选取工业风叶上表面作为要投影的目标曲面，如图 4-259 所示。

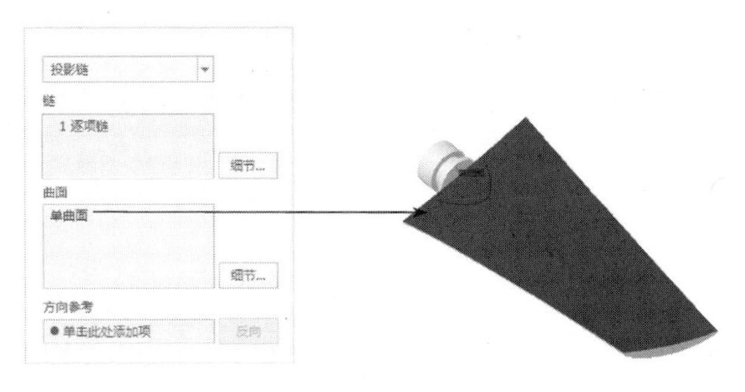

图 4-259　选取投影曲面

5）选取投射方向参考

选取 TOP 平面作为投射方向的参考，如图 4-260 所示。

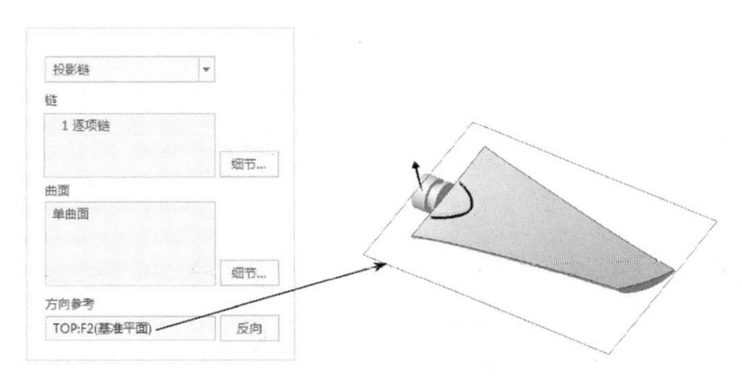

图 4-260　选取投射方向参考

6）完成投射曲线的创建工作

单击操控板的✓按钮，完成工业风叶安装部位结构投射曲线 1 的创建工作，其效果如图 4-261 所示。

（6）复制风叶安装部位结构点云曲线 1

1）选取要复制的点云曲线

选取点云曲线中的一条曲线作为要复制的曲线，如图 4-262 所示。

图 4-261　风叶安装部位结构投射曲线 1

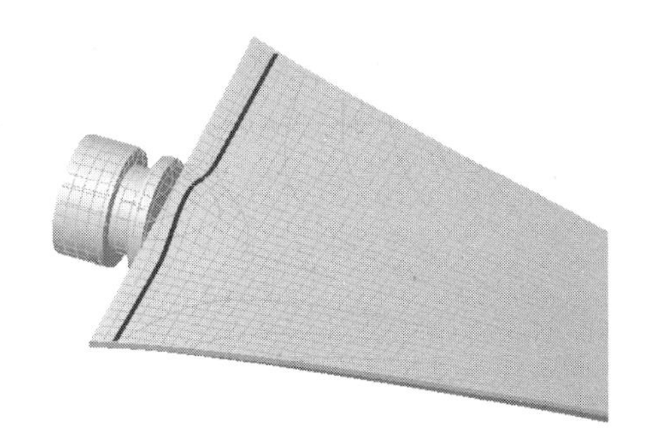

图 4-262　选取要复制的曲线

2）选取命令

在模型工具栏中单击【复制】按钮→【粘贴】按钮，打开“复制曲线”操控板。

3）定义复制曲线类型

在上层对话框中选取复制的曲线类型为“精确”选项，如图 4-263 所示。

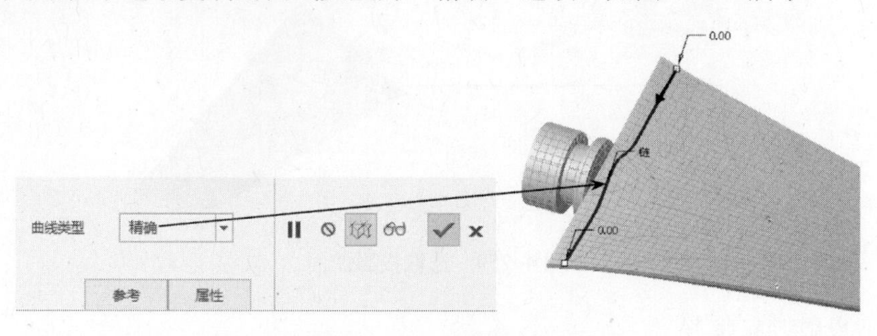

图 4-263　定义复制曲线类型

4）完成复制风叶安装部位结构点云曲线 1 的创建工作

单击操控板的✓按钮，完成复制风叶安装部位结构点云曲线 1 的创建工作，复制好的曲线如图 4-264 所示。

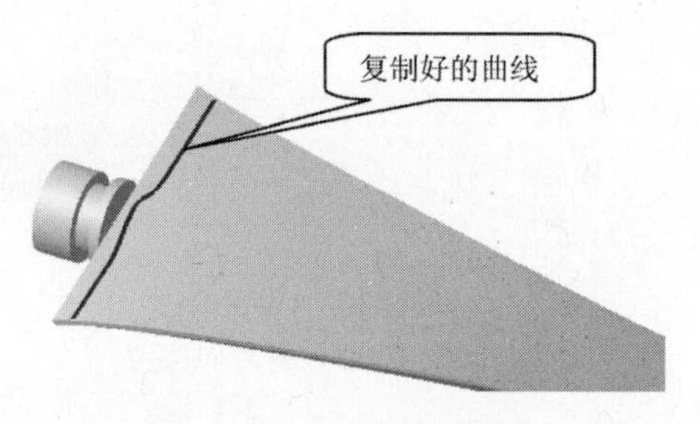

图 4-264　复制曲线效果

（7）创建基准平面 DTM4

1）选取命令

在模型工具栏中单击【平面】按钮▱，打开“基准平面”对话框。

2）为新建基准平面选取位置参考

在【基准平面】对话框的【参考】栏中，选取 FRONT 平面作为参考，选取约束为“偏移”，输入偏移距离为“30”，如图 4-265 所示。

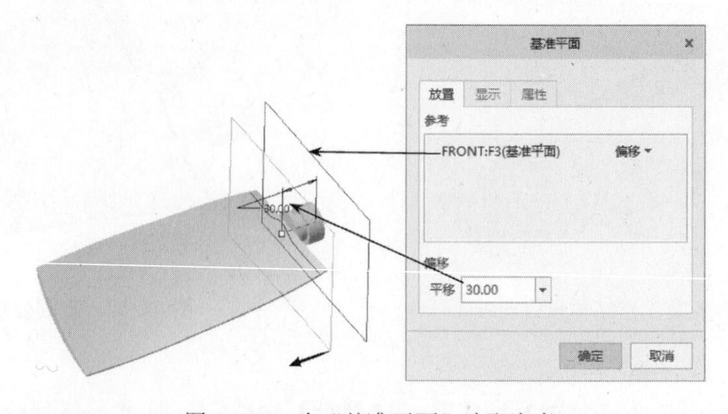

图 4-265　为“基准平面”选取参考

3）完成基准平面的创建工作

单击“基准平面”对话框的 确定 按钮，完成基准平面 DTM4 的创建工作。

（8）创建基准点 PNT25、PNT26、PNT27

1）选取命令

在模型工具栏中单击【点】按钮，打开“基准点”对话框。

2）为新建基准点选取位置参考

创建 PNT25：选取基准平面 DTM4 与工业风叶安装部位结构投射曲线 1 作为参考（结合〈Ctrl〉键），选取约束为“在其上”，如图 4-266 所示。

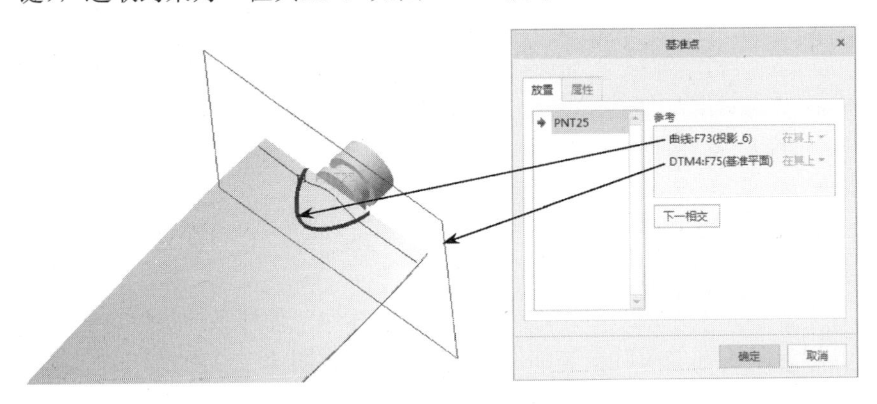

图 4-266　为“基准点 PNT25”选取参考

创建 PNT26：选取基准平面 DTM4 与风叶安装部位结构曲线 2 作为参考（结合〈Ctrl〉键），选取约束为“在其上”，如图 4-267 所示。

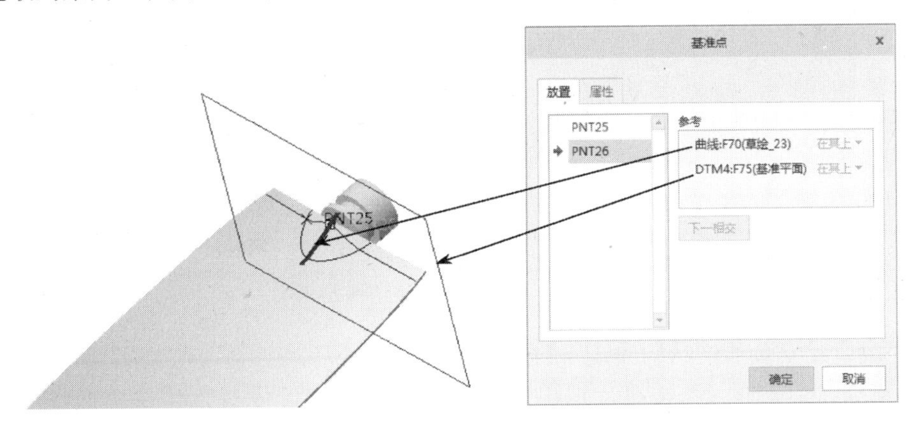

图 4-267　为“基准点 PNT26”选取参考

创建 PNT27：选取基准平面 DTM4 与相交曲线 6 作为参考（结合〈Ctrl〉键），选取约束为“在其上”，如图 4-268 所示。

3）完成基准点的创建工作

单击“基准点”对话框的 确定 按钮，完成基准点 PNT25、PNT26、PNT27 的创建工作。

（9）绘制工业风叶安装部位结构曲线 4

1）选取命令，定义草绘平面和方向

在模型工具栏中单击【草绘】按钮，打开“草绘”对话框，在【平面】框中选取“DTM4”平面作为草绘平面，在【参考】框中选取“RIGHT”平面作为参考平面，在【方向】框中选取“左”，单击 草绘 按钮进入草绘模式。

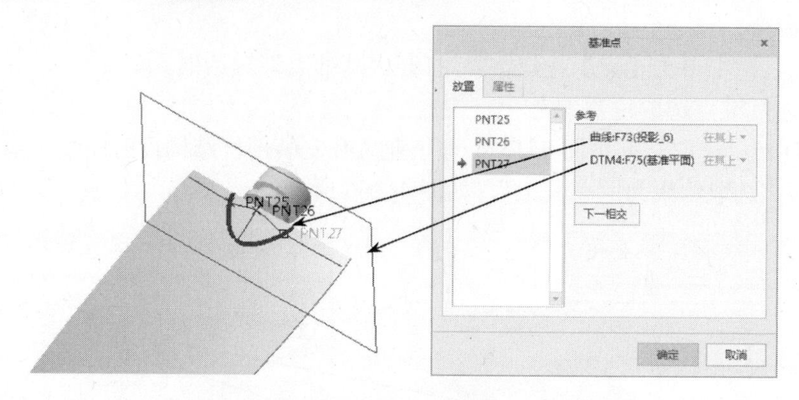

图 4-268　为“基准点 PNT27”选取参考

2）绘制风叶安装部位结构曲线 4

单击【样条】按钮绘制风叶安装部位结构曲线 4，使样条曲线经过刚创建好的 3 个基准点，使其逼近复制好的风叶安装部位点云曲线 1，如图 4-269 所示。

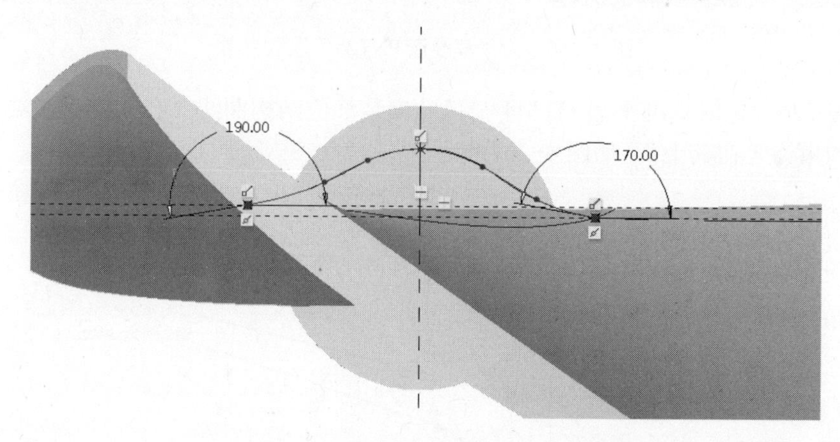

图 4-269　风叶安装部位结构曲线 4

3）完成风叶安装部位结构曲线 4 的创建工作

单击草绘工具栏的按钮，退出草绘模式，完成风叶安装部位结构曲线 4 的创建工作。

（10）绘制工业风叶安装部位结构曲线 5

1）选取命令，定义草绘平面和方向

在模型工具栏中单击【草绘】按钮，打开“草绘”对话框，在【平面】框中选取“FRONT”平面作为草绘平面，在【参考】框中选取“RIGHT”平面作为参考平面，在【方向】框中选取“左”，单击 草绘 按钮进入草绘模式。

2）绘制风叶安装部位结构曲线 5

单击【弧】按钮绘制风叶安装部位结构曲线 5，如图 4-270 所示。

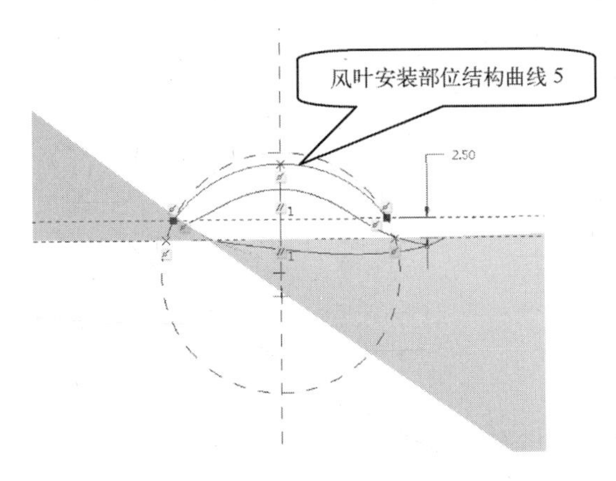

图 4-270 风叶安装部位结构曲线 5

3）完成风叶安装部位结构曲线 5 的创建工作

单击草绘工具栏的 ✔ 按钮，退出草绘模式，完成风叶安装部位结构曲线 5 的创建工作。

（11）创建风叶安装部位结构投射曲线 2

1）选取命令

在模型工具栏上单击【投影】按钮，打开“投影”操控板，如图 4-271 所示。

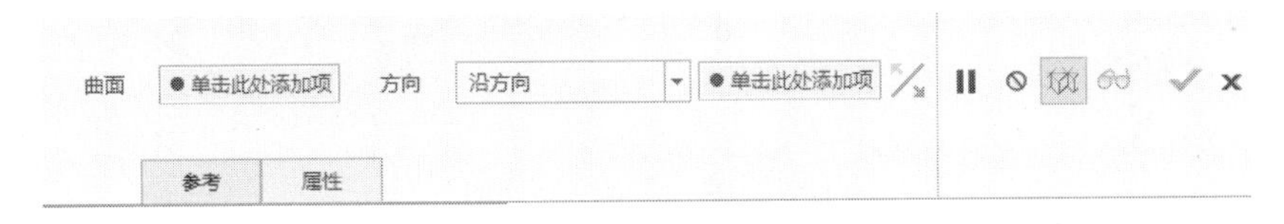

图 4-271 “投影”操控板

2）定义投射曲线类型

单击参考下滑面板，选取投射曲线的类型为“投影链”，如图 4-272 所示。

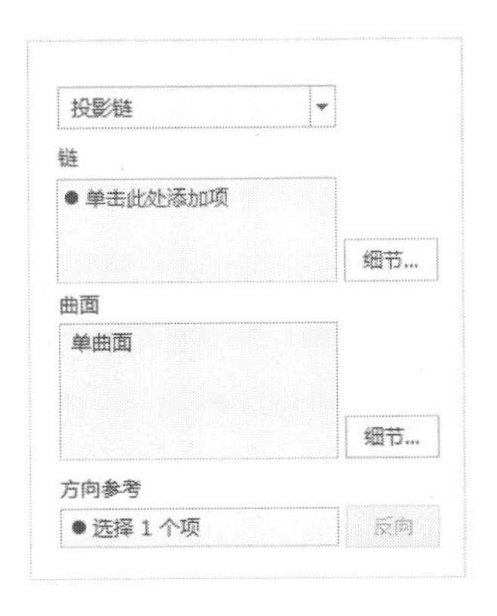

图 4-272 定义投射曲线类型

3）选取要投射的曲线

选取风叶安装部位结构曲线 5 作为要投射的曲线链，如图 4-273 所示。

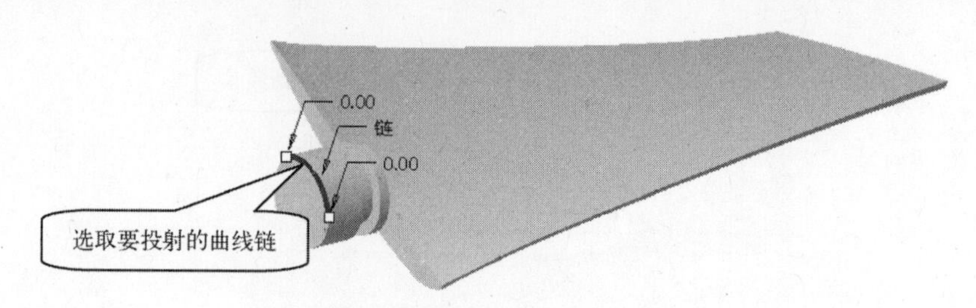

图 4-273　选取要投射的曲线

4）选取投影曲面

选取工业枫上表面作为要投影的目标曲面，如图 4-274 所示。

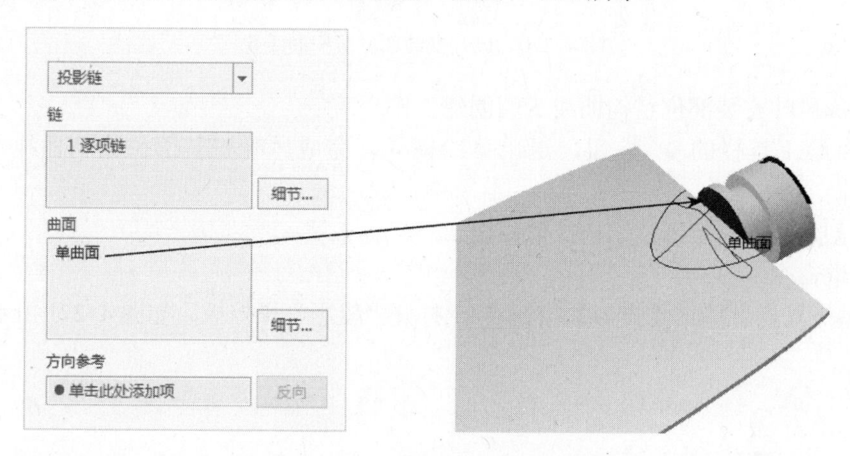

图 4-274　选取投影曲面

5）选取投射方向参考

选取 FRONT 平面作为投射方向的参考，如图 4-275 所示。

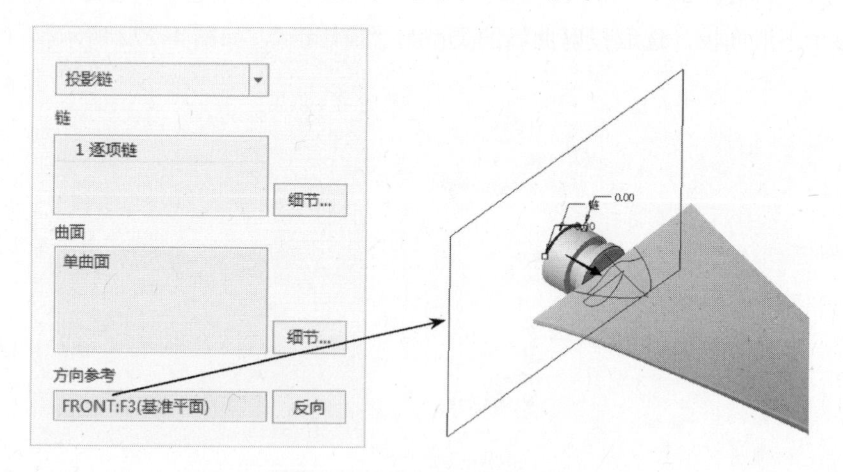

图 4-275　选取投射方向参考

6）完成投射曲线的创建工作

单击操控板的✓按钮，完成工业风叶安装部位结构投射曲线 2 的创建工作，其效果如

图 4-276 所示。

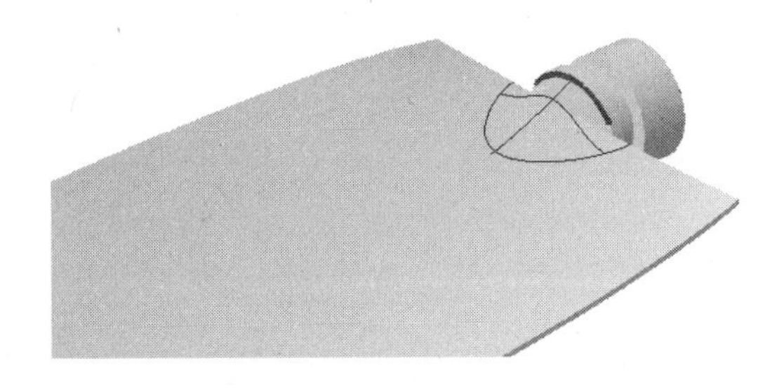

图 4-276　风叶安装部位结构投射曲线 2

（12）创建基准平面 DTM5

1）选取命令

在模型工具栏中单击【平面】按钮，打开“基准平面”对话框。

2）为新建基准平面选取位置参考

在【基准平面】对话框的【参考】栏中，选取 FRONT 平面作为参考，选取约束为“偏移”，输入偏移距离为“23.5”，如图 4-277 所示。

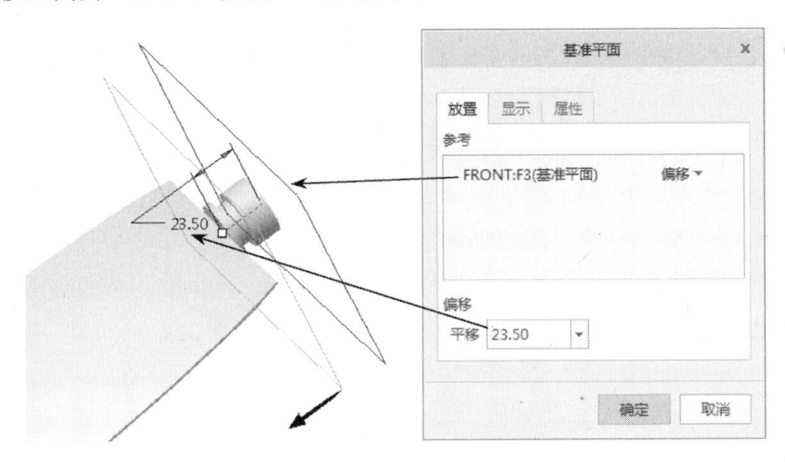

图 4-277　为“基准平面”选取参考

3）完成基准平面的创建工作

单击“基准平面”对话框的 确定 按钮，完成基准平面 DTM5 的创建工作。

（13）绘制工业风叶安装部位结构曲线 6

1）选取命令，定义草绘平面和方向

在模型工具栏中单击【草绘】按钮，打开“草绘”对话框，在【平面】框中选取“DTM5”平面作为草绘平面，在【参考】框中选取“RIGHT”平面作为参考平面，在【方向】框中选取【左】，单击 草绘 按钮进入草绘模式。

2）绘制风叶安装部位结构曲线 6

单击【样条】按钮绘制风叶安装部位结构曲线 6，使样条曲线经过风叶安装部位结构投射曲线 1 的 2 个端点，使其逼近风叶安装部位结构投射曲线 2，如图 4-278 所示。

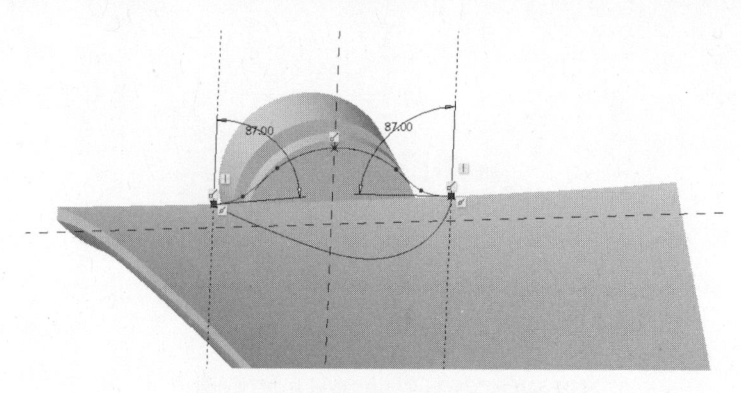

图 4-278　风叶安装部位结构曲线 6

3）完成风叶安装部位结构曲线 6 的创建工作

单击草绘工具栏的 ✓ 按钮，退出草绘模式，完成风叶安装部位结构曲线 6 的创建工作。

（14）复制风叶安装部位结构点云曲线 2

1）选取要复制的点云曲线

选取点云曲线中的一条曲线作为要复制的曲线，如图 4-279 所示。

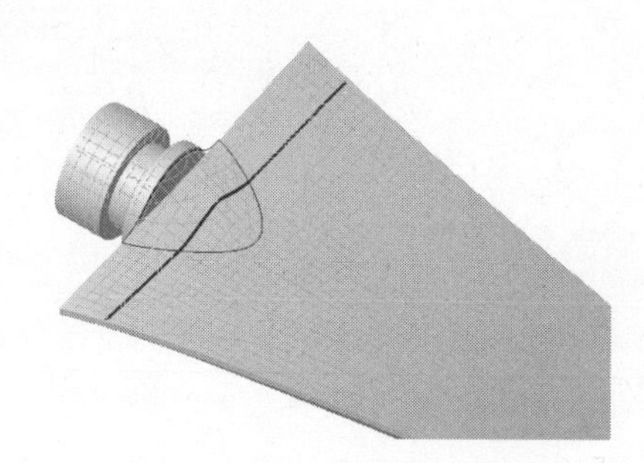

图 4-279　选取要复制的曲线

2）选取命令

在模型工具栏中单击【复制】按钮 →【粘贴】按钮 ，打开“复制曲线”操作控制面板。

3）定义复制曲线类型

在上层对话框中选取复制的曲线类型为“精确”选项，如图 4-280 所示。

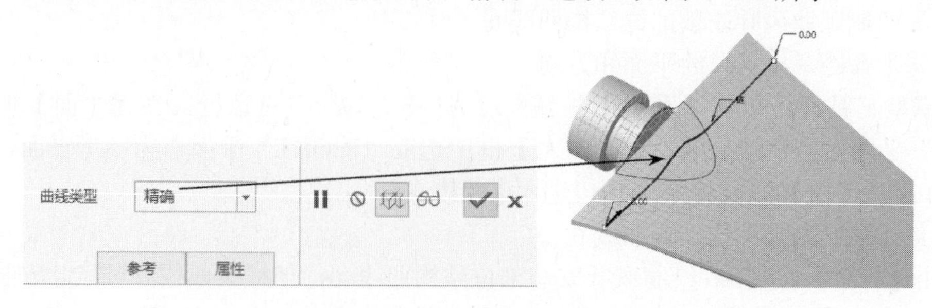

图 4-280　定义复制曲线类型

4）完成复制风叶安装部位结构点云曲线 2 的创建工作

单击操控板的✓按钮，完成复制风叶安装部位结构点云曲线 2 的创建工作，复制好的曲线如图 4-281 所示。

图 4-281 复制曲线效果

（15）创建基准平面 DTM6

1）选取命令

在模型工具栏中单击【平面】按钮，打开“基准平面”对话框。

2）为新建基准平面选取位置参考

在【基准平面】对话框的【参考】栏中，选取 FRONT 平面作为参考，选取约束为“偏移”，输入偏移距离为“36”，如图 4-282 所示。

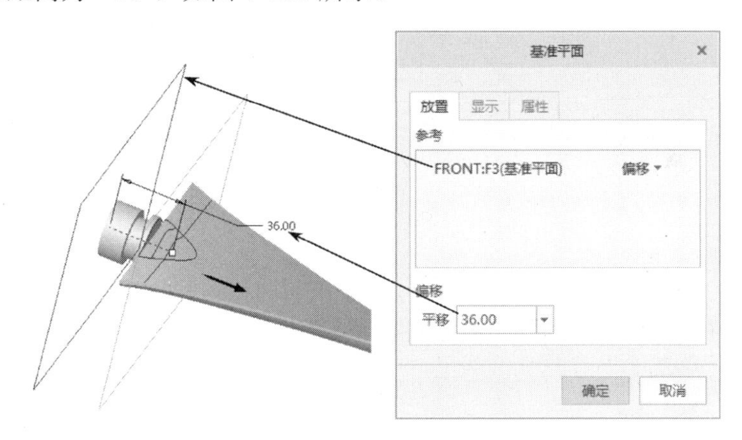

图 4-282 为“基准平面”选取参考

3）完成基准平面的创建工作

单击“基准平面”对话框的确定按钮，完成基准平面 DTM6 的创建工作。

（16）创建基准点 PNT28、PNT29、PNT30

1）选取命令

在模型工具栏中单击【点】按钮，打开“基准点”对话框。

2）为新建基准点选取位置参考

创建 PNT28：选取基准平面 DTM6 与工业风叶安装部位结构投射曲线 1 作为参考（结合〈Ctrl〉键），选取约束为“在其上”，如图 4-283 所示。

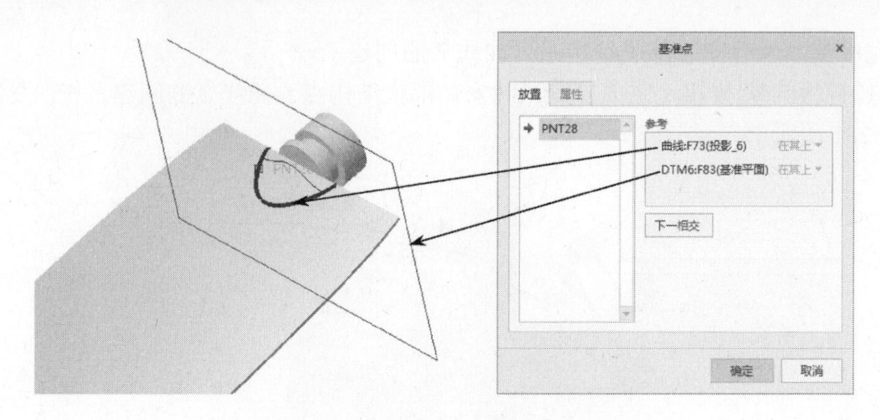

图 4-283　为“基准点 PNT28”选取参考

创建 PNT29：选取基准平面 DTM6 与风叶安装部位结构曲线 2 作为参考（结合〈Ctrl〉键），选取约束为“在其上”，如图 4-284 所示。

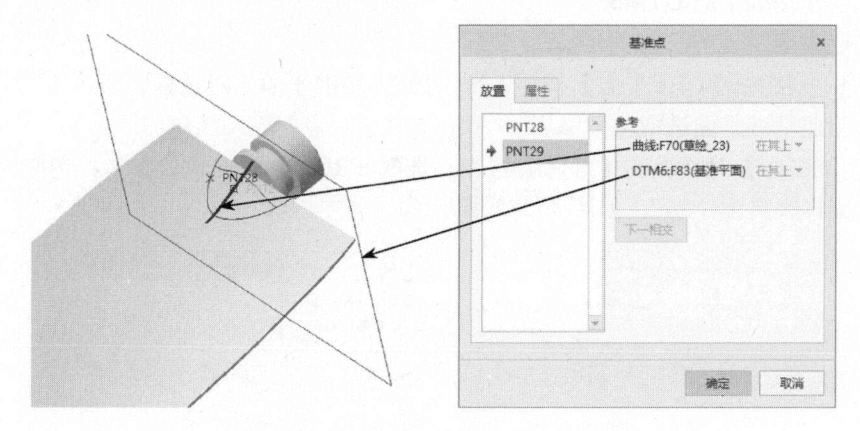

图 4-284　为“基准点 PNT26”选取参考

创建 PNT30：选取基准平面 DTM6 与风叶安装部位结构投射曲线 1 作为参考（结合〈Ctrl〉键），选取约束为“在其上”，如图 4-285 所示。

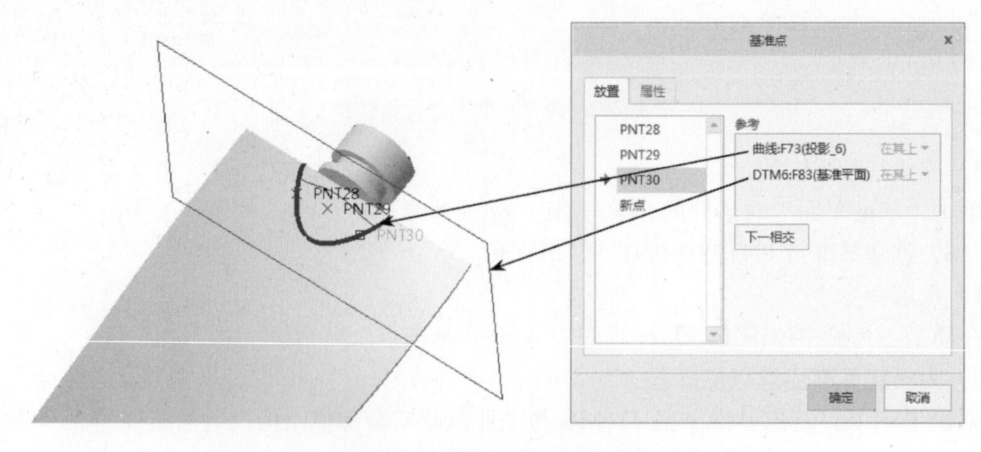

图 4-285　为“基准点 PNT30”选取参考

3）完成基准点的创建工作

单击“基准点”对话框的 确定 按钮，完成基准点 PNT28、PNT29、PNT30 的创建工作。

（17）绘制工业风叶安装部位结构曲线 7

1）选取命令，定义草绘平面和方向

在模型工具栏中单击【草绘】按钮，打开“草绘”对话框，在【平面】框中选取“DTM5”平面作为草绘平面，在【参考】框中选取“RIGHT”平面作为参考平面，在【方向】框中选取【左】，单击 草绘 按钮进入草绘模式。

2）绘制风叶安装部位结构曲线 7

单击【样条】按钮绘制风叶安装部位结构曲线 7，使样条曲线经过风叶安装部位结构投射曲线 1 的 2 个端点，使其逼近复制好的风叶安装部位结构点云曲线 2，如图 4-286 所示。

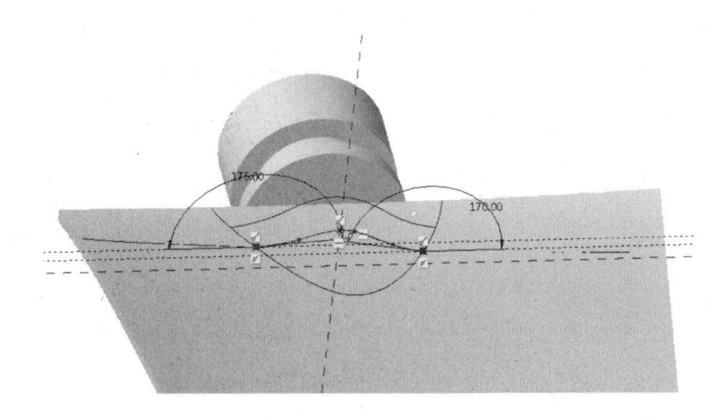

图 4-286　风叶安装部位结构曲线 7

3）完成风叶安装部位结构曲线 7 的创建工作

单击草绘工具栏的按钮，退出草绘模式，完成风叶安装部位结构曲线 7 的创建工作。

（18）创建工业风叶安装部位结构修剪曲线 1

1）选取被修剪曲线

选取风叶安装部位结构投射曲线 1 作为被修剪的曲线，如图 4-287 所示。

2）选取命令

单击【修剪】按钮，打开“修剪曲线”操控板，如图 4-288 所示。

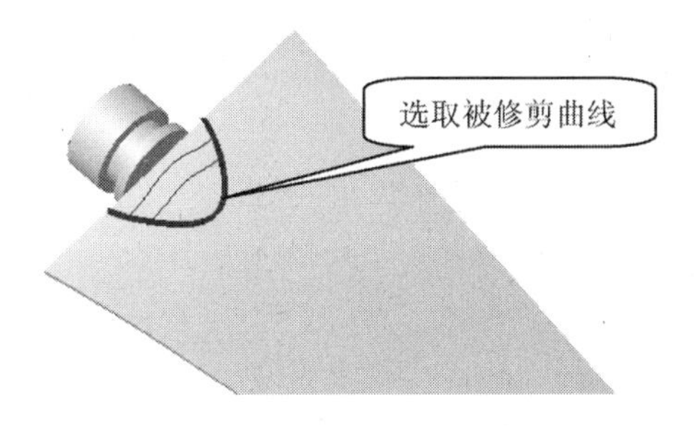

图 4-287　选取被修剪曲线

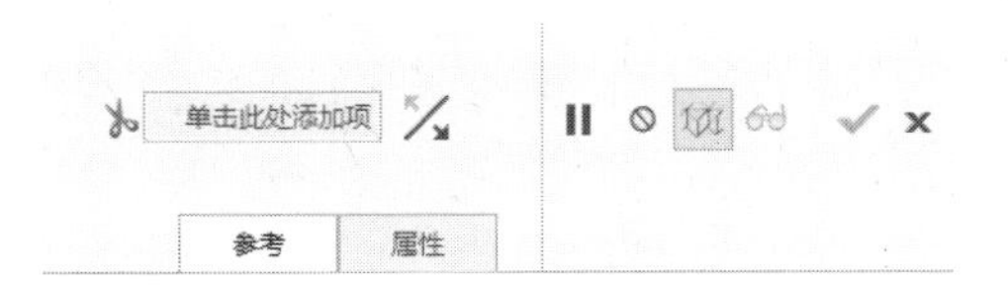

图 4-288　“修剪曲线”操控版

3）选取修剪对象

选取基准点 PNT28 作为修剪对象，如图 4-289 所示。

图 4-289　选取修剪对象

4）定义修剪选项内容

调整箭头方向，定义修剪选项内容为保留双侧曲线。

5）完成修剪曲线的创建工作

单击操控板的✓按钮，完成风叶安装部位结构修剪曲线 1 的创建工作。

（19）创建工业风叶安装部位结构修剪曲线 2

1）选取被修剪曲线

选取风叶安装部位结构投射曲线 1 作为被修剪的曲线，如图 4-290 所示。

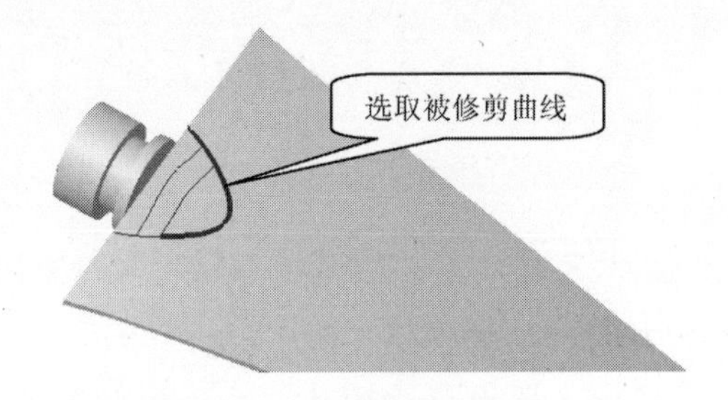

图 4-290　选取被修剪曲线

2）选取命令

单击【修剪】按钮，打开“修剪曲线”操控板。

3）选取修剪对象

选取基准点 PNT30 作为修剪对象，如图 4-291 所示。

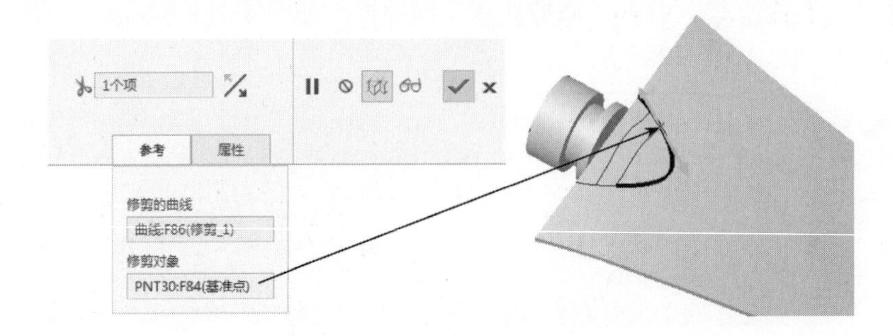

图 4-291　选取修剪对象

4）定义修剪选项内容

调整箭头方向，定义修剪选项内容为保留双侧曲线。

5）完成修剪曲线的创建工作

单击操控板的✓按钮，完成风叶安装部位结构修剪曲线 2 的创建工作。

（20）创建工业风叶安装部位结构边界曲面 1

1）选取命令

在模型工具栏上单击【边界混合】按钮，打开“边界混合”操控板，如图 4-292 所示。

图 4-292 “边界混合”操控板

2）选择第一方向曲线

在曲线面板中单击【第一方向】下面的列表框，依次选取风叶安装部位结构曲线 6、5、7（结合〈Ctrl〉键）作为第一方向的曲线，如图 4-293 所示。

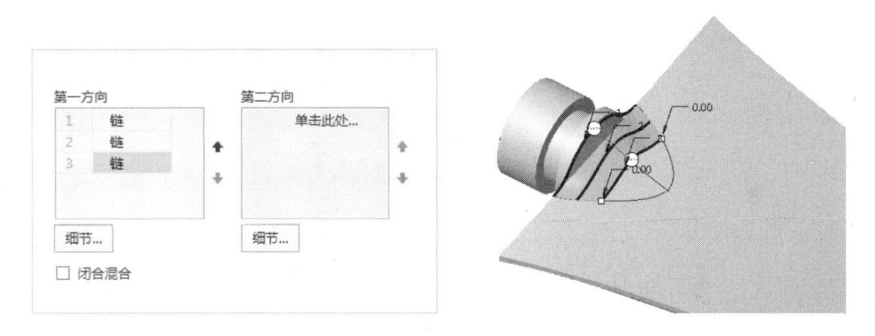

图 4-293 选取第一方向曲线

3）选择第二方向曲线

在曲线面板中单击【第二方向】下面的列表框，依次选取风叶安装部位结构修剪曲线 2、风叶安装部位结构曲线 2 和风叶安装部位结构修剪曲线 1（结合〈Ctrl〉键）作为第二方向的曲线，如图 4-294 所示。

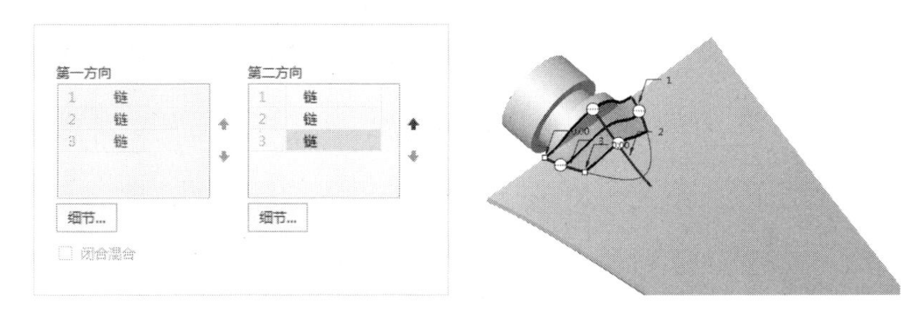

图 4-294 选取第二方向曲线

4）完成工业风叶安装部位边界曲面 1 的创建工作

单击操控板的✓按钮，完成工业风叶安装部位边界曲面 1 的创建工作，其效果如图 4-295 所示。

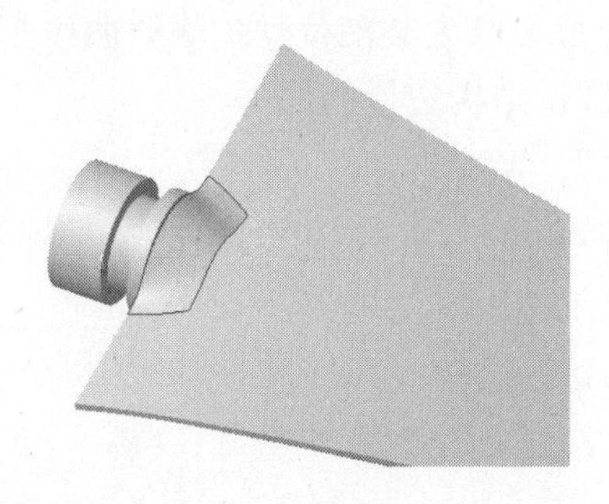

图 4-295　工业风叶安装部位边界曲面 1

（21）创建工业风叶安装部位结构边界曲面 2

1）选取命令

在模型工具栏上单击【边界混合】按钮，打开“边界混合”操控板，如图 4-296 所示。

图 4-296　“边界混合”操控板

2）选择第一方向曲线

在曲线面板中单击【第一方向】下面的列表框，依次选取风叶安装部位结构曲线 7 和风叶安装部位结构投射曲线 1（结合〈Ctrl〉键）作为第一方向的曲线，如图 4-297 所示。

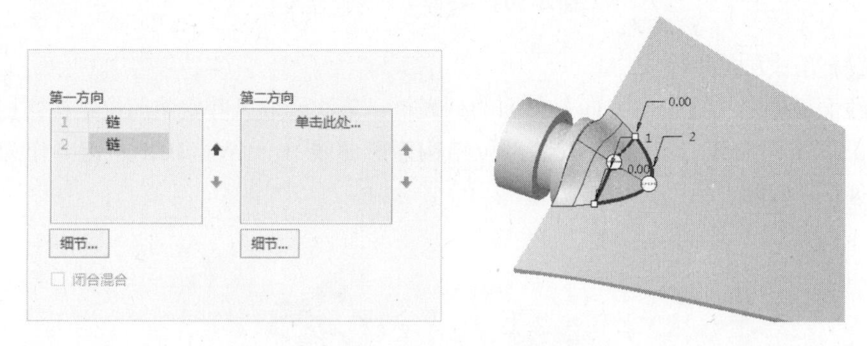

图 4-297　选取第一方向曲线

3）选择第二方向曲线

在曲线面板中单击【第二方向】下面的列表框，选取风叶安装部位结构曲线 2 作为第二方向的曲线，如图 4-298 所示。

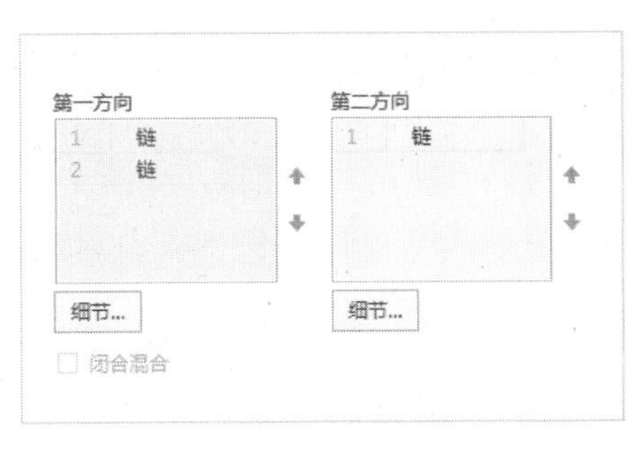

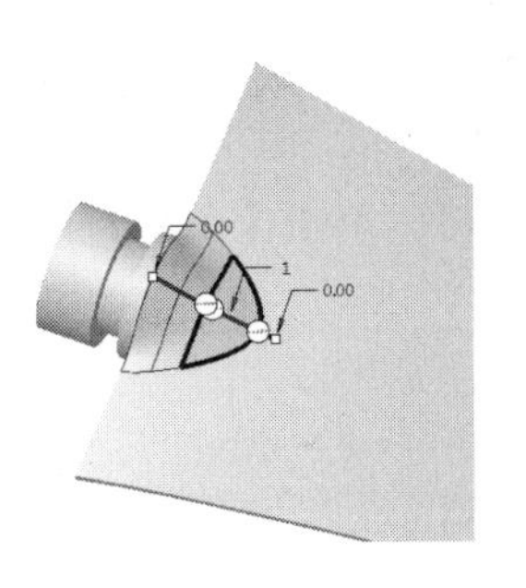

图 4-298 选取第二方向曲线

4）完成工业风叶安装部位边界曲面 2 的创建工作

单击操控板的✓按钮，完成工业风叶安装部位边界曲面 2 的创建工作，其效果如图 4-299 所示。

（22）合并工业风叶安装部位结构曲面 1

1）选取要合并的面组

选取工业风叶安装部位边界曲面 1 与工业风叶安装部位边界曲面 2 作为要合并的面组。

2）选取命令

在模型工具栏中单击【合并】按钮，打开“合并曲面”操控板，如图 4-300 所示。

图 4-299 工业风叶安装部位边界曲面 2

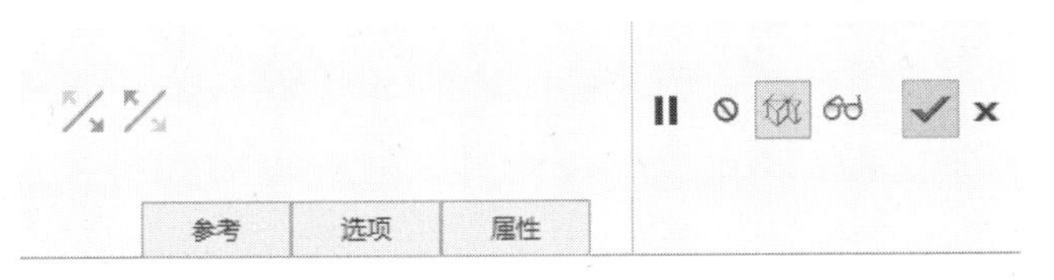

图 4-300 “合并曲面”操控板

3）合并操作

在选项下滑面板中选取合并方式为“联接”，合并操作如图 4-301 所示。

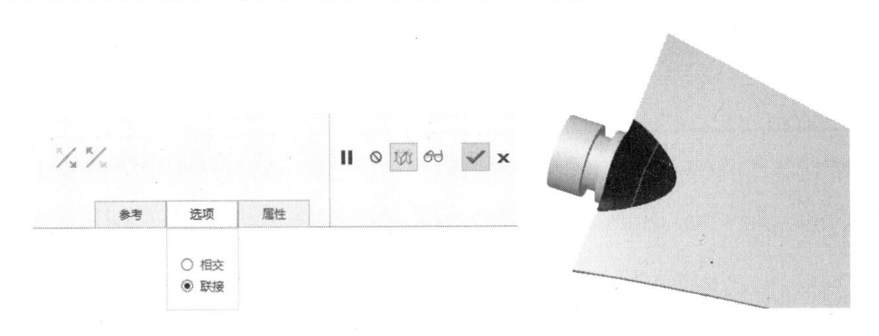

图 4-301 合并曲面操作

4）完成合并曲面的创建工作

单击操控板的✓按钮，完成工业风叶安装部位边界曲面 1 与工业风叶安装部位边界曲面 2 的合并创建工作，其效果如图 4-302 所示。

（23）创建工业风叶安装部位结构填充曲面 1

1）选取命令

在模型工具栏中单击【填充】按钮，打开“填充”操控板，如图 4-303 所示。

图 4-302　合并曲面效果

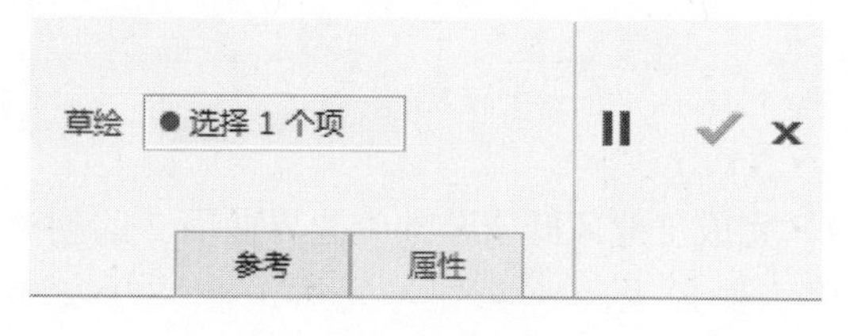

图 4-303　“填充”操控板

2）定义草绘平面和方向

选择【参考】→【定义】，打开“草绘”对话框，在【平面】框中选择“DTM5”平面作为草绘平面，在【参考】框中选择“RIGHT”平面作为参考平面，在【方向】框中选择“左”，单击 草绘 按钮进入草绘模式。

3）绘制填充截面

绘制工业风叶安装部位结构填充曲面 1 截面，如图 4-304 所示，单击草绘工具栏的按钮，退出草绘模式。

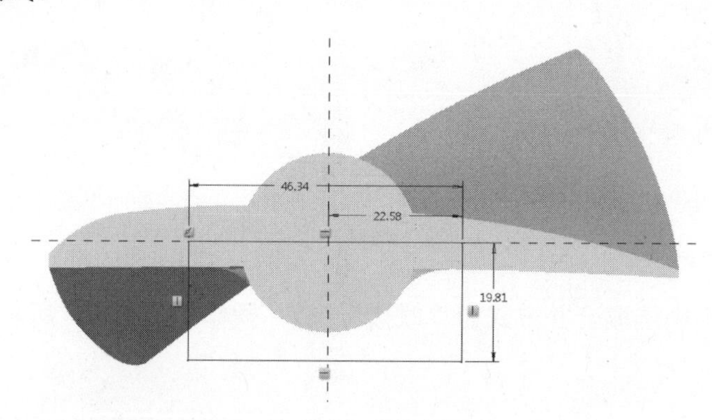

图 4-304　风叶安装部位结构填充曲面 1 截面

4）完成填充曲面的创建工作

单击操控板的按钮，完成工业风叶安装部位结构填充曲面 1 的创建工作，其效果如图 4-305 所示。

（24）合并工业风叶安装部位结构曲面 2

1）选取要合并的面组

选取合并好的工业风叶安装部位结构曲面 1 与工业风叶安装部位结构填充曲面 1 作为要合并的面组。

2）选取命令

在模型工具栏中单击【合并】按钮，打开“合并曲面”操控板，如图 4-306 所示。

图 4-305　风叶安装部位结构填充曲面 1

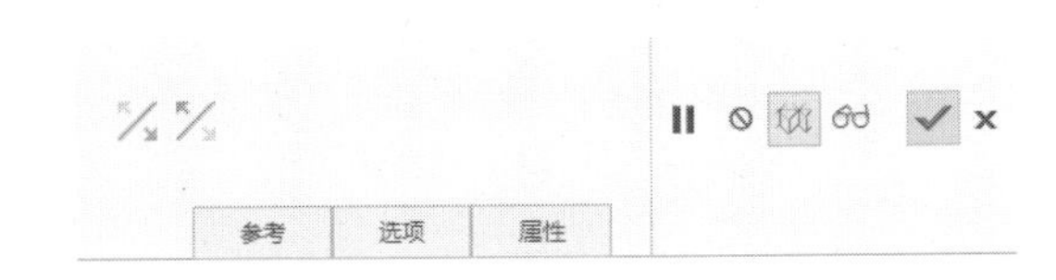

图 4-306　“合并曲面”操控板

3）合并操作

在选项下滑面板中选取合并方式为“相交”，合并曲面操作如图 4-307 所示。

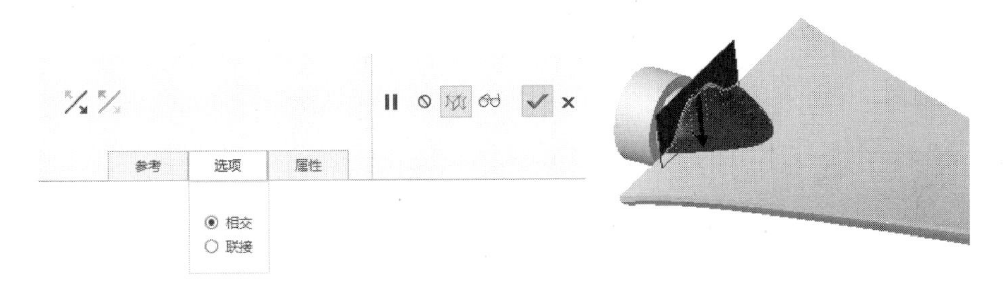

图 4-307　合并曲面操作

4）完成合并曲面的创建工作

单击操控板的✓按钮，完成合并好的工业风叶安装部位结构曲面 1 与工业风叶安装部位结构填充曲面 1 的合并创建工作，其效果如图 4-308 所示。

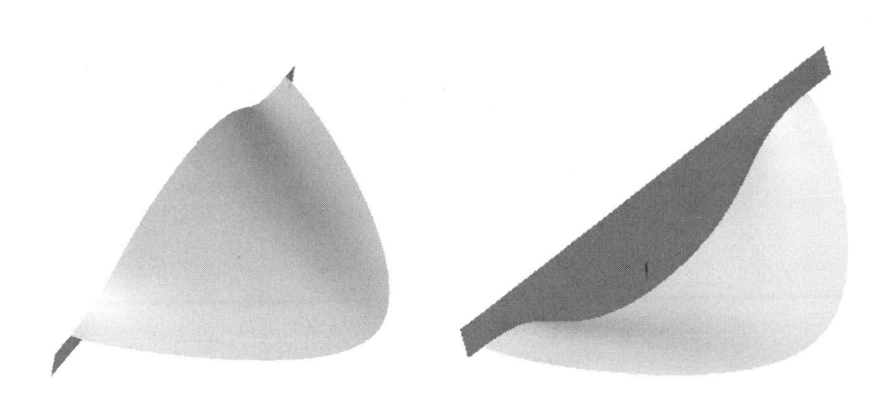

图 4-308　合并曲面效果

（25）将合并好的工业风叶安装部位结构面组实体化

1）选择要实体化的曲面

选择合并好的工业风叶安装部位结构面组作为要实体化的曲面，如图 4-309 所示。

2）选择命令

在模型工具栏中单击【实体化】按钮，打开“实体化曲面”操控板。

图 4-309　选择要实体化的面组

3）选择实体化曲面方式

选择实体化曲面方式为：用实体材料填充由面组界定的体积块，如图 4-310 所示。

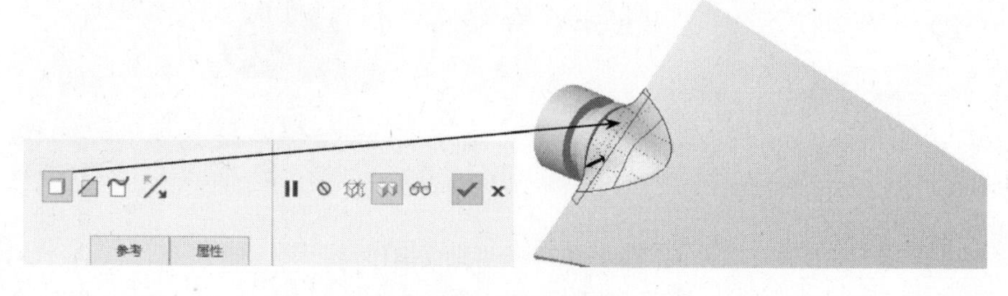

图 4-310　实体化操作

4）完成实体化曲面的创建工作

单击操控板的✓按钮，完成合并好的工业风叶安装部位结构面组实体化的创建工作，获得工业风叶安装部位结构正面特征，其效果如图 4-311 所示。

图 4-311　工业风叶安装部位正面面组实体化效果

（26）绘制工业风叶安装部位结构曲线 8

1）选取命令，定义草绘平面和方向

在模型工具栏中单击【草绘】按钮，打开“草绘”对话框，在【平面】框中选取“RIGHT”平面作为草绘平面，在【参考】框中选取“TOP”平面作为参考平面，在【方向】框中选取“上”，单击 草绘 按钮进入草绘模式。

2）绘制风叶安装部位结构曲线 8

单击【样条】按钮绘制风叶安装部位结构曲线 8，使其逼近风叶中间点云曲线，如

图 4-312 所示。

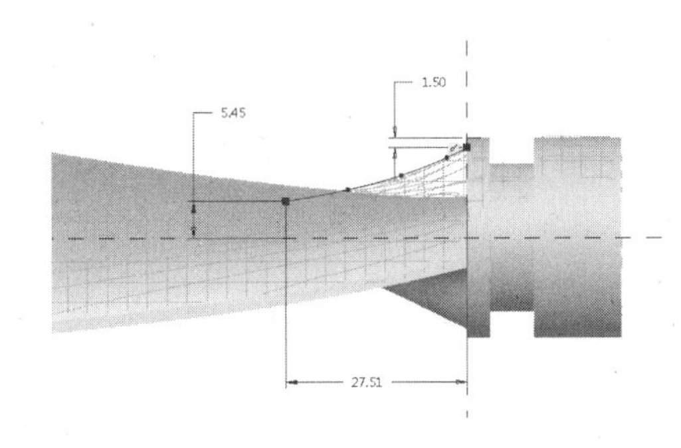

图 4-312　风叶安装部位结构曲线 8

3）完成风叶安装部位结构曲线 8 的创建工作

单击草绘工具栏的✔按钮，退出草绘模式，完成风叶安装部位结构曲线 8 的创建工作。

（27）创建基准点 PNT31

1）选取命令

在模型工具栏中单击【点】按钮，打开“基准点”对话框。

2）为新建基准点选取位置参考

创建 PNT31：选取工业风叶辅助曲线 15 与工业风叶安装部位结构曲线 8 作为参考（结合〈Ctrl〉键），选取约束为“在其上”，如图 4-313 所示。

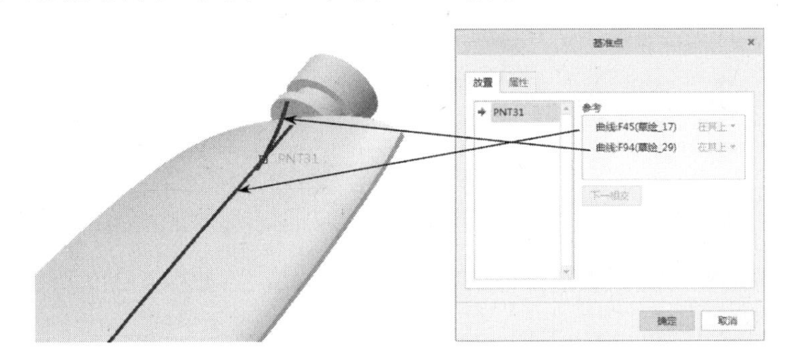

图 4-313　为“基准点 PNT31”选取参考

3）完成基准点的创建工作

单击“基准点”对话框的 确定 按钮，完成基准点 PNT31 的创建工作。

（28）导入工业风叶安装部位反面点云曲线

从测绘数据中导入工业风叶安装部位反面点云曲线，如图 4-314 所示。

（29）绘制工业风叶安装部位结构曲线 9

1）选取命令，定义草绘平面和方向

在模型工具栏中单击【草绘】按钮，打开“草绘”对话框，在【平面】框中选取“TOP”平面作为草绘平面，在【参考】框中选取“RIGHT”平面作为参考平面，在【方向】框中选取“上”，单击 草绘 按钮进入草绘模式。

2）绘制风叶安装部位结构曲线 9

单击【样条】按钮 ∿ 绘制风叶安装部位结构曲线 9，使其逼近刚导入的点云曲线，如图 4-315 所示。

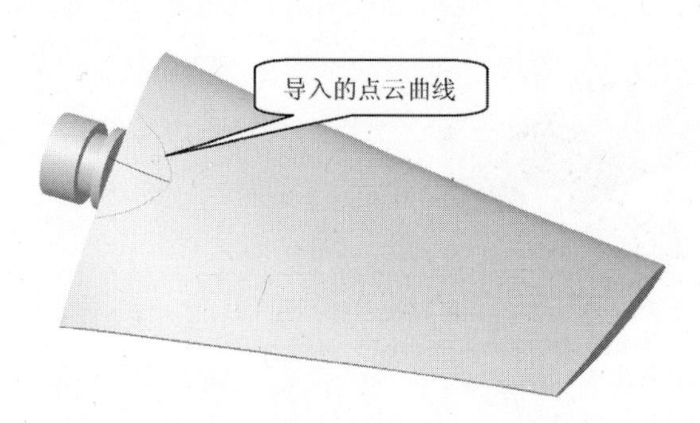

图 4-314　工业风叶安装部位点云曲线

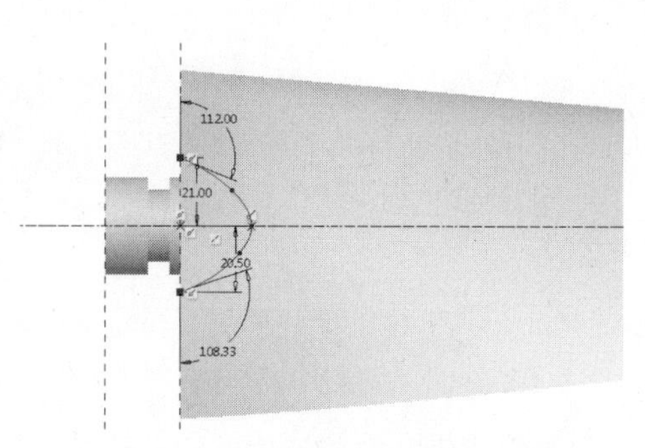

图 4-315　风叶安装部位结构曲线 9

3）完成风叶安装部位结构曲线 9 的创建工作

单击草绘工具栏的 ✔ 按钮，退出草绘模式，完成风叶安装部位结构曲线 9 的创建工作。

（30）创建风叶安装部位结构投射曲线 3

1）选取命令

在模型工具栏上单击【投影】按钮，打开“投影”操控板，如图 4-316 所示。

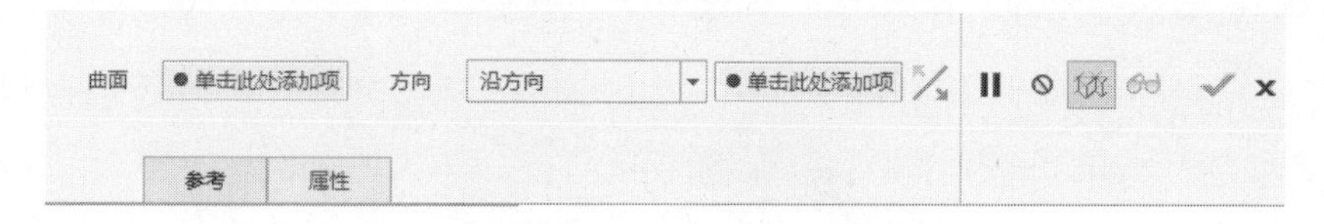

图 4-316　“投影”操控板

2）定义投射曲线类型

单击参考下滑面板，选取投射曲线的类型为“投影链”，如图 4-317 所示。

3）选取要投射的曲线

选取风叶安装部位结构曲线 9 作为要投射的曲线链，如图 4-318 所示。

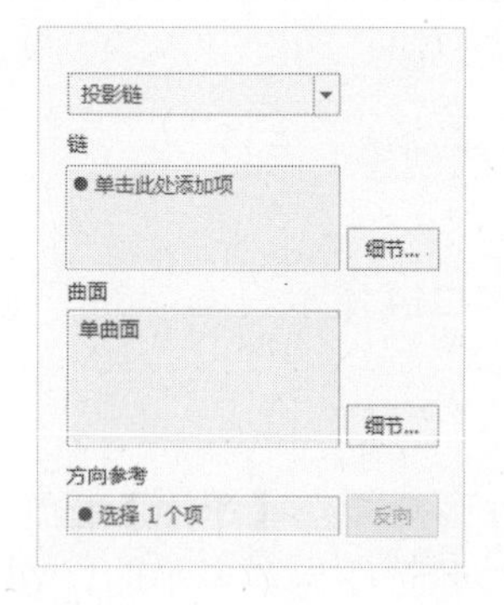

图 4-317　定义投射曲线类型

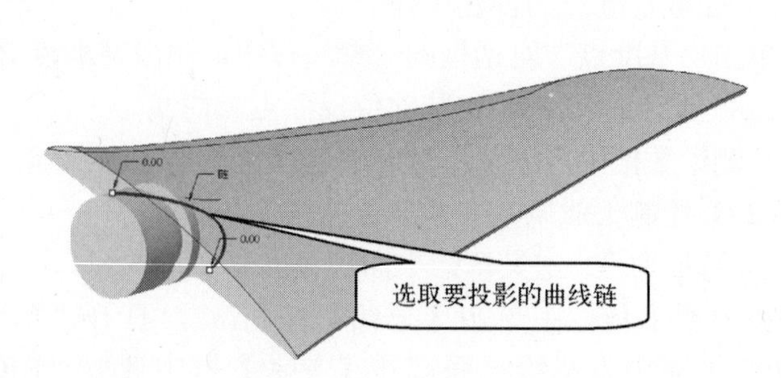

图 4-318　选取要投射的曲线

4）选取投影曲面

选取工业枫上表面作为要投影的目标曲面，如图 4-319 所示。

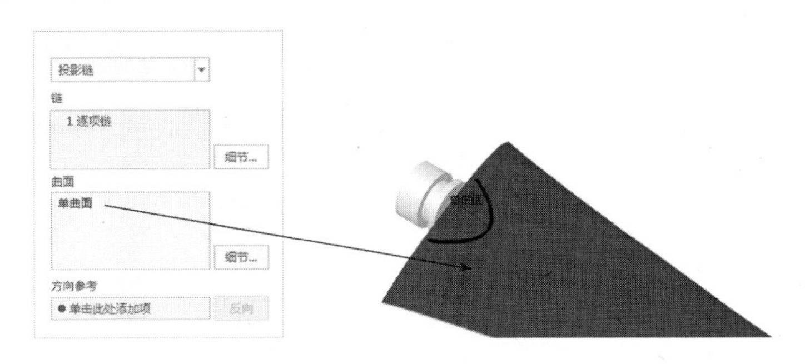

图 4-319　选取投影曲面

5）选取投射方向参考

选取 TOP 平面作为投射方向的参考，如图 4-320 所示。

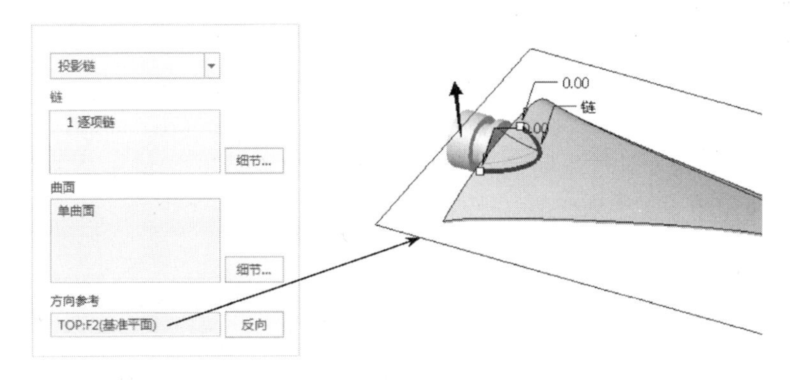

图 4-320　选取投射方向参考

6）完成投射曲线的创建工作

单击操控板的✓按钮，完成工业风叶安装部位结构投射曲线 3 的创建工作，其效果如图 4-321 所示。

（31）复制风叶安装部位结构点云曲线 3

1）选取要复制的点云曲线

选取点云曲线中的一条曲线作为要复制的曲线，如图 4-322 所示。

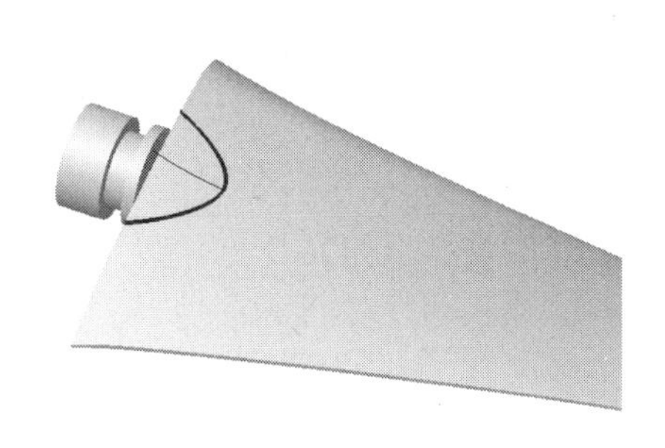

图 4-321　风叶安装部位结构投射曲线 3

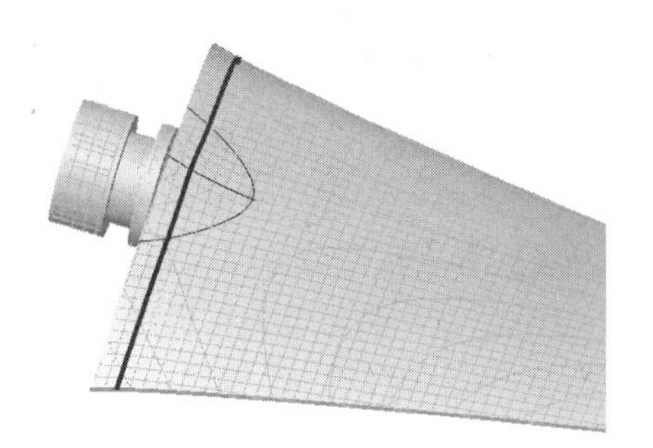

图 4-322　选取要复制的曲线

2）选取命令

在模型工具栏中单击【复制】按钮→【粘贴】按钮，打开“复制曲线”操控板。

3）定义复制曲线类型

在上层对话框中选取复制的曲线类型为“精确”选项，如图 4-323 所示。

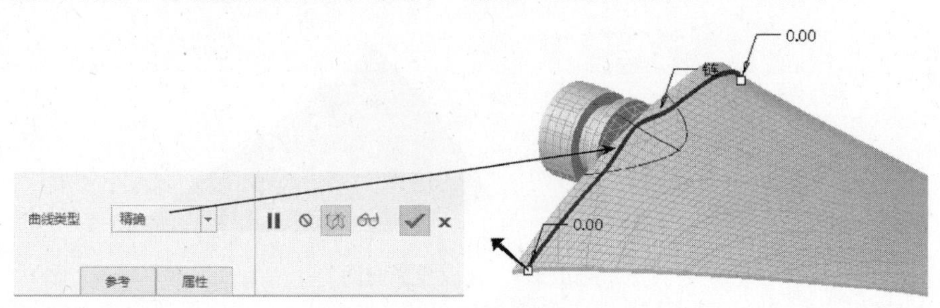

图 4-323　定义复制曲线类型

4）完成复制风叶安装部位结构点云曲线 3 的创建工作

单击操控板的按钮，完成复制风叶安装部位结构点云曲线 3 的创建工作，复制好的曲线如图 4-324 所示。

（32）复制风叶安装部位结构点云曲线 4

参考上述复制风叶安装部位结构点云曲线 3 的方法，复制风叶安装部位结构点云曲线 4，复制好的曲线如图 4-325 所示。

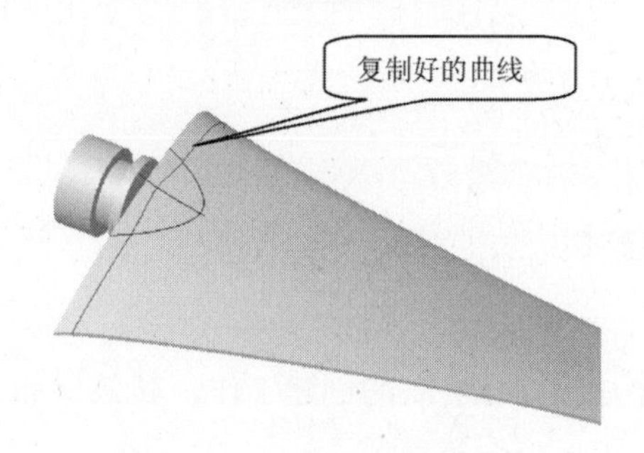

图 4-324　复制曲线效果

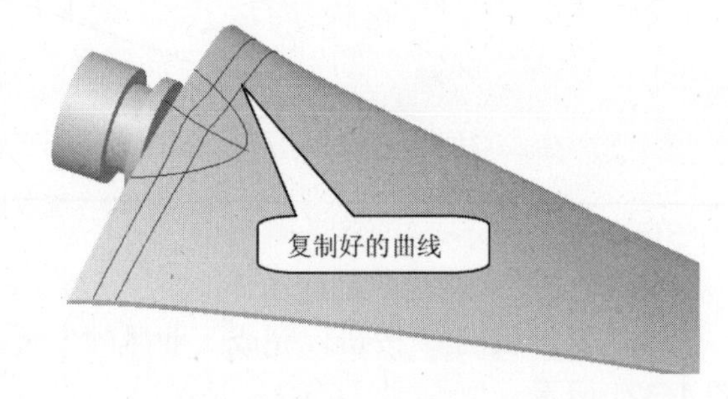

图 4-325　复制曲线效果

（33）绘制工业风叶安装部位结构曲线 10

1）选取命令，定义草绘平面和方向

在模型工具栏中单击【草绘】按钮，打开“草绘”对话框，在【平面】框中选取“DTM5”平面作为草绘平面，在【参考】框中选取“RIGHT”平面作为参考平面，在【方向】框中选取【右】，单击 草绘 按钮进入草绘模式。

2）绘制风叶安装部位结构曲线 10

单击【弧】按钮绘制“风叶安装部位结构曲线 10”，如图 4-326 所示。

3）完成风叶安装部位结构曲线 10 的创建工作

单击草绘工具栏的按钮，退出草绘模式，完成风叶安装部位结构曲线 10 的创建工作。

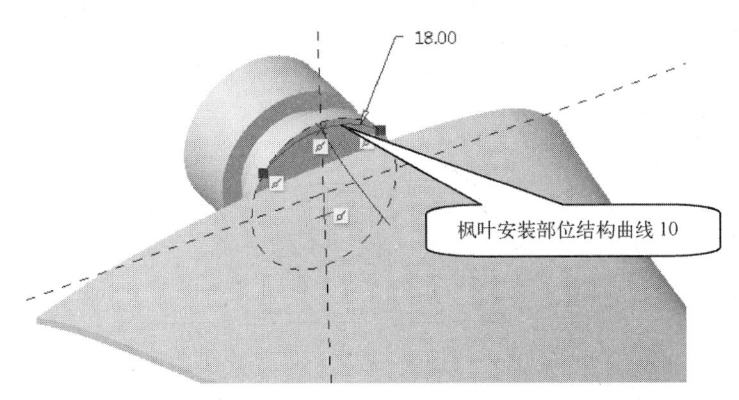

图 4-326 风叶安装部位结构曲线 10

（34）绘制工业风叶安装部位结构曲线 11

1）选取命令，定义草绘平面和方向

在模型工具栏中单击【草绘】按钮，打开“草绘”对话框，在【平面】框中选取“DTM5”平面作为草绘平面，在【参考】框中选取“RIGHT”平面作为参考平面，在【方向】框中选取“右”，单击 草绘 按钮进入草绘模式。

2）绘制风叶安装部位结构曲线 11

单击【样条】按钮绘制风叶安装部位结构曲线 11，使其逼近风叶安装部位结构曲线 10，如图 4-327 所示。

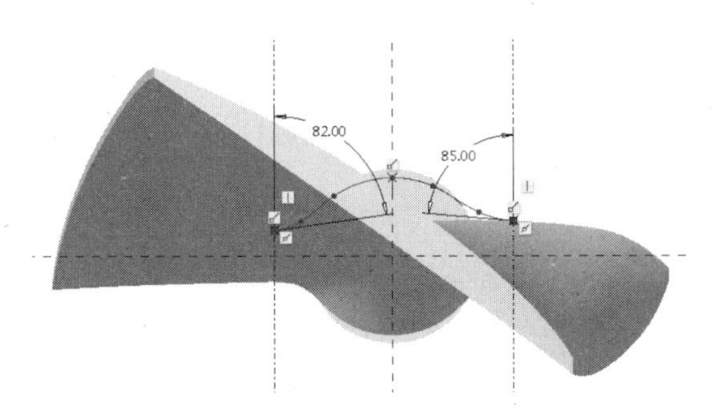

图 4-327 风叶安装部位结构曲线 11

3）完成风叶安装部位结构曲线 11 的创建工作

单击草绘工具栏的✔按钮，退出草绘模式，完成风叶安装部位结构曲线 11 的创建工作。

（35）创建基准点 PNT32、PNT33、PNT34

1）选取命令

在模型工具栏中单击【点】按钮，打开“基准点”对话框。

2）为新建基准点选取位置参考

创建 PNT32：选取基准平面 DTM4 与工业风叶安装部位结构投射曲线 3 作为参考（结合〈Ctrl〉键），选取约束为“在其上”，如图 4-328 所示。

创建 PNT33：选取基准平面 DTM4 与风叶安装部位结构曲线 8 作为参考（结合〈Ctrl〉键），选取约束为“在其上”，如图 4-329 所示。

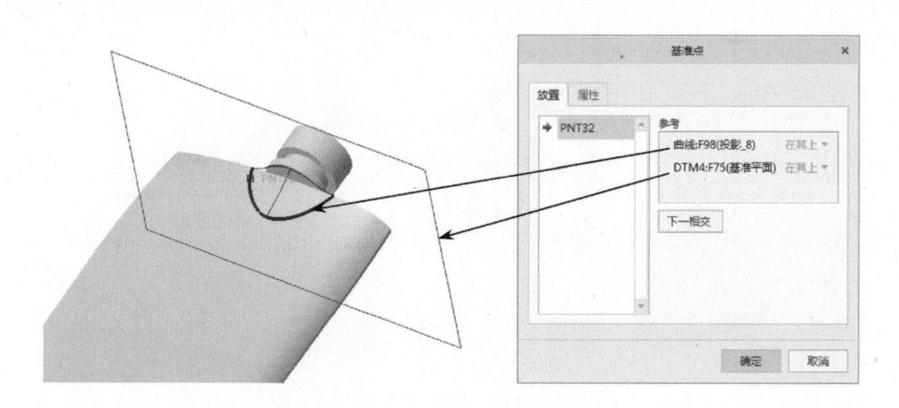

图 4-328　为“基准点 PNT32”选取参考

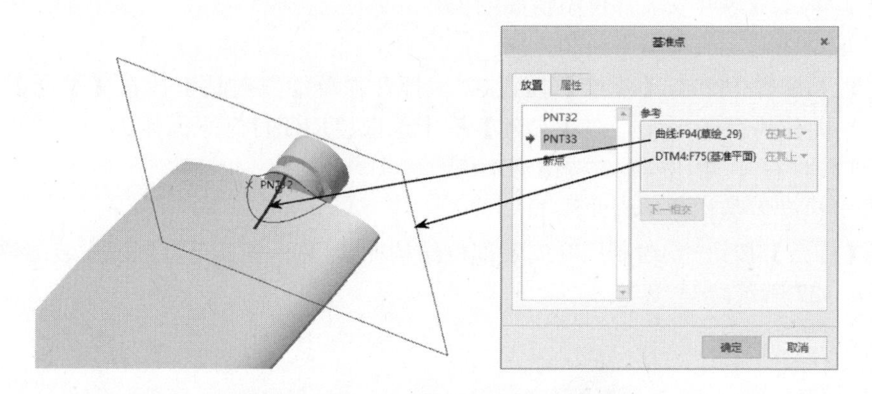

图 4-329　为“基准点 PNT33”选取参考

创建 PNT34：选取基准平面 DTM6 与风叶安装部位结构投射曲线 3 作为参考（结合〈Ctrl〉键），选取约束为“在其上”，如图 4-330 所示。

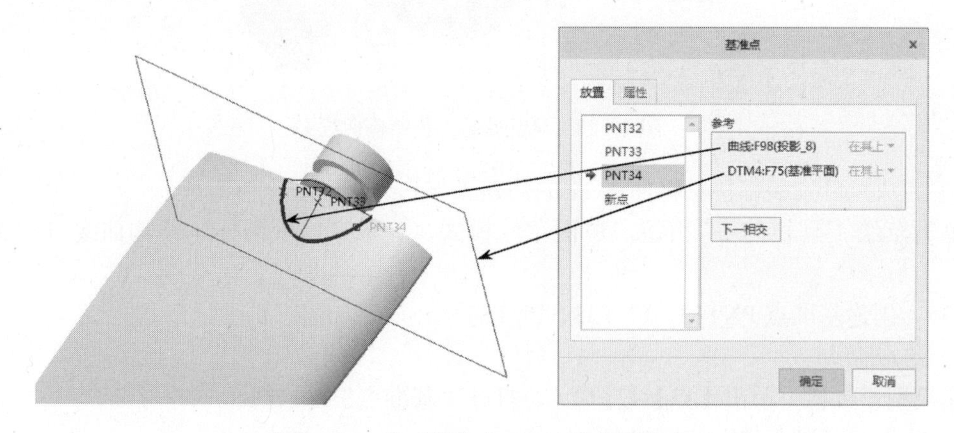

图 4-330　为“基准点 PNT34”选取参考

3）完成基准点的创建工作

单击“基准点”对话框的 确定 按钮，完成基准点 PNT32、PNT33、PNT34 的创建工作。

（36）绘制工业风叶安装部位结构曲线 12

1）选取命令，定义草绘平面和方向

在模型工具栏中单击【草绘】按钮，打开“草绘”对话框，在【平面】框中选取“DTM4”平面作为草绘平面，在【参考】框中选取“RIGHT”平面作为参考平面，在【方向】框中选取“右”，单击 草绘 按钮进入草绘模式。

2）绘制风叶安装部位结构曲线 12

单击【样条】按钮绘制风叶安装部位结构曲线 12，使其通过刚创建好的 3 个基准点，逼近复制风叶安装部位结构点云曲线 3，如图 4-331 所示。

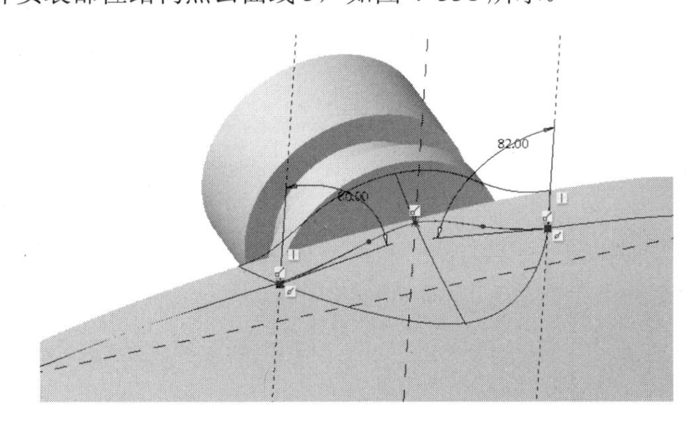

图 4-331　风叶安装部位结构曲线 12

3）完成风叶安装部位结构曲线 12 的创建工作

单击草绘工具栏的按钮，退出草绘模式，完成风叶安装部位结构曲线 12 的创建工作。

（37）创建基准点 PNT35、PNT36、PNT37

1）选取命令

在模型工具栏中单击【点】按钮，打开“基准点”对话框。

2）为新建基准点选取位置参考

创建 PNT35：选取基准平面 DTM6 与工业风叶安装部位结构投射曲线 3 作为参考（结合〈Ctrl〉键），选取约束为“在其上”，如图 4-332 所示。

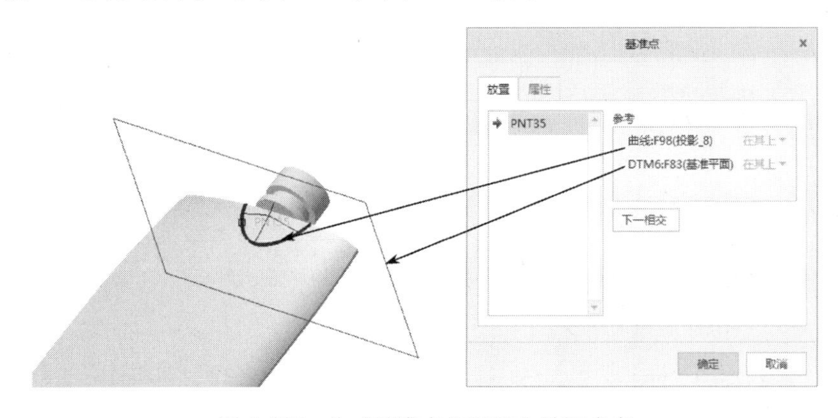

图 4-332　为“基准点 PNT35”选取参考

创建 PNT36：选取基准平面 DTM6 与风叶安装部位结构曲线 8 作为参考（结合〈Ctrl〉键），选取约束为“在其上”，如图 4-333 所示。

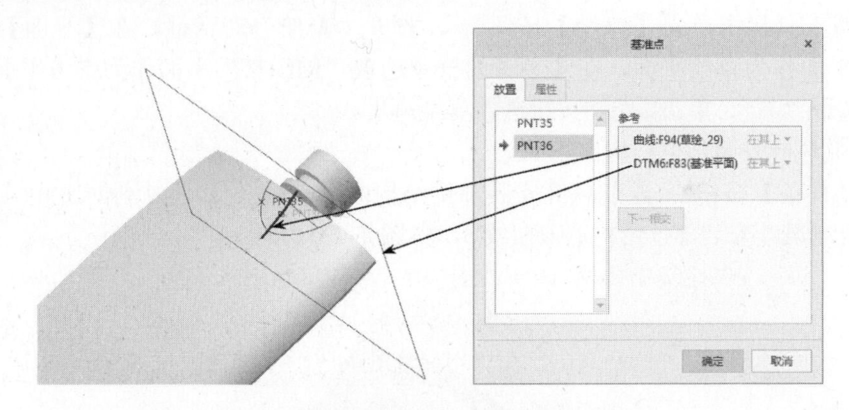

图 4-333　为“基准点 PNT36”选取参考

创建 PNT37：选取基准平面 DTM6 与风叶安装部位结构投射曲线 3 作为参考（结合〈Ctrl〉键），选取约束为“在其上”，如图 4-334 所示。

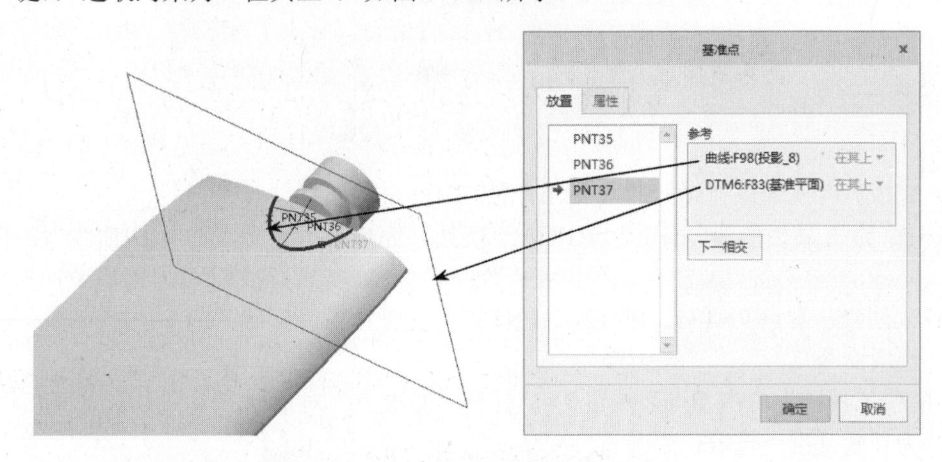

图 4-334　为“基准点 PNT37”选取参考

3）完成基准点的创建工作

单击“基准点”对话框的 确定 按钮，完成基准点 PNT35、PNT36、PNT37 的创建工作。

（38）绘制工业风叶安装部位结构曲线 13

1）选取命令，定义草绘平面和方向

在模型工具栏中单击【草绘】按钮，打开“草绘”对话框，在【平面】框中选取“DTM6”平面作为草绘平面，在【参考】框中选取“RIGHT”平面作为参考平面，在【方向】框中选取“右”，单击 草绘 按钮进入草绘模式。

2）绘制风叶安装部位结构曲线 13

单击【样条】按钮绘制风叶安装部位结构曲线 13，使其通过刚创建好的 3 个基准点，逼近复制风叶安装部位结构点云曲线 4，如图 4-335 所示。

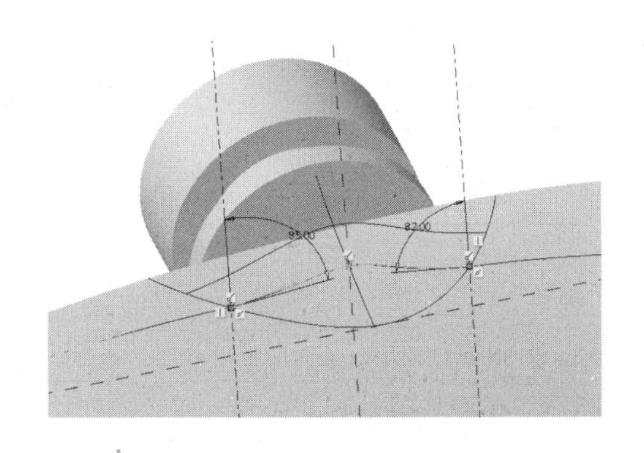

图 4-335　风叶安装部位结构曲线 13

3）完成风叶安装部位结构曲线 13 的创建工作

单击草绘工具栏的✔按钮，退出草绘模式，完成风叶安装部位结构曲线 13 的创建工作。

（39）创建工业风叶安装部位结构修剪曲线 3

1）选取被修剪曲线

选取风叶安装部位结构投射曲线 3 作为被修剪的曲线，如图 4-336 所示。

2）选取命令

单击【修剪】按钮，打开“修剪曲线”操控板，如图 4-337 所示。

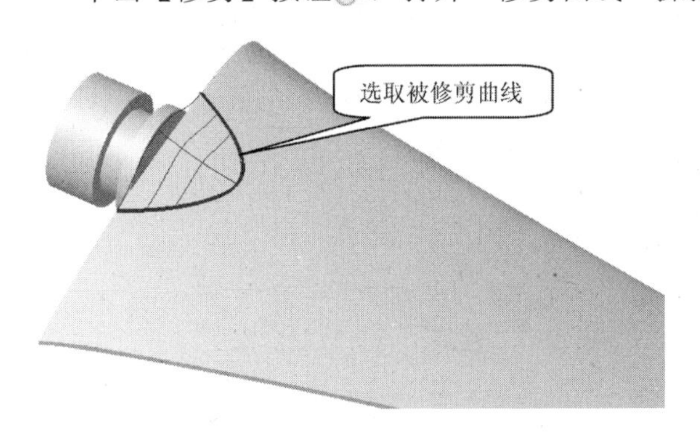

图 4-336　选取被修剪曲线

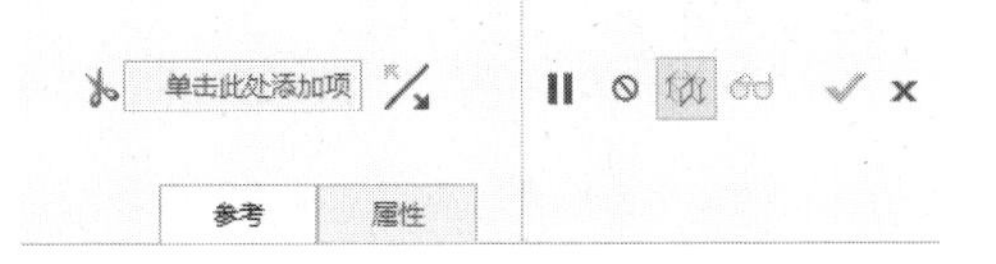

图 4-337　“修剪曲线”操控版

3）选取修剪对象

选取基准点 PNT35 作为修剪对象，如图 4-338 所示。

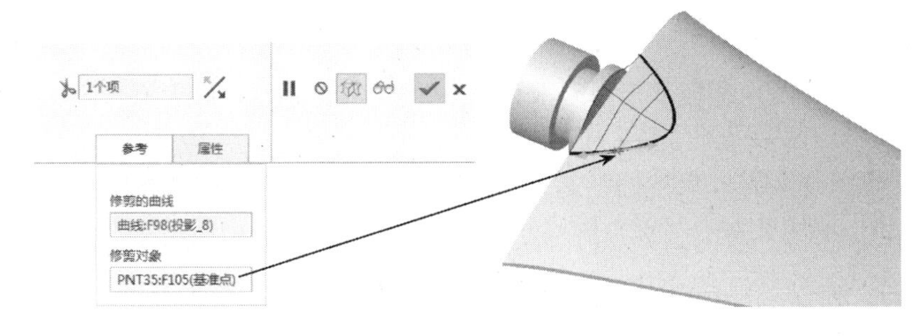

图 4-338　选取修剪对象

4）定义修剪选项内容

调整箭头方向，定义修剪选项内容为保留双侧曲线。

5）完成修剪曲线的创建工作

单击操控板的✓按钮，完成风叶安装部位结构修剪曲线 3 的创建工作。

（40）创建工业风叶安装部位结构修剪曲线 4

1）选取被修剪曲线

选取风叶安装部位结构投射曲线 3 作为被修剪的曲线，如图 4-339 所示。

2）选取命令

单击【修剪】按钮，打开“修剪曲线”操控板，如图 4-340 所示。

图 4-339　选取被修剪曲线

图 4-340　“修剪曲线”操控版

3）选取修剪对象

选取基准点 PNT37 作为修剪对象，如图 4-341 所示。

图 4-341　选取修剪对象

4）定义修剪选项内容

调整箭头方向，定义修剪选项内容为保留双侧曲线。

5）完成修剪曲线的创建工作

单击操控板的✓按钮，完成风叶安装部位结构修剪曲线 4 的创建工作。

（41）创建工业风叶安装部位结构边界曲面 3

1）选取命令

在模型工具栏上单击【边界混合】按钮，打开“边界混合”操控板，如图 4-342 所示。

图 4-342 “边界混合”操控板

2）选择第一方向曲线

在曲线面板中单击【第一方向】下面的列表框，依次选取风叶安装部位结构曲线 11、12、13（结合〈Ctrl〉键）作为第一方向的曲线，如图 4-343 所示。

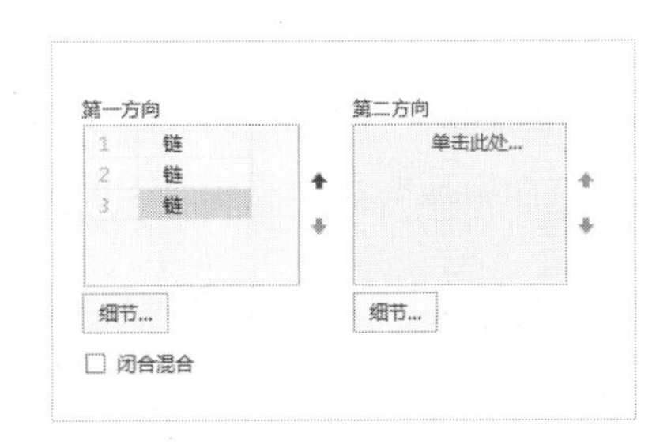

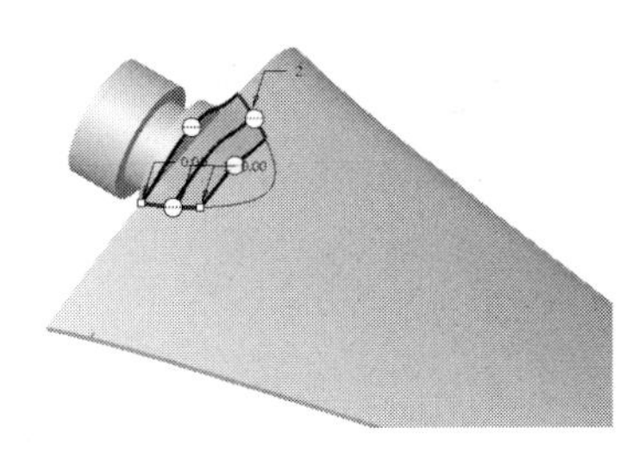

图 4-343 选取第一方向曲线

3）选择第二方向曲线

在曲线面板中单击【第二方向】下面的列表框，依次选取风叶安装部位结构修剪曲线 4、3（结合〈Ctrl〉键）作为第二方向的曲线，如图 4-344 所示。

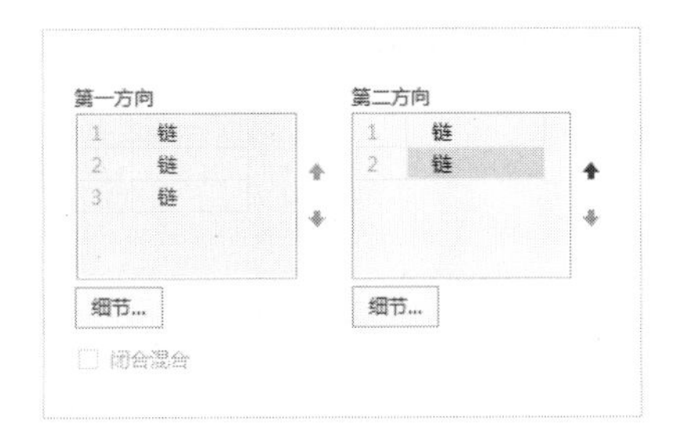

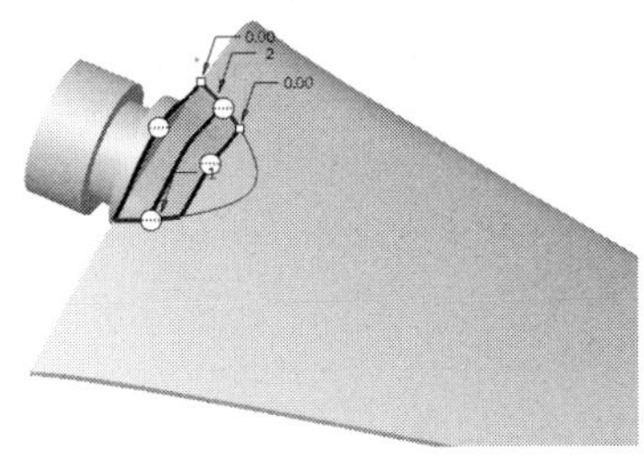

图 4-344 选取第二方向曲线

4）完成工业风叶安装部位边界曲面 3 的创建工作

单击操控板的✓按钮，完成工业风叶安装部位边界曲面 3 的创建工作，其效果如图 4-345 所示。

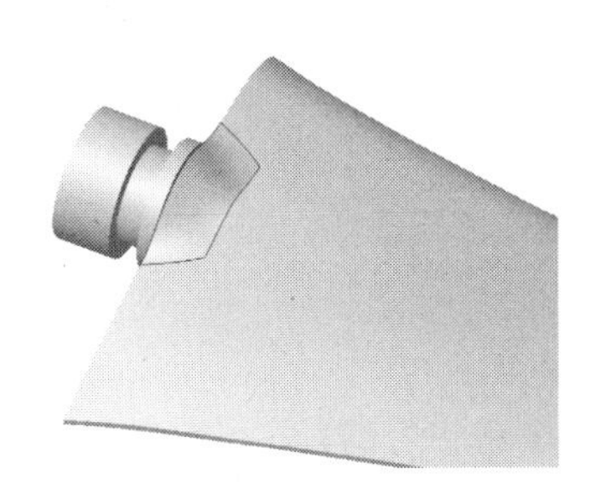

图 4-345 工业风叶安装部位边界曲面 3

（42）修剪工业风叶安装部位结构边界曲面 3

使用拉伸的方法修剪工业风叶安装部位结构边界曲面 3。

1）选取命令

单击【拉伸】按钮，打开“拉伸”操控板，选取【拉伸为曲面】按钮，再单击【移除材料】按钮。

2）定义草绘平面和方向

选取【放置】→【定义】，打开“草绘”对话框。在【平面】框中选取“TOP”平面作为草绘平面，在【参考】框中选取“RIGHT”平面作为参考平面，在【方向】框中选取“上”，单击 草绘 按钮进入草绘模式。

3）绘制修剪截面

单击【线】按钮和【样条】按钮，绘制修剪截面，如图 4-346 所示。

单击草绘工具栏的按钮退出草绘模式。

4）指定被修剪的曲面、拉伸方式和深度

单击操控板中【面组】右框（修剪面组收集器），再单击工业风叶安装部位结构边界曲面 3，指定要修剪的曲面。在“拉伸”操控板中的【选项】面板中将【侧 1】设置为【盲孔】，输入拉伸深度“21”；将【侧 2】设置为无。

5）完成创建工作

单击操控板的按钮，完成工业风叶安装部位结构边界曲面 3 的修剪工作，其效果如图 4-347 所示。

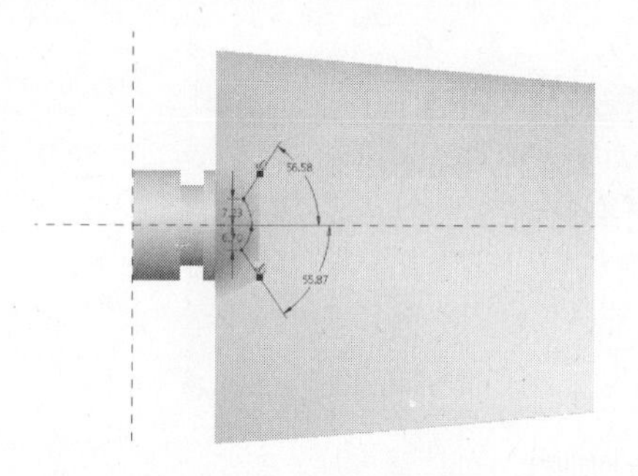

图 4-346　绘制修剪截面

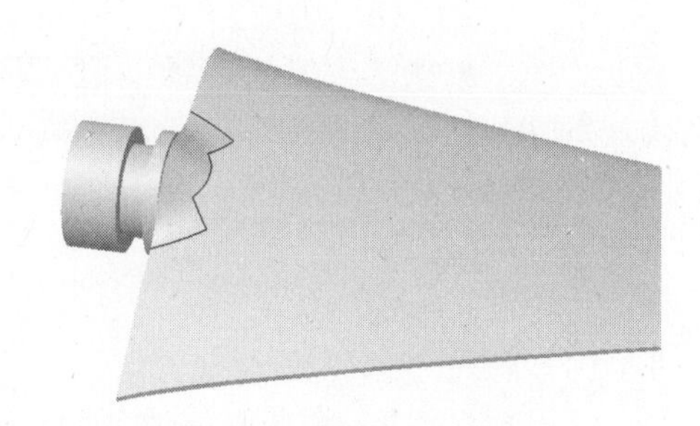

图 4-347　修剪曲面效果

（43）创建工业风叶安装部位结构相交曲线

1）选取要求交的特征

选取修剪好的风叶安装部位结构边界曲面 3 与基准平面 RIGHT 作为要求交的特征。

2）创建相交曲线

在模型工具栏中单击【相交】按钮，完成修剪好的风叶安装部位结构边界曲面 3 与基准平面 RIGHT 相交曲线的创建工作，如图 4-348 所示。

（44）创建基准点 PNT38

1）选取命令

在模型工具栏中单击【点】按钮，打开“基准点”对话框。

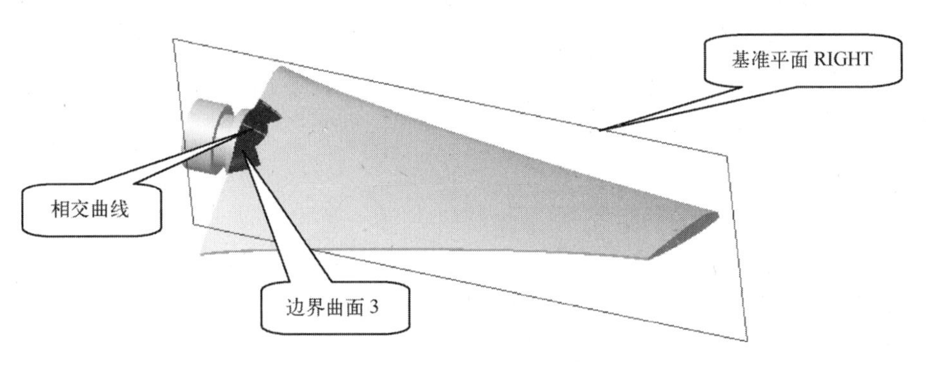

图 4-348　相交曲线效果

2）为新建基准点选取位置参考

创建 PNT38：选取工业风叶安装部位结构曲线 8 作为参考，选取约束为“在其上”，输入偏移值为 0.47，如图 4-349 所示。

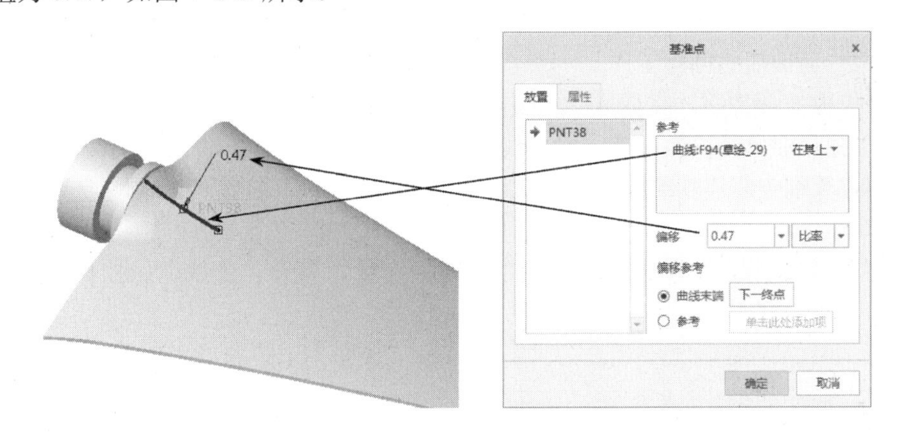

图 4-349　为“基准点 PNT38”选取参考

3）完成基准点的创建工作

单击“基准点”对话框的 确定 按钮，完成基准点 PNT38 的创建工作。

（45）创建工业风叶安装部位结构修剪曲线 5

1）选取被修剪曲线

选取风叶安装部位结构曲线 8 作为被修剪的曲线，如图 4-350 所示。

2）选取命令

单击【修剪】按钮，打开“修剪曲线”操控板，如图 4-351 所示。

图 4-350　选取被修剪曲线

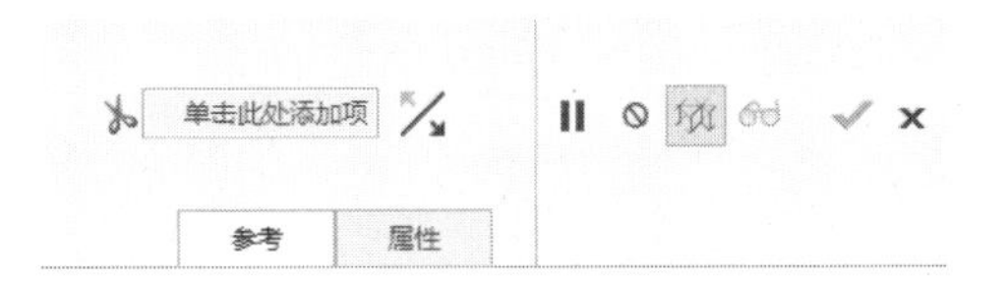

图 4-351　“修剪曲线”操控版

3）选取修剪对象

选取基准点 PNT38 作为修剪对象，如图 4-352 所示。

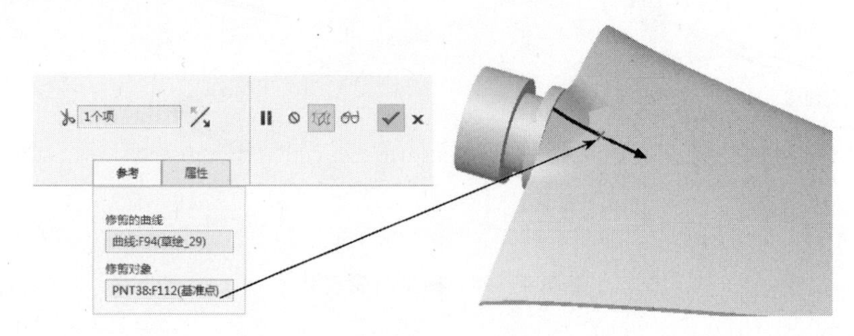

图 4-352　选取修剪对象

4）定义修剪选项内容

调整箭头方向，定义修剪选项内容为保留箭头方向的一侧曲线。

5）完成修剪曲线的创建工作

单击操控板的✓按钮，完成风叶安装部位结构修剪曲线 5 的创建工作。

（46）创建工业风叶安装部位结构曲线 1

使用通过基准点创建基准曲线的方法创建工业风叶安装部位结构 1。

1）选择命令

在模型工具栏中选择【基准】→【曲线】按钮，打开“曲线”操控板，如图 4-353 所示。

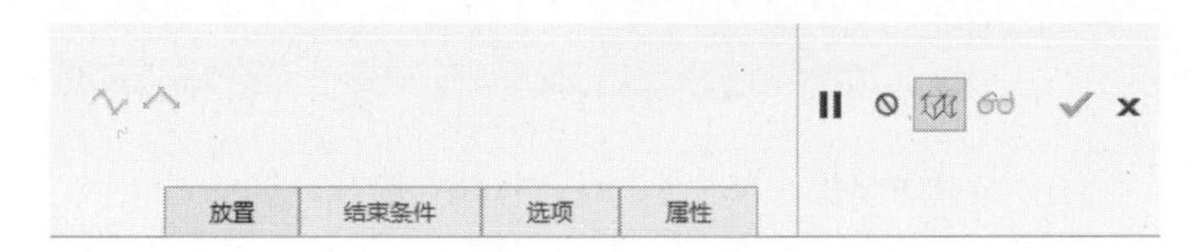

图 4-353　“曲线”操控板

2）创建基准曲线

单击放置下滑面板，依次选择曲线通过的 2 个点，定义创建曲线方式为“样条”，如图 4-354 所示。

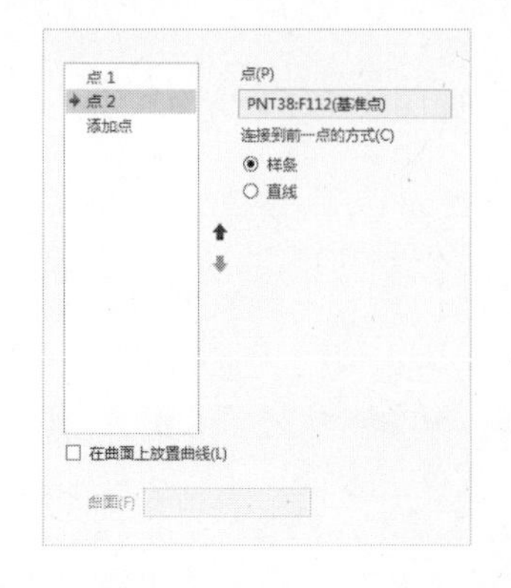

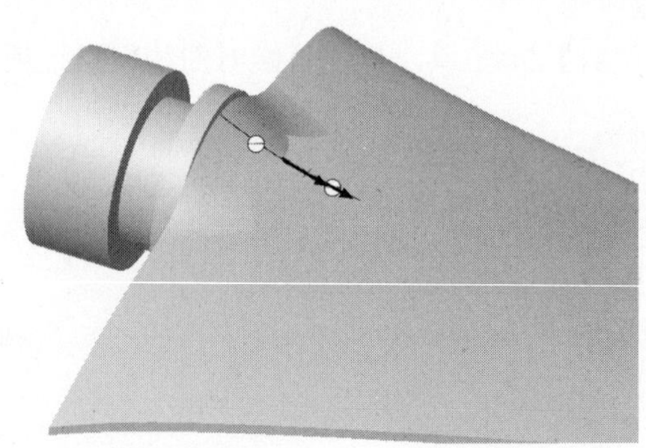

图 4-354　创建基准曲线

3）完成基准曲线的创建工作

单击操控板的✓按钮，完成工业风叶安装部位结构曲线 1 的创建工作，其效果如图 4-355 所示。

（47）复制风叶安装部位结构曲线

1）选取要复制的点云曲线

选取风叶安装部位结构曲线 1 作为要复制的曲线，如图 4-356 所示。

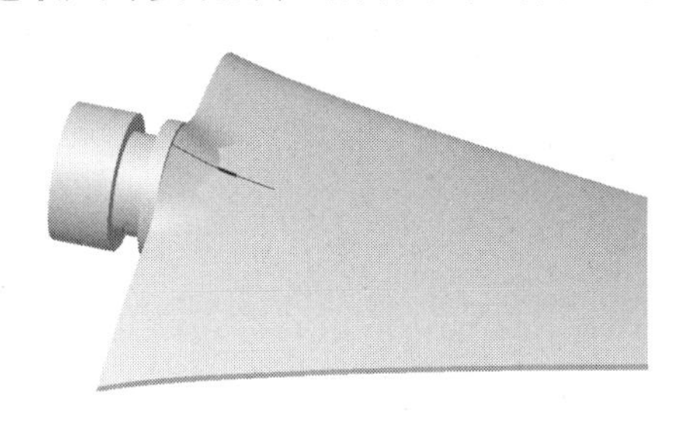

图 4-355　工业风叶安装部位结构曲线 1

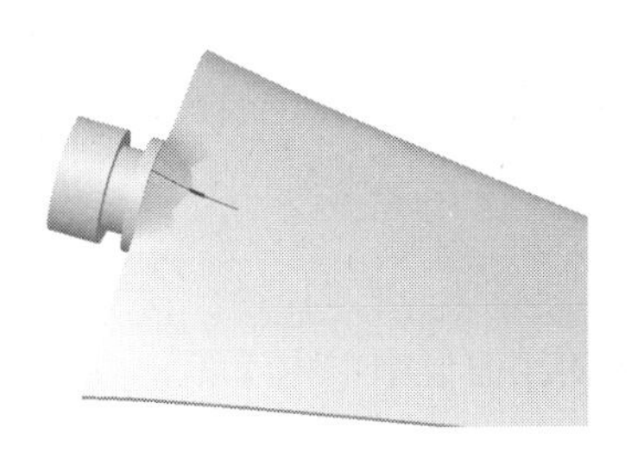

图 4-356　选取要复制的曲线

2）选取命令

在模型工具栏中单击【复制】按钮→【粘贴】按钮，打开“复制曲线”操控板，再选取风叶安装部位结构修剪曲线 5（结合 Shift 键）。

3）定义复制曲线类型

在上层对话框中选取复制的曲线类型为“逼近”选项，如图 4-357 所示。

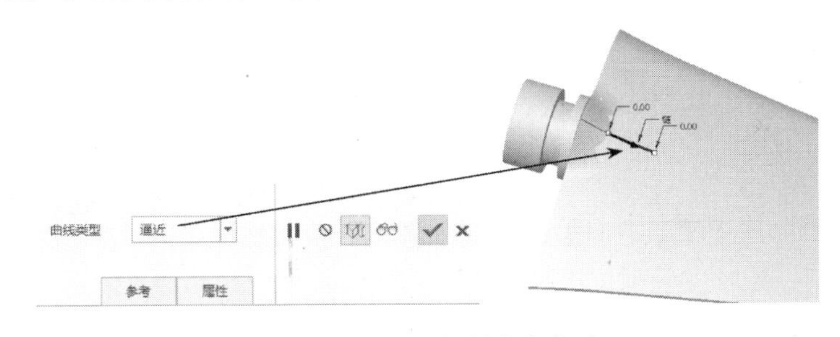

图 4-357　定义复制曲线类型

4）完成复制风叶安装部位结构曲线的创建工作

单击操控板的✓按钮，完成复制风叶安装部位结构曲线的创建工作，复制好的曲线如图 4-358 所示。

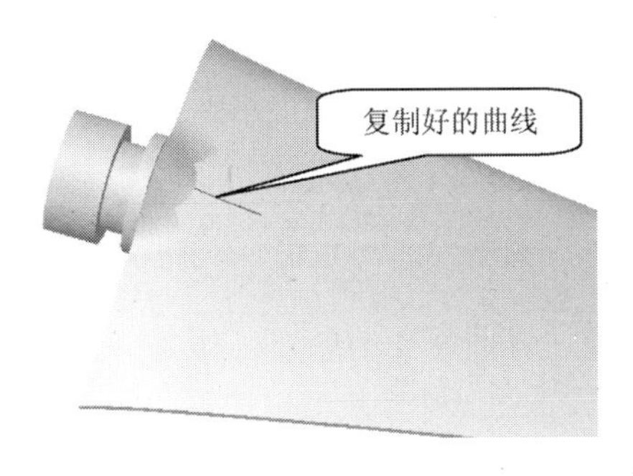

图 4-358　复制曲线效果

（48）创建工业风叶安装部位结构边界曲面 4

1）选取命令

在模型工具栏中单击【边界混合】按钮，打开“边界混合”操控板，如图 4-359 所示。

图 4-359 “边界混合”操控板

2）选择第一方向曲线

在曲线面板中单击【第一方向】下面的列表框，依次选取风叶安装部位结构边界曲面 3 的修剪边界与风叶安装部位结构修剪曲线 4（结合〈Ctrl〉键）作为第一方向的曲线，如图 4-360 所示。

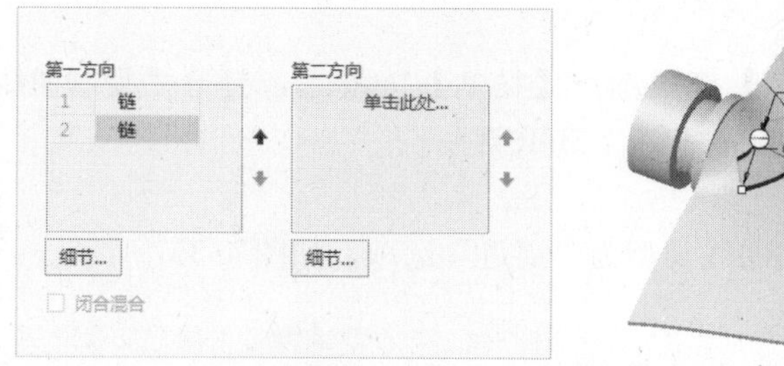

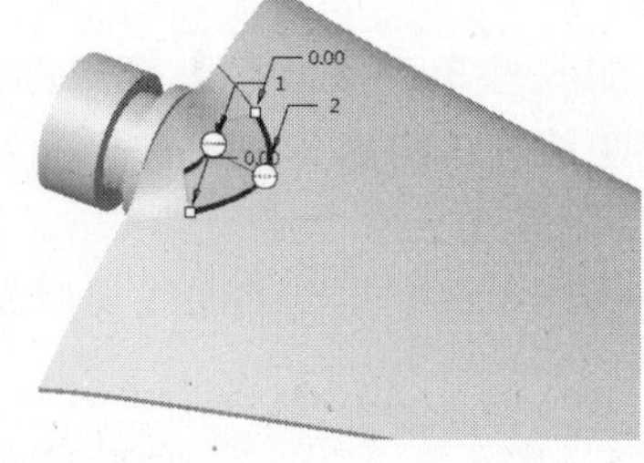

图 4-360 选取第一方向曲线

3）选择第二方向曲线

在曲线面板中单击【第二方向】下面的列表框，依次选取风叶安装部位结构边界曲面 3 的修剪边界、复制好风叶安装部位结构曲线、风叶安装部位结构边界曲面 3 的修剪边界（结合〈Ctrl〉键）作为第二方向的曲线，如图 4-361 所示。

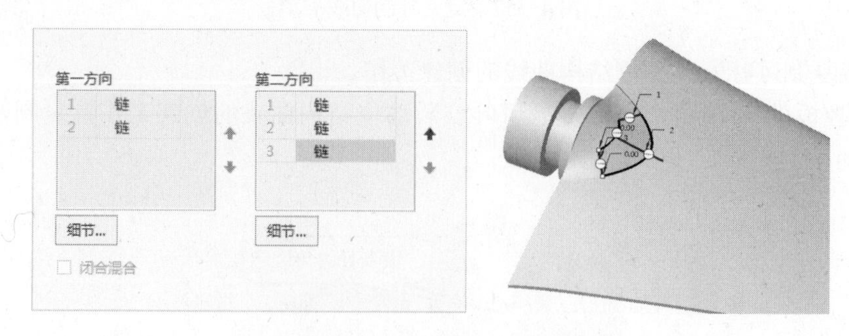

图 4-361 选取第二方向曲线

4）完成工业风叶安装部位边界曲面 4 的创建工作

单击操控板的✔按钮，完成工业风叶安装部位边界曲面 4 的创建工作，其效果如图 4-362 所示。

（49）合并工业风叶安装部位结构曲面 3

1）选取要合并的面组

选取修剪好的风叶安装部位结构边界曲面 3 与风叶安装部位边界曲面 4 作为要合并的面组。

2）选取命令

在模型工具栏单击【合并】按钮，打开“合并曲面”操控板，如图 4-363 所示。

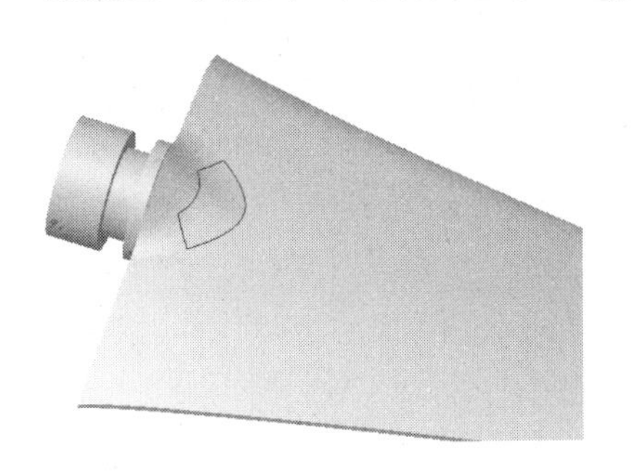

图 4-362　工业风叶安装部位边界曲面 4

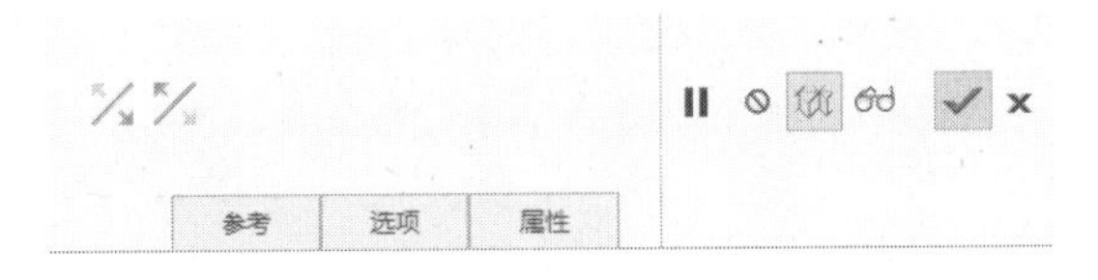

图 4-363　“合并曲面”操控板

3）合并操作

在选项下滑面板中选取合并方式为“联接”，合并操作如图 4-364 所示。

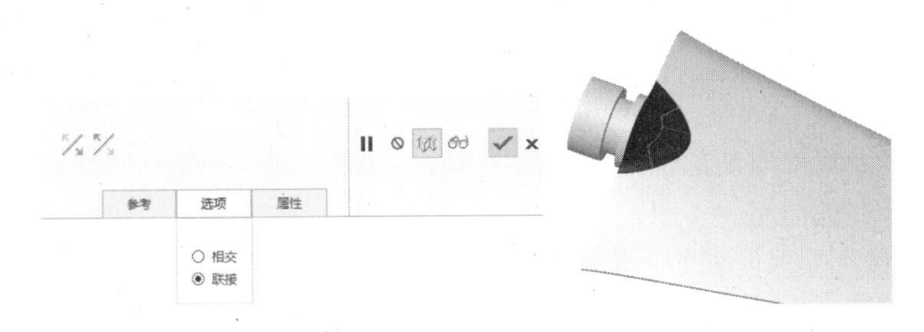

图 4-364　合并曲面操作

4）完成合并曲面的创建工作

单击操控板的按钮，完成修剪好的风叶安装部位结构边界曲面 3 与风叶安装部位边界曲面 4 的合并创建工作。

（50）创建工业风叶安装部位结构填充曲面 2

1）选取命令

在模型工具栏中单击【填充】按钮，打开“填充”操控板，如图 4-365 所示。

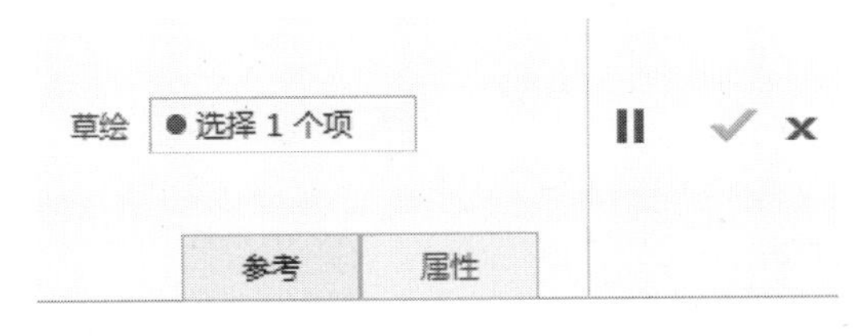

图 4-365　“填充”操控板

2）定义草绘平面和方向

选择【参考】→【定义】，打开“草绘”对话框，在【平面】框中选择“DTM5”平面作为草绘平面，在【参考】框中选择“RIGHT”平面作为参考平面，在【方向】框中选择“右”，单击 草绘 按钮进入草绘模式。

3）绘制填充截面

绘制“工业风叶安装部位结构填充曲面 2”截面，如图 4-366 所示，单击草绘工具栏的✔按钮，退出草绘模式。

4）完成填充曲面的创建工作

单击操控板的✔按钮，完成工业风叶安装部位结构填充曲面 2 的创建工作，其效果如图 4-367 所示。

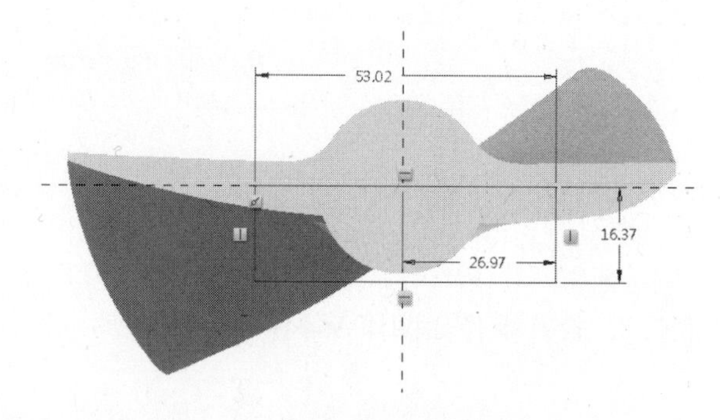

图 4-366　风叶安装部位结构填充曲面 2 截面

图 4-367　风叶安装部位结构填充曲面 2

（51）合并工业风叶安装部位结构曲面 4

1）选取要合并的面组

选取合并好的工业风叶安装部位结构曲面 3 与工业风叶安装部位结构填充曲面 2 作为要合并的面组。

2）选取命令

在模型工具栏中单击【合并】按钮，打开“合并曲面”操控板，如图 4-368 所示。

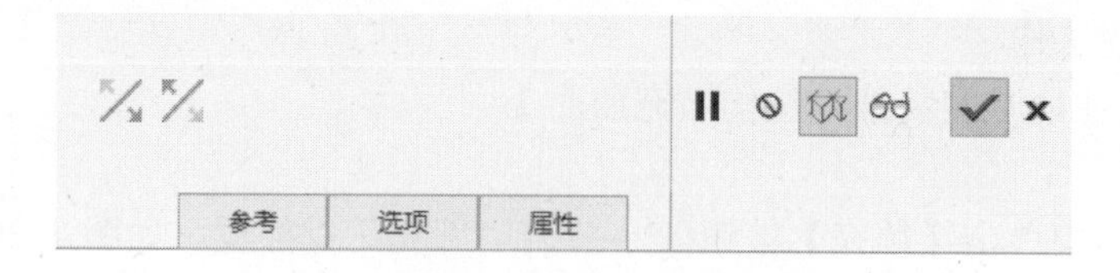

图 4-368　“合并曲面”操控板

3）合并操作

在选项下滑面板中选取合并方式为“相交”，合并操作如图 4-369 所示。

4）完成合并曲面的创建工作

单击操控板的✔按钮，完成合并好的工业风叶安装部位结构曲面 3 与工业风叶安装部位结构填充曲面 2 的合并创建工作。

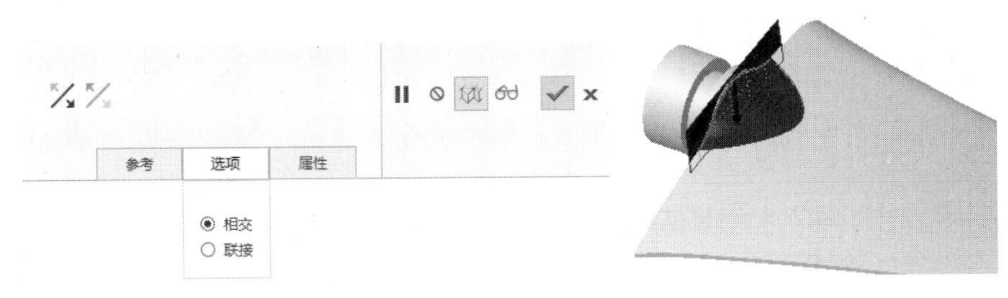

图 4-369 合并曲面操作

（52）将刚合并好的工业风叶安装部位结构面组实体化

1）选择要实体化的曲面

选择刚合并好的工业风叶安装部位结构面组作为要实体化的曲面，如图 4-370 所示。

2）选择命令

在模型工具栏中单击【实体化】按钮，打开“实体化曲面”操控板。

3）选择实体化曲面方式

选择实体化曲面方式为：用实体材料填充由面组界定的体积块，如图 4-371 所示。

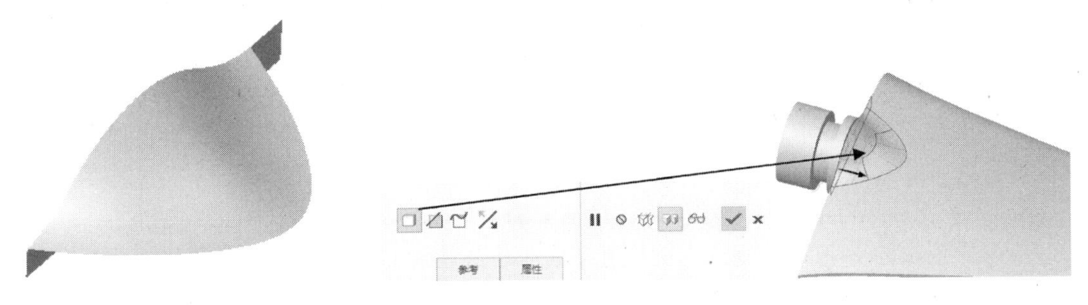

图 4-370 选择要实体化的面组

图 4-371 实体化操作

4）完成实体化曲面的创建工作

单击操控板的按钮，完成刚合并好的工业风叶安装部位结构面组实体化的创建工作，获得工业风叶安装部位结构反面特征，其效果如图 4-372 所示。

图 4-372 工业风叶安装部位正面面组实体化效果

（53）创建工业风叶安装部位结构旋转特征 2

1）选取命令

在模型工具栏中单击【旋转】按钮，打开“旋转”操控板，再单击【作为实体旋转】按钮，再单击【移除材料】按钮。

2）定义草绘平面和方向

选择【放置】→【定义】，打开“草绘”对话框。在【平面】框中选择“RIGHT”平面作为草绘平面，在【参照】框中选择“TOP” 平面作为参照平面，在【方向】框中选择“上”，单击 草绘 按钮进入草绘模式。

3）绘制旋转特征的截面

使用【线】按钮 绘制旋转截面，如图 4-373 所示。单击草绘工具栏的 按钮，退出草绘模式。

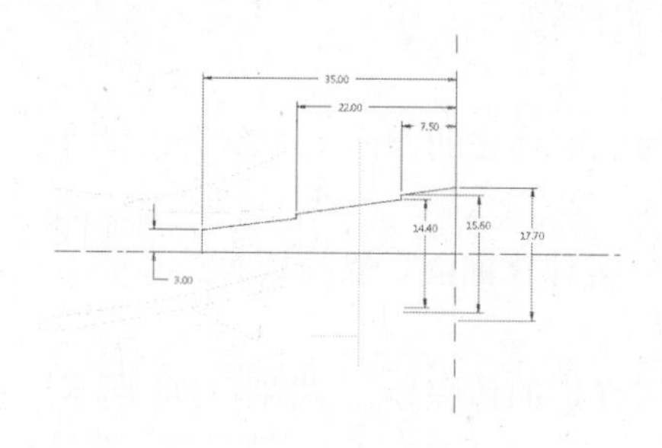

图 4-373 绘制旋转截面

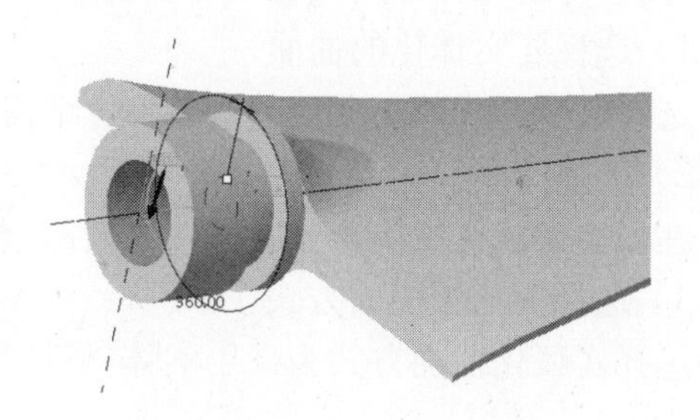

图 4-374 风叶安装部位结构旋转特征 2

4）定义旋转角度

在“旋转”操控板中选择【变量】，然后输入旋转角度“360”，在图形窗口中可以预览旋转出的风叶安装部位结构移除材料特征，如图 4-374 所示。

5）完成工业风叶安装部位结构旋转特征 2 的创建工作

单击操控板的 按钮，完成工业风叶安装部位结构旋转特征 2 的创建工作，获得完整工业风叶安装部位结构，如图 4-375 所示。

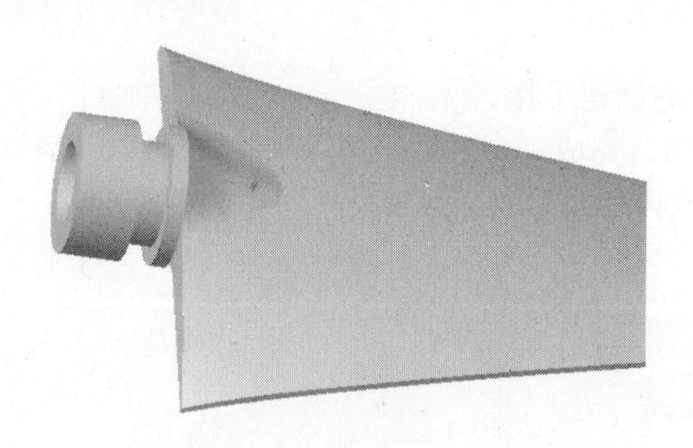

图 4-375 风叶安装部位结构

4．完善工业风叶结构

（1）绘制工业风叶分型曲线 1

1）选取命令，定义草绘平面和方向

在模型工具栏中单击【草绘】按钮，打开“草绘”对话框，在【平面】框中选取“DTM5”平面作为草绘平面，在【参考】框中选取“RIGHT”平面作为参考平面，在【方向】框中选取“左”，单击 草绘 按钮进入草绘模式。

2）绘制风叶分型曲线 1

单击【线】按钮和【圆角】按钮，绘制风叶分型曲线 1，使用【尺寸】按钮标注尺寸，如图 4-376 所示。

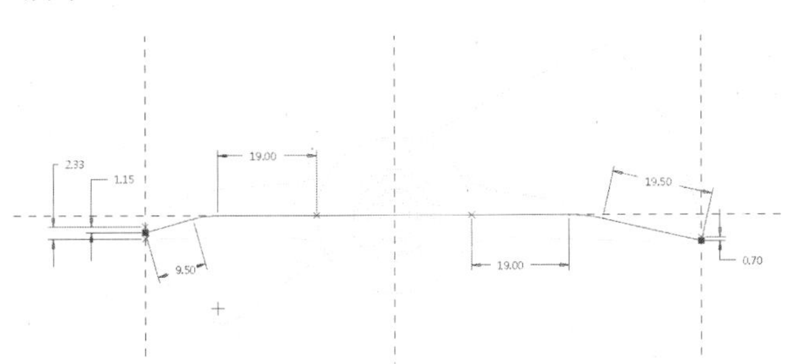

图 4-376 风叶分型曲线 1

3）完成风叶分型曲线 1 的创建工作

单击草绘工具栏的按钮，退出草绘模式，完成风叶分型曲线 1 的创建工作。

（2）绘制工业风叶分型曲线辅助曲线

1）选取命令，定义草绘平面和方向

在模型工具栏中单击【草绘】按钮，打开“草绘”对话框，在【平面】框中选取“FRONT”平面作为草绘平面，在【参考】框中选取“RIGHT”平面作为参考平面，在【方向】框中选取“右”，单击 草绘 按钮进入草绘模式。

2）绘制风叶分型曲线 1

单击【弧】按钮，绘制风叶分型曲线辅助曲线，使用【尺寸】按钮标注尺寸，如图 4-377 所示。

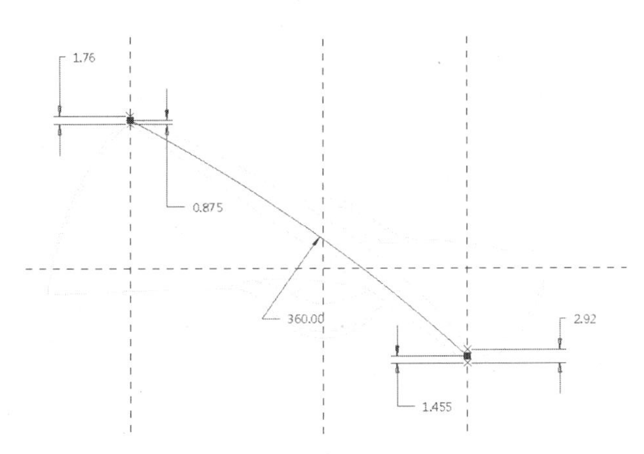

图 4-377 风叶分型曲线辅助曲线

3）完成风叶分型曲线辅助曲线的创建工作

单击草绘工具栏的按钮，退出草绘模式，完成风叶分型曲线辅助曲线的创建工作。

（3）创建工业风叶分型曲线 2

使用投影的方法创建工业风叶分型曲线 2

1）选取命令

在模型工具栏上单击【投影】按钮，打开“投影”操控板，如图 4-378 所示。

图 4-378 “投影”操控板

2）定义投射曲线类型

单击参考下滑面板，选取投射曲线的类型为“投影链”，如图 4-379 所示。

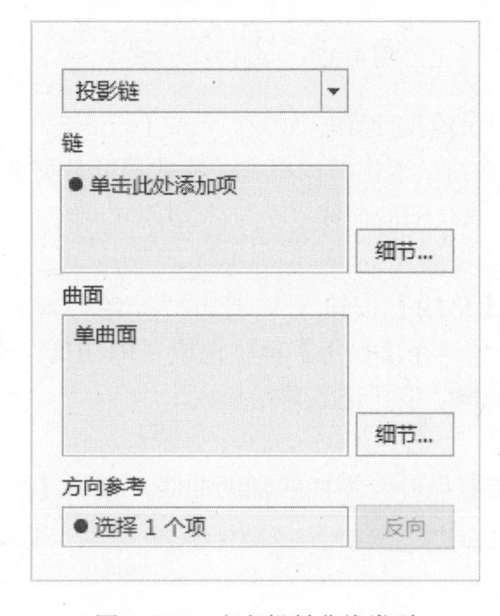

图 4-379 定义投射曲线类型

3）选取要投射的曲线

选取风叶分型曲线辅助曲线作为要投射的曲线链，如图 4-380 所示。

图 4-380 选取要投射的曲线

4）选取投影曲面

选取工业风叶尾部侧表面作为要投影的目标曲面，如图 4-381 所示。

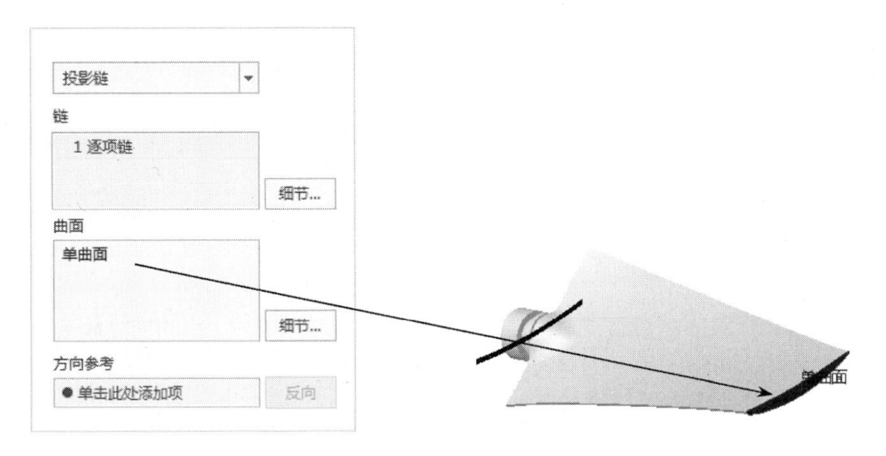

图 4-381　选取投影曲面

5）选取投射方向参考

选取 FRONT 平面作为投射方向的参考，如图 4-382 所示。

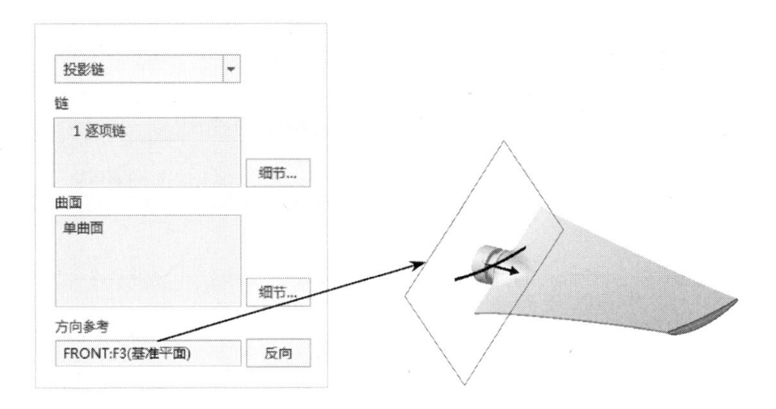

图 4-382　选取投射方向参考

6）完成投射曲线的创建工作

单击操控板的✓按钮，完成风叶分型曲线辅助曲线的投射创建工作，其效果如图 4-383 所示。

图 4-383　使用投影的方法创建工业风叶分型曲线 2

（4）创建工业风叶头部侧面拔模特征

1）选择命令

在模型工具栏中单击【拔模】按钮，打开“拔模”操控板，如图 4-384 所示。

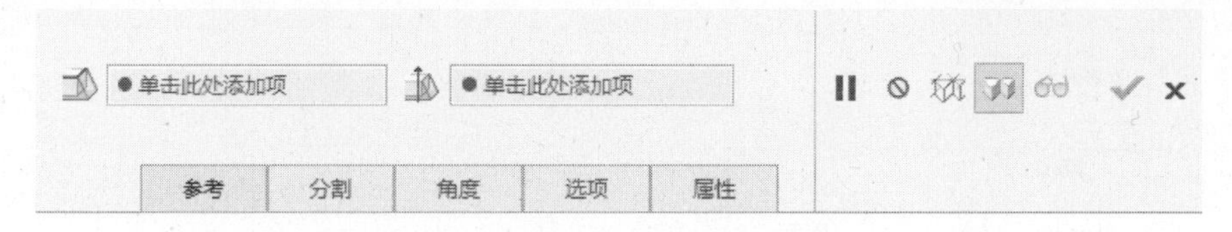

图 4-384 “拔模”操控板

2）选取拔模曲面

在“拔模”操控板中选择参考下滑面板，单击【拔模曲面】下面的列表框，选取要创建拔模特征的一个侧面，如图 4-385 所示。

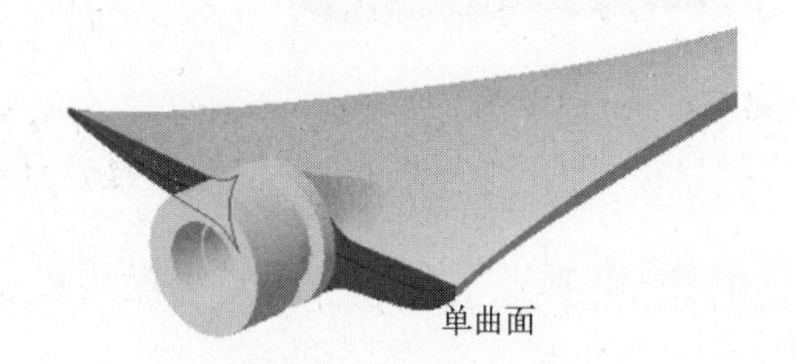

图 4-385 选举拔模曲面

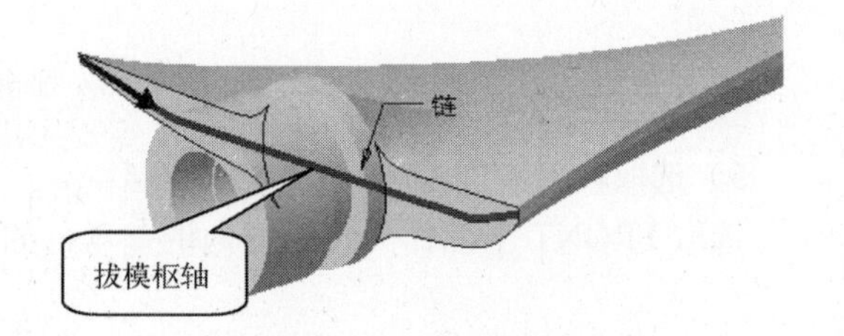

图 4-386 选举拔模枢轴

3）选取拔模枢轴

在参考面板中单击【拔模枢轴】下面的列表框，选取风叶分型曲线 1 为拔模枢轴。如图 4-386 所示。

4）确定拖拉方向

选取基准平面 TOP 作为拔模角度的参考面。

5）设置分割选项与拔模角度参数

在“拔模”操控板中选择“分割”下滑面板，单击【分割选项】下面的列表框，选择“根据拔模枢轴分割”，单击【侧选项】下面的列表框，选择“独立拔模侧面”，如图 4-387 所示。在“拔模”操控板的 2 个角度列表框中输入拔模角度均为“2”，单击 按钮，可调节拔模角度方向。

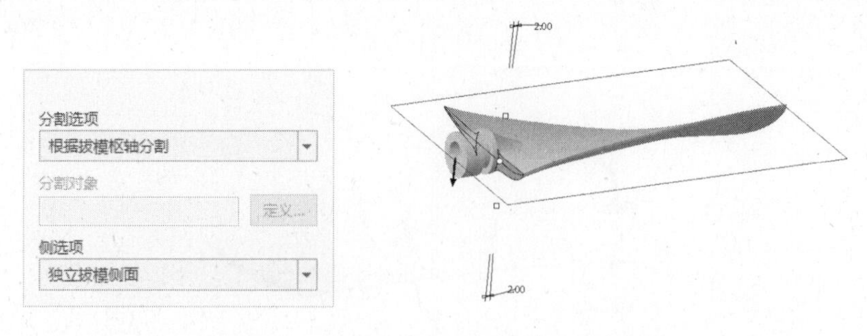

图 4-387 设置分割选项与模特征角度参数

6）完成拔模特征的创建工作

单击操控板的 按钮，完成工业风叶头部侧面拔模特征的创建工作。其效果如图 4-388 所示。

（5）创建工业风叶安装部位左边边线圆角特征

1）选取命令

在模型工具栏中单击【圆角】按钮，打开“圆角”特征操控板。

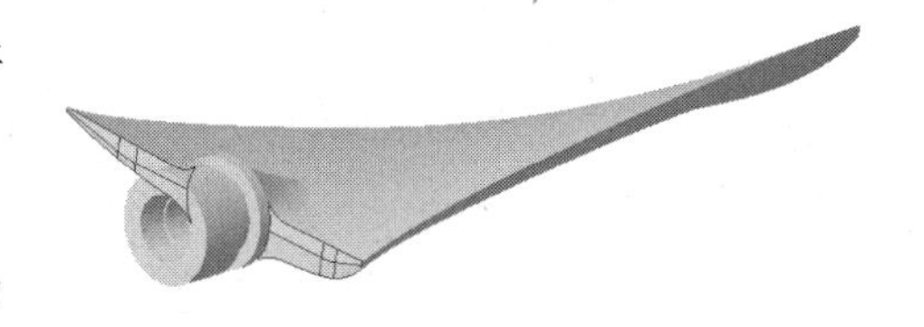

图 4-388　工业风叶头部侧面拔模特征

2）定义圆角形状参数

在集参数控制面板中选取圆角形状参数为“圆形”。

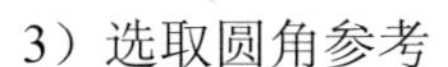

3）选取圆角参考

设定圆角形状参数后，选取风叶安装部位左边边线作为圆角特征的放置参考，如图 4-389 所示。

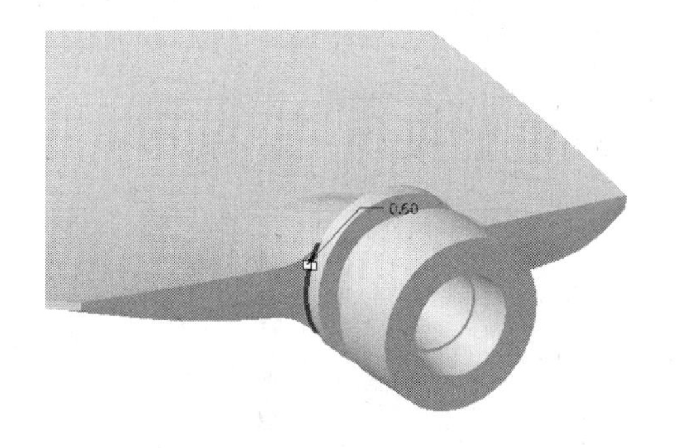

图 4-389　选取圆角参考

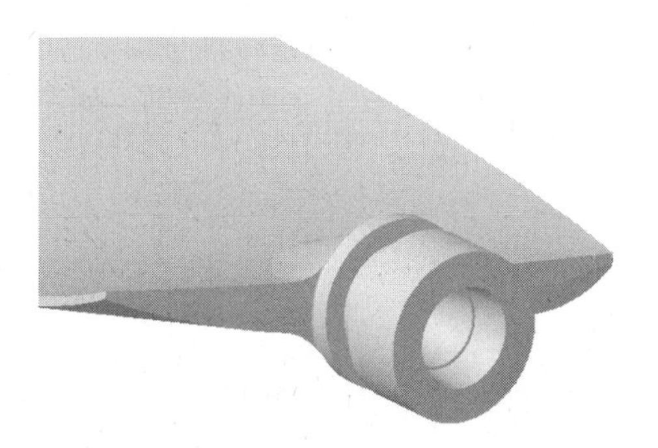

图 4-390　风叶安装部位左边边线圆角特征

4）定义圆角尺寸

在圆角尺寸文本框中输入半径值为 0.6，按〈Enter〉键确认。

5）完成风叶安装部位左边边线圆角特征的创建工作

单击操控板的✔按钮，完成风叶安装部位左边边线圆角特征的创建工作，其形状如图 4-390 所示。

（6）创建工业风叶安装部位其余边线圆角特征

参考上述圆角的方法，创建风叶安装部位右边边线圆角半径值为 0.6，其形状如图 4-391 所示；创建风叶安装部位上、下边线圆角半径值为 0.8，其形状如图 4-392 所示；创建风叶安装部位上、下过渡边线圆角半径值为 2.5，其形状如图 4-393 所示。

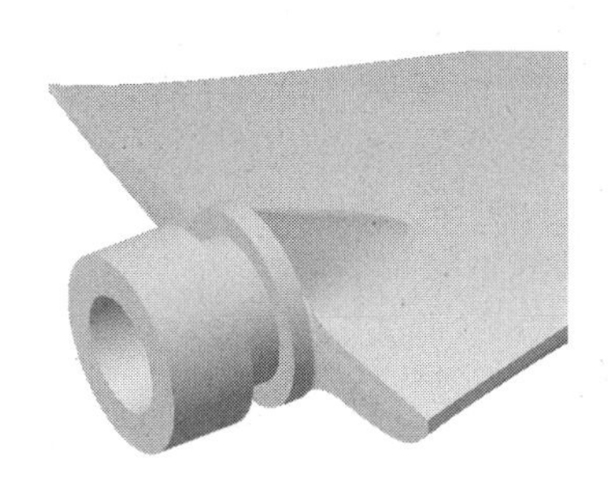

图 4-391　风叶安装部位右边边线圆角特征

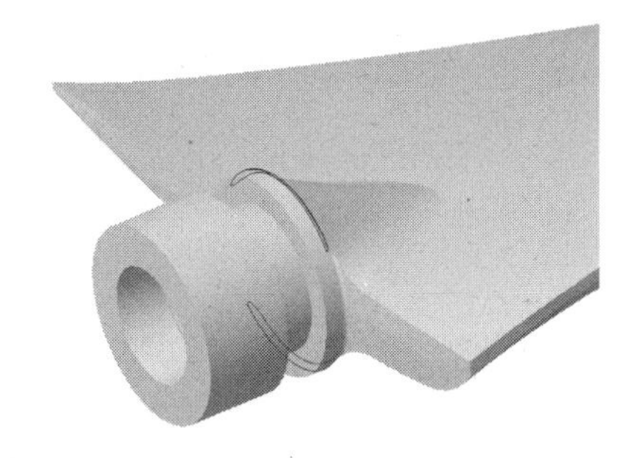

图 4-392　风叶安装部位上下边线圆角特征

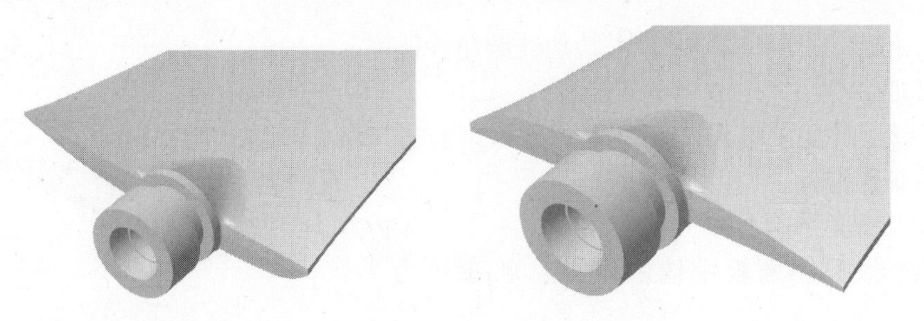

图 4-393　风叶安装部位上下过渡边线圆角特征

（7）创建工业风叶安装部位侧面拔模特征

参考步骤（4）创建工业风叶头部侧面拔模特征的方法，选取工业风叶安装部位全部侧面创建拔模特征，如图 4-394 所示。

选取基准平面 TOP 为拔模枢轴。如图 4-395 所示。

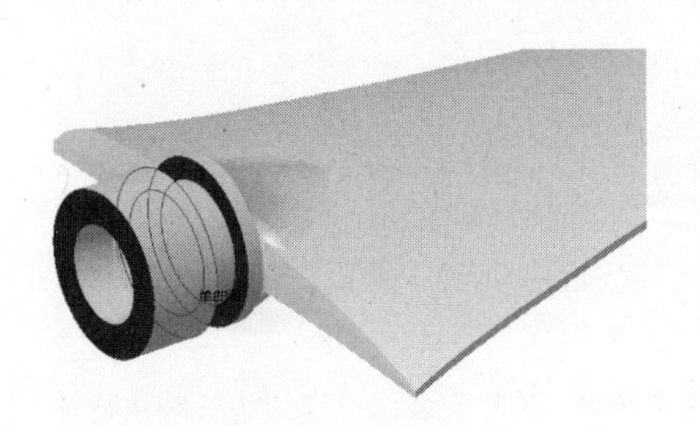

图 4-394　选举拔模曲面

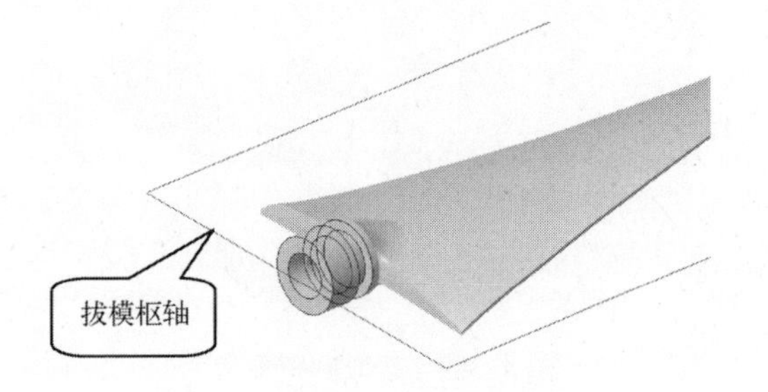

图 4-395　选举拔模枢轴

选取基准平面 TOP 作为拔模角度的参考面。

选择“根据拔模枢轴分割”和“独立拔模侧面”选项，在“拔模”操控板的 2 个角度列表框中输入拔模角度均为“0.2”，如图 4-396 所示。

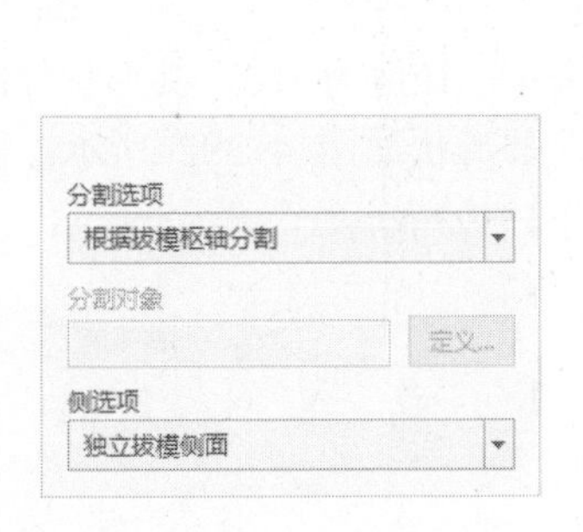

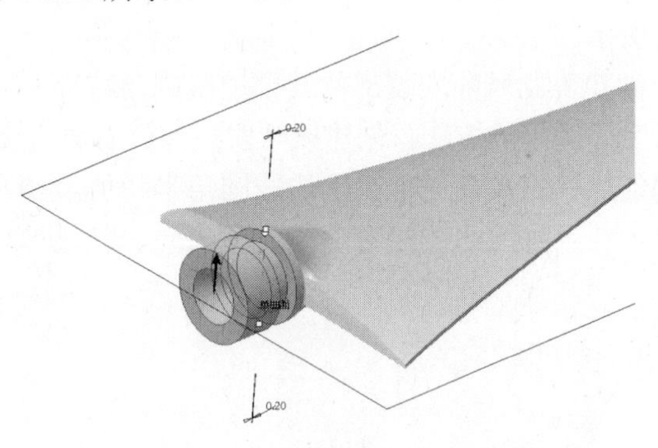

图 4-396　设置分割选项与模特征角度参数

单击操控板的✓按钮，完成工业风叶安装部位侧面拔模特征的创建工作。

（8）创建工业枫尾部侧面拔模特征

参考步骤（4）创建工业风叶头部侧面拔模特征的方法，选取工业风叶尾部侧面创建拔模特征，如图 4-397 所示。

选取风叶分型曲线 2 为拔模枢轴，如图 4-398 所示。

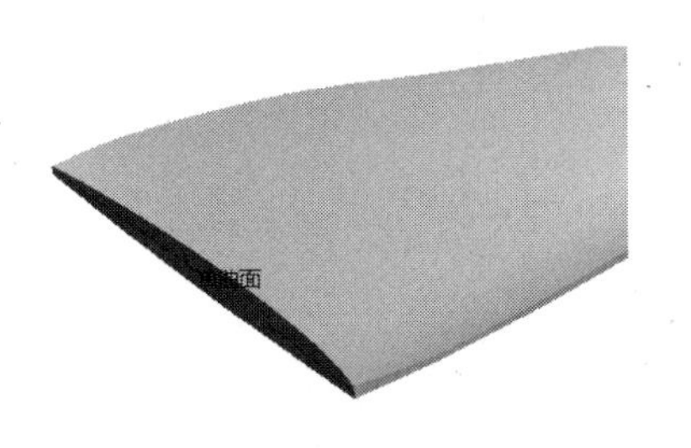

图 4-397　选举拔模曲面

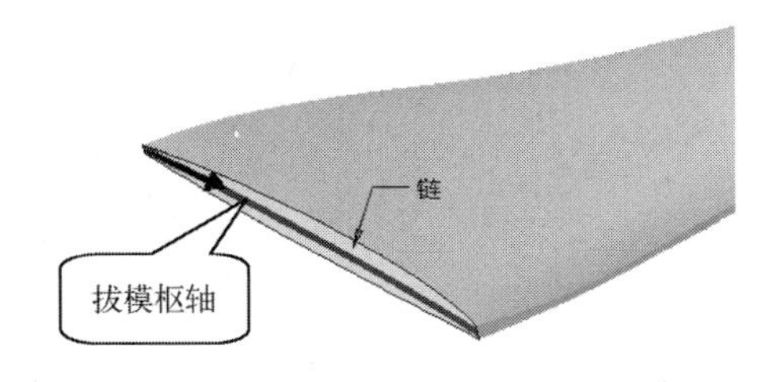

图 4-398　选举拔模枢轴

选取基准平面 TOP 作为拔模角度的参考面。

选择“根据拔模枢轴分割”，和“独立拔模侧面”选项，在“拔模”操控板的 2 个角度列表框中输入拔模角度均为“2”，如图 4-399 所示。

单击操控板的✓按钮，完成工业风叶尾部侧面拔模特征的创建工作。

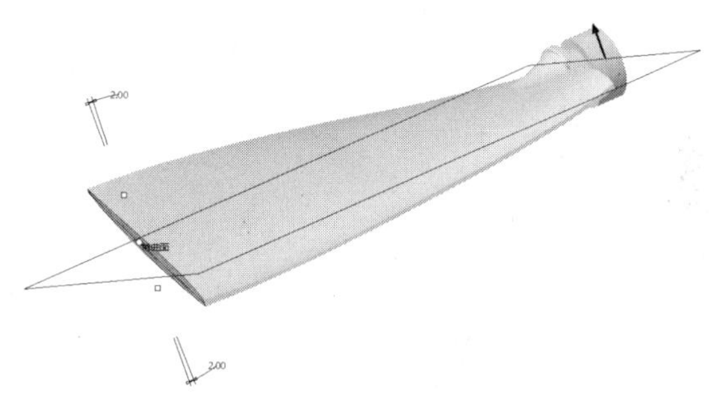

图 4-399　设置分割选项与模特征角度参数

（9）创建工业风叶安装部位圆柱边线圆角特征

参考步骤（5）创建工业风叶安装部位左边边圆角特征的方法，选取风叶安装部位圆柱边线作为圆角特征的放置参考，如图 4-400 所示。

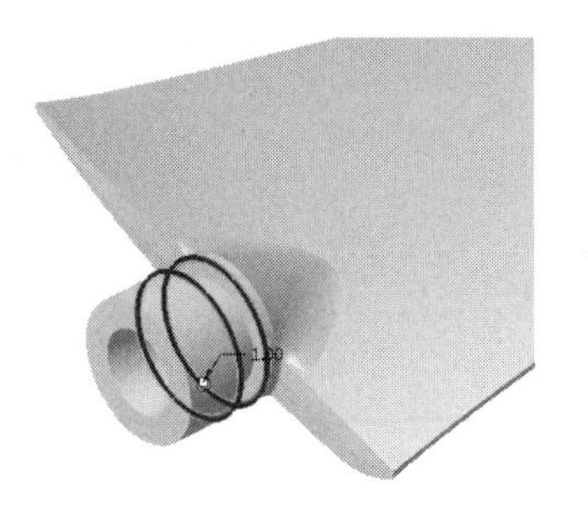

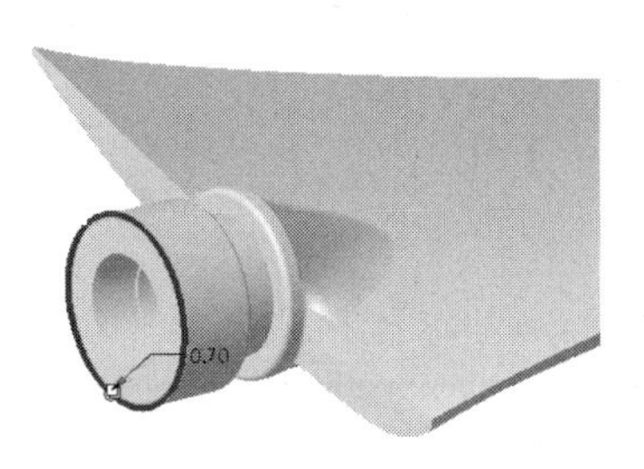

图 4-400　选取圆角参考

在圆角尺寸文本框中输入端部边线半径值为 0.7，其余 2 条边线半径值为 1，按〈Enter〉键确认。

单击操控板的✓按钮，完成风叶安装部位圆柱边线圆角特征的创建工作，其形状如图 4-401 所示。

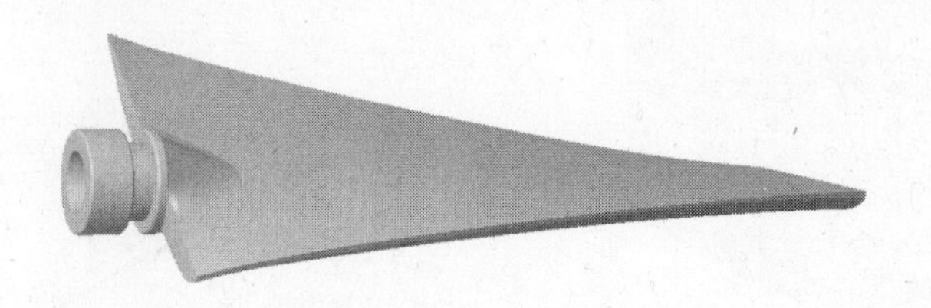

图 4-401　风叶安装部位圆柱边线圆角特征

（10）创建工业风叶两侧完全圆角特征

参考步骤（5）创建工业风叶安装部位左边边圆角特征的方法，分别选取风叶两侧的 2 条边线（结合〈Ctrl〉键）作为圆角特征的放置参考，定义圆角形状参数为“完全圆角”，如图 4-402 所示。

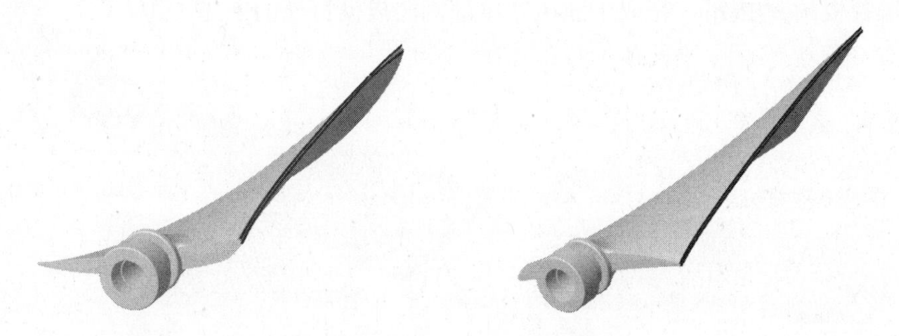

图 4-402　选取圆角参考

单击操控板的 ✓ 按钮，完成风叶两侧完全圆角特征的创建工作，其形状如图 4-403 所示。

（11）创建工业风叶 4 条竖边圆角特征

使用拉伸的方法创建工业风叶 4 条竖边圆角特征。

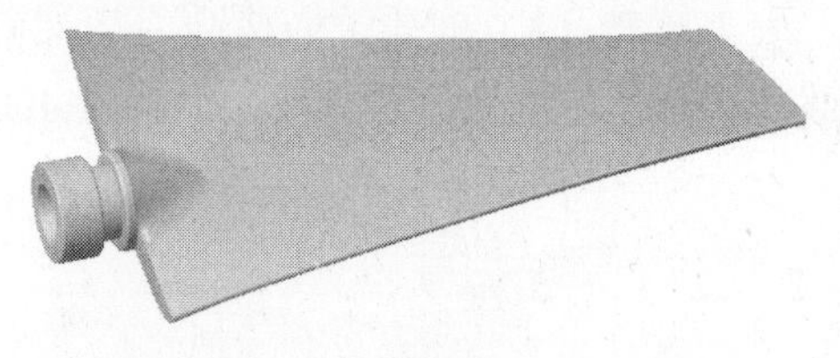

图 4-403　风叶两侧完全圆角特征

1）选取命令

单击【拉伸】按钮，打开“拉伸”操控板，选取【拉伸为实体】按钮，再单击【移除材料】按钮。

2）定义草绘平面和方向

选取【放置】→【定义】，打开“草绘”对话框。在【平面】框中选取“TOP”平面作为草绘平面，在【参考】框中选取“RIGHT”平面作为参考平面，在【方向】框中选取“上”，单击 草绘 按钮进入草绘模式。

3）绘制修剪截面

单击【圆角】按钮，绘制圆角修剪截面，如图 4-404 所示。

单击草绘工具栏的 ✓ 按钮退出草绘模式。

4）指定拉伸方式和深度

在“拉伸”操控板中的【选项】面板中将【侧 1】设置为【盲孔】，输入拉伸深度“35”；将【侧 2】设置为无。

5）完成创建工作

单击操控板的✓按钮，完成工业风叶 1 条竖边圆角特征的创建工作，其效果如图 4-405 所示。

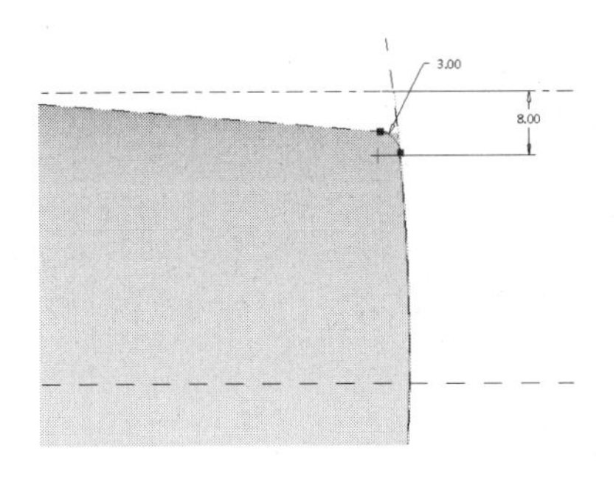

图 4-404　绘制圆角修剪截面

图 4-405　工业风叶 1 条竖边圆角特征

用同样的方法创建工业风叶其余 3 条竖边圆角特征，半径为 $R3$。

（12）创建工业风叶分型曲线 3

使用通过基准点创建基准曲线的方法创建工业风叶分型曲线 3。

1）选择命令

在模型工具栏中选择【基准】→【曲线】按钮∿，打开“曲线”操控板，如图 4-406 所示。

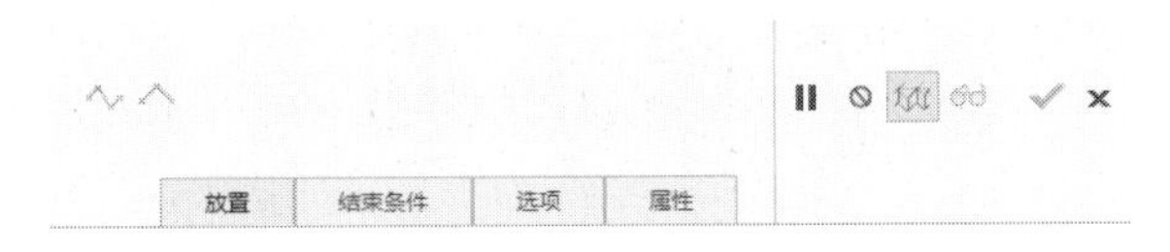

图 4-406　“曲线”操控板

2）创建基准曲线

单击放置下滑面板，依次选择曲线通过的 2 个点，定义创建曲线方式为“样条”，如图 4-407 所示。

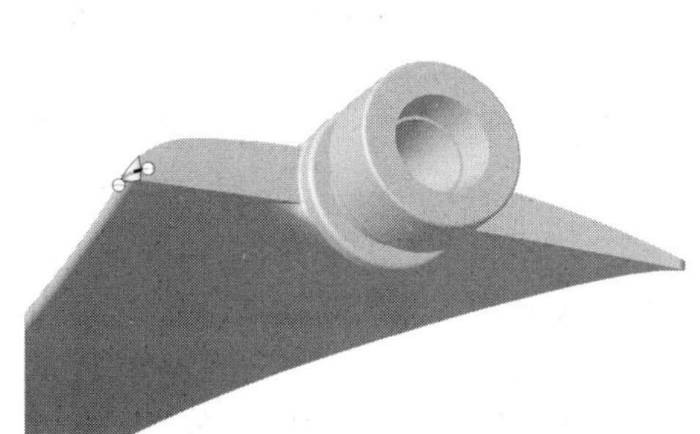

图 4-407　创建基准曲线

3）完成基准曲线的创建工作

单击操控板的✓按钮，完成工业风叶分型曲线 3 的创建工作，其效果如图 4-408 所示。

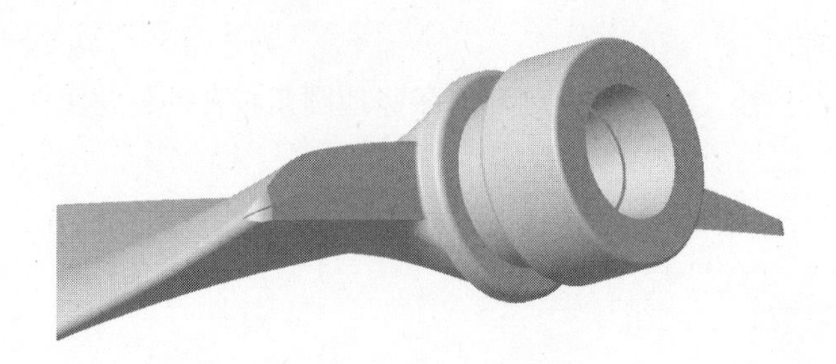

图 4-408 工业风叶分型曲线 3

用同样的方法创建工业风叶其余 3 个圆角特征的分型曲线。

（13）创建工业风叶 4 个圆角拔模特征

参考步骤（4）创建工业叶头部侧面拔模特征的方法，选取工业风叶 1 个圆角侧面创建拔模特征，如图 4-409 所示。

选取风叶该圆角的分型曲线为拔模枢轴。如图 4-410 所示。

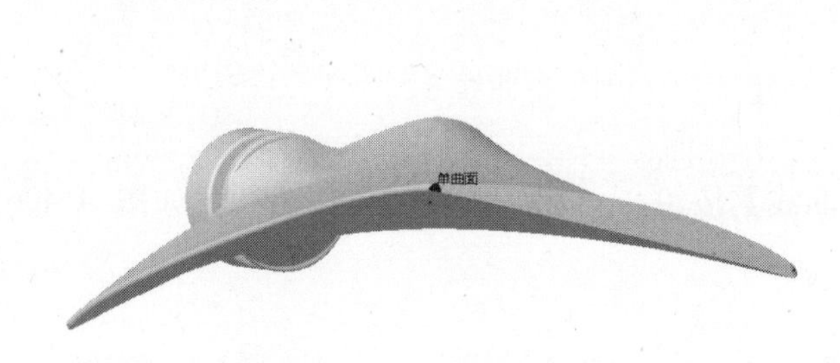

图 4-409 选取拔模曲面

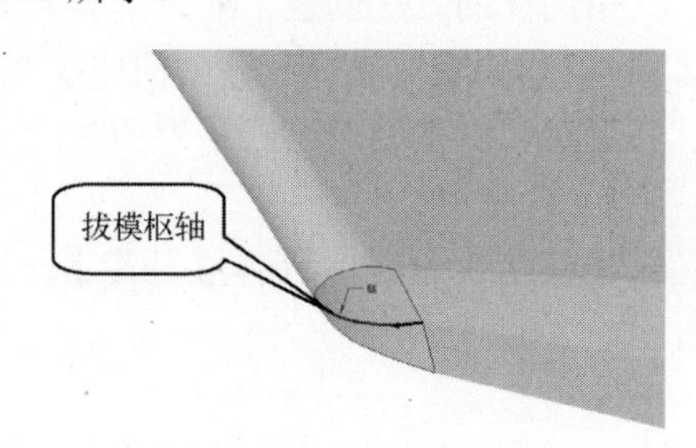

图 4-410 选取拔模枢轴

选取基准平面 TOP 作为拔模角度的参考面。

选择“根据拔模枢轴分割”和“独立拔模侧面”选项，在“拔模”操控板的 2 个角度列表框中输入拔模角度均为“1”，如图 4-411 所示。

单击操控板的✓按钮，完成工业风叶尾部侧面拔模特征的创建工作。

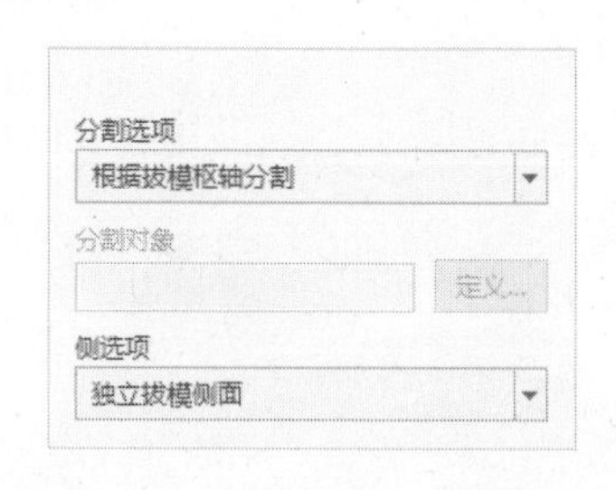

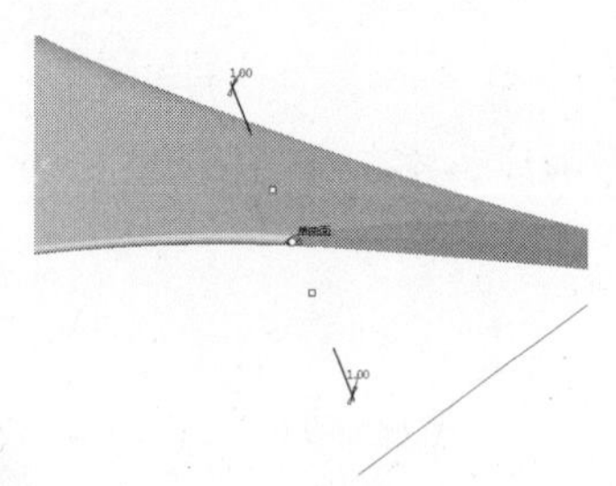

图 4-411 设置分割选项与模特征角度参数

用同样的方法创建工业风叶其余 3 个圆角的拔模特征，分割的两侧拔模角度均为“1”。

（14）创建工业风叶剩余边线圆角特征

参考步骤（5）创建工业风叶安装部位左边边线圆角特征的方法，分别选取风叶剩余边线作为圆角特征的放置参考，其选取的圆角边线和圆角半径如图 4-412 所示。

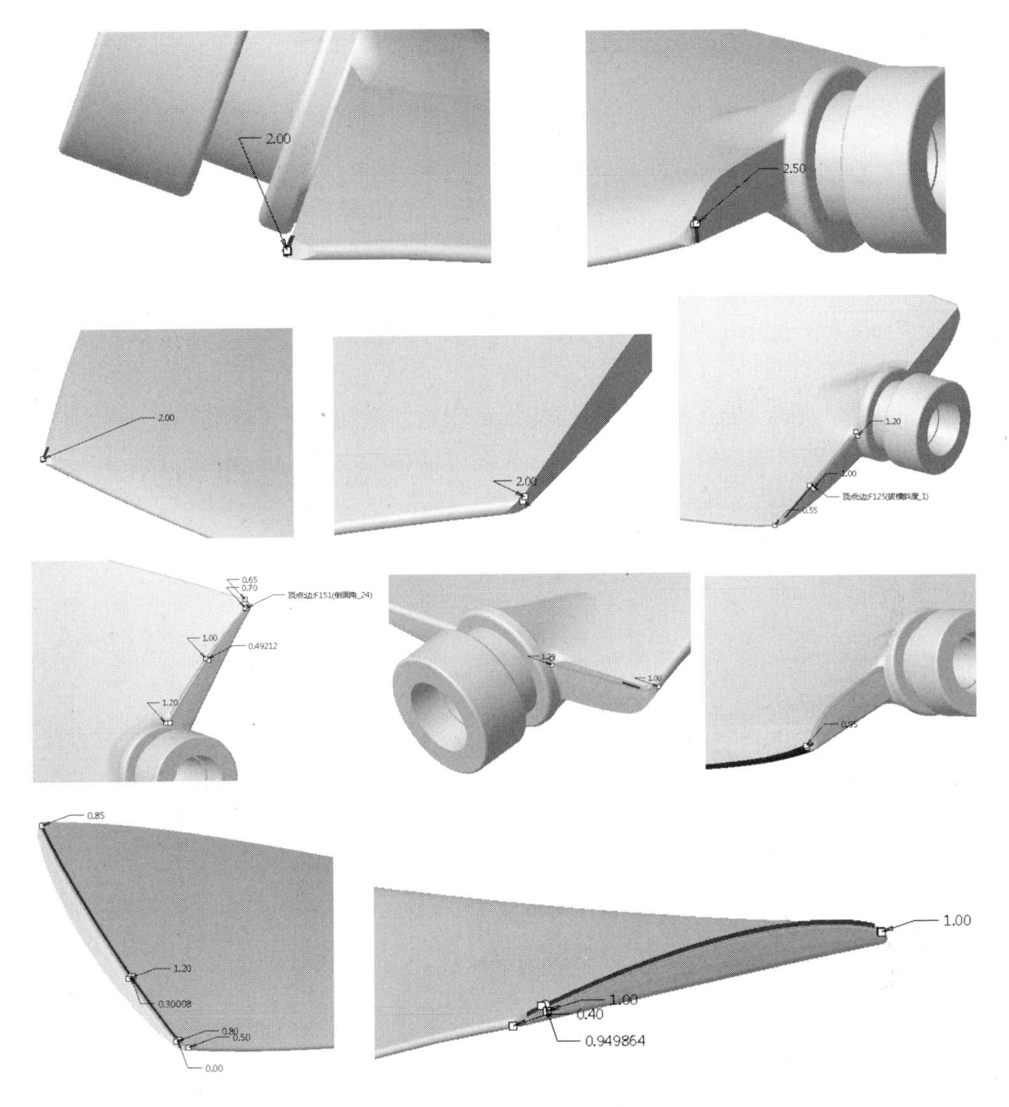

图 4-412 选取圆角参考

单击操控板的✓按钮，完成风叶其余边线圆角特征的创建工作，获得完整的工业风叶产品，其形状如图 4-413 所示。

图 4-413 工业风叶产品

本章小结

逆向工程技术泛指从某个实物或样件，通过系统分析和研究掌握其关键技术，构造出设计原理、设计模型。Creo Parametric 逆向工程的功能是一个几何形状的逆向。方法是对产品（或零件）的实物进行测量、数据处理，并在此基础上构造出产品（或零件）的 Creo Parametric 模型，然后进行再设计的过程。本章通过花盆和工业风叶两个典型实例介绍逆向工程的设计方法和过程，其设计方法和技巧具有较强的实用性。

测绘点构线、扫描点云生成的网格线构线、创建的曲面与小平面比对、曲面建模等知识的综合运用是本章的核心内容。通过本章的学习可以帮助读者提高逆向工程设计分析问题的方法和解决问题的灵活应用能力。

思考与练习

1．判断题（正确的请在括号内填入“√”，错误的填入“×”）

（1）逆向工程是工业产品设计的一种重要方法。(　　)

（2）在产品逆向设计过程中，可以对点云曲线进行复杂操作。(　　)

（3）小平面特征为三角面，三角面是扫描点直接生成的面，不能作为设计曲面使用，但可将曲线投射到三角面上，使用其投射曲线来创建边界曲面。(　　)

（4）在产品逆向设计过程中，可以对测绘点数据进行编辑修改。(　　)

2．选择题（请将唯一正确答案的代号填入题中的括号内）

（1）Creo 4.0 逆向建模的流程，归纳起来有（　　）个阶段。

A．5　　B．6　　C．4　　D．3

（2）在逆向建模过程中，获得点数据的基本方法有（　　）种。

A．2　　B．4　　C．3　　D．5

（3）由点云曲线到可编辑修改的曲线至少需要（　　）个阶段。

A．3　　B．1　　C．2　　D．4

（4）在进行逆向工程设计时，小平面特征起到的关键作用是（　　）

A．对小平面进行修改构面

B．小平面是直接可以编辑的有效曲面

C．使用小平面特征进行投射构线，通过投射获得的曲线创建可编辑的曲线，然后创建边界曲面

D．使用建模功能对小平面进行操作，获得有效曲面

3．打开随书光盘中的“第 4 章\思考与练习源文件\ ex04-1.prt”，测绘点数据如图 4-414 所示，设计一个模型文件。结果文件请参看随书网盘资源中的“第 4 章\思考与练习结果文件\ ex04-1.prt”，如图 4-415 所示。

图 4-414

图 4-415

4．打开随书网盘资源中的“第 4 章\思考与练习源文件\ ex04-2.prt”，扫描点云曲线如图 4-416 所示，设计一个模型。结果文件请参看随书网盘资源中的“第 4 章\思考与练习结果文件\ ex04-2.prt”，如图 4-417 所示。

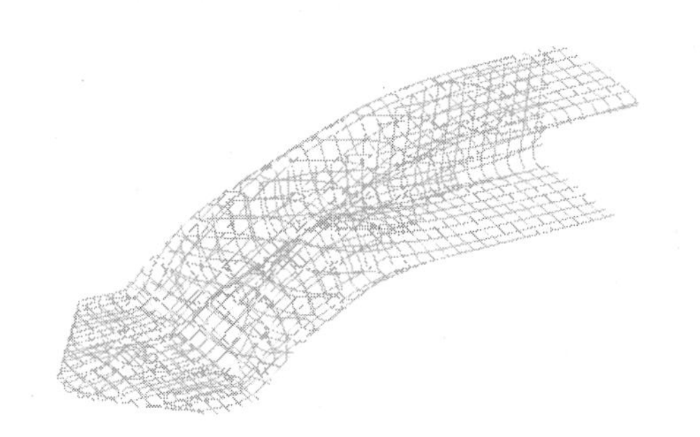

图 4-416

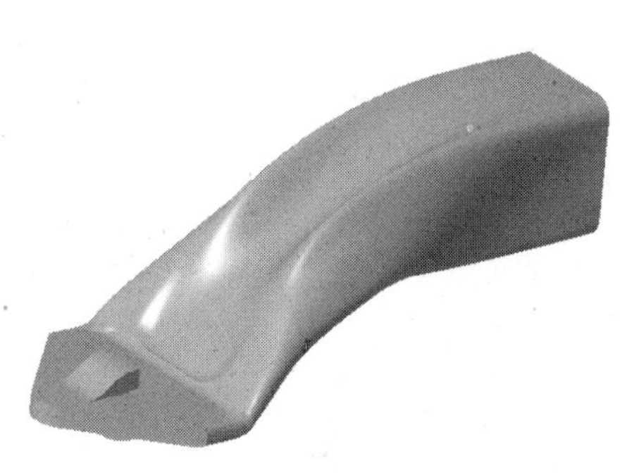

图 4-417

第 5 章 Creo 4.0 模具分型面设计实例

本章主要内容

- 模具分型面的概念与创建方法
- 模具模块设计分型面
- 零件模块设计分型面

为了将塑件和浇注系统凝料等从密闭的模具内取出，要将模具分成两个或若干个主要部分。模具上用来取出塑件和浇注系统凝料的可分离的接触表面称为分型面。

分型面的类型、形状及位置与模具的整体结构、浇注系统的设计、塑件的脱模和模具的制造工艺等情况有关，不仅关系到模具结构的复杂程度，而且也关系到塑件的成型质量。分型面设计是决定模具结构形式和模具设计成败的关键因素之一，是模具设计最为复杂和耗时的设计环节。

本章结合实例介绍分型面的设计方法和过程，实例包括箱包拉手、接线盒、喷雾器外壳和显示屏盖。这 4 个实例比较全面地介绍了注塑模具分型面的设计方法和技巧，其中箱包拉手和显示屏盖两个实例介绍模具模块设计分型面的方法和技巧，喷雾器外壳和接线盒两个实例介绍零件模块设计分型面的方法和技巧。

5.1 箱包拉手模具的分型面设计

5.1.1 设计导航——作品规格与流程剖析

1. 作品规格——箱包拉手产品形状和参数

箱包拉手外观如图 5-1 所示，长×宽×高为：145mm×58mm×47mm，采用聚丙烯塑料制造（简称 PP 塑料），其收缩率为 1.0%～3.0%。

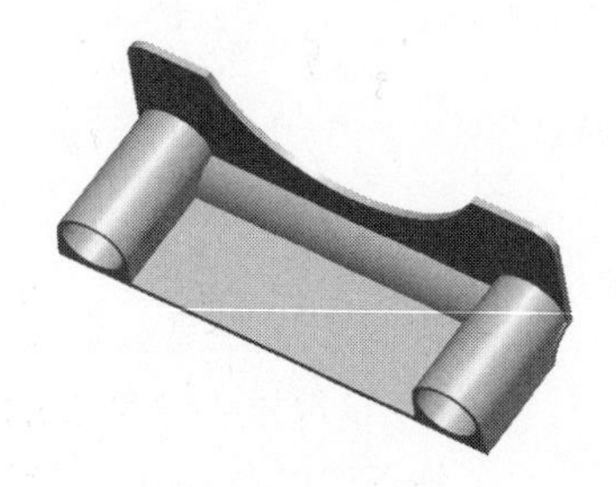

图 5-1 箱包拉手

2. 流程剖析——箱包拉手模具分型面设计方法与流程

（1）根据产品结构特点，使用拉伸的方法创建出拉伸分型面。

（2）根据模具结构和强度要求，使用拉伸的方法修剪分型面两端。

（3）使用填充曲面方法修补平面缺口。

（4）使用延伸曲面法修补立面缺口。

（5）创建合并分型面。

（6）创建分型面拔模斜度和圆角，获得完善的箱包拉手模具分型面。

箱包拉手模具分型面创建的主要流程如图 5-2 所示。

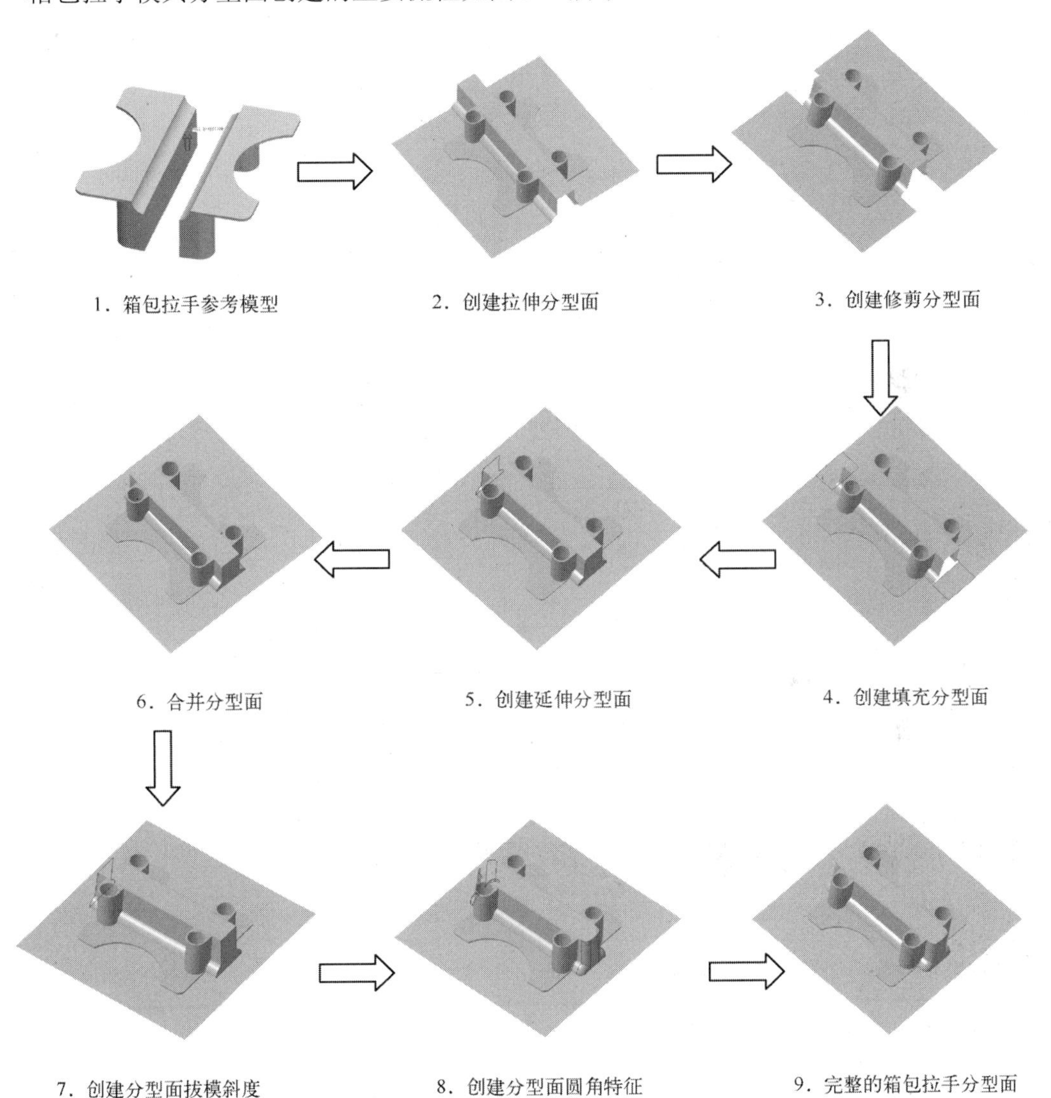

图 5-2　箱包拉手模具分型面创建的主要流程图解

5.1.2 设计思路——箱包拉手模具分型面的结构特点与技术要领

1．箱包拉手分型面的结构特点

根据设计导航中的设计流程剖析可知，箱包拉手是一种常用的塑料产品，其模具结构比较简单，本例在模具模块中进行设计分型面设计，在设计时主要考虑模具的强度和脱模，以满足模具的使用寿命。

根据箱包拉手的结构特点，使用拉伸方法创建出拉伸分型面，然后使用修剪、延伸、合并、拔模和圆角方法设计分型面，获得一个完善的箱包拉手模具分型面。

2．箱包拉手分型面设计技术要领

箱包拉手模具分型面使用拉伸结合修剪、延伸、合并、拔模和圆角的方法进行设计，在设计过程中，结合箱包拉手模具分型面设计方法与流程，灵活使用创建分型面和修改、完善分型面的方法，掌握分型面的尺寸，即可得到完整的箱包拉手模具分型面。下面先对模具分型面做一个全面的介绍。

（1）分型面概述

1）分型面的形式

分型面的形式多样，常见的分型面包括：水平分型面、阶梯分型面、斜面分型面和曲面分型面等。

① 水平分型面

设计模型的分型面是一个平整的曲面，如图 5-3 所示。示例文件请参看模型文件中的“第 5 章\范例结果文件\箱包拉手\分型面概述\水平分型面\spfx.drw 和 spfx-1.prt”。

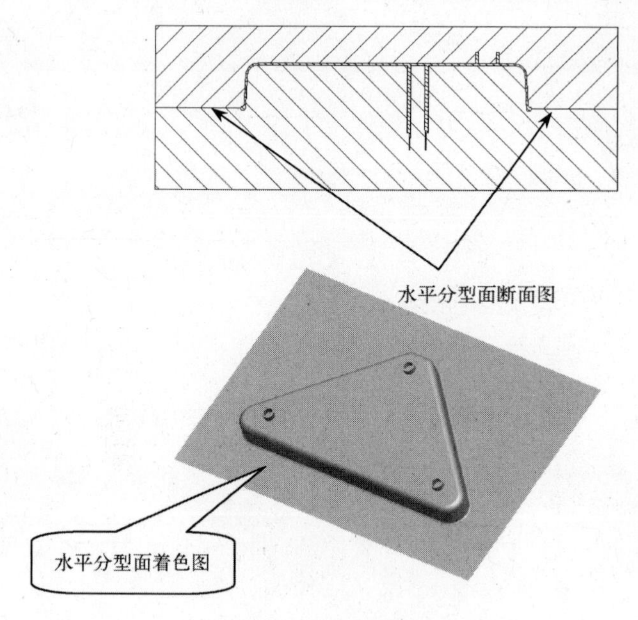

图 5-3　水平分型面

② 阶梯分型面

设计模型的分型面是一个阶梯形的曲面，如图 5-4 所示。示例文件请参看模型文件中的“第 5 章\范例结果文件\箱包拉手\分型面概述\阶梯分型面\ jtfx.drw 和 jtfx-1.prt”。

③ 斜面分型面

设计模型的主要分型面是呈斜面形状的曲面，如图 5-5 所示。示例文件请参看模型文件中的“第 5 章\范例结果文件\箱包拉手\分型面概述\斜面分型面\ xmfx.drw 和 mfgxmfx.asm”。

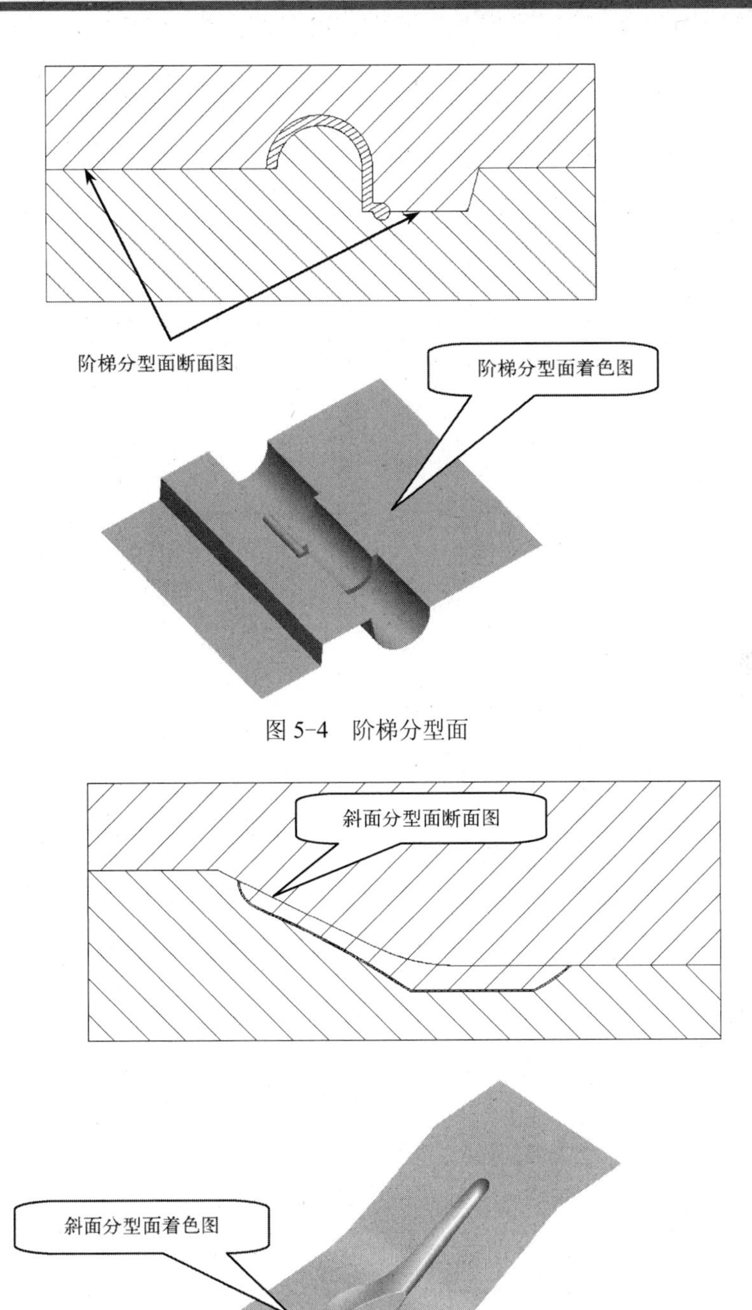

图 5-4　阶梯分型面

图 5-5　斜面分型面

④ 曲面分型面

设计模型的分型面是一个不规则的曲面，如图 5-6 所示。示例文件请参看模型文件中的“第 5 章\范例结果文件\箱包拉手\分型面概述\曲面分型面\ qmfx.drw 和 qmfx-1.prt”。

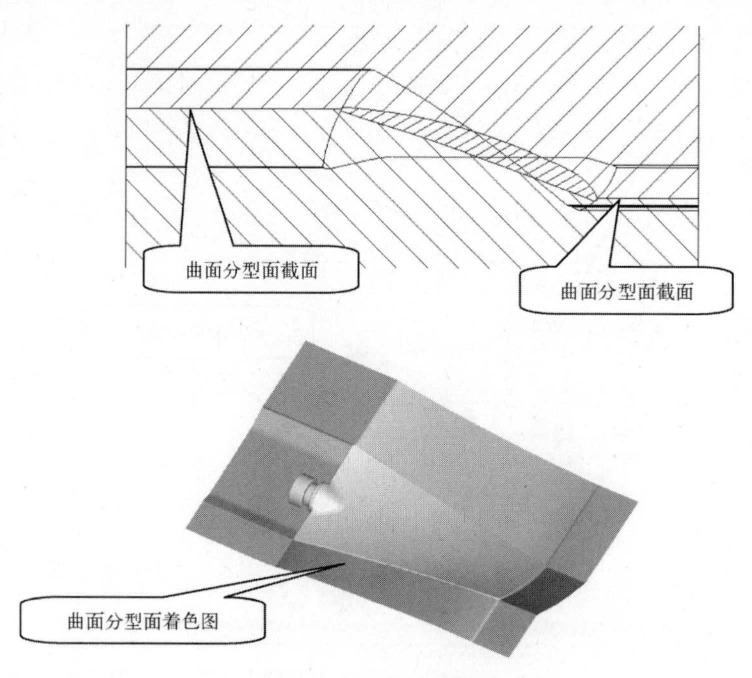

图 5-6　曲面分型面

其实分型面本身就是一个曲面或曲面面组。分型面的分类方法包括：按数目分类、按形状分类、按分型面与开模方向的关系分类。按形状分类对初学者来说比较直观，在按形状分类中，把不规则的曲面称为曲面分型面。

2）分型面的设计原则

分型面是一个曲面或多个曲面组成的面组，是工件模型和模具体积块的分割面，用来分割工件或现有体积块。在设计分型面时应该遵循一些基本原则。

① 有利于脱模的原则

设计模具时，应将分型面设计在塑件的最大截面处，确保塑件顺利脱模，如图 5-7 所示。示例请参看模型文件中的“第 5 章\范例结果文件\箱包拉手\分型面概述\分型面设计原则\fxmyz-1.prt”。

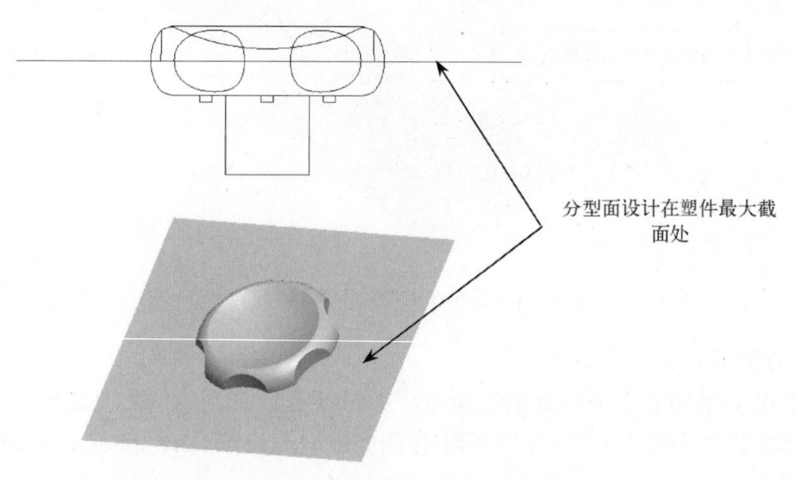

图 5-7　分型面设计要有利于脱模

② 有利于保证塑件外观质量和精度要求的原则

为保证塑件圆弧处的分型不影响外观，应将分型面设计在圆弧的结合处，如图 5-8 所示。示例请参看模型文件中的“第 5 章\范例结果文件\箱包拉手\分型面概述\分型面设计原则\fxmyz-2.prt”。

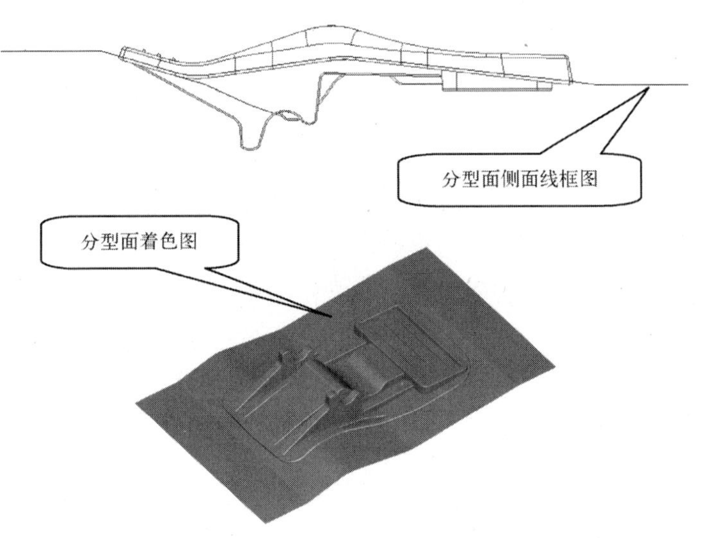

图 5-8 分型面沿圆弧进行设计

当塑件有同轴度要求时，应将含有同轴度要求的结构放在分型面的同一侧，如图 5-9 所示。示例请参看模型文件中的“第 5 章\范例结果文件\箱包拉手\分型面概述\分型面设计原则\fxmyz-3.prt”。

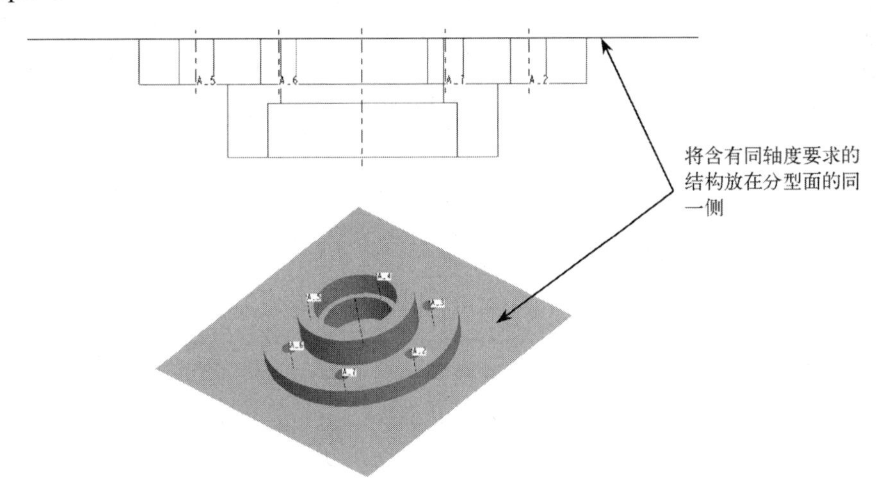

图 5-9 将含有同轴度要求的结构放在分型面的同一侧

③ 有利于成型零件的加工制造

在设计斜面分型面时，要确保动模与定模的倾斜角度一致，方便加工制造，如图 5-10 所示。示例请参看模型文件中的“第 5 章\范例结果文件\箱包拉手\分型面概述\分型面设计原则\fxmyz-4.prt”。

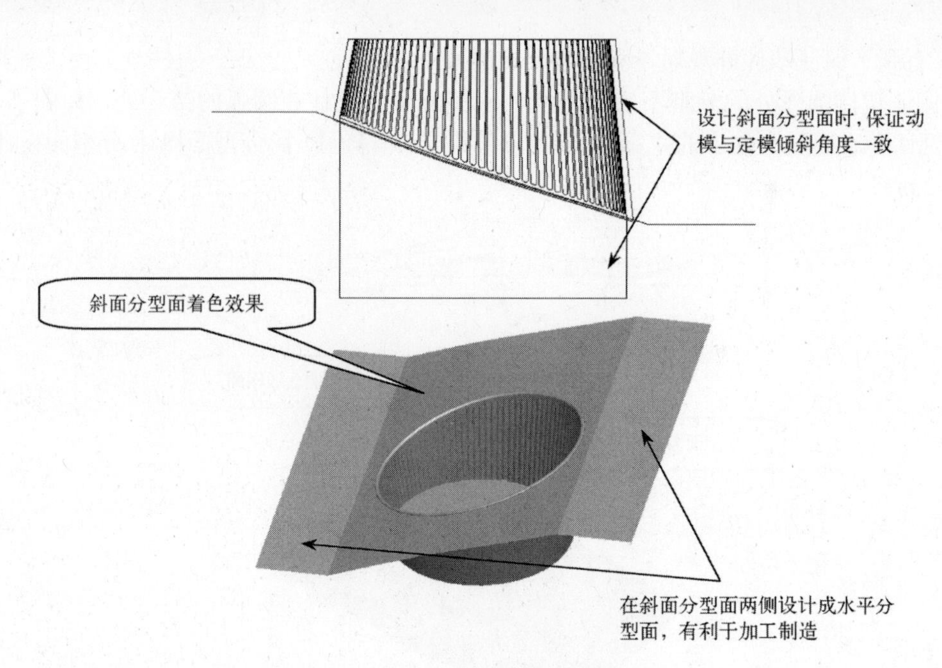

图 5-10　设计斜面分型面

④ 有利于侧向抽芯

当塑件有侧孔或侧面有结构时，侧向滑块应放在动模的一侧，这样模具结构相对简单，如图 5-11 所示。示例请参看模型文件中的“第 5 章\范例结果文件\箱包拉手\分型面概述\分型面设计原则\fxmyz-5.prt”。

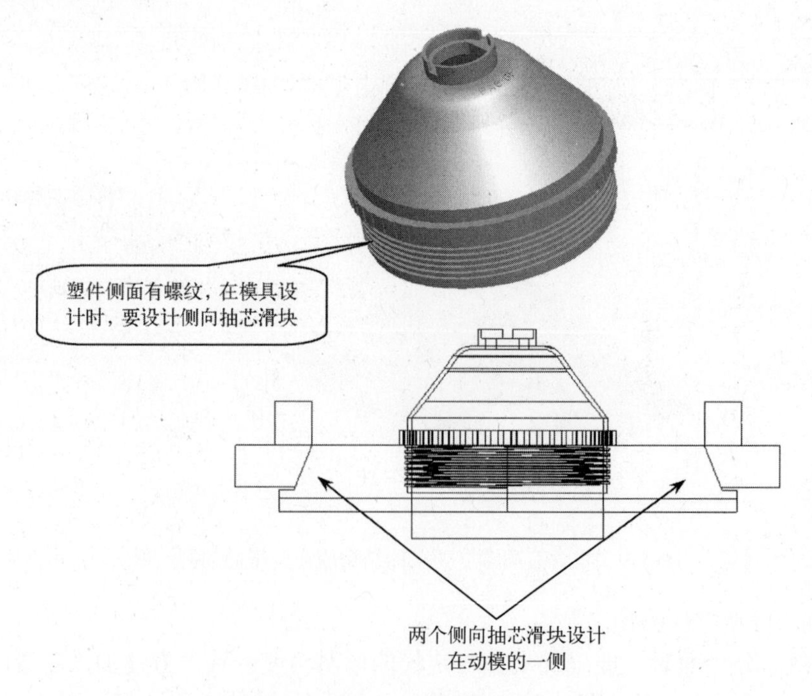

图 5-11　侧向滑块设计在动模的一侧

3）分型面自相交检测

为保证分型面设计成功和成功地分割工件模型和体积块，在设计分型面时必须满足两个基本原则：一是分型面不能自身相交，二是分型面必须与工件模型或模具体积块完全相交才能进行分割。

① 分型面自交

STEP① 打开模型文件“第 5 章\范例结果文件\箱包拉手\分型面概述\分型面自相交检测\mfgfxmzj.asm”，如图 5-12 所示。

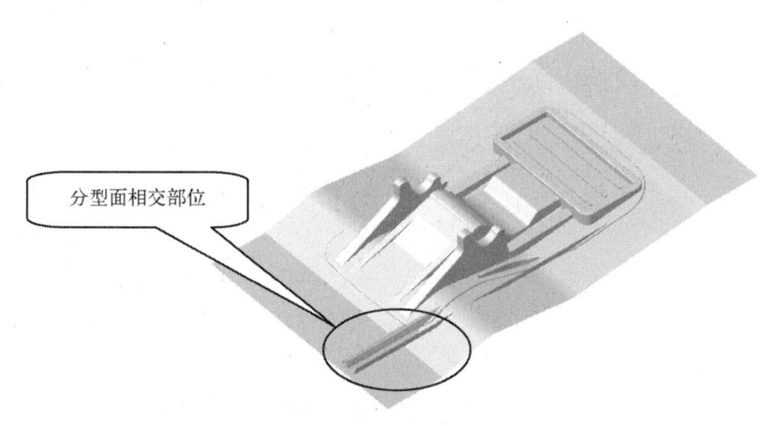

图 5-12 自交分型面模型文件

STEP② 在菜单栏上，选取【分析】→【模具分析】→【分型面检查】，系统打开“自相交检测”菜单管理器，如图 5-13 所示。

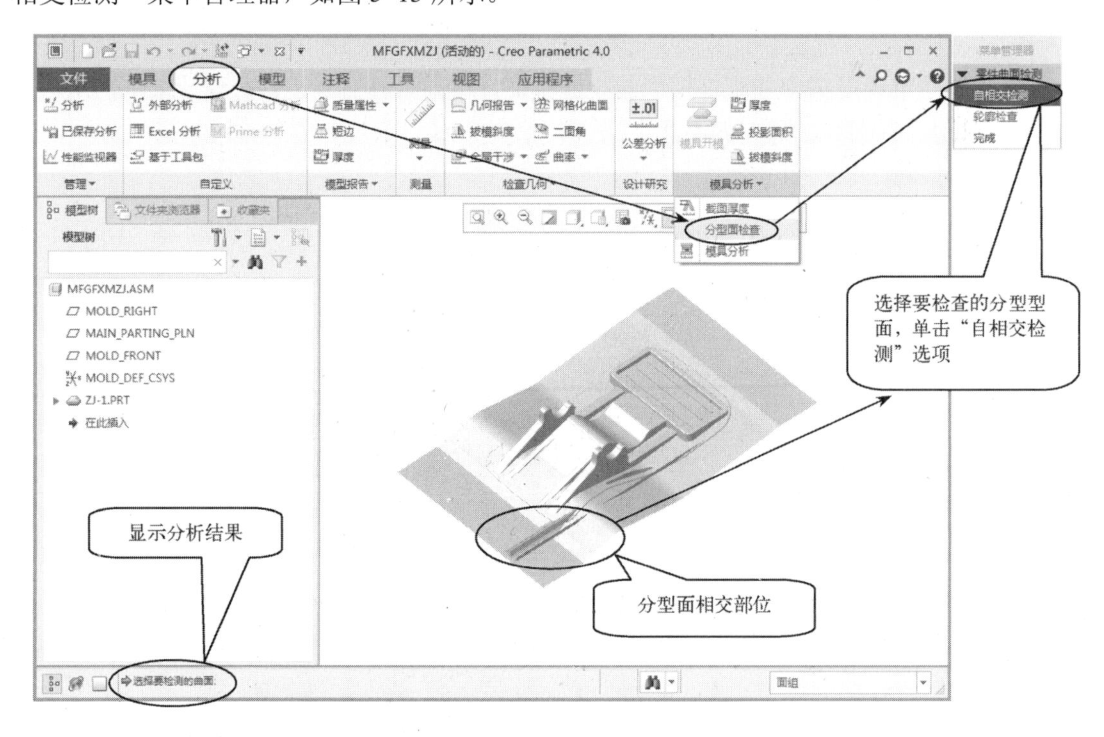

图 5-13 分型面自相交检测

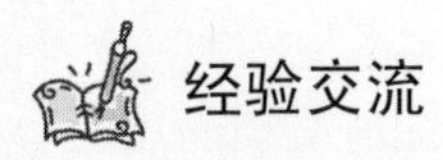

经验交流

分型面自相交是指分型面的某一部分自身存在着相交或重叠的地方。如果分型面相交或重叠的区域较大，通过观察的方法就可以判断分型面相交或重叠的位置，如果分型面相交或重叠的区域比较小，通过分型面自交检测的方法可以判断分型面相交或重叠的位置。然后，把分型面相交或重叠的区域移除，通过分型面的创建方法，创建出没有相交或重叠的合格的分型面。

② 分型面与工件要完全相交

分型面必须与工件模型或模具体积块完全相交才能进行分割。

STEP① 打开模型文件“第 5 章\范例结果文件\箱包拉手\分型面概述\分型面自相交检测\ mfgfxm-xj.asm”，如图 5-14 所示。

图 5-14　分型面的边界小于工件模型

STEP② 选取模型树中的工件模型的拉伸特征，单击鼠标右键，打开快捷菜单，从“快捷菜单”中选取“编辑定义”，如图 5-15 所示。

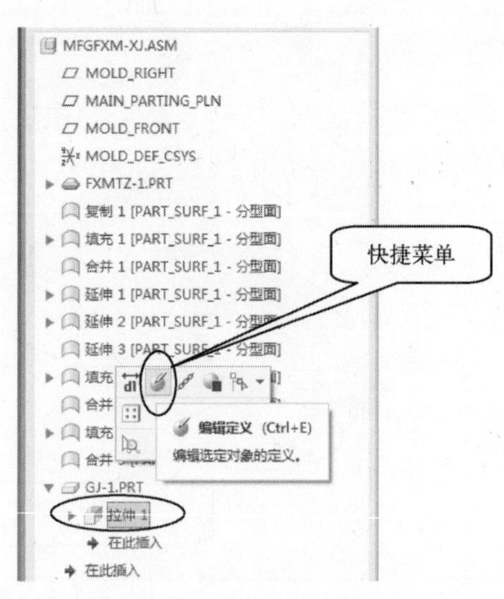

图 5-15　编辑定义拉伸特征

STEP③ 选取【编辑定义】选项后，系统打开“拉伸特征”操控板，进入实体拉伸操作界面，如图 5-16 所示。这时，可以重新定义拉伸特征操作。

图 5-16 “拉伸特征”操控板

STEP 4 在操控板中单击【放置】→【编辑】，进入草绘模式。选取【草绘视图】按钮，定向草绘平面使其与屏幕平行，使用【重合】按钮，约束工件模型的截面大小与分型面的大小一致，如图 5-17 所示。

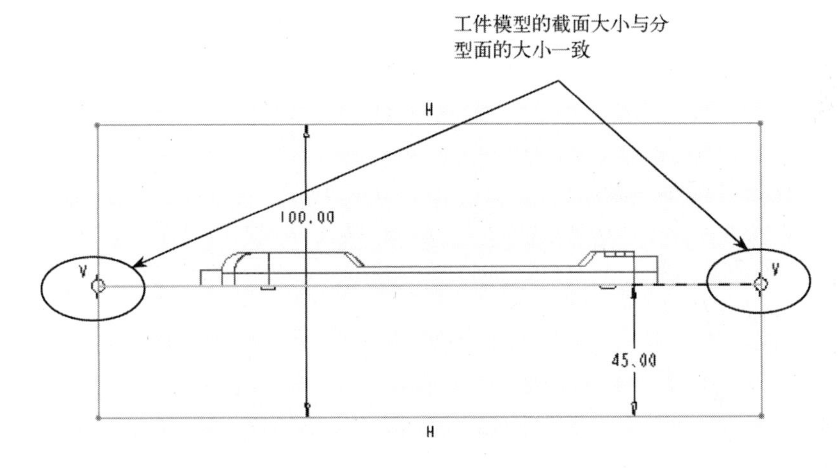

图 5-17 工件截面尺寸

STEP 5 单击草绘工具栏的✔按钮，退出草绘模式，返回到操控板。在“拉伸特征”操控板中，单击【选项】，打开【选项】面板，在【侧 1】中选取【到选定项】，然后选取分型面延伸侧的一条边，指定拉伸终止边。在【侧 2】中也选取【到选定项】，选取分型面延伸侧的另一条对边，如图 5-18 所示。

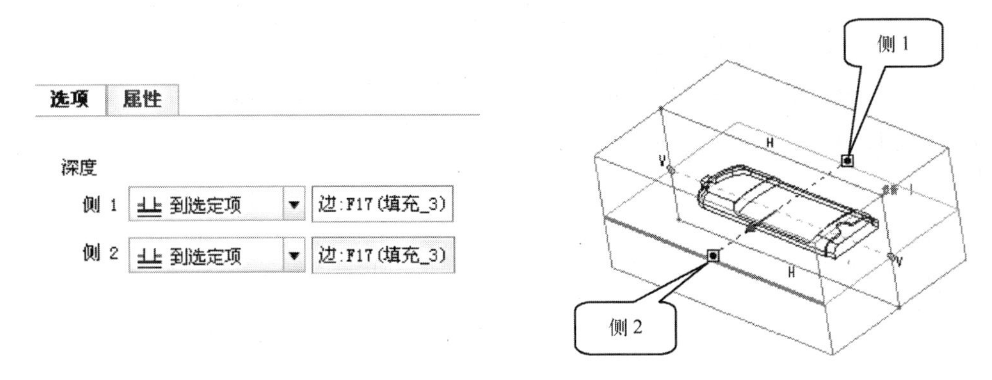

图 5-18 编辑定义拉伸方式和深度

STEP 6 单击操控板的✓按钮，完成工件模型拉伸特征的编辑定义工作，其效果如图 5-19 所示。

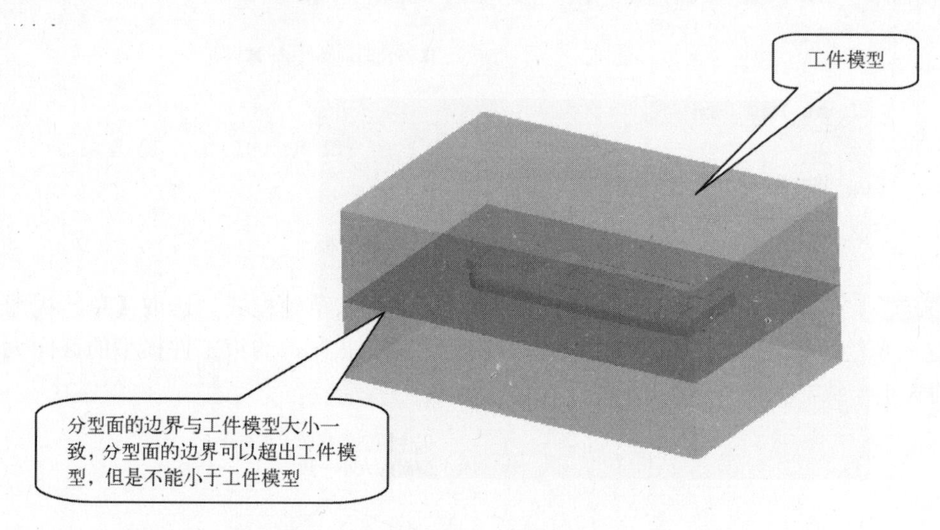

图 5-19 分型面与工件模型大小一致

4）分型面的特征标示和颜色

在 Creo 4.0 模具设计中，分型面是工件模型和模具体积块的分割面，用来分割工件或现有体积块，是一种曲面特征，具有广泛的意义。分型面不仅用于分割动模和定模，也可以分割其他模具元件，如镶件、滑块等。

① 分型面特征标示

Creo 4.0 中的分型面是一种曲面特征，在模型树中以特征标示显示，如图 5-20 所示。示例请参看模型文件中的“第 5 章\范例结果文件\箱包拉手\分型面概述\分型面的特征\mfgfxm.asm”。

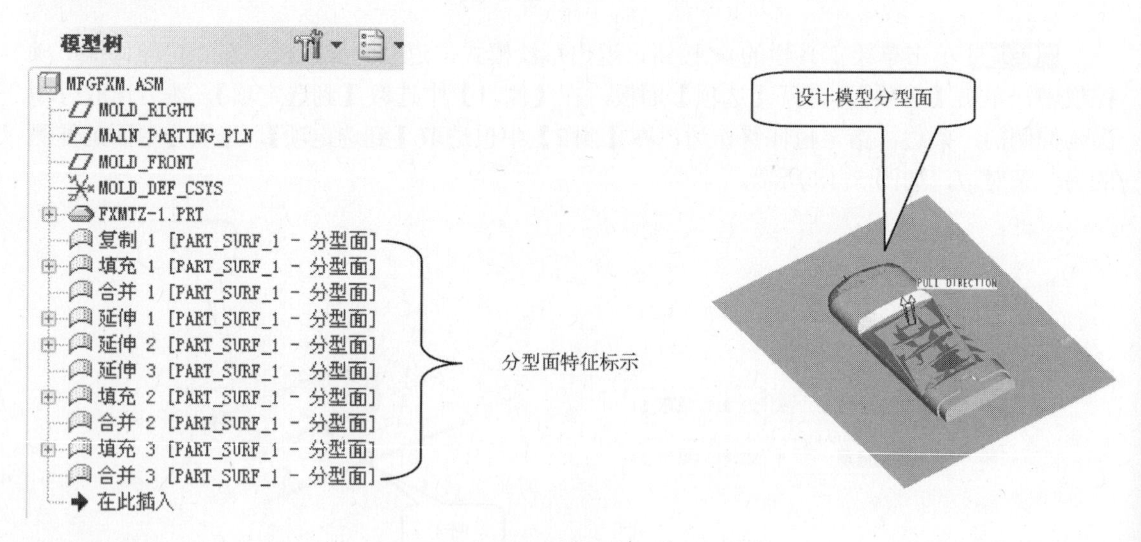

图 5-20 分型面特征标示

② 分型面特征颜色

在系统默认的背景颜色下，以线框形式显示分型面时，分型面的开放边界以黄铜色显示，连续的分型面边界以紫色显示，如图 5-21 所示。

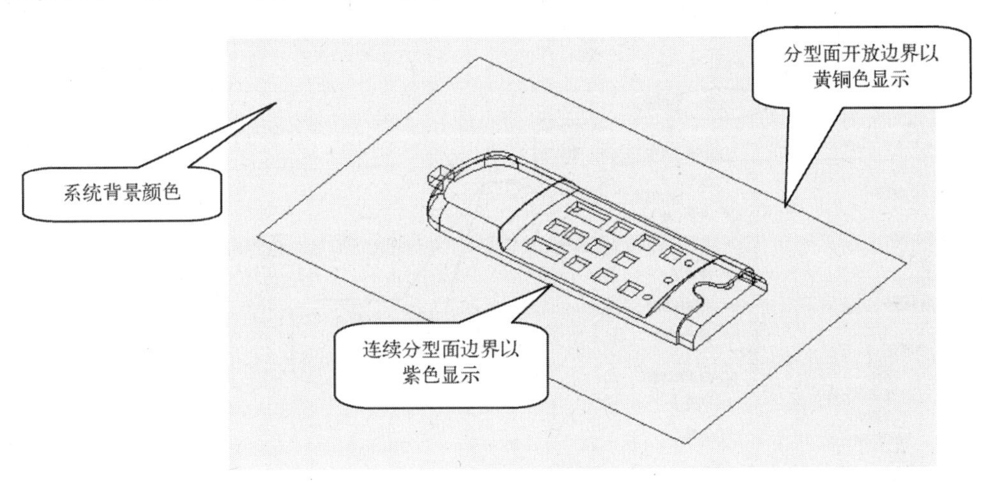

图 5-21 分型面特征颜色

当分型面由多个面组构成时，没有合并之前的曲面边界以黄铜色显示，合并后的曲面边界以紫色显示（在系统默认的背景颜色下）。只要系统背景颜色不发生变化，无论分型面的着色颜色怎样变化，分型面在线框状态显示下的颜色都不会发生变化。

③ 设置系统背景颜色

STEP 1 选取系统颜色命令，在“快速访问”工具栏上选取【 ▾ 】→【更多命令】，如图 5-22 所示。

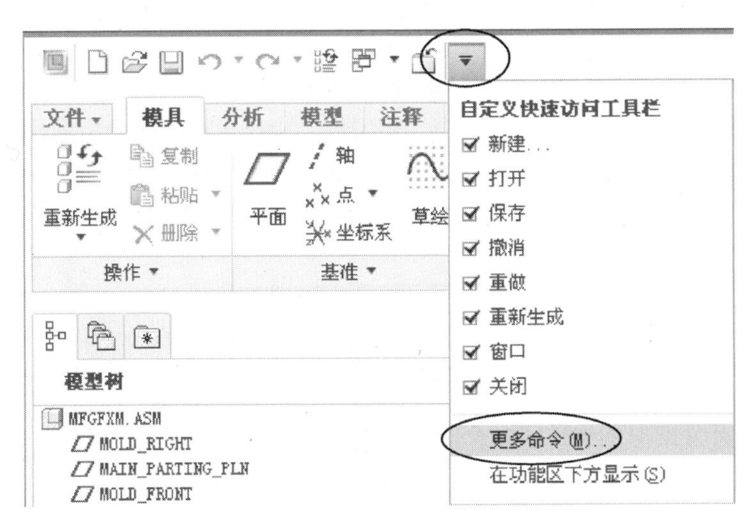

图 5-22 系统颜色命令

STEP 2 选取【更多命令】后，系统打开“Creo Parametric 选项”对话框，在颜色配置框中单击下拉按钮 ▾ ，打开“系统颜色”选项，选取系统背景颜色设置选项中的一种颜色，可以设置系统背景颜色，如图 5-23 所示。

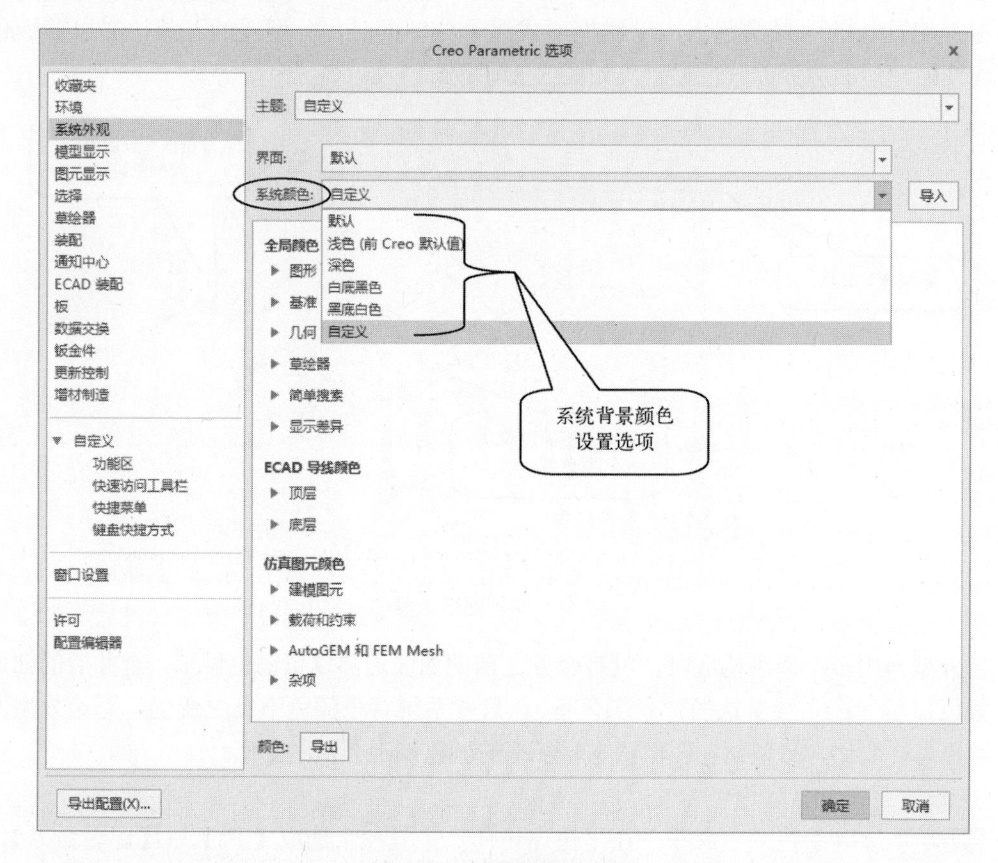

图 5-23 系统颜色对话框

（2）创建分型面

模具模块提供了特有的分型面创建模式，使用分型面创建模式提供的命令创建的任何曲面，系统均会自动将其识别为分型面，在“模型树”中出现相关的分型面标识。不进入分型面创建模式，系统将创建的任何曲面只标识为曲面，而不标识为分型面，但是依然可以作为分型面使用，本书称为曲面创建模式。

1）使用分型面创建方式

模具模块提供了多种选取分型面创建命令的方法，分成两类。

第一类是分型面创建模式，即进入分型面创建模式选取分型面创建命令。

第二类是曲面创建模式，即选取曲面创建命令，创建好的曲面可以作为分型面使用。

下面介绍打开分型面创建模式命令面板的操作步骤。

STEP 1 打开模型文件“第 5 章\范例结果文件\箱包拉手\创建分型面\分型面创建方式\mfgfxmfs.asm”。

STEP 2 单击模具工具栏的【分型面】按钮，系统打开创建分型面模式工作界面，如图 5-24 所示。

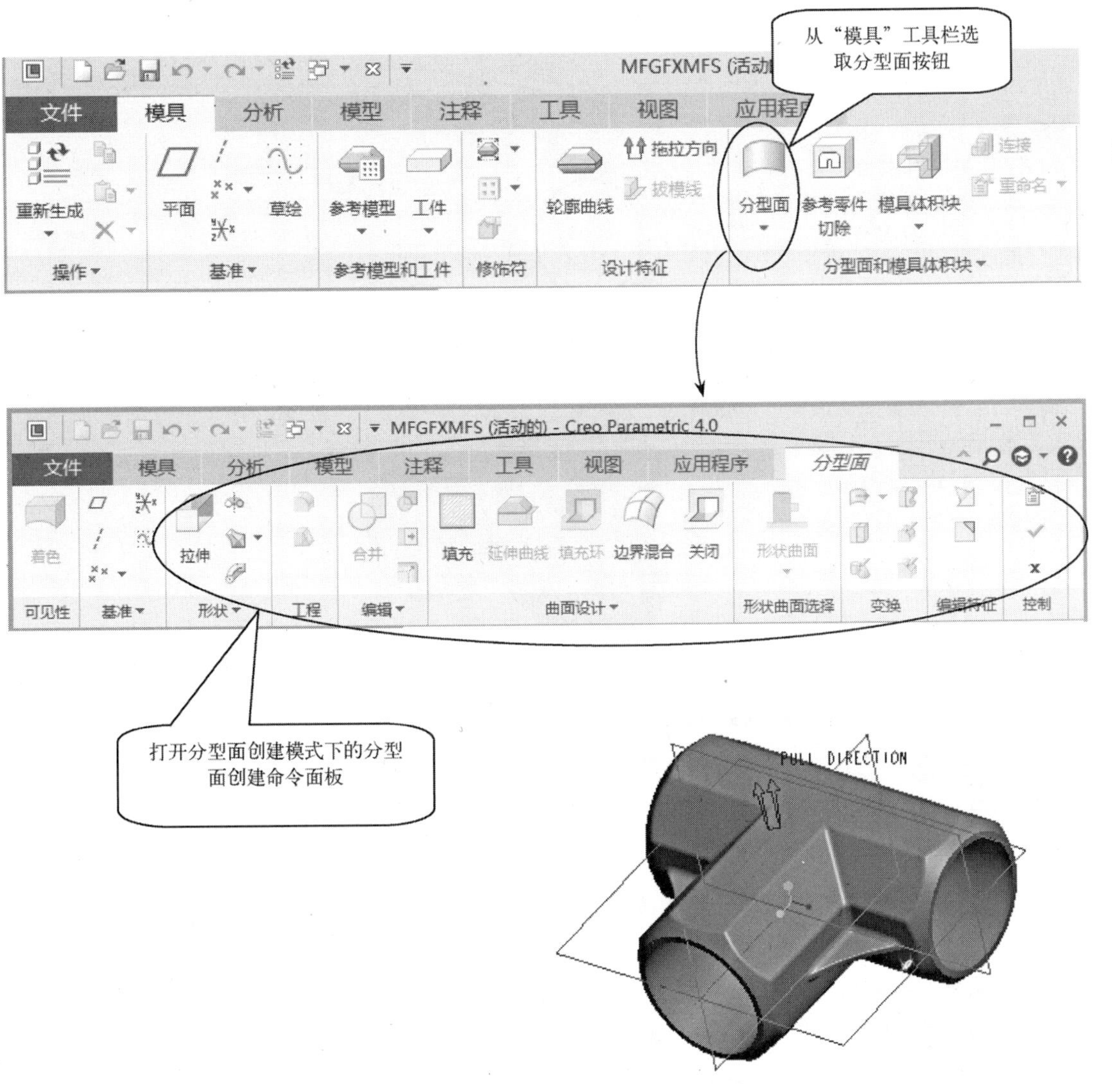

图 5-24　分型面创建模式

分型面创建模式步骤很简单，在分型面创建模式下，创建分型面的命令很丰富，通常情况下模具设计使用该方法创建分型面。在分型面创建模式下的操作实例参见本章的创建分型面实例。

2）使用曲面创建模式

① 使用“模型”工具栏选取创建曲面命令

STEP① 打开模型文件“第 5 章\范例结果文件\箱包拉手\创建分型面\分型面创建方式\mfgfxmfs.asm”。

STEP② 在菜单中选取【模型】，打开“模型”工具栏，从“模型”工具栏中选取其中一种建模命令，可以创建相应曲面，如图 5-25 所示。从中选取一项创建曲面的方法后，系统显示相应的操控板或对话框，可以创建相应的曲面。

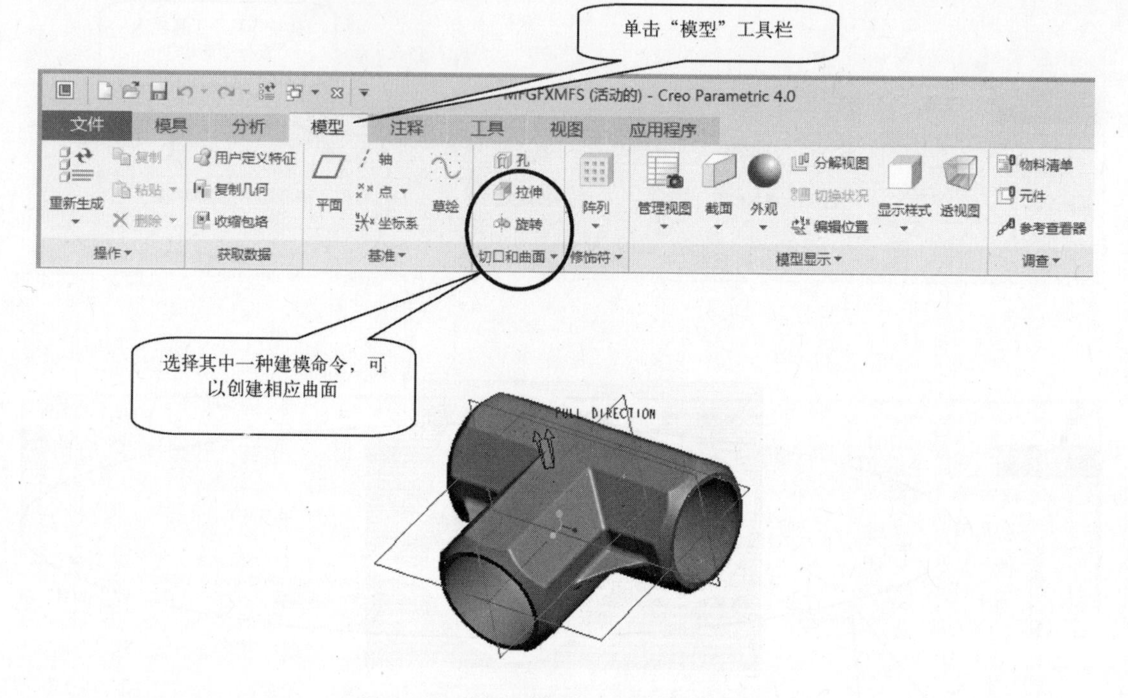

图 5-25　使用“模型”工具栏创建曲面

② 使用零件模块创建曲面

STEP① 打开模型文件“第 5 章\范例结果文件\箱包拉手\创建分型面\分型面创建方式\mfgfxmfs.asm”。

STEP② 在模型树中选取“参考模型”，单击左键，打开快捷菜单，在快捷菜单中选取“打开”按钮，进入零件模块操作界面，如图 5-26 所示。

STEP③ 选取“拉伸”“旋转”“扫描”“混合”“扫描混合”“螺旋扫描”“边界混合”命令中的任一建模命令，可以创建相应的曲面。

经验交流

在零件模块下，创建好的曲面转到模具模块同样可以作为分型面使用。

（3）创建拉伸分型面

拉伸操作不仅可以创建实体特征，而且可以在垂直于草绘平面的方向上将草绘截面拉伸到指定深度，创建出拉伸曲面。

1）拉伸分型面操作要点

① 选取拉伸命令，打开“拉伸”操控板。

② 进入草绘模式，草绘一个要拉伸的开放截面或闭合截面。

③ 使用操控板定义拉伸方式。

- 盲孔：从草绘平面以指定的深度值拉伸截面。
- 对称：以指定深度值的一半拉伸到草绘平面的两侧。
- 到选定项：将截面拉伸至一个选定点、曲线、平面或曲面。

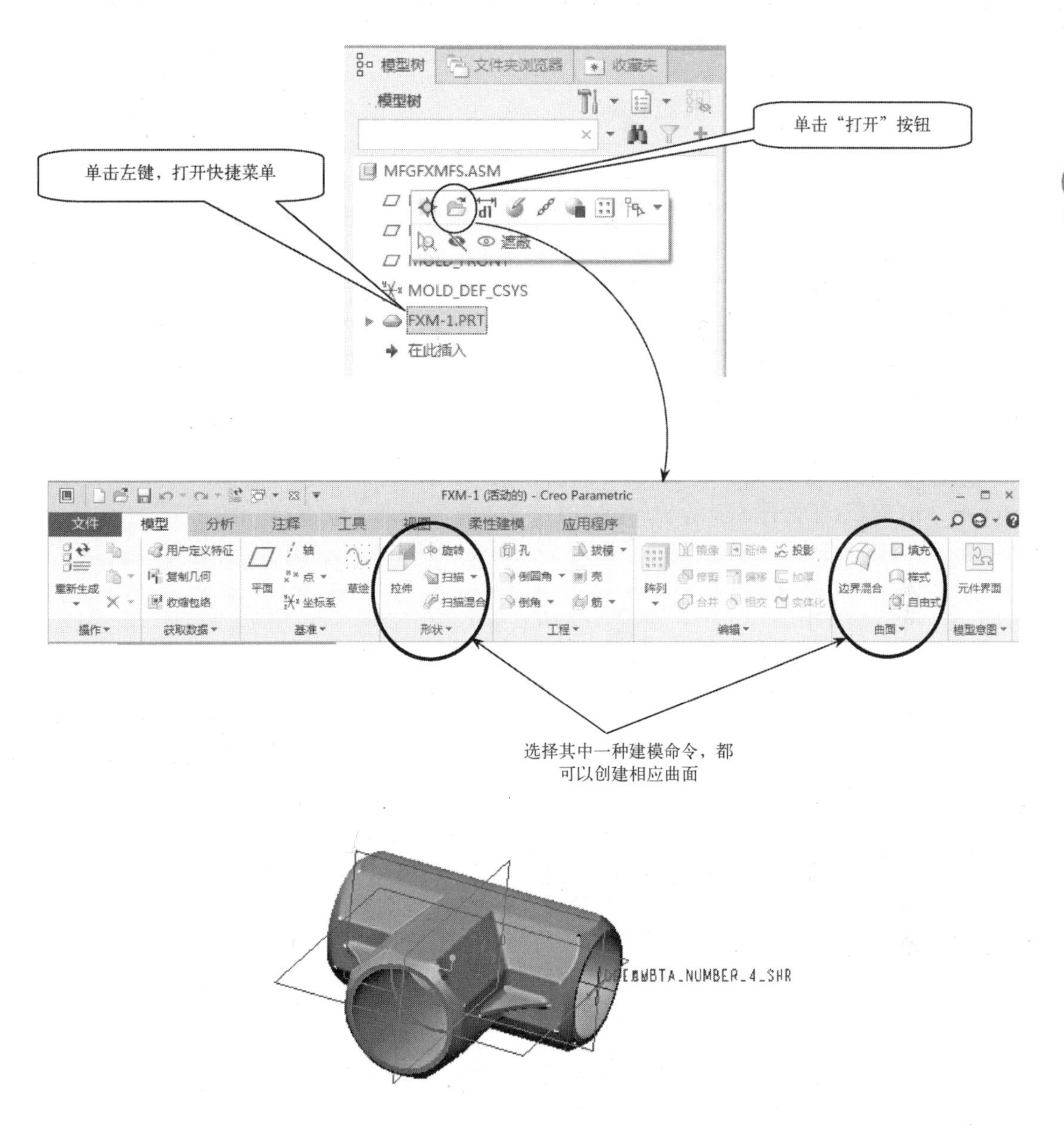

图 5-26 使用零件模块创建曲面

④ 在操控板中输入拉伸的深度值，或者双击模型上的深度尺寸并在尺寸框中键入新值。

⑤ 将要拉伸的方向更改为草绘的另一侧，单击 按钮。

⑥ 如果草绘的拉伸截面是闭合截面，单击操控板上的【选项】面板，然后选取【封闭端】，可以创建两端封闭的拉伸曲面。

⑦ 单击操控板的 按钮。

2）创建拉伸分型面实例

① 选取命令

打开模型文件"第 5 章\范例源文件\箱包拉手\创建分型面\拉伸分型面\mfglsfxm.asm"，在"模具"工具栏中单击【分型面】按钮→【拉伸】按钮，打开"拉伸特征"操控板，如图 5-27 所示。

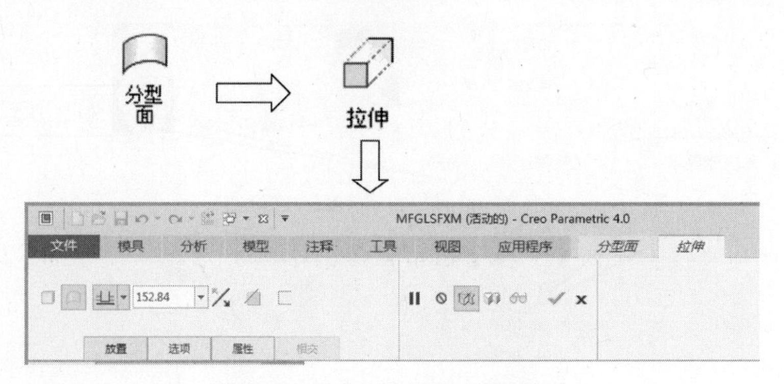

图 5-27　选取创建拉伸分型面命令

② 选取草绘平面和方向

STEP 1 选取【放置】→【定义】，打开“草绘”对话框。在【平面】框中选取“MOLD_FRONT”平面作为草绘平面，在【参考】框中选取“MOLD _ RIGHT”平面作为参考平面，在【方向】框中选取“右”，如图 5-28 所示。单击 草绘 按钮进入草绘模式。

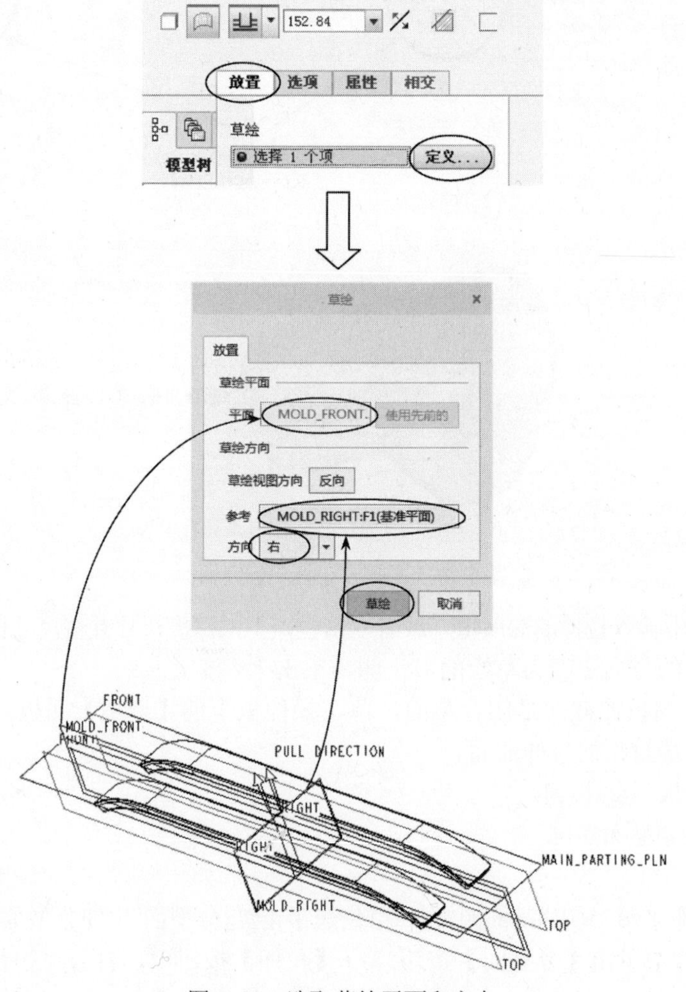

图 5-28　选取草绘平面和方向

STEP② 进入草绘模式后，选取【草绘视图】按钮，定向草绘平面使其与屏幕平行。

③ 绘制分型面截面

沿参考模型轮廓边界绘制分型面截面，使分型面和参考模型之间没有间隙。方法如下。

STEP① 单击【投影】按钮，提取参考模型的轮廓线。

STEP② 单击【中心线】按钮，绘制一条中心线。

STEP③ 使用【线】按钮和【拐角】按钮将提取参考模型的轮廓线延伸到如图 5-29 所示的长度。

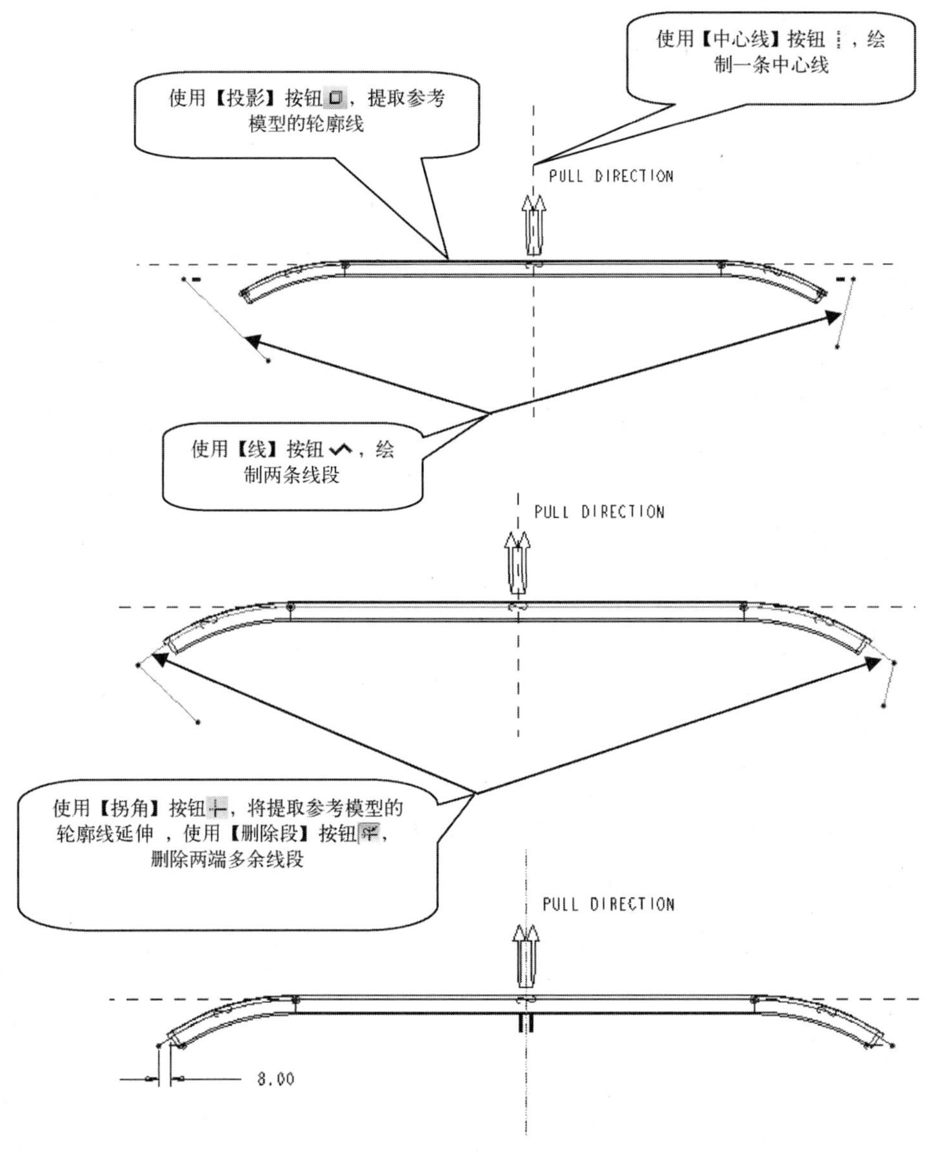

图 5-29 延伸参考模型的轮廓线

STEP④ 单击【线】按钮，绘制出轮廓端点直线。

STEP⑤ 使用轮廓线的外端点标注长度尺寸“620”，并使其关于中心线对称。620 mm 为后面要创建的工件模型的长度尺寸，如图 5-30 所示。

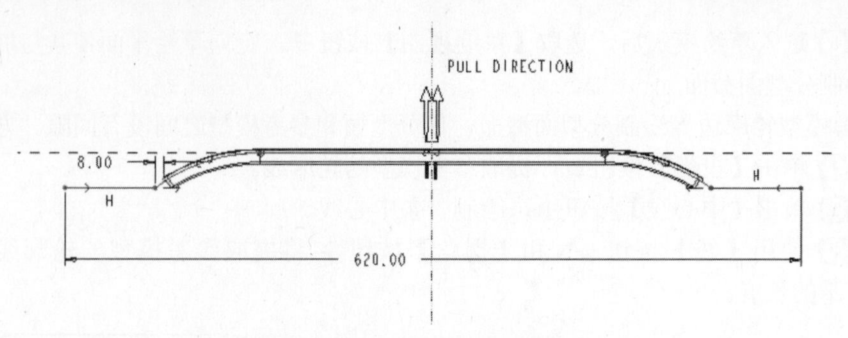

图 5-30　绘制分型面拉伸截面

STEP 6 单击草绘工具栏的 ✔ 按钮退出草绘模式。

④ 指定拉伸方式和深度

在“拉伸”操控板中选取【对称】，然后输入拉伸深度“250”，250 mm 为后面要创建的工件模型的宽度尺寸，在图形窗口预览拉伸出的分型面，如图 5-31 所示。

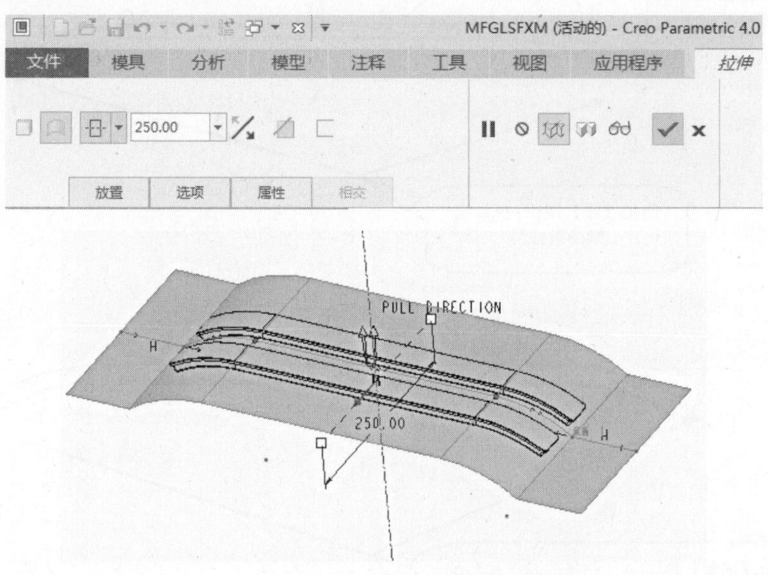

图 5-31　预览分型面

⑤ 完成创建工作

单击操控板的 ✔ 按钮，完成分型面的创建工作，再单击分型面右边工具栏的 ✔ 按钮，返回到模具设计界面，拉伸分型面形状如图 5-32 所示。

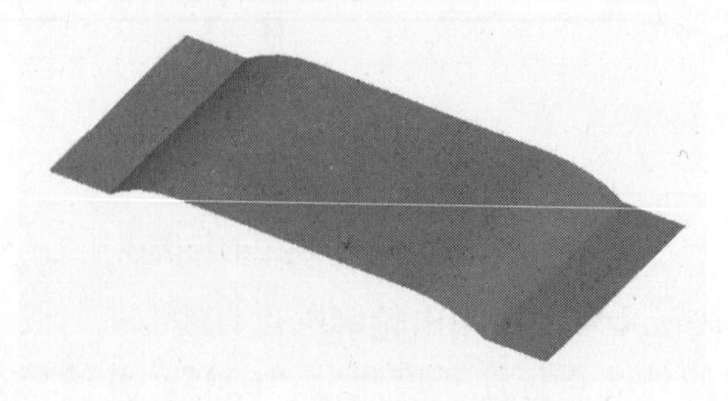

图 5-32　拉伸出的分型面

3）适合用拉伸命令制作分型面的模型特点

拉伸分型面通过将二维截面延伸到垂直于草绘平面的指定距离处来实现。

在设计模具时，适合用拉伸命令创建分型面的模型特点是：设计模型的主分型面在 X、Y、Z 中的任一种方向呈直线分布（即从该方向看过去没有高低曲线），如图 5-33 所示。示例请参看模型文件“第 5 章\范例结果文件\箱包拉手\分型面概述\斜面分型面\mfgxmfx..asm”

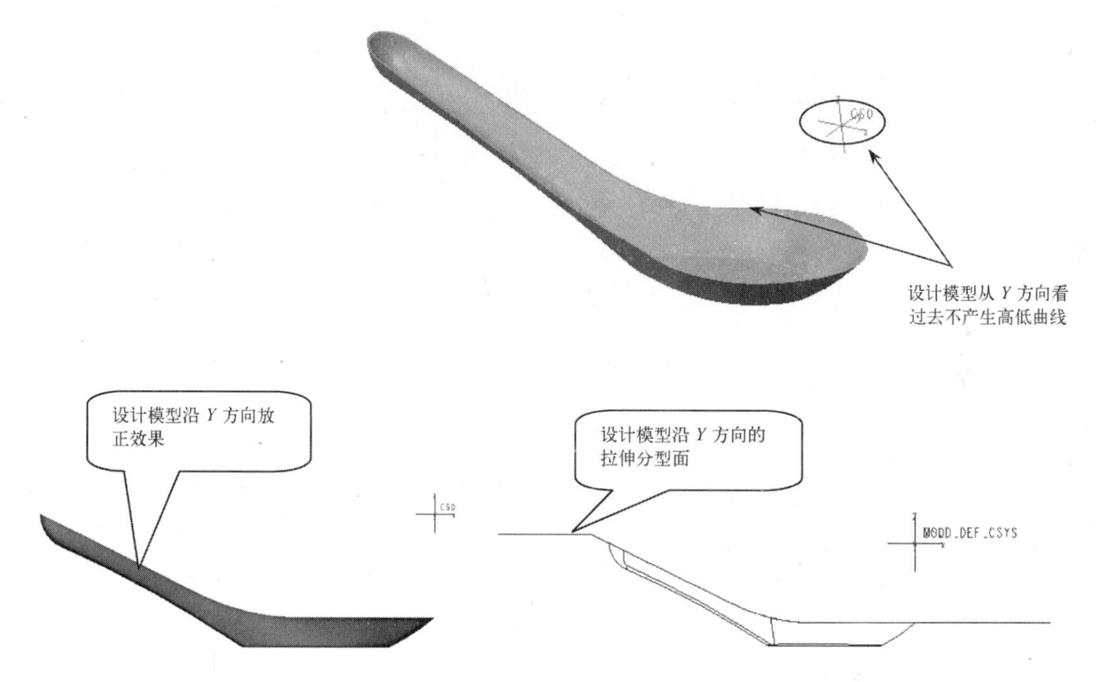

图 5-33　拉伸分型面特点

（4）创建填充分型面

填充分型面是使用封闭的二维截面来创建分型面。

1）填充分型面操作要点

① 选取填充命令，打开“填充”操控板。

② 进入草绘模式，草绘一个要填充的闭合截面。

③ 单击草绘工具栏的 ✔ 按钮，退出草绘模式。

④ 单击操控板的✔按钮。

2）创建填充分型面实例

① 选取命令

打开模型文件“第 5 章\范例源文件\箱包拉手\创建分型面\填充分型面\mfgtcfxm.asm”，在模具工具栏中单击【分型面】按钮→【填充】按钮，打开“填充”操控板，如图 5-34 所示。

② 选取草绘平面和方向

STEP 1 选取【参考】→【定义】，打开“草绘”对话框。在【平面】框中选取“参考模型下表面”作为草绘平面，在【参考】框中选取“MOLD_FRONT”平面作为参考平面，在【方向】框中选取“上”，如图 5-35 所示。单击 草绘 按钮进入草绘模式。

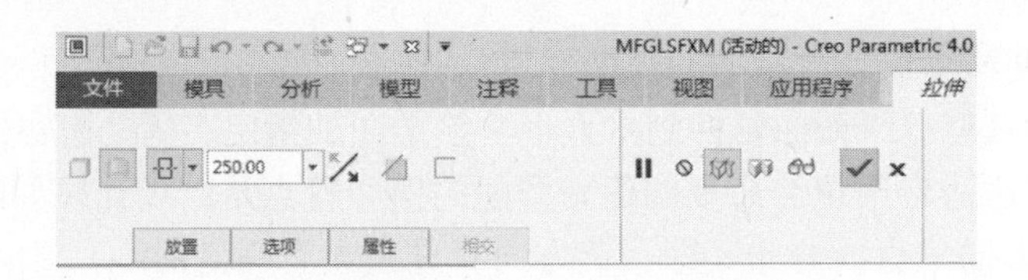

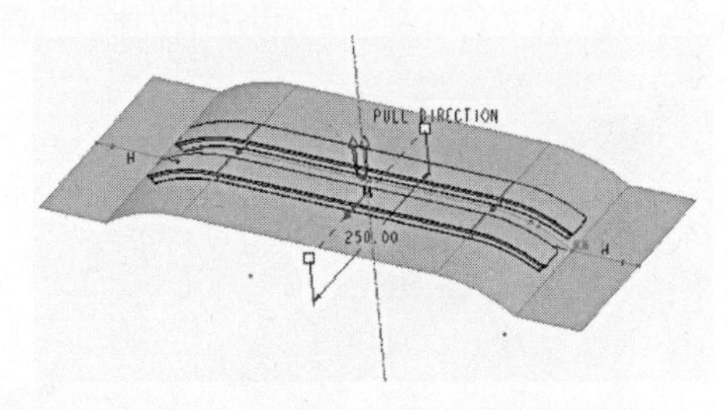

图 5-34　选取创建填充分型面命令

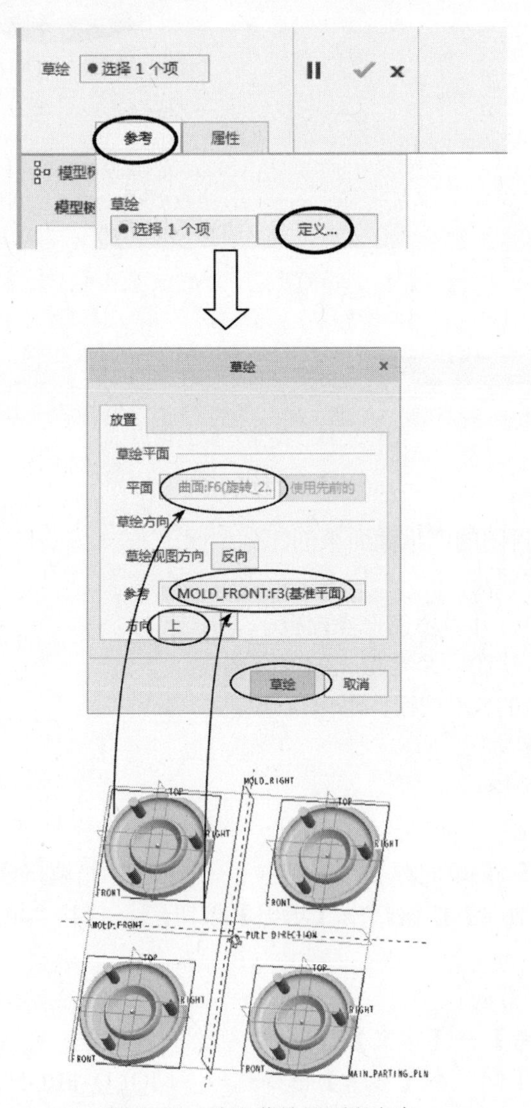

图 5-35　选取草绘平面和方向

STEP② 进入草绘模式后，选取【草绘视图】按钮，定向草绘平面使其与屏幕平行。

③ 绘制分型面截面

沿参考模型中心绘制填充分型面截面，使填充分型面截面以参考模型中心呈对称分布。方法如下。

STEP① 单击【中心线】按钮，绘制两条中心线。

STEP② 单击【矩形】按钮，绘制填充轮廓，使用【相等】按钮约束矩形长宽相等。

STEP③ 单击【投影】按钮，提取参考模型的内轮廓线。

STEP④ 标注填充分型面截面长度尺寸为“200”。200 mm 为后面要创建的工件模型的长度尺寸，如图 5-36 所示。

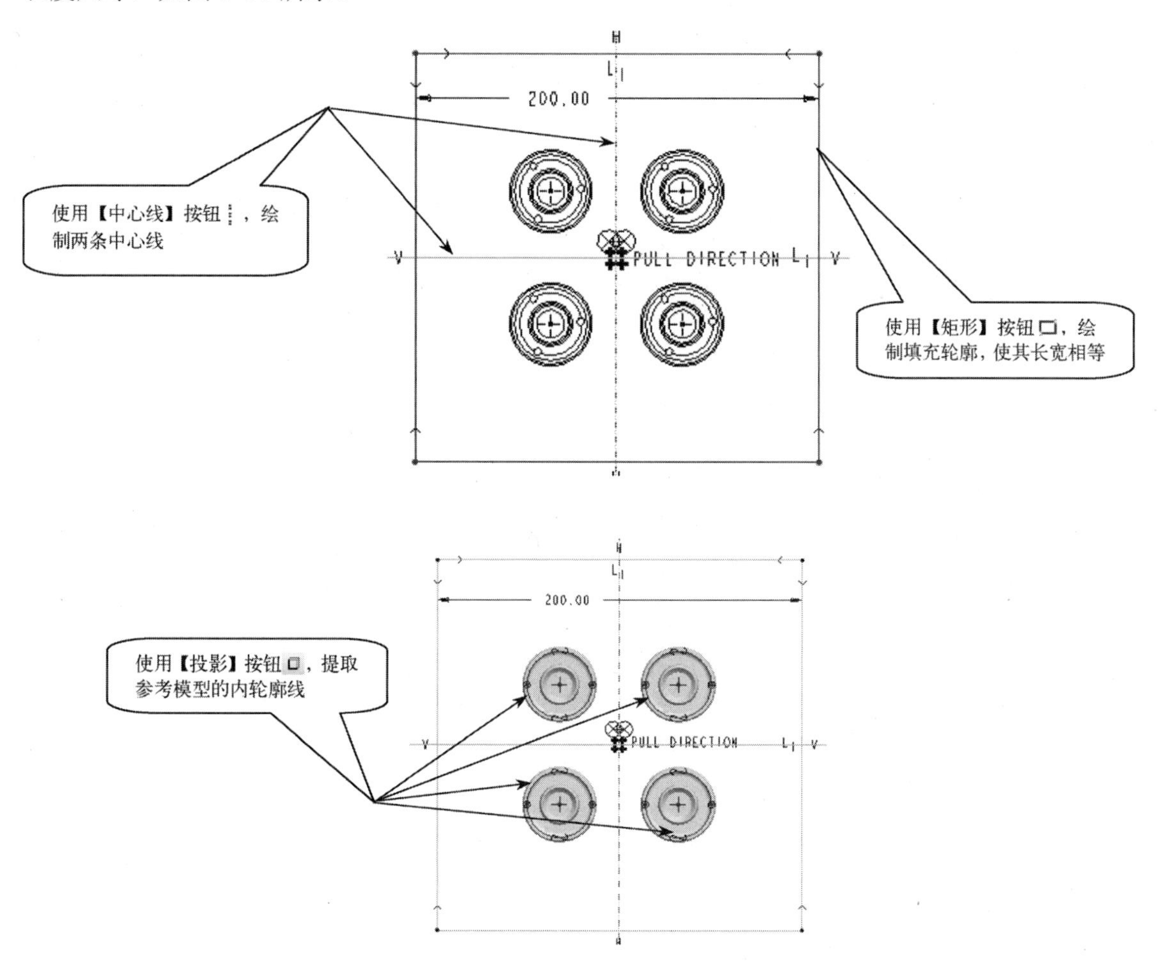

图 5-36　绘制分型面填充截面

STEP⑤ 单击草绘工具栏的 ✓ 按钮，退出草绘模式。

经验交流

在分型面创建过程中，可以把分型面和参考模型视为一个整体，看上去没有破洞，这样的分型面就是合格的分型面。

STEP⑥ 退出草绘模式，回到“填充”操控板，在图形窗口预览填充分型面，如图 5-37 所示。

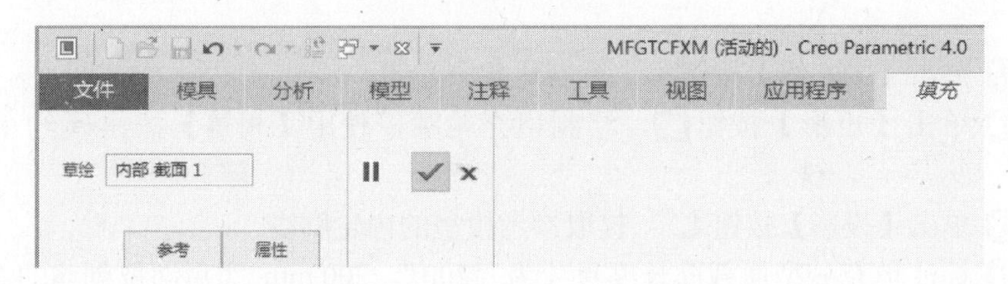

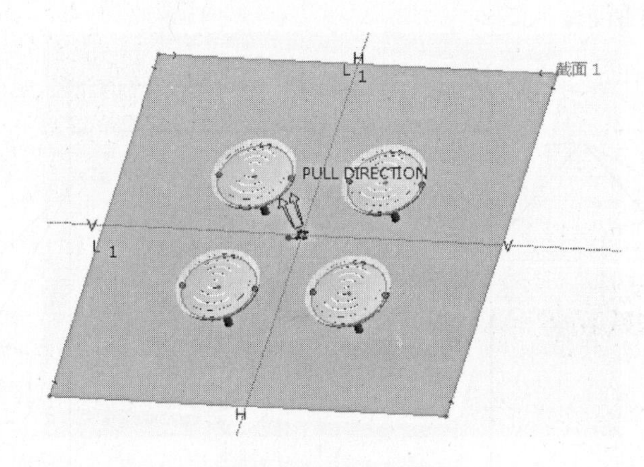

图 5-37　预览分型面

④ 完成创建工作

单击操控板的✓按钮，完成填充分型面的创建工作，再单击分型面右边工具栏的✓按钮，回到模具设计界面，分型面形状如图 5-38 所示。

图 5-38　填充分型面

3）适合用填充命令制作分型面的模型特点

填充分型面是使用封闭的二维截面来创建分型面。

在设计模具时适合用填充命令创建分型面的模型特点是：设计模型的主分型线处在同一水平面上，如图 5-39 所示。示例文件请参看“第 5 章\范例结果文件\箱包拉手\分型面概述\水平分型面\spfx-1.prt”。

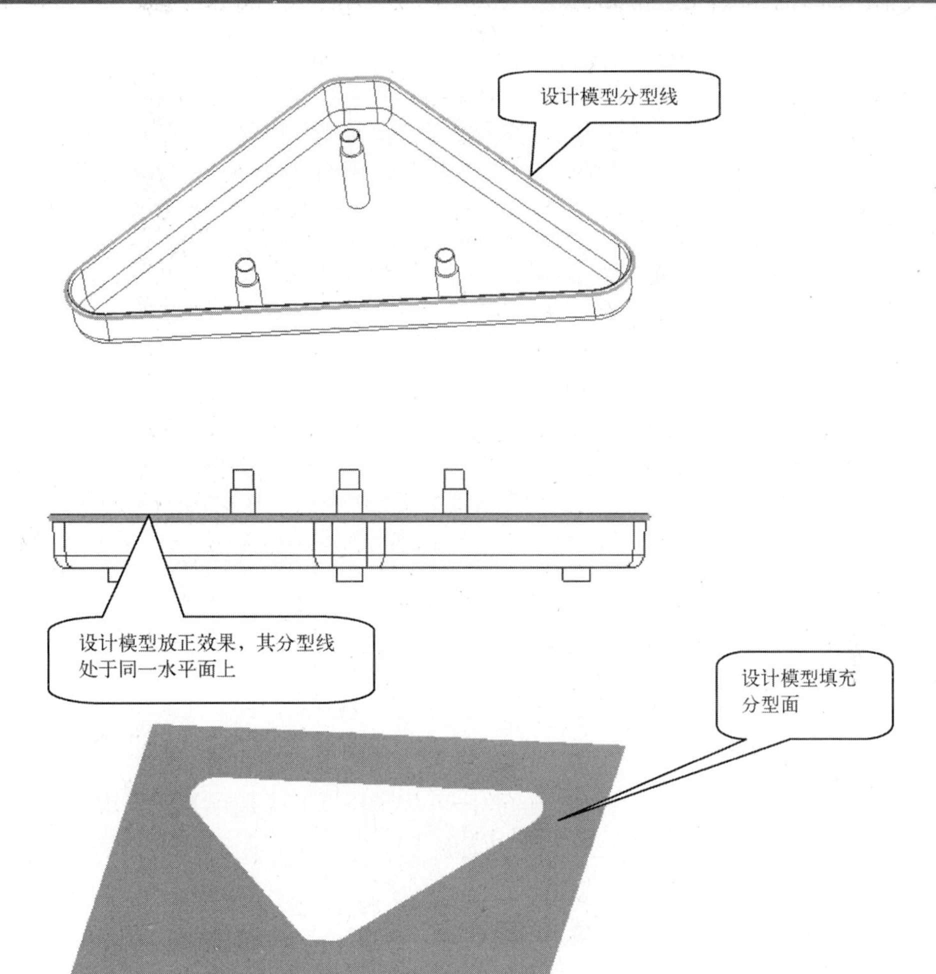

图 5-39 填充分型面特点

在设计模具时适合用填充命令创建分型面的模型，使用拉伸方法创建分型面也可达到目的，但能够使用填充方法创建分型面的模型一般不使用拉伸方法，因为填充方法快捷方便，如图 5-39 所示。如果改用使用拉伸方法创建分型面，分型面中间设计模型外形孔需要通过再次拉伸，移除曲面才能达到相同的效果。

（5）复制分型面

在 Creo 4.0 模具设计工作中，通过复制曲面的方法创建分型面是 Creo 4.0 创建分型面的主要方法之一，因为复制曲面可以充分利用参考模型的几何特征。

通过复制曲面的方法创建分型面通常需要与其他创建分型面方法配合使用，最后得到完整的参考模型分型面。

在 Creo 4.0 模具设计工作中，选取要复制的曲面，从模具工具栏中选取【复制】按钮 →【粘贴】按钮 ，复制出的曲面不能标识为“分型面”，但同样可作为分型面使用。

1）复制分型面的操作要点

① 选取要复制的曲面。

② 执行分型面命令，使用快捷键〈Ctrl+C〉→〈Ctrl+V〉，打开“复制分型面”操控板，

如图 5-40 所示。

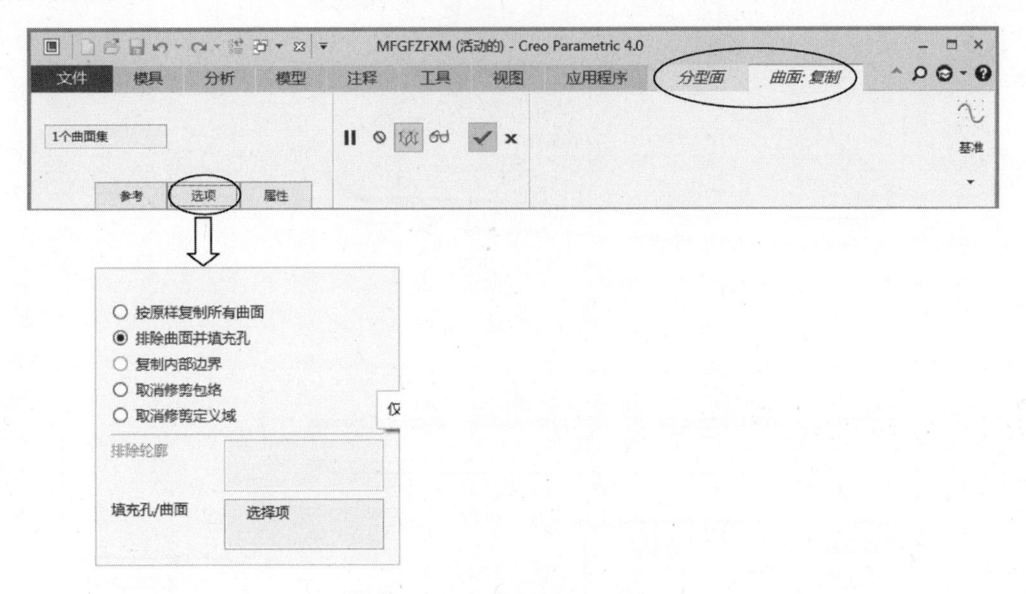

图 5-40 “复制分型面”操控板

③ 定义复制选项内容，按住〈Ctrl〉键选取全部要复制的曲面。

④ 如果要排除曲面并填充曲面上的孔，可从操控板的【选项】面板中选取【排除曲面并填充孔】，或者单击右键，从快捷菜单中选取【排除曲面并填充孔】，然后再选取要排除孔的所有曲面。

⑤ 单击操控板的✔按钮，完成复制分型面操作。

经验交流

复制分型面有 5 个选项，每个选项的含义如下。

① 按原样复制所有曲面：复制所有选取的曲面。

② 排除曲面并填充孔：如果选取此选项，以下的两个编辑框将被激活。

- 排除轮廓：收集要从选定的多轮廓曲面中移除的轮廓。
- 填充孔/曲面：在已选曲面上选取孔的边填充孔。

③ 复制内部边界：如果选取此选项，“边界”编辑框被激活，选取封闭的边界，复制边界内部的曲面。

④ 取消修剪包络：复制曲面、移除所有内轮廓，并用当前轮廓包络替换外轮廓。

⑤ 取消修剪定义域：复制曲面、移除所有内轮廓，并用与曲面定义域相对应的轮廓替换外轮廓。

2）创建复制分型面实例

① 选取命令

打开模型文件“第 5 章\范例源文件\箱包拉手\创建分型面\复制分型面\mfgfzfxm.asm”，从模具工具栏中单击【分型面】按钮，进入分型面创建模式，选取参考模型的一个外表面，使用快捷键〈Ctrl+C〉→〈Ctrl+V〉，打开“复制分型面”操控板，如图 5-41 所示。

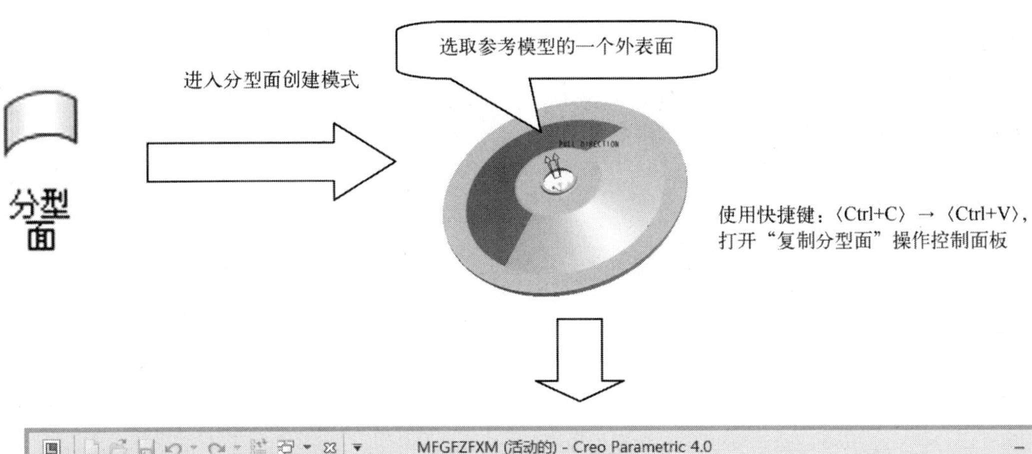

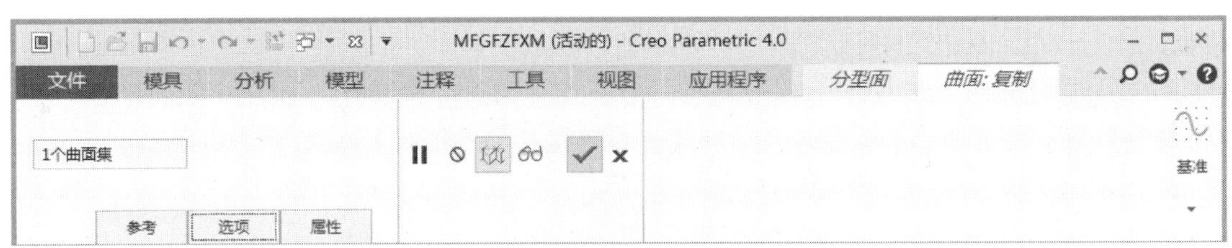

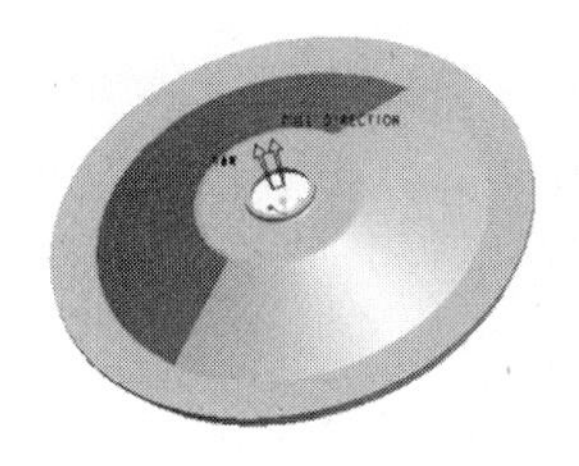

图 5-41　选取创建复制分型面命令

② 选取要复制的曲面

按住〈Ctrl〉键，依次选取参考模型外表面，如图 5-42 所示。

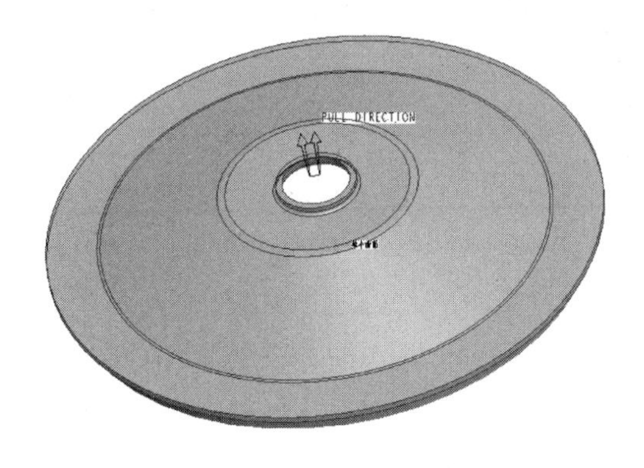

图 5-42　选取要复制的曲面

③ 排除分型面中没有被填充的孔

STEP 1 从操控板的【选项】面板中选取【排除曲面并填充孔】，如图 5-43 所示。或者单击右键，从快捷菜单中选取【排除曲面并填充孔】，如图 5-44 所示。

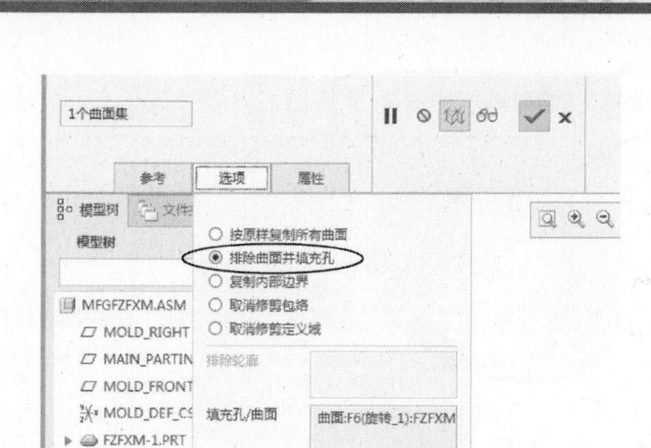

图 5-43 “复制曲面”操控板

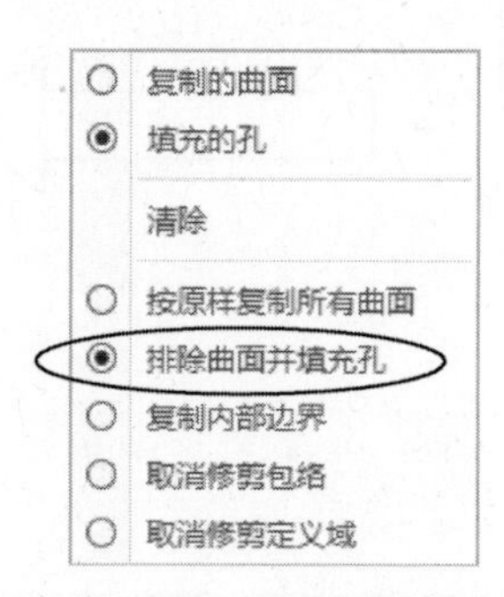

图 5-44 右键快捷菜单

STEP 2 选取参考模型圆孔上表面，可以观察到圆孔被填充，如图 5-45 所示。设置成【着色】显示，可以单击操控板右边的【查看连接几何的模式】按钮 观察。

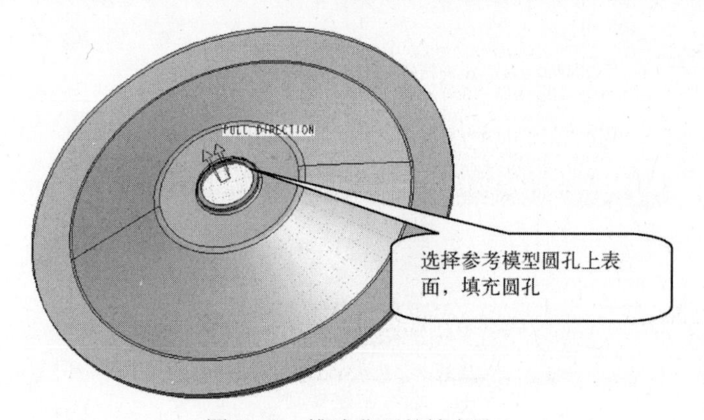

图 5-45 排除曲面并填充孔

④ 完成复制分型面创建工作

单击操控板的✔按钮，完成复制分型面的创建工作，再单击分型面右边工具栏的✔按钮，回到模具设计界面，如图 5-46 所示（遮蔽了参考模型），“模型树”中出现复制分型面的名称。

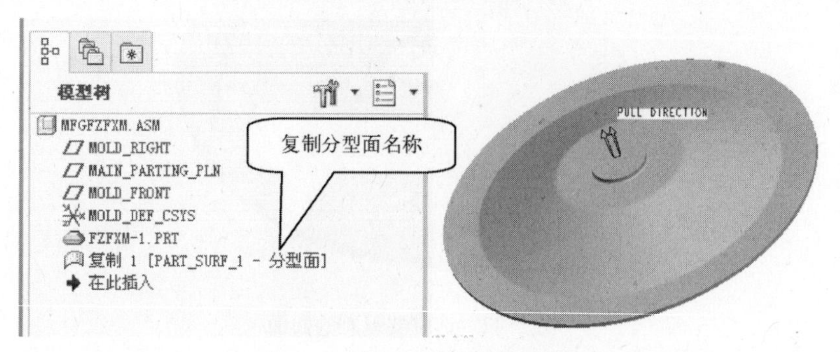

图 5-46 创建出的复制分型面

⑤ 完善分型面

STEP 1 选取填充命令。

在“模具”工具栏中单击【分型面】按钮→【填充】按钮，打开“填充”操控板。

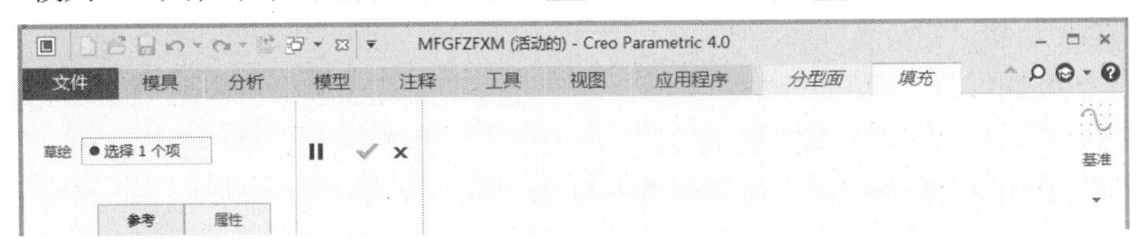

图 5-47　打开“填充”操控板

STEP 2 选取草绘平面和方向。

a. 选取【参考】→【定义】，打开“草绘”对话框。在【平面】框中选取“参考模型下表面”作为草绘平面，在【参考】框中选取“MOLD_FRONT”平面作为参考平面，在【方向】框中选取“上”，如图 5-48 所示。单击 草绘 按钮进入草绘模式。

图 5-48　选取草绘平面和方向

b. 进入草绘模式后，选取【草绘视图】按钮 ，定向草绘平面使其与屏幕平行。

STEP③ 绘制填充截面。

沿参考模型中心绘制填充分型面截面，使填充分型面截面以参考模型中心为中心呈对称分布。方法如下。

a. 单击【中心线】按钮 ，绘制两条中心线。

b. 单击【矩形】按钮 ，绘制填充轮廓，使用【相等】按钮 约束矩形长宽相等。

c. 单击【投影】按钮 ，提取参考模型的外轮廓线。

d. 标注填充分型面截面长度尺寸为“500”。500 mm 为后面要创建的工件模型的长度尺寸，如图 5-49 所示。

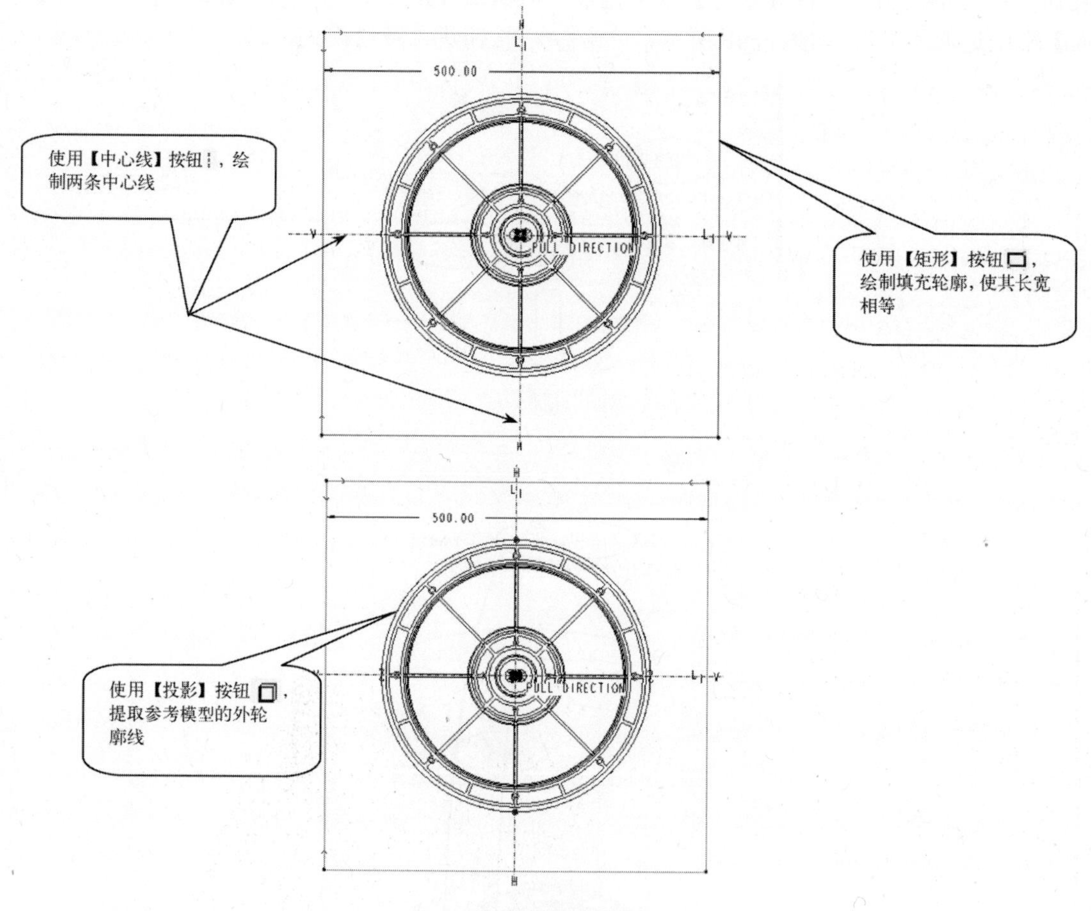

图 5-49 绘制填充截面

e. 单击草绘工具栏的 按钮退出草绘模式。

f. 退出草绘模式，回到“填充”操控板，在图形窗口预览填充分型面，如图 5-50 所示。单击操控板的 按钮，完成填充分型面的创建工作。

STEP④ 合并分型面。

a. 从主窗口右下角“过滤器”中选取【面组】，按住〈Ctrl〉键选中填充分型面和复制分型面（也可以从模型树中选中填充分型面和复制分型面）。

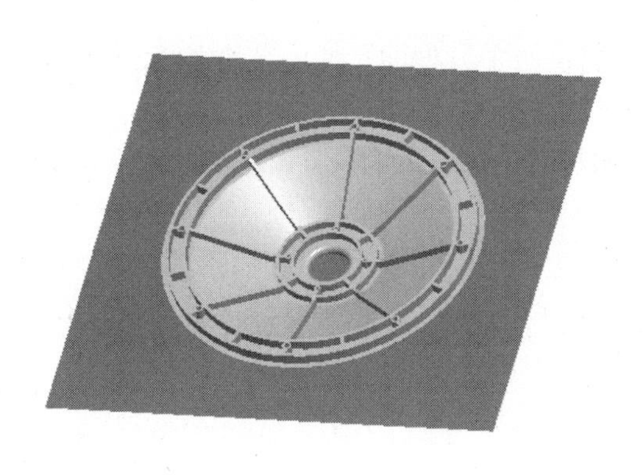

图 5-50 预览分型面

b. 从“分型面”工具栏中选取【合并】按钮，打开“合并”操控板，如图 5-51 所示。

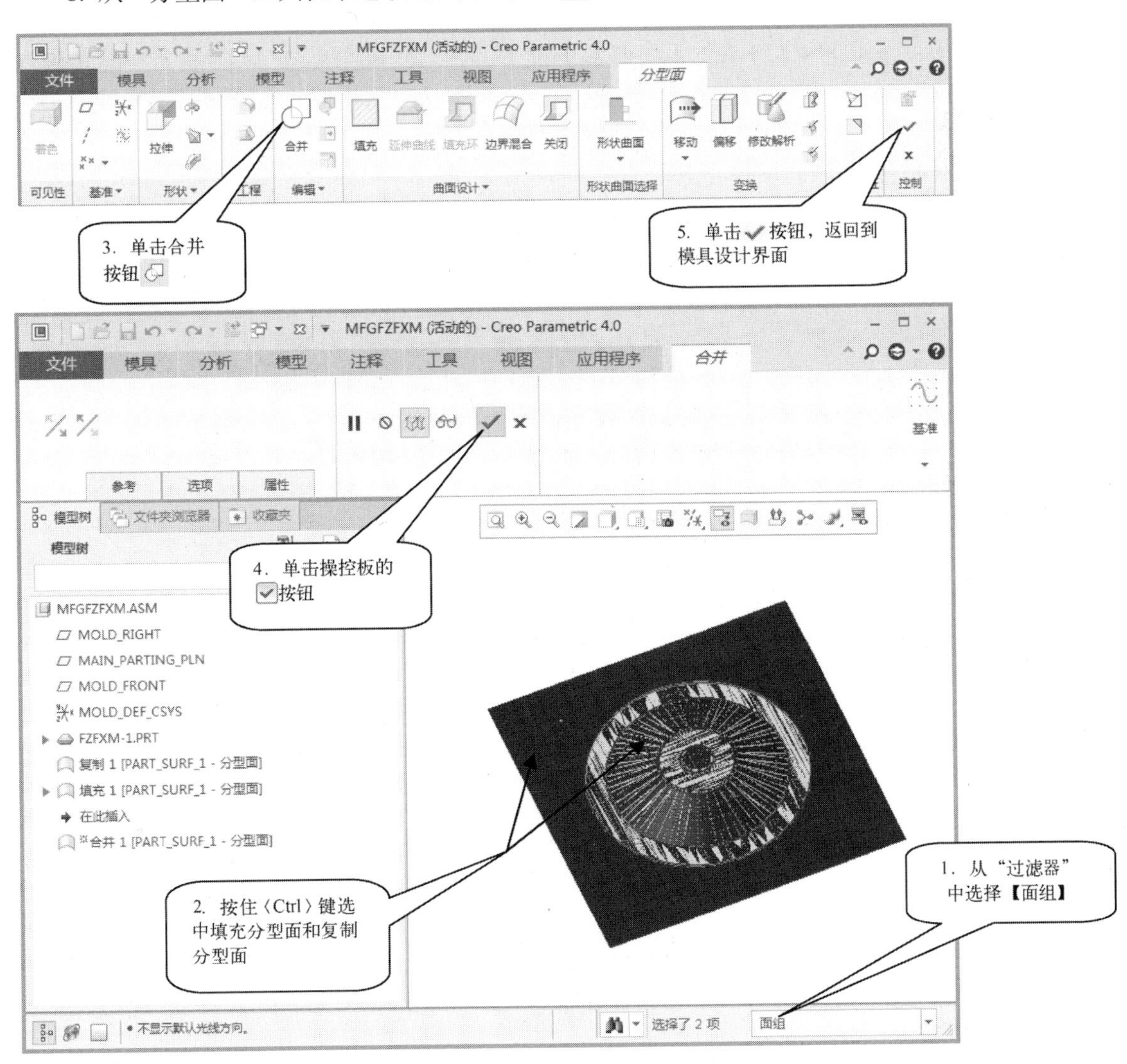

图 5-51 合并分型面操作

c. 单击操控板的✔按钮，两个分型面形成一个完整的分型面，如图 5-52 所示。

⑥ 完成创建工作

再单击分型面右边工具栏的✔按钮，回到模具设计界面。

图 5-52　合并后的分型面

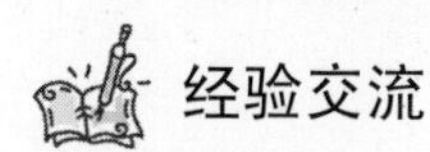

经验交流

在设计参考模型的分型面时，往往需要多种创建分型面的方法结合在一起使用，才能得到合格的分型面。本例创建参考模型分型面使用“复制”“填充”和“合并”的方法。合并操作将在“(10) 合并分型面”中详细讲解。

(6) 阴影分型面

阴影分型面（阴影曲面）也称为着色曲面。构造原理是利用一个指定方向的光源照射在参考模型上（默认的光源投射方向与开模方向相反），系统复制参考模型上受到光源照射的曲面部分产生一个阴影曲面主体，并且填充曲面上的孔。然后在参考模型最大外形轮廓线所在的平面上，利用参考模型最大外形轮廓线与工件模型边界之间形成的封闭截面生成一个填充平面，从而形成一个完整的覆盖型的阴影分型面。

1) 阴影法创建分型面操作要点

① 选取命令

打开模型文件“第 5 章\范例源文件\箱包拉手\创建分型面\阴影分型面\mfgyyfxm. asm”，在“模具”工具栏中单击【分型面】按钮→【曲面设计】→【阴影曲面】，打开“阴影曲面”对话框，如图 5-53 所示。图形窗口中用红色箭头显示光线的投射方向。

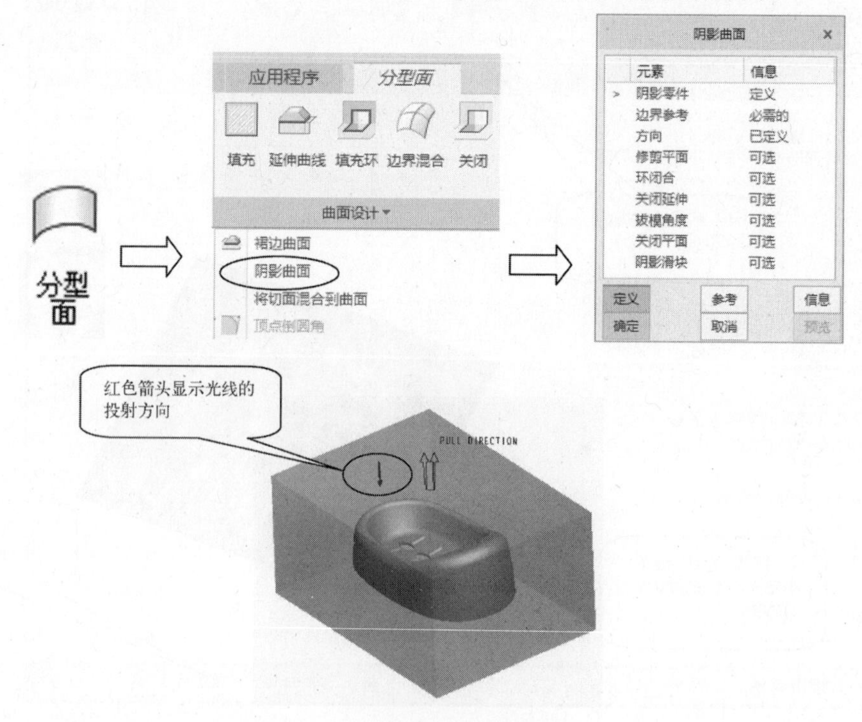

图 5-53　选取创建“阴影曲面”命令

② 选取参考模型

如果只有一个参考模型，系统将自动选取它。如果有多个参考模型，系统会弹出菜单管理器的“特征参考”菜单和“选取”对话框，如图 5-54 所示，要求选取参考模型。可以根据需要选取几个或全部参考模型，然后在菜单管理器中单击【完成参考】选项确认。

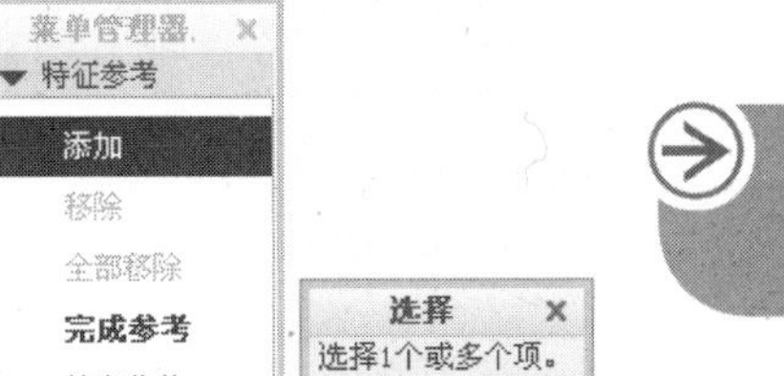

图 5-54 “特征参考”菜单和“选取”对话框

③ 选取关闭平面

如果只有一个参考模型，不必选取关闭平面。如果选取了多个参考模型，必须选取一个关闭平面（分型面平面，也称为切断平面）。

④ 其他选项设置

对于一些形状规则、底部平面可作为分型面的关闭平面，通常不需要设置其他选项，即可得到正确的阴影分型面。对于形状不太规则的参考模型，则需要通过其他选项以控制阴影曲面的生成。

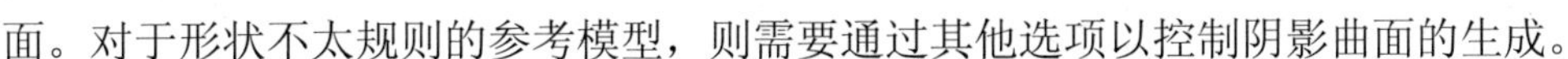

⑤ 完成创建工作

单击“阴影曲面”对话框的 确定 按钮，完成阴影分型面的创建工作。再单击分型面右边工具栏的✔按钮，返回到模具设计界面，此时在“模型树”中显示阴影分型面（或阴影曲面）标识。

经验交流

因为阴影分型面要利用参考模型和工件模型，因此在创建阴影分型面之前必须先创建工件模型，并且创建阴影分型面时，不能遮蔽工件模型和参考模型。

2）创建阴影分型面实例

① 选取命令

在模具工具栏中单击【分型面】按钮→【曲面设计】→【阴影曲面】，打开“阴影曲面”对话框，如图 5-55 所示。图形窗口中用红色箭头显示光线的投射方向。

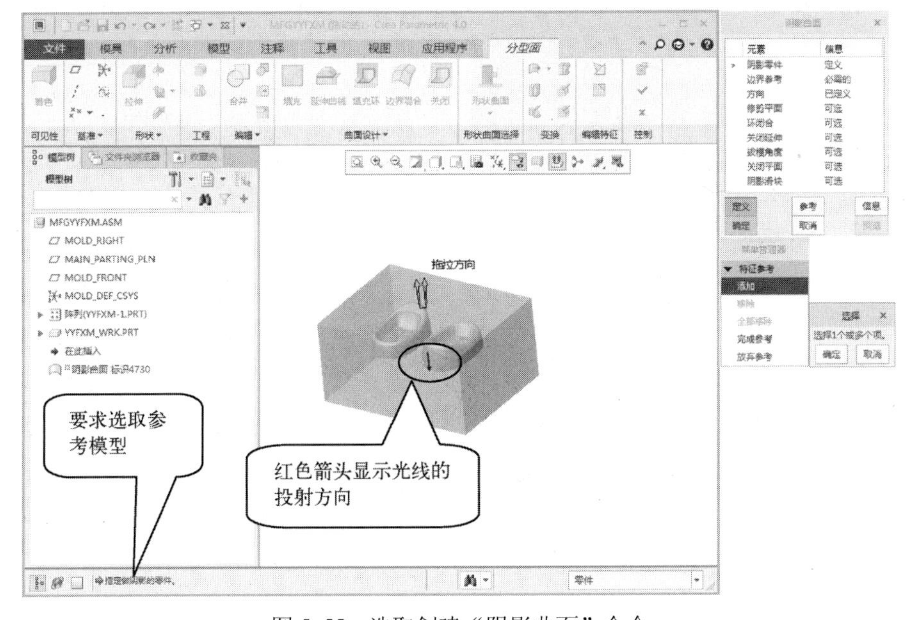

图 5-55 选取创建“阴影曲面”命令

② 选取参考模型

依次选取两个参考模型（结合〈Ctrl〉键），然后在菜单管理器中单击【完成参考】选项确认，如图 5-56 所示。

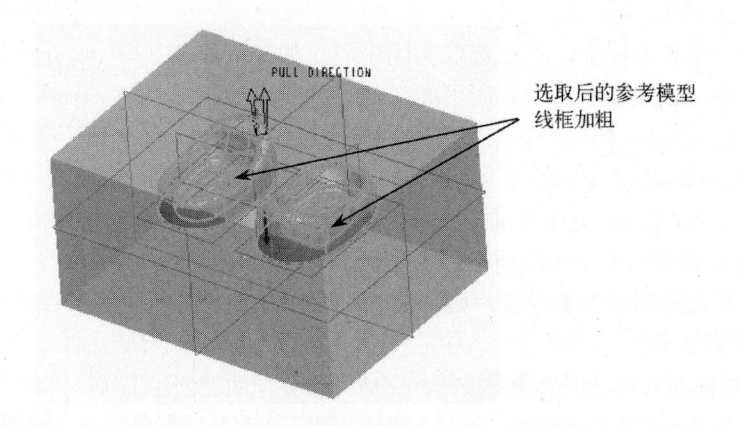

图 5-56　选取创建阴影分型面的两个参考模型

③ 选取关闭平面

创建工件模型时，系统使用参考模型的最大轮廓线所在平面自动确定了一个分型面，该平面位于“MAIN_PARTING_PLN”平面上。所以直接选取“MAIN_PARTING_PLN”平面，单击菜单管理器的【完成/返回】选项确认，如图 5-57 所示。

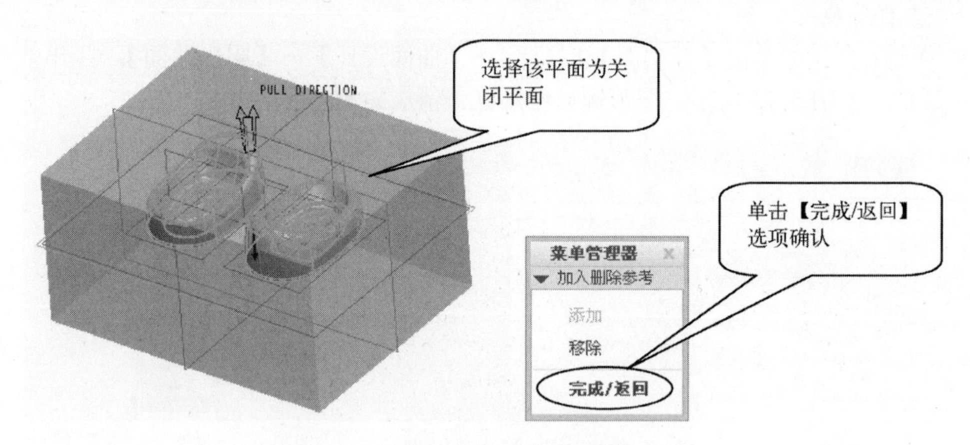

图 5-57　选取创建阴影分型面的关闭平面

④ 完成阴影曲面的创建工作

单击“阴影曲面”对话框的确定按钮，完成阴影分型面的创建工作。再单击分型面右边工具栏的✔按钮，回到模具设计界面，“模型树”中会显示阴影分型面的标识，如图 5-58 所示。

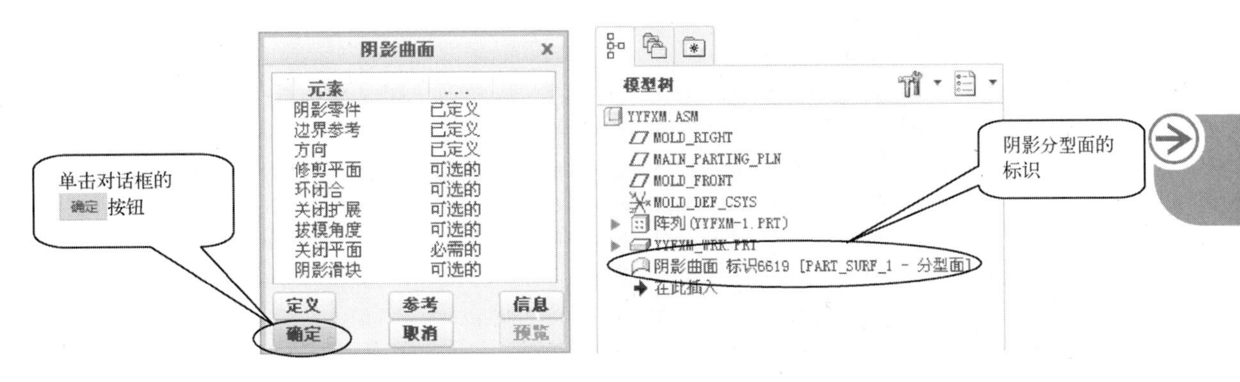

图 5-58 完成阴影曲面创建工作，显示阴影分型面的标识

⑤ 观察分型面

从菜单栏中选取【视图】→【可见性】→【着色】按钮，或在模具模块主窗口中直接选取【着色】按钮，系统打开“搜索工具”对话框，在“搜索工具”对话框左边“项”中选取分型面，单击 >> 按钮→ 关闭 ，图形窗口中单独显示阴影分型面，如图 5-59 所示。从菜单管理器中选取【完成/返回】选项，退出着色操作，如图 5-60 所示。也可以通过遮蔽参考模型和工件模型来观察阴影分型面。

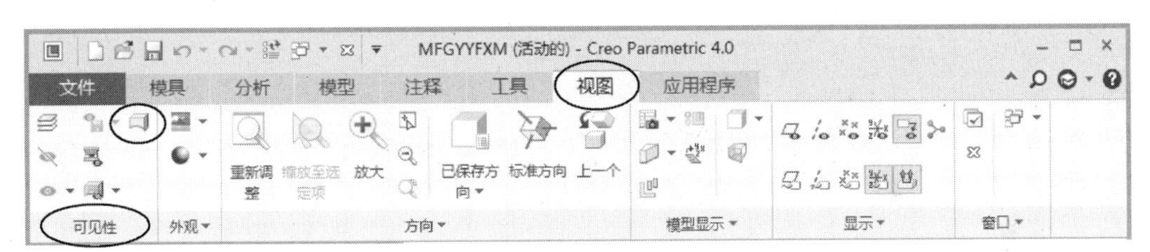

选择着色按钮方法 1

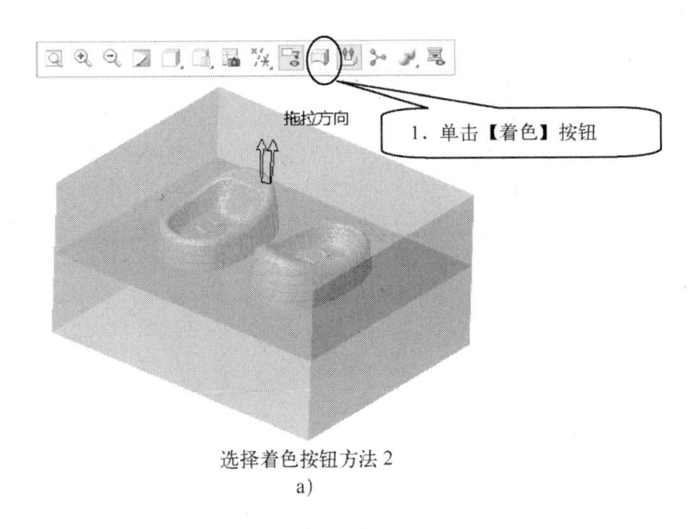

选择着色按钮方法 2

a)

图 5-59 观察分型面

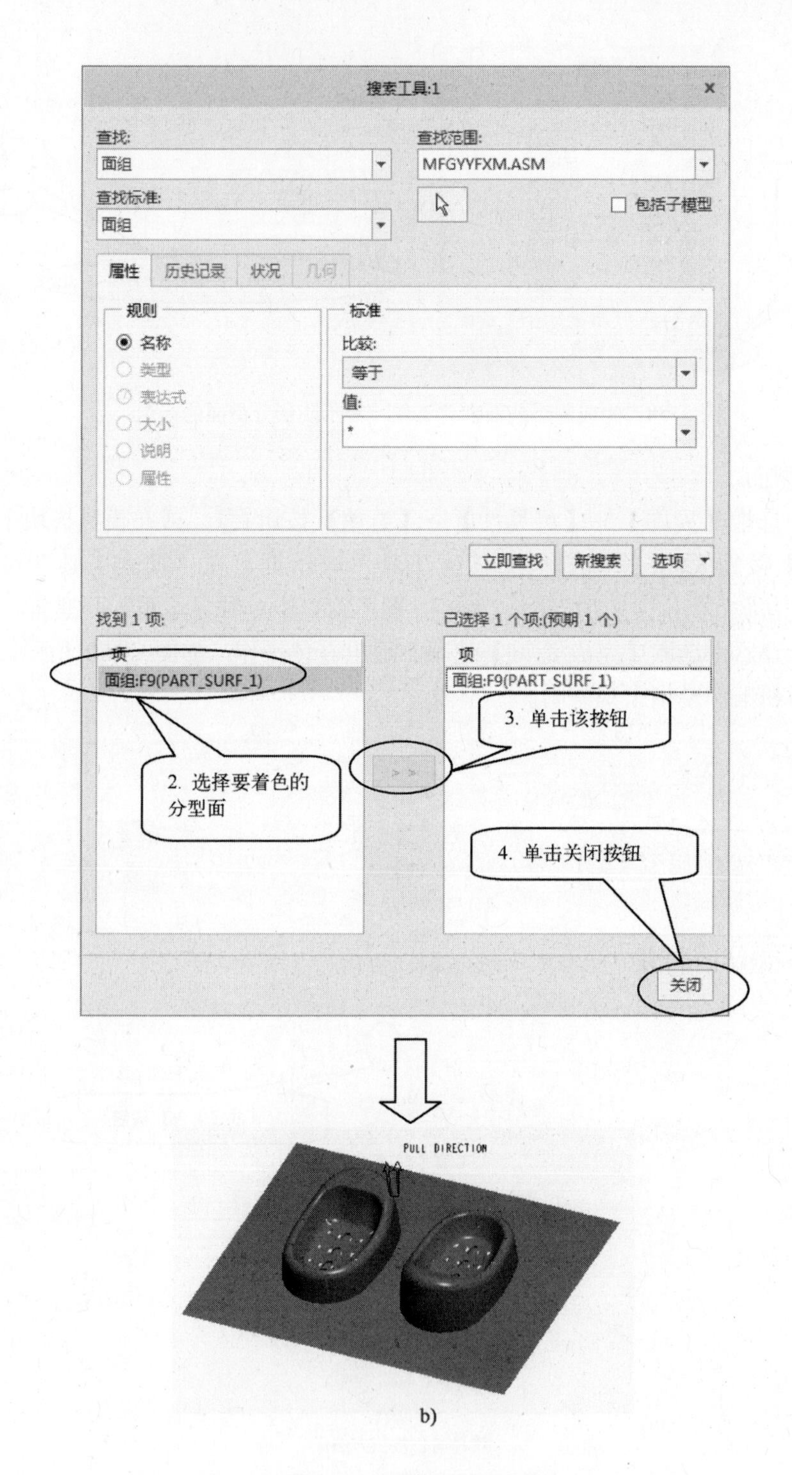

b)

图 5-59　观察分型面（续）

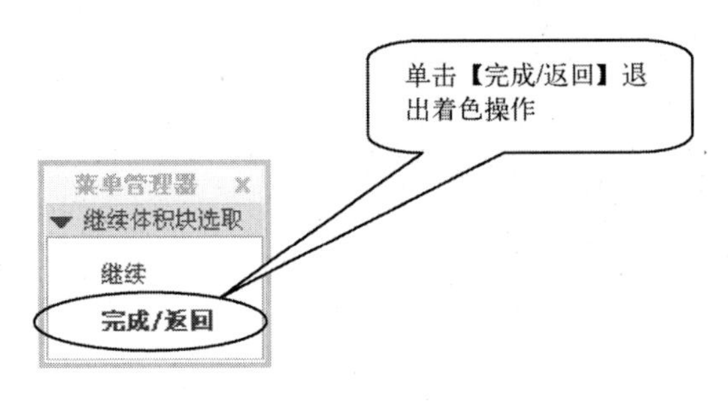

图 5-60　退出着色操作菜单管理器

经验交流

通过观察可知，阴影分型面不仅包括了参考模型外部轮廓表面和填充了曲面上的孔，而且在参考模型最大外形轮廓线与工件模型边界之间创建了一个填充平面，然后将轮廓表面和填充平面合并成一个完整的覆盖型的阴影分型面。

⑥ 保存模具文件

单击工具栏的【保存】按钮，保存模具文件。

（7）创建裙边分型面

1）创建轮廓曲线的操作要点

要创建裙边分型面，首先要创建轮廓曲线。轮廓曲线是一条有效的分型线，裙边分型面就是利用参考模型的轮廓曲线来创建的分型面。

① 选取命令

在模具工具栏中单击【轮廓曲线】按钮，打开“轮廓曲线”操控板，如图 5-61 所示。

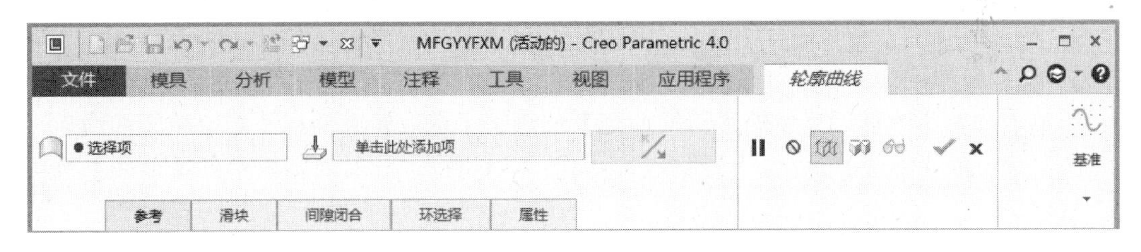

图 5-61　“轮廓曲线”操控板

② 选项设置

单击“轮廓曲线”操控板上层对话框，选取要创建轮廓曲线的参考曲面，指定创建轮廓曲线方向。对于下层为下滑面板的“可选”选项，通常可以不进行定义。

③ 完成创建工作

单击操控板的按钮，完成轮廓曲线的创建工作。“模型树”中会出现轮廓曲线的标识。

2）创建裙边分型面的操作要点

裙边分型面（裙边曲面）是利用参考模型的轮廓曲线所创建的封闭的分型面。它利用轮廓曲线的内环来填充曲面上的孔，利用轮廓曲线的外环将分型面延伸到工件模型的所有边界。因此创建裙边分型面时，必须先创建轮廓曲线。

创建裙边分型面之前，首先要创建工件模型，并且不能遮蔽工件模型，因为它是裙边分型面的延伸参考。这时，也不能遮蔽参考模型。

① 选取命令

打开模型文件“第 5 章\范例源文件\箱包拉手\创建分型面\裙边分型面\mfgqbfxm.asm”，在模具工具栏中单击【分型面】按钮→【曲面设计】→【裙边曲面】按钮，打开“裙边曲面”对话框和菜单管理器，如图 5-62 所示。

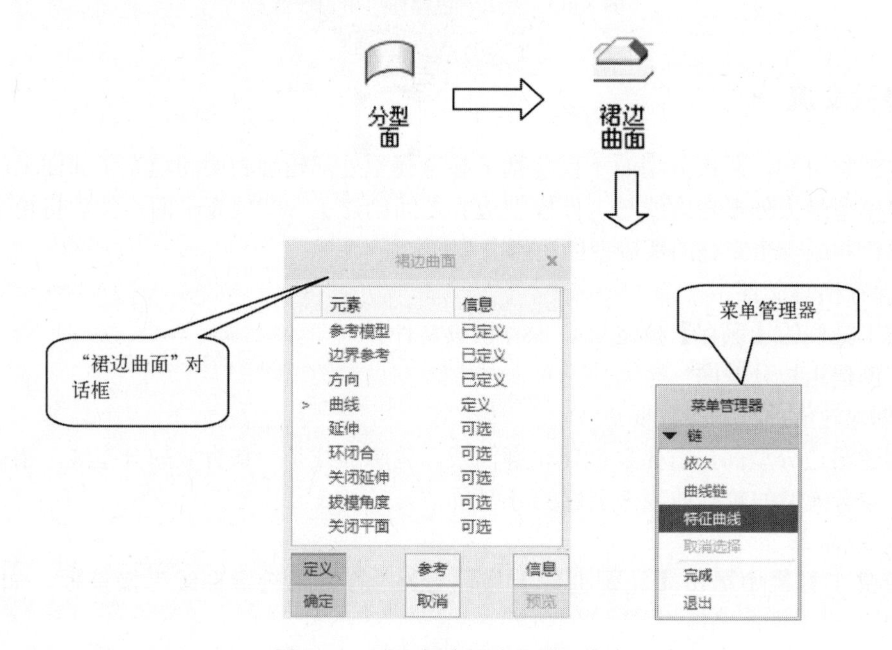

图 5-62　选取创建裙边分型面命令

② 选取轮廓曲线

菜单管理器中“链”菜单的【特征曲线】选项用于选取轮廓曲线。选取轮廓曲线后，单击“链”菜单的【完成】选项，回到“裙边曲面”对话框，此时对话框中的【曲线】选项显示“已定义”。

③ 其他选项设置

完成特征曲线的选取后，可以根据需要在“裙边曲面”对话框中定义以下选项。

【方向】：指定光源投射方向，可以选取一个平面，或者选取一条直边、轴或 3D 曲线，或者选取坐标系的 x、y 或 z 轴。默认的光源投射方向与开模方向相反。

【延伸】：删除轮廓曲线中不需要的曲线段、定义曲线延伸长及改变延伸方向。

【环闭合】：定义裙边分型面上的环闭合，填充参考模型中的孔。

【关闭延伸】【关闭平面】【拔模角度】：如果要关闭延伸并使曲面延伸截止到一个平面，可使用【关闭延伸】和【关闭平面】，使用【拔模角度】定义关闭角度。

④ 完成创建工作

单击“裙边曲面”对话框的确定按钮，完成裙边分型面的创建工作。再单击分型面右边工具栏的按钮，回到模具设计界面，“模型树”中会出现裙边分型面的标识。

3）创建裙边分型面实例

首先打开模型文件，如图 5-63 所示。

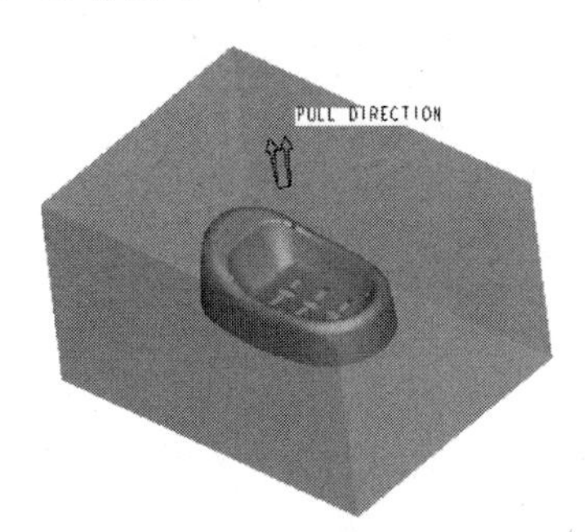

图 5-63 模具文件

① 创建轮廓曲线

STEP 1 选取命令。

单击工具栏的【轮廓曲线】按钮，系统打开“轮廓曲线”操控板（参阅图 5-61）。

STEP 2 选取参考曲面。

系统自动选取参考模型并根据参考模型的形状自动定义创建轮廓曲线方向，如图 5-64 所示。

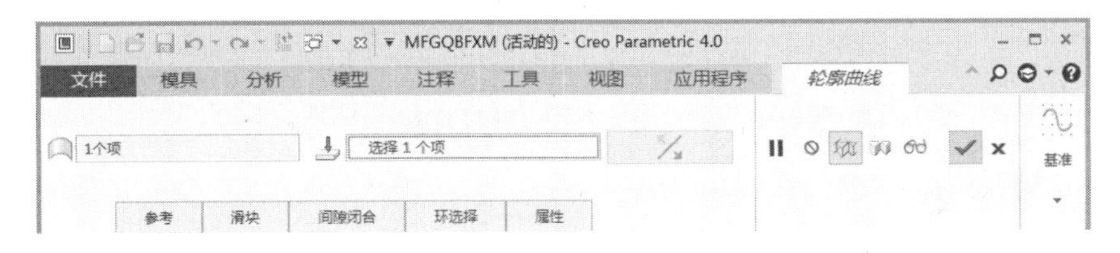

图 5-64 系统自动定义创建轮廓曲线方向

STEP 3 完成创建工作。

单击操控板的按钮，完成参考模型轮廓曲线的创建工作，“模型树”中会出现轮廓曲线的名称“SILH_CURVE_1”，如图 5-65 所示。

STEP 4 观察轮廓曲线。

遮蔽参考模型和工件模型，参考模型轮廓曲线由 3 个内环和 1 个外环组成，如图 5-66 所示。完成观察后，取消参考模型和工件模型的遮蔽。

图 5-65 模型树显示参考模型轮廓曲线

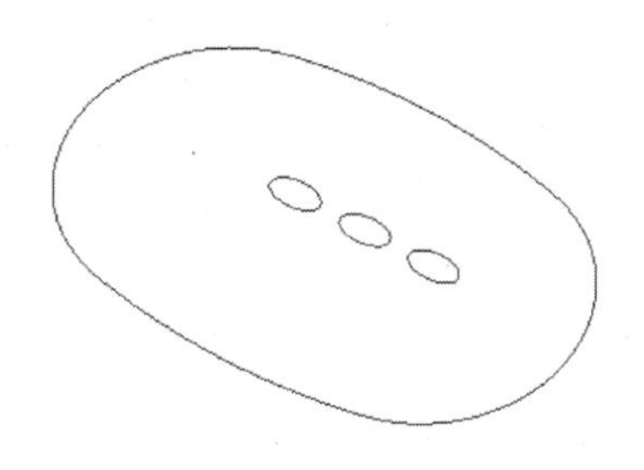

图 5-66 轮廓曲线

经验交流

轮廓曲线可由若干个封闭环组成，包括若干个内环（供将来填充用）和一个外环（供将来延伸用）。轮廓曲线会根据分型面应该选取在塑件尺寸最大处的原则，自动生成参考模型的最大轮廓线（分模线），形成其外环。裙边曲面可以利用其外环，将曲面向工件四侧延伸，从而形成分型面。

② 创建裙边分型面

STEP 1 选取命令。

在模具工具栏中单击【分型面】按钮 →【裙边曲面】按钮，打开“裙边曲面”对话框和菜单管理器（参阅图 5-62）。

STEP 2 选取轮廓曲线。

在图形窗口中选取参考模型的轮廓曲线，单击菜单管理器“链”菜单的【完成】选项，如图 5-67 左图所示。

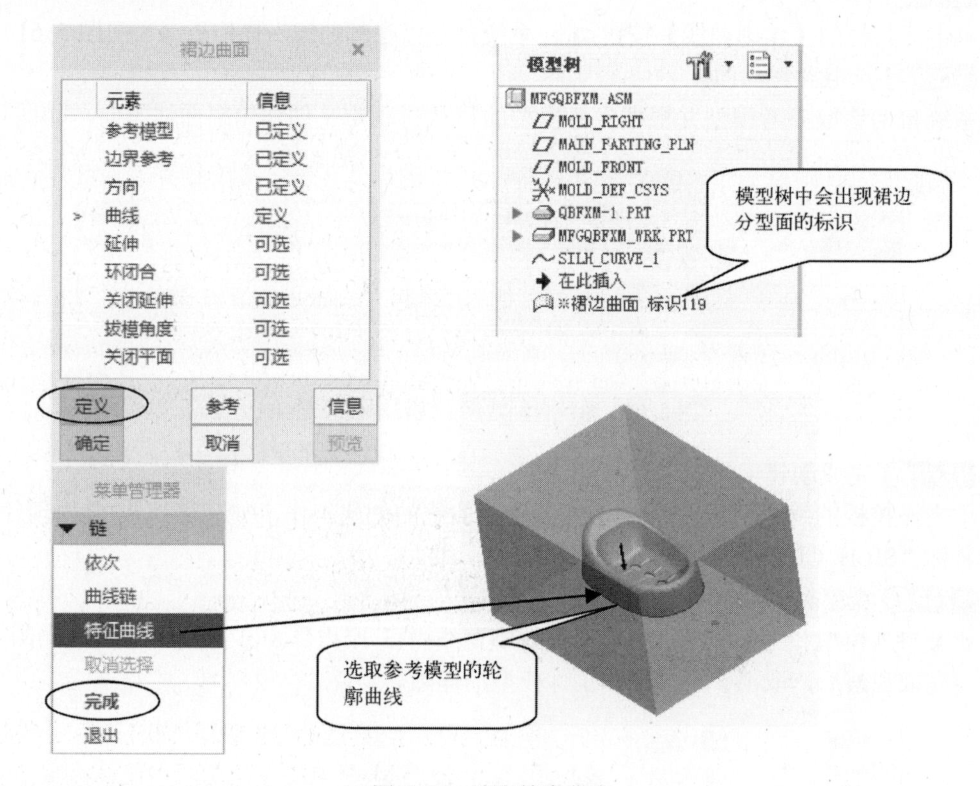

图 5-67 选取轮廓曲线

STEP 3 完成创建工作。

再单击“裙边曲面”对话框的确定按钮，完成裙边分型面的创建工作，模型树中会出现裙边分型面的标识。

单击分型面右边工具栏的按钮，回到模具设计界面。单击工具栏的【保存】按钮，保存模具文件。

STEP 4 观察裙边分型面。

遮蔽参考模型和工件模型，裙边分型面如图 5-68 所示。可以观察到，裙边分型面利用轮廓曲线的内环来填充曲面上的孔，利用轮廓曲线的外环与工件模型的边界创建模具分型面。

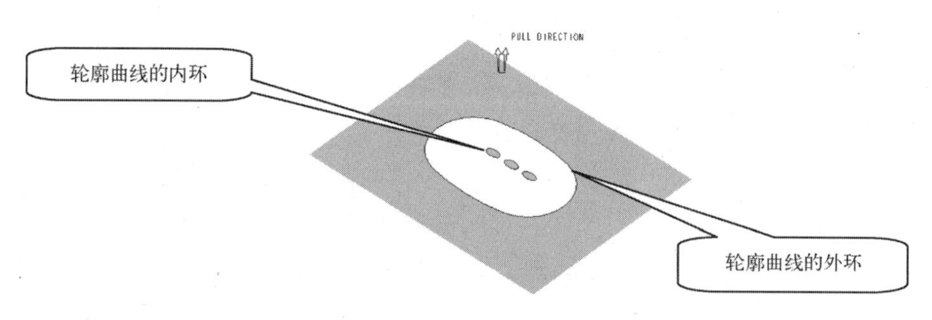

图 5-68　裙边分型面

（8）编辑分型面

1）重定义分型面

在实际工作中，如果发现分型面不合适，可以通过“重定义”或“编辑定义”的方法修改分型面。

重定义分型面是对分型面进行大幅度修改。可以为分型面增加新特征，如延伸、修剪、合并、添加新的曲面等，也可以重新定义分型面中的现有特征、修改尺寸或删除整个分型面及其所有的相关特征。

下面是重定义分型面的操作要点。

打开模型文件“第 5 章\范例结果文件\箱包拉手\创建分型面\重定义分型面\mfgcdyfxm.asm”，在“模型树”中左键单击分型面，从快捷菜单中选取【重定义分型面】按钮，可以根据需要，重新定义分型面，如图 5-69 所示。

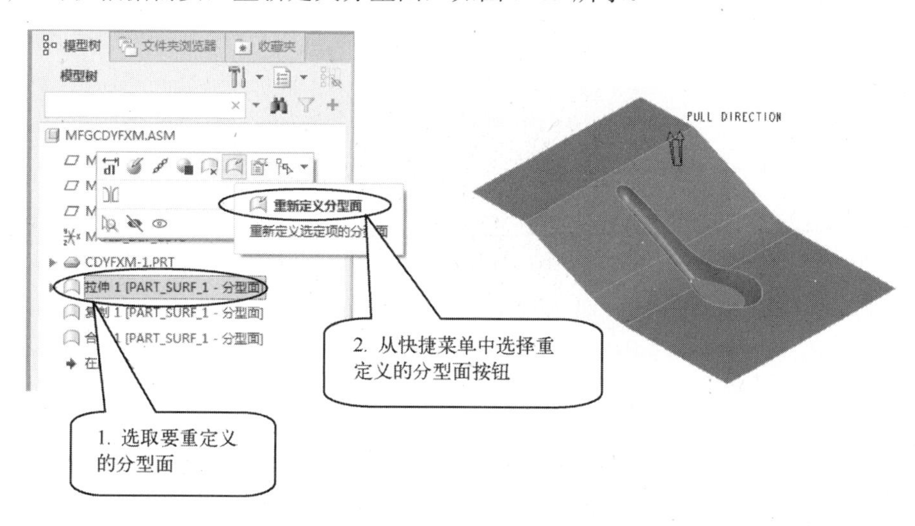

图 5-69　重定义分型面方法

2）编辑定义分型面

编辑定义分型面是在原有基础上对分型面进行局部修改。打开模型文件“第 5 章\范例结果文件\箱包拉手\创建分型面\编辑定义分型面\mfgcdyfxm.asm”。

下面是编辑定义分型面的操作要点。

在“模型树”中左键单击分型面，从快捷菜单中选取【编辑定义】，系统打开创建该分型面时使用的操控板或对话框，可以根据需要修改分型面，如图 5-70 所示。

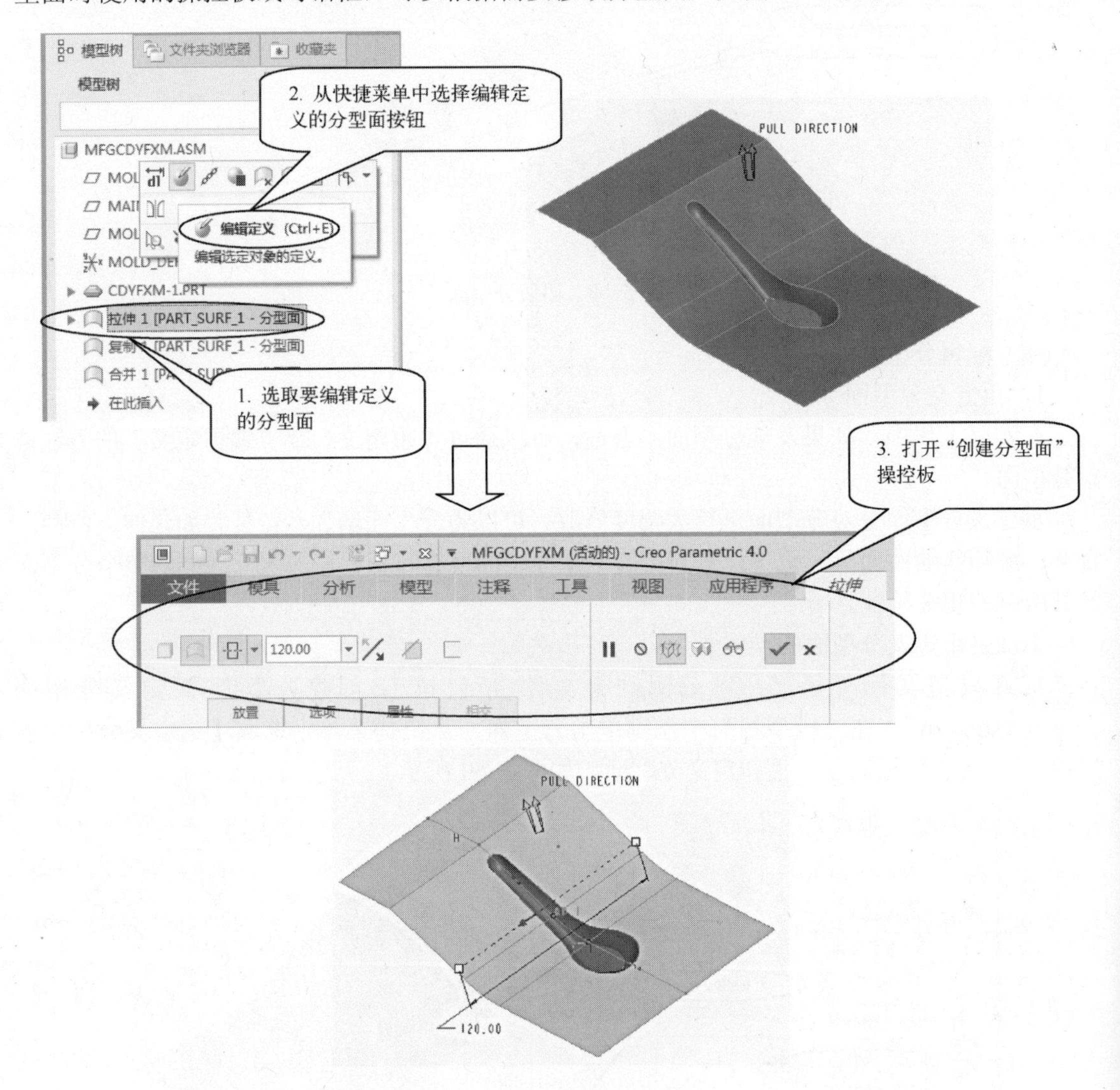

图 5-70　编辑定义分型面方法 1

3）着色分型面

下面是着色分型面的操作要点。首先打开模型文件“第 5 章\范例结果文件\箱包拉手\创建分型面\重定义分型面\mfgcdyfxm.asm”。

STEP 1 从“模具”工具栏中选取【着色】按钮，系统打开“搜索工具”对话框，从中选取要着色的分型面，系统会对分型面进行着色处理，以方便对其进行观察，如图 5-71 所示。

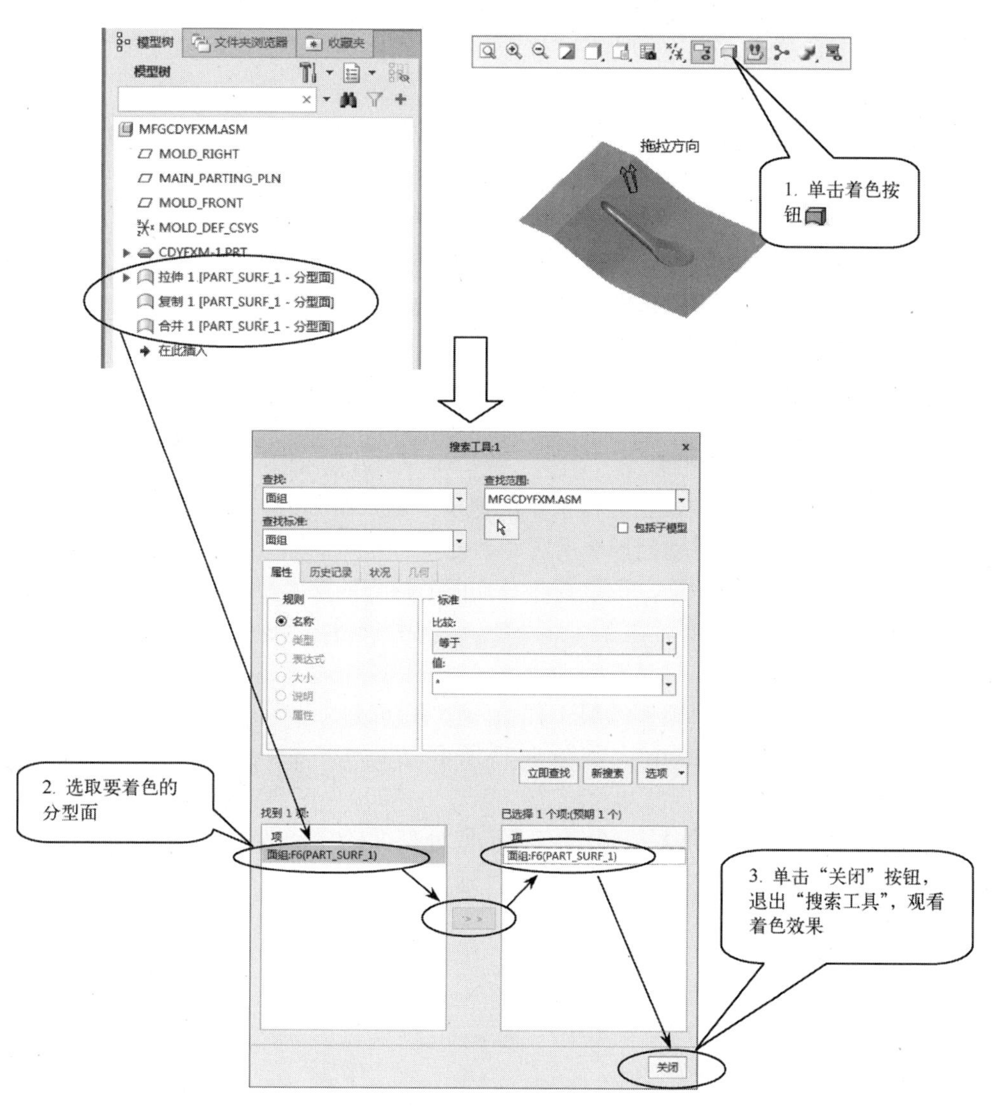

图 5-71　着色分型面操作方法

STEP 2 如果要选取更多要着色的分型面，可在菜单管理器的【继续体积块选取】菜单中单击【继续】。如果要退出着色操作，可单击菜单管理器的【完成/返回】选项，如图 5-72 所示。

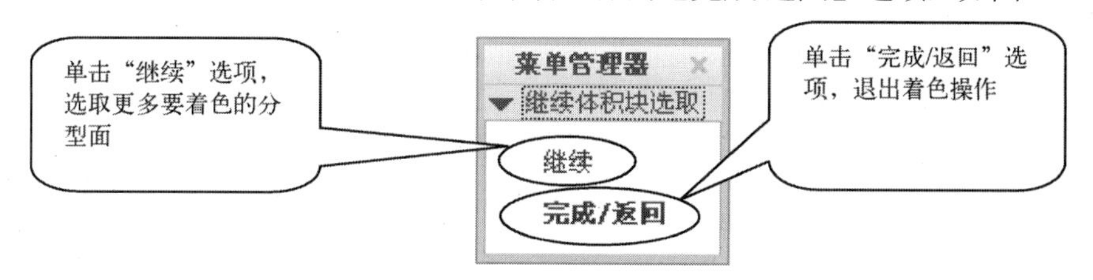

图 5-72　着色分型面菜单管理器

经验交流

“着色”命令只能对分型面创建模式创建的分型面进行着色处理，不能对曲面创建模式创建的曲面进行着色处理。此外，“着色”命令也可以对体积块进行着色处理。

（9）延伸分型面

延伸操作可以将分型面延伸到指定距离或延伸到所选的参考平面，创建出延伸分型面。

1）延伸分型面操作要点

① 选取延伸命令，打开“延伸”操控板。

② 选取延伸曲面的边界。选取延伸曲面的边界时，只能选取单条边或链（注意，要添加其他边界时，需按住〈Shift〉键进行）。

③ 使用操控板定义延伸方式

- 沿原始曲面延伸曲面 ：沿原始曲面延伸曲面边界。
- 将曲面延伸到参考平面：在与指定平面垂直的方向延伸边界至指定平面。

④ 指定延伸距离或参考平面

如果沿原始曲面延伸曲面，在操控板中的值框中键入距离值。或者在图形窗口中，使用拖动控制滑块将选定的边界手动延伸至所需距离处。

如果将曲面延伸到参考平面，选取要将该曲面延伸到的参考平面。

⑤ 单击操控板的按钮。

2）创建延伸分型面实例

打开模具文件“第 5 章\范例结果文件\箱包拉手\创建分型面\延伸分型面\mfgysfxm.asm”，如图 5-73 所示。

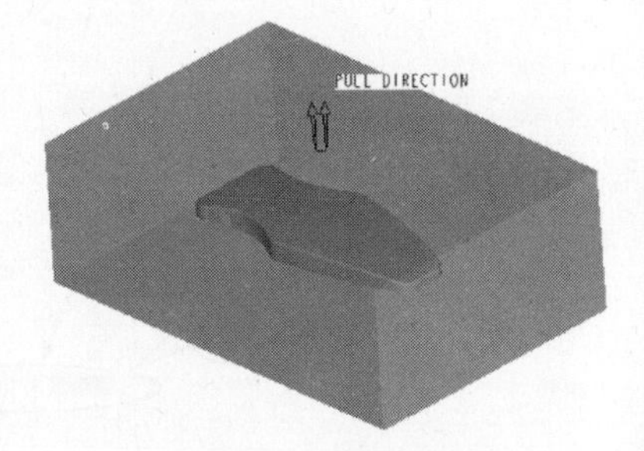

图 5-73　模具文件

① 选取命令

在工具栏中单击【分型面】按钮→【选取分型面的任意一条边界】→【延伸】按钮，打开“延伸”操控板，如图 5-74 所示。

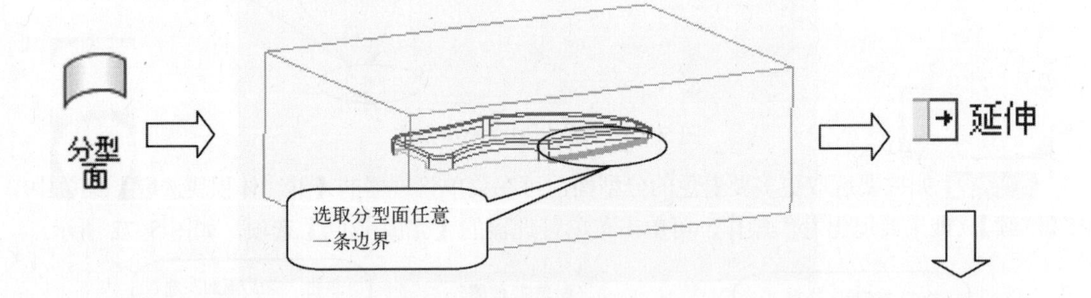

图 5-74　选取创建延伸分型面命令

经验交流

“延伸分型面”是对已存在的分型面进行延伸，在选取曲面边界进行延伸时，选取的边界应在分型面上，而不是参考模型上的边界。为了避免参考模型边界与分型面边界发生重叠引起选取困难，在选取分型面边界之前，将参考模型进行遮蔽处理，方便选取分型面边界。

② 指定延伸曲面的边界、延伸方式和要延伸到的平面

STEP 1 遮蔽参考模型，选取分型面轮廓线的一条边，然后按住 Shift 键，依次选取其他边，指定为要延伸分型面的边界链，如图 5-75 所示。

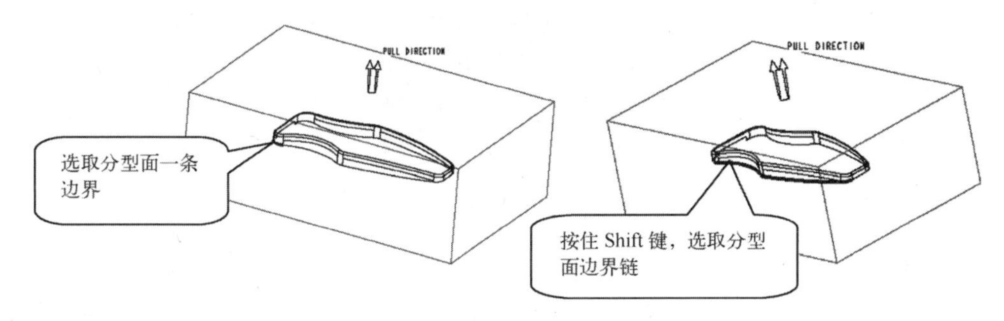

图 5-75 选取分型面边界链

STEP 2 单击【将曲面延伸到参考平面】按钮，指定沿垂直的方向延伸边界链。

STEP 3 选取工件模型的侧面，指定为分型面要延伸到的平面，如图 5-76 所示。

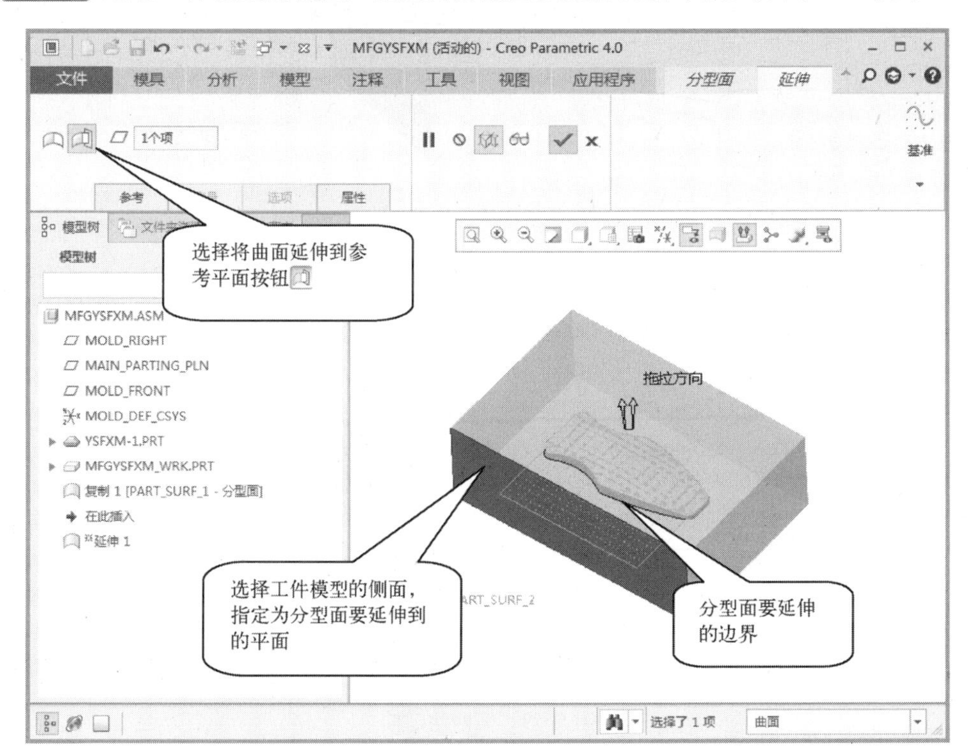

图 5-76 延伸操作

③ 完成创建工作

单击操控板的✓按钮，创建出垂直于工件模型的侧面的延伸曲面，完成分型面的第一次延伸工作。重复上述步骤，继续对分型面其余边界链进行延伸，如图 5-77～图 5-79 所示，延伸好的分型面如图 5-80 所示。

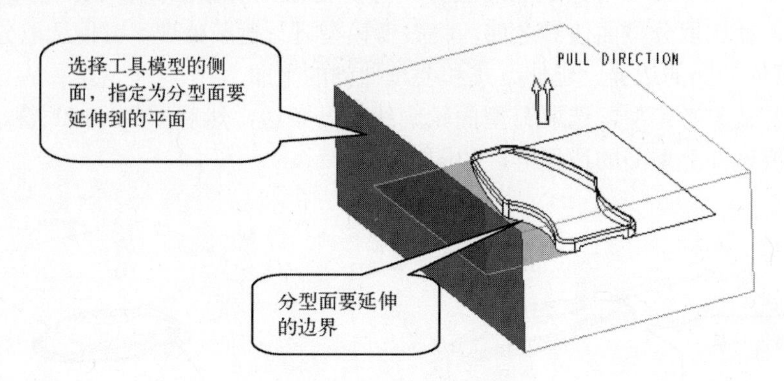

图 5-77　第二次延伸

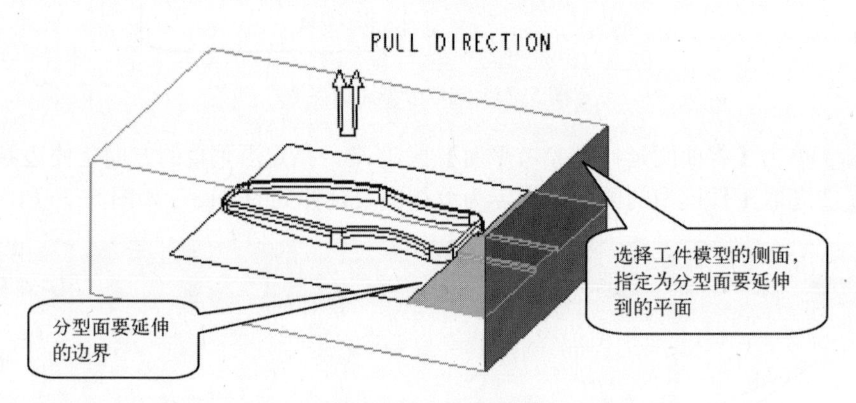

图 5-78　第三次延伸

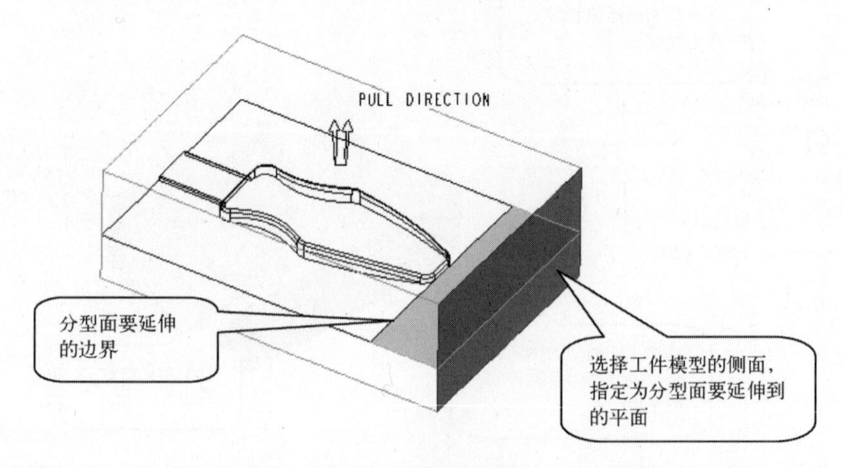

图 5-79　第四次延伸

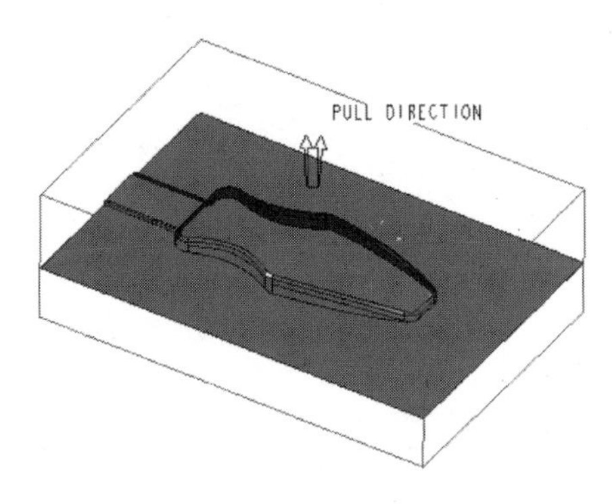

图 5-80　延伸得到的分型面

单击分型面右边工具栏的✓按钮，回到模具设计界面。单击工具栏的【保存】按钮，保存模具文件。

创建出的延伸曲面会自动合并到前面创建出的复制分型面中，成为一个完整的分型面。

（10）合并分型面

在创建分型面过程中，一个参考模型的分型面往往由多个单一的分型面组成。这些单一的分型面通过连接或求交的方式连接成一个完整的分型面，这个过程称为合并分型面。

1）合并分型面操作要点

① 从菜单管理器中选取合并命令，打开“合并”操控板。

② 按住〈Ctrl〉键选取要合并的两个曲面。

③ 选取合并方法：从操控板中选取【相交】或【连接】。注意：如果选取连接，一个曲面的单侧边必须位于另一个面组上。

④ 指定合并曲面的保留部分。

- 相交合并：通过单击图形窗口中的两个粉红色箭头，分别指定两个曲面要保留的一侧，箭头指向的那一侧曲面将被包括在合并曲面中。
- 连接合并：如果两个曲面的边与边相连，系统可以直接合并两个曲面，不出现粉红色箭头。如果一个曲面延伸超出另一个曲面，显示一个粉红色箭头，可单击箭头指定曲面的哪一侧将被包括在合并曲面中。

⑤ 单击操控板的✓按钮。

2）创建合并分型面实例

打开模型文件“第 5 章\范例源文件\箱包拉手\创建分型面\合并分型面\mfghbfxm.asm”，如图 5-81 所示。

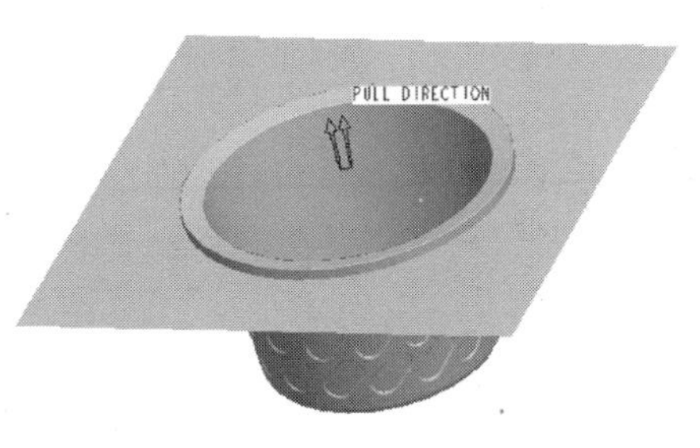

图 5-81　模具文件

本例参考模型分型面由一个复制分型面和一个填充分型面组成，这两个分型面需要通过合并分型面的操作，才能连接在一起成为一个完整的分型面。

① 选取命令

从模型树中选取其中一个分型面，单击鼠标左键，打开“快捷菜单”，选取“重定义分型面”选项，进入分型面创建模式，选取要合并的两个分型面，单击【合并】按钮，打开“合并”操控板，如图 5-82 所示。

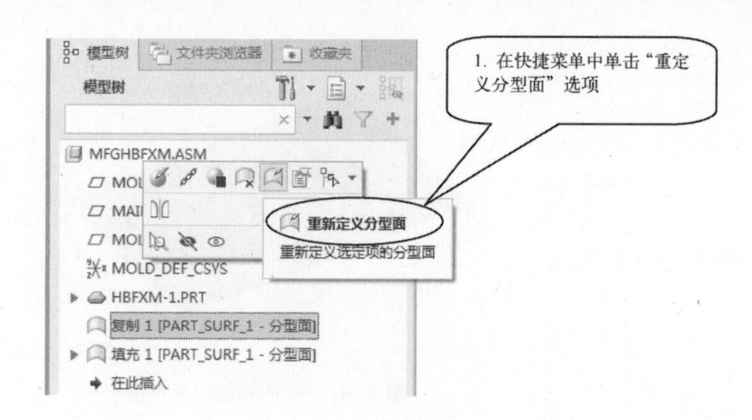

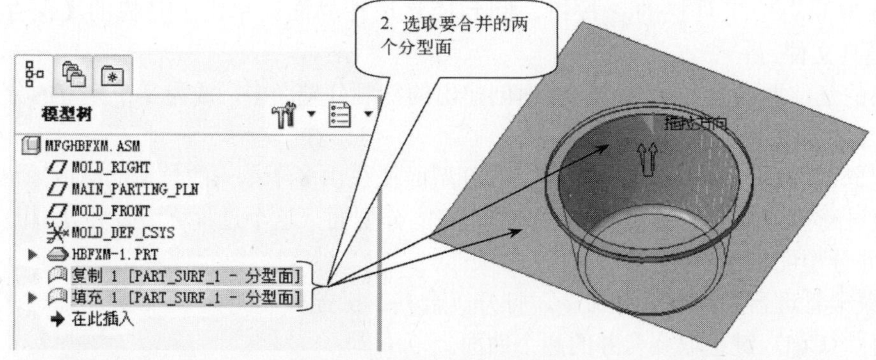

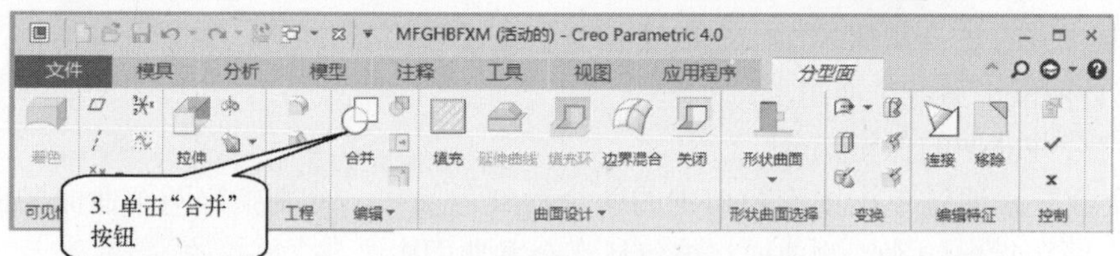

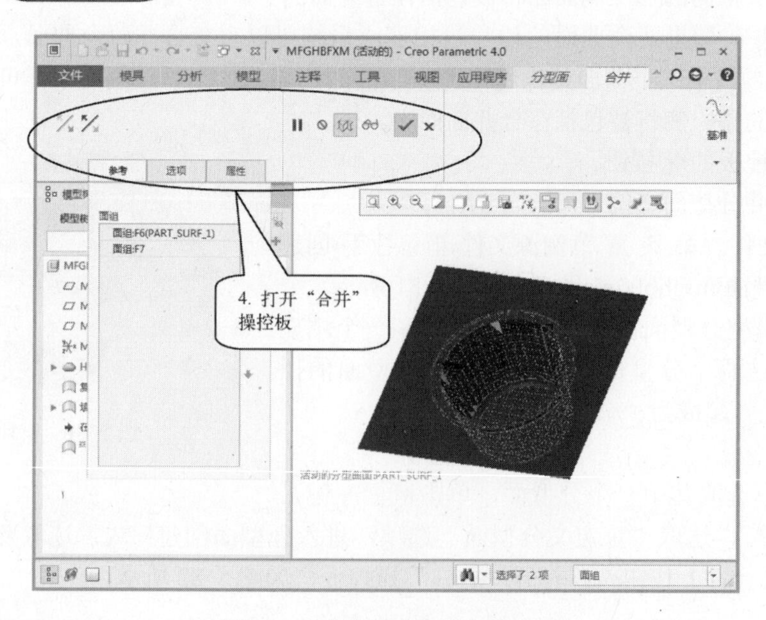

图 5-82　选取创建合并分型面命令

② 选取要合并的分型面，指定合并方式

按住〈Ctrl〉键，分别选取复制分型面和填充曲面，接受操控板的默认设置【相交】，调整合并方向，如图 5-83 所示。

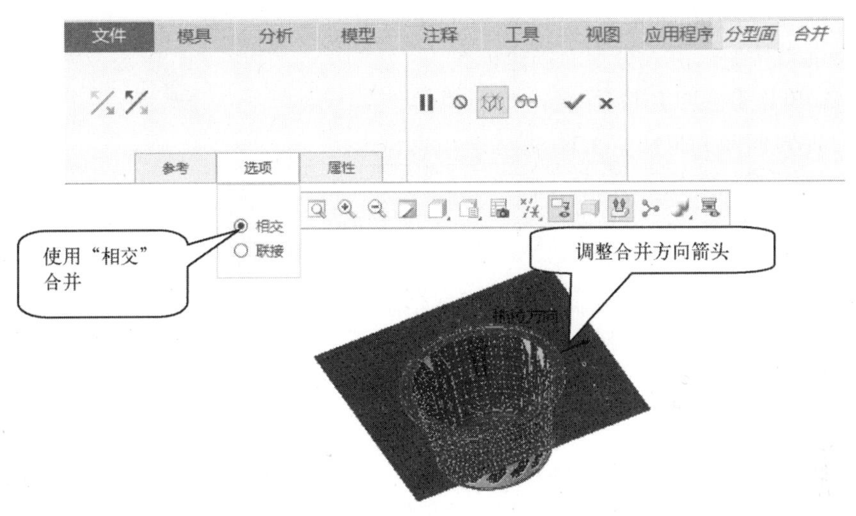

图 5-83 合并分型面操作

③ 完成创建工作

单击操控板的✓按钮，完成分型面的合并工作。单击分型面右边工具栏的✓按钮，回到模具设计界面。单击工具栏的【保存】按钮，保存模具文件。

（11）修剪分型面

从分型面中移除一部分曲面，得到特定形状的分型面，这个过程称为修剪分型面。修剪分型面的方法包括：使用修剪工具修剪分型面；使用拉伸、旋转、扫描等建模特征修剪分型面。

1）使用修剪工具修剪分型面的操作要点

① 选取要被修剪的分型面。

② 单击【修剪】按钮，打开“修剪曲面”操控板。

③ 选取修剪对象。

④ 定义修剪选项内容。

⑤ 单击操控板的✓按钮，完成修剪曲面操作。

经验交流

使用拉伸、旋转、扫描等建模特征修剪分型面的操作要点与建模特征操作要点相同。通常情况下，建模特征修剪分型面使用较为广泛。

2）创建修剪分型面实例

下面介绍常用的“拉伸法”修剪分型面。

拉伸修剪操作可以使用草绘截面拉伸出修剪曲面，对已经存在的曲面进行修剪。其操作的要点与拉伸创建曲面基本相同，只是要在“拉伸特征”操控板中选中【拉伸为曲面】按钮和【移除材料】按钮，并且指定要修剪的曲面。

打开模型文件“第 5 章\范例源文件\箱包拉手\创建分型面\修剪分型面\mfgxjfxm.asm”，

如图 5-84 所示。

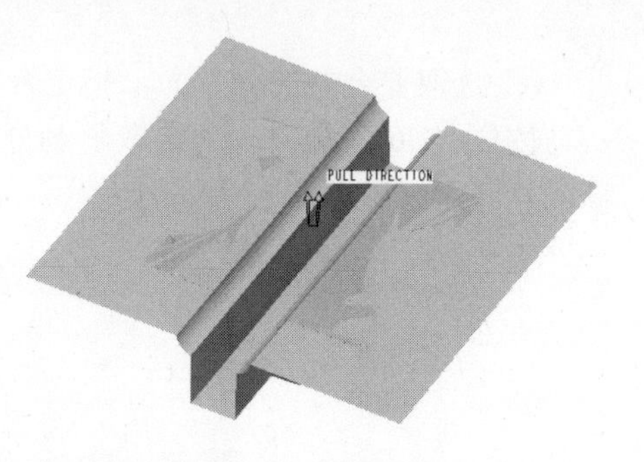

图 5-84　模具文件

① 选取命令

STEP① 从模型树中选取要修剪的分型面，单击鼠标左键，打开“快捷菜单”，在快捷菜单中选取“重定义分型面”按钮，进入分型面创建模式。

STEP② 单击【拉伸】按钮，打开“拉伸”操控板，【拉伸为曲面】按钮已经被选中，再单击【移除材料】按钮，如图 5-85 所示。

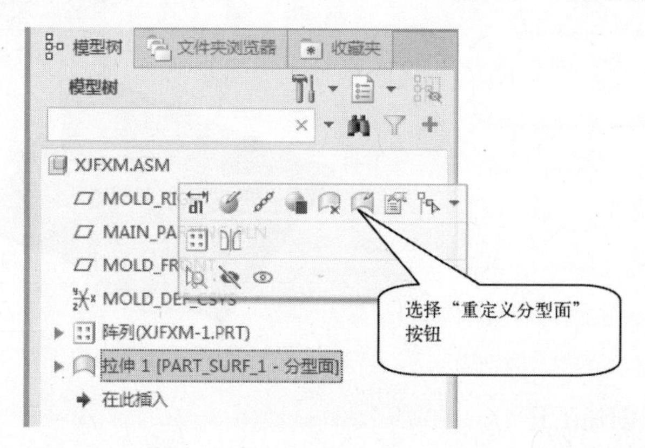

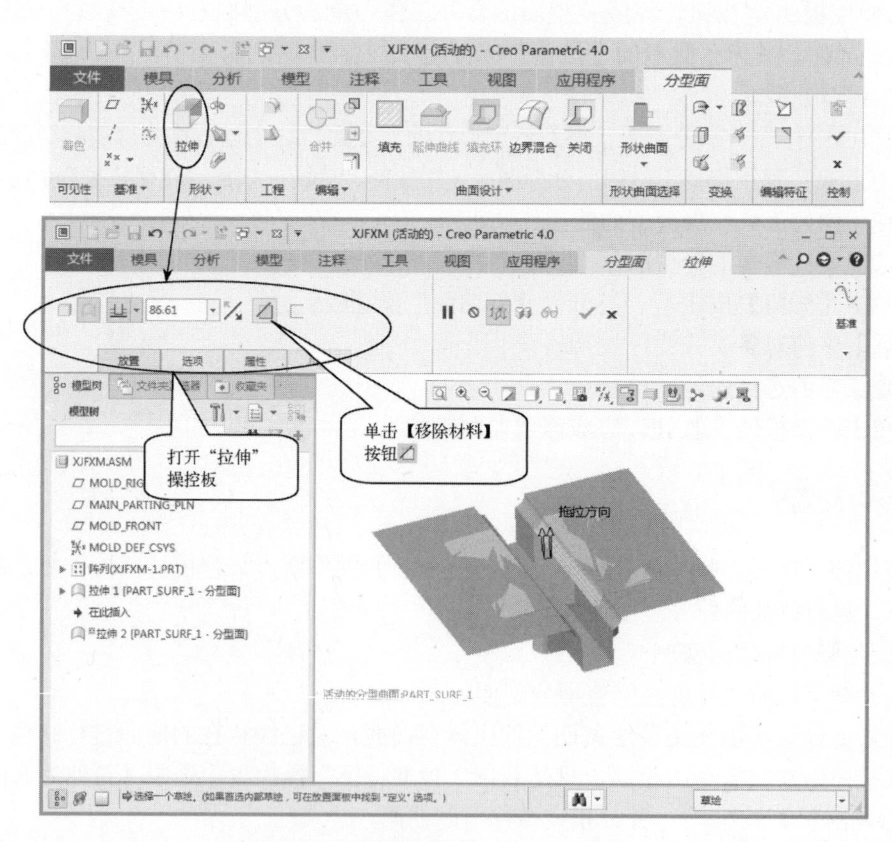

图 5-85　选取创建拉伸修剪分型面命令

② 选取草绘平面和方向

STEP 1 选取【放置】→【定义】，打开“草绘”对话框。在【平面】框中选取“MOLD_FRONT”平面作为草绘平面，在【参考】框中选取“MOLD_RIGHT”平面作为参考平面，在【方向】框中选取“左”，如图 5-86 所示。单击 草绘 按钮进入草绘模式。

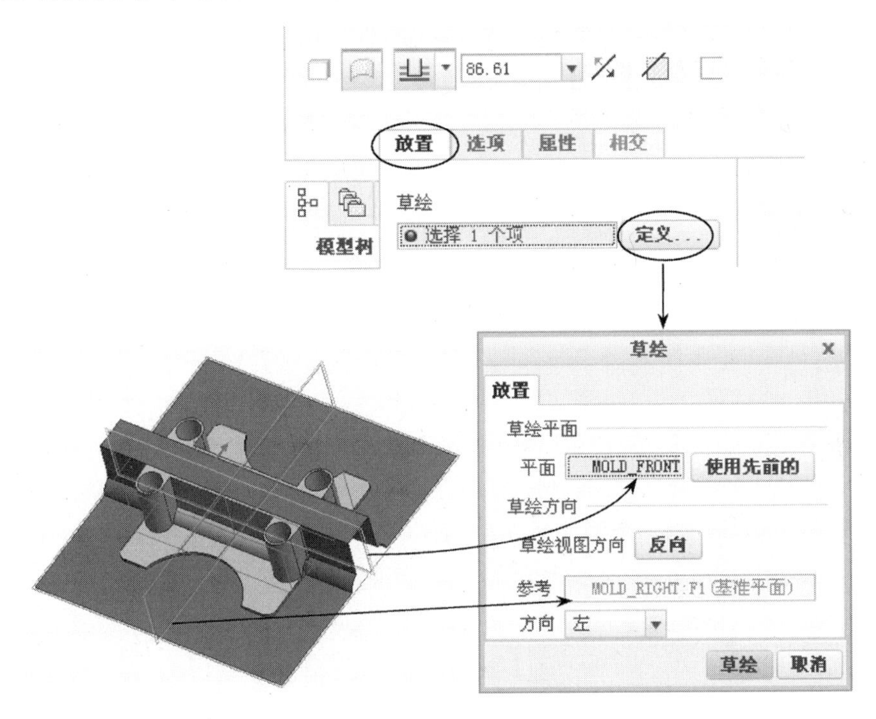

图 5-86 选取草绘平面和方向

STEP 2 进入草绘模式后，选取【草绘视图】按钮，定向草绘平面使其与屏幕平行。

③ 绘制矩形修剪截面

STEP 1 在分型面的右端任意绘制一个矩形。

STEP 2 单击【重合】按钮，设置矩形底边与分型面底面重合。

STEP 3 选取【尺寸】按钮，设置矩形左侧与参考模型轮廓的距离为 15。

STEP 4 绘制一条中心线，然后选取【镜像】按钮，镜像出分型面的左端的矩形。

STEP 5 绘制出的截面如图 5-87 所示，单击草绘工具栏的 ✔ 按钮退出草绘模式。

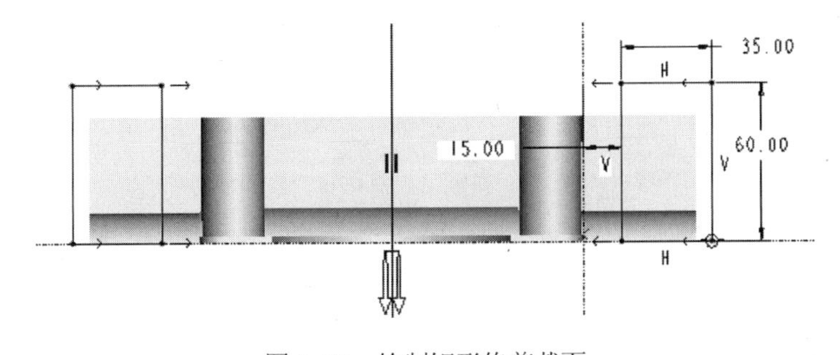

图 5-87 绘制矩形修剪截面

④ 指定被修剪的曲面、拉伸方式和深度

单击操控板中【面组】右框（修剪面组收集器），再单击分型面，指定要修剪的曲面。再单击【对称】指定拉伸方式。可以观察到拉伸出的修剪曲面已经将分型面凸棱包括在内，不必再设置深度，如图 5-88 所示。

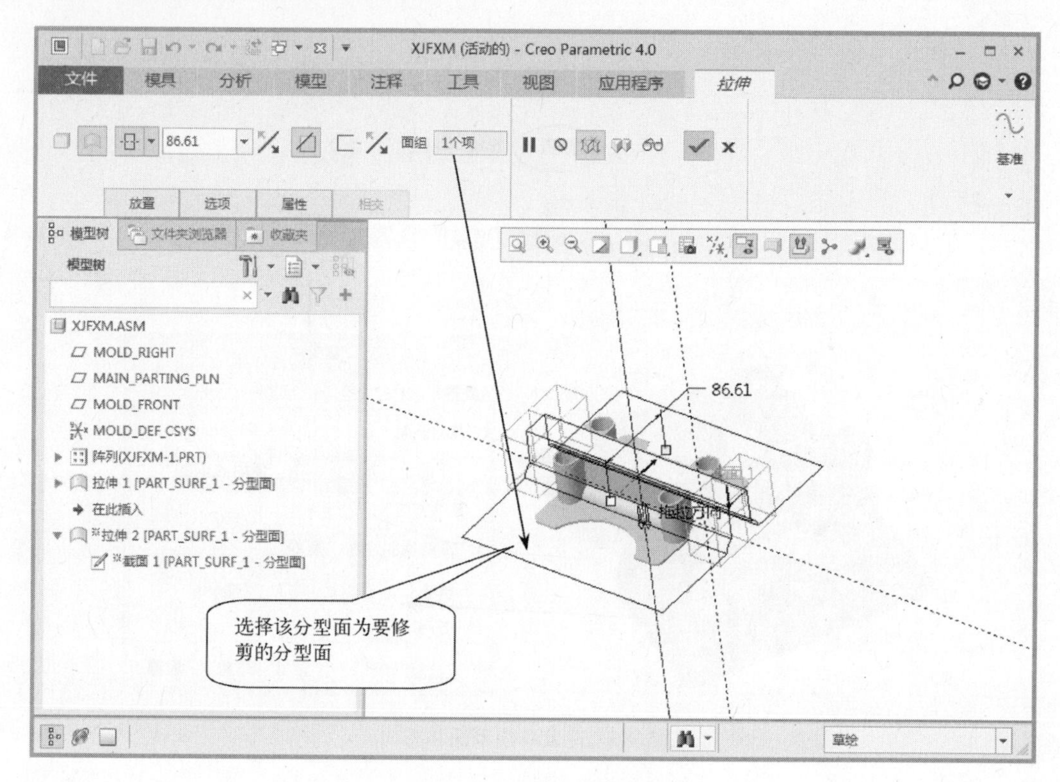

图 5-88　显示修剪曲面线框

⑤ 完成创建工作

单击操控板的按钮，完成分型面的修剪工作，分型面形状如图 5-89 所示。单击分型面右边工具栏的按钮，返回到模具设计界面。单击工具栏的【保存】按钮，保存模具文件。

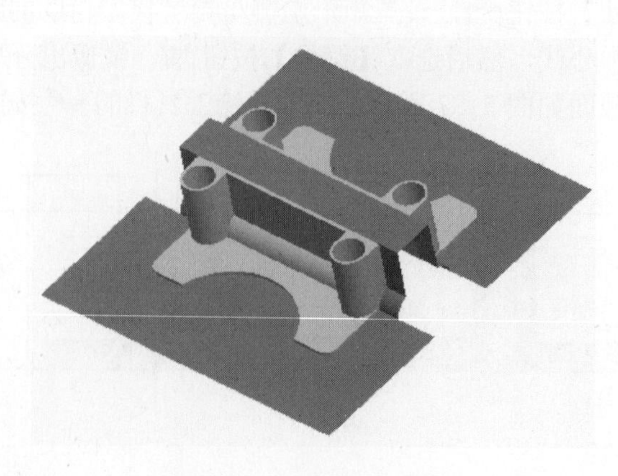

图 5-89　修剪后的分型面

（12）分型面上破孔的修补

在 Creo 4.0 模具设计工作中，由于产品结构需要，一些参考模型在拔模方向会存在孔洞，导致复制出来的曲面不完整，因此要对分型面上的孔洞进行修补。

分型面上破孔的修补方法：通常使用复制曲面中的“排除曲面并填充孔”选项进行。操作要点参照“（5）复制分型面”的操作要点。

分型面上破孔的分布：一种是破孔分布在同一曲面上，另一种是破孔分布不在同一曲面上。

1）破孔分布在同一曲面上的修补

破孔分布在同一曲面上，可以直接选取该曲面作为要修补的曲面，系统会自动找出所有的孔进行修补。下面介绍具体的操作方法。

打开模具文件“第 5 章\范例源文件\箱包拉手\创建分型面\分型面上破孔的修补\mfgpkxb-1.asm”，如图 5-90 所示。

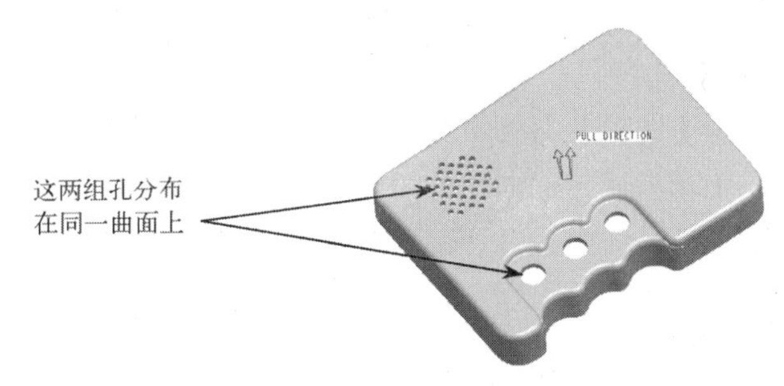

图 5-90　破孔分布在同一曲面上

① 选取命令

在“模具”工具栏中单击【分型面】按钮，进入分型面创建模式，选取参考模型的一个外表面，使用快捷键〈Ctrl+C〉→〈Ctrl+V〉，打开“复制分型面”操控板，如图 5-91 所示。

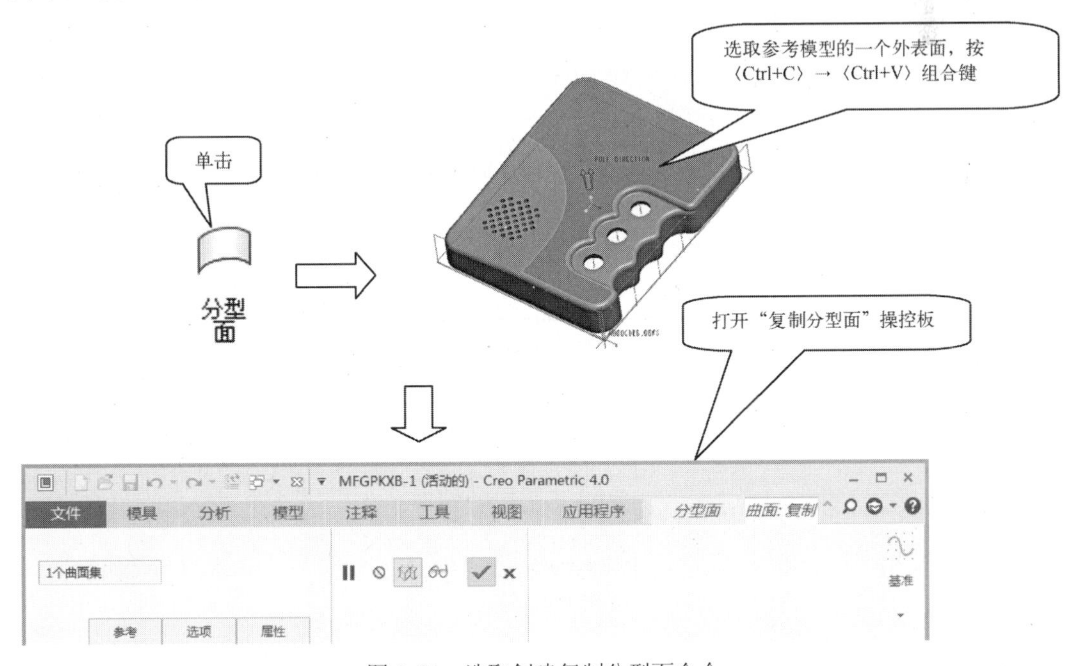

图 5-91　选取创建复制分型面命令

② 选取要复制的曲面

按住〈Ctrl〉键，依次选取参考模型外表面，如图 5-92 所示。

PULL DIRECTION
要修补的破孔

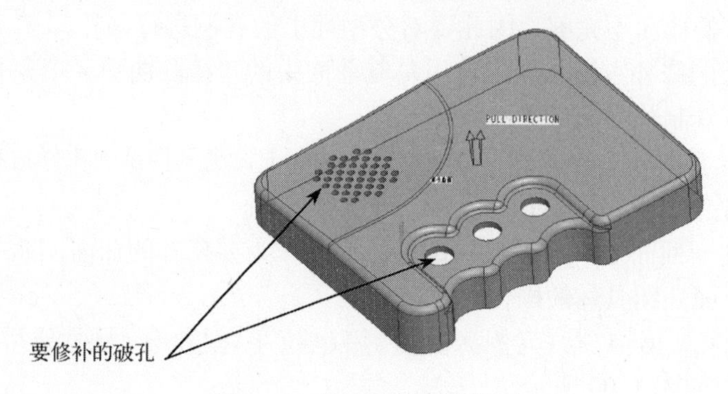

图 5-92 选取要复制的曲面

③ 修补分型面中的破孔

STEP 1 从操控板的【选项】面板中选取【排除曲面并填充孔】，如图 5-93 所示。或者单击右键，从快捷菜单中选取【排除曲面并填充孔】，如图 5-94 所示。

1个曲面集
参考
选项
属性
按原样复制所有曲面
排除曲面并填充孔
复制内部边界
取消修剪包络
取消修剪定义域
排除轮廓
填充孔/曲面
选择项

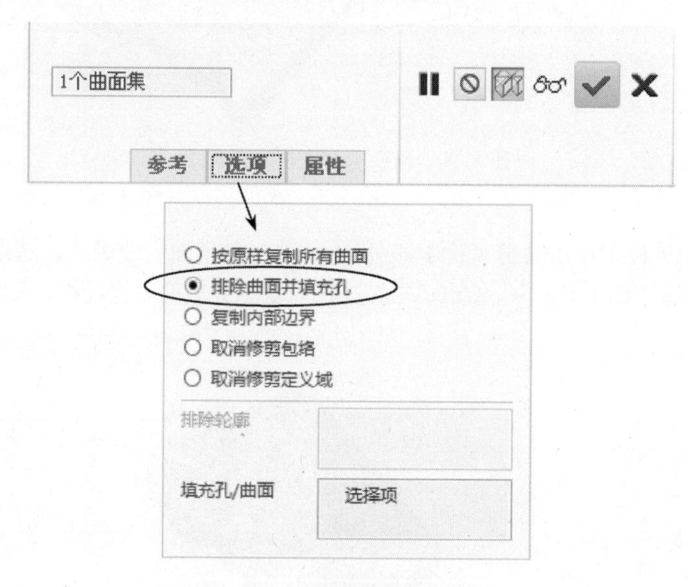

图 5-93 “复制曲面”操控板

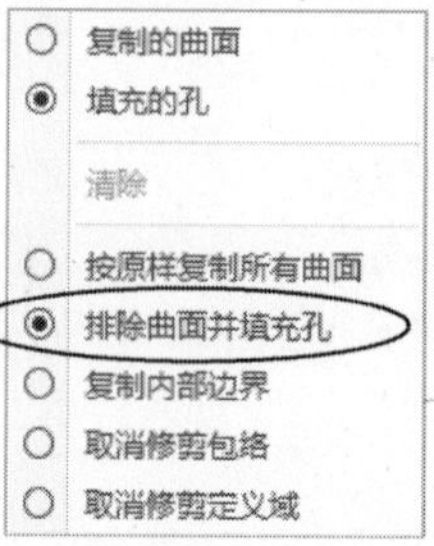

复制的曲面
填充的孔
清除
按原样复制所有曲面
排除曲面并填充孔
复制内部边界
取消修剪包络
取消修剪定义域

图 5-94 右键快捷菜单

STEP② 选取参考模型有破孔的两个曲面（结合〈Ctrl〉键），可以观察到破孔被填充，设置成【着色】显示，可以单击操控板右边的【特征预览】按钮观察。如图 5-95 所示。

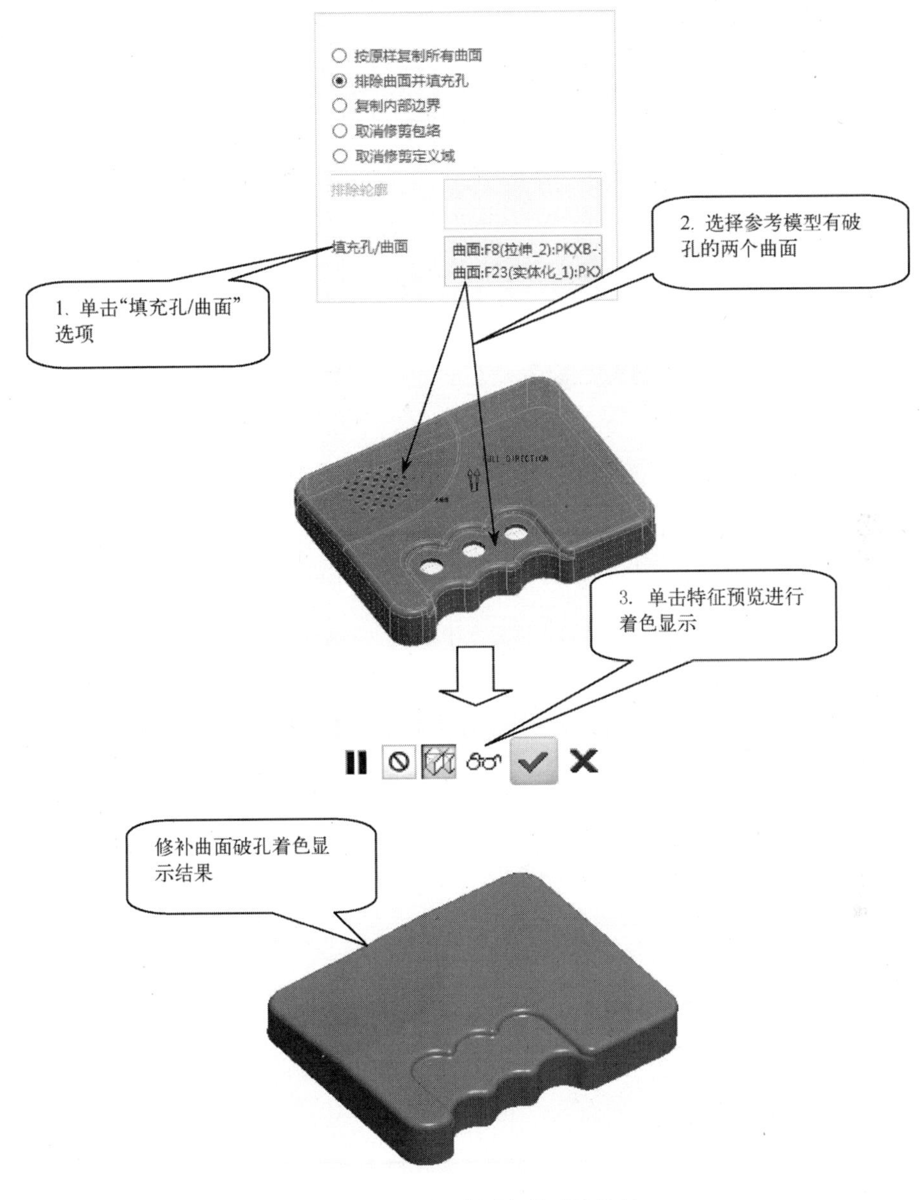

图 5-95 同一曲面上的破孔修补

④ 完成复制分型面修补破孔的创建工作

单击操控板的按钮，完成复制分型面修补破孔的创建工作。单击分型面右边工具栏的按钮，回到模具设计界面，单击工具栏的【保存】按钮，保存模具文件。

2）破孔分布不在同一曲面上的修补

破孔分布不在同一曲面上，而是位于面与面的交线上，选取破孔上的任何一条边线，系统会自动为该破孔覆盖曲面。

打开模具文件“第 5 章\范例源文件\箱包拉手\创建分型面\分型面上破孔的修补\mfgpkxb-2.asm”，如图 5-96 所示。

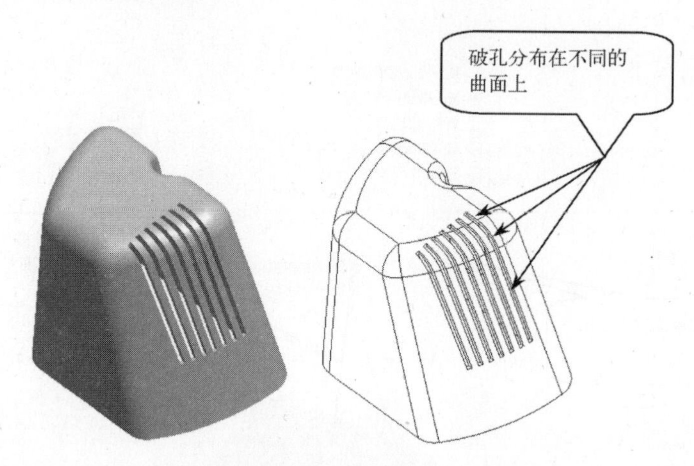

图 5-96　破孔分布不在同一曲面上

① 选取命令

在模具工具栏中单击【分型面】按钮，进入分型面创建模式，选取参考模型的一个外表面，使用快捷键〈Ctrl+C〉→〈Ctrl+V〉，打开“复制分型面”操控板，如图 5-97 所示。

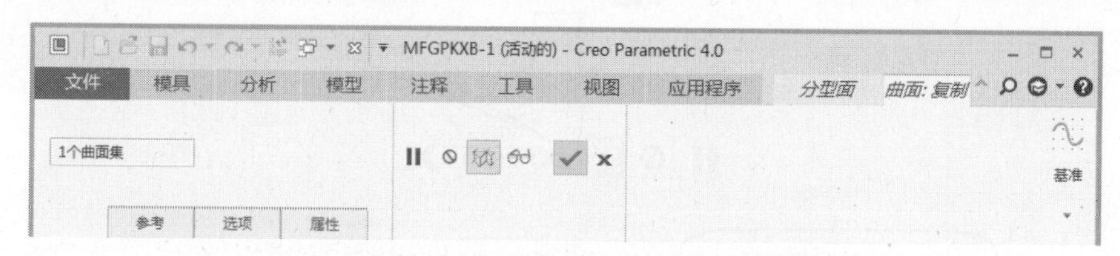

图 5-97　打开“复制分型面”操控板

② 选取要复制的曲面

按住〈Ctrl〉键，依次选取参考模型内表面，如图 5-98 所示。

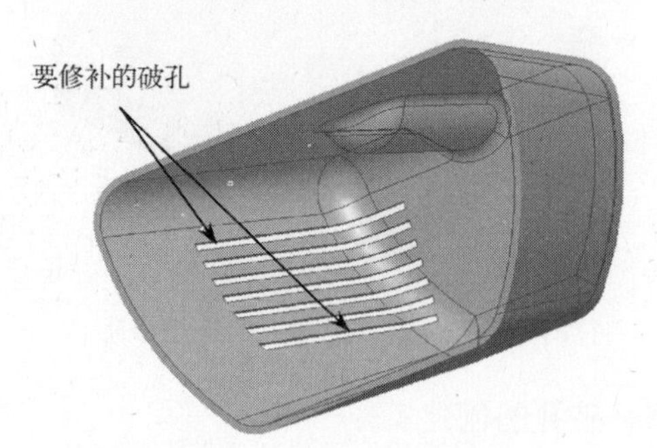

图 5-98　选取要复制的曲面

③ 修补分型面中的破孔

STEP① 从操控板的【选项】面板中选取【排除曲面并填充孔】，如图 5-99 所示。

STEP② 按住〈Ctrl〉键，依次选取参考模型破孔上的一条边线，可以观察到破孔被填充，设置成【着色】显示，可以单击操控板右边的【特征预览】按钮观察。如图 5-100 所示。

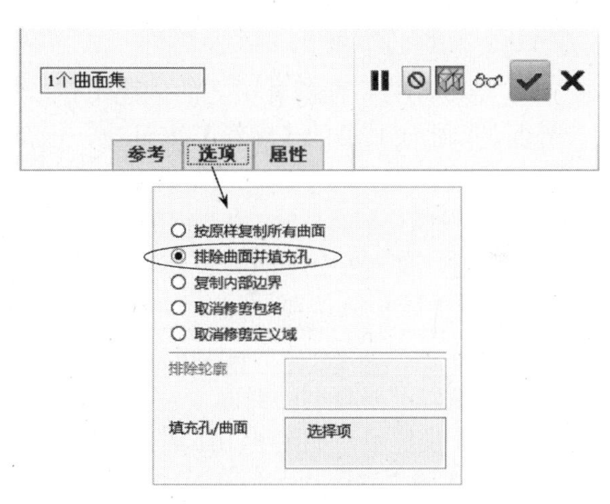

图 5-99 “复制曲面”操控板

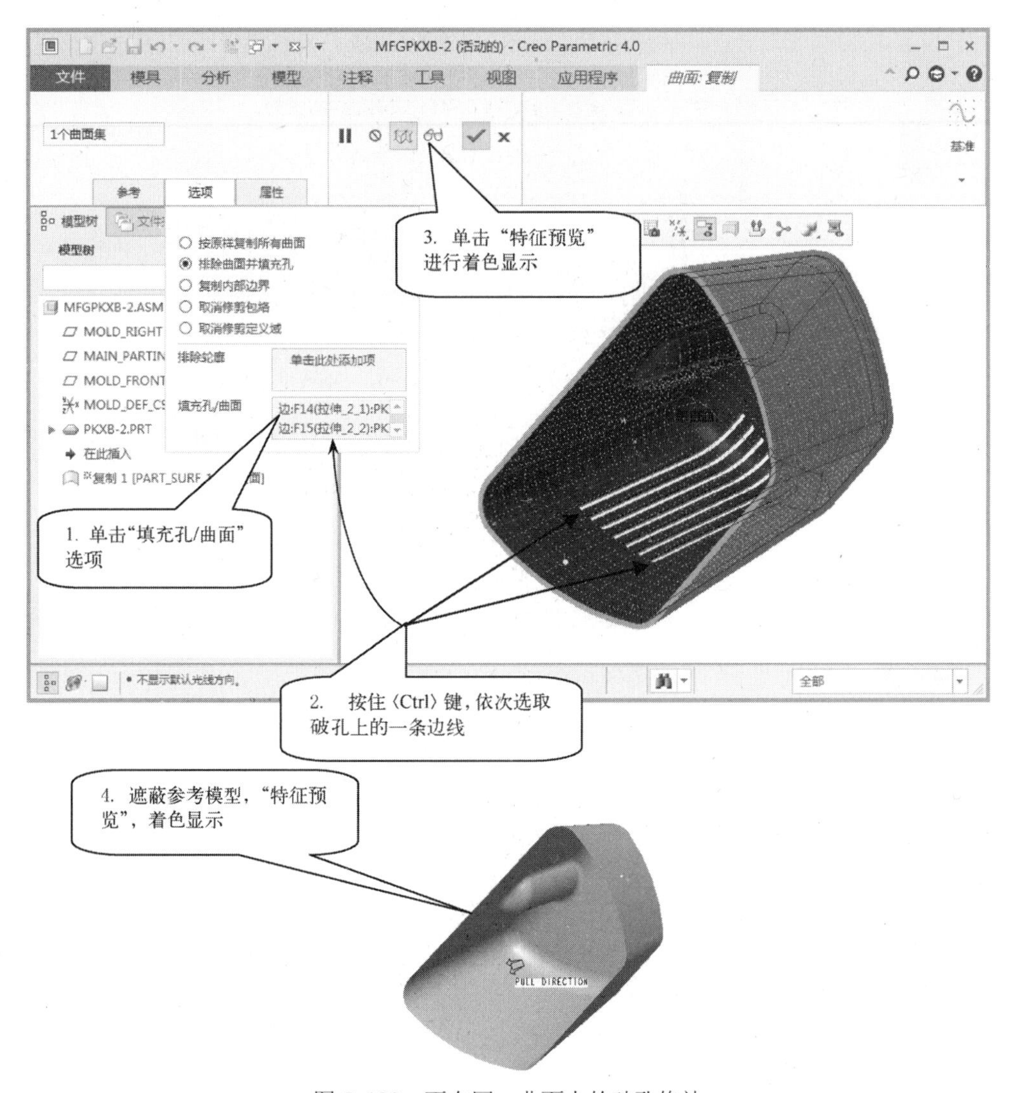

图 5-100 不在同一曲面上的破孔修补

④ 完成复制分型面修补破孔的创建工作

单击操控板的✔按钮，完成复制分型面修补破孔的创建工作。单击分型面右边工具栏的✔按钮，回到模具设计界面，单击工具栏的【保存】按钮，保存模具文件。

（13）关闭分型面

在 Creo 4.0 模具设计工作中，关闭分型面是创建分型面的新增功能，相当于 Pro/ENGINEER Wildfire 5.0 分型面上破孔的修补功能（即复制分型面中的【排除曲面并填充孔】选项）。

1）关闭分型面的操作要点

① 选取分型面命令。

② 按住〈Ctrl〉键选取参考模型上要复制的曲面（包括要修补的破孔），选取【关闭】按钮，打开“创建关闭分型面”操控板，如图 5-101 所示。

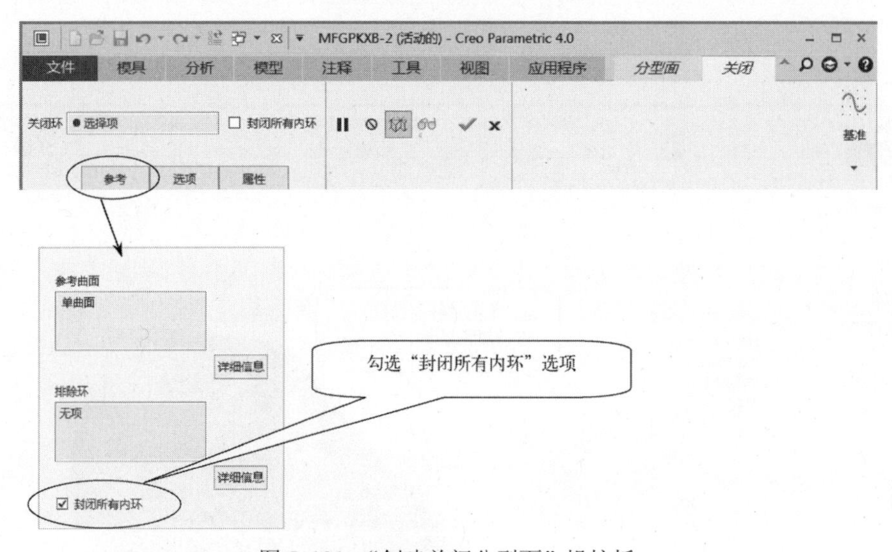

图 5-101 “创建关闭分型面”操控板

③ 单击操控板的✔按钮，完成关闭分型面创建工作。

2）创建关闭分型面实例

打开模具文件“第 5 章\范例源文件\箱包拉手\创建分型面\分型面上破孔的修补\mfgpkxb-2.asm”，如图 5-102 所示。

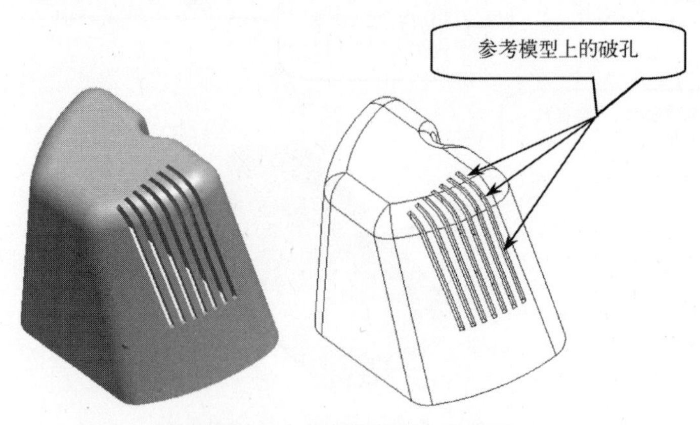

图 5-102 参考模型上存在破孔

① 选取命令

在模具工具栏中单击【分型面】按钮，进入分型面创建模式，选取参考模型的一个内表面，选取【关闭】按钮，打开“创建关闭分型面”操控板，如图 5-103 所示。

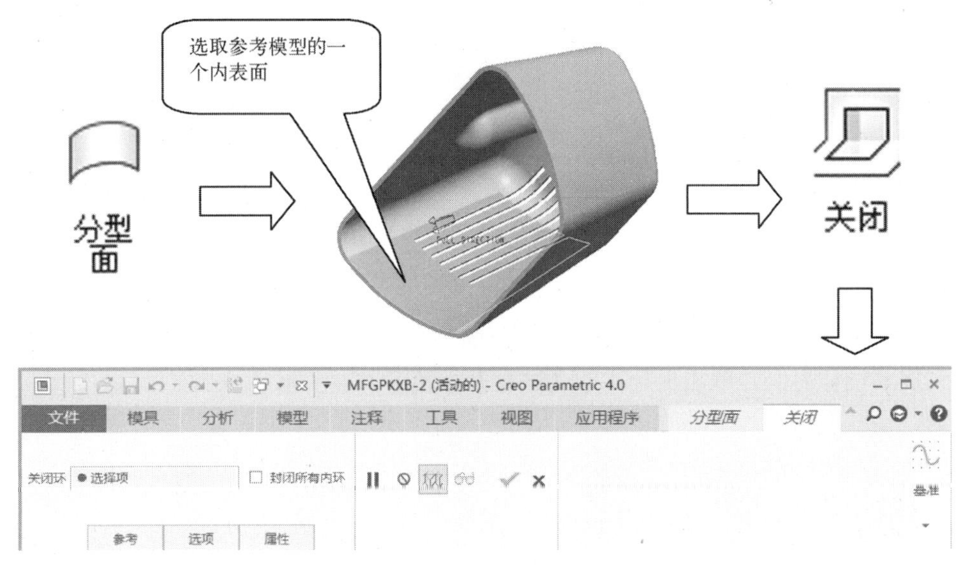

图 5-103　选取创建关闭分型面命令

② 选取通孔周边的曲面

按住〈Ctrl〉键，依次选取参考模型内表面，如图 5-104 所示。

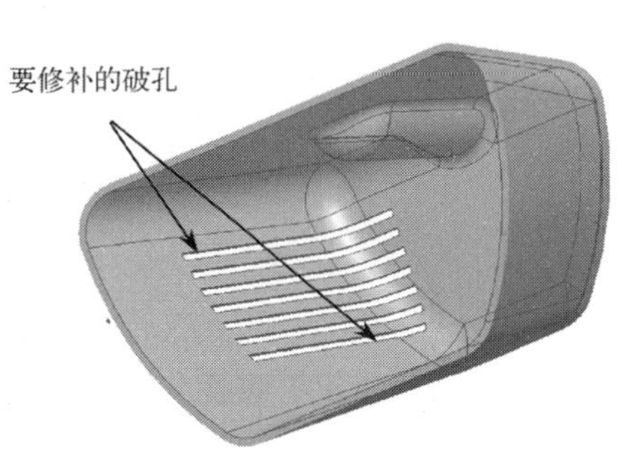

图 5-104　选取通孔周边的曲面

③ 创建关闭分型面

STEP① 在操控板的【参考】面板中勾选【封闭所有内环】选项，可以观察到破孔被关闭，如图 5-105 所示。

STEP② 单击操控板右边的【特征预览】按钮观察，设置成【着色】显示，如图 5-106 所示。

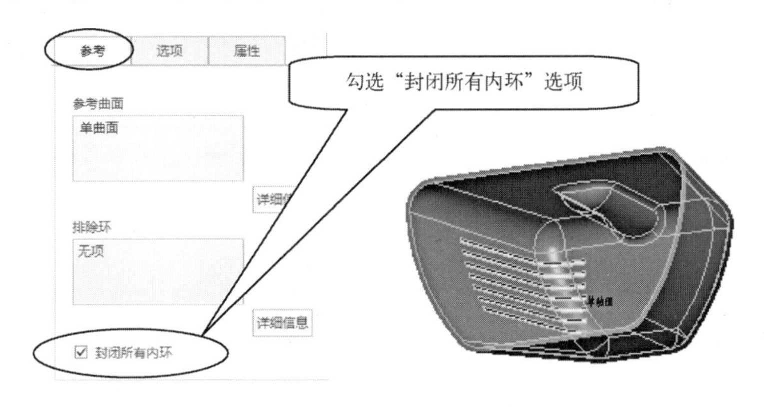

图 5-105　创建关闭分型面

图 5-106 着色关闭分型面

④ 完成关闭分型面的创建工作

单击操控板的✔按钮，完成关闭分型面的创建工作。单击分型面右边工具栏的✔按钮，回到模具设计界面，单击工具栏的【保存】按钮，保存模具文件。

经验交流

对分型面上的孔洞进行修补方法如下。

① 使用复制曲面中的“排除曲面并填充孔”选项对分型面上的孔洞进行修补。

② 使用“关闭”方法对分型面上的孔洞进行修补。

使用“关闭”方法对分型面上的孔洞进行修补时，分型面上破孔的分布无论是在同一曲面上还是不在同一曲面上，在操控板的【参考】面板中勾选【封闭所有内环】选项都可以对分型面上的所有孔洞进行修补，但孔洞周边的曲面不会被复制。

5.1.3 实战步骤

打开模具文件“第 5 章\范例源文件\箱包拉手面\xbls.asm”，如图 5-107 所示。

1. 创建箱包拉手拉伸分型面

(1) 选取命令

在“模具”工具栏中单击【分型面】按钮→【拉伸】按钮，打开“拉伸特征”操控板，如图 5-108 所示。

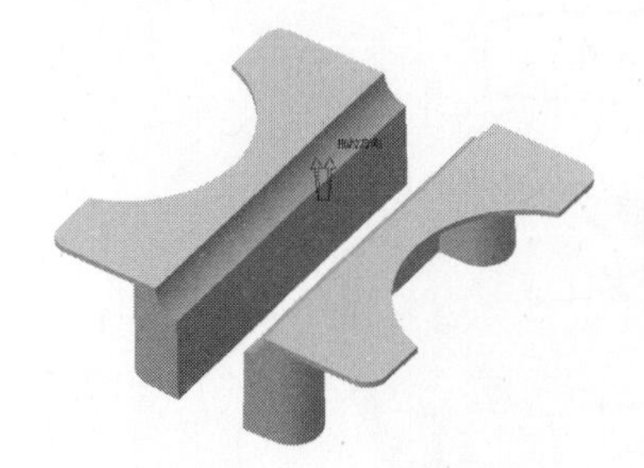

图 5-107 箱包拉手模具文件

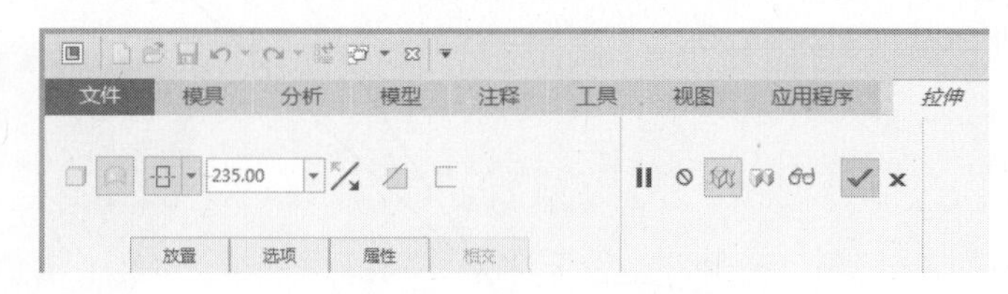

图 5-108 “拉伸”操控板

(2) 定义草绘平面和方向

选取【放置】→【定义】，打开“草绘”对话框。在【平面】框中选取“MOLD_

RIGHT”平面作为草绘平面，在【参考】框中选取“MAIN_PARTING_PLN”平面作为参考平面，在【方向】框中选取“上”，如图 5-109 所示。单击 草绘 按钮进入草绘模式。

图 5-109 “草绘”对话框

（3）绘制拉伸分型面截面

沿参考模型轮廓边界绘制分型面截面，使分型面和参考模型之间没有间隙，如图 5-110 所示。方法如下。

1）单击【投影】按钮，提取参照模型的轮廓线。

2）单击【中心线】按钮，绘制一条中心线。

3）使用【线】按钮，绘制出轮廓下沿直线。

4）使用轮廓上沿两条轮廓线的外端点标注长度尺寸“250”，并使其对称于中心线。250 mm 为后面要创建的工件模型的长度尺寸。

5）单击草绘工具栏的 ✔ 按钮，退出草绘模式。

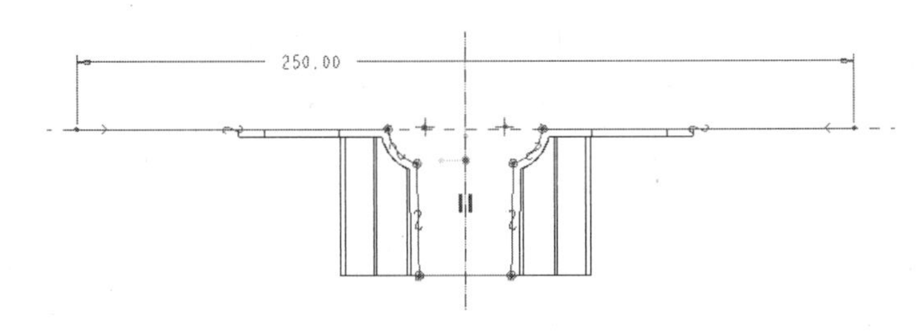

图 5-110 绘制分型面拉伸截面

（4）指定拉伸方式和深度

在“拉伸”操控板中选取【对称】，然后输入拉伸深度“235”，235 mm 为后面要创建的工件模型的宽度尺寸，在图形窗口中可以预览拉伸出的分型面，如图 5-111 所示。

（5）完成创建工作

单击操控板的 ✔ 按钮，完成分型面的创建工作，拉伸分型面形状如图 5-112 所示。

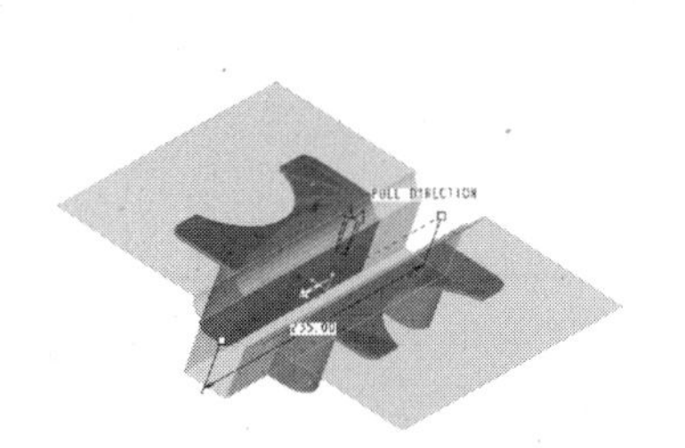
图 5-111 预览分型面

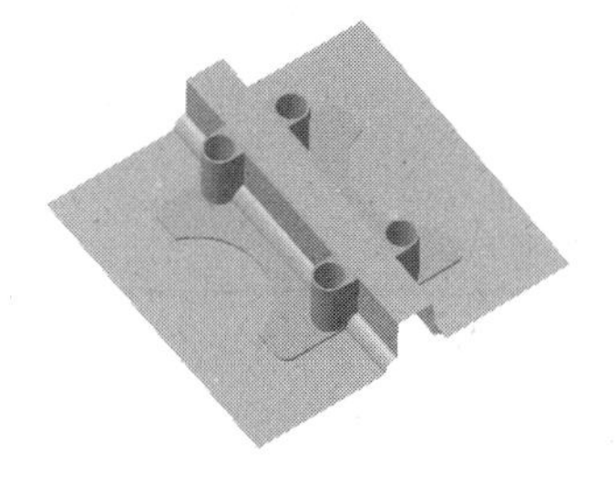
图 5-112 拉伸出的分型面

2. 使用“拉伸”法修剪分型面

（1）选取命令

单击【拉伸】按钮，打开“拉伸”操控板，【拉伸为曲面】按钮已经被选中，再单击【移除材料】按钮，如图 5-113 所示。

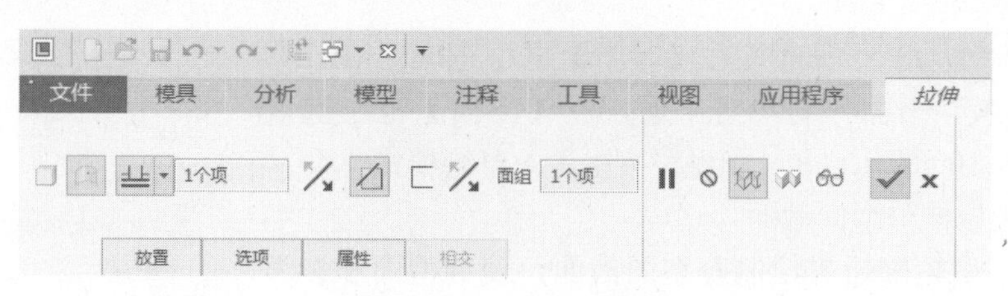

图 5-113 “拉伸”操控板

（2）定义草绘平面和方向

选取【放置】→【定义】，打开“草绘”对话框。在【平面】框中选取“MOLD_FRONT”平面作为草绘平面，在【参考】框中选取“MOLD_RIGHT”平面作为参考平面，在【方向】框中选取“左”，单击 草绘 按钮进入草绘模式。

（3）绘制矩形修剪截面

1）在分型面的右端任意绘制一个矩形。

2）单击【重合】按钮，设置矩形底边与分型面底面重合。

3）选取【尺寸】按钮，设置矩形左侧与参考模型轮廓的距离为 15。

4）绘制一条中心线，然后选取【镜像】按钮，镜像出分型面的左端的矩形。

5）绘制出的截面如图 5-114 所示，单击草绘工具栏的 按钮退出草绘模式。

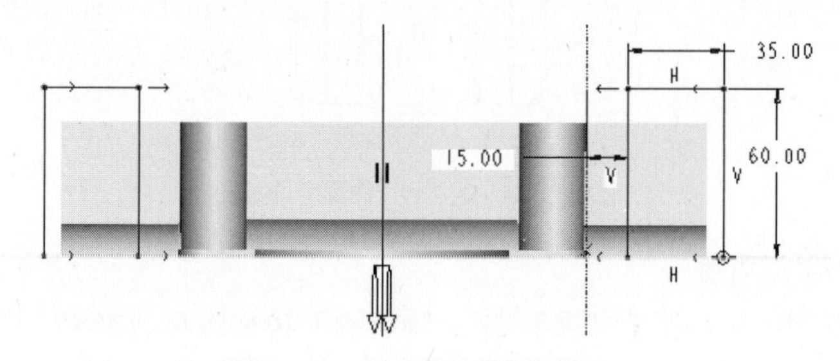

图 5-114 绘制矩形修剪截面

（4）指定被修剪的曲面、拉伸方式和深度

单击操控板中【面组】右框（修剪面组收集器），再单击分型面，指定要修剪的曲面。再单击【对称】指定拉伸方式。可以观察到拉伸出的修剪曲面已经将分型面凸棱包括在内，不必再设置深度，如图 5-115 所示。

（5）完成创建工作

单击操控板的按钮，完成分型面的修剪工作，分型面形状如图 5-116 所示。

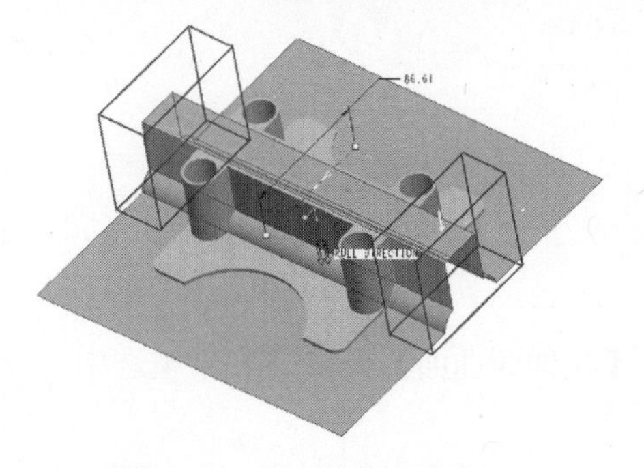

图 5-115 显示修剪曲面线框

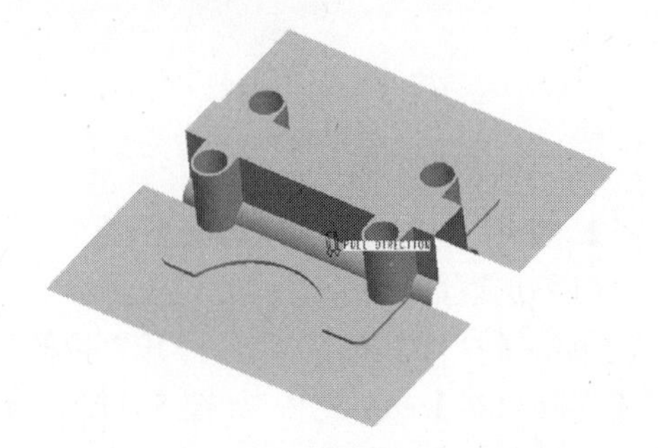

图 5-116 修剪后的分型面

3. 使用“填充”法修补平面缺口

（1）选取命令

单击【填充】按钮，打开“填充”操控板，如图 5-117 所示。

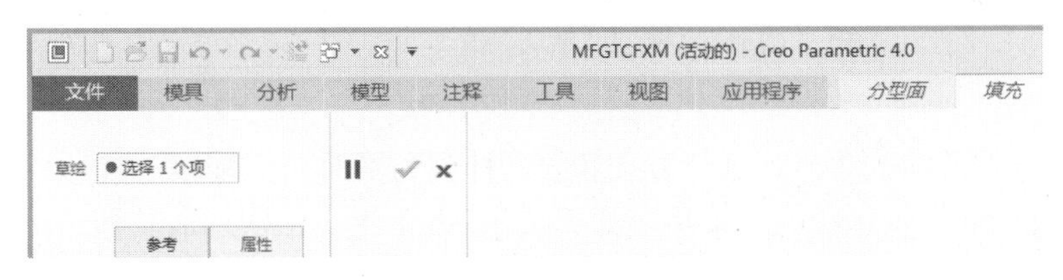

图 5-117 “填充”操控板

（2）定义草绘平面和方向

选取【参考】→【定义】，打开“草绘”对话框。在【平面】框中选取“MAIN_PARTING_PLN”平面（参考模型的底面）作为草绘平面，在【参考】框中选取“MOLD_RIGHT”平面作为参考平面，在【方向】框中选取“左”，单击 草绘 按钮进入草绘模式。

（3）绘制填充分型面截面

1）在分型面的右端任意绘制一个矩形。

2）选取【重合】按钮，使矩形对角线两端点与矩形缺口对角线两端点重合，如图 5-118 所示。

3）分型面左端也如此处理。

4）单击草绘工具栏的✔按钮，退出草绘模式。

（4）完成创建工作

单击操控板的✔按钮，在分型面两端创建出填充曲面，完成分型面两端平面缺口的修补工作，如图 5-119 所示。

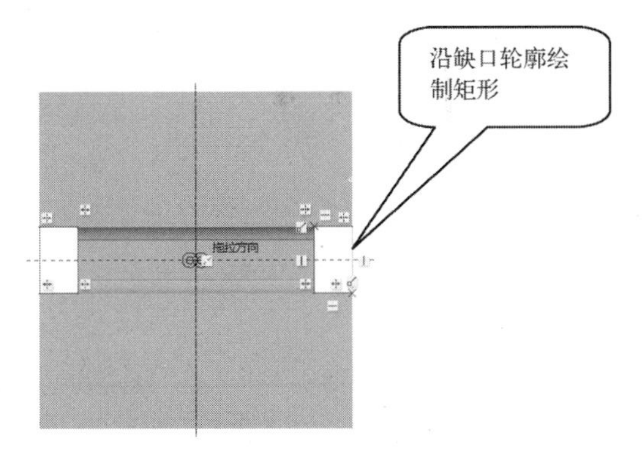

图 5-118 沿缺口轮廓绘制矩形

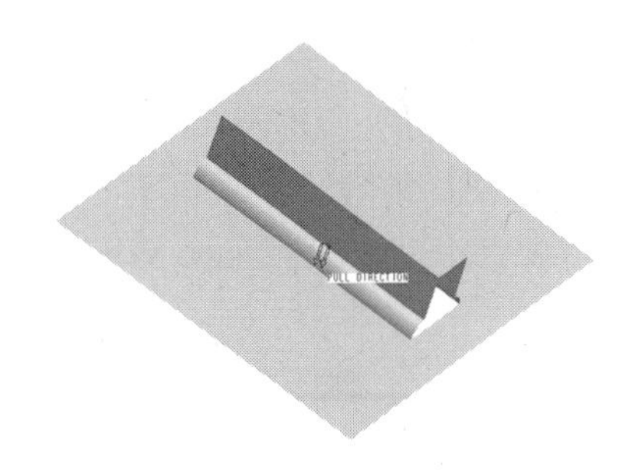

图 5-119 修补了两端平面缺口

4. 使用“延伸”法修补立面缺口

（1）选取命令

选取分型面的任意一条边界，单击【延伸】按钮，打开“延伸”操控板，如图 5-120 所示。

图 5-120 “延伸”操控板

（2）指定延伸曲面的边界、延伸方式和要延伸到的平面

1）选取立面缺口轮廓线的一条边，然后按住 Shift 键，依次选取其他边，指定要延伸的曲面边界链，如图 5-121 所示。

2）单击【将曲面延伸到参考平面】按钮，指定沿垂直的方向延伸边界链。

3）选取分型面的底面，指定为分型面要延伸到的平面。

（3）完成创建工作

单击操控板的按钮，创建出垂直于分型面底面的延伸曲面，完成分型面一端立面缺口的修补工作。重复上述步骤，完成另一端立面缺口的修补工作，修补好的分型面如图 5-122 所示。

创建出的延伸曲面会自动合并到前面创建出的拉伸分型面中，成为一个分型面。

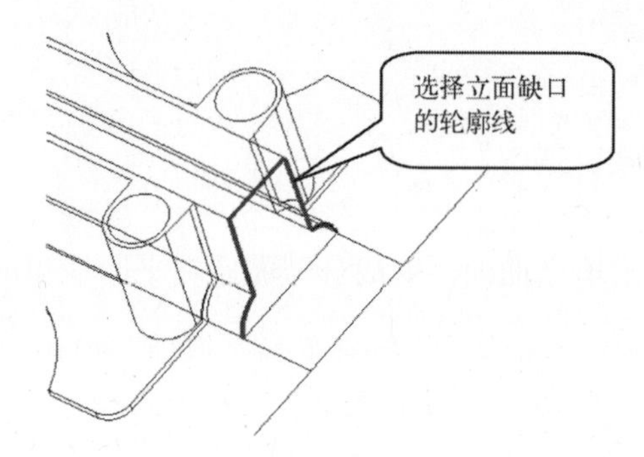

图 5-121 选取立面缺口的轮廓线

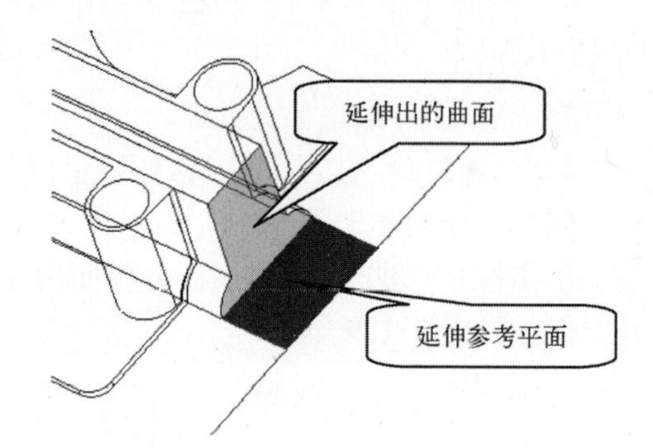

图 5-122 修补立面缺口

5. 合并分型面

（1）选取命令

选取要合并的两个分型面，单击【合并】按钮，打开“合并”操控板，如图 5-123 所示。

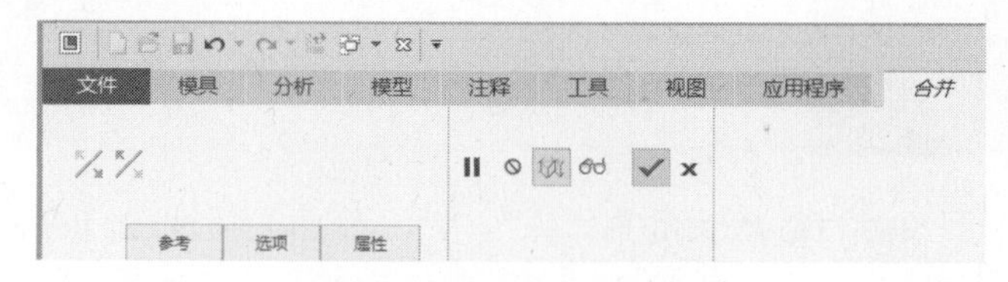

图 5-123 “合并”操控板

（2）指定合并方式

结合〈Ctrl〉键，分别选取拉伸分型面（分型面的底面）和填充曲面（分型面两端的小平面），接受操控板的默认设置【相交】。

（3）完成创建工作

单击操控板的按钮，完成分型面的合并工作。

6. 创建分型面拔模斜度

（1）选取命令

单击【拔模】按钮，打开“拔模”操控板，如图5-124所示。

（2）指定拔模参数

1）指定拔模曲面：按住〈Ctrl〉键，依次选取分型面的两端的小立面。

2）指定拔模枢轴：在图形窗口中单击右键，从快捷菜单中选取【拔模枢轴】，如图5-125所示，然后选取分型面的底面指定拔模枢轴。

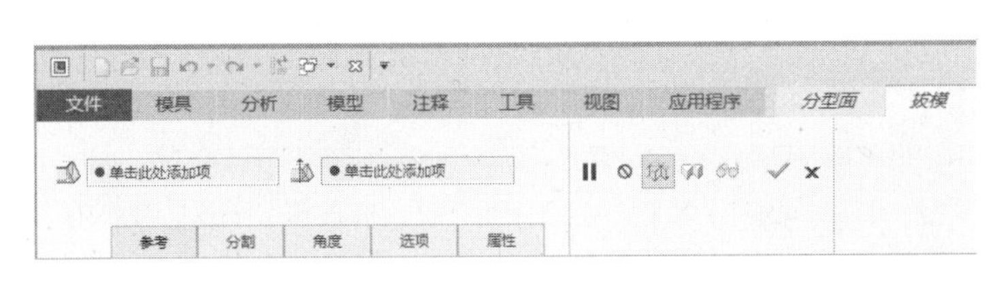

图5-124 “拔模”操控板

图5-125 “拔模”右键菜单

3）指定拔模方向（拖拉方向）：单击立面的棱边，如图5-126所示。

4）输入拔模角度：在操控板中拔模斜框中输入“3”。如果拔模曲面方向朝外，单击框右边的箭头“ ”，改变拔模斜度方向朝内。

（3）完成创建工作

单击操控板的按钮，完成拔模斜度的创建工作。

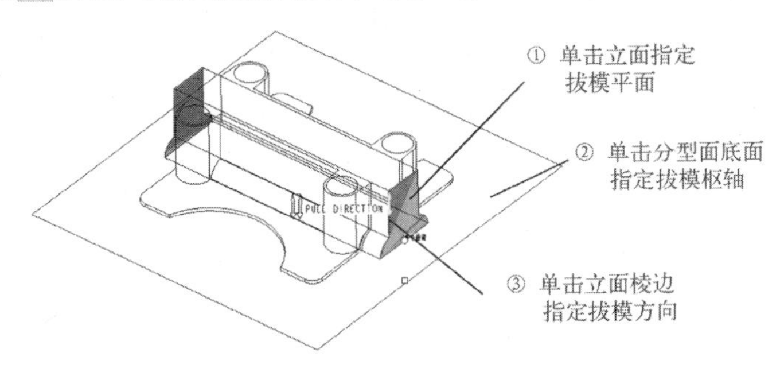

图5-126 指定拔模曲面、拔模枢轴和拖动方向

7. 创建分型面圆角

（1）选取命令

单击【倒圆角】按钮，打开“倒圆角”特征操控板，如图5-127所示。

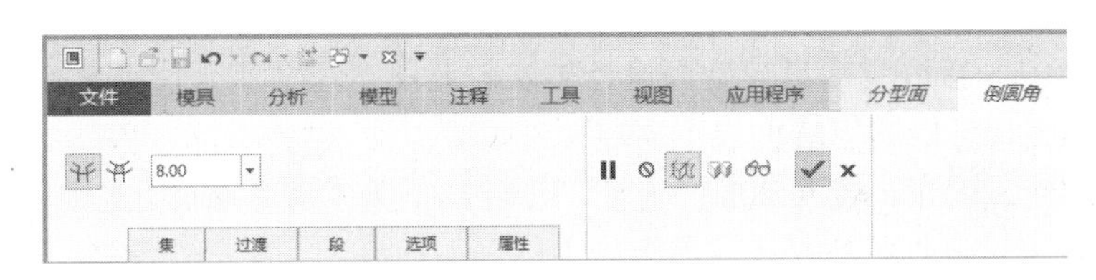

图5-127 “倒圆角”操控板

（2）指定圆角参数

在“倒圆角”操控板中输入圆角半径“8”，如图 5-127 所示。然后在分型面两端面选中要倒圆角的四条垂直棱边及其相接的圆弧，如图 5-128 所示。

（3）完成创建工作

单击操控板的✓按钮，完成 4 条立边的圆角创建工作，如图 5-129 所示。

通过上述工作，创建出一个完善的模具分型面，如图 5-130 所示（遮蔽了参照模型）。再单击分型面右边工具栏的✓按钮，返回到模具设计界面，结果文件请参看随书网盘资源“第 5 章\范例结果文件\箱包拉手\ xbls.asm”。

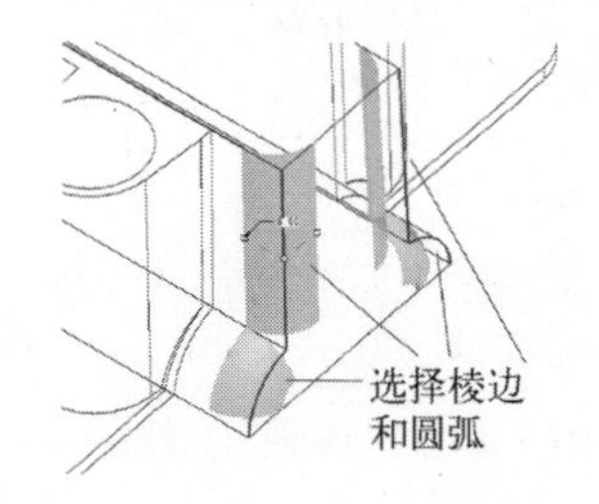

图 5-128　选取棱边和圆弧

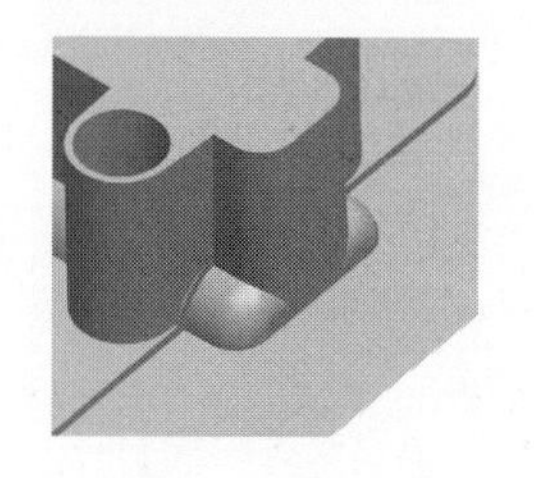

图 5-129　创建出的圆角

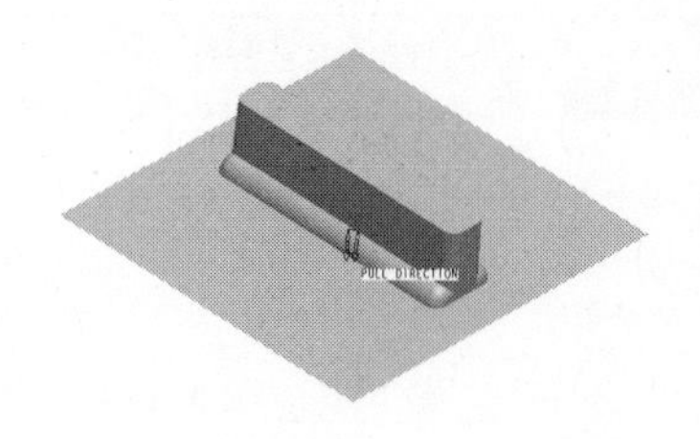

图 5-130　模具分型面

5.2　接线盒模具的分型面设计

5.2.1　设计导航——作品规格与流程剖析

1. 作品规格——接线盒产品形状和参数

接线盒的上盖和下盖外观如图 5-131 所示。上盖的外形尺寸为 Φ53 mm×17 mm，下盖的外形尺寸为 Φ53 mm×15 mm。接线盒采用丙烯腈-丁二烯-苯乙烯共聚物塑料制造（简称 ABS 塑料），其收缩率为 0.3%～0.8%。

上盖

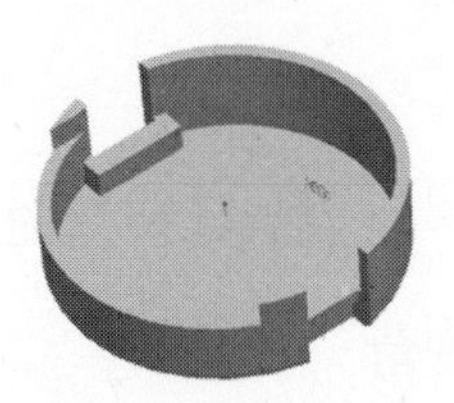

下盖

图 5-131　接线盒的上盖和下盖

2. 流程剖析——接线盒模具分型面设计方法与流程

（1）使用填充、延伸的方法创建下盖连接部位分型面。

（2）使用旋转、填充、合并曲面的方法，创建出下盖主体分型面。

（3）使用旋转复制曲面的方法，将下盖主体分型面复制到另一个下盖上，创建出第二个下盖的分型面。

（4）将下盖连接部位分型面、下盖主体分型面与复制好的另一个下盖主体分型面进行合并得到下盖分型面。

（5）根据工件模型的大小，使用填充、拉伸和合并曲面的方法，创建出上盖分型面。

（6）将下盖分型面和上盖分型面合并获得完整的接线盒模具分型面。

接线盒模具分型面创建的主要流程如图 5-132 所示。

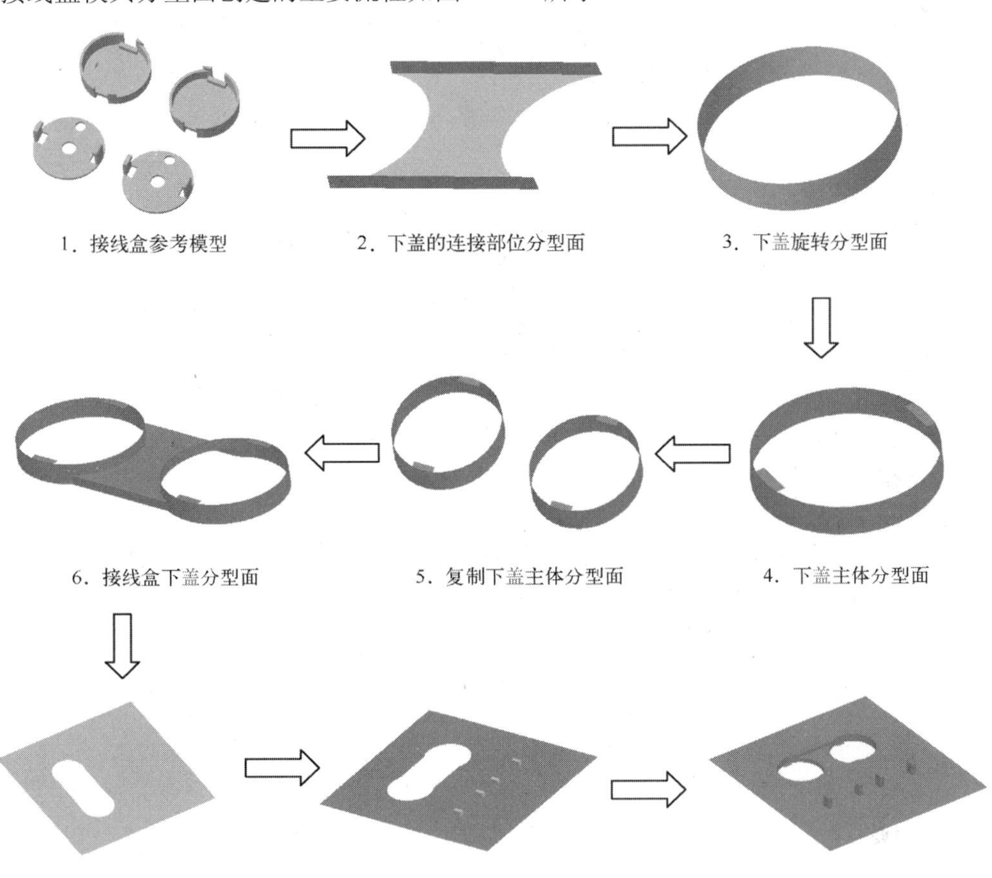

图 5-132　接线盒模具分型面创建的主要流程图解

5.2.2 设计思路——接线盒模具分型面的结构特点与技术要领

1. 接线盒模具分型面的结构特点

接线盒模具由上盖和下盖两种不同类型的产品放在同一副模具中组成“一模四腔”的多腔模具，在多腔模具中具有典型的代表性。本例在零件模块中进行设计分型面设计，在设计时除考虑模具的强度和脱模外，其分型面设计要有利于接线盒模具的加工制造。

2. 接线盒模具分型面设计技术要领

根据接线盒的结构特点，使用填充、延伸的方法创建下盖连接部位分型面，然后使用旋转、填充、合并和复制方法创建下盖分型面；使用填充、拉伸和合并曲面的方法，创建上盖分型面；将下盖分型面和上盖分型面合并获得完整的接线盒模具分型面。

5.2.3 实战步骤

打开模具文件“第 5 章\范例源文件\接线盒\jxh-fxm.prt”，如图 5-133 所示。

图 5-133　接线盒一模四腔模型文件

1. 创建下盖连接部位分型面

（1）创建填充曲面

1）选取命令

在模型工具栏单击【填充】按钮，打开“填充”操控板，如图 5-134 所示。

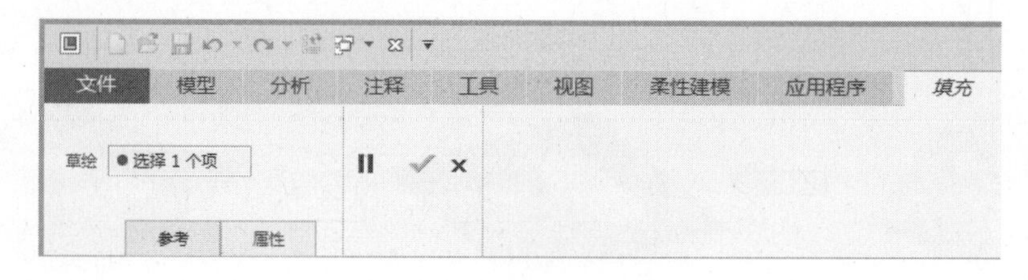

图 5-134　“填充”操控板

2）定义草绘平面和方向

在操控板中选取【参考】→【定义】，打开“草绘”对话框，在【平面】框中选取下盖低端侧壁顶面作为草绘平面，如图 5-135 所示。在【参考】框中选取下盖的“TOP”平面作为参考平面，在【方向】框中选取“左”，单击 草绘 按钮进入草绘模式。

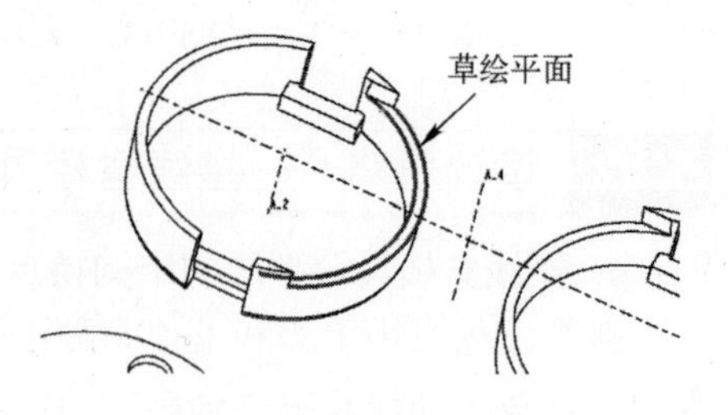

图 5-135　定义草绘平面

3）绘制填充截面

在草绘工具栏中选取【投影】按钮，然后选取下盖侧壁低端的内圆周，提取出圆弧轮廓线，然后绘制直线连接两个圆弧的端点，作为填充截面，如图 5-136 所示。单击草绘工具栏✔按钮退出草绘模式。

4）完成填充曲面的创建工作

单击“填充”操控板的✔按钮，完成填充分型面的创建工作，如图 5-137 所示。

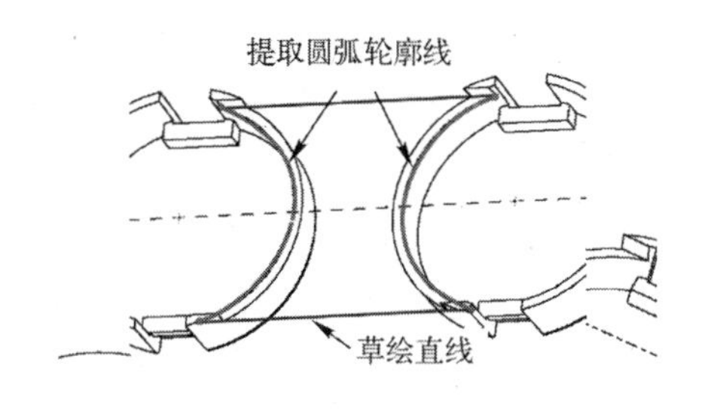

图 5-136 绘制填充截面

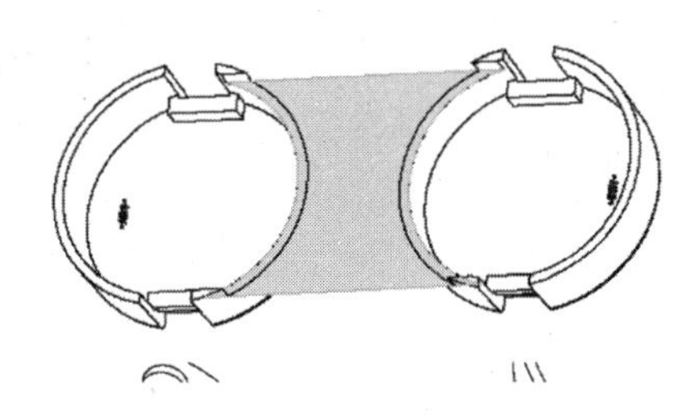

图 5-137 创建出填充曲面

（2）创建延伸曲面

1）选取命令

选取填充曲面的一条直线边，单击【延伸】按钮，打开“延伸”操控板，如图 5-138 所示。

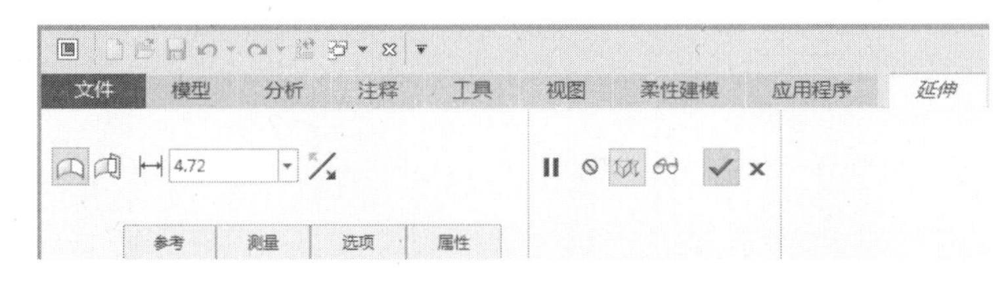

图 5-138 “延伸”操控板

2）指定延伸曲面的边界、延伸方式和要延伸到的平面

① 单击【将曲面延伸到参考平面】按钮，指定沿垂直的方向延伸直线边。

② 选取下盖高端侧壁顶面，指定为曲面边界要延伸到的平面，如图 5-139 所示。

3）完成延伸分型面的创建工作

单击操控板的按钮，创建出垂直于填充曲面的延伸分型面，完成第一次延伸工作。重复上述步骤，继续对填充曲面另一直线边进行延伸，延伸好的曲面如图 5-140 所示。

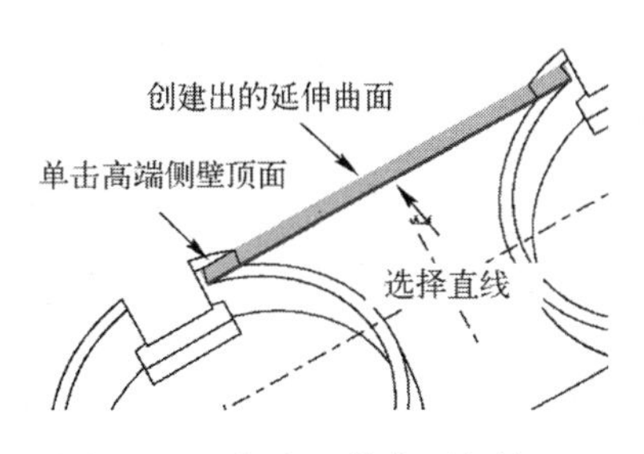

图 5-139 指定延伸曲面参数

图 5-140 延伸曲面效果

2. 创建第下盖的分型面

（1）创建旋转曲面

1）选取命令

从模型工具栏中单击【旋转】按钮，打开“旋转”操控板，再单击【作为曲面旋转】按钮。

2）定义草绘平面和方向

在“旋转”操控板中选取【参考】→【定义】。在“草绘”对话框中选取下盖的“FRONT”平面作为草绘平面，选取“RIGHT”平面作为参考平面，单击【反向】，在【方向】框中选取“上”，单击 草绘 按钮进入草绘模式。

3）绘制旋转轮截面

绘制旋转截面，方法如下。

① 将模型设置成线框显示，在草绘工具栏中选取【投影】按钮，在有“A_2”轴的下盖上，分别提取出下盖侧壁内圆周的轮廓线和内部凸台顶面的轮廓线，如图 5-141 所示。

② 单击【拐角】按钮，将凸台顶面轮廓线延伸至侧壁内圆周轮廓线，同时剪切掉内圆周轮廓线的下段直线，如图 5-142 所示。

③ 删除用于延伸剪切的直线，得到需要的侧壁内圆周轮廓线，即用于生成旋转曲面的直线，如图 5-143 所示。

④ 单击草绘工具栏按钮，退出草绘模式。

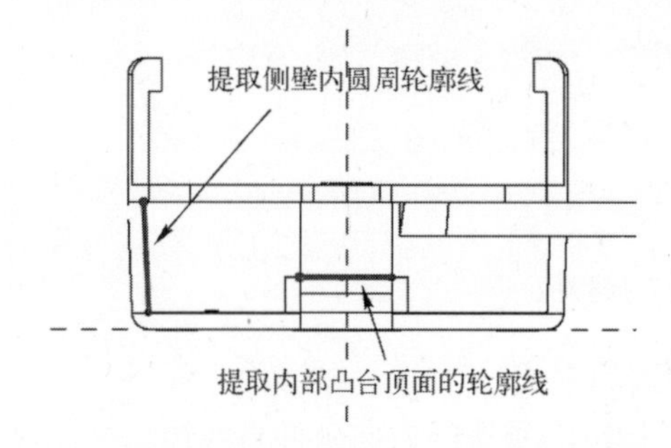

图 5-141 提取凸缘和凸台轮廓线

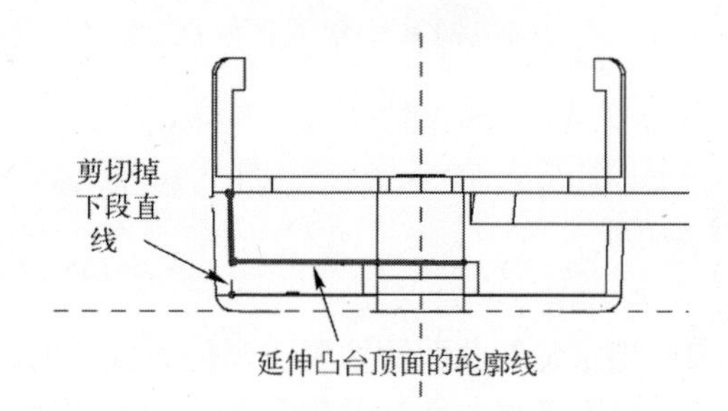

图 5-142 修剪凸缘内圆周轮廓线

4）定义旋转角度

选取 A-2 轴作为旋转轴，在“旋转”操控板中选取【对称】，输入“360”，在图形窗口中可以预览旋转出的曲面特征，如图 5-144 所示。

5）完成旋转曲面创建工作

单击操控板的按钮，完成旋转曲面的创建工作。

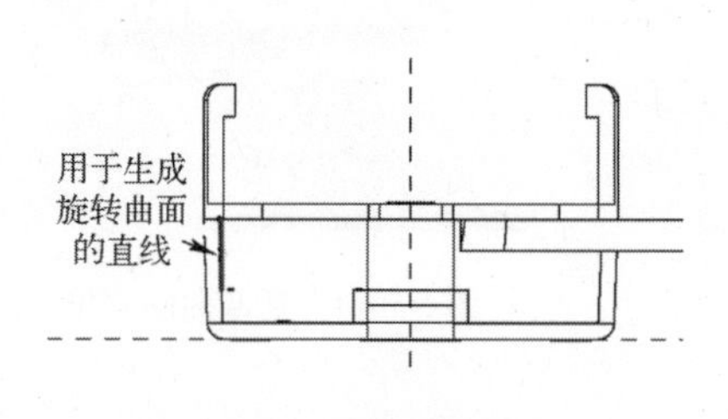

图 5-143 旋转截面直线

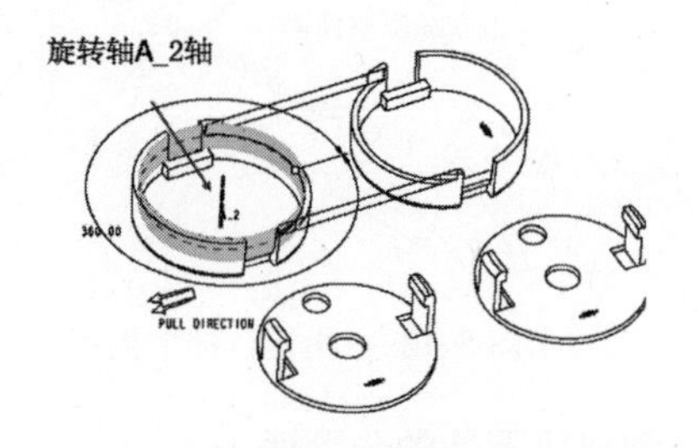

图 5-144 创建出旋转曲面

（2）填充凸台缺口

1）选取命令

在模型工具栏中单击【填充】按钮，打开“填充”操控板。

2）定义草绘平面和方向

在操控板中选取【参考】→【定义】，打开“草绘”对话框，在【平面】框中选取下盖内部凸台顶面作为草绘平面，如图 5-145 所示。在【参考】框中选取下盖的“TOP”平面作为参考平面，在【方向】框中选取“左”，单击 草绘 按钮进入草绘模式。

3）绘制填充截面

在草绘工具栏中选取【投影】按钮，提取下盖内部凸台缺口的轮廓线，选取【删除段】按钮，删除多余的线段，作为填充截面，单击草绘工具栏✓按钮退出草绘模式。

4）完成填充曲面的创建工作

单击“填充”操控板的✓按钮，完成填充分型面的创建工作，如图 5-146 所示。重复同样的操作，完成另一个凸台缺口的填充工作。

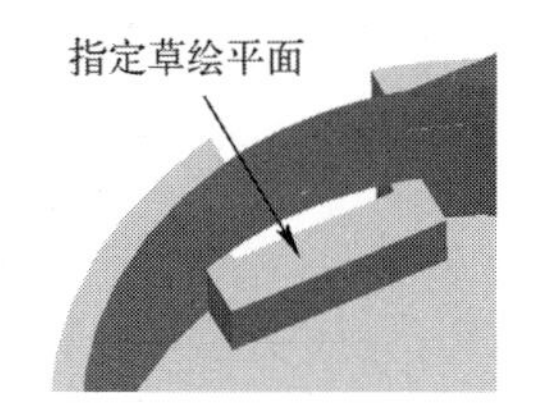

图 5-145　指定草绘平面

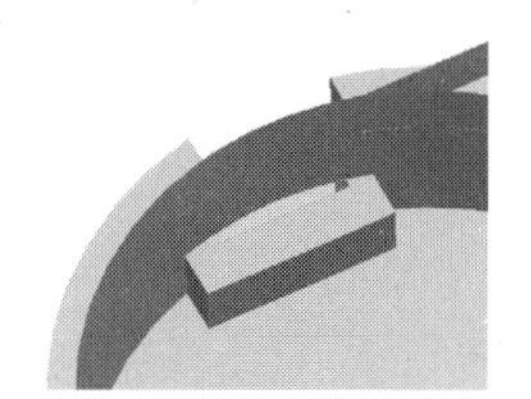

图 5-146　创建出填充曲面

（3）合并曲面，完成下盖主体分型面的创建工作

1）选取要合并的面组

选取创建出的旋转曲面和填充曲面作为要合并的面组。

2）选取命令

在模型工具栏单击【合并】按钮，打开“合并曲面”操控板，如图 5-147 所示。

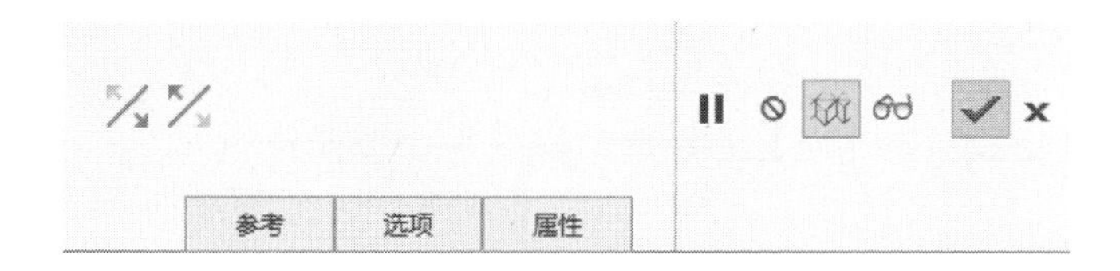

图 5-147　“合并曲面”操控板

3）合并操作

在选项下滑板中选取合并方式为“相交”，合并操作如图 5-148 所示。

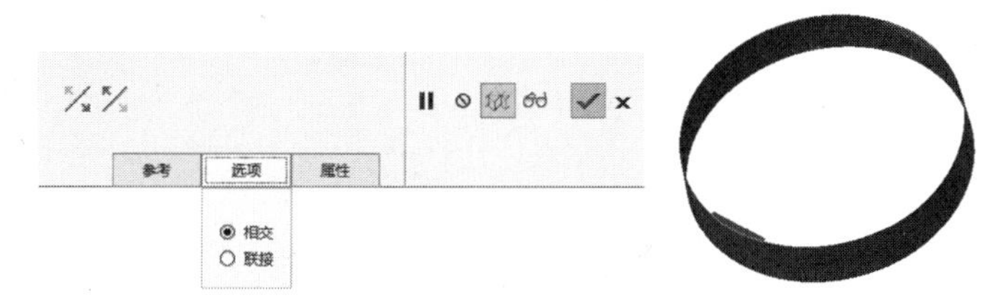

图 5-148　合并曲面操作

4）完成合并曲面的创建工作

单击操控板的✓按钮，完成旋转曲面和填充曲面的合并创建工作，获得下盖体分型面，

其效果如图 5-149 所示。

（4）创建第二个下盖主体分型面

使用移动副本的方式创建第二个下盖主体分型面。

1）选取要复制的曲面

依次选取下盖主体分型面作为要复制的曲面，如图 5-150 所示。

图 5-149　合并曲面效果

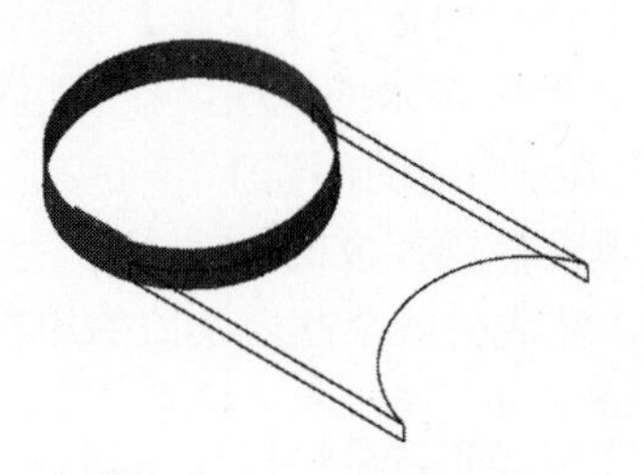

图 5-150　选取要复制的曲面

2）选取命令

在模型工具栏中单击【复制】按钮→【粘贴】按钮→【选取性粘贴】按钮，打开“移动复制”操控板，再单击【旋转】按钮，如图 5-151 所示。

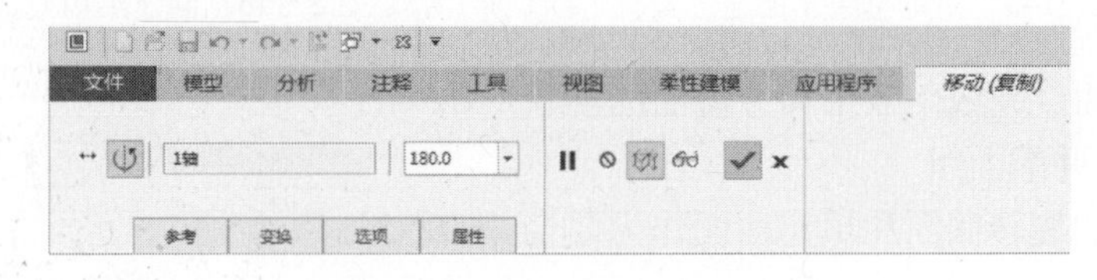

图 5-151　“移动复制”操控板

3）定义选项内容

以基准轴“A_4”为旋转轴，输入旋转角度为 180°，在“选取性粘贴”操控板的【选项】面板中，除去【隐藏原始几何】的勾选，如图 5-152 所示。

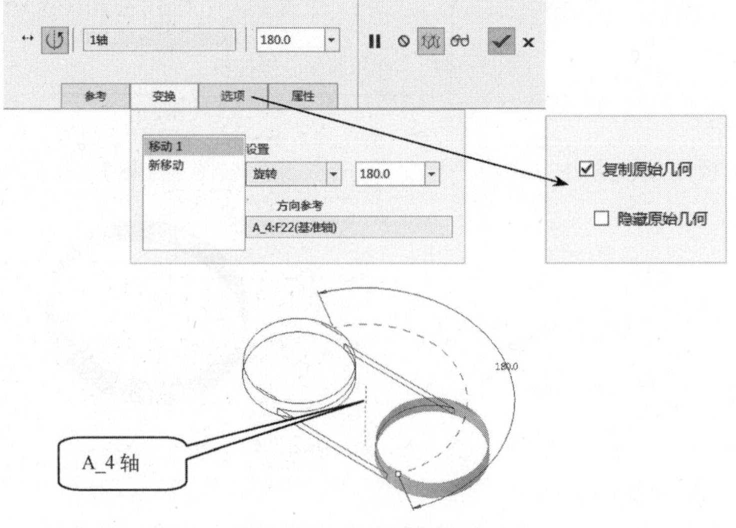

图 5-152　定义选项内容

4）完成复制模型端面凸棱曲面的创建工作

单击操控板的✓按钮，完成下盖主体分型面移动副本的创建工作，复制出第二个下盖主体分型面，复制好的曲面如图 5-153 所示。

图 5-153　复制曲面效果

（5）创建完整的下盖分型面

1）选取要合并的面组

选取下盖连接部位分型面和其中一个下盖主体分型面作为要合并的面组。

2）选取命令

在模型工具栏中单击【合并】按钮，打开“合并曲面”操控板，如图 5-154 所示。

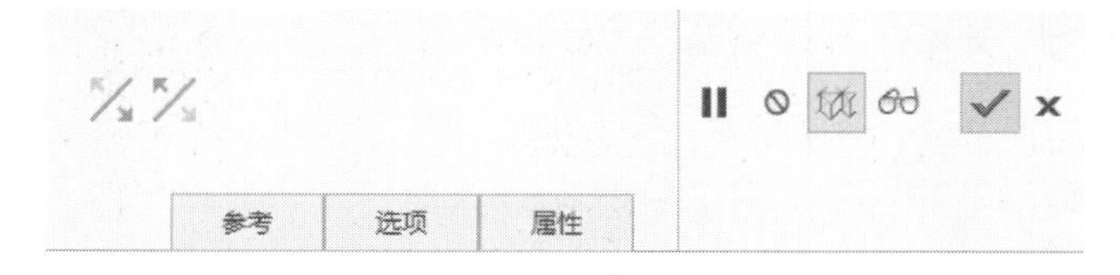

图 5-154　“合并曲面”操控板

3）合并操作

在选项下滑板中选取合并方式为“相交”，合并操作如图 5-155 所示。

图 5-155　合并曲面操作

4）完成合并曲面的创建工作

单击操控板的✓按钮，完成选定下盖连接部位分型面和其中一个下盖主体分型面的合并创建工作。

重复上述合并操作，选定刚合并的曲面与另一个下盖主体分型面进行合并，获得完整的下盖分型面，如图 5-156 所示。

3. 创建上盖分型面

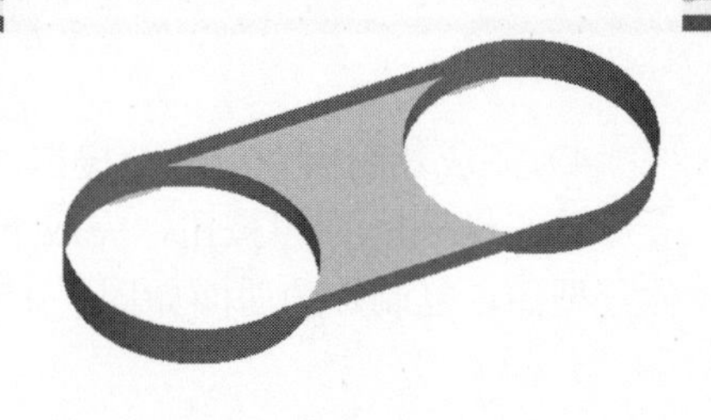

图 5-156 下盖分型面

（1）创建填充曲面

1）选取命令

在模型工具栏中单击【填充】按钮▨，打开“填充”操控板。

2）定义草绘平面和方向

在操控板中选取【参考】→【定义】，打开“草绘”对话框，在【平面】框中选取下盖高端侧壁顶面（作为分型面）作为草绘平面，在【参考】框中选取下盖的“TOP”平面作为参考平面，在【方向】框中选取“右”，单击 草绘 按钮进入草绘模式。

3）绘制填充截面

在草绘工具栏中选取【投影】按钮□，在“草绘”平面上提取出下盖分型面轮廓线，根据工件模型大小，绘制外形尺寸为 220 mm×230 mm 的边界，作为填充截面，如图 5-157 所示，单击草绘工具栏✔按钮退出草绘模式。

4）完成填充曲面的创建工作

单击“填充”操控板的✔按钮，完成填充曲面的创建工作，如图 5-158 所示。

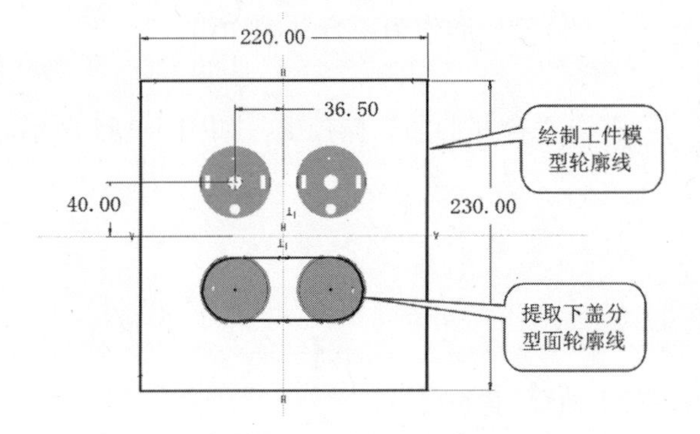

图 5-157 绘制填充曲面边界

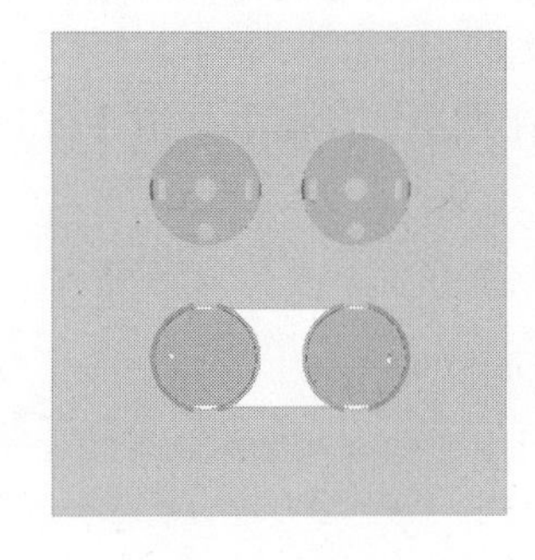

图 5-158 填充曲面

（2）创建拉伸曲面

1）选取命令

在模型工具栏中单击【拉伸】按钮，打开“拉伸”操控板，再单击【拉伸为曲面】按钮。

2）定义草绘平面和方向

选取【放置】→【定义】，打开“草绘”对话框。在【平面】框中选取上一步做好的填充曲面作为草绘平面，在【参考】框中选取“TOP”平面作为参考平面，在【方向】框中选取“下”，单击 草绘 按钮进入草绘模式。

3）绘制拉伸截面

在草绘工具栏中选取【投影】按钮□，提取出下盖 4 个卡钩下方矩形孔的轮廓线，作为拉伸截面，如图 5-159 所示。单击草绘工具栏的✔按钮，退出草绘模式。

4）指定拉伸方式和深度

在“拉伸”操控板中的【选项】面板中将【侧 1】设置成“到选定项”，然后单击卡钩的底面，如图 5-160 所示。将【侧 2】设置为【盲孔】，然后输入拉伸深度“5”，勾选“封闭端”选项，如图 5-161 所示。在图形窗口中可以预览拉伸出的曲面特征，如图 5-162 所示。

图 5-159 提取矩形孔轮廓线

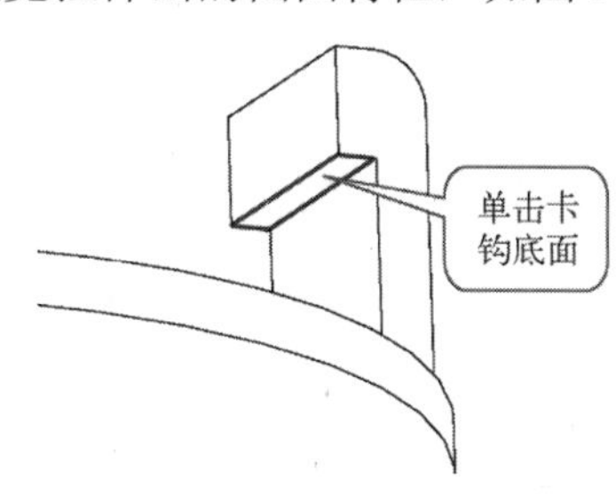

图 5-160 单击卡钩的底面

图 5-161 拉伸参数设置

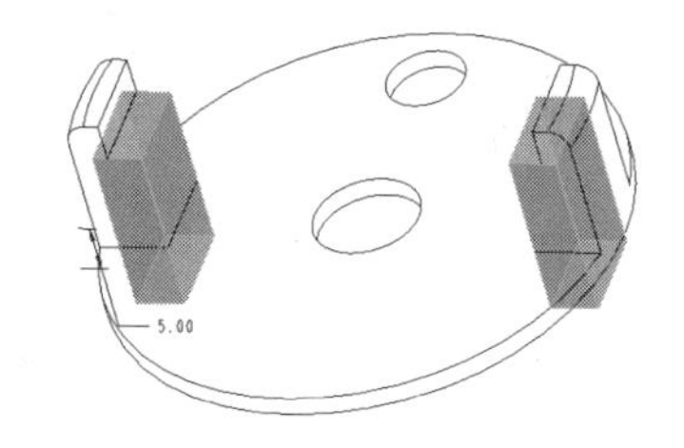

图 5-162 拉伸曲面形状

5）完成拉伸曲面的创建工作

单击操控板的✓按钮，完成拉伸曲面的创建工作。

（3）创建上盖分型面

选取填充曲面和拉伸曲面，单击模型工具栏【合并】按钮，将两个曲面合并获得上盖分型面。

4. 完成接线盒模具分型面的创建工作

通过“合并”操作，将下盖分型面和上盖分型面合并成完整的模具分型面，如图 5-163 所示。

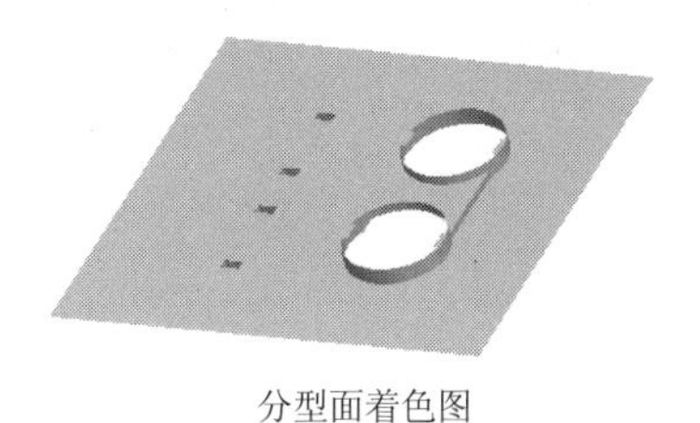

分型面着色图

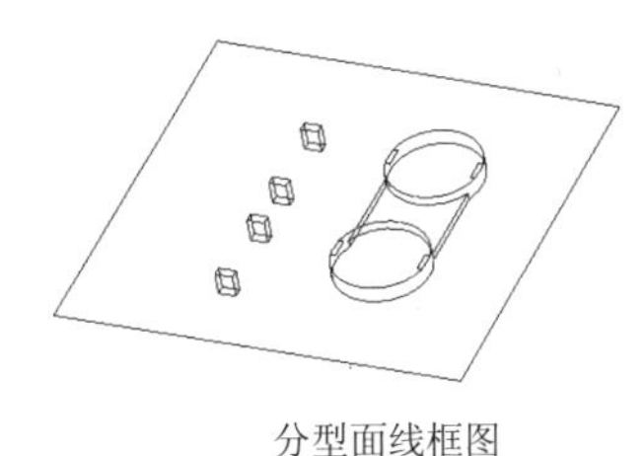

分型面线框图

图 5-163 接线盒模具分型面

5.3 喷雾器外壳模具的设计

5.3.1 设计导航——作品规格与流程剖析

1. 作品规格——喷雾器外壳产品形状和参数

喷雾器外壳外观如图 5-164 所示，其长×宽×高为：240 mm×69.4 mm×55.6 mm，采用聚己内酰胺制造（简称尼龙—6 即 PA6），其收缩率与尼龙改性工程塑料成分有关。

图 5-164　喷雾器外壳

2. 流程剖析——喷雾器外壳模具分型面设计方法与流程

（1）使用拉伸、复制、延伸、合并的方法创建一侧滑块分型面。

（2）使用镜像的方法创建另一侧滑块分型面。

（3）使用复制、镜像、拉伸、延伸和曲面合并的方法创建动模镶件分型面。

（4）使用填充的方法创建喷雾器模具主分型面。

（5）喷雾器两侧滑块分型面、动模镶件分型面和喷雾器模具主分型面组成完整的喷雾器模具分型面。

喷雾器外壳分型面创建的主要流程如图 5-165 所示。

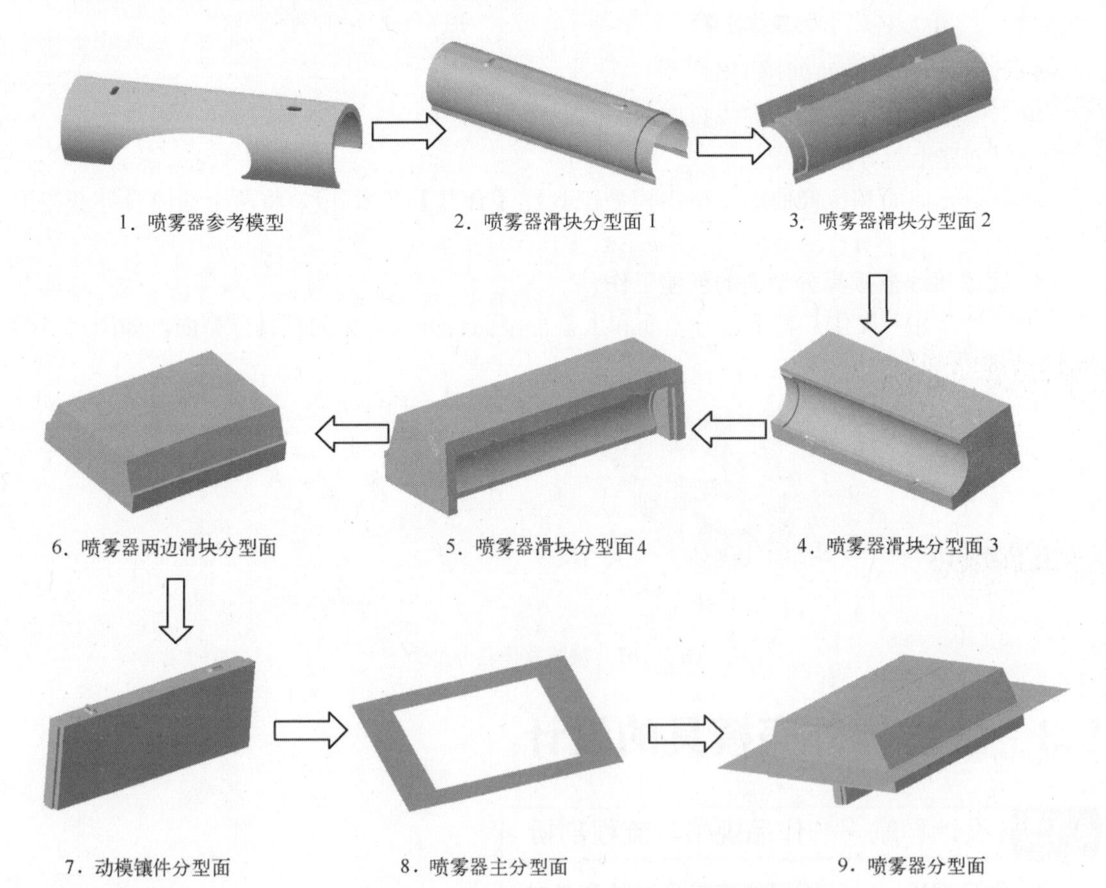

图 5-165　喷雾器外壳分型面创建的主要流程

5.3.2 设计思路——喷雾器外壳产品的结构特点与技术要领

1. 喷雾器外壳模具分型面的结构特点

喷雾器外壳采用“一模一腔”布局，是一种比较特殊的带滑块的模具结构，模具的主要特点是模具顶出结构的设计，与普通带有滑块结构的模具不同，开模时，两个滑块从两边滑出，顶出塑件之后，必须使用外力从直顶块的端面取出塑件。因此本例分型面设计比较复杂，要考虑模具的强度和脱模，同时侧重于分型面的设计技巧与方法。

2. 喷雾器外壳模具分型面设计技术要领

本例在零件模块中进行分型面设计，根据设计导航中的设计流程剖析可知，喷雾器外壳模具分型面包括三大块：滑块分型面、动模镶件分型面和模具分型面。使用拉伸、复制、延伸、合并、镜像的方法创建动模滑块分型面；使用复制、镜像、拉伸、延伸和曲面合并的方法创建动模镶件分型面；使用填充的方法创建模具分型面。

5.3.3 实战步骤

本例分型面创建工作在零件模块中进行，因此用左键单击“模型树”中“WK-CP”，在快捷菜单中选取【打开】，进入零件模块。

在创建分型面的过程中，为方便操作，可以根据需要隐藏已经创建出的某个或某些分型面。

打开模具文件“第5章\范例源文件\喷雾器外壳\mfgwk.asm”，如图5-166所示。

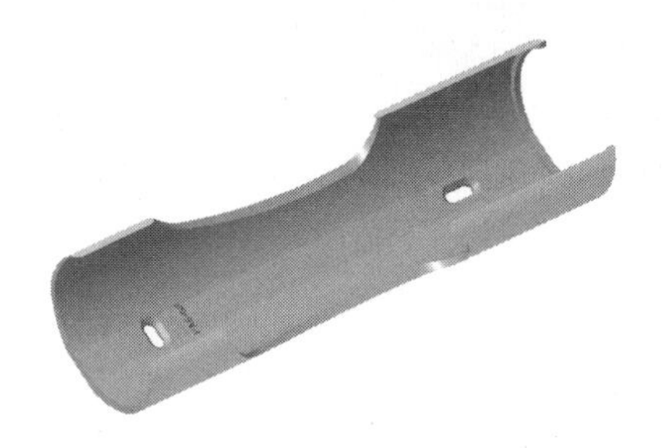

图5-166 喷雾器外壳模具文件

1. 创建喷雾器外壳滑块分型面

（1）创建模型内圆曲面

1）选取命令

单击【拉伸】按钮，打开“拉伸”操控板，再单击【拉伸为曲面】按钮。

2）定义草绘平面和方向

选取【放置】→【定义】，打开“草绘”对话框。在【平面】框中选取“模型的一个内部具有凸棱端面”作为草绘平面，如图5-167所示。在【参考】框中选取“RIGHT”平面作为参考平面，在【方向】框中选取【下】，单击 草绘 按钮进入草绘模式。

3）绘制拉伸截面

在草绘工具栏中选取【投影】按钮，提取凸棱根部的轮廓线，再从轮廓线两个端点分别绘制直线，如图5-168所示。单击草绘工具栏✔按钮退出草绘模式。

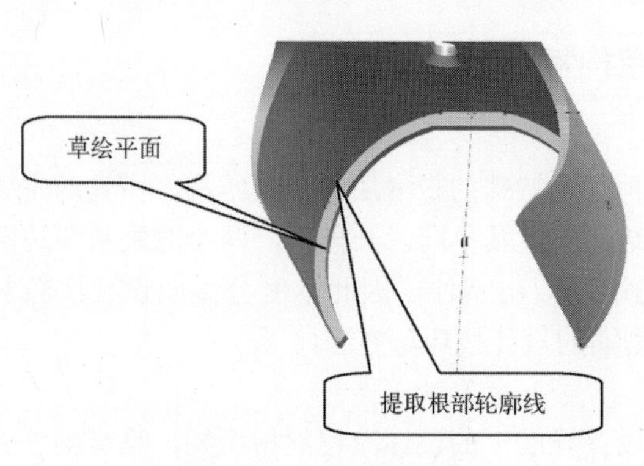

图 5-167　草绘平面

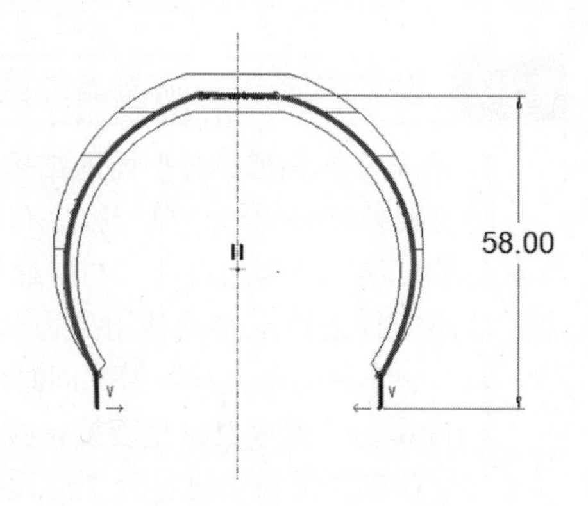

图 5-168　拉伸截面

4）指定拉伸方式和深度

在“拉伸”操控板中的【选项】面板中将【侧 1】设置为【盲孔】，输入拉伸深度“260”。将【侧 2】设置为【无】，在图形窗口中可以预览拉伸出的曲面特征，如图 5-169 所示。

5）完成模型内圆曲面创建工作

单击操控板的✓按钮，完成模型内圆曲面创建工作。

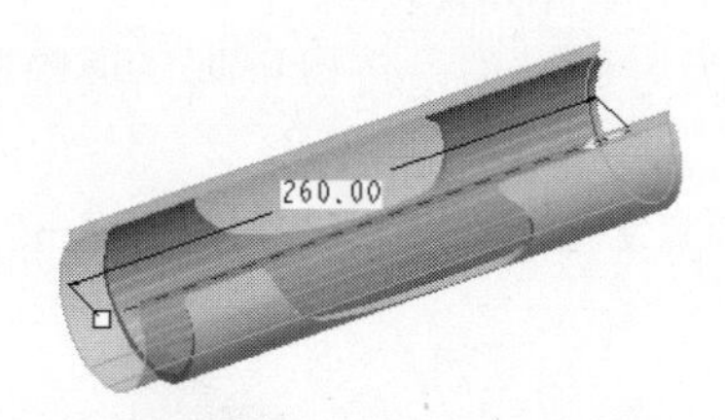

图 5-169　创建出模型内圆曲面

（2）复制模型端面凸棱曲面

1）选取要复制的曲面

依次选取模型凸棱的内环表面和内侧表面（结合〈Ctrl〉键），包括两个端面，作为要复制的曲面，如图 5-170 所示。

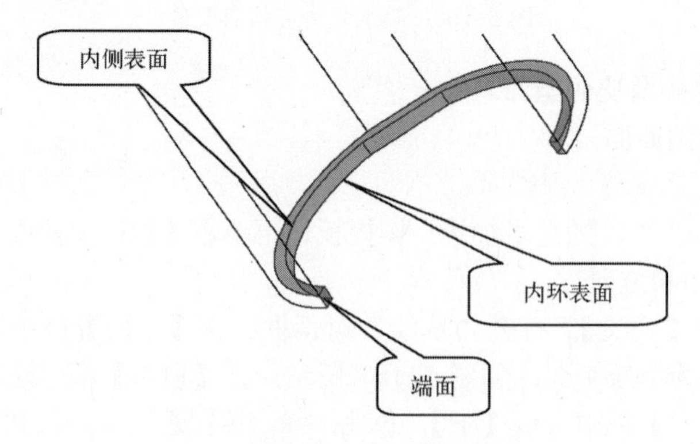

图 5-170　选取要复制的曲面

2）选取命令

模型工具栏中单击【复制】按钮→【粘贴】按钮，打开“复制曲面”操控板。

3）定义选项内容

在选项下滑板中选取“按原样复制所有曲面”选项，如图 5-171 所示。

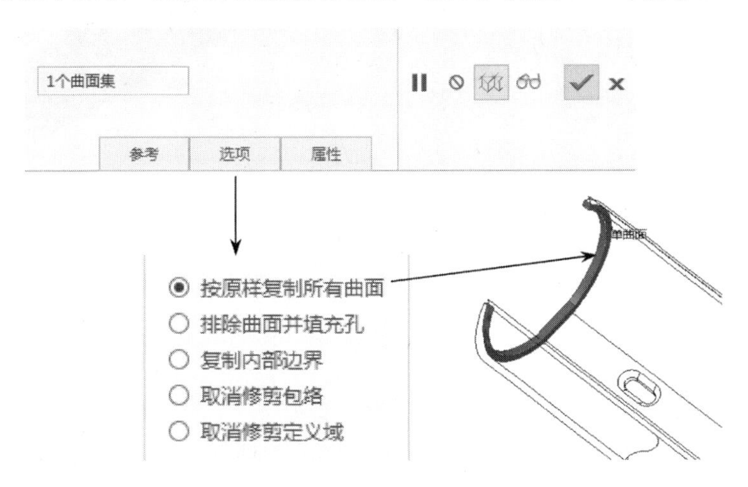

图 5-171　定义选项内容

4）完成复制模型端面凸棱曲面的创建工作

单击操控板的✓按钮，完成复制模型端面凸棱曲面的创建工作，复制好的曲面如图 5-172 所示。

图 5-172　复制曲面效果

（3）合并内圆曲面和凸棱的复制曲面

1）选取要合并的面组

选取模型的内圆曲面和凸棱的复制曲面（结合〈Ctrl〉键），作为要合并的面组。

2）选取命令

在模型工具栏中单击【合并】按钮，打开“合并曲面”操控板，如图 5-173 所示。

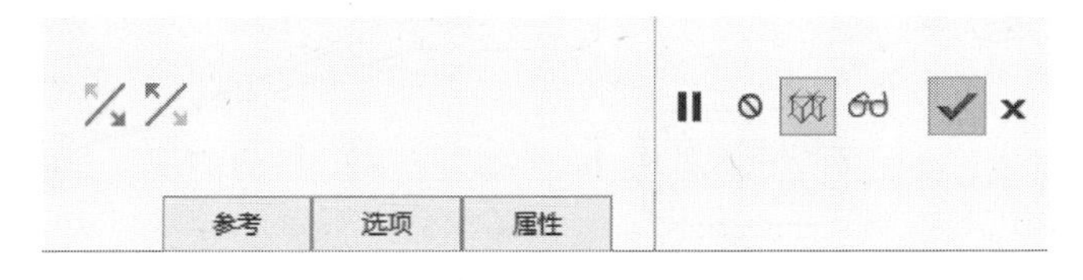

图 5-173　“合并曲面”操控板

3）合并操作

在选项下滑板中选取合并方式为“相交”，合并操作如图 5-174 所示。

图 5-174　合并曲面操作

4）完成合并曲面的创建工作

单击操控板的✓按钮，完成内圆曲面和凸棱的复制曲面的合并创建工作，其效果如图 5-175 所示。

（4）延伸内圆曲面

1）选取命令

选取凸棱的一条棱边，单击【延伸】按钮，打开“延伸”操控板，如图 5-176 所示。

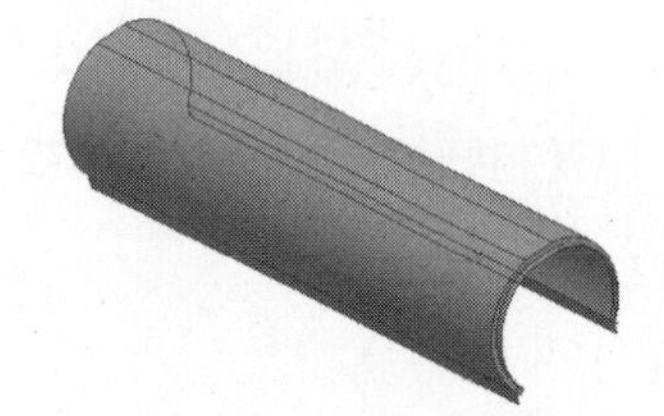

图 5-175　合并曲面效果

图 5-176　“延伸”操控板

2）指定延伸曲面的边界、延伸方式和要延伸到的平面

① 选取凸棱的一条棱边，结合 Shift 键，依次选取其他边，指定要延伸的曲面边界链，如图 5-177 所示。

② 单击【将曲面延伸到参考平面】按钮，指定沿垂直的方向延伸边界链。

③ 以模型端面为基准，偏移 30 mm 创建一个基准平面“DTM1”，选取该基准平面指定延伸参考平面，创建出延伸曲面，如图 5-178 所示。

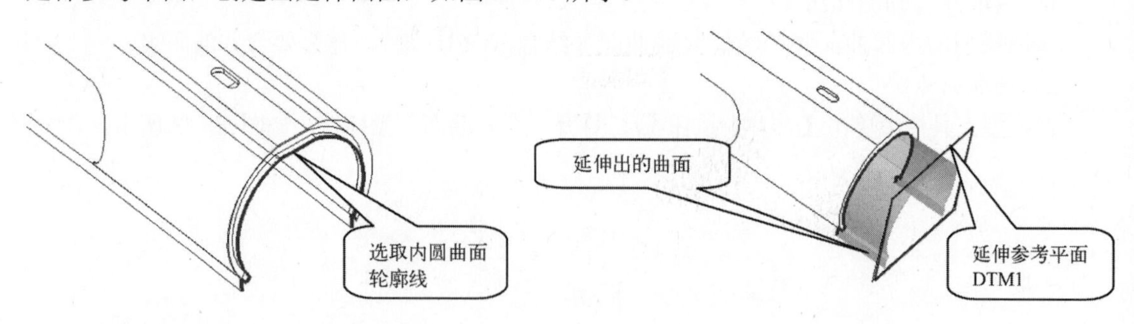

图 5-177　选取内圆曲面的轮廓线　　图 5-178　延伸曲面操作

3）完成创建工作

单击操控板的✓按钮，创建出垂直于模型端面的延伸曲面，完成内圆曲面的延伸工作。

创建出的延伸的曲面会自动合并到内圆曲面中。

（5）创建模型顶部通孔曲面

使用复制曲面的方法创建模型顶部通孔曲面。

1）复制模型顶部通孔曲面

① 选取要复制的曲面

选取模型顶部两个通孔曲面（结合〈Ctrl〉键），作为要复制的曲面，如图 5-179 所示。

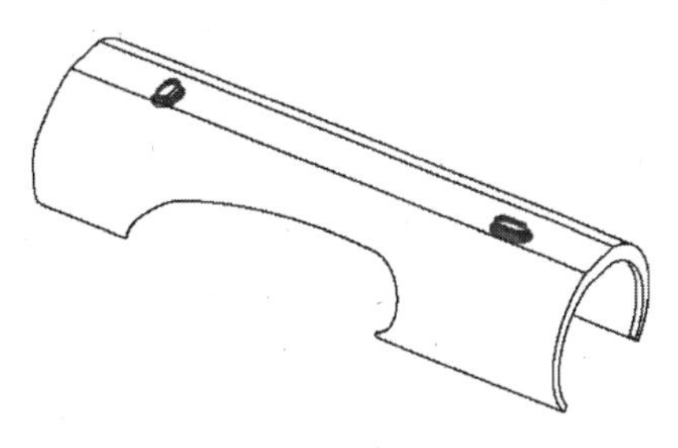

图 5-179 选取要复制的曲面

② 选取命令

在模型工具栏中单击【复制】按钮→【粘贴】按钮，打开“复制曲面”操控板。

③ 定义选项内容

在选项下滑板中选取“按原样复制所有曲面”选项，如图 5-180 所示。

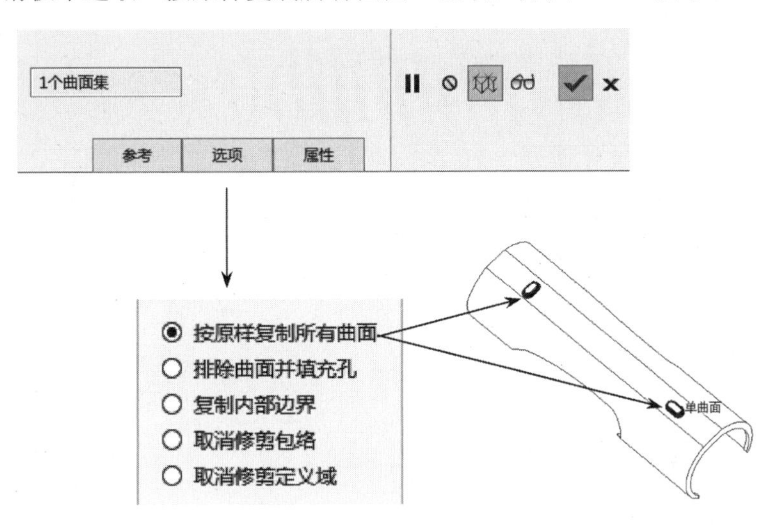

图 5-180 定义选项内容

④ 完成复制模型顶部通孔曲面的创建工作

单击操控板的按钮，完成复制模型顶部通孔曲面的创建工作，复制好的曲面如图 5-181 所示。

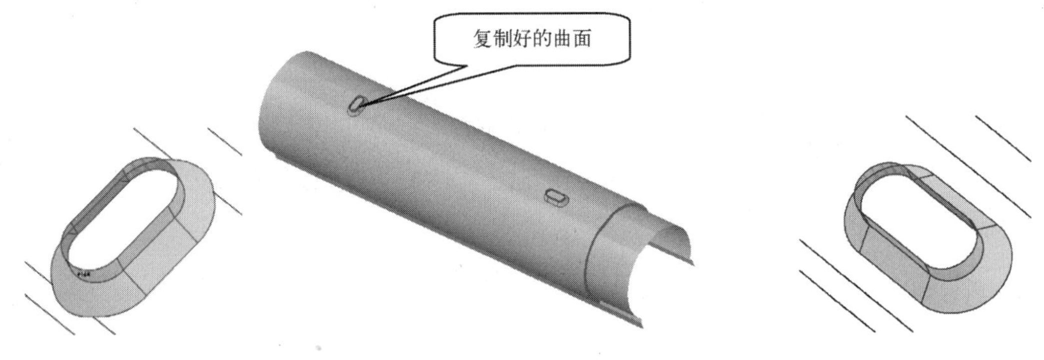

图 5-181 复制曲面效果（左图和右图为局部放大图）

2）复制模型顶部曲面

① 选取要复制的曲面

选取模型顶部曲面，作为要复制的曲面，如图 5-182 所示。

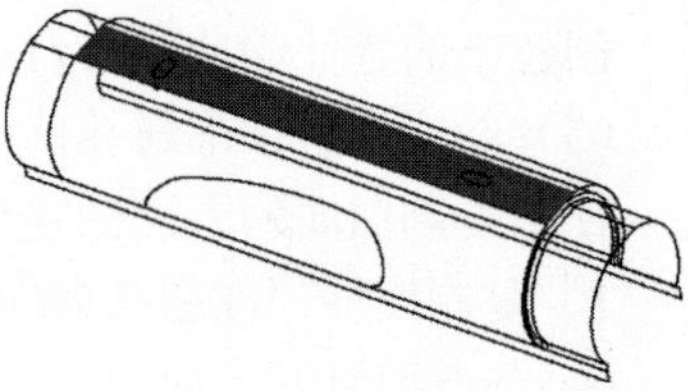

图 5-182 选取要复制的曲面

② 选取命令

在模型工具栏中单击【复制】按钮→【粘贴】按钮，打开“复制曲面”操控板。

③ 定义选项内容

在选项下滑板中选取“排除曲面并填充孔”选项，如图 5-183 所示。

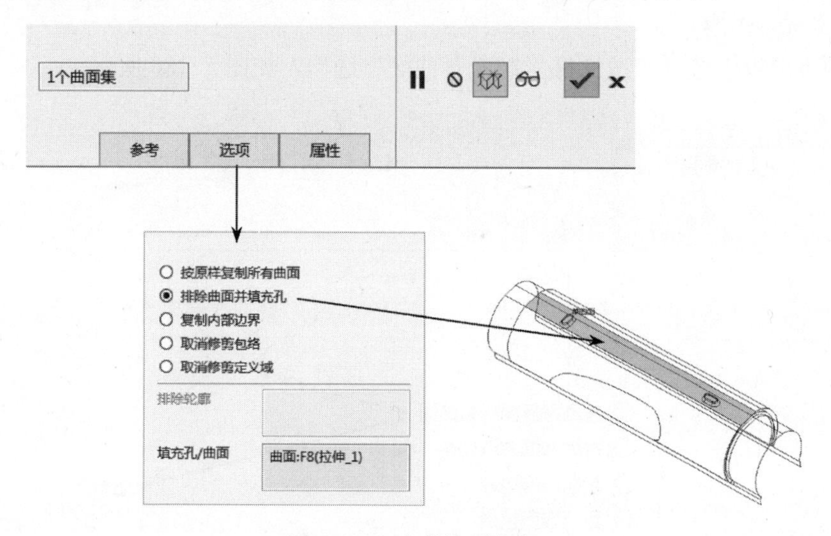

图 5-183 定义选项内容

④ 完成复制模型顶部曲面的创建工作

选取【排除曲面并填充孔】后，单击模型顶部曲面，可以观察到曲面上的两个通孔被填充。单击操控板的✓按钮，完成复制模型顶部曲面的创建工作，复制好的曲面如图 5-184 所示。

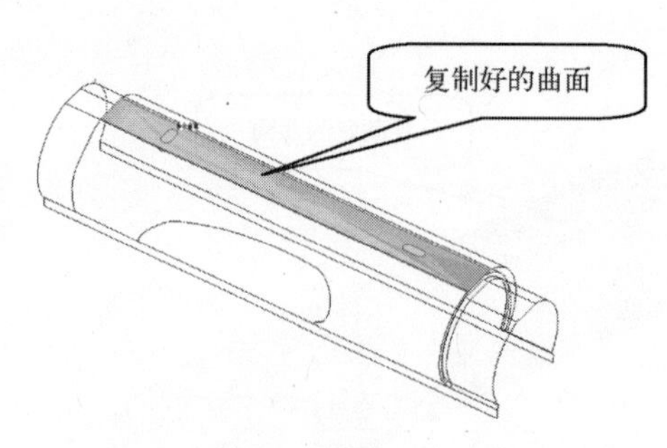

图 5-184 复制曲面效果

3）合并模型顶部通孔曲面和模型顶部曲面

① 选取要合并的面组

选取模型顶部通孔曲面和模型顶部曲面（结合 Ctrl 键）作为要合并的面组。

② 选取命令

在模型工具栏中单击【合并】按钮，打开“合并曲面”操控板，如图 5-185 所示。

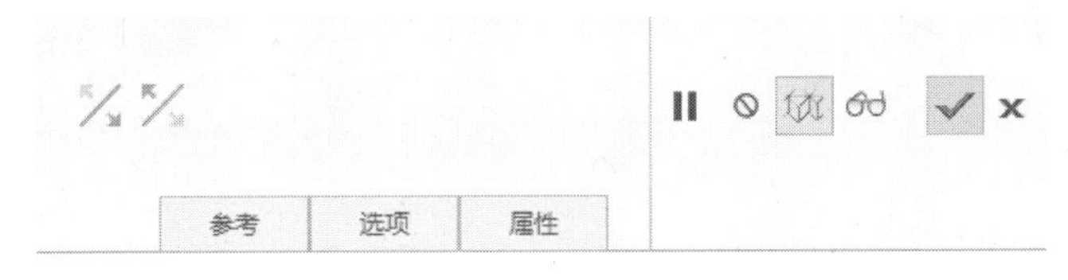

图 5-185 “合并曲面”操控板

③ 合并操作

在选项下滑板中选取合并方式为“相交”，合并操作如图 5-186 所示。

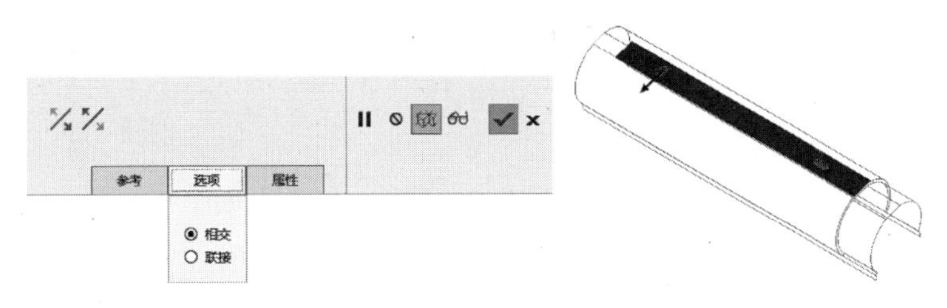

图 5-186 合并曲面操作

④ 完成合并曲面的创建工作

单击操控板的按钮，完成模型顶部通孔曲面和模型顶部曲面的合并创建工作，其效果如图 5-187 所示。

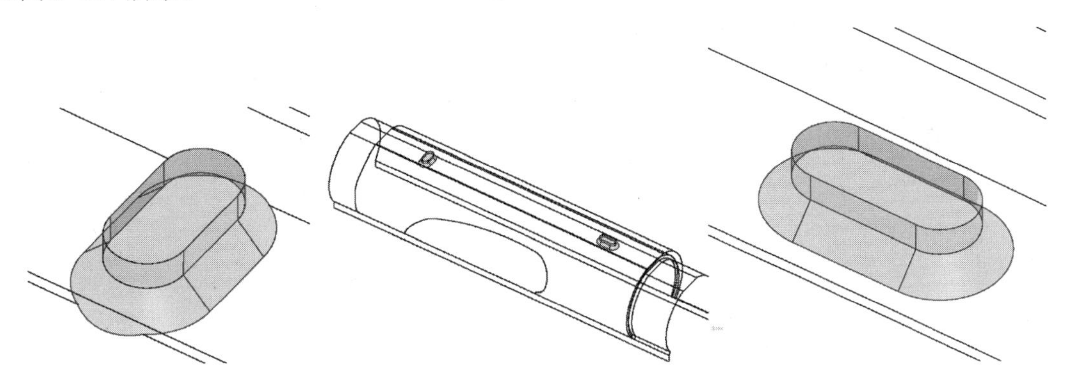

图 5-187 合并曲面效果（左图和右图为局部放大图）

（6）合并模型顶部两个通孔曲面与内圆曲面

1）选取要合并的面组

选取模型顶部两个通孔曲面与内圆曲面作为要合并的面组。

2）选取命令

在模型工具栏中单击【合并】按钮，打开“合并曲面”操控板。

3）合并操作

在选项下滑板中选取合并方式为“相交”，合并操作如图 5-188 所示。

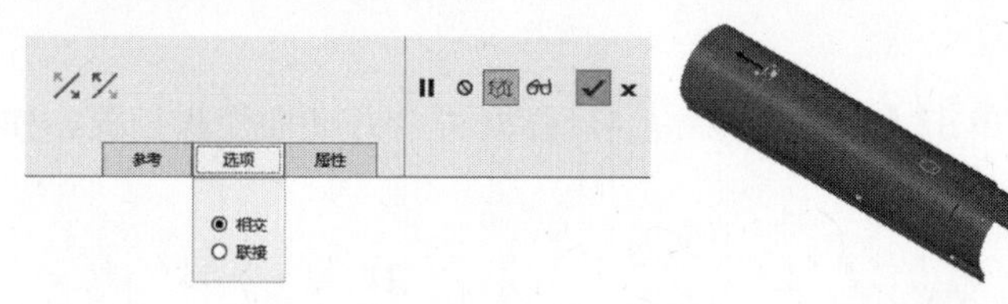

图 5-188　合并曲面操作

4）完成合并曲面的创建工作

单击操控板的✔按钮，完成模型顶部两个通孔曲面与内圆曲面的合并创建工作，其效果如图 5-189 所示。

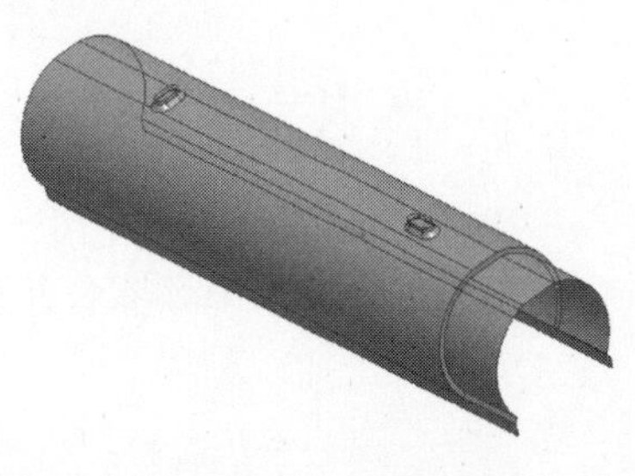

图 5-189　合并曲面效果

（7）修剪内圆曲面的两端

1）选取命令

单击【拉伸】按钮，打开“拉伸”操控板，单击【拉伸为曲面】按钮，再单击【移除材料】按钮。

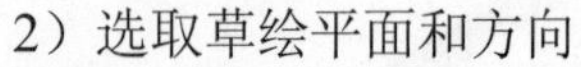

2）选取草绘平面和方向

选取【放置】→【定义】，打开“草绘”对话框。在【平面】框中选取“FRONT”平面作为草绘平面，在【参考】框中选取“RIGHT”平面作为参考平面，在【方向】框中选取“下”，单击 草绘 按钮进入草绘模式。

3）绘制矩形修剪截面

① 在草绘工具栏中选取【矩形】按钮，根据滑块的外形尺寸：270 mm×105 mm×75.2 mm，绘制一个矩形拉伸修剪截面。

② 选取【尺寸】按钮，设置矩形左侧与参考模型轮廓的距离为 15，其长度为 270 mm，宽度只要包围模型即可。

③ 绘制出的截面如图 5-190 所示，单击草绘工具栏的✔按钮退出草绘模式。

4）指定被修剪的曲面、拉伸方式和深度

单击操控板中【面组】右框（修剪面组收集器），再单击内圆曲面，指定要修剪的曲面。在“拉伸”操控板中的【选项】面板中将【侧 1】和【侧 2】都设置为“穿透”。

5）完成修剪工作

单击操控板的✔按钮，完成内圆曲面两端的修剪工作，将内圆曲面修剪成需要的 270 mm 的长度，其效果如图 5-191 所示。

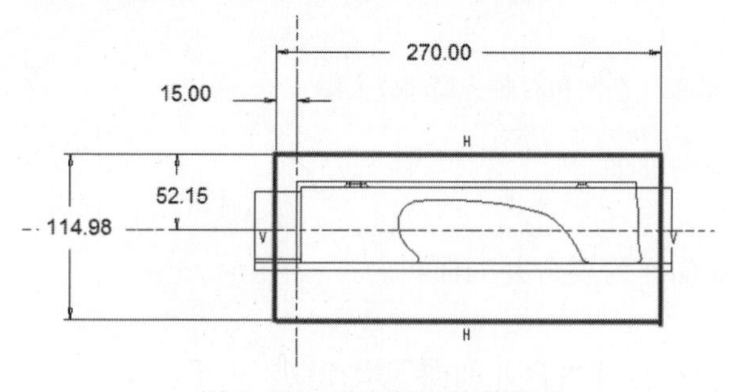

图 5-190　绘制矩形修剪截面

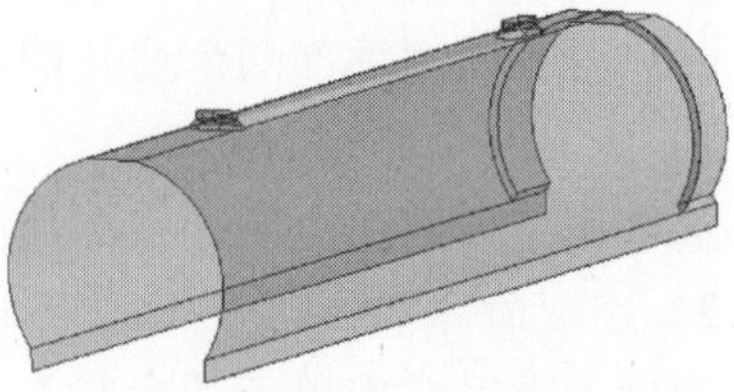

图 5-191　修剪后的内圆曲面

（8）创建裁剪曲面

使用拉伸方法创建裁剪曲面。

1）选取命令

单击【拉伸】按钮，打开“拉伸”操控板，单击【拉伸为曲面】按钮。

2）选取草绘平面和方向

选取【放置】→【定义】，打开“草绘”对话框。在【平面】框中选取“TOP”平面作为草绘平面，在【参考】框中选取“RIGHT”平面作为参考平面，在【方向】框中选取“下”，单击 草绘 按钮进入草绘模式。

3）绘制拉伸截面

① 在草绘工具栏中单击【线】按钮，绘制一条直线作为拉伸截面。

② 选取【尺寸】按钮，标注直线尺寸，如图 5-192 所示。

4）指定拉伸方式和深度

在“拉伸”操控板中的【选项】面板中将【侧 1】和【侧 2】都设置为“到选定项”，分别选取内圆曲面的两端边线。

5）完成裁剪的创建工作

单击操控板的按钮，完成裁剪曲面的创建工作，如图 5-193 所示。

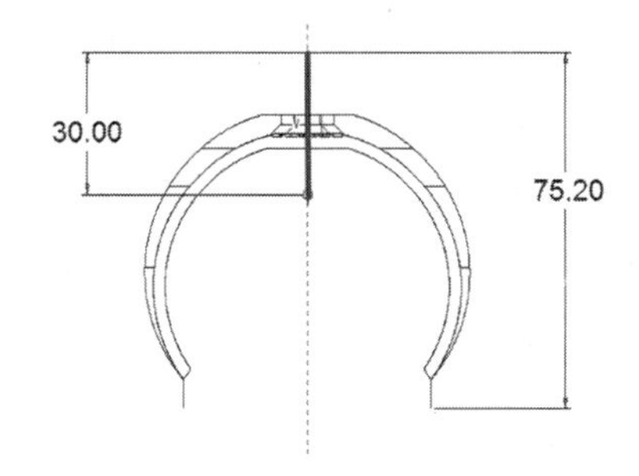

图 5-192　绘制拉伸截面

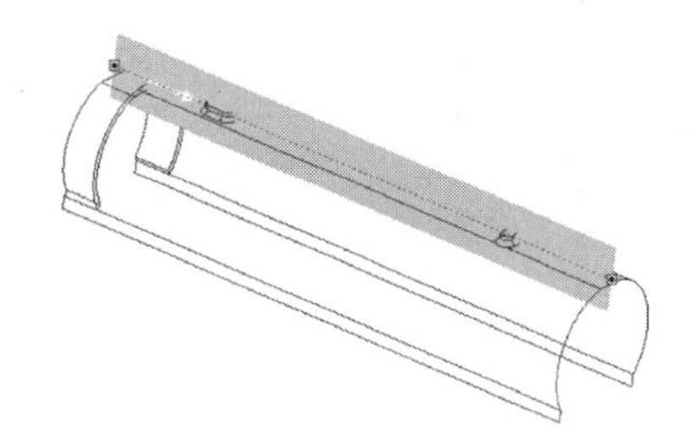

图 5-193　创建出裁剪曲面

（9）裁剪内圆曲面

使用合并曲面的方法创建内圆裁剪曲面。

1）选取要合并的面组

选取模型内圆曲面与裁剪曲面（结合〈Ctrl〉键）作为要合并的面组。

2）选取命令

在模型工具栏中单击【合并】按钮，打开“合并曲面”操控板。

3）合并操作

在选项下滑面板中选取合并方式为“相交”，合并操作如图 5-194 所示。

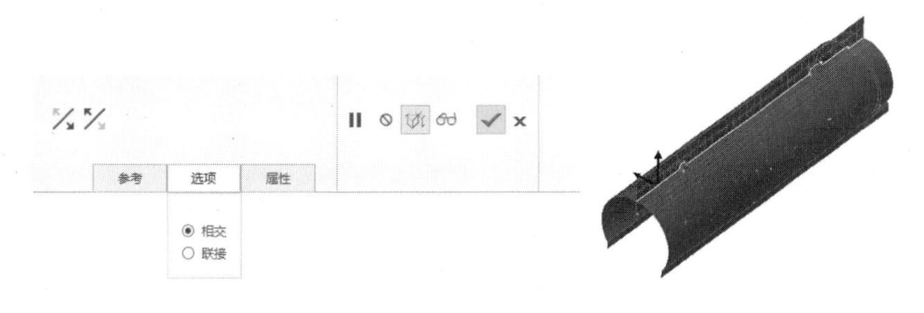

图 5-194　合并曲面操作

4）完成合并曲面的创建工作

单击操控板的✓按钮，完成模型内圆曲面与裁剪曲面的合并创建工作，将内圆曲面裁剪掉一半，只保留另一半，形成半圆曲面，其效果如图 5-195 所示。

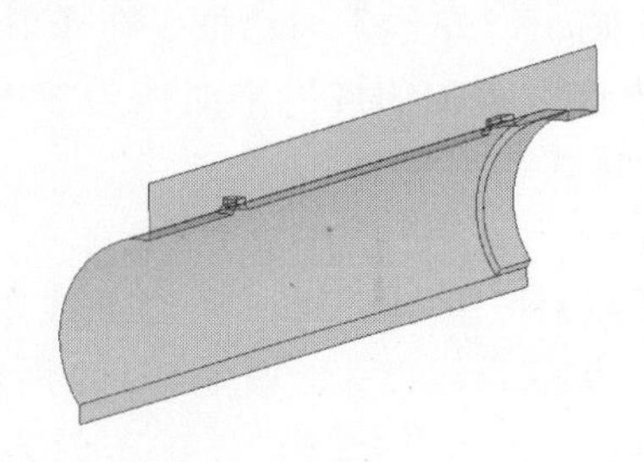

图 5-195　创建出半圆曲面

（10）创建滑块分型面

使用延伸曲面的方法创建滑块分型面。

1）选取命令

在主窗口“过滤器”中选取【几何】，然后选取半圆曲面的一条边，单击【延伸】按钮，打开“延伸”操控板，如图 5-196 所示。

图 5-196 “延伸”操控板

2）指定延伸曲面的边界、延伸方式和要延伸到的平面

① 选取半圆曲面的一条边，结合 Shift 键，依次选取其他边，指定要延伸的曲面边界链，如图 5-197 所示。

② 单击【将曲面延伸到参考平面】按钮，指定沿垂直的方向延伸边界链。

③ 以“FRONT”为基准，偏移 105 mm 创建一个基准平面“DTM2”，选取该基准平面，指定延伸参考平面，创建出延伸曲面，如图 5-198 所示。

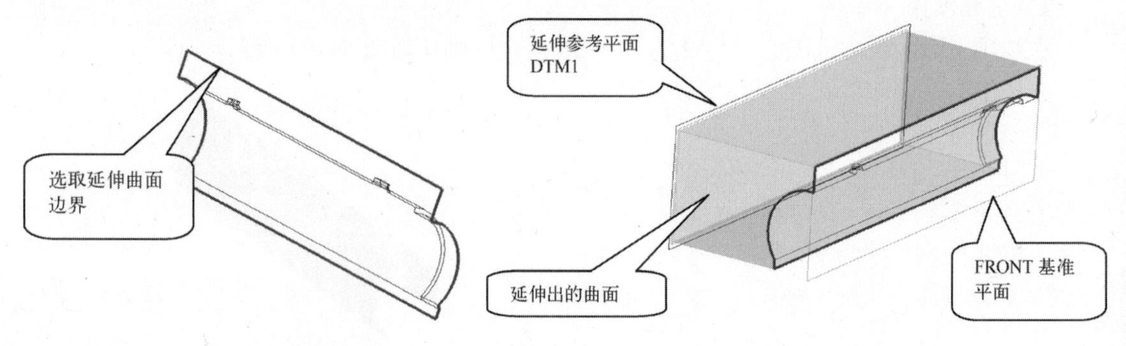

图 5-197　选取半圆曲面轮廓线　　　　图 5-198　延伸曲面操作

3）完成创建工作

单击操控板的✔按钮，创建出垂直于模型端面的延伸曲面，完成半圆曲面的延伸工作。创建出的延伸的曲面会自动合并到半圆曲面中，形成滑块分型面。

（11）创建滑块端面封闭曲面

使用拉伸的方法创建滑块端面封闭曲面。

1）选取命令

单击【拉伸】按钮，打开“拉伸”操控板，再单击【拉伸为曲面】按钮。

2）定义草绘平面和方向

选取【放置】→【定义】，打开“草绘”对话框。在【平面】框中选取“以半圆曲面的端面”作为草绘平面，如图 5-199 所示。在【参考】框中选取“RIGHT”平面作为参考平面，在【方向】框中选取“右”，单击 草绘 按钮进入草绘模式。

3）绘制拉伸截面

草绘工具栏中单击【线】按钮，绘制一条直线作为封闭曲面截面，其长度超过滑块宽度即可，如图 5-200 所示，单击草绘工具栏✔按钮退出草绘模式。

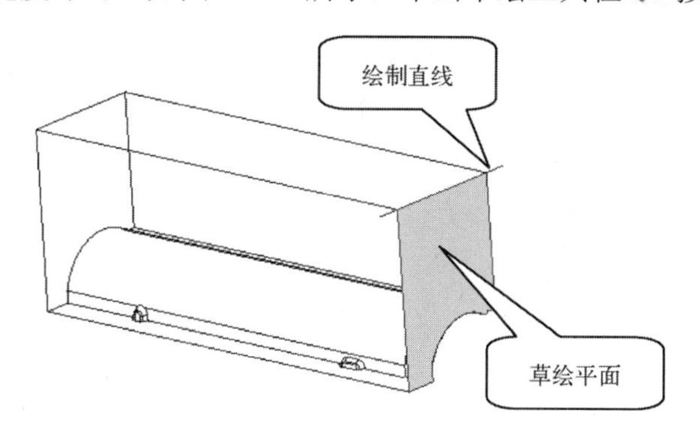

图 5-199　草绘平面和拉伸截面

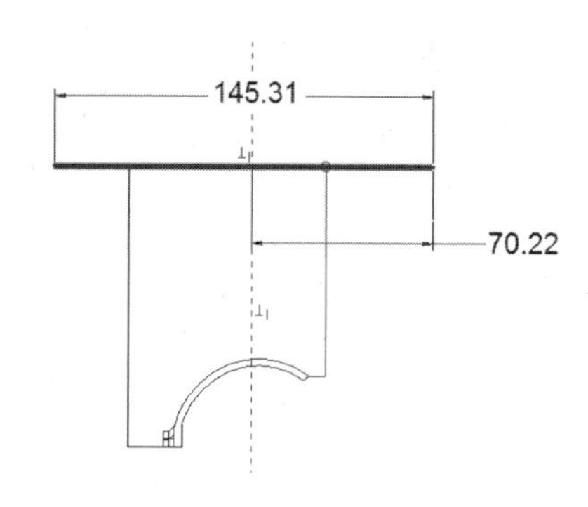

图 5-200　草绘平面和拉伸截面

4）指定拉伸方式和深度

在“拉伸”操控板中的【选项】面板中将【侧 1】设置为“到选定项”，选取滑块分型面的另一个端面。将【侧 2】设置为“无”。在图形窗口中可以预览拉伸出的曲面特征，如图 5-201 所示。

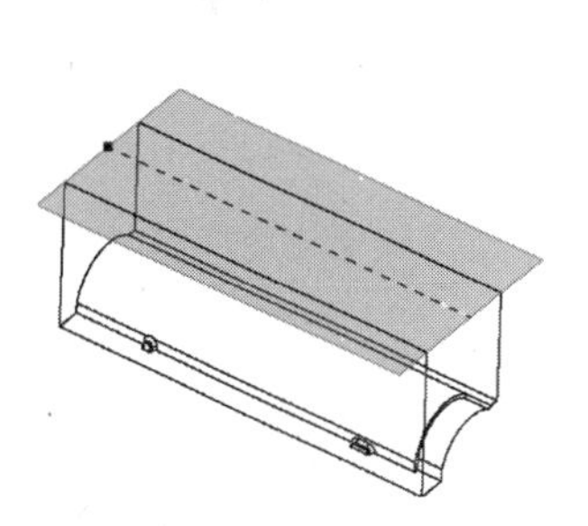

图 5-201　拉伸曲面效果

5）完成封闭曲面创建工作

单击操控板的✔按钮，完成滑块端面封闭曲面的创建工作。

（12）封闭滑块分型面

使用合并曲面的方法封闭滑块分型面。

1）选取要合并的面组

选取封闭曲面与滑块分型面（结合〈Ctrl〉键）作为要合并的面组。

2）选取命令

在模型工具栏中单击【合并】按钮，打开“合并曲面”操控板。

3）合并操作

在选项下滑面板中选取合并方式为“联接”，合并操作如图 5-202 所示。

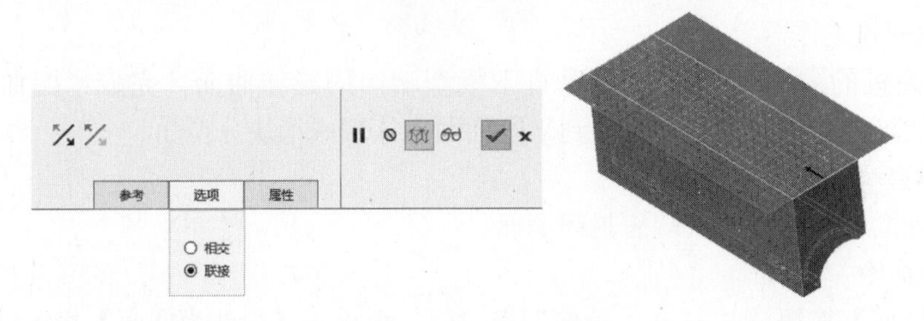

图 5-202　合并曲面操作

4）完成合并曲面的创建工作

单击操控板的✓按钮，完成封闭曲面与滑块分型面的合并创建工作，获得全封闭的滑块分型面，其效果如图 5-203 所示。

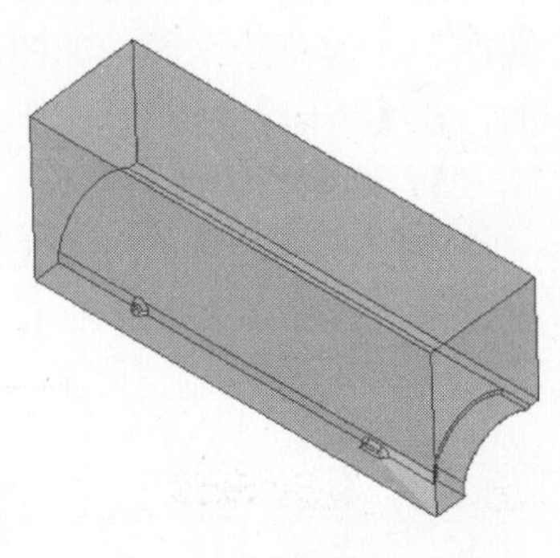

图 5-203　创建出滑块分型面

（13）创建滑块分型面的端面结构

使用拉伸与合并曲面的方法创建滑块分型面的端面结构。

1）创建拉伸曲面 1

① 选取命令

单击【拉伸】按钮，打开“拉伸”操控板，再单击【拉伸为曲面】按钮。

② 定义草绘平面和方向

选取【放置】→【定义】，打开“草绘”对话框。在【平面】框中选取“以滑块分型面的端面”作为草绘平面，如图 5-204 所示。在【参考】框中选取“RIGHT”平面作为参考平面，在【方向】框中选取“右”，单击 草绘 按钮，进入草绘模式。

③ 绘制拉伸截面

在草绘工具栏中单击【矩形】按钮，绘制一个矩形拉伸截面，如图 5-205 所示，单击草绘工具栏✓按钮，退出草绘模式。

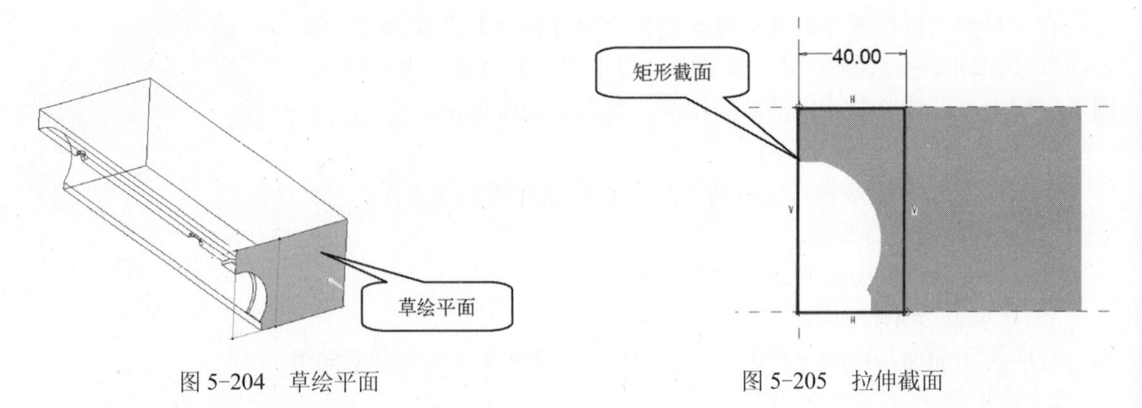

图 5-204　草绘平面　　图 5-205　拉伸截面

④ 指定拉伸方式和深度

在“拉伸”操控板中的【选项】面板中将【侧 1】设置为“到选定项”，选取模型的端面。将【侧 2】设置为“无”，并勾选【封闭端】，在图形窗口中可以预览拉伸出的曲面特征，如图 5-206 所示。

⑤ 完成拉伸曲面 1 的创建工作

单击操控板的✓按钮，完成拉伸曲面 1 的创建工作。

2）合并滑块分型面与拉伸曲面 1

① 选取要合并的面组

选取滑块分型面与拉伸曲面 1（结合〈Ctrl〉键）作为要合并的面组。

② 选取命令

在模型工具栏中单击【合并】按钮，打开“合并曲面”操控板。

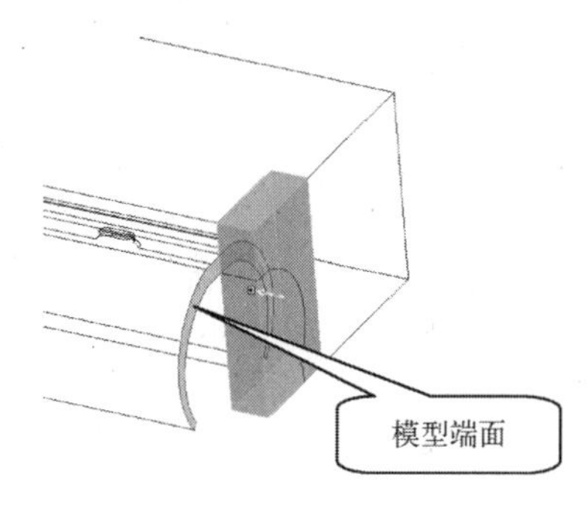

图 5-206　拉伸曲面效果

③ 合并操作

在选项下滑面板中选取合并方式为“相交”，合并操作如图 5-207 所示。

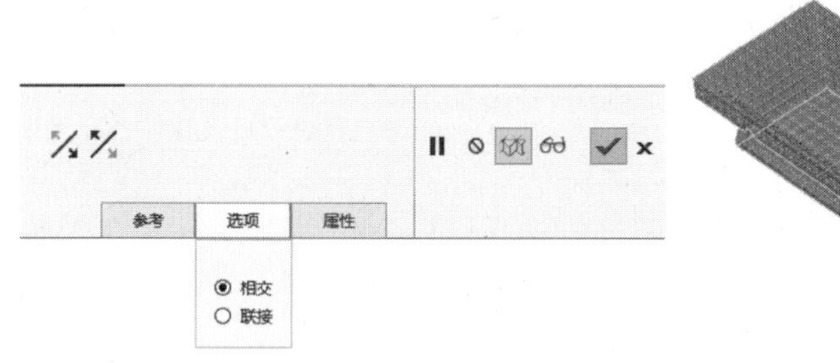

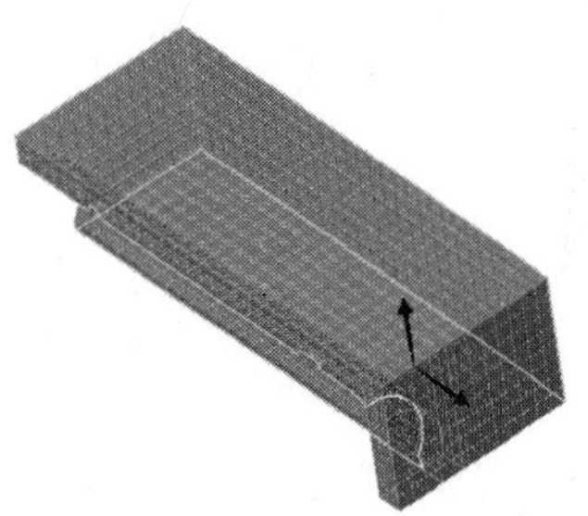

图 5-207　合并曲面操作

④ 完成合并曲面的创建工作

单击操控板的✓按钮，完成滑块分型面与拉伸曲面 1 的合并创建工作，其效果如图 5-208 所示。

3）创建拉伸曲面 2

① 选取命令

单击【拉伸】按钮，打开“拉伸”操控板，再单击【拉伸为曲面】按钮。

② 定义草绘平面和方向

选取【放置】→【定义】，打开“草绘”对话框。在【平面】框中选取“以模型一端的侧壁内表面”作为草绘平面，如图 5-209 所示。在【参考】框中选取“RIGHT”平面作为参考平面，在【方向】框中选取“下”，单击 草绘 按钮，进入草绘模式。

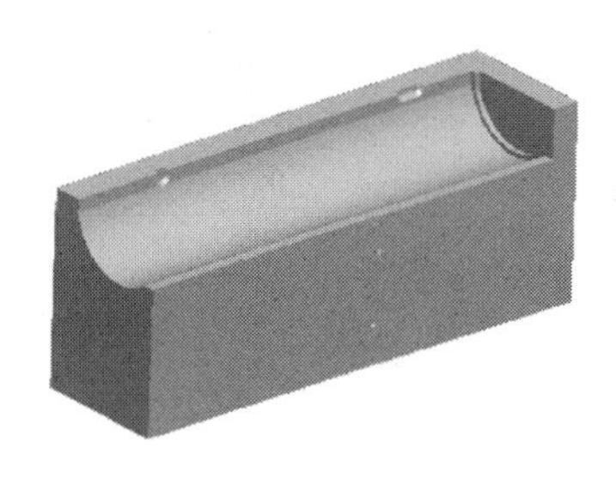

图 5-208　滑块分型面端面合并效果

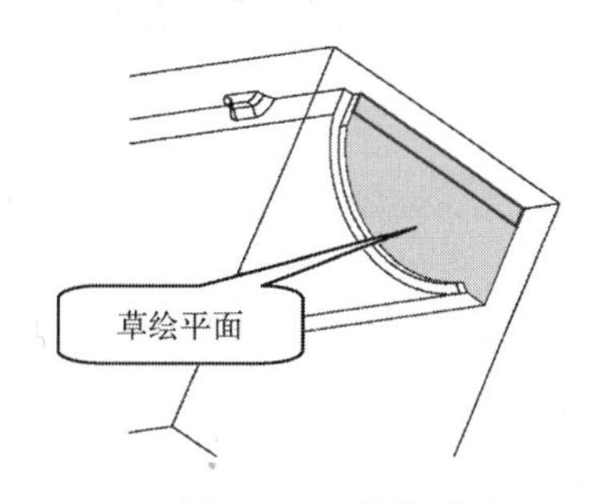

图 5-209　草绘平面

③ 绘制拉伸截面

在草绘工具栏中单击【矩形】按钮，绘制一个矩形拉伸截面，如图 5-210 所示，单击草绘工具栏 按钮，退出草绘模式。

④ 指定拉伸方式和深度

在“拉伸”操控板中的【选项】面板中将【侧 1】设置为“盲孔”，输入拉伸深度“5”。将【侧 2】设置为“无”，并勾选“封闭端”，在图形窗口中可以预览拉伸出的曲面特征，如图 5-211 所示。

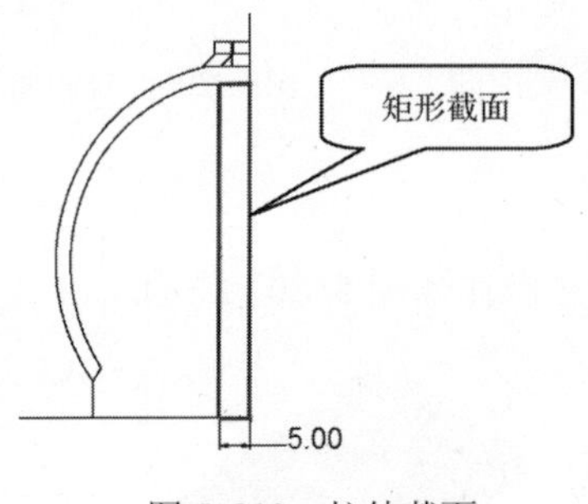

图 5-210　拉伸截面

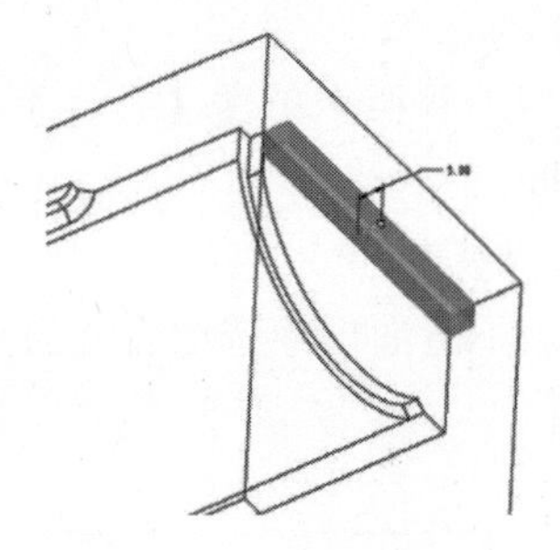

图 5-211　拉伸曲面效果

⑤ 完成拉伸曲面 2 的创建工作

单击操控板的 按钮，完成拉伸曲面 2 的创建工作。

4）合并滑块分型面与拉伸曲面 2

① 选取要合并的面组

选取滑块分型面与拉伸曲面 2（结合〈Ctrl〉键）作为要合并的面组。

② 选取命令

在模型工具栏单击【合并】按钮，打开“合并曲面”操控板。

③ 合并操作

在选项下滑面板中选取合并方式为“相交”，合并操作如图 5-212 所示。

图 5-212　合并曲面操作

④ 完成合并曲面的创建工作

单击操控板的 按钮，完成滑块分型面与拉伸曲面 2 的合并创建工作，获得滑块分型面一端的端面结构，其效果如图 5-213 所示。

5）创建滑块分型面另一端的端面结构

使用上述步骤 1）～步骤 4）相同的方法创建滑块分型面另一端的端面结构，创建好的滑块分型面端面结构如图 5-214 所示。

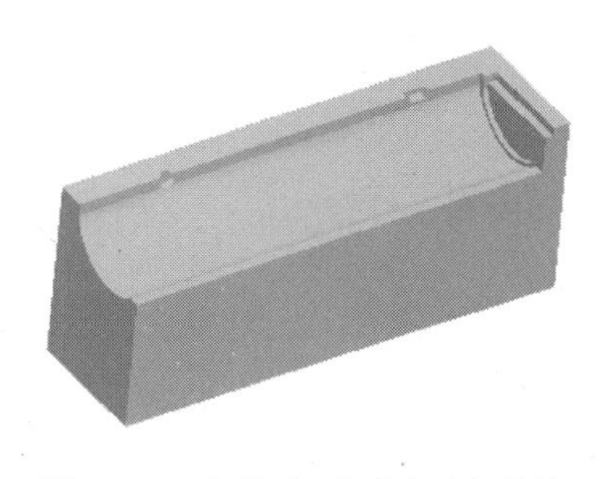

图 5-213 滑块分型面端面合并效果

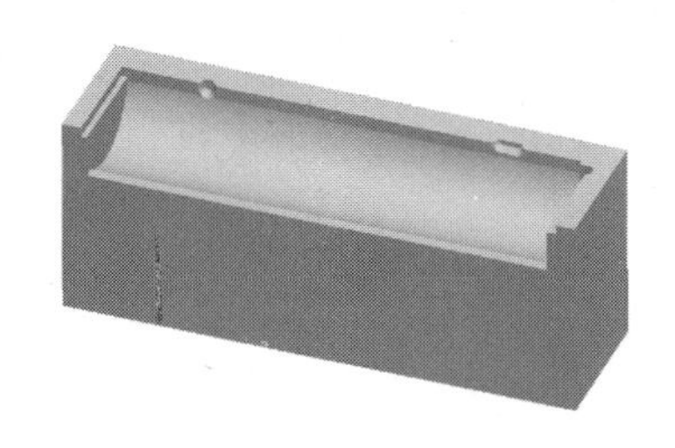

图 5-214 创建出另一端的端面结构

（14）创建滑块锁紧曲面

使用拉伸的方法创建滑块锁紧曲面。

1）选取命令

单击【拉伸】按钮，打开“拉伸”操控板，再单击【拉伸为曲面】按钮。

2）定义草绘平面和方向

选取【放置】→【定义】，打开“草绘”对话框。在【平面】框中选取“以滑块分型面的端面”作为草绘平面，如图 5-215 所示。在【参考】框中选取“RIGHT”平面作为参考平面，在【方向】框中选取“下”，单击 草绘 按钮，进入草绘模式。

3）绘制拉伸截面

草绘工具栏中单击【矩形】按钮，绘制一条折线作为锁紧曲面的拉伸截面，如图 5-216 所示，单击草绘工具栏 ✓ 按钮，退出草绘模式。

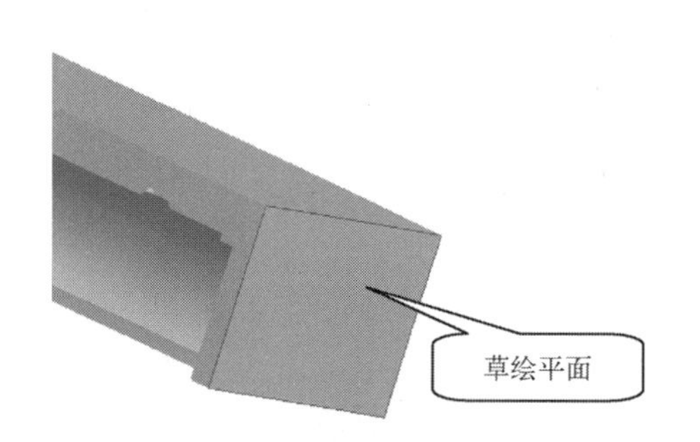

图 5-215 草绘平面

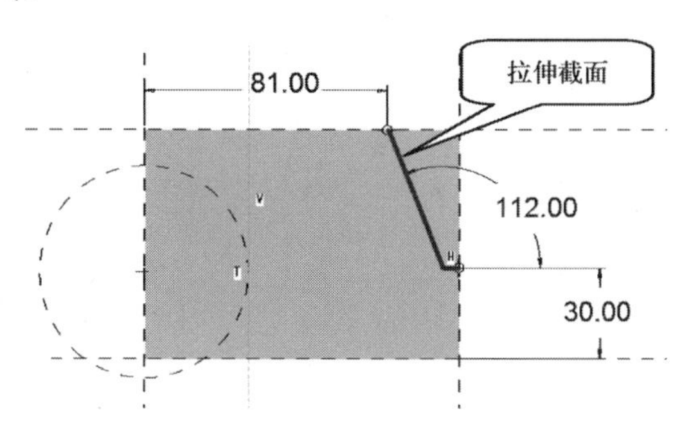

图 5-216 拉伸截面

4）指定拉伸方式和深度

在“拉伸”操控板中的【选项】面板中将【侧 1】设置为“盲孔”，输入拉伸深度“50”。将【侧 2】设置为“盲孔”，输入拉伸深度“300”，在图形窗口中可以预览拉伸出的曲面特征，如图 5-217 所示。

5）完成滑块锁紧曲面的创建工作

单击操控板的 ✓ 按钮，完成滑块锁紧曲面的创建工作。

（15）合并滑块分型面与滑块锁紧曲面

1）选取要合并的面组

选取滑块分型面与滑块锁紧曲面（结合〈Ctrl〉键）作

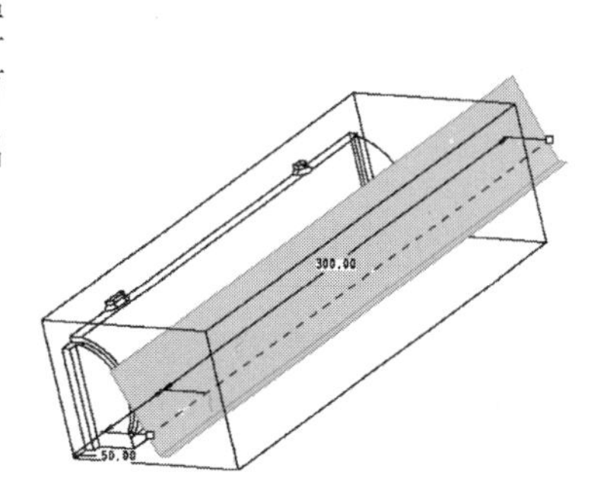

图 5-217 拉伸曲面效果

为要合并的面组。

2）选取命令

在模型工具栏单击【合并】按钮，打开“合并曲面”操控板。

3）合并操作

在选项下滑面板中选取合并方式为“相交”，合并操作如图 5-218 所示。

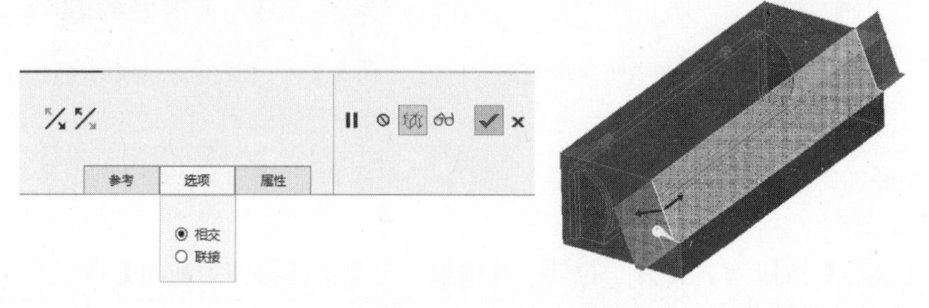

图 5-218　合并曲面操作

4）完成合并曲面的创建工作

单击操控板的按钮，完成滑块分型面与滑块锁紧曲面的合并创建工作，获得完整的滑块分型面，其效果如图 5-219 所示。

（16）创建第二个滑块分型面

1）选取要镜像的项目

在图形窗口中选取“滑块分型面”作要为镜像的项目。

2）选取命令

在模型工具栏中单击【镜像】按钮，打开“镜像”操控板。

3）选取一个镜像平面

选取“FRONT”平面作为镜像平面，如图 5-220 所示。

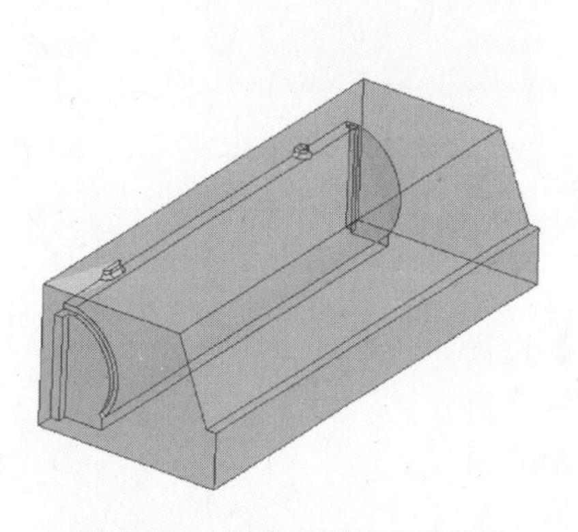

图 5-219　滑块分型面合并效果

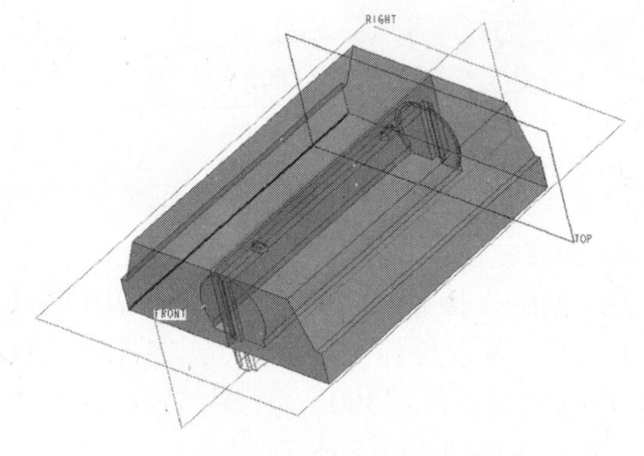

图 5-220　选取镜像平面

4）完成滑块分型面镜像的创建工作

单击操控板的按钮，完成滑块分型面镜像的创建工作，如图 5-221 所示。

2. 创建动模镶件分型面

（1）创建滑块内部形状曲面

1）复制曲面

① 选取要复制的曲面

选取滑块分型面内侧的全部曲面（结合〈Ctrl〉键），作为要复制的曲面，如图 5-222 所示。

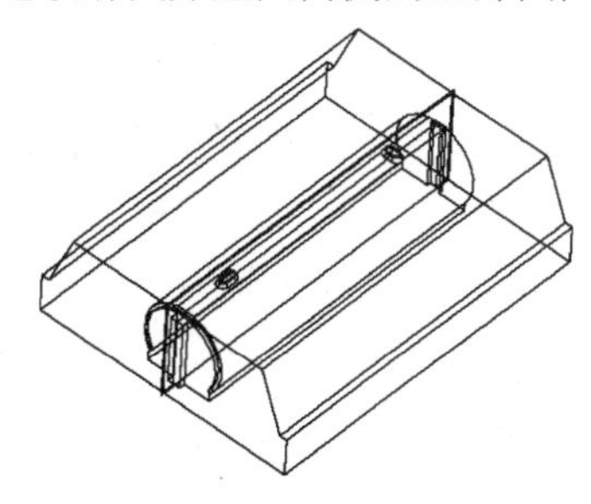

图 5-221 滑块分型面镜像效果

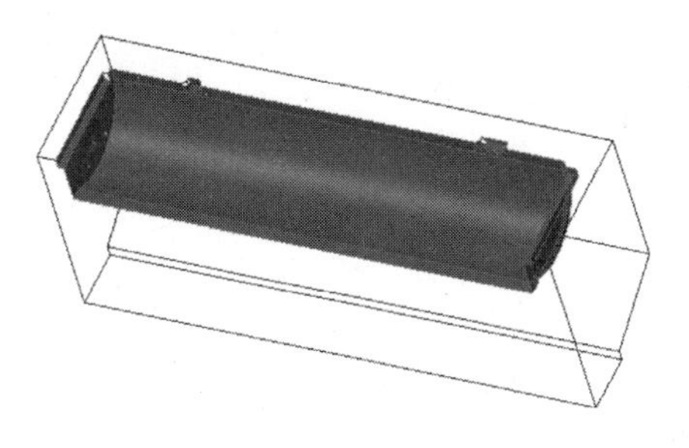

图 5-222 选取要复制的曲面

② 选取命令

在模型工具栏中单击【复制】按钮→【粘贴】按钮，打开“复制曲面”操控板。

③ 定义选项内容

在选项下滑面板中选取“按原样复制所有曲面”选项，如图 5-223 所示。

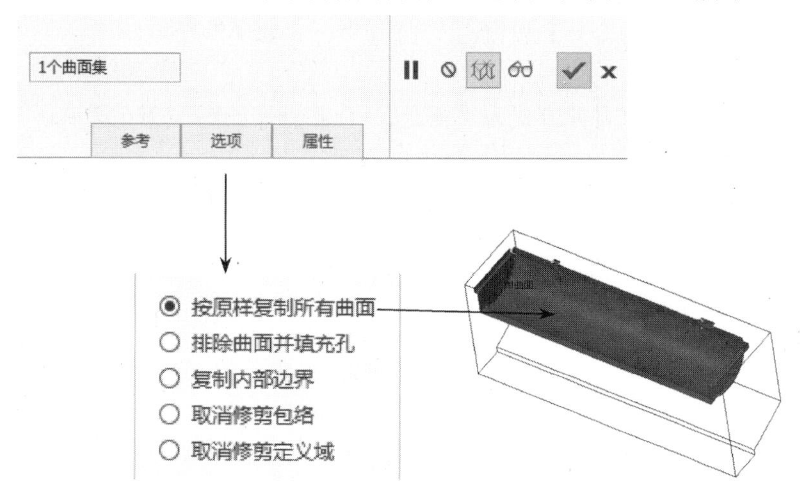

图 5-223 定义选项内容

④ 完成复制曲面的创建工作

单击操控板的按钮，完成滑块分型面内侧曲面的创建工作，复制好的曲面如图 5-224 所示。

2）镜像曲面

① 选取要镜像的项目

从图形窗口选取“复制曲面”作为要镜像的项目。

② 选取命令

在模型工具栏中单击【镜像】按钮，打开“镜像”操控板。

③ 选取一个镜像平面

选取“FRONT”平面作为镜像平面，如图 5-225 所示。

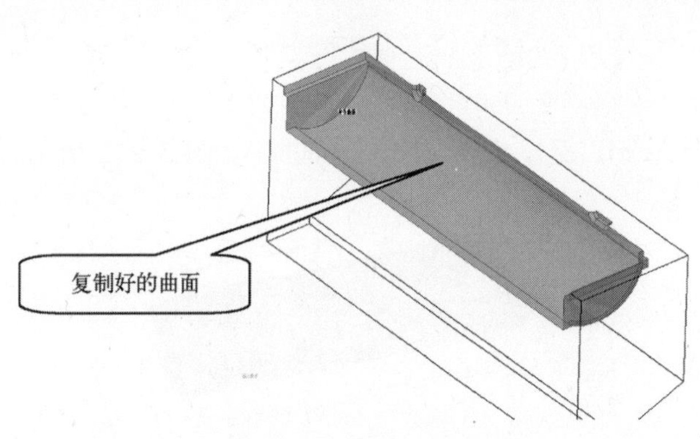

图 5-224　复制曲面效果

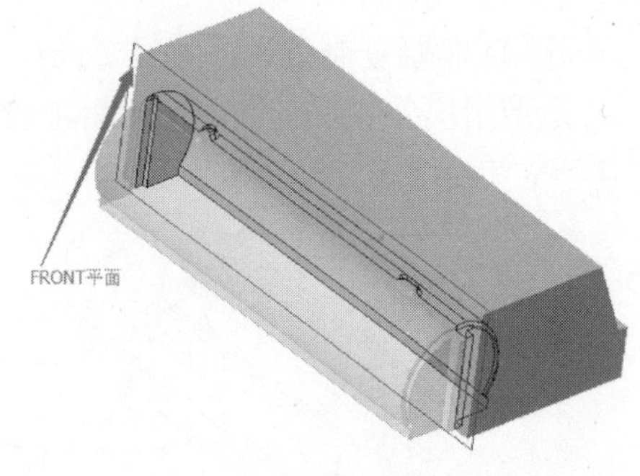

图 5-225　选取镜像平面

④ 完成复制曲面镜像的创建工作

单击操控板的✓按钮，完成复制曲面镜像的创建工作，获得第二个滑块内侧曲面。

3）合并曲面

① 选取要合并的面组

选取第一个滑块内侧曲面与第二个滑块内侧曲面（结合〈Ctrl〉键）作为要合并的面组。

② 选取命令

在模型工具栏中单击【合并】按钮，打开“合并曲面”操控板。

③ 合并操作

在选项下滑面板中选取合并方式为“相交”，合并操作如图 5-226 所示。

图 5-226　合并曲面操作

④ 完成合并曲面的创建工作

单击操控板的✓按钮，完成第一个滑块内侧曲面与第二个滑块内侧曲面的合并创建工作，获得滑块内部形状曲面，其效果如图 5-227 所示。

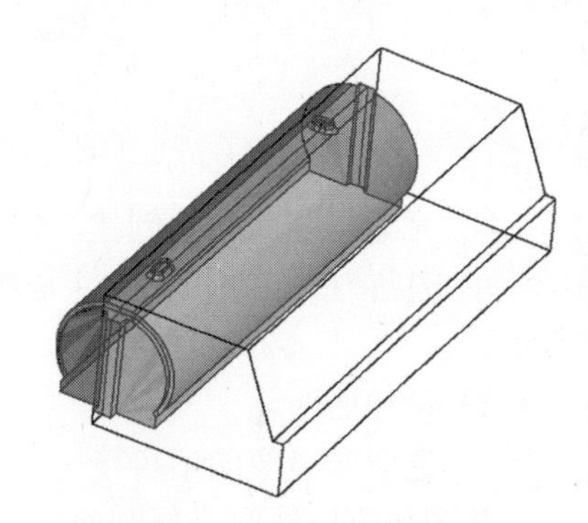

图 5-227　滑块内侧曲面合并效果

（2）创建修剪曲面

使用拉伸的方法创建修剪曲面。

1）选取命令

单击【拉伸】按钮，打开“拉伸”操控板，再单击【拉伸为曲面】按钮。

2）定义草绘平面和方向

选取【放置】→【定义】，打开“草绘”对话框。在【平面】框中选取“TOP”作为草绘平面，在【参考】框中选取“RIGHT”平面作为参考平面，在【方向】框中选取【右】，单击 草绘 按钮，进入草绘模式。

3）绘制拉伸截面

草绘工具栏中单击【矩形】按钮，绘制一条折线作为锁紧曲面的拉伸截面，如图 5-228 所示，单击草绘工具栏按钮，退出草绘模式。

4）指定拉伸方式和深度

在“拉伸”操控板中的【选项】面板中将【侧 1】设置为【盲孔】，输入拉伸深度“300”。将【侧 2】设置为【盲孔】，输入拉伸深度“50”，在图形窗口中可以预览拉伸出的曲面特征，如图 5-229 所示。

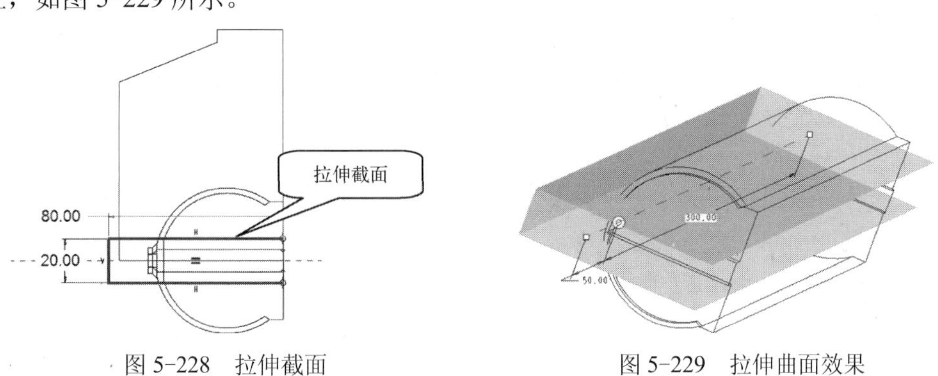

图 5-228 拉伸截面　　图 5-229 拉伸曲面效果

5）完成修剪曲面的创建工作

单击操控板的按钮，完成修剪曲面的创建工作。

（3）创建镶件分型面

使用合并的方法创建镶件分型面。

1）选取要合并的面组

选取修剪曲面与滑块内部形状曲面（结合〈Ctrl〉键）作为要合并的面组。

2）选取命令

在模型工具栏中单击【合并】按钮，打开“合并曲面”操控板。

3）合并操作

在选项下滑面板中选取合并方式为“相交”，合并操作如图 5-230 所示。

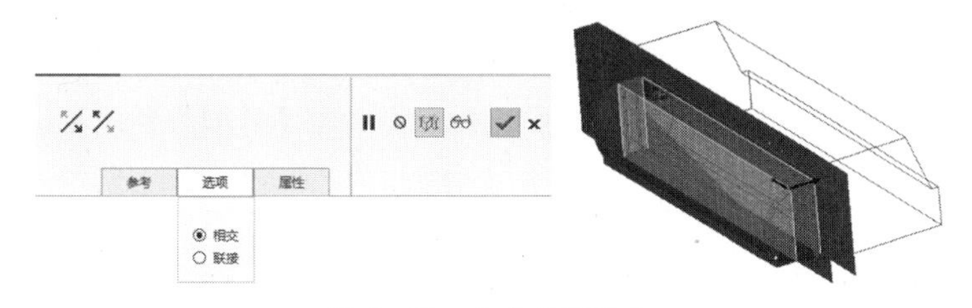

图 5-230 合并曲面操作

4）完成合并曲面的创建工作

单击操控板的按钮，完成修剪曲面与滑块内部形状曲面的合并创建工作，获得镶件分型面，其效果如图 5-231 所示。

（4）延伸镶件分型面

1）选取命令

在主窗口“过滤器”中选取【几何】，然后选取镶件分型面开放端的一条边，单击【延伸】按钮，打开“延伸”操控板，如图 5-232 所示。

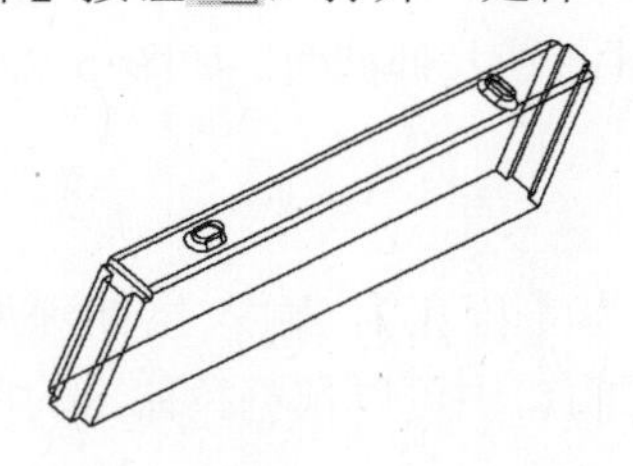

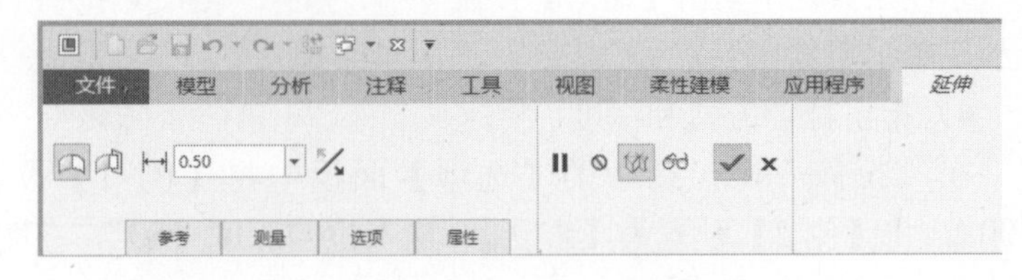

图 5-231　镶件分型面合并效果　　图 5-232 “延伸”操控板

2）指定延伸曲面的边界、延伸方式和要延伸到的平面

① 选取镶件分型面开放端的一条边（结合 Shift 键选取其他边），指定要延伸的曲面边界链，如图 5-233 所示。

② 单击【将曲面延伸到参考平面】按钮，指定沿垂直的方向延伸边界链。

③ 以“模型顶面”为基准，偏移 92 mm 创建一个基准平面“DTM3”，选取该基准平面指定延伸参考平面，创建出延伸曲面，如图 5-234 所示。

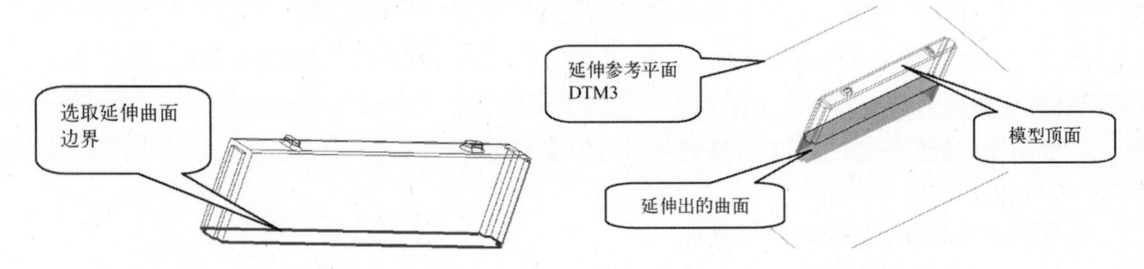

图 5-233　选取镶件分型面轮廓线　　图 5-234　延伸曲面操作

3）完成创建工作

单击操控板的按钮，创建出垂直于参考平面的延伸曲面，完成镶件分型面的延伸工作。创建出的延伸的曲面会自动合并到镶件分型面中。

（5）创建封闭曲面

使用拉伸的方法创建封闭曲面。

1）选取命令

单击【拉伸】按钮，打开“拉伸”操控板，再单击【拉伸为曲面】按钮。

2）定义草绘平面和方向

选取【放置】→【定义】，打开“草绘”对话框。在【平面】框中选取“TOP”作为草绘平面，在【参考】框中选取“RIGHT”平面作为参考平面，在【方向】框中选取【下】，单击 草绘 按钮，进入草绘模式。

3）绘制拉伸截面

在草绘工具栏中单击【矩形】按钮，绘制一条折线作为锁紧曲面的拉伸截面，如图 5-235 所示，单击草绘工具栏按钮，退出草绘模式。

4）指定拉伸方式和深度

在“拉伸”操控板中的【选项】面板中将【侧 1】设置为“盲孔”，输入拉伸深度“50”。将【侧 2】设置为“盲孔”，输入拉伸深度“260”，在图形窗口中可以预览拉伸出的曲面特征，如图 5-236 所示。

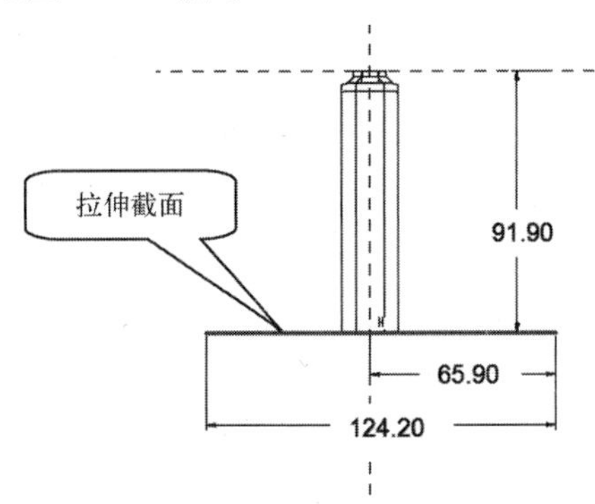

图 5-235 拉伸截面

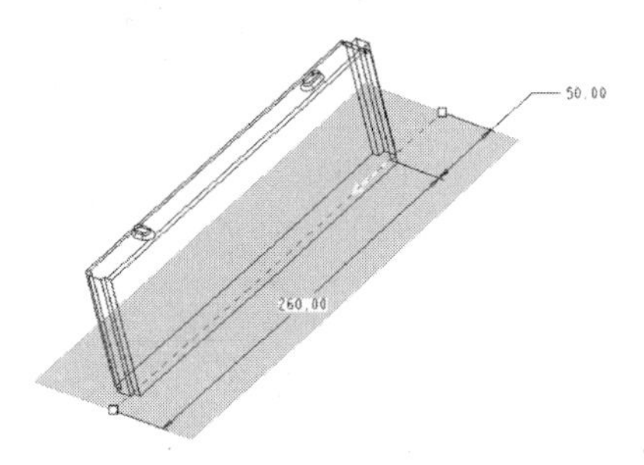

图 5-236 拉伸曲面效果

5）完成封闭曲面的创建工作

单击操控板的✓按钮，完成封闭曲面的创建工作。

（6）合并镶件分型面

1）选取要合并的面组

选取封闭曲面与镶件分型面（结合〈Ctrl〉键）作为要合并的面组。

2）选取命令

在模型工具栏中单击【合并】按钮，打开“合并曲面”操控板。

3）合并操作

在选项下滑面板中选取合并方式为“相交”，合并操作如图 5-237 所示。

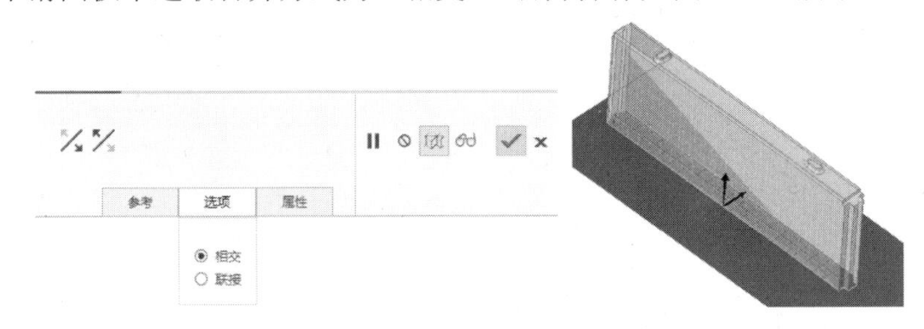

图 5-237 合并曲面操作

4）完成合并曲面的创建工作

单击操控板的✓按钮，完成封闭曲面与镶件分型面的合并创建工作，获得完整的镶件分型面，其效果如图 5-238 所示。

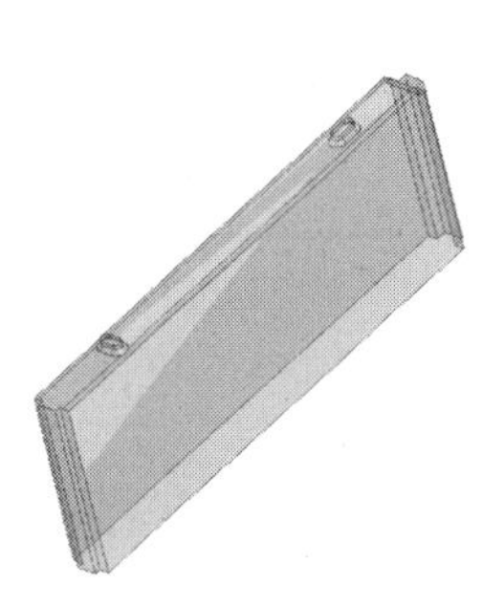

图 5-238 镶件分型面

3. 创建模具分型面

（1）选取命令

在模型工具栏中单击【填充】按钮，打开“填充”操控板。

（2）定义草绘平面和方向

在操控板中选取【参考】→【定义】，打开“草绘”对话框，在【平面】框中选取“滑块分型面的台阶曲面”作为草绘平面，在【参考】框中选取下盖的“滑块分型面的长方向端面”作为参考平面，在【方向】框中选取“上”，如图 5-239 所示。单击 草绘 按钮进入草绘模式。

（3）绘制填充截面

在草绘工具栏中选取【投影】按钮，提取滑块分型面台阶的内侧轮廓线作为内边界，选取【矩形】按钮，绘制 400 mm×270 mm 的矩形截面作为填充外边界，绘制填充截面，如图 5-240 所示。单击草绘工具栏按钮退出草绘模式。

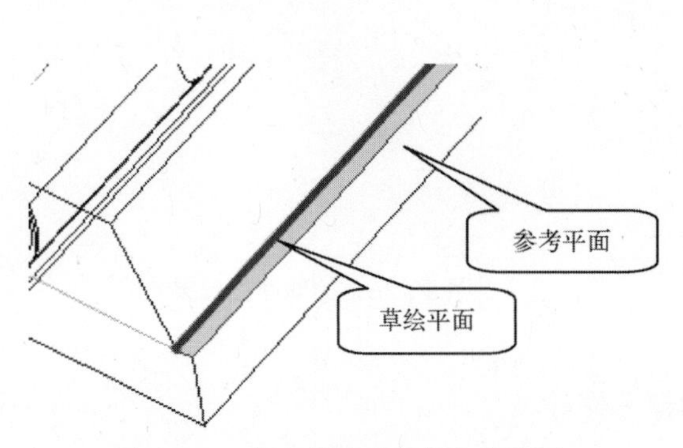

图 5-239　指定草绘平面与参考平面

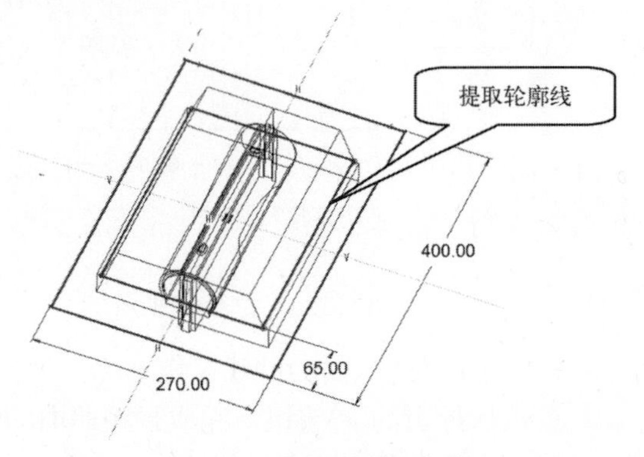

图 5-240　绘制填充曲面

（4）完成填充曲面的创建工作

单击“填充”操控板的按钮，完成填充分型面的创建工作，创建出动模和定模的模具分型面，如图 5-241 所示。

通过上述工作，就完成了全部分型面的创建工作，包括滑块分型面、动模镶件分型面和模具分型面，如图 5-242 所示（遮蔽了参照模型）。

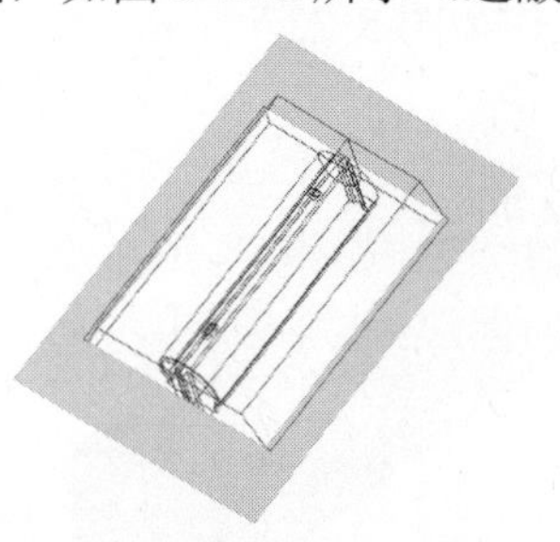

图 5-241　模具分型面

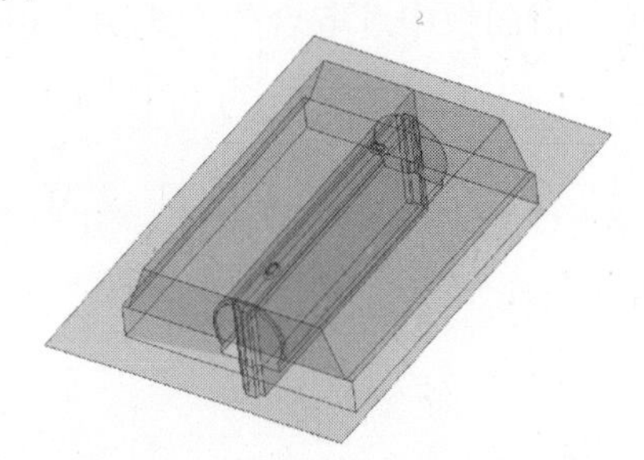

图 5-242　全部分型面

4. 返回模具模块

以上工作是在零件模块中进行的，下面的工作要切换到模具模块进行。从主窗口“文件”菜单中选取【保存】，保存修改结果。然后从主窗口的“文件”菜单中选取【关闭】，关闭“wk-cp.prt”文件，返回到模具模块。结果文件请参看“第 5 章\范例结果文件\喷雾器外壳\mfgwk.asm”。

5.4　显示屏盖模具的分型面设计

5.4.1　设计导航——作品规格与流程剖析

1. 作品规格——显示屏盖产品形状和参数

显示屏盖外观如图 5-243 所示，长×宽×高为：

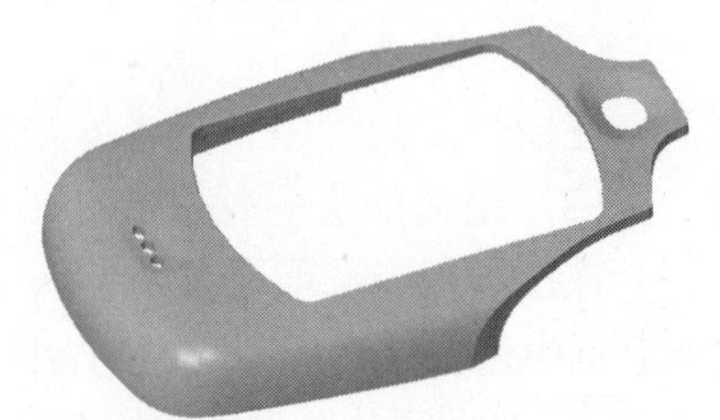

图 5-243　显示屏外壳

73 mm×53.5 mm×9.5 mm，采用丙烯腈-丁二烯-苯乙烯共聚物塑料制造（简称 ABS 塑料），其收缩率为 0.3%～0.8%。

2. 流程剖析——显示屏盖模具分型面设计方法与流程

（1）使用“关闭”法，创建显示屏盖内表面通孔关闭分型面。

（2）使用“复制”法，创建显示屏盖内表面复制分型面。

（3）使用“合并”法，将关闭分型面和复制分型面合并成一个分型面。

（4）使用“延伸”法，将合并好的分型面进行两次延伸，得到符合参考模型的分型面。

（5）使用“拉伸”法，创建拉伸分型面。

（6）最后将拉伸分型面和步骤（4）所得到的分型面合并成一个完整的显示屏盖分型面。

显示屏盖模具分型面创建的主要流程如图 5-244 所示。

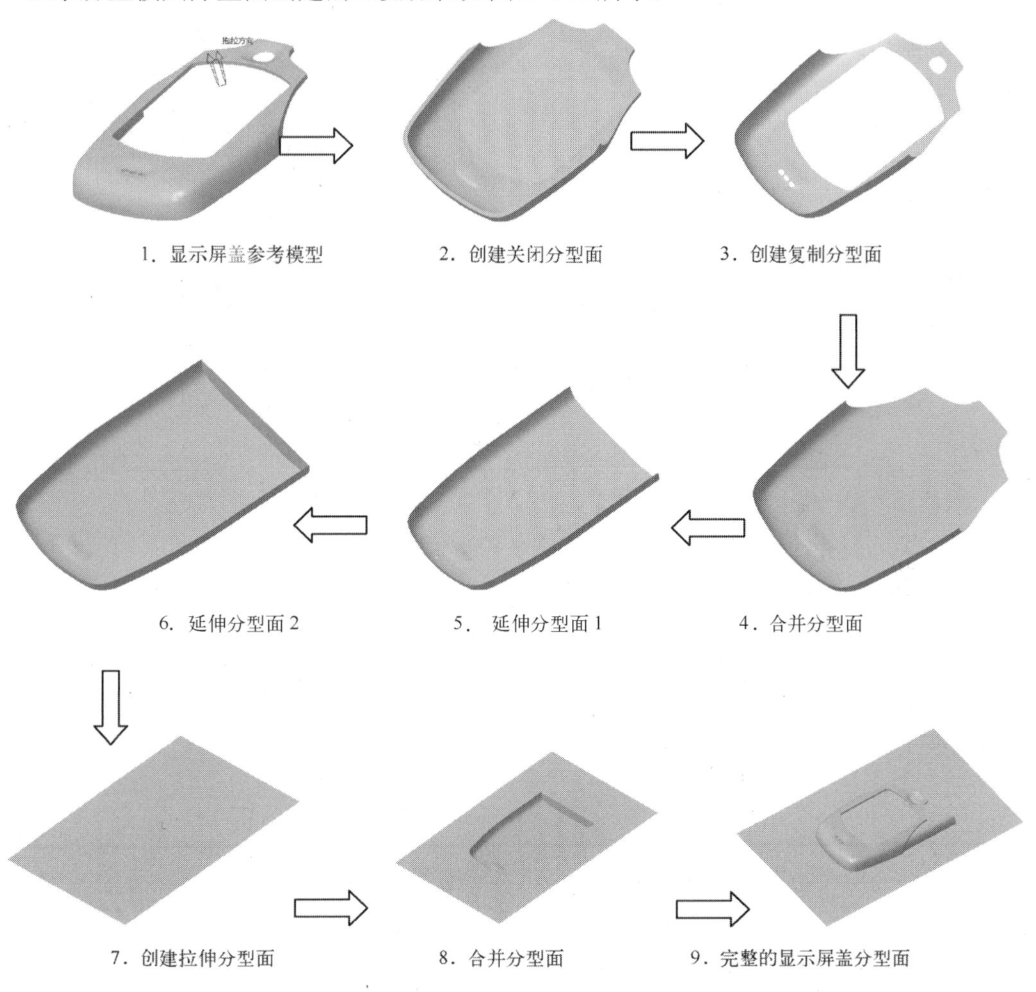

图 5-244 显示屏盖模具分型面创建的主要流程

5.4.2 设计思路——显示屏盖模具分型面的结构特点与技术要领

1. 显示屏盖分型面的结构特点

根据设计导航中的设计流程剖析可知，显示屏盖采用“一模一腔”布局。显示屏盖是一个形状不规则的几何体，包含 5 个通孔，是使用“关闭”方法创建通孔分型面的典型案例。其模具分型面适合在模具模块中进行设计，由于显示屏盖几何形状不规则，在进行分型面设计时要考虑模具的加工制造，从而节约生产成本。

2. 显示屏盖分型面设计技术要领

显示屏盖模具分型面使用关闭、复制、合并、延伸和拉伸的方法进行设计，在设计过程中，结合显示屏盖模具分型面的设计方法与流程，灵活使用创建分型面的方法，掌握分型面的尺寸，即可得到完整的显示屏盖模具分型面。

5.4.3 实战步骤

打开模具文件“第 5 章\范例源文件\显示屏盖\mfgxspg.asm”，如图 5-245 所示。

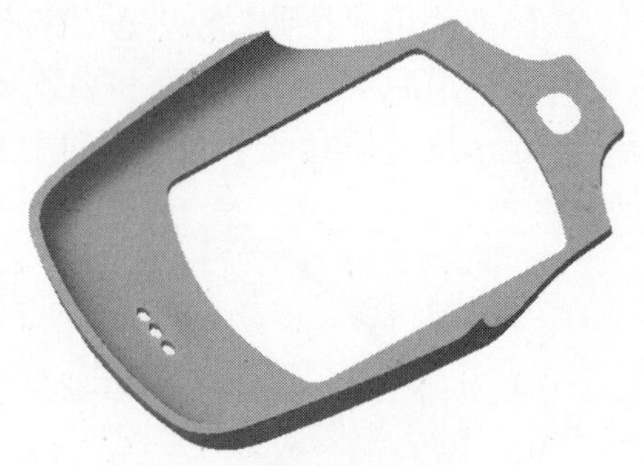

图 5-245 显示屏盖模具文件

1. 创建关闭分型面

（1）选取命令

在模具工具栏中单击【分型面】按钮，进入分型面创建模式，选取参考模型的一个内表面，选取【关闭】按钮，打开“创建关闭分型面”操控板，如图 5-246 所示。

图 5-246 选取创建关闭分型面命令

（2）选取通孔周边的曲面

按住〈Ctrl〉键，依次选取参考模型内表面，如图 5-247 所示。

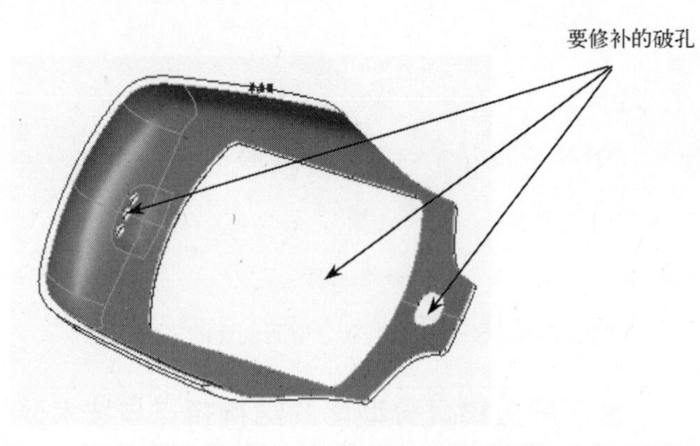

图 5-247 选取通孔周边的曲面

（3）创建关闭分型面

1）从操控板的【参考】面板中勾选【封闭所有内环】选项，可以观察到破孔被关闭，如图 5-248 所示。

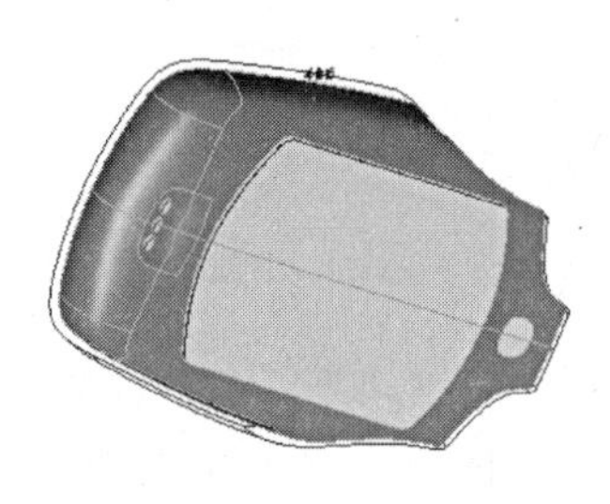

图 5-248　创建关闭分型面

2）单击操控板右边的【特征预览】按钮观察，设置成【着色】显示，如图 5-249 所示。

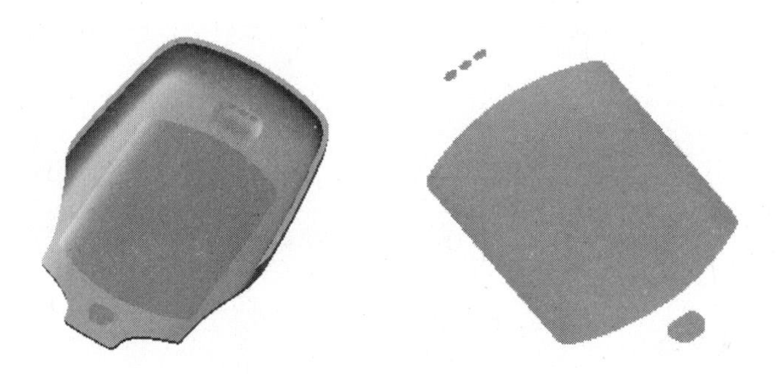

图 5-249　着色“关闭”分型面

（4）完成关闭分型面的创建工作

单击操控板的按钮，完成关闭分型面的创建工作。

2. 创建复制分型面

（1）选取命令

在图形窗口中选取参考模型的一个内表面，使用快捷键〈Ctrl+C〉→〈Ctrl+V〉，打开“复制分型面”操控板，如图 5-250 所示。

图 5-250　选取创建复制分型面命令

（2）选取要复制的曲面

按住〈Ctrl〉键，依次选取参考模型内表面，如图 5-251 所示。

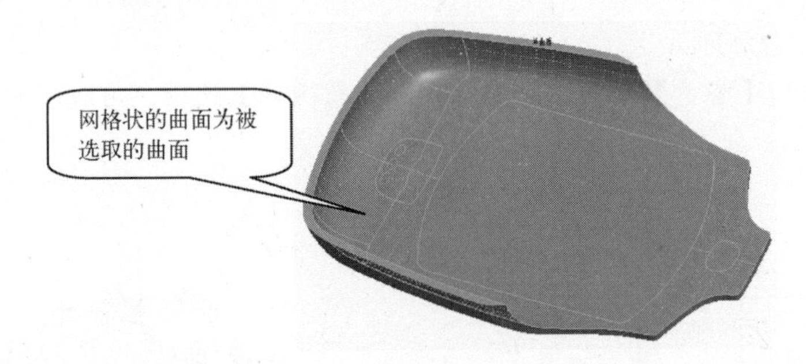

图 5-251　选取要复制的曲面

（3）完成复制分型面创建工作

单击操控板的✓按钮，完成复制分型面的创建工作，如图 5-252 所示（遮蔽了参考模型），“模型树”中出现复制分型面的名称。

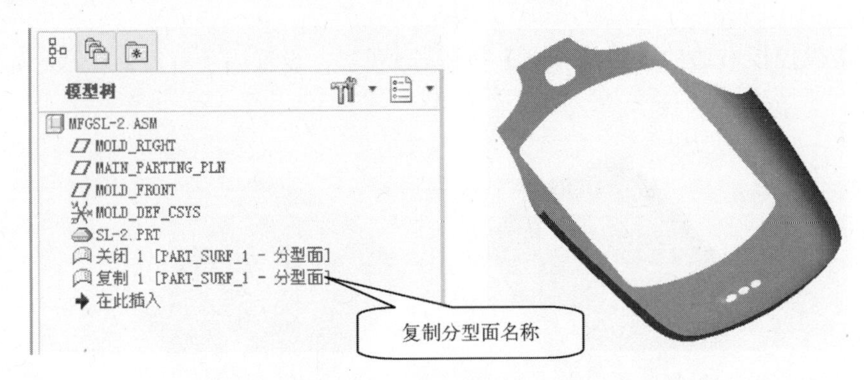

图 5-252　创建出的复制分型面

3. 合并分型面

（1）选取要合并的面组

选取关闭分型面和复制分型面（结合〈Ctrl〉键）作为要合并的面组。

（2）选取命令

在模具工具栏中单击【合并】按钮，打开“合并曲面”操控板。

（3）合并操作

在选项下滑面板中选取合并方式为“相交”，合并操作如图 5-253 所示。

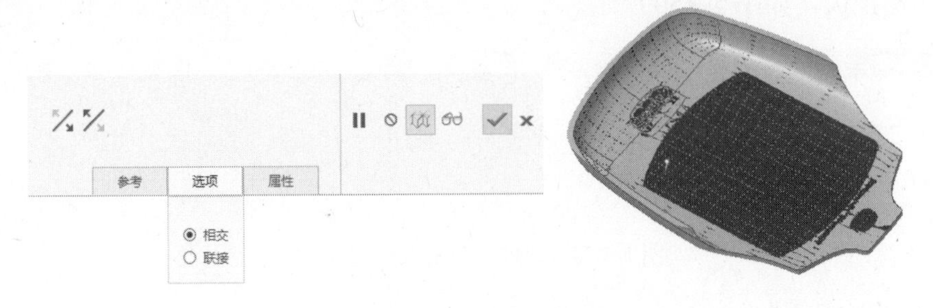

图 5-253　合并曲面操作

（4）完成合并曲面的创建工作

单击操控板的✓按钮，完成关闭分型面和复制分型面的合并创建工作，其效果如图 5-254 所示。

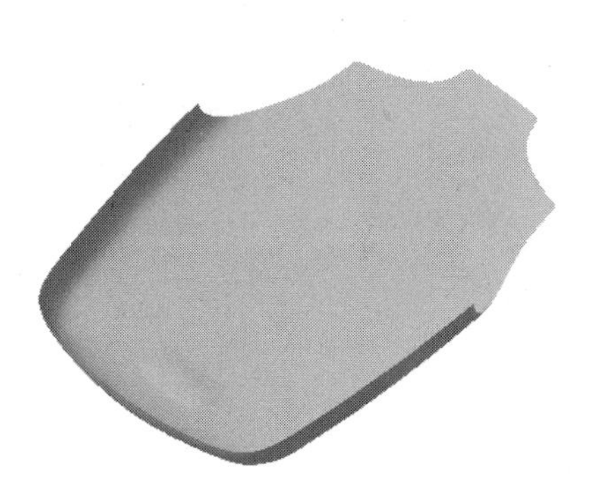

图 5-254　合并分型面效果

4. 延伸分型面

（1）选取命令

选取分型面的一条棱边，单击【延伸】按钮，打开“延伸”操控板，如图 5-255 所示。

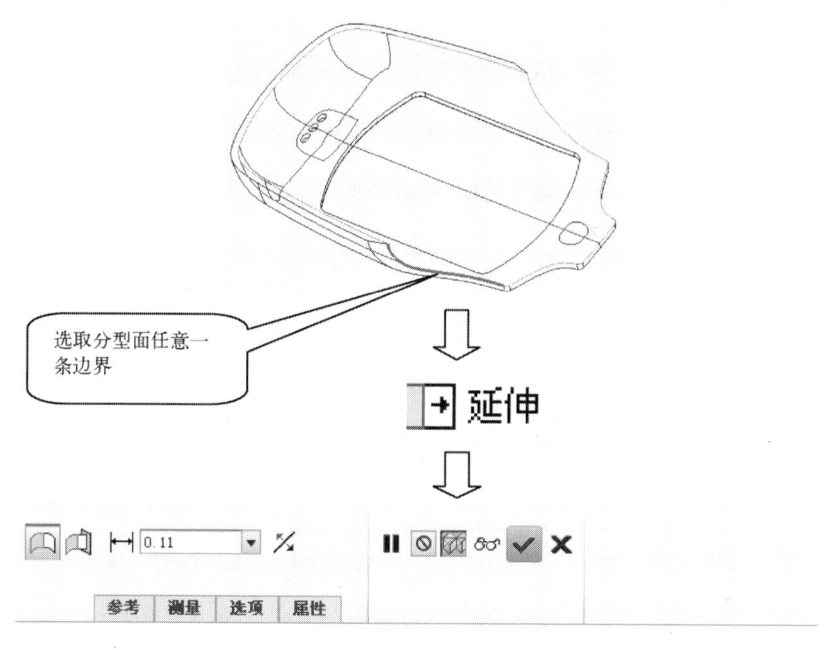

图 5-255　选取创建延伸分型面命令

（2）指定延伸曲面的边界、延伸方式和要延伸到的平面

1）选取分型面的一条棱边，结合 Shift 键，依次选取其他边，指定要延伸的曲面边界链，如图 5-156 所示。

2）单击【将曲面延伸到参考平面】按钮，指定沿垂直的方向延伸边界链。

3）选取基准平面“DTM1”指定延伸参考平面，创建出延伸曲面，如图 5-257 所示。

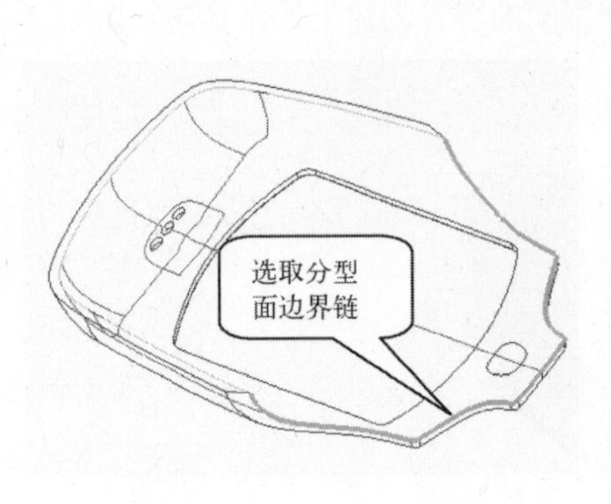

图 5-256　选取立面缺口的轮廓线

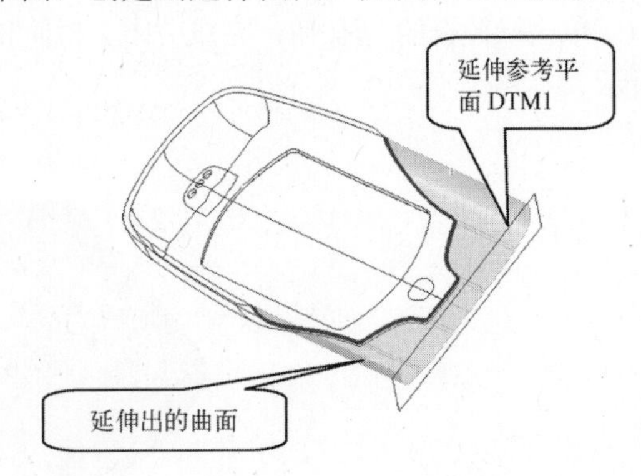

图 5-257　延伸曲面操作

（3）完成创建工作

单击操控板的 ✓ 按钮，创建出垂直于基准平面的延伸曲面，完成分型面的第一次延伸工作。创建出的延伸曲面会自动合并到内圆曲面中。

重复上述步骤，继续对刚延伸好的分型面边界链进行延伸，得到符合参考模型的延伸分型面，如图 5-258 所示。

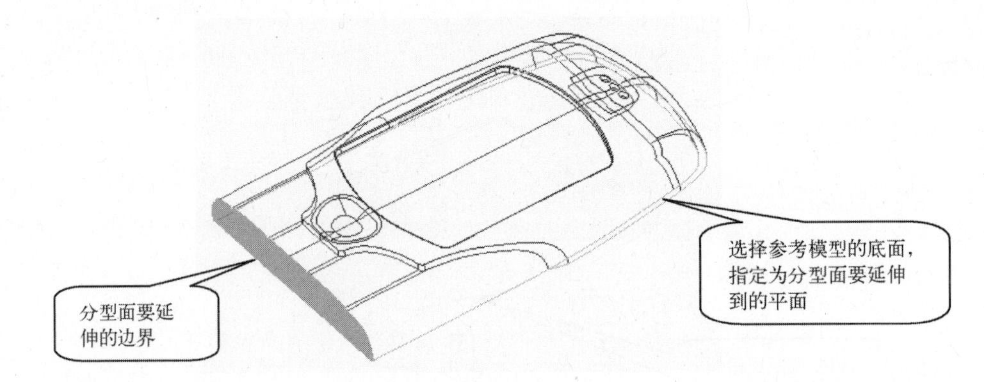

图 5-258　第二次延伸

5. 创建拉伸分型面

（1）选取命令

在分型面工具栏中单击【拉伸】按钮，打开“拉伸”操控板。

（2）选取草绘平面和方向

选取【放置】→【定义】，打开“草绘”对话框。在【平面】框中选取“FRONT”平面作为草绘平面，在【参考】框中选取“RIGHT”平面作为参考平面，在【方向】框中选取“右”，单击 草绘 按钮进入草绘模式。

（3）绘制分型面截面

沿参考模型底部轮廓边界绘制分型面截面，使分型面和参考模型之间没有间隙。方法如下。

1）单击【线】按钮，绘制出轮廓端点直线。

2）使用轮廓线的外端点标注长度尺寸“150”，左侧端到参考模型的距离为“35”，如图 5-259 所示。

3）单击草绘工具栏的 ✔ 按钮退出草绘模式。

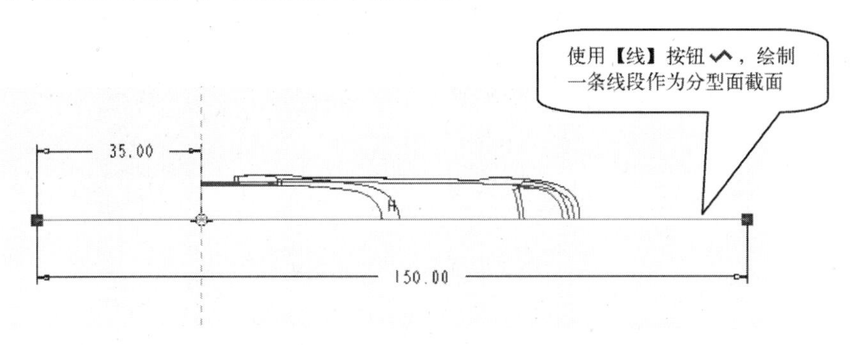

图 5-259　绘制分型面拉伸截面

（4）指定拉伸方式和深度

在“拉伸”操控板中选取【对称】，然后输入拉伸深度“100”，在图形窗口中预览拉伸出的分型面，如图 5-260 所示。

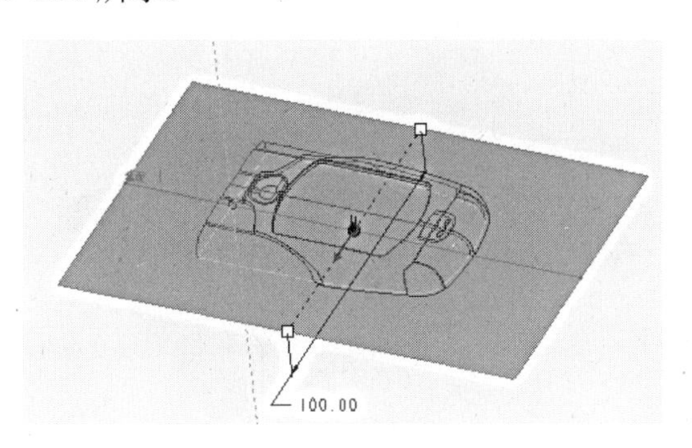

图 5-260　预览分型面

（5）完成创建工作

单击操控板的 ✔ 按钮，完成拉伸分型面的创建工作。

6. 合并分型面

（1）选取要合并的面组

选取拉伸分型面和上述步骤做好的分型面（结合〈Ctrl〉键），作为要合并的面组。

（2）选取命令

在模型工具栏中单击【合并】按钮，打开“合并曲面”操控板，如图 5-261 所示。

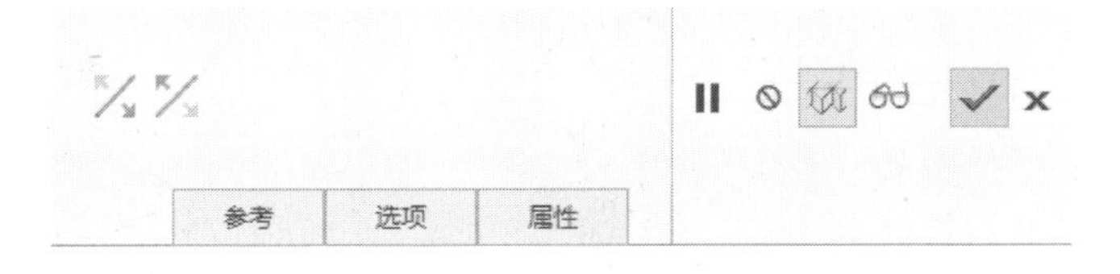

图 5-261　“合并曲面”操控板

（3）合并操作

在选项下滑面板中选取合并方式为“相交”，合并操作如图 5-262 所示。

图 5-262　合并曲面操作

（4）完成合并分型面的创建工作

单击操控板的✓按钮，完成延伸分型面和上述步骤做好的分型面的合并创建工作，获得显示屏盖分型面，其效果如图 5-263 所示。单击分型面右边工具栏的✓按钮，回到模具设计界面。单击工具栏的【保存】按钮，保存模具文件。

结果文件请参看随书网盘中的“第 5 章\范例结果文件\喷雾器外壳\mfgxspg.asm”。

图 5-263　显示屏盖分型面效果

本章小结

分型面设计是决定模具结构形式和模具设计成败的关键因素之一，是模具设计最为复杂和耗时的设计环节。

在 Creo 4.0 模具设计工作中，创建分型面的方法通常包括：“拉伸”法、“填充”法、“复制”法、“阴影”法、“裙边”法、“延伸”法、“合并”法、“修剪”法、“关闭”法，共 9 种。在零件模块中创建的曲面也可作为分型面使用。

本章模具分型面设计实例包括箱包拉手、接线盒、喷雾器外壳和显示屏盖，详细介绍了分型面的设计方法和操作技巧。其中箱包拉手为“一模二腔”，显示屏盖为“一模一腔”，在模具模块下创建分型面；接线盒为“一模四腔”，喷雾器外壳为“一模一腔”，在零件模块下创建分型面，本章 4 个案例涵盖分型面设计的各种方法，具有典型性和综合性，供读者参考与练习，使读者能够熟练掌握各类产品的模具分型面设计方法与操作技巧。

思考与练习

1．判断题（正确的请在括号内填入“√”，错误的填入“×”）

（1）零件模块中创建的曲面可作为分型面使用。（　　）

（2）分型面设计是决定模具结构形式和模具设计成败的关键因素之一。（　　）

（3）使用零件模块创建的任何曲面，系统均会自动将其识别为分型面。（　　）

（4）通过复制曲面的方法创建分型面通常需要与其他创建分型面方法配合使用，最后得到完整的参考模型分型面。（　　）

2．选择题（请将唯一正确答案的代号填入题中的括号内）

（1）分型面本身就是一个曲面或曲面面组，分型面的分类方法归纳起来有（　　）种。

A．5　　B．6　　C．4　　D．3

（2）分型面是一个曲面或多个曲面组成的面组，是工件模型和模具体积块的分割面，用来分割工件或现有体积块。在设计分型面时应该遵循的基本原则有（　　）种。

A．2　　B．4　　C．3　　D．5

（3）分型面创建方式有（　　）种。

A．3　　B．1　　C．2　　D．4

（4）在进行设计模具时，为确保塑件顺利脱模，应将分型面设计在（　　）

A．塑件的最大截面处　　B．塑件的最上端

C．塑件的最下端　　D．塑件的中间

3．简述分型面设计原则。

4．打开随书网盘资源中的“第 5 章\思考与练习源文件\ex05-1.asm”，如图 5-264 所示。使用“填充”方法创建分型面，分型面长、宽为：200 mm×200 mm，创建好的分型面如图 5-265 所示。结果文件请参看随书网盘资源中的“第 5 章\思考与练习结果文件\ex05-1.asm”。

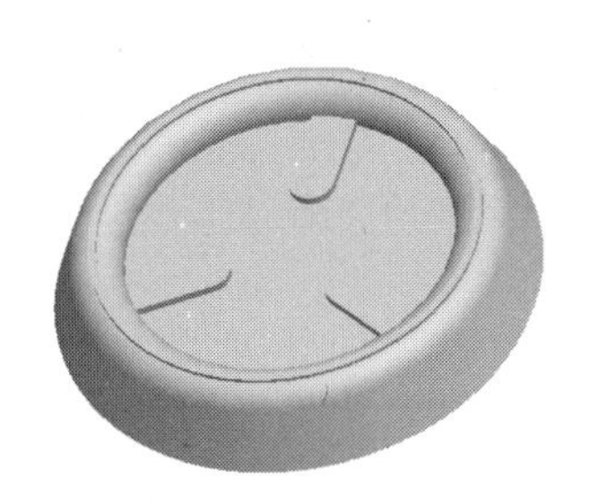

图 5-264

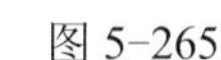

图 5-265

5．打开随书网盘资源中的“第 5 章\思考与练习源文件\ex05-2.asm”，如图 5-266 所示。使用“拉伸”方法创建分型面，分型面长、宽为：250 mm×150 mm，创建好的分型面如图 5-267 所示。结果文件请参看随书网盘资源中的“第 5 章\思考与练习结果文件\ex05-2.asm”。

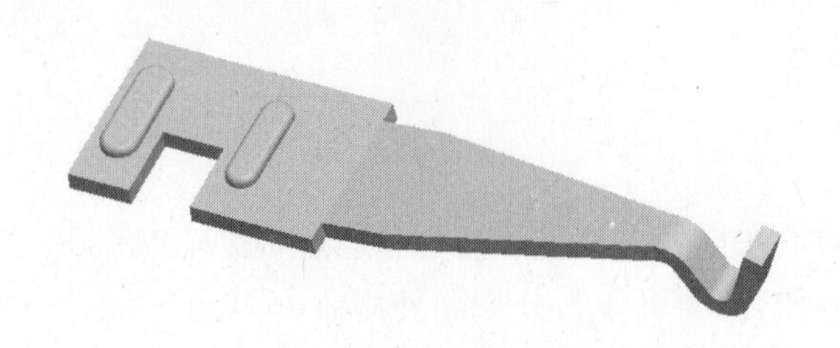

图 5-266

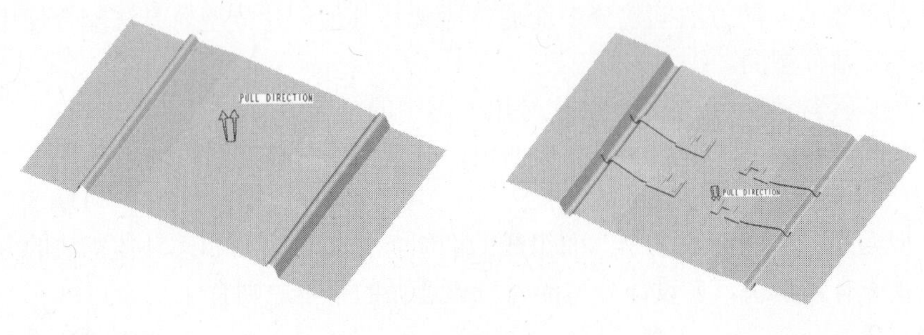

图 5-267

6．打开随书网盘资源中的“第 5 章\思考与练习源文件\ex05-3asm”，如图 5-268 所示。使用“复制”“延伸”“拉伸”“合并”“曲面选择性粘贴”方法创建分型面，分型面外径为：ϕ550 mm，创建好的分型面如图 5-269 所示。结果文件请参看随书网盘资源中的“第 5 章\思考与练习结果文件\ex05-3asm”。

图 5-268

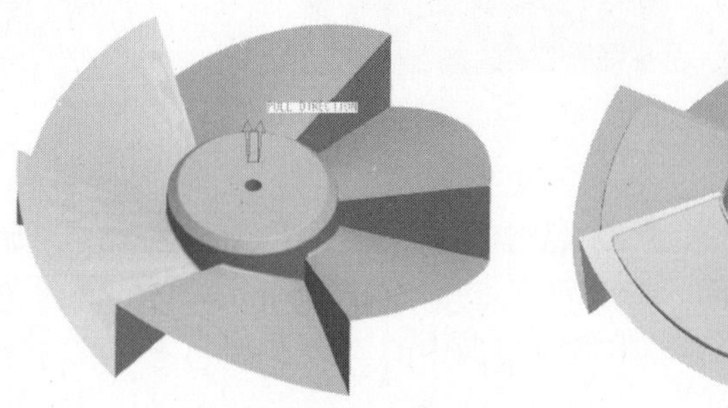

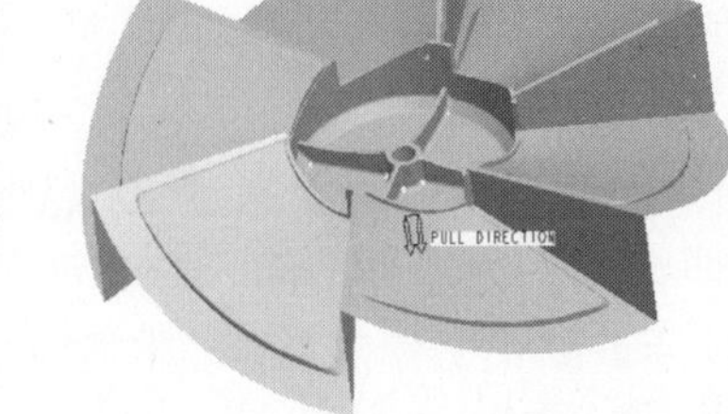

图 5-269

第 6 章　Creo 4.0 曲面综合设计实例

本章主要内容

- *参考效果图设计产品综合实例*
- *装配模块在产品设计中的应用*
- *装配模块中创建元件的方法*

曲面综合设计属于工业产品设计，其侧重点在于该产品中包含不规则的零件，需要使用曲面建模的方法才能完成产品的创建。因此曲面设计的种类、数目繁多，包括电子产品、家电产品、日用产品、玩具产品等。这些产品的共同点是：每款产品都是由多个零部件按照一定的要求装配在一起，具有一定的功能。

本章通过实例介绍工业产品综合设计的方法和过程。实例包括儿童蓝牙测高器和手持式万用表。儿童蓝牙测高器由测高滑块、测高主体、测高压板和测高纸带等部件组成，其中测高滑块外形较为复杂，需要使用曲面建模知识才能完成。手持式万用表由上盖、下盖、显示屏和按钮等部件组成，其中上盖和下盖需要使用曲面建模知识。儿童蓝牙测高器和手持式万用表都涉及曲面设计知识，属于曲面设计中的典型综合案例。

6.1　儿童蓝牙测高器的设计

6.1.1　设计导航——作品规格与流程剖析

1. 作品规格——儿童蓝牙测高器产品外观和参数

儿童蓝牙测高器产品主要包括测高器主体、测高器滑动块、测高板和蓝牙控制部分，整体尺寸长×宽×高为：1 340 mm×80 mm×40 mm，外观如图 6-1 所示。

2. 流程剖析——儿童蓝牙测高器产品设计方法与流程

（1）儿童蓝牙测高器滑动块设计方法与流程

1）创建测高器滑动块主体特征。

2）创建测高器滑动块上盖特征。

3）创建测高器滑动块电池盖特征。

（2）儿童蓝牙测高器主体设计方法与流程

1）创建测高器主体上盖特征。

2）创建测高器主体下盖特征。

3）创建测高器主体手柄特征。

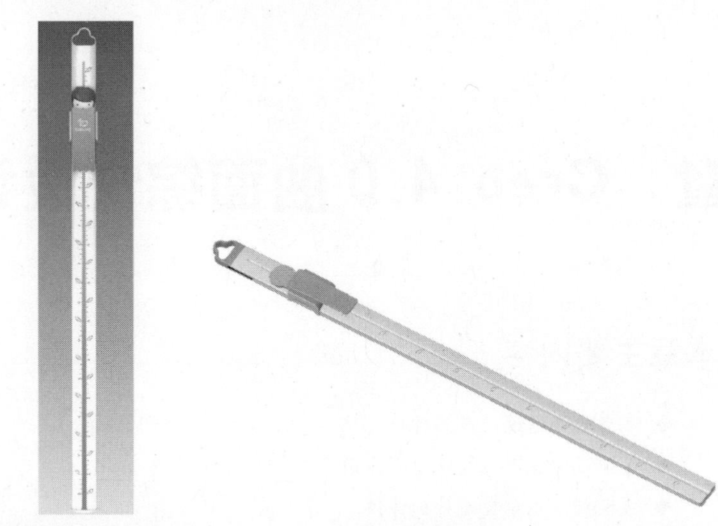

图 6-1　儿童蓝牙测高器产品

（3）儿童蓝牙测高器辅助结构和蓝牙控制部分结构设计方法与流程

1）创建蓝牙测高板特征。

2）创建蓝牙卡通板特征。

3）创建蓝牙测高器控制部分结构。

儿童蓝牙测高器产品创建主要流程如图 6-2 所示。

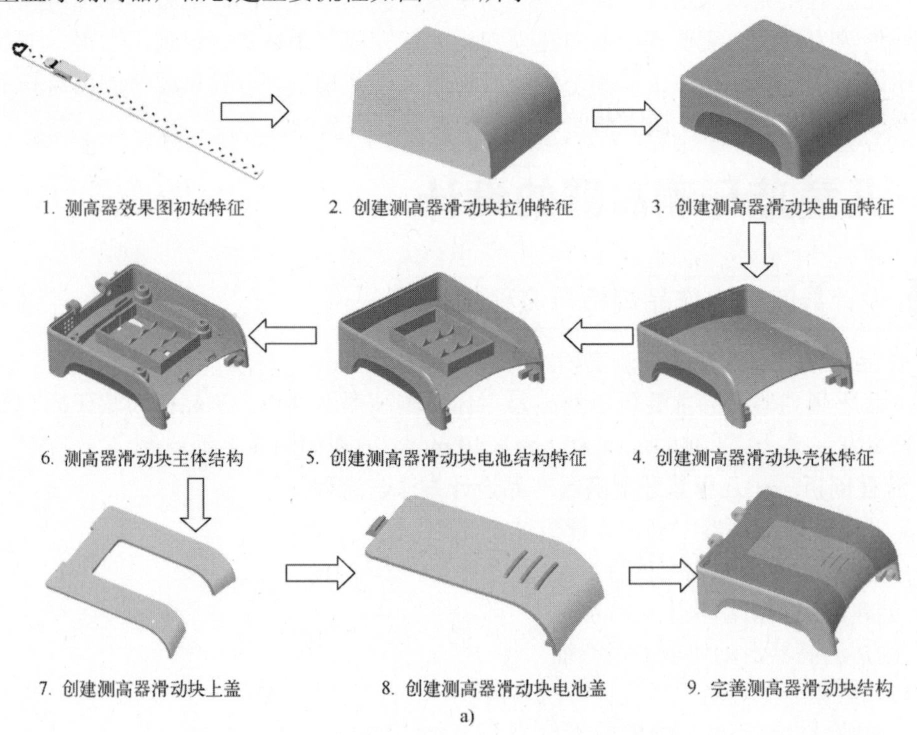

图 6-2　儿童蓝牙测高器产品创建主要流程

a) 儿童蓝牙测高器滑动块创建主要流程图解

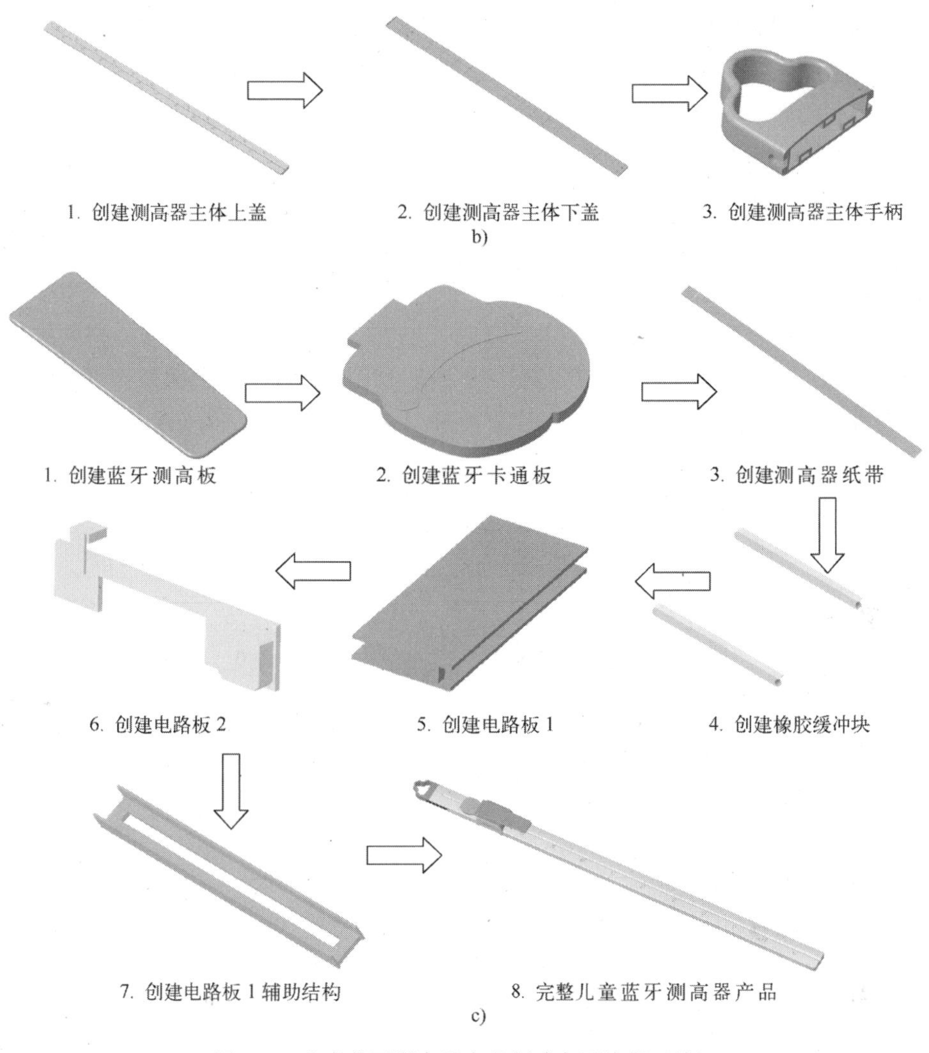

图 6-2 儿童蓝牙测高器产品创建主要流程（续）

b) 儿童蓝牙测高器主体创建主要流程图解 c) 儿童蓝牙测高器辅助结构与控制部分结构创建主要流程图解

6.1.2 设计思路——儿童蓝牙测高器产品的结构特点与技术要领

1. 儿童蓝牙测高器产品的结构特点

儿童蓝牙测高器由测高器滑动块、测高器主体结构、测高器辅助结构和蓝牙控制部分组成，根据设计导航中的设计流程剖析可知，本例基于外观软件设计的测高器效果图初始模型数据，结合效果图片设计儿童蓝牙测高器产品的设计方法和过程。

在前面的章节中，介绍的是单个曲面产品的设计方法和过程，本章儿童蓝牙测高器是曲面综合设计实例，由多个零件组成儿童蓝牙测高器产品。本例整个产品设计在装配模块中完成，设计时需要考虑各零件之间的装配关系和配合间隙，重点掌握装配模块设计产品的技术要领。

2. 儿童蓝牙测高器产品设计技术要领

儿童蓝牙测高器整个产品设计过程在装配模块完成，整个产品设计分三大块进行：（1）根据外观软件设计的测高器效果图初始模型数据创建儿童蓝牙测高器滑动块，主要零件包括测高器滑动块主体、测高器滑动块上盖、测高器滑动块电池盖。（2）根据外观软件设计的测高器效果图初始模型数据创建蓝牙测高器主体，主要零件包括测高器主体上盖、测高器主体下盖、测高器主体手柄。（3）根据创建好的测高器滑动块和蓝牙测高器主体创建儿童蓝牙测高器辅助结构和蓝牙控制部分结构。基于其结构特点，主要使用组装模块完成其设计过程，设计方法包括曲面设计、基准特征、工程特征、特征操作、基础建模特征和高级建模特征等，涵盖知识面广、可操作性强，属于典型的工程应用案例。本例为曲面设计综合实例，对建模过程涉及的操作步骤进行简要介绍（前面章节对基础操作已做过详细讲述），侧重讲解儿童蓝牙测高器的设计方法。

6.1.3 实战步骤

创建儿童蓝牙测高器滑动块。

1. 创建测高器滑动块主体特征

（1）导入用外观软件设计的测高器效果图初始模型

打开装配文件“第 6 章\范例结果文件\儿童蓝牙测高器\ceshenggao.asm”，如图 6-3 所示。

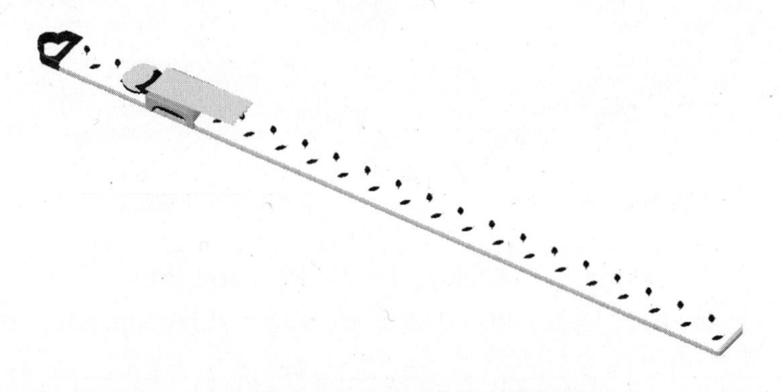

图 6-3 用外观软件设计的测高器效果图初始模型

（2）创建测高器滑动块主体元件

在模型工具栏中单击【创建】按钮，进入“创建元件”对话框，如图 6-4 所示。在【类型】栏中选择“零件”，在“子类型”栏中选择【实体】，在【名称】框中输入新的文件名为“cg-hk”。单击确定(O)按钮，进入“创建选项”对话框，在【创建方法】栏中选择【创建特征】，如图 6-5 所示。然后单击确定(O)按钮关闭对话框，进入组装模块工作界面，完成测高器滑动块主体文件的创建工作，模型树显示元件名称，如图 6-6 所示。

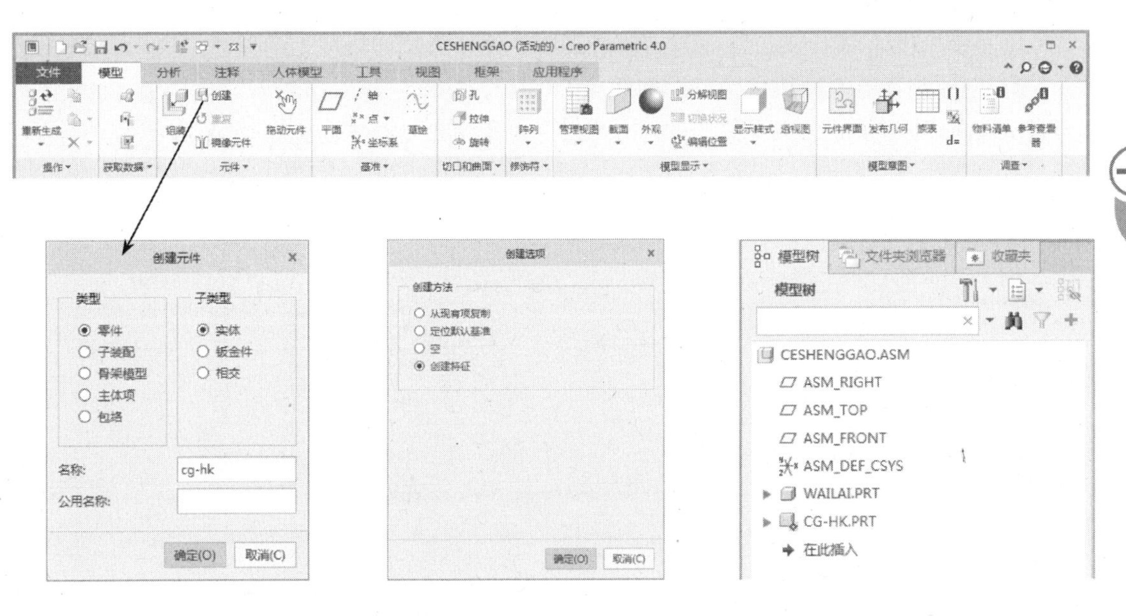

图 6-4 “创建元件”对话框　　图 6-5 “创建选项”对话框　　图 6-6 “创建元件”模型树

（3）创建测高器滑动块主体外形特征

1）创建测高器滑动块主体拉伸特征 1

根据外观软件设计的测高器效果图初始模型数据创建儿童蓝牙测高器滑动块主体外形拉伸特征 1，以基准平面“DTM1”为草绘平面，基准平面“DTM3”为参考平面，方向参考为“右”，绘制“拉伸”截面，如图 6-7 所示。

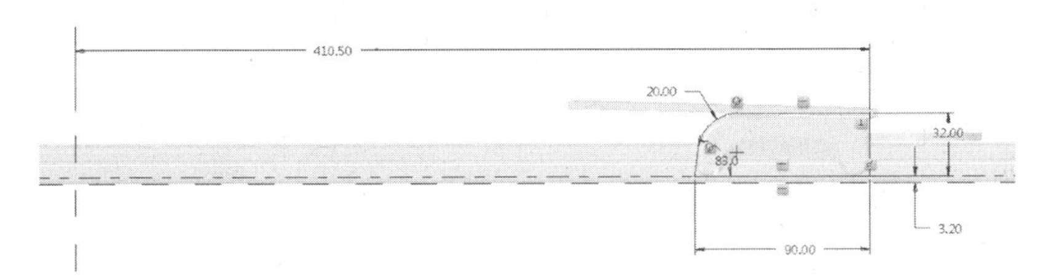

图 6-7　拉伸截面

在“拉伸”操控板中选择【选项】→【对称】，然后输入拉伸深度“80”，在图形窗口中可以预览拉伸出的实体特征，如图 6-8 所示。

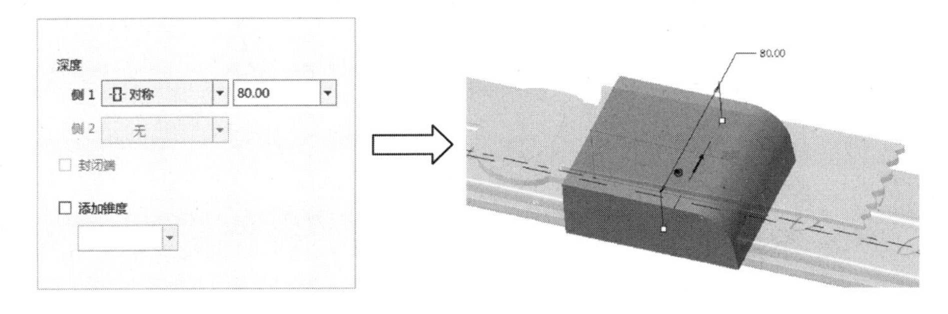

图 6-8　滑动块主体外形拉伸特征 1

单击操控板的✓按钮，完成测高器滑动块主体外形拉伸特征 1 的创建工作。

2）创建测高器滑动块主体辅助曲线 1

以拉伸特征“底面”为草绘平面，对应的“下方侧面”为参考平面，方向参考为“下”，绘制“辅助曲线 1”截面，如图 6-9 所示。单击草绘工具栏的✓按钮，退出草绘模式，完成测高器滑动块主体辅助曲线 1 的创建工作。

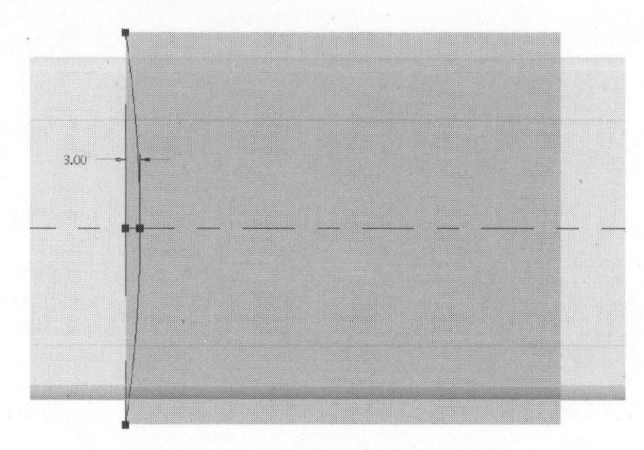

图 6-9　草绘辅助曲线 1

3）创建基准平面 DTM1、DTM2

在测高器滑动块主体元件中创建 DTM1、DTM2。

创建 DTM1：在【基准平面】对话框的【参考】栏中，选取辅助曲线 1 的一段作为第一参考，选取约束为“穿过”；选取拉伸特征 1 的一个侧面作为第二参考，选取约束为“平行”，如图 6-10 所示。单击“基准平面”对话框的 确定 按钮，完成基准平面 DTM1 的创建工作。

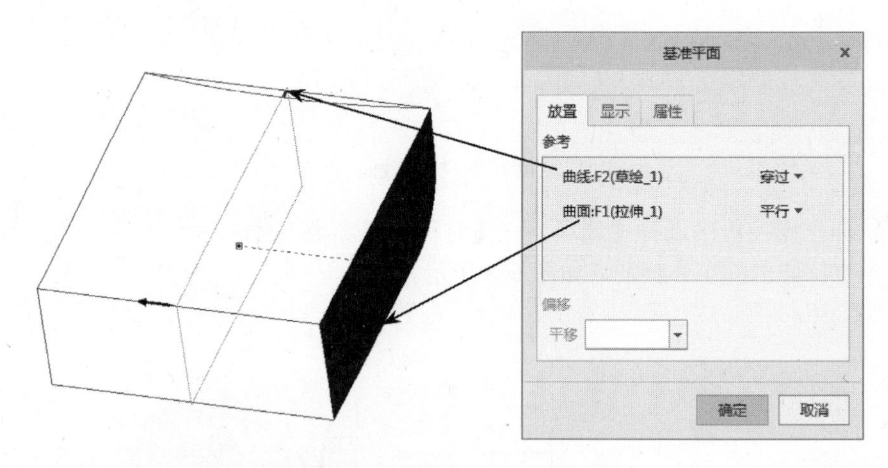

图 6-10　为“基准平面”选取参考

创建 DTM2：在【基准平面】对话框的【参考】栏中，选取拉伸特征 1 的一个侧面作为参考，选取约束为“偏移”，输入偏移距离为“0”，如图 6-11 所示。单击“基准平面”对话框的 确定 按钮，完成基准平面 DTM2 的创建工作。

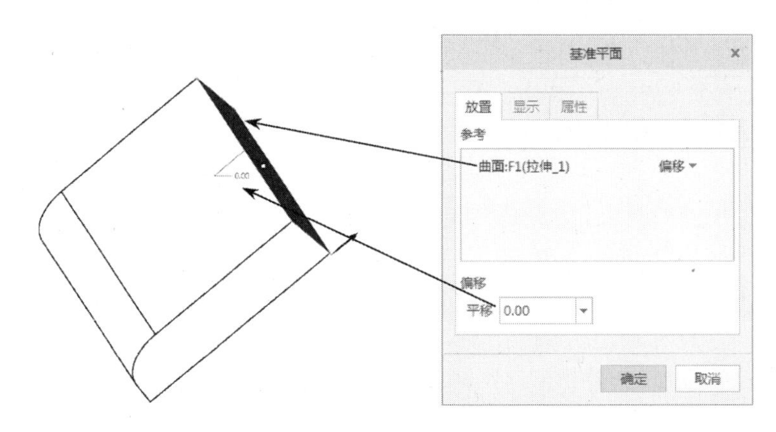

图 6-11　为“基准平面”选取参考

4）创建测高器滑动块主体辅助曲线 2

以基准平面“DTM1”为草绘平面，拉伸特征 1 的长方向的“一个侧面”为参考平面，方向参考为“右”，绘制“辅助曲线 2”截面，如图 6-12 所示。单击草绘工具栏的✔按钮，退出草绘模式，完成测高器辅助曲线 2 的创建工作。

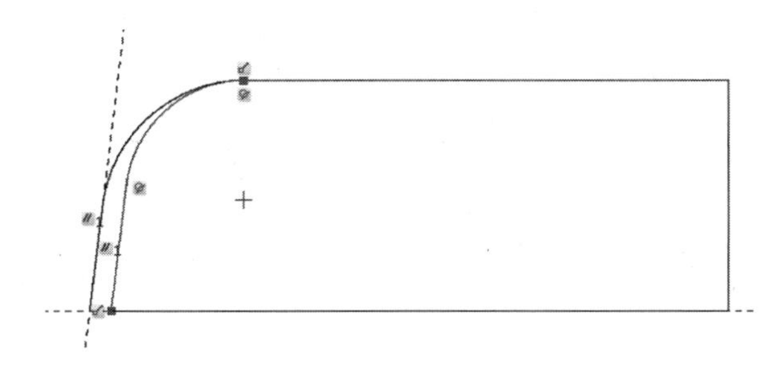

图 6-12　草绘辅助曲线 2

5）通过点创建基准曲线

在模型工具栏中选择【基准】→【曲线】按钮～，打开“曲线”操控板。

单击放置下滑面板，依次选择曲线通过的 3 点，定义创建曲线方式为“样条”，如图 6-13 所示，单击操控板的✔按钮，完成基准曲线的创建工作。

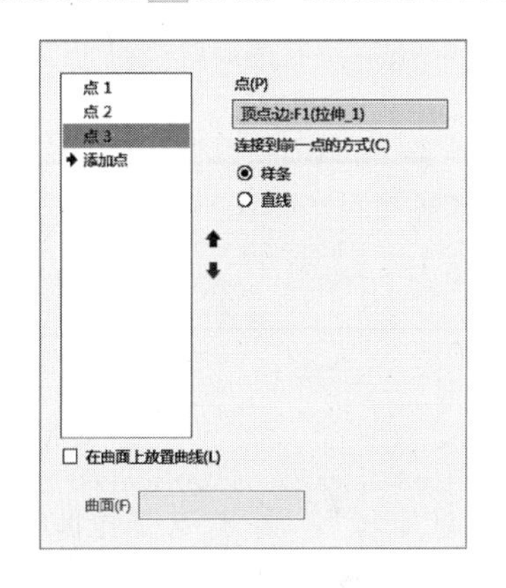

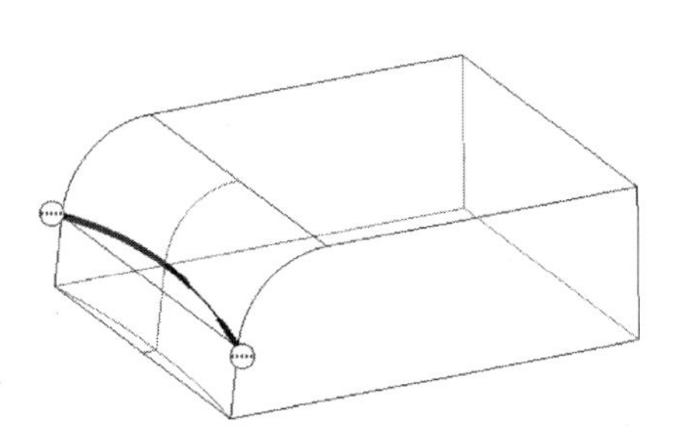

图 6-13　创建基准曲线

6）创建滑动块主体边界曲面 1

① 依次选取拉伸特征的一条边、辅助曲线 2、拉伸特征的另一条边（结合〈Ctrl〉键）作为第一方向的曲线，如图 6-14 所示。

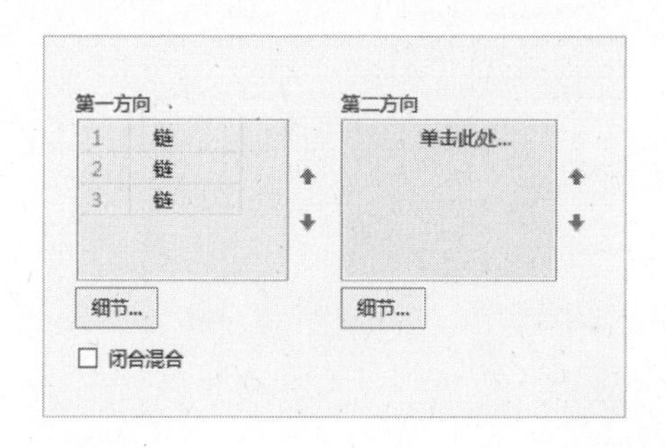

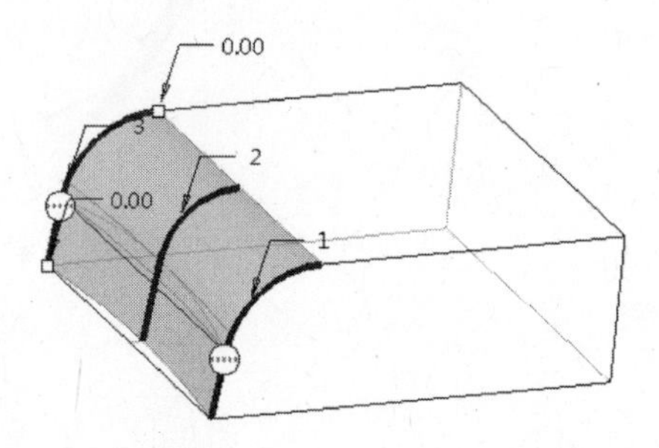

图 6-14　选取第一方向曲线

② 依次选取拉伸特征的一条边、基准曲线、辅助曲线 1（结合〈Ctrl〉键）作为第二方向的曲线，如图 6-15 所示。

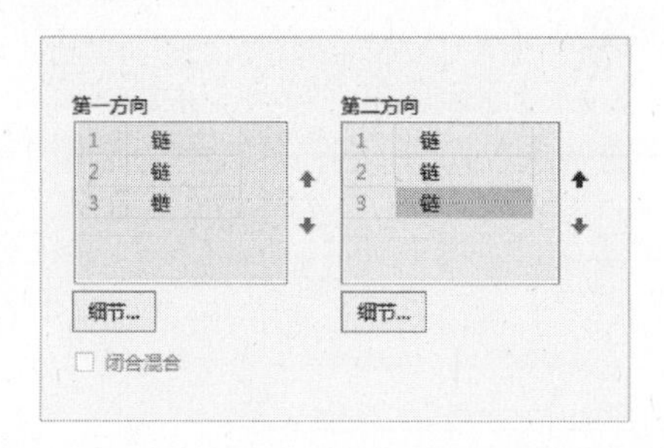

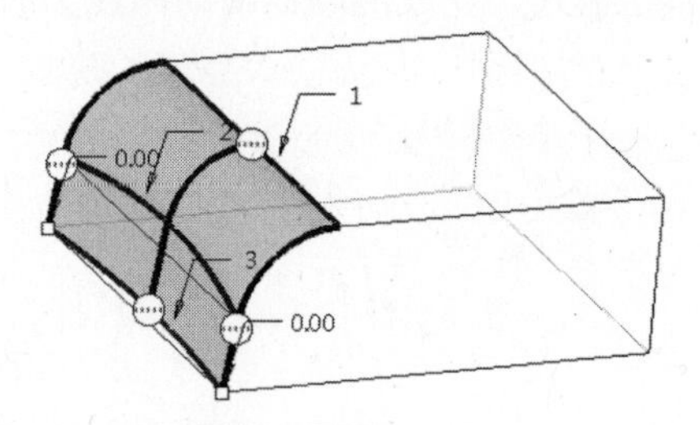

图 6-15　选取第二方向曲线

③ 单击操控板的✓按钮，完成滑动块主体边界曲面 1 的创建工作。

7）创建测高器滑动块主体拉伸特征 2

① 以基准平面“DTM1”为草绘平面，拉伸特征 1 的长方向的“一个侧面”为参考平面，方向参考为“右”，绘制“拉伸”截面，如图 6-16 所示。

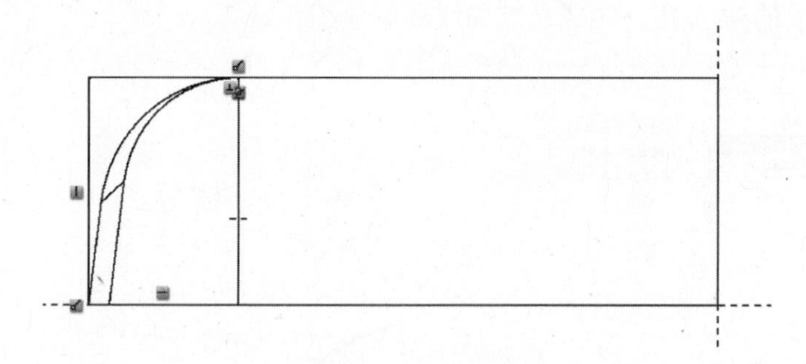

图 6-16　拉伸截面

② 在“拉伸”操控板中选择【选项】→“到选定项”，侧 1 选择拉伸特征 1 的“一个侧面”，侧 2 选择拉伸特征 1 的 “另一个侧面”，在图形窗口中可以预览拉伸出的实体特征，如图 6-17 所示。

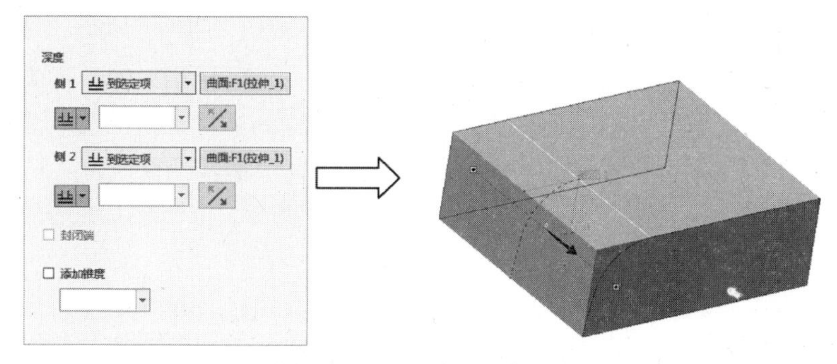

图 6-17　滑动块拉伸特征 2

③ 单击操控板的✓按钮，完成测高器滑动块主体拉伸特征 2 的创建工作。

8）创建测高器滑动块主体实体化特征 1

使用边界曲面 1 对滑动块拉伸特征进行实体化操作，选取实体化曲面方式为：移除面组内侧或外侧材料，实体化效果如图 6-18 所示。

图 6-18　实体化特征 1

9）创建测高器滑动块主体拔模特征 1

选取测高器滑动块主体 3 个侧面作为要创建拔模特征的曲面，选取模型上表面为拔模枢轴，系统将拔模枢轴模型上表面作为拔模角度的参考面，确定拖拉方向，在“拔模”操控板的列表框中输入拔模角度值“1”，如图 6-19 所示。

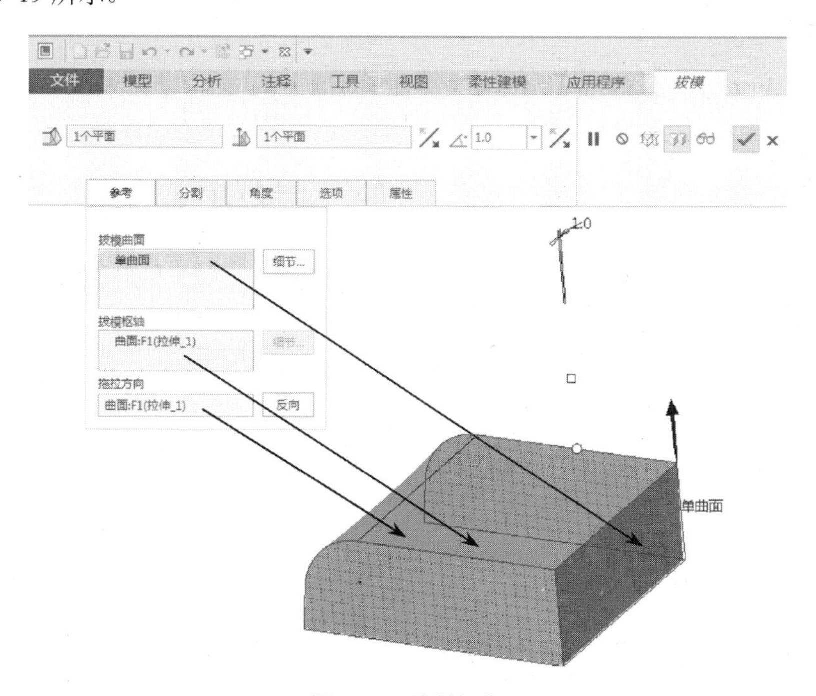

图 6-19　拔模操作

单击操控板的✓按钮，完成测高器滑动块主体拔模特征 1 的创建工作。

10）创建测高器滑动块主体外形边线圆角特征

使用圆角方法，选取测高器滑动块主体 2 条竖边（结合〈Ctrl〉键）作为圆角特征的放置参考，在圆角尺寸文本框中输入半径值为“5”，按〈Enter〉键确认；选取测高器滑动块主体外形边线作为圆角特征的放置参考，在圆角尺寸文本框中输入半径值为“3”，按〈Enter〉键确认，如图 6-20 所示。

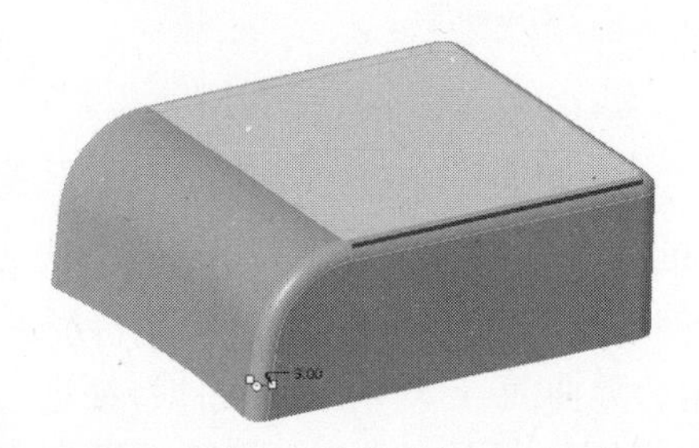

图 6-20　测高器外形边线圆角操作

11）创建测高器滑动块主体辅助曲线 3、4、5、6

以基准平面“DTM1”为草绘平面，模型“上表面”为参考平面，方向参考为“上”，绘制辅助曲线 3 截面，如图 6-21 所示。以模型“侧面”为草绘平面，模型“上表面”为参考平面，方向参考为“上”，绘制辅助曲线 4 截面，如图 6-22 所示。

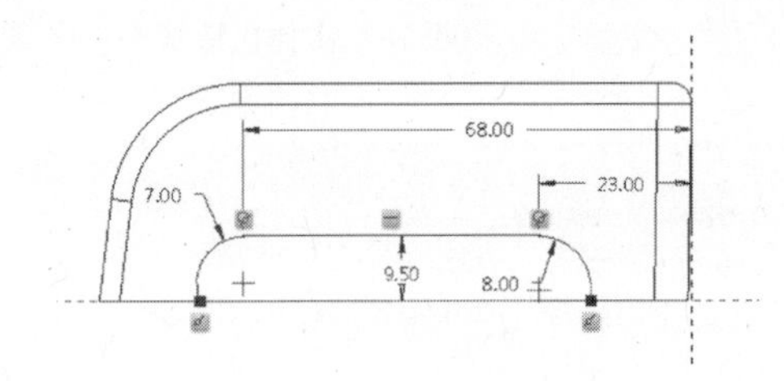

图 6-21　辅助曲线 3 截面

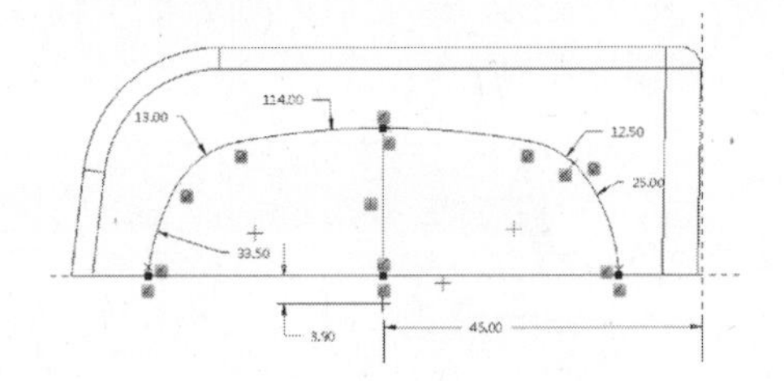

图 6-22　辅助曲线 4 截面

以模型“底面”为草绘平面，模型“一个侧面”为参考平面，方向参考为“下”，绘制辅助曲线 5 截面，如图 6-23 所示。以基准平面“DTM3”为草绘平面，模型“侧面”为参考平面，方向参考为“下”，绘制辅助曲线 6 截面，如图 6-24 所示。

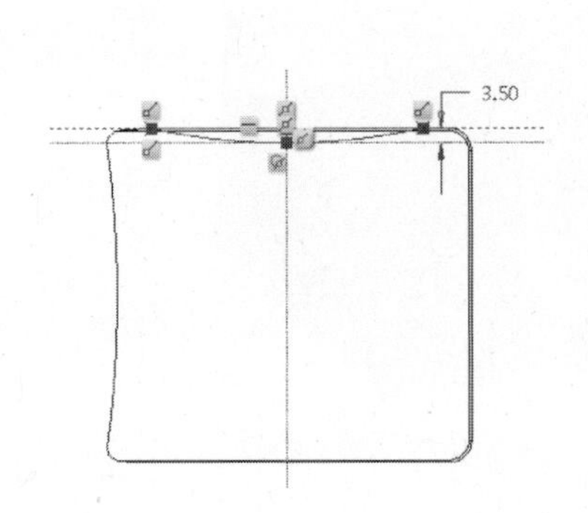

图 6-23　辅助曲线 5 截面

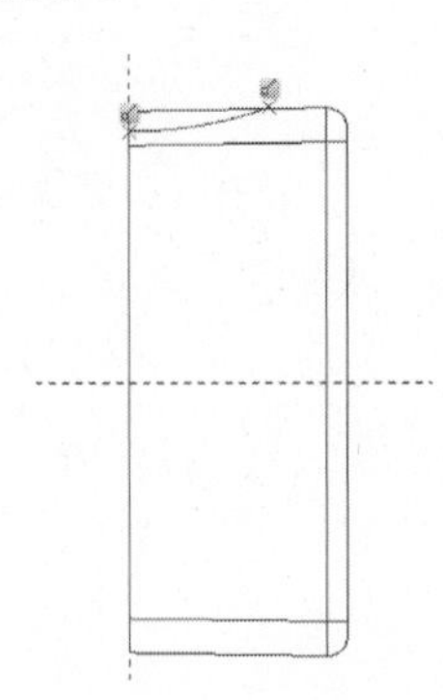

图 6-24　辅助曲线 6 截面

12）创建滑动块主体边界曲面 2

依次选取辅助曲线 4、辅助曲线 5（结合〈Ctrl〉键）作为第一方向的曲线，选取辅助曲线 6 作为第二方向的曲线，如图 6-25 所示。

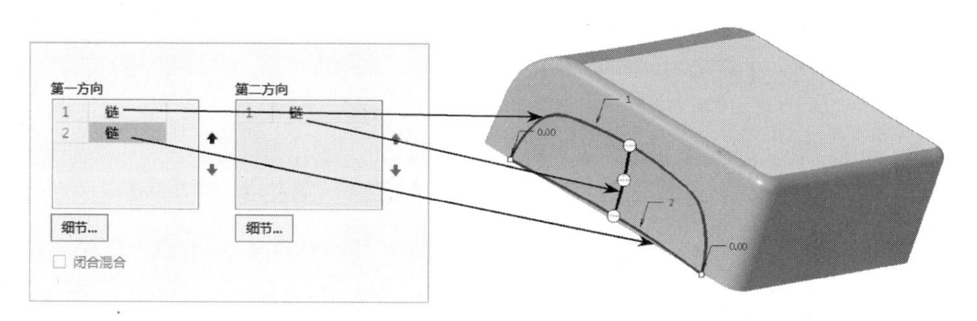

图 6-25　创建滑动块主体边界曲面 2

单击操控板的✓按钮，完成滑动块主体边界曲面 2 的创建工作。

13）镜像滑动块主体边界曲面 2

选取滑动块主体边界曲面 2 作要为镜像的项目，以“DTM1”平面作为镜像平面，如图 6-26 所示。

单击操控板的✓按钮，完成滑动块主体边界曲面 2 镜像的创建工作。

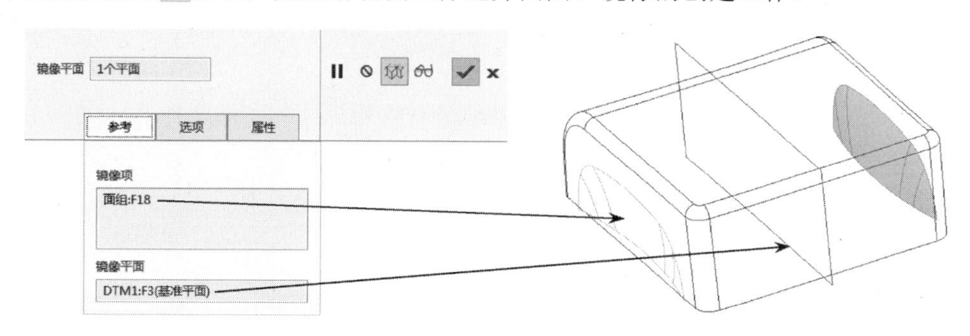

图 6-26　镜像操作

14）创建测高器滑动块主体实体化特征 2、3

分别使用边界曲面 2 和边界曲面 2 的镜像曲面对滑动块特征进行实体化操作，选取实体化曲面方式为：移除面组内侧或外侧材料，实体化效果如图 6-27 所示。

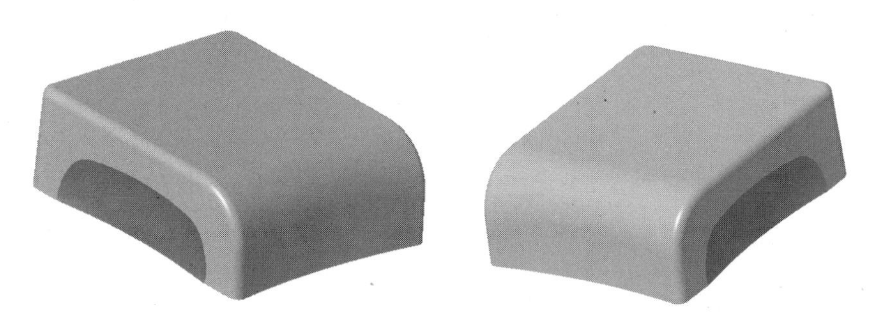

图 6-27　实体化特征 2、3

15）创建测高器滑动块主体拉伸特征 3

以基准平面“DTM1”为草绘平面，拉伸特征 1 的长方向的“一个侧面”为参考平面，方向参考为“右”，提取辅助曲线 4 的轮廓为“拉伸”截面，如图 6-28 所示。

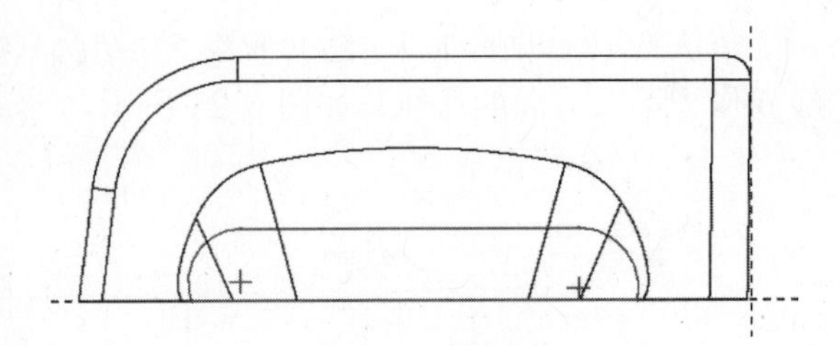

图 6-28　拉伸截面

在“拉伸”操控板中选择【选项】→“穿透”，侧 1、侧 2 都选择穿透，在图形窗口中可以预览拉伸出的移除材料特征，如图 6-29 所示。

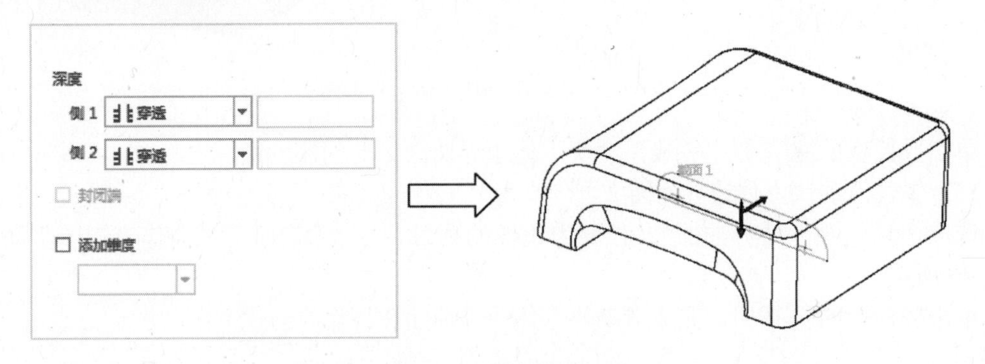

图 6-29　滑动块拉伸特征 3

单击操控板的按钮，完成测高器滑动块主体拉伸特征 3 的创建工作。

16）创建测高器滑动块主体外形底部棱边圆角特征

使用圆角方法，选取测高器滑动块主体 2 条棱边（结合〈Ctrl〉键）作为圆角特征的放置参考，在圆角尺寸文本框中输入半径值为“8”，按〈Enter〉键确认，如图 6-30 所示。

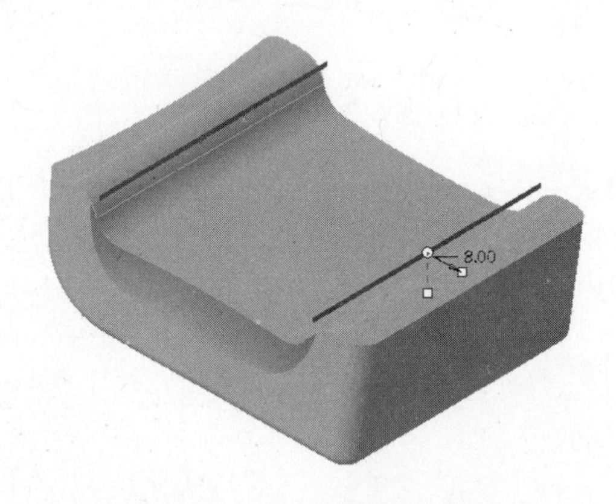

图 6-30　测高器外形底部棱边圆角操作

17）创建测高器滑动块主体拉伸特征 4

① 以拉伸特征 1 的长方向的“一个侧面”为草绘平面，拉伸特征 1 的 “一个右侧面”为参考平面，方向参考为“右”，绘制“拉伸”截面，如图 6-31 所示。

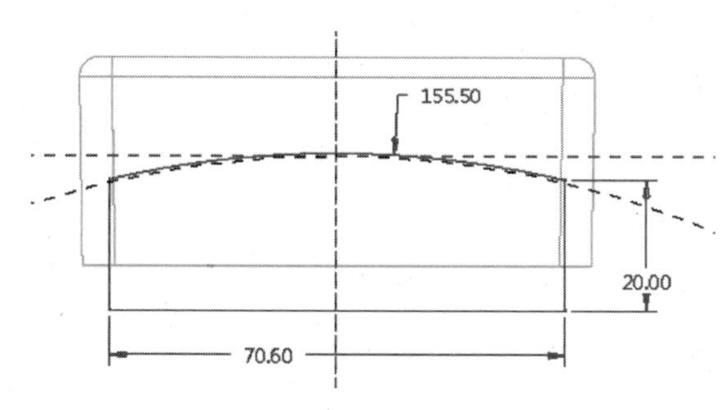

图 6-31　拉伸截面

② 在“拉伸”操控板中选择【选项】→“ 穿透”，侧 1、侧 2 都选择穿透，在图形窗口中可以预览拉伸出的移除材料特征，如图 6-32 所示。

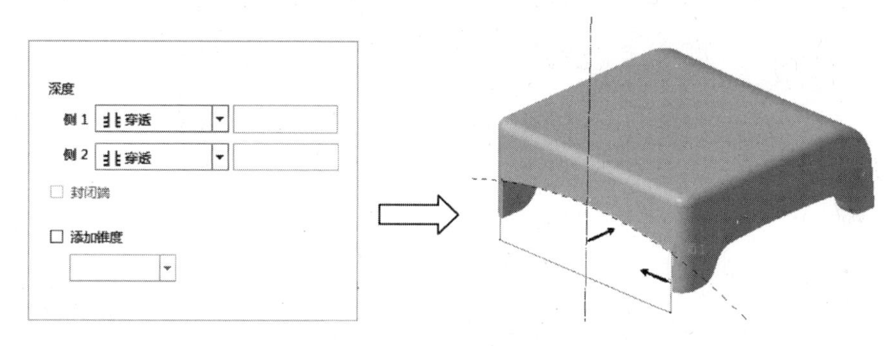

图 6-32　滑动块拉伸特征 4

③ 单击操控板的 按钮，完成测高器滑动块主体拉伸特征 4 的创建工作。

18）创建测高器滑动块主体拔模特征 2、3

选取测高器滑动块主体 1 个内侧面作为要创建拔模特征的曲面，选取内侧面一条边为拔模枢轴，选取模型底部表面作为拔模角度的参考面，确定拖拉方向，在“拔模”操控板的列表框中输入拔模角度值“1”，如图 6-33 所示。

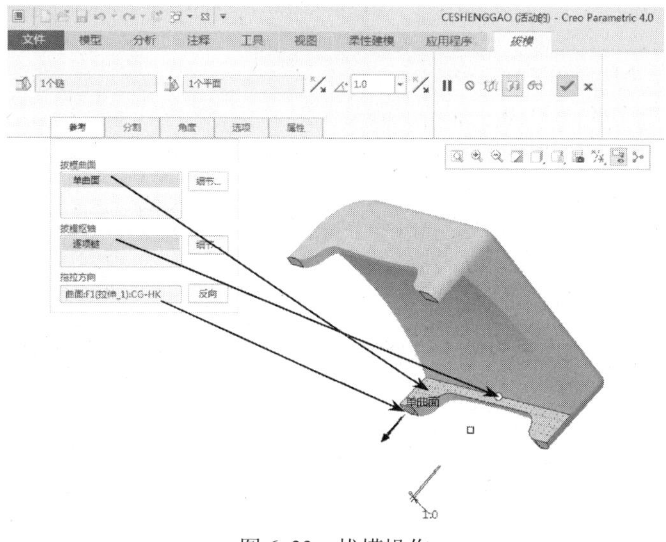

图 6-33　拔模操作

单击操控板的✓按钮，完成测高器滑动块主体拔模特征2的创建工作。

用同样的方法创建滑动块主体拔模特征3（另一个内侧面）。

经验交流

将该模型文件保存一个副本，文件名为“cg-hkg.prt”，进行壳特征处理，壁厚为“1.5”，如图6-34所示。然后把具有壳特征的副本文件装配到组装文件，在测高器滑动块主体后续的建模过程中可以重复使用副本壳特征曲面，从而提高设计工作效率。

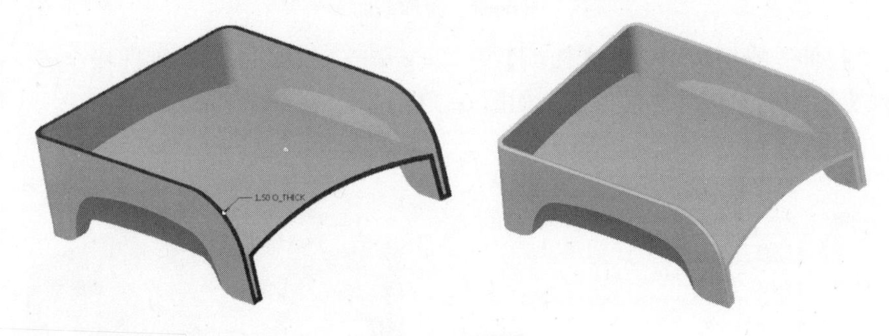

图6-34　副本壳特征

19）创建测高器滑动块主体外形其余边线圆角特征

使用圆角方法，选取测高器滑动块主体底部2条竖边（结合〈Ctrl〉键）作为圆角特征的放置参考，在圆角尺寸文本框中输入半径值为“3”，按〈Enter〉键确认；选取测高器滑动块主体外形底部两侧边线（结合〈Ctrl〉键）作为圆角特征的放置参考，在圆角尺寸文本框中输入半径值为“1”，按〈Enter〉键确认；选取测高器滑动块主体外形底部2条边线（结合〈Ctrl〉键）作为圆角特征的放置参考，在圆角尺寸文本框中输入半径值为“0.8”，按〈Enter〉键确认，如图6-35所示。

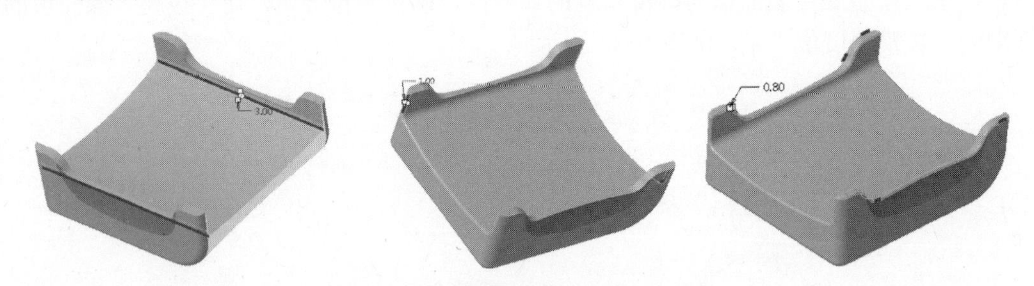

图6-35　测高器外形底部边线圆角操作

（4）创建测高器滑动块主体壳特征

测高器滑动块主体外形添加了圆角特征和拔模等细节特征，不能直接进行壳特征操作，需要复制副本文件“cg-hkg.prt”壳特征内表曲面，进行实体化操作获得测高器滑动块主体壳特征。

1）激活测高器滑动块主体文件

在组件工作界面中，用鼠标左键单击测高器滑动块主体文件，打开快捷菜单对话框，选择【激活】按钮◇，测高器滑动块主体文件处于激活状态，如图6-36所示。

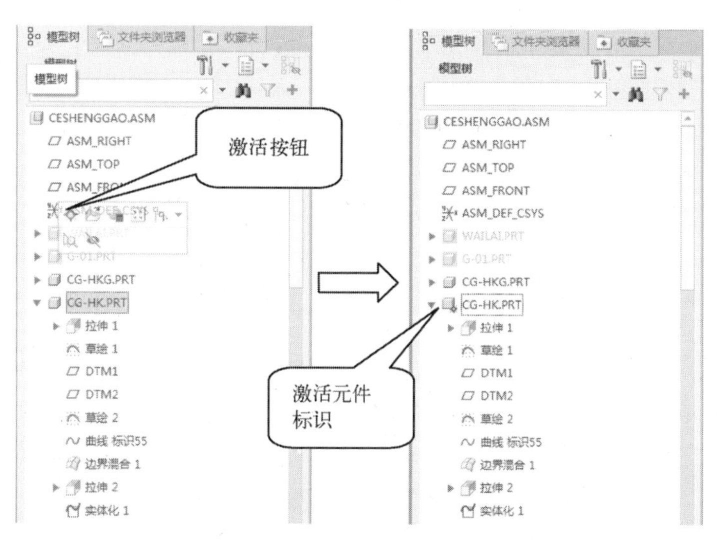

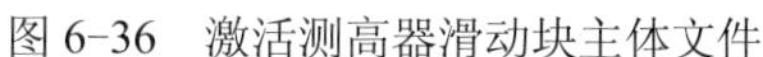

图 6-36　激活测高器滑动块主体文件

经验交流

在组件工作界面中，当指定的元件被激活时，所有的操作对激活的元件是有效的，对其他元件无效。在本例设计中，为方便操作，可以将激活的滑动块主体元件进行隐藏。隐藏激活的滑动块主体元件后，其副本效果如图 6-37 所示。

2）复制测高器滑动块主体副本文件壳特征曲面

选择测高器滑动块主体副本文件壳特征内侧曲面作为要复制的曲面，在模型工具栏中单击【复制】按钮→【粘贴】按钮，打开"复制曲面"操控板。在选项下滑面板中选择"按原样复制所有曲面"选项，如图 6-38 所示。

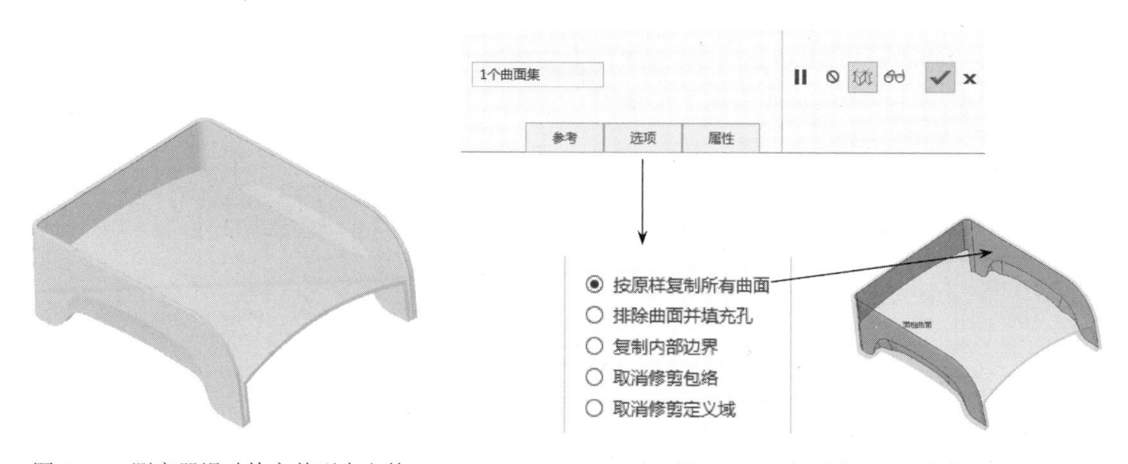

图 6-37　测高器滑动块主体副本文件

图 6-38　"复制曲面"操控板

单击操控板的按钮，完成复制测高器滑动块主体副本文件壳特征内侧曲面的创建工作。用同样的方法复制测高器滑动块主体副本文件壳特征底部曲面。

3）延伸复制好的测高器滑动块主体副本文件壳特征底部曲面

将复制好的测高器滑动块主体副本文件壳特征底部曲面沿原始曲面延伸 1 mm，如图 6-39 所示。

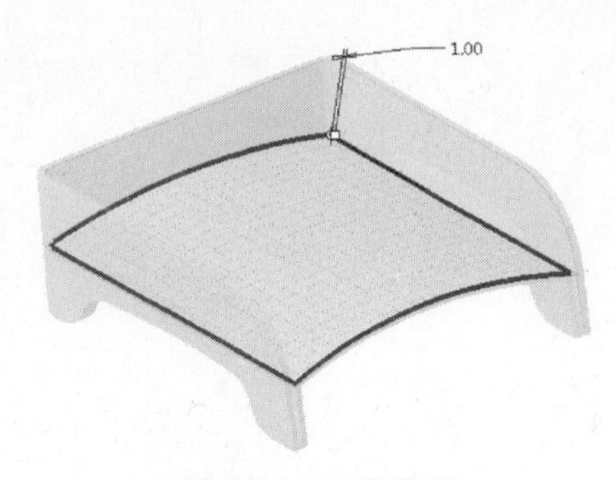

图 6-39　延伸曲面

4）合并延伸好的曲面与复制好的内侧曲面

选取合并延伸好的曲面与复制好的内侧曲面（结合〈Ctrl〉键）作为要合并的面组，在模型工具栏中单击【合并】按钮，打开“合并曲面”操控板，在选项下滑面板中选取合并方式为“相交”，合并操作如图 6-40 所示。

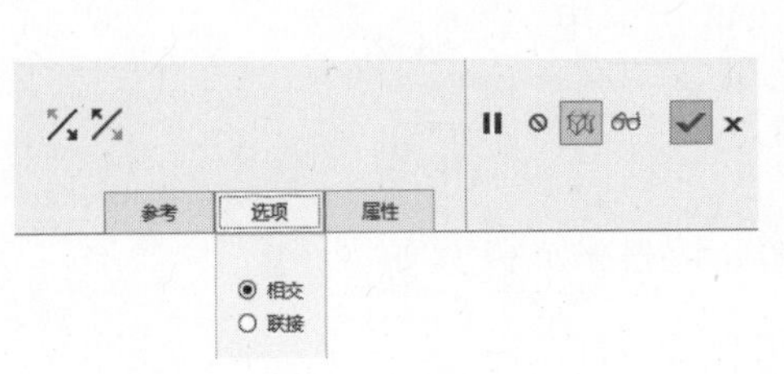

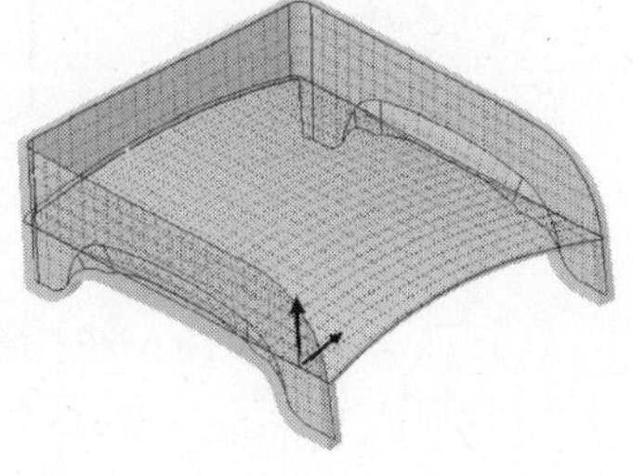

图 6-40　合并曲面操作

单击操控板的按钮，完成延伸好的曲面与复制好的内侧曲面的合并创建工作。

5）创建测高器滑动块主体实体化特征 4

使用刚合并好的曲面对滑动块特征进行实体化操作，选取实体化曲面方式为：移除面组内侧或外侧材料，实体化效果如图 6-41 所示。

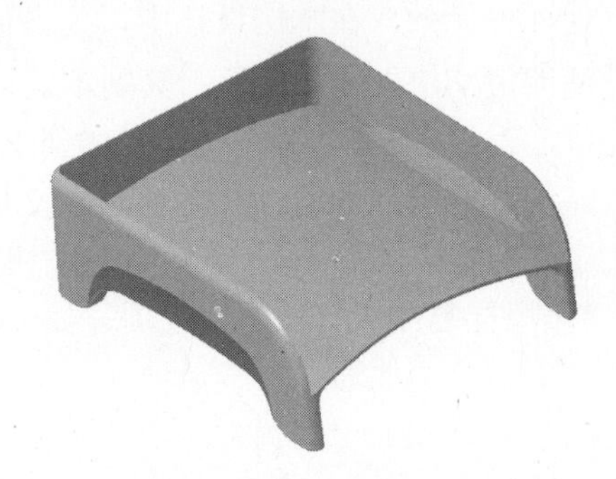

图 6-41　实体化特征 4

6）创建偏移特征

根据测高器滑动块主体结构要求，将测高器滑动块主体内侧底部向下偏移 0.3 mm。

选取测高器滑动块主体内侧底部曲面作为要偏移的曲面，在模型工具栏中单击【偏移】按钮，打开“偏移”操控板，如图 6-42 所示。

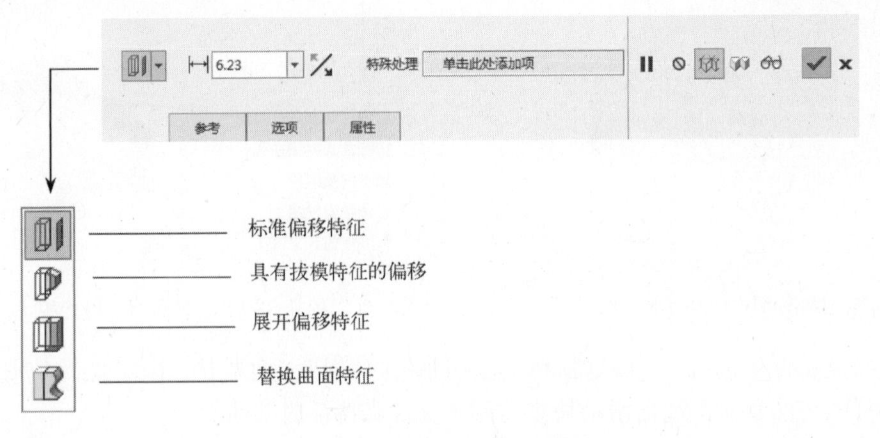

图 6-42　“偏移曲面”操控板

选择偏移方式为：“展开偏移特征”，在文本框中输入偏移值“0.3”，箭头按钮 用于改变偏移方向，如图 6-43 所示。

图 6-43　定义偏移曲面参数

单击操控板的 按钮，完成测高器滑动块主体内侧底部偏移曲面操作，获得测高器滑动块主体壳特征。

（5）完善测高器滑动块主体特征

由于本例测高器滑动块主体特征操作过程的步骤较多，在完善其结构设计时所涉及的建模功能在上述过程中已做过讲解，下面对完善测高器滑动块主体特征操作所使用的方法做一个简要介绍，读者可以参考随书网盘资源中的“第 6 章\范例结果文件\儿童蓝牙测高器\ceshenggao.asm”的测高器滑动块主体文件 cg-hk.prt。

1）创建测高器滑动块主体外形曲面边线圆角特征

使用圆角方法，创建测高器滑动块主体外形曲面边线圆角特征，半径为 *R*3，如图 6-44 所示。

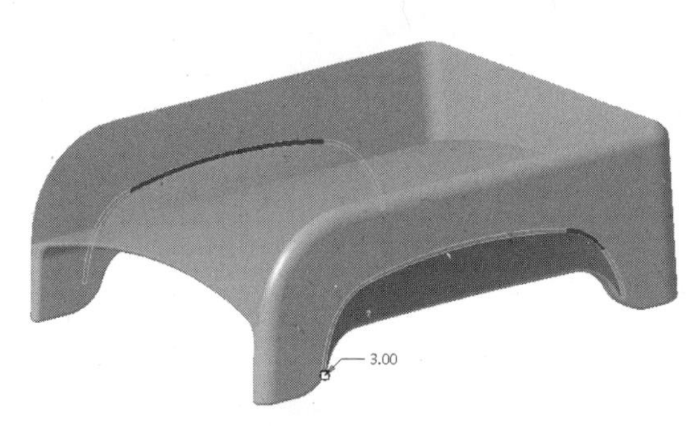

图 6-44　测高器外形曲面边线圆角特征

2）创建测高器滑动块主体滑动导向凸台

使用拉伸方法创建测高器滑动块主体拉伸特征 6、7、8、9（具体拉伸参数参阅随书网盘资源文件），其效果如图 6-45 所示。

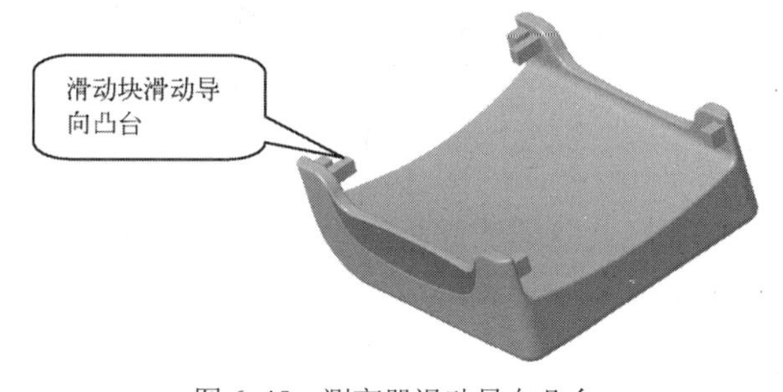

图 6-45　测高器滑动导向凸台

3）创建测高器滑动块主体上盖装配槽及接线孔特征

使用偏移、复制、实体化、圆角、草绘和拉伸方法创建测高器滑动块主体上盖装配槽及接线孔特征（具体参数参阅随书网盘文件），其效果如图 6-46 所示。

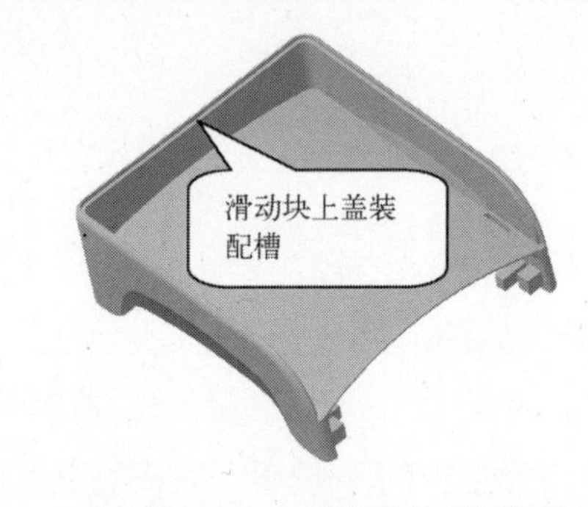

图 6-46　测高器滑动块主体上盖放置槽及接线孔特征

4）创建测高器滑动块主体内部结构

使用拉伸、拔模、偏移和旋转方法创建电池、电路板安装结构；使用拉伸、拔模和圆角方法创建卡通板安装结构；使用拉伸、拔模、偏移和圆角方法创建测高器滑动块主体上盖、电池盖装配结构（具体参数参阅随书网盘资源文件）。其效果如图 6-47 所示。

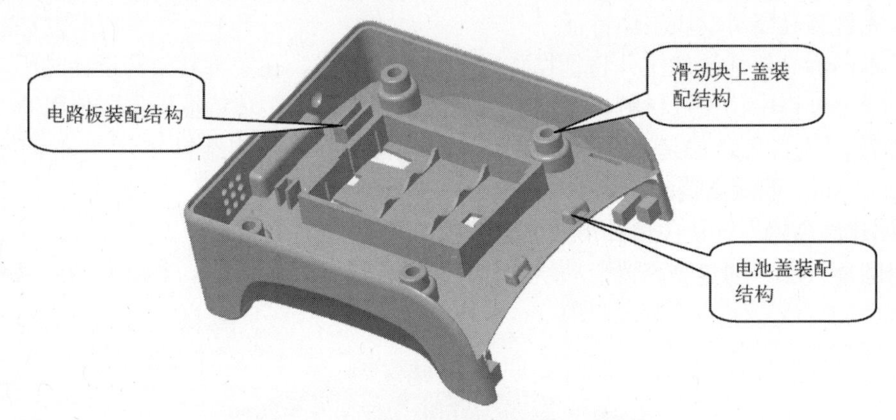

图 6-47　测高器滑动块主体内部结构

5）创建测高板装配结构

使用拉伸和圆角方法创建测高板装配结构（具体参数参阅随书网盘资源文件），其效果如图 6-48 所示。

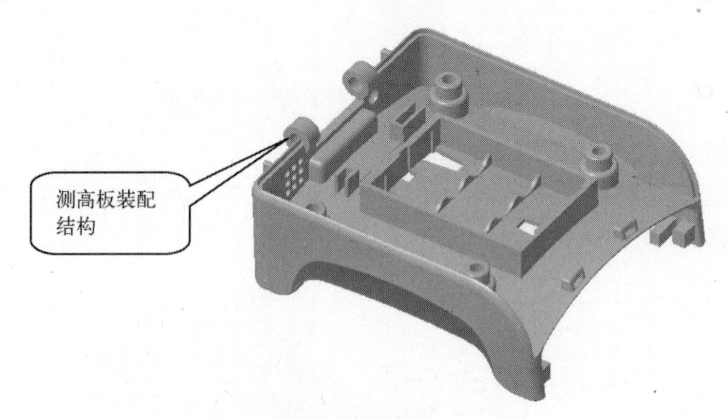

图 6-48　测高板装配结构

6）完善测高器滑动块主体导向凸台和电路板装配结构

使用拉伸和圆角方法完善测高器滑动块主体导向凸台和电路板装配结构（具体参数参阅随书网盘资源文件），获得完善的测高器滑动块主体元件，其效果如图 6-49 所示。

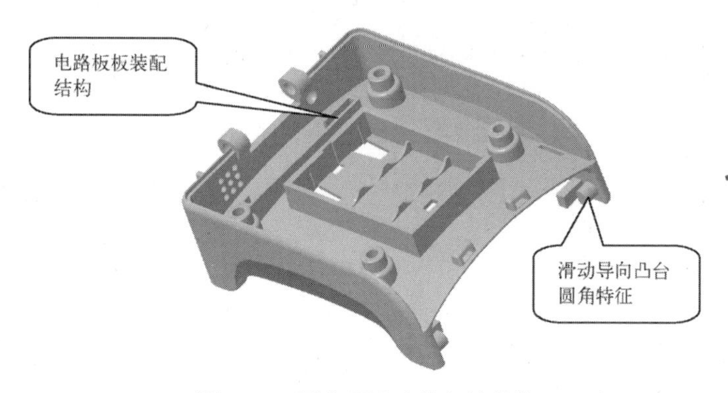

图 6-49　测高器滑动块主体结构

2. 创建测高器滑动块上盖特征

（1）创建测高器滑动块上盖初始文件

将测高器滑动块主体模型文件（步骤（4）“创建测高器滑动块主体壳特征”实体化之前模型）保存一个副本，文件名为“cg-hk1.prt”，然后将副本文件使用默认的装配方法装配到组件中，装配好的“cg-hk1.prt”元件作为测高器滑动块上盖初始文件，如图 6-50 所示。

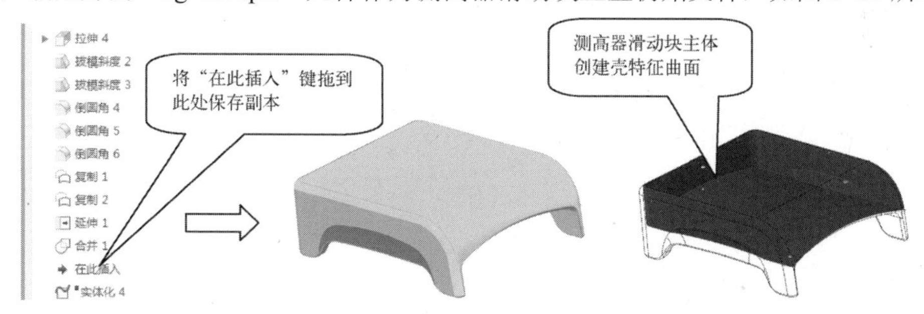

图 6-50　测高器滑动块上盖初始文件

（2）激活测高器滑动块上盖文件

在组件工作界面，用鼠标左键单击测高器滑动块上盖文件，打开快捷菜单对话框，选择【激活】按钮，测高器滑动块上盖文件处于激活状态，如图 6-51 所示。

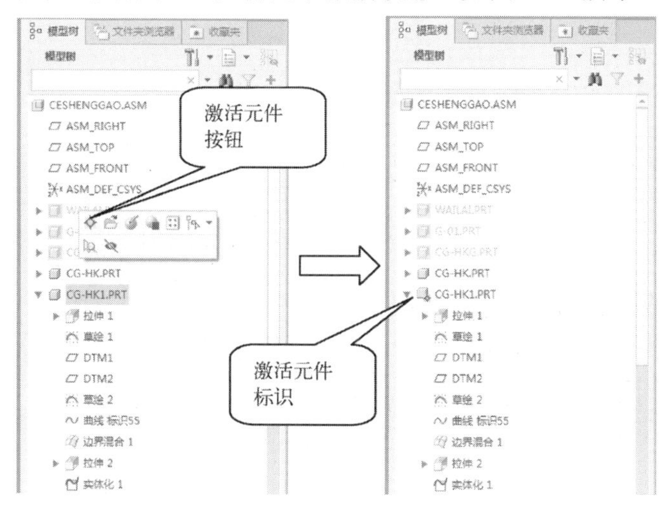

图 6-51　激活测高器滑动块上盖文件

（3）创建测高器滑动块上盖实体化特征

使用测高器对滑动块主体创建壳特征曲面进行实体化操作，选取实体化曲面方式为：移除面组内侧或外侧材料，本操作保留曲面内侧材料，实体化效果如图 6-52 所示。

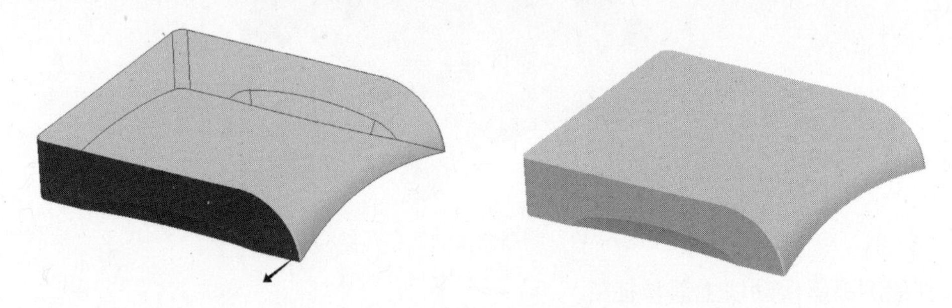

图 6-52　测高器上盖实体化特征

（4）创建测高器滑动块上盖壳特征

1）创建偏移特征

由于测高器滑动块上盖基于测高器滑动块主体进行设计，根据测高器滑动块主体结构要求，将测高器滑动块主体内侧底部向下偏移 0.3 mm。本例测高器滑动块上盖将实体化特征底部向下偏移 0.3 mm。

选择偏移方式为：“展开偏移特征”，在文本框中输入偏移值为“0.3”，箭头按钮用于改变偏移方向，如图 6-53 所示。

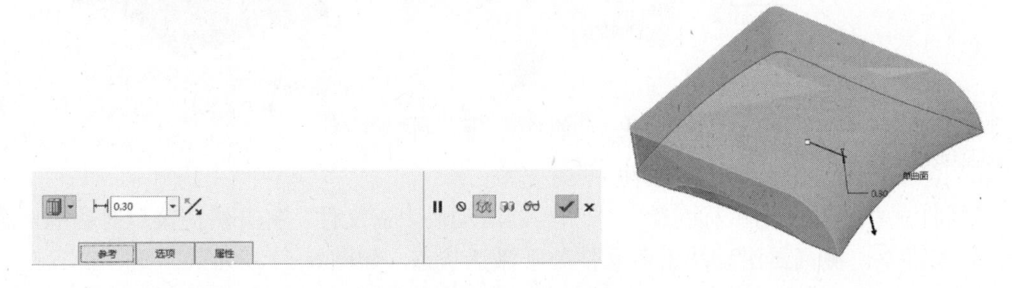

图 6-53　定义偏移曲面参数

单击操控板的按钮，完成测高器滑动块上盖实体化特征底部偏移曲面操作。

2）创建壳特征

① 在模型工具栏中单击【壳】按钮，打开“壳”操控板。

② 选取测高器滑动块上盖实体化特征所有侧面和底面曲面作为创建壳特征要移除的曲面，如图 6-54 所示。

③ 在对话框的文本框中输入厚度值“1.2”，如图 6-55 所示。

图 6-54　创建壳特征要移除的曲面

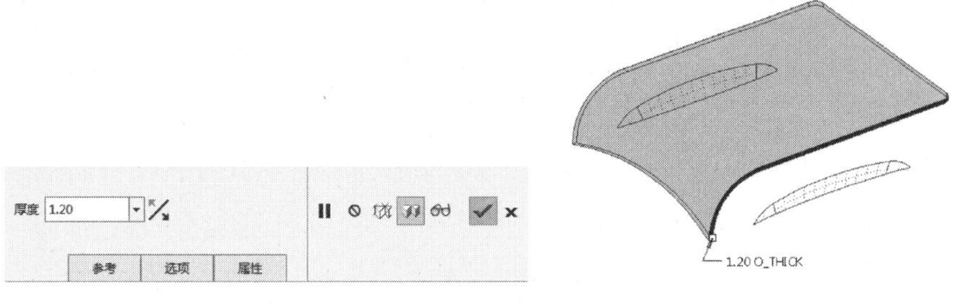

图 6-55 输入壳厚度

④ 单击操控板的✓按钮，完成测高器滑动块上盖壳特征的创建工作，其效果如图 6-56 所示。

（5）完善测高器滑动块上盖结构

1）移除滑动块上盖内侧圆角凸台特征

① 选取滑动块上盖内侧圆角凸台曲面作为要移除的曲面，如图 6-57 所示。

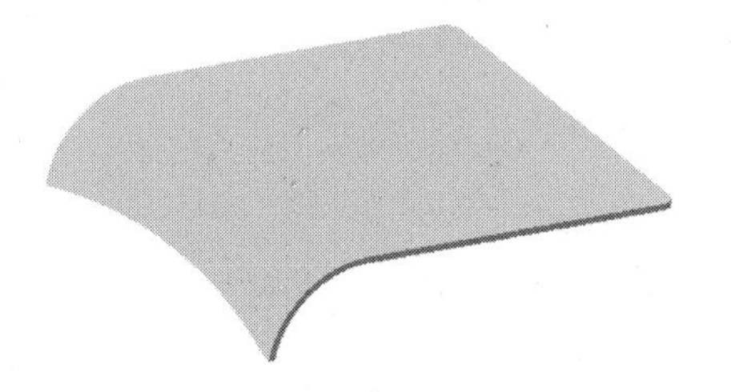

图 6-56 测高器滑动块上盖壳特征

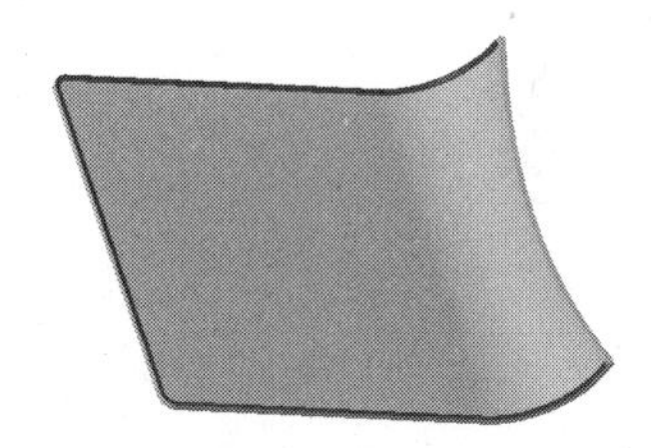

图 6-57 要移除的滑动块上盖曲面

② 选择【编辑】→【移除】，打开“移除特征”操控板，接受默认移除特征参数。

③ 单击操控板的✓按钮，完成测高器滑动块上盖壳特征的创建工作，其效果如图 6-58 所示。

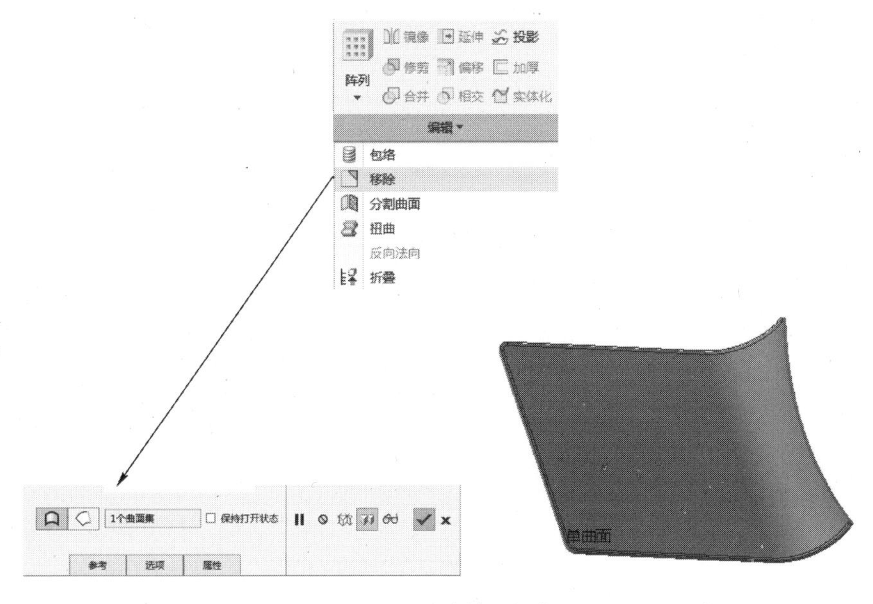

图 6-58 移除特征操作

2）完善滑动块上盖结构

使用偏移和圆角方法创建测高器滑动块上盖装配间隙；使用拉伸方法创建测高器滑动块上盖装配连接柱子；使用拉伸和圆角方法创建测高器滑动块电池盖装配结构；使用拉伸方法创建测高器滑动块上盖磁铁放置槽（具体参数参阅随书网盘资源文件），获得完善的测高器滑动块上盖结构，其效果如图 6-59 所示。

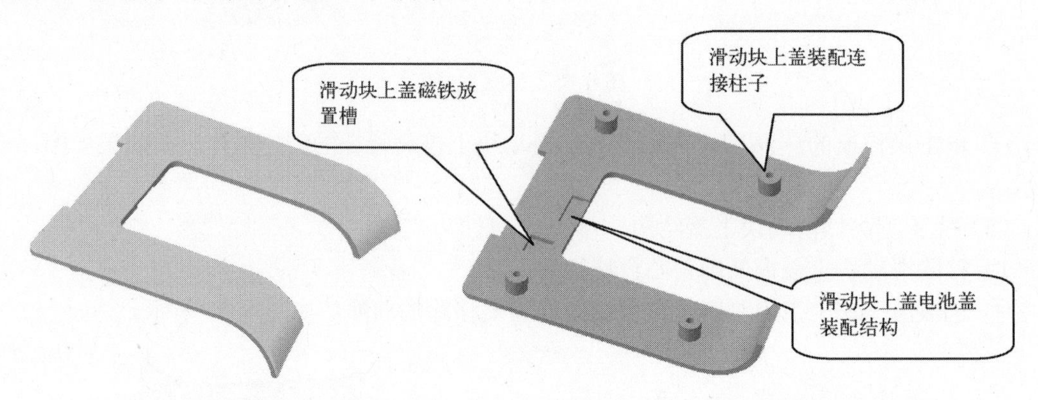

图 6-59　滑动块上盖结构

3. 创建测高器滑动块电池盖特征

（1）创建测高器滑动块电池盖初始文件

将测高器滑动块上盖模型文件（步骤（5）“完善测高器滑动块上盖结构”创建电池盖之前模型）保存一个副本，文件名为“cg-hk2.prt”，然后将副本文件使用默认的装配方法装配到组件中，装配好的“cg-hk2.prt”元件作为测高器滑动块电池盖初始文件，如图 6-60 所示。

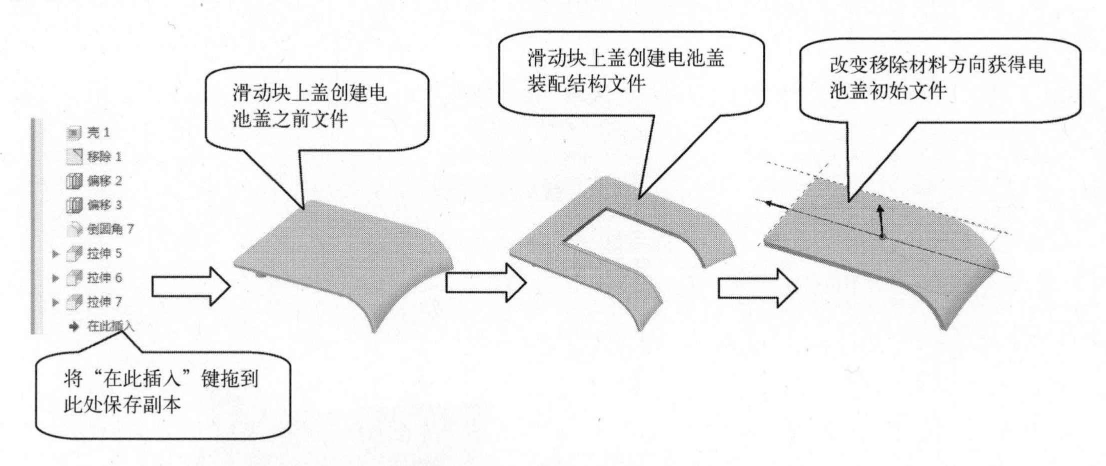

图 6-60　测高器电池盖初始文件

（2）激活测高器滑动块上盖文件

在组件工作界面，用鼠标左键单击测高器滑动块电池盖文件，打开快捷菜单对话框，选择【激活】按钮，测高器滑动块电池盖文件处于激活状态，如图 6-61 所示。

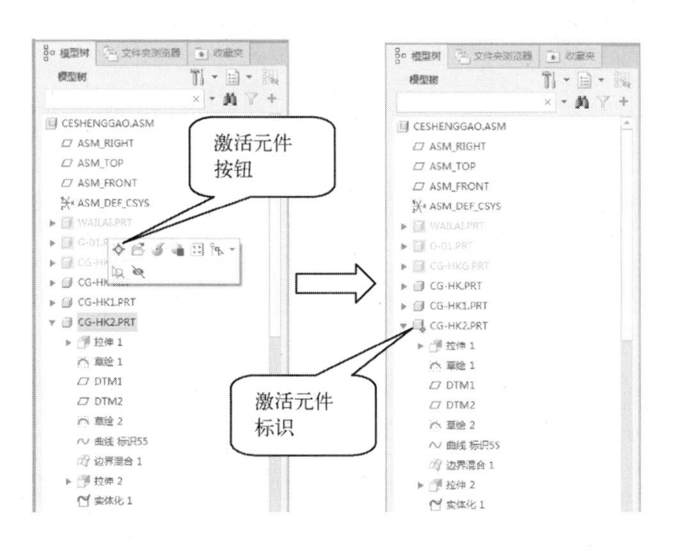

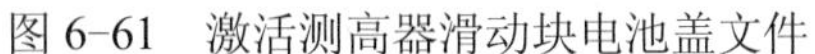

图 6-61 激活测高器滑动块电池盖文件

（3）完善测高器滑动块电池盖结构

使用偏移和圆角方法创建测高器滑动块电池盖装配间隙；使用拉伸、拔模和圆角方法创建测高器滑动块电池盖装配结构；使用偏移和圆角方法创建测高器滑动块电池盖拆装结构（具体参数参阅随书网盘资源文件），获得完善的测高器滑动块电池盖结构，其效果如图 6-62 所示。

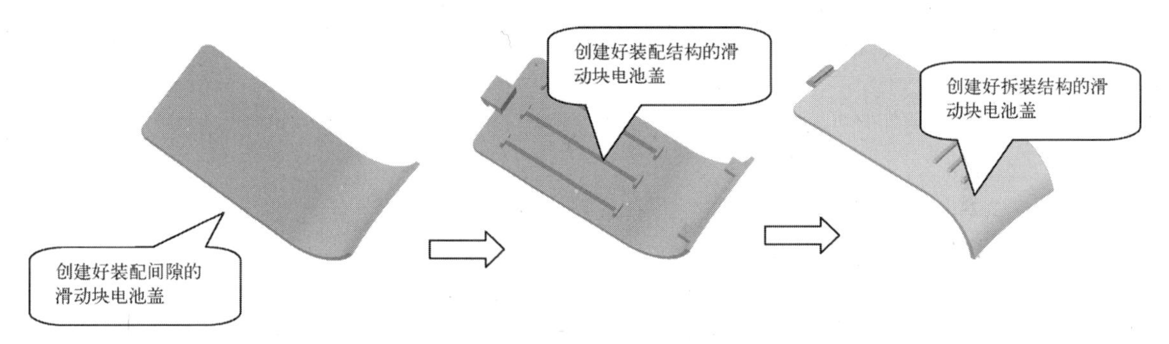

图 6-62 滑动块电池盖结构

4. 创建测高器主体上盖特征

（1）创建测高器主体上盖元件

在模型工具栏中单击【创建】按钮，进入“创建元件”对话框，如图 6-63 所示。在【类型】栏中选择“零件”，在【子类型】栏中选择“实体”，在【名称】框中输入新的文件名为 “cg-g”。单击 确定(O) 按钮，进入“创建选项”对话框，在【创建方法】栏中选择“创建特征”，如图 6-64 所示。然后单击 确定(O) 按钮关闭对话框，进入组装模块工作界面，完成测高器主体上盖文件的创建工作，模型树显示元件名称，如图 6-65 所示。

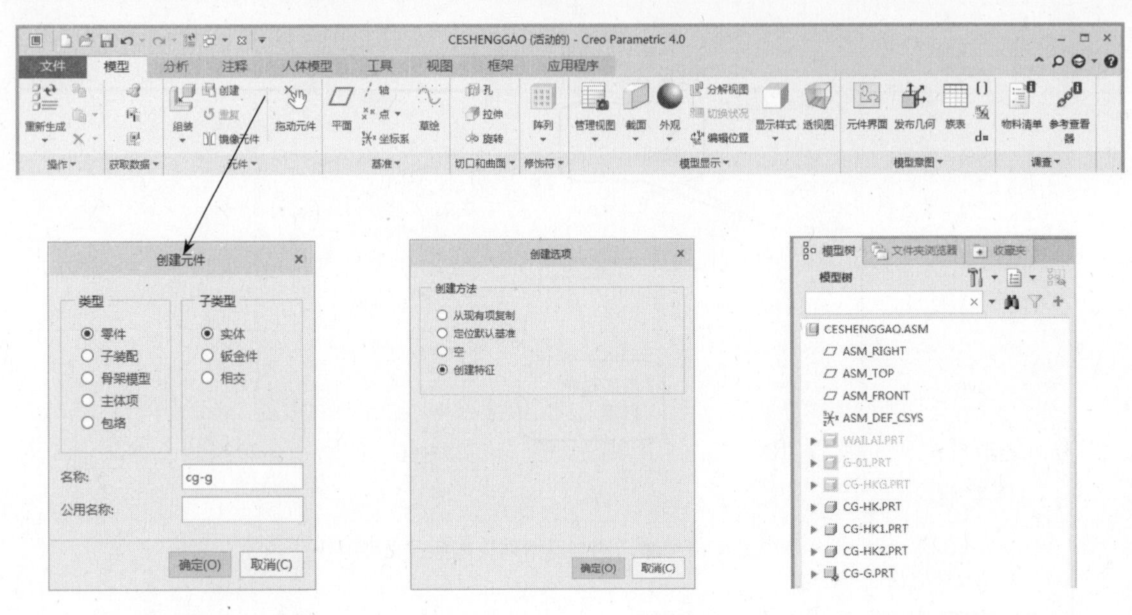

图 6-63 “创建元件”对话框　　图 6-64 “创建选项”对话框　　图 6-65 “创建元件”模型树

（2）创建测高器主体外形特征

1）创建测高器主体拉伸特征 1

根据外观软件设计的测高器效果图初始模型数据创建儿童蓝牙测高器主体上盖拉伸特征 1，以基准平面“DTM3”为草绘平面，基准平面“DTM1”为参考平面，方向参考为“右”，绘制“拉伸”截面，如图 6-66 所示。

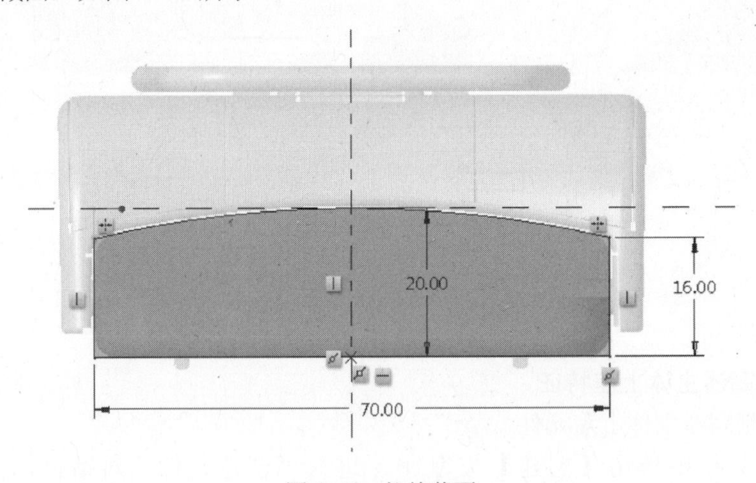

图 6-66　拉伸截面

在“拉伸”操控板中选择【选项】→“盲孔”，然后输入拉伸深度“1 300”，在图形窗口中可以预览拉伸出的实体特征，如图 6-67 所示。

单击操控板的 ✓ 按钮，完成测高器主体拉伸特征 1 的创建工作。

2）创建基准平面 DTM1、DTM2、DTM5

在测高器主体上盖元件中创建 DTM1、DTM2、DTM5。

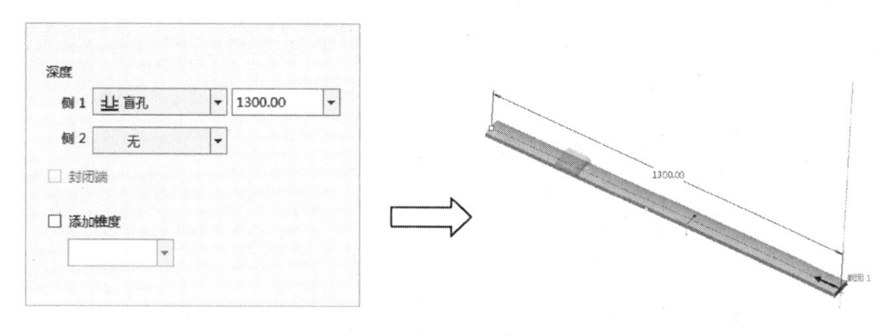

图 6-67 测高器主体拉伸特征 1

创建 DTM1：在【基准平面】对话框的【参考】栏中，选取拉伸特征 1 的一个侧面作为参考，选取约束为“偏移”，输入偏移距离为“35”，如图 6-68 所示。单击“基准平面”对话框的 确定 按钮，完成基准平面 DTM1 的创建工作。

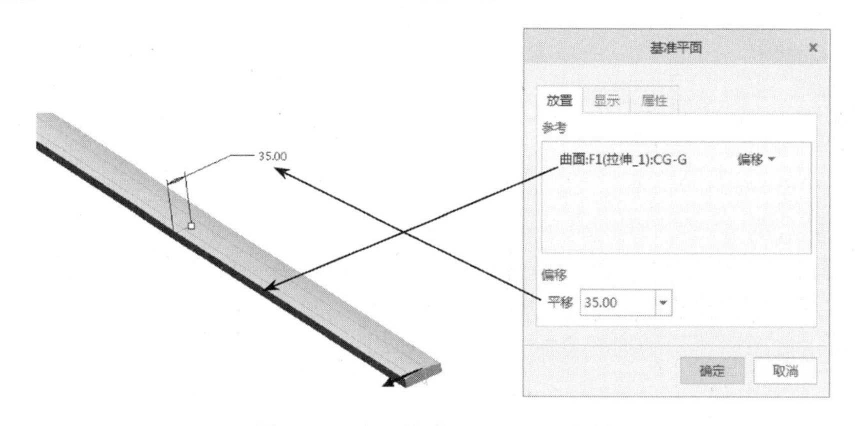

图 6-68 为“基准平面”选取参考

创建 DTM2：在【基准平面】对话框的【参考】栏中，选取拉伸特征 1 的一个底面作为参考，选取约束为“偏移”，输入偏移距离为“8”，如图 6-69 所示。单击“基准平面”对话框的 确定 按钮，完成基准平面 DTM2 的创建工作。

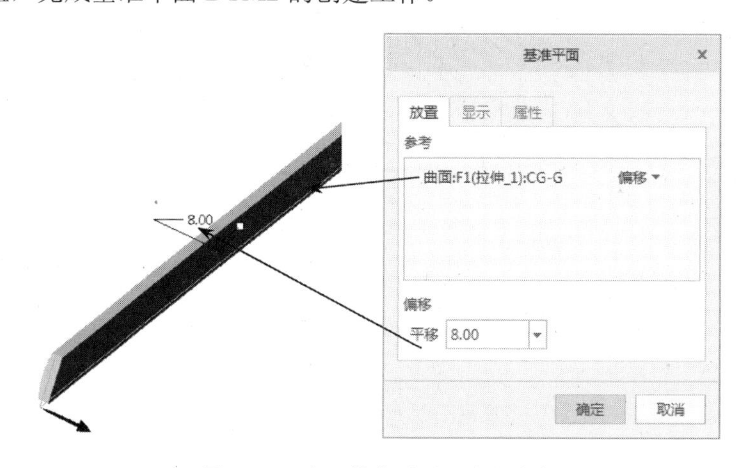

图 6-69 为“基准平面”选取参考

创建 DTM5：在【基准平面】对话框的【参考】栏中，选取拉伸特征 1 长方向的一个侧面作为参考，选取约束为“偏移”，输入偏移距离为“630”，如图 6-70 所示。单击“基准平面”对话框的 确定 按钮，完成基准平面 DTM5 的创建工作。

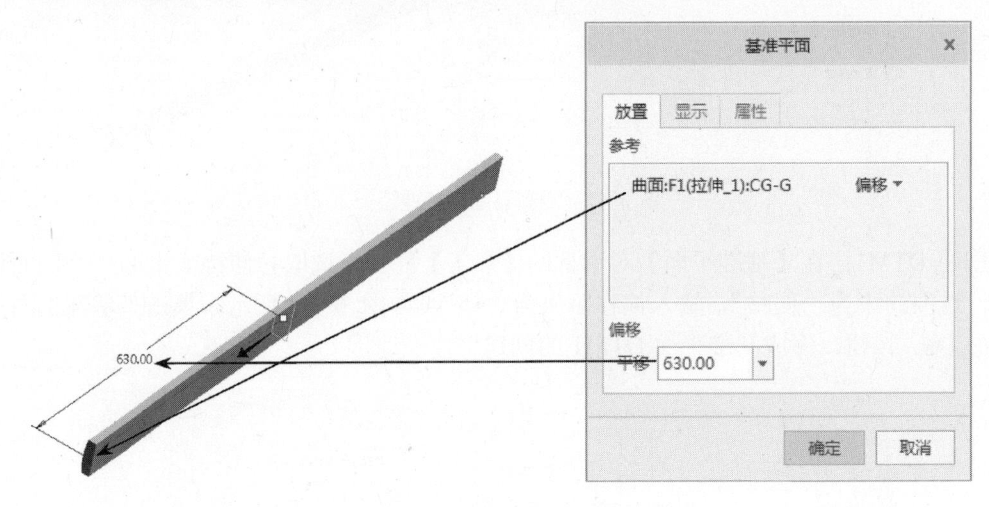

图 6-70　为“基准平面”选取参考

3）创建测高器主体辅助曲线 1

以基准平面“ASM_TOP”为草绘平面，基准平面 “ASM_RIGHT”为参考平面，方向参考为“右”，绘制“测高器主体辅助曲线 1”截面，如图 6-71 所示。单击草绘工具栏的 ✔ 按钮，退出草绘模式，完成测高器主体辅助曲线 1 的创建工作。

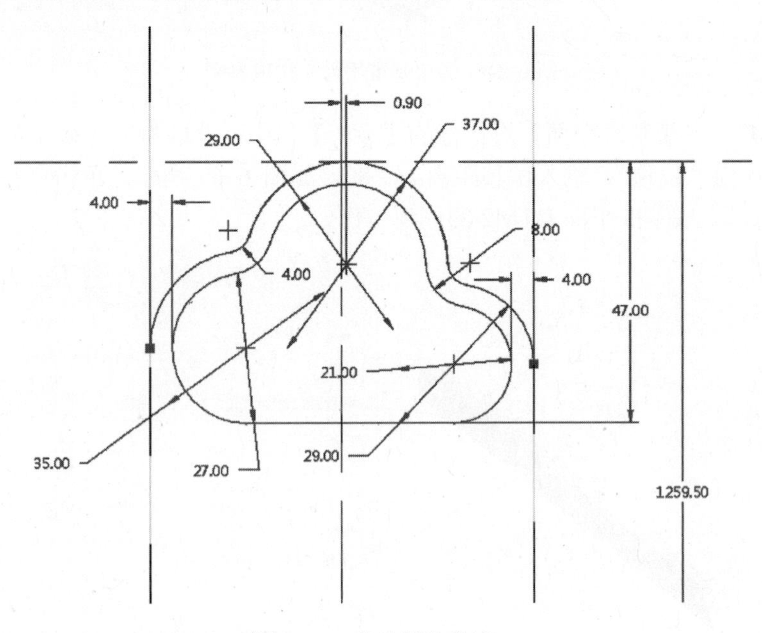

图 6-71　草绘辅助曲线 1

4）创建测高器主体手柄外形

① 创建手柄外形拉伸特征 1

以基准平面“DTM2”为草绘平面，测高器主体“下端曲面”为参考平面，方向参考为“下”，提取手柄外轮廓曲线为“拉伸”截面，如图 6-72 所示。

在“拉伸”操控板中选择【选项】→“穿透”，侧 1、侧 2 都置为“穿透”，在图形窗口中可以预览拉伸出的移除材料特征，如图 6-73 所示。

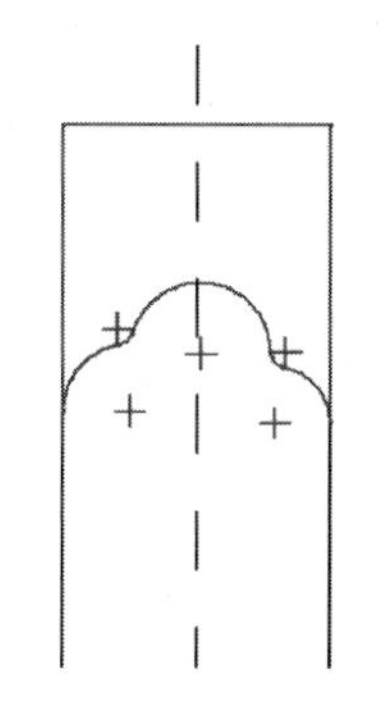

图 6-72 拉伸截面

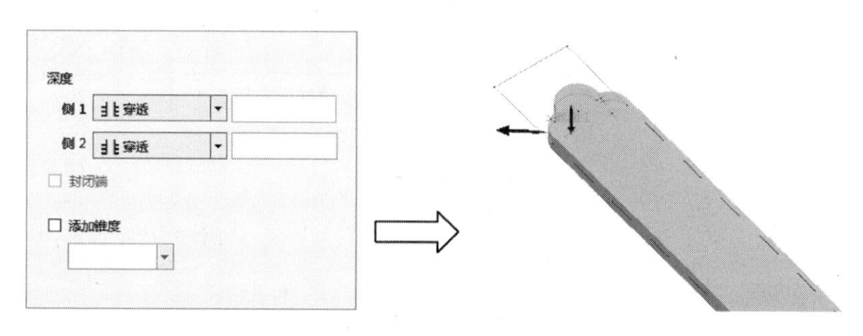

图 6-73 测高器主体手柄外形拉伸特征 1

单击操控板的✔按钮，完成测高器主体手柄外形拉伸特征 1 的创建工作。

② 创建手柄外形拉伸特征 2

用同样的方法，提取手柄内轮廓曲线为“拉伸”截面，创建手柄外形拉伸特征 1，其效果如图 6-74 所示。

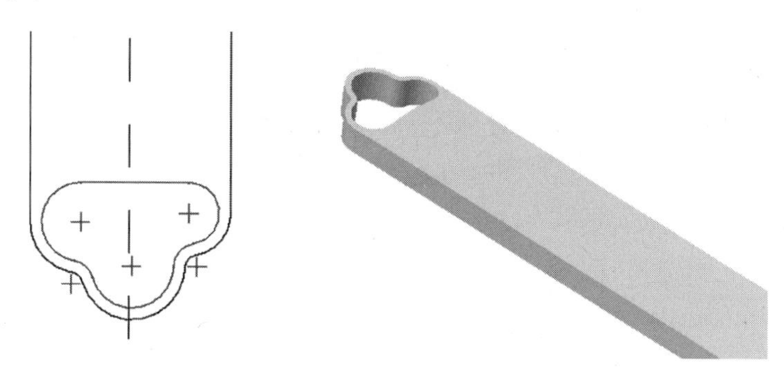

图 6-74 测高器主体手柄外形拉伸特征 2 与拉伸截面

5）创建测高器主体辅助曲线 2

以基准平面“DTM2”为草绘平面，基准平面 “DTM1”为参考平面，方向参考为“左”，绘制“测高器主体辅助曲线 2”截面，如图 6-75 所示。单击草绘工具栏的✔按钮，退出草绘模式，完成测高器主体辅助曲线 2 的创建工作。

6）创建测高器主体镜像曲线

① 选取“测高器主体辅助曲线 2”作为要镜像的项目。

② 在模型工具栏中单击【镜像】按钮，打开“镜像”操控板。

③ 选取“DTM1”平面作为镜像平面。

④ 单击操控板的✔按钮，完成测高器主体辅助曲线 2 镜像的创建工作。其效果如图 6-76 所示。

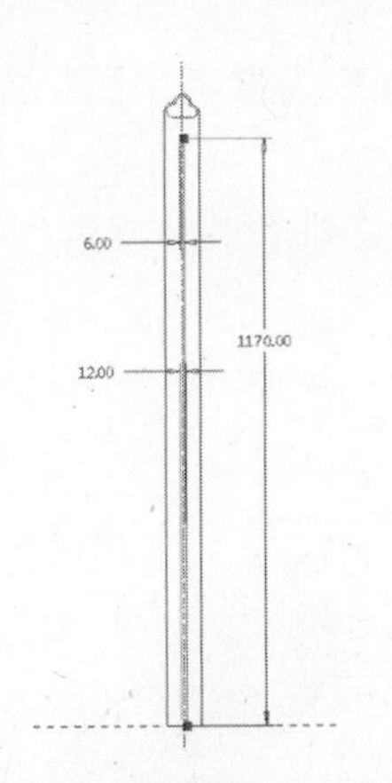

图 6-75　草绘辅助曲线 3

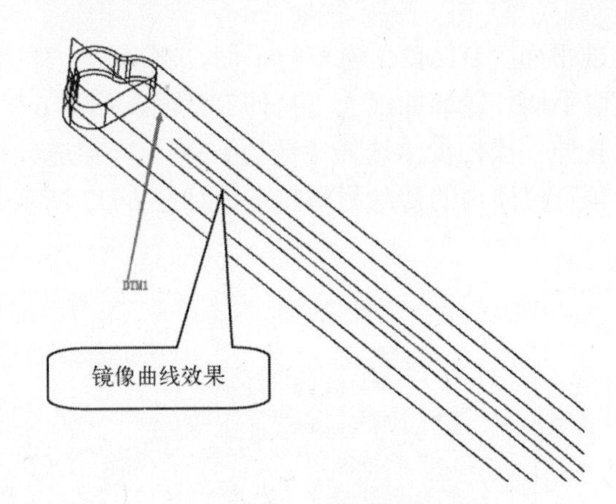

图 6-76　镜像曲线效果

7）创建测高器主体投射曲线 1

① 选取命令

在模型工具栏上单击【投影】按钮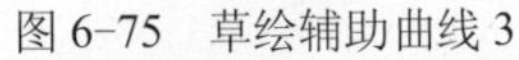，打开“投影”操控板。

② 定义投射曲线类型

单击参考下滑面板，选取投射曲线的类型为“投影链”。

③ 选取要投影的曲线

选取测高器主体辅助曲线 2 及其镜像曲线作为要投射的曲线链，如图 6-77 所示。

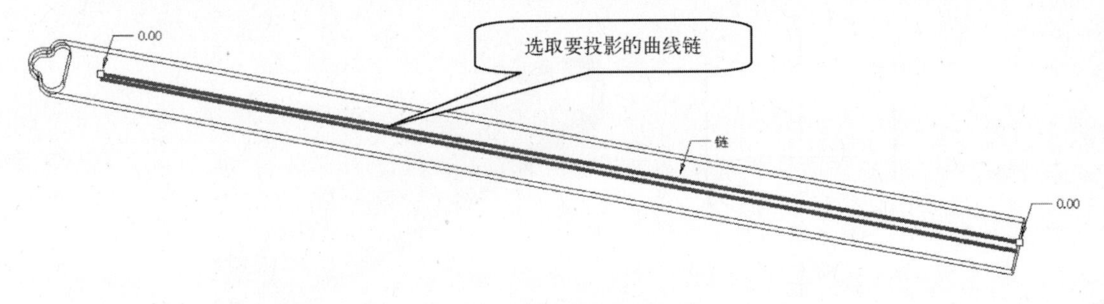

图 6-77　选取要投射的曲线

④ 选取投影曲面

选取测高器主体拉伸特征 1 上表面作为要投影的目标曲面，如图 6-78 所示。

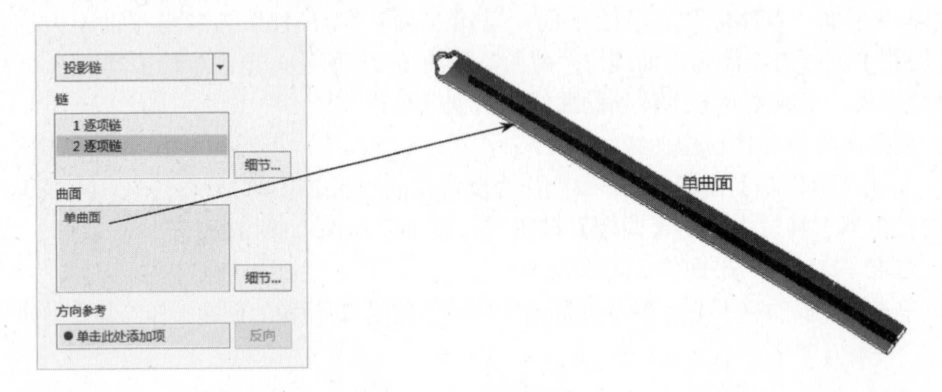

图 6-78　选取投影曲面

⑤ 选取投射方向参考

选取 DTM2 平面作为投射方向的参考，如图 6-79 所示。

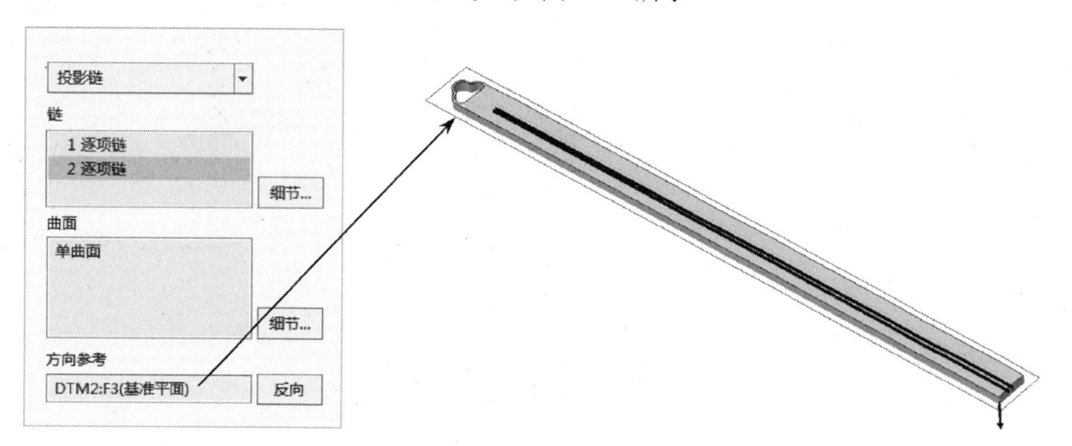

图 6-79 选取投射方向参考

⑥ 完成投射曲线的创建工作

单击操控板的 ✓ 按钮，完成测高器主体投射曲线 1 的创建工作。

8）创建测高器主体辅助曲线 3、4

以测高器主体拉伸特征 1 “底部侧面”为草绘平面，基准平面 “DTM1”为参考平面，方向参考为“左”，绘制测高器主体辅助曲线 3 截面，如图 6-80 所示。单击草绘工具栏的 ✓ 按钮，退出草绘模式，完成测高器主体辅助曲线 3 的创建工作。

通过投射曲线 1 的 2 个端点创建基础平面“DTM8”为草绘平面，基准平面“DTM1”为参考平面，方向参考为“右”，绘制测高器主体辅助曲线 4 截面，如图 6-81 所示。单击草绘工具栏的 ✓ 按钮，退出草绘模式，完成测高器主体辅助曲线 4 的创建工作。

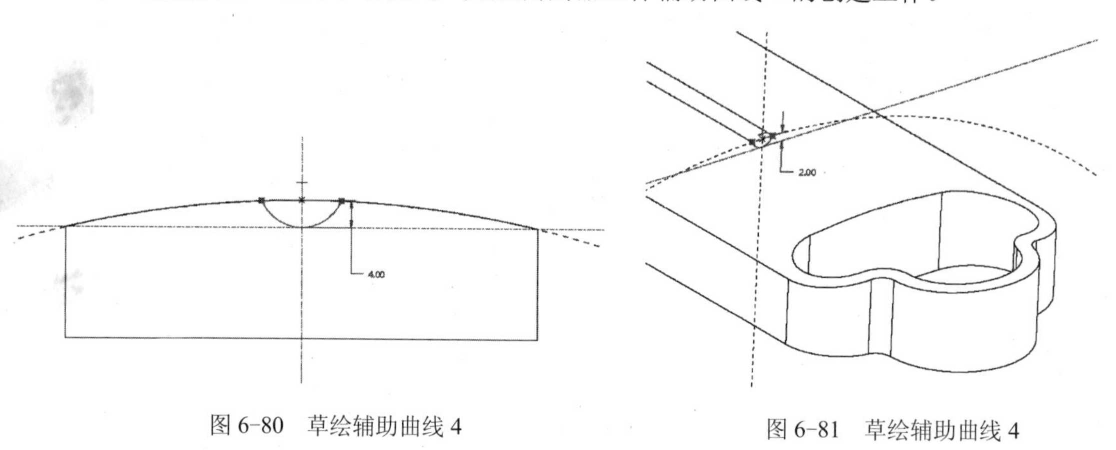

图 6-80 草绘辅助曲线 4　　　　图 6-81 草绘辅助曲线 4

9）创建测高器主体边界曲面 1

依次选取辅助曲线 4、辅助曲线 3（结合〈Ctrl〉键）作为第一方向的曲线，第二方向不选取边界曲线，如图 6-82 所示。

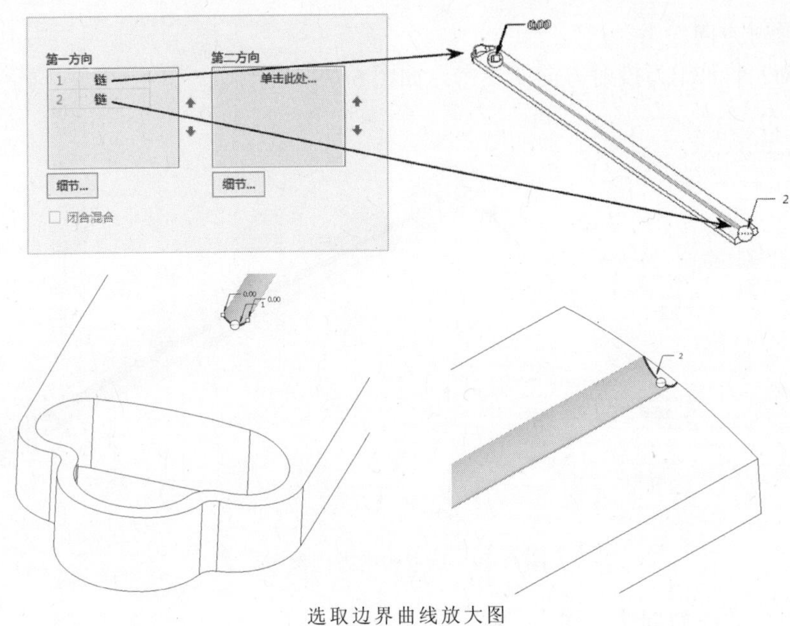

图 6-82　创建测高器主体边界曲面 1

单击操控板的 ✓ 按钮，完成测高器主体边界曲面 1 的创建工作。

10）创建测高器主体测高刻度标记

① 参考“第 6 章\范例源文件\儿童蓝牙测高器\测高器效果图”，以基准平面 “DTM2” 为草绘平面，基准平面 “DTM1” 为参考平面，方向参考为“右”，绘制右边起始刻度标记线，如图 6-83 所示。

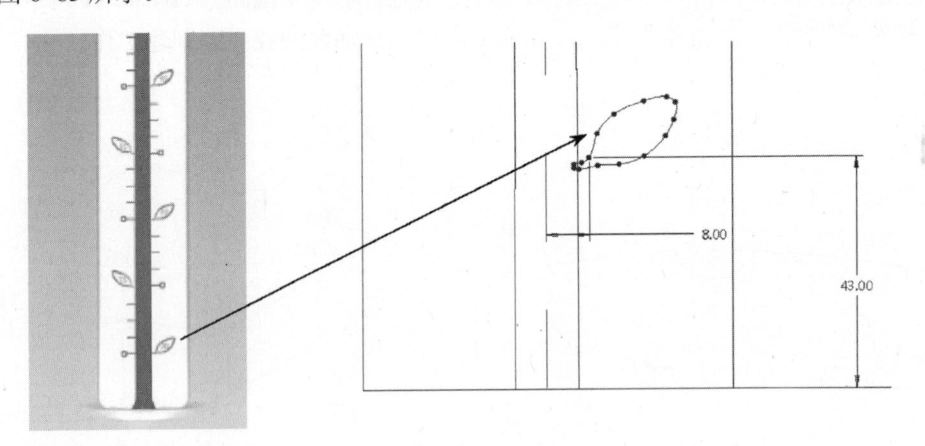

图 6-83　绘制右边刻度标记线

② 参考“第 6 章\范例源文件\儿童蓝牙测高器\测高器效果图”，以基准平面 “DTM2” 为草绘平面，基准平面 “DTM1” 为参考平面，方向参考为“右”，绘制左边刻度标记线，使用方向阵列将绘制好的左边刻度标记线向上平移 25 获得左边起始刻度标记线，如图 6-84 所示。

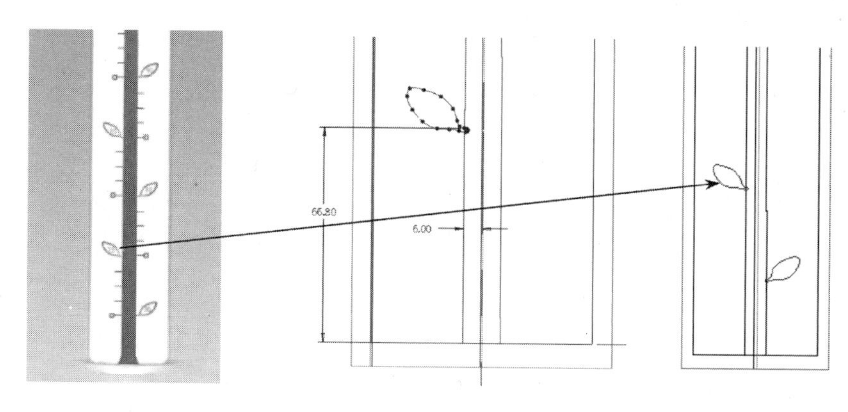

图 6-84　绘制左边刻度标记线

③ 使用具有拔模特征偏移、圆角和方向阵列方法创建测高刻度标记（具体参数参阅随书网盘资源文件），右边测高刻度标记阵列成员数为 12，阵列间距为 100；左边测高刻度标记阵列成员数为 11，阵列间距为 100，其效果如图 6-85 所示。

11）创建测高器主体工艺槽

① 通过投射曲线 1 的 2 个端点创建基础平面“DTM9”为草绘平面，基准平面“DTM1”为参考平面，方向参考为“右”，创建填充曲面，如图 6-86 所示。

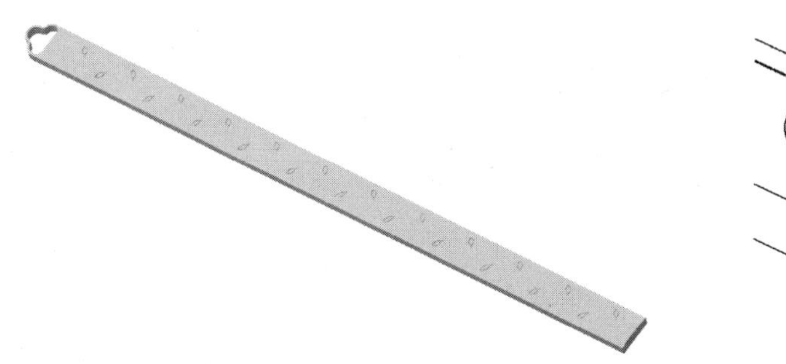

图 6-85　测高器测高刻度标记

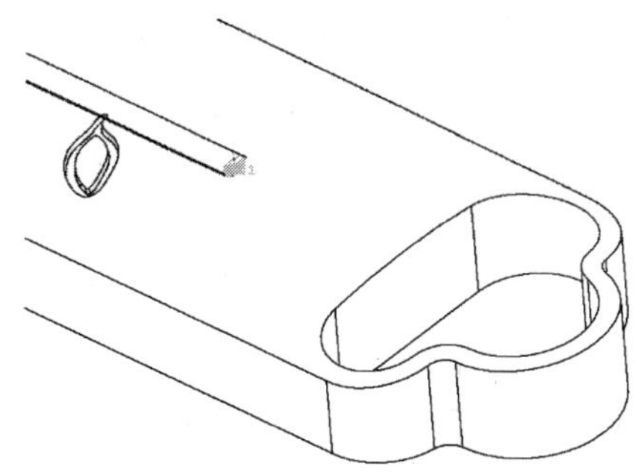

图 6-86　创建填充曲面

② 选取测高器主体边界曲面 1 与填充曲面（结合〈Ctrl〉键）作为要合并的面组，在模型工具栏中单击【合并】按钮，打开“合并曲面”操控板，在选项下滑面板中选取合并方式为“相交”，创建合并曲面，合并操作如图 6-87 所示。

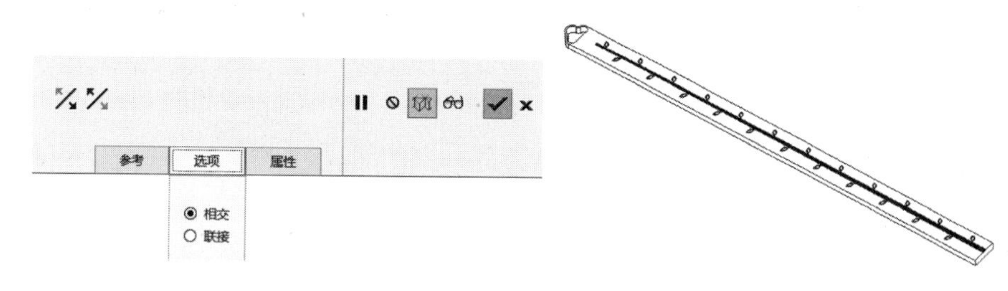

图 6-87　合并曲面操作

③ 使用刚合并好的曲面将测高器主体特征进行实体化操作，获得测高器主体工艺槽特征，选取实体化曲面方式为：移除面组内侧或外侧材料，实体化效果如图 6-88 所示。

12）创建测高器主体工艺槽上端圆角特征

① 使用展开特征偏移方法将端部侧面偏移 3 mm（使工艺槽总长减少 3 mm），如图 6-89 所示。

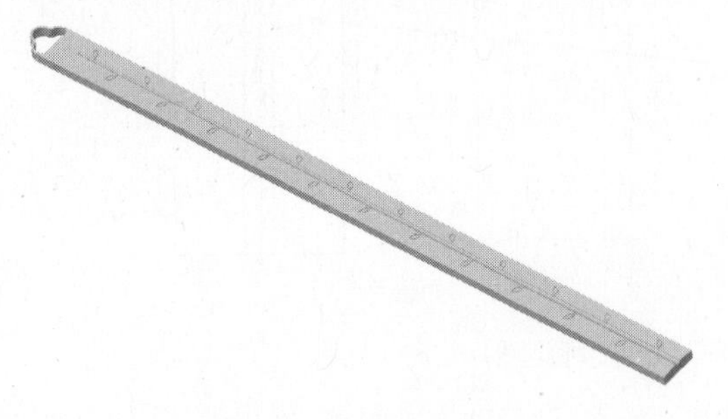

图 6-88 实体化特征 1

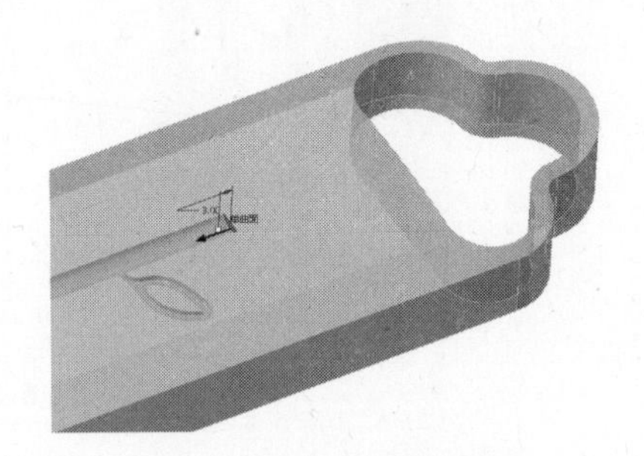

图 6-89 创建偏移特征

② 使用投影方法创建投射曲线，选择投影类型为“投影草绘”，如图 6-90 所示。

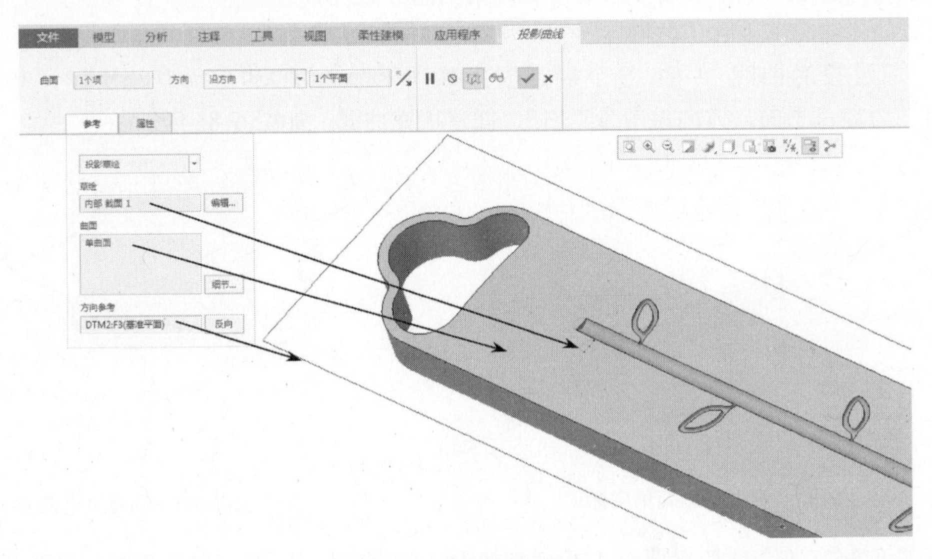

图 6-90 创建投射曲线

③ 依次选取工艺槽侧面曲线、投射曲线（结合〈Ctrl〉键）作为第一方向的曲线，第二方向不选取边界曲线，创建测高器主体边界曲面 2，如图 6-91 所示。

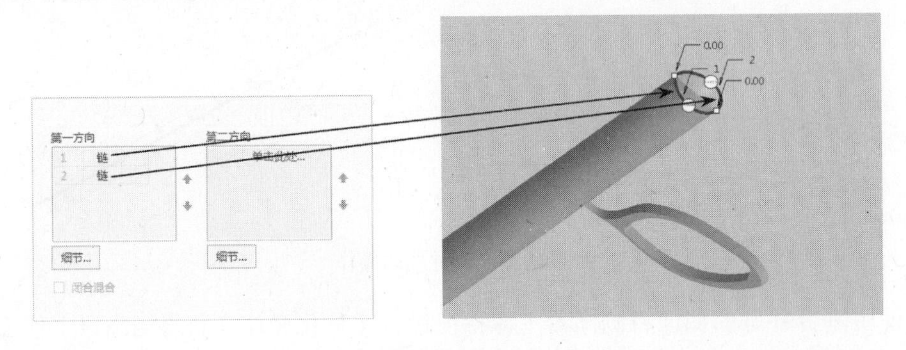

图 6-91 创建测高器主体边界曲面 2

④ 使用刚创建好的边界曲面 2 对测高器主体工艺槽特征进行实体化操作，获得测高器主体工艺槽上端圆角特征，选取实体化曲面方式为：移除面组内侧或外侧材料，实体化效果如图 6-92 所示。

图 6-92 实体化特征 2

经验交流

在实际生产涉及的案例中，有些圆角特征使用圆角的方法不能达到设计的最终效果，需要采用作图的方法来实现。

13）创建测高器主体工艺槽下端圆角特征

① 以基准平面“DTM2”为草绘平面，基准平面 “DTM1”为参考平面，方向参考为“右”，绘制“测高器主体辅助曲线 5”，如图 6-93 所示。

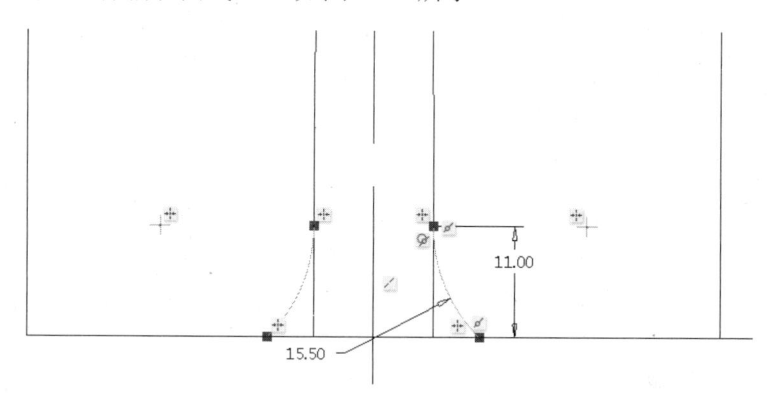

图 6-93 草绘辅助曲线 5

② 使用投影方法创建投射曲线，选择投影类型为“投影草绘”，如图 6-94 所示。

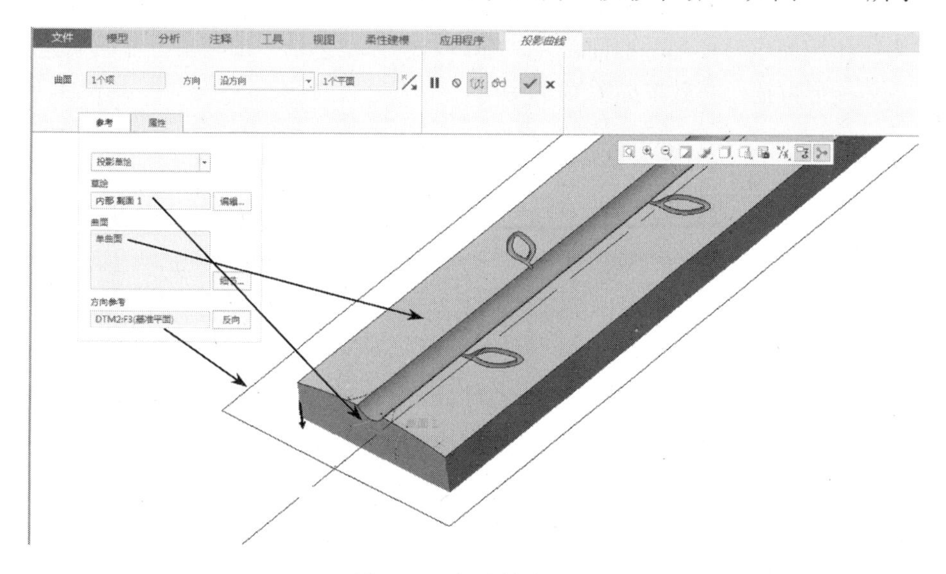

图 6-94 创建投射曲线

③ 以测高器主体拉伸特征“下端侧面”为草绘平面，基准平面 “DTM1”为参考平面，方向参考为“左”，绘制“测高器主体辅助曲线 6”，如图 6-95 所示。

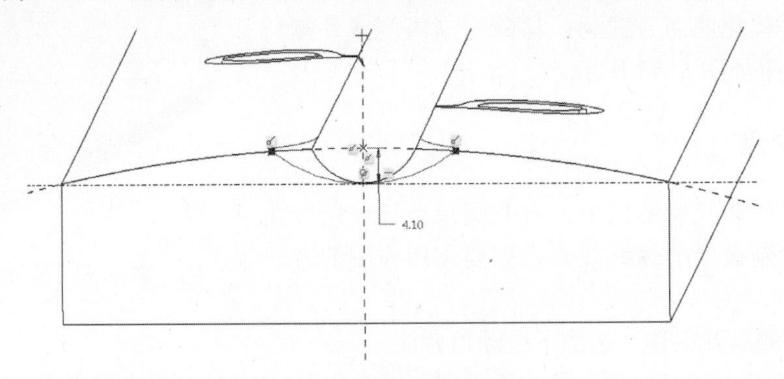

图 6-95　草绘辅助曲线 6

④ 依次选取投射曲线、测高器主体辅助曲线 6（结合〈Ctrl〉键）作为第一方向的曲线，依次选取 2 条投射曲线（结合〈Ctrl〉键）作为第二方向的曲线，如图 6-96 所示。

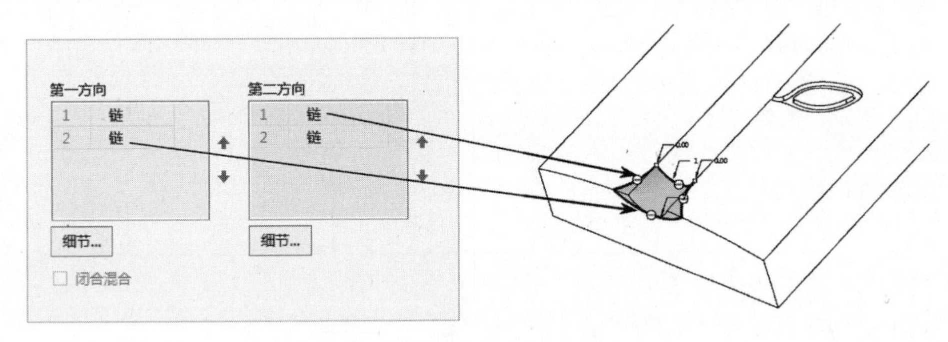

图 6-96　创建测高器主体边界曲面 3

⑤ 使用刚创建好的边界曲面 3 对测高器主体工艺槽特征进行实体化操作，选取实体化曲面方式为：使用面组替换部分曲面，完成测高器主体工艺槽下端圆角特征的创建工作，获得测高器主体外形特征，其效果如图 6-97 所示。

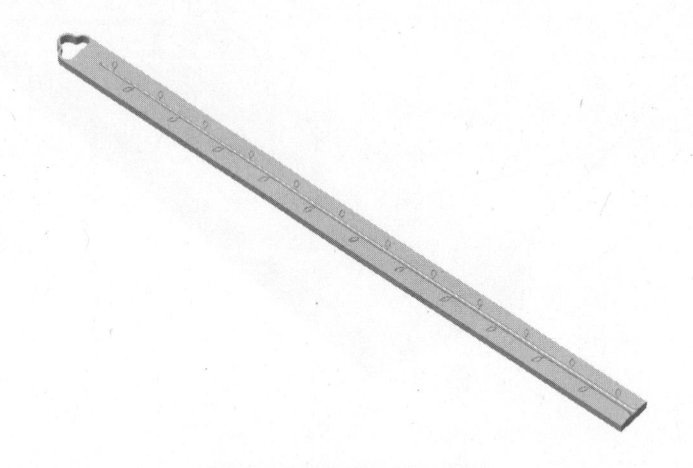

图 6-97　测高器主体外形特征

（3）创建测高器主体上盖外形特征

1）创建测高器主体上盖滑槽特征

使用拉伸移除材料的方法创建测高器主体上盖滑槽特征。

以基准平面“DTM1”为草绘平面，基准平面“DTM2”为参考平面，方向参考为“下”，绘制“拉伸”截面，如图 6-98 所示。

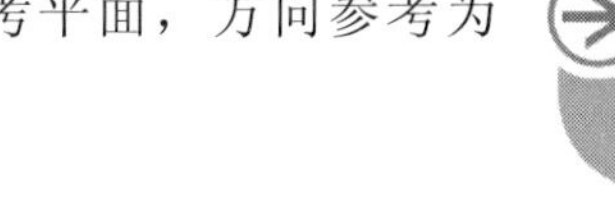

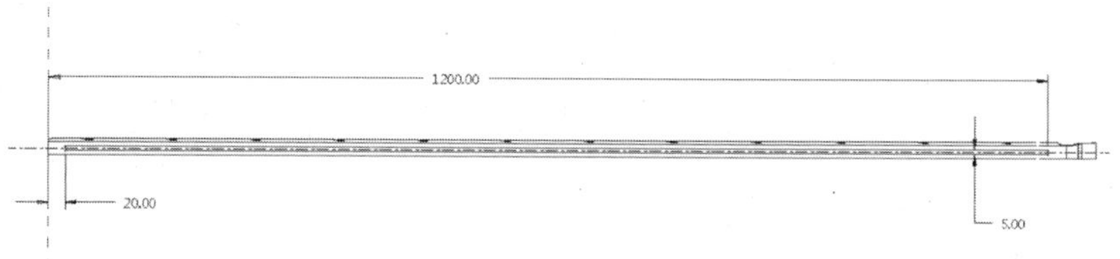

图 6-98　拉伸截面

在“拉伸”操控板中选择【选项】→“穿透”，侧 1、侧 2 都置为“穿透”，在图形窗口中可以预览拉伸出的移除材料特征，如图 6-99 所示。

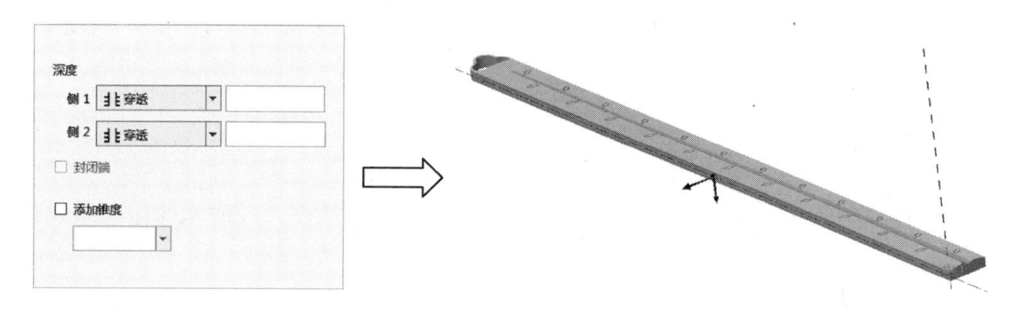

图 6-99　测高器主体上盖滑槽拉伸特征

单击操控板的✓按钮，完成测高器主体上盖滑槽特征的创建工作。

2）创建测高器主体上盖滑槽两端完全圆角特征

使用圆角方法创建测高器主体上盖滑槽两端完全圆角特征，如图 6-100 所示。

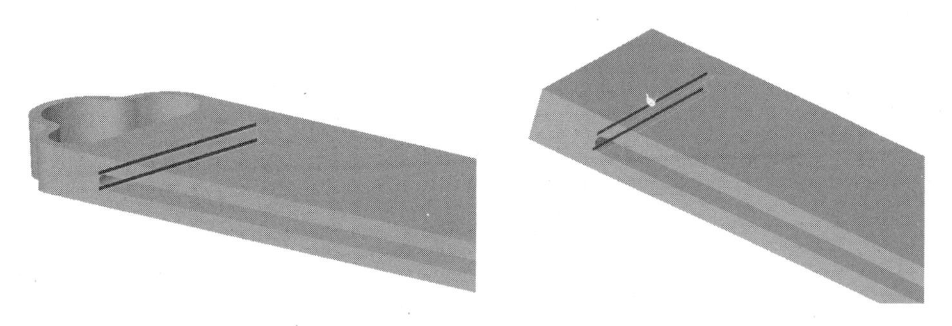

图 6-100　测高器主体上盖滑槽两端圆角特征

3）创建测高器主体上盖滑槽拉伸特征

以基准平面“DTM1”为草绘平面，测高器主体“下端侧面”为参考平面，方向参考为“左”，绘制“拉伸”截面，如图 6-101 所示。指定拉伸方式为对称，拉伸深度为“62.5”。

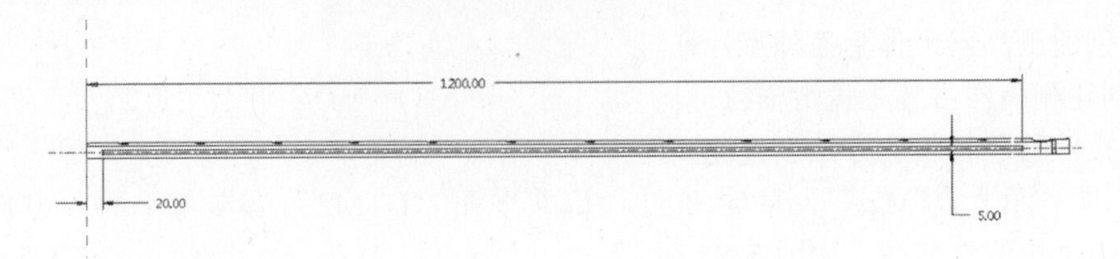

图 6-101　拉伸截面

4）移除测高器主体上盖手柄部分特征

以基准平面“DTM1”为草绘平面，测高器主体“下端侧面”为参考平面，方向参考为“左”，绘制“拉伸”截面，如图 6-102 所示。指定拉伸方式侧 1、侧 2 均为穿透，创建移除测高器主体上盖手柄部分特征。

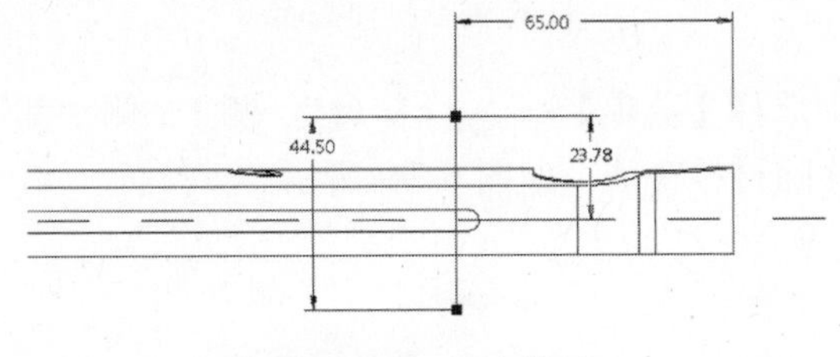

图 6-102　拉伸截面

5）创建测高器主体上盖外形特征

① 使用基准平面 DTM2 对测高器主体特征进行实体化操作，选取实体化曲面方式为：移除面组内侧或外侧的材料，其效果如图 6-103 所示。

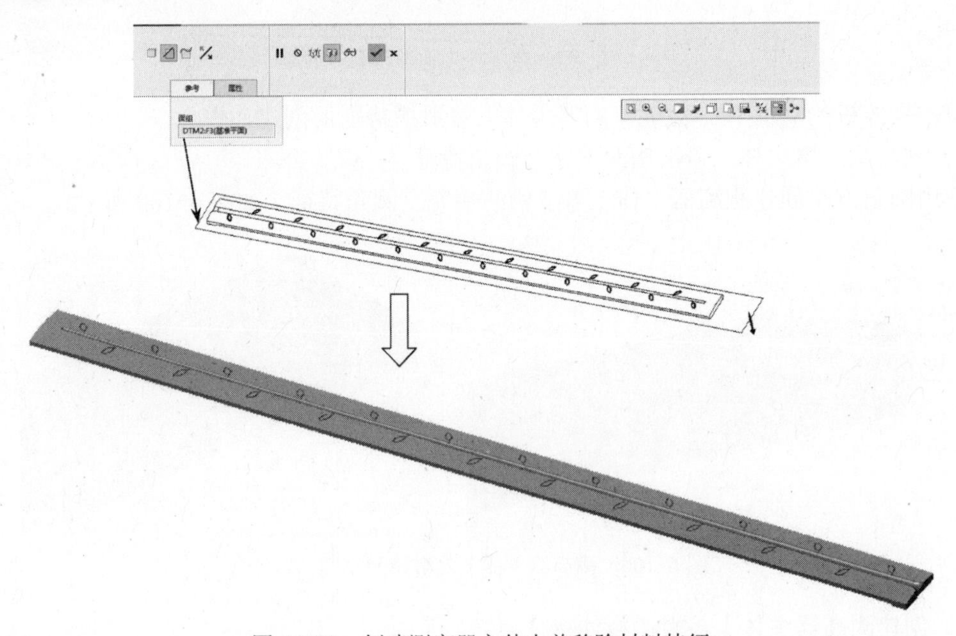

图 6-103　创建测高器主体上盖移除材料特征

② 使用拔模方法创建测高器主体上盖手柄 3 个侧面（上端侧面除外）脱模斜度，以上盖底面为拔模枢轴，拔模角度为“1”。

③ 使用圆角方法创建测高器主体上盖下端竖边圆角特征，其半径为 $R8$，创建测高器主体上盖上边线圆角特征，其半径为 $R3$，获得测高器主体上盖外形特征，其效果如图 6-104 所示。

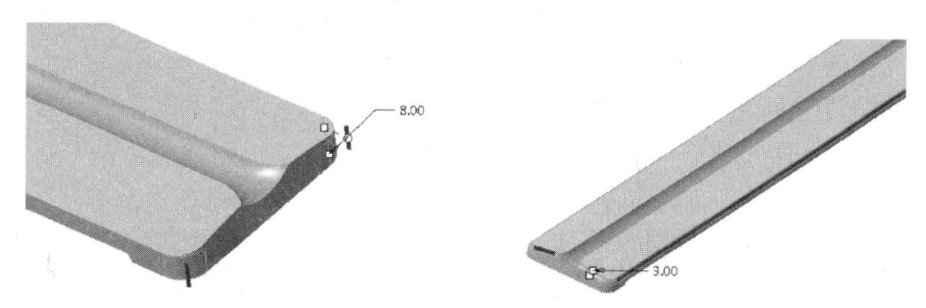

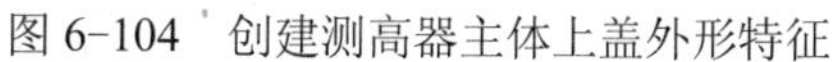

图 6-104　创建测高器主体上盖外形特征

（4）创建测高器主体上盖壳特征

测高器主体上盖外形添加了测高标记刻度，不能直接进行壳特征操作，需要将测高器主体上盖外形中的测高标记刻度特征删除，进行壁厚为 2 mm 的壳特征操作，保存副本为“g-01.prt”，然后按默认的方式装配到组件中，如图 6-105 所示。

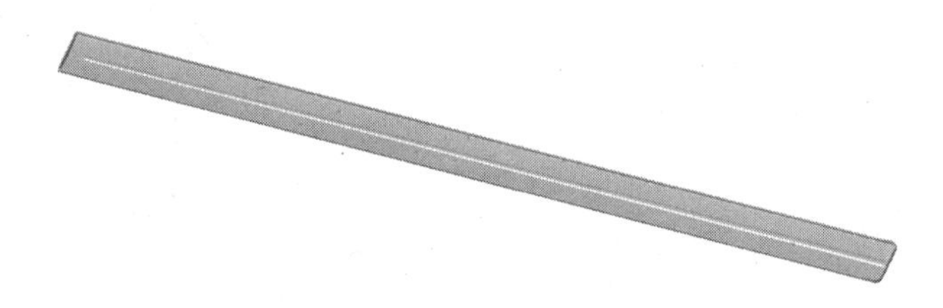

图 6-105　测高器主体上盖副本文件

复制副本文件“g-01.prt”壳特征内表曲面，进行实体化操作获得测高器主体上盖壳特征。

1）激活测高器主体上盖文件

在组件工作界面中，用鼠标左键单击测高器主体上盖文件，打开快捷菜单对话框，选择【激活】按钮，测高器主体上盖文件处于激活状态，如图 6-106 所示。

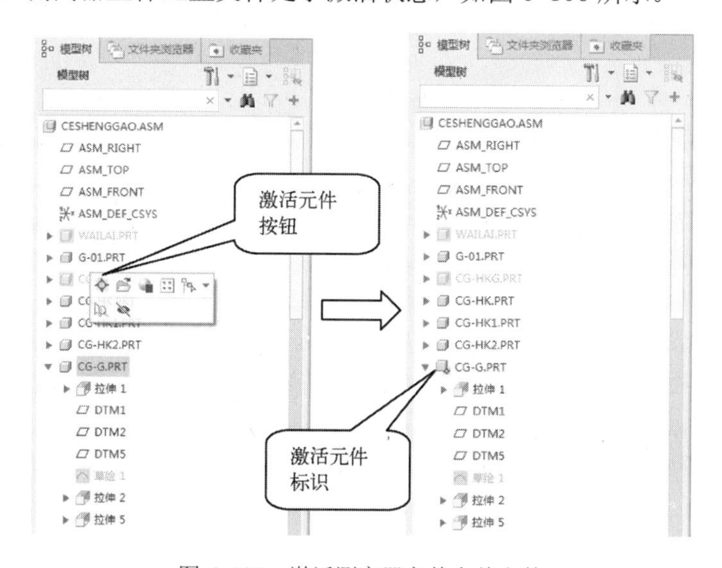

图 6-106　激活测高器主体上盖文件

2）复制测高器主体上盖副本文件壳特征曲面

选择测高器主体上盖副本文件壳特征内侧曲面作为要复制的曲面，在模型工具栏中单击【复制】按钮→【粘贴】按钮，打开“复制曲面”操控板。在选项下滑面板中选择“按原样复制所有曲面”选项，如图 6-107 所示。

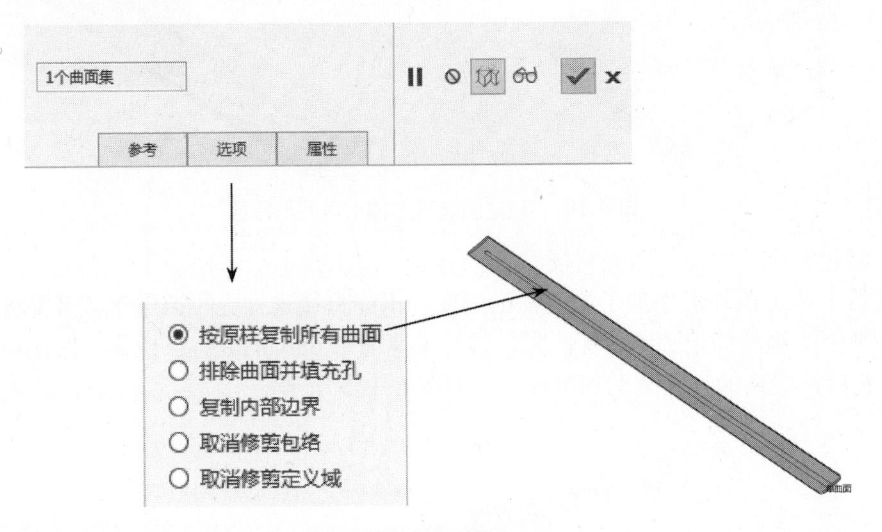

图 6-107　复制曲面操作

单击操控板的✓按钮，完成复制测高器主体上盖副本文件壳特征内侧曲面的创建工作。

3）创建测高器主体上盖壳特征

使用刚复制好的曲面对上盖特征进行实体化操作，选取实体化曲面方式为：移除面组内侧或外侧材料，获得测高器主体上盖壳特征，其效果如图 6-108 所示。

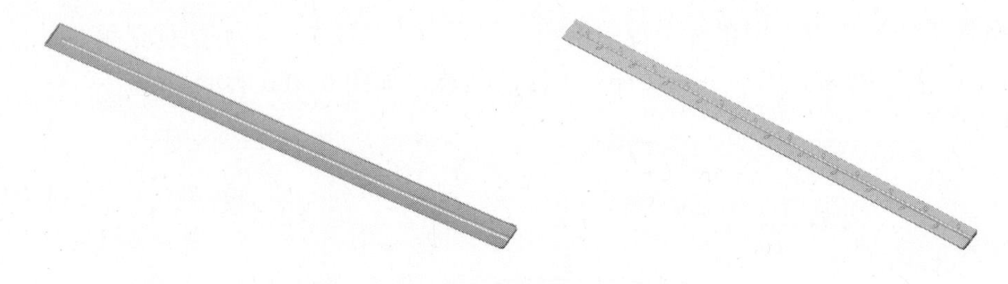

图 6-108　测高器主体上盖壳特征

（5）完善测高器主体上盖特征

由于本例测高器滑动块主体上盖特征操作过程的步骤较多，在完善其结构设计时所涉及的建模功能属于基础建模，下面对完善测高器主体上盖特征操作所使用的方法做一个简要的介绍，读者可以参考随书网盘资源中“第 6 章\范例结果文件\儿童蓝牙测高器\ceshenggao.asm”中的测高器主体上盖文件 cg-g.prt。

1）创建测高器主体上盖加强筋特征

使用拉伸方法创建测高器主体上盖长方向加强筋，使用拉伸和阵列方法创建测高器主体上盖短方向加强筋，加强筋的厚度均为 1.2 mm（具体参数参阅随书网盘资源文件），如图 6-109 所示。

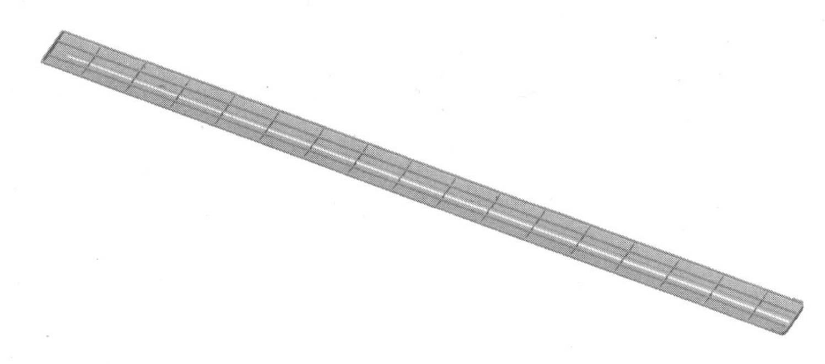

图 6-109　测高器主体上盖加强筋特征

2）创建测高器主体上盖装配柱子特征

使用拉伸方法创建测高器主体上盖装配柱子特征（具体参数参阅随书网盘资源文件），如图 6-110 所示。

3）修改测高器主体上盖特征

使用拉伸、偏移、圆角、曲面复制与变换、拔模和实体化等方法修改测高器主体上盖特征（具体参数参阅随书网盘资源文件），获得测高器主体上盖元件，如图 6-111 所示。

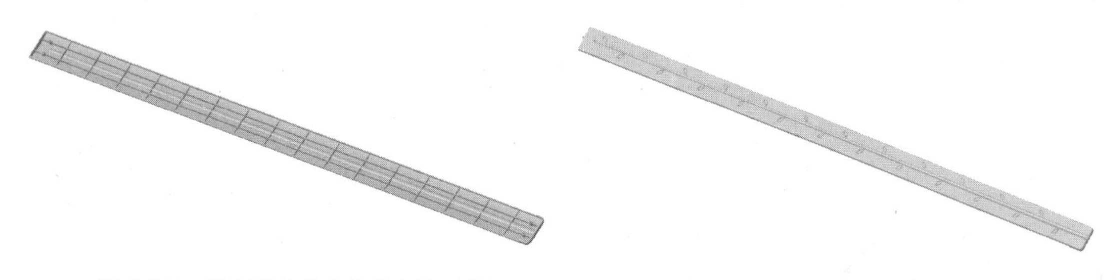

图 6-110　测高器主体上盖装配柱子特征　　　图 6-111　测高器主体上盖元件

5. 创建测高器主体下盖特征

（1）创建测高器主体下盖初始文件

将测高器主体上盖模型文件（步骤（3）“创建测高器主体上盖外形特征”中的“4）移除测高器主体上盖手柄部分特征”之后模型）保存一个副本，文件名为“cg-l.prt”，然后将副本文件使用默认的装配方法装配到组件中，装配好的“cg-l.prt”元件作为测高器主体下盖初始文件，如图 6-112 所示。

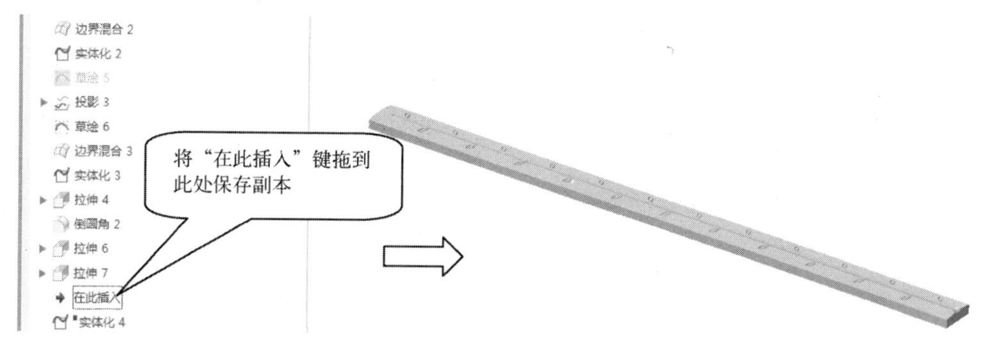

图 6-112　测高器主体下盖初始文件

（2）激活测高器主体下盖文件

在组件工作界面中，用鼠标左键单击测高器主体下盖文件，打开快捷菜单对话框，选择【激活】按钮，测高器主体下盖文件处于激活状态，如图 6-113 所示。

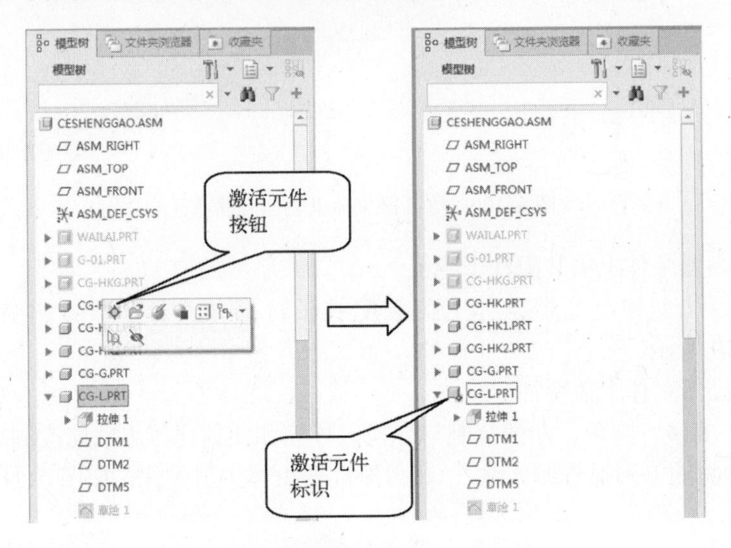

图 6-113　激活测高器主体下盖文件

（3）创建测高器主体下盖外形特征

1）创建测高器主体下盖实体化特征

使用基准平面 DTM2 对测高器主体特征进行实体化操作，选取实体化曲面方式为：移除面组内侧或外侧的材料，切换“更改刀具操作方向”，保留要创建下盖的材料，其效果如图 6-114 所示。

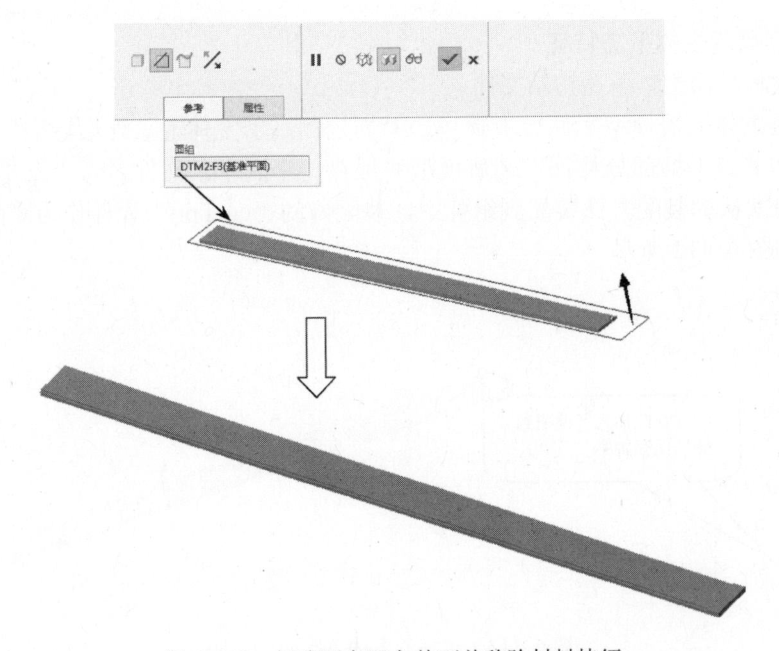

图 6-114　创建测高器主体下盖移除材料特征

2）创建测高器主体下盖拔模特征

使用拔模方法创建测高器主体下盖手柄 3 个侧面（上端侧面除外）脱模斜度，以下盖上表面为拔模枢轴，拔模角度为 1°。

3）创建测高器主体下盖外形圆角特征

使用圆角方法创建测高器主体下盖下端竖边圆角特征，其半径为 *R*8，创建测高器主体下盖上边线圆角特征，其半径为 *R*3，获得测高器主体下盖外形特征，其效果如图 6-115 所示。

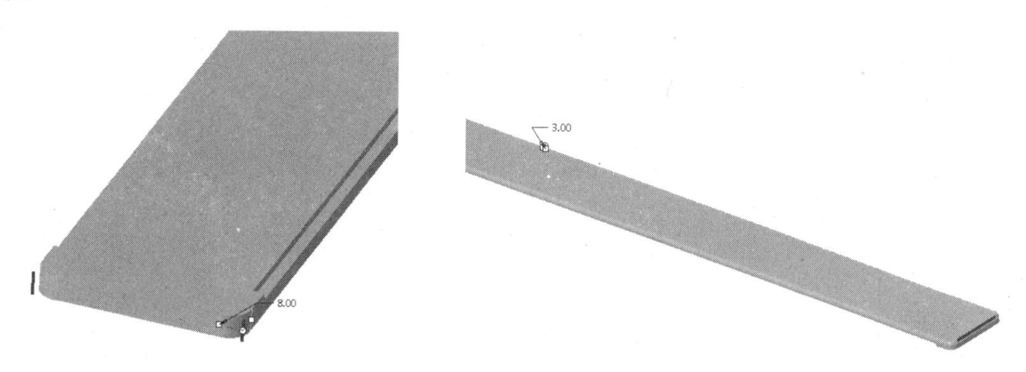

图 6-115　创建测高器主体下盖圆角特征

（4）创建测高器主体下盖壳特征

选择测高器主体下盖上表面作为创建壳特征要移除的表面，在对话框的文本框中输入厚度值为“2”，单击操控板的✓按钮，完成测高器主体下盖壳特征的创建工作，如图 6-116 所示。

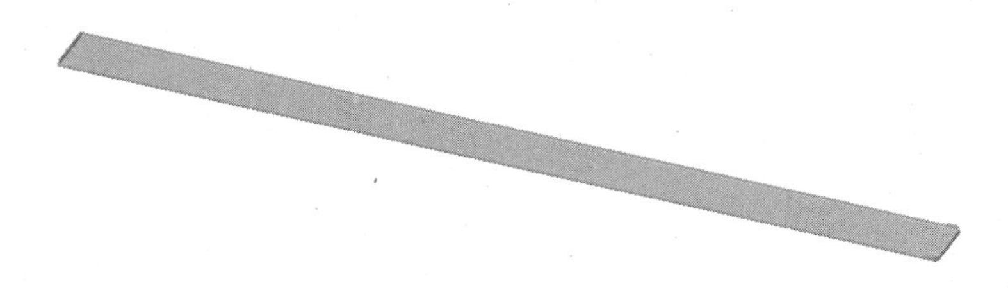

图 6-116　测高器主体下盖壳特征

（5）完善测高器主体下盖特征

由于本例测高器滑动块主体下盖特征操作过程的步骤较多，在完善其结构设计时所涉及的建模功能属于基础建模，下面对完善测高器主体下盖特征操作所使用的方法做一个简要的介绍，读者可以参考本书随书网盘资源中“第 6 章\范例结果文件\儿童蓝牙测高器\ceshenggao.asm”中的测高器主体上盖文件 cg-l.prt。

1）创建测高器主体下盖加强筋特征

使用拉伸方法创建测高器主体下盖长方向加强筋，使用拉伸和阵列方法创建测高器主体下盖短方向加强筋，加强筋的厚度均为 1.2 mm（具体参数参阅随书网盘资源文件），如图 6-117 所示。

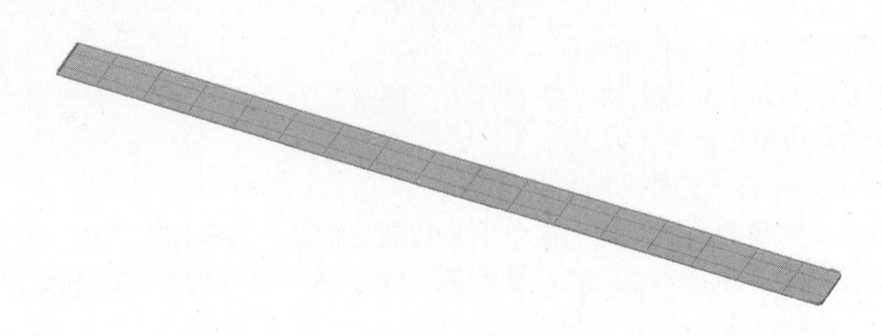

图 6-117　测高器主体下盖加强筋特征

2）创建测高器主体下盖装配柱子特征

使用拉伸方法创建测高器主体下盖装配柱子特征（具体参数参阅随书网盘资源文件），如图 6-118 所示。

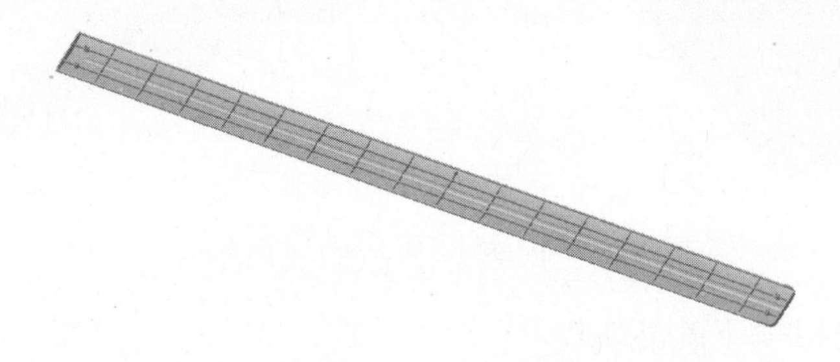

图 6-118　测高器主体下盖装配柱子特征

3）修改测高器主体下盖特征

使用拉伸、偏移、圆角和拔模等方法修改测高器主体下盖特征（具体参数参阅随书网盘资源文件），获得测高器主体下盖元件，如图 6-119 所示。

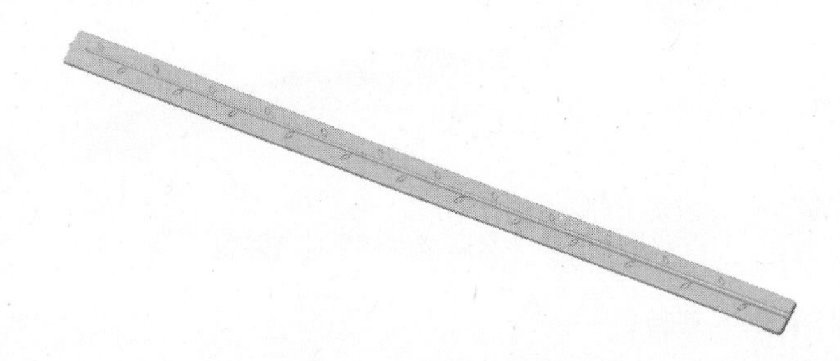

图 6-119　测高器主体下盖元件

6. 创建测高器主体手柄特征

（1）创建测高主体手柄初始文件

将测高器主体上盖模型文件（步骤（3）“创建测高器主体上盖外形特征”中的 4）“移除测高器主体上盖手柄部分特征”之前模型）保存一个副本，文件名为“cg-sb.prt”，然后将副本文件使用默认的装配方法装配到组件中，装配好的“cg-sb.prt”元件作为测高器主体手柄初始文件，如图 6-120 所示。

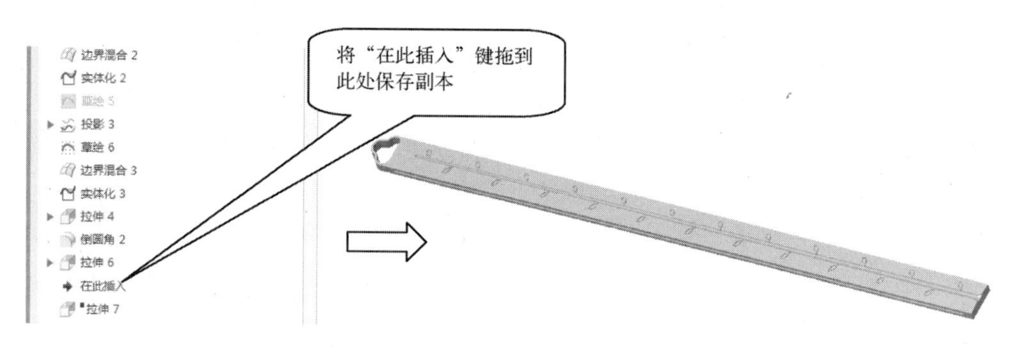

图 6-120　测高器主体手柄初始文件

（2）激活测高器主体手柄文件

在组件工作界面中，用鼠标左键单击测高器主体手柄文件，打开快捷菜单对话框，选择【激活】按钮，测高器主体手柄文件处于激活状态，如图 6-121 所示。

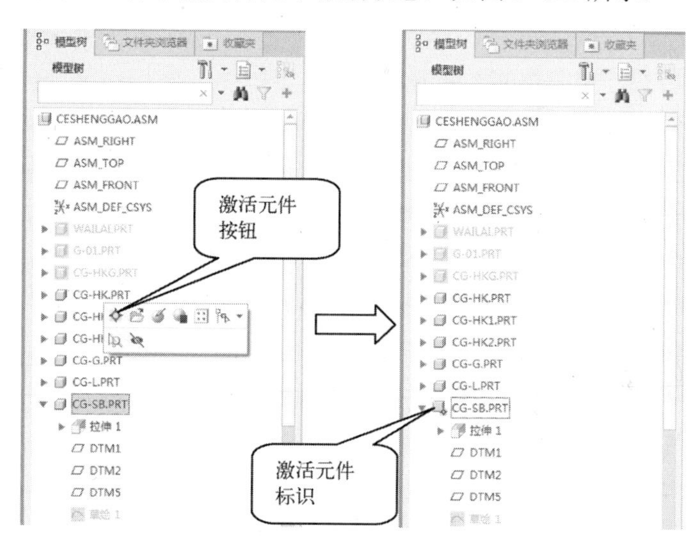

图 6-121　激活测高器主体手柄文件

（3）创建测高器主体手柄外形特征

1）创建测高器主体手柄特征

使用拉伸方法创建测高器主体手柄特征，以基准平面“DTM1”为草绘平面，测高器主体“下端侧面”为参考平面，方向参考为“左”，绘制“拉伸”截面，如图 6-122 所示。指定拉伸方式侧 1、侧 2 均为穿透，移除手柄多余材料，创建测高器主体手柄特征，如图 6-123 所示。

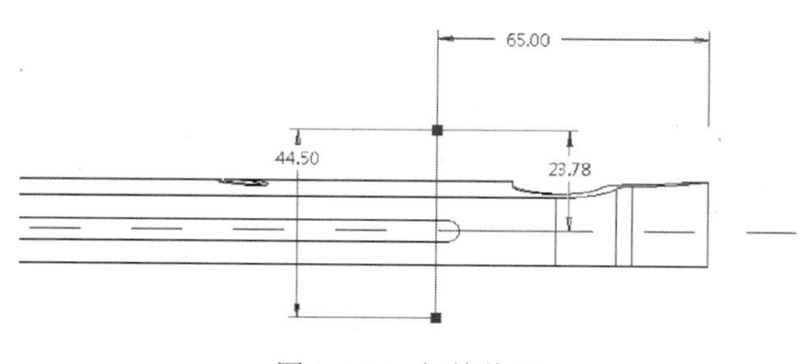

图 6-122　拉伸截面

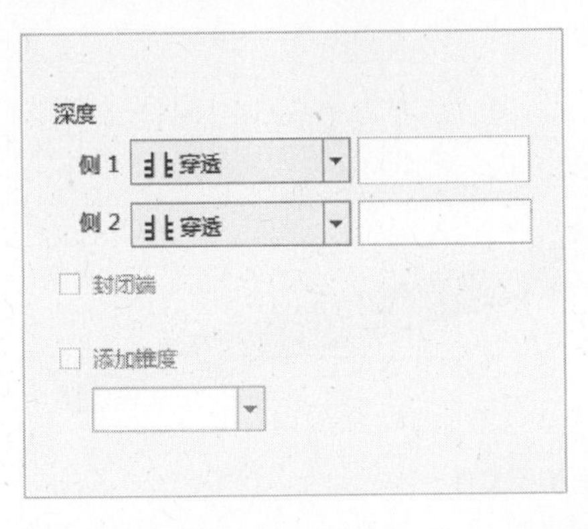

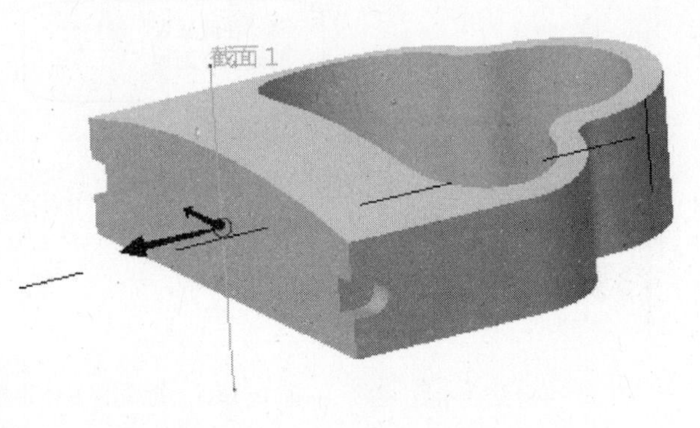

图 6-123　拉伸操作

2）创建测高器主体手柄拔模特征

使用拔模方法创建测高器主体手柄外侧面和内侧面（与上、下盖装配端面除外）脱模斜度，以基准平面 DTM2 为拔模枢轴，根据拔模枢轴分割，上、下拔模角度均为 1°，获得测高器主体手柄外形特征，如图 6-124 所示。

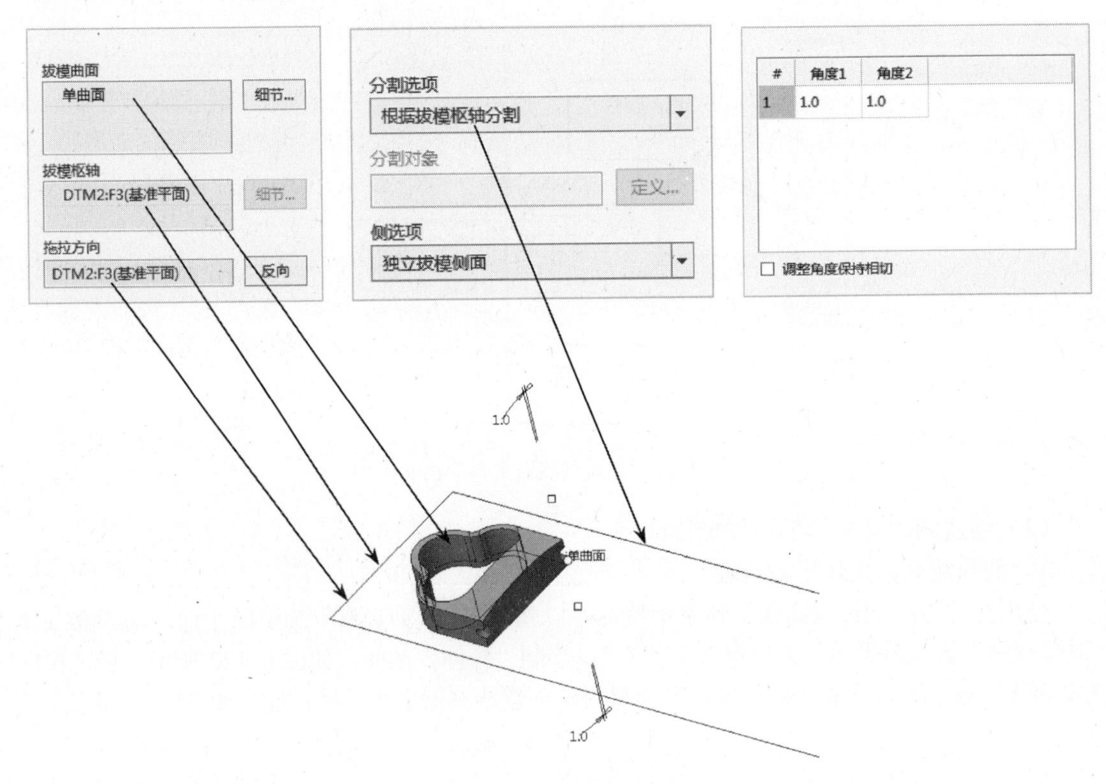

图 6-124　手柄拔模操作

（4）完善测高器主体手柄特征

使用偏移、圆角和拉伸方法完善测高器主体手柄特征（具体参数参阅随书网盘资源文件），获得完善的手柄元件，如图 6-125 所示。

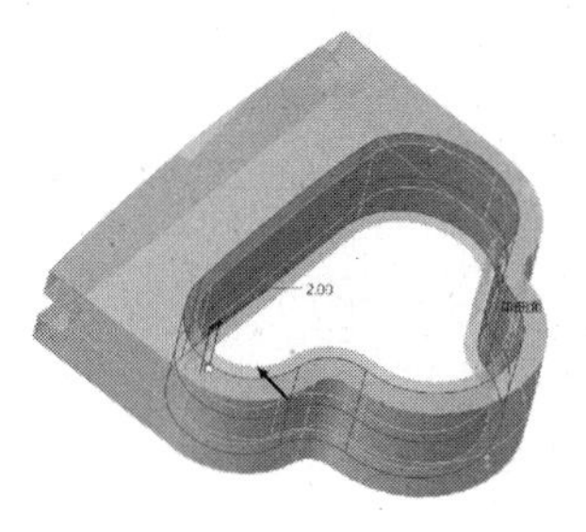

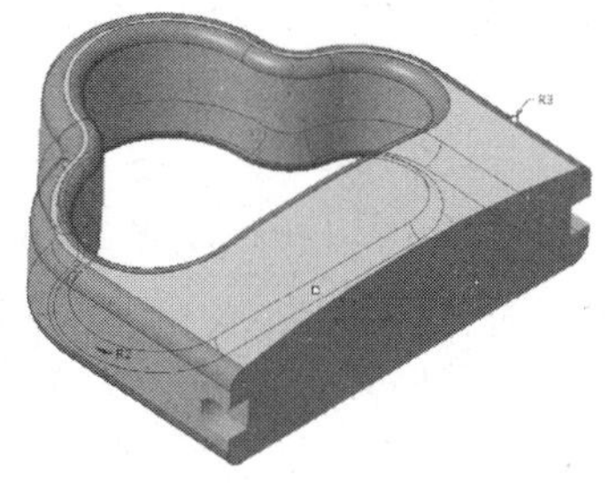

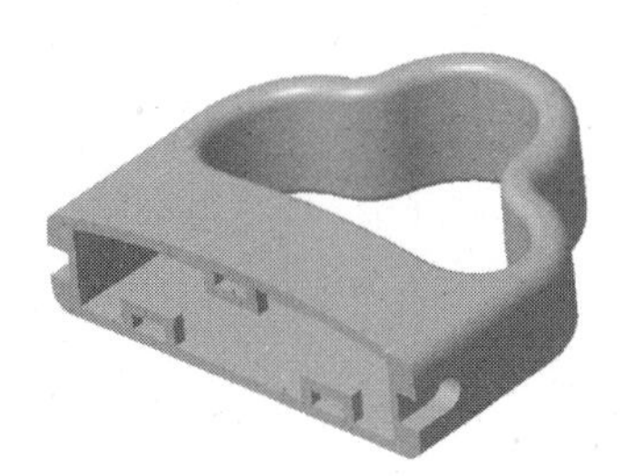

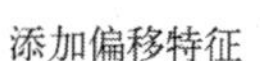

添加偏移特征　　　　添加圆角特征　　　　添加拉伸特征

图 6-125　完善手柄特征

7. 创建蓝牙测高板特征

（1）创建蓝牙测高板元件

在模型工具栏中单击【创建】按钮，进入“创建元件”对话框，如图 6-126 所示。在【类型】栏中选择“零件”，在【子类型】栏中选择“实体”，在【名称】框中输入新的文件名为 “cg-ban”。单击确定(O)按钮，进入“创建选项”对话框，在【创建方法】栏中选择“创建特征”，如图 6-127 所示。然后单击确定(O)按钮关闭对话框，进入组装模块工作界面，完成蓝牙测高板文件的创建工作，模型树显示元件名称，如图 6-128 所示。

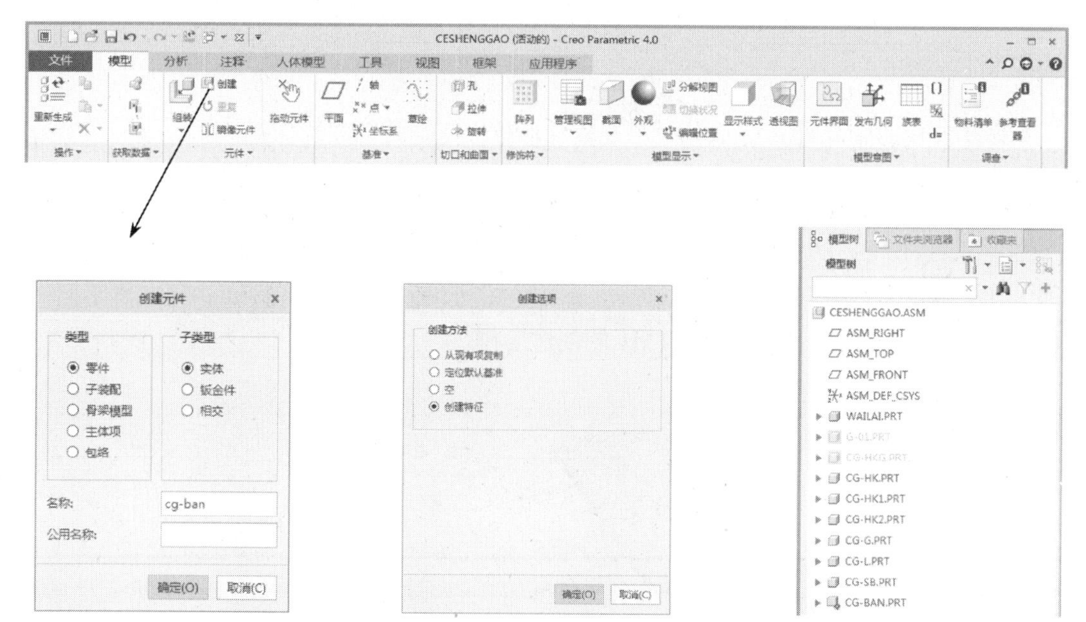

图 6-126 “创建元件”对话框　　图 6-127 “创建选项”对话框　　图 6-128 “创建元件”模型树

（2）创建蓝牙测高板外形特征

1）创建蓝牙测高板拉伸特征

根据外观软件设计的测高器效果图初始模型数据创建蓝牙测高板拉伸特征，以滑动块“上表面”为草绘平面，滑动块“一个侧面”为参考平面，方向参考为“上”，绘制“拉伸”截面，如图 6-129 所示。

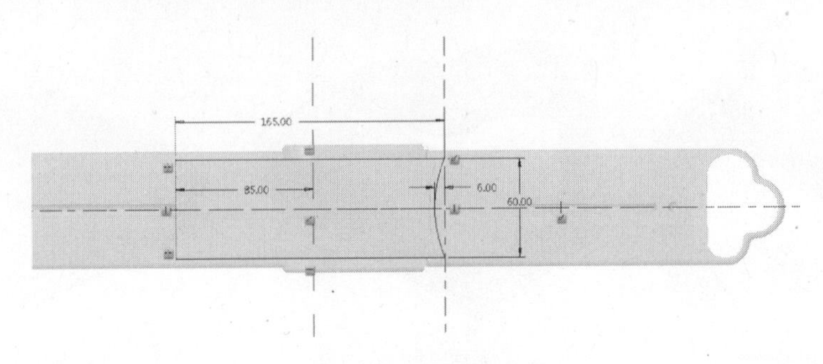

图 6-129 拉伸截面

在“拉伸”操控板中选择【选项】→“盲孔”，侧 1 输入拉伸深度“4”，侧 2 为“无”，在图形窗口中可以预览拉伸出的实体特征，如图 6-130 所示。

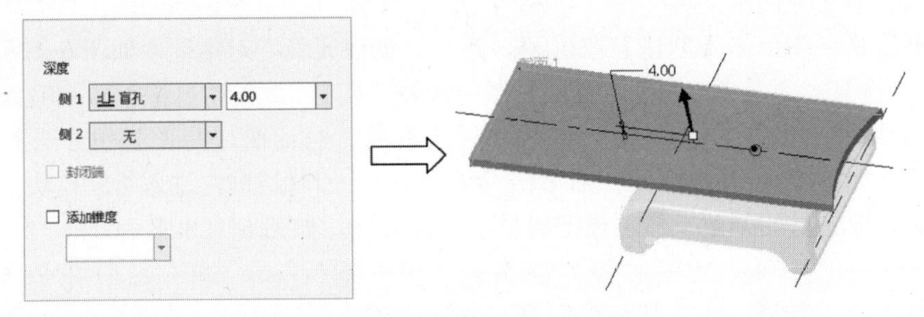

图 6-130 蓝牙测高板外形拉伸特征

单击操控板的按钮，完成蓝牙测高板外形拉伸特征的创建工作。

2）创建基准平面 DTM1、DTM2

在蓝牙测高板元件中创建 DTM1、DTM2。

创建 DTM1：在【基准平面】对话框的【参考】栏中，选取拉伸特征 1 的一个侧面作为参考，选取约束为“偏移”，输入偏移距离为“30”，如图 6-131 所示。单击“基准平面”对话框的确定按钮，完成基准平面 DTM1 的创建工作。

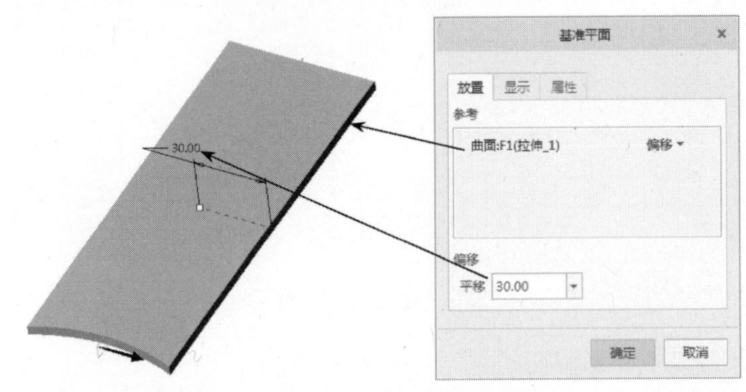

图 6-131 为“基准平面”选取参考

创建 DTM2：在【基准平面】对话框的【参考】栏中，选取拉伸特征 1 的一个侧面作为参考，选取约束为“偏移”，输入偏移距离为“80”，如图 6-132 所示。单击“基准平面”对话框的确定按钮，完成基准平面 DTM2 的创建工作。

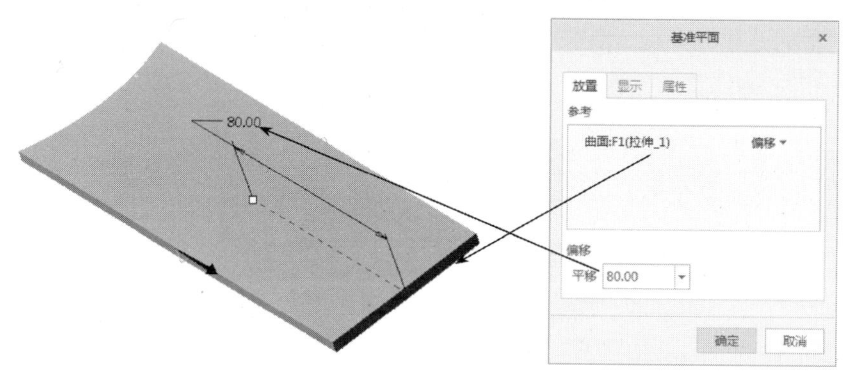

图 6-132　为“基准平面”选取参考

3）创建偏移特征

根据蓝牙测高板结构要求，将蓝牙测高板底部曲面向上偏移 0.5 mm，蓝牙测高板的厚度修改为 3.5 mm。

① 选取蓝牙测高板底部曲面作为要偏移的曲面，在模型工具栏中单击【偏移】按钮，打开“偏移”操控板。

② 选择偏移方式为：“展开偏移特征”，在文本框中输入偏移值为“0.5”，箭头按钮用于改变偏移方向，如图 6-133 所示。

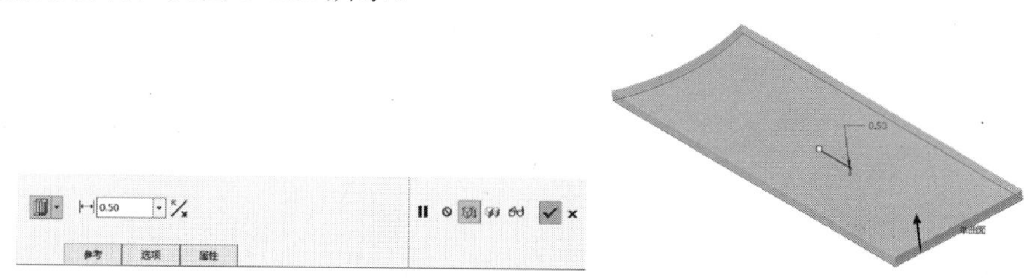

图 6-133　定义偏移曲面参数

③ 单击操控板的按钮，完成蓝牙测高板底部曲面偏移操作，获得蓝牙测高板外形特征。

（3）创建蓝牙测高板外装配轴结构

使用拉伸、拔模和圆角方法创建蓝牙测高板装配轴结构（具体参数参阅随书网盘资源文件），如图 6-134 所示。

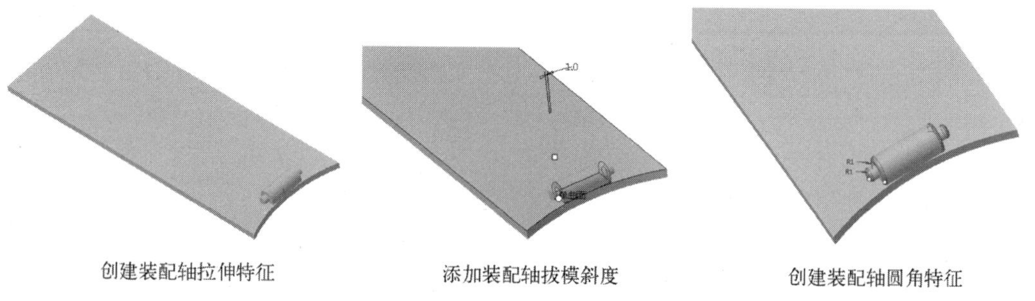

图 6-134　蓝牙装配轴结构创建过程

（4）完善蓝牙测高板结构

使用拉伸、圆角和实体化方法完善蓝牙测高板结构（具体参数参阅随书网盘资源文件），获得完善的蓝牙测高板元件，如图 6-135 所示。

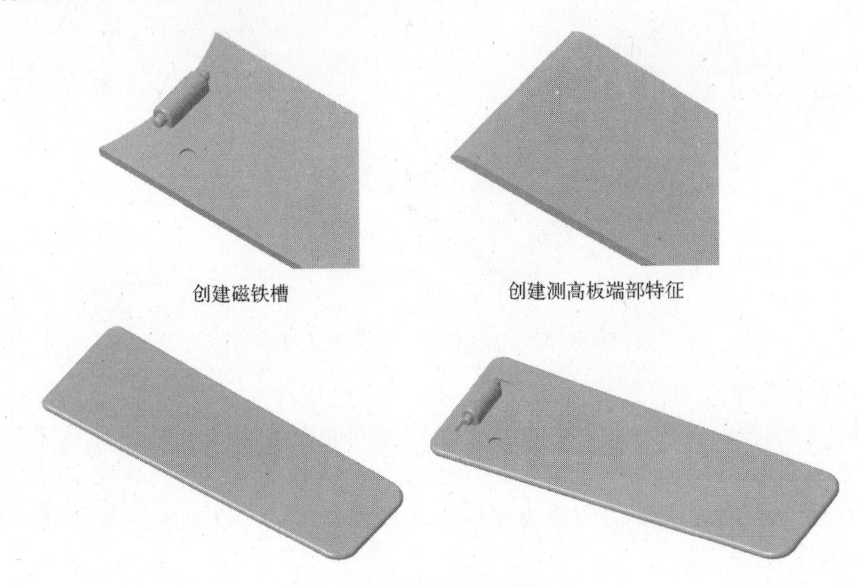

图 6-135　完善蓝牙测高板

8. 创建测高器卡通板特征

（1）创建测高器卡通板元件

在模型工具栏中单击【创建】按钮，进入“创建元件”对话框，如图 6-136 所示。在【类型】栏中选择“零件”，在【子类型】栏中选择“实体”，在【名称】框中输入新的文件名为 “kt-1”。单击确定(O)按钮，进入“创建选项”对话框，在【创建方法】栏中选择“创建特征”，如图 6-137 所示。然后单击确定(O)按钮关闭对话框，进入组装模块工作界面，完成测高器卡通板文件的创建工作，模型树显示元件名称，如图 6-138 所示。

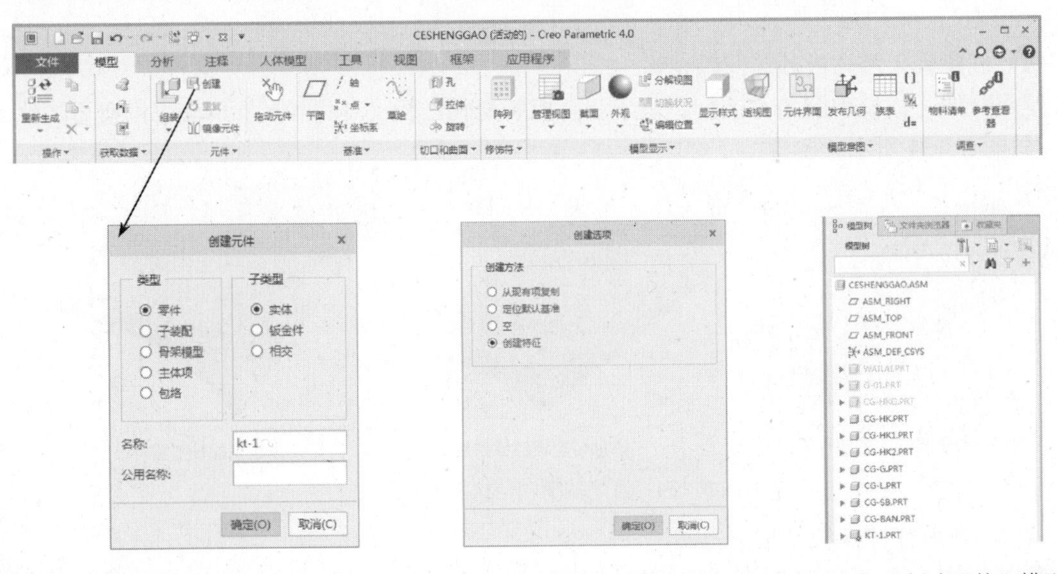

图 6-136 “创建元件”对话框　　图 6-137 “创建选项”对话框　　图 6-138 “创建元件”模型树

（2）创建测高器卡通板外形特征

使用复制曲面方法复制外观软件设计的测高器效果图初始模型卡通板曲面，然后使用实体化方法将复制好的曲面进行实体化，如图 6-139 所示。

（3）完善测高器卡通板结构

使用草绘、创建基础平面、偏移、拉伸、复制、移动副本和实体化方法完善测高器卡通板结构（具体参数参阅随书网盘资源文件），获得完善的测高器卡通板元件，如图 6-140 所示。

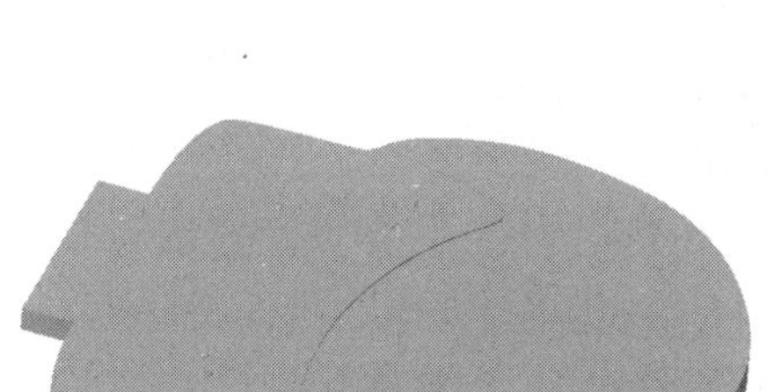
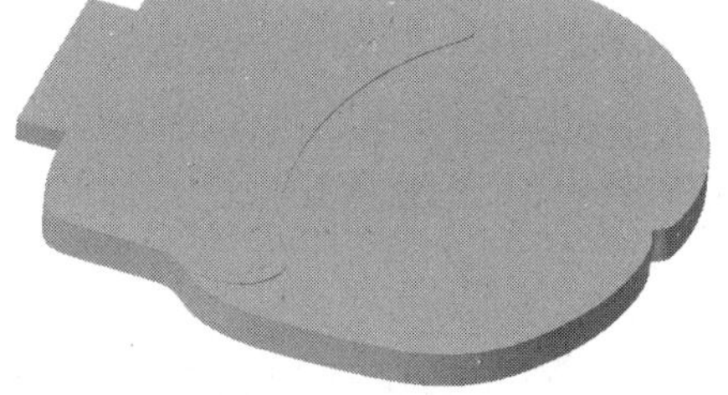

图 6-139　卡通板外形　　　　图 6-140　完善的卡通板元件

9. 创建测高器控制部分结构

儿童蓝牙测高器控制部分结构包括：测高纸带（zhidai-1.prt）、电路板 1（dlb-1.prt）、电路板 2（dlb-1.prt）、橡胶限位缓存块（xiangjiao-1.prt）、电路板 1 限位板（dangban.prt），如图 6-141 所示。

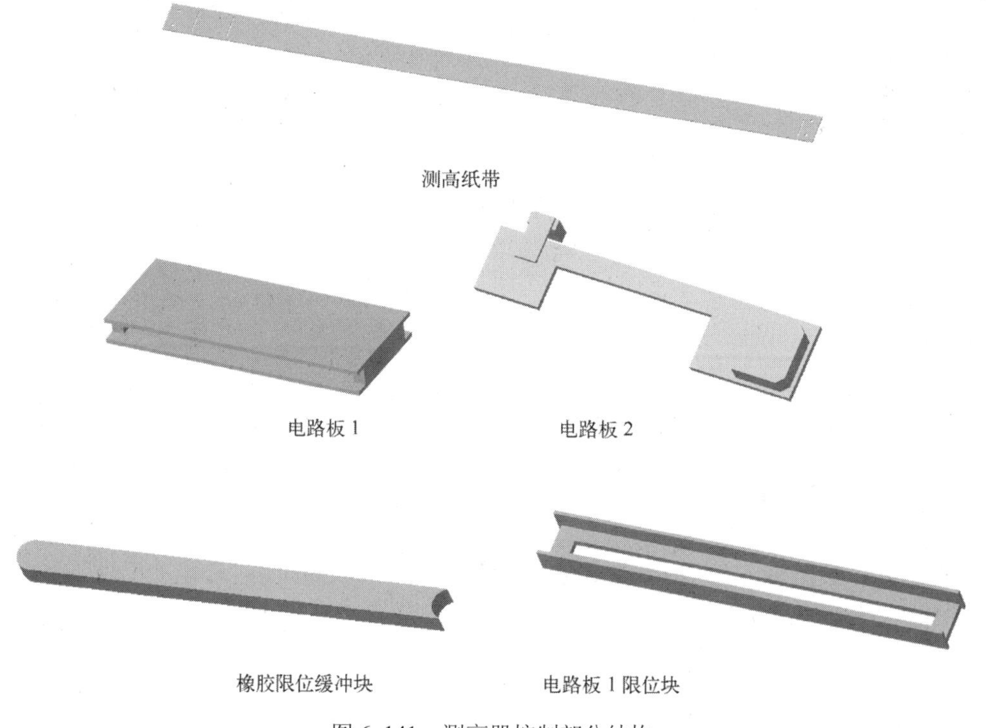

图 6-141　测高器控制部分结构

儿童蓝牙测高器控制部分结构的共同特点都是使用拉伸和圆角等基础建模特征创建，创建其元件的方法参考步骤 7“创建测高器卡通板特征”创建元件的方法。设计具体操作不做详细讲解（具体参数参阅随书网盘资源文件）。

结果文件请参看随书网盘资源中“第 6 章\范例结果文件\儿童蓝牙测高器\ceshenggao.asm”。

6.2 手持式万用表的设计

6.2.1 设计导航——作品规格与流程剖析

1. 作品规格——手持式万用表产品外观和参数

手持式万用表产品主要包括上盖、下盖、上盖包胶特征、下盖支架、数据检测插孔盖和控制部分电路板，整体尺寸长×宽×高为：270 mm×163.5 mm×71.5 mm，外观如图 6-142 所示。

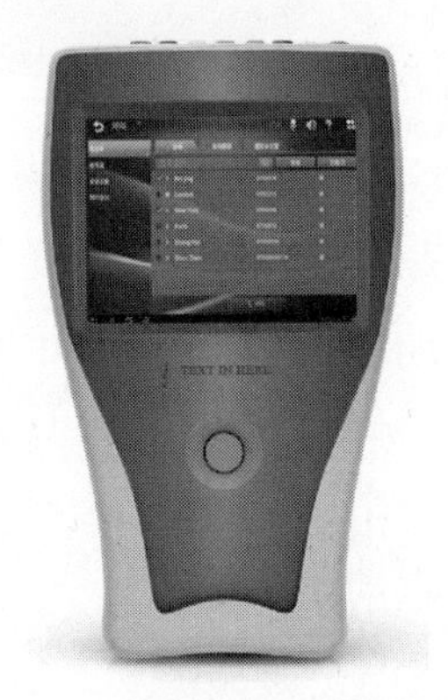

手持式万用表效果图

手持式万用表 3D 图

图 6-142 手持式万用表产品

2. 流程剖析——手持式万用表产品设计方法与流程

（1）手持式万用表上盖设计方法与流程

1）创建万用表上盖外形一半结构。

2）创建万用表上盖壳特征。

3）完善万用表上盖结构，获得万用表上盖产品。

（2）手持式万用表上盖包胶特征设计方法与流程

1）创建万用表上盖包胶外形一半结构。

2）创建万用表上盖包胶壳特征。

3）完善万用表上盖包胶结构，获得万用表上盖包胶产品。

（3）手持式万用表下盖设计方法与流程

1）创建万用表下盖外形一半结构。

2）创建万用表下盖壳特征。

3）完善万用表下盖结构，获得万用表下盖产品。

（4）手持式万用表下盖支架设计方法与流程

1）创建万用表下盖支架外形一半结构。

2）创建万用表下盖支架壳特征。

3）完善万用表下盖支架结构，获得万用表下盖支架产品。

（5）手持式万用表数据检测插孔盖设计方法与流程

1）创建万用表数据检测插孔盖一半外形特征。

2）创建万用表数据检测插孔盖外形结构。

3）完善万用表数据检测插孔盖结构，获得万用表数据检测插孔盖产品。

手持式万用表产品创建主要流程如图 6-143 所示。

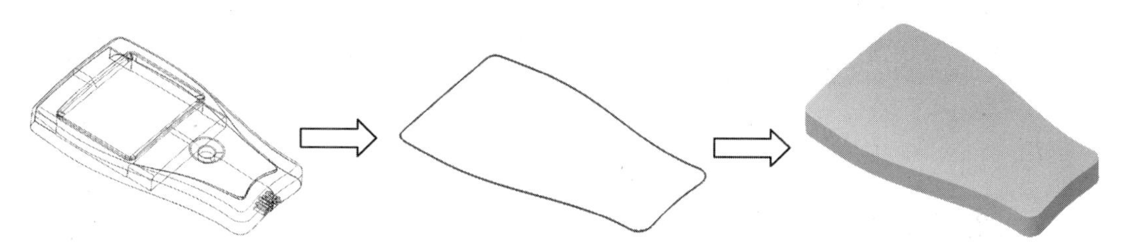

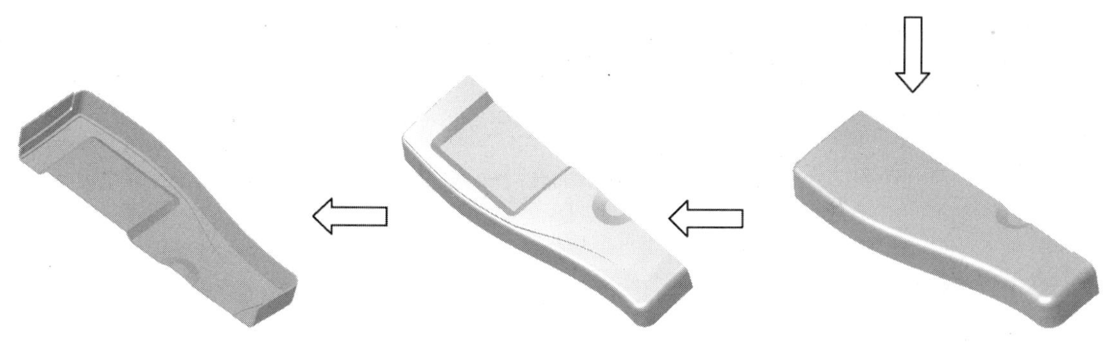

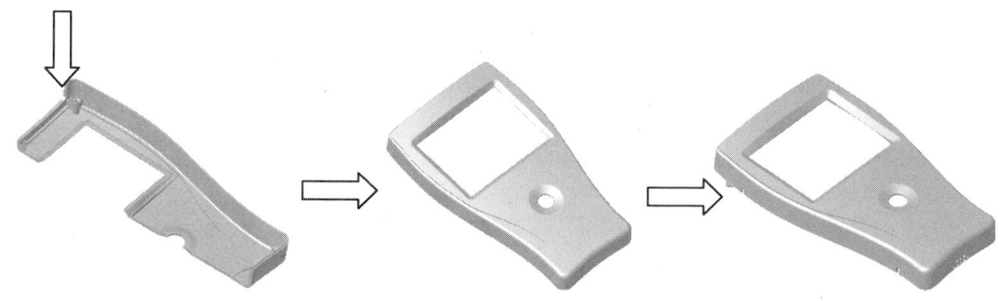

a)

图 6-143　手持式万用表产品创建主要流程

a) 手持式万用表上盖创建主要流程

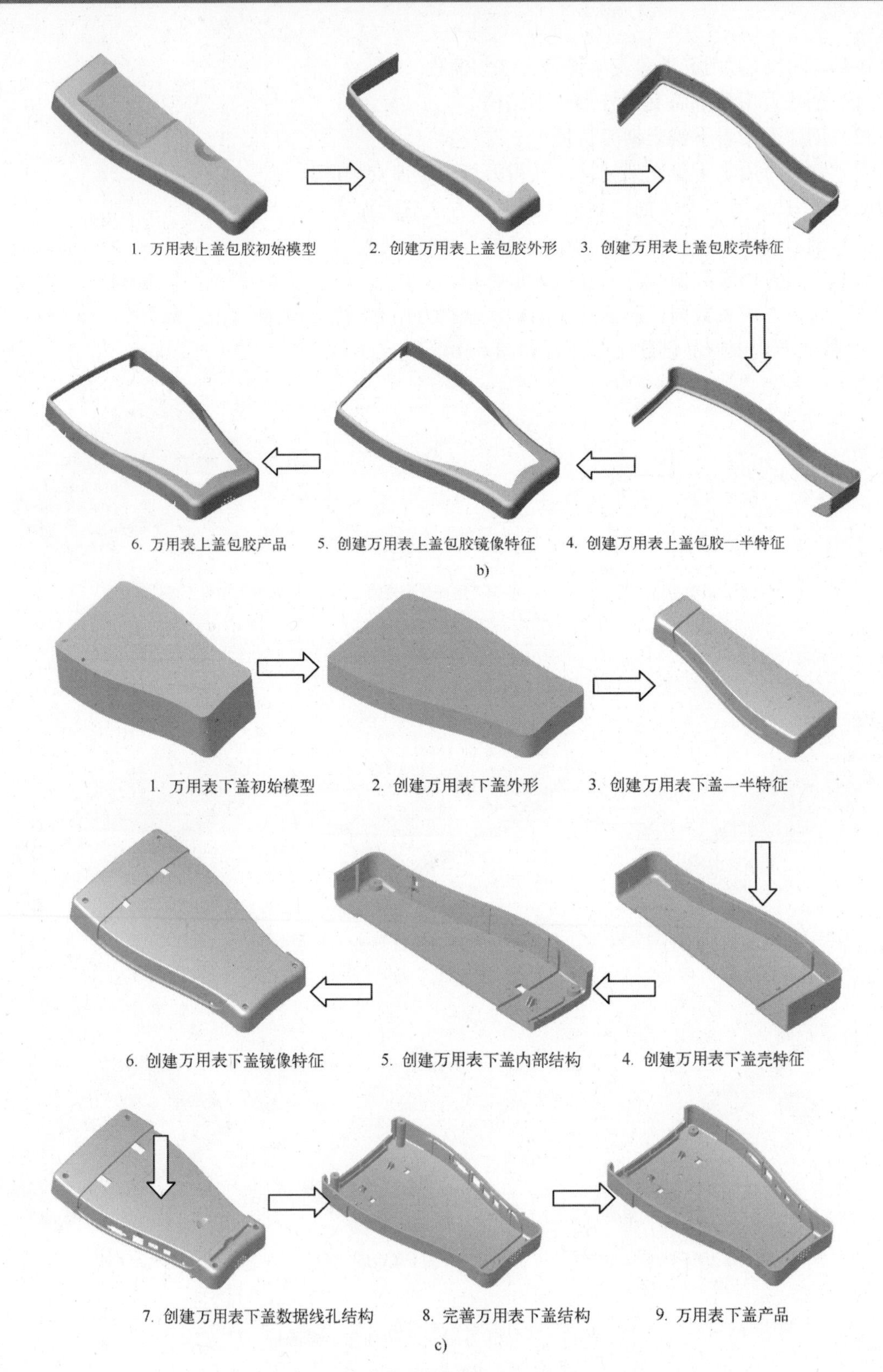

图 6-143 手持式万用表产品创建主要流程（续）

b) 手持式万用表上盖包胶特征创建主要流程 c) 手持式万用表下盖创建主要流程

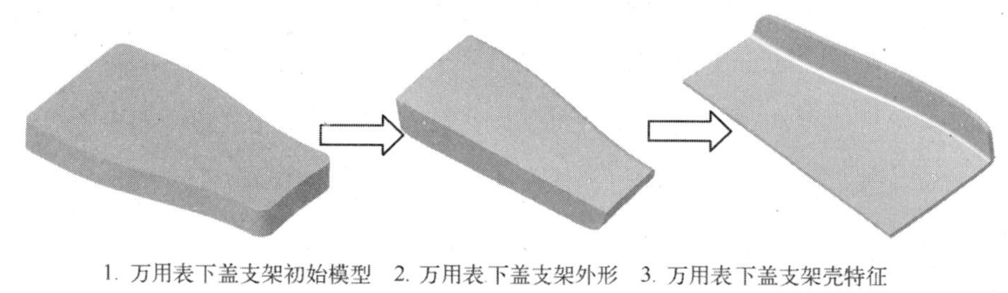

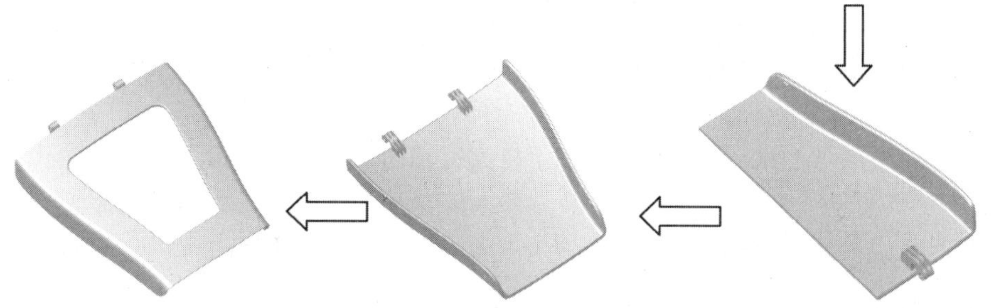

d)

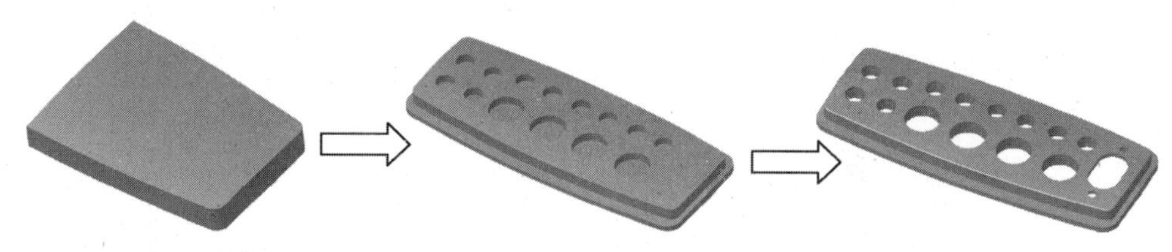

e)

图 6-143　手持式万用表产品创建主要流程（续）

d) 手持式万用表下盖支架创建主要流程　c) 手持式万用表数据检测插孔盖创建主要流程

6.2.2 设计思路——手持式万用表产品的结构特点与技术要领

1. 手持式万用表产品的结构特点

手持式万用表由上盖、下盖、上盖包胶特征、下盖支架、数据检测插孔盖和控制部分电路板组成，根据设计导航中的设计流程剖析可知，本例基于外观软件设计的万用表效果图初始模型数据，结合效果图片设计手持式万用表产品的设计方法和过程。

手持式万用表是曲面综合设计实例，由多个零件组成。本例整个产品设计在装配模块中完成，设计时需要考虑各零件之间的装配关系和配合间隙，重点掌握装配模块设计产品的技术要领。

2. 手持式万用表产品设计技术要领

手持式万用表整个产品设计过程在装配模块完成。根据外观软件设计的万用表效果图初始模型数据（结合控制部分电路板结构）创建手持式万用表上盖、下盖、上盖包胶特征、下盖支架、数据检测插孔盖。基于其结构特点，主要使用组装模块完成其设计过程，设计方法包括曲面设计、基准特征、工程特征、特征操作、基础建模特征和高级建模特征等，涵盖知识面广、可操作性强，属于典型的工程应用案例。本例为曲面设计综合实例，对建模过程涉及的操作步骤进行简要介绍（前面章节对基础操作已做过详细讲述），侧重讲解手持式万用表各元件在装配模块中的创建与设计方法。

6.2.3 实战步骤

创建手持式万用表上盖。

1. 创建万用表上盖外形一半结构

（1）导入用外观软件设计的检测仪效果图初始模型数据

打开装配文件“第 6 章\范例源文件\手持式万用表\jcy.asm”，如图 6-144 所示。

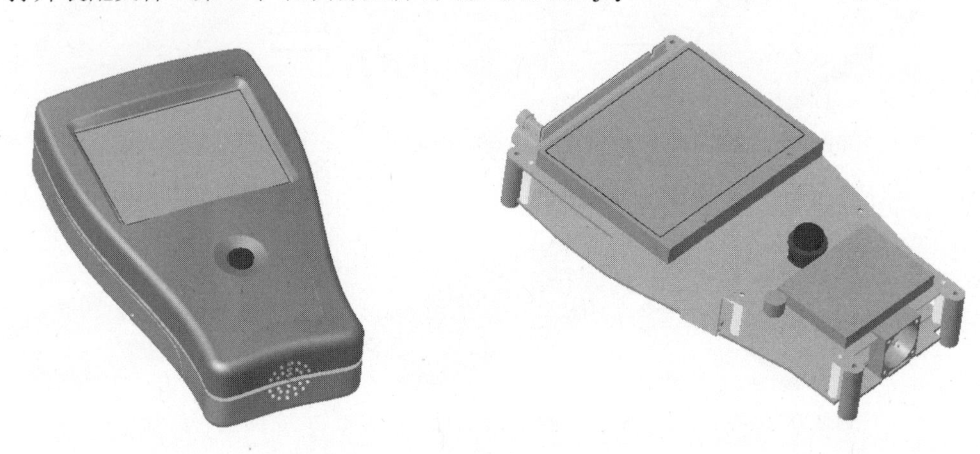

图 6-144 用外观软件设计的检测仪效果图初始模型数据与电路板结构

经验交流

用外观软件设计的检测仪效果图初始模型数据从外观上看体现出实物模型，其设计的模型曲面用于外观渲染，不能用于加工生产，可以作为设计时的参考。本例使用工程软件 Creo 4.0，参考外观软件设计的检测仪效果图初始模型数据和电路板模型数据（结合效果图片）设计出可用于加工生产的手持式万用表。

（2）创建万用表上盖元件

在模型工具栏中单击【创建】按钮，进入“创建元件”对话框，如图 6-145 所示。在【类型】栏中选择“零件”，在【子类型】栏中选择“实体”，在【名称】框中输入新的文件名为“sg-1”。单击 确定(O) 按钮，进入“创建选项”对话框，在【创建方法】栏中选择“创建特征”，如图 6-146 所示。然后单击 确定(O) 按钮关闭对话框，进入组装模块工作界面，完成万用表上盖文件的创建工作，模型树显示元件名称，如图 6-147 所示。

图 6-145 “创建元件”对话框　　图 6-146 “创建选项”对话框　　图 6-147 “创建元件”模型树

（3）创建万用表上盖外形特征

1）创建万用表上盖外形曲线

根据外观软件设计的万用表效果图初始模型数据，以效果图上盖模型“下表面”为草绘平面，接受默认的参考平面和方向参考，绘制“上盖外形曲线”截面，如图 6-148 所示。单击草绘工具栏的✔按钮，退出草绘模式，完成万用表上盖外形曲线的创建工作。

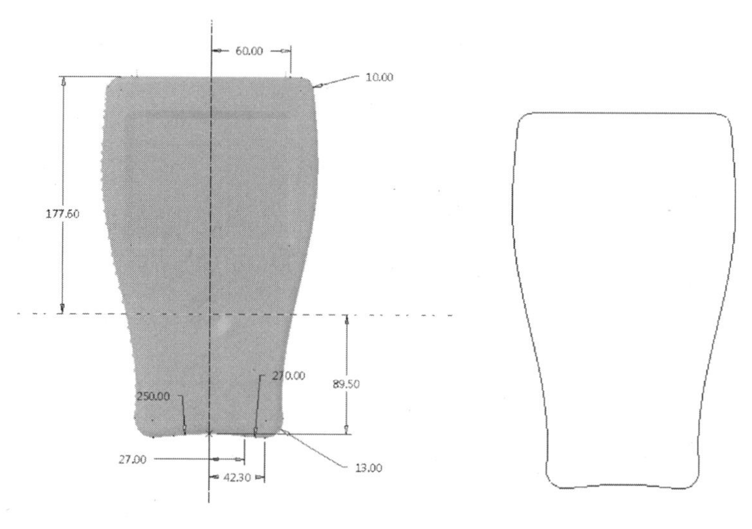

图 6-148 草绘上盖外形曲线

2）创建万用表上盖拉伸特征 1

① 以基准平面“DTM3”为草绘平面，基准平面“DTM1”为参考平面，方向参考为“右”，提取万用表上盖外形曲线为“拉伸”截面。

② 在“拉伸”操控板中选择【选项】→“-日-对称”，然后输入拉伸深度“80”，在图形

窗口中可以预览拉伸出的实体特征，如图 6-149 所示。

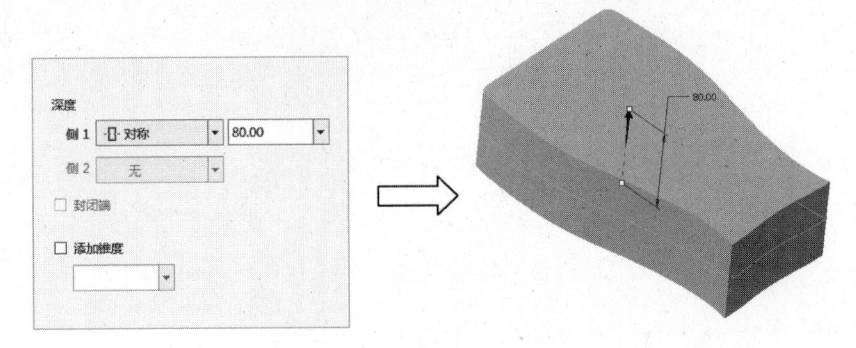

图 6-149　万用表上盖拉伸特征 1

③单击操控板的✓按钮，完成万用表上盖拉伸特征 1 的创建工作。

3）复制万用表上盖效果图模型曲面

选择万用表上盖效果图模型曲面作为要复制的曲面，在模型工具栏中单击【复制】按钮→【粘贴】按钮，打开“复制曲面”操控板。在选项下滑面板中选择“按原样复制所有曲面”选项，如图 6-150 所示。

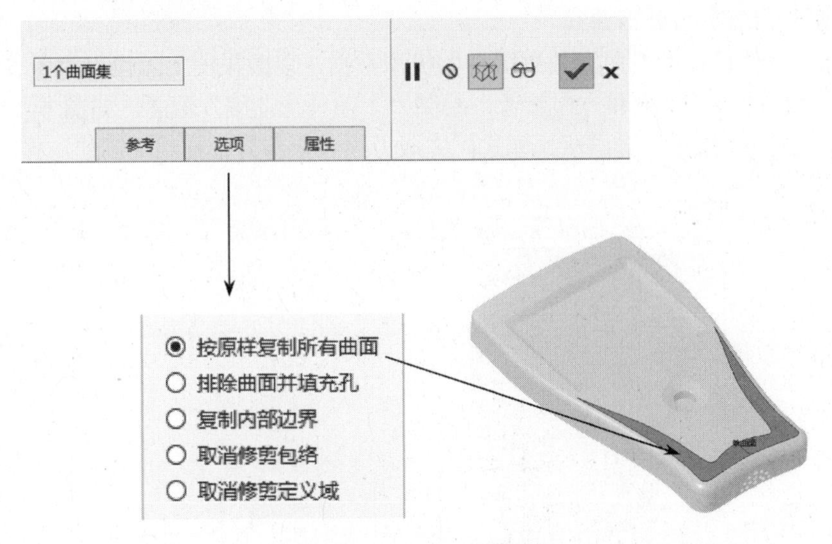

图 6-150　复制曲面操作

单击操控板的✓按钮，完成复制万用表上盖效果图模型曲面的创建工作。

4）修剪刚复制的曲面

① 选择刚复制好的万用表上盖效果图模型曲面作为要修剪的面。

② 在模型工具栏中选择【修剪】按钮，打开“修剪曲面”操控板。

③ 选择基准平面“DTM1”作为修剪对象，箭头指向的曲面为修剪后保留的曲面，如图 6-151 所示。

④ 单击操控板的✓按钮，完成修剪曲面操作。

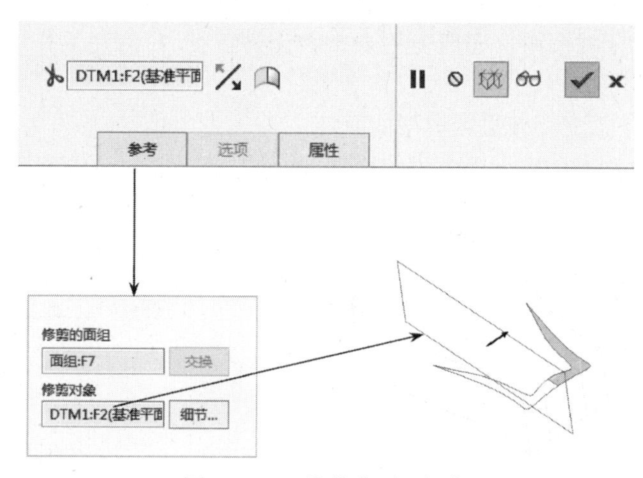

图 6-151 “修剪曲面”操作

5）创建万用表上盖偏移特征 1

① 选取万用表上盖上表面作为要偏移的曲面，在模型工具栏中单击【偏移】按钮，打开“偏移”操控板，如图 6-152 所示。

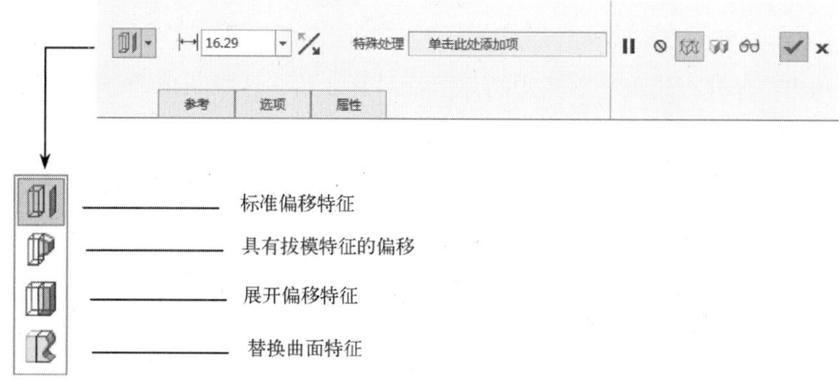

图 6-152 “偏移曲面”操控板

② 选择偏移方式为：“替换面组特征”，选取刚修剪好的曲面作为替换面组，如图 6-153 所示。

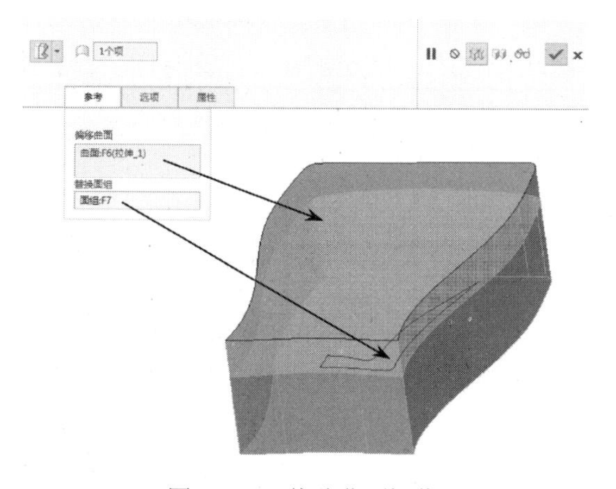

图 6-153 偏移曲面操作

③ 单击操控板的✓按钮，完成万用表上盖偏移特征 1 创建工作，其效果如图 6-154 所示。

6）复制万用表下盖支架效果图模型曲面

参考步骤 3）复制万用表上盖效果图模型曲面的方法复制万用表下盖支架效果图模型曲面，复制曲面效果如图 6-155 所示。

图 6-154　偏移曲面操作

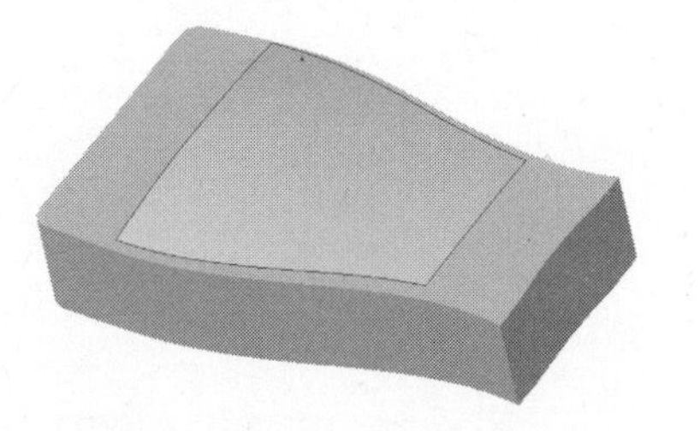
图 6-155　复制曲面效果

7）创建万用表上盖偏移特征 2

参考步骤 5）创建万用表上盖偏移特征 1 的方法创建万用表上盖偏移特征 2，偏移曲面效果如图 6-156 所示。

8）创建万用表上盖竖边圆角特征

使用圆角方法创建万用表上盖竖边圆角特征，其 2 组竖边圆角半径分别为 *R*10 和 *R*13，如图 6-157 所示。

图 6-156　偏移曲面效果

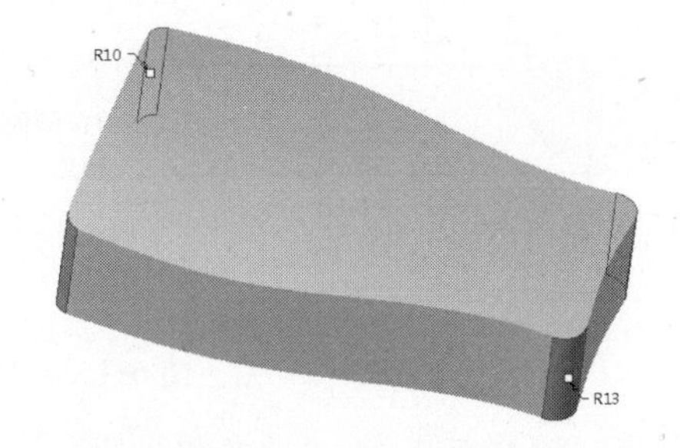

图 6-157　圆角特征

9）创建万用表上盖拉伸特征 2

① 以基准平面“ASM_RIGHT”为草绘平面，基准平面“ASM_TOP”为参考平面，方向参考为“左”，绘制“拉伸”截面，如图 6-158 所示。

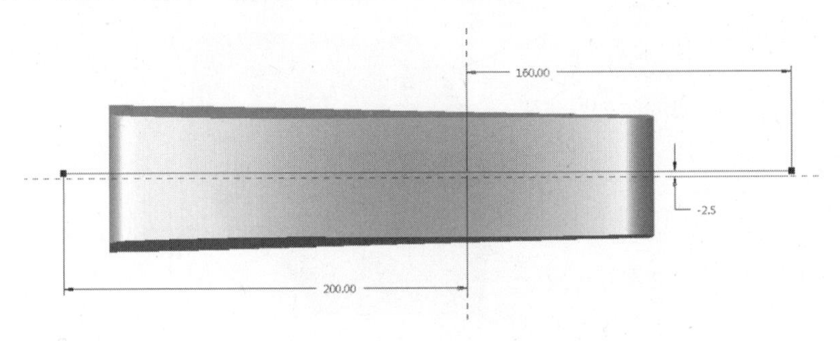

图 6-158　拉伸截面

② 在“拉伸”操控板中选择【选项】→“ 穿透”，侧 1、侧 2 都选择“穿透”，在图形窗口中可以预览拉伸出的移除材料特征，如图 6-159 所示。

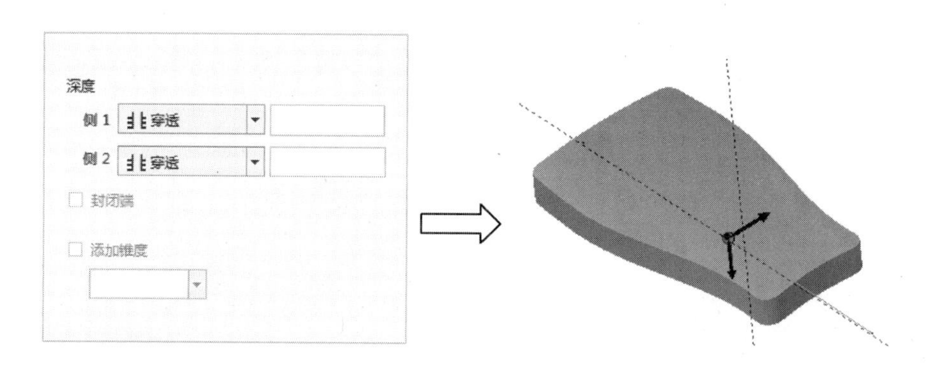

图 6-159 万用表上盖拉伸特征 2

③ 单击操控板的 按钮，完成万用表上盖拉伸特征 2 的创建工作。获得万用表上盖外形特征，其效果如图 6-160 所示。

（4）创建万用表上盖外形一半结构

1）移除万用表上盖外形一半特征

使用实体化方法移除万用表上盖外形一半特征。

① 选择基准平面 DTM1 作为实体化的参考面组。

② 在模型工具栏中选择【实体化】按钮 ，打开“实体化”操控板。

③ 选择实体化方式为移除面组内侧或外侧的材料。

④ 定义实体化几何方向，箭头所指的一侧为要移除的材料，如图 6-161 所示。

图 6-160 万用表上盖外形特征

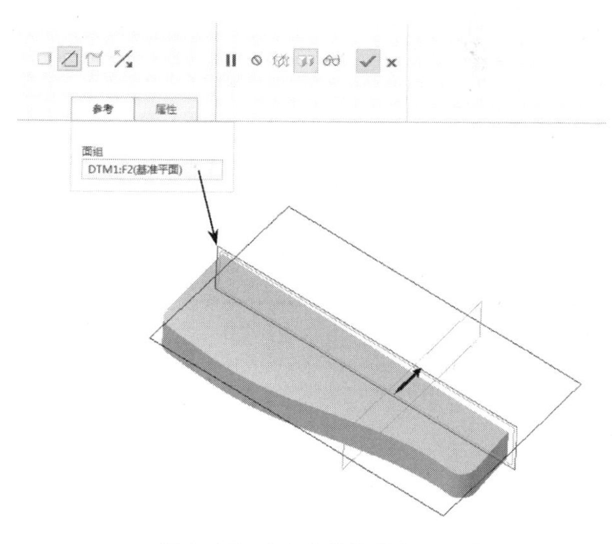

图 6-161 “实体化”操作

⑤ 单击操控板的 按钮，完成实体化操作。

2）复制万用表上盖效果图模型曲面

参考创建万用表上盖外形特征步骤 3）复制万用表上盖效果图模型曲面的方法再次复制万用表上盖效果图模型曲面，复制曲面效果如图 6-162 所示。

3）创建万用表上盖偏移特征 3

参考创建万用表上盖外形特征步骤 5）创建万用表上盖偏移特征 1 的方法创建万用表上盖偏移特征 3，偏移曲面效果如图 6-163 所示。

图 6-162 “复制曲面”效果

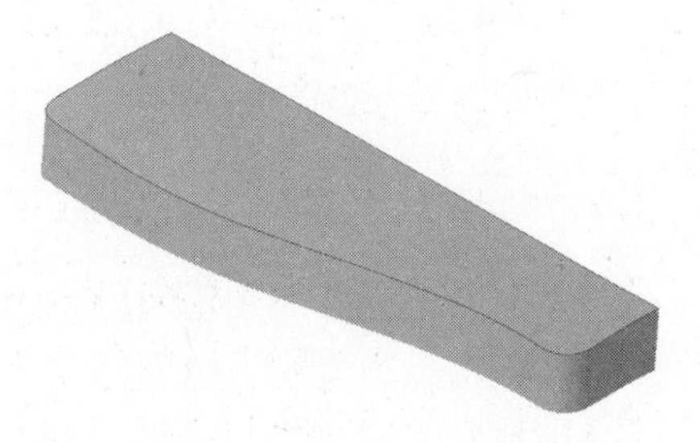

图 6-163 偏移曲面效果

4）创建万用表上盖外形一半沟槽特征

使用复制、偏移、曲面延伸、拉伸、曲面合并、拔模、圆角、实体化方法创建万用表上盖外形一半沟槽特征，本步骤简要介绍曲面延伸、曲面合并和拔模的操作方法，本步骤涉及的其他设计方法已介绍过，由于篇幅关系这里不再讲解（具体参数参阅随书网盘资源文件）。

创建延伸曲面 1

① 选取命令

在主窗口“过滤器”中选取【几何】，然后选取万用表上盖模型树中曲面复制 5 的一条边，单击【延伸】按钮，打开“延伸”操控板，如图 6-164 所示。

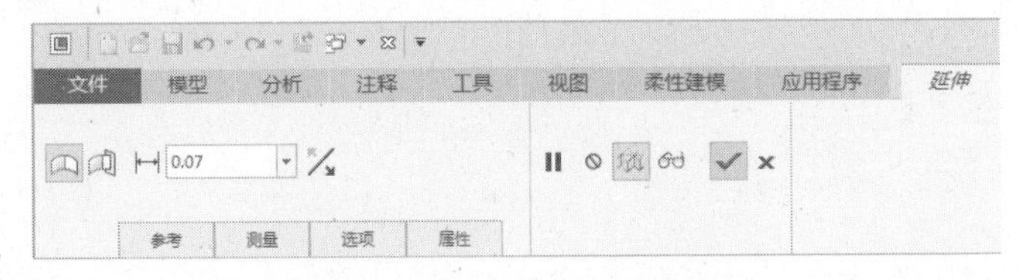

图 6-164 “延伸”操控板

②指定延伸曲面的边界、延伸方式和要延伸到的距离

a. 选取曲面复制 5 的一条边，指定要延伸的曲面边界，如图 6-165 所示。

b. 单击【沿原始曲面延伸曲面】按钮，指定沿原始曲面相切方向延伸边界。

c. 在“延伸”操控板中输入曲面的延伸距离为 12 mm，如图 6-166 所示。

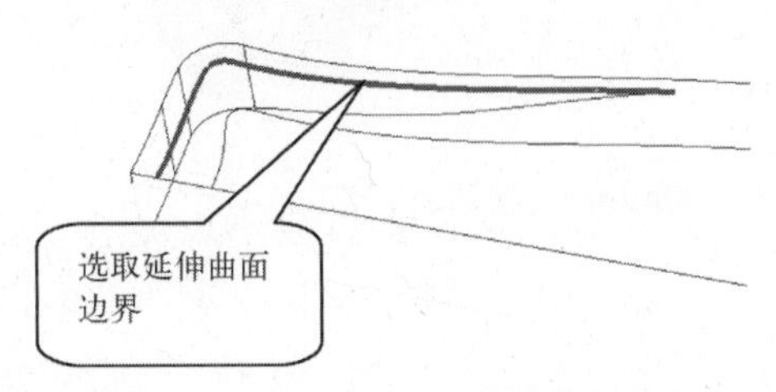

图 6-165 选取曲面复制 5 边界

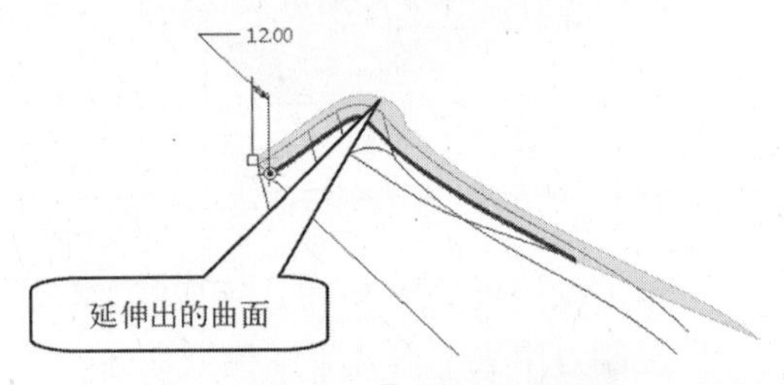

图 6-166 延伸出的曲面

③ 完成创建工作

单击操控板的✓按钮，创建沿原始曲面相切方向的延伸曲面，完成曲面复制 5 的延伸工作。创建出的延伸的曲面会自动合并到复制 5 曲面中。

用同样的方法创建延伸曲面 2，即曲面复制 5 的另一条边界，与沿原始曲面相切方向的延伸曲面的距离为 2 mm。

创建合并曲面 1

① 选取延伸好的曲面与模型树中的拉伸 3 曲面（结合〈Ctrl〉键）作为要合并的面组，在模型工具栏中单击【合并】按钮，打开“合并曲面”操控板，在选项下滑面板中选取合并方式为“相交”，合并操作如图 6-167 所示。

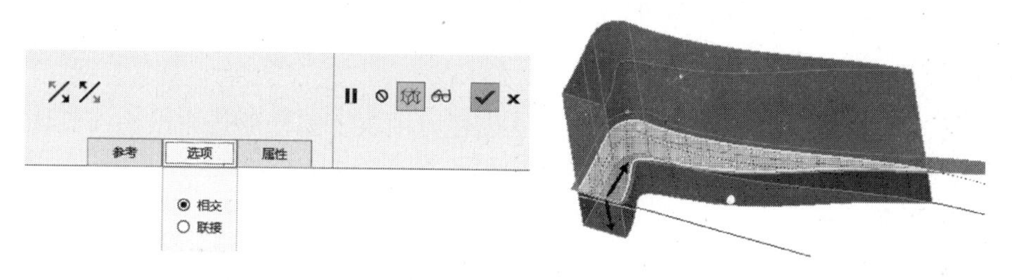

图 6-167　合并曲面操作

② 单击操控板的✓按钮，完成延伸好的曲面与模型树中的拉伸 3 曲面的合并创建工作。

创建拔模特征 1

① 选取万用表上盖一半外形侧面作为要创建拔模特征的曲面，选取模型下表面为拔模枢轴，系统将拔模枢轴模型下表面作为拔模角度的参考面，确定拖拉方向，在“拔模”操控板的列表框中输入拔模角度值“2.9”，如图 6-168 所示。

② 单击操控板的✓按钮，完成万用表上盖一半外形侧面拔模特征 1 的创建工作。

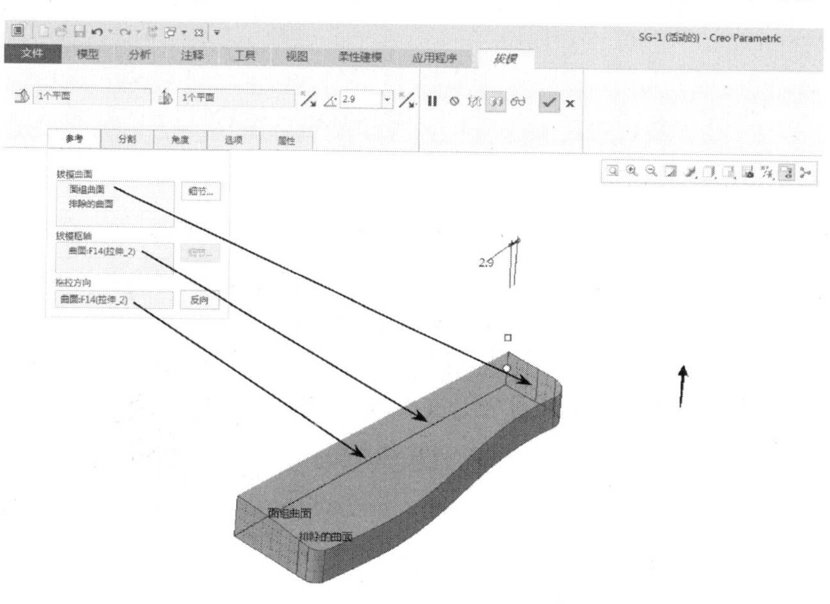

图 6-168　拔模操作

创建好的万用表上盖外形一半沟槽特征如图 6-169 所示。

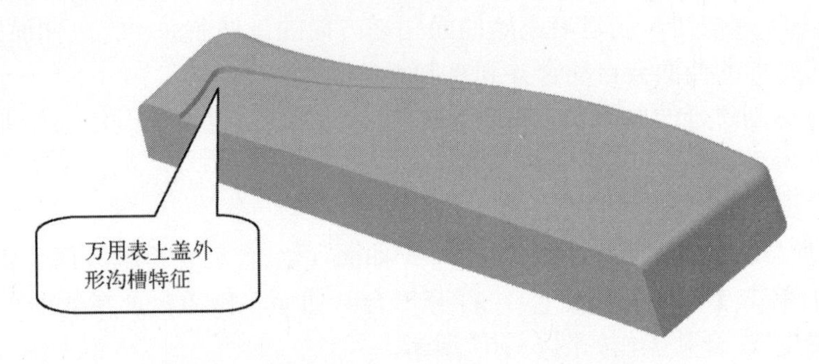

图 6-169　万用表上盖外形一半沟槽特征

5）创建万用表上盖外形按钮结构

使用旋转、投影、边界混合和实体化方法创建万用表上盖外形按钮结构（具体参数参阅随书网盘资源文件）。

创建旋转特征

① 以万用表上盖外形 “中间侧面”为草绘平面，基准平面“DTM2”为参考平面，方向参考为“右”，绘制“旋转”截面，如图 6-170 所示。

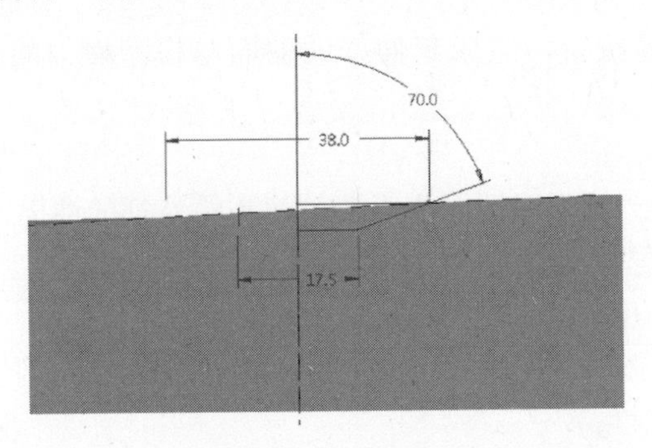

图 6-170　旋转截面

② 在“旋转”操控板中选择【选项】→“ 变量”，然后输入旋转角度“360° ”，在图形窗口中可以预览旋转出的移除材料特征，如图 6-171 所示。

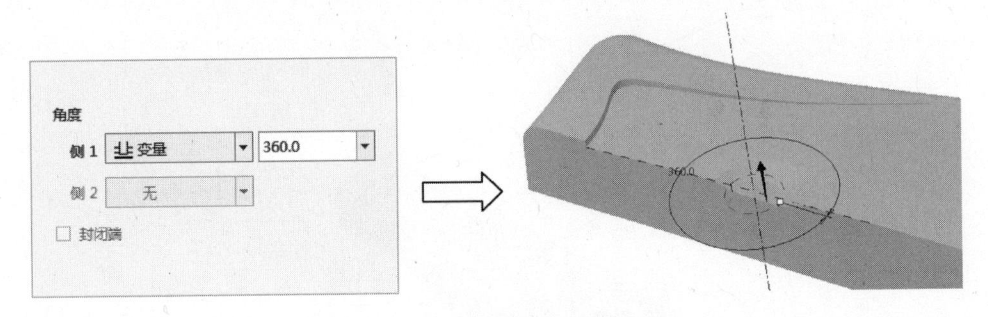

图 6-171　万用表上盖按钮旋转特征

③ 单击操控板的 按钮，完成万用表上盖旋转特征的创建工作。

创建万用表上盖投射曲线 1

① 选取命令

在模型工具栏上单击【投影】按钮，打开“投影”操控板。

② 定义投射曲线类型

单击参考下滑面板，选取投影曲线的类型为“投影草绘”。

③ 草绘投射曲线

以万用表上盖底面为草绘平面绘制投射曲线链，如图 6-172 所示。

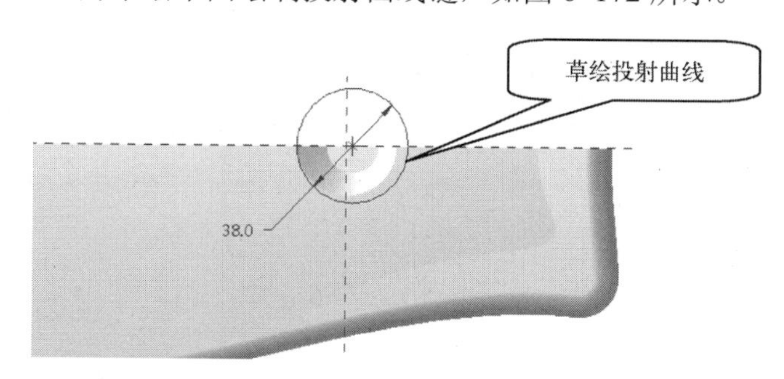

图 6-172 草绘投射曲线

④ 选取投影曲面

选取万用表上盖沟槽表面作为要投影的目标曲面，如图 6-173 所示。

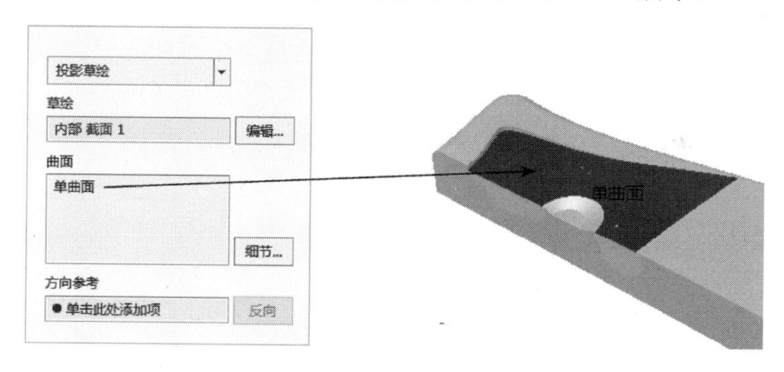

图 6-173 选取投影曲面

⑤ 选取投射方向参考

选取万用表上盖底面作为投射方向的参考，如图 6-174 所示。

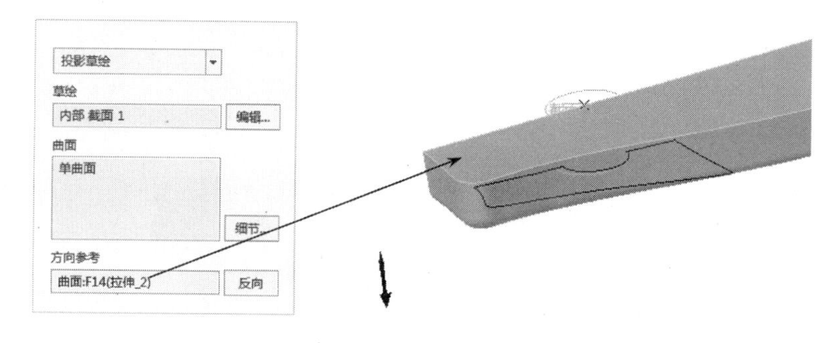

图 6-174 选取投射方向参考

⑥ 完成投射曲线的创建工作

单击操控板的✓按钮，完成万用表上盖投射曲线 1 的创建工作。

创建万用表上盖边界曲面 1

① 依次选取万用表上盖投射曲线 1、万用表上盖旋转特征底部边线（结合〈Ctrl〉键）作为第一方向的曲线，第二方向不选取曲线，如图 6-175 所示。

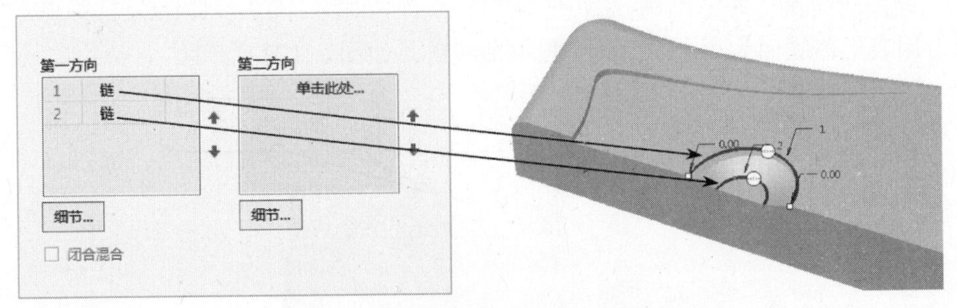

图 6-175　创建万用表上盖边界曲面 1

② 单击操控板的✓按钮，完成万用表上盖边界曲面 1 的创建工作。

创建万用表上盖按钮实体化特征

使用万用表上盖边界曲面 1 对万用表上盖按钮特征进行实体化操作，选取实体化曲面方式为：移除面组内侧或外侧材料，实体化效果如图 6-176 所示。

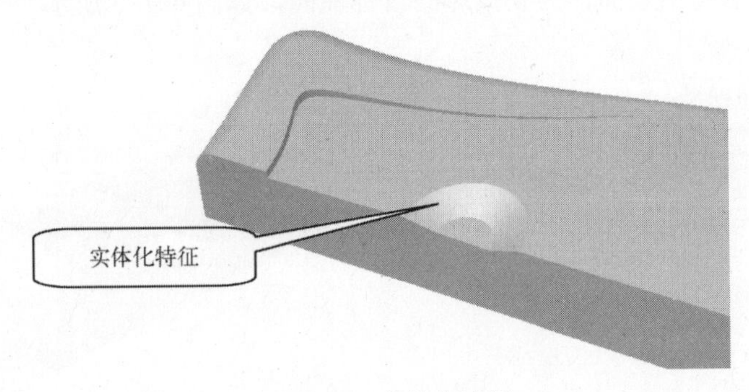

图 6-176　实体化特征

6）创建万用表上盖外形显示屏结构

使用基准平面、拉伸、偏移、圆角、投影、边界混合和实体化的方法创建万用表上盖外形显示屏结构，本步骤涉及的设计方法已介绍过，由于篇幅关系这里不再讲解（具体参数参阅随书网盘资源文件）。

① 将万用表上盖向上偏移 24.5 mm，创建基础平面 DTM5，如图 6-177 所示。

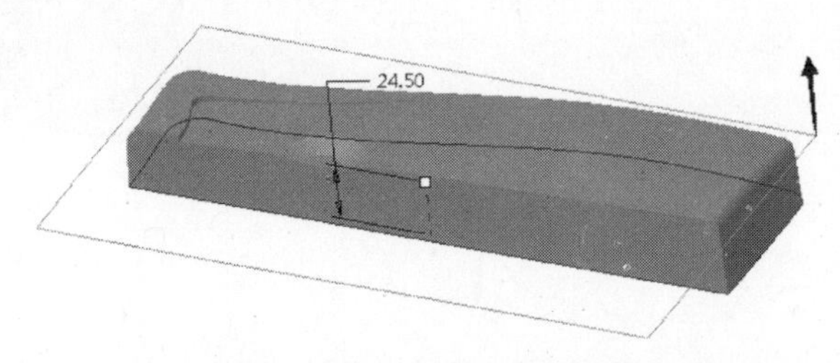

图 6-177　创建基准平面 DTM5

② 以基础平面 DTM5 为草绘平面创建拉伸特征，然后依次创建偏移、圆角、投影、边界混合和实体化特征，如图 6-178 所示。

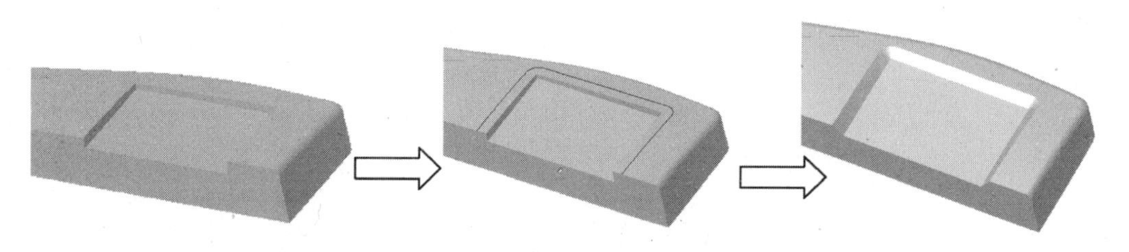

图 6-178 万用表上盖外形显示屏结构创建流程

7）完善万用表上盖外形一半结构

使用曲面复制和实体化方法完善万用表上盖外形一半结构（具体参数参阅随书网盘资源文件），如图 6-179 所示。

图 6-179 万用表上盖外形一半结构

2．创建万用表上盖壳特征

（1）创建万用表上盖外形一半壳特征

1）选择命令

在模型工具栏中单击【壳】按钮，打开“壳”操控板。

2）选择要移除的曲面

选取万用表上盖底部曲面和中间侧面作为要移除的曲面。

3）输入壳“值”

在对话框的组合框中输入厚度值为“1.7”，如图 6-180 所示。

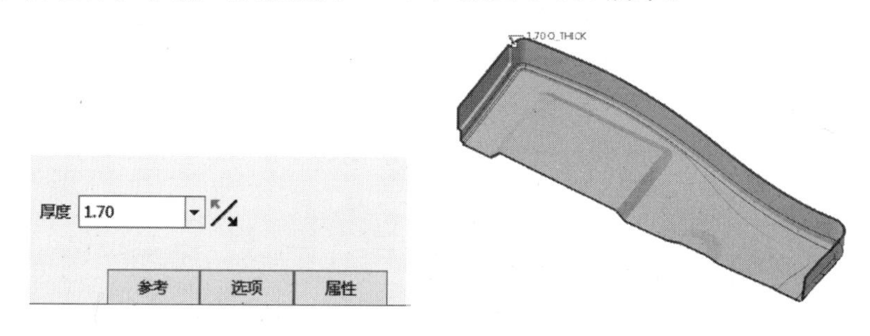

图 6-180 输入壳厚度

4）完成万用表上盖外形一半壳特征的创建工作

单击操控板的按钮，完成万用表上盖外形一半壳特征的创建工作。

（2）添加万用表上盖外形非默认壳厚度

使用展开特征偏移添加万用表上盖外形非默认壳厚度，使其上表面、侧面、按钮面壁厚增加 1.3 mm，如图 6-181 所示。

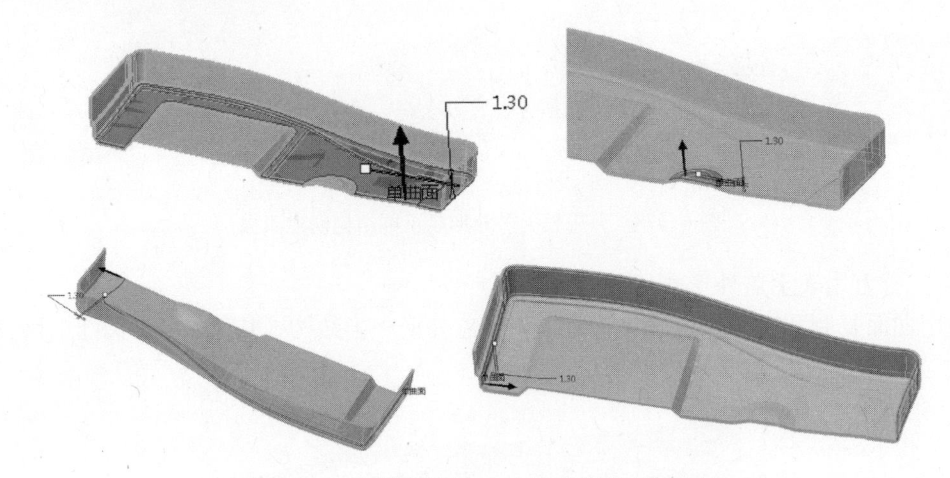

图 6-181　添加万用表上盖外形非默认壳厚度

（3）创建万用表上盖外形一半壳特征通孔结构

1）创建万用表上盖显示屏通孔结构和边线圆角特征

使用拉伸、曲面复制、加厚、偏移和圆角的方法创建万用表上盖显示屏通孔结构和边线圆角特征（具体参数参阅随书网盘资源文件），其效果如图 6-182 所示。

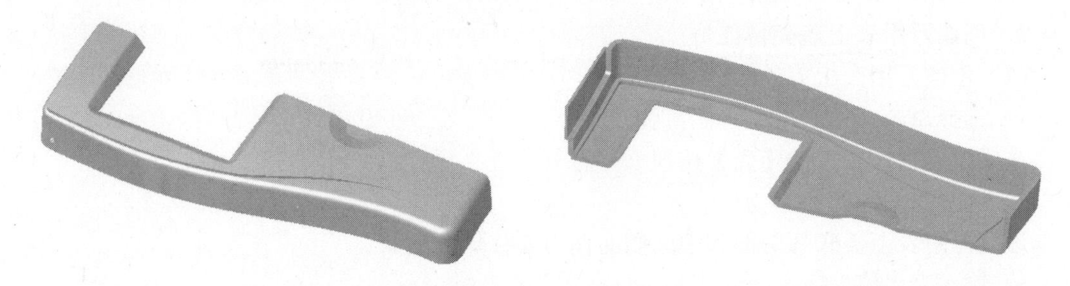

图 6-182　万用表上盖显示屏效果

2）创建万用表上盖按钮通孔结构

使用拉伸、偏移和圆角的方法创建万用表上盖按钮结构（具体参数参阅随书网盘资源文件），其效果如图 6-183 所示。

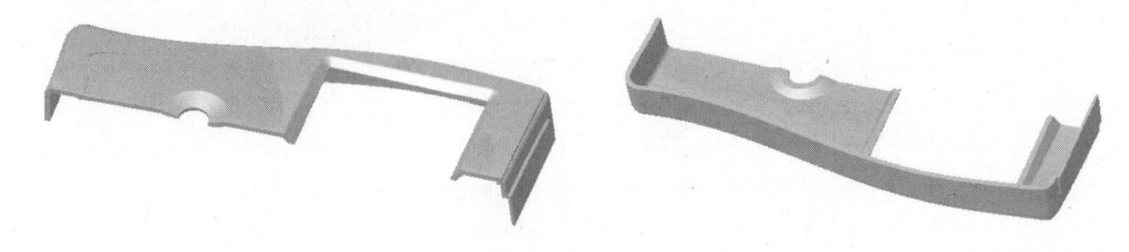

图 6-183　万用表上盖按钮效果

（4）创建万用表上盖一半壳特征安装柱子结构

使用拉伸、拔模、倒角、复制和加厚的方法创建万用表上盖壳特征安装柱子结构（具体参数参阅随书网盘资源文件），其效果如图 6-184 所示。

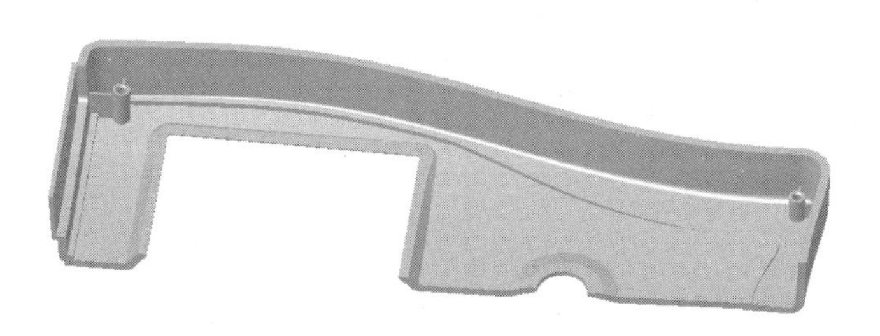

图 6-184　万用表上盖壳特征安装柱子结构

（5）完善万用表上盖一半壳特征结构

使用拉伸、圆角、拔模、复制、实体化、偏移和边界混合的方法完善万用表上盖一半壳特征结构（具体参数参阅随书网盘资源文件），其效果如图 6-185 所示。

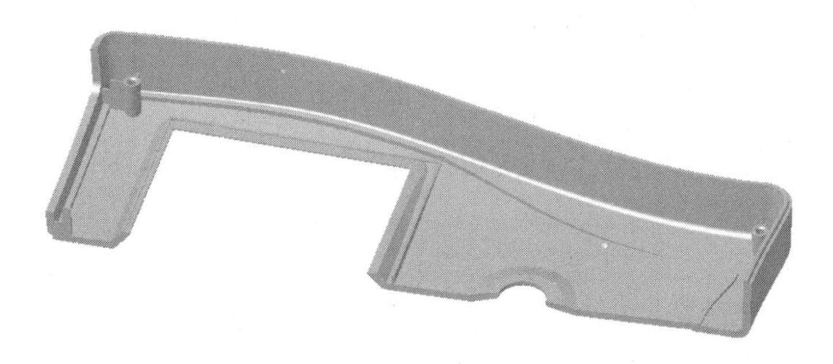

图 6-185　万用表上盖一半壳特征结构

（6）镜像万用表上盖一半壳特征结构

1）选取要镜像的项目

从模型树中选取“万用表上盖一半壳特征结构（SG-1.prt）”作要为镜像的项目，如图 6-186 所示。

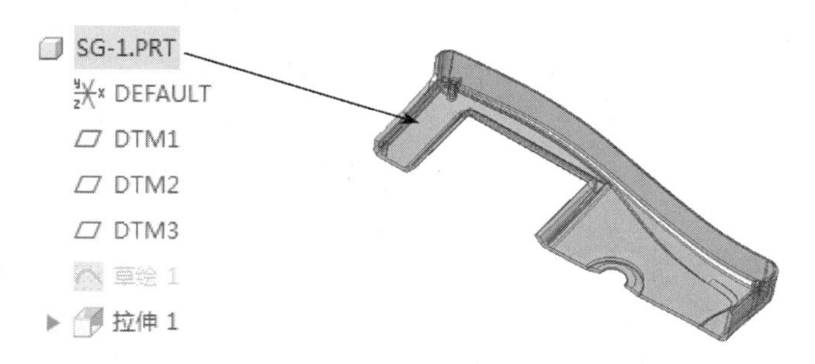

图 6-186　选取镜像项目

2）选择命令

在模型工具栏中单击【镜像】按钮，打开“镜像”操控板。

3）选取一个镜像平面

选取“万用表上盖中间侧面”作为镜像平面，如图 6-187 所示。

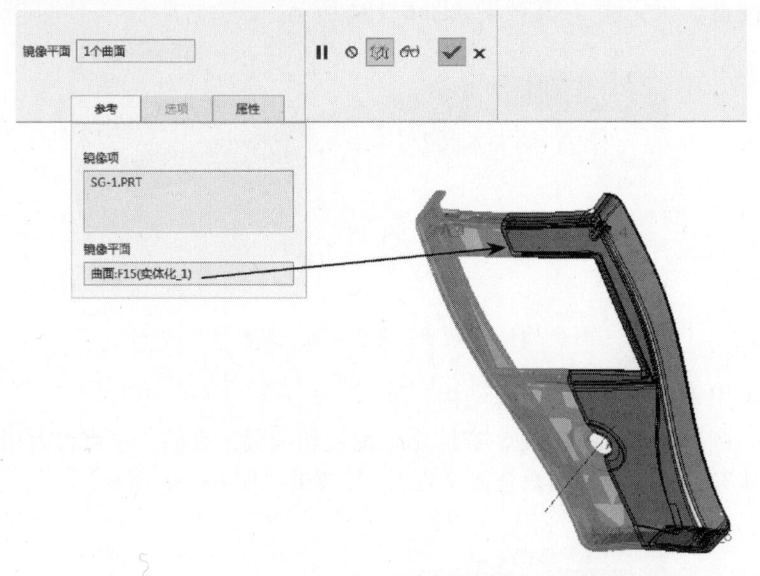

图 6-187　选取镜像平面

4）完成万用表上盖一半壳特征结构镜像的创建工作

单击操控板的✓按钮，完成万用表上盖一半壳特征结构镜像的创建工作，获得万用表上盖包括壳特征在内的基本结构，如图 6-188 所示。

3. 完善万用表上盖结构，获得万用表上盖产品

（1）创建万用表上盖散热孔结构

使用拉伸和阵列的方法创建万用表上盖散热孔结构（具体参数参阅随书网盘资源文件），其效果如图 6-189 所示。

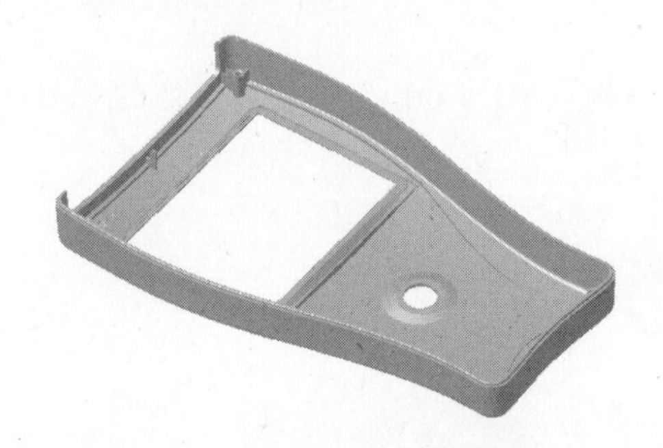

图 6-188　万用表上盖镜像效果

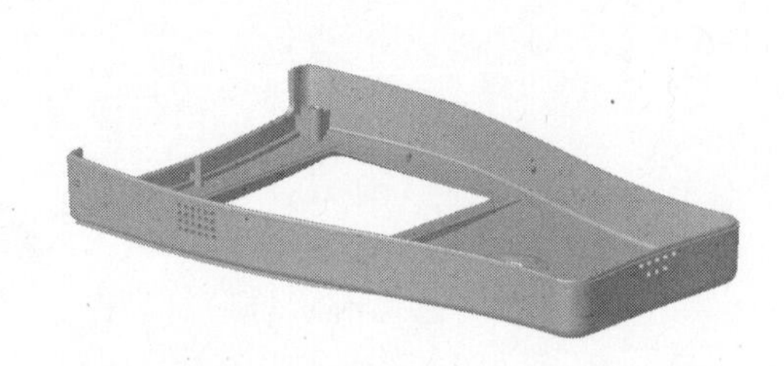

图 6-189　万用表上盖散热孔结构

（2）完善万用表上盖其他结构

使用拉伸、曲面复制、曲面延伸、曲面修剪、移除材料特征、偏移、边界混合、曲面合并、填充曲面、实体化、圆角、加厚和特征镜像的方法完善万用表上盖其他结构（具体参数参阅随书网盘资源文件），获得万用表上盖产品，其效果如图 6-190 所示。

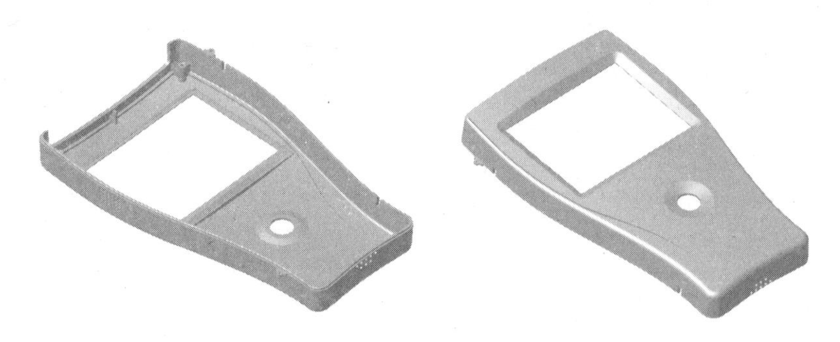

图 6-190　万用表上盖

4. 创建万用表上盖包胶外形一半结构

（1）创建万用表上盖包胶特征初始文件

将万用表上盖模型文件（步骤（4）“创建万用表上盖外形一半结构”中的 7）“完善万用表上盖外形一半结构”之前模型）保存一个副本，文件名为“baojiao.prt”，然后将副本文件使用默认的装配方法装配到组件中，装配好的“baojiao.prt”元件作为万用表上盖包胶特征初始文件，如图 6-191 所示。

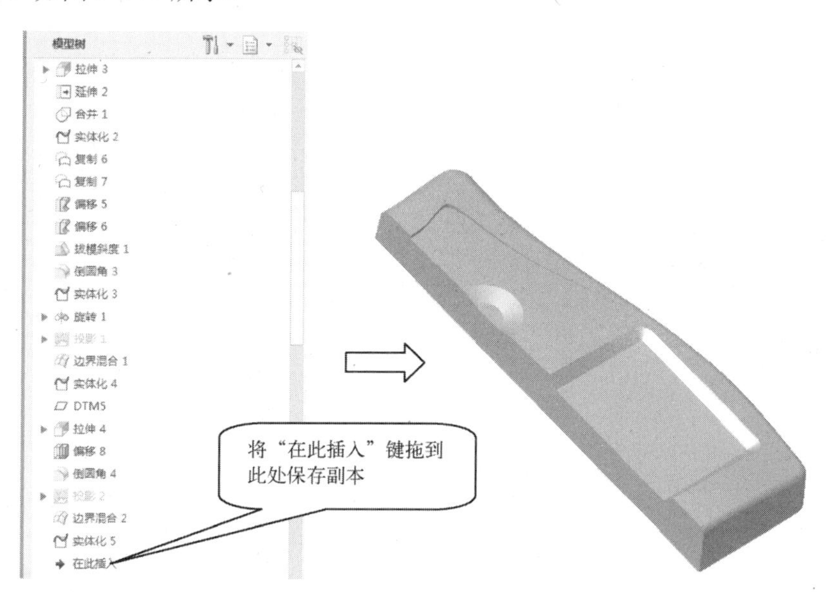

图 6-191　万用表上盖包胶特征初始文件

（2）激活万用表上盖包胶特征文件

在组件工作界面中，用鼠标左键单击万用表上盖包胶特征文件，打开快捷菜单对话框，选择【激活】按钮，万用表上盖包胶特征文件处于激活状态，如图 6-192 所示。

（3）创建万用表上盖包胶外形拉伸特征

以“模型底面”为草绘平面，提取模型上的轮廓线为“拉伸”截面，如图 6-193 所示。指定拉伸方式侧 1 为“盲孔”，深度值为“78.3”，侧 2 为“无”，移除“拉伸”截面内侧材料，创建万用表上盖包胶外形拉伸特征，如图 6-194 所示。获得万用表上盖包胶外形一半结构。

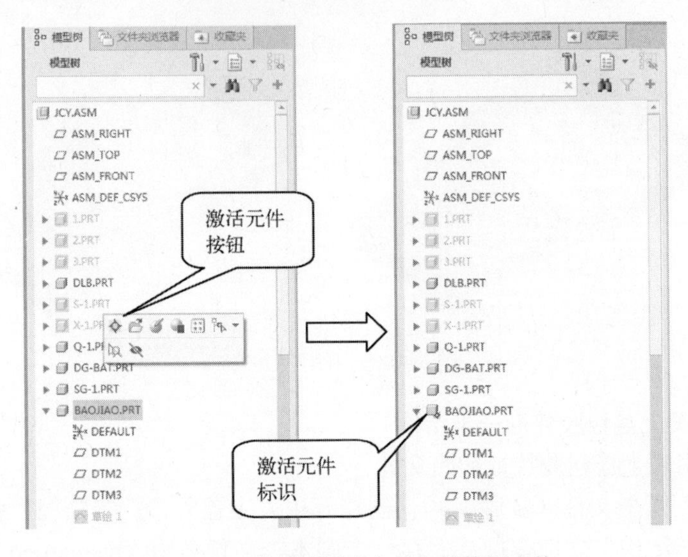

图 6-192　激活万用表上盖包胶特征文件

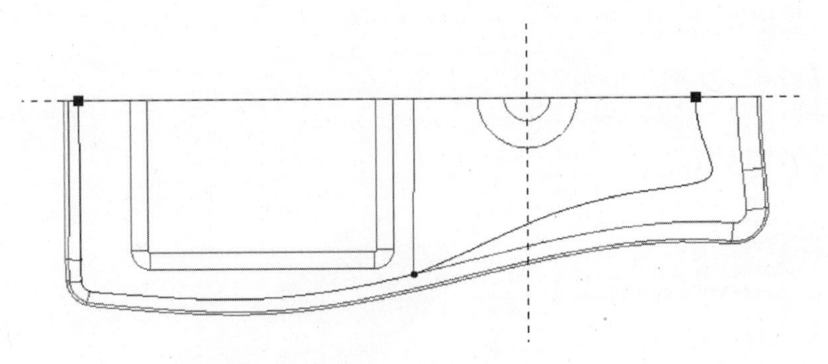

图 6-193　拉伸截面

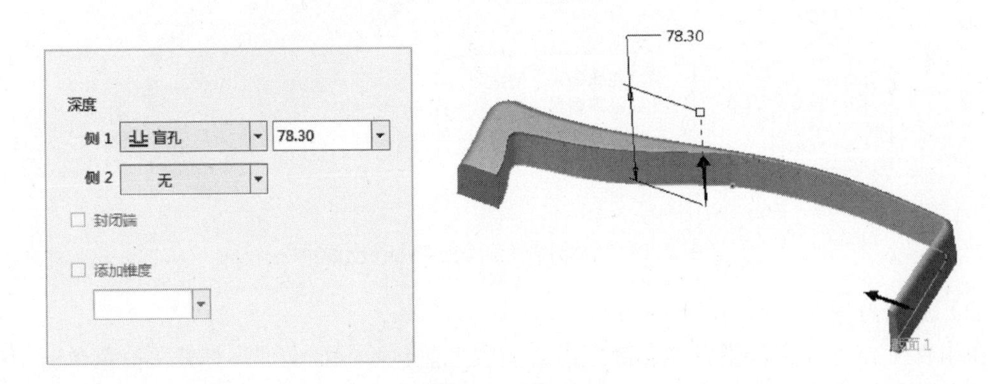

图 6-194　拉伸操作

5. 创建万用表上盖包胶壳特征

（1）创建万用表上盖包胶外形一半壳特征

1）选择命令

在模型工具栏中单击【壳】按钮，打开“壳”操控板。

2）选择要移除的曲面

选取万用表上盖包胶外形底部、中间和内侧曲面作为要移除的曲面。

3）输入壳“值”

在对话框的组合框中输入厚度值为“2”，如图 6-195 所示。

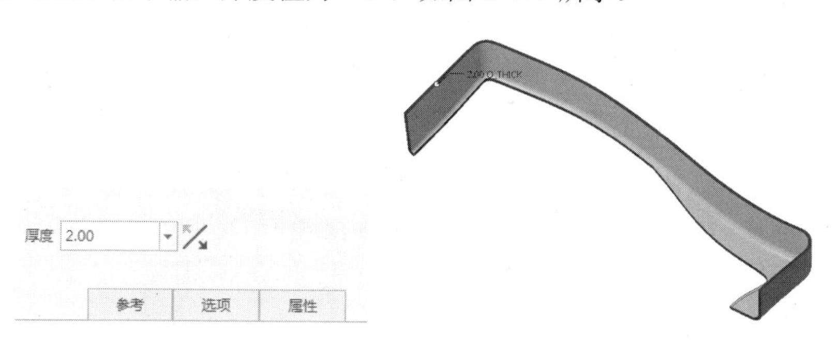

图 6-195　输入壳厚度

4）完成万用表上盖包胶外形一半壳特征的创建工作

单击操控板的✓按钮，完成万用表上盖包胶外形一半壳特征的创建工作。

（2）创建万用表上盖包胶外形前端结构和外形圆角特征

使用拉伸、拔模和圆角的方法创建万用表上盖包胶外形前端结构和外形圆角特征（具体参数参阅随书网盘资源文件），其效果如图 6-196 所示。

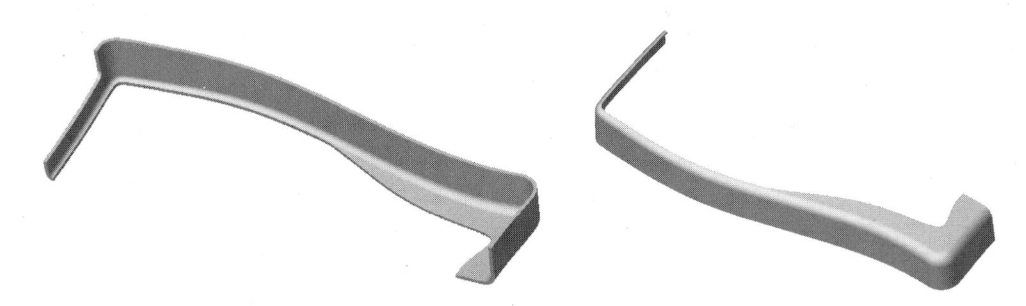

图 6-196　万用表上盖包胶外形一半特征

（3）镜像万用表上盖包胶一半壳特征结构

1）选取要镜像的项目

从模型树中选取“万用表上盖包胶一半壳特征结构（baojiao.prt）”作为要镜像的项目，如图 6-197 所示。

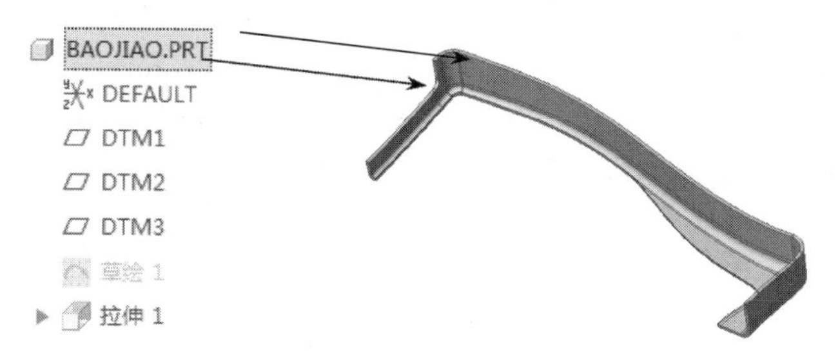

图 6-197　选取镜像项目

2）选择命令

在模型工具栏中单击【镜像】按钮，打开“镜像”操控板。

3）选取一个镜像平面

选取“万用表上盖包胶中间侧面”作为镜像平面，如图 6-198 所示。

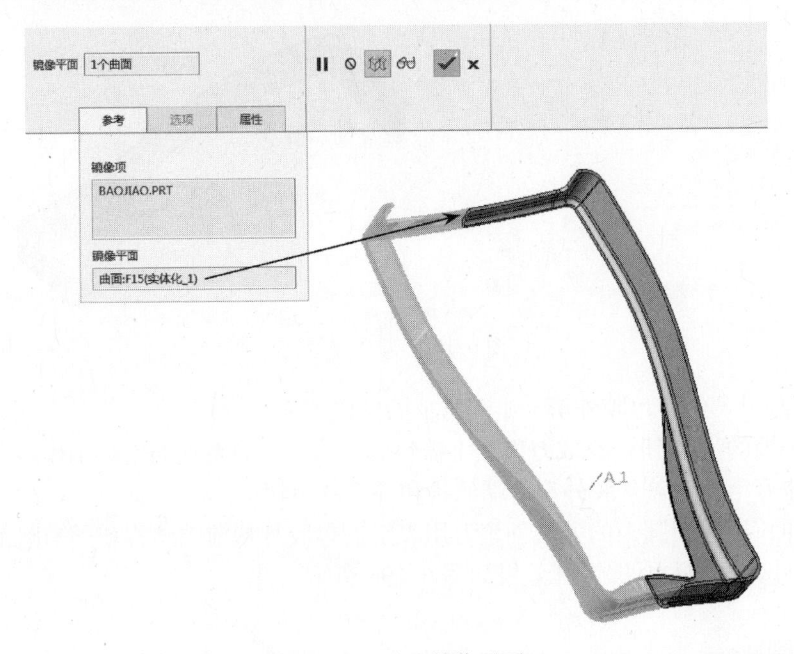

图 6-198　选取镜像平面

4）完成万用表上盖包胶一半壳特征结构镜像的创建工作

单击操控板的✓按钮，完成万用表上盖包胶一半壳特征结构镜像的创建工作，获得万用表上盖包胶壳特征结构，如图 6-199 所示。

6. 完善万用表上盖包胶结构，获得万用表上盖包胶特征产品

（1）创建万用表上盖散热孔结构

使用拉伸、阵列和圆角的方法创建万用表上盖包胶特征散热孔结构（具体参数参阅随书网盘资源文件），其效果如图 6-200 所示。

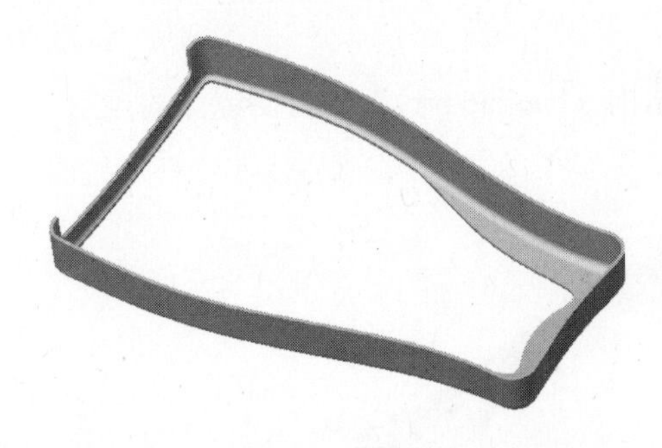

图 6-199　万用表上盖包胶特征镜像效果

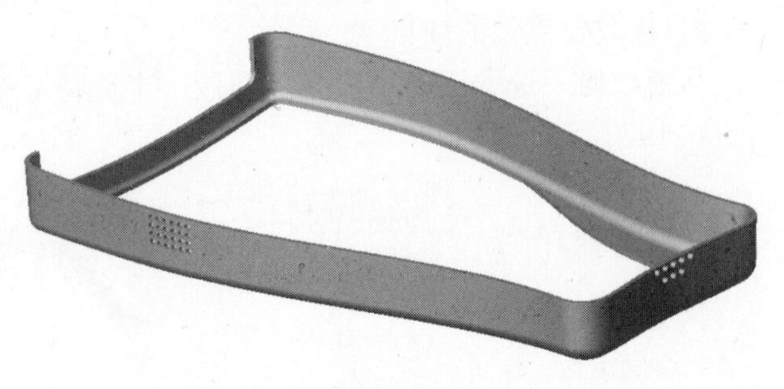

图 6-200　万用表上盖包胶特征散热孔结构

（2）完善万用表上盖包胶特征其他结构

使用拉伸的方法完善万用表上盖包胶特征其他结构（具体参数参阅随书网盘资源文件），其效果如图 6-201 所示。

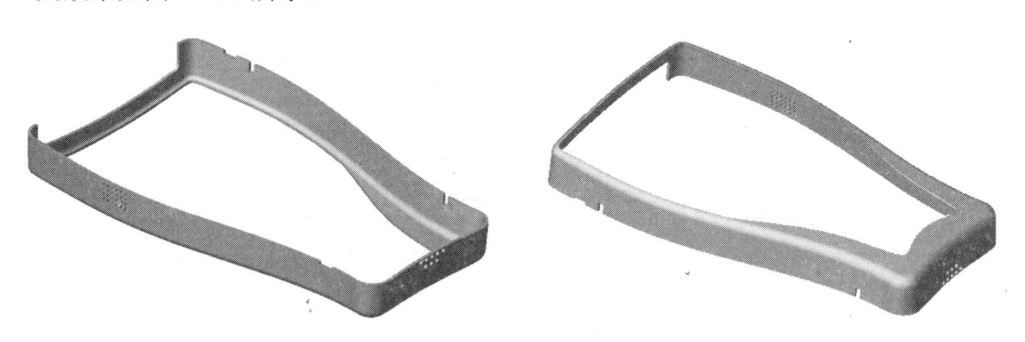

图 6-201　万用表上盖包胶特征

创建手持式万用表下盖

7. 创建万用表下盖外形一半结构

（1）创建万用表下盖初始文件

将万用表上盖模型文件（步骤（3）“创建万用表上盖外形特征”中的 9）“创建万用表上盖拉伸特征 2”之前模型）保存一个副本，文件名为“xg-1.prt”，然后将副本文件使用默认的装配方法装配到组件中，装配好的“xg-1.prt”元件作为万用表下盖初始文件，如图 6-202 所示。

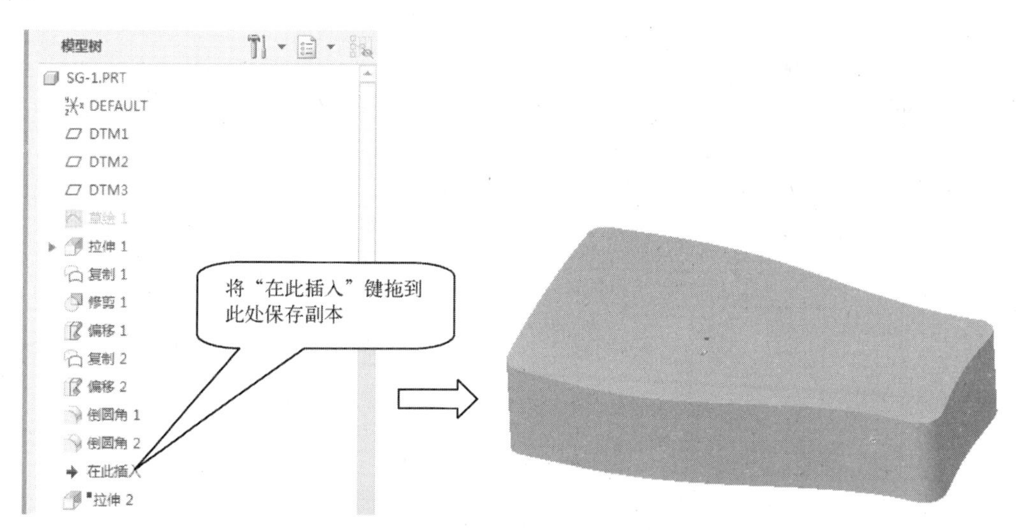

图 6-202　万用表下盖初始文件

（2）激活万用表下盖文件

在组件工作界面中，用鼠标左键单击万用表下盖文件，打开快捷菜单对话框，选择【激活】按钮◈，万用表下盖文件处于激活状态，如图 6-203 所示。

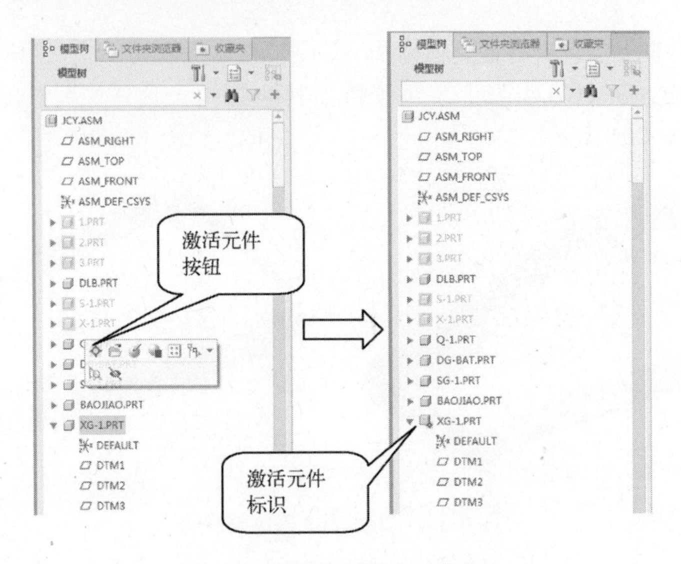

图 6-203　激活万用表下盖文件

（3）创建万用表下盖外形特征

使用拉伸方法创建万用表下盖外形特征

1）以基准平面“ASM_RIGHT”为草绘平面，基准平面“ASM_TOP”为参考平面，方向参考为“左”，绘制“拉伸”截面，如图 6-204 所示。

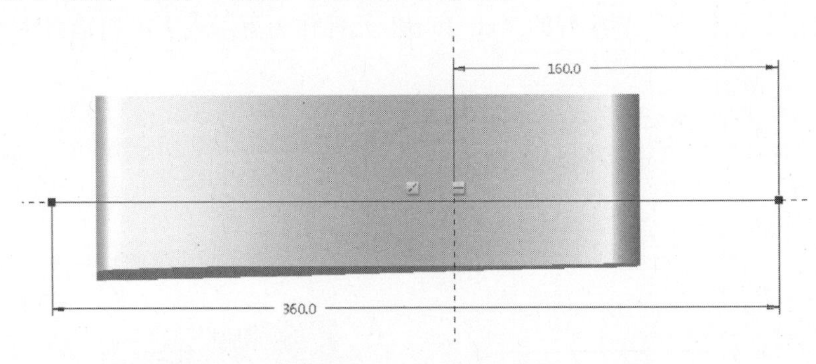

图 6-202　拉伸截面

2）在“拉伸”操控板中选择【选项】→“⫶⫶穿透”，侧 1、侧 2 都选择“穿透”，在图形窗口中可以预览拉伸出的移除材料特征，如图 6-205 所示。

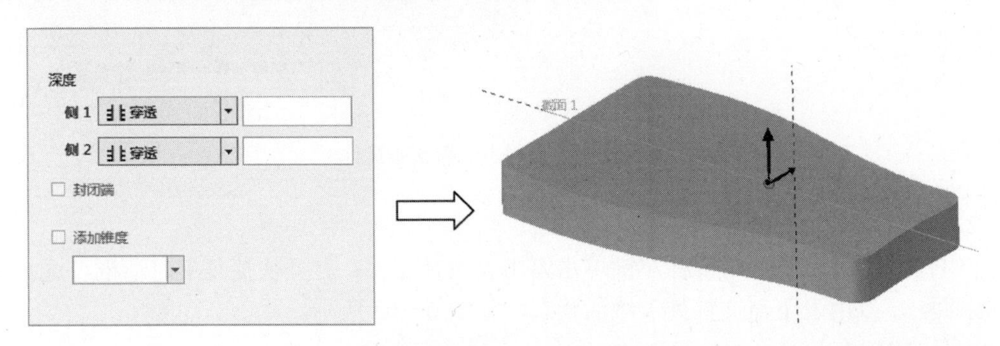

图 6-205　万用表下盖拉伸特征

3）单击操控板的✓按钮，完成万用表下盖拉伸特征的创建工作。获得万用表下盖外形特征，其效果如图 6-206 所示。

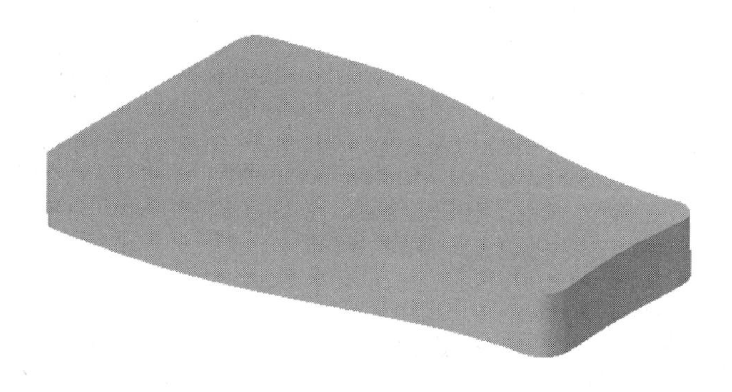

图 6-206　万用表下盖外形特征

（4）创建万用表下盖外形一半结构

1）移除万用表下盖外形一半特征

使用实体化方法移除万用表下盖外形一半特征。

选择基准平面 DTM1 作为实体化的参考面组对万用表下盖外形进行实体化操作，箭头所指的一侧为要移除的材料，如图 6-207 所示。

单击操控板的✓按钮，完成实体化操作。

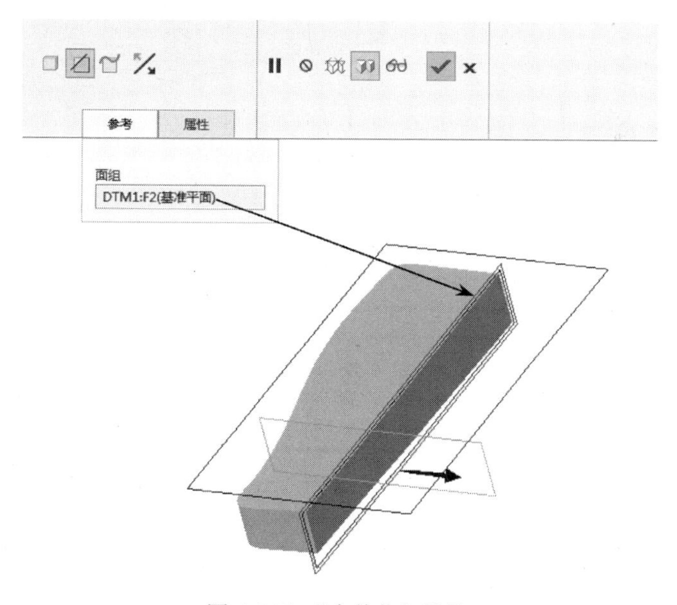

图 6-207　“实体化”操作

2）完善万用表下盖外形一半结构

使用拔模、圆角、曲面复制、实体化、偏移和拉伸的方法完善万用表下盖外形一半结构（具体参数参阅随书网盘资源文件），其效果如图 6-208 所示。

图 6-208　万用表下盖外形一半结构

8. 创建万用表下盖壳特征

（1）创建万用表下盖外形一半壳特征

1）选择命令

从模型工具栏中单击【壳】按钮，打开“壳”操控板。

2）选择要移除的曲面

选取万用表下盖底部曲面和中间侧面作为要移除的曲面。

3）输入壳“值”

在对话框的组合框中输入厚度值为“3”，如图 6-209 所示。

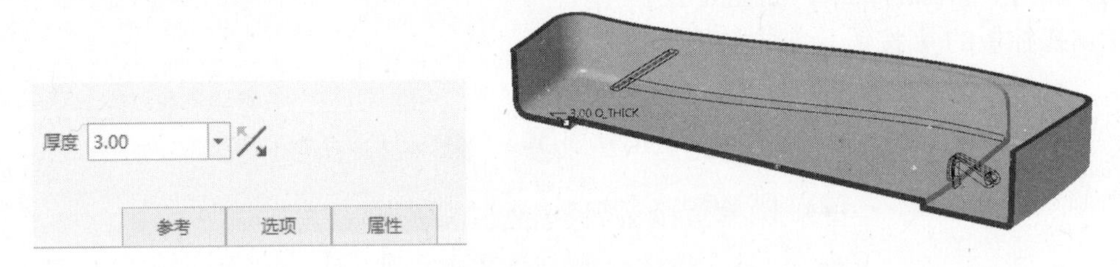

图 6-209　输入壳厚度

4）完成万用表下盖外形一半壳特征的创建工作

单击操控板的按钮，完成万用表下盖外形一半壳特征的创建工作。

（2）创建万用表下盖一半支架安装结构

使用偏移、拉伸、圆角和拔模的方法创建万用表下盖一半支架安装结构（具体参数参阅随书网盘资源文件），其效果如图 6-210 所示。

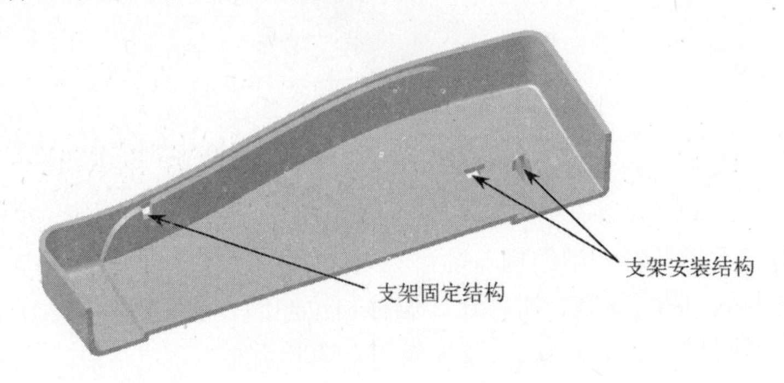

图 6-210　万用表下盖一半支架安装结构

（3）创建万用表下盖一半数据孔盖安装结构

使用拉伸、拔模和圆角的方法创建万用表下盖一半数据孔盖安装结构（具体参数参阅随书网盘资源文件），其效果如图 6-211 所示。

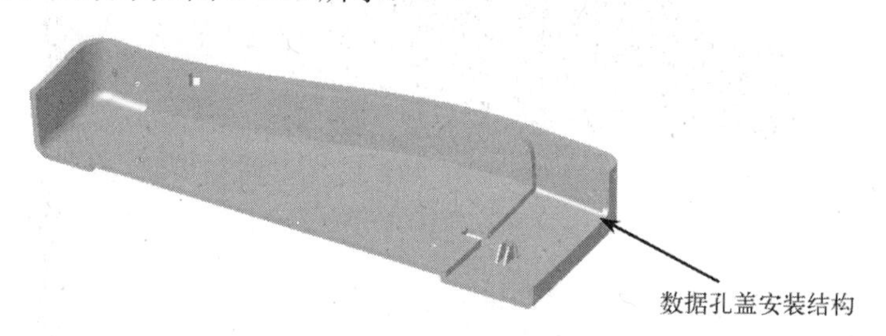

图 6-211　万用表下盖一半数据孔盖安装结构

（4）创建万用表下盖一半安装柱子结构

使用拉伸、偏移、拔模和圆角的方法创建万用表下盖一半安装柱子结构（具体参数参阅随书网盘资源文件），其效果如图 6-212 所示。

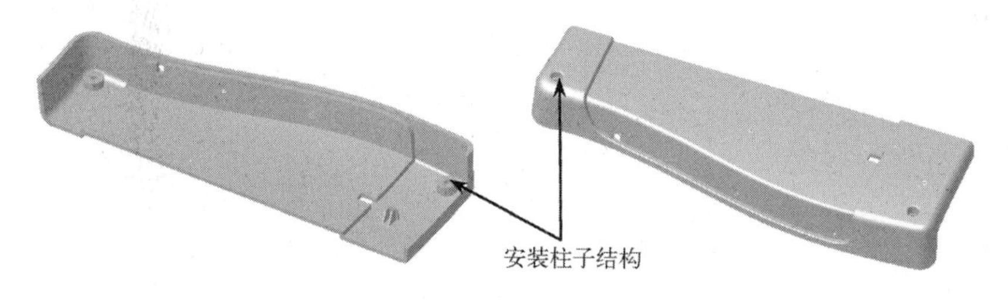

图 6-212　万用表下盖一半安装柱子结构

（5）完善万用表下盖一半壳特征结构

使用拉伸、拔模、复制、偏移、实体化、移除和圆角的方法完善万用表下盖一半壳特征结构（具体参数参阅随书网盘资源文件），其效果如图 6-213 所示。

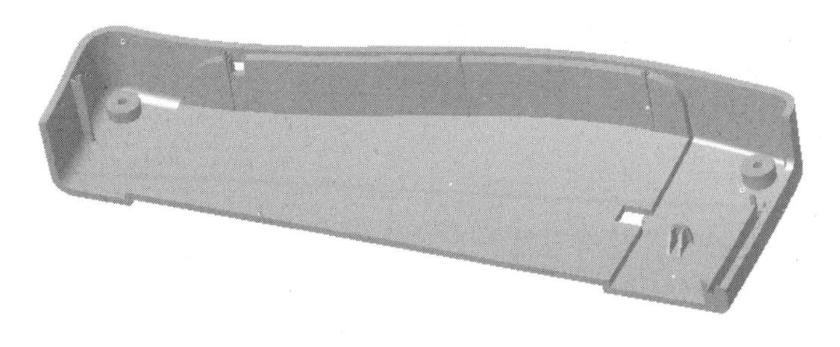

图 6-213　万用表下盖一半壳特征结构

（6）镜像万用表下盖一半壳特征结构

1）选取要镜像的项目

从模型树中选取“万用表下盖一半壳特征结构（XG-1.prt）”作要为镜像的项目，如图 6-214 所示。

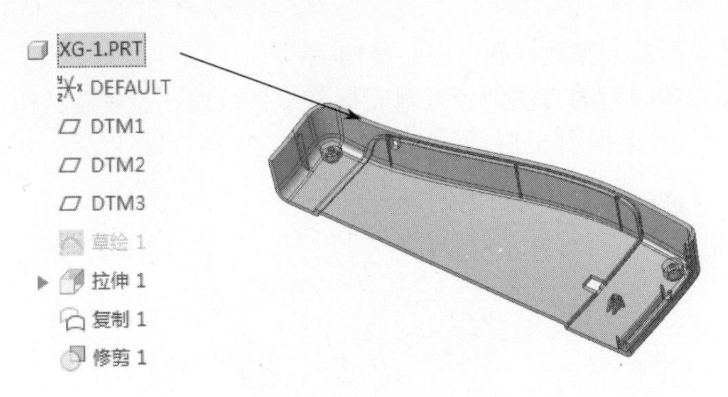

图 6-214　选取镜像项目

2）选择命令

在模型工具栏中单击【镜像】按钮，打开“镜像”操控板。

3）选取一个镜像平面

选取“万用表下盖中间侧面”作为镜像平面，如图 6-215 所示。

4）完成万用表下盖一半壳特征结构镜像的创建工作

单击操控板的✓按钮，完成万用表下盖一半壳特征结构镜像的创建工作，获得万用表下盖包括壳特征在内的基本结构，如图 6-216 所示。

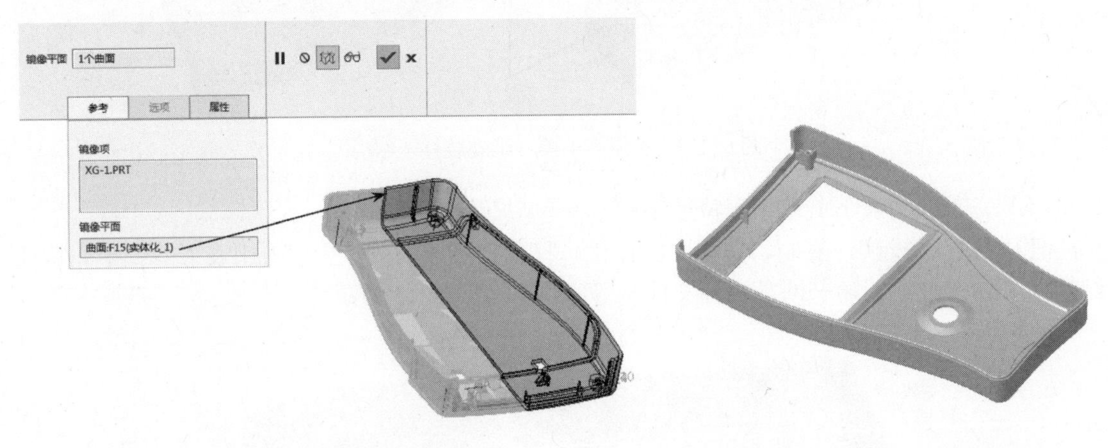

图 6-215　选取镜像平面　　　　图 6-216　万用表下盖镜像效果

9. 完善万用表下盖结构，获得万用表下盖产品

（1）创建万用表下盖散热孔、USB 插孔、电源插孔等侧孔结构

使用拉伸、偏移、阵列、圆角、拔模和曲面复制的方法创建万用表下盖散热孔、USB 插孔、电源插孔等侧孔结构（具体参数参阅随书网盘资源文件），其效果如图 6-217 所示。

（2）完善万用表下盖内部结构

使用偏移、拔模、拉伸、移除、圆角、基准平面、曲面复制、实体化和移动副本的方法完善万用表下盖内部结构（具体参数参阅随书网盘资源文件），其效果如图 6-218 所示。

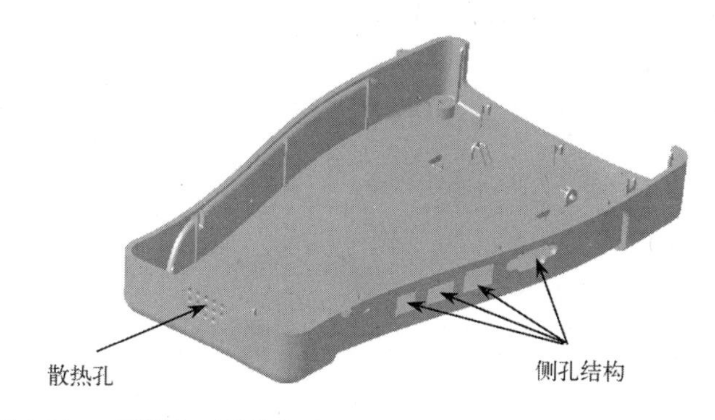

图 6-217 万用表下盖散热孔、USB 插孔、电源插孔等侧孔结构

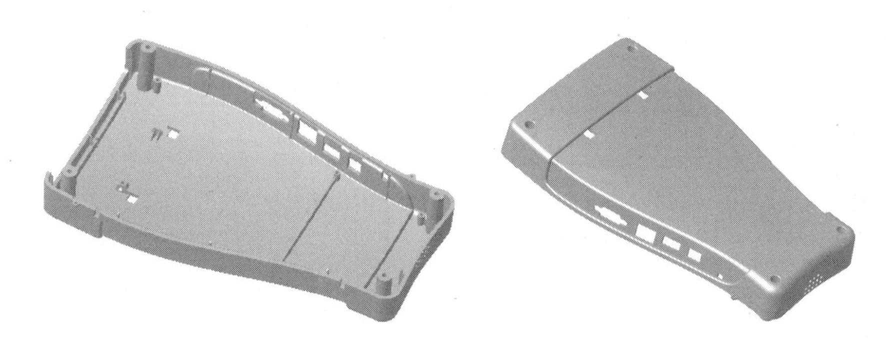

图 6-218 万用表下盖内部结构

（3）创建万用表下盖触屏笔结构

使用偏移、拉伸、拔模、投影、草绘、扫描、镜像、合并、实体化、圆角、曲面复制、移动副本、加厚和边界曲面的方法创建万用表下盖触屏笔结构（具体参数参阅随书网盘资源文件），获得万用表下盖产品，其效果如图 6-219 所示。

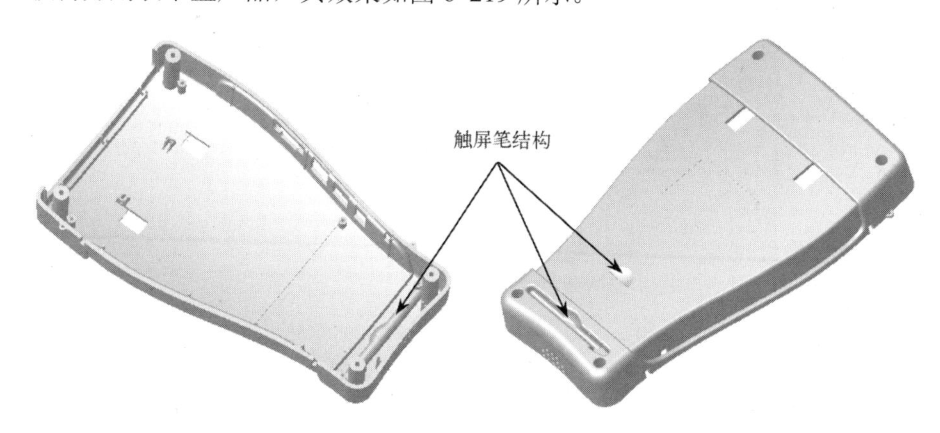

图 6-219 万用表下盖触屏笔结构

10. 创建万用表下盖支架外形一半结构

（1）创建万用表下盖支架初始文件

将万用表下盖模型文件（步骤（4）“创建万用表下盖外形一半结构”中的 2）“完善万用表下盖外形一半结构”之前模型）保存一个副本，文件名为“zhijia.prt”，然后将副本文件

使用默认的装配方法装配到组件中，装配好的“zhijia.prt”元件作为万用表下盖支架初始文件，如图 6-220 所示。

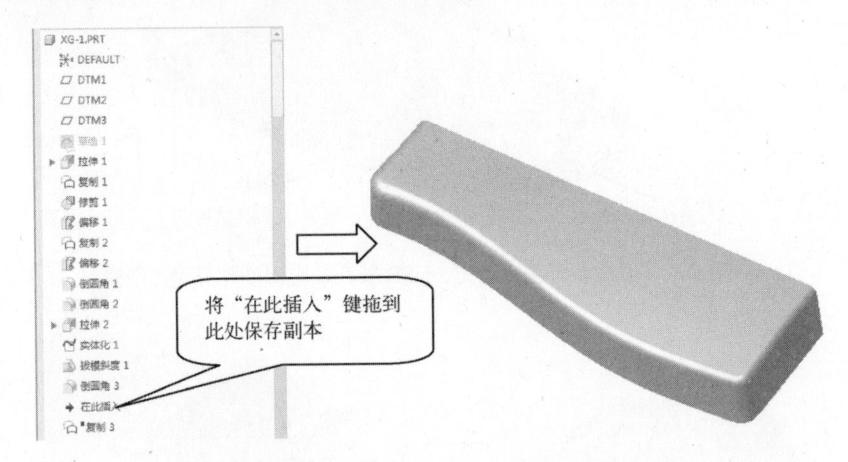

图 6-220 万用表下盖支架初始文件

（2）激活万用表下盖支架文件

在组件工作界面，用鼠标左键单击万用表下盖支架文件，打开快捷菜单对话框，选择【激活】按钮，万用表下盖支架文件处于激活状态，如图 6-221 所示。

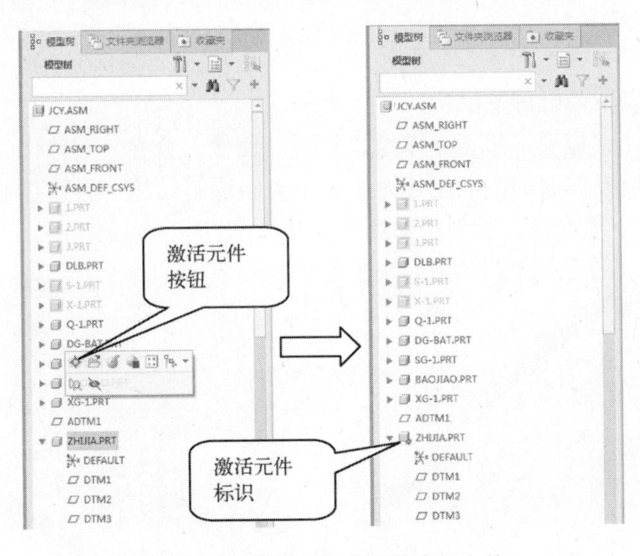

图 6-221 激活万用表下盖支架文件

（3）创建万用表下盖支架外形特征

使用拉伸方法创建万用表下盖支架外形特征

1）以万用表下盖支架初始模型“中间侧面”为草绘平面，基准平面“DTM2”为参考平面，方向参考为“左”，绘制“拉伸”截面，如图 6-222 所示。

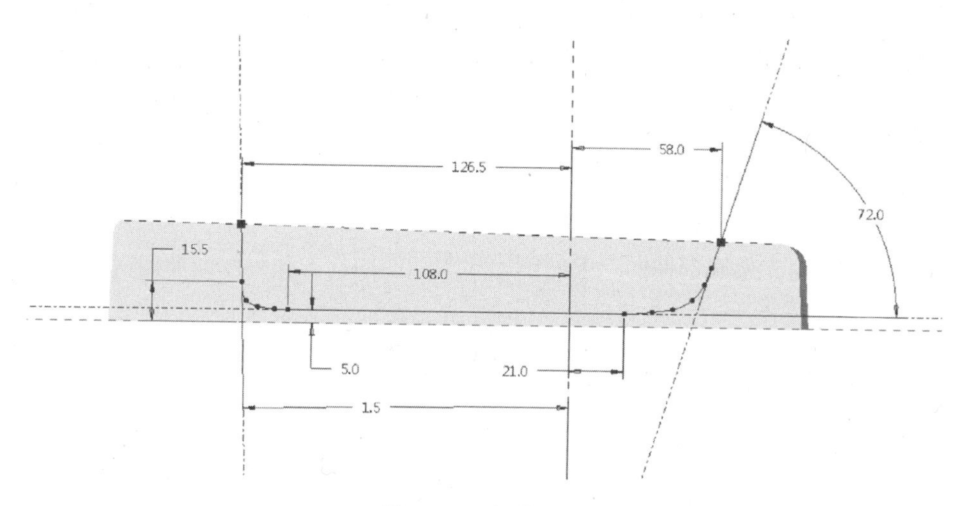

图 6-222　拉伸截面

2）在“拉伸”操控板中选择【选项】→“穿透”，侧 1、侧 2 都选择“穿透”，在图形窗口中可以预览拉伸出的移除材料特征，如图 6-223 所示。

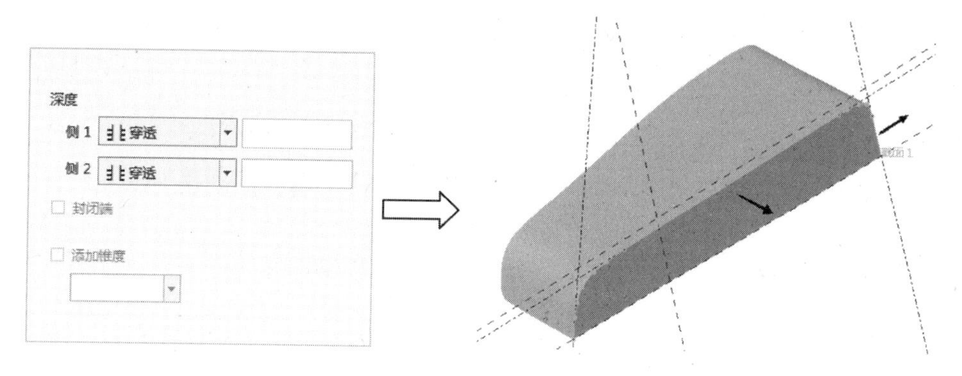

图 6-223　万用表下盖支架拉伸特征

3）单击操控板的按钮，完成万用表下盖支架拉伸特征的创建工作。获得万用表下盖支架外形特征，其效果如图 6-224 所示。

图 6-224　万用表下盖支架外形特征

11. 创建万用表下盖支架壳特征

（1）创建万用表下盖支架外形一半壳特征

1）选择命令

在模型工具栏中单击【壳】按钮，打开“壳”操控板。

2）选择要移除的曲面

选取万用表下盖支架底部曲面、中间侧面和两端侧面作为要移除的曲面。

3）输入壳“值”

在对话框的组合框中输入厚度值为“3”，如图 6-225 所示。

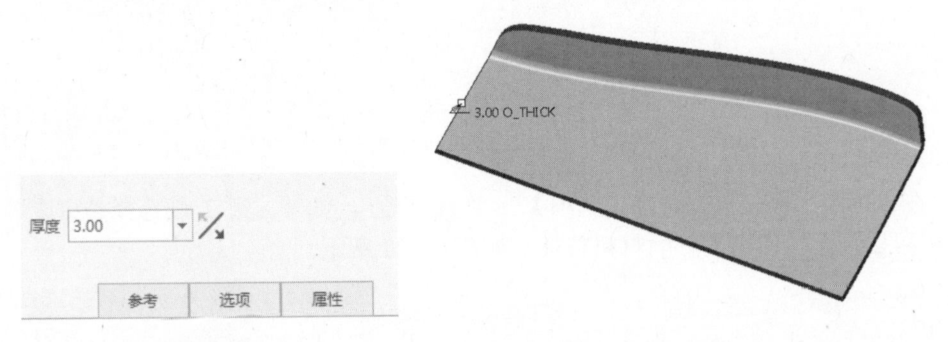

图 6-225　输入壳厚度

4）完成万用表下盖支架外形一半壳特征的创建工作

单击操控板的按钮，完成万用表下盖支架外形一半壳特征的创建工作。

（2）创建万用表下盖支架一半安装转轴和固定结构

使用曲面复制、拉伸、偏移、圆角、实体化和草绘辅助曲线的方法创建万用表下盖支架一半安装转轴和固定结构（具体参数参阅随书网盘资源文件），其效果如图 6-226 所示。

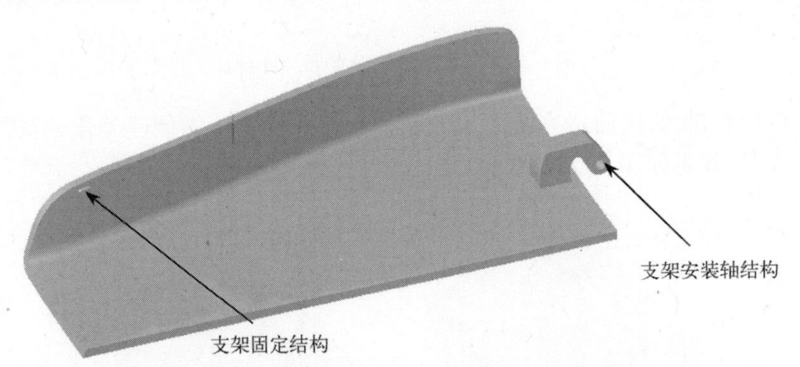

图 6-226　万用表下盖支架一半安装轴和固定结构

（3）完善万用表下盖支架一半安装转轴结构

使用基准平面、拉伸、特征镜像和圆角的方法完善万用表下盖支架一半安装转轴结构（具体参数参阅随书网盘资源文件）。

1）将万用表下盖支架一半安装转轴结构的一个端面偏移 4 mm，创建基准平面 DTM10，如图 6-227 所示。

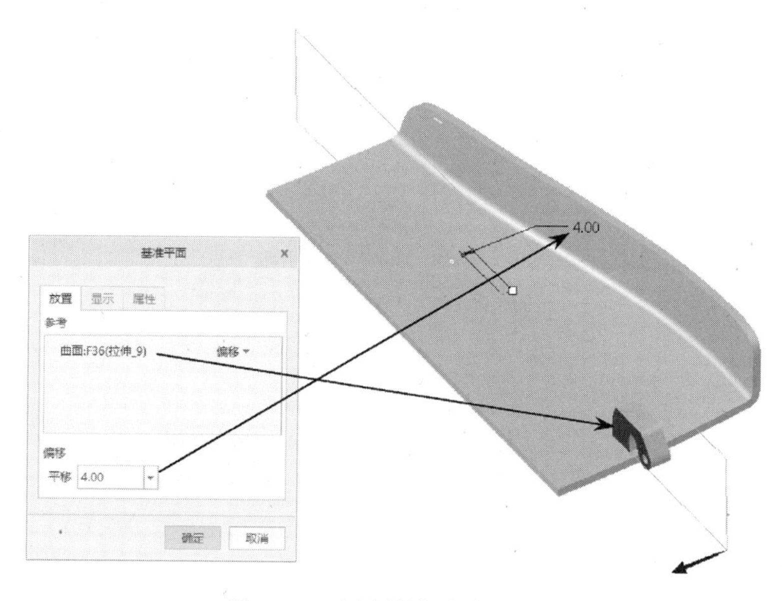

图 6-227　创建基准平面 DTM10

2）将万用表下盖支架一半安装转轴结构的一个端面偏移 1 mm 作为草绘平面，创建拉伸移除材料特征，如图 6-228 所示。

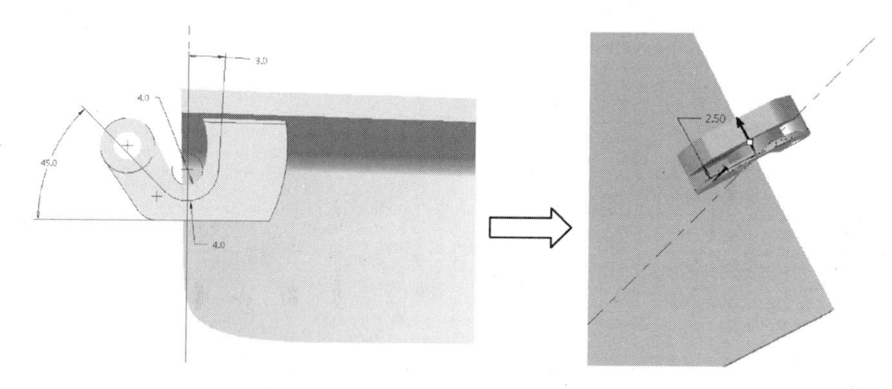

图 6-228　支架一半安装转轴结构拉伸特征

3）选取 DTM10 作为镜像平面，对刚创建好的拉伸特征进行镜像操作，然后再对其锐边进行圆角，获得支架一半安装转轴结构，如图 6-229 所示。

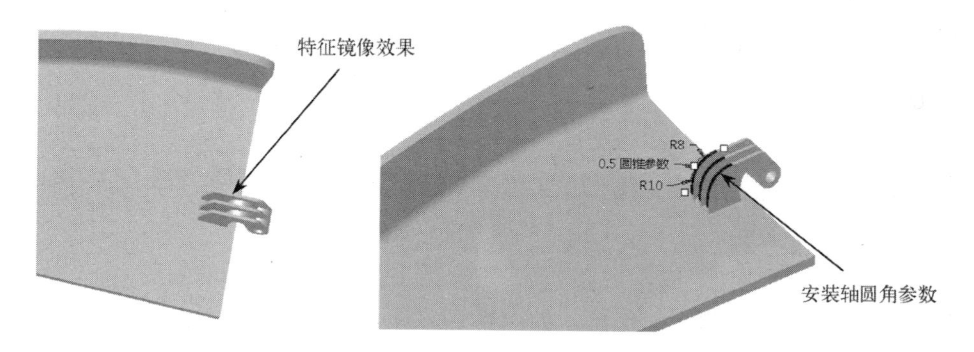

图 6-229　支架一半安装转轴结构

（4）完善万用表下盖支架一半安装转轴结构

使用圆角的方法完善万用表下盖支架一半结构，获得万用表下盖支架包括壳特征在内的一半基本结构，如图 6-230 所示。

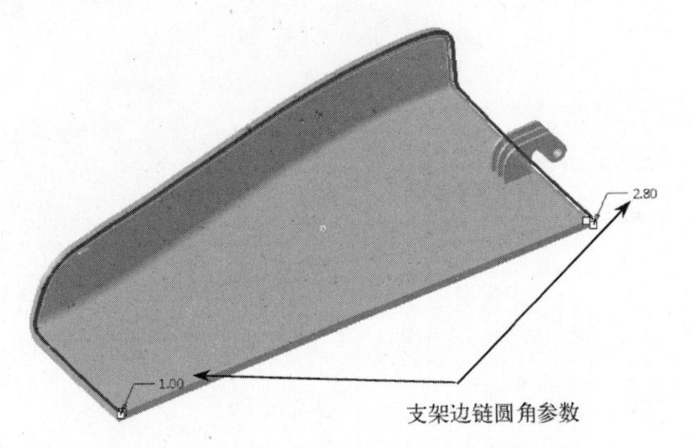

图 6-230　万用表下盖支架一半结构

（5）镜像万用表下盖支架一半壳特结构

1）选取要镜像的项目

从模型树中选取“万用表下盖支架一半壳特征结构（ZHIJIA-1.prt）”作要为镜像的项目，如图 6-231 所示。

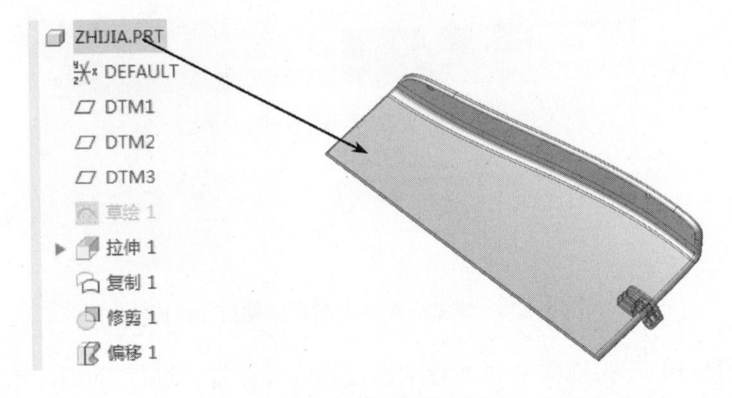

图 6-231　选取镜像项目

2）选择命令

在模型工具栏中单击【镜像】按钮，打开“镜像”操控板。

3）选取一个镜像平面

选取“万用表下盖支架中间侧面”作为镜像平面，如图 6-232 所示。

4）完成万用表下盖支架一半壳特征结构镜像的创建工作

单击操控板的按钮，完成万用表下盖支架一半壳特征结构镜像的创建工作，获得万用表下盖支架包括壳特征在内的基本结构，如图 6-233 所示。

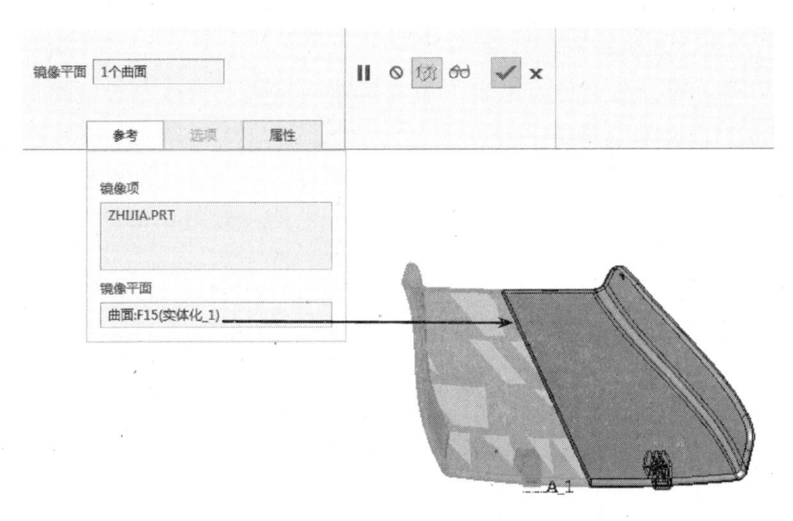

图 6-232　选取镜像平面

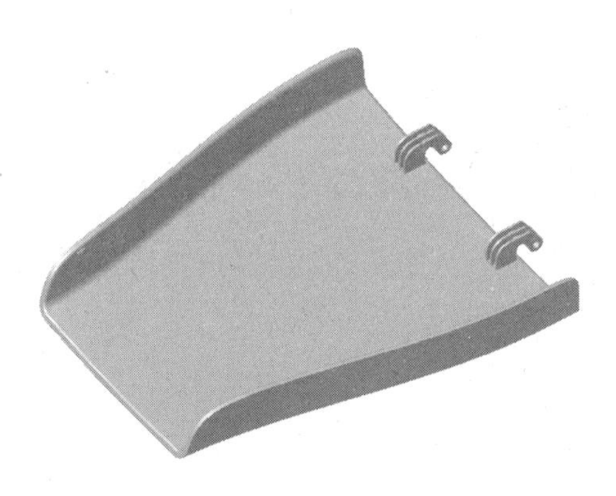

图 6-233　万用表下盖支架镜像效果

12. 完善万用表下盖支架结构，获得万用表下盖支架产品

（1）修改万用表下盖支架安装轴结构

根据万用表产品的装配要求，使用拉伸和圆角的方法对万用表下盖支架安装轴结构进行修改（具体参数参阅随书网盘资源文件），如图 6-234 所示。

图 6-234　万用表下盖支架安装轴结构

（2）创建万用表下盖支架通孔结构

使用拉伸和圆角的方法完善万用表下盖支架通孔结构（具体参数参阅随书网盘资源文件），获得万用表下盖支架产品。

1）以基准平面“DTM3”为草绘平面，基准平面“DTM2”为参考平面，方向参考为“上”，绘制“拉伸”截面，创建万用表下盖支架通孔结构，如图 6-235 所示。

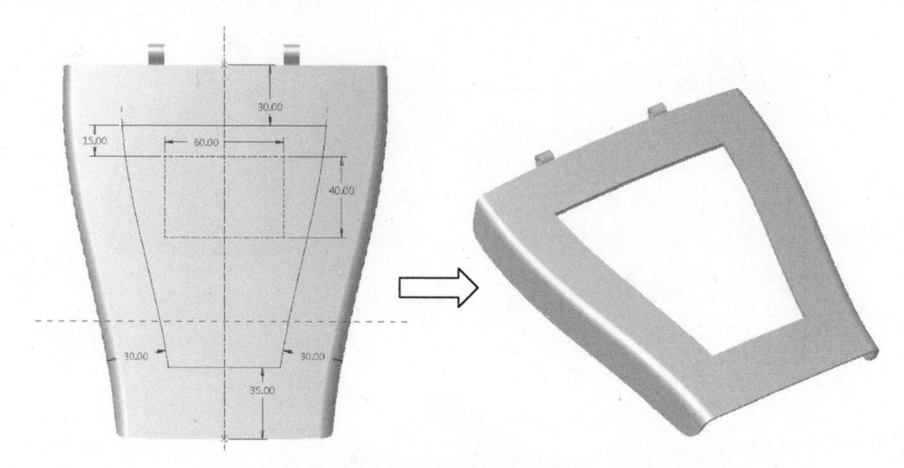

图 6-235　万用表下盖支架通孔拉伸特征

2）使用圆角方法，创建万用表下盖支架通孔竖边圆角分别为 *R*10 和 *R*5，上下边线圆角均为 *R*1，如图 6-236 所示。

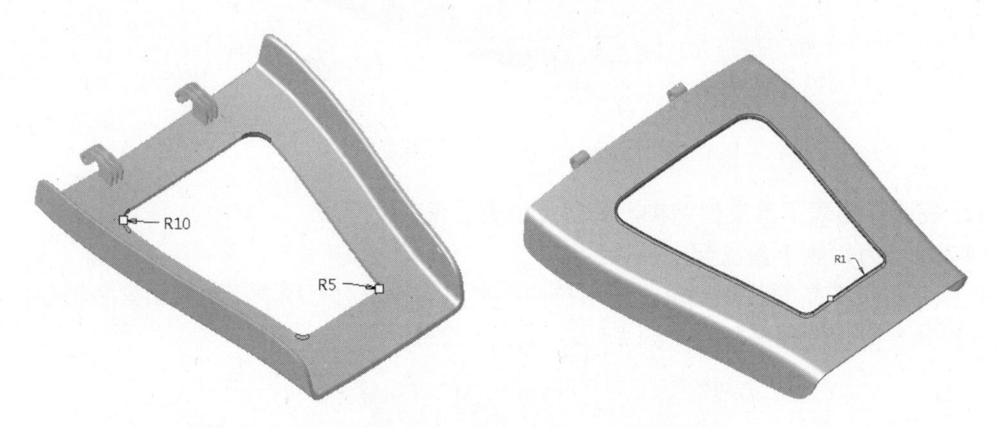

图 6-236　万用表下盖支架通孔圆角特征

13. 创建万用表数据检测插孔盖外形结构

（1）创建万用表数据检测插孔盖元件

在模型工具栏中单击【创建】按钮，进入“创建元件”对话框，如图 6-237 所示。在【类型】栏中选择“零件”，在【子类型】栏中选择“实体”，在【名称】框中输入新的文件名为 “sjkg-1”。单击 确定(O) 按钮，进入“创建选项”对话框，在【创建方法】栏中选择“创建特征”，如图 6-238 所示。然后单击 确定(O) 按钮关闭对话框，进入组装模块工作界面，完成万用表数据检测插孔盖文件的创建工作，模型树显示元件名称，如图 6-239 所示。

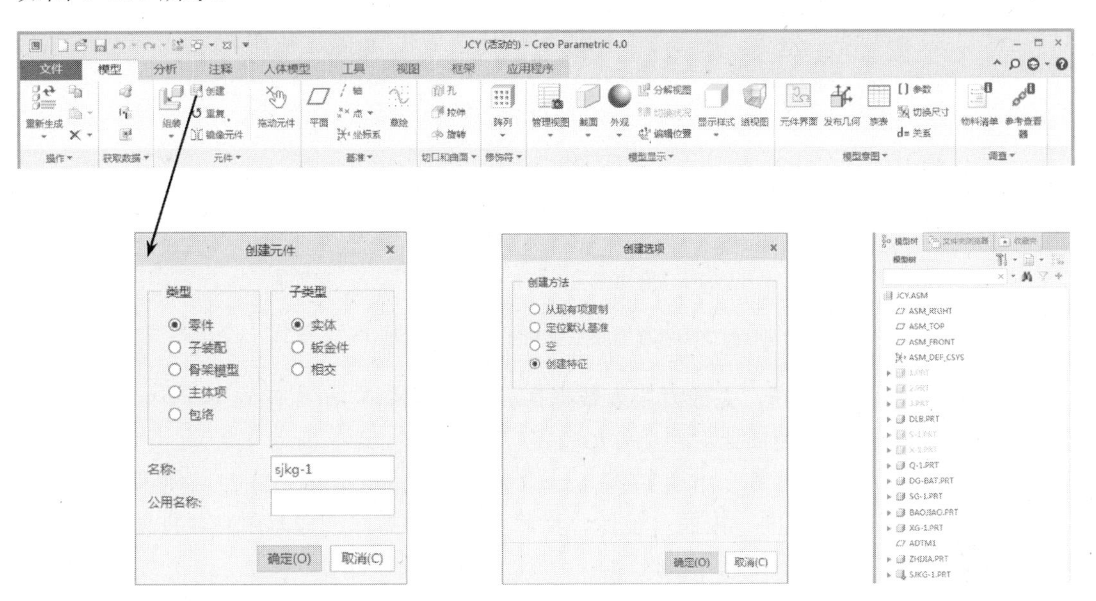

图 6-237 “创建元件”对话框　　图 6-238 “创建选项”对话框　　图 6-239 “创建元件”模型树

（2）创建万用表数据检测插孔盖一半外形特征

1）创建万用表数据检测插孔盖拉伸特征 1

① 以基准平面“DTM1”为草绘平面，基准平面“DTM2”为参考平面，方向参考为“上”，绘制“拉伸”截面，如图 6-240 所示。

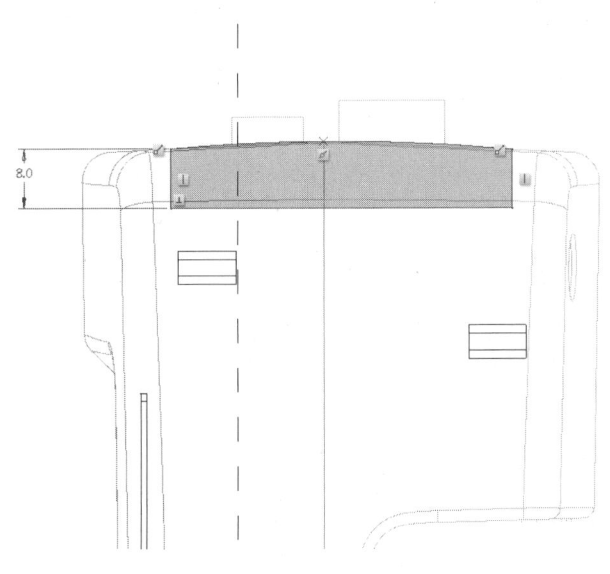

图 6-240　草绘截面

② 在“拉伸”操控板中选择【选项】→“盲孔”，侧 1 输入拉伸深度“69”，侧 2 为“无”，在图形窗口中可以预览拉伸出的实体特征，如图 6-241 所示。

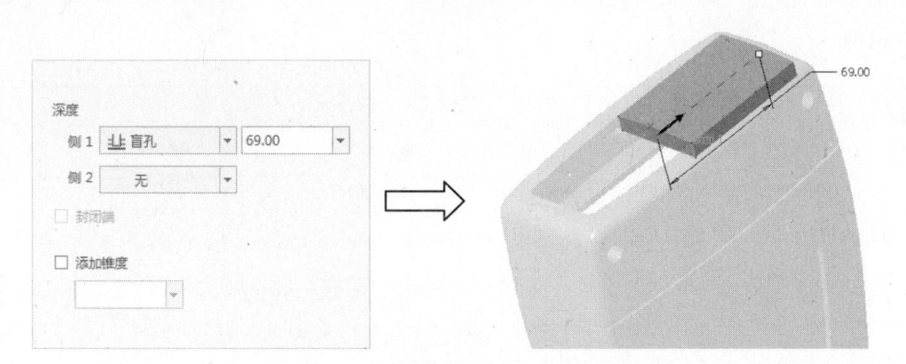

图 6-241　万用表数据插孔盖拉伸特征 1

③ 单击操控板的✓按钮，完成万用表数据插孔盖拉伸特征 1 的创建工作。

2）创建万用表数据检测插孔盖一半外形特征

根据设计好的万用表上盖、下盖结构（结合万用表产品的装配要求），使用拉伸、复制、偏移、创建辅助基准平面、拔模、镜像、移除和圆角的方法创建万用表数据检测插孔盖一半外形特征（具体参数参阅随书网盘资源文件），如图 6-242 所示。

图 6-242　万用表数据检测插孔盖一半外形特征创建流程

（3）镜像万用表数据检测插孔盖外形特征

1）选取要镜像的项目

在模型树中选取“万用表数据检测插孔盖外形特征（SJKG-1.prt）”作为要镜像的项目，如图 6-243 所示。

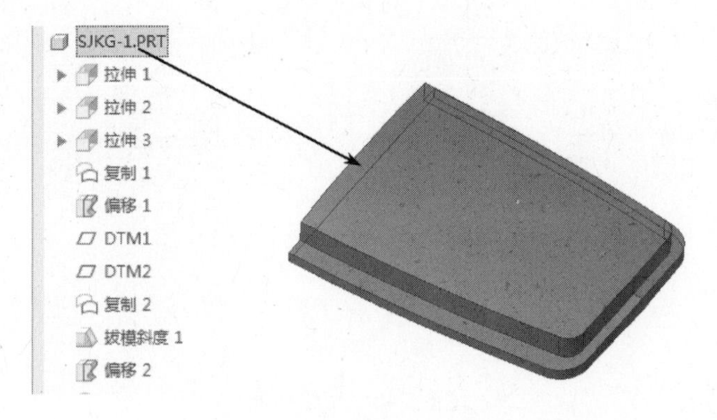

图 6-243　选取镜像项目

2）选择命令

在模型工具栏中单击【镜像】按钮，打开“镜像”操控板。

3）选取一个镜像平面

选取“万用表数据检测插孔盖外形特征中间侧面”作为镜像平面，如图 6-244 所示。

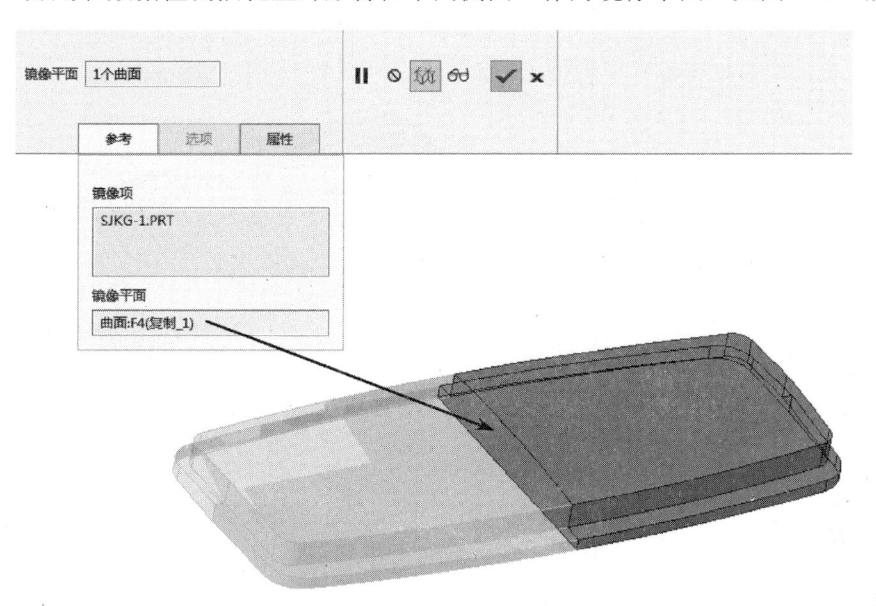

图 6-244 选取镜像平面

4）完成万用表数据检测插孔盖外形特征镜像的创建工作

单击操控板的按钮，完成万用表数据检测插孔盖外形特征镜像的创建工作，如图 6-245 所示。

（4）完善万用表数据检测插孔盖外形结构

使用拉伸方法完善万用表数据检测插孔盖外形结构（具体参数参阅随书网盘资源文件），获得万用表数据检测插孔盖外形结构，如图 6-246 所示。

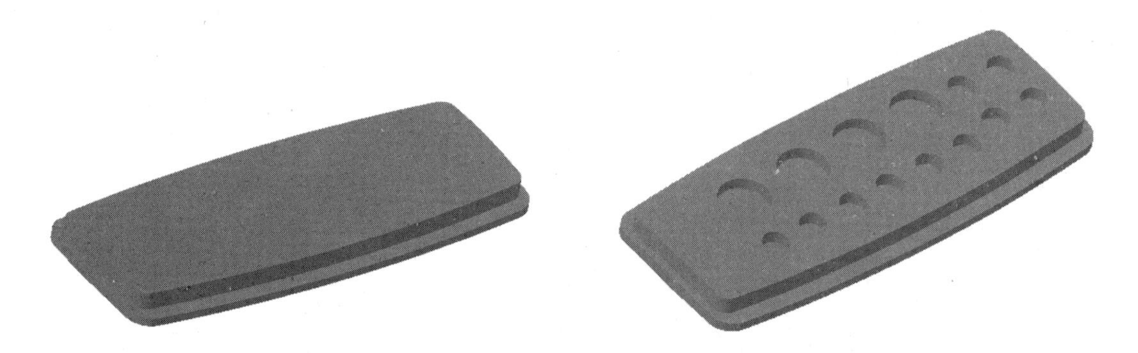

图 6-245 万用表数据检测插孔盖外形特征镜像效果　　图 6-246 万用表数据检测插孔盖外形结构

14. 创建万用表数据检测插孔盖壳特征

（1）选择命令

在模型工具栏中单击【壳】按钮，打开“壳”操控板。

（2）选择要移除的曲面

选取万用表数据检测插孔盖底部曲面作为要移除的曲面。

（3）输入壳“值”

在对话框的组合框中输入厚度值为“2”，如图 6-247 所示。

图 6-247　输入壳厚度

（4）完成万用表数据检测插孔盖壳特征的创建工作

单击操控板的✓按钮，完成万用表数据检测插孔盖壳特征的创建工作。

15. 完善万用表数据检测插孔盖结构，获得万用表数据检测插孔盖产品

使用拉伸、圆角、偏移、合并和实体化的方法完善万用表数据检测插孔盖结构（具体参数参阅随书网盘资源文件），获得万用表数据检测插孔盖产品，如图 6-248 所示。

图 6-248　万用表数据检测插孔盖产品

通过以上步骤的操作，获得手持式万用表产品，结果文件请参看随书网盘资源中的“第 6 章\范例结果文件\手持式万用表\jcy.asm”。

本章小结

本章通过实例介绍曲面产品综合设计的方法和过程，实例包括儿童蓝牙测高器和手持式万用表。其共同特点都是根据产品的外观图、效果图初始模型数据和控制部分电路板结构来设计产品，整个产品在装配模块中完成。

在实际生产过程中，产品的开发包括外观设计、结构设计、产品设计模型打样制作和加工制造四大块。本章儿童蓝牙测高器和手持式万用表是实际生产过程中的典型案例，侧重讲解结构设计。儿童蓝牙测高器产品中的测高器滑动块主体、测高器主体上盖、儿童蓝牙测高器辅助结构使用装配模块创建元件的方法进行设计。测高器滑动块主体、测高器主体上盖以效果图初始模型数据为基础进行设计，测高器滑动块上盖、电池盖以测高器滑动块主体为基础进行设计，测高器主体下盖、手柄以测高器主体上盖为基础进行设计。儿童蓝牙测高器辅助结构以儿童蓝牙测高器滑动块、测高器主体为基础进行设计，将基础零件进行备份，使用默认的装配方法装配到组件中，重复利用设计好的模型，从而提高设计效率。手持式万用表上盖、万用表数据检测插孔盖使用装配模块创建元件的方法进行设计。万用表上盖以效果图初始模型数据为基础进行设计，万用表上盖包胶特征、万用表下盖、下盖支架以万用表上盖为基础进行设计，万用表数据检测插孔盖以万用表上盖、下盖为基础进行设计，将基础零件进行备份，使用默认的装配方法装配到组件中，重复利用设计好的模型，强化装配模块进行产品设计的方法与技巧。整个设计过程侧重设计方法讲解，简化操作步骤，具有较强的实用性和可操作性。

思考与练习

1. 判断题（正确的请在括号内填入“√”，错误的填入“×”）

（1）使用装配模块进行产品设计是产品设计的一种重要方法。（　　）

（2）在装配模块对元件进行操作，需要先对指定元件进行激活。（　　）

（3）在装配模块对指定激活的元件进行操作时，没有被激活的元件也会发生相应的变化。（　　）

（4）组装元件与创建元件是装配模块添加新元件的两种不同方法。（　　）

2. 选择题（请将唯一正确答案的代号填入题中的括号内）

（1）工业产品综合设计，归纳起来有（　　）个阶段。

A. 5　　B. 6　　C. 4　　D. 3

（2）在装配模块对元件进行编辑修改的基本方法有（　　）种。

A. 2　　B. 4　　C. 3　　D. 5

（3）由外观软件设计的效果图初始模型数据到可加工生产的模型至少需要（　　）个阶段。

A. 3　　B. 1　　C. 2　　D. 4

（4）在进行产品综合设计时，效果图初始模型数据起到的关键作用是（　　）

A. 效果图初始模型数据可直接进行编辑修改

B. 效果图初始模型数据可进行 3D 打印，提供设计参考

C. 效果图初始模型数据在产品设计时，作为基础模型数据，可以参考其模型数据创建外形轮廓曲线，使用外形轮廓曲线进行建模

D. 效果图初始模型数据的曲面可以进行复制使用

3. 简述装配模块创建元件的方法及装配模块进行产品设计的优缺点。

4. 根据如图 6-249 所示智慧盒子效果图与 PCB 图，设计一个智慧盒子产品。效果图参看随书网盘资源中的“第 6 章\思考与练习源文件\ ex06-1”，结果文件参看随书网盘资源中的“第 6 章\思考与练习结果文件\智慧盒子\zhihuihezi.asm”。

图 6-249　智慧盒子效果图与 PCB 图

5．根据随书网盘资源中的“第 6 章\思考与练习源文件\ ex06-2”效果图，设计一个电钻产品。结果文件参看随书网盘资源中的“第 6 章\思考与练习结果文件\智慧盒子\dianzuan.asm”。如图 6-250 所示。

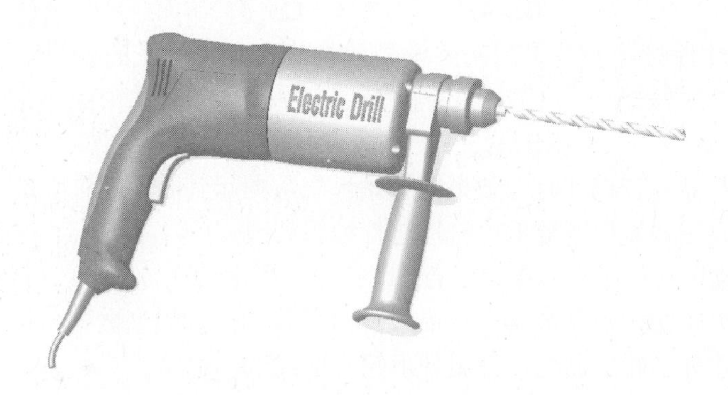

图 6-250　电钻产品效果图